Science, technologie et industrie : Perspectives de l'OCDE 2014

OCDE

DES POLITIQUES MEILLEURES
POUR UNE VIE MEILLEURE

Cet ouvrage est publié sous la responsabilité du Secrétaire général de l'OCDE. Les opinions et les interprétations exprimées ne reflètent pas nécessairement les vues officielles des pays membres de l'OCDE.

Ce document et toute carte qu'il peut comprendre sont sans préjudice du statut de tout territoire, de la souveraineté s'exerçant sur ce dernier, du tracé des frontières et limites internationales, et du nom de tout territoire, ville ou région.

Merci de citer cet ouvrage comme suit :
OCDE (2015), *Science, technologie et industrie : Perspectives de l'OCDE 2014*, Éditions OCDE, Paris.
http://dx.doi.org/10.1787/sti_outlook-2014-fr

ISBN 978-92-64-22831-3 (imprimé)
ISBN 978-92-64-22859-7 (PDF)

Série : Science, technologie et industrie : Perspectives de l'OCDE
ISSN 2074-7152 (imprimé)
ISSN 2074-7160 (en ligne)

Les données statistiques concernant Israël sont fournies par et sous la responsabilité des autorités israéliennes compétentes. L'utilisation de ces données par l'OCDE est sans préjudice du statut des hauteurs du Golan, de Jérusalem-Est et des colonies de peuplement israéliennes en Cisjordanie aux termes du droit international.

Crédits photo : Cover illustration : © iStockphoto/DrAfter123.

Les corrigenda des publications de l'OCDE sont disponibles sur : *www.oecd.org/about/publishing/corrigenda.htm*.

Avant-propos

Science, technologie et industrie : Perspectives de l'OCDE 2014 *est la dixième édition d'une publication biennale qui fait le point sur les principales évolutions concernant la science, la technologie et l'innovation (STI) dans les pays de l'OCDE ainsi que dans un certain nombre d'importants pays non membres : Afrique du Sud, Argentine, Brésil, Chine (République populaire de), Colombie, Costa Rica, Fédération de Russie, Inde, Indonésie, Lettonie, Lituanie et Malaisie. Cette publication a pour but d'informer les décideurs responsables des politiques STI, les représentants des entreprises et les analystes sur les évolutions récentes et attendues des structures mondiales de la science, de la technologie et de l'innovation, et d'en mesurer les implications actuelles et futures pour les politiques STI aux niveaux national et mondial.*

L'édition 2014 des Perspectives STI *envisage l'évolution future des politiques STI en tenant compte de la récente et fragile reprise économique, des tensions budgétaires croissantes, de la mondialisation et des grands enjeux planétaires et sociétaux (croissance verte, vieillissement de la population, développement inclusif). Elle présente d'abord, dans le premier chapitre, une évaluation générale des évolutions et tendances récentes observées dans les domaines de la science, de la technologie et de l'innovation, ainsi que dans les politiques STI nationales. Elle propose ensuite, dans une série de profils thématiques des politiques STI, une comparaison internationale des orientations, des instruments et de la gouvernance des politiques STI, tant à l'intérieur qu'à l'extérieur de la zone OCDE. Les profils pays, enfin, renseignent le lecteur sur les systèmes d'innovation nationaux : leurs caractéristiques structurelles, leurs performances STI, mesurées au moyen d'un certain nombre d'indicateurs harmonisés, et les évolutions importantes intervenues récemment dans les politiques STI nationales. L'édition 2014 met l'accent sur les priorités et initiatives STI nationales introduites entre 2012 et 2014.*

Cette édition 2014 fait fond sur les tout derniers travaux empiriques et analytiques de l'OCDE sur les domaines touchant l'innovation et les politiques qui s'y rapportent. Elle exploite également les réponses des pays membres et non membres au questionnaire préparatoire biennal, et met à profit un dispositif statistique de plus de 300 indicateurs, résultat des efforts menés de longue date par l'OCDE pour bâtir un système de mesures comparables au plan international pour le suivi des activités et des politiques STI, ainsi que les travaux récents de l'Organisation visant à élaborer des indicateurs STI de nature plus expérimentale.

Enfin, l'édition 2014 des Perspectives *forme l'un des premiers piliers de la Plateforme OCDE-Banque mondiale des politiques d'innovation (IPP), un espace web interactif donnant accès à des données ouvertes, des ressources pédagogiques et des possibilités d'apprentissage collectif concernant les politiques d'innovation.*

Remerciements

Les *Perspectives STI* sont établies sous l'égide du Comité de la politique scientifique et technologique (CPST) de l'OCDE, avec la collaboration de ses groupes de travail. Les délégués du CPST ont apporté une précieuse contribution à la présente édition par leurs réponses au questionnaire biennal qui sert à préparer les *Perspectives STI*, ainsi que par leurs observations sur les projets de texte des différents chapitres.

Fruit d'un effort collectif, les *Perspectives STI 2014* procèdent d'une approche horizontale, coordonnée par la Division des études nationales et des perspectives (CSO) de la Direction de la science, de la technologie et de l'industrie (DSTI) de l'OCDE. Les *Perspectives* sont produites sous la direction de Dominique Guellec. La coordination générale a été assurée par Sandrine Kergroach, et la coordination administrative par Nils de Jager.

Le chapitre 1, « Vue d'ensemble des performances et politiques STI » a été rédigé par Sandrine Kergroach, sous la direction de Dominique Guellec et avec le concours de Nils de Jager et Chiara Petroli. Mario Cervantes y a apporté sa contribution à partir des travaux menés par le Groupe de travail sur la politique de l'innovation et de la technologie (TIP) de l'OCDE. Caroline Paunov (innovation inclusive) et Dimitrios Pontikakis (Examens de l'OCDE des politiques d'innovation) y ont contribué dans leurs domaines de compétence respectifs, tout comme Koen de Backer (innovation ouverte, chaînes de valeur mondiales) sur les questions liées au programme de travail du Comité de l'industrie, de l'innovation et de l'entrepreneuriat (CIIE), ainsi que Laurent Bernat (cybersécurité) et Elettra Ronchi (vieillissement), sur la base des travaux du Comité de la politique de l'information, de l'informatique et des communications (PIIC). Le chapitre 1 a bénéficié de la lecture attentive et des précieux commentaires de Giulia Ajmone Marsan, Mario Cervantes, Dominique Guellec, Michael Keenan, Caroline Paunov, Dimitrios Pontikakis et Gang Zhang.

Le chapitre 2, « Profils des politiques STI : Gouvernance », établi par Mario Cervantes, Michael Keenan, Sandrine Kergroach, Fabio Manca, Dimitrios Pontikakis et Tomomi Watanabe, s'appuie sur les travaux menés actuellement par le Groupe TIP et l'expérience acquise dans le cadre des Examens de l'OCDE des politiques d'innovation.

Le chapitre 3, « Profils des politiques STI : Mondialisation et politiques d'innovation », est l'œuvre de Koen de Backer, pour les questions liées au programme de travail du CIIE, Richard Scott et Stephan Vincent-Lancrin, du Centre pour la recherche et l'innovation dans l'enseignement (CERI), et de Dimitrios Pontikakis, pour l'expérience acquise dans le cadre des Examens de l'OCDE des politiques d'innovation.

Le chapitre 4, « Profils des politiques STI : Faire face aux nouveaux défis sociaux et environnementaux », rédigé par Mario Cervantes et Caroline Paunov, s'appuie sur les activités du Groupe TIP et sur les travaux de l'OCDE sur l'innovation inclusive.

Le chapitre 5, « Profils des politiques STI : L'innovation dans l'entreprise », qui est l'œuvre de Mario Cervantes, Jin Joo Ham, Nils de Jager, Michael Keenan, Sandrine Kergroach et Daniel Kupka, s'inspire des travaux du Groupe TIP et du Groupe de travail des experts nationaux sur les indicateurs de science et de technologie (GENIST) de l'OCDE, ainsi que de l'expérience acquise dans le cadre des Examens de l'OCDE des politiques d'innovation. Marco Marchese, Jonathan Potter et Virginia Robano, du Centre de l'OCDE pour l'entrepreneuriat, les PME et le développement local (CFE), ont rédigé le profil des politiques STI concernant les startups et l'entrepreneuriat. Des remerciements sont aussi à adresser à Jacek Warda pour sa contribution et son retour d'information sur les incitations fiscales en faveur de la R-D, ainsi qu'à Chiara Criscuolo et Fernando Galindo-Rueda pour leurs commentaires.

Le chapitre 6, « Profils des politiques STI : Universités et recherche publique », a été établi par Giulia Ajmone-Marsan, Mario Cervantes, Sandrine Kergroach et Daniel Kupka, à partir des travaux du Groupe TIP et du Groupe de travail de l'OCDE sur les institutions et les ressources humaines de la recherche (IRHR). Merci à Ester Basri pour son apport et ses commentaires.

Le chapitre 7, « Profils des politiques STI : Réseaux, pôles et transferts », signé Dominique Guellec, Sandrine Kergroach et Caroline Paunov, s'appuie sur les travaux du Groupe TIP. Anne Carblanc et Piotr Stryszowski ont rédigé le profil des politiques STI sur l'économie numérique à partir des travaux du Comité PIIC. Des remerciements vont à Mario Cervantes pour ses observations.

Le chapitre 8, « Profils des politiques STI : Les compétences pour l'innovation », a été établi par Sandrine Kergroach et Chiara Petroli, pour les questions liées aux programmes de travail des Groupes TIP et IRHR, Asako Okamura, pour les travaux du GENIST, et Richard Scott et Stephan Vincent-Lancrin, pour la contribution du CERI. Merci à Laudeline Auriol et Fernando Galindo-Rueda pour leurs commentaires.

La rédaction du chapitre 9, « Profils pays : Évaluer les performances STI nationales », a été coordonnée par Gang Zhang. Les profils pays ont été élaborés par Dominique Guellec et Sandrine Kergroach. Celle-ci a aussi supervisé la mise en œuvre de l'infrastructure statistique (IPP.Stat) et d'information sur les politiques (base de données des *Perspectives STI*) en coordination avec Michael Keenan pour la Plateforme des politiques d'innovation (IPP) (*www.innovationpolicyplatform.org*). Les profils pays ont été établis par Giulia Ajmone-Marsan, Andres Barreneche, Dominique Guellec, Michael Keenan, Sandrine Kergroach, Daniel Kupka, Caroline Paunov, Chiara Petroli, Dimitrios Pontikakis, Xiaoyong Shi et Gang Zhang à partir des informations recueillies à l'aide du questionnaire préparatoire des *Perspectives STI*, ainsi que des activités du Groupe TIP et des Examens de l'OCDE des politiques d'innovation. Ils ont été revus par Dominique Guellec et ont fait l'objet d'un examen collégial par Giulia Ajmone-Marsan, Jacqueline Allan, Koen de Backer, Sarah Box, Mario Cervantes, Kathleen Dhondt, Gernot Hutschenreiter, Michael Keenan, Caroline Paunov, Dimitrios Pontikakis et Gang Zhang, tous de la DSTI.

Il convient également de remercier Dirk Pilat et Andrew Wyckoff de leurs précieux commentaires sur l'ensemble de la publication.

Laura Victoria Garcia, Christa de Jager et Chiara Petroli ont prêté leur concours pour les recherches nécessaires au traitement des réponses des pays au questionnaire 2014. Des remerciements vont à Julien Chicot, Naoya Ono, Inmaculada Perianez-Forte, Chiara Petroli et Tomomi Watanabe pour leur rôle déterminant dans la constitution de la base de données des *Perspectives STI*. Merci aussi à Chiara Petroli et Lihan Wei pour leur contribution à l'élaboration du questionnaire préparatoire des *Perspectives STI 2014*.

Brunella Boselli et Guillaume Kpodar ont fourni le soutien statistique. Merci à Silvia Appelt, Frédéric Bourassa, Hélène Dernis, Isabelle Desnoyers-James, Fernando Galindo-Rueda, Pedro Herrera-Gimenez, Elif Koksal-Oudot, Valentine Millot, Christina Serra-Vallejo, Brigitte Van Beuzekom et Fabien Verger pour leur apport statistique. Merci enfin à Karine Lepron et Samuel Pinto-Ribeiro pour le soutien informatique. Le processus de production a été supervisé par Joseph Loux.

Table des matières

Suivez les publications de l'OCDE sur :

http://twitter.com/OECD_Pubs

http://www.facebook.com/OECDPublications

http://www.linkedin.com/groups/OECD-Publications-4645871

http://www.youtube.com/oecdilibrary

http://www.oecd.org/oecddirect/

Ce livre contient des...

StatLinks

Accédez aux fichiers Excel® à partir des livres imprimés !

En bas des tableaux ou graphiques de cet ouvrage, vous trouverez des *StatLinks*. Pour télécharger le fichier Excel® correspondant, il vous suffit de retranscrire dans votre navigateur Internet le lien commençant par : *http://dx.doi.org*, ou de cliquer sur le lien depuis la version PDF de l'ouvrage.

Acronymes

3S	Voir SSS
ATR	Avantage technologique révélé
CBPRD	Crédits budgétaires publics de R-D
CIB	Classification internationale des brevets
CITE	Classification internationale type de l'éducation
CITI	Classification internationale type, par industrie
CITP	Classification internationale type des professions
CO_2	Dioxyde de carbone
CPST	Comité de la politique scientifique et technologique
CVM	Chaînes de valeur mondiales
DIRD	Dépenses intérieures brutes de R-D
DIRDE	Dépenses intérieures brutes de R-D du secteur des entreprises
DIRDES	Dépenses intérieures brutes de R-D du secteur de l'enseignement supérieur
DIRDET	Dépenses *intra-muros* de R-D du secteur de l'État
DPI	Droits de propriété intellectuelle
EMN	Entreprise multinationale
EPR	Établissement public de recherche
EPT	Équivalent plein-temps
FMI	Fonds monétaire international
IDE	Investissement direct étranger
JPO	Japan Patent Office
OEB	Office européen des brevets
OHMI	Office de l'harmonisation dans le marché intérieur
OMPI	Organisation mondiale de la propriété intellectuelle
PCT	Traité de coopération en matière de brevets
PGF	Productivité globale des facteurs
PIB	Produit intérieur brut
PME	Petites et moyennes entreprises
PPA	Parité de pouvoir d'achat
PPP	Partenariat public-privé
R-D	Recherche-développement
RHST	Ressources humaines de la science et de la technologie
SSS	Stratégie de spécialisation intelligente (3S)
S-T	Science et technologie
STI	Science, technologie et innovation
STIM	Science, technologie, ingénierie et mathématiques
TIC	Technologies de l'information et des communications
UE	Union européenne

USD	Dollar des États-Unis
USPTO	United States Patent and Trademark Office

Abréviations

ARG	Argentine	Peso argentin	ARS
AUS	Australie	Dollar australien	AUD
AUT	Autriche	Euro	EUR
BEL	Belgique	Euro	EUR
BRA	Brésil	Réal brésilien	BRL
CAN	Canada	Dollar canadien	CAD
CHE	Suisse	Franc suisse	CHF
CHL	Chili	Peso chilien	CLP
CHN	Chine (République populaire de)	Yuan ren min bi	CNY
COL	Colombie	Peso colombien	COP
CZE	République tchèque	Couronne tchèque	CZK
DEU	Allemagne	Euro	EUR
DNK	Danemark	Couronne danoise	DKK
EGY	Égypte	Livre égyptienne	EGP
ESP	Espagne	Euro	EUR
EST	Estonie	Couronne estonienne	EUR
FIN	Finlande	Euro	EUR
FRA	France	Euro	EUR
GBR	Royaume-Uni	Livre sterling	GBP
GRC	Grèce	Euro	EUR
HUN	Hongrie	Forint	HUF
IDN	Indonésie	Roupie indonésienne	IDR
IND	Inde	Roupie indienne	INR
IRL	Irlande	Euro	EUR
ISL	Islande	Couronne islandaise	ISK
ISR	Israël	Shekel	ILS
ITA	Italie	Euro	EUR
JPN	Japon	Yen	JPY
KOR	Corée	Won	KRW
LTU	Lituanie	Litas	LTL
LUX	Luxembourg	Euro	EUR
LVA	Lettonie	Lat	LVL
MEX	Mexique	Peso	MXN
MYS	Malaisie	Ringgit	MYR
NLD	Pays-Bas	Euro	EUR
NOR	Norvège	Couronne norvégienne	NOK
NZL	Nouvelle-Zélande	Dollar néo-zélandais	NZD
POL	Pologne	Zloty	PLN
PRT	Portugal	Euro	EUR
RUS	Fédération de Russie	Rouble	RUB
SVK	République slovaque	Couronne slovaque	EUR
SVN	Slovénie	Euro	EUR
SWE	Suède	Couronne suédoise	SEK
TUR	Turquie	Lire	TRY
UE	Union européenne	Euro	EUR
USA	États-Unis	Dollar des États-Unis	USD
ZAF	Afrique du Sud	Rand sud-africain	ZAR

Groupes de pays

BRIICS	Afrique du Sud, Brésil, Chine (République populaire de), Fédération de Russie, Inde et Indonésie
UE28	Union européenne (Allemagne, Autriche, Belgique, Bulgarie, Chypre[1, 2], Croatie, Danemark, Espagne, Estonie, Finlande, France, Grèce, Hongrie, Irlande, Italie, Lettonie, Lituanie, Luxembourg, Malte, Pays-Bas, Pologne, Portugal, République tchèque, Roumanie, Royaume-Uni, Slovaquie, Slovénie et Suède)
OCDE	Ensemble des pays membres de l'OCDE

1. Les informations figurant dans ce document qui font référence à « Chypre » concernent la partie méridionale de l'Ile. Il n'y a pas d'autorité unique représentant à la fois les Chypriotes turcs et grecs sur l'Ile. La Turquie reconnaît la République Turque de Chypre Nord (RTCN). Jusqu'à ce qu'une solution durable et équitable soit trouvée dans le cadre des Nations Unies, la Turquie maintiendra sa position sur la « question chypriote ».
2. La République de Chypre est reconnue par tous les membres des Nations Unies sauf la Turquie. Les informations figurant dans ce document concernent la zone sous le contrôle effectif du gouvernement de la République de Chypre.

Résumé

Au lendemain de la crise

La récession et le rythme modéré de la reprise sont lourds de répercussions sur l'innovation et l'action menée dans ce domaine. Dans la zone OCDE, les dépenses brutes de R-D ont augmenté de 1.6 % entre 2008 et 2012, soit moitié moins qu'entre 2001 et 2008.

Confrontés à une croissance économique léthargique, ainsi qu'à d'urgents enjeux sociétaux et environnementaux, les pays membres de l'OCDE disposent de ressources publiques limitées, conséquence de l'assainissement des finances publiques, qui se répercute déjà sur les budgets de la R-D « verte ». Ils ont donc défini une « nouvelle donne » pour l'innovation, qui confère à cette dernière une place plus importante dans l'action publique tout en s'adaptant à l'évolution du contexte. La croissance du PIB s'annonçant lente et les budgets publics serrés, la stratégie à suivre consiste à mettre l'innovation au service de la société dans les années à venir.

Un paysage en évolution

La Chine s'est hissée sur le devant de la scène mondiale de la R-D en multipliant par deux ses dépenses entre 2008 et 2012, même si la progression a été plus lente qu'au cours de la période 2001-08. Des pays émergents comme le Brésil et l'Inde misent sur l'innovation pour tirer leur croissance économique vers le haut et, ce faisant, échapper au « piège du revenu intermédiaire ». Ils doivent donc renforcer leur capacité à innover. En Europe, le contraste s'accentue : les ratios R-D/PIB visés sont en passe d'être atteints dans certains pays, tandis que le retard se creuse dans d'autres.

Compte tenu de la mondialisation et de l'interdépendance croissantes de la science, de la technologie et de l'innovation, les politiques d'innovation menées par les pays visent de plus en plus à consolider les avantages nationaux dans les chaînes de valeur mondiales (CVM) afin de capter les segments liés à l'innovation (R-D, conception, etc.) qui contribuent le plus à la création de valeur et d'emplois. Comme les talents et autres actifs intellectuels sont particulièrement précieux et mobiles, les pays rivalisent d'ingéniosité pour les attirer et les retenir. À cette fin, ils proposent des « écosystèmes » de recherche propices à l'investissement direct étranger et aident les entreprises nouvelles et les PME à intégrer les CVM. Particulièrement soucieux d'améliorer l'attrait des systèmes nationaux de recherche, ils renforcent par divers moyens les capacités des universités, l'infrastructure de recherche et l'ouverture sur l'international : création de débouchés pour les chercheurs étrangers, promotion de l'image, mise en place de programmes de mobilité, réalisation de produits éducatifs et amélioration des conditions d'apprentissage. Par ailleurs, il est avéré que les incitations fiscales donnent lieu à une concurrence internationale pour attirer les centres de R-D étrangers.

L'évolution récente des technologies est centrée sur les enjeux planétaires (changement climatique, vieillissement des sociétés, sécurité alimentaire) et la hausse de la productivité (notamment à travers les nouveaux procédés de fabrication), tandis que les préoccupations environnementales et sociales mettent les pouvoirs publics face à de nouvelles difficultés et perspectives dans le cadre de leur politique STI.

C'est pourquoi les politiques STI visent de plus en plus des objectifs précis. Par exemple, alors que la crise a accentué les inégalités de revenu, on mobilise l'innovation pour faire en sorte que les entreprises, universités et régions les moins bien loties profitent des retombées des « îlots d'excellence » (que forment les universités, les entreprises et les villes les plus performantes). Aujourd'hui, la politique d'innovation est davantage abordée dans une optique systémique, c'est-à-dire qui englobe les diverses parties prenantes ainsi que les relations d'interdépendance et les synergies potentielles observées dans les différents domaines d'intervention concernés (réglementation, fiscalité, éducation, etc.).

Ces enjeux imposent la réalisation de percées technologiques, la mise en œuvre rapide des solutions existantes ou nouvelles ainsi que des changements de nature systémique (dans l'action publique, la réglementation, les comportements, etc.). On constate, par exemple, que l'innovation mise au service d'une société vieillissante peut conduire à l'apparition de nouveaux secteurs de croissance, mais qu'elle est sous-financée et que l'action publique s'y rapportant manque encore de cohésion. Il sera donc nécessaire d'intervenir dans un large éventail de domaines pour faire évoluer la recherche multidisciplinaire grâce à l'Internet et aux technologies de l'information.

La convergence des TI, des sciences du vivant, des nanosciences et des sciences cognitives pourrait déboucher sur la « prochaine révolution industrielle ». Déjà, on observe que la part grandissante de l'innovation dans les services influe sur la compétitivité des pays.

R-D d'entreprise

Si les dépenses de R-D des entreprises ont retrouvé leur rythme de croissance d'avant la crise, soit 3 % annuels depuis 2011, La reprise se fait à des niveaux en deçà de ce qu'ils étaient avant les coupes de 2009 et 2010. Leurs perspectives de croissance sont plus favorables que celles des investissements physiques car les entreprises, anticipant un affaiblissement de la demande, améliorent leurs produits et procédés au lieu d'accroître leur capacité de production.

L'ampleur du soutien public à la R-D d'entreprise a permis d'amortir l'impact de la crise. Ses niveaux dépassent largement ce qu'ils étaient il y a dix ans, principalement sous l'effet d'un régime fiscal de plus en plus favorable à la R-D. Pris ensemble, le financement direct de la R-D et les allégements fiscaux la concernant représentent entre 10 % et 20 %, parfois plus, des dépenses de R-D des entreprises enregistrées dans les pays. Le montant des aides indirectes équivaut ou excède celui des aides directes dans 13 des 32 pays pour lesquels des données sont disponibles. Dans bien des cas, toutefois, l'emballement de la dette publique a contraint les autorités à réduire les dépenses liées à l'innovation ou à revoir de façon plus systématique les mesures en place en vue de rationaliser les programmes et de supprimer ceux qui font double emploi.

Le financement public direct de la R-D d'entreprise passe de plus en plus par l'attribution des subventions et des contrats sur appel d'offres, tandis que le financement par emprunt (prêts et garanties d'emprunt) et le financement sur fonds propres (capital-risque, fonds de fonds) gagnent en popularité. Très souvent, le financement est alloué à des secteurs ou à des types d'entreprise particuliers (généralement les PME) au titre de « nouvelles politiques industrielles ».

Dans beaucoup de pays, les conditions du crédit ont été particulièrement difficiles pour les PME (taux d'intérêt plus élevés, échéances plus courtes et demandes de garanties accrues). En Europe, l'investissement en capital-risque est nettement plus faible qu'avant la crise, alors qu'il a retrouvé sa vigueur antérieure aux États-Unis. Cette situation a poussé les pouvoirs publics à augmenter leur financement, tandis que les nouvelles sources de financement (financement participatif et non bancaire), aussi marginales soient-elles, ont le vent en poupe.

R-D publique

La R-D publique est la clé de voûte des systèmes d'innovation. Tout au long de la crise, le soutien constant des pouvoirs publics a permis aux universités et aux établissements publics de recherche de maintenir le niveau de leurs dépenses de R-D ; l'enseignement supérieur représentait 61 % de la R-D publique en 2012, contre 57 % en 2000.

Dans le souci de renforcer l'excellence et la pertinence de la recherche publique, et compte tenu des difficultés budgétaires, le financement institutionnel cède peu à peu la place au financement par projet, qui va souvent de pair avec une mise en concurrence. La plupart des pays se sont dotés de programmes d'excellence qui allient les deux types de financement afin d'obtenir une recherche de premier ordre et de soutenir les activités axées sur la résolution des problèmes prioritaires.

Le transfert de connaissances, en particulier la commercialisation, figure désormais au premier rang des priorités de la recherche publique. Une notion marchande a été introduite dans les activités scientifiques menées en amont (notamment par le biais de la coopération entre les entreprises et le système scientifique en matière de R-D). Depuis peu, des politiques stratégiques plus complètes encouragent, en aval, la commercialisation des résultats des travaux de la recherche financés par des fonds publics, en améliorant et professionnalisant les organismes responsables du transfert technologique et en associant les étudiants à la phase de commercialisation.

L'essor de la « science ouverte » obligera à repenser l'action publique pour définir les modalités de financement de la recherche publique, d'exécution des activités de recherche et d'exploitation de leurs résultats, d'accès et de protection de ces résultats, mais aussi pour influer sur les modes d'interaction entre la science et la société.

PARTIE I

Vue d'ensemble des performances et politiques STI

PARTIE I

Guide du lecteur

L'innovation résulte d'activités menées par des acteurs aussi nombreux que divers : entreprises, multinationales, jeunes entreprises innovantes, mais aussi établissements publics de recherche (EPR) ou universités. Ces acteurs coopèrent et rivalisent entre eux. Leur activité dépend des ressources financières et humaines disponibles et de la demande émanant des marchés ou suscitée par les défis environnementaux ou sociétaux à relever. L'État joue un rôle déterminant dans le dynamisme et l'orientation de ce système en influant sur les conditions-cadres et en mettant en place des politiques d'innovation. La capacité d'un pays à produire des innovations et à les exploiter dépend principalement de ce système complexe. Les *Perspectives STI* tentent de rendre compte de cette complexité en analysant les grandes tendances observées dans ces trois domaines et dans les politiques STI. Le diagramme présenté ci-dessous est spécifique aux *Perspectives STI 2014 de l'OCDE* et a pour objet d'aider les lecteurs à visualiser la composition et le fonctionnement du système d'innovation. Il servira à introduire chacune des sections qui suivent.

Les acteurs

Parce qu'elles sont plus susceptibles de transformer des idées en valeur économique, les entreprises sont considérées comme les principaux acteurs de l'innovation. Dans de nombreux pays, le ***secteur des entreprises*** est le principal intervenant de la recherche-développement (R-D). Les jeunes entreprises innovantes (startups) peuvent exploiter les connaissances non utilisées ou sous-utilisées et créer ainsi de nouveaux marchés.

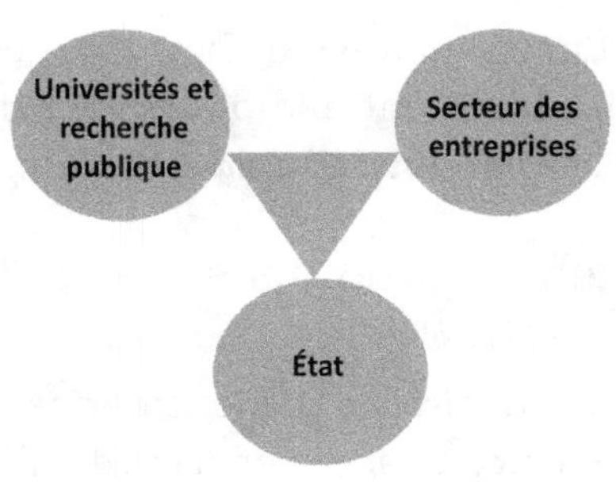

Malgré la place nettement plus modeste qu'occupe la recherche publique, les ***universités et les établissements publics de recherche*** (EPR) jouent un rôle central dans les systèmes d'innovation en apportant de nouvelles connaissances, en particulier dans les domaines dans lesquels les bénéfices économiques sont incertains ou moins immédiats. En outre, l'enseignement supérieur contribue au développement des compétences et peut conduire des étudiants brillants à embrasser une carrière dans la recherche ou à choisir un métier lié à l'innovation.

L'**État** est le troisième acteur clé de la R-D. Tout d'abord, la marge d'innovation est grande dans l'administration publique. Les améliorations apportées dans les prestations de services publics, tant au regard du contenu de ces services que des instruments utilisés pour les assurer (administration électronique, par exemple), doivent répondre à une demande publique de plus en plus élaborée et aux nouveaux défis induits par les tensions budgétaires. Ensuite, dans la mesure où les décisions d'investissement des particuliers et des entreprises sont sensibles aux incitations économiques et donc aux politiques et institutions (OCDE, 2010a), la propension des entreprises à innover et à réussir dans ce domaine dépend d'un panachage d'initiatives politiques prises au bon moment et gouvernées avec efficience (OCDE, 2011f, chapitre 4). Enfin, le programme de la recherche publique est élaboré à un niveau élevé et les budgets qui lui sont alloués dessinent le paysage de la recherche nationale.

Moyens/produits et résultats

Le secteur des entreprises, les universités, les EPR et l'État exercent des activités d'innovation, R-D incluse, qui génèrent et utilisent du capital intellectuel, technologique ou non, corporel ou incorporel. Le développement de ces activités et leurs résultats sont fortement tributaires de l'accès aux ***compétences***, à la ***technologie***, aux nouvelles ***avancées scientifiques*** et à l'***innovation***.

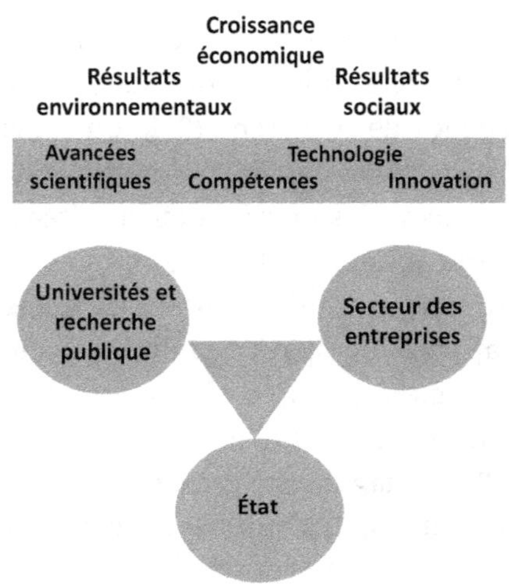

En cas de succès, les entreprises, les universités, les EPR et l'État aident à accroître le stock de capital intellectuel en faisant reculer la frontière de la connaissance, en mettant au point de nouvelles technologies, en étoffant l'offre des compétences diverses et complexes qui sont indispensables à l'innovation et en introduisant des innovations.

L'innovation est un facteur majeur de productivité et de ***croissance économique*** et elle est jugée essentielle pour créer de nouvelles valeurs économiques. Les ***résultats environnementaux et sociaux*** de l'innovation sont de plus en plus reconnus.

Le contexte : les conditions macroéconomiques, structurantes et mondiales de l'innovation

Les décisions des entreprises en matière d'investissement dans l'innovation dépendent de la façon dont ces dernières anticipent les futures innovations et la rentabilité de celles qui se produisent actuellement. L'existence de perspectives de marché encourageantes est un facteur déterminant, mais les débouchés tiennent aussi à des ***conditions macroéconomiques*** favorables, à la solidité financière des acteurs et des ***marchés***, à la réglementation de la ***concurrence*** sur les marchés des produits et du travail et à des ***droits de propriété intellectuelle*** (DPI) inattaquables, comme les brevets, les droits d'auteur et les marques de fabrique.

La ***mondialisation*** des échanges, de l'investissement dans la science et la technologie et des systèmes de recherche modifie les conditions dans lesquelles les systèmes nationaux d'innovation opèrent. Les pays et les entreprises participent à la coopération internationale en matière de science, de technologie et d'innovation pour puiser dans les réservoirs mondiaux de connaissances et de ressources humaines, accéder aux grandes infrastructures de recherche, partager les coûts, obtenir des résultats plus rapidement et gérer les vastes entreprises engagées pour relever efficacement les défis d'envergure régionale ou mondiale.

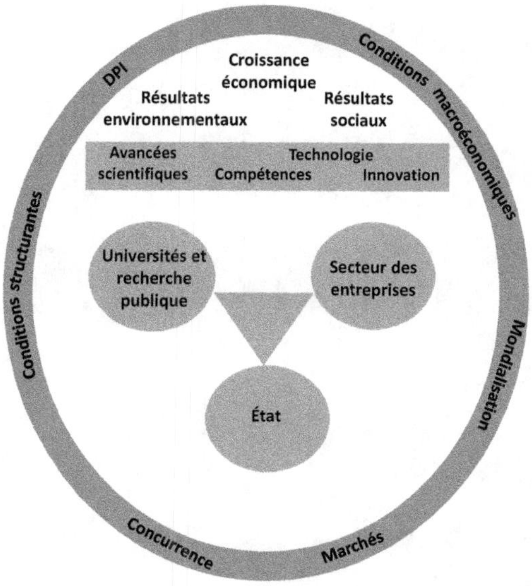

PARTIE I

Chapitre 1

L'avenir des politiques de la science, de la technologie et de l'innovation

Ce chapitre donne un aperçu de l'évolution récente de la science, de la technologie et de l'innovation (STI), des perspectives envisagées dans ces domaines et des politiques STI engagées par différents pays. La croissance économique s'accélérant, les activités STI devraient elles aussi connaître une progression. La reprise est toutefois inégale selon les pays et les secteurs, et la crise a causé des dommages durables dans les finances publiques, créant ainsi une « nouvelle donne » pour les politiques STI. Celles-ci doivent tenir compte des risques et des possibilités que la poursuite de la mondialisation des activités STI a engendrés avec les chaînes de valeur mondiales et la mobilité internationale des personnes et des connaissances. L'innovation est de plus en plus appelée à contribuer au règlement des problèmes planétaires, environnementaux et sociétaux et, partant, à confronter les pouvoirs publics à de nouveaux défis.

Ce chapitre s'appuie sur les travaux que l'OCDE mène dans divers domaines : science, technologie, industrie, éducation, innovation, migrations, échanges, environnement, affaires économiques, finance, fiscalité, gouvernance publique et statistique. De même, il puise largement dans les réponses données par les pays au questionnaire préparatoire aux Perspectives de la science, de la technologie et l'industrie de l'OCDE 2014, qui constitue une précieuse source d'informations sur les politiques d'innovation nationales. Il porte plus spécifiquement sur les politiques STI et de l'entrepreneuriat, même si l'innovation dépend bien évidemment aussi de la qualité des cadres qui régissent l'environnement macroéconomique, la concurrence, la réglementation, la fiscalité et le marché du travail.

Introduction : l'avenir des politiques STI

Dans les années à venir, les politiques de recherche et d'innovation conserveront une place centrale dans l'action menée au service d'une croissance durable et inclusive. Cependant, l'effort d'assainissement budgétaire pèse sur la capacité des États à tenir leurs engagements financiers. Les budgets publics de la recherche et développement (R-D) ont commencé à plafonner, voire à reculer, dans un grand nombre de pays de l'OCDE.

À présent, c'est sur l'innovation et la technologie que l'on compte pour rétablir la compétitivité, donner un coup de fouet à la productivité, moderniser le tissu industriel et relever les défis mondiaux. L'essor des chaînes de valeur mondiales (CVM), le rôle désormais central de l'entrepreneuriat, la recherche de nouvelles sources de croissance et les défis à relever du fait des problèmes environnementaux et sociaux ont conduit les pouvoirs publics à revoir leurs objectifs et instruments d'intervention. L'intérêt nouveau pour l'« innovation systémique » dénote un changement du paradigme décisionnel opéré dans certains pays au profit de politiques d'innovation accompagnant les grandes transformations socio-économiques. Ce calcul peut avoir de profondes répercussions sur le dosage des instruments d'action et les dispositifs de gouvernance. L'orientation écologique des politiques STI est très nette et s'explique par le fait que la technologie et l'innovation sont de plus en plus perçues comme des moyens d'atténuer le changement climatique.

Les pays sont désormais plus nombreux à axer l'essentiel de leurs travaux de recherche sur la compétitivité et les défis environnementaux et sociaux, tandis que la recherche fondamentale (non ciblée) relève strictement d'un cadre d'« excellence » (synonyme d'une forte sélectivité). Dans ce contexte, on voit se développer entre acteurs publics et privés des liens plus larges et plus denses, qui ont pour but de mieux exploiter les synergies potentielles entre les deux secteurs et qui vont au-delà des relations habituellement tissées autour de la propriété intellectuelle ou dans le cadre de pépinières.

Il résulte de cet élargissement du champ de la politique STI qu'elle implique désormais une grande diversité de ministères et de départements, chargés des politiques économiques, de la compétitivité et de l'emploi ou de défis mondiaux spécifiques (environnementaux et sociaux, par exemple). Aussi les politiques d'innovation doivent-elles à présent être traitées à l'échelle de toute l'administration.

Par ailleurs, la politique STI a gagné en complexité. L'enrichissement de sa panoplie d'instruments et la participation de nouveaux acteurs à la conception et à l'acheminement des politiques d'innovation viennent obscurcir le paysage de l'action publique. Se posent alors les questions de l'optimisation du dosage des mesures et de la gouvernance à plusieurs niveaux. L'approche cloisonnée, qui sous-tend l'évolution de la politique STI et résulte d'une segmentation thématique et verticale, est remise en cause. D'importants efforts sont accomplis pour intégrer les politiques STI à différents niveaux (régional, national et supranational) et dans différents domaines (recherche ou innovation industrielle, par exemple). L'évaluation joue un rôle essentiel en permettant aux pouvoirs publics de suivre l'évolution des politiques dans leur ensemble.

La quête d'efficience fait évoluer les politiques d'innovation. Dans de nombreux pays, de nouveaux dispositifs de gouvernance centralisent des ressources publiques et privées d'origines diverses, comme les partenariats public-privé stratégiques pour l'innovation. De même, les pouvoirs publics s'emploient actuellement à rationaliser leurs interventions et à regrouper les programmes STI.

LA REPRISE : UNE NOUVELLE DONNE POUR LES POLITIQUES STI

Cette section décrit le contexte macroéconomique dans lequel les politiques et systèmes nationaux d'innovation ont évolué ces dix dernières années et celui prévu au lendemain de la crise de 2008.

On s'intéresse en particulier aux effets d'une reprise inégale sur les régions et les pays ainsi que sur la capacité des pouvoirs publics et des entreprises à engager des activités d'innovation. Diverses questions sont examinées : la baisse des bénéfices et investissements des entreprises, les retombées de taux de chômage élevés sur le marché des compétences et sur la demande de technologie et d'innovation des ménages, la perte de productivité des entreprises, ou encore l'assainissement des finances publiques et ses répercussions sur les budgets publics de R-D et les aides publiques à l'innovation. La « nouvelle donne » des responsables des politiques STI est exposée : elle suppose de nouveaux partenariats, une utilisation plus stratégique des marchés publics, une évaluation renforcée des politiques et une rationalisation de l'action publique en faveur de la science, de la technologie et de l'innovation.

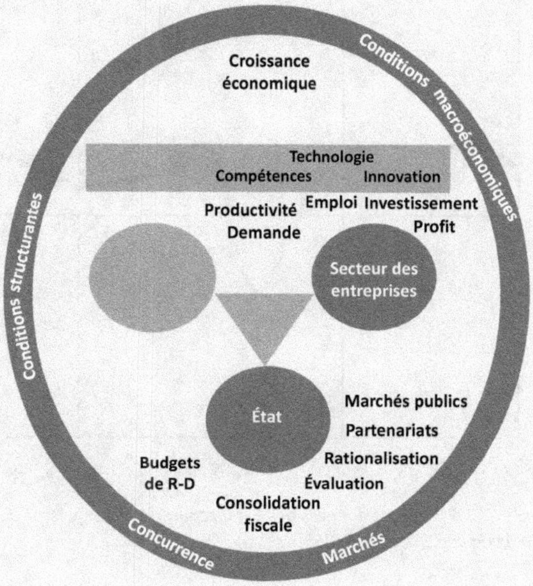

La reprise économique s'accélère, mais les activités STI ne devraient progresser que modérément dans les années à venir

La reprise demeure fragile et contrastée

D'après les estimations, la croissance du produit intérieur brut (PIB) mondial réel s'élèvera à 3.5 % et 3.9 % en 2014 et 2015 et sera moindre dans la zone OCDE, à savoir 2.4 % et 2.8 % (OCDE, 2014c). L'activité économique et le commerce mondial se redressent lentement depuis 2011 et devraient progressivement s'améliorer au cours des deux prochaines années, entraînés par le dynamisme des économies non membres (5.0 % et 5.3 % respectivement), en particulier de la Chine (7.4 % et 7.2 %).

Au sein de la zone OCDE, la reprise est inégale (graphique 1.1). L'accélération récemment observée aux États-Unis indique un retour mondial à la croissance, mais le durcissement de la politique monétaire de ce pays et la dette fédérale créent une incertitude quant à la stabilité de la croissance du PIB des États-Unis (1.9 % en 2013). Au Japon, les perspectives de croissance (1.5 % en 2013) sont ternies par le niveau de la dette publique. Certains pays d'Europe du Sud et d'Europe centrale ne se sont pas encore remis du choc et devraient connaître une croissance modeste, inférieure à 2 %, au cours des deux prochaines années. Leurs déficiences structurelles pèsent également sur l'ensemble de

Graphique 1.1. **La croissance est revenue, mais à un rythme inégal selon les pays**

Taux de croissance annuel du PIB, 2003-13 et projections pour 2014 et 2015

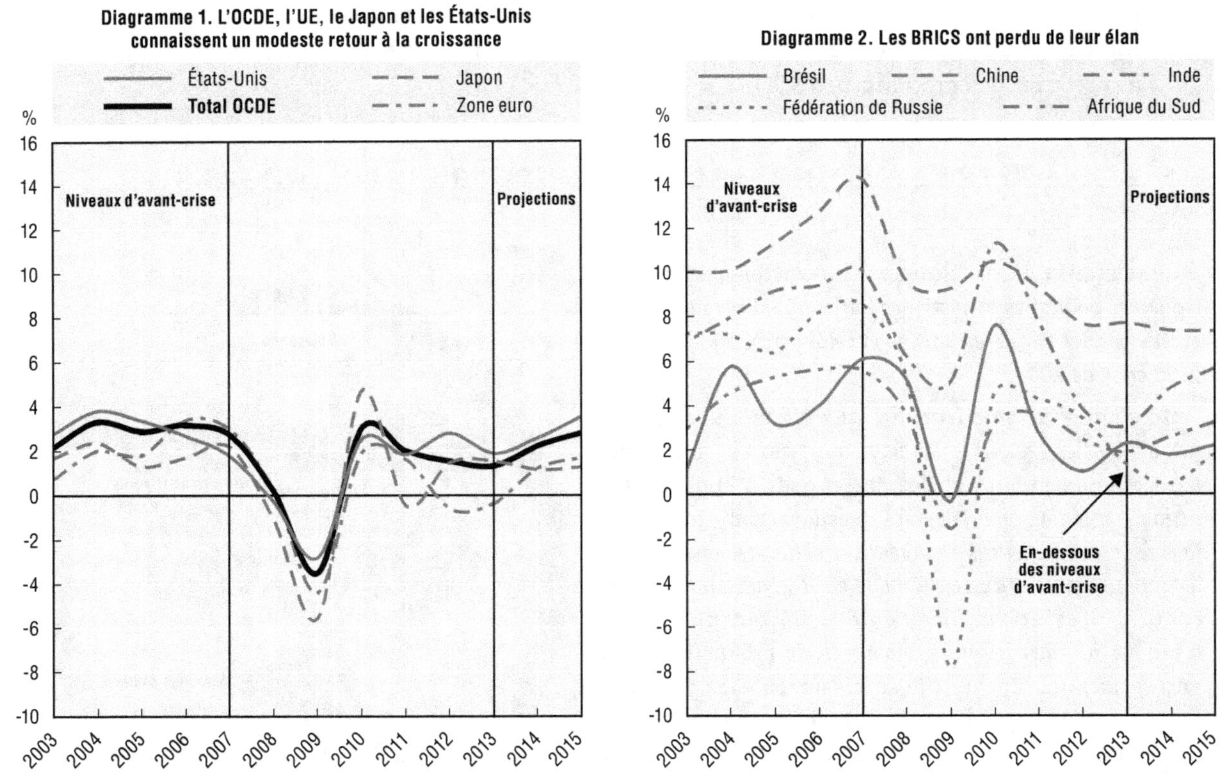

Source : OCDE, *Base de données des Perspectives économiques* n° 95, mai 2014. Données extraites de IPP.Stat le 8 juillet 2014, *http://stats.oecd.org//Index.aspx?QueryId=57863.*

StatLink http://dx.doi.org/10.1787/888933306140

l'Union européenne. Peu de pays européens devraient afficher une croissance supérieure à 2 % en 2014 et 2015. Même les pays les plus dynamiques de l'OCDE (Chili, Corée, Israël et Turquie), dont la croissance a dépassé les 2.5 % en 2013, n'ont pas encore retrouvé leur rythme de progression d'avant la crise.

Les BRICS (Brésil, Fédération de Russie, Inde, Chine et Afrique du Sud) ont perdu de leur allant. En 2013, plusieurs économies émergentes majeures ont manifesté les premiers signes d'un ralentissement économique et montré leur sensibilité aux fluctuations des marchés financiers des États-Unis. Tout comme leur dynamisme avait guidé la croissance mondiale pendant la crise, leur ralentissement a freiné la reprise, si bien que la croissance du PIB mondial a été révisée à la baisse d'un demi-point de pourcentage pour 2013 et 2014 (OCDE, 2013a). En outre, le développement des BRICS continue d'être contraint par des rigidités structurelles (infrastructures et éducation, par exemple), une forte dépendance à l'égard de l'investissement direct étranger (IDE) et des défis démographiques qui limitent la croissance à moyen terme.

Dans les pays émergents de l'Asie du Sud-Est (à l'exclusion de la Chine et de l'Inde), les perspectives économiques restent solides (OCDE, 2013b). Au cours de la période 2014-18, la croissance du PIB devrait s'établir à environ 5.4 %, ce qui correspond à un niveau à peu près similaire à celui d'avant 2007. L'économie de l'Afrique a fait preuve d'une grande résilience face aux perturbations de l'économie mondiale (OCDE/BAD/PNUD, 2014). La progression du PIB a été de 4.2 % en 2012 et devrait s'accélérer pour atteindre 4.5 % en 2013, puis 5.2 % en 2014.

En revanche, il est probable que le ralentissement économique de l'Amérique latine persiste (OCDE/CEPALC/CAF, 2013). Le rôle des exportations comme moteur de la croissance ira en diminuant, laissant la place à une demande intérieure plus forte, soutenue par la progression des salaires et une classe moyenne en expansion.

Les effets de la crise ne sont pas encore entièrement absorbés. L'investissement et l'emploi demeurent au-dessous de leur niveau d'avant la crise

Les investissements des entreprises sont en baisse. Les bénéfices sont la principale source de financement des entreprises et jouent un rôle essentiel dans les décisions d'investissement, en particulier en ce qui concerne l'innovation. Dans un contexte économique porteur, les entreprises réinvestissent normalement leurs bénéfices pour soutenir leur développement futur. Dans le climat actuel d'incertitude, le recul des marges bénéficiaires annonce un fléchissement de l'investissement (graphique 1.2). On constate également que de nombreuses entreprises bénéficiaires n'investissent pas, car elles ne voient aucune reprise économique forte à brève échéance, d'où l'accumulation de réserves liquides observée à l'échelle mondiale.

Dans un grand nombre de pays, l'inversion des taux de chômage a pris du temps. Les niveaux de chômage obstinément élevés – dans certains pays, ils ont atteint un seuil historique – témoignent d'une attitude attentiste des entreprises. Au plus fort de la crise, près de 50 millions de personnes étaient à la recherche d'un emploi dans la zone OCDE et, en 2013, on dénombrait encore plus de 48 millions de chômeurs (OCDE, 2013a). À 7.9 %, le taux de chômage de l'OCDE demeure supérieur à son niveau d'avant la crise (OCDE, 2014c).

De surcroît, bien qu'un niveau d'instruction plus élevé garantisse une plus grande probabilité de trouver un emploi, les diplômés de l'enseignement supérieur n'ont pas été complétement épargnés (OCDE, 2014d). En moyenne 4.8 % des 25-64 ans ayant fait des études supérieures étaient à la recherche d'un emploi en 2011, contre 3.3 % en 2007. Les pays de l'Europe du Sud (Grèce : 12.8 %, Espagne : 11.6 % et Portugal : 8.0 %) ont été les plus durement touchés. En revanche, en Allemagne le chômage des diplômés de l'enseignement supérieur a reculé de manière constante pour atteindre 2.4 % en 2011, soit l'un des taux les plus bas de l'OCDE, avec ceux de la Norvège (1.5 %) et de l'Autriche (2.3 %).

Les niveaux d'emploi déterminent la propension des ménages à consommer et leur penchant pour des produits innovants et plus onéreux. Dans les périodes difficiles, les ménages augmentent leur épargne de précaution. La demande finale, principal moteur de croissance dans les économies arrivées à maturité, est donc plus faible, et les entreprises hésitent davantage à engager des dépenses dans des activités à haut risque. En outre, à long terme, les chômeurs s'exposent à une érosion de leurs compétences. Plus globalement, la perte de capital humain hautement qualifié peut nuire à la capacité des entreprises à se lancer dans la R-D et l'innovation.

La question est particulièrement préoccupante pour les nombreux jeunes qui sont sur le marché du travail, dans la mesure où les compétences acquises durant les premières années de vie professionnelle déterminent l'évolution de la carrière. Le chômage des jeunes pourrait avoir des effets à long terme sur la viabilité économique et budgétaire, notamment sous la forme du développement de l'activité économique informelle, d'une baisse des recettes fiscales ou d'une hausse des dépenses publiques de santé[1]. Depuis longtemps, les 15-24 ans sont plus susceptibles d'être au chômage que leurs aînés. Ils ont été particulièrement touchés par la crise (OCDE, 2013c), car le fossé entre les générations

Graphique 1.2. **Les marges des firmes ont diminué et les firmes retardent leurs investissements**

Variation du taux de marge bénéficiaire[1] et du taux d'investissement des firmes[1], en points de pourcentage, 2012 par rapport à 2007

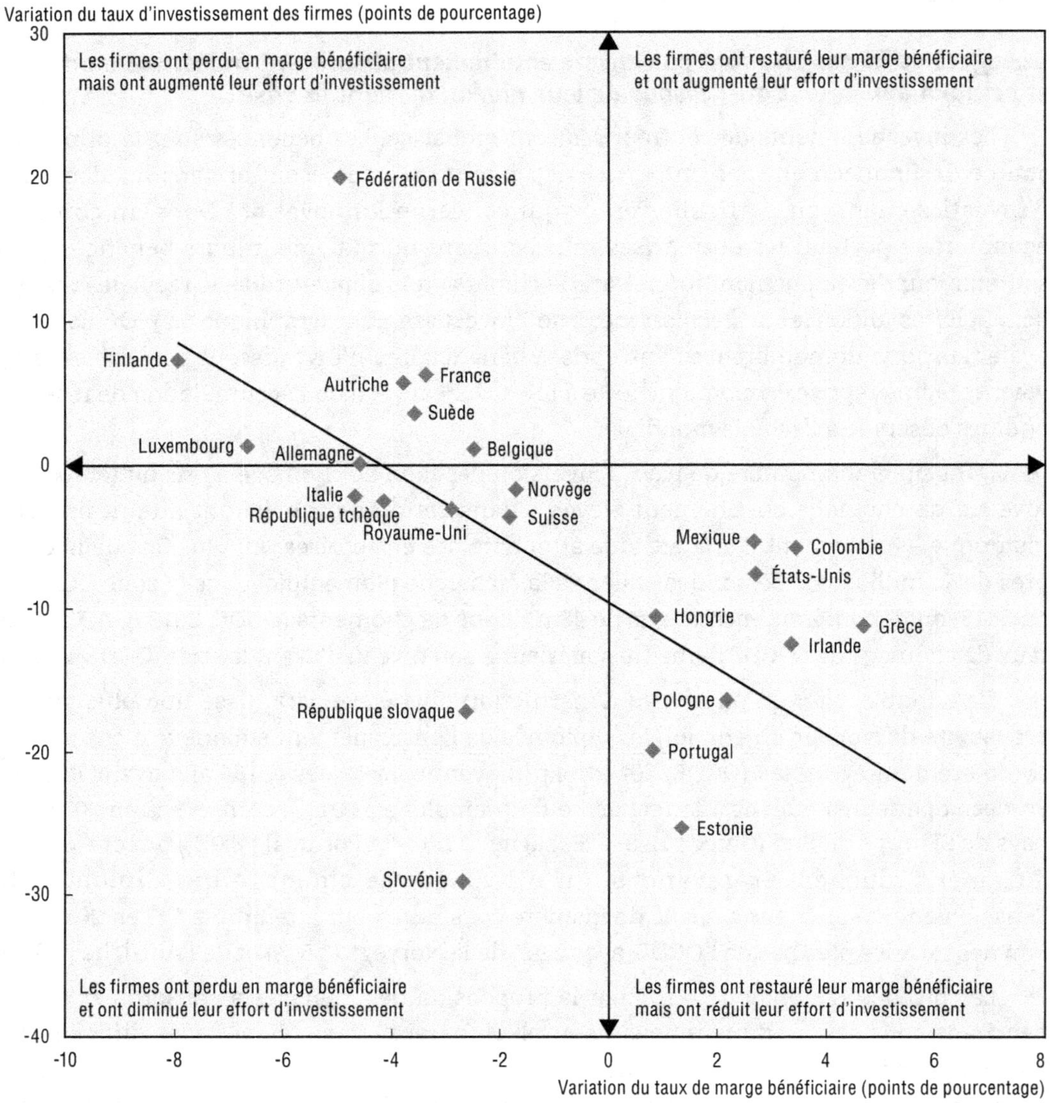

1. Le taux de marge bénéficiaire est l'excédent brut d'exploitation exprimé en pourcentage de la valeur ajoutée. Le taux d'investissement est la formation brute de capital fixe exprimée en pourcentage de l'excédent brut d'exploitation. Les données se rapportent uniquement aux sociétés non financières, à l'exception des Etats-Unis où les sociétés financières sont incluses. Au 31 juillet 2013, les Etats-Unis ont publié une nouvelle série de comptes nationaux en accord avec le Système de Comptabilité Nationale 2008 (SNA 2008). Cependant, toutes les données ne sont pas encore disponibles. Une augmentation du taux de marge bénéficiaire aux Etats-Unis peut donc être surévaluée. Une augmentation du taux de marge bénéficiaire dans certains pays peut résulter d'un effet PIB (une baisse plus rapide du PIB que de la marge bénéficiaire des firmes). Le total de l'OCDE a été converti en USD en utilisant la parité de pouvoir d'achat (PPA) et comprend les pays de l'OCDE pour lesquels les données étaient disponibles. La variation des marges bénéficiaires et des taux d'investissement est la différence entre les taux de 2012 et de 2007 exprimée en points de pourcentage.

Source : OCDE, *Base de données sur les comptes nationaux*, comptes non financiers par secteur, avril 2014. Données extraites de IPP.Stat le 8 juillet 2014, *http://stats.oecd.org//Index.aspx?QueryId=57863.*

StatLink http://dx.doi.org/10.1787/888933306157

s'est creusé dans la plupart des pays[2]. En 2012, plus de 50 % des 15-24 ans étaient sans emploi en Grèce, en Espagne et en Afrique du Sud, contre 20 % à 22 % des 25-64 ans (OCDE, 2013c). Avec la reprise, l'écart a commencé à se réduire, mais il sera difficile pour les pouvoirs publics de réinsérer les jeunes qui n'étaient ni scolarisés, ni employés, ni actifs pendant le ralentissement.

La dégradation des finances publiques a mis à rude épreuve l'action publique en général, et la politique STI en particulier. Pourtant, de nombreux gouvernements entendent maintenir ou renforcer leur engagement en faveur de la science, de la technologie et de l'innovation

La capacité des pouvoirs publics à donner forme à la politique STI dépend de l'état des finances publiques, qui influe aussi sur la confiance des investisseurs, l'afflux de capitaux étrangers et l'intégration dans l'économie mondiale.

Des défis demeurent dans le domaine des finances publiques, en dépit des efforts déployés par les pays pour assainir leur situation financière (OCDE, 2013e). La baisse des recettes fiscales et les dépenses effectuées à titre exceptionnel par les États pendant la crise ont creusé les déficits publics. En pourcentage du PIB, la dette publique a atteint des niveaux très élevés et, malgré la reprise, l'endettement de certains pays va s'aggraver. Même si la pression budgétaire commencera probablement à se relâcher à compter de 2015 dans la plupart des pays, très peu seront alors parvenus à ramener leur déficit au niveau d'avant la crise.

Tendances de l'action publique

L'assainissement budgétaire oblige généralement les États à augmenter la pression fiscale et à tailler dans les dépenses publiques. Les choix stratégiques opérés dans certains domaines d'intervention - comme alourdir ou alléger, de manière globale ou ciblée, la charge fiscale ou les crédits budgétaires publics de R-D (CBPRD) - peuvent avoir une incidence sur les systèmes d'innovation. Un resserrement de la pression fiscale risque de ralentir un peu plus une demande déjà atone, de réduire le rendement net du capital et donc de décourager l'investissement privé dans la R-D et l'innovation. Bien que les gouvernements aient montré l'importance qu'ils accordaient à l'enseignement, à la recherche et à l'innovation en préservant, voire en augmentant, leur budget STI pendant la crise (OCDE, 2009), la discipline budgétaire pourrait les contraindre à réviser leurs engagements et à atténuer l'effet de levier potentiel des marchés publics en matière de recherche et d'innovation. Certains pays pourraient donc avoir des difficultés à maintenir leur budget STI au niveau actuel. Les ressources allouées à l'éducation ont diminué depuis 2009, à la suite notamment du gel des traitements des enseignants dans la moitié des pays de l'OCDE, et de nouvelles coupes sont attendues dans le secteur au cours des deux prochaines années (OCDE, 2013f).

Les budgets de R-D stagnent dans de nombreux pays et ont amorcé un recul dans d'autres. En 2009, les CBPRD ont commencé à s'effriter nettement en France, en Finlande, en Espagne, dans la Fédération de Russie et au Royaume-Uni (graphique 1.4). En 2011, leur progression a été stoppée en plein essor au Taipei chinois et a sensiblement ralenti au Danemark et en Suisse.

Néanmoins, les pays membres et les économies non membres de l'OCDE ont confirmé leur engagement en faveur de la science, de la technologie et de l'innovation ainsi que leur intention de maintenir (Italie et États-Unis) ou, pour la plupart, d'accroître les budgets nationaux de R-D (voir le profil « Stratégies STI nationales »). La France met actuellement en œuvre la deuxième phase de son Programme d'investissements d'avenir, qui bénéficie

Graphique 1.3. **Les budgets publics de R-D sont en cours de stabilisation ou commencent à décroître**

Crédits budgétaires publics de R-D, en millions USD 2005 PPA, 2002-13

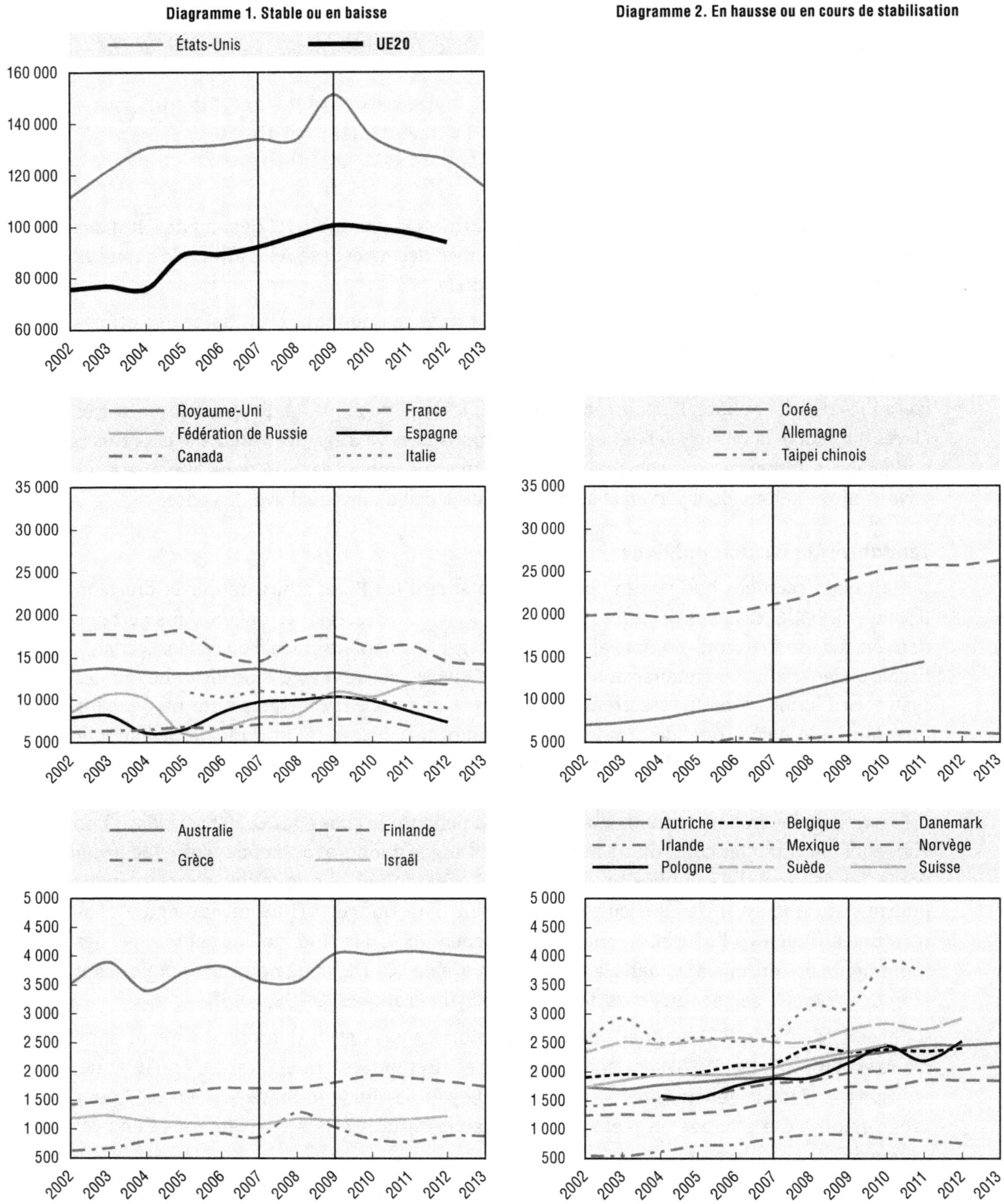

Source : OCDE, *Base de données sur les principaux indicateurs de la science et de la technologie (PIST)*, juin 2014, *www.oecd.org/sti/pist*. Données extraites de IPP.Stat le 8 juillet 2014, *http://stats.oecd.org//Index.aspx?QueryId=57863*.

StatLink http://dx.doi.org/10.1787/888933306166

Graphique 1.4. **L'effet amortisseur de la R-D publique s'est atténué à la suite de la crise**

Taux de croissance annuel du PIB et de la DIRD, de la DIRDE et de la dépense publique de R-D, à prix constants, 1993-2013 et projections pour 2015

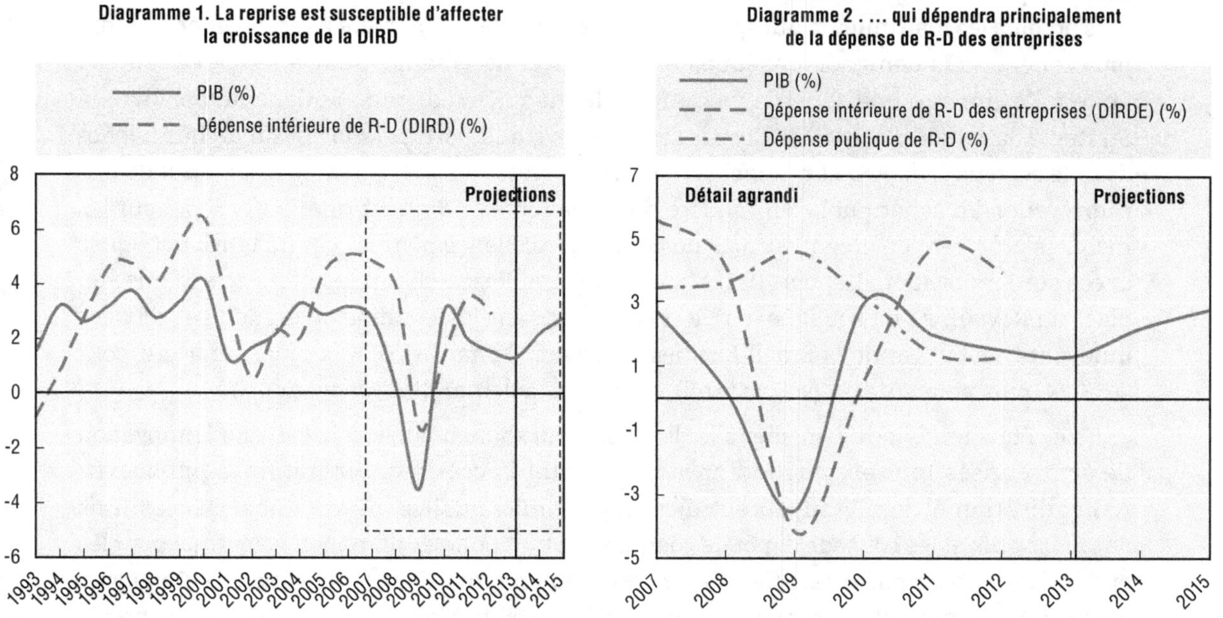

Note : La dépense publique de R-D regroupe la dépense de R-D du secteur de l'Etat et la dépense de R-D de l'enseignement supérieur.
Source : OCDE, *Base de données des Perspectives Economiques No* 95, mai 2014 ; OCDE, *Base de données sur les principaux indicateurs de la science et de la technologie (PIST)*, juin 2014, *www.oecd.org/sti/pist*. Données extraites de IPP.Stat le 8 juillet 2014, *http://stats.oecd.org//Index.aspx? QueryId=57863*.

StatLink http://dx.doi.org/10.1787/888933306178

d'une enveloppe de 14 milliards USD en PPA (12 milliards EUR), surtout sous la forme de dotations en capital. Le Royaume-Uni envisage de débloquer des fonds supplémentaires et donnera la priorité aux dépenses d'infrastructure à long terme. L'Allemagne accorde la priorité première à la R-D et à l'innovation dans ses dépenses publiques et le projet de budget 2014 du ministère fédéral de l'Éducation et de la Recherche prévoit 402 millions USD en PPA (313 millions EUR) supplémentaires pour l'enseignement et la recherche. La Chine continuera d'augmenter, quoique à un rythme plus lent, les crédits publics destinés à la science et à la technologie et entend mettre en place des mécanismes budgétaires visant à encourager les autorités locales à investir dans ces domaines.

Les dépenses de R-D des entreprises dépendant des attentes de celles-ci, elles sont particulièrement sensibles au cycle économique. À l'inverse, la recherche et la R-D publiques sont généralement contracycliques et exercent un effet d'amortissement en période de ralentissement économique (graphique 1.4). Cette situation témoigne de l'importance accrue de la politique STI, mais elle pourrait disparaître dans certains pays sous l'effet de la crise persistante et de l'instabilité de la dette publique. Depuis vingt ans, les dépenses intérieures brutes de R-D (DIRD) croissent plus vite que le PIB, ce qui s'est traduit par une hausse de l'intensité de R-D dans la zone OCDE. En 2008-09, le volume des DIRD s'est contracté sous l'effet d'un net repli de l'investissement privé. Les États y ont partiellement remédié en soutenant davantage les activités nationales de R-D. Compte tenu des perspectives budgétaires actuelles et de l'évolution récente des budgets publics de R-D, il y a tout lieu de penser que c'est principalement l'investissement des entreprises qui relancera la R-D dans les années à venir.

Les tensions budgétaires ont également poussé les États à adapter la conception et la gouvernance de leurs politiques (celles agissant sur la demande, par exemple) afin de rationaliser et de regrouper leurs programmes d'action, mais aussi de normaliser et de renforcer leurs pratiques d'évaluation. Dans l'ensemble, les États se servent davantage des marchés publics. Depuis quelques années, les responsables des politiques STI privilégient de plus en plus les instruments qui agissent sur la demande, de manière à renforcer et à rendre plus cohérente la demande publique de solutions et de produits innovants (OCDE, 2012a). Suite à l'examen d'une série de passations de marchés fédéraux, le Canada a élaboré la Stratégie nationale d'achat (SNA) pour tirer le plus grand parti possible des marchés publics dans le secteur de la R-D et rationaliser les procédures d'achat. L'Allemagne a consolidé son cadre général d'achat public en matière d'innovation en adoptant une nouvelle loi sur les marchés publics et en créant en 2013 un centre d'excellence pour les commandes publiques axées sur l'innovation. Depuis 2011, l'Innovation and Research Strategy for Growth mise en place au Royaume-Uni souligne le rôle clé de l'État dans la demande de produits et services innovants. Le budget de la Small Business Research Initiative (SBIR) a ainsi été accru pour 2013-14, puis pour 2014-15 (voir le profil « Stimuler la demande d'innovation »).

Les États tentent de remédier à la dispersion du soutien public à la R-D et à l'innovation des entreprises tout en améliorant et simplifiant l'accès aux programmes publics. La réorganisation et le regroupement des programmes publics visent à abaisser les frais administratifs et les coûts de dépôt des demandes, tant pour les administrations que pour les entreprises, et à amplifier les effets de l'investissement privé dans l'innovation. Le Canada et le Chili ont récemment simplifié les critères d'admissibilité à leur dispositif d'incitation fiscale en faveur de la R-D ainsi que les procédures de dépôt des demandes. Le Costa Rica et la Norvège ont revu leur procédure générale de dépôt de demande et les conditions à remplir pour bénéficier des programmes de capital-risque et d'entrepreneuriat. En Finlande, Tekes, l'organisme finlandais de financement de la technologie et de l'innovation, a arrêté une nouvelle stratégie en vue de fournir l'aide publique sous l'angle du client, mais aussi pour centraliser et simplifier le financement de l'entrepreneuriat. L'Allemagne a entrepris, ces dernières années, de regrouper les activités de soutien à la R-D et à l'innovation au sein de grands programmes-cadres. La Nouvelle-Zélande a créé l'entité Callaghan Innovation en 2013 pour faciliter les interactions entre les entreprises et les établissements de recherche avec l'instauration d'un guichet unique. De même, la République tchèque (Technology Agency), le Danemark (Innovation Fund) et la Slovénie (Spirit Slovenia) ont également réuni au sein d'un même organisme les différentes institutions responsables des politiques de la technologie et de l'entrepreneuriat. La Turquie a créé le Conseil de coordination de la R-D, de l'innovation et de l'entrepreneuriat afin de rendre plus efficaces les mécanismes de soutien et d'assurer l'exécution de politiques complémentaires, cohérentes et ciblées.

Il est de plus en plus évident que l'évaluation des politiques STI et l'analyse de leurs retombées font l'objet d'une attention accrue (voir le profil « Évaluation de l'impact des politiques STI »). Alors que la rigueur budgétaire impose de justifier les dépenses publiques, les ressources qui auraient pu servir à financer l'exercice d'évaluation ont diminué. Néanmoins, certains pays se sont récemment lancés dans des exercices d'évaluation de grande envergure afin d'analyser la performance de leur système STI ou de composantes de celui-ci, dans le cadre d'examens nationaux (Canada, Chili) et internationaux (Danemark, Finlande) ou d'examens des politiques d'innovation réalisés par l'OCDE (France, Norvège, Slovénie, Suède).

Un certain nombre de pays ont entrepris de consolider les mécanismes d'évaluation (organismes, cadres juridiques et méthodes) et d'encourager la capitalisation des connaissances utiles à la politique STI. En 2013, le Chili a créé un comité consultatif S-T chargé d'examiner le système national de gouvernance de la science, de la technologie et de l'innovation. La France a mis sur pied le Conseil stratégique de la recherche pour gérer la conception et la mise en œuvre de sa stratégie nationale de recherche. L'Australie a annoncé en 2013 la création de la National Commission of Audit, organisme indépendant chargé de rendre compte des résultats, fonctions et missions du Commonwealth. Une loi adoptée la même année (Australian Public Governance, Performance and Accountability Act) fait une plus grande place à la mesure et à l'évaluation des résultats, et le ministère responsable des politiques de la science et de l'industrie procède actuellement au renforcement de ses capacités par le biais de la formation et de l'application de nouvelles méthodes de collecte de données. Par ailleurs, des initiatives ont été engagées pour capitaliser les données sur les politiques STI, par exemple aux États-Unis, avec le programme de recherche Science of Science and Innovation Policy (SciSIP), tandis que les « mégadonnées » offrent de nouvelles possibilités d'enrichir la base de connaissances et de réduire le coût de l'évaluation. Le Japon et l'Union européenne ont également entrepris de mettre au point des initiatives de type SciSIP.

Toujours plus axée sur les défis, la politique d'innovation vise à mobiliser les parties prenantes et les systèmes dans leur ensemble pour répondre aux enjeux sociaux et économiques. L'un des enseignements tirés de plusieurs décennies d'études de l'innovation est que, malgré leur caractère dynamique, les systèmes d'innovation peuvent finir par suivre des trajectoires verrouillées, ce qui rend difficile de mobiliser ou de réorienter les ressources au service de nouveaux objectifs. La tâche qui incombe aux pouvoirs publics consiste à aiguiller de vastes systèmes sociotechnologiques sur la voie de la pérennité, autrement dit à promouvoir l'« innovation systémique ».

Cette tâche a plusieurs implications. La première est de redéfinir les acteurs de l'innovation. Les politiques d'innovation sont depuis longtemps axées sur la résolution des défaillances du marché et des problèmes de coordination qui touchent les producteurs de savoir et d'innovation (les entreprises et les EPR), le milieu environnant retenant également une partie de l'attention. Mais qui dit innovation systémique dit également participation du côté de la demande, c'est-à-dire les consommateurs et les citoyens. Deuxièmement, l'innovation axée sur les défis passe par la refonte des systèmes, non seulement en vue d'obtenir de nouveaux produits et procédés susceptibles de stimuler la productivité, mais aussi pour mettre en place de nouvelles structures, de nouvelles institutions et de nouveaux modes de travail ou de coopération entre les acteurs du système. Troisièmement, les structures de gouvernance doivent gérer les transitions systémiques, par exemple dans le domaine des transports, où il s'agit de s'affranchir des carburants fossiles en adoptant de nouvelles sources d'énergie, notamment renouvelables. La complexité de l'innovation systémique laisse penser également que les États ne sont pas nécessairement les mieux placés pour libérer les blocages sociaux et technologiques. Les régions et les villes pourraient jouer un rôle croissant dans le pilotage des systèmes d'innovation. Les villes, en particulier, se révèlent être des laboratoires où sont imaginées les solutions aux problèmes sociaux et économiques dans différents domaines, de l'éducation à la gestion des déchets. Enfin, dans une conception systémique de l'innovation, les processus d'apprentissage et les résultats sont tout aussi, sinon plus importants que les nouveaux produits et procédés obtenus.

Pour de nombreux pays, la productivité constitue le principal enjeu économique, et l'innovation le moyen d'améliorer les résultats

La récente crise s'est traduite, dans la plupart des pays, par une perte de productivité et une érosion de la capacité de réforme structurelle. Entre 2007 et 2013, les pays de l'OCDE ont vu s'amoindrir leur richesse nationale, mesurée selon le PIB par habitant, l'Allemagne, Israël et la Corée faisant partie des rares exceptions (graphique 1.5). Les écarts de croissance de la richesse observés ces 15 dernières années à l'intérieur de la zone OCDE sont généralement imputés aux variations de la productivité du travail, dont la hausse résulte essentiellement du recours aux nouvelles technologies et à d'autres facteurs d'évolution de l'économie, exprimés par la productivité globale des facteurs (OCDE, 2013g). L'innovation est un élément majeur de la croissance de la productivité à moyen et long termes, notamment du fait des nouveaux procédés de fabrication fondés sur les technologies, des produits offrant une plus grande valeur ajoutée aux clients et des

Graphique 1.5. **La productivité du travail s'est significativement détériorée pendant la crise**

Taux de croissance annuel moyen du PIB par habitant et du PIB par heure travaillée, à prix constants, 2001-07 et 2007-13

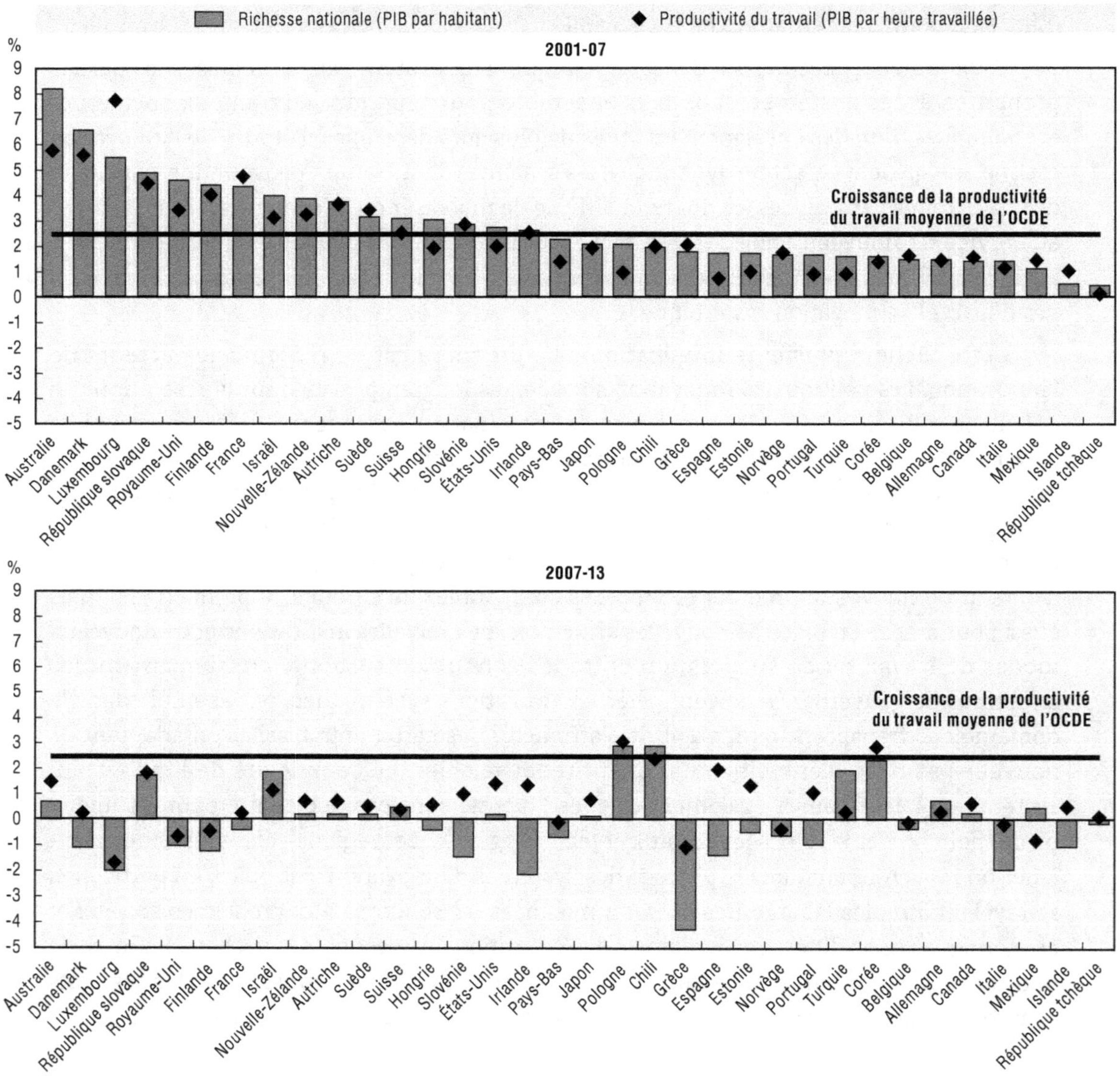

Note : Les variations du PIB par habitant résultent des variations de la productivité du travail, mesurée par le PIB par heure travaillée, et de l'utilisation du travail, mesurée par le nombre d'heures travaillées par actif occupé et par l'emploi par habitant (OCDE, *Science, technologie et industrie : Tableau de bord de l'OCDE 2013*). La croissance annuelle de l'utilisation du travail n'est pas représentée dans le diagramme.

Source : OCDE, *Base de données sur la productivité*, mai 2014.

StatLink http://dx.doi.org/10.1787/888933306189

améliorations obtenues dans les prestations de service. De plus, pour rester sur la voie de la croissance économique, les économies ouvertes ont besoin d'être compétitives et de pouvoir échanger et rivaliser avec d'autres économies.

Si l'on compare la situation avant (2001-07) et après (2007-13) la crise, on observe que la productivité du travail a marqué le pas dans presque tous les pays de l'OCDE (graphique 1.5) et qu'elle a chuté dans certains, notamment en Grèce et en Italie, ainsi que chez les champions traditionnels de l'innovation (par exemple, la Finlande, la Norvège et le Royaume-Uni).

Cette dégradation de la productivité du travail s'explique principalement par un recul de la productivité des facteurs, c'est-à-dire de la capacité des pays à s'adapter au changement technologique et à opérer les changements structurels (graphique 1.6). En effet, après une évolution positive dans tous les pays de l'OCDE (à l'exception de l'Italie) au cours de la période 2001-07, la productivité des facteurs s'est effondrée entre 2007 et 2012. Un petit nombre de pays, dont la Corée, l'Irlande, le Japon et les États-Unis, sont parvenus à afficher une croissance positive de 2007 à 2011.

Tendances de l'action publique

La pérennité de la reprise au sortir de la crise exige une croissance plus forte de la productivité. Ce n'est qu'en améliorant la productivité que les pays parviendront à encourager l'investissement et la création d'emplois en vue de soutenir la croissance économique. C'est une condition tout aussi importante pour relever les défis sociaux, notamment ceux liés à l'environnement (écologisation de l'économie et transition énergétique) et au vieillissement de la population (paiement des retraites). Nombre de gouvernements ont donc placé l'innovation au centre de leur programme d'action ces dernières années (voir le profil « Stratégies STI nationales »).

Dans un grand nombre de pays, les plans de relance adoptés pendant la crise ont donné la part belle à la recherche et à l'innovation. Depuis peu, les stratégies nationales d'innovation forment l'un des piliers des plans de croissance d'après-crise. Ces stratégies doivent être mises en œuvre dans un contexte d'austérité budgétaire, elles doivent être efficientes et elles doivent assurer une utilisation optimale des ressources. Les chances d'y parvenir sont examinées ci-après, du point de vue de l'innovation des entreprises, du contexte mondial et de l'action du secteur public.

Les principaux moyens d'action auxquels les pouvoirs publics recourent pour augmenter la productivité consistent à :

- Axer l'aide à la recherche publique et à l'innovation sur les enjeux économiques, sociaux et environnementaux qui sortent du cadre de la R-D et de l'innovation technologique, afin que la société bénéficie de façon plus directe des nouvelles connaissances et innovations.
- Organiser le secteur de la recherche publique autour de centres d'excellence afin d'accroître la qualité et l'utilité de la production scientifique tout en limitant les coûts, et de financer la recherche sur la base des résultats et dans la durée.
- Encourager la commercialisation des résultats de la recherche publique pour en accroître le rejaillissement sur l'économie et la société. Beaucoup de pays suivent aujourd'hui une approche plus intégrée et professionnalisée après plusieurs années d'apprentissage en matière d'action publique.
- Faciliter la restructuration de l'industrie et appliquer de nouveaux principes pour soutenir l'innovation, en s'appuyant sur des instruments nouveaux ou affinés, par exemple en tirant parti du financement privé (partenariats public-privé et financement participatif).

Graphique 1.6. **Plusieurs pays ont perdu la capacité de mettre en place des changements structurels pendant la crise**

Taux de croissance annuel moyen de l'intensité capitalistique et de la productivité multifactorielle, à prix constants, 2001-07 et 2007-11

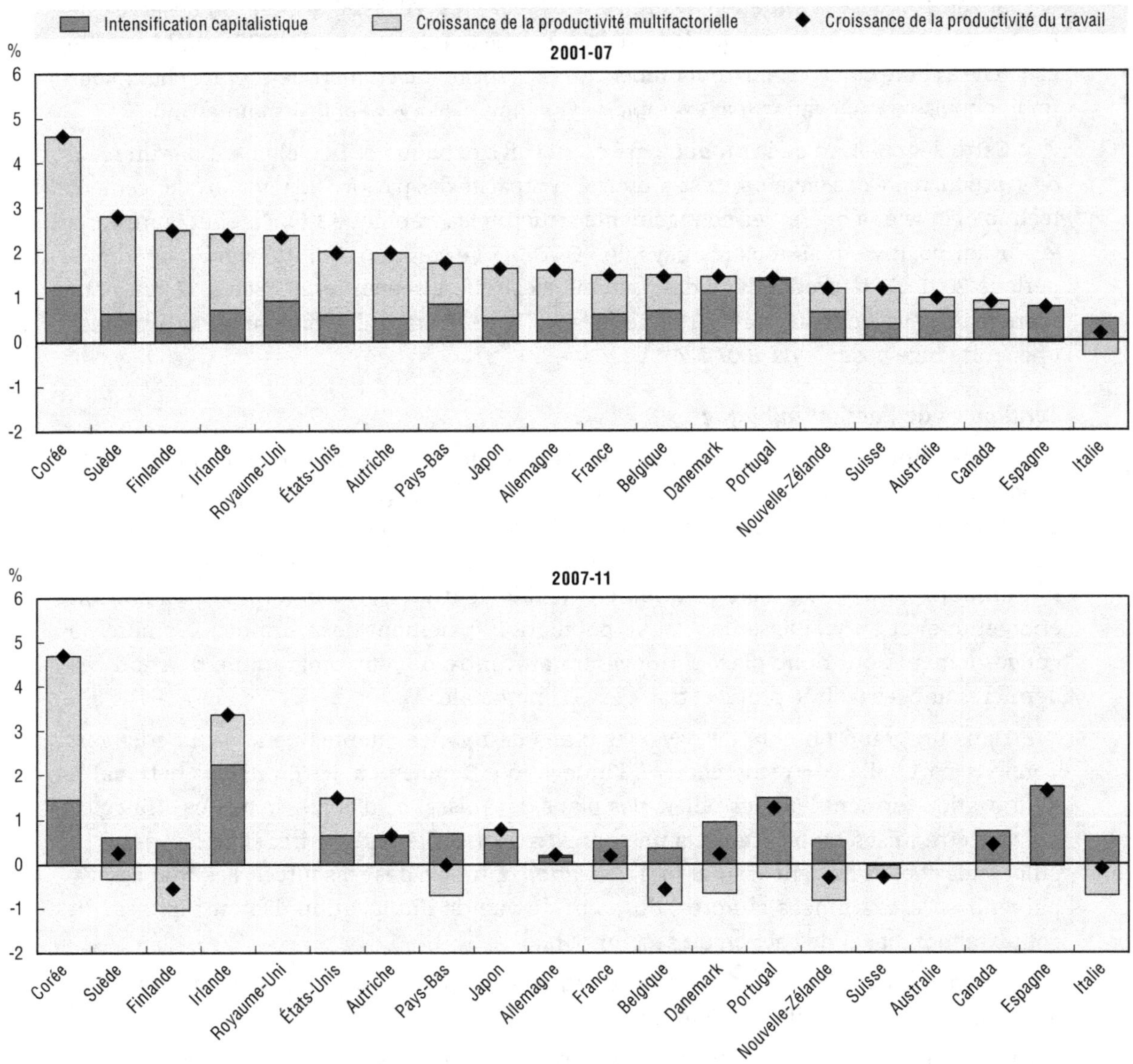

Note : Une croissance de la productivité du travail peut résulter de l'utilisation dans le processus de production d'une plus grande quantité de capital, par exemple par l'acquisition de nouvelles machines ou de logiciels ou de versions améliorées de ceux-ci (intensification capitalistique). La productivité du travail peut également augmenter en améliorant l'efficacité générale avec laquelle le travail et le capital sont utilisés conjointement, c'est-à-dire en cas de croissance plus forte de la productivité multifactorielle (PMF). Traditionnellement, on considère que le résidu de la PMF représente le progrès technologique, mais en pratique, il devrait être interprété de façon plus large. La PMF représente également des facteurs tels que les coûts d'ajustement, les changements dans l'utilisation des capacités productives, les économies d'échelles, les effets de la concurrence imparfaite, le recours accru à des travailleurs qualifiés dans le processus de production, etc.

Source : Calculs de l'OCDE, d'après OCDE (2013), *OECD Compendium of Productivity Indicators 2013*, Éditions OCDE, Paris.

StatLink http://dx.doi.org/10.1787/888933306191

- Favoriser l'entrepreneuriat, qui constitue une source majeure d'innovation radicale dans de nouvelles activités, en renforçant les capacités (aide et formation à la gestion, pépinières d'entreprises) et en facilitant le financement (par l'apport de ressources aux fonds de capital-risque ou l'allégement de l'imposition des capitaux ou revenus).

- Aider les entreprises et les EPR à se faire une place dans les réseaux mondiaux du savoir et à absorber les flux de connaissances, par exemple en attirant les investissements étrangers dans la science et la technologie, en encourageant la mobilité internationale des chercheurs et des étudiants et en agissant en faveur de la gouvernance STI transnationale.
- Étoffer l'offre de compétences scientifiques, technologiques et non techniques propices à l'innovation en mettant en place des programmes appropriés concernant l'éducation, la mobilité et la formation tout au long de la vie et en veillant à une participation optimale des travailleurs qualifiés sur le marché du travail.
- Simplifier les programmes de soutien à l'innovation et privilégier les instruments qui offrent le meilleur effet de levier. Certains pays ont mis fin aux programmes à faible impact pour concentrer davantage de ressources sur un nombre plus restreint d'instruments.
- Mettre en place une évaluation plus systématique des politiques pour en accroître l'efficacité.

MONDIALISATION : DES POLITIQUES D'INNOVATION DE PLUS EN PLUS COMPLEXES

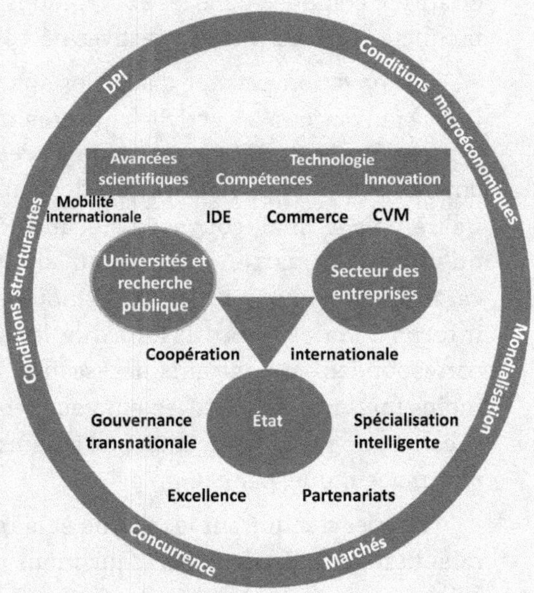

Cette section traite de la progression des chaînes de valeur mondiales, soutenue par le commerce international et l'investissement direct étranger (IDE), et de la dispersion planétaire des activités des entreprises, R-D incluse.

L'analyse porte sur la disponibilité de talents et d'actifs intellectuels, la concurrence de plus en plus vive dont ils font l'objet dans le monde et leur mobilité internationale croissante. On s'intéresse également à l'émergence de centres d'innovation mondialement interconnectés, fondés sur de robustes « triangles de la connaissance » locaux qui relient la base scientifique, le secteur des entreprises et les acteurs publics, et intégrés dans des réseaux de coopération internationale. Les autres points examinés sont le lien entre compétitivité et délocalisation, l'externalisation, l'internationalisation des universités et de l'enseignement supérieur et l'attractivité des systèmes de recherche. Enfin sont analysées les conséquences de l'intervention publique et la complexité croissante de la tâche pour les décideurs désireux d'instaurer une gouvernance STI transnationale et de créer des conditions-cadres propices à l'innovation et à la coopération tout en favorisant l'excellence et la spécialisation intelligente.

La crise a poussé de nombreux pays à essayer de gagner en compétitivité. L'innovation est plus importante que jamais pour l'accès à une position stratégique dans les chaînes de valeur mondiales

La prospérité d'un pays dépend de sa participation à l'économie mondiale et, par conséquent, de son intégration dans les chaînes de valeur mondiales (OCDE, 2013h). Cette intégration aide les pays à renforcer leurs capacités de production et à accéder à un éventail plus large de technologies, de compétences ou d'actifs à forte intensité de savoir, tout en accompagnant la croissance. Les pays intègrent les CVM moyennant l'IDE et les échanges de biens et de services.

À mesure que la mondialisation économique se poursuit, les économies nationales se spécialisent davantage. Elles participent aux CVM en consommant des intrants étrangers et en fournissant des biens et des services intermédiaires destinés aux exportations d'autres économies (Koopman et al., 2011). La fragmentation géographique des procédés de production s'accentue, tandis que la production est « morcelée » et éparpillée dans le monde (OCDE, 2007 ; OMC et IDE-JETRO, 2011). Parce qu'elles investissent et effectuent des transactions à l'échelle internationale, en particulier avec d'autres entités de leur groupe, les entreprises multinationales (EMN) sont des acteurs de premier plan des CVM.

La multiplication des liens d'interdépendance dans l'économie mondiale se manifeste par une hausse générale de la teneur des exportations en intrants étrangers (OCDE, 2013i). De toute évidence, cette valeur ajoutée étrangère dépend de la taille des économies et de leur profil de spécialisation (graphique 1.7). Les petites économies tendent à incorporer dans leurs exportations une valeur ajoutée étrangère proportionnellement plus élevée que les grandes économies, lesquelles disposent d'une gamme plus large de biens intermédiaires d'origine nationale et sont donc moins tributaires des importations à cet égard. Dans le cas des pays riches en ressources naturelles, comme l'Australie, la part de la valeur ajoutée étrangère contenue dans les exportations est habituellement plus faible, car les procédés de production des activités extractives nécessitent moins de biens intermédiaires.

L'innovation permet d'accéder aux segments à plus forte valeur ajoutée des CVM. Dans bien des cas, les activités qui créent le plus de valeur sont situées en début de chaîne (conception, R-D ou fabrication de pièces et de composants essentiels) ou en toute fin de chaîne (marketing, valorisation de la marque ou service à la clientèle) (OCDE, 2013h). L'assemblage final, souvent délocalisé dans des économies émergentes, ne représente qu'une petite partie de la valeur ajoutée. C'est d'ordinaire le cas dans les secteurs caractérisés par un haut degré de modularité (l'électronique, par exemple), car les normes internationales garantissent que les articles obtenus à un stade de la production correspondent aux intrants nécessaires à l'étape suivante (OCDE, 2014e). La tendance est moins marquée dans les secteurs qui nécessitent d'importants allers- retours entre la R-D, la conception et la fabrication ou l'assemblage à proprement parler (secteurs automobile et pharmaceutique, par exemple).

La crise a influé sur le volume et la répartition des flux de capitaux internationaux. Le ralentissement des fusions/acquisitions transnationales, le recul des investissements « de création », la suspension des prêts intra-entreprises et le rapatriement des bénéfices non distribués ont abouti à une diminution du stock d'investissement direct étranger. Malgré le fléchissement simultané du PIB, le stock d'IDE a régressé, passant d'un niveau record de 32.2 % du PIB mondial en 2007 à 25.4 % en 2008 (CNUCED, 2013). Le commerce des biens et services a lui aussi connu un repli, signe d'une « contamination » générale des CVM.

Après une reprise en 2010, les flux d'IDE mondiaux ont progressé à un rythme modéré en 2011 pour subir un nouveau repli en 2012. Ils ont augmenté de 4.5 % seulement en 2013, passant à 1 333 milliards USD, et se maintiennent à des niveaux inférieurs de plus de 30 % à ceux de 2007, c'est-à-dire avant la crise (OCDE, 2014f).

Un ralentissement de l'IDE peut avoir de graves répercussions sur les capacités productives et technologiques des économies hôtes, remettant en question la viabilité des emplois financés par ces capitaux, en particulier dans un contexte de chômage élevé. L'IDE est souvent motivé

Graphique 1.7. **Les économies des pays membres et non-membres de l'OCDE sont de plus en plus interdépendantes au sein de l'économie mondiale**

Valeur ajoutée étrangère contenue dans les exportations, en pourcentage du total des exportations de biens et services, 2009 et 1995

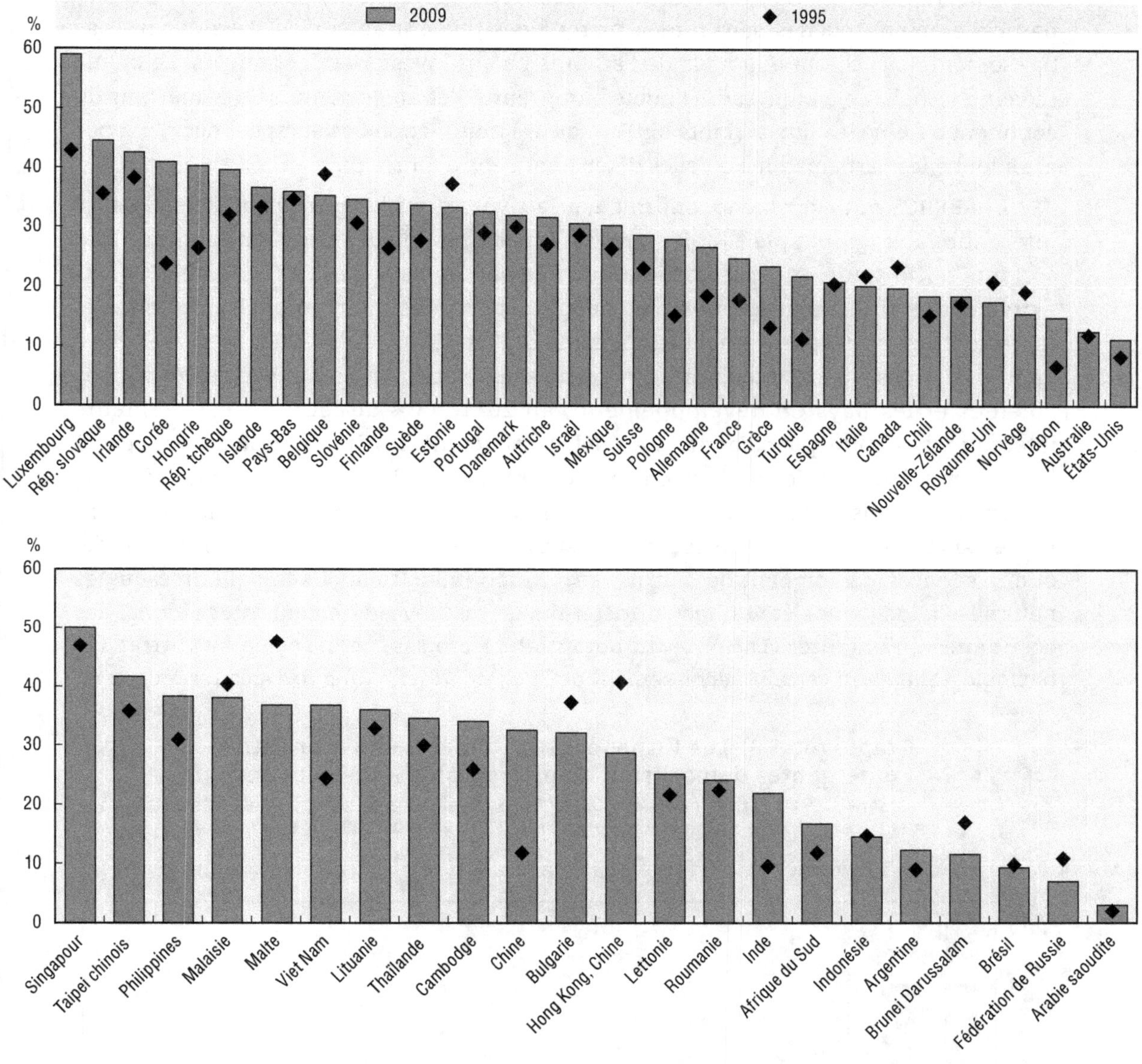

Note : La prudence est recommandée en comparant les chiffres de 1995 et de 2009 pour la Chine, car la disponibilité des données ne permet de distinguer entre exportations de biens traités et de biens non traités qu'à partir de 2005, ce qui est susceptible d'affecter les résultats.

Source : OCDE (2013), *Economies interconnectées : Comment tirer parti des chaînes de valeur mondiales*, Éditions OCDE, Paris, d'après OCDE-OMC, Base de données sur les échanges en valeur ajoutée (EVA), 2013.

StatLink http://dx.doi.org/10.1787/888933306205

par la volonté d'acquérir un intérêt durable dans une entreprise (OCDE, 2008b) et indique un engagement à long terme des entreprises multinationales, lequel peut être difficile à inverser. De plus, les entreprises multinationales font partie des principaux vecteurs du transfert international de technologie, et une part non négligeable de la valeur ajoutée qu'elles créent, des rémunérations qu'elles versent et des investissements qu'elles réalisent demeure dans l'économie hôte (OCDE, 2014e). Une contraction de l'IDE pourrait également nuire à la capacité de production des investisseurs, dans la mesure où leur compétitivité dépend de leur aptitude à puiser dans les réservoirs de main-d'œuvre et de ressources étrangères.

Le paysage de l'IDE change. En 2012, les BRIICS (Brésil, Fédération de Russie, Inde, Indonésie, Chine, Afrique du Sud) ont été les principaux bénéficiaires de l'IDE, avec plus d'un quart du total des apports (CNUCED, 2013). Les pays en développement ont reçu plus de la moitié des capitaux mondiaux. Quant aux pays européens, ils ont été particulièrement touchés par un repli marqué des flux entrants d'IDE. Le stock n'a pas baissé, toutefois, ce qui témoigne de l'attentisme des investisseurs étrangers. Le même scénario s'applique aux investissements européens à l'étranger : l'atonie des marchés du continent a freiné les flux sortants d'IDE, mais les multinationales européennes n'ont pas abandonné les participations qu'elles détenaient dans d'autres pays.

Les BRIICS ont également confirmé leur arrivée parmi les principaux investisseurs internationaux (graphique 1.8). Bien qu'à l'échelle mondiale l'augmentation des flux sortants d'IDE soit en grande partie emmenée par les pays de l'OCDE, les BRIICS ont nettement accru leurs investissements depuis dix ans. Les multinationales chinoises et russes ont investi respectivement 85 milliards USD et 55 milliards USD à l'étranger entre 2008 et 2011. Les grandes économies émergentes tendent toutefois à privilégier les régions voisines et les pays en développement ; en 2011, 43 % de leurs investissements internationaux correspondaient à une « délocalisation de proximité » et faisaient écho à leur progression dans les chaînes de valeur régionales (CNUCED, 2013). Leurs prises de participation croissantes en Afrique, quoique faibles en volume, sont particulièrement intéressantes. La plupart de leurs récents investissements sont allés au secteur manufacturier et aux services, témoignant de leur modernisation industrielle. L'accès aux ressources naturelles a longtemps été un facteur déterminant de l'investissement international des économies émergentes. La fonte du potentiel de croissance associée au rattrapage technologique et un certain fléchissement de la compétitivité dû à des salaires locaux en

Graphique 1.8. **Les firmes multinationales des économies émergentes délocalisent de plus en plus leurs activités**

Investissement direct à l'étranger, flux sortants, OCDE et sélection de pays, en milliards USD, aux taux de change courants, moyennes annuelles, 2001-04, 2005-07 et 2008-11

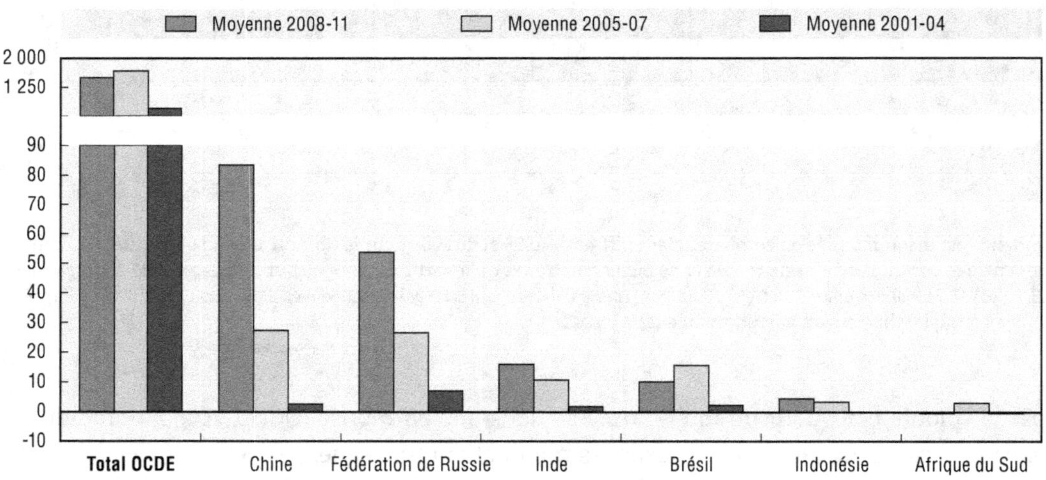

Note : Pour l'Indonésie, la moyenne 2001-04 n'est pas disponible.

Les IDE sont définis conformément à la 6e édition du Manuel de la balance des paiements et de la position extérieure globale du FMI (2009) pour 2005-07 et 2008-11, et à la 5e édition du Manuel de la balance des paiements et de la position extérieure globale du FMI (1993) pour 2001-04.

Source : Calculs de l'OCDE, adaptés de OCDE (2013), *Science, technologie et industrie : Tableau de bord 2013 – L'innovation au service de la croissance*, OCDE, Paris, d'après FMI, *Base de données de la balance des paiements*, juin 2013.

StatLink http://dx.doi.org/10.1787/888933306219

hausse créent, pour les multinationales, de nouvelles incitations à délocaliser leurs activités de production dans des pays à plus faible revenu. Pour échapper au « piège du revenu intermédiaire », les BRICS tentent de passer à des activités à plus forte valeur ajoutée et de se positionner plus en amont ou plus en aval de la chaîne de valeur (OCDE, 2013h). L'innovation joue à cet égard un rôle clé.

Tendances de l'action publique

Se positionner à l'intérieur d'une chaîne de valeur constitue un enjeu public de taille. Les CVM ont modifié la nature de la concurrence internationale, dans la mesure où les entreprises et les pays ne rivalisent plus seulement sur les secteurs, mais aussi, de plus en plus, au niveau des activités à forte valeur ajoutée à l'intérieur d'une même chaîne. Cette évolution transforme le fondement des politiques publiques en lien avec la mondialisation, l'investissement, la compétitivité, l'innovation et la modernisation (OCDE, 2013h). Les CVM confèrent à la conception des politiques STI une dimension qui dépasse le champ des politiques nationales d'innovation. Les pouvoirs publics peuvent accompagner de plusieurs manières la montée en gamme dans les CVM : en renforçant la concurrence sur le marché des produits, en favorisant le développement d'un secteur des entreprises dynamique, en investissant dans des biens publics qui améliorent la productivité, comme l'enseignement, la recherche et les infrastructures, et en instaurant les conditions-cadres propices à l'investissement des entreprises dans ces domaines (OCDE, 2013h).

La course mondiale aux talents et aux actifs intellectuels s'accélère

Les activités socio-économiques se mondialisent ; ni la recherche ni l'innovation n'échappent au phénomène. L'innovation naît d'une accumulation de capital : humain, technologique, financier et organisationnel. La distribution planétaire des compétences et des actifs intellectuels a changé, car le volume de capital financier et de capital humain alloué à la recherche et à l'innovation évolue différemment selon les pays, ce qui modifie les conditions et la nature de la concurrence autour des actifs intellectuels. Dans le même temps, la disponibilité et la mobilité croissantes de ces actifs ont fortement accru les réserves de compétences et de ressources dans lesquelles chaque pays peut espérer puiser.

Les économies avancées perdent l'avantage dans le domaine de l'enseignement supérieur

L'existence d'une main-d'œuvre qualifiée fait partie des piliers d'une économie fondée sur le savoir ; la taille de cette population, plus que sa densité de talents, constitue un élément déterminant de l'implantation des multinationales (OCDE, 2011a) et de l'intégration dans les CVM. Former des travailleurs qualifiés et éclairer les consommateurs sont des missions publiques. En effet, une population mieux informée sera plus susceptible de se tourner vers des nouveaux produits technologiques ou innovants. Un niveau d'instruction plus élevé facilite l'adoption des innovations technologiques et permet à une population plus nombreuse de jouir des bienfaits de l'innovation, ce qui peut renforcer l'équité et la cohésion sociale. La démocratisation de l'enseignement concourt donc à celle de l'innovation (voir le profil « L'innovation au service des enjeux sociaux »).

La crise n'a pas ralenti le développement des systèmes d'enseignement supérieur dans les grandes économies émergentes, tandis que l'évolution démographique aura vraisemblablement un impact sur les populations d'enseignants et d'étudiants qui fréquentent les systèmes d'enseignement supérieur de la zone OCDE. En 2011, les BRICS ont décerné plus de 7.3 millions de diplômes universitaires, contre 8.5 millions dans l'OCDE (OCDE, 2014g), la Fédération de Russie a formé plus d'ingénieurs que les États-Unis, et l'Indonésie davantage que l'Allemagne. D'après des sources nationales[3], les universités chinoises ont décerné plus de 27 000 doctorats en science et ingénierie en 2011, soit peut-être plus qu'aux États-Unis (24 792) (OCDE, 2014g). Toutes disciplines confondues, le taux de titulaires de doctorat en Chine (2.2 %) est désormais équivalent à celui du Danemark (2.2 %) et de l'Autriche (2.1 %) (OCDE, 2014d).

En outre, les programmes universitaires proposés dans les grandes économies émergentes sont conformes aux normes internationales et, dans certains cas, comparables à ceux des meilleures universités au monde. La Chine comptait en 2013 cinq universités parmi les 200 premières du classement de Shanghai, ce qui est comparable, indépendamment de la taille du pays, avec l'Australie (7) et le Canada (7) (voir l'annexe méthodologique du chapitre 9 pour en savoir plus sur le classement des 50 et 100 meilleures universités). L'Argentine, le Brésil, la Fédération de Russie et Singapour figuraient également dans ce classement (ARWU, 2013). Les possibilités d'études s'améliorent également dans les économies émergentes : Shanghai et Hong-Kong, Chine, se situent en haut du classement PISA 2012 et comptent une part importante des élèves de 15 ans ayant obtenu les meilleurs résultats en science (OCDE, 2013j). Singapour et le Taipei chinois ont enregistré des scores proches de la moyenne de l'OCDE, voire supérieurs à celle-ci.

La circulation des nouveaux talents va probablement influer sur les marchés de main-d'œuvre qualifiée

L'influence des migrants internationaux sur les systèmes économiques et STI est excessivement élevée par rapport à leur part dans la population mondiale (3.2 % en 2013) (OCDE/DAES, 2013). La plupart sont en âge de travailler et contribuent grandement à la formation de contingents de main-d'œuvre qualifiée dans l'ensemble de la zone OCDE (OCDE, 2008c). En 2010-11, environ 30 % des migrants internationaux, soit plus de 27 millions de personnes, étaient titulaires d'un diplôme de l'enseignement supérieur (OCDE/DAES, 2013). Ils semblent aussi avoir un effet positif sur l'entrepreneuriat et l'innovation : ils sont plus susceptibles de créer des entreprises et, de façon générale, déposent plus de brevets, publient un plus grand nombre d'articles de recherche et cherchent davantage à commercialiser leurs travaux directement ou sous licence. D'après les données des recensements se rapportant à l'année 2000, dans la zone OCDE, les migrants qualifiés originaires d'Asie contribuaient de façon cruciale à combler le déficit de main-d'œuvre qualifiée dans les professions de la santé ainsi que dans les domaines de la science, de la technologie, de l'ingénierie et des mathématiques (OCDE, 2011b, 2012b, 2013k, 2014f). Ils forment un important réservoir de main-d'œuvre dans les économies vieillissantes. Quant aux petits pays et aux pays à faible revenu, la mobilité internationale leur permet d'intégrer les réseaux mondiaux du savoir et de capter des flux de connaissances grâce au retour des talents.

Depuis dix ans, l'Asie est la source d'un afflux de talents sans précédent. Les immigrants asiatiques sont en moyenne plus qualifiés que les autres, voire, pour les nouveaux arrivants, plus qualifiés que les ressortissants de l'OCDE (OCDE, 2012b ; OCDE/DAES, 2013). La migration Sud-Sud est d'ailleurs devenue aussi courante que la migration Nord-Sud. Les mauvaises conditions d'emploi en Europe du Sud ont poussé les résidents à partir vers des marchés européens plus résilients. Les Espagnols et les Portugais ont aussi trouvé des perspectives d'emploi hors du continent, dans les anciennes colonies hispanophones et lusophones. Enfin, une part croissante des talents internationaux viennent d'Afrique. Entre 2005 et 2010, la zone OCDE a accueilli 450 000 diplômés de l'enseignement supérieur provenant d'Afrique et plus de 375 000 de la Chine (OCDE/DAES, 2013).

Pour le moment, les données probantes sont insuffisantes pour tirer des conclusions quant à la durée de ces flux migratoires et à leur impact sur les effectifs de main-d'œuvre qualifiée. Cependant, l'amélioration de la conjoncture socio-économique et l'adoption de politiques volontaristes visant à attirer les talents dans les économies émergentes devraient modifier la donne dans les pays où le vieillissement de la population amenuise le réservoir de main-d'œuvre qualifiée. Par ailleurs, la nature sélective de la migration, c'est-à-dire la propension des personnes plus qualifiées ou plus instruites à être plus mobiles, tend à accélérer la course internationale aux talents, et réduit la pénurie de travailleurs qualifiés dans les pays de destination les plus attrayants.

L'internationalisation de l'enseignement supérieur a également joué un rôle dans la concurrence mondiale autour des talents. Les étudiants internationaux contribuent grandement au mélange des cultures et à la création de réseaux mondiaux du savoir. Ils constituent une source supplémentaire de financement pour les établissements d'enseignement durant leurs études et peuvent avoir un effet à long terme sur l'économie du pays hôte s'ils s'y installent après l'obtention de leur diplôme.

De fait, les systèmes de recherche mis en place par les acteurs majeurs de la R-D sont de plus en plus tributaires des étudiants internationaux. Aux États-Unis, où le système de formation à la recherche est le plus vaste au monde, 73 000 doctorats ont été décernés en 2011 et 28 % des étudiants internationaux participaient à des programmes de recherche de haut niveau (OCDE, 2014d). Les étudiants internationaux représentent près de la moitié des doctorants en Suisse, et plus de 40 % en Nouvelle-Zélande et au Royaume-Uni. En France, plus de 42 % des doctorants ne sont pas français.

Plus généralement, l'internationalisation de l'enseignement supérieur a été l'un des principaux moteurs du développement de ce secteur (OCDE, 2013l). En 2011, on comptait près de 4.5 millions d'étudiants internationaux dans l'enseignement supérieur à travers le monde, soit deux fois plus qu'en 2000. Parmi les nouveaux acteurs du marché international de l'enseignement figurent l'Australie, l'Espagne, la Fédération de Russie, la Nouvelle-Zélande, et, depuis peu, la Corée (OCDE, 2013l). À l'inverse, le pourcentage d'étudiants internationaux a reculé dans les pays habituellement plus attrayants, comme l'Allemagne et les États-Unis. La mobilité internationale des étudiants correspond en grande partie aux schémas migratoires inter-régionaux et infrarégionaux, mais elle est aussi influencée par le pouvoir d'attraction des systèmes d'enseignement supérieur, mesuré au prestige, à la qualité et au coût de ces derniers. On observe une préférence pour les pays anglophones.

Par ailleurs, un nombre croissant d'établissements créent des campus délocalisés ou des doubles diplômes (OCDE, 2012c), ou proposent des cours sur l'Internet dans le cadre de leur stratégie d'internationalisation. Leur objectif est de renforcer leur réputation et d'augmenter leurs recettes (droits de scolarité, par exemple), d'accéder à une population plus vaste d'étudiants à fort potentiel et de favoriser l'émulation entre facultés. Les MOOC (cours en ligne ouverts et massifs), en particulier, sont en train de transformer l'enseignement supérieur en élargissant de manière radicale le rayon d'action des campus actuels et en ouvrant un nouveau champ, celui de l'informatique au service de l'apprentissage, lequel pourrait fournir un niveau de retour d'information sans précédent aux universités (Waldrop, 2013). Le phénomène accélère par ailleurs la course mondiale aux talents, dans la mesure où la demande dont ces nouveaux programmes et produits d'enseignement font l'objet est la plus forte dans les disciplines cruciales pour l'innovation, comme la science, l'ingénierie et la gestion d'entreprise (OCDE, 2012c).

Les activités d'innovation, R-D incluse, sont de plus en plus souvent délocalisées ou externalisées

Les CVM transforment la division internationale du travail, tandis que la mobilité accrue des talents accélère l'internationalisation de la R-D. Jusqu'à présent, la taille et la croissance des marchés étaient les principaux facteurs d'attraction de l'IDE (OCDE, 2011b). Plus récemment, l'un des principaux déterminants du choix d'implantation des activités d'innovation est devenu l'accès aux actifs stratégiques, dont font partie la technologie, le savoir, les connaissances spécialisées ou la présence de fournisseurs, de concurrents et de grands utilisateurs (OCDE, 2008d).

Les grandes entreprises internationales sont nombreuses à compléter leurs activités de R-D en collaborant avec des fournisseurs extérieurs, des concurrents, des clients, des EPR et des universités (OCDE, 2008d). L'internationalisation de la R-D transparaît dans la part relativement importante que les sources étrangères représentent dans les dépenses intérieures brutes de R-D du secteur des entreprises (DIRDE). Cette part est d'environ 10 % au sein de l'Union européenne (OCDE, 2014h), encore que certains pays européens soient plus attrayants que d'autres. En Irlande, au Royaume-Uni et en Autriche, les fonds provenant de l'étranger couvrent environ un quart des dépenses totales des entreprises. Israël (50 %) et la Corée (0.3 %) sont les deux extrêmes.

Graphique 1.9. **Dépense intérieure de R-D des entreprises financée depuis l'étranger**

Millions USD 2005 PPA, 2002-12

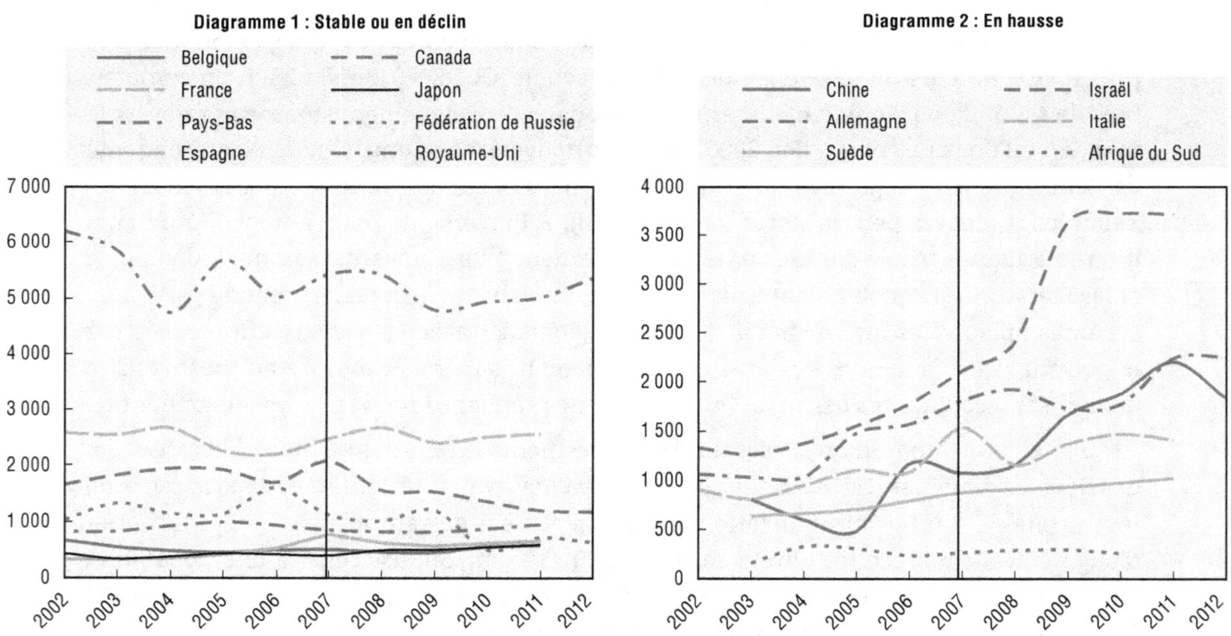

Note : Le financement de la DIRDE depuis l'étranger comprend les sommes transférées par les multinationales, versées par les organisations internationales ou par d'autres gouvernements. Le détail des données n'est pas toujours disponible.

Source : OCDE, *Base de données sur les statistiques de la recherche-développement (SRD)*, mai 2014, *www.oecd.org/sti/rds*. Données extraites de IPP.Stat le 8 juillet 2014, *http://stats.oecd.org//Index.aspx?QueryId=57863*.

StatLink http://dx.doi.org/10.1787/888933306222

L'évolution de la R-D d'entreprise financée par des investisseurs étrangers fait écho à la transformation du paysage de la R-D mondiale. Depuis 2007, le volume du financement étranger (à prix constants) a reculé au Canada, en Fédération de Russie, aux Pays-Bas et au Royaume-Uni (graphique 1.9). En Israël et en Chine, en revanche, il a fortement gonflé, nourrissant ainsi la tendance enregistrée depuis dix ans. En Europe, l'Allemagne et la Suède enregistrent également une augmentation du financement étranger.

Les entreprises multinationales jouent un rôle déterminant dans l'internationalisation de la R-D. Les filiales étrangères représentent jusqu'à 71 % de la R-D d'entreprise en Irlande et plus de 55 % en Belgique, en Israël, en République tchèque, en Autriche, en Hongrie et au Royaume-Uni (graphique 1.10).

Graphique 1.10. **Les firmes multinationales jouent un rôle majeur dans la R-D nationale de plusieurs pays**

Part de la R-D des filiales d'entreprises étrangères dans la DIRDE totale (%), 2011 ou dernière année disponible

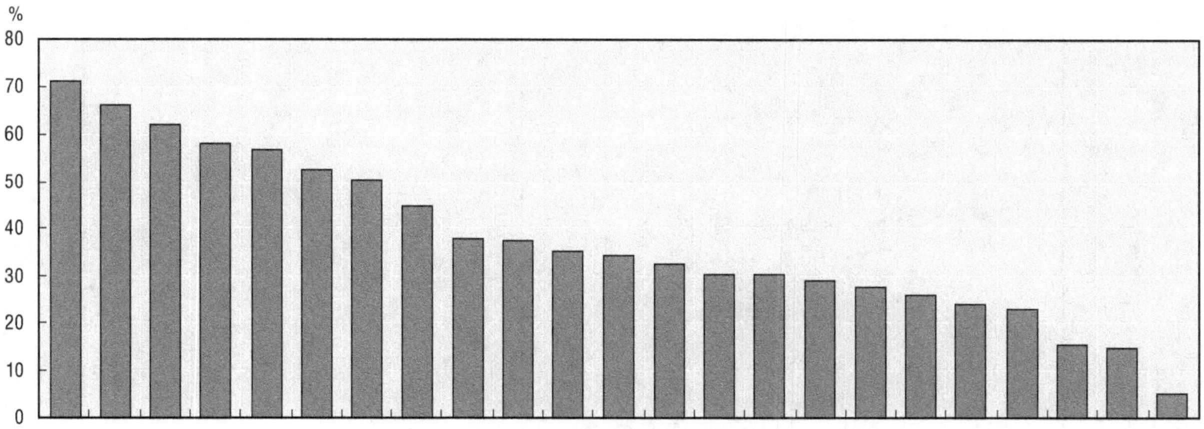

Note : Pour le Japon, les données se rapportent à 2010 ; pour l'Autriche, la Belgique, l'Espagne, la Finlande, la Hongrie, Israël, les Pays-Bas, la Pologne, la République tchèque et la Slovénie, les données se rapportent à 2009 ; pour la Norvège, le Portugal et la République slovaque, les données se rapportent à 2007.

Source : OCDE, *Base de données sur les principaux indicateurs de la science et de la technologie (PIST)*, juin 2014, *www.oecd.org/sti/pist*. Données extraites de IPP.Stat le 8 juillet 2014, *http://stats.oecd.org//Index.aspx?QueryId=57863*.

StatLink http://dx.doi.org/10.1787/888933306233

Les centres nationaux d'innovation sont de plus en plus connectés aux réseaux mondiaux d'innovation

L'internationalisation de la R-D est également influencée par la mondialisation croissante de la science au travers des réseaux de coopération. Les entreprises, les universités et d'autres acteurs STI se sont regroupés en pôles d'activités autour de zones géographiques, de secteurs ou de groupes de technologies connexes, afin de mieux travailler en réseau et d'accroître les répercussions de l'innovation ouverte et collaborative. La concentration spatiale est forte dans les secteurs du savoir qui génèrent d'importants effets de diffusion locale des connaissances. Ces liens et réseaux que les entreprises tissent au niveau local sont particulièrement indispensables à l'innovation des entreprises nouvelles et de petite taille.

Si les 40 régions les plus innovantes au monde (au regard du nombre de demandes déposées en vertu du Traité de coopération en matière de brevets PCT) constituent différents modèles de collaboration, la coopération avec les intervenants étrangers s'intensifie presque partout (graphique 1.11). La Région flamande (Belgique), l'Ontario (Canada), l'est de l'Angleterre (Royaume-Uni) et l'ouest des Pays-Bas collaborent beaucoup avec des centres étrangers et sont comparativement moins connectés avec les centres implantés dans leur propre pays. Certains États des États-Unis entretiennent peu de relations internationales (encore que celles-ci soient en augmentation), mais disposent d'un solide réseau de connexions à l'échelle nationale. Au Japon et en Corée, la propension à travailler en collaboration, que ce soit avec d'autres acteurs du pays ou avec l'étranger, est faible, alors que c'est l'inverse à Shanghai et à Beijing (Chine). La taille du pays semble jouer un rôle déterminant dans la forme revêtue par les schémas de collaboration.

Graphique 1.11. **Les centres d'innovation nationaux s'engagent de plus en plus dans la coopération internationale**

Part des co-brevets (axe des X) et part des collaborations étrangères (axe des Y) dans les 40 régions ayant le plus grand nombre de demandes de brevets, 2008-10 et par rapport aux valeurs de 1995-97

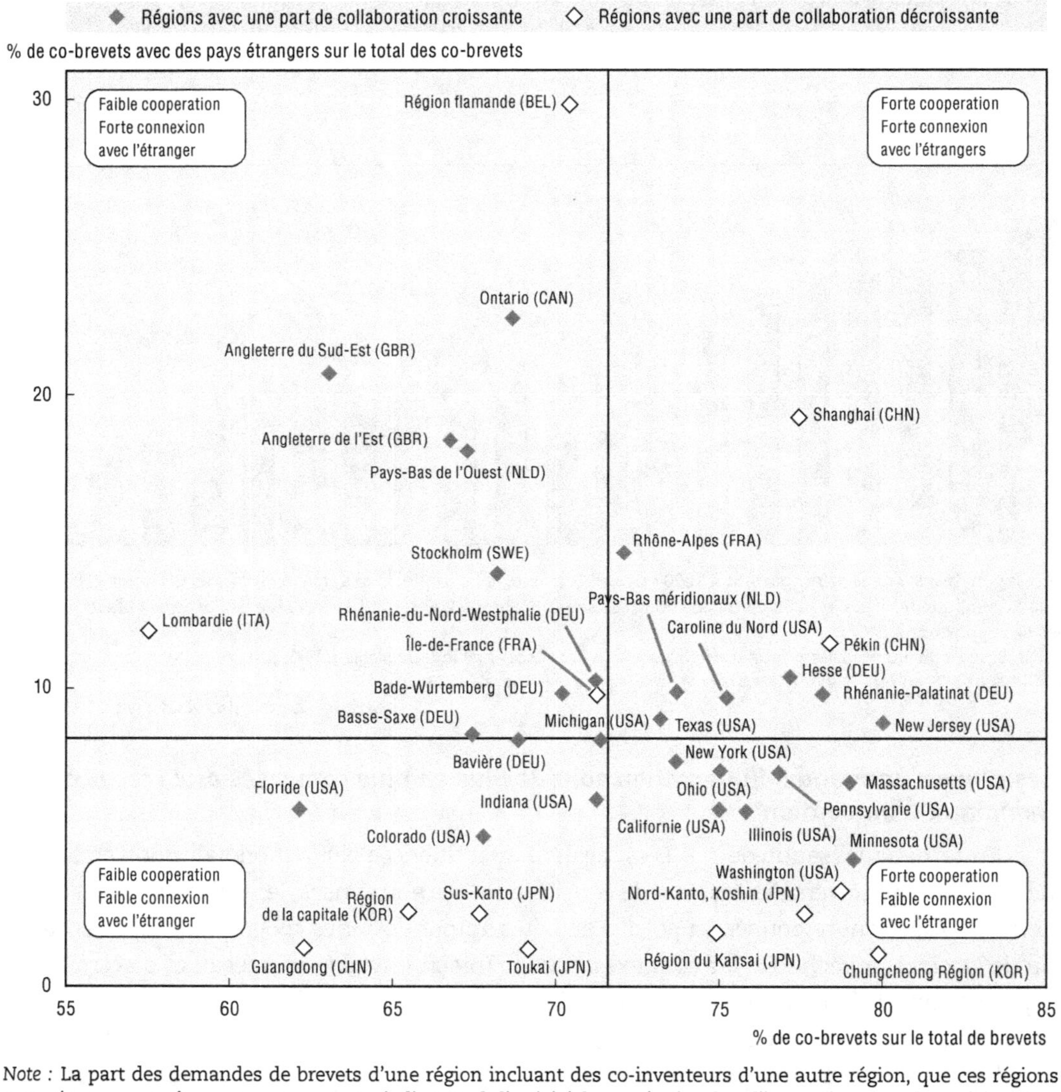

Note : La part des demandes de brevets d'une région incluant des co-inventeurs d'une autre région, que ces régions appartiennent au même pays ou non, est un indicateur de l'activité de coopération dans l'innovation entre deux régions (axe des abscisses). Le nombre de co-brevets avec des pays étrangers est défini comme étant le nombre de co-brevets dont au moins un des inventeurs réside ou travaille dans une région située hors des frontières nationales (axe des ordonnées). Les données se rapportent à l'ensemble des demandes de brevets en vertu du Traité de coopération en matière de brevets (PCT).
Source : OCDE (2013), *Panorama des régions de l'OCDE*, Éditions OCDE, Paris, d'après OCDE, *Base de données REGPAT*, 2013.

StatLink http://dx.doi.org/10.1787/888933306247

Tendances de l'action publique

La mondialisation de la science, de la technologie et de l'innovation soulève plusieurs questions quant à l'efficience et à la viabilité des politiques nationales d'innovation : capacité des cadres d'action nationaux à encourager des activités STI façonnées par un contexte plus large, risque de déperdition d'argent public, appropriation sous-optimale des avantages procurés par les investissements publics liés à la science, à la technologie et à l'innovation, et érosion de l'assiette fiscale du fait des stratégies de transfert de bénéfices mises en place par les entreprises multinationales. Alors que les réseaux STI s'étendent au-delà des frontières, dans bien des domaines, les cadres de la coopération publique internationale sont encore au stade embryonnaire (fiscalité ou cybersécurité, par exemple), voire inexistants (environnement, par exemple).

Pour attirer les actifs intellectuels et le capital humain, il faut aménager des écosystèmes favorables qui s'enrichiront et prospéreront avec l'arrivée de talents, technologies et savoirs nouveaux. Les pouvoirs publics peuvent amorcer et faire grandir ce cercle vertueux en veillant à la qualité et à la capacité d'absorption de la base scientifique nationale et en renforçant l'attractivité du système STI au moyen d'initiatives d'excellence dans la recherche, de politiques de taxation de la R-D et de la propriété intellectuelle, et de lois sur l'immigration. Ainsi, en 2013, le Canada a révisé ses lois sur l'immigration pour faciliter l'accès des candidats hautement qualifiés, et il envisage de modifier la réglementation relative aux permis d'études et de travail pour les étudiants internationaux courant 2014. L'Allemagne a adopté la carte bleue de l'Union européenne en 2012, assouplissant ainsi les possibilités d'immigration des personnes exerçant des professions intellectuelles et scientifiques hautement qualifiées et, en 2013, elle a inauguré un nouveau service d'information et d'aide à l'installation à l'intention des spécialistes des sciences et technologies originaires de l'Inde, de l'Indonésie et du Viet Nam. La loi de 2012 sur la reconnaissance des qualifications définit le système harmonisé appliqué à l'échelle nationale pour évaluer les qualifications professionnelles acquises à l'étranger.

Pour de nombreux pays, l'attractivité des systèmes de l'enseignement supérieur et de la recherche revêt une importance capitale, en particulier au niveau du doctorat. Il est essentiel de retenir les chercheurs après leurs études, car leurs premières années de carrière sont souvent les plus productives. Aux États-Unis, le nombre de doctorats en science et ingénierie décernés à des étudiants étrangers (titulaires d'un visa temporaire) a nettement reculé depuis 2007, alors que celui décerné à des citoyens (ou des résidents permanents) des États-Unis n'a cessé d'augmenter (NSF, 2014). En outre, la proportion de diplômés chinois ayant déclaré leur intention de rester dans le pays après l'obtention de leur doctorat a chuté, passant de 90 % en 2006 à 83 % en 2012 (NSF, 2014). Le retour précoce des diplômés chinois dans leur pays pourrait avoir des conséquences notables sur la capacité de recherche des États-Unis, surtout en science et ingénierie, où ces diplômés sont fortement représentés.

Les pays de l'OCDE s'emploient à renforcer les capacités et la composante internationale de leurs systèmes d'enseignement et de recherche. Récemment, l'Allemagne, le Canada, le Danemark et le Royaume-Uni ont lancé des stratégies ou des plans d'action nationaux dans le but d'internationaliser leur enseignement supérieur. Ces dispositifs visent notamment à promouvoir l'image de marque de ce secteur, à favoriser la mobilité internationale (entrante et sortante) des étudiants et des universitaires, ou encore à améliorer le cadre d'apprentissage En 2011, le Danemark a mis en place Top Talent

Denmark afin de fournir aux étudiants chinois désireux de faire carrière ou d'étudier dans le pays une source d'information unique sur les entreprises et les établissements d'enseignement supérieur danois. L'Allemagne propose plusieurs programmes internationaux d'études et de mobilité universitaires, ainsi que des programmes de double diplôme pour favoriser cette mobilité. Le Royaume-Uni s'est doté d'un International Education Council pour appuyer la mise en œuvre de sa stratégie ainsi que pour encadrer et faciliter la communication entre les pouvoirs publics et l'ensemble du secteur de l'éducation. Il a également entrepris d'élaborer une stratégie en faveur de la mobilité internationale des étudiants. Les pays baltes ont signé un protocole d'accord visant à resserrer la coopération dans les domaines de l'enseignement supérieur et de la recherche (voir le profil « Internationalisation de la recherche publique »).

Certains pays ont également créé de nouveaux débouchés pour les chercheurs. Au Japon, la Nouvelle stratégie de croissance vise à offrir des perspectives de carrière aux jeunes chercheurs afin d'assurer le plein emploi des titulaires de doctorats en science et technologie. L'objectif est de créer plus de 4 millions d'emplois dans les domaines de l'innovation dans les sciences de la vie et de l'innovation verte. En France, la loi d'orientation de 2013 pour la recherche prévoit la création de 1 000 emplois dans l'enseignement supérieur et la recherche entre 2012 et 2016, dans un contexte de réduction générale de l'emploi public. L'Autriche s'est dotée d'un programme prévoyant la création de 2 500 places en formation doctorale et postdoctorale pour la période 2013-18. En 2011, la Norvège a adopté un plan d'action pour réduire la part des postes sous contrat à durée déterminée dans les universités. En outre, de nouvelles mesures destinées à renforcer la place des femmes dans les milieux universitaires seront examinées en 2014.

La collaboration internationale implique la mise en commun de ressources financières, le partage d'infrastructures de recherche de grande ampleur et l'enrichissement de la base des connaissances mondiales (OCDE, 2012d). Bien qu'il soit de plus en plus vital de collaborer à l'échelle mondiale pour récolter les fruits de la science, de la technologie et de l'innovation, les ressources mises à la disposition de la recherche restent en grande partie programmées, dépensées, contrôlées et évaluées au niveau national (OCDE, 2012d). La gouvernance STI transnationale nécessite qu'une partie de l'action publique soit transférée de l'échelon national à l'échelon supranational. Cependant, la mise en place d'une coopération internationale et de réseaux fait croître les coûts de transaction et les risques d'échec et impose d'intégrer un éventail plus large d'acteurs (OCDE, 2012d). Des mécanismes de gouvernance efficaces, concernant la définition des priorités, les modalités de financement et de dépense, le partage des connaissances, la propriété intellectuelle et le renforcement des capacités, peuvent aider à résoudre ces problèmes.

Les marchés mondiaux ne sont pas la chasse gardée des seules grandes entreprises. À mesure que les PME intègrent les chaînes logistiques mondiales et que les créateurs d'entreprise recherchent un potentiel de croissance et un accès aux connaissances, aux compétences et aux réseaux, les possibilités d'internationalisation prennent de l'importance pour tous les types d'entreprise, y compris les jeunes sociétés innovantes. Les États encouragent de plus en plus les initiatives favorisant la circulation des connaissances à l'échelle mondiale, de façon à soutenir les alliances transnationales entre entreprises et établissements de recherche, le but étant de créer des liens entre les PME et les projets d'IDE et d'attirer la main-d'œuvre étrangère hautement qualifiée. Le Costa Rica dispose de plusieurs programmes visant à nouer des relations entre les entreprises multinationales et les PME et à moderniser leurs capacités. Au Royaume-Uni, l'organisme UK Trade & Investment (UKTI) administre un ensemble de programmes d'appui à l'internationalisation des PME. En fait partie la Technology Partnerships Unit, qui aide les PME britanniques de haute technologie à repérer les débouchés associés aux chaînes d'approvisionnement des entreprises mondiales et les possibilités de financement offertes par les investisseurs de capital-risque et autres investisseurs providentiels, ainsi qu'à remplir les conditions requises pour en tirer parti. Un autre programme a été mis en œuvre pour soutenir et conseiller les entreprises de taille moyenne désireuses de se développer sur les marchés internationaux (voir le profil « Attirer les investissements scientifiques et technologiques internationaux des entreprises »). Même si la plupart des États préconisent une approche de l'innovation fondée sur la constitution de pôles, un grand nombre de pays et de régions de l'OCDE ont tendance à l'allier à des stratégies de spécialisation (OCDE, 2012a). Longtemps, les pouvoir publics ont encouragé l'implantation localisée de producteurs, transformateurs, assembleurs et premiers utilisateurs du savoir pour accélérer le transfert de technologie et faire croître le rendement social des investissements publics dans la recherche. Depuis peu, certains se tournent vers une approche plus ascendante et concentrent leur soutien sur l'accompagnement de la « découverte entrepreneuriale » au niveau régional. Cette notion est au cœur de la nouvelle approche de l'Union européenne baptisée « spécialisation intelligente », qui s'appliquera aux fonds structurels destinés aux régions européennes pour 2014-20 (autour de 80 milliards EUR). Des stratégies de spécialisation ont également été arrêtées dans des domaines marqués par le dynamisme de la recherche. En 2013, la Région de Bruxelles-Capitale (Belgique) a introduit une stratégie de spécialisation intelligente dans son nouveau plan régional d'innovation, et la Wallonie a mis en place un Observatoire des tendances. L'Estonie réfléchit à la mise en œuvre d'une stratégie de spécialisation intelligente qui mettrait l'accent sur les systèmes de coopération futurs (voir le profil « Pôles d'activité et spécialisation intelligente »).

La question de l'incidence potentielle de cette dynamique de regroupement sur la cohésion sociale commence à se poser avec insistance aux pouvoirs publics. En effet, l'existence de hauts lieux de l'innovation connectés à l'ensemble de la planète et mieux intégrés dans les CVM que dans le reste du pays tend à accentuer la fracture sociale et culturelle. Faute d'être associées à des politiques qui garantissent la diffusion du savoir et des avantages connexes vers d'autres régions géographiques, certaines politiques STI pourraient mettre à mal la cohésion territoriale.

DÉFIS ET PERSPECTIVES ASSOCIÉS AUX ENJEUX ENVIRONNEMENTAUX ET SOCIAUX

Cette section porte sur les défis planétaires qui touchent le paysage mondial de l'innovation. En particulier : les contraintes subies par l'environnement, les tensions démographiques observées dans les sociétés vieillissantes et les dangers que l'innovation non inclusive constitue pour l'équité, la cohésion sociale et l'innovation elle-même.

Les perspectives commerciales liées au changement climatique, à l'économie des services aux seniors et à la démocratisation de l'innovation en termes de recherche de connaissances, d'offre de main-d'œuvre et de débouchés sont passées en revue. L'examen concerne notamment la viabilité des investissements dans la R-D publique verte, le déploiement des technologies propres et des infrastructures de base, le rôle des villes intelligentes et la nécessité d'opérer des changements culturels et comportementaux. On s'intéresse également au recadrage récemment effectué en faveur de mesures d'application plus générale ainsi qu'au rôle des politiques STI dans la lutte contre les verrouillages technologiques (grâce à l'innovation systémique) et à l'appui à la diffusion des retombées positives de la science et de l'innovation dans l'ensemble de la société.

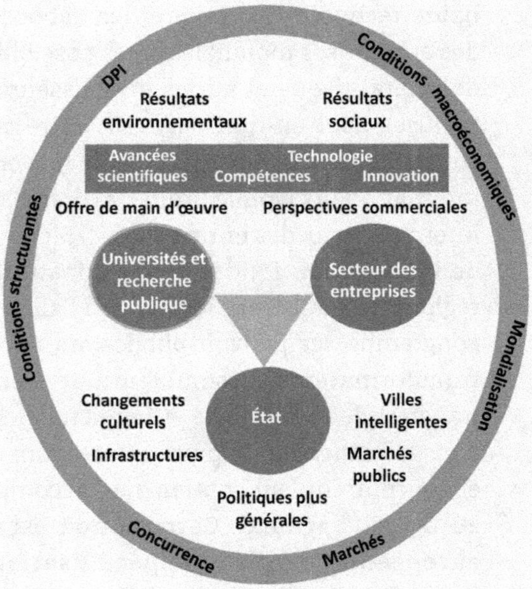

Avec le redémarrage de la croissance économique, les enjeux environnementaux et sociaux occuperont une place grandissante dans l'action publique.

La poursuite des progrès dans le domaine de l'environnement exige des percées technologiques et des changements systémiques

L'évolution démographique, l'urbanisation et les modes de vie modernes ont placé de nombreuses sociétés sur une trajectoire de croissance non durable. Innovation et technologie peuvent jouer un rôle déterminant dans la transition vers une économie plus verte.

Dans sa forme actuelle, le modèle de croissance nuit à l'environnement, les systèmes naturels subissant déjà des changements irréversibles. La pollution atmosphérique risque fort de devenir la principale cause environnementale de décès prématuré à l'échelle mondiale, devant le manque d'eau potable et les mauvaises conditions d'hygiène (OCDE, 2012e). D'après les projections de l'OCDE à l'horizon 2050, une économie mondiale quatre fois plus importante qu'aujourd'hui pourrait faire croître les besoins énergétiques de 80 %, les émissions des gaz à effet de serre (GES) de 50 % – principalement en raison des émissions de dioxyde de carbone (CO_2) liées à l'énergie – et la demande d'eau de 55 %. L'accroissement de la concentration de GES dans l'atmosphère pourrait entraîner un réchauffement planétaire de 3 °C à 6 °C en moyenne. Plus de 40 % de la population mondiale vivrait alors dans des zones soumises à un « stress hydrique ». Le changement climatique pourrait devenir une cause majeure de migration de masse (OCDE, 2013k).

La lourde tâche qui attend notre société consiste à assurer la transition vers une économie à bas carbone et à préserver les ressources naturelles. Les progrès accomplis sont insuffisants. Beaucoup de pays sont parvenus à découpler les émissions de CO_2, ou les prélèvements d'eau douce, de la croissance du PIB (OCDE, 2014b), mais ils doivent faire davantage. De nombreux autres continuent de voir la situation se dégrader à mesure que les émissions augmentent.

À la dernière réunion ministérielle de l'Agence internationale de l'énergie (AIE), tenue en novembre 2013, les pays membres sont convenus que les progrès en matière de technologies propres n'étaient pas assez rapides, que des possibilités considérables d'amélioration de l'efficacité énergétique demeuraient inexploitées et que les travaux de R-D et de démonstration liés à l'énergie devaient s'accélérer (AIE, 2013). Les pays de l'OCDE sont encore dépendants à plus de 80 % des combustibles fossiles (OCDE, 2014b).

La crise a eu des effets contrastés sur les conditions environnementales. La contraction de l'économie et du commerce a contribué à abaisser temporairement les émissions de CO_2 et autres GES. De nombreux gouvernements ont également introduit une composante écologique dans leur plan de redressement afin de réaliser de nouveaux investissements verts et de moderniser les infrastructures (OCDE, 2009). Les budgets publics de R-D ciblant les questions énergétiques ont considérablement augmenté entre 2007 et 2009, tant en volume qu'en proportion du total des budgets (graphique 1.12). Cela étant, la baisse des prix des matières premières a diminué l'attrait des incitations financières en faveur des sources d'énergie de substitution et de l'utilisation plus efficace des ressources naturelles. L'action des pouvoirs publics visant à soutenir les marchés des technologies vertes n'a reçu qu'un faible appui de la demande privée, qui s'est montrée moins réceptive aux produits plus onéreux. L'austérité budgétaire qui prévaut aujourd'hui dans beaucoup de pays pourrait

Graphique 1.12. **La croissance des budgets publics de R-D pour l'énergie et l'environnement est en baisse**

Millions USD 2005 PPA et en pourcentage du total des CBPRD

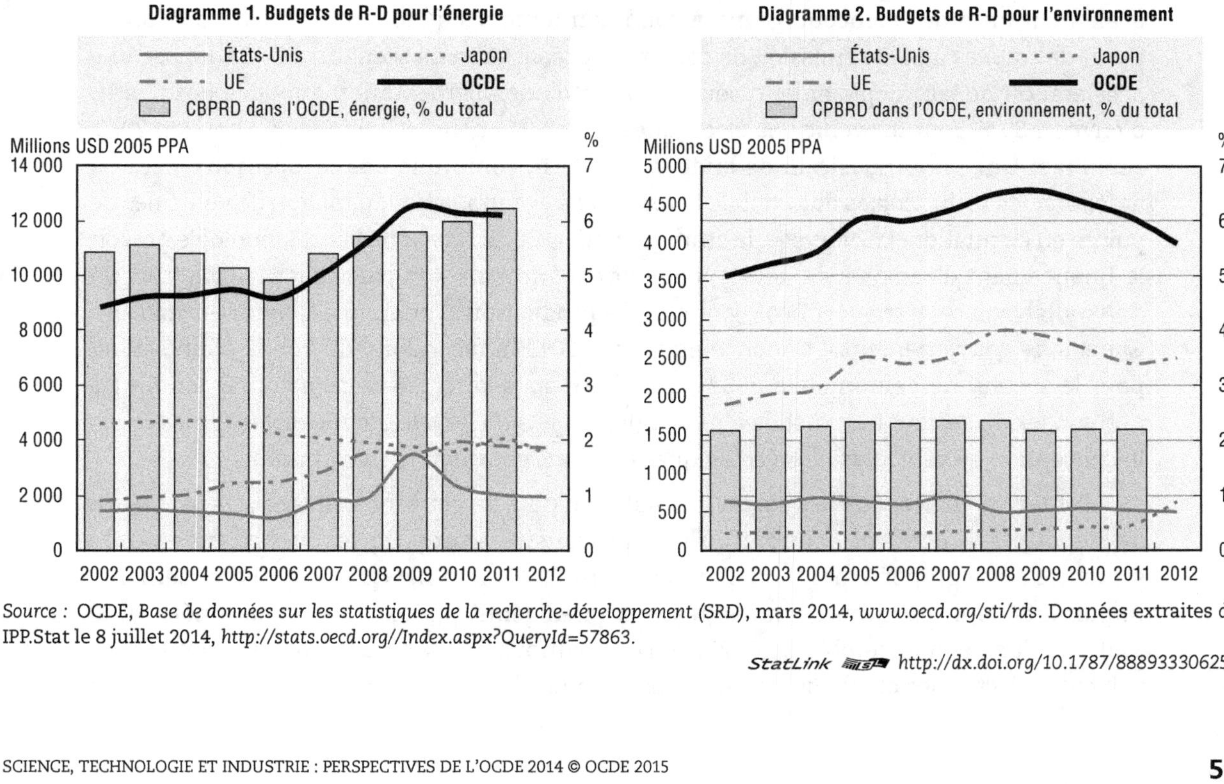

Source : OCDE, *Base de données sur les statistiques de la recherche-développement* (SRD), mars 2014, *www.oecd.org/sti/rds*. Données extraites de IPP.Stat le 8 juillet 2014, *http://stats.oecd.org//Index.aspx?QueryId=57863*.

StatLink http://dx.doi.org/10.1787/888933306255

aussi retarder la mise en œuvre d'un programme d'action plus écologique. L'impact sur les budgets de R-D se fait déjà sentir. Le volume des fonds affectés aux enjeux énergétiques et environnementaux diminue depuis 2009 dans la zone OCDE (graphique 1.12).

Tendances de l'action publique

La transition vers un avenir sobre en carbone demande des solutions technologiques et des changements radicaux du système énergétique mondial.

La réalisation d'un scénario à 2 °C – dans lequel le réchauffement de la planète reste en deçà de ce qui est considéré comme le seuil de basculement des systèmes naturels – nécessite de disposer d'un arsenal de nouvelles technologies, notamment dans les domaines de la production d'énergies renouvelables, de l'utilisation finale rationnelle des combustibles et de l'électricité, du captage et du stockage du carbone (CSC), voire de la production d'énergie nucléaire. En Chine et aux États-Unis, l'action publique consiste de plus en plus à mettre l'innovation au service d'une croissance verte et durable. Ainsi, dans son douzième plan quinquennal, la Chine prête une attention particulière à l'énergie et au changement climatique et a défini un certain nombre de cibles et de politiques pour 2011-15 en vue de réduire les émissions de CO_2, de diminuer la dépendance à l'égard des énergies fossiles et d'accroître l'efficacité énergétique. En 2013, les États-Unis ont dévoilé le Climate Action Plan : leur ambition est de devenir le numéro un mondial de la R-D dans les technologies des énergies propres ainsi que de la démonstration et du déploiement de ces technologies. Il est proposé d'investir 7.9 milliards USD dans les technologies propres et 2.7 milliards USD supplémentaires dans la recherche sur le changement climatique mondial.

Les technologies existantes permettent déjà en théorie de fortement réduire les émissions de CO_2, notamment dans le secteur du bâtiment et des travaux publics. La consommation énergétique des particuliers étant relativement stable depuis 1990, en dépit d'améliorations considérables de l'efficacité énergétique et du chauffage résidentiel, c'est dans ce domaine que les possibilités d'économies d'énergie et de réduction des émissions sont les plus grandes (AIE, 2013). Les véhicules hybrides et tout électriques représentent également un progrès encourageant, à condition toutefois que l'électricité soit produite à partir de sources à faible émission de carbone. La réalisation du scénario à 2 °C suppose une accélération de leur déploiement, sous la forme d'une augmentation annuelle des ventes d'environ 80 % pour les véhicules électriques et de 50 % pour les hybrides à l'horizon 2020. Aux États-Unis, la proposition de budget pour 2014 comprend des dispositions visant à améliorer les technologies automobiles propres et à se rapprocher du million de véhicules de pointe en circulation. En Norvège, la stratégie nationale en faveur de l'écotechnologie prévoit le financement d'activités de développement expérimental, en particulier la construction d'installations de transport écologique et de production d'énergie éolienne en mer. Au Canada, le gouvernement a annoncé en janvier 2013 la reconduite du Fonds d'innovation pour le secteur de l'automobile (FISA), qui aide – sous la forme de remboursements – les entreprises du secteur automobile à mener des projets de R-D de grande envergure axés sur la conception de véhicules plus écologiques et moins gourmands en carburant.

Les technologies, qu'elles soient nouvelles ou non, ne peuvent à elles seules permettre de découpler l'activité économique de l'intensité énergétique. Des changements structurels et comportementaux s'imposent (AIE, 2014), ainsi que des investissements importants dans les infrastructures (réseaux intelligents, par exemple) pour améliorer le système dans son ensemble (AIE, 2013). Les solutions énergétiques propres, comme les véhicules électriques et les équipements solaires photovoltaïques, exigent une infrastructure intelligente porteuse de gains à l'échelle du système. En 2012, le Royaume-Uni a constitué la Green Investment Bank, dotée d'une enveloppe de 5.5 milliards USD en PPA (3.8 milliards GBP) pour investir dans des projets d'infrastructure écologiques.

La complexité des liens entre énergie, eau et alimentation impose d'adopter une approche globale et de mieux intégrer des solutions et politiques innovantes dans ces trois domaines. En Allemagne, le Forschungsforum Energiewende (forum de recherche sur la transition énergétique) offre un lieu de dialogue aux parties prenantes de la transformation du système énergétique du pays. Au Danemark, le Fund for Green Business Development (fonds pour le développement d'une activité verte) encourage les symbioses industrielles, dans lesquelles une ressource (eau ou matières) rejetée comme déchet à la fin d'un cycle devient une ressource ou une matière première pour d'autres.

Encadré 1.1. **Villes intelligentes : relever les défis sociaux et mondiaux à l'échelle locale**

Pour la première fois dans l'histoire, plus de la moitié de la population mondiale vit en milieu urbain.

Les villes sont des sources essentielles de croissance nationale et contribuent de façon disproportionnellement élevée à l'activité économique, à la formation de connaissances et au bilan environnemental des pays (OCDE, 2013m). Il est plus facile d'identifier les possibilités de synergie et de complémentarité au niveau des villes qu'aux échelons de gouvernance plus élevés. Les responsables des politiques urbaines sont plus susceptibles de définir et de combiner des politiques climatiques complémentaires à l'échelle sectorielle et intersectorielle, en tenant compte de l'interconnectivité des systèmes urbains de transport, d'aménagement du territoire et de développement économique, par exemple (OCDE, 2010b). Les villes sont responsables d'une grande partie des investissements réalisés dans les infrastructures vertes (graphique 1.13) (OCDE, 2013m).

Graphique 1.13. **Formation brute de capital dans le domaine de la protection de l'environnement par échelon administratif, 2012**

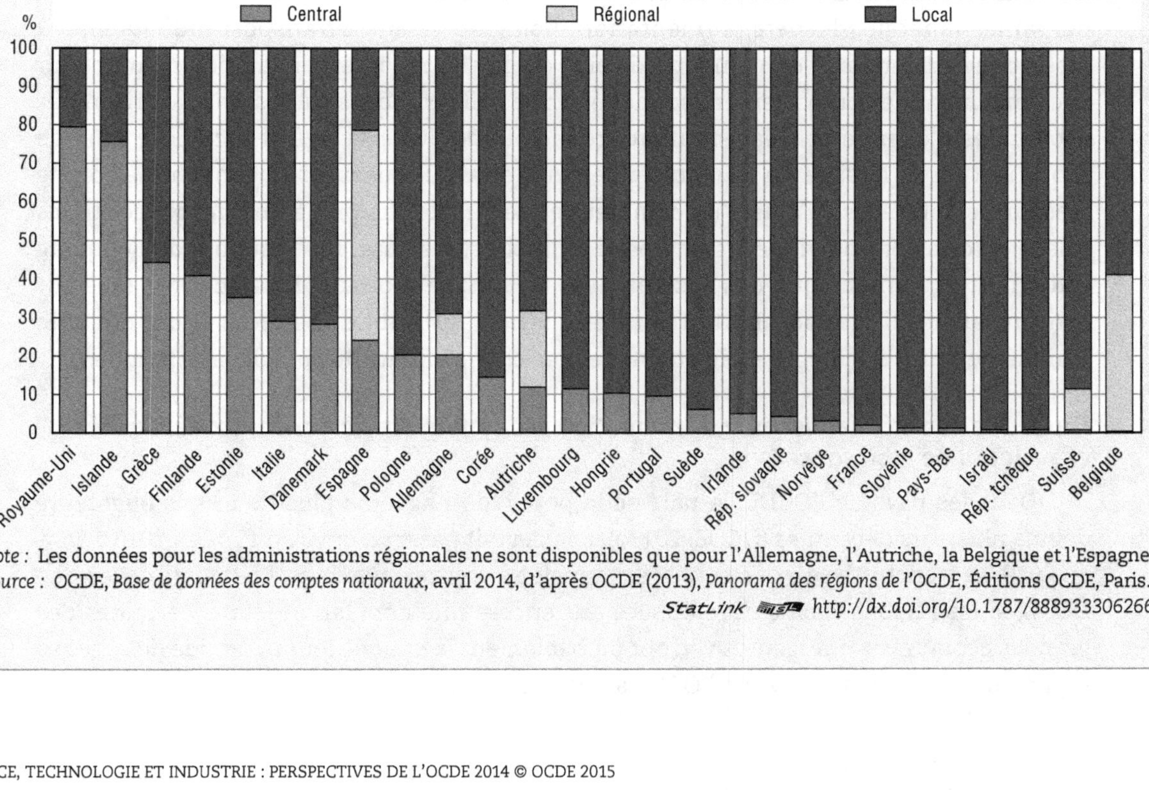

Note : Les données pour les administrations régionales ne sont disponibles que pour l'Allemagne, l'Autriche, la Belgique et l'Espagne.
Source : OCDE, *Base de données des comptes nationaux*, avril 2014, d'après OCDE (2013), *Panorama des régions de l'OCDE*, Éditions OCDE, Paris.

StatLink http://dx.doi.org/10.1787/888933306266

Encadré 1.1. **Villes intelligentes : relever les défis sociaux et mondiaux à l'échelle locale** *(suite)*

C'est donc tout naturellement dans les villes que naissent les stratégies intelligentes et innovantes, fondées sur les technologies de l'information et des communications (TIC), l'analyse des données massives et la communication entre machines. En règle générale, les projets de ville intelligente portent sur différents aspects de l'aménagement urbain : transport, réseaux électriques, bâtiments ou fourniture de services publics dans des secteurs comme la santé ou l'éducation. À l'abri des défis de gouvernance soulevés par la multiplication des niveaux d'administration et des parties prenantes, les villes intelligentes ont toutes les chances d'améliorer le bien-être des citoyens et d'accroître l'efficience de l'ensemble du système urbain.

En 2014, la Région de Bruxelles-Capitale (Belgique) lancera un appel d'offres public pour l'élaboration d'un projet de ville intelligente autour du transport et de la mobilité. En 2013, la France a alloué de nouveaux crédits à la « ville de demain » dans le cadre de son Programme d'investissements d'avenir. En Suède, les villes intelligentes durables sont en train de prendre une place prépondérante dans le programme national en faveur d'une innovation axée sur les défis et elles font désormais partie des nouveaux domaines d'innovation stratégique du pays. En 2011, le Costa Rica a intégré les villes intelligentes et les réseaux intelligents dans sa feuille de route sur les énergies renouvelables. En Finlande, la même année, le gouvernement, Tekes et des entreprises privées ont installé dans la zone métropolitaine d'Helsinki un environnement d'essai pouvant accueillir environ 400 véhicules électriques dans le but d'améliorer les infrastructures et le système de transport, les services aux utilisateurs et les modèles économiques.

Source : OCDE (2013), *Green Growth in Cities*, Études de l'OCDE sur la croissance verte, Éditions OCDE, Paris ; et réponses des pays aux questionnaires préparatoires aux éditions 2012 et 2014 des *Perspectives de la science, de la technologie et de l'industrie de l'OCDE*.

Les pressions environnementales appellent aussi des changements radicaux dans les modes de vie et les comportements. Les pouvoirs publics ont un rôle déterminant à jouer à cet égard. Les habitudes et le comportement de consommation des ménages pèsent lourdement sur les stocks de ressources naturelles et sur la qualité de l'environnement (OCDE, 2011c). Dans une enquête menée en 2008 auprès de plus de 10 000 ménages, l'OCDE a étudié les réactions de la population de dix pays à diverses mesures prises dans cinq domaines (énergie, déchets, alimentation biologique, eau et transport individuel)[4]. Il ressort de cette enquête qu'il importe de bien choisir les mesures d'incitation pour obtenir le changement de comportement souhaité et que celles fondées sur les prix favorisent les économies d'énergie et d'eau, font croître le volume du recyclage et reculer le taux de motorisation et l'usage de la voiture. Le simple fait de mesurer la consommation de ressources naturelles à l'aide d'un compteur et de lui fixer un prix a une incidence sur les prises de décision individuelles, même si ce prix est très bas. Les résultats de l'enquête indiquent également que des instruments de nature moins contraignante, axés sur l'information du consommateur et l'éducation du public, peuvent jouer un rôle complémentaire non négligeable et amener des changements du côté de la demande.

Dans une société vieillissante, l'innovation est synonyme de nouveaux débouchés et secteurs de croissance

Dans les pays de l'OCDE, la part de la population âgée de plus de 65 ans augmente depuis plusieurs décennies (OCDE, 2013o). Elle devrait passer d'environ 15 % en 2010 à 26 % en 2050. La tranche des 80 ans et plus est appelée à croître davantage. En dehors de la zone OCDE, si les régions moins développées ont encore une population jeune, certaines des grandes économies émergentes verront probablement le haut de leur pyramide des âges se rapprocher de celui des pays de l'OCDE à l'horizon 2050.

Le vieillissement va poser divers problèmes difficiles à résoudre en raison des pressions croissantes qu'il exercera sur la performance économique, la protection sociale, la santé et les finances publiques. Non seulement la charge qui pèse sur les services de santé, les systèmes de soins de longue durée et les finances publiques va s'alourdir, mais l'économie et la productivité en pâtiront aussi à mesure que la main-d'œuvre vieillira dans certains pays et diminuera dans d'autres (OCDE, 2012a). Dans les sociétés vieillissantes, les pouvoirs publics auront la difficile tâche de préserver et d'étoffer l'offre de services sanitaires et sociaux destinée aux personnes âgées. La croissance de ce groupe de la population, conjugué à d'autres changements sociétaux (par exemple, augmentation du taux d'activité des femmes, diminution de la taille des familles et multiplication des familles recomposées) va entraîner une hausse de la demande de soins à un moment où l'on prévoit des pénuries de personnel de santé publique et où ces pénuries auront déjà entamé le réservoir de prestataires de soins de santé (OCDE, 2102f ; OCDE, 2011c).

La démence et, en particulier, la maladie d'Alzheimer constituent déjà un grand problème de santé publique. D'après les estimations, 36 millions de personnes étaient atteintes de démence dans le monde en 2010, dont 42 % dans des pays à revenu élevé (OCDE, 2013p). Ce chiffre pourrait avoir atteint 115 millions en 2050. Les problèmes soulevés par cette maladie font désormais l'objet d'une forte mobilisation internationale. À l'issue du sommet historique qu'il a consacré à la démence, à Londres en décembre 2013, le G8 a appelé les pays à donner un coup d'accélérateur à la recherche, à favoriser l'ouverture de la science et le partage des données au niveau international ainsi qu'à améliorer la qualité de la prise en charge des personnes atteintes de démence (*www.oecd.org/health/dementia.htm*). Ce problème ne touche pas seulement les pays de l'OCDE : les pays à revenu faible ou intermédiaire représentaient 58 % des 36 millions de cas de démence recensés dans le monde en 2010.

Vu ces perspectives à long terme, il est essentiel que les personnes âgées restent aussi longtemps que possible en bonne santé, indépendantes et actives, de façon à continuer de jouer un rôle au sein de la famille, de la société et de l'économie. La science et la technologie, et en particulier les applications des TIC, aideront grandement à réaliser cet objectif (OCDE, 2012a).

Tendances de l'action publique

Il importe aujourd'hui d'encourager l'innovation dans les services, par exemple dans les domaines de la santé et des soins infirmiers, de l'éducation, du transport et de l'aménagement urbain. Les sociétés vieillissantes demandent à leurs services publics de se pencher sur les demandes et les priorités. En particulier, l'innovation dans les services à domicile et les services communautaires offre un bon point de départ pour des approches intelligentes du vieillissement. Aucune solution n'est à exclure, qu'il s'agisse de concevoir des logements propices à l'autonomie, de donner accès à des adaptations et à des technologies d'accompagnement du vieillissement, d'offrir une prise en charge flexible à domicile ou encore d'intégrer les composantes logement, santé et soins dans les prestations de services pour disposer d'équipes de proximité polyvalentes.

Par ailleurs, les nouvelles technologies peuvent favoriser l'amélioration des conditions de travail dans le secteur des soins, ce qui pourrait le rendre plus attractif à l'avenir (CE, 2010). Bien qu'hétérogène, le secteur des services liés à la prise en charge des personnes âgées doit relever des défis communs en matière d'action publique. Même si l'intérêt des investisseurs institutionnels (par exemple, fonds de pension et compagnies d'assurance) pour la R-D liée au vieillissement ne cesse de croître ces dernières années, le financement reste un problème de taille. En effet, l'innovation en matière de santé et de bien-être des populations âgées constituant par nature un bien public et les débouchés commerciaux étant incertains et mal connus (remboursement, adoption par les utilisateurs et modèles économiques flous pour les entreprises, par exemple), on assiste à un sous-investissement de la part du marché. Or, la marge de manœuvre des pouvoirs publics est de plus en plus réduite par la politique d'assainissement budgétaire. Des programmes d'action nationaux fondés sur des partenariats public-privé (Danemark) et des marchés publics liés à l'économie du vieillissement (Danemark, Finlande, Royaume-Uni et Suède) ont été lancés pour stimuler les investissements et la demande de projets intelligents dans ce domaine.

Les défaillances systémiques pourraient dresser d'autres obstacles à l'innovation. En l'occurrence, le problème tient moins à l'investissement dans les biens et les services qu'à l'état de préparation du système d'innovation proprement dit. Parmi les obstacles à la transformation des services de santé et de protection sociale figurent l'incohérence des politiques, la mauvaise formulation de la demande et l'incertitude réglementaire. Dans la plupart des pays de l'OCDE, les structures qui encadrent l'action publique, la réglementation et le financement diffèrent selon les domaines, par exemple, entre ceux de la santé et de la protection sociale. Bien qu'interdépendantes, les structures de gouvernance et de financement sont généralement mal coordonnées et intégrées, et la fourniture des soins est souvent fragmentée. La Suède a entrepris de se doter d'une stratégie d'innovation axée sur les défis liés à la santé, au bien-être et aux soins médicaux. L'initiative nationale de grande envergure Strategic Innovation Areas (SIA) engagée dans les domaines d'innovation stratégiques a été pourvue de fonds importants pour promouvoir les objectifs d'innovation, les partenariats public-privé et le changement institutionnel.

La santé et le bien-être nécessitent des services plus efficients, efficaces et durables, ce qui exige de repenser les modèles classiques pour redéfinir les frontières entre l'État et le marché, d'une part, et entre l'État et la société, d'autre part, sur la base d'une responsabilité sociale accrue et d'une plus grande collaboration entre les secteurs public et privé.

L'éducation et les TIC contribuent de façon déterminante à une démocratisation de l'innovation qui profite à tous

Le rôle de l'innovation comme moteur de la croissance est largement admis. La relation entre innovation et inégalité est, en revanche, plus complexe. L'innovation peut creuser les écarts de revenu et exacerber l'inégalité des chances entre des groupes de la société (mettant en péril la « cohésion sociale ») du fait, notamment, des différences de compétences, de capital social et d'accès au financement. La « cohésion industrielle », quant à elle, peut être entravée si des « îlots d'excellence » drainent des innovateurs très performants tout en coexistant avec des groupes d'entreprises et d'institutions aux résultats médiocres, voire avec une économie informelle, notamment dans les économies émergentes ou en développement. Enfin, il ne saurait y avoir de « cohésion territoriale » dès lors que les inégalités industrielles et sociales accentuent le déséquilibre entre zones urbaines et rurales, ou entre quartiers. Ces diverses dimensions de l'inclusion sont interdépendantes. Les différences d'accès et de participation à l'innovation peuvent engendrer des fossés considérables à l'intérieur d'un pays, en matière de productivité et de répartition des revenus.

L'élévation du taux de scolarisation dans le supérieur et l'amélioration de l'accès à l'Internet, aux réseaux sociaux et aux plateformes communautaires en ligne ont contribué à élargir les processus d'innovation. Le partage des connaissances et des ressources au service de l'innovation dépasse les frontières de la science et de l'industrie ; les utilisateurs finals et la société en général interviennent de plus en plus dans l'innovation. Les communautés élargies se mobilisent pour apporter, entre autres, des idées, des contenus et des solutions de financement. Le vote participatif, le financement participatif et les concours d'idées sur l'Internet sont autant de formes de contribution collective qui puisent dans les connaissances et les ressources mondiales accessibles dans le cyberespace.

Les TIC soutiennent l'innovation inclusive en « démocratisant l'innovation » et en élargissant le cercle des personnes et des entreprises qui se lancent dans des activités de ce type. Les TIC ont facilité l'accès au savoir et amélioré les moyens de communication dont dispose la société, y compris les communautés rurales des pays en développement et des pays émergents. Leur potentiel apparaît clairement dès lors que l'on s'intéresse au rôle que les produits et services qui les exploitent jouent dans la réussite des initiatives d'innovation inclusive[5]. Certains de ces produits permettent de fournir des informations sur les marchés aux agriculteurs, de dispenser des formations à des personnes non qualifiées et d'améliorer les conditions d'activité des groupes défavorisés. Les applications qui rencontrent le plus grand succès ont pour la plupart été développées avec le concours d'entrepreneurs locaux. Ces exemples illustrent la manière dont les applications fondées sur les TIC peuvent soutenir les activités d'innovation des entrepreneurs et des petites entreprises (OCDE, 2013r).

Tendances de l'action publique

Les politiques d'innovation sont généralement conçues sans qu'il ne soit tenu compte de leurs effets sur la croissance inclusive. Ainsi, les entreprises déficitaires (comme les jeunes entreprises innovantes) et le secteur informel sont exclus des dispositifs d'incitation fiscale, réservés aux sociétés imposables. Habituellement, ce sont les grandes entreprises proches des pouvoirs publics qui profitent des subventions en faveur de l'innovation et des marchés publics. En concentrant les dépenses publiques dans des domaines ou secteurs particuliers (souvent de haute technologie), on risque de passer à côté d'innovations plus fondamentales et moins pointues, qui auraient pu apporter des solutions plus efficaces aux problèmes sociaux comme la pauvreté. Il pourrait donc être préférable de cibler les dépenses sur des acteurs concrets et de les soumettre à moins de conditions, de sorte que les entreprises et individus soient plus nombreux à pouvoir innover et, partant, contribuer à la démocratisation de l'innovation.

Les débats consacrés à la « fracture numérique » montrent que l'Internet et les TIC ne sont pas toujours un facteur d'intégration qui va de soi. Dans bien des cas, les groupes à faible revenu sont désavantagés en termes d'accès, et sont donc moins bien placés pour récolter les fruits des TIC. Cela s'explique par la complémentarité des compétences, de l'innovation et du changement technique. Les compétences aident à exploiter les possibilités qu'offrent les TIC et sont généralement indispensables pour élargir le cercle des innovateurs. Les compétences et les politiques de formation seront cruciales pour éviter l'exclusion. En 2013, le gouvernement australien a débloqué 130 millions USD en PPA (192 millions AUD) à l'intention des universités pour qu'elles améliorent l'accès et la participation des personnes issues de milieux socio-économiques défavorisés, en particulier les Australiens indigènes. L'Afrique du Sud a fixé des objectifs d'équité dans les projets de développement humain pour accroître la représentation des femmes et de la population noire dans le secteur de la science, de la technologie et de l'ingénierie. Le Costa Rica donne aux populations rurales et vulnérables la possibilité d'accéder à des centres communautaires intelligents, qui offrent une connexion à l'Internet et sont devenus des lieux d'apprentissage, en particulier dans le domaine des technologies numériques.

Divers produits et services innovants, pour certains fondés sur les TIC, ont considérablement amélioré le bien-être des groupes à faible revenu. Beaucoup, toutefois, n'ont eu qu'un impact limité, car mis en place à petite échelle. Les exemples de réussite, à l'instar du service de paiement mobile du Kenya M-PESA, qui compterait désormais 15 millions d'utilisateurs, donnent à penser qu'une transposition à plus grande échelle est possible.

Le problème fondamental qui se pose aux pouvoirs publics concerne les arbitrages à opérer entre, d'une part, soutenir l'innovation et les technologies de l'information pour accroître l'efficience globale et la croissance et, d'autre part, veiller à la bonne distribution des avantages. Si l'innovation peut creuser les inégalités en bénéficiant aux innovateurs, la diffusion de ses résultats se traduit progressivement par une péréquation des avantages. D'où l'importance de réfléchir à l'ordre de priorité de certaines activités économiques (TIC, biotechnologies ou agriculture, par exemple).

La structure de l'emploi, des compétences et des salaires diffère selon les activités économiques, qui, de surcroît, ne sont pas reliées entre elles de la même manière selon que l'on se place du point de vue des ventes, des achats ou de la circulation des connaissances. Faciliter certaines activités peut donc modifier la répartition des revenus ou avoir des effets économiques plus généraux, et se répercuter non seulement sur la croissance, mais aussi sur la cohésion industrielle et, par le biais des salaires, sur la cohésion sociale. La question revêt une acuité particulière à un moment où les pays réexaminent les avantages associés aux politiques industrielles.

EXAMEN DU SYSTÈME MONDIAL DE RECHERCHE

Cette section porte sur l'expansion du système mondial de recherche dans le contexte actuel de la reprise économique.

Y est décrite l'évolution du paysage mondial de la R-D, marquée par l'essor de l'Asie et le coût grandissant du rattrapage technologique à supporter pour atteindre un niveau international en matière de recherche. Les évolutions récentes et attendues dans le domaine technologique (explosion des demandes de brevets et des investissements de R-D des grandes multinationales) sont passées en revue, ainsi que les implications, pour les pouvoirs publics, de l'accélération scientifique et technologique, de la convergence des technologies et des impératifs de la cybersécurité. Les autres points étudiés sont l'ampleur des investissements publics dans la R-D, les programmes de spécialisation intelligente et de recherche, la coopération institutionnelle, la recherche interdisciplinaire, l'ouverture des données, la science ouverte et la transformation en cours des conditions de réalisation de la recherche publique et de commercialisation de ses résultats.

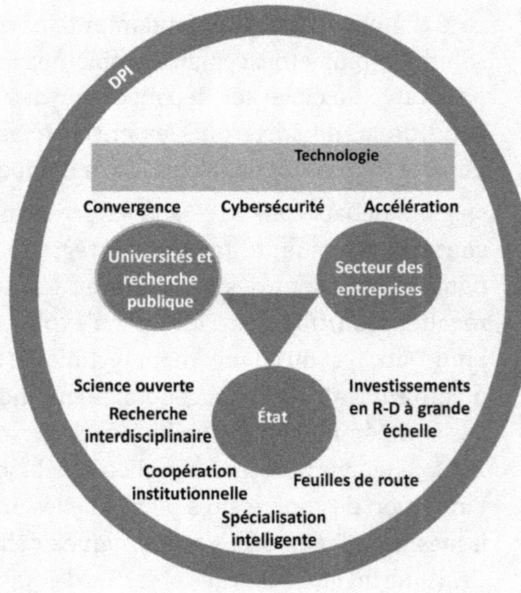

Nombre d'innovations actuelles auraient été impossibles sans les évolutions rendues possibles par la recherche scientifique et technologique.

Le système mondial de recherche se développe

La recherche et l'innovation ont le vent en poupe en Asie

Malgré le ralentissement économique, l'investissement mondial dans la R-D croît de façon régulière depuis 2007 (graphiques 1.14 et 1.15). En 2012, les dépenses de R-D des pays de l'OCDE ont dépassé 1 100 milliards USD[6] (OCDE, 2014h), tandis que celles des BRIICS (Brésil, Fédération de Russie, Inde, Indonésie, Chine et Afrique du Sud) ont atteint 330 milliards USD. À l'échelle mondiale, elles pourraient avoisiner 1 300 milliards USD, dont 80 % sont imputables à dix pays (estimation de l'OCDE). La zone OCDE représenterait 72 % de ces dépenses, contre approximativement 90 % il y a dix ans (graphique 1.14).

La crise de 2008 a accentué les transformations en cours du paysage mondial de la recherche. Le classement des dix économies les plus performantes en matière de R-D a changé depuis 2007, avec l'entrée du Taipei chinois et la sortie du Canada. Depuis 2009, la Chine occupe la deuxième place, derrière les États-Unis, mais devant le Japon (graphique 1.14).

Graphique 1.14. **Les efforts mondiaux[1] de R-D ont enduré les perturbations économiques et restent le fait de quelques grands acteurs internationaux**

Diagramme 1. Dépense totale mondiale de R-D en millions USD 2005 PPA et part estimée des principaux acteurs de la R-D dans le total mondial, 2002-12 ou dernière année disponible

Diagramme 2. Écart entre les intensités de R-D, OCDE et sélection de pays, en pourcentage du PIB, 1992-2012 ou dernière année disponible

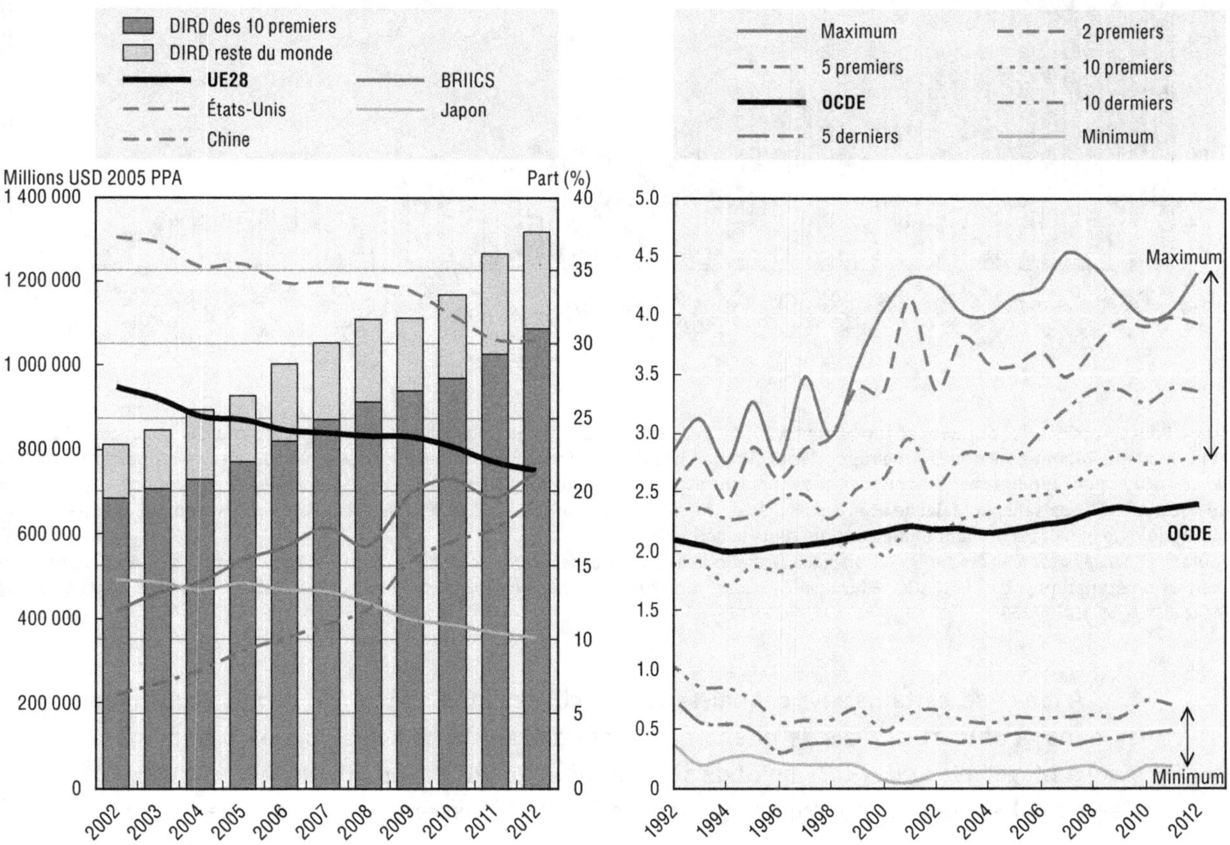

1. La dépense intérieure de R-D (DIRD) au niveau mondial est estimée en faisant la somme des DIRD effectuées par les pays de l'OCDE, les BRIICS, l'Argentine, la Colombie, le Costa Rica, l'Egypte, la Lettonie, la Malaisie, la Roumanie, Singapour et le Taipei chinois. L'estimation au niveau mondial se monterait par conséquent à environ 1 260 milliards USD PPA en 2011 et 1 400 milliards USD PPA en 2012.

Source : OCDE, *Base de données sur les principaux indicateurs de la science et de la technologie (PIST)*, juin 2014, *www.oecd.org/sti/pist* ; Eurostat et Institut de statistiques de l'UNESCO, juin 2014. Données extraites de IPP.Stat le 8 juillet 2014, *http://stats.oecd.org//Index.aspx?QueryId=57863.*

StatLink http://dx.doi.org/10.1787/888933306279

La part des États-Unis (estimée à 32 % pour 2012) dans les investissements mondiaux de R-D s'érode au fil du temps, de même que celle du Japon (11 %) et de l'Union européenne (23 %).

En 2012, la Corée est devenue le premier pays au monde en termes d'intensité de R-D, détrônant ainsi Israël[7], dont les dépenses de R-D des secteurs public et privé ont marqué le pas pendant la crise (graphique 1.15 ; voir aussi graphiques 1.21 et 1.26). En proportion du PIB[8], les dépenses de R-D de la zone OCDE ont légèrement progressé, passant de 2.25 % en 2007 à 2.40 % en 2012. Cet engagement soutenu dans la R-D est général. L'intensité de R-D a augmenté dans la plupart des économies, certaines affichant une nette progression, comme la Corée (+1.15 point de pourcentage) et l'Estonie (+1.09 point de pourcentage)[9]. Aux États-Unis, l'intensité de R-D est passée de 2.63 % à 2.79 % au cours de la période. Partant d'une valeur de référence plus basse, le ratio DIRD/PIB de l'UE28 a crû faiblement, de 0.22 point de pourcentage, pour atteindre 1.98 % en 2012.

Graphique 1.15. **Dépense intérieure de R-D, 2013 et 2007**

En pourcentage du PIB

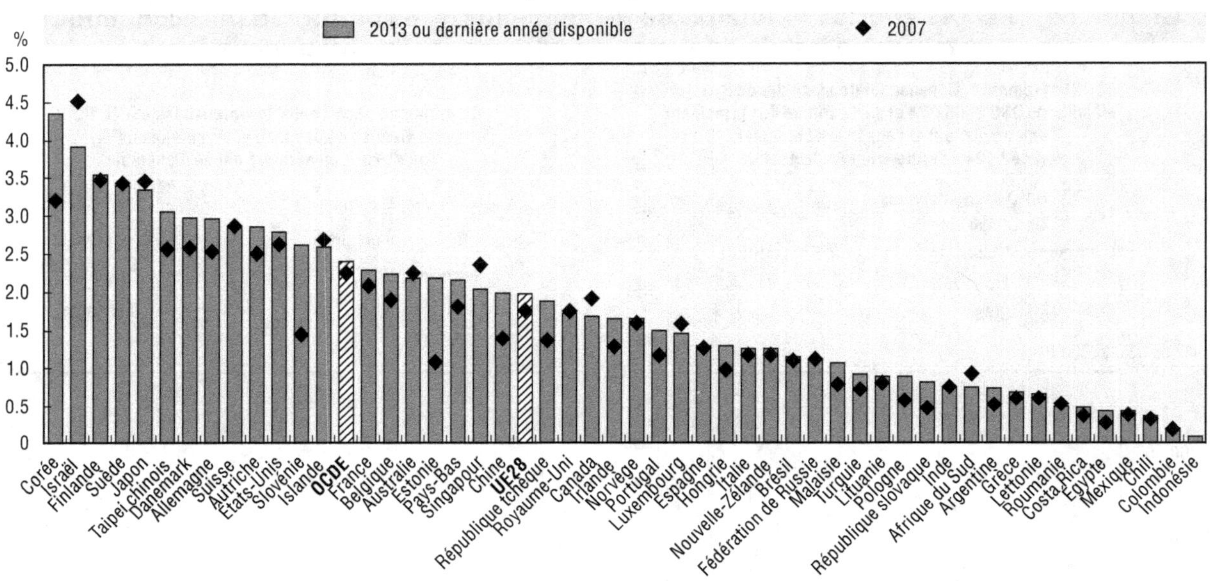

Note : Pour l'Autriche, les données se rapportent à 2013. Pour l'Afrique du Sud, la Colombie, le Costa Rica, l'Islande, la Malaisie, le Mexique et la Nouvelle-Zélande, les données se rapportent à 2011 au lieu de 2012 ; pour l'Australie et le Brésil, les données se rapportent à 2010 au lieu de 2012 ; pour l'Indonésie, les données se rapportent à 2009 au lieu de 2012 ; pour la Suisse, les données se rapportent à 2008 au lieu de 2013 ; pour l'Australie, la Malaisie et la Suisse, les données se rapportent à 2008 au lieu de 2007. Pour la Slovénie, un changement de méthodologie en 2011 a provoqué une coupure dans la série.

Source : OCDE, *Base de données sur les principaux indicateurs de la science et de la technologie (PIST)*, juin 2014, *www.oecd.org/sti/pist* ; Eurostat et Institut de statistiques de l'UNESCO, *Education database*, juin 2014. Données extraites de IPP.Stat le 8 juillet 2014, *http://stats.oecd.org//Index.aspx?QueryId=57863*.

StatLink http://dx.doi.org/10.1787/888933306285

À l'inverse, certains pays connaissent un recul de l'intensité de R-D depuis 2002 même si, dans la plupart des cas, le phénomène date d'avant la crise. La Suède (-0.40 point de pourcentage), l'Islande (-0.35 point de pourcentage), Israël (-0.34 point de pourcentage) et le Canada (-0.30 point de pourcentage) ont enregistré les baisses les plus marquées.

Hors OCDE, ce sont le Taipei chinois (+0.91 point de pourcentage) et la Chine (+0.91 point de pourcentage) qui affichent la plus forte hausse de l'intensité de R-D. En 2012, le Taipei chinois a consacré 3.06 % de son PIB à la R-D, se classant entre le Japon (3.35 %) et le Danemark (2.98 %), tandis que l'intensité de R-D de la Chine est désormais comparable à celle de l'UE28.

Le coût relatif de l'accès à la recherche de niveau mondial augmente

Le système mondial de R-D reste concentré dans une poignée d'économies. Les dix premières économies en termes d'intensité de R-D maintiennent leur part dans les dépenses mondiales de R-D depuis 2007, mais l'écart s'accentue avec le reste du monde. Alors que les dépenses de R-D semblent stagner dans les pays de l'OCDE, une convergence tend à s'opérer entre les plus grandes économies et les économies non membres.

Cette concentration de la R-D autour d'un noyau d'acteurs et d'économies dotées d'infrastructures de recherche plus développées (c'est-à-dire dont l'intensité de DIRD est plus élevée) influe sur les conditions dans lesquelles les pays de taille modeste ou à faible revenu peuvent accéder à la recherche de niveau mondial. Plus le fossé se creuse, plus les pays en retard voient augmenter le coût du rattrapage technologique ainsi que le risque d'être exclu des CVM et des flux mondiaux de connaissances.

La production scientifique et technologique reprend progressivement

La crise a ralenti la production scientifique et technologique partout dans le monde. La production scientifique, mesurée d'après le nombre de publications, a été moins durement touchée et s'accélère depuis 2010, mais la production technologique, évaluée à partir des activités de dépôt de brevets, a nettement reculé, et ne se redresse que lentement encore aujourd'hui (graphique 1.16). Cette différence tient en partie au fait que le ralentissement

Graphique 1.16. **Les activités de brevetage ont souffert de la crise et ne reprennent que lentement**

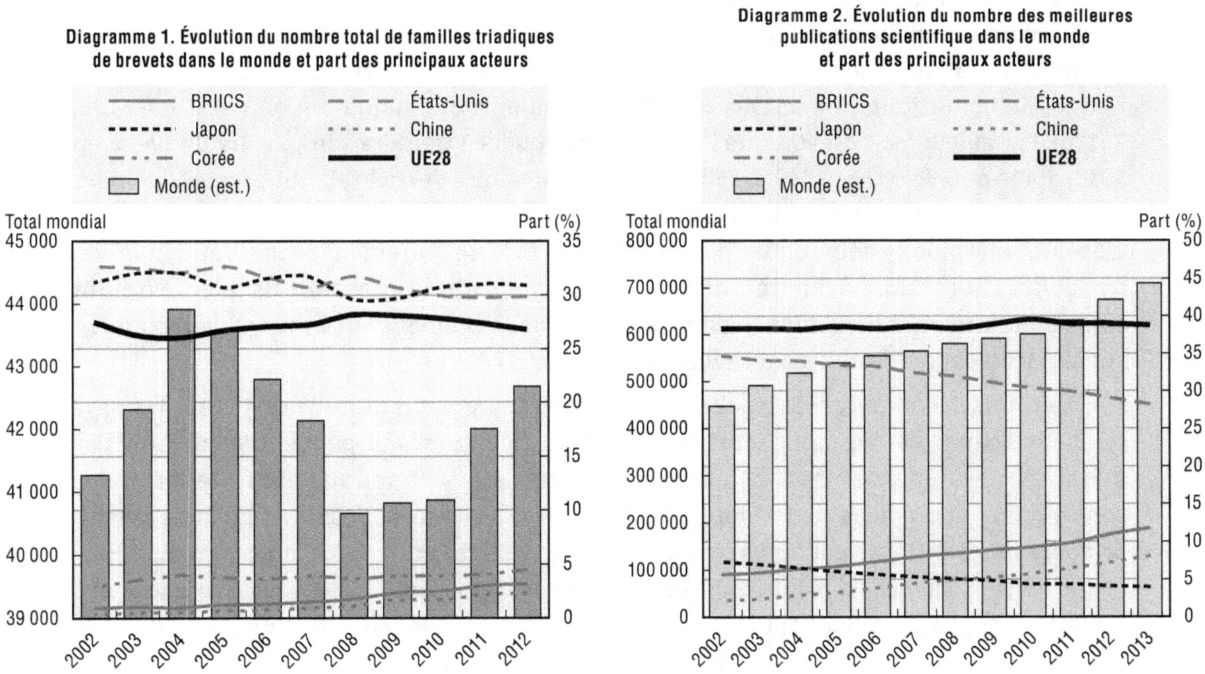

Source : OCDE, Base de données sur les principaux indicateurs de la science et de la technologie (PIST), juin 2014, *www.oecd.org/sti/pist*. Données extraites de IPP.Stat le 8 juillet 2014, *http://stats.oecd.org//Index.aspx?QueryId=57863*.

Note : Les données relatives au nombre de publications dans les premiers 10% des meilleures revues sont issues de la base de données SciVal Elsevier. Le classement est basé sur celui du Scientific Journal Ranking (SJR), un index normalisé du facteur d'impact qui tient compte du prestige de la revue comme mesure de la qualité. La production scientifique d'un pays est basée sur l'ensemble des documents rédigés par les auteurs en fonction de leur affiliation institutionnelle. La part de l'UE28 est surestimée car elle inclut des publications ayant plusieurs co-auteurs européens.

Source : Elsevier B.V. (2014), *SciVal*. Données extraites de Scival (Scopus - Elsevier) le 31 janvier 2014. Données extraites de IPP.Stat le 8 juillet 2014, *http://stats.oecd.org//Index.aspx?QueryId=57863*.

StatLink http://dx.doi.org/10.1787/888933306291

a eu des effets variables selon les composantes du système de R-D, en particulier sur la recherche publique et la R-D privée.

Les données relatives aux familles triadiques de brevets[10] montrent que la croissance des activités de dépôt, régulière au cours de la première moitié des années 2000, avait ralenti avant la baisse de l'activité de 2007-09. La crise a renforcé ce ralentissement, car la mauvaise conjoncture économique a dissuadé les entreprises de se lancer dans des activités d'innovation. Le nombre de brevets déposés simultanément dans les trois offices de brevets augmente depuis 2009, mais demeure faible par rapport à ce qu'il était auparavant.

Les transformations du paysage mondial de la R-D décrites plus haut se retrouvent déjà dans la production scientifique et technologique mondiale. La part des États-Unis et du Japon dans le total des brevets et publications scientifiques recensés dans le monde est en baisse, ces deux pays cédant progressivement la place aux BRIICS, en particulier la Chine, dans la production scientifique et technologique (graphique 1.16). En 2013, les BRIICS ont produit environ 12 % des publications scientifiques de haut niveau à travers le monde, contre 28 % pour les États-Unis. Leur part a presque doublé par rapport à ce qu'elle était dix ans auparavant. Cette redistribution des rôles à la tête du monde scientifique est également visible dans les brevets, quoique de façon moins frappante.

La tendance est à un renforcement progressif du système mondial de recherche

Compte tenu de la conjoncture économique actuelle, il est peu probable que l'on assiste à une forte reprise de la R-D et de l'innovation dans les deux prochaines années, mais la situation pourrait changer à l'horizon 2015. Les perspectives macroéconomiques et le climat des affaires devraient s'améliorer, en raison d'une appétence renouvelée pour le risque, de conditions financières plus favorables et d'une demande en hausse (OCDE, 2013a). Par ailleurs, on prévoit que l'endettement public atteindra son plus haut niveau en 2015, après quoi le rythme de l'assainissement budgétaire devrait ralentir progressivement (OCDE, 2013a). Les bénéfices de la rationalisation des politiques STI et de la mise en place d'évaluations plus systématiques pourraient alors se faire clairement sentir. L'amélioration de la situation macroéconomique et l'abaissement de la pression fiscale devraient contribuer à rétablir la confiance dans les institutions publiques et influer favorablement sur la participation de la société civile aux activités STI.

La reprise économique, actuellement inégale, devrait accentuer l'écart entre les pays où la croissance est au point mort ou tourne au ralenti (et qui peuvent avoir du mal à maintenir les dépenses de R-D) et ceux où la relance économique est forte (et où les conditions sont propices au développement de la R-D nationale). L'essor de la Chine devrait se poursuivre, entraîné par le dynamisme économique du pays et son engagement à long terme dans la science, la technologie et l'innovation. Dans son plan stratégique national à moyen et long termes pour le développement de la science et de la technologie (2006-20), la Chine s'est donné pour objectif de consacrer à la R-D l'équivalent de 2.5 % de son PIB à l'horizon 2020. Dans l'hypothèse d'une croissance linéaire des dépenses de R-D de la Chine et des États-Unis, les premières devaient dépasser les secondes vers 2022 (graphique 1.7). Le récent ralentissement de l'activité économique de la Chine pourrait toutefois différer ce scénario. Dans l'Union européenne, la situation sera plus disparate, et plusieurs pays auront du mal à atteindre l'objectif de 3 % à l'horizon 2020.

Graphique 1.17. **La Chine devrait dépasser les Etats-Unis au titre de pays le plus performant en R-D dans les prochaines années**

DIRD, en millions USD 2005 PPA, 2000-12 et projections jusqu'en 2024

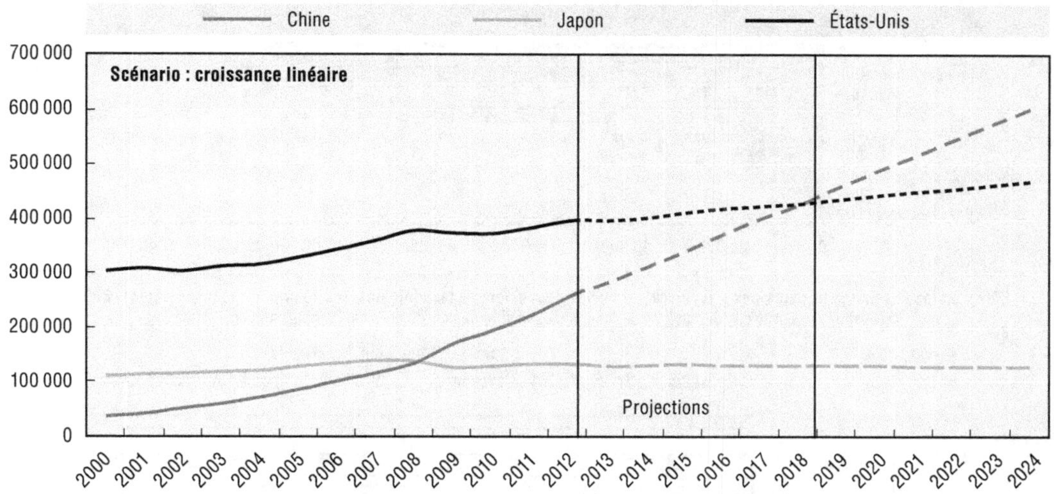

Note : Les tendances sont projetées à partir des données sur la DIRD de la Chine, des Etats-Unis et du Japon depuis 2000.
Source : Adapté de OCDE, *Base de données sur les principaux indicateurs de la science et de la technologie (PIST)*, juin 2014, *www.oecd.org/sti/pist*. Données extraites de IPP.Stat le 8 juillet 2014, *http://stats.oecd.org//Index.aspx?QueryId=57863*.

StatLink http://dx.doi.org/10.1787/888933306307

Le développement technologique fait surgir de nouveaux problèmes

Le progrès technologique s'accélère dans certains domaines

L'accélération des découvertes scientifiques et du progrès technologique est une caractéristique bien connue des sociétés modernes. La technologie faisant désormais partie de la culture de masse, l'accès aux inventions et aux innovations est plus facile, plus rapide et moins cher. Pour cerner l'évolution technologique, on examine la variation de deux types d'activité : les investissements de R-D des grandes entreprises[11], qui anticipent les débouchés potentiels et adaptent leur stratégie de recherche en conséquence, et les dépôts de brevet, qui témoignent des résultats de la recherche et d'une volonté de les exploiter à des fins commerciales. Ces deux approches donnent des résultats convergents.

Les investissements de R-D réalisés par les 2 000 premières entreprises du classement se concentrent dans un petit nombre de secteurs, les produits pharmaceutiques et la biotechnologie, la technologie (matériel et équipement), l'automobile et les pièces détachées représentant la moitié du total (CE, 2013). L'investissement a progressé rapidement dans les services logiciels et informatiques (+11.7 %), la construction d'automobiles et de pièces détachées (+8.9 %) et la technologie (matériel et équipement) (+8.8 %). D'autres secteurs dans lesquels les dépenses de R-D connaissent une forte croissance sont l'ingénierie industrielle (+9.8 %) ainsi que les équipements et services de santé (+8.3 %).

L'accélération des activités de développement produisant avec succès des nouvelles technologies (« en rafales ») transparaît dans le nombre des brevets déposés. L'expérimentation, sous forme de R-D ou d'une activité d'invention menée sur plusieurs années, est parfois suivie d'une hausse soudaine et massive de l'activité d'innovation, caractéristique du développement et de l'adoption de nouvelles technologies (OCDE, 2013i). Les premières activités de développement concernent généralement des catégories de brevets qui sont ensuite abandonnées au profit de solutions techniques relevant d'autres catégories (graphique 1.18). Selon le domaine, le passage d'une technologie à une autre peut

Graphique 1.18. **Accélération du développement de technologies**

Diagramme 1. Les principaux domaines d'investissement dans la R-D par les plus importants investisseurs privés dans le monde, en millions EUR courants, 2012

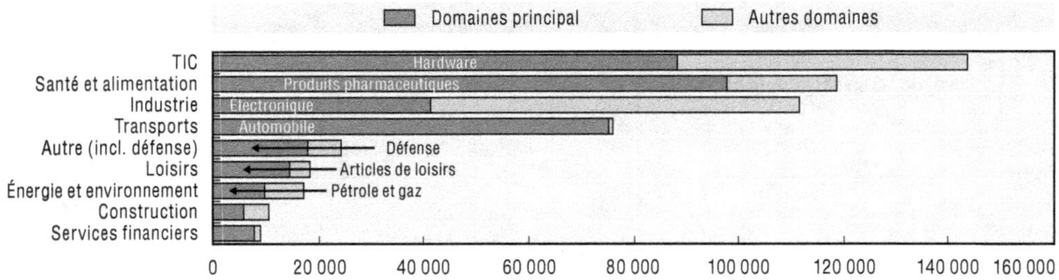

Diagramme 2. Principaux domaines d'accélération du développement de technologies, les 40 premières technologies, 2000-11

Niveau d'intensité des impulsions de brevet, c'est-à-dire de dépôts de brevets (haut, moyen et faible)

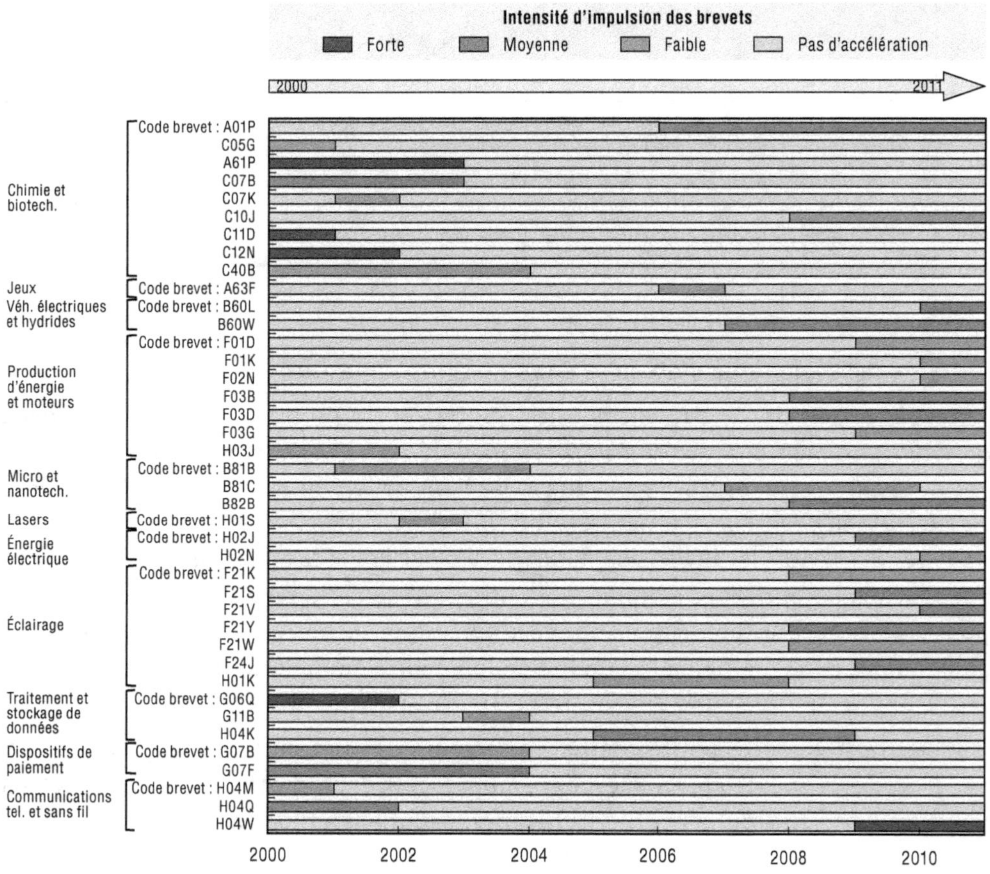

Notes :

Diagramme 1 – Les principaux investisseurs privés dans la R-D au monde sont les 2000 premières entreprises dans le monde en fonction de leurs investissements en R-D. L'échantillon comprend 527 entreprises implantées dans l'UE et 1473 implantées dans le reste du monde. L'investissement total en R-D de ces entreprises est estimé représenter plus de 90% de la dépense totale en R-D des entreprises privées dans le monde.

Diagramme 2 – Les « impulsions » de brevet correspondent à des périodes caractérisées par une hausse soudaine et persistante du nombre de brevets déposés. Les données renvoient au nombre de demandes de brevet déposées en vertu du Traité de coopération en matière de brevets (PCT), selon la date de dépôt, les classes de la Classification internationale des brevets (CIB) et des comptages fractionnaires. Les impulsions de brevets les plus fortes sont mises en évidence par comparaison avec l'évolution des dépôts dans toutes les classes à quatre chiffres de la CIB. L'intensité d'une impulsion correspond au degré relatif de l'augmentation des dépôts observée. Seules sont prises en compte les classes de la CIB avec une intensité d'impulsion positive observée au cours des années 2000.

Source : Diagramme 1 – Commission Européenne (2013), *The 2013 EU Industrial R&D Investment Scoreboard*, Commission Européenne, Bruxelles. Rapport et données complètes disponibles en ligne à l'adresse *http://iri.jrc.ec.europa.eu/scoreboard13.html*; Diagramme 2 – OCDE (2013), *Science, technologie et industrie : Tableau de bord de l'OCDE 2013 – L'innovation au service de la croissance*, Éditions OCDE, Paris, *http://dx.doi.org/10.1787/sti_scoreboard-2013-fr*. Calculs de l'OCDE, d'après OEB, *Base de données des statistiques mondiales des brevets*, avril 2013.

StatLink http://dx.doi.org/10.1787/888933306318

s'opérer dans la continuité (cas du traitement et du stockage des données, par exemple) ou donner lieu à des rafales simultanées, suivies d'une activité de brevetage relativement stable puis de nouvelles flambées, à la faveur de l'émergence de différentes technologies (comme dans la chimie et les biotechnologies ou encore la téléphonie et les communications sans fil).

Cette accélération des nouvelles technologies concerne les domaines suivants :

- atténuation du changement climatique (par exemple, éclairage, énergie électrique, véhicules électriques et hybrides, production d'énergie, batteries et moteurs) ;
- vieillissement, santé et sécurité alimentaire (par exemple, chimie et biotechnologies) ;
- gestion de l'information et des communications (notamment, infrastructures nécessaires aux mégadonnées et aux paiements virtuels) ;
- nouveaux procédés de fabrication (par exemple, chimie, nanotechnologie, matériaux composites, nouveaux matériaux, impression en 3D, technologie laser).

Tendances de l'action publique

Les pays entreprennent de vastes projets d'investissement de R-D dans des domaines prometteurs du point de vue technologique. En 2013, dans le cadre de sa nouvelle stratégie industrielle, le Royaume-Uni a consacré 865 millions USD en PPA (600 millions GBP) aux huit technologies phares (Eight Great Technologies) couvrant les quatre domaines d'accélération susmentionnés[12]. La Turquie a engagé deux programmes ciblés dans les domaines prioritaires de la Stratégie nationale STI pour 2011-16, à savoir : l'automobile, la construction mécanique et les activités de fabrication, l'énergie et la santé.

Vieillissement, santé et sécurité alimentaire. Les États-Unis ont intensifié l'investissement fédéral et resserré la coopération interorganismes dans le domaine des neurosciences afin d'améliorer la santé et l'apprentissage. Le projet Brain Initiative, doté de 100 millions USD, vise à acquérir de nouvelles connaissances sur les troubles du cerveau, comme la maladie d'Alzheimer. La Chine a fait du développement des technologies agricoles un nouvel enjeu STI et entend soutenir l'entrepreneuriat dans ce domaine.

Nouveaux procédés de fabrication. Dans le budget des États-Unis pour 2014, les activités de R-D et d'innovation se concentreront sur les technologies de fabrication de prochaine génération, notamment la robotique et les matériaux avancés, et bénéficieront à cette fin de 2.9 milliards USD, répartis entre divers organismes et secteurs. En 2013, la France a dévoilé un nouveau plan concernant 34 secteurs clés, pour la plupart liés à des activités de fabrication, et prévoit de dépenser 4 milliards USD en PPA (3.4 milliards EUR) dans les années à venir. Le Canada a débloqué 160 millions USD en PPA (200 millions CAD) sur cinq ans pour financer la création d'un Fonds de fabrication de pointe qui soutiendra les investissements des entreprises manufacturières dans les activités de prototypage et d'essais de produits, ainsi que 130 millions USD en PPA (165 millions CAD) sur cinq ans à un nouveau programme de démonstration de technologies aérospatiales.

La convergence des technologies engendre de nouveaux défis

La convergence des technologies clés émergentes et génériques (nanotechnologie, biotechnologie, technologies de l'information et sciences cognitives) et l'apparition de nouveaux champs de R-D pluridisciplinaires peuvent ouvrir la voie à des changements en profondeur des secteurs d'activité et des sociétés tout en apportant de nouveaux moyens de relever les défis mondiaux et sociaux (gestion de mégalopoles, production d'eau propre, sécurité alimentaire, etc.).

Les travaux de recherche interdisciplinaires favorisent la convergence de la recherche scientifique. De nouveaux domaines de recherche se dégagent de disciplines scientifiques et technologiques qui approchent la recherche par des voies diverses et utilisent des méthodes d'évaluation et des instruments d'analyse variés. Des plateformes technologiques lient données, modèles et acteurs de façon à intégrer les connaissances, à repérer les lacunes et à soutenir la coordination de la recherche à l'échelle mondiale. La concentration des acteurs scientifiques dans des centres de convergence, autour de plateformes technologiques par exemple, permet une utilisation partagée des installations, des équipements et des services de techniciens qualifiés entre différents domaines technologiques et domaines de recherche. Ces plateformes sont toutefois difficiles à cartographier, et il est probable qu'elles produiront peu de résultats commerciaux ou publiables.

Tendances de l'action publique

Il est impératif d'augmenter les investissements pour suivre le rythme de la science et de la technologie, alors que l'accélération technologique tend à réduire la période pendant laquelle les investisseurs en R-D peuvent espérer conserver leur avantage et récolter les fruits de leurs découvertes. La rareté des financements devrait inciter tous les acteurs, quelle que soit leur taille, à participer davantage aux projets menés en coopération, à soutenir la spécialisation intelligente et à encourager la veille technologique et l'analyse prospective afin de mettre en évidence les niches et évolutions technologiques à long terme. En 2012, l'Allemagne a adopté une approche interdisciplinaire et une perspective basée sur la demande (« tirée par la demande »), qui intègrent mieux les résultats axés sur les technologies et ceux des sciences sociales et humaines.

L'enthousiasme observé à l'égard de certains domaines de convergence pousse à adopter un nouveau programme d'action publique en matière de technologie, à élaborer des feuilles de route et à mettre en place des centres de recherche spécialisés. Cependant, la convergence technologique couvre un champ plus vaste, dans lequel figurent la convergence effective des communautés scientifiques pour produire des connaissances, l'exploitation et la commercialisation des résultats de la recherche, la convergence des infrastructures de fabrication et de développement des produits, et l'intégration de ces technologies dans la société.

L'expansion de l'Internet accroît l'importance de la cybersécurité

L'Internet et le secteur des TIC en général connaissent une évolution technologique extrêmement rapide. Les réseaux à haut débit, les appareils (tablettes et téléphones portables, par exemple) et les services en ligne (par exemple, les applications téléchargeables) font partie des évolutions de l'Internet les plus prometteuses de ces dernières années (OCDE, 2012g). L'informatique en nuage a également prouvé qu'elle pouvait contribuer fortement au développement de services innovants, notamment en levant une grande partie des obstacles liés aux technologies de l'information auxquels se heurtaient les PME, si bien que ces dernières ont pu se développer plus rapidement et innover (OCDE, 2012a). Non seulement les TIC sont indispensables aux processus d'innovation, mais l'Internet touche également presque tous les secteurs de l'économie et transforme la façon dont les gens vivent (OCDE, 2012g). L'avenir de l'économie de l'Internet dépend aussi de la confiance que les particuliers, les entreprises et les pouvoirs publics accordent au réseau comme support d'applications et de prestations de services.

La dépendance à l'égard de l'Internet s'intensifiant, les questions de sécurité, de respect de la vie privée et de protection du consommateur deviennent plus cruciales que jamais (OCDE, 2014i). En quelques années seulement, les flux d'information se sont affranchis des frontières administratives, sans grand surcoût. La nature ouverte et interconnectée de l'environnement numérique a rendu celui-ci plus vulnérable face aux cybercriminels, lesquels vont des groupes criminels et terroristes organisés aux cybermilitants (ou « hacktivistes »), dont les actions compromettent les intérêts économiques et sociaux d'une organisation (par exemple, en faisant perdre un avantage concurrentiel, en portant atteinte à la réputation et à l'image ou en causant une perte financière en raison de violations de la confidentialité, de ruptures d'intégrité et de l'indisponibilité du capital intellectuel).

Du point de vue économique et social, la sécurité montre deux facettes opposées. D'un côté, elle peut réduire l'incertitude et accroître la confiance, et rendre ainsi possibles des activités d'innovation et d'autres activités économiques et sociales. De l'autre, elle peut imposer des contraintes (coût financier ; complexité des systèmes ; perte de performance, d'utilisabilité et de commodité pour l'utilisateur ; mise sur le marché plus longue ; et atteinte à la vie privée). L'approche traditionnelle en matière de cybersécurité consiste à créer un environnement numérique sûr à l'intérieur d'un périmètre de sécurité renforcé, qui empêche certes les intrusions, mais limite aussi les flux d'information. Or, l'innovation nécessite un environnement numérique ouvert et une libre circulation de l'information.

Tendances de l'action publique

Alors que la cybercriminalité et le cyberespionnage font de plus en plus souvent la une de l'actualité, les décideurs publics et privés sont conscients qu'ils doivent protéger leurs actifs numériques.

Pour être efficaces, les cadres de sécurité doivent adapter le niveau des mesures de protection à l'ampleur des dommages économiques et sociaux auxquels chaque actif est exposé. Depuis l'adoption, en 2002, de ses Lignes directrices régissant la sécurité, l'OCDE prône la mise en place d'une nouvelle « culture de la sécurité » qui soutienne l'innovation, la productivité et la croissance dans un environnement numérique mondialement ouvert et interconnecté, en défendant le principe d'une gestion de la sécurité numérique fondée sur le risque (OCDE, 2002a).

La nouvelle génération de stratégies nationales de cybersécurité adoptées dans dix pays de l'OCDE montre que l'élaboration des politiques en la matière se trouve à un tournant (OCDE, 2012h). Dans de nombreux pays, la cybersécurité est devenue une priorité nationale soutenue à un haut niveau. L'élaboration des politiques correspondantes doit prendre en compte des questions économiques, sociales, éducatives, juridiques et techniques, liées au contrôle de l'application des lois, à la souveraineté (comme l'utilisation de capacités de cyberattaque dans les conflits armés) et aux normes de comportement des États dans le cyberespace (eu égard aux activités de renseignement, par exemple). Plusieurs stratégies nationales de cybersécurité inscrivent la R-D au premier rang des priorités (OCDE, 2012h) et comprennent des initiatives visant à stimuler l'innovation en la matière dans les PME (UK Cabinet Office, 2011). Aux États-Unis, le gouvernement fédéral continue d'investir dans une solide cyberinfrastructure de recherche. En 2012, la Norvège a adopté une stratégie de cybersécurité qui prévoit un nouveau programme de recherche sur la sécurité sociétale ainsi que des mesures destinées à développer l'utilisation des résultats des travaux de recherche sur les TIC à des fins de sécurité de l'information.

La tâche qui incombe aux responsables de l'élaboration des politiques de cybersécurité consiste notamment à coordonner les travaux des organismes publics chargés de missions diverses et à mettre en place des dispositifs incitant les différents acteurs publics et privés à gérer ce type de risque. Il peut s'agir de mesures d'autodiscipline, de règlements et de lois. Des politiques sont également nécessaires pour remédier à la pénurie de qualifications dans le domaine de la cybersécurité et pour stimuler la coopération internationale et le développement de ce secteur. Le marché de la cybersécurité pourrait évoluer avec l'arrivée d'acteurs issus de la défense et de l'aérospatiale, où la culture de l'innovation diffère de celle du secteur traditionnel des TIC.

L'INNOVATION DES ENTREPRISES SERA LE MOTEUR D'UNE REPRISE ÉCONOMIQUE DURABLE

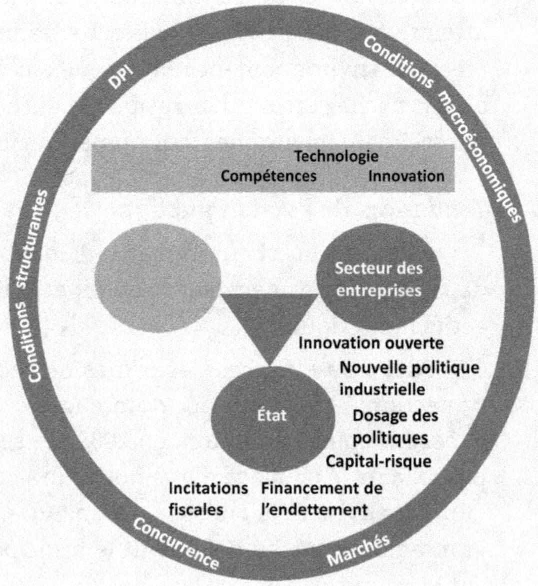

Cette section porte sur l'une des principales composantes des systèmes nationaux d'innovation : le secteur des entreprises.

Les tendances récentes et l'avenir possible des dépenses de R-D d'entreprise sont décrites à la lumière des conditions macroéconomiques. La transformation des modes d'innovation et de financement de l'innovation est examinée, ainsi que l'évolution récente de l'entrepreneuriat innovant et l'ouverture croissante de l'innovation des entreprises, en particulier sous la forme du resserrement de la collaboration dans les chaînes de production et du regroupement d'entreprises autour de centres nodaux mondialement connectés. Le soutien que l'État apporte à l'innovation privée est exposé dans ses grandes lignes (nouvelles panoplies de mesures, incitations fiscales plus généreuses en faveur de la R-D, nouveaux mécanismes de financement de l'endettement et de partage des risques et aide publique plus importante aux marchés du capital-risque) ainsi que les mesures envisageables pour le compléter (par exemple, encourager l'intermédiation non bancaire ou favoriser le financement participatif). Sont également examinés la revitalisation de la politique industrielle et le renforcement des conditions-cadres de l'innovation (contrôle du respect des DPI, par exemple).

La R-D d'entreprise a été préservée en comparaison d'autres investissements, et s'est déjà partiellement relevée

Les entreprises sont au cœur du système mondial de R-D. Elles représentent la majeure partie de la R-D exécutée dans les pays de l'OCDE (68 % en 2012) (OCDE, 2014h). En 2012, les entreprises de la zone OCDE ont dépensé près de 752 milliards USD dans ce domaine, un total dans lequel les États-Unis entrent pour 42 %, le Japon pour 15 % et l'UE28 pour 28 %. La même année, les entreprises chinoises ont investi plus de 224 milliards USD en R-D, soit plus du quart du montant total dépensé dans la zone de l'OCDE.

La crise économique mondiale a durement frappé l'innovation dans le monde, et les dépenses intérieures brutes de R-D du secteur des entreprises (DIRDE) ont enregistré une baisse record de 4.2 % en 2009 dans les pays de l'OCDE (graphique 1.19). Pourtant, les investissements à forte intensité de connaissances réalisés par les entreprises, notamment dans la R-D ou dans les actifs incorporels (logiciels, par exemple), ont mieux résisté que d'autres types d'investissements (graphique 1.19, note). L'investissement dans les machines et le matériel a dégringolé pendant la crise, alors que les dépenses de R-D des pays de l'OCDE ont retrouvé leur niveau d'avant 2007 en 2012.

Graphique 1.19. **L'investissement privé dans les actifs de connaissance a mieux enduré la crise et a connu une reprise plus précoce**

OCDE, indice 2005 = 100

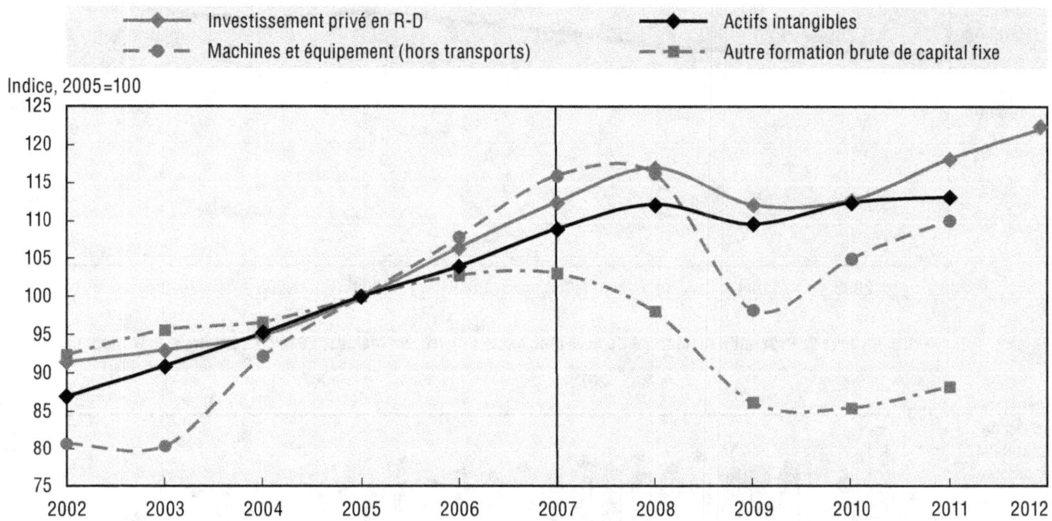

Note : Dans la comptabilité nationale, les dépenses en activités de R-D sont traitées comme des dépenses et non comme un investissement, et ne peuvent donc pas être capitalisées. La capitalisation de la R-D devrait être prise en compte à partir de 2014. Pour de plus amples informations, veuillez vous référer à OCDE (2010), *Handbook on Deriving Capital Measures of Intellectual Property Products*, OCDE, Paris, *www.oecd.org/std/na/44312350.pdf*.

Le capital fixe intangible est un capital fixe non financier produit qui comprend principalement la prospection minière, les logiciels informatiques, les œuvres originales d'art, de littérature ou de divertissement pour un usage prévu sur plus d'un an. Les autres types de formation brute de capital fixe comprennent les investissements en logement et en transports.

Source : OCDE, *Base de données sur les principaux indicateurs de la science et de la technologie (PIST)*, juin 2014, *www.oecd.org/sti/pist* ; OCDE, *Base de données des comptes nationaux*, avril 2014. Données extraites de IPP.Stat le 8 juillet 2014, *http://stats.oecd.org//Index.aspx?QueryId=57863*.

StatLink http://dx.doi.org/10.1787/888933306323

En outre, les données relatives aux 2 000 entreprises[13] qui investissent le plus dans la R-D à travers le monde[14] montrent que ce type d'investissements a bien résisté de 2009 à 2012, ce qui témoigne de l'importance stratégique que les entreprises attachent à la R-D, même en temps d'incertitude économique. Les principaux investisseurs mondiaux en R-D ont encore accru leur effort en 2012, de 6.2 %, et ce malgré un contexte mondial marqué par un tassement général de la croissance des chiffres d'affaires nets (4.2 % en 2012, contre 9.9 % en 2011) et un recul des résultats d'exploitation (-10.1 %) (CE, 2013).

Dans la zone OCDE, la récente montée des DIRDE est tirée par les entreprises des États-Unis, dont les investissements en R-D ont retrouvé leur niveau d'avant la crise (graphique 1.20). Dans l'UE, la situation s'améliore également peu à peu, encore que la reprise semble moins robuste à en juger par la nouvelle baisse des dépenses privées de recherche enregistrée en 2012. Au Japon, les entreprises peinent à reconstituer leurs capacités de R-D, et les DIRDE stagnent au niveau de 2007 (116 milliards USD). Hors OCDE, les entreprises chinoises ont accéléré la mise en place de leurs installations de recherche

Graphique 1.20. **Les capacités de recherche du secteur privé ont été relativement préservées**

Diagramme 1. Évolution de la DIRDE des économies les plus performantes, en millions USD 2005 PPA, 2002-12

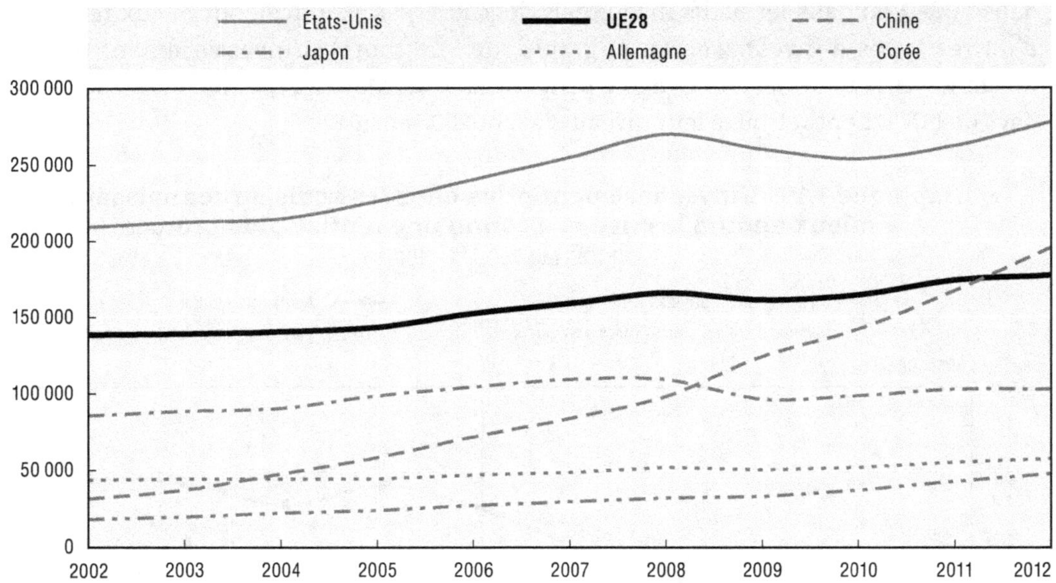

Diagramme 2. Proximité au marché de la R-D du secteur privé, en indices, 2012 ou dernière année disponible

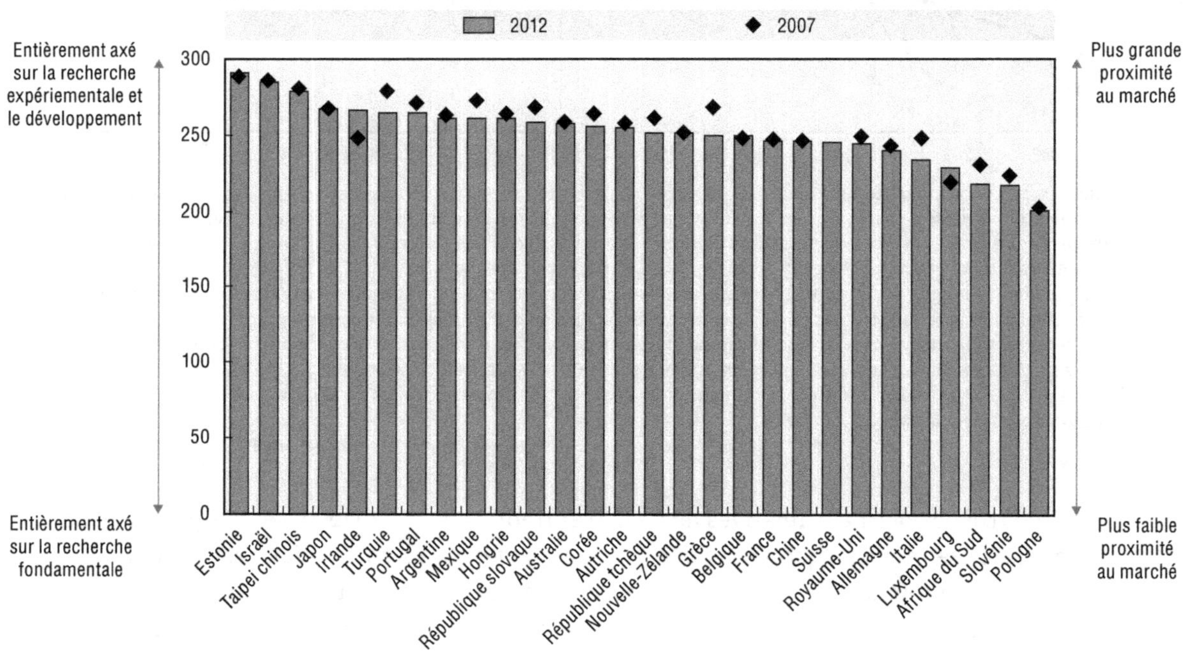

Note : L'indice de « proximité de la R-D au marché » illustre plus ou moins en un seul diagramme la répartition des dépenses de R-D entre les différents types de recherche. Trois types de recherche sont distinguées : la recherche fondamentale, la recherche appliquée et la recherche expérimentale (OCDE 2002b). La part de la DIRDE allouée à la recherche fondamentale est pondérée par un coefficient 1, celle de la recherche appliquée par un coefficient 2 et celle de la recherche expérimentale par un facteur 3. Plus les pays sont proches de 300, plus les firmes nationales dépensent en termes relatifs pour le développement expérimental.

Pour la République tchèque, les données se rapportent à 2011. Pour l'Afrique du Sud, l'Autriche, le Mexique et le Taipei chinois, les données se rapportent à 2009. Pour l'Australie, l'Islande, le Royaume-Uni et la Suisse, les données se rapportent à 2008. Pour la Norvège et la Pologne, les données se rapportent à 2005.

Source : Calculs de l'OCDE, d'après OCDE, *Base de données sur les statistiques de la recherche-développement* (SRD), mars 2014, *www.oecd.org/sti/rds*. Données extraites de IPP.Stat le 8 juillet 2014, *http://stats.oecd.org//Index.aspx?QueryId=57863*.

StatLink http://dx.doi.org/10.1787/888933306332

en 2008, si bien qu'en 2009, la Chine avait supplanté le Japon au deuxième rang des pays les plus actifs dans le domaine de la recherche industrielle.

Les dépenses de R-D d'entreprise tendent à être plus étroitement liées à la création de produits et de techniques que celles du secteur public ou de l'enseignement supérieur (OCDE, 2011f). Le développement expérimental est le segment de la R-D d'entreprise qui a le plus de chances de déboucher rapidement sur des innovations, car il vise à « lancer la fabrication de nouveaux matériaux, produits ou dispositifs, à établir de nouveaux procédés, systèmes et services ou à améliorer considérablement ceux qui existent déjà » (OCDE, 2002b). Dans la plupart des pays pour lesquels on dispose de données comparables, seule une petite partie des dépenses de R-D d'entreprise est consacrée à la recherche fondamentale, alors que la recherche appliquée et le développement expérimental se taillent la part du lion des DIRDE. Si l'on considère l'indice agrégé de la répartition des DIRDE par type de recherche (fondamentale, appliquée et expérimentale), ce sont les entreprises de Suisse, de Chine et du Taipei chinois qui sont les plus susceptibles de prendre part à des activités de R-D et entretiennent le lien le plus étroit avec les produits finals et les marchés utilisateurs (graphique 1.21).

Graphique 1.21. **La dépense de R-D des entreprises a augmenté dans la plupart des pays**

DIRDE, en pourcentage du PIB, 2012 par rapport à 2007

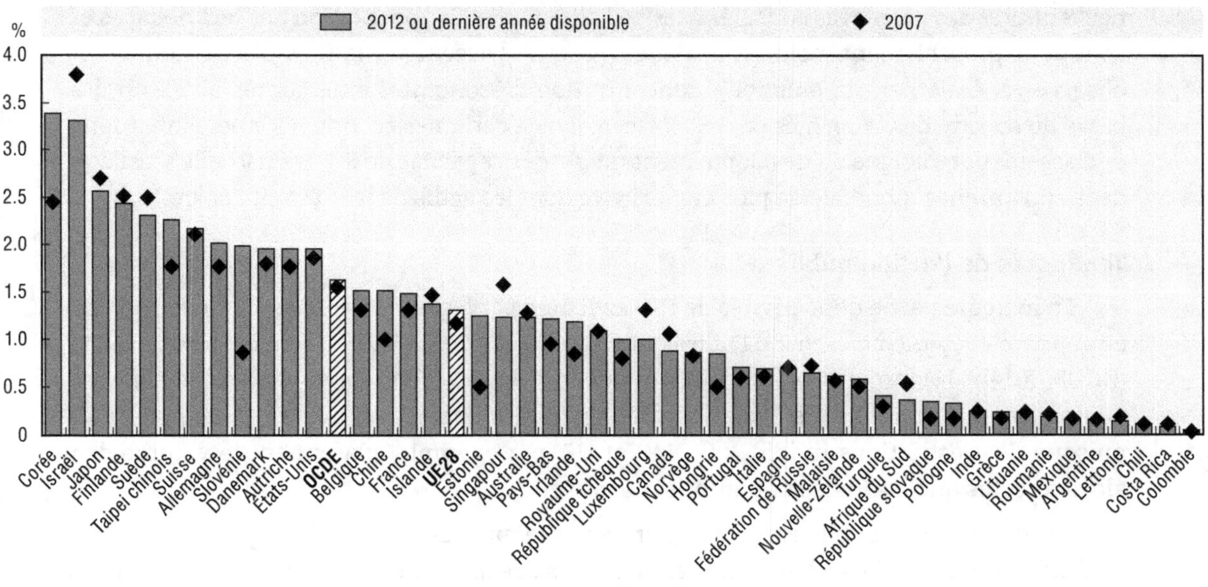

Note : Les données pour l'Afrique du Sud, l'Australie, la Colombie, le Costa Rica, l'Islande, le Mexique et la Nouvelle-Zélande se réfèrent à 2011. Les données pour l'Inde se réfèrent à 2007. Les données pour la Suisse se réfèrent à 2008 et 2012. Les données pour la Malaisie se réfèrent à 2008 et 2011. L'UE28 est une estimation de l'OCDE.

Source : OCDE, *Base de données sur les principaux indicateurs de la science et de la technologie (PIST)*, juin 2014, *www.oecd.org/sti/pist*. Données extraites de IPP.Stat le 8 juillet 2014, *http://stats.oecd.org//Index.aspx?QueryId=57863*.

StatLink http://dx.doi.org/10.1787/888933306342

En période de difficulté économique, les entreprises sont moins disposées à prendre des risques et réagissent parfois à l'affaiblissement des perspectives de marché en concentrant leurs efforts d'innovation sur les activités qui présentent des avantages à court terme. Les données relatives aux DIRDE par type de recherche ne permettent pas de conclure sur ce point et ne montrent pas de réorientation majeure de la R-D d'entreprise pendant le ralentissement. Dans les pays où des changements plus importants ont pu être observés, les entreprises semblent avoir recentré leurs efforts sur les phases du processus de recherche qui se situent plus en amont, comme la recherche appliquée.

Israël voit ses dépenses de R-D privées chuter depuis 2007, mais se classe pourtant au deuxième rang mondial en termes d'intensité des DIRDE (3.32 % du PIB en 2012) (graphique 1.21). Progressant à grands pas sur ce terrain depuis 2007, la Corée (3.40 %) a dépassé Israël, le Japon, la Finlande et la Suède pour occuper la première place. La zone OCDE a stagné au cours de la période considérée (1.63 % en 2012), du fait de l'UE28 (1.24 %). Les DIRDE du Japon demeurent élevées (2.57 %) et celles des États-Unis (1.95 %) supérieures à la moyenne.

Hors OCDE, on observe depuis 2009 une hausse de l'intensité des DIRDE de la Chine et du Taipei chinois. La Chine (1.51 %) est désormais au coude à coude avec la Belgique (1.52 %) et la France (1.48 %), tandis que le Taipei chinois (2.27 %) fait jeu égal avec les chefs de file de la R-D industrielle de la zone OCDE.

Certes, la structure sectorielle des pays influe fortement sur l'ampleur de leurs activités de R-D, certains secteurs ayant une intensité de R-D supérieure à d'autres (OCDE, 2011f). Les estimations de DIRDE pour 2011 corrigées de la structure sectorielle indiquent qu'à structure équivalente, l'Allemagne et la Corée se trouveraient au-dessous de la moyenne de l'OCDE, alors que la Belgique, la France et les Pays-Bas se situeraient au-dessus (OCDE, 2013i).

L'intensité de R-D des pays suit certaines tendances prévisibles (OCDE, 2011f). En général, elle est plus élevée dans les économies les plus développées, car la proximité de la frontière technologique oblige les secteurs à innover pour survivre. Les économies en rattrapage peuvent tirer des avantages considérables de l'adoption et de l'adaptation des technologies et sont donc probablement moins contraintes à mettre l'accent sur la R-D. C'est pourquoi on observe généralement la plus forte concentration d'économies émergentes à l'extrémité basse du spectre des intensités de R-D. L'ascension de certaines économies émergentes dans ce classement témoigne du développement rapide des capacités de R-D industrielle ainsi que de la concurrence mondiale de plus en plus vive dont les actifs de la R-D font l'objet.

Tendances de l'action publique

La majeure partie des activités de R-D exécutée par les entreprises est financée par les entreprises elles-mêmes : en 2011, elles ont financé 86 % des DIRDE au sein de la zone OCDE (OCDE, 2014h). Néanmoins, le financement public de la R-D d'entreprise a considérablement augmenté en dix ans, sous l'effet d'aménagements fiscaux de plus en plus généreux puisque des restrictions juridiques (OMC et UE, par exemple) plafonnent le volume des aides directes que les États sont autorisés à verser.

Le financement public est direct (par exemple, primes, subventions, prêts ou achats publics) ou indirect (par exemple, incitations fiscales). Très souvent, les entreprises, en particulier les plus grandes, parviennent à combiner les deux formes de soutien. Au total, le financement public couvre 10 % à 20 % des dépenses de R-D d'entreprise dans la plupart des pays (graphique 1.22). La France, le Canada et la Hongrie ont mis en place les dispositifs combinés les plus intéressants, puisque les entreprises ont la possibilité d'obtenir le subventionnement ou le remboursement de plus d'un quart de leurs dépenses de R-D. Le Danemark, le Japon et l'Italie sont moins généreux (moins de 10 %). Dans la plupart des pays, le volume total des aides à la R-D d'entreprise croît depuis 2006, les hausses les plus marquées étant observées en Belgique, en France et au Canada (graphique 1.22).

Si tous les pays n'accordent pas d'allégements fiscaux sur les dépenses de R-D, 27 États membres de l'OCDE proposent des incitations fiscales destinées à soutenir la R-D d'entreprise depuis 2011, soit plus du double par rapport à 1995 (OCDE, 2013s). En 2011, plus d'un tiers du total des aides publiques à la R-D d'entreprise prenait la forme d'incitations

Graphique 1.22. **Le soutien public à la R-D du secteur privé a fortement augmenté depuis 2006**

Somme de la DIRDE financée par le gouvernement et des incitations fiscales à la R-D du secteur privé, en pourcentage de la DIRDE totale, 2007 et 2012 ou dernière année disponible

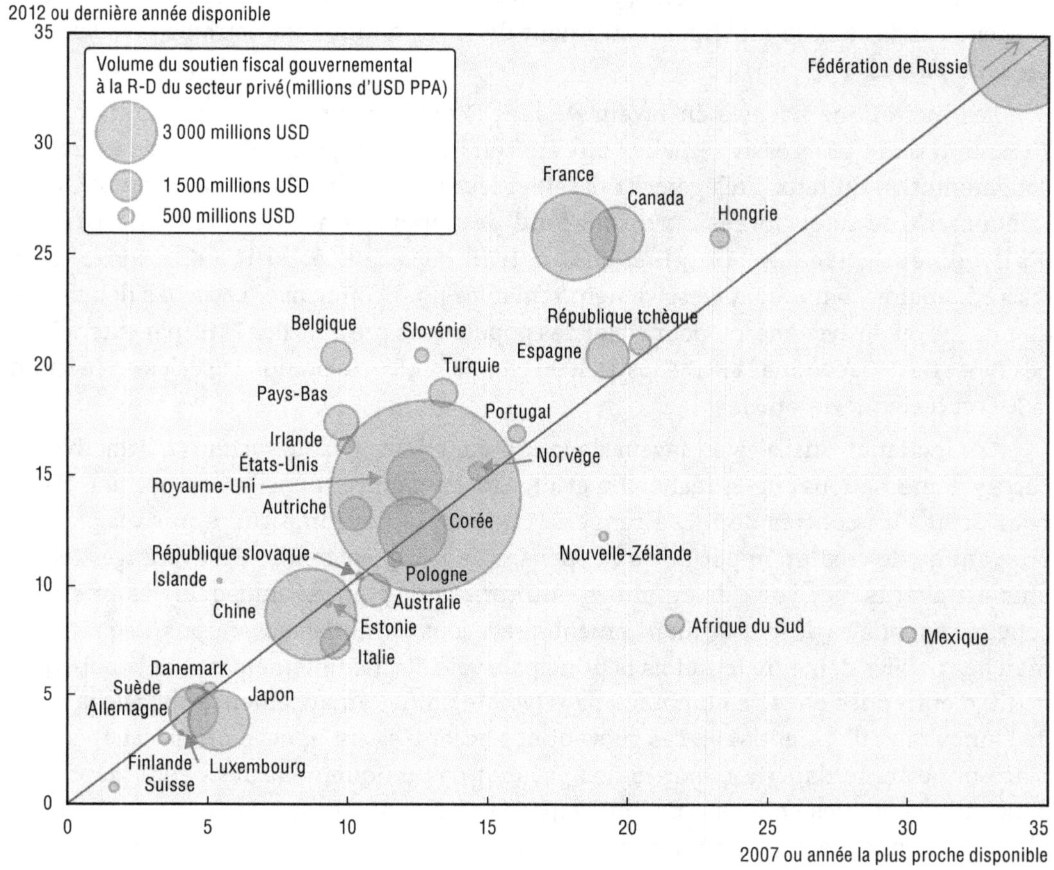

Note : Les estimations des incitations fiscales à la R-D ne couvrent pas les incitations fiscales à la R-D dispensées à un niveau régional ou inférieur.

L'Allemagne, l'Estonie, le Luxembourg, la Suède et la Suisse n'offrent pas d'incitations fiscales à la R-D. Le Mexique et la Nouvelle-Zélande ont abrogé leurs incitations fiscales à la R-D en 2009 et 2009-10 respectivement. La Finlande est en train de définir les conditions de l'établissement d'un programme d'incitations fiscales à la R-D pour le secteur privé.

En Afrique du Sud, en Autriche et en Pologne, le soutien au moyen d'incitations fiscales à la R-D est déjà inclus dans les estimations officielles du financement gouvernemental direct de la R-D du secteur privé (OCDE (2013), *Science, technologie et industrie : Tableau de bord de l'OCDE 2013 - L'innovation au service de la croissance*, Éditions OCDE). La Grèce, l'Islande et Israël offrent des abattements fiscaux pour la R-D mais le coût estimé de l'allègement fiscal pour la R-D n'est pas disponible et n'est donc pas inclus dans le total.

Pour le Chili, la Chine et la Fédération de Russie, les estimations de la fiscalité sur la R-D ne sont disponibles que pour 2010, 2009 et 2011 respectivement. La même année est donc reportée dans le graphique ci-dessus pour 2007 et 2012. Pour l'Allemagne, l'Estonie, les Etats-Unis, la Finlande, la Pologne, le Royaume-Uni, la Slovénie et la Suisse, les données se rapportent à 2012 ; pour l'Afrique du Sud, l'Australie, la Belgique, le Chili, l'Espagne et l'Irlande, les données se rapportent à 2010 ; pour la Chine et le Luxembourg, les données se rapportent à 2009. Pour tous les autres pays, les données se rapportent à 2011.

Pour de plus amples informations sur les données relatives à la fiscalité de la R-D, veuillez vous référer à la page web de la Direction de l'OCDE pour les STI traitant de la mesure des incitations fiscales à la R-D, *www.oecd.org/sti/rd-tax-stats.htm*.

Source : OCDE, *Base de données sur les principaux indicateurs de la science et de la technologie (PIST)*, juin 2014, *www.oecd.org/sti/pist* ; collecte des données sur les incitations fiscales par l'OCDE, 2013, et réponses des pays au questionnaire préparatoire des Perspectives de la science, de la technologie et de l'industrie 2014 de l'OCDE. Données extraites de IPP.Stat le 8 juillet 2014, *http://stats.oecd.org//Index.aspx?QueryId=57863*.

StatLink http://dx.doi.org/10.1787/888933306358

fiscales, et même plus de la moitié si l'on exclut les passations directes de marchés publics de R-D liée à la défense des États-Unis. Les aides fiscales indirectes constituent le principal instrument de financement public de la R-D d'entreprise en Afrique du Sud, en Australie, en Belgique (gouvernement fédéral), aux États-Unis et en France. Les Pays-Bas ont fait des allégements fiscaux le principal instrument de leur politique industrielle, axée sur des secteurs phares.

Les incitations fiscales en faveur de la R-D ont été simplifiées (notamment avec l'abandon de la progressivité), elles ont été rendues plus généreuses (entre autres par l'augmentation du taux d'allégement fiscal) et leur accès a été élargi (par exemple, par le relèvement ou la suppression du plafond de dépenses admissibles ou au travers d'allégements fiscaux). De plus, ces instruments qui, à l'origine, n'étaient pas discrétionnaires, ont été progressivement remaniés pour compenser certaines défaillances du marché ou du système, ou pour cibler des populations précises (les PME, par exemple) ou des types de R-D (comme la R-D sous-traitée) (voir le profil « Incitations fiscales en faveur de la R-D et de l'innovation »).

Les incitations fiscales en faveur de la R-D sont devenues un facteur d'attractivité de l'écosystème national de la recherche et un moyen d'entrer dans la compétition fiscale pour attirer les centres de R-D étrangers. En 2013, le Royaume-Uni a mis en place un programme de crédit d'impôt lié aux dépenses de R-D pour rendre les avantages fiscaux plus attrayants aux yeux des grandes entreprises et pour démultiplier les effets des activités nationales de R-D. Le financement direct sous forme de subventions, de prêts et de marchés publics demeure toutefois la principale voie d'acheminement de l'aide publique à la R-D d'entreprise dans de nombreux pays (voir le profil « Financement public de la R-D et de l'innovation d'entreprise »). Les subventions accordées sur appel d'offres occupent une place importante dans la majorité des pays, et pas uniquement dans ceux dépourvus d'incitations fiscales en faveur de la R-D (par exemple, Allemagne, Finlande et Suède). La Chine, où le financement sur fonds propres est prépondérant, fait ici figure d'exception.

L'évolution récente du financement public direct de la R-D et de l'innovation des entreprises répond davantage aux attentes du marché, favorise la sélection sur appel d'offres et concourt à la simplification des programmes publics de soutien.

Les pays accordent en outre une place grandissante au financement par emprunt et au financement sur fonds propres dans le dosage des politiques en faveur de l'innovation des entreprises (voir le profil « Financement public de la R-D et de l'innovation d'entreprise »). Le Royaume-Uni a entrepris de créer la British Business Bank, banque nationale de développement, pour accroître le volume et la diversité des fonds mis à la disposition des PME britanniques. En 2012, la France a fondé la Banque publique d'investissement (Bpifrance) pour soutenir l'innovation des entreprises et le transfert de technologie en proposant des capitaux d'amorçage et des garanties d'emprunt. En 2013, le Danemark a mis en place de nouveaux prêts participatifs à l'intention des PME et des entrepreneurs danois.

En 2013, le Canada a dévoilé le Plan d'action pour le capital de risque. Il s'agit d'une vaste stratégie qui prévoit de distribuer 320 millions USD en PPA (400 millions CAD) au cours des sept à dix prochaines années dans le but d'attirer près de 800 millions USD en PPA (1 milliard CAD) d'investissements privés dans des fonds de fonds. La même année, l'Allemagne a mis en place une prime à l'investissement à l'intention des investisseurs providentiels privés afin de lever de nouveaux fonds au profit des jeunes entreprises innovantes. La Turquie a constitué le fonds de capital-risque TÜBITAK pour dynamiser l'écosystème entrepreneurial. Le Royaume-Uni a mis sur pied le Venture Capital Catalyst Fund pour investir dans les fonds de capital-risque commercialement viables qui, sans cette aide, pourraient souffrir d'une réduction de l'investissement institutionnel.

Les incitations fiscales en faveur de la R-D remplaçant de plus en plus souvent les subventions directes, il importe de s'interroger sur leur rapport coût-efficacité. Malgré le montant élevé des aides publiques octroyées, leurs effets multiplicateurs ont été peu évalués (Köler et al., 2012) et il n'existe pas de données permettant de comparer les frais de gestion supportés par les administrations fiscales et les bénéficiaires dans différents pays. Plus généralement, l'augmentation des avantages fiscaux (de toutes sortes) pose la question de l'érosion de l'assiette fiscale et de la viabilité des budgets nationaux à un moment où de nombreux États doivent assainir les finances publiques. Il est à noter que, depuis quelques années, certains pays qui comptaient habituellement parmi les plus généreux en la matière ont resserré leur politique fiscale (l'Australie et, dans une moindre mesure, la France) et renforcé leurs mécanismes de contrôle et de conformité (Canada). En Australie, le gouvernement a certes étoffé les avantages offerts, mais il a également durci les critères à remplir pour en bénéficier et proposé de modifier la loi de manière à abaisser les taux d'allégement et à empêcher les très grandes entreprises de prétendre aux compensations prévues dans le dispositif d'incitation fiscale en faveur de la R-D. L'Agence du revenu du Canada perçoit des ressources supplémentaires pour renforcer les examens de son programme fiscal en faveur de la R-D. En France, le crédit d'impôt recherche a été marginalement révisé : la base des dépenses admissibles a été réduite et les taux de crédit d'impôt majorés pour les nouvelles entreprises bénéficiaires ont été supprimés.

Les frontières entre industrie et services et entre technologie et innovation s'estompent

L'innovation va au-delà de la science et de la technologie. Bien que la R-D reste vitale, de nombreuses entreprises très innovantes ne se livrent à aucune activité de ce type (OCDE, 2010a). La R-D n'est pas non plus un préalable indispensable à l'innovation technologique. Il ressort des données d'enquêtes sur le sujet que les entreprises innovantes adoptent pour la plupart des stratégies mixtes, alliant plusieurs modes d'innovation (graphique 1.23). De plus, les innovations non technologiques (changement de techniques commerciales[15] et changements organisationnels dans les pratiques de l'entreprise, l'organisation du lieu de travail ou les relations extérieures), conjuguées aux innovations technologiques, représentent une part substantielle des activités d'innovation des entreprises. L'innovation non technologique revêt une importance particulière dans les services (OCDE, 2013i).

L'importance grandissante du secteur tertiaire dans les économies de l'OCDE et le rôle qu'il joue dans la création d'emplois et les activités d'innovation ont été largement étudiés. Il est de plus en plus admis que les services sont davantage fondés sur le savoir, innovants et générateurs de croissance qu'on ne le pensait auparavant (OCDE, 2005). Dans certains pays, ce glissement structurel a entraîné la réaffectation de ressources au profit d'un secteur à la productivité moyenne plus faible.

Aujourd'hui, les services sont de plus en plus souvent considérés comme des éléments et des produits fondamentaux du processus d'innovation dans des branches d'activité qui ne relèvent pas du secteur tertiaire. Les statistiques relatives aux échanges en valeur ajoutée montrent que, dans la plupart des pays membres et des économies non membres de l'OCDE, plus d'un tiers des exportations de produits manufacturés intègrent une valeur ajoutée issue d'activités de services, nationales ou étrangères (graphique 1.24). Cela donne

Graphique 1.23. Les firmes les plus innovantes ont tendance à combiner plusieurs modes d'innovation, 2008-10

Firmes innovatrices par mode d'innovation, en pourcentage de l'ensemble des firmes (%)

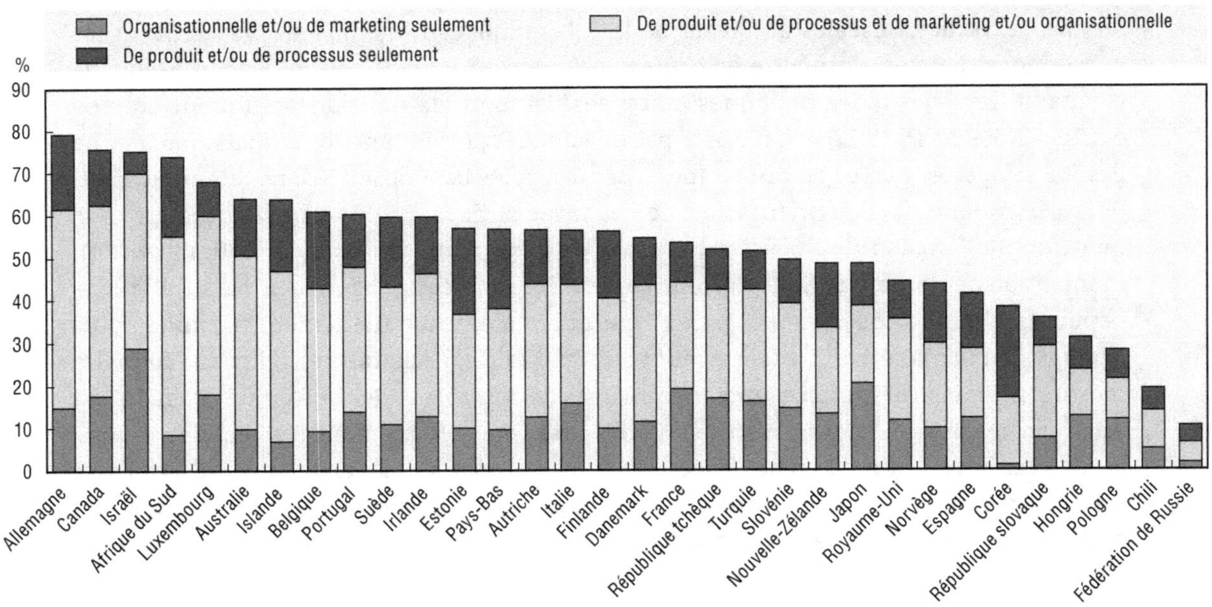

Note : Le nombre de firmes ayant innové en produit et/ou en processus comprend toujours les activités d'innovation en cours et/ou abandonnées. Pour des informations plus détaillées sur la couverture des données par pays, veuillez vous référer à la page web de la Direction de l'OCDE pour la Science, la Technologie et l'Industrie présentant les statistiques de l'innovation : *www.oecd.org/sti/inno/inno-stats.htm*.

Source : OCDE, *Indicateurs d'Innovation 2014*, d'après Eurostat (CIS 2010) et les bases de données nationales, juin 2013. Données extraites de IPP.Stat le 8 juillet 2014, *http://stats.oecd.org//Index.aspx?QueryId=57863*.

StatLink http://dx.doi.org/10.1787/888933306365

Graphique 1.24. L'innovation dans les services est devenue un moteur de compétitivité dans les chaînes de valeur mondiales (CVM)

Valeur ajoutée imputable aux services contenue dans les exportations brutes de biens manufacturés, en pourcentage, 2009

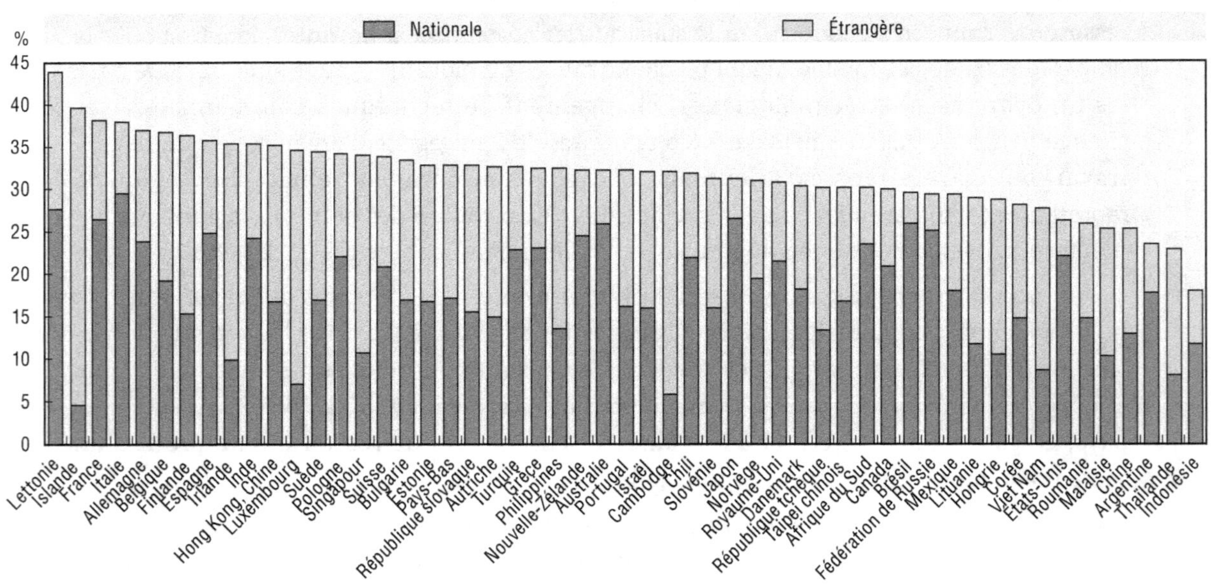

Source : OCDE (2013), *Économies interconnectées : Comment tirer parti des chaînes de valeur mondiales*, Éditions OCDE, Paris. *http://dx.doi.org/10.1787/888932835081*.

StatLink http://dx.doi.org/10.1787/888933306379

une indication de l'importance que les services revêtent pour la compétitivité à l'exportation de l'industrie manufacturière. Les services à forte intensité de savoir, dont font partie les services de R-D, s'inscrivent désormais dans des stratégies d'entreprise plus larges et participent à la fragmentation de la production le long des CVM. De plus, les frontières entre les secteurs s'estompent étant donné que les entreprises manufacturières se tournent de plus en plus vers de nouveaux débouchés, en regroupant expérience, produits et financement et en élargissant leurs activités aux services connexes. L'innovation de service est devenue un facteur de compétitivité dans l'ensemble de la chaîne de valeur.

Tendances de l'action publique

Les cadres dans lesquels s'inscrivent actuellement les politiques de l'innovation ayant surtout été conçus sous un angle technologique ou manufacturier, ils tendent à négliger la contribution non technologique des services et son potentiel. En outre, il existe peu d'information sur les défaillances des marchés ou systèmes spécifiques aux services et sur le bien-fondé des politiques propres à ce secteur. De même, la compréhension du rôle des services et des politiques nécessaires à leur développement est limitée. En conséquence, peu de pays ont attaché une attention particulière aux services lors de l'élaboration de leurs politiques nationales d'innovation.

Les politiques susceptibles de faire progresser l'innovation dans le secteur des services (OCDE, 2005) concernent le développement des compétences (le secteur des services dépend dans une large mesure des travailleurs hautement qualifiés), les programmes en faveur de l'entrepreneuriat (en général, les jeunes entreprises interviennent davantage dans les services que dans les activités de fabrication), la protection des DPI (logiciels et brevets relatifs aux méthodes commerciales) et le développement des TIC (levier majeur de l'innovation dans les services). Les normes peuvent aussi encourager l'innovation dans les services car elles améliorent l'interopérabilité et la compatibilité, font baisser les coûts de transaction, améliorent la transparence du marché et la confiance des consommateurs et facilitent la déréglementation.

Les pouvoirs publics ont remplacé l'approche sectorielle par l'intégration de l'innovation de service dans l'arsenal des mesures en faveur de l'innovation (OCDE, 2012a). Les activités de fabrication et les services doivent être considérés comme un tout et leur caractère complémentaire doit être pris en compte (OCDE, 2013h). Les services sont moins susceptibles d'être délocalisés à l'étranger et il est probablement plus facile de traduire l'innovation et le savoir en emplois dans le tertiaire que dans le secteur manufacturier.

L'entrepreneuriat innovant est essentiel

La création d'entreprises et l'innovation dans les PME existantes donnent lieu au développement de nouveaux produits et services dans tous les secteurs et jouent un rôle de premier plan dans les performances en matière d'innovation (OCDE, 2014a). L'innovation non technologique (qui nécessite moins de capital intellectuel et d'investissements), les évolutions technologiques, la hausse de la demande sur les « marchés de niche » et l'essor des CVM ont réduit les handicaps structurels des PME.

Les nouvelles entreprises innovantes et les PME présentent des différences. Les premières sont des entreprises à forte intensité de connaissances et à haut risque, qui nourrissent de grandes ambitions et peuvent avoir un effet disproportionné sur l'innovation et la création d'emplois. Les secondes ont certes un impact économique plus modeste à titre individuel, mais, prises dans leur ensemble[16], elles pèsent lourd dans la balance. D'après les données disponibles pour plusieurs pays, 4 % à 6 % des entreprises à forte croissance pourraient créer entre la moitié et les trois quarts de l'ensemble des emplois nouveaux (OCDE, 2013u).

Les performances des PME en matière d'innovation ainsi que la création et le développement d'entreprises subissent de fortes contraintes. Les PME ont des difficultés à accéder au financement et à recruter du personnel qualifié (OCDE, 2014a). En outre, les jeunes entreprises sont plus sensibles que leurs aînées aux conditions cadres de l'entrepreneuriat (OCDE, 2014j). Ainsi, développer une entreprise exige de posséder des compétences pointues en gestion afin de pouvoir faire face aux processus générateurs de perturbations dans l'organisation (OCDE, 2013u).

Les obstacles d'ordre financier sont particulièrement redoutables aux phases d'amorçage et de développement initial, car les banques hésitent à prêter aux petites et aux jeunes entreprises qui n'ont guère, voire pas de garanties à offrir. Quant aux investisseurs de capital-risque, ils s'intéressent davantage aux phases ultérieures de l'investissement, où les risques sont moindres (OCDE, 2011e). Les investisseurs providentiels sont donc une source de fonds propres de plus en plus cruciale en phase d'amorçage et jouent un rôle essentiel en apportant un savoir-faire stratégique et opérationnel ainsi qu'un « capital social » (sous la forme de réseaux de relations personnelles). Le secteur de l'investissement providentiel se développe, devenant plus formel et plus organisé avec la création de groupes et de réseaux (OCDE, 2011e).

Au cours de la période 2007-10, les PME ont dû faire face à des conditions de crédit plus difficiles que les grandes entreprises : des taux d'intérêt plus élevés, des échéances plus courtes et davantage de garanties à fournir (OCDE, 2014a). Après une légère amélioration en 2010, les conditions de crédit se sont à nouveau durcies dans la plupart des pays en 2011. Par ailleurs, il ressort des enquêtes sur l'accès des PME au financement que ces entreprises jugent les banques moins disposées à leur accorder des prêts (BCE, 2014). L'augmentation des retards de paiement et des faillites sur la même période témoigne des difficultés qu'ont les PME à préserver leur trésorerie (OCDE, 2014a). Le financement sur fonds propres aussi a été gravement touché, l'incertitude du climat économique ayant fait reculer les prises de participation. En 2011, de nombreux pays étaient encore très loin des niveaux antérieurs à 2007 (OCDE, 2014a). Enfin, bien que les investisseurs providentiels soient généralement moins sensibles aux cycles du marché que les investisseurs de capital-risque, la crise financière a creusé l'écart en matière d'investissement entre les phases d'amorçage et de développement initial (OCDE, 2011e).

Au moment de la rédaction de la présente édition des *Perspectives STI*, le climat financier était toujours empreint d'incertitude. Les préoccupations suscitées par la viabilité de la dette publique, les faiblesses structurelles du secteur bancaire de la zone euro, la question de la dette souveraine de certains pays et les réformes de Bâle III[17] risquent d'inciter les banques à réduire davantage l'accès à l'endettement, ce qui briderait un peu plus les activités de prêt et accroîtrait le risque de contraction du crédit pour les petites entreprises (OCDE, 2014a).

Dans ce contexte de contraintes financières, de nouvelles sources de financement, comme le prêt entre particuliers, le financement participatif et les fonds de participation adossés à des éléments de propriété intellectuelle, sont prometteuses, mais demeurent marginales[18]. Le prêt entre particuliers, qui consiste, pour des particuliers, à se prêter de l'argent par l'intermédiaire de sites web, se développe aux États-Unis, en Chine, en Allemagne et au Royaume-Uni. Un grand nombre de ces sites web de prêt offrent de meilleurs rendements aux investisseurs, car les prêts sont vendus par tranches, et s'adressent de plus en plus aux PME (Wehinger, 2012). D'après des observations ponctuelles, les cinq dernières années ont été marquées par l'explosion du nombre de plateformes de financement participatif et du montant des fonds engagés par ce biais pour un laps de temps relativement court (Ham, 2013). Ce nouveau mécanisme de financement recèle un vaste potentiel, notamment pour ce qui est d'accélérer le transfert de technologie au départ des universités. Des initiatives sont prises de par le monde en vue de le réglementer et de l'institutionnaliser (Ham, 2013). Cependant, le financement participatif pose des problèmes de sécurité à l'intérieur du cyberespace et dans les transactions monétaires. Il soulève la question de la véritable motivation des gestionnaires de plateforme et souffre d'un manque d'encadrement et d'accompagnement personnalisé des investisseurs non professionnels, qui ne sont pas nécessairement familiarisés avec les outils sophistiqués d'analyse du rendement par rapport au risque et de prise de décisions.

Tendances de l'action publique

La richesse privée constitue une source de financement abondante et croissante pour l'innovation, encore inexploitée. Les politiques fiscales pourraient inciter les particuliers fortunés ou les fonds de patrimoine privé à investir dans les jeunes entreprises innovantes. Les fonds souverains du Moyen-Orient investissent également dans l'innovation.

Ces dernières années, les pouvoirs publics se sont surtout attachés à améliorer l'accès des entrepreneurs au financement, les obstacles rencontrés par les PME en matière de compétences ayant moins retenu leur attention (OCDE, 2014v). Les interventions les plus appréciées ont été les programmes de garantie de prêts destinés à encourager les banques à prêter aux PME et les programmes de capital-risque. Les États réfléchissent aussi au moyen de favoriser le recours accru aux instruments hybrides, qui allient les caractéristiques de la dette et des fonds propres, à l'instar du financement mezzanine[19], afin de fournir du « capital de croissance » aux PME et aux entrepreneurs (OCDE, 2014k).

Les États s'emploient aujourd'hui plus activement à faciliter la transition vers un recours accru à l'intermédiation non bancaire (compagnies d'assurance ou fonds spéculatifs, par exemple). Or, comme les compagnies d'assurance et les fonds de pension, qui sont pourtant des acteurs de poids, ne sauraient parvenir à compenser la contraction du crédit résultant des mesures de désendettement des banques, l'intervention d'autres entités non bancaires s'impose. Aux États-Unis, la loi JOBS (Jumpstart Our Business Startups) vient de rendre légal le financement participatif des jeunes entreprises innovantes (startups), qui peuvent désormais lever jusqu'à 1 million USD par an auprès de petits contributeurs en ligne et par le truchement des médias sociaux (Wehinger, 2012).

Les décideurs doivent pouvoir identifier les entreprises à fort potentiel de croissance et les principaux agents du dynamisme des affaires. Des données récentes montrent le rôle fondamental que les étudiants jouent dans les entreprises issues de la recherche universitaire, alors qu'auparavant, les pouvoirs publics s'intéressaient surtout aux chercheurs-entrepreneurs.

La collaboration en matière d'innovation et le regroupement progressent

Le phénomène d'ouverture ne se limite pas à la sphère scientifique. Sur un marché mondial aujourd'hui complexe et très concurrentiel, les entreprises doivent aborder l'innovation différemment et adopter de nouveaux modes de collaboration. Alors que, de tout temps, les entreprises ont cherché à conserver leurs capacités de base, l'innovation ouverte offre peut-être une voie de diversification plus rapide et moins risquée que le développement interne. Le rapport entre sources d'innovation internes et externes se modifie, les activités innovantes s'organisant de plus en plus souvent entre entreprises (OCDE, 2008e). De plus, la participation-pari (*corporate venturing*) est devenue l'un des principaux canaux de commercialisation des innovations non exploitées en interne (désinvestissement, scission d'entreprise, essaimage).

Pour les PME innovantes, le travail en collaboration permet de surmonter une partie des obstacles auxquels elles se heurtent en raison de la taille, tels que les restrictions de financement, le manque de compétences et un horizon temporel incompatible avec l'investissement dans une stratégie à long terme. Les nouvelles entreprises et les PME collaborent avec leurs fournisseurs et leurs clients, mais aussi avec les universités et les établissements de recherche (OCDE, 2010d).

Tendances de l'action publique

Le débat a récemment été relancé sur la légitimité de la politique industrielle. L'intérêt des décideurs pour une nouvelle génération de politiques industrielles découle de diverses tendances évoquées tout au long de ce chapitre : la perte de productivité associée au déclin du secteur manufacturier et à la tertiarisation des économies de l'OCDE ; la fragmentation croissante de la production dans les CVM et la récente érosion du rôle des pays de l'OCDE dans les segments à forte valeur ajoutée ; l'affaiblissement potentiel des activités situées en aval et en amont de la chaîne de valeur – y compris celles liées à l'innovation et à la conception, du fait de la disparition des activités manufacturières de base ; et la place croissante accordée à la science, à la technologie et à l'innovation dans les grandes économies émergentes, généralement avec l'appui de substantielles dotations publiques. La crise a accentué ces tendances comme elle a mis en lumière la nécessité pour les pays de trouver de nouvelles sources de croissance (Warwick, 2013).

Les États réexaminent la nécessité de favoriser l'émergence ou l'expansion de nouveaux secteurs appelés à devenir des nœuds au sein des réseaux mondiaux d'innovation. L'accélération de la course aux talents et aux ressources dans un contexte financier difficile a conduit les pouvoirs publics à recentrer leur action sur les domaines à fort potentiel de retombées. En Australie, le gouvernement s'est engagé à soutenir la transition vers un renouveau du secteur manufacturier et à accompagner les industries lourdes sur la voie d'une production à plus forte valeur ajoutée. Le Canada accorde un degré de priorité élevé au renforcement de la compétitivité du secteur manufacturier et, à cette fin, a octroyé une nouvelle série de crédits ciblés aux secteurs de l'aérospatiale, de l'automobile, de la construction navale et de la sylviculture. Les secteurs de la fabrication et de la transformation bénéficieront d'allégements fiscaux totalisant 1.1 milliard USD en PPA (1.4 milliard CAD) au cours de la période 2014-15. Par ailleurs, le budget 2014 prévoit une dotation de 404 millions USD en PPA (500 millions CAD) sur deux ans au Fonds d'innovation pour le secteur de l'automobile. Le Danemark a entrepris d'élaborer huit plans de croissance dans des domaines soumis à la concurrence internationale (secteurs créatifs, santé et bien-être, énergie-eau-environnement, alimentation, TIC et tourisme, notamment) afin d'y améliorer la compétitivité du pays. La France a adopté une nouvelle politique industrielle fondée sur 34 plans sectoriels concernant entre autres l'énergie, l'environnement et les technologies numériques. En Allemagne, la nouvelle stratégie High-Tech sera élaborée au cours de la prochaine législature, le but étant de mettre au point des technologies et solutions nouvelles pour répondre aux besoins sociétaux (par exemple, énergie propre, santé, mobilité durable) et, ainsi, d'accroître la compétitivité du pays et de le promouvoir comme un haut lieu de l'industrie. Le Royaume-Uni a décidé de nouer des partenariats stratégiques avec les entreprises à l'échelle de l'ensemble de l'administration, de façon à soutenir les technologies clés et à mettre en œuvre sa nouvelle stratégie industrielle. Les principales initiatives concernent l'aérospatiale, l'automobile et l'agro-industrie. Quant aux États-Unis, ils ont entrepris de poser les fondements de leurs « industries du futur ».

La violation des droits de propriété intellectuelle est considérée comme un risque majeur[20] dans les réseaux mondiaux d'innovation. L'innovation ouverte, bien qu'offrant généralement une protection satisfaisante de la propriété intellectuelle, peut aussi accroître le risque de fuite et de diffusion involontaire, compromettant du même coup la capacité des entreprises à tirer pleinement parti de leurs activités d'innovation. Plusieurs gouvernements ont récemment mené des réformes pour perfectionner leur système national de propriété intellectuelle. L'Allemagne, l'Australie et le Chili ont modifié leur législation sur la propriété intellectuelle et les brevets. En 2013, le Canada a lancé l'initiative Modernisation de la communauté de la propriété intellectuelle afin d'étudier la manière dont l'Office de la propriété intellectuelle du Canada (OPIC) et autres agents de la propriété intellectuelle collaborent pour répondre aux besoins des entreprises du pays. En Norvège, le premier livre blanc sur les droits de propriété intellectuelle est également paru en 2013. Au Royaume-Uni, pour que les détenteurs de droits et les entreprises puissent faire appel à la justice à un coût raisonnable, le Patents County Court of England and Wales a fait l'objet d'une réforme et a été renommé Intellectual Property Enterprise Court de manière que ses compétences apparaissent plus clairement. Toujours au Royaume-Uni, l'Intellectual Property Office a constitué en 2013 la Police Intellectual Property Crime Unit (PIPCU), unité de police indépendante chargée d'enquêter sur les atteintes à la propriété intellectuelle.

La Belgique, la Chine, les Pays-Bas et le Royaume-Uni ont mis en place des allégements de l'impôt sur les revenus de la propriété intellectuelle afin d'encourager la commercialisation et l'exploitation des nouvelles technologies à l'intérieur du pays et de mieux tirer parti des avantages procurés par les DPI (création d'emplois et diffusion des connaissances). Comme les grandes multinationales établissent des stratégies d'optimisation fiscale à l'échelle mondiale et que la production du savoir est de plus en plus souvent découplée de son utilisation, des États ont associé les incitations fiscales en faveur de la R-D à un dispositif de type « *patent box* » afin d'encourager les entreprises à implanter au même endroit leurs activités de R-D et de fabrication. Ainsi, au Royaume-Uni, le gouvernement a dépensé 1.3 milliard USD en PPA par an depuis 2013 au titre de sa *patent box*, auquel s'ajoute 1.2 milliard USD en PPA d'aide à la R-D sous forme d'allégements de l'impôt sur les sociétés. Le problème de la *patent box* a également été soulevé dans les débats de politique générale en Suède (voir le profil « Incitations fiscales en faveur de la R-D et de l'innovation »).

UNE R-D PUBLIQUE EN QUÊTE D'EXCELLENCE ET D'OUVERTURE

Cette section porte sur les universités et les EPR, qui forment l'autre groupe d'acteurs majeurs des systèmes nationaux d'innovation.

La description des tendances récentes et de la possible évolution des dépenses publiques de R-D, compte tenu des conditions fiscales et budgétaires actuelles, est complétée par une analyse de l'ouverture croissante de la science et de la collaboration qui s'intensifie entre l'enseignement supérieur et les autres acteurs STI au sein de centres nodaux mondialement connectés. L'évolution de l'action publique en matière de gouvernance, de financement et de pilotage de la recherche publique est exposée dans ses grandes lignes. Sont également étudiés les points suivants : l'autonomie des universités, la réforme de la recherche publique et des carrières universitaires, l'affectation et la concentration des ressources publiques dans les domaines ou établissements d'excellence, l'introduction de mécanismes de financement plus concurrentiels et axés sur les résultats, les initiatives d'excellence dans la recherche, les nouveaux principes de la science ouverte en matière d'exécution et de partage des travaux de recherche et la professionnalisation du transfert de technologie.

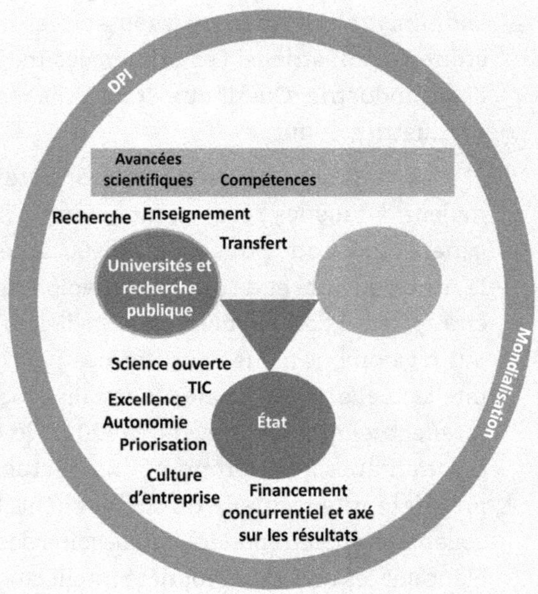

La base scientifique se concentre de plus en plus dans les universités

Les secteurs des administrations publiques et de l'enseignement supérieur représentent moins d'un tiers des activités de R-D exécutées dans les pays de l'OCDE (30 % en 2012) (OCDE, 2014h). En 2012, les dépenses de R-D des universités et des EPR de la zone OCDE ont avoisiné 330 milliards USD (36 % pour les États-Unis, 10 % pour le Japon[21] et 38 % pour l'UE28). Ce sont les universités qui ont dépensé le plus, 200 milliards USD, contre 129 milliards USD pour les EPR. En Chine, les dépenses de R-D publique ont totalisé 70 milliards USD, dont 48 milliards USD sont imputables aux EPR.

De 2002 à 2012, la croissance de la base scientifique aux États-Unis et dans l'Union européenne est venue des universités, dont les dépenses ont connu une forte hausse. Au fil du temps, on a également assisté, dans l'ensemble de l'OCDE, à un glissement au profit de la recherche universitaire (OCDE, 2013v). En Chine, ce sont les EPR qui ont été l'élément moteur du développement de l'activité scientifique, grâce, en particulier, aux investissements massifs de l'Académie chinoise des sciences. D'un pays à l'autre, les systèmes de recherche publique présentent des différences notables sur le plan structurel (graphique 1.26). Ceux de la Chine et de la Corée reposent sur les laboratoires publics, tandis qu'au Danemark, en Israël et en Suisse, ils s'appuient sur les universités (OCDE, 2011f). La Fédération de Russie a engagé une réforme structurelle pour se rapprocher du modèle universitaire.

Si l'on excepte le Canada, la Hongrie, l'Islande, Israël et le Royaume-Uni, les DIRDES (dépenses intérieures brutes de R-D du secteur de l'enseignement supérieur) et les DIRDET (dépenses *intra-muros* de R-D du secteur de l'État) connaissent, malgré la crise, une progression continue en pourcentage du PIB, signe de leur capacité de résistance et d'un

Graphique 1.25. **Les universités ont étendu la base scientifique**

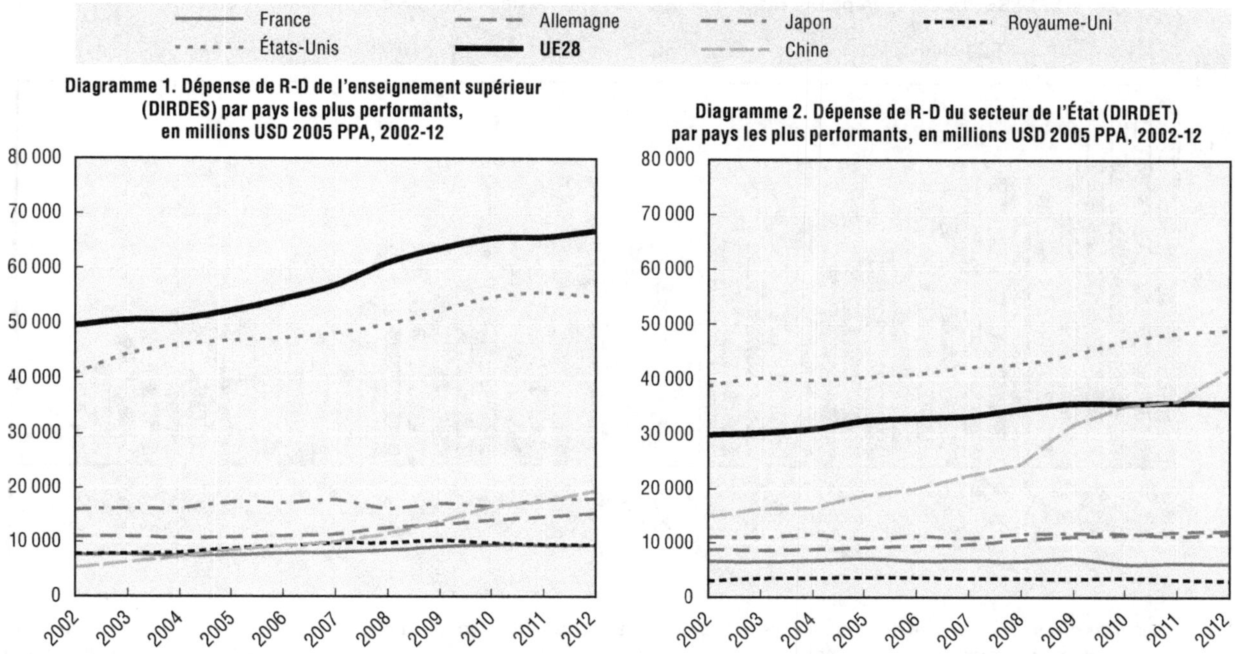

Note : Les données pour l'UE28 sont une estimation de l'OCDE.
Source : OCDE (2014), *Base de données sur les principaux indicateurs de la science et de la technologie (PIST)*, juin 2014, *www.oecd.org/sti/pist*. Données extraites de IPP.Stat le 8 juillet 2014, *http://stats.oecd.org//Index.aspx?QueryId=57863*.

StatLink http://dx.doi.org/10.1787/888933306387

engagement public en faveur de la R-D (graphique 1.26). Dans la zone OCDE, les plus fortes augmentations ont été observées en Estonie, au Luxembourg et en République tchèque.

La science ouverte nécessite une nouvelle conception de la recherche et de nouveaux modes de gouvernance

Parce qu'elle repose de plus en plus sur les données, la science moderne nécessite d'imaginer de nouvelles formes de collaboration et d'élargir le partage des connaissances et des ressources. Aussi bien en matière de connaissances que de coopération, les universités et les EPR ont resserré les liens internationaux pour réaliser des économies d'échelle et mieux faire connaître les travaux de recherche menés à l'échelle nationale. Les données sur les publications montrent que la collaboration internationale entre établissements de recherche s'est intensifiée ces dix dernières années et que la Chine, entre autres économies, est de plus en plus intégrée dans le système scientifique mondial (graphique 1.27).

L'ouverture progressive de la science repose sur le postulat que la recherche financée sur fonds publics est un bien public. Même si l'on n'a toujours pas résolu la question de savoir comment la diffusion et la publication de ces travaux devraient être financées, cette ouverture est approuvée par les États et les milieux scientifiques en quête de gains d'efficience (notamment avec la diminution des doubles emplois) et d'une accélération des transferts indirects de connaissances dans l'industrie et l'économie (OCDE, 2013w). La science ouverte crée par ailleurs des occasions à saisir pour les pays émergents, en ce qu'elle peut les aider à intégrer plus rapidement les réseaux scientifiques mondiaux (OCDE, 2013x) et faciliter la coopération face aux défis mondiaux.

Les pouvoirs publics ont un rôle décisif à jouer en encourageant l'ouverture de la science et l'adoption de nouvelles méthodes de recherche. Bien que les TIC soient pour beaucoup

Graphique 1.26. **Dépense publique de R-D selon le type de système de recherche**

DIRDES et DIRDET, en pourcentage du PIB, 2012, et total de la DIRDES et de la DIRDET en 2007

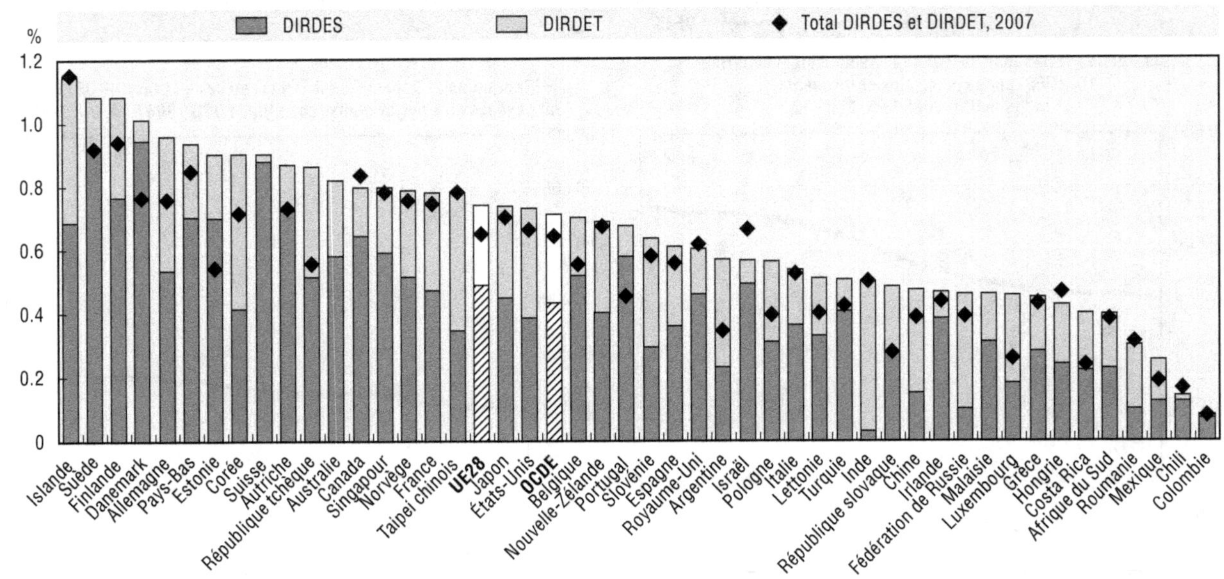

Note : « Les pays diffèrent au niveau de l'importance avec laquelle leurs systèmes d'innovation sont centrés sur la recherche publique ou sur la recherche en entreprise, ce qui est mesuré par la part du secteur privé dans la dépense totale en R&D. [...] L'importance avec laquelle le système de recherche publique des pays est centré sur les laboratoires publics ou sur les universités joue un rôle. [...] Les actions entreprises [...] pour améliorer la contribution de la recherche publique sont influencées par la position du pays à cet égard. » (OCDE (2010), *Science, technologie et industrie : Perspectives de l'OCDE 2010*, Édition OCDE, Paris, *http://dx.doi.org/10.1787/sti_outlook-2010-fr*).

Pour l'Argentine, la Colombie, la Corée, le Costa Rica, l'Islande, la Japon, la Lettonie, la Malaisie, le Mexique et la Turquie, les données relatives à la DIRDES se rapportent à 2011 ; pour l'Afrique du Sud, l'Australie et le Chili, les données se rapportent à 2010 ; pour l'Indonésie, les données se rapportent à 2009 ; pour l'Inde, les données se rapportent à 2007. Pour l'Australie, la Malaisie et la Suisse, les données relatives à la DIRDES se rapportent à 2006 au lieu de 2007.

Pour la Colombie, la Corée, le Costa Rica, l'Islande, le Japon, la Lettonie, le Luxembourg, la Malaisie, le Mexique, la Nouvelle-Zélande, la République tchèque, Singapour et la Turquie, les données relatives à la DIRDET se rapportent à 2011 ; pour l'Afrique du Sud et le Chili, les données se rapportent à 2010 ; pour l'Inde, les données se rapportent à 2007 ; pour l'Indonésie, les données se rapportent à 2006 au lieu de 2012. Pour l'Australie, l'Indonésie, la Malaisie et la Suisse, les données relatives à la DIRDET se rapportent à 2006 au lieu de 2007.

Source : OCDE, *Base de données sur les principaux indicateurs de la science et de la technologie (PIST)*, juin 2014, *www.oecd.org/sti/pist*. Données extraites de IPP.Stat le 8 juillet 2014, *http://stats.oecd.org//Index.aspx?QueryId=57863*.

StatLink http://dx.doi.org/10.1787/888933306391

dans l'ouverture de la science, il ne s'agit pas seulement de pouvoir accéder aux infrastructures des TI ou de disposer des compétences nécessaires pour les utiliser. La science ouverte exige de nouvelles façons de concevoir le financement de la recherche publique ; le processus de la recherche ; l'exploitation de la production de la recherche, y compris l'accès aux résultats, leur protection et les droits de propriété intellectuelle qui leur sont associés ; et l'interaction entre la science et la société (OCDE, 2013w) (voir le profil « Science ouverte »).

L'excellence dans la recherche passe aussi par de nouvelles formes de financement

À mesure que la course aux idées, aux talents et aux ressources s'accélère, les pouvoirs publics se tournent souvent vers des formes plus concurrentielles de financement de la recherche publique de manière à promouvoir l'efficience et l'innovation. Ainsi, ils passent progressivement d'un financement institutionnel d'activités de base (les « dotations globales ») au financement par projet, souvent avec une mise en concurrence. D'après des données empiriques, la part du financement par projet dans le financement national total varie considérablement d'un pays à l'autre, allant de 25 % en Suisse à 76 % au Chili[22] (OCDE, 2013z). L'état actuel des budgets publics impose un usage des fonds plus

Graphique 1.27. **Réseaux internationaux de collaboration scientifique**

Comptages simples de documents faisant l'objet d'un co-autorat international, 2011 et 1998

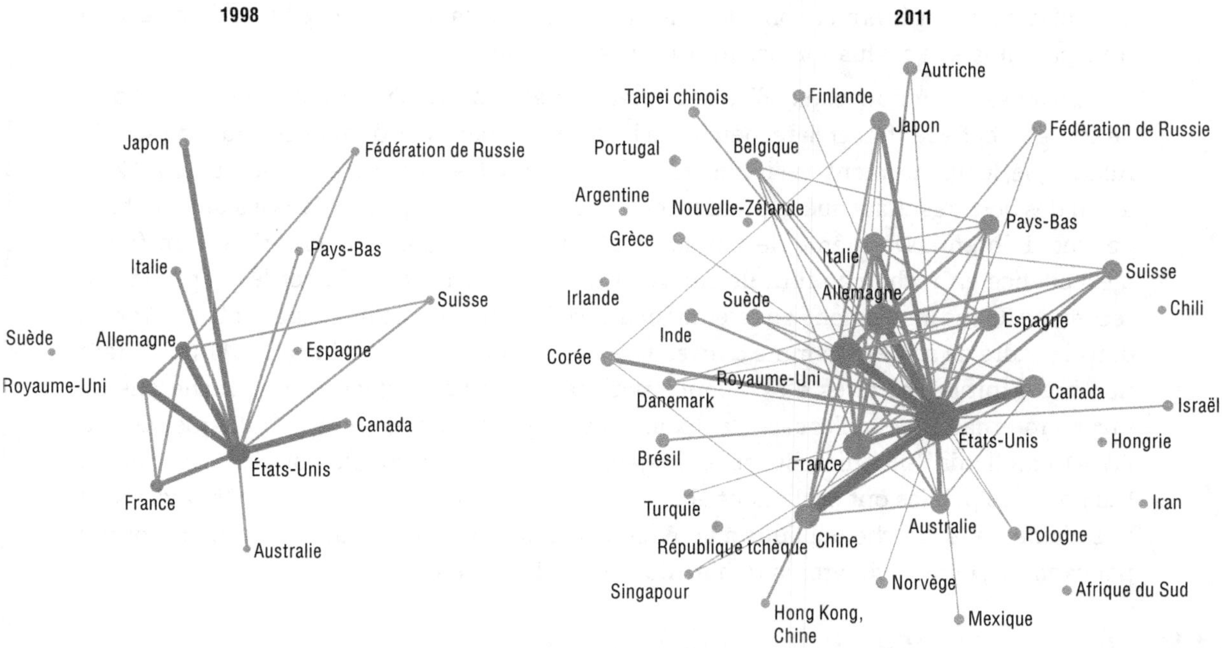

Note : La position des économies retenues (nœuds) – celles dépassant un seuil minimal de collaboration de 10 000 documents – est déterminée par le nombre de documents scientifiques publiés en co-autorat en 2011. Un algorithme de visualisation a été appliqué à l'ensemble du réseau international de collaboration afin de représenter les liens par un schéma bidimensionnel dans lequel les distances figurent la force conjuguée des forces collaboratives. La taille des bulles est proportionnelle au nombre de collaborations scientifiques pour une année donnée. L'épaisseur des traits (relations) reliant les pays représente l'intensité de la collaboration (nombre de documents publiés en co-autorat dans chaque paire). Les positions dérivées pour les données relatives aux collaborations de 2011 ont été appliquées aux valeurs de 1998. De nouveaux nœuds et relations apparaissent en 2011 lorsqu'ils dépassent les seuils minimaux.

Source : OCDE (2013), *Science, technologie et industrie : Tableau de bord de l'OCDE 2013 – L'innovation au service de la croissance*, Éditions OCDE, Paris, *http://dx.doi.org/10.1787/sti_scoreboard-2013-fr*; calculs de l'OCDE, d'après *Scopus Custom Data*, Elsevier, version 5.2012, juin 2013.

sélectif et efficace ; la question du niveau optimal de concurrence dans l'allocation des ressources publiques revient souvent. Vu la nécessité qu'une partie du financement de la recherche soit pérenne, les systèmes nationaux s'efforcent de trouver un certain équilibre entre concurrence et stabilité (OCDE, 2012a). C'est dans ce contexte que sont apparues les initiatives d'excellence dans la recherche dans plus de deux tiers des pays de l'OCDE, le plus souvent au cours des dix dernières années, afin d'encourager une recherche de premier ordre dotée d'un financement stable (OCDE, 2014l). Certains pays favorisent également l'établissement de priorités dans la recherche publique en dirigeant les fonds publics vers des domaines stratégiques.

Les initiatives d'excellence dans la recherche constituent de nouveaux instruments de financement qui allient des éléments du financement institutionnel et du financement par projet. Elles consistent à apporter d'importants volumes de fonds sur la durée à l'appui de programmes de recherche complexes et à haut risque, en particulier dans des domaines interdisciplinaires. Ces fonds servent à renforcer la capacité globale de recherche moyennant la modernisation ou le développement de l'infrastructure matérielle, le recrutement à l'étranger de chercheurs de premier plan et l'amélioration des programmes doctoraux et postdoctoraux. Les initiatives d'excellence dans la recherche confèrent également une plus grande souplesse, notamment dans la gestion des ressources ou le recrutement. Si elles permettent d'accroître la notoriété internationale des institutions hôtes, de générer des externalités positives et d'amorcer un cercle vertueux de financement, susceptible d'attirer des fonds extérieurs, elles induisent aussi des frais administratifs et généraux considérables tout en imposant des procédures de sélection transparentes et d'évaluation des impacts systématiques.

En Suisse, huit nouveaux pôles de recherche nationaux (PRN) seront créés en 2014 afin de soutenir et de renforcer la recherche de haut niveau dans des domaines stratégiques. En Allemagne, le financement de l'initiative en faveur de l'excellence sera reconduit sur 2012-17 au vu des bons résultats que la promotion d'une recherche de pointe dans les universités a permis d'obtenir. De même, le Canada a récemment annoncé la création d'un fonds d'excellence en recherche intitulé Apogée Canada, qui vise à renforcer les capacités de recherche de ses institutions pour les aider à exceller sur la scène internationale. La France, dans le cadre de son Programme d'investissements d'avenir, a parrainé en 2011 un certain nombre d'initiatives dites d'excellence pour favoriser l'émergence d'une recherche de niveau international en l'espace de dix ans. Les dépenses s'élèvent à 12 milliards USD en PPA (10 milliards EUR), distribuées en majeure partie sous forme de dotations en capital. Les pouvoirs publics ont également élaboré des cadres juridiques, fiscaux et financiers en vue d'aider la recherche publique à accéder à de nouveaux circuits de financement, privés par exemple, et de recouvrer la totalité du coût de la recherche.

Le transfert des résultats de la recherche publique nécessite une professionnalisation accrue et le renforcement d'une culture d'entreprise dans les activités de commercialisation

L'objet des politiques de recherche publique s'est élargi et va dorénavant de la production de savoirs au transfert de technologie. La façon dont les universités et les EPR collaborent avec les entreprises pour faire sortir la science des laboratoires et commercialiser les résultats de la recherche évolue rapidement. Les pouvoirs publics ont multiplié les initiatives visant à favoriser la coopération entre les milieux industriels et scientifiques en matière de R-D, la fourniture de conseils de la part des universitaires, la mobilité des étudiants et des facultés ou encore les partenariats public-privé, et ces actions ont contribué à ajouter une dimension commerciale aux travaux scientifiques. Les États se dotent également d'un nombre croissant de programmes de soutien afin d'encourager les universités et les EPR à protéger et à commercialiser les résultats de la recherche financée sur fonds publics.

À cet égard, les piètres résultats de l'enseignement supérieur en matière de brevetage, d'octroi de licences et d'essaimage ont poussé les pays de l'OCDE à imaginer d'autres politiques et instruments pour exploiter, transférer et commercialiser les résultats de la recherche publique. Premièrement, les pouvoirs publics et les institutions ont revu leur conception de la protection et du partage de la propriété intellectuelle, en accordant des licences à titre gracieux, par exemple, ou encore en proposant un accès préférentiel aux brevets « dormants », en imposant la publication numérique et en fournissant des référentiels de données scientifiques en libre accès. De façon générale, sans que son importance ne soit pour autant remise en cause, la propriété intellectuelle n'est plus perçue comme le principal moyen de commercialisation. Deuxièmement, les pouvoirs publics et les institutions facilitent la participation des étudiants et des chercheurs au processus de commercialisation, notamment en permettant aux membres du corps enseignant d'abandonner provisoirement leurs fonctions pour se consacrer à des activités commerciales ; en tenant compte de l'expérience des intéressés dans ce domaine ; en liant plus efficacement l'enseignement, la recherche et la commercialisation ; ou en fournissant aux entreprises créées par des étudiants un accompagnement personnalisé. Troisièmement, ils ont restructuré et regroupé les bureaux de transfert de technologie, en pôles régionaux, par exemple, et encouragé l'adoption de modèles économiques plus efficaces. L'objectif est de développer les compétences du personnel de ces bureaux et de renforcer les incitations prévues à leur intention. Enfin, les fonds alloués bénéficient essentiellement aux universités et aux EPR, qui, dans certains cas, ont mis en place leurs propres montages pour remédier aux problèmes de financement. Globalement, les pouvoirs publics cherchent à développer une culture d'entreprise dans des activités souvent dominées par les procédures administratives. En effet, la tâche consiste non seulement à faciliter le dépôt de brevets et la création d'entreprises, mais aussi à tirer une valeur commerciale des premiers et à faire prospérer les secondes.

Notes

1. Plusieurs études ont établi l'existence d'une corrélation entre le chômage et les troubles mentaux, y compris la dépression, ce qui pourrait faire grimper les dépenses supportées par la société (OCDE, 2008a).
2. Israël fait ici exception. En 2011, ce pays affichait le taux de jeunes « non scolarisés et sans emploi » le plus élevé (37.7 %), qui est aussi deux fois plus élevé que la moyenne de l'OCDE (18.5 %) (OCDE, 2013d).
3. *China Statistical Yearbook 2012*, consulté le 14 janvier 2014, *www.stats.gov.cn/tjsj/ndsj/2012/indexeh.htm*. La Chine ne participe pas au programme de l'OCDE intitulé Indicateurs des systèmes d'enseignement (INES). Les données relatives à l'enseignement pour ce pays peuvent donc ne pas être entièrement comparables à celles des pays de l'OCDE.
4. Australie, Canada, Corée, France, Italie, Mexique, Norvège, Pays-Bas, République tchèque et Suède.
5. Il s'agit d'initiatives qui aboutissent à la mise au point de nouveaux produits et services destinés aux groupes à faible revenu. On en trouvera un certain nombre d'exemples dans OCDE (2013q).
6. Les données officielles de l'OCDE sur l'investissement dans la R-D étant établies à partir d'enquêtes rétrospectives menées auprès d'unités qui exécutent des travaux de R-D, il n'est possible de comparer la structure des dépenses de plusieurs pays que jusqu'à fin 2012.
7. Il convient de noter que les dépenses de R-D d'Israël sont sous-estimées car elles ne comprennent pas les budgets de R-D liés à la défense.
8. Lorsqu'on interprète ces chiffres, il faut garder à l'esprit que le ratio DIRD/PIB intègre l'évolution des dépenses nominales de R-D des pays ainsi que celle du taux de croissance de leur PIB.
9. Dans le cas de l'Estonie, l'augmentation tient en partie à l'ampleur des investissements du secteur pétrolier dans les nouvelles technologies.
10. Par famille triadique de brevets on entend un brevet déposé auprès de l'Office européen des brevets (OEB) et de l'office de brevets du Japon (JPO), et délivré par l'office américain des brevets (USPTO) afin de protéger la même invention. Les brevets triadiques ont généralement une valeur supérieure et évitent les biais résultant de l'avantage lié aux pays d'origine ainsi que l'influence de la situation géographique.
11. Les entreprises axées sur les nouvelles technologies peuvent toutefois contribuer de manière substantielle à l'innovation radicale et aux percées technologiques.
12. Mégadonnées et informatique économe en énergie ; satellites et applications spatiales commerciales ; robotique et systèmes autonomes ; sciences de la vie, génomique et biologie de synthèse ; médecine régénérative ; agronomie ; matériaux avancés et nanotechnologie ; et production et stockage de l'énergie.
13. Le *Tableau de bord de l'UE sur l'investissement industriel dans la R-D* recueille des informations indispensables pour évaluer la R-D et la performance économique des entreprises. Les principaux indicateurs sont l'investissement dans la R-D, les ventes nettes, les dépenses d'équipement, le résultat d'exploitation et le nombre de salariés. Les données destinées au Tableau de bord proviennent des comptes certifiés publiés par les entreprises.

14. D'après le *Tableau de bord 2013 de l'UE sur l'investissement industriel dans la R-D*, ces dernières représentent plus de 90 % de la R-D mondiale des entreprises.

15. Le plan de commercialisation est axé sur ce que l'on appelle les 4P : produit (conception ou conditionnement), placement, promotion et prix.

16. Dans tous les pays, les microentreprises, qui emploient moins de dix salariés, sont les plus nombreuses (OCDE, 2014j) : elles représentent entre 70 % et 95 % de l'ensemble des entreprises, contre 99 % pour les PME, définies comme étant les entreprises de moins de 250 salariés.

17. Les Accords de Bâle sur les fonds propres sont les normes relatives à l'adéquation des fonds propres formulées par le Comité de Bâle sur le contrôle bancaire (CBCB). En général, les autorités nationales de réglementation les appliquent pour réglementer les fonds propres des banques et veiller à la bonne santé du système bancaire. L'objectif est de renforcer la solidité et la stabilité du système bancaire international et de diminuer les sources d'inégalité concurrentielle entre banques internationales. À ce jour, trois accords ont été publiés, chaque édition reprenant la précédente en lui apportant des améliorations : Bâle I, Bâle II et Bâle III. Voir OECD glossary of statistical terms, *http://stats.oecd.org/glossary/detail.asp?ID=6194* (site consulté le 26 janvier 2014).

18. En 2011, on estimait à environ 1.5 milliard USD le montant total des fonds levés au moyen du financement participatif à travers le monde (Ham, 2013).

19. Les dispositifs de type mezzanine combinent généralement plusieurs instruments de financement à risque et rendement variables, comme la dette subordonnée, les titres participatifs et les bons de souscription d'action (OCDE, 2014k). Ils sont moins onéreux que les instruments de financement sur fonds propres, entraînent des coûts de financement moindres et atténuent la dilution du contrôle exercé par les entrepreneurs fondateurs.

20. Les coûts de transaction et la dépendance constituent d'autres inconvénients potentiels.

21. Dans le cas du Japon, les données se rapportent non pas à 2012, mais à 2011.

22. D'après un échantillon composé de 19 pays et de la Commission européenne (7e Programme-cadre de l'UE) qui, tous, avaient participé à la deuxième collecte de données de l'OCDE sur les modes de financement public de la R-D, collecte fondée sur les crédits budgétaires publics de R-D (CBPRD) pour 2009-11, et lancée en novembre 2012.

Références

AIE (Agence internationale de l'énergie) (2013), « Tracking Clean Energy Progress 2013 », IEA Input to the Clean Energy Ministerial, AIE, Paris, *www.iea.org/publications/tcep_web.pdf*.

AIE (2014), *Energy Technology Perspectives 2014*, AIE, Paris, *http://dx.doi.org/10.1787/energy_tech-2014-en*.

ARWU (Academic Ranking of World Universities) (2013), « Shanghai ranking », *www.shanghairanking.com*.

BCE (Banque centrale européenne) (2014), *Survey on the access to finance of SMEs in the euro area*, avril, *www.ecb.europa.eu/stats/money/surveys/sme/html/index.en.html*.

CE (Commission européenne) (2010), *Overview of the European Strategy in ICT for Ageing Well*, *http://ec.europa.eu/information_society/activities/einclusion/docs/ageing/overview.pdf*.

CE (2013), *EU Industrial R&D Investment Scoreboard*, *http://iri.jrc.ec.europa.eu/scoreboard13.html*.

CNUCED (Conférence des Nations Unies sur le commerce et le développement) (2013), *World Investment Report*, *www.unctad.org/wir*.

Eurostat (2014a), *Base de données des comptes nationaux annuels*, juin, *http://epp.eurostat.ec.europa.eu/portal/page/portal/national_accounts/data/database*.

Eurostat (2014b), *Base de données de la science, de la technologie et de l'innovation*, juin, *http://epp.eurostat.ec.europa.eu/portal/page/portal/science_technology_innovation/data/database*.

Ham, J.J. (2013), « Crowdfunding: opportunities and challenges », document interne, OCDE, Paris.

ISU (Institut de statistique de l'UNESCO) (2014a), *Base de données de la science, la technologie et l'innovation*, juin, *http://data.uis.unesco.org/Index.aspx?lang=fr&SubSessionId=65290fa2-1a42-4ce4-b125-713027ad5df1&themetreeid=-200*.

ISU (2014b), *Base de données de l'éducation*, juin, *http://data.uis.unesco.org/Index.aspx?lang=fr&SubSessionId=65290fa2-1a42-4ce4-b125-713027ad5df1&themetreeid=-200*.

Köhler, C., P. Laredo et C. Rammer (2012), « The Impact and Effectiveness of Fiscal Incentives for R&D », *Nesta Working Paper*, n° 12/01, janvier, *www.nesta.org.uk/sites/default/files/the_impact_and_effectiveness_of_fiscal_incentives.pdf*.

Koopman, R. et al. (2011), « Give Credit Where Credit is Due: Tracing Value Added in Global Production Chains", *NBER Working Paper Series*, n° 16426, Cambridge, Massachusetts, *www.nber.org/papers/w16426*.

NSF (National Science Foundation) (2014), *Doctorate Recipients from U.S. Universities: 2012*, janvier, NSF 14-305, *www.nsf.gov/statistics/sed/digest/2012/theme1.cfm#2*.

OCDE (2002a), *Recommandation du Conseil concernant les Lignes directrices régissant la sécurité des systèmes et réseaux d'information : Vers une culture de la sécurité*, Éditions OCDE, Paris, *www.oecd.org/dataoecd/58/63/1946938.doc*.

OCDE (2002b), *Manuel de Frascati 2002 : Méthode type proposée pour les enquêtes sur la recherche et le développement expérimental*, Éditions OCDE, Paris, *http://dx.doi.org/10.1787/9789264299047-fr*.

OCDE (2005), « Promoting innovation in services », *Enhancing the Performance of the Services Sector*, Éditions OCDE, Paris, *http://dx.doi.org/10.1787/9789264010307-8-en*.

OCDE (2007), *Comment rester compétitif dans l'économie mondiale : Progresser dans la chaîne de valeur*, Éditions OCDE, Paris, *http://dx.doi.org/10.1787/9789264034273-fr*.

OCDE (2008a), « Tous les emplois sont-ils bons pour la santé ? L'impact du statut au regard de l'emploi et des conditions de travail sur la santé mentale », *Perspectives de l'emploi de l'OCDE 2008*, Éditions OCDE, Paris, *http://dx.doi.org/10.1787/empl_outlook-2008-6-fr*.

OCDE (2008b), *Définition de référence de l'OCDE des investissements directs internationaux 2008. Quatrième édition*, Éditions OCDE, Paris, *http://dx.doi.org/10.1787/9789264048768-fr*.

OCDE (2008c), *Attirer les talents : Les travailleurs hautement qualifiés au cœur de la concurrence internationale*, Éditions OCDE, Paris, *http://dx.doi.org/10.1787/9789264047778-fr*.

OCDE (2008d), *The Internationalisation of Business R&D: Evidence, Impacts and Implications*, Éditions OCDE, Paris, *http://dx.doi.org/10.1787/9789264044050-en*.

OCDE (2008e), *Open Innovation in Global Networks*, Éditions OCDE, Paris, *http://dx.doi.org/10.1787/9789264047693-en*.

OCDE (2009), « Policy Responses to the Economic Crisis: Investing in Innovation for Long-Term Growth », *OECD Policy Brief*, Éditions OCDE, Paris, juin, *www.oecd.org/sti/42983414.pdf*.

OCDE (2010a), *La stratégie de l'OCDE pour l'innovation : Pour prendre une longueur d'avance*, Éditions OCDE, Paris, *http:/dx.doi.org/10.1787/9789264084759-fr*.

OCDE (2010b), *Cities and Climate Change*, Éditions OCDE, Paris, *http://dx.doi.org/10.1787/9789264091375-en*.

OCDE (2010c), *Handbook on Deriving Capital Measures of Intellectual Property Products*, Éditions OCDE, Paris, *www.oecd.org/std/na/44312350.pdf*.

OCDE (2010d), *SMEs, Entrepreneurship and Innovation*, OECD Studies on SMEs and Entrepreneurship, Éditions OCDE, Paris, *http://dx.doi.org/10.1787/9789264080355-en*.

OCDE (2011a), *Attractiveness for Innovation: Location Factors for International Investment*, Éditions OCDE, Paris, *http://dx.doi.org/10.1787/9789264104815-en*.

OCDE (2011b), *Perspectives des migrations internationales 2011*, Éditions OCDE, Paris, *http://dx.doi.org/10.1787/migr_outlook-2011-fr*.

OCDE (2011c), *Politique de l'environnement et comportement des ménages*, Études de l'OCDE sur la politique de l'environnement et le comportement des ménages, Éditions OCDE, Paris, *http://dx.doi.org/10.1787/9789264096776-fr*.

OCDE (2011d), *Besoin d'aide ?* Éditions OCDE, Paris, *http://dx.doi.org/10.1787/9789264097766-fr*.

OCDE (2011e), *Financing High-Growth Firms: The Role of Angel Investors*, Éditions OCDE, Paris, *http://dx.doi.org/10.1787/9789264118782-en*.

OCDE (2011f), *Science, technologie et industrie : Perspectives de l'OCDE 2010*, Éditions OCDE, Paris, *http://dx.doi.org/10.1787/sti_outlook-2010-fr*.

OCDE (2012a), *Science, technologie et industrie : Perspectives de l'OCDE 2012*, Éditions OCDE, Paris, *http://dx.doi.org/10.1787/sti_outlook-2012-fr*.

OCDE (2012b), *Perspectives des migrations internationales 2012*, Éditions OCDE, Paris, *http://dx.doi.org/10.1787/migr_outlook-2012-fr*.

OCDE (2012c), *Approaches to Internationalisation and their Implications for Strategic Management and Institutional Practice: A Guide for Higher Education Institutions*, Éditions OCDE, Paris, *www.oecd.org/edu/imhe/Approaches%20to%20internationalisation%20-%20final%20-%20web.pdf*.

OCDE (2012d), « Meeting Global Challenges through Better Governance: International Co-operation in Science, Technology and Innovation », Direction de la science, de la technologie et de l'industrie, Éditions OCDE, Paris.

OCDE (2012e), *Perspectives de l'environnement de l'OCDE à l'horizon 2050 : Les conséquences de l'inaction*, Éditions OCDE, Paris, *http://dx.doi.org/10.1787/env_outlook-2012-fr*.

OCDE (2012f), *The Future of Families to 2030*, Éditions OCDE, Paris, *http://dx.doi.org/10.1787/9789264168367-en*.

OCDE (2012g), *OECD Internet Economy Outlook 2012*, Éditions OCDE, Paris, *http://dx.doi.org/10.1787/9789264086463-en*.

OCDE (2012h), « Cybersecurity Policy Making at a Turning Point: Analysing a New Generation of National Cybersecurity Strategies for the Internet Economy », *OECD Digital Economy Papers*, n° 211, Éditions OCDE, Paris, *http://dx.doi.org/10.1787/5k8zq92vdgtl-en*.

OCDE (2013a), *Perspectives économiques de l'OCDE*, vol. 2013/2, Éditions OCDE, Paris, *http:/dx.doi.org/10.1787/eco_outlook-v2013-2-fr*.

OCDE (2013b), *Economic Outlook for Southeast Asia, China and India 2014: Beyond the Middle-Income Trap*, Éditions OCDE, Paris, *http://dx.doi.org/10.1787/saeo-2014-5-en*.

OCDE (2013c), *Statistiques de l'OCDE de la population active 2013*, Paris, *http:/dx.doi.org/10.1787/oecd_lfs-2013-fr*, données extraites en ligne le 22 décembre 2013.

OCDE (2013d), « Indicateur C5. La transition entre les études et la vie active : où en sont les jeunes de 15 à 29 ans ? », *Regards sur l'éducation 2013 : Les indicateurs de l'OCDE*, Éditions OCDE, Paris, *http://dx.doi.org/10.1787/eag-2013-24-fr*.

OCDE (2013e), *Panorama des administrations publiques 2013*, Éditions OCDE, Paris, *http://dx.doi.org/10.1787/gov_glance-2013-fr*.

OCDE (2013f), « Quel est l'impact de la crise économique sur les dépenses publiques d'éducation ? », *Les indicateurs de l'éducation à la loupe*, n° 18, Éditions OCDE, Paris, *http://dx.doi.org/10.1787/5jz8ssmrbbhb-fr*.

OCDE (2013g), *Annuaire statistique de l'OCDE sur la productivité 2013*, Éditions OCDE, Paris, *http://dx.doi.org/10.1787/pdtvy-2013-fr*.

OCDE (2013h), *Interconnected Economies: Benefiting from Global Value Chains*, Éditions OCDE, Paris, *http://dx.doi.org/10.1787/9789264189560-en*.

OCDE (2013i), *Science, technologie et industrie : Tableau de bord de l'OCDE 2013 - L'innovation au service de la croissance*, Éditions OCDE, Paris, *http://dx.doi.org/10.1787/sti_scoreboard-2013-fr*.

OCDE (2013j), « PISA : Programme international de l'OCDE pour le suivi des acquis des élèves », *Statistiques de l'OCDE sur l'éducation* (base de données), *http://dx.doi.org/10.1787/data-00365-fr*.

OCDE (2013k), *Perspectives des migrations internationales 2013*, Éditions OCDE, Paris, *http://dx.doi.org/10.1787/migr_outlook-2013-fr*.

OCDE (2013l), « Quels facteurs influencent la mobilité internationale des étudiants ? », *Les indicateurs de l'éducation à la loupe*, n° 14, Éditions OCDE, Paris, juillet, *http://dx.doi.org/10.1787/5k40hdc1cmth-fr*.

OCDE (2013m), *Green Growth in Cities*, Études de l'OCDE sur la croissance verte, Éditions OCDE, Paris, *http://dx.doi.org/10.1787/9789264195325-en*.

OCDE (2013n), *Panorama des régions de l'OCDE 2013*, Éditions OCDE, Paris, *http://dx.doi.org/10.1787/reg_glance-2013-fr*.

OCDE (2013o), « Évolution démographique », *Panorama de la santé 2013 : Les indicateurs de l'OCDE*, Éditions OCDE, Paris, *http://dx.doi.org/10.1787/health_glance-2013-71-fr*.

OCDE (2013p), *Addressing Dementia: The OECD Response*, Études de l'OCDE sur les politiques de santé, Éditions OCDE, Paris, *www.oecd.org/sti/addressing-dementia-the-oecd-response.pdf*.

OCDE (2013q), « Innovation and Inclusive Development: A Discussion of the Main Policy Issues », *OECD Science, Technology and Industry Working Papers*, 2013/01, Éditions OCDE, *http://dx.doi.org/10.1787/5k4dd1rvsnjj-en*.

OCDE (2013r), « Global participation in the Internet economy », *The Internet Economy on the Rise: Progress since the Seoul Declaration*, Éditions OCDE, Paris, *http://dx.doi.org/10.1787/9789264201545-9-en*.

OCDE (2013s), « Maximiser les avantages des incitations fiscales à la R-D en faveur de l'innovation », document de travail de l'OCDE, octobre, *www.oecd.org/fr/sti/maximiser-les-avantages-des-incitations-fiscales-a-la-R-D-en-faveur-de-l-innovation.pdf*.

OCDE (2013t), *An International Benchmarking Analysis of Public Programmes for High-Growth Firms*, Éditions OCDE, Paris, *www.oecd.org/industry/high-growthreport.htm*.

OCDE (2013u), *OECD Reviews of Innovation Policy: Sweden 2012*, Éditions OCDE, Paris, *http://dx.doi.org/10.1787/9789264184893-en*.

OCDE (2013v), « Open Science: Background and Progress Report », document interne, Direction de la science, de la technologie et de l'industrie, OCDE, Paris.

OCDE (2013w), « GFKE 2013: The Future of Science and Innovation Policies », document interne, Direction de la science, de la technologie et de l'industrie, OCDE, Paris.

OCDE (2013x), « Modes of Public Funding of R&D; Interim Results from the Second Round of Data Collection based on GBAORD », document interne, Direction de la science, de la technologie et de l'industrie, OCDE, Paris.

OCDE (2014a), *Le financement des PME et des entrepreneurs 2013, Tableau de bord de l'OCDE*, Éditions OCDE, Paris, *http://dx.doi.org/10.1787/9789264190573-fr*.

OCDE (2014b), *Panorama de l'environnement 2013 : Les indicateurs de l'OCDE*, Éditions OCDE, Paris, *http://dx.doi.org/10.1787/9789264221802-fr*.

OCDE (2014c), *Perspectives économiques de l'OCDE*, vol. 2014/1, Éditions OCDE, Paris, *http://dx.doi.org/10.1787/eco_outlook-v2014-1-fr*.

OCDE (2014d), *Regards sur l'éducation 2014 : Les indicateurs de l'OCDE*, Éditions OCDE, Paris, *www.oecd-ilibrary.org/education/regards-sur-l-education_19991495*.

OCDE (2014e), « OECD Work on Global Value Chains and Trade in Value Added: An Update on DSTI Contributions », document interne, Direction de la science, de la technologie et de l'industrie, OCDE, Paris.

OCDE (2014f), *Statistiques de l'OCDE sur l'investissement direct international 2014*, Éditions OCDE, Paris, *http://dx.doi.org/10.1787/idis-2014-fr*.

OCDE (2014g), *Base de données de l'éducation*, OCDE, Paris, juin, *http://dx.doi.org/10.1787/edu-data-fr* et *www.oecd.org/fr/edu/database.htm*.

OCDE (2014h), *Principaux indicateurs de la science et de la technologie* (base de données), juin, *www.oecd.org/fr/sti/pist.htm*.

OCDE (2014i), « Council Special Session on the Internet Economy », *OECD News on Innovation, Science, Technology and Industry*, janvier, *http://oe.cd/stinews*.

OCDE (2014j), *Panorama de l'entrepreneuriat 2014*, Éditions OCDE, Paris.

OCDE (2014k), *Financing SMEs and Entrepreneurs 2014: An OCDE Scoreboard*, Éditions OCDE, Paris.

OCDE (2014l), *Promoting Research Excellence: New Approaches to Funding*, Éditions OCDE, Paris, *http://dx.doi.org/10.1787/9789264207462-en*.

OCDE (2014m), *ANBERD* (base de données analytique des dépenses en recherche et développement dans l'industrie), mars, *www.oecd.org/fr/innovation/inno/anberdbasededonneesanalytiquedesdepensesenrechercheetdeveloppementdanslindustrie.htm*.

OCDE (2014n), *Measuring the Digital Economy*, Éditions OCDE, Paris.

OCDE (2014o), Portail de l'OCDE sur le haut débit, janvier, *www.oecd.org/fr/sti/hautdebit/portaildelocdesurlehautdebit.htm*.

OCDE (2014p), *Statistiques de l'OCDE sur les comptes nationaux*, avril, *http://dx.doi.org/10.1787/na-data-fr*.

OCDE (2014q), *Bases de données de brevets*, février, *www.oecd.org/fr/innovation/inno/travauxdelocdesurlesstatistiquesdebrevets.htm*.

OCDE (2014r), *Statistiques sur la productivité* (base de données), mai, *www.oecd.org/fr/std/stats-productivite/*.

OCDE (2014s), *Indicateurs de réglementation des marchés de produits* (base de données), mars, *www.oecd.org/economie/rmp*.

OCDE (2014t), *Statistiques de la recherche et développement (SRD)* (base de données), mars, *www.oecd.org/sti/srd*.

OCDE/BAD/PNUD (2014), *Perspectives économiques en Afrique 2014 : Les chaînes de valeur mondiales et l'industrialisation de l'Afrique*, Éditions OCDE, Paris, *http://dx.doi.org/10.1787/aeo-2014-fr.*

OCDE/CEPALC/CAF (Banque de développement de l'Amérique latine) (2013), *Latin American Economic Outlook 2014: Logistics and Competitiveness for Development*, Éditions OCDE, Paris, *http://dx.doi.org/10.1787/leo-2014-en.*

OCDE/DAES (Département des affaires économiques et sociales des Nations Unies) (2013), *Les migrations internationales en chiffres*, Éditions OCDE, Paris, *www.oecd.org/fr/els/mig/les-migrations-internationales-en-chiffres.pdf.*

OMC et IDE/JETRO (Institute of Developing Economies/Japan External Trade Organization) (2011), *Structure des échanges et chaînes de valeur mondiales en Asie de l'Est : Du commerce des marchandises au commerce des tâches*, OMC, Genève, *www.wto.org/french/res_f/booksp_f/stat_tradepat_globvalchains_f.pdf.*

UIT (Union internationale des télécommunications) (2014), World Telecommunication/ICT Indicators Database 2014, juin, *www.itu.int/en/ITU-D/Statistics/Pages/publications/wtid.aspx.*

UK Cabinet Office (2011), *The UK Cyber Security Strategy. Protecting and Promoting the UK in a digital world*, *www.gov.uk/government/uploads/system/uploads/attachment_data/file/60961/uk-cyber-security-strategy-final.pdf.*

Waldrop, M.M. (2013), « Online learning: Campus 2.0 », *Nature*, vol. 495, n° 7440, 14 mars, *www.nature.com/news/online-learning-campus-2-0-1.12590.*

Warwick, K. (2013), « Beyond Industrial Policy: Emerging Issues and New Trends », *OECD Science, Technology and Industry Policy Papers*, n° 2, Éditions OCDE, Paris, *http://dx.doi.org/10.1787/5k4869clw0xp-en.*

Wehinger, G. (2012), « Bank Deleveraging, the Move from Bank to Market-based Financing, and SME Financing », *OECD Journal: Financial Market Trends*, vol. 2012/1, pp. 65-79, Éditions OCDE, Paris, *www.oecd.org/finance/financial-markets/Bank_deleveraging-Wehinger.pdf.*

Partie II

Principales tendances des politiques STI

Science, technologie et industrie : Perspectives de l'OCDE 2014

PARTIE II

Chapitre 2

Profils des politiques STI : Gouvernance

STRATÉGIES NATIONALES POUR LA SCIENCE, LA TECHNOLOGIE ET L'INNOVATION

Bien-fondé et objectifs

Les stratégies nationales pour la science, la technologie et l'innovation (STI) ont plusieurs fonctions dans l'élaboration des politiques gouvernementales. Premièrement, elles expriment la vision des gouvernements en ce qui concerne la contribution de la science, de la technologie et de l'innovation au développement social et économique de leur pays. Deuxièmement, elles fixent les priorités en matière d'investissement public dans ces trois domaines et définissent le cadre des réformes gouvernementales (financement et systèmes d'évaluation de la recherche universitaire, par exemple). Elles mobilisent également les acteurs STI autour d'objectifs spécifiques tels que l'énergie, les enjeux environnementaux ou la santé, et peuvent contribuer à stimuler l'investissement des acteurs privés et des universités et établissements publics de recherche – de plus en plus autonomes – en faveur des domaines ou des technologies prioritaires. Troisièmement, l'élaboration de ces stratégies peut amener les parties prenantes (la communauté de la recherche, les organismes de financement, le monde des affaires, la société civile, ainsi que les administrations régionales et locales) à prendre part à de vastes consultations qui permettront de développer une vision commune du futur et de faciliter la coordination au sein du système d'innovation.

Principaux aspects

Les réponses des pays au questionnaire de l'édition des *Perspectives de la science, de la technologie et de l'industrie de l'OCDE 2014* ont mis en évidence à la fois des similitudes et des différences entre les objectifs et les priorités des pays concernés en matière d'action publique, ainsi que des points communs dans les stratégies STI nationales (graphique 2.1, Partie I) et de vastes tendances générales en termes de politiques publiques (graphique 2.1, Partie II). La première similitude est que la quasi-totalité des pays ont accordé la priorité à l'innovation des entreprises et à l'entrepreneuriat innovant, quelles que soient l'approche et les modalités de l'action publique. Ensuite, la plupart des pays s'emploient à consolider l'écosystème de l'innovation en renforçant les capacités et les infrastructures publiques de R-D, en améliorant les ressources générales en capital humain, les compétences et la mise en place de moyens d'action, ainsi que les conditions-cadres de l'innovation (y compris la compétitivité). Enfin, certaines priorités d'action dans le domaine STI sont partagées par des pays se trouvant à un stade de développement socioéconomique différent, alors que d'autres restent spécifiques à certains pays. Cette situation se reflète dans la concentration relative des pays dans des domaines d'action stratégiques selon l'intensité de leurs dépenses intérieures brutes de R-D (DIRD) (graphique 2.1, Partie II).

De manière générale, les pays qui arrivent déjà en tête de classement pour ce qui concerne la R-D et l'innovation des entreprises mettent l'accent sur l'investissement dans la base scientifique – à la fois la recherche publique et les ressources humaines – pour mieux asseoir l'innovation future (OCDE, 2010c). Ces pays aux performances supérieures privilégient également le soutien à la recherche et à l'innovation en vue d'acquérir un avantage concurrentiel dans des domaines promis à une croissance future (tels que les technologies vertes et la santé) et de contribuer au règlement des défis mondiaux. Les pays ayant décidé en 2014 de faire de la contribution de l'innovation à la croissance verte et durable une priorité majeure dans le domaine STI ont tendance à avoir une activité de R-D

Graphique 2.1. **Les principaux profils et les principales priorités nationales en matière de politique STI par niveau d'intensité de R-D, 2014**

Diagramme 1. Principales priorités nationales en matière de politique de STI, auto-évaluation des pays, en pourcentage des pays

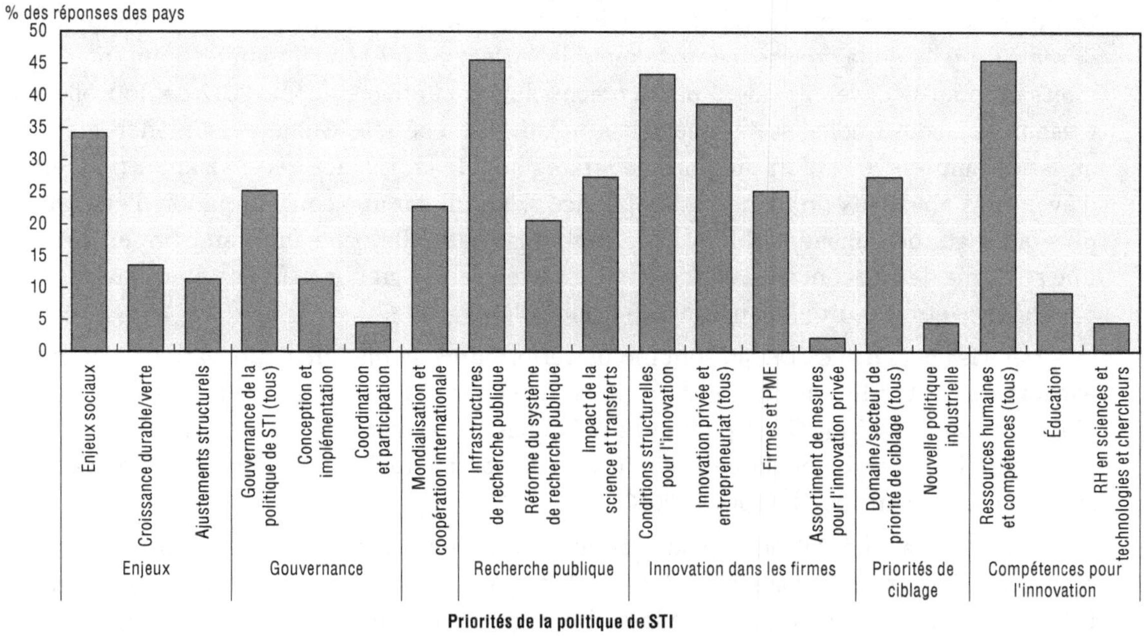

Diagramme 2. Dispersion des pays en fonction de leurs priorités politiques en matière de STI et de leur intensité de R-D

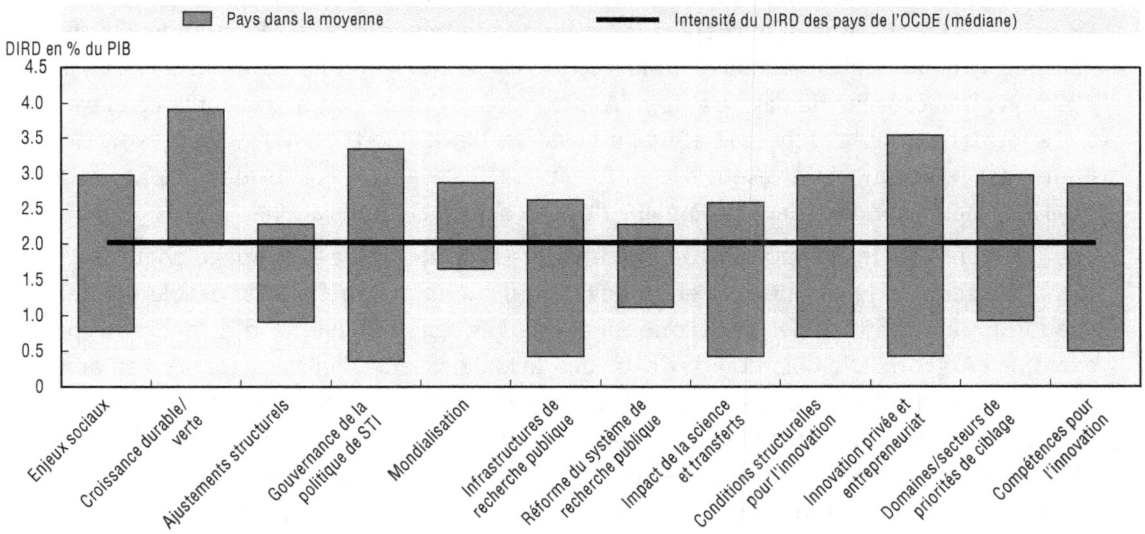

Note : Les priorités en matière de politique de STI sont définies sur la base des réponses d'auto-évaluation de chaque pays à la question : « Quelles sont les principales priorités en matière de politique de STI dans votre pays ? Veuillez choisir trois (au maximum cinq) priorités de la politique de STI dans les listes déroulantes ci-dessous et décrire brièvement « avec vos propres mots » (en une phrase) ces principales priorités en matière de politique ». Les réponses sont fournies par les délégués au Comité de l'OCDE pour la Politique Scientifique et Technologique.
Le diagramme 2 illustre l'importance du lien entre les priorités nationales en matière de STI et le degré d'avancement du système de R-D. Il montre les pays qui ont répondu au questionnaire en signalant une priorité de politique de STI comme enjeu majeur, en fonction de l'intensité de leur DIRD. Les pays dans la moyenne incluent tous les pays membres ou non-membres de l'OCDE à l'exclusion des deux pays ayant la plus grande intensité de R-D et des deux pays ayant la plus faible intensité de R-D. Pour les priorités politiques liées à la croissance durable/verte et aux ajustements structurels, cependant, les pays dans la moyenne incluent les deux pays ayant la plus grande intensité de R-D et les deux pays ayant la plus faible intensité pour compenser le faible nombre de pays dans ces deux catégories de politiques. The intensity of GERD is expressed as a percentage of GDP. L'intensité de la DIRDE est exprimée en % du PIB.
Source : Réponses des pays au questionnaire préparatoire des Perspectives de la science, de la technologie et de l'industrie 2014 de l'OCDE ; OCDE, *Base de données sur les principaux indicateurs de la science et de la technologie* (PIST), juin 2014, *www.oecd.org/sti/pist* ; Eurostat et Institut de statistiques de l'UNESCO, juin 2014. Données extraites de IPP.Stat le 8 juillet 2014, *http://stats.oecd.org//Index.aspx?QueryId=57863*.

StatLink http://dx.doi.org/10.1787/888933306409

plus poussée (graphique 2.1, Partie II). S'agissant des trois pays qui ont enregistré les dépenses de R-D les plus élevées (plus de 3.5 % du PIB), la Corée a consacré 2.4 milliards USD à la technologie verte dans son deuxième Plan de base pour les sciences et les technologies, et confirmé dans son troisième plan – adopté récemment – sa volonté de devenir un pôle de la croissance verte mondiale. De son côté, Israël manifeste un intérêt croissant pour le développement des écotechnologies et affecte depuis 2012 de nouvelles ressources aux technologies de l'eau et des substituts au pétrole. Quant à la Finlande, suite au lancement en 2012 d'un programme stratégique de croissance verte visant à trouver d'éventuels nouveaux domaines de croissance reposant sur une consommation d'énergie plus faible et une utilisation durable des ressources naturelles, elle a mis au point en 2014 une stratégie de bioéconomie, dont le but est de relever les grands défis sociétaux suscités par les liens étroits entre l'alimentation, l'eau et l'énergie.

Dans les pays de l'OCDE qui sont moins performants en matière d'innovation, l'accent est mis en particulier sur la mise en place de capacités institutionnelles dans le but d'orienter ou de « diriger » les politiques publiques dans le domaine STI, de renforcer les liens entre la recherche publique et l'industrie, et d'améliorer la qualité de l'enseignement supérieur et de la recherche (OCDE, 2010).

Les petits pays de l'OCDE qui sont très ouverts aux échanges et à l'investissement direct étranger (IDE) sont aussi plus susceptibles de s'attaquer en priorité aux défis que représentent la mondialisation de la science, de la technologie et de l'innovation, et la coopération internationale croissante. Les trois autorités belges (Bruxelles-Capitale, Flandre et Wallonie) mettent plus spécialement l'accent, dans leurs documents stratégiques respectifs, sur l'intégration européenne et la coopération scientifique transfrontières. En Irlande, l'un des objectifs de la Stratégie nationale pour la science, la technologie et l'innovation (2006-13) est d'entretenir la capacité du pays à attirer l'IDE. Quant à la Suisse, son nouveau plan en faveur de la formation, de la recherche et de l'innovation (ERI-DISPATCH) (2013-16) prévoit trois grands axes d'action, parmi lesquels le renforcement de l'avantage concurrentiel dont jouit le pays à l'échelle mondiale dans le domaine de la recherche et l'innovation.

De leur côté, les économies émergentes et en situation de rattrapage cherchent à inclure la science, la technologie et l'innovation dans leurs stratégies de développement économique à long terme. Les économies émergentes et à revenu intermédiaire (par exemple l'Argentine, la Colombie, le Costa Rica, la Malaisie et le Viet Nam) mettent au point des stratégies de diversification de leur économie et de stimulation de l'innovation, en vue d'améliorer leur compétitivité, de progresser sur les chaînes de valeur mondiales et d'échapper au « piège du revenu intermédiaire » (voir le chapitre 1). Les pays à plus faible intensité de R-D ont tendance à utiliser l'innovation pour procéder à un ajustement structurel et adopter une nouvelle approche à l'égard de la croissance, améliorer les effets de/sur la science, et développer le vivier de compétences. En République populaire de Chine, le Plan pour le développement des sciences et technologies sur le moyen et le long terme (2006-20) mise sur l'innovation pour restructurer l'industrie chinoise et remplacer la croissance tirée par l'investissement par une croissance tirée par l'innovation.

Malgré ces différences, les pays de l'OCDE et les économies émergentes ont en commun certaines préoccupations et priorités concernant la gouvernance de leur politique et de leur système d'innovation, le soutien à l'innovation dans l'entreprise, à l'entrepreneuriat et aux petites et moyennes entreprises (PME), ainsi que la contribution de l'innovation à la résolution des défis sociaux (notamment en favorisant la cohésion sociale).

Les stratégies nationales mises en œuvre dans le domaine STI varient également dans la durée, qui se situe généralement entre cinq et dix ans. Dans quelques cas – peu nombreux –, la durée est indéterminée (c'est le cas en Colombie pour la stratégie nationale d'innovation, et au Royaume-Uni pour la stratégie de recherche et d'innovation au service de la croissance). Rares sont les pays qui ont émis des projections stratégiques au-delà de 2020 ; la plupart des pays européens ont conçu leurs stratégies nationales dans le cadre du programme européen Horizon 2020.

Pour mesurer leurs performances et leurs progrès, la plupart des pays ont adopté des objectifs quantitatifs, notamment eu égard aux dépenses de R-D (graphique 2.4). L'objectif visé en matière de DIRD est souvent exprimé en pourcentage du produit intérieur brut (PIB) ; dans certains cas, on y ajoute également la contribution relative des entreprises privées ou du secteur public. En Chine et dans la Fédération de Russie, la production scientifique et technologique visée est exprimée en nombre de brevets, de citations et de publications. La Nouvelle-Zélande prend en compte les performances économiques telles que mesurées par la hausse des exportations, tandis que la Corée mesure les créations d'emploi dans le secteur scientifique et technologique. Au Danemark et en Suisse, les données de référence sont les résultats de l'enseignement et le pourcentage de jeunes achevant le cursus du deuxième cycle de l'enseignement secondaire ou de l'enseignement supérieur.

Les stratégies STI nationales mises en œuvre dans le domaine STI s'inscrivent dans une vision et sont conçues à l'aide de données probantes et d'outils d'évaluation des possibilités tels que des scénarios et des analyses SWOT (points forts, points faibles, possibilités, menaces). Le processus d'élaboration d'une stratégie de l'innovation est peut-être plus important que le document lui-même car il permet de mettre en évidence les problèmes, les obstacles et les possibilités cachées, et est riche d'enseignements.

Les aspects opérationnels des stratégies nationales sont souvent confiés aux acteurs de l'innovation (par exemple, les ministères) ou aux organismes chargés du financement et de la mise en œuvre, qui ont bénéficié ces dernières années d'une autonomie croissante. Les stratégies nationales peuvent aussi être relayées, sur le plan opérationnel, par des stratégies régionales (par exemple en Chine et en France), des plans d'action ou de mise en œuvre (par exemple en Flandre [Belgique] et en Finlande), des feuilles de route provisoires (en Allemagne) ou des contrats (des accords concernant les résultats de l'enseignement supérieur). En Grèce et dans la Fédération de Russie, les stratégies nationales sont encadrées par la législation.

Dans certains cas, les priorités STI qui sont énoncées dans les stratégies nationales sont définies par un ensemble d'*instruments*. Compte tenu de l'ampleur de la politique de l'innovation, les instruments d'action disponibles sont très variés et vont bien au-delà du simple périmètre de la recherche (IPP, 2014). À titre d'exemples, l'Australie, la Belgique (gouvernement fédéral) et la Finlande ont intégré dans leur stratégie nationale des dispositifs d'incitation fiscale en faveur de la R-D.

De nombreux pays ont inclus dans leur stratégie un éventail de règles et d'outils d'évaluation. Cette évaluation porte non seulement sur certaines mesures ou instruments isolés, mais aussi sur l'offre globale de projets de recherche et sur l'ensemble du dispositif d'innovation et de recherche (voir le profil « Évaluation de l'impact des politiques STI »).

Tendances récentes de l'action publique

L'évolution du contexte de l'innovation et de l'intervention des pouvoirs publics (voir le chapitre 1) a obligé les pays à modifier leur stratégie nationale. Une majorité des pays étudiés dans les *Perspectives de la science, de la technologie et de l'industrie de l'OCDE 2014* ont ainsi sensiblement modifié leur stratégie STI depuis l'édition 2012. La configuration de la stratégie des pouvoirs publics est de loin l'aspect de la politique STI qui a le plus changé (graphique 2.2).

Graphique 2.2. **Stratégies et plans nationaux de STI parmi les autres domaines de changement de la politique STI, 2012-14**

Pays signalant un changement substantiel dans le domaine de la politique, comparé aux autres domaines de politique STI

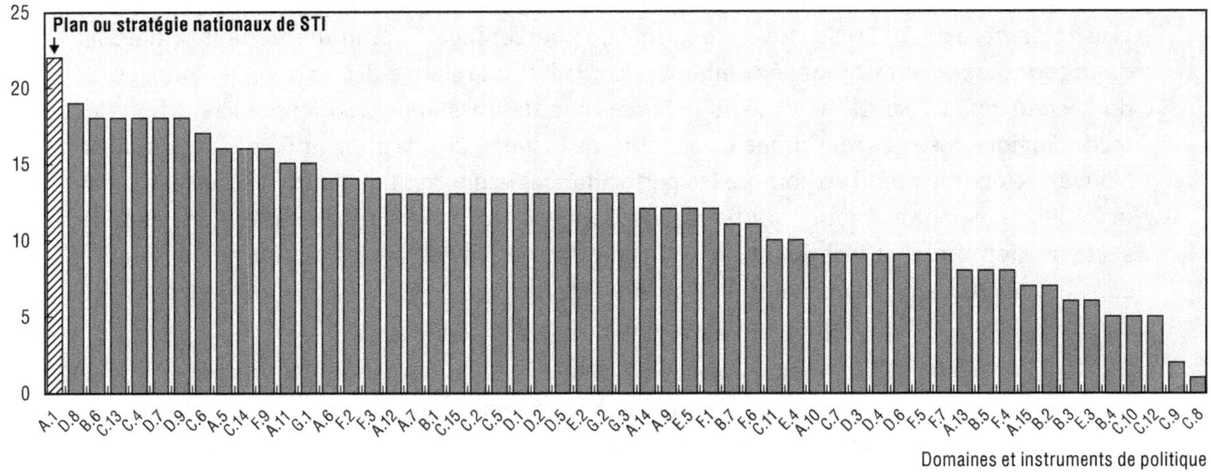

Note : L'axe des abscisses présente l'ensemble des domaines de la politique STI couverts par le questionnaire sur les politiques des Perspectives sur la science, la technologie et l'industrie 2014 de l'OCDE (les codes représentés dans le diagramme ci-dessus se réfèrent aux codes des questions dans le questionnaire 2014). L'axe des ordonnées indique le nombre de pays signalant que la situation a changé de façon substantielle dans chacun des domaines de la politique. Le comptage simple ne tient pas compte de l'ampleur et de l'impact des changements de politique. Les réponses sont fournies par les délégués au Comité de l'OCDE pour la Politique Scientifique et Technologique.
Source : Réponses des pays au questionnaire préparatoire des *Perspective de la science, de la technologie et de l'industrie 2014 de l'OCDE.*

StatLink http://dx.doi.org/10.1787/888933306417

Une politique de l'innovation de plus grande ampleur. De nombreux pays ont misé sur la politique de l'innovation pour consolider la croissance et relever toute une série de défis sociaux et planétaires, liés notamment au changement climatique et à la santé.

- **Cohésion sociale.** La crise financière mondiale a creusé les disparités de revenu dans plusieurs pays de l'OCDE et pays non membres. Les stratégies STI nationales sont de plus en plus utilisées pour renforcer la cohésion sociale tout en stimulant la croissance économique. Le programme argentin Innovadora 2020, le plan mexicain de développement national (2013-18) ou le programme hongrois de réforme nationale (2013-20) confirment l'engagement de l'État en faveur du développement social. En Suisse, le Plan pour la formation, la recherche et l'innovation (2013-16) comprend des orientations visant à renforcer la cohésion sociale par le biais du savoir et à promouvoir l'égalité des chances dans l'éducation. De son côté, la Corée a inclus dans son troisième Plan de base pour les sciences et les technologies (2013-17) des dispositions sur la problématique homme-femme.
- **Défis sociétaux.** Pour relever les grands défis sociétaux que sont notamment la santé, l'alimentation, la mobilité, la sécurité et la liberté, les pays européens alignent leurs stratégies nationales sur le programme Horizon 2020. En Corée, le troisième Plan de base pour les sciences et les technologies (2013-17) intègre également des questions sociales, notamment le vieillissement de la population (voir le profil « L'innovation au service des enjeux sociaux »).

- **Boîte à outils élargie.** Une forte impulsion a été donnée pour accélérer le transfert, l'exploitation et la commercialisation des résultats de la recherche publique (voir le profil « Commercialisation des résultats de la recherche publique »), et une plus grande attention est accordée aux instruments qui favorisent la demande (voir le profil « Stimuler la demande d'innovation »).
- **Politique participative de l'innovation.** Plusieurs pays ont adopté une approche participative pour concevoir et mettre en œuvre leurs stratégies nationales. Au Danemark, un dialogue a été engagé à l'échelle nationale avec les parties prenantes de la société civile pour élaborer la stratégie de l'innovation et établir une liste des défis à relever. Au Chili, un récent réexamen du système d'innovation national a conclu à la nécessité de moderniser les institutions de gouvernance STI et d'accroître la participation du secteur privé dans la gestion des organismes de mise en œuvre.

Des budgets STI sous pression. Les budgets publics affectés à la R-D ont permis d'inverser partiellement la baisse des investissements des entreprises dans la recherche et le développement qui est survenue pendant la crise économique mondiale (voir le chapitre 1). Cela dit, les crédits budgétaires publics de R-D, en pourcentage du PIB, stagnent dans la plupart des pays de l'OCDE et des économies partenaires depuis 2011, du fait de l'impact mitigé des plans de relance et du rebond simultané du PIB (graphique 2.3). Les budgets publics consacrés à la R-D dans la zone OCDE demeurent en deçà de leur niveau antérieur à la crise (0.69 % du PIB en 2013 contre 0.76 % en 2008). La situation économique et budgétaire actuelle modifie la marge de manœuvre des gouvernements. La Fédération de Russie, la Finlande et les Pays-Bas envisagent dans les années à venir de réduire les budgets publics affectés à la R-D. Les États-Unis, la Grèce, la Hongrie, l'Irlande, l'Italie et la

Graphique 2.3. **Crédits budgétaires publics de R-D, 2011 et 2013**

En % du PIB

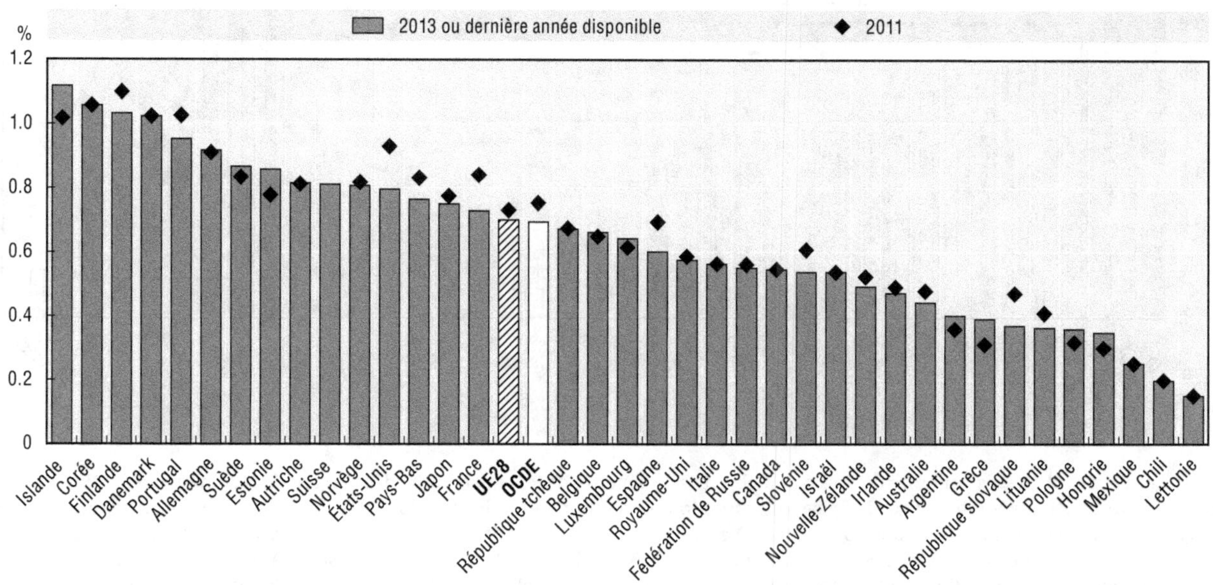

Note : Pour la Belgique, l'Espagne, la Hongrie, l'Irlande, Israël, l'Italie, la Lettonie, la Lituanie, le Royaume-Uni, la Suède et l'Union Européenne, les données se rapportent à 2012 au lieu de 2013 ; pour l'Argentine, le Canada, le Chili, la Corée et le Mexique, les données se rapportent à 2011 au lieu de 2013 ; pour la Pologne, les données se rapportent à 2012 et 2009 au lieu de 2013 et 2011 ; pour la Suisse, les données se rapportent à 2010 et 2008 au lieu de 2013 et 2011.

Source : OCDE, *Base de données sur les statistiques de la recherche-développement* (SRD), mars 2014, *www.oecd.org/sti/rds* ; Eurostat et Institut de statistiques de l'UNESCO, juin 2014. Données extraites de IPP.Stat le 8 juillet 2014, *http://stats.oecd.org//Index.aspx?QueryId=57863*.

StatLink http://dx.doi.org/10.1787/888933306426

Nouvelle-Zélande prévoient le statu quo budgétaire, tandis que la Chine et la Corée prévoient un ralentissement des dépenses publiques de R-D. Il résulte de cette situation que dans de nombreux pays, la capacité des pouvoirs publics à relancer les dépenses intérieures de R-D est limitée. De surcroît, compte tenu des perspectives économiques mondiales, l'écart entre les objectifs stratégiques globaux en matière de dépenses de R-D et les dépenses effectives est trop important pour pouvoir être comblé dans les délais fixés par de nombreux pays (graphique 2.4). La Fédération de Russie et la Grèce ont revu leurs objectifs à la baisse, à savoir 1.77 % et 1.50 % du PIB d'ici à 2015 et 2020 respectivement ; la Hongrie (1.80 %) et la Pologne (1.70 %) ont reporté leur date butoir à 2020 au lieu, respectivement, de 2013 et 2015. Des efforts ont par ailleurs été accomplis pour rationaliser et consolider les programmes d'innovation des entreprises (voir les profils « Financement public de la R-D et de l'innovation d'entreprise » et « Incitations fiscales en faveur de la R-D et de l'innovation »).

Nouvelle politique industrielle et ciblage des technologies/secteurs stratégiques. Indépendamment de l'appui qu'ils accordent à des technologies polyvalentes comme les nanotechnologies, les biotechnologies et les technologies de l'information et des

Graphique 2.4. **Objectifs nationaux de dépense de R-D et écart avec les niveaux courants d'intensité de la DIRD, 2014**

En % du PIB

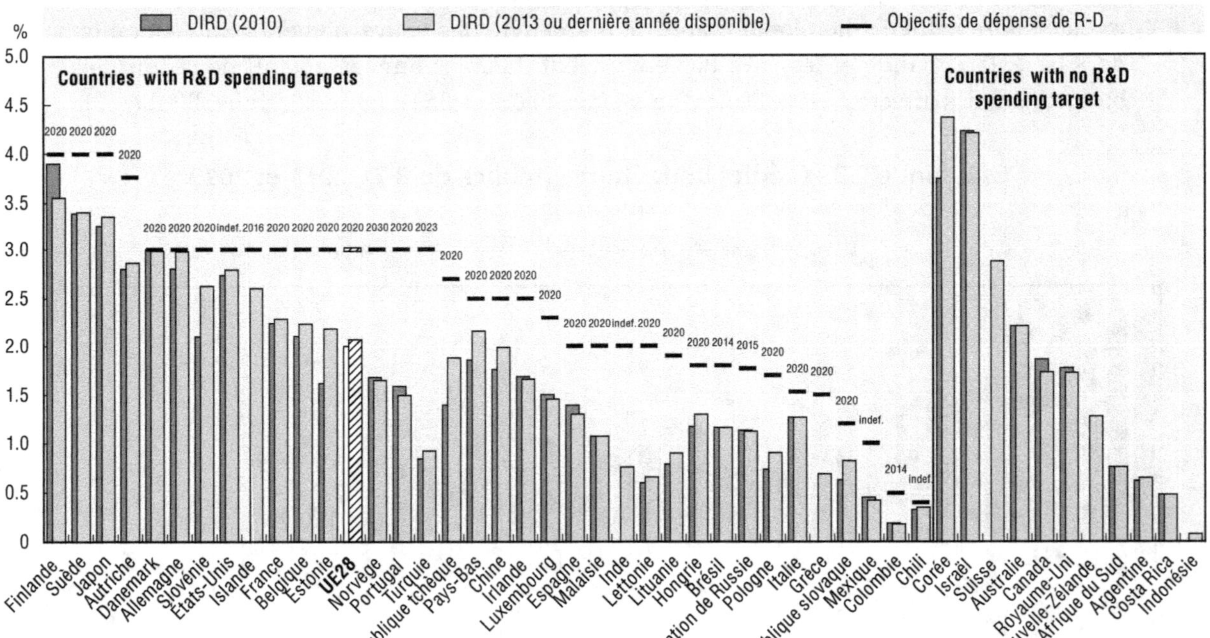

Note : Les pays sont classés par ordre décroissant d'objectifs de dépense de R-D et par ordre décroissant de leur intensité de DIRD en 2013 (ou dernière année disponible). Pour les pays qui ont adopté une fourchette de valeurs-cibles, le seuil minimal est reporté dans le diagramme. Pour le Chili, l'objectif de dépense de R-D est de 0,4 à 0,8% du PIB ; pour le Luxembourg il est de 2,3 à 2,6% du PIB à l'horizon 2020. Pour l'Irlande, l'objectif de dépense de R-D est de 2,5% du PNB à l'horizon 2013. L'Afrique du Sud, l'Argentine, l'Australie, l'Autriche, le Canada, le Costa Rica, la Corée, l'Indonésie, Israël, la Malaisie, la Nouvelle-Zélande, le Royaume-Uni et la Suisse n'ont pas défini d'objectif de dépense de R-D.

Source : Réponses des pays au questionnaire préparatoire des Perspectives de la science, de la technologie et de l'industrie 2014 de l'OCDE ; OCDE, *Base de données sur les principaux indicateurs de la science et de la technologie (PIST)*, juin 2014, *www.oecd.org/sti/pist* ; Eurostat et Institut de statistiques de l'UNESCO, juin 2014 ; Fonds Monétaire International (2014), *Perspectives de l'économie mondiale*, janvier, *www.imf.org/external/pubs/ft/weo/2014/update/01/index.htm*. Données extraites de IPP.Stat le 8 juillet 2014, *http://stats.oecd.org//Index.aspx?QueryId=57863*.

StatLink http://dx.doi.org/10.1787/888933306434

communications (TIC), de nombreux pays de l'OCDE accentuent leur soutien à l'innovation dans des technologies ou des secteurs stratégiques, y compris les secteurs traditionnels (l'agriculture, par exemple) et les services. Un certain nombre de stratégies STI englobent la politique industrielle (voir le profil « Nouvelles politiques industrielles »).

Instauration d'une culture de l'innovation. Plusieurs pays ont mis l'accent sur l'instauration d'une culture de la science et de l'innovation au sens large en vue d'encourager l'appropriation des sciences et technologies et la diffusion de l'esprit d'entrepreneuriat auprès du plus grand nombre (voir le profil « Bâtir une culture de la science et de l'innovation »).

Évaluation et suivi dans le cadre de la stratégie globale. La mesure de l'impact des politiques publiques est devenue un aspect essentiel de la gouvernance des politiques STI. Un soin particulier a été accordé à la collecte d'éléments probants pouvant servir à l'élaboration des politiques, ainsi qu'au renforcement du rôle de l'évaluation. En Belgique (Bruxelles-Capitale), les principales actions inscrites dans le Plan régional pour l'innovation (2013-20) sont notamment le suivi stratégique, l'évaluation et le renforcement du Conseil de la politique scientifique. En Slovénie, la feuille de route sur l'infrastructure de la recherche (2012-20) permet de suivre la mise en œuvre de la politique publique et la réalisation des objectifs y afférents. En Israël, l'un des objectifs prioritaires est de mettre au point un système d'information sur l'innovation.

Perspectives d'avenir. Un petit nombre de pays ont commencé à se projeter au-delà de 2020. En 2012, la Belgique (Flandre) a réalisé une étude prospective jusqu'en 2025 et créé un système de modélisation de la transition pour relever les grands défis sociétaux. Au Chili, le programme Surfing Towards the Future: Chile on the 2025 Horizon énonce non pas des consignes d'action, mais des orientations stratégiques pour l'avenir. En Afrique du Sud, le plan de développement national sous-titré A vision for 2030 met en évidence les domaines dans lesquels il conviendra de développer l'avantage concurrentiel existant (par exemple l'eau, l'électricité, la mer, l'espace et l'ingénierie logicielle). En France, la Commission Innovation 2030 a été chargée de proposer plusieurs pistes pouvant permettre de répondre aux besoins de la société de demain à l'aide de grandes innovations. De son côté, le Japon a adopté une stratégie globale relative à la science et l'innovation, qui s'inscrit dans une vision à long terme à l'horizon 2030 et comprend une feuille de route et des objectifs intermédiaires, le but étant de parvenir à une société idéale sur le plan économique. Enfin, la Malaisie compte réaliser des études prospectives et suivre l'évolution de la situation internationale pour résoudre les questions complexes et empreintes d'incertitude.

Plateforme des politiques d'innovation. L'OCDE et la Banque mondiale ont mis au point la Plateforme des politiques d'innovation (IPP) (*www.innovationpolicyplatform.org*), qui est un outil de diagnostic ainsi que de conception et de mise en œuvre des stratégies. L'IPP recueillera des documents de référence sur la politique de l'innovation (notamment des rapports et des statistiques) et servira de cadre d'échange d'idées et d'expériences pour les responsables de l'action publique et les analystes recherchant des données concrètes et probantes pour résoudre les problèmes.

Pour en savoir plus

OCDE (2010), « Principales évolutions des politiques nationales de la science, de la technologie et de l'innovation », in *Science, technologie et industrie : Perspectives de l'OCDE 2010*, Éditions OCDE, Paris, *http://dx.doi.org/10.1787/sti_outlook-2010-fr*.

OCDE (2012), « Structures et modalités de gouvernance de la science, de la technologie et de l'innovation », in *Science, technologie et industrie : Perspectives de l'OCDE 2012*, Éditions OCDE, Paris, *http://dx.doi.org/10.1787/sti_outlook-2012-fr*.

OCDE (2014a), Principaux indicateurs de la science et de la technologie, juin 2014, *www.oecd.org/fr/sti/pist.htm*.

OCDE (2014b), Stratégies ou plans STI nationaux, *Perspectives de la science, de la technologie et de l'industrie de l'OCDE 2014*, (base de données ; en anglais), voir : *http://qdd.oecd.org/Table.aspx?Query=49BFB466-15EE-45F1-85CB-15C91A19A2A3*.

Plateforme des politiques d'innovation (IPP), module sur les politiques publiques et la gouvernance, voir : *www.innovationpolicyplatform.org/content/public-policy-and-governance?topic-filters=11378*.

INNOVATION SYSTÉMIQUE

Bien-fondé et objectifs

L'intérêt pour l'innovation systémique provient de la prise de conscience du fait que la viabilité sociale, économique et environnementale des économies passe par un changement systémique. Bien que de nombreux gouvernements nationaux aient placé les objectifs de viabilité et de croissance verte au centre de leurs stratégies de développement économique, la réalisation de ces objectifs nécessitera de vastes transformations de leurs systèmes sous-jacents (économiques, technologiques et sociaux), depuis les systèmes de transport, d'alimentation en eau et d'approvisionnement en énergie jusqu'aux modes de consommation et de gestion des déchets. L'évolution des systèmes socio-techniques vers une plus grande viabilité est un défi majeur pour les pouvoirs publics comme pour la société civile. Le défi central de la transition est d'opérer une transformation des structures de gouvernance qui non seulement favorise les changements, mais aussi en oriente et en organise certains. Les initiatives de « ville intelligente » qui font appel aux innovations sociales et technologiques pour rendre la production et la consommation de biens et de services dans les villes plus durables en sont des illustrations.

Le principal motif invoqué est que les systèmes socio-techniques – qu'ils soient locaux, nationaux ou sectoriels – ne réagissent pas suffisamment vite aux enjeux mondiaux qui se posent dans des domaines comme le climat, l'énergie, l'alimentation, les transports et la santé, pour éviter les scénarios catastrophes. Les raisons économiques pour inscrire les politiques publiques dans un contexte d'innovation systémique sont les dysfonctionnements du marché et du système que connaissent bien les responsables de l'action publique dans la STI, notamment la nécessité d'internaliser les externalités qui freinent l'investissement dans l'innovation, et de favoriser la coordination au sein du système pour améliorer les synergies. Cela implique qu'il faut modifier les conditions-cadres pour orienter les mesures incitatives dans la direction souhaitée (lois, réglementations), et changer la structure des prix. L'innovation systémique pose par ailleurs le problème de la coordination horizontale et verticale, et oblige les pouvoirs publics à remettre en question les structures de gouvernance existantes ou à en créer de nouvelles.

Principaux aspects

L'innovation systémique peut se définir comme une innovation radicale dans les systèmes socio-techniques remplissant des fonctions sociétales, qui entraîne des modifications à la fois de leurs composantes et de leur architecture.

L'innovation systémique présente notamment les caractéristiques suivantes :

- Une **base de connaissances** fondamentalement **différente** et des **capacités techniques** qui **désorganisent** ou *complètent* les compétences et les technologies existantes, d'où l'apparition de nouvelles combinaisons. Pour citer un exemple, la biologie synthétique pourrait fort bien révolutionner les processus industriels et biologiques. Or, l'innovation technologique se trouve limitée par toute une série de facteurs systémiques tels que les obstacles réglementaires ou le manque de cohérence entre les politiques de financement de la recherche, les réglementations ayant trait aux produits et à la sécurité, ainsi que les risques techniques ou liés au marché (par exemple : échelle, financement).
- L'évolution des **habitudes de consommation** et des **marchés**. Le commerce électronique est un exemple des changements amenés par la technologie et de la modification des

habitudes de consommation qui se traduit par une possible perte de contrôle des entreprises sur les consommateurs, une concurrence accrue et la nécessité de passer par la voie électronique pour établir les contacts avec les fournisseurs, les partenaires, le personnel et les consommateurs/citoyens.

- L'évolution de l'**infrastructure** et d'autres éléments, notamment la politique publique et la culture. On citera comme exemple les systèmes de mobilité modernes (l'électromobilité) qui évoluent sous l'effet des changements intervenant en sous-main dans le domaine de la technologie, de la structure de responsabilité et des préférences des consommateurs, ainsi que des évolutions connexes des systèmes énergétiques (et leurs liens avec d'autres systèmes).

Le graphique 2.5 fournit une représentation stylisée des changements qui affectent les systèmes socio-techniques. Les innovations technologiques surviennent tout d'abord dans les secteurs de niche, puis prennent de l'ampleur jusqu'à devenir un modèle dominant ; ce modèle entre en contact avec le dispositif socio-technique en place et parvient finalement à s'imposer. Les pressions exercées par les événements extérieurs (autrement dit le contexte socioéconomique général) peuvent entraîner un renversement plus précoce de la situation ; l'absence de telles pressions peut en revanche empêcher la transition. La survenue de progrès décisifs n'est pas garantie, et il existe dans la pratique une multitude

Graphique 2.5. **Une perspective dynamique et multi-niveaux sur les innovations de système**

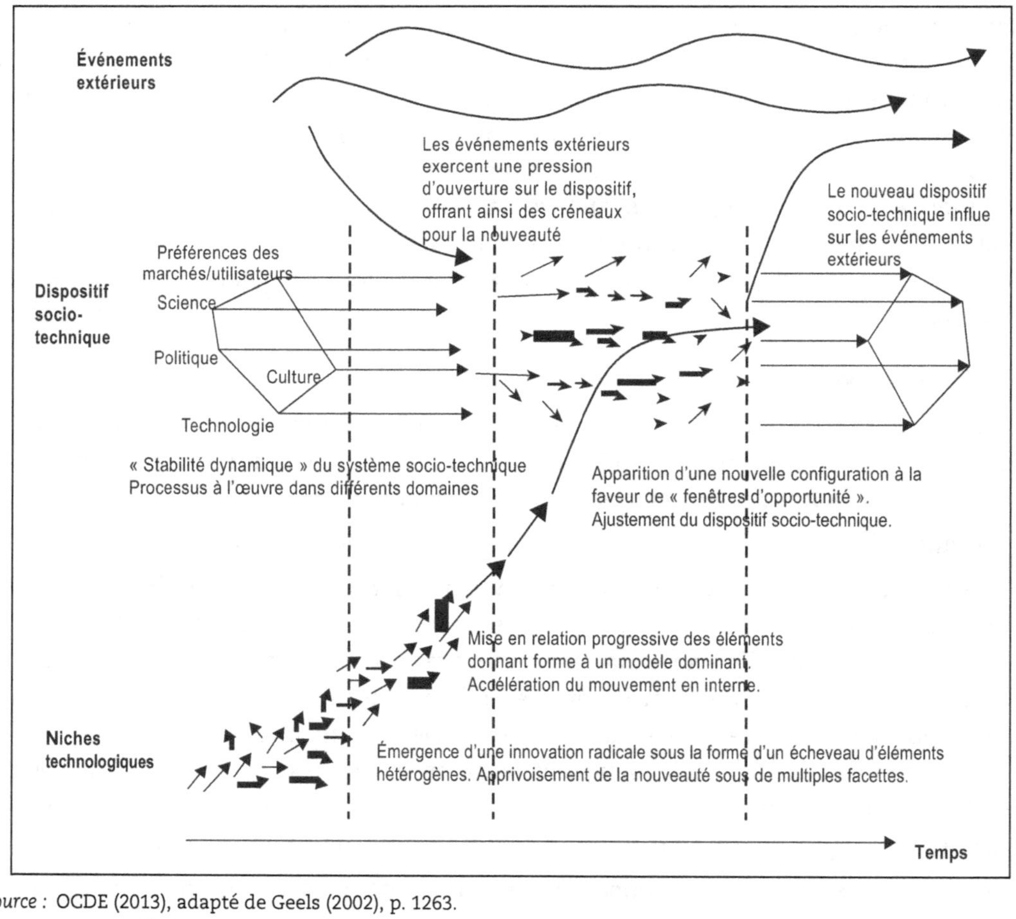

Source : OCDE (2013), adapté de Geels (2002), p. 1263.

de résultats possibles, les nouvelles découvertes entrant en contact avec les technologies et les acteurs existants (par exemple, la technologie des véhicules à pile à combustible et celle des véhicules hybrides).

Tendances récentes de l'action publique

Dans la mesure où les transitions ont souvent une dimension sectorielle évidente, les politiques nationales peuvent gérer plusieurs transitions à la fois. Pour donner un aperçu des types d'actions publiques qui sont mises en œuvre, la présente section décrit les tendances récentes des politiques menées par les pouvoirs publics pour améliorer la viabilité environnementale des économies (« croissance verte »). Elle s'appuie sur les réponses des pays au questionnaire de l'édition 2014 des *Perspectives STI de l'OCDE*, ainsi que sur une série d'études de cas réalisées dans le cadre d'un vaste projet de l'OCDE consacré à l'innovation systémique.

Le processus de transition vers une économie verte est jalonné de défis en tous genres, face auxquels il convient de fixer des objectifs adaptés. Au Danemark, l'adaptation des pratiques existantes en matière de production et de consommation est un objectif important du Fonds pour le développement du marché et du Fonds pour les entreprises vertes. En Finlande, l'objectif central est la recherche de la masse critique dans les travaux de recherche et d'innovation pouvant être utiles à la croissance verte. En Suède, les défis tournent autour de la ville, les « villes intelligentes et viables » figurant en bonne place parmi les projets financés par le programme Challenge Driven Innovation (CDI). En Belgique, le projet traitant de la mobilité et des villes intelligentes présente une orientation similaire. En Italie, un appel à contributions d'un montant de 870 millions USD en PPA (655 millions EUR) a été lancé en 2012 pour encourager la recherche collaborative sur la question des villes intelligentes. En Chine, le principal objectif environnemental (dans le cadre du douzième plan quinquennal du pays, 2011-15) est de mettre en place progressivement un marché du carbone, ce qui représente un changement d'orientation en faveur de la réduction de la dépendance à l'égard des combustibles fossiles et de la promotion des industries plus durables et à plus forte valeur ajoutée. En Corée, la stratégie de promotion de la croissance verte inclut l'utilisation d'une approche systémique pour atteindre les objectifs de durabilité, combinée à une stratégie de relance de la croissance.

De nombreux autres pays de l'OCDE ont décidé de faciliter cette transition à l'aide d'un programme dédié à l'économie verte ou de stratégies énergétiques et de revitalisation industrielle. La Finlande élabore actuellement une stratégie bioéconomique qui sera rendue publique en 2014. Une coopération et une consultation de grande ampleur entre les différents ministères et les principaux acteurs de la recherche ont été engagées pour s'assurer de la portée véritablement systémique de la stratégie. En Autriche, la stratégie énergétique prévoit le déploiement d'actions concrètes pour atteindre d'ici à 2020 les objectifs fixés par l'UE concernant les énergies renouvelables, y compris le développement d'un dispositif d'accompagnement (technologie, éducation, internationalisation) en faveur de l'électromobilité. La mobilité électrique n'est pas sans présenter des défis, notamment la nécessité d'adopter des normes technologiques internationales et de tenir compte des préférences des consommateurs. L'avis général est que la transition vers l'électromobilité ne se résumera pas à la substitution d'une technologie par une autre. En Suisse, le Masterplan Cleantech (2011-14) a été conçu pour relever les défis du changement climatique et de l'épuisement des ressources naturelles, ainsi que pour renforcer la capacité d'innovation du pays en fournissant un cadre de collaboration entre les partenaires concernés (départements fédéraux, cantons, acteurs économiques, milieux scientifiques et de la recherche, et organisations non gouvernementales) dans le but d'accroître la sensibilisation du public et de vérifier les progrès effectués. Des stratégies similaires sont déployées en Australie (CLEAN21), en Belgique (PACT 2020, La Flandre en Action et le Plan Marshall 2.Vert en Wallonie), en Allemagne (Green Economy Agenda Process, Progress), au Japon (Japan is Back, Low Carbon Technology Plan) et en Afrique du Sud (Industrial Policy Action Plan 2 [IPAP2]).

Un certain nombre de pays ont créé au sein des programmes existants des projets ou thèmes dédiés à la R-D et l'innovation. Aux États-Unis, le budget 2014 prévoit une enveloppe de 2.8 milliards USD pour le Bureau des énergies renouvelables et de l'efficience énergétique (qui dépend du ministère de l'Énergie et dont la mission est axée sur l'amélioration des technologies automobiles écologiques afin d'atteindre l'objectif de 1 million de véhicules propres en circulation), et une autre de 2.7 milliards USD pour le programme USGCRP (US Global Change Research Program), qui vise à comprendre, prévoir et atténuer le changement climatique mondial, et faire en sorte que l'on s'y adapte. En France, des subventions d'aide à la ré-industrialisation et à l'exportation sont versées aux entreprises mettant au point des produits respectueux de l'environnement. Un dispositif de financement de la recherche consacrée aux projets environnementaux est également en place en Autriche, en Belgique et en France.

Les initiatives législatives et réglementaires sont un autre moyen de faciliter la transition. C'est le cas en Suisse avec la loi fédérale sur l'approvisionnement en électricité, et en Finlande avec la modification prévue de la législation nationale sur les approvisionnements. Le Japon a, quant à lui, mis l'accent sur les marchés publics. Son initiative de « marché public vert » se poursuit et tire parti de l'expérience acquise depuis le lancement du programme en 2002. La Corée a fait de la croissance verte l'une des composantes de sa stratégie nationale de développement. Les initiatives en cours sont notamment des plans énergétiques, des villes vertes et un réseau électrique intelligent. Le prix peu élevé de l'énergie, les coûts cachés des programmes de transition, l'absence de débouchés commerciaux et la faible concertation avec les populations locales compliquent le processus de transition vers la durabilité. En Italie, la modernisation du secteur énergétique est un élément clé du programme national de croissance durable. La stratégie nationale pour l'énergie prévoit une série de mesures jusqu'en 2020 pour faire en sorte que le secteur énergétique italien s'accommode des faiblesses structurelles du pays et procède à l'amélioration des normes en matière environnementale et de sécurité/sûreté.

Le fait que les villes soient devenues des acteurs de la transition vers la durabilité a donné lieu à toute une série d'initiatives sur les villes intelligentes. C'est le cas, par exemple, des programmes INKA (sur les villes innovantes) et Tekes Witty City en Finlande, ou de la Plateforme nationale pour la ville de demain en Allemagne, dont le but est d'instaurer dans les villes la neutralité carbone, la rentabilité énergétique et l'adaptation climatique. Les principales parties prenantes dans ce processus sont les municipalités, les établissements de recherche, les entreprises et le gouvernement central. En Suède et en Belgique, les initiatives de ville intelligente mettent l'accent sur l'amélioration de la rénovation des logements urbains et des systèmes de gestion des déchets. En Suède, la plateforme Malmö Innovation utilise les projets de rénovation du programme suédois Miljonprogrammet comme modèle pour opérer une transition plus générale vers des villes durables.

Pour faciliter l'innovation systémique, l'amélioration des mécanismes de gouvernance et l'utilisation de moyens plus efficaces pour faire participer tout un éventail de parties prenantes sont nécessaires. La Finlande et les Pays-Bas ont ainsi mis en place des partenariats public-privé pour favoriser la coordination et l'harmonisation (les SHOK [ou centres stratégiques pour la science, la technologie et l'innovation] en Finlande, et l'approche axée sur les grands secteurs d'activité aux Pays-Bas). Au Royaume-Uni, pour améliorer l'impact des actions gouvernementales face aux défis environnementaux et faciliter la transition vers une économie à faible teneur en carbone, le Low Carbon Innovation Co-ordination Group coordonne les efforts des diverses organisations, avec le soutien du secteur public. Les membres de ce groupe sont censés consacrer – à titre collectif – plus de 1.45 milliard USD en PPA (1 milliard GBP) à des activités d'innovation connexes. En Allemagne, des initiatives telles que le Energiewende Research Forum, le Koordinierungskreis Forschung et le projet Energy Systems of the Future de l'Académie des sciences favorisent le dialogue et la coordination entre les parties prenantes (centres de recherche, pouvoirs publics et industrie), dans le but commun de transformer le système énergétique. En 2014, l'Italie doit accueillir la troisième conférence sur la bioéconomie, dont le but sera d'améliorer la compréhension de la bioéconomie en tant que système interconnecté et d'encourager les acteurs à prendre des mesures concrètes pour mettre en œuvre ce concept en Europe.

Pour en savoir plus

Geels, F.W. (2002), « Technological transitions as evolutionary reconfiguration processes: A multi-level perspective and a case-study », *Research Policy*, vol. 31, pp. 1257-1274.

Mulgan, G. et C. Leadbeater (2013), *System Innovation. Discussion paper*, National Endowment for Science, Technology and the Arts (NESTA), Londres, *www.nesta.org.uk/publications/systems-innovation-discussion-paper.*

OCDE (2013), « Systems innovation: Concepts, dynamics and governance », Groupe de travail sur la politique de l'innovation et de la technologie, document interne, OCDE, Paris.

OCDE (2013), *Science, technologie et industrie : Tableau de bord de l'OCDE 2013*, Éditions OCDE, Paris, *http://dx.doi.org/10.1787/sti_scoreboard-2013-fr.*

Weber, M. et H. Rohracher (2012), « Legitimizing research, technology and innovation policies for transformative change: Combining insights from innovation systems and multi-level perspective in a comprehensive 'failures' framework », *Research Policy*, vol. 41, pp. 1037-1047.

PARTENARIATS STRATÉGIQUES PUBLIC-PRIVÉ

Bien-fondé et objectifs

Du point de vue des pouvoirs publics, les partenariats public-privé (PPP) mis en place dans le domaine STI peuvent favoriser l'élaboration d'une politique de la recherche et de l'innovation qui s'adapte mieux à la nature changeante de l'innovation ainsi qu'aux défis mondiaux et sociétaux. Du point de vue des entreprises, l'établissement d'un partenariat avec la recherche publique peut faciliter la résolution des problèmes, l'ouverture de nouveaux marchés ou la création de valeur par le jeu de la coopération et de la co-production. Traditionnellement utilisés pour les infrastructures physiques, les PPP sont de plus en plus répandus dans le domaine de la politique de la R-D et de l'innovation, car ils sont mieux adaptés à certains objectifs ou défis en matière d'innovation que des leviers tels que les subventions ou les crédits d'impôt.

Les partenariats peuvent prendre de nombreuses formes différentes : association entre une entreprise et une université autour d'un projet de recherche aux objectifs à court terme bien précis ; création d'un établissement de recherche à vocation spécifique (par exemple, le développement de vaccins) et doté d'un mandat à long terme, ou encore projet infrastructurel de grande envergure, à échéance lointaine et portant sur de vastes réseaux. Pour des besoins pratiques, les PPP mis en place dans le domaine STI sont définis par l'OCDE comme « tout lien ou dispositif formel établi pour une durée déterminée/indéterminée entre des acteurs publics et privés, dans le cadre duquel les deux parties participent au processus décisionnel et investissent conjointement des ressources – peu abondantes – telles que de l'argent, du personnel, des installations et des informations, en vue d'atteindre des objectifs bien précis dans le domaine de la science, la technologie et l'innovation » (OCDE, 2005). Un PPP peut inclure à la fois des éléments matériels et immatériels (par exemple, la création d'un centre de recherche conjoint et la mise en œuvre d'une formation). Il peut avoir des finalités ou des objectifs spécifiques (par exemple, la recherche de vaccins contre certaines maladies ou le développement des énergies renouvelables).

Dans la plupart des cas, la mise sur pied d'un PPP dans le domaine de la recherche et de l'innovation est motivée par l'idée que les investissements dans la recherche publique procureront des avantages économiques et sociaux plus élevés du fait de : i) l'amélioration de l'effet de levier de l'aide publique apportée à la R-D d'entreprise grâce au partage des coûts et des risques ; ii) l'assurance de la qualité des contributions du secteur privé à la R-D publique orientée vers des missions particulières, et de l'augmentation des possibilités de retombées commerciales de la recherche publique ; iii) l'incitation à la commercialisation des résultats de la recherche publique ; et iv) la modernisation des infrastructures du savoir. Les PPP sont considérés comme conférant plus de souplesse que les subventions classiques pour atteindre de tels objectifs dans un environnement où les processus de R-D et d'innovation ne cessent d'évoluer (par exemple : contenu plus centré sur l'utilisateur, plus grande ouverture vers les sources extérieures de connaissances et de savoir-faire, comme le montrent les approches de l'innovation ouverte), et où les stratégies des entreprises en matière de R-D et les besoins sociaux évoluent rapidement (par exemple : vieillissement de la population, environnement et villes durables). La nécessité d'établir un lien entre la science et l'innovation pour relever les défis mondiaux est devenue particulièrement urgente. Enfin, les PPP ont une utilité pour la politique de l'innovation axée sur la demande (par exemple les marchés publics de l'innovation) ou pour encourager la mise en œuvre de stratégies de spécialisation intelligente dans les régions.

Principaux aspects

Les PPP sont utilisés depuis de nombreuses années dans divers domaines de recherche ou secteurs industriels. En Finlande, les programmes de partenariat Tekes mènent depuis 1983 d'ambitieux travaux de R-D auxquels participent des entreprises privées et des groupes de recherche. Au niveau européen, des initiatives technologiques conjointes (ITC) ont été mises en place dans certains domaines phares du 7e programme-cadre, les activités stratégiques de recherche et d'innovation étant financées conjointement par la Commission européenne et l'industrie (CE, 2013). De son côté, le Japon a créé dès 1980 la NEDO (New Energy and Industrial Technology Development Organisation), dans le but de promouvoir le développement et le déploiement de nouvelles technologies dans le secteur de l'énergie en misant sur les efforts communs de l'industrie, des milieux universitaires et des pouvoirs publics. Dans la plupart des pays, ces efforts de recherche ou d'innovation menés en collaboration sont supervisés par une commission de gouvernance conjointe composée de représentants de toutes les parties, et financés collectivement par des partenaires privés, de manière à partager les risques et à obtenir un engagement ex ante. Au cours de la même période, aux Pays-Bas, le gouvernement a opté pour des PPP dans le cadre des programmes de recherche tournés vers l'innovation, ainsi que des activités des grands instituts technologiques et des programmes interdisciplinaires associant plusieurs acteurs, dont le financement est assuré par les recettes nationales de l'exploitation du gaz (ce que l'on a appelé les « coups de pouce » des investissements BSIK et FES). Les PPP peuvent parfois prendre la forme officielle d'une entité conçue à cet effet, comme un centre de recherche. Sur le plan organisationnel, un PPP peut être créé pour des projets de faible envergure (temporaires), ou au contraire des co-entreprises de grande ampleur, s'étendant sur le long terme et comptant un grand nombre de membres (publics et privés) et de parties prenantes. C'est ce qui distingue un PPP d'un simple contrat de recherche.

L'une des particularités des PPP mis en œuvre dans le domaine STI – par rapport aux autres domaines – est qu'un grand nombre des actifs publics qui y sont injectés sont de nature intellectuelle (propriété intellectuelle, bases de données, capital humain ou logiciel ayant des caractéristiques particulières). Les règles de financement et de gouvernance qui sont nécessaires pour partager et développer cette « infrastructure immatérielle » sont donc différentes de celles requises pour l'infrastructure matérielle (par exemple les bâtiments et les laboratoires, ou encore les vastes réseaux informatiques). Le processus d'innovation et de développement technologique est également extrêmement complexe car il nécessite l'élaboration de normes, la gestion des droits de propriété intellectuelle et l'acceptation des consommateurs. Les PPP du domaine STI ont souvent tendance à associer un large éventail de parties prenantes. À titre d'exemple, le consortium Magnet créé en Israël réunit plusieurs entreprises ainsi que du personnel de recherche provenant d'un ou plusieurs établissement(s) universitaire(s) ou de recherche, et tous les partenaires signent un accord qui leur garantit des droits de propriété intellectuelle sur les créations du consortium.

Tendances récentes de l'action publique

La multiplication des PPP dans le domaine STI est due à des facteurs tels que les restrictions budgétaires, la nouvelle éthique de la gestion des affaires publiques et le fait que la recherche et l'innovation reposent plus en plus sur la coopération et les réseaux. Dans les entreprises, les stratèges de la R-D s'engagent dans l'innovation ouverte et collaborent avec les universités et les laboratoires publics. Les responsables de l'action publique recourent de plus en plus aux PPP pour mettre en œuvre la politique de l'innovation et attirer des fonds privés. En Espagne, par exemple, RETOS-COLABORACIÓN est un outil de collaboration entre les secteurs public et privé, qui permet d'accroître la part des fonds privés dans les activités d'innovation, de faciliter l'accès des entreprises à la recherche publique, et d'encourager le développement des entreprises à vocation technologique ainsi que des jeunes entreprises innovantes. À vrai dire, les PPP se retrouvent dans de nombreux secteurs de la politique STI – qu'il s'agisse du financement des programmes de recherche thématiques ou de la promotion des activités d'innovation des entreprises situées en aval – et ils continuent à se développer au sein et en dehors de la zone OCDE. Au Royaume-Uni, le programme Biomedical Catalyst a été créé pour favoriser l'émergence d'idées nouvelles dans les sciences biomédicales et combler le manque de financement. En Malaisie, la politique de l'innovation finalisée et ses programmes de R-D utilisent des PPP dans les sciences de la vie, les TIC, l'agriculture ou le génie agricole, les sciences environnementales et la science des matériaux de pointe. Au Costa Rica, la conduite des activités de R-D en collaboration est encouragée à l'aide d'un fonds non remboursable, afin de promouvoir l'innovation d'entreprise.

La plupart des pays ont enregistré dans le domaine STI une augmentation du nombre de PPP présentant les caractéristiques suivantes : visée stratégique, long terme, grande ampleur, haut risque, pluridisciplinarité et diversité des parties prenantes (pouvoirs publics, entreprises, universités et organisations non gouvernementales). En République tchèque, par exemple, un programme axé sur la création de centres de compétences vise à créer les conditions nécessaires au développement d'une collaboration public-privé à long terme au service de la R-D et de l'innovation. Aux Pays-Bas, l'approche axée sur les grands secteurs d'activité consiste à faire administrer chaque secteur par une équipe composée de plusieurs représentants : un entrepreneur de PME, un scientifique et un haut fonctionnaire. Cette représentation, qui est un principe important de cette nouvelle approche de la gouvernance, implique une forte participation du secteur privé et des milieux universitaires. Ces PPP se retrouvent dans de grands domaines scientifiques et technologiques émergents tels que l'impression en 3D, ou sont axés sur la résolution des défis mondiaux. Ils sont mis en place par les pouvoirs publics et coïncident en général avec les stratégies nationales et ministérielles en matière d'innovation (par exemple, la ré-industrialisation, la croissance verte ou la compétitivité). Ils font généralement intervenir un vaste réseau d'acteurs, mobilisent de gros investissements sur une longue période et présentent un degré élevé d'incertitude quant au rendement économique. Cette incertitude, particulièrement importante dans les secteurs à forte intensité de savoir et de R-D, est exacerbée par la convergence technologique, la baisse des coûts d'acquisition des ressources extérieures intervenant dans le savoir et la R-D, ainsi que la diminution du cycle de vie des produits. Au Royaume-Uni, la stratégie mise en œuvre dans le secteur des technologies agricoles montre bien l'orientation qui est prise en faveur de la compétitivité et de la chaîne de valeur industrielles, ainsi que la volonté de s'associer avec l'industrie en fonction des défis à relever. L'idée est que cette stratégie soit « conduite par l'industrie, en partenariat avec le secteur public et des secteurs tiers, de manière à débloquer l'investissement à long terme des entreprises, des investisseurs privés, des fondations et des fonds d'affectation spéciale, ainsi que des pouvoirs publics, dans le but d'obtenir une augmentation soutenue et durable de l'investissement étranger en faveur du secteur. »

L'une des préoccupations communes des responsables de l'action publique est de veiller à ce que les PPP soient rentables. Cela dit, dans le domaine STI, l'objectif premier des PPP n'est pas toujours forcément celui de la rentabilité ; le principal but recherché peut être une percée scientifique ou une innovation plus radicale dans les secteurs à haut risque. Pour citer un exemple, la Suisse a instauré des collaborations bilatérales avec l'Allemagne, les Pays-Bas, la Suède et la Turquie dans le but de promouvoir le travail en réseau et les projets de R-D conjoints. En Norvège, une initiative de financement des activités régionales de R-D et d'innovation a été mise sur pied pour renforcer la capacité d'innovation des régions et promouvoir de nouvelles formes de coopération entre les recherches publique et privée ; cette initiative consiste à offrir un soutien financier et professionnel aux processus de développement de la recherche à long terme dans les régions. Au Japon, un programme cible les projets de R-D interdisciplinaires s'étalant sur dix ans. Son comité de direction est composé de représentants des milieux universitaires et de l'industrie. En Allemagne, l'initiative IGF Research Scheme, et en France, les instituts Carnot, centrent leur attention sur les PME. De son côté, le Danemark a tenté de pallier l'absence de cadre détaillé pour les PPP en mettant au point des principes directeurs pour les consortiums menant des activités d'innovation.

Le déploiement des PPP présente également une dimension internationale. La recherche et l'innovation ont de plus en plus un caractère planétaire, mais les différences de législations, de règles et de procédures applicables aux PPP entre les pays membres et non membres de l'OCDE peuvent rendre difficile la mise en place de PPP transnationaux. Ces différences expliquent que la gestion des PPP soit plus compliquée dans le domaine STI que dans d'autres domaines, et qu'elle mérite une attention toute particulière de la part des responsables de l'action publique. Au sein de l'UE, où le niveau des investissements requis pour certains projets de grande ampleur dépasse celui des ressources dont disposent séparément les différents États membres, les PPP sont un instrument prometteur pour mettre en œuvre la politique de la recherche et de l'innovation. Ils figurent d'ailleurs en bonne place dans le dispositif du programme Horizon 2020.

Tableau 2.1. **Principaux types de PPP dans le domaine STI et exemples de programme**

Caractéristiques	Principaux objectifs	Exemples dans une sélection de pays
	Durée du PPP	
Long terme/Aucune durée précise	Problèmes affectant l'utilisateur final, recherche fondamentale axée sur des applications particulières	Australie (programme CRC), Autriche (CDG), République tchèque (centres de compétences), Allemagne (Forschungscampus), Italie (plateformes technologiques nationales)
	Défis mondiaux, défis sociétaux	France (programmes thématiques), Japon (programme COI), Norvège (FME)
	Technologies nouvelles/émergentes	Chili (Technological Consortia 2.0), Japon (S-Innovation), États-Unis (AMP), Royaume-Uni (A UK Strategy for Agricultural Technologies)
Court à moyen terme	Commercialisation rapide	Grèce (Co-operation 2009)
	Envergure/gouvernance du PPP	
Gouvernance séparée	Gestion du soutien financier et suivi de la structure d'un côté ; exécution de la R-D de l'autre	Autriche (COMET), France (label Carnot), Irlande (Research Prioritisation Initiative), Japon (NEDO, JST)
Conseil d'administration paritaire	Un conseil d'administration composé de représentants de l'ensemble des partenaires définit le programme de recherche, conçoit les plans des projets, etc., dans le but de répondre aux besoins des parties prenantes	Autriche (CDG), Irlande (Research Prioritisation Initiative), Pays-Bas (grands secteurs d'activité), États-Unis (AMP)
Direction régionale	Accroître la visibilité de la région, créer de la valeur économique dans la région et renforcer la capacité d'innovation à l'échelle régionale	Belgique (plateformes stratégiques), Colombie (UCSE), Irlande (Technology Gateway), Norvège (VRI), République slovaque (RIS3 SK)

Tableau 2.1. **Principaux types de PPP dans le domaine STI et exemples de programme** *(suite)*

Caractéristiques	Principaux objectifs	Exemples dans une sélection de pays
	Partenaires au sein du PPP	
Entreprises	Renforcement de la capacité d'innovation des PME et commercialisation plus rapide de leurs idées novatrices	Belgique (VIS), France (Laboratoires Communs), Allemagne (IGF Research Scheme), Suisse (projets CTI)
Établissements publics de recherche/ universités	Exploiter les possibilités commerciales de la recherche	République tchèque (programme GAMA), Israël (MAGNET), Pologne (projet Initech), Afrique du Sud (CoCs), Turquie (TUBİTAK 1505)
Société civile	Formation de ressources humaines, mobilité des étudiants et des chercheurs, participation des utilisateurs finals.	Australie (ITRP), Canada (CRSNG – Stratégie en matière de partenariats et d'innovation [SPI]), Irlande (Industrial Partnership Research Supplements Programme), Italie (projets intégrés pour le soutien à l'industrie), Japon (programme de promotion d'une gestion viable de la collaboration industrie-universités-pouvoirs publics dans les universités), Norvège (formation de niveau doctorat dans l'industrie), Afrique du Sud (THRIP)
	Modes de financement	
Subvention accordée sur appel d'offres	Assurer la transparence du processus	Australie (JRE), France (programmes ANR), Royaume-Uni (Biomedical Catalyst)
Contribution privée	Obtenir un engagement ex ante de la part du monde de l'entreprise	La plupart des pays (50 % du coût total, contribution moindre dans le cas des PME, en nature, etc.)

Source : Questionnaire de l'édition 2014 des *Perspectives STI de l'OCDE*, hormis pour le Royaume-Uni (A UK Strategy for Agricultural Technologies) et les États-Unis (AMP).

Pour en savoir plus

Commission européenne (2013), « Partenariats public-privé dans le cadre d'Horizon 2020 : un outil puissant pour atteindre les objectifs d'innovation et de croissance en Europe », Communication de la Commission au Parlement européen, au Conseil, au Comité économique et social européen et au Comité des régions COM (2013)0494 final, *http://eur-lex.europa.eu/legal-content/EN/TXT/PDF/?uri=CELEX:52013DC0494&from=FR.*

OCDE (2004), « Les partenariats public/privé pour l'innovation », in *Science, technologie et industrie : Perspectives de l'OCDE 2004*, Éditions OCDE, Paris, *http://dx.doi.org/10.1787/sti_outlook-2004-fr.*

OCDE (2012), *Recommandation du Conseil sur les Principes applicables à la gouvernance publique des partenariats public-privé, http://acts.oecd.org/Instruments/ShowInstrumentView.aspx?InstrumentID=275&Lang=fr&Book=False.*

ÉVALUATION DE L'IMPACT DES POLITIQUES STI

Bien-fondé et objectifs

L'évaluation d'impact est un aspect important de toute évaluation des politiques STI, comme le montrent les réponses des pays au questionnaire de l'édition 2014 des *Perspectives STI de l'OCDE* (graphique 2.6). Ce type d'évaluation permet aux responsables de l'action publique de mieux comprendre, mettre en évidence et – souvent – mesurer les liens de causalité entre les apports (par exemple, les investissements dans la R-D) des différents acteurs (tels que ministères, organismes de R-D et entreprises) et leur impact sur la mesure des résultats et réalisations (par exemple : croissance économique, amélioration des normes sanitaires, environnementales ou de la qualité de vie, ou changements sociétaux au sens large). Les raisons justifiant cette évaluation sont les suivantes : affiner et améliorer les actions publiques engagées ; mettre en évidence les priorités en matière de dépenses et axer les actions publiques futures sur les domaines censés produire le plus d'impact ; enfin, responsabiliser les acteurs pour leurs résultats et leurs dépenses.

Pour que l'évaluation d'impact porte fruit, il importe que ses résultats soient intégrés à la prise de décision, et cela au sens large, en ayant conscience que si les résultats de

Graphique 2.6. **Objectifs principaux et axes de l'évaluation des politiques STI, 2014**

(Selon un classement défini par les pays eux-mêmes)

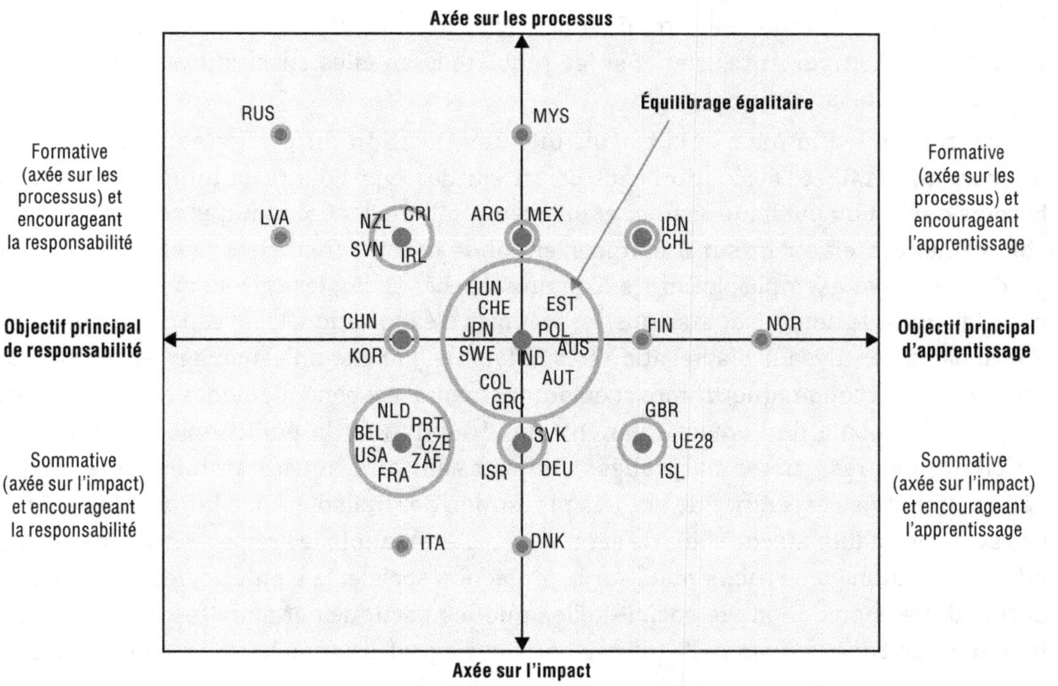

Note : Une évaluation sommative mesure l'impact qu'un programme politique peut avoir sur les problèmes auxquels il était adressé. Une évaluation formative contrôle la façon dont le programme est administré ou géré de manière à améliorer le processus d'implémentation.

L'objectif principal et l'axe de l'évaluation des politiques STI sont définis sur la base des réponses d'auto-évaluation des pays à la question : « Quelles sont les tendances majeures (au cours des 5 dernières années) en matière d'évaluation des politiques STI et en matière d'estimation de l'impact (EI) dans votre pays ? Les objectifs de l'évaluation (apprentissage contre responsabilité) ont-ils changé au cours des cinq dernières années ? Les axes de l'évaluation (sommative ou formative) ont-ils changé au cours des cinq dernières années ? ». Les réponses sont fournies par les délégués au Comité de l'OCDE pour la Politique Scientifique et Technologique.

Source : Réponses des pays au questionnaire préparatoire des Perspectives de la science, de la technologie et de l'industrie 2014 de l'OCDE.

StatLink http://dx.doi.org/10.1787/888933306447

l'évaluation peuvent être utilisés par les responsables de l'action publique et les gestionnaires de programme pour prendre des décisions, ils peuvent aussi influer sur l'action publique de façon moins directe, par exemple au travers de la diffusion de concepts et d'idées clés qui « éclairent » les acteurs des politiques publiques. Cela dit, bien qu'un grand nombre de pays indiquent utiliser les résultats de l'évaluation pour élaborer leurs politiques, c'est souvent encore de façon insuffisante, en particulier lorsque les pratiques et les habitudes en matière d'évaluation commencent tout juste à se mettre en place.

Principaux aspects

Un concept très important lié à l'évaluation d'impact est la notion « d'effets d'entraînement », qui désigne les changements pouvant être attribués à l'intervention des pouvoirs publics. L'un de ces changements est « l'effet d'entraînement comportemental », qui concerne la modification durable des comportements des groupes cibles induite par l'action des pouvoirs publics (OCDE, 2006). Il est toujours difficile d'établir un lien de causalité précis entre les résultats observés et l'action gouvernementale. Deux tendances opposées sont souvent observées : d'une part, le « projet aux apparences trompeuses », dont les résultats sont entièrement attribués à l'action publique faisant l'objet de l'évaluation, alors qu'ils sont en fait le fruit de l'interaction de plusieurs facteurs et se produisent en cascade ; d'autre part, la sous-estimation des effets de l'action publique, due au fait que le champ d'application de l'évaluation est trop étroit ou que sa durée est trop limitée, ce qui empêche peut-être d'en percevoir tous les effets. La connaissance de ces tendances est importante, même si les problèmes qu'elles suscitent ne peuvent être totalement résolus.

La notion « d'impact » peut avoir une signification différente selon les publics (Gluckman, 2014), et l'évaluation peut porter sur des types d'impact différents selon les besoins de l'action publique. Pour citer un exemple, l'impact économique se mesure par le changement intervenant sur un large éventail de critères financiers, budgétaires ou de productivité (par exemple : le chiffre d'affaires, les bénéfices, les prix, la productivité de la main-d'œuvre, le nombre de startups, les volumes d'exportation, le niveau de l'emploi et le PIB global) à des niveaux d'agrégation très différents (par exemple, ménage, entreprise, ou niveau macro-économique). L'impact environnemental est généralement évalué en termes de gestion globale de l'environnement, de réduction de la pollution et d'utilisation efficiente des ressources naturelles. L'impact sanitaire fait notamment référence à l'allongement de l'espérance de vie, à la prévention des maladies ou à la viabilité générale des systèmes nationaux de soins de santé. Enfin, l'évaluation de l'impact social mesure les effets de l'action gouvernementale sur la protection sociale, le bien-être, les habitudes ou autres dimensions de la vie sociale telles que les pratiques et activités de groupe, les habitudes de consommation, l'équilibre entre la vie professionnelle et la vie privée, etc.

Tendances récentes de l'action publique

Ces dernières années, de nombreux pays se sont intéressés de plus près à l'impact des investissements publics réalisés dans le domaine de la recherche et de l'innovation. Cela a coïncidé avec un regain d'intérêt des responsables de l'action publique pour l'impact économique des politiques de l'innovation, ainsi que la nécessité de plus en plus évidente d'utiliser avec plus d'efficience les ressources publiques – très restreintes – dans le domaine STI et d'attribuer ces ressources plus efficacement pour répondre à la demande et aux besoins de l'économie et de la société.

L'évaluation d'impact peut être effectuée à titre prévisionnel pour mettre en évidence les effets attendus de l'action publique. Elle est particulièrement utile pour définir des objectifs clairs et mesurables dès l'élaboration d'une politique publique, et pour fixer des exigences en matière de recueil de données afin de s'assurer que les résultats pourront être mesurés efficacement. En Australie, l'unité chargée des évaluations au ministère de l'Industrie travaille en collaboration avec les secteurs d'activité pour mettre au point des indicateurs de résultat et des méthodes de collecte de données. Cette unité organise par exemple des ateliers de logique programmable pour aider les responsables de l'élaboration des politiques publiques à établir un lien entre les éléments moteurs/les activités des programmes et les résultats attendus.

L'évaluation d'impact est perçue le plus souvent comme une activité rétrospective qui consiste à mettre en évidence les effets d'une action publique en cours ou terminée. Comme nous l'avons vu plus haut, un aspect important à cet égard est le moment choisi pour réaliser l'évaluation, compte tenu du temps qu'il faut – dans de nombreux cas – pour que les effets des politiques publiques se fassent sentir. L'une des méthodes possibles est de prévoir deux dates d'évaluation au moins, de façon à mesurer à la fois l'impact immédiat et à plus long terme. L'Australie a mis en place un programme continu d'évaluation d'impact, en vertu duquel chaque action des pouvoirs publics est passée en revue tous les trois à cinq ans. Un autre exemple des efforts déployés pour mesurer les effets à court et à long terme est l'évaluation d'impact qui est mise en place en Norvège concernant les programmes conçus dans l'optique des utilisateurs (Hervik, 1997 ; Hervik et al., 2012).

Plusieurs méthodes quantitatives et qualitatives sont utilisées pour les évaluations d'impact. Les études de cas, enquêtes et méthodes participatives viennent généralement compléter l'analyse quantitative réalisée à l'aide des modèles économétriques, des analyses de régression ou des approches bibliométriques, de façon à fournir aux responsables de l'action publique une vue d'ensemble de l'impact. Aux Pays-Bas et au Royaume-Uni, l'évaluation des instruments de gestion privilégie l'utilisation de groupes témoins et de méthodes de conception expérimentales pour améliorer la mesure de l'impact (Warwick, 2014).

L'évaluation d'impact pouvant s'avérer onéreuse, certains pays expérimentent des méthodes qui utilisent les données administratives existantes (les « mégadonnées »). L'Australie (Jensen et Lane, 2013) a récemment commandé une étude de faisabilité concernant la mise en place d'un système généralisé de saisie et d'incorporation des données administratives recueillies par les ministères et les programmes publics, ainsi que par les organismes de recherche et les universités financés par l'État. De la même manière, la Nouvelle-Zélande abandonne progressivement les données coûteuses et pas toujours fiables collectées dans le cadre d'enquêtes pour faire un usage plus intensif des données administratives publiques. Ces méthodes s'inscrivent dans la droite ligne du mouvement amorcé par les États-Unis en 2010, lorsque le pays a conçu une infrastructure de données (appelée STAR METRICS) permettant d'établir des liens automatiques entre les données de départ et les résultats de la politique STI, en s'appuyant sur les ensembles de données existants et en créant une charge de travail minimale pour les organismes de recherche et les agences fédérales.

Plusieurs pays souhaitent mettre au point des indicateurs quantitatifs de meilleure qualité pour faciliter l'évaluation de l'impact. Ces indicateurs présentent l'avantage de se prêter à des analyses comparatives (non seulement internationales, mais aussi entre les différents programmes nationaux) et au suivi des changements au fil du temps. D'autres pays craignent en revanche que l'utilisation de tels indicateurs n'ait des conséquences extrêmes. En République tchèque, le souci des pouvoirs publics de dépolitiser et dépersonnaliser les processus de financement de la R-D a conduit le pays à n'utiliser que des indicateurs quantitatifs pour évaluer les programmes et les organismes de R-D, ce qui a réduit l'angle de vue et entraîné une sous-évaluation de la contribution du système de R-D à la satisfaction des besoins de la société. En Finlande, certains préconisent que l'évaluation accorde plus d'importance aux aspects et aux processus immatériels des actions et des programmes STI, et se focalise moins directement sur l'argent dépensé, les objectifs atteints et les résultats obtenus.

Dans certains pays, les capacités disponibles pour réaliser une évaluation d'impact (ou une évaluation tout court) sont peu développées. En Colombie, ces capacités – en termes d'informations et d'organismes spécialisés disponibles (notamment des universités et des consultants) – sont encore embryonnaires. En Malaisie, l'évaluation régulière des politiques/programmes STI et des organismes qui les mettent en œuvre ne figure pas parmi les priorités, ce qui a freiné la mise en place d'un processus d'élaboration des politiques mieux informé. En Russie, les procédures d'évaluation sont assez peu élaborées et les pratiques ne sont pas largement répandues. Enfin, en Afrique du Sud, l'évaluation de l'impact n'est pas encore mise en œuvre à grande échelle.

La faisabilité et la pertinence de l'évaluation d'impact dépendent non seulement des compétences de ceux qui la réalisent, mais aussi de la capacité à utiliser ses processus et ses résultats pour concevoir les politiques publiques futures. L'utilisation souhaitée et effective des résultats de l'évaluation varie en fonction de l'objet de cette dernière, de sa portée, de son échelonnement dans le temps et du contexte politico-institutionnel dans lequel elle s'inscrit. Il arrive souvent que l'évaluation d'impact soit de portée et d'ampleur relativement limitées et qu'elle cible les aspects techniques traités par les ministères et les organismes de financement. En Chine, elle est le plus souvent destinée à l'usage interne des responsables de la politique scientifique et technologique, et n'est pas rendue publique : elle sert principalement à faciliter la révision des instruments qui entrent dans la composition des programmes et des politiques publiques, et à l'élaboration des priorités et des stratégies dans le domaine des sciences et de l'innovation. Au Danemark, en France et en Nouvelle-Zélande, les résultats de l'évaluation d'impact sont regroupés et synthétisés dans des rapports succincts destinés à une large diffusion auprès des ministères, parlementaires et autres parties prenantes. Au Danemark, par exemple, c'est effectivement ainsi que les résultats de l'évaluation d'impact ont été utilisés pour justifier et légitimer, à l'égard de la classe politique comme du grand public, l'usage des deniers publics dans le domaine de la recherche et l'innovation. De la même manière, en Israël, les résultats de l'évaluation – qui mettaient en évidence le bon rendement des investissements publics dans la R-D – ont été utilisés pour convaincre le gouvernement d'accroître les budgets de la R-D.

Les résultats de l'évaluation d'impact peuvent aussi être utilisés de manière indirecte. Ils peuvent en effet, par leurs retombées, contribuer à l'accumulation de connaissances (Autriche) ou enrichir l'information des principales parties prenantes (Danemark). L'accumulation de savoir peut parfois être tangible : en Australie, une compilation des évaluations est accessible au personnel du ministère de l'Industrie, qui peut ainsi consulter les principales conclusions et recommandations concernant des domaines ayant précédemment fait l'objet d'une évaluation.

Certains pays envisagent également d'améliorer l'utilisation des résultats de l'évaluation d'impact. En Norvège, par exemple, l'accent a été mis sur le suivi et l'usage de ces résultats, en classant les évaluations en fonction de leur utilité présumée et des connaissances requises. Au Japon, les Lignes directrices nationales pour l'évaluation de la R-D financée sur fonds publics – qui ont récemment été révisées – exigent des organismes de financement qu'ils tiennent compte des résultats des évaluations pour affiner leurs programmes de R-D. Il est également demandé à ces organismes de faire savoir au public japonais comment lesdits résultats ont été utilisés. De son côté, la Corée s'efforce d'utiliser plus efficacement les résultats de l'évaluation de l'impact en les reliant de façon formelle aux crédits alloués à la R-D et aux rémunérations des directeurs des établissements publics de recherche.

Pour en savoir plus

Hervik (1997), « Evaluation of User-oriented Research in Norway: The Estimation of Long-run Economic Impacts », *www.oecd.org/science/inno/1822692.pdf*.

Hervik, A., L. Braein et B.G. Bergem (2012), « Resultatmåling av brukerstyrt forskning 2010 », *www.mfm.no/db/5/2545.pdf*.

Gluckman, P. (2014), « 'Impact': What's in a word? », blog du conseiller principal pour les sciences du Cabinet du Premier ministre néo-zélandais, *www.pmcsa.org.nz/blog/impact-whats-in-a-word/*.

Jensen P. et J. Lane (2013), « Australian Science, Technology and Research Assessment (ASTRA), Feasibility study », rapport final préparé pour le ministère de l'Industrie, l'Innovation, la Science, la Recherche et l'Enseignement supérieur, voir : *http://melbourneinstitute.com/downloads/reports/ASTRA_TechnicalAppendices.pdf*.

OCDE (2006), *Government R&D Funding and Company Behaviour: Measuring Behavioural Additionality*, voir : *www.oecd.org/document/16/0,3343,en_2649_34273_36918928_1_1_1_1,00.html*.

OCDE (2014), « Pratiques en matière d'évaluation », *Perspectives de la science, de la technologie et de l'industrie de l'OCDE 2014*, (base de données ; en anglais), voir : *http://qdd.oecd.org/Table.aspx?Query=F05D932F-7523-4F2E-8631-ADBA30A7B056*.

Warwick, K. et A. Nolan (2014), « Evaluation of Industrial Policy: Methodological Issues and Policy Lessons », *OECD Science, Technology and Industry Policy Papers*, n°16, Éditions OCDE, Paris, *http://dx.doi.org/10.1787/5jz181jh0j5k-en*.

W.K. Kellogg Foundation (2004), *Logic Model Development Guide*, voir : *www.wkkf.org/resource-directory/resource/2006/02/wk-kellogg-foundation-logic-model-development-guide*.

ANNEXE 2.A

Tableau comparatif des stratégies ou plans STI nationaux pays de l'OCDE et certaines grandes économies non membres, 2014

Plan ou stratégie STI national(e)	Période concernée	Principaux objectifs
		Afrique du Sud
Stratégie nationale en matière de R-D	Depuis 2002	i) Accroître l'investissement du secteur privé dans la R-D ; ii) engager la mutation technologique de l'économie et de la société ; iii) accroître l'investissement dans la base scientifique (capital humain et transformation) ; iv) créer un système scientifique et technologique public efficace (harmonisation et mise en œuvre).
Plan national de développement A Vision for 2030	2011-30	Doter l'Afrique du Sud d'une base économique diversifiée en augmentant la valeur tirée des ressources minérales au plan local, en assurant l'accès à une eau de qualité et à des sources d'énergie alternatives, et en recherchant des solutions nouvelles et innovantes à la pauvreté, l'inégalité et la charge de morbidité. Domaines prioritaires : eau, électricité, exploitation marine, domaine spatial et génie logiciel.
Plan décennal pour l'innovation	2008-18	Transformer le pays en une économie du savoir par les mesures suivantes : i) développement du capital humain ; ii) production et exploitation de connaissances (R-D) ; iii) développement de l'infrastructure du savoir ; iv) mise en place de moyens d'action et d'outils institutionnels pour combler l'écart entre les résultats de la recherche et les performances socioéconomiques. Domaines prioritaires : biotechnologie, produits pharmaceutiques, domaine spatial, énergie, changement climatique et compréhension de la dynamique sociale.
Plan stratégique du ministère de la Science et de la Technologie	2011-16	Accroître la capacité d'innovation du pays et contribuer au développement socioéconomique en : i) améliorant la capacité de la recherche à produire des résultats de premier ordre et à en faire des produits et processus innovants ; ii) se dotant d'un capital humain approprié dans le domaine STI ; iii) créant une infrastructure STI de premier plan, formant la prochaine génération de chercheurs, et facilitant le développement et le transfert de technologies, ainsi que l'échange de connaissances ; iv) faisant de l'Afrique du Sud un partenaire stratégique international en matière de R-D et d'innovation.
		Allemagne
Extension de la stratégie relative à la haute technologie	En cours d'élaboration	Évolution de la stratégie relative à la haute technologie vers une stratégie interministérielle plus globale et plus axée sur les applications. Cette nouvelle édition couvrira à la fois les innovations technologiques et sociétales, dans le but de convertir plus rapidement et plus efficacement les fruits de la recherche en applications concrètes.
Stratégie relative à la haute technologie	2006-13	Orienter la politique de la recherche et de l'innovation vers un certain nombre de missions de premier plan, et adopter une approche intégratrice en : i) recensant les principales technologies favorisant l'émergence de marchés porteurs ; ii) établissant des liens entre les thèmes des différents volets de la politique de l'innovation qui relèvent de différents ministères fédéraux ; iii) abordant les questions de financement en liaison avec les efforts visant à améliorer les conditions générales ; iv) définissant des missions bien précises, les « projets d'avenir » (Zukunftsprojekte). Les stratégies connexes en matière d'innovation constituent la base des feuilles de route établies pour atteindre les étapes intermédiaires. Domaines prioritaires : santé, nutrition, énergie, changement climatique, mobilité, communication et sécurité. *Objectif quantitatif* : • Porter les dépenses de R-D à 3 % du PIB d'ici à 2020.

	Argentine	
Innovadora 2020	Jusqu'en 2020	Prolonger le précédent plan PNCTI (2012-15) de manière à couvrir une période de dix ans.
Plan national pour la science, la technologie et l'innovation (PNCTI)	2012-15	Faciliter la transition vers une société et une économie du savoir en renforçant les capacités scientifiques et technologiques nationales : i) Rendre l'économie nationale plus compétitive ; ii) Améliorer la qualité de vie et favoriser le développement social ; iii) Encourager le développement durable, principalement via la protection des ressources naturelles.
Éléments de base d'un plan stratégique dans le domaine STI	2005-15	i) Améliorer la cohérence et l'égalité sociale ; ii) Promouvoir le développement durable ; iii) Évoluer vers un nouveau profil de spécialisation de la production en y intégrant une plus forte intensité de savoir ; iv) Encourager l'accès à la société et l'économie du savoir.
	Australie	
Fonds pour la croissance de 100 millions AUD	2014-15	Soutenir les initiatives dans les régions dont les industries manufacturières sont en difficulté, notamment en versant des aides aux entreprises et à la R-D, ou encore des subventions pour favoriser la commercialisation des résultats de la R-D dans le secteur des composants automobiles, et permettre l'émergence de nouveaux produits ou processus.
Research Workforce Strategy	2011-20	Vision pour 2020 d'une main-d'œuvre du secteur australien de la recherche qui soit dynamique et performante, dotée des compétences requises pour accompagner l'innovation. Cette stratégie comprend une cartographie des besoins de l'Australie dans le domaine de la recherche, ainsi qu'un plan général visant à adapter les capacités du pays à ses objectifs en matière d'innovation.
Programme national pour la compétitivité et l'investissement industriels	À partir de 2014	Promouvoir la compétitivité et la productivité du pays, avec des mesures visant à encourager l'innovation, le financement de la R-D et la commercialisation des bonnes idées. Un groupe de travail ministériel a été créé pour concevoir le Programme national pour la compétitivité et l'investissement industriels.
	Autriche	
Becoming an Innovation Leader : Realising Potential, Increasing Dynamics, Creating the Future	2011-20	Devenir d'ici à 2020 l'un des pays les plus innovants de l'UE et un « leader en matière d'innovation » : i) système éducatif doté de moyens suffisants ; ii) recherche fondamentale pouvant servir de terreau à l'innovation ; iii) intensification des activités de R-D dans les entreprises grâce au transfert de connaissances entre les scientifiques et les entreprises ; iv) nouvelles conditions-cadres et structures de gouvernance du financement ; partage des responsabilités dans un système de gestion de l'action publique à plusieurs niveaux, de la coordination régionale à l'internationalisation ; vii) financement efficace et efficient, avec allocation des fonds sur la base de la compétitivité. *Objectif quantitatif :* • Porter les dépenses de R-D à 3.76 % du PIB d'ici à 2020.
	Belgique *(Gouvernement fédéral)*	
Accord conclu par le gouvernement fédéral	Depuis 2008	Réduire les coûts de l'emploi des chercheurs (à l'aide d'un abattement fiscal sur les revenus de la R-D) et accroître la commercialisation des résultats de la recherche. *Objectif quantitatif :* • Porter les dépenses de R-D à 3 % du PIB d'ici à 2020.
	Belgique *(Bruxelles-Capitale)*	
Plan régional pour l'innovation – Innovative Brussels	2013-20	L'accent est mis sur les plateformes stratégiques de R-D à l'échelle régionale, le développement de pôles d'activité et la mise en évidence de niches potentielles de spécialisation, en misant sur les moyens suivants : i) financement de l'innovation et capital d'amorçage ; ii) aide et soutien aux entreprises innovantes ; iii) augmentation du capital humain disponible par la mise en avant des carrières scientifiques, technologiques et entrepreneuriales ; iv) procédures de marchés publics innovantes ; v) développement conjoint de l'innovation (dans des « laboratoires vivants », par exemple) ; vi) promotion de l'image d'une « Bruxelles innovante » ; vii) soutien accru de l'Europe à la région ; viii) suivi et analyse stratégiques ; ix) évaluation de la politique publique en matière de recherche, de développement et d'innovation ; x) renforcement du Conseil de la politique scientifique ; xi) coopération avec d'autres régions de Belgique. *Objectif quantitatif :* • Porter les dépenses de R-D à 3 % du PIB d'ici à 2020.
Stratégie de spécialisation intelligente	Prochainement	Recenser les secteurs dans lesquels la région va investir, remodeler et adapter les mesures et instruments financiers, et repenser le modèle de gouvernance. Secteurs prioritaires : TIC, sciences de la vie et environnement.

		Belgique *(Flandre)*
La Flandre en action (Vlaanderen in Actie – ViA)	2009-20	Sept axes d'innovation. Celui concernant le centre Innovation Centre Flanders spécifie que l'action publique menée par la Flandre doit : i) stimuler l'investissement dans les établissements d'enseignement supérieur (jusqu'à 2 % du PIB) ; ii) se concentrer sur les domaines clés pour stimuler la créativité et la capacité d'innovation ; iii) accorder plus d'attention aux fruits de la recherche ; iv) créer plus de débouchés pour la recherche ; v) simplifier les moyens d'action disponibles en matière d'innovation. *Objectif quantitatif :* • Porter les dépenses de R-D à 3 % du PIB.
Pact 2020	2009-20	Suivre les progrès réalisés au regard des objectifs fixés par le programme ViA dans 20 domaines, dont celui de l'innovation. *Objectifs quantitatifs :* • Porter les dépenses de R-D à 3 % du PIB d'ici à 2020. • Porter les investissements dans l'éducation à 2 % du PIB d'ici à 2020.
Note de réflexion sur l'Innovation Centre Flanders	Depuis 2011	Établir le cadre de la recherche, avec six pôles d'innovation axés sur les défis sociétaux et leur lien avec les principes fondamentaux du système STI flamand. Domaines prioritaires : transformation (de l'économie) par l'innovation, innovation dans l'économie, innovation dans l'énergie, innovation dans le secteur des soins, mobilité et logistique durables, et innovation sociale.
Étude prospective	Jusqu'en 2025	Définir les priorités STI afin de contribuer à la résolution des grands défis sociétaux, à l'aide de la modélisation des domaines de transition et d'une analyse des points forts/faibles de la situation actuelle en Flandre. Domaines de transition prioritaires : un domaine horizontal (Society 2.0) et six domaines verticaux (société numérique ; alimentation, santé et bien-être ; gestion des ressources et industries manufacturières intelligentes ; aménagement urbain ; transports et logistique ; demande et approvisionnement énergétiques).
		Belgique *(Wallonie)*
Plan Marshall 2. Vert (PM2)	2010-14	i) Politique des pôles de compétitivité ; ii) renforcement de la R-D ; iii) mise en place d'un cadre favorisant la création d'entreprises et d'emplois de qualité ; iv) renforcement du capital humain et formation professionnelle ; v) mise en avant du développement durable et des questions environnementales. Six pôles de compétitivité : BIOWIN (santé), SKYWIN (aérospatial), WAGRALIM (agro-alimentaire), LOGISTICS IN WALLONIA (transports et logistique), MECATECH (génie mécanique) et GREENWIN (technologies vertes).
Stratégie concernant la politique intégrée de la recherche	2011-15	Orientations du soutien à la R-D aux niveaux régional et local : i) améliorer la complémentarité des outils de soutien disponibles ; ii) accroître l'investissement dans la R-D en vue d'atteindre l'objectif des 3 % du PIB ; iii) encourager les partenariats en vue de soutenir la recherche et d'optimiser les outils permettant l'exploitation des résultats de la recherche ; iv) accroître le rayonnement international de la Wallonie ; v) développer les ressources humaines dans le domaine de la recherche en faisant mieux connaître les professions scientifiques et technologiques ; vi) cibler le financement en sélectionnant un nombre restreint de domaines stratégiques ; vii) évaluer systématiquement les résultats des programmes de soutien à la R-D. Cinq priorités de recherche : développement durable, énergies renouvelables, recherche technologique, qualité de vie dans le contexte du vieillissement de la société et santé. *Objectifs quantitatifs :* • Porter les dépenses de R-D à 3 % du PIB d'ici à 2020. • Certains objectifs du PM2.Vert (nombre de personnes participant aux initiatives de sensibilisation aux professions scientifiques et technologiques, nombre de programmes ou de missions bénéficiant d'un financement, et nombre d'entreprises participant aux programmes de recherche européens).
Plan d'action Creative Wallonia	2010-15	Mettre la créativité et l'innovation au cœur de l'économie et de la société. Trois grands axes : i) promouvoir une société créative ; ii) encourager les pratiques innovantes ; iii) favoriser la production innovante. Une vingtaine d'actions ont déjà été engagées, notamment : formations universitaires ; espaces de « travail commun »; « centres de travail intelligents » ; observatoire des tendances ; outil de soutien pour la mise en place de processus innovants (Boost-up/ Industries créatives et Crossmedia) ; plan de développement de la connectivité en Wallonie.

	Brésil	
Stratégie nationale pour la science, la technologie et l'innovation (ENCTI)	2012-15	Réduire la fracture technologique à l'aide de la science et de l'innovation ; renforcer la présence du Brésil sur la scène internationale ; promouvoir une économie verte ; contribuer à l'éradication de la pauvreté et à la réduction des inégalités sociales et régionales en : i) trouvant des ressources supplémentaires pour financer l'innovation ; ii) développant et renforçant l'infrastructure de la recherche dans les domaines scientifiques et technologiques ; et iii) œuvrant davantage pour le renforcement des ressources humaines dans les domaines stratégiques, en particulier l'ingénierie. Domaines prioritaires : énergies renouvelables, pétrole sous-marin, santé, biodiversité, changement climatique, défense, nucléaire, domaine spatial et technologies sociales. *Objectif quantitatif :* • Porter les dépenses de R-D à 0.9 % du PIB avant 2014.
Plano Brasil Major (PBM)	2011-14	Forum de négociation. Pas d'engagement financier.
	Canada	
Réaliser le potentiel des sciences et de la technologie au profit du Canada	Depuis 2007	i) Promouvoir l'excellence ; ii) se concentrer sur les priorités ; iii) encourager les partenariats ; iv) renforcer la responsabilité.
Stratégie en matière de sciences, de technologie et d'innovation du Canada	Prochainement	Actualisation de la stratégie précitée.
	Chili	
Programme pour la croissance, l' innovation et la productivité	Depuis 2014	i) faciliter et encourager la diversification et le développement productif ; ii) promouvoir les secteurs d'activité à fort potentiel de croissance ; iii) accroître la productivité des entreprises ; iv) stimuler les exportations. Désignation de secteurs prioritaires pour le développement socio-économique.
Surfing towards the Future: Chile on the 2025 Horizon	2014-25	Mettre l'accent sur les « orientations stratégiques » futures plutôt que sur des consignes d'action particulières, la dimension culturelle représentant l'un des plus gros défis du Chili. Domaines prioritaires : énergie, biologie et éducation.
Stratégie nationale d'innovation au service de la compétitivité - Plan pour l'innovation	2010-14	Améliorer la productivité et la compétitivité – en tant que principaux facteurs de croissance ainsi que de développement économique et social – en : i) instaurant une culture de l'innovation et de l'entrepreneuriat ; ii) augmentant la masse critique dans le secteur scientifique et entrepreneurial ; iii) supprimant les obstacles à la création d'entreprises et à la compétitivité ; iv) encourageant les liens internationaux ; v) améliorant l'absorption et le transfert de technologies ; et en vi) attirant et retenant les meilleurs talents, de façon à créer un pôle d'innovation en Amérique du Sud. *Objectif quantitatif :* • Porter les dépenses de R-D à 0.4 % du PIB (échéance indéterminée).
	République populaire de Chine	
Plan national à moyen et long terme pour le développement de la science et la technologie	2006-20	i) Accroître les capacités de la Chine dans le domaine de l'innovation ainsi que de la science et la technologie ; ii) se servir de l'innovation comme d'un outil pour restructurer l'industrie chinoise, et opter pour une nouvelle forme de croissance, non plus tirée par l'investissement mais par l'innovation ; iii) construire une société soucieuse de la préservation des ressources et respectueuse de l'environnement ; et iv) se doter de capacités d'innovation plus indépendantes et en faire une priorité nationale. *Objectif quantitatif :* • Porter les dépenses de R-D à 2.5 % du PIB d'ici à 2020. • Se classer parmi les cinq pays du monde enregistrant le plus de dépôts de brevet et de citations internationales.
12e Plan quinquennal pour le développement des sciences et technologies	2011-15	i) Améliorer les capacités d'innovation locales, en particulier dans les entreprises ; ii) accroître la compétitivité et le rayonnement scientifique et technologique international en mettant l'accent sur le développement des ressources humaines, de la créativité et de la culture de l'innovation ; iii) réaliser des progrès dans les technologies fondamentales utilisées dans les domaines clés, de manière à faciliter la restructuration économique ; iv) mettre en place un système d'innovation national fonctionnel, bien conçu et efficient grâce à la réforme des systèmes de gouvernance de la recherche publique et des sciences et technologies, ainsi qu'à une meilleure coordination et collaboration entre les parties prenantes. *Objectif quantitatif :* • Porter les dépenses de R-D à 2.2 % du PIB. • Augmenter l'investissement des entreprises industrielles de grande et moyenne taille dans la R-D, jusqu'à 1.5 % de leur chiffre d'affaires en moyenne. • Développer les technologies fondamentales propriétaires. Renforcer le rôle des grandes entreprises dans la conduite de l'innovation technologique. Encourager l'émergence de PME innovantes se distinguant à l'échelle internationale. • Accroître le nombre de chercheurs, pour le porter à 43 pour 10 000 salariés. • Accroître le pourcentage de citoyens possédant des connaissances scientifiques de base, pour le porter à plus de 5 %.

	Colombie	
Stratégie nationale d'innovation	Depuis 2011	i) Capital humain de qualité ; ii) domaines scientifiques et technologiques pertinents; iii) innovation et entrepreneuriat du secteur privé (y compris l'innovation sociale). Les deux piliers de cette stratégie : TIC/connectivité et culture de l'innovation. *Objectifs quantitatifs :* • Porter les dépenses de R-D à 0.5 % du PIB. • Accroître le nombre de bourses pour les doctorants jusqu'à atteindre 3 000 en 2014. • Accroître le pourcentage des entreprises technologiquement innovantes pour le porter à 25 % en 2014.
Plan stratégique sectoriel pour la science, la technologie et l'innovation	2010-14	i) Renforcer le système national des sciences, des technologies et de l'innovation ; ii) accroître le capital humain dans le domaine de la recherche et de l'innovation ; iii) promouvoir le savoir et l'innovation au service de la production et de la transformation sociale. *Objectif quantitatif :* • Porter les dépenses de R-D à 0.5 % du PIB avant 2014.
Politique nationale pour la science, la technologie et l'innovation – CONPES-3582	2009	Mobiliser le savoir au service du développement économique et social.
	Corée	
3e Plan de base pour la science et la technologie	2013-17	La stratégie de la réussite : i) accroître l'investissement national dans la R-D et améliorer son efficacité ; ii) développer les technologies présentant une dimension stratégique au niveau national ; iii) renforcer la capacité créative sur le moyen et le long terme ; iv) recenser et soutenir les nouvelles industries ; v) créer des emplois dans le domaine des sciences et technologies. Ce plan fait suite au 2e Plan de base pour la science et la technologie (ou « 577 Initiative »). *Objectif quantitatif :* • Pourcentage de contribution de la R-D à la croissance économique : 40 %. • Création d'emplois dans les sciences et technologies : 640 000. • Capacités STI : se hisser au 7e rang mondial.
	Costa Rica	
Plan national pour la science, la technologie et l'innovation (PNCTI)	2011-14	i) Renforcer les capacités STI nationales et leur rôle au regard de la productivité et du développement socio-économique en améliorant l'affectation des investissements ; ii) améliorer le niveau des ressources humaines dans les sciences fondamentales et l'ingénierie ; iii) promouvoir l'appropriation sociale des sciences, les métiers scientifiques et technologiques, ainsi que l'esprit d'entreprise ; iv) renforcer le cadre institutionnel du secteur STI.
	Danemark	
Stratégie en matière d'innovation : Denmark: A Nation of Solutions		Faire en sorte que les investissements substantiels réalisés par l'État dans les domaines de la recherche, de l'innovation et de l'éducation se traduisent par une croissance accrue et des créations d'emploi, et aident à trouver des solutions aux défis sociétaux mondiaux par le biais : i) d'une politique de l'innovation davantage tournée vers la demande ; ii) d'un échange accru de connaissances et d'une plus grande importance accordée dans l'éducation aux compétences en matière d'innovation. Les principales initiatives sont la réforme du Conseil chargé de la recherche et de l'innovation, la mise en place des partenariats pour l'innovation sociétale et le catalogue INNO+, qui recense les domaines prometteurs pour réaliser des investissements stratégiques dans l'innovation.
RESEARCH2020 (Forsk2020)	Depuis 2012	Recenser les domaines de recherche les plus prometteurs au regard de la croissance, de l'emploi et du bien-être en prenant comme point de départ les grands défis sociétaux et en faisant reposer la décision sur le financement stratégique de la recherche. RESEARCH2020 remplace RESEARCH2015. *Objectifs quantitatifs (d'ici à 2020) :* • Porter les dépenses de R-D à 3 % du PIB. • Obtenir 95 % d'une cohorte de jeunes ayant achevé le deuxième cycle de l'enseignement secondaire. • Obtenir 60 % d'une cohorte de jeunes ayant achevé un cursus d'enseignement supérieur. • Obtenir 25 % d'une cohorte de jeunes ayant achevé un cursus d'enseignement supérieur long.

	Espagne	
Stratégie de l'Espagne pour la science, la technologie et l'innovation (EEST)	2013-20	Énonce la politique STI à long terme et les mesures destinées à maximiser les avantages socioéconomiques, ainsi que l'idée de « service pour la société », considérée comme le moteur du progrès scientifique et technologique, et la nécessité d'accélérer l'intégration des résultats de la recherche et des connaissances dans l'économie.
Plan national pour la recherche scientifique et technique et l'innovation (EECTI)	2013-16	Mécanisme général mis en place en vertu de la loi de 2011 sur la science, la technologie et l'innovation, qui englobe tous les programmes et initiatives STI et définit les principales modalités de mise en œuvre. *Objectif quantitatif :* • Porter les dépenses de R-D à 2 % du PIB d'ici à 2020.
Loi sur la science, la technologie et l'innovation	2011	Nouveau cadre stratégique s'appuyant sur la Stratégie de l'Espagne pour la science et la technologie (EEI) et s'appliquant au financement et à la gouvernance de la recherche avec : i) la création d'un organisme public chargé de la recherche, une réforme approfondie des DPI et de nouveaux programmes d'excellence ; ii) de meilleures incitations au transfert des technologies et à la mobilité des chercheurs (par exemple : création de centres technologiques et de parcs scientifiques et technologiques) ; iii) un nouveau modèle de gouvernance assurant la coordination entre les communautés autonomes et l'administration centrale, ainsi que la création de liens plus étroits avec l'Espace européen de la recherche ; iii) des parcours professionnels plus attractifs et plus stables pour le personnel technique et celui de la recherche, ainsi qu'un meilleur équilibre entre les sexes.
	Estonie	
Stratégie en matière de R-D et d'innovation : Knowledge-Based Estonia (KBEIII)	2014-20	Créer des conditions propices à l'augmentation de la productivité et à l'amélioration du niveau de vie, de l'éducation et de la culture, ainsi que de la préservation et du développement de l'Estonie. *Objectifs quantitatifs (d'ici à 2020) :* • Porter les dépenses de R-D à 3 % du PIB. • Porter les dépenses de R-D des entreprises à 2 % du PIB (2/3 de la DIRD).
Stratégie en faveur du développement de l'entrepreneuriat	2014-20	Accroître la productivité et l'emploi au moyen d'un cadre stratégique unique assurant la cohérence des politiques en matière d'innovation et d'entrepreneuriat. L'accent est mis sur les domaines (spécialisation intelligente) et les groupes d'entreprises les plus prometteurs.
Stratégie en matière de R-D et d'innovation : Knowledge-Based Estonia (KBEII)	2007-13	Favoriser des activités de R-D de qualité, accroître l'innovation et la valeur ajoutée dans le secteur des entreprises, et faire de l'Estonie un pays propice à l'innovation en : i) développant le capital humain ; ii) organisant de façon plus efficiente la RDI (recherche, développement, innovation) du secteur public ; iii) améliorant la capacité d'innovation des entreprises ; iv) élaborant des politiques axées sur le développement à long terme de l'Estonie. *Objectifs quantitatifs (d'ici à 2020) :* • Porter les dépenses de R-D à 3 % du PIB. • Porter les dépenses de R-D des entreprises à 1.6 % du PIB (la moitié du total des dépenses de R-D).
Feuille de route des infrastructures de recherche	Depuis 2010	Se concentrer sur 20 infrastructures de recherche (neuves ou ayant besoin d'être rénovées) qui présentent une importance nationale, ainsi que sur les priorités de l'Estonie dans les projets de partenariat paneuropéens.
	États-Unis	
Stratégie des États-Unis pour l'innovation	Depuis 2009 (révisée en 2011)	i) Investir dans les fondements de l'innovation américaine, notamment la R-D et le capital humain, physique et technologique ; ii) valoriser les marchés concurrentiels qui dynamisent l'entrepreneuriat productif ; et iii) favoriser les progrès dans les domaines représentant des priorités nationales, comme par exemple le développement de sources d'énergie alternatives et l'amélioration des résultats dans le domaine de la santé. Domaines prioritaires : TIC (haut débit sans fil), énergie (technologies propres), biotechnologie, services de santé, nanotechnologie, fabrication de pointe, domaine spatial et technologies de l'éducation. *Objectif quantitatif :* • Porter les dépenses de R-D à 4 % du PIB (échéance indéterminée).

		Fédération de Russie
Ensemble de décrets présidentiels du 7 mai 2012	Depuis 2012	Définir les principaux objectifs de la politique STI de la Russie pour les années à venir. *Objectifs quantitatifs :* • Porter les dépenses de R-D à 1.77 % du PIB d'ici à 2015. • Porter les dépenses de R-D des universités de 9 à 13.5 % de la DIRD d'ici à 2018. • Augmenter le financement des organismes publics de soutien à la science jusqu'à atteindre 25 milliards RUB d'ici à 2018. • Porter les salaires moyens des chercheurs à 200 % de la moyenne régionale d'ici à 2018. • Porter à 2.44 % le pourcentage des publications russes dans l'ensemble des magazines scientifiques indexés sur le Web of Science d'ici à 2015. • Créer et moderniser 25 millions de postes de travail à hautes performances d'ici à 2020. • Multiplier par 1.3 – par rapport au niveau de 2011 – la part des biens produits par les industries de haute technologie et à forte intensité de savoir dans le PIB d'ici à 2018.
		Finlande
Plan d'action de la politique en matière de recherche et d'innovation (TINTO)	Depuis 2012	i) Encourager une constante remise à niveau, un état d'esprit transnational et le courage de tenter des expériences et de prendre des risques ; ii) exploiter plus rapidement et plus efficacement les fruits de la recherche, et renforcer l'impact social de la politique STI en élargissant la portée des activités en matière d'innovation ; iii) assurer le financement de base des universités et des établissements publics de recherche sur le long terme ; et iv) recourir de façon plus stratégique au financement concurrentiel de la recherche afin d'améliorer l'exploitation et l'impact social des fruits de la recherche.
Lignes directrices de la politique en matière de recherche et d'innovation	2011-15	Améliorer la compétitivité et la base de connaissances de façon à mettre en place une expertise et des activités de gestion de qualité en instaurant : i) un nouveau mode de fonctionnement dans le secteur public, qui coïncide avec le nouveau rôle de l'État au regard de la R-D et de l'innovation ; ii) une politique de l'innovation de grande ampleur (par exemple : outils pour stimuler l'innovation dictée par la demande et l'utilisateur ; marchés publics ; résolution des problèmes liés au cadre réglementaire, et initiatives en faveur des marchés porteurs) ; iii) un nouveau dispositif d'incitation fiscale pour les entreprises réalisant des travaux de R-D, et un autre pour les investisseurs privés en capital-risque ; iv) un soutien aux jeunes entreprises à forte croissance ; v) un développement structurel continu des établissements publics de recherche et une politique nationale en matière d'infrastructure. *Objectif quantitatif :* • Maintenir l'intensité de la R-D à 4 % du PIB à l'horizon 2020 (et le financement public de la R-D à 1.2 %).
Internationalisation de l'éducation, de la recherche et de l'innovation (ERI)	2010-15	i) Sécuriser le financement et les ressources humaines ; ii) mettre en place et entretenir les infrastructures ; iii) accélérer l'internationalisation des établissements publics de recherche et des entreprises ; iv) promouvoir le travail en réseau et la prise de risques.
		France
Stratégie nationale de recherche (SNR)	2013-18	Mettre en évidence dix défis sociétaux et définir une stratégie de recherche pour chacun, une stratégie des grands équipements, un nombre limité de très grandes priorités scientifiques et technologiques et quelques outils de pilotage. Liste des dix défis : gestion sobre des ressources et adaptation au changement climatique ; une énergie propre, sûre et efficace ; stimuler le renouveau industriel ; santé et bien-être ; sécurité alimentaire et défi démographique ; mobilité et systèmes urbains durables ; société de l'information et de la communication ; sociétés innovantes, intégrantes et adaptatives ; une ambition spatiale pour l'Europe ; liberté et sécurité de l'Europe, de ses citoyens et de ses résidents. *Objectif quantitatif :* • Porter les dépenses de R-D à 3 % du PIB d'ici à 2020.
Plans pour la reconquête industrielle	Depuis 2013	34 plans visant à : définir des stratégies d'innovation pour les secteurs industriels ; soutenir les industries existantes ; préparer l'industrie de demain. Élaboration de contrats sectoriels en partenariat avec les chefs d'entreprise, ainsi que de lignes directrices pour les organismes de financement.
Innovation 2030	2013	Grandes innovations visant à répondre aux besoins de la société de demain : concours d'innovation, marchés publics, prises de participation, mais aussi activités de normalisation, simplifications particulières de la réglementation, formation appropriée, expériences, etc.
Stratégie nationale de l'enseignement supérieur (StraNES)	2014-18	Définir cinq grands objectifs face aux défis de demain : i) accroître le niveau général de connaissances et de compétences ; ii) promouvoir l'égalité des chances ; iii) développer l'européanisation de l'enseignement supérieur ; iv) axer la formation sur la capacité d'insertion professionnelle ; v) moderniser la gouvernance de l'enseignement supérieur.

« Une nouvelle donne pour l'innovation » (rapport)	2013-14	Renforcer la capacité de croissance de la France via l'innovation en : i) organisant les politiques publiques d'innovation et en les évaluant (par exemple, mise en place d'une commission d'évaluation des politiques d'innovation) ; ii) développant la culture de l'entrepreneuriat et de l'innovation (par exemple : le programme « nouveaux argonautes » et le prix du jeune entrepreneur, une enveloppe de 10 millions EUR versée à une sélection de startups) ; iii) augmentant l'impact économique de la recherche publique via des transferts (par exemple, le partenariat pour l'innovation ouverte) ; iv) accompagnant la croissance des entreprises par l'innovation (par exemple : plan Nova pour les PME innovantes, projet French Tech pour la technologie numérique, création d'un important fonds de capital-risque par la BPI et d'un fonds souverain pour la valorisation de la propriété industrielle).
		Grèce
Plan stratégique pour la recherche, la technologie et l'innovation	Prochainement	Nouveau cadre juridique pour la recherche et le développement technologique (comprenant un cadre stratégique national pour la recherche, le développement technologique et l'innovation, et un plan national de mise en œuvre) conçu pour remplacer le cadre existant et apporter une solution aux problèmes qui apparaissent dans le cadre de la politique STI ainsi qu'aux défis à long terme du pays.
Plan d'action pour la recherche et la technologie	Prochainement	Mettre en place des conditions plus propices à la réalisation de travaux de recherche, de développement et d'innovation et à l'exploitation des nouvelles connaissances ; adopter diverses mesures incitatives pour promouvoir les investissements du secteur privé ; simplifier les procédures de financement et faciliter les activités des organismes de recherche.
Plan stratégique national pour la recherche et le développement	2007-13	Accroître et améliorer les investissements dans le savoir et l'excellence afin de parvenir à un objectif de développement durable et d'innovation : i) soutenir le personnel scientifique/de recherche et l'infrastructure de la recherche ; ii) établir un lien entre la recherche et l'industrie ; iii) accentuer l'orientation internationale de la R-D ; iv) diffuser plus largement au sein de la société les fruits de la recherche ayant trait à tous les domaines scientifiques, de manière à créer de la valeur sociale et économique. *Objectif quantitatif* : • Porter les dépenses de R-D à 1.5 % du PIB d'ici à 2020.
		Hongrie
Stratégie nationale pour la recherche, le développement et l'innovation : Investment in the Future	2013-20	L'accent est mis sur les activités de R-D et d'innovation des entreprises axées sur les utilisations. Cela passe par les dispositions suivantes : i) création de bases de connaissances – d'une qualité digne des meilleures bases internationales – pour asseoir le progrès économique et social ; ii) promotion de la coopération dans le domaine du transfert de connaissances et de technologies aux niveaux national et international ; et iii) utilisation intensive, par les entreprises innovantes et le secteur public, des résultats de la science et de la technologie. Domaines prioritaires : TIC, biotechnologie, nanotechnologie, ressources naturelles et énergétiques renouvelables, technologies environnementales. *Objectifs quantitatifs (d'ici à 2020)* : • Porter les dépenses de R-D à 1.8 % du PIB. • Porter les dépenses de R-D des entreprises à 1.2 % du PIB.
Stratégie relative à la politique d'innovation scientifique et technologique	2007-13	i) Commercialisation (transfert aux industries fondées sur le savoir) ; ii) systèmes d'innovation régionaux. Domaines prioritaires : TIC, biotechnologie, nanotechnologie, ressources naturelles et énergétiques renouvelables, technologies environnementales. *Objectif quantitatif* : • Porter les dépenses de R-D à 1.8 % du PIB d'ici à 2013, la moitié de ces dépenses étant effectuée par le secteur privé.
Nouveau Plan Szechenyi	2011-14	Dynamiser l'économie et assurer la croissance économique à l'aide de l'innovation et de mesures visant par exemple à : i) renforcer les infrastructures du savoir (établissements de recherche, universités) ; ii) soutenir les entreprises innovantes présentant un fort potentiel de croissance et travaillant dans les secteurs de la transformation et des services ; iii) accroître la capacité d'innovation et d'absorption des PME ; iv) développer des pôles d'activité innovants ; et v) se rapprocher des sources de connaissances et des marchés nationaux et internationaux nécessaires pour innover. *Objectifs quantitatifs* : • Porter les dépenses de R-D à 1.5 % du PIB d'ici le milieu de la décennie. • Atteindre la moyenne de l'indice de synthèse de l'innovation de l'UE et se hisser dans le tiers supérieur des pays de l'UE au cours du prochain cycle. • Créer 1 million d'emplois en 10 ans.

	Inde (1)	
Decade of Innovations	2010-20	i) Concevoir et développer un système national d'innovation reposant sur les priorités nationales ; ii) mettre en place des moyens d'action pour encourager la R-D d'entreprise et l'innovation relative aux biens publics et sociaux (notamment l'énergie verte) ; iii) améliorer la coopération internationale dans le domaine des sciences et technologies. *Objectif quantitatif* : • Porter les dépenses de R-D à 2 % du PIB (échéance indéterminée).
	Indonésie	
Énoncé de la vision et de la mission des sciences et technologies en Indonésie	2005-25	Améliorer la compétitivité mondiale de l'économie indonésienne et faciliter la transition vers une économie du savoir en : i) mettant en place les fondements éthiques du développement et de la mise en œuvre des capacités scientifiques et technologiques ; ii) aidant à la diffusion des sciences et des technologies ; iii) renforçant les capacités nationales (ressources humaines, infrastructure et acteurs institutionnels intervenant dans le domaine des sciences et technologies). *Objectif quantitatif :* • Porter les dépenses de R-D à 1 % du PIB d'ici à 2014.
Deuxième plan national de développement à moyen terme (RPJMN)	2010-14	Affiner les priorités de développement figurant dans l'Énoncé de la vision et de la mission des sciences et technologies : i) qualité des ressources humaines ; ii) développement des sciences et technologies via l'amélioration des capacités de R-D (institutions, ressources et réseaux nationaux/internationaux) ; et iii) compétitivité économique. *Objectifs quantitatifs :* • Porter les dépenses de R-D à 1 % du PIB d'ici à 2014.
	Irlande	
Stratégie pour la science, la technologie et l'innovation (SSTI)	2006-13	i) Améliorer la compétitivité ; ii) préserver la capacité à attirer l'IDE et renforcer au maximum la cohésion sociale ; iii) promouvoir la R-D afin de bâtir une économie tirée par l'innovation. *Objectif quantitatif :* • Porter les dépenses de R-D à 2.5 % du PIB d'ici à 2013.
	Islande	
Nouvelle politique dans le domaine de la science et la technologie	2013-16	i) Ressources humaines et recrutement (par exemple : un système éducatif intégré et bien ciblé, dans lequel l'accent est mis sur les sciences naturelles et la technologie, l'augmentation du nombre de titulaires d'un doctorat et l'aide financière aux jeunes chercheurs ; ii) coopération et efficience (par exemple : révision de la structure STI, renforcement du soutien et des incitations à la coopération, projets à long terme et sécurisation du financement) ; iii) croissance et création de valeur (par exemple : financement de la R-D plus concurrentiel et axé sur les performances, soutien basé sur des incitations fiscales et le renforcement du marché du capital-risque, aide à l'internationalisation et participation à la coopération mondiale) ; iv) évaluation de l'impact et suivi (par exemple : mise en place d'un système complet de suivi des résultats obtenus dans le domaine de la science et de l'innovation, et amélioration des statistiques industrielles). *Objectif quantitatif :* • Porter les dépenses de R-D à 3 % du PIB d'ici à 2016.
	Israël	
Divers rapports nationaux et documents d'orientation relatifs à la science, à la technologie et à l'innovation		Accroître les investissements et centrer davantage l'action publique sur la biotechnologie, les nanotechnologies et les industries à faible intensité de technologie. Porter un intérêt croissant aux secteurs des technologies propres (énergies renouvelables, eau et substituts du pétrole). Établir et développer un système d'information sur l'innovation (enquêtes sur l'innovation et base de données).
Plan pour l'enseignement supérieur	2011-15	Accroître le budget pour améliorer la qualité et la compétitivité du système d'enseignement supérieur.
Programme d'investissement dans les technologies de substitution au pétrole	2011-20	Promouvoir une réduction globale de la consommation de pétrole ainsi qu'un développement et une utilisation accrus des substituts pétroliers par le biais : i) d'une coopération avec l'industrie en vue de réduire la bureaucratie associée à la mise en place et à l'expérimentation des nouvelles technologies ; ii) d'une augmentation des investissements de capital-risque grâce à la participation de l'État ; et iii) d'une hausse du budget de la recherche appliquée menée par les universités dans ce domaine.

	Italie	
Plan national pour la recherche (2014-16)	Prochainement	Très inspiré des « grands défis sociétaux » figurant dans le programme Horizon 2020, ce plan est une version italienne du programme. L'objectif est une meilleure conformité avec les instruments de l'UE.
Plan national pour la recherche	2011-13	i) Promouvoir la recherche axée sur l'acquisition de connaissances ; ii) accroître la participation du secteur des entreprises et la coopération avec le secteur public ; iii) contribuer à l'internationalisation de la recherche ; iv) promouvoir les centres d'excellence dans le contexte national/international ; v) concentrer les efforts sur les grands projets et l'infrastructure de la recherche. *Objectif quantitatif* : • Porter les dépenses de R-D à 1.53 % du PIB d'ici à 2020.
Industry 2015	2006-15	Accroître la compétitivité de l'appareil productif à l'aide de : i) projets d'innovation industrielle ; ii) partenariats public-privé.
Stratégie pour l'internationalisation de la recherche italienne	2010-15	Renouveler la vision de la recherche italienne dans le contexte de la mise en œuvre de la stratégie Europe 2020, et adapter le contexte national à la situation mondiale actuelle pour créer une société durable.
Infrastructures d'excellence pour la recherche en Italie - Feuille de route de l'Italie pour 2010	2010-12	Recenser les infrastructures d'excellence pour la recherche dans tous les domaines demandés par les communautés scientifiques du pays et reconnues par l'ensemble des parties prenantes, en tenant compte du contexte international et européen, et des priorités exprimées pour les cinq à dix prochaines années.
Destinazione Italia	Depuis 2013	Élaborer une politique nationale cohérente pour attirer l'investissement étranger et améliorer la compétitivité des entreprises italiennes (les startups et les PME, par exemple) à l'aide de 50 mesures destinées à réformer un large éventail de secteurs (dont la recherche et l'enseignement supérieur). Assurer le lien entre la recherche fondamentale et l'appareil productif en mettant l'accent sur les entreprises nées de la recherche universitaire.
L'Italie et sa convergence européenne : les alliances technologiques	2011-14	Assurer la contribution du secteur privé/des entreprises au programme Horizon 2020.
Réforme du programme national de doctorat	Depuis 2013	i) Mieux répondre aux besoins des entreprises et des universités ; ii) améliorer leur interaction dans le cadre de l'Espace européen de la recherche ; iii) mieux répondre aux défis énoncés dans le programme européen de recherche Horizon 2020.
	Japon	
Stratégie générale pour la science, la technologie et l'innovation	2013-30	Élaborer une vision à long terme pour les politiques STI nationales (échéance : 2030) afin d'imaginer la société économique idéale du Japon du point de vue STI et de définir des orientations précises et des objectifs intermédiaires, avec une feuille de route clairement établie pour mettre en œuvre ces orientations. Énoncer un ensemble de mesures dans le domaine STI qui permettent la résolution des problèmes – en faisant participer les parties prenantes concernées –, et clarifier la répartition des rôles entre les différents acteurs, ministères et autres institutions.
4e Plan de base pour la science et la technologie	2011-16	Promotion globale de la science, de la technologie et de l'innovation, et adoption d'une approche centrée sur les problèmes : i) développement intégré des politiques STI dans le but de relever les défis sociétaux ; ii) renforcement du rôle des ressources humaines et de l'organisation ; iii) mise en œuvre d'une politique publique conçue et promue avec l'aide de la société civile (« La science dans la société, la science pour la société »). Domaines prioritaires : environnement ; énergie ; santé et soins médicaux/infirmiers ; défis sociaux. *Objectif quantitatif* : • Porter les dépenses de R-D à 4 % du PIB d'ici à 2020.
	Lettonie	
Lignes directrices pour le développement scientifique et technologique et l'innovation	2014-20	*Objectif quantitatif* : • Porter les dépenses de R-D à 2 % du PIB d'ici à 2020.
Stratégie de spécialisation intelligente	Prochainement	
	Lituanie	
Programme de développement de l'innovation	2014-20	Améliorer la compétitivité et les performances en matière d'innovation en : i) améliorant la commercialisation des résultats de la R-D ; ii) augmentant les investissements dans la R-D. *Objectif quantitatif* : • Porter les dépenses de R-D à 1.9 % du PIB d'ici à 2020.

Programme national pour le développement de l'éducation, de la recherche et du développement expérimental	2013-20	Encourager le développement durable et la compétitivité, et créer des conditions propices à l'innovation en développant l'enseignement supérieur et la R-D ; i) créer un environnement permettant aux individus d'acquérir des qualifications professionnelles de haut niveau ; ii) faire émerger de nouvelles connaissances et créer les conditions permettant d'intégrer la science, les entreprises et la culture dans la société ; iii) faire en sorte que le fonctionnement du système d'éducation et celui de la recherche scientifique et du développement expérimental reposent sur les éléments suivants : données, informations, faits concrets, professionnalisme et confiance.
Programme de mise en œuvre des domaines prioritaires de la recherche, du développement socio-culturel et de l'innovation	Depuis 2014	Faire en sorte que les activités économiques à forte intensité de main-d'œuvre très qualifiée, à forte intensité de savoir et à forte valeur ajoutée aient plus d'impact sur le PIB et sur les changements structurels de l'économie. i) Créer des technologies, produits, processus et/ou méthodes innovants et, grâce aux résultats de leur utilisation, relever les défis nationaux et mondiaux à long terme ; ii) améliorer la compétitivité et l'accès aux marchés internationaux grâce à la commercialisation de la R-D et à l'innovation, ainsi qu'à la collaboration accrue entre la science et l'industrie.
	Luxembourg	
Aucun document stratégique		
	Malaisie	
Politique nationale pour la science, la technologie et l'innovation	2013-20	i) Intensifier la R-D dans le domaine social et scientifique et accroître la commercialisation de ses résultats ; ii) développer, exploiter et renforcer les talents ; iii) dynamiser les industries ; iv) transformer la gouvernance du domaine STI ; v) promouvoir la STI et faire un travail de sensibilisation ; vi) renforcer les alliances stratégiques internationales. *Objectif quantitatif :* • Porter les dépenses de R-D à 2 % du PIB d'ici à 2020.
	Mexique	
Plan national de développement (PND)	2013-18	Faire du développement des sciences/technologies et de l'innovation les piliers du développement économique et social durable. Concevoir le nouveau Programme spécial pour la science, la technologie et l'innovation (PECiTI) 2014-18. *Objectif quantitatif :* • Amener les dépenses de R-D à 1 % du PIB (échéance indéterminée).
Programme spécial pour la science, la technologie et l'innovation (PECiTI)	2014-218	Transformer le Mexique en une économie fondée sur le savoir.
	Norvège	
Livre blanc sur la recherche : « Long-Term Perspectives – Knowledge Provides Opportunity »	Depuis 2013	Adoption d'une nouvelle approche en ce qui concerne l'élaboration de la politique nationale de la recherche ; un plan national à long terme pour la recherche et l'enseignement supérieur doit être présenté en 2014 et mis à jour tous les quatre ans. *Objectif quantitatif :* • Porter les dépenses de R-D à 3 % du PIB (échéance indéterminée).
Plateforme politique	Depuis 2013	Définir les priorités d'action des pouvoirs publics en privilégiant le savoir, l'innovation et la technologie. *Objectif quantitatif :* • Porter les dépenses de R-D à 3 % du PIB d'ici à 2030.
Livre blanc sur les droits de propriété intellectuelle (DPI)	Depuis 2013	Vue d'ensemble des DPI en Norvège dans le but de renforcer l'office norvégien des brevets et de développer l'enseignement sur les DPI dans les universités du pays.
Livre blanc sur l'organisation d'Innovation Norway et de SIVA	Depuis 2012	i) Création de fonds nationaux de capital d'amorçage ; ii) renforcement de l'aide à l'internationalisation grâce à Innovation Norway, et meilleure coopération entre Innovation Norway et SIVA ; iii) simplification des instruments d'Innovation Norway ; iv) amélioration de la méthode de gestion par objectifs d'Innovation Norway et de SIVA ; v) révision du mandat d'Investinor ; vi) création de l'organisme d'investissement norvégien Invest in Norway, fruit de la collaboration entre Innovation Norway, le Research Council of Norway et SIVA.
Livre blanc sur la politique d'innovation : « An innovative and Sustainable Norway »	Depuis 2009	Améliorer la base de connaissances et créer des conseils stratégiques dans des domaines bien précis (PME, technologie environnementale, tourisme et industrie maritime), et accroître l'innovation en promouvant : i) une société créative, avec un cadre bien conçu et un climat favorable à l'innovation ; ii) des citoyens créatifs qui font évoluer leurs ressources et leurs compétences tout en saisissant les possibilités qu'ils ont de les utiliser ; iii) des initiatives créatives d'où émergent des innovations lucratives.
Stratégie pour la coopération du secteur de la recherche avec l'Europe	Depuis 2014	Définir clairement les objectifs et les priorités de la coopération en matière de recherche par l'intermédiaire du programme Horizon 2020 et de l'Espace européen de la recherche.

Stratégie en matière de technologie environnementale	Depuis 2011	Organiser les actions gouvernementales afin de créer des industries et des entreprises compétitives et de permettre à la Norvège d'atteindre ses objectifs environnementaux. Domaines prioritaires : i) commercialisation et expérimentation (par exemple : subventions accordées par Innovation Norway aux projets pilotes relatifs à la technologie environnementale) ; ii) développement de la recherche et amélioration des compétences (par exemple : Programme national pour la technologie environnementale) ; iii) réseaux et coopération ; iv) réglementations environnementales ; v) procédures d'achat des secteurs public et privé ; vi) renforcement de la base de connaissances pour l'élaboration des politiques.
21 stratégies et forums de discussion	Depuis 2001	Stratégies en matière de recherche et d'innovation (21 stratégies et 21 forums de discussion), axées sur les secteurs suivants : industrie pétrolière (OG21 : le gaz et le pétrole au XXIe siècle), énergies renouvelables, efficacité énergétique et captage/stockage du CO_2 (Energi21), recherche sur le climat (Klima21), industrie maritime (Maritim21), gestion durable des ressources marines et de l'industrie marine (Hav21), ingénierie du bâtiment (Bygg21), services de santé et de soins (Health&Care21), industrie forestière (Skog22).
Stratégies pour la R-D dans les secteurs technologiques	Depuis 2009	Stratégies nationales de R-D dans les domaines technologiques prioritaires suivants : TIC (2013), nanotechnologie (2012), biotechnologie (2011), technologie environnementale (2011) et bioprospection marine (2009).
	Nouvelle-Zélande	
Plan d'action pour la croissance des entreprises	Depuis 2012	Bâtir une économie plus productive et plus compétitive – s'appuyant sur les marchés à l'exportation, l'innovation, l'infrastructure, une main-d'œuvre qualifiée et un environnement de travail sain, les ressources naturelles et les marchés de capitaux – en : i) encourageant l'innovation des entreprises ; ii) favorisant l'investissement public dans les sciences ; iii) renforçant les établissements de recherche ; iv) augmentant la main-d'œuvre travaillant dans l'innovation ; v) instaurant des liens au niveau international ; vi) améliorant les dispositions relatives à la propriété intellectuelle ; vii) développant l'infrastructure de l'innovation ; viii) favorisant l'investissement public dans la science et la recherche. *Objectifs quantitatifs :* • Porter les dépenses de R-D des entreprises à plus de 1 % du PIB. • Porter les exportations de 30 à 40 % du PIB d'ici à 2025.
	Pays-Bas	
Nouveau Livre blanc sur la politique scientifique	Prochainement	
Politique relative aux entreprises : « To The Top »	Depuis 2011	Améliorer la compétitivité des Pays-Bas et faire du pays l'une des cinq plus grandes économies du savoir au monde (d'ici à 2020) grâce aux mesures suivantes : i) baisse des subventions en échange d'une baisse des impôts ; ii) simplification des règles et réduction de leur nombre ; iii) élargissement de l'accès des entreprises au financement ; iv) meilleure utilisation de l'infrastructure du savoir par le secteur des entreprises ; v) faire en sorte que le régime fiscal, l'éducation et la diplomatie soient mieux adaptés aux besoins du secteur des entreprises. *Objectifs quantitatifs* : • Porter les dépenses de R-D à 2.5 % du PIB d'ici à 2020. • Créer des consortiums de premier plan spécialisés dans le savoir et l'innovation, auxquels des partenaires publics et privés apportent une contribution de plus de 500 millions EUR, dont 40 % au moins sont financés par le secteur des entreprises (d'ici à 2015).
Plan d'action stratégique pour l'enseignement supérieur, la recherche et la science	2011-15	i) Améliorer la qualité de l'enseignement ; ii) se concentrer sur des secteurs économiques particuliers (tels que l'eau et l'énergie) ; iii) mettre l'accent sur la recherche (fondamentale) dictée par la curiosité en promouvant la coopération dans ce que l'on appelle le « triangle d'or » : éducation, recherche et entrepreneuriat.
	Pologne	
Stratégie pour une économie innovante et efficiente : Dynamic Poland 2020	2013-20	i) Adapter l'environnement réglementaire et financier aux besoins de l'innovation ; ii) fournir à l'économie les connaissances et les ressources humaines appropriées ; iii) veiller à l'utilisation durable des ressources ; iv) accroître le rayonnement international de l'économie polonaise. *Objectifs quantitatifs :* • Porter les dépenses de R-D à 1.7 % du PIB d'ici à 2020. • Améliorer le classement du pays dans l'indice de synthèse de l'innovation de l'UE et se classer parmi le groupe des suiveurs de l'innovation d'ici à 2020. • Obtenir d'ici à 2020 un indice d'innovation de 15 – parmi les pays de l'UE – dans le Global Competitiveness Report. • Accroître la productivité des ressources (GDP/CIM) pour la porter à 0.5 d'ici à 2020.

Stratégie pour la science	2009-15	i) Promouvoir les moteurs d'une économie fondée sur le savoir -- biotechnologie, nanotechnologie, technologies des matériaux et de l'information ; ii) sélectionner les priorités et les programmes de recherche pertinents ; iii) réformer la gouvernance et la structure des établissements d'enseignement supérieur (par exemple en créant un Conseil pour la science et l'innovation chargé de définir les axes stratégiques de développement) ; iii) accorder une plus grande place au financement concurrentiel (par opposition au financement statutaire) et revoir les critères d'évaluation des performances. *Objectifs quantitatifs :* • Porter les dépenses de R-D à 1.7 % du PIB d'ici à 2015. • Amener les crédits alloués à la science à 1 % du PIB.
Stratégie pour le renforcement de la capacité d'innovation de l'économie	2007-13	Favoriser le développement de pôles d'activité et l'établissement de réseaux.
		Portugal
Stratégie pour la recherche et l'innovation	2014-20	Stratégie à plusieurs niveaux devant servir de base à l'élaboration des programmes nationaux pour 2014-20. *Objectif quantitatif :* • Porter les dépenses de R-D à 3 % du PIB d'ici à 2020.
		République slovaque
Stratégie en matière de recherche et d'innovation pour la spécialisation intelligente (RIS3) – Du savoir à la prospérité	2014-20	Engager des changements structurels en vue de favoriser une croissance autonome des revenus, de l'emploi et du niveau de vie. Les principaux objectifs stratégiques sont les suivants : i) regrouper les industries clés par le biais d'une coopération entre les chaînes d'approvisionnement locales au sein de pôles d'activité intégrés ; ii) accroître la contribution de la recherche à la croissance économique en associant excellence mondiale et utilité locale ; iii) pour favoriser l'amélioration du niveau de vie, créer une société innovante qui soit ouverte, dynamique et solidaire ; iv) améliorer la qualité des ressources humaines. Priorités en matière de R-D : étude des matériaux et nanotechnologies, TIC, biomédecine et biotechnologie. Priorités technologiques : technologies industrielles, énergie durable, environnement et agriculture. Priorités sociales. *Objectif quantitatif :* • Porter les dépenses de R-D à 1.2 % du PIB d'ici à 2020.
		République tchèque
Stratégie nationale d'innovation	2012-20	Accorder plus d'importance à l'innovation et utiliser les technologies les plus performantes pour améliorer la compétitivité. Accroître leur contribution à la croissance économique à long terme, à la création d'emplois de qualité et à l'amélioration de la qualité de vie en République tchèque grâce à : i) une recherche de qualité supérieure ; ii) une coopération entre les établissements de recherche et les entreprises ; iii) un entrepreneuriat innovant ; iv) des ressources humaines créatrices d'idées nouvelles et de changement.
Stratégie de compétitivité internationale	2012-20	Renforcer la compétitivité de l'économie tchèque dans neuf secteurs clés : institutions, infrastructure, macroéconomie, santé, éducation, marché du travail, marchés financiers, environnement économique et innovation. Les institutions, l'infrastructure et l'innovation (les « 3i ») sont considérées comme les domaines les plus importants pour la compétitivité future. L'idée est de créer des conditions propices à la créativité des entreprises, à l'innovation et à la croissance.
Politique nationale en matière de recherche, de développement et d'innovation (NRDIP)	2009-15	Favoriser l'innovation, le transfert de connaissances et la diffusion des technologies de pointe – qui sont des sources essentielles de croissance économique à long terme – en : i) fournissant des ressources humaines de qualité ; ii) améliorant le cadre dans lequel s'effectuent le transfert et l'utilisation des connaissances ; iii) améliorant les capacités d'innovation dans le secteur des entreprises ; et en iv) améliorant la gestion stratégique du système. Une version actualisée de cette politique fixe l'échéance à 2020. *Objectifs quantitatifs :* • Porter les dépenses de R-D à 2.7 % du PIB d'ici à 2020. • Porter les dépenses publiques de R-D à 1 % du PIB d'ici à 2020.
Réforme du système de recherche, de développement et d'innovation	Depuis 2008	Renforcer la compétitivité de l'économie tchèque et améliorer la qualité de vie dans le pays moyennant des aménagements institutionnels et des modifications législatives relatives à l'aide de l'État à la R-D et au financement dans le but : i) d'améliorer l'efficience et de simplifier le soutien à la R-D ; ii) de favoriser l'excellence dans la R-D et de faciliter l'application de la R-D à l'innovation ; iii) de renforcer la coopération avec les utilisateurs des résultats de la R-D en mettant en place un cofinancement (sources publiques et privées) ; iv) d'accroître la flexibilité organisationnelle des établissements publics de recherche ; v) d'assurer une offre de ressources humaines dans le domaine des sciences et technologies ; et vi) d'accroître le rôle du pays dans la coopération internationale.

	Royaume-Uni	
Stratégie industrielle du Royaume-Uni	Depuis 2012	Recenser les domaines qui, présentant un avantage concurrentiel, devront être développés pendant les 20 prochaines années conformément à l'engagement du gouvernement d'établir un partenariat à long terme avec les entreprises, à savoir : i) accès au financement (la nouvelle British Business Bank va fournir aux PME des prêts et des solutions en termes de garantie) ; ii) compétences (les entreprises auront davantage leur mot à dire concernant l'affectation des moyens de financement à l'amélioration des compétences, par exemple avec la mise en place de l'Employer Ownership Pilot et de l'Employer Ownership Fund) ; iii) marchés publics (p. ex., initiative Small Business Research pour encourager les achats publics avant commercialisation ; procédures d'achat public plus simples et plus transparentes ; renforcement des chaînes d'approvisionnement du secteur privé) ; iv) 11 secteurs clés : aérospatial, technologies agricoles, automobile, bâtiment, économie de l'information, formation internationale, sciences de la vie, nucléaire, exploitation offshore du gaz, du pétrole et de l'énergie éolienne, services professionnels et aux entreprises ; v) centres Catapult et huit grands domaines technologiques : mégadonnées, domaine spatial, robotique et systèmes autonomes, biologie de synthèse, médecine régénérative, agronomie, matériaux de pointe et énergie.
Stratégie de recherche et d'innovation au service de la croissance	2011	Renforcer la capacité du Royaume-Uni à accélérer la commercialisation des nouvelles technologies, à accéder aux chaînes de valeur correspondantes et à se faire une place dans l'économie mondiale de l'innovation grâce à : i) la recherche fondamentale, les découvertes et les inventions ; ii) une meilleure interaction entre les établissements d'enseignement supérieur et les entreprises ; et iii) un environnement plus propice à la commercialisation des résultats de la recherche.
	Slovénie	
Stratégie pour la recherche et l'innovation	2011-20	Mettre en place un système de recherche et d'innovation moderne qui favorise une haute qualité de vie pour tous, une réflexion critique au sein de la société, la résolution efficace des défis sociaux, une hausse de la valeur ajoutée par salarié et l'augmentation du nombre et de la qualité des postes de travail. Les principales priorités sont les suivantes : i) une nouvelle loi sur les activités en matière de R-D ; ii) la spécialisation intelligente ; iii) l'excellence scientifique ; iv) la coopération entre les universités, les établissements de recherche et l'industrie, et le transfert de technologie ; v) la mise en œuvre de la Feuille de route nationale sur l'infrastructure de la recherche 2011-20 ; vi) la R-D transnationale et la mobilité internationale ; vii) des organismes de recherche plus autonomes et plus responsables ; viii) l'augmentation de la part des fonds publics dans le financement de la R-D tournée vers l'innovation, ainsi que du pourcentage d'entreprises innovantes ; ix) la sensibilisation du public à l'impact des activités de R-D industrielles.
Feuille de route sur l'infrastructure de la recherche	2012-20	Domaines prioritaires : alimentation, biotechnologie, biomédecine, environnement et énergies renouvelables, matériaux de pointe, nanotechnologie, bâtiment, domaine spatial, informatique et réseaux de pointe, sources de données publiques et numériques, sciences sociales et humaines.
Stratégie pour le développement de la Slovénie	2006-13	i) Établir un lien plus étroit entre la science et les besoins/capacités des entreprises ; ii) accroître les dépenses de R-D et promouvoir l'investissement des entreprises dans la R-D ; iii) accroître la capacité des entreprises (en particulier des PME) à absorber les résultats de la R-D effectuée dans le secteur des entreprises, et encourager la commercialisation de ces résultats ; iv) réformer la structure organisationnelle de la R-D publique ; v) accroître le nombre de chercheurs et leur mobilité entre les secteurs ; vi) orienter la recherche publique vers une recherche appliquée et ciblée ; vii) encourager la coopération internationale ; viii) encourager les dépôts de brevet et les exportations de haute technologie. *Objectif quantitatif :* • Porter les dépenses de R-D à 3 % du PIB d'ici à 2010, notamment en concevant des mesures spéciales pour promouvoir l'investissement des entreprises dans la R-D.
Résolution concernant le Programme national de l'enseignement supérieur	2011-20	i) Aptitude à l'emploi et mobilité des diplômés en Europe et dans le monde ; ii) diversité et égalité d'accès par le biais de l'internationalisation, de la diversification, des structures éducatives et du financement de l'enseignement supérieur.
Programme-cadre pour la promotion de l'entrepreneuriat et de la compétitivité	2007-13	i) Promouvoir l'entrepreneuriat et un environnement propice à la création d'entreprise ; ii) fournir aux entreprises des connaissances et encourager la R-D et l'innovation dans les entreprises ; iii) faciliter l'accès des PME au financement par apport de fonds propres ou recours à l'emprunt.
	Suède	
Stratégie nationale d'innovation	Depuis 2012	i) Individus innovants ; ii) recherche de grande qualité et enseignement supérieur axé sur l'innovation ; iii) conditions-cadres et infrastructures au service de l'innovation ; iv) entreprises et organisations innovantes ; v) organismes publics innovants ; vi) régions innovantes et environnement propice à l'innovation.

Projet de loi sur la recherche et l'innovation de 2012	2013-16	Accroître l'investissement dans la recherche et l'innovation d'environ 15 % entre 2012 et 2016, en mettant l'accent sur les universités et sur l'excellence, les sciences de la vie, l'infrastructure de la recherche et les initiatives ciblées, la collaboration avec les universités, les domaines d'innovation stratégiques, le développement durable de la société, les bureaux de l'innovation, les installations de test et de démonstration, et enfin les établissements de recherche industrielle.
Stratégie suédoise d'innovation	Depuis 2010	Avant toutes choses, accroître l'innovation dans les services. *Objectif quantitatif :* • Porter les dépenses de R-D à 4 % du PIB d'ici à 2020.
	Suisse	
Promotion de l'éducation, de la recherche et de l'innovation(ERI-Dispatch)	2013-16	i) Éducation : proposer un large éventail de programmes d'éducation et de formation professionnelle variés et perméables, accroître le rayonnement mondial, encourager la mobilité internationale, réformer le financement et la coordination de l'enseignement supérieur ; ii) recherche et innovation : renforcer le système d'octroi des subventions sur la base de la concurrence tout en laissant le champ libre à des approches de la recherche non conventionnelles, investir dans les infrastructures de recherche stratégiques, poursuivre la coopération internationale et l'établissement de réseaux avec d'autres pays (européens et autres), améliorer la coopération entre les établissements de recherche et le secteur privé ; iii) principes d'égalité des chances, de durabilité et de compétitivité : renforcer la cohésion sociale, accroître les moyens de financement pour former la prochaine génération de chercheurs ainsi que des travailleurs qualifiés, promouvoir l'égalité des chances et favoriser le développement durable. *Objectif quantitatif :* • Accroître le niveau d'études de sorte que 95 % des jeunes au moins achèvent un cursus d'enseignement secondaire du deuxième cycle.
	Turquie	
10e Plan quinquennal de développement	2014-18	Feuille de route nationale des actions publiques pour le développement. *Objectifs quantitatifs :* • Porter les dépenses de R-D à 3 % du PIB d'ici à 2023. • Atteindre un taux de croissance moyen du PIB de 5.5 %. • Porter le PIB à 1.3 million. • Porter le PIB à 16 000 par habitant. • Accroître le volume des exportations jusqu'à atteindre 277 milliards. • Créer 4 millions d'emplois. • Ramener le taux de chômage à 7.2 %.
Document de stratégie industrielle en vue de l'adhésion à l'UE	2011-14	Devenir la base de production de l'Eurasie dans le domaine des produits de moyenne et haute technologie en améliorant la compétitivité et l'efficience de l'industrie turque et en accélérant la transformation de la structure industrielle (part plus élevée dans les exportations mondiales, production axée principalement sur les produits de haute technologie à forte valeur ajoutée, faisant appel à une main-d'œuvre qualifiée et respectueux de l'environnement et de la société).
Document de stratégie sur l'industrie mécanique	2011-14	Aider l'industrie mécanique en développant sa capacité à fabriquer des produits de haute technologie.
Document de stratégie sur l'industrie automobile	2011-14	Accroître la compétitivité mondiale et la durabilité de l'industrie automobile en lui conférant une structure à haute valeur ajoutée par le biais des technologies de pointe.
Document de stratégie et plan d'action sur l'industrie sidérurgique et métallurgique	Depuis 2012	
Document de stratégie et plan d'action sur le secteur de l'électricité et de l'électronique	Depuis 2012	
	UE28	
Initiative phare L'Union de l'innovation		Assurer la compétitivité de l'Europe à l'échelle mondiale en créant un environnement propice à l'innovation qui permettra une croissance intelligente, durable et participative, ainsi que la création d'emplois en : i) faisant de l'Europe un acteur scientifique de premier plan ; ii) éliminant les obstacles à l'innovation (par exemple : les procédures coûteuses de dépôt de brevet, la fragmentation du marché, la lenteur dans l'établissement des normes, l'insuffisance des compétences) ; et iii) révolutionnant la façon dont les secteurs public et privé travaillent ensemble (par exemple, dans le cadre de partenariats pour l'innovation). Autres mesures : utilisation stratégique des marchés publics au service de l'innovation, création d'un Tableau de bord de l'innovation comprenant 25 indicateurs, mise en place d'un marché européen de la connaissance pour les brevets et les licences, et mesures visant à renforcer les initiatives à succès (par exemple, le mécanisme de financement avec partage des risques).

Programme-cadre pour la recherche et l'innovation Horizon 2020	2014-20	Instrument financier visant à mettre en œuvre l'Union de l'innovation au travers de trois piliers : i) excellence scientifique : renforcer la base scientifique et rendre l'Espace européen de la recherche plus compétitif à l'échelle mondiale ; ii) primauté industrielle : accélération du développement des technologies et des innovations pour les entreprises de demain, et aide aux PME innovantes pour qu'elles deviennent des leaders au niveau mondial ; iii) défis sociétaux : prendre en compte les préoccupations des citoyens, en Europe et ailleurs (santé et bien-être, sécurité alimentaire, agriculture durable, bioéconomie, énergies sûres et propres, transports intelligents et intégrés, environnement, utilisation efficace des ressources, sociétés inclusives et innovantes). *Objectif quantitatif :* • Porter les dépenses de R-D à 3 % du PIB d'ici à 2020.
Communication sur l'Espace européen de la recherche (EER)	2012	i) Accroître l'efficacité des systèmes de recherche nationaux – notamment en stimulant la concurrence à l'intérieur des frontières nationales et en maintenant, voire en augmentant, les investissements dans la recherche ; ii) accroître la coopération et la concurrence transnationales (par exemple : programmes de recherche communs sur les grands défis et utilisation des principales infrastructures de recherche sur une base paneuropéenne) ; iii) ouvrir le marché du travail pour les chercheurs ; iv) promouvoir l'égalité entre les hommes et les femmes et intégrer cette dimension dans la recherche ; v) Optimiser la diffusion, l'accessibilité et le transfert des connaissances scientifiques, notamment grâce à l'EER numérique.

Note : Ce tableau n'inclut pas les programmes de réforme nationaux, les stratégies nationales de cohésion et les programmes opérationnels qui, conformes aux directives de l'UE, ne sont pas spécifiques à un pays en particulier mais communs à l'ensemble des pays membres de l'UE.

1. Les réponses de l'Inde correspondent au point de vue collectif d'un groupe de chercheurs du National Institute of Science, Technology and Development Studies (NISTADS, *www.nistads.res.in/*). Elles ne reflètent pas nécessairement le point de vue du NISTADS ou du gouvernement indien.

Source : Réponses des pays au questionnaire de l'édition 2014 des *Perspectives STI de l'OCDE*.

Science, technologie et industrie : Perspectives de l'OCDE 2014

PARTIE II

Chapitre 3

Profils des politiques STI : Mondialisation et politiques d'innovation

ATTIRER LES INVESTISSEMENTS SCIENTIFIQUES ET TECHNOLOGIQUES INTERNATIONAUX DES ENTREPRISES

Bien-fondé et objectifs

Les investissements internationaux ont augmenté rapidement pendant les dernières décennies du fait de la progression rapide des chaînes de valeur mondiales. Les processus de production sont devenus de plus en plus fragmentés, les biens et services étant produits par étapes dans des pays différents. Les entreprises s'efforcent d'optimiser leurs processus de production en localisant les divers stades de la production dans des lieux et pays différents, en tenant compte des facteurs de localisation optimaux. Si les activités de distribution, de vente et de production ont montré la voie en ce domaine, les activités scientifiques et technologiques et la R-D sont, elles aussi, de plus en plus fréquemment localisées et/ou relocalisées à l'étranger.

Le premier facteur incitant à investir dans la science et la technologie à l'étranger est la nécessité d'adapter les technologies conçues dans le pays d'origine aux conditions locales. En pareil cas, l'innovation et la R-D présentent un caractère essentiellement adaptatif. Les raisons justifiant la décentralisation de ce type d'innovation se situent principalement du côté de la demande ; elles sont liées à la proximité du marché et à la nécessité d'être proche des « primo-utilisateurs », et d'adapter les produits et procédés aux conditions locales.

Un second type, plus récent, d'investissement scientifique et technologique à l'étranger est motivé par la recherche de l'accès à des connaissances ou à des technologies étrangères. Les stratégies d'innovation s'appuient de plus en plus sur l'approvisionnement mondial afin de mettre à profit les nouvelles évolutions scientifiques et technologiques internationales et de développer de nouveaux concepts pouvant être appliqués partout dans le monde. Cela explique aussi l'évolution en faveur de l'innovation ouverte, qui permet aux entreprises de rechercher des partenaires pour collaborer dans le domaine de la R-D et de l'innovation. Les décisions de localisation de ces investissements sont plus fortement liées à l'offre et sont influencées par des considérations telles que l'infrastructure technologique du pays d'accueil, la présence d'entreprises et d'institutions offrant des avantages pouvant être absorbés par les entreprises investisseuses, l'accès à un personnel qualifié, l'existence de liens avec les universités ou des institutions publiques, et la disponibilité d'une infrastructure adéquate pour certains types particuliers de recherche.

Du fait de leurs investissements croissants à l'étranger, les entreprises multinationales (EMN) jouent un rôle de premier plan dans l'internationalisation de la R-D et de l'innovation. Bien que la majorité de leurs investissements de R-D demeurent regroupés à proximité de leur siège, leurs filiales étrangères occupent une place importante dans l'organisation de leurs activités de R-D et d'innovation à l'échelle mondiale. Les EMN sont devenues des acteurs clés du processus d'innovation mondial, d'où la forte influence de leurs décisions de localisation internationales sur les activités d'innovation « nationales » des pays d'accueil.

Attirer l'investissement international dans le domaine de l'innovation est une priorité des pouvoirs publics non seulement dans les pays de l'OCDE mais aussi, de plus en plus, dans les économies émergentes, qui considèrent que ces activités peuvent stimuler leur développement. Pendant la dernière décennie, ces économies ont attiré une part croissante des investissements internationaux, y compris dans les domaines scientifique et technologique. L'évolution des décisions d'investissement des EMN reflète en grande partie la transformation du paysage de l'innovation et le caractère mondial de plus en plus marqué de l'offre de ressources et de capacités scientifiques et technologiques (voir le chapitre 1). La Chine et l'Inde, par exemple, avec leurs capacités croissantes de recherche et d'innovation, sont aujourd'hui des acteurs importants.

L'intensification de la concurrence des économies émergentes sur le plan des investissements internationaux – aussi bien dans le domaine des activités à forte intensité de main d'œuvre que dans celui des activités d'innovation – suscite dans certains pays avancés des préoccupations quant à leur avenir économique à long terme. Ceux-ci craignent en effet que la relocalisation par les EMN (y compris les leurs) d'investissements majeurs en matière de production et de distribution ne leur fasse perdre des activités à forte valeur ajoutée, comme celles liées à la R-D et à l'innovation, au profit des économies émergentes.

Les pays se font de plus en plus concurrence dans les politiques qu'ils mènent pour attirer l'investissement international par diverses formes d'incitations directes (par exemple, subventions et allégements fiscaux, notamment crédits d'impôt pour la R-D). Certains éléments semblent indiquer que de telles mesures d'incitation peuvent effectivement détourner des investissements d'un pays vers un autre à l'intérieur d'une même région géographique. Bien que l'on ne dispose pas encore de données montrant de façon concluante que la concurrence pour attirer l'investissement international a des effets négatifs à un niveau systémique, les responsables de l'élaboration des politiques devraient néanmoins rester attentifs à son impact négatif potentiel. Les retombées en aval de l'investissement des EMN ne sont pas automatiques et des mesures complémentaires sont par conséquent nécessaires pour accroître la capacité d'absorption des technologies avancées des EMN par les entreprises nationales.

Principaux aspects

L'innovation est devenue dans les pays de l'OCDE une source essentielle de croissance et de compétitivité, d'où l'importance que beaucoup de pays attachent à leur attractivité en matière d'investissement dans l'innovation. L'attrait d'un pays pour les investisseurs internationaux est directement lié à certains facteurs de localisation favorables. Les gouvernements conjuguent en général plusieurs mesures pour attirer les investissements scientifiques et technologiques. Ces mesures peuvent être classées approximativement en deux catégories : d'une part, les mesures classiques de promotion de l'investissement (tableau 3.1) et, d'autre part, les mesures en faveur de l'innovation. D'une manière générale, les mesures de promotion de l'investissement visent à créer une image positive du pays en tant que lieu d'investissement international, tandis que les mesures en faveur de l'innovation cherchent à favoriser les performances et résultats de l'innovation des pays d'accueil. Pour réussir, une stratégie d'innovation doit englober plusieurs domaines d'action et s'appuyer sur des mesures spécifiques destinées à attirer l'investissement international dans l'innovation.

Pour être efficaces, les mesures classiques de promotion de l'investissement étranger doivent être complétées par des mesures spécifiques en faveur de l'innovation. En raison de l'étendue et du caractère omniprésent de l'innovation, les pays recourent à un large éventail de mesures. Les investisseurs internationaux, qui étudient soigneusement les points forts et les points faibles des déterminants essentiels de chacun des sites examinés, sont généralement à la recherche de facteurs de localisation attrayants, associés à des fondements économiques solides. La conception et la mise en œuvre de la politique d'innovation d'un pays dépendent des particularités de l'innovation dans ce pays. Il n'existe pas de modèle universel.

Tableau 3.1. **Mesures de promotion de l'investissement**

Fonction		Objectif	Activités
Amélioration de l'image		Créer une image positive du pays en tant que site attractif pour l'investissement international	• Publicité • Manifestations de relations publiques • Campagnes médias à l'étranger • Forums d'investisseurs • Maintien de relations avec journalistes et partenaires commerciaux • Développement du site web de l'office de promotion de l'investissement
Ciblage/génération de l'investissement		Amorcer l'investissement au profit de projets dans des secteurs, entreprises ou domaines de développement particuliers	• Identification des investisseurs potentiels • Mise en relation • Campagnes directes par courrier, téléphone • Organisation de séminaires pour les investisseurs ciblés
Fourniture de services d'investissement	Services avant-investissement	Faciliter l'arrivée de l'investisseur étranger dans le pays ; aider à l'analyse des décisions d'investissement	• Fourniture d'information • Service à guichet unique pour l'enregistrement/ l'autorisation • Analyses sectorielles • Aide pour l'accès aux sites, aux fournisseurs, etc.
	Services après-investissement	Aider l'investisseur étranger à maintenir ses activités, faciliter les décisions ultérieures de réinvestissement	• Aide juridique ou consultative aux projets d'investissement étrangers en cours • Résolution des problèmes administratifs
Sensibilisation des pouvoirs publics		Améliorer le climat d'investissement en établissant des mécanismes efficaces de retour d'information entre les investisseurs étrangers et le gouvernement	• Enquêtes de conjoncture • Participation à des groupes de travail • Propositions d'action ou de législation aux autorités • Activités de lobbying

Source : Piontkivska et Segura (2003), *in* OCDE (2008).

Tendances récentes de l'action publique

Pratiquement tous les gouvernements s'efforcent d'attirer, sous une forme ou une autre, les investissements internationaux dans les industries de haute technologie, ces investissements étant généralement considérés comme sources d'avantages plus importants pour les pays d'accueil. La situation varie selon les pays, mais les secteurs les plus fréquemment ciblés sont ceux de l'électronique et des télécommunications, de l'équipement, des produits pharmaceutiques, de l'aérospatiale, de la construction automobile, des services aux entreprises et des services de télécommunications. Depuis quelques années, outre cette approche sectorielle, les pays tiennent de plus en plus compte de la fragmentation croissante des chaînes de valeur des entreprises au niveau international et adoptent une stratégie plus fonctionnelle en donnant la priorité à l'innovation, à la science et à la technologie, aux laboratoires de R-D, aux sièges d'entreprise et autres centres de décision.

De nombreux pays et régions cherchent à se positionner comme sites attrayants pour les investissements scientifiques et technologiques, souvent au moyen de campagnes vigoureuses de publicité et de marketing. On peut citer comme exemples récents à cet égard : Research in Germany, Team Finland (stratégie de promotion de l'investissement étranger) et Essential Costa Rica. La campagne Invest in Japan cherche à attirer à la fois les installations de R-D et les sièges régionaux pour l'Asie des entreprises mondiales. Les agences nationales de promotion de l'investissement et des exportations jouent un rôle clé dans ces stratégies en diffusant des informations, en identifiant et en ciblant les investisseurs potentiels et en fournissant des services d'investissement sur mesure. Un certain nombre de ces initiatives sont développées en coopération étroite avec le secteur des entreprises comme Catalyst UK et UK Advisory Network au Royaume-Uni.

Le Chili et la Suède ont créé des centres d'excellence, alors que l'Afrique du Sud a préféré établir des mémorandums d'accord avec les EMN qui investissent dans les installations de R-D nationales. De nombreux pays (Allemagne, Australie, Belgique, République tchèque, Slovénie, par exemple) ont mis en place de nouvelles incitations – ou ont modifié les incitations existantes – en faveur de l'investissement dans la R-D et l'innovation, notamment sous forme de crédits d'impôt de R-D (voir le profil « Incitations fiscales en faveur de la R-D et de l'innovation »). L'enjeu majeur pour les gouvernements est de concevoir des mesures ouvertes aux EMN mais de nature à optimiser en même temps les retombées positives pour l'économie nationale.

Pour en savoir plus

OCDE (2008), *The Internationalisation of Business R&D: Evidence, Impacts and Implications*, Éditions OCDE, Paris, *http://dx.doi.org/10.1787/9789264044050-en*.

OCDE (2011), *Attractiveness for Innovation: Location Factors for International Investment*, Éditions OCDE, Paris, *http://dx.doi.org/10.1787/9789264104815-en*.

OCDE (2012), *Meeting Global Challenges through Better Governance: International Co-operation in Science, Technology and Innovation*, Éditions OCDE, Paris, *http://dx.doi.org/ 10.1787/9789264178700-en*.

OCDE (2014), « Multinationales et investissement direct étranger », *Science, technologie et industrie : Perpectives de l'OCDE 2014* (base de données ; en anglais), voir : *http://qdd.oecd.org/Table.aspx?Query=6174EB1F-0563-4816-9A7D-38FC7A4E2ED0*.

Plateforme des politiques d'innovation (IPP) de l'OCDE, module sur les liens internationaux, voir : *www.innovationpolicyplatform.org/content/international-linkages?topic-filters=11390*.

INTERNATIONALISATION DE LA RECHERCHE PUBLIQUE

Bien-fondé et objectifs

L'internationalisation est une caractéristique de plus en plus importante de la recherche publique dans les pays membres et partenaires de l'OCDE. Dans le sillage de la mondialisation économique, la coopération dans le domaine de la recherche et la mobilité des universitaires se sont considérablement internationalisées au cours des dernières décennies. Grâce aux nouvelles technologies, les collaborateurs de pays différents peuvent communiquer facilement et au moindre coût, et se procurer des informations sur les communautés de chercheurs d'autres pays est devenu un jeu d'enfant. Les fonds provenant de l'étranger – au travers d'initiatives telles que le programme-cadre de l'UE – ont en outre acquis une place plus importante dans le financement des activités de recherche d'un grand nombre d'organismes. Cela dit, si l'internationalisation a accru les possibilités de coopération, elle a aussi intensifié les pressions concurrentielles sur la recherche et l'enseignement supérieur, les établissements d'enseignement supérieur étant désormais classés au niveau mondial.

L'internationalisation peut être bénéfique à la recherche publique de différentes manières. Premièrement, elle peut améliorer le flux des informations et l'exposition aux nouvelles idées, et ainsi dynamiser le système scientifique et d'innovation des pays. Deuxièmement, elle permet aux pays d'attirer et de retenir un capital humain de qualité pour leur système de recherche et leur économie. Elle permet en outre aux chercheurs des différents pays d'acquérir de l'expérience et des compétences à l'étranger, une mobilité qui favorise la circulation des connaissances. Enfin, l'internationalisation peut être source de revenus pour l'économie et le secteur de l'enseignement supérieur (par exemple via les frais de scolarité des étudiants internationaux) et permettre le partage des coûts des infrastructures de recherche, qui ne sont pas négligeables.

Les mesures gouvernementales visant à encourager l'internationalisation de la recherche publique cherchent à tirer parti de ces avantages. Leur but est de faciliter la coopération avec des partenaires du monde entier, mais aussi de faire en sorte que le pays où elles sont appliquées soit capable d'affronter la concurrence dans un environnement de recherche mondial.

Principaux aspects

Cela fait un certain temps que les pays ont recours à des accords internationaux pour encourager l'internationalisation de la recherche publique, et il n'est pas rare que les organismes de recherche élaborent eux-mêmes des accords et des projets transfrontières. Les accords de recherche bilatéraux ou multilatéraux qui sont conclus à l'échelle d'un pays promeuvent généralement la coopération dans le domaine de la science, de la technologie et de l'innovation ainsi que le partage de connaissances, souvent par le biais du cofinancement, de projets de recherche conjoints ou de programmes d'échange de chercheurs. Il arrive souvent que ces accords soient dictés par des liens de longue date ou par l'importance stratégique des pays partenaires. À titre d'exemple, les pays de l'OCDE ont engagé une coopération active dans le domaine de la science et de l'innovation avec des économies émergentes comme la République populaire de Chine, l'Inde et le Brésil. Les résultats de ces accords – dont la portée et l'ambition sont très variables – sont difficiles à évaluer. Les partenariats les plus concrets sont peut-être ceux qui sont conclus entre des organismes ou des établissements de recherche particuliers, avec des objectifs bien précis. Le Canada et le Japon ont, par exemple, signé en 2013 un accord d'une durée de deux ans pour mener des travaux de recherche collaborative sur l'évaluation des dommages dans l'aéronautique.

Dans un autre exemple, ce sont des capitaux d'amorçage qui ont été utilisés pour favoriser la recherche conjointe entre les universités chiliennes et quatre grandes universités américaines entre 2011 et 2013.

Les établissements de recherche internationaux encouragent eux aussi l'internationalisation de la recherche publique en nouant – de façon formelle ou informelle – des partenariats de recherche conjointe. Le Danemark et la Chine ont ainsi créé conjointement un Centre pour l'éducation et la recherche, qui réunit des chercheurs de l'enseignement supérieur et de l'administration spécialisés dans cinq grands domaines. Des partenariats peuvent également se mettre en place autour de grandes infrastructures de recherche, qui fournissent un exemple visible de la coopération scientifique internationale. C'est le cas par exemple du KUCC – le centre de collaboration Corée-États-Unis pour l'accélération de particules – qui s'est ouvert en 2012 à Fermilab (États-Unis) pour permettre à la Corée de collaborer avec des experts de l'accélération de particules, ainsi que pour favoriser les échanges de technologie et de personnel entre les deux pays. Enfin, des établissements étrangers peuvent décider de s'installer dans un pays donné pour travailler en collaboration et contribuer au renforcement des capacités. Nous citerons comme exemple une initiative du Portugal en vertu de laquelle plusieurs universités américaines de renom proposent des cursus de master et de doctorat en partenariat avec des établissements portugais ; le but de cette initiative est d'améliorer la qualité de la formation et de la recherche, notamment dans l'ingénierie. Un partenariat du même type a été conclu avec l'organisme allemand de recherche Fraunhofer-Gesellschaft.

La mobilité des chercheurs et des étudiants est étroitement liée à la coopération internationale croissante dans l'enseignement supérieur, et constitue un autre aspect important de l'internationalisation de la recherche publique. D'une part, le fait d'attirer des talents scientifiques étrangers peut avoir un effet stimulant sur les efforts de recherche d'un pays ; d'autre part, les chercheurs qui voyagent à l'étranger en reviennent avec de nouvelles connaissances, des perspectives différentes et des contacts professionnels élargis. Prenant conscience de ces avantages, la plupart des pays membres et partenaires de l'OCDE encouragent la mobilité des chercheurs et des étudiants. Le graphique 3.1 montre que dans la majorité des pays pour lesquels des données sont disponibles, le pourcentage de ressortissants étrangers participant à des programmes de recherche de pointe (au niveau du doctorat) s'est accru entre 2005 et 2012. Bien que le pourcentage d'étudiants étrangers dans les programmes de doctorat soit très variable selon les pays (notamment en fonction de l'emplacement géographique des pays ou de la langue qui y est parlée), il se situe partout à un niveau élevé et est en moyenne deux fois supérieur à celui des étudiants étrangers suivant un cursus de licence dans les pays de l'OCDE.

Les indicateurs bibliométriques fournissent un autre aperçu – complémentaire – de la mobilité des chercheurs au niveau mondial (graphique 3.2). Les neuf flux bilatéraux internationaux les plus importants (quelle que soit au final l'affiliation des auteurs scientifiques) sont composés d'échanges avec les États-Unis, et le Royaume-Uni arrive à la deuxième place des échanges. Les liens noués par les États-Unis avec le Royaume-Uni, le Canada et la Chine sont particulièrement forts, mais à l'inverse des deux premiers pays, la Chine affiche un afflux net de chercheurs en provenance des États-Unis : cela signifie que parmi les scientifiques ayant commencé à publier des articles aux États-Unis, un nombre plus élevé d'entre eux ont ensuite, au cours de la période examinée, intégré un organisme d'affiliation en Chine. La Corée et le Taipei chinois enregistrent la plus forte migration nette d'auteurs scientifiques en provenance des États-Unis.

Graphique 3.1. **Etudiants étrangers inscrits dans des programmes de recherche avancée, 2005 et 2012**

En pourcentage de l'ensemble des étudiants (étrangers et nationaux) inscrits dans des programmes de recherche avancée

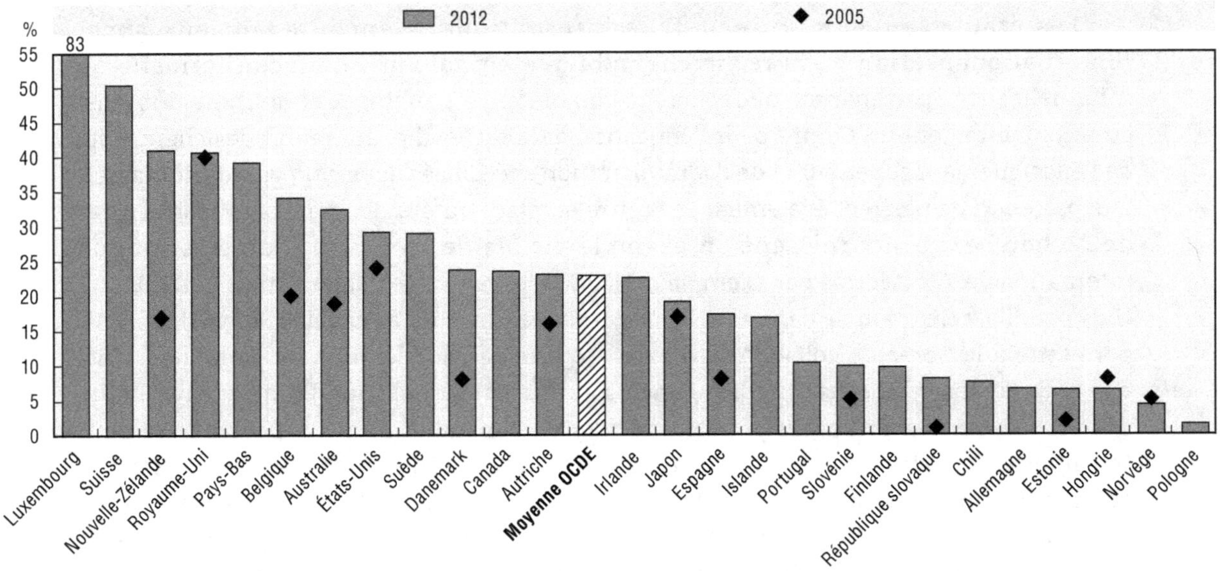

Note : Les étudiants étrangers sont comptabilisés sur la base de leur statut de domiciliation. Les pays qui ont défini les étudiants étrangers en fonction de leur citoyenneté sont exclus.

Pour le Canada, les données se rapportent à 2011.

Pour les Pays-Bas, le dénominateur dans le pourcentage des étudiants étrangers comprend l'ensemble des étudiants inscrits dans des programmes de l'enseignement privé supérieur indépendant. Le pays où ces étudiants ont précédemment résidé ou ont étudié n'est pas connu, ce qui signifie qu'il est impossible de déterminer si ces étudiants s'inscrivent dans une démarche de mobilité internationale ou non.

Pour la Norvège, le nombre d'étudiants étrangers sur la base de leur domiciliation est sous-évalué car certains d'entre eux obtiennent leur carte de séjour durant leurs études.

Source : OCDE (2014, à paraître), *Regards sur l'éducation 2014*, Éditions OCDE, Paris, *www.oecd.org/fr/edu/rse.htm* ; Eurostat, Base de données sur l'éducation et la formation, juin 2014 ; Institut de statistiques de l'UNESCO, Base de données sur l'éducation, juin 2014. Données extraites de IPP.Stat le 8 juillet 2014, *http://stats.oecd.org//Index.aspx?QueryId=57863*.

StatLink http://dx.doi.org/10.1787/888933306458

Tendances récentes de l'action publique

Ces dernières années, l'incitation à l'internationalisation de la recherche a généralement eu lieu au travers du financement (voir le profil « Financement de la recherche publique »). Le financement des établissements de recherche ou le subventionnement des projets sur la base de leurs performances peut être associé à des conditions visant à favoriser ou stimuler la coopération internationale. En Norvège, par exemple, le financement public des établissements d'enseignement supérieur et des établissements publics de recherche sur la base des performances est assorti d'incitations à la collaboration internationale. Les pays peuvent aussi utiliser des leviers incitant directement à la recherche collaborative, comme par exemple les appels conjoints à projets de recherche ; de leur côté, les initiatives axées sur l'excellence dans la recherche présentent souvent une importante dimension internationale (OCDE, 2014). Pour favoriser le développement de la collaboration internationale, les dispositifs de financement de la recherche doivent être dotés d'une souplesse suffisante, afin de permettre la réalisation de projets incluant des partenaires étrangers. En Australie, par exemple, le National Health and Medical Research Council autorise que les subventions octroyées aux projets de recherche soient utilisées à l'étranger, dans les cas où ces projets ne pourraient pas donner les mêmes résultats s'ils étaient menés sur le territoire australien. En Autriche, certains dispositifs de financement facilitent la portabilité des subventions lorsqu'un chercheur souhaite mener une partie de son projet à l'étranger.

Graphique 3.2. **Flux internationaux d'auteurs scientifiques, 1996-2011**

Flux bilatéraux les plus importants par pays d'origine et par pays de destination, et flux de mobilité nets

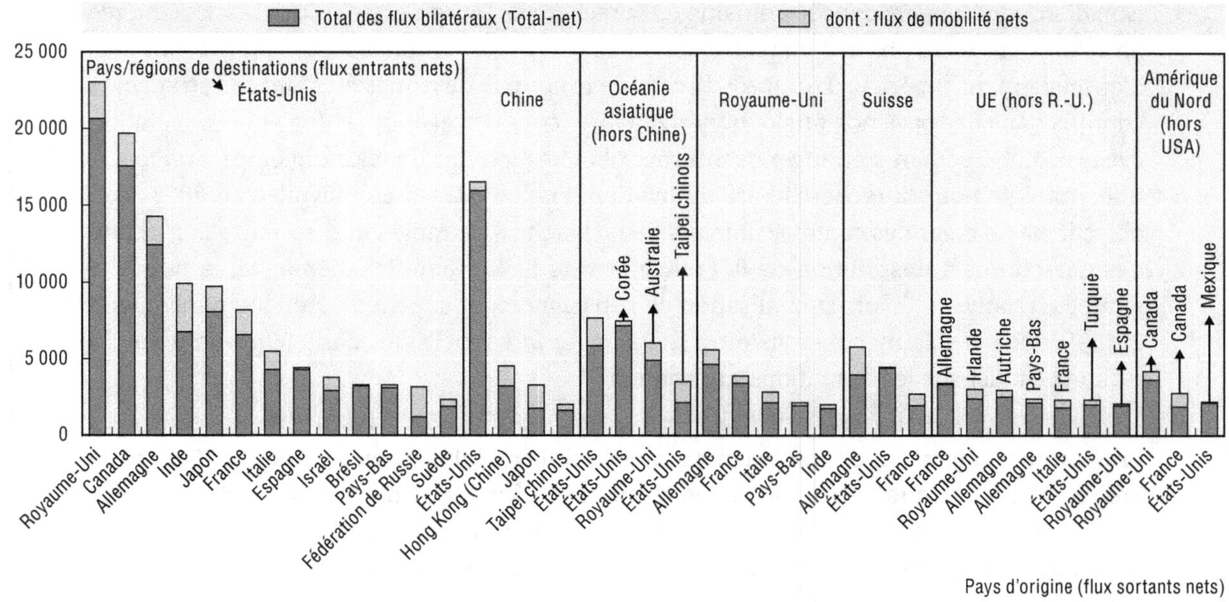

Note : Il s'agit d'un nouvel indicateur expérimental qui trace les changements d'affiliation institutionnelle des scientifiques qui publient dans des revues académiques.

Le premier groupe de barres représente les principaux flux migratoires avec les Etats-Unis pour lesquels les Etats-Unis ont une entrée nette d'auteurs scientifiques (par exemple depuis le Royaume-Uni). Le second groupe de barres représente les principaux flux migratoires avec la Chine pour lesquels la Chine a une entrée nette d'auteurs scientifiques (par exemple des Etats-Unis).

Les auteurs scientifiques sont listés dans la base de données Scopus des publications scientifiques à évaluation par les pairs et sont identifiés par un identifiant d'auteur unique. La mobilité internationale est déduite pour les auteurs ayant au moins deux publications sur la période de référence sur la base de changements dans la localisation de leur affiliation institutionnelle. Les publications sont filtrées par leur impact scientifique mesuré par le nombre de citations. Les seuils minimaux appliqués sont de 2000 flux bilatéraux et de 25000 auteurs scientifiques « immobiles », c'est-à-dire des auteurs scientifiques qui restent dans le même pays d'affiliation sur l'ensemble de la période. Cet indicateur expérimental nécessite des précautions dans son interprétation. Le recensement de la mobilité est moins précis pour les auteurs moins prolifiques et pour ceux qui occupent ou quittent des fonctions dont la mention dans les revues académiques n'est pas la norme. En outre les affiliations institutionnelles et l'assignement des identifiants d'auteur présentent certaines limites qui peuvent falsifier les estimations de la mobilité.

Pour plus de détails sur la mesure et les définitions, voir OCDE (2013), « Mobilité des chercheurs », dans OCDE, Science, technologie et industrie : Tableau de bord de l'OCDE 2013 – L'innovation au service de la croissance, Éditions OCDE. *http://dx.doi.org/10.1787/sti_scoreboard-2013-23-fr.*

Source : OCDE, d'après OCDE (2013), *Science, technologie et industrie : Tableau de bord de l'OCDE 2013 – L'innovation au service de la croissance*, Éditions OCDE, Paris. Calculs de l'OCDE basés sur Elsevier, Scopus Custom data, version 5.2012, mai 2013.

StatLink http://dx.doi.org/10.1787/888933306460

De nombreux pays encouragent l'internationalisation par des campagnes d'information et de promotion, dont le but est d'élargir les possibilités de coopération scientifique, d'améliorer la sensibilisation des autres pays aux capacités nationales en matière de R-D, et d'accroître l'investissement direct étranger. La Belgique (plus exactement la Wallonie) a ainsi créé un réseau de représentants régionaux pour la science, la technologie et l'innovation, dont le rôle est de faire la promotion des projets collaboratifs auprès d'un certain nombre de pays et d'en assurer la mise en œuvre. En Allemagne, un portail Internet répertorie les possibilités de collaboration internationale avec des chercheurs allemands. De leur côté, le Japon, la Suède et la Suisse ont mis en place des bureaux de liaison à l'étranger pour faire connaître leurs activités de R-D.

L'incitation à la mobilité fait partie des nombreuses stratégies mises en œuvre récemment par les pays de l'OCDE pour stimuler l'internationalisation de l'enseignement supérieur et de la recherche publique. Au Canada, la Stratégie en matière d'éducation internationale – mise en place début 2014 – vise à attirer un plus grand nombre de chercheurs et d'étudiants étrangers et à approfondir les liens entre les établissements d'enseignement canadiens et étrangers dans le domaine de la recherche. De son côté, le Danemark a amorcé en 2013 la première phase d'un plan d'action axé sur l'internationalisation des programmes d'enseignement supérieur. Le but est d'accroître le nombre de jeunes étudiants à l'étranger (y compris dans des pays non anglophones et à forte croissance) et de renforcer la coopération avec les établissements étrangers concernant la question des doubles diplômes. En France, une stratégie pour la recherche et l'innovation, France 2020, a été dévoilée en 2013 ; son objectif est de créer des centres conjoints de recherche à l'étranger et d'accroître la mobilité des chercheurs à destination de la France et vers l'extérieur. En Allemagne, la nouvelle stratégie relative à l'internationalisation de l'enseignement supérieur – rendue publique en 2013 – contient des mesures visant à développer la coopération dans le domaine de la recherche ainsi que les formations transnationales.

Outre les politiques nationales, un grand nombre de pays utilisent les divers programmes régionaux existants pour promouvoir la mobilité internationale. En Europe, le Processus de Bologne préconise la coopération et l'échange universitaire entre les pays signataires. Les initiatives de la Commission européenne sont également à citer, comme par exemple EURAXESS (qui inclut un dispositif de mise en commun des informations sur les possibilités de financement et fournit des offres d'emploi pour les chercheurs en Europe) et ERASMUS (qui concerne les étudiants de l'enseignement supérieur). Dans les pays baltes et scandinaves, le programme Nordplus sur l'enseignement supérieur incite à la mobilité des étudiants et des enseignants à l'aide de subventions.

Les moyens d'action les plus couramment utilisés dans les pays membres et partenaires de l'OCDE pour attirer des chercheurs et étudiants étrangers sont répertoriés dans le tableau 3.2. Les instruments les plus fréquents sont notamment le financement et les incitations financières. Au vu de la concurrence existant sur le marché mondial de la

Tableau 3.2. **Principaux moyens d'action mis en œuvre pour encourager la mobilité internationale des chercheurs et des étudiants étrangers**

Domaine d'action	Types d'instruments	Exemples
Financement, incitations financières et conditions de travail	Bourses pour les étudiants et les chercheurs étrangers ; postes de chercheur principal	Finlande (programme Distinguished Professor)
		Allemagne (programme d'octroi de bourses pour les étudiants en post-licence)
		Irlande (bourses internationales)
		Japon (programme de bourses pour les chercheurs étrangers)
		Mexique (accord de coopération avec l'Organisation des États américains)
Reconnaissance des diplômes	Accords mutuels et règles implicites de reconnaissance des diplômes étrangers (ou des crédits obtenus à l'étranger)	Europe (Processus de Bologne)
Soutien social et culturel	Aide à la réinstallation et information ; aides financières au conjoint et à la famille.	Autriche (aide à l'emploi pour le conjoint)
		Belgique (centres de mobilité)
Politiques en matière de visa et d'immigration	Processus de délivrance de visa simplifié pour les chercheurs très qualifiés et les étudiants	Belgique ; Canada (Programme des résidents temporaires)
		France
	Droits de travail pour les étudiants en post-licence	Australie
	Reconnaissance des qualifications acquises à l'étranger	Allemagne (loi de 2012 sur la reconnaissance des qualifications) ; Suisse
Mise en place d'un environnement international	Structure du calendrier universitaire ; règles concernant les congés sabbatiques	Allemagne
	Développement de l'enseignement en anglais ou dans une autre langue étrangère	Slovénie (Programme national pour l'enseignement supérieur, 2011-20)

Source : Réponses des pays au questionnaire de l'édition 2014 des *Perspectives de la science, de la technologie et de l'industrie de l'OCDE*.

recherche, certains de ces instruments ciblent spécifiquement les scientifiques de haut niveau. Au Japon, l'initiative Invitation Fellowship Programs for Research est conçue spécialement pour attirer dans le pays des chercheurs de renommée mondiale, comme par exemple des lauréats de prix Nobel. En Allemagne, en Norvège et en République tchèque, des bourses sont attribuées aux étudiants des pays en développement : cela permet d'internationaliser l'enseignement supérieur national, mais aussi de renforcer les capacités de recherche des pays en développement. En Allemagne, le programme d'octroi de bourses pour les étudiants en post-licence a pour but d'aider les jeunes chercheurs des pays émergents et en développement à suivre des programmes de doctorat dans les établissements allemands. Une tendance intéressante sur le plan de la mobilité des étudiants est le développement de la reconnaissance des diplômes étrangers et la création de doubles diplômes. Bien que les politiques de l'immigration puissent parfois constituer des obstacles, divers moyens institutionnels et interministériels peuvent être utilisés pour encourager la mobilité internationale des étudiants. En 2012, la Fédération de Russie s'est attaquée au problème en simplifiant le processus de reconnaissance des qualifications pour les diplômés de 210 grandes universités mondiales.

Un grand nombre de pays sont conscients des avantages potentiels de la mobilité internationale des étudiants et des chercheurs, ainsi que de l'afflux d'étudiants étrangers. La mobilité internationale des chercheurs peut leur permettre d'acquérir de nouvelles connaissances et compétences, à condition toutefois que les programmes d'évaluation fournissent l'assurance que les politiques publiques sont conçues pour optimiser ces avantages. Un certain nombre de pays utilisent le levier du financement pour encourager cette mobilité. En Autriche, par exemple, le programme DOC-team soutient financièrement les équipes de recherche interdisciplinaires et exige des membres de ces équipes qu'ils passent au moins six mois dans un établissement étranger. Au Brésil, le programme de mobilité scientifique verse 100 000 bourses aux jeunes qui, effectuant des études de pré-licence et de post-licence en sciences, technologies, ingénierie et mathématiques, vont étudier pendant une année universitaire aux États-Unis puis rentrent au Brésil pour terminer leur cursus. En France, la mobilité internationale est encouragée par le versement de bourses. Au Japon, le programme Postdoctoral Fellowship for Research Abroad permet aux jeunes chercheurs de passer quelques temps dans un établissement étranger (de recherche ou d'enseignement supérieur). En Afrique du Sud, les bourses de la National Research Foundation sont versées aux étudiants étrangers de doctorat ainsi qu'aux étudiants de post-doctorat qui partent dans un établissement étranger. La Suisse œuvre quant à elle pour la reconnaissance internationale de ses programmes universitaires (et facilite de ce fait la mobilité internationale de ses citoyens). Par ailleurs, même en l'absence de mesure ou d'aide financière spécifique, il est courant que les chercheurs partent à l'étranger pendant un congé sabbatique, lorsque cette disposition existe. Au Royaume-Uni, le système de l'enseignement supérieur déploie en 2014 une stratégie – financée par l'État – visant à promouvoir la mobilité internationale des étudiants.

Pour tirer parti de la mobilité des chercheurs tout en évitant les éventuels effets néfastes de la fuite des cerveaux, de nombreux pays encouragent les chercheurs installés à l'étranger à rentrer dans leur pays d'origine. En Argentine, le réseau RAICES des scientifiques et chercheurs de l'étranger établit des liens avec les chercheurs argentins installés à l'étranger et les incite à rentrer au pays en leur proposant des offres d'emploi. En Chine, le programme *Mille talents* offre des indemnités de réinstallation aux chercheurs chinois de renommée internationale qui travaillent à l'étranger. D'autres pays (l'Allemagne, la Belgique, la Finlande, la France, la Slovénie, la Suède et la Suisse) proposent un financement ou une aide aux chercheurs expatriés qui décident de rentrer dans leur pays d'origine. En Hongrie, le programme Momentum cherche à limiter l'émigration des jeunes chercheurs en offrant des aides financières et des possibilités de carrière. De son côté, Israël tente de contrebalancer la récente fuite des cerveaux qu'a connue le pays en recrutant des chercheurs israéliens expatriés pour les 30 nouveaux centres d'excellence (ICORE) qui ont été créés dans les universités. Le retour dans le pays d'origine peut en outre être prévu dans la structure même des programmes d'incitation à la mobilité internationale. C'est le cas en Australie, où les bourses réservées aux jeunes chercheurs en sciences et en médecine sont versées à ceux qui partent à l'étranger pendant deux ans, mais qui rentrent au pays après cette période. Le portail Researchers' Mobility a été remplacé par le site Connecting Australian and European Science and Innovation Excellence, qui renseigne les Australiens partis travailler à l'étranger dans le secteur de la recherche sur les possibilités d'emploi dans leur pays d'origine. En Afrique du Sud, l'initiative Research Chairs a pour but d'attirer les citoyens sud-africains très qualifiés qui travaillent ou poursuivent une formation à l'étranger.

Bien que non destinées spécifiquement au secteur de la recherche, les *Lignes directrices OCDE/UNESCO pour des prestations de qualité dans l'enseignement supérieur transfrontalier* mettent en évidence un certain nombre de bonnes pratiques pour rendre le système de l'enseignement supérieur plus transparent et plus sûr pour l'ensemble des parties prenantes intervenant dans un monde globalisé. La mise en œuvre de ces lignes directrices devrait permettre aux pays de continuer à bénéficier des avantages de l'internationalisation, y compris dans le domaine de la recherche.

Pour en savoir plus

Plateforme des politiques d'innovation (IPP), module sur les universités et la recherche publique, voir : *www.innovationpolicyplatform.org/content/universities-and-public-research-institutes?topic-filters=11382.*

OCDE (2010), *L'enseignement supérieur à l'horizon 2030 – Volume 2 : Mondialisation*, Éditions OCDE, Paris, *http://dx.doi.org/10.1787/9789264075405-fr.*

OCDE (2012), *Meeting Global Challenges through Better Governance: International Co-operation in Science, Technology and Innovation*, Éditions OCDE, Paris, *http://dx.doi.org/ 10.1787/9789264178700-en.*

OCDE (2013), *Science, technologie et industrie : Tableau de bord de l'OCDE 2013*, Éditions OCDE, Paris, *http://dx.doi.org/10.1787/sti_scoreboard-2013-fr.*

OCDE (2014), *Promoting Research Excellence: New Approaches to Funding*, Éditions OCDE, Paris, *http://dx.doi.org/10.1787/9789264207462-en.*

OCDE (2014), *Regards sur l'éducation 2014 : Les indicateurs de l'OCDE*, Éditions OCDE, Paris. *www.oecd.org/edu/eag.htm.*

OCDE (2014), « Internationalisation des universités et établissements publics de recherche », *Science, technologie et industrie : Perpectives de l'OCDE 2014* (base de données ; en anglais), voir : *http://qdd.oecd.org/Table.aspx?Query=42F3DB33-9858-446C-B7DF-18C54E6AC81E.*

OCDE (2014), « Mobilité internationale des chercheurs et des travailleurs hautement qualifiés », *Science, technologie et industrie : Perspectives de l'OCDE 2014* (base de données ; en anglais), voir : *http://qdd.oecd.org/Table.aspx?Query=3C52B9E3-6FB3-4AA0-BA90-146E72373FA4.*

Vincent-Lancrin, S. et S. Pfotenhauer (2012), « Lignes directrices pour des prestations de qualité dans l'enseignement supérieur transfrontalier : État des lieux », *OECD Education Working Paper Series* n° 70, Éditions OCDE, Paris, *www.oecd.org/education/skills-beyond-school/49956210.pdf.*

DISPOSITIFS TRANSFRONTIÈRES DE GOUVERNANCE DE LA SCIENCE, DE LA TECHNOLOGIE ET DE L'INNOVATION

Bien-fondé et objectifs

La gouvernance transfrontière de la science, de la technologie et de l'innovation (STI) implique la délégation partielle ou totale de l'élaboration des politiques de l'échelon national à l'échelon international. Elle implique notamment la coordination internationale des initiatives nationales, la suppression des obstacles au mouvement des ressources, la mise en place de normes et réglementations internationales, et une délégation de pouvoir à des organisations intergouvernementales et à des autorités supranationales. Elle s'inscrit dans un double processus de délégation de compétences plus large qui conduit à accroître le rôle de l'échelon international – mais aussi de l'échelon infranational – de la gouvernance STI. De solides arguments économiques plaident en faveur d'une extension de la gouvernance STI au-delà des frontières nationales (OCDE, 2012) :

- La production, la diffusion et l'application des connaissances donnent lieu à d'importantes externalités internationales : certains des avantages et des coûts des initiatives STI nationales se font sentir hors des frontières nationales. Dans une perspective mondiale, les pays risquent de sous-investir dans la R-D et l'innovation, du fait qu'une partie de leurs retombées aura lieu à l'étranger, et les politiques nationales risquent donc de prendre insuffisamment en compte les retombées positives, hors des frontières d'un pays, des efforts engagés au niveau national.
- La R-D et l'innovation se caractérisent par de fortes économies d'échelle et de gamme. Dans des domaines de plus en plus fortement transnationaux comme ceux des « grands défis » (démographie, environnement, énergie) mais aussi dans certaines disciplines scientifiques et technologiques (notamment l'aérospatiale et certains domaines de la physique), les coûts fixes atteignent un niveau tel qu'ils ne peuvent être supportés par un seul pays. L'ouverture des systèmes nationaux de recherche à des acteurs extérieurs (au moyen, par exemple, de la participation à des activités de R-D communes) peut permettre d'accroître la diversité des applications et être aussi source d'avantages importants en termes d'apprentissage et de démonstration (Mowery, 1998).
- Les politiques scientifiques et technologiques internationales peuvent aider à résoudre les inadéquations entre systèmes nationaux et fonctionnels dans les situations où une organisation, un marché ou un réseau s'étend au-delà des frontières nationales. De telles interventions permettent de lever les obstacles qui entravent l'interaction et les flux à l'intérieur des systèmes fonctionnels. Un moyen fréquemment utilisé pour remédier à ces inadéquations est l'établissement de normes, qui favorisent l'extension des marchés en homogénéisant la demande et en réduisant l'incertitude, et permettent l'émergence d'une division du travail au niveau de l'offre.

En ce qui concerne les objectifs des politiques STI internationales, la plupart des pays sont intéressés par les gains d'efficience et/ou d'efficacité qui peuvent résulter des complémentarités d'orientation, de planification, de réglementation et de mise en commun des ressources. Cependant, les gouvernements accordent leur priorité aux défis nationaux et sont parfois réticents à adopter une perspective mondiale ou même un point de vue collectif. La crise économique et financière n'a fait que renforcer cette réticence, tout comme l'émergence de la science, de la technologie et de l'innovation comme point focal des politiques industrielles. Les pays sont aussi préoccupés par l'appropriation des avantages résultant des investissements publics dans l'éducation, la recherche et l'innovation, étant donné l'intensification de la concurrence internationale dans un contexte où les talents et l'investissement se font rares. C'est pourquoi des objectifs plus étroits dictent souvent la nature et l'étendue de la participation nationale à des initiatives STI transnationales : objectifs de politique étrangère ou de diplomatie économique, accès à un financement pour le développement des capacités STI nationales ou accès aux réseaux scientifiques internationaux. Le degré d'engagement à l'égard des politiques STI transnationales dépend donc souvent de facteurs contingents et varie en général dans le temps. En définitive, la réticence à internationaliser certains aspects de la gouvernance STI reflète l'incapacité des dispositifs existants à fournir des assurances crédibles sur la distribution des coûts et avantages qui en résultent.

Principaux aspects

La science a une dimension mondiale. Les réseaux STI sont aujourd'hui rarement circonscrits à l'intérieur des frontières nationales et ils englobent aussi les économies émergentes (voir le chapitre 1). Avec la mondialisation, le développement technologique s'est de plus en plus internationalisé. Toutefois, les données relatives aux brevets et aux publications scientifiques semblent indiquer que les co-inventions internationales demeurent beaucoup moins fréquentes que les co-publications internationales (graphique 3.2), ce qui pourrait s'expliquer par l'importance plus grande que revêt la proximité pour l'innovation technologique.

Des cadres internationaux détaillés ont été créés pour la coopération en matière de politiques de R-D (surtout en Europe) mais, dans d'autres domaines STI, ils ont à peine été ébauchés. Il reste par exemple beaucoup à faire pour définir des normes technologiques en matière d'environnement et améliorer la coordination internationale dans le domaine de la cybersécurité.

La gouvernance STI transfrontière peut s'appuyer sur des initiatives bien distinctes, par exemple des accords bilatéraux ou multilatéraux de durée limitée ou des dispositifs de coordination des politiques nationales, sans délégation de pouvoir à un organe supranational. Cette approche semble avoir la préférence hors d'Europe. Et même à l'intérieur de l'Europe, les cadres internationaux de gouvernance STI – qui sont de loin les plus développés de ce type au niveau mondial – ont originellement été conçus pour compléter et non pour remplacer les cadres nationaux.

Un certain nombre de domaines d'action STI pourraient néanmoins bénéficier d'une délégation de la prise de décision et d'une intégration plus poussée. Cela est vrai des domaines qui se caractérisent non seulement par des coûts fixes élevés mais aussi par des coûts de transaction internationaux importants à cause de la forte spécificité des actifs (les solutions adoptées à cet égard sont par exemple les infrastructures STI conjointes comme l'Organisation européenne pour la recherche nucléaire [CERN] et le réacteur thermonucléaire expérimental international [ITER]), de la fréquence des interactions (Programme-cadre Horizon 2020 de l'UE) et du degré élevé d'incertitude. S'agissant de ce dernier élément, la recherche à haut risque et à fort potentiel financée par le Conseil européen de la recherche (CER) peut optimiser les résultats en s'appuyant sur le plus grand bassin possible de scientifiques de haut niveau. Hors d'Europe, le Groupe consultatif pour la recherche agricole internationale (GCRAI) est un exemple de dispositif stratégique à long terme intégrant des fonctions communes de programmation et d'exécution de d'activités de R-D (OCDE, 2012).

Graphique 3.3. **Collaboration internationale en science et innovation, 2007-11**

Publications et inventions conjointes en pourcentage des publications scientifiques et des demandes de brevets en vertu du PCT

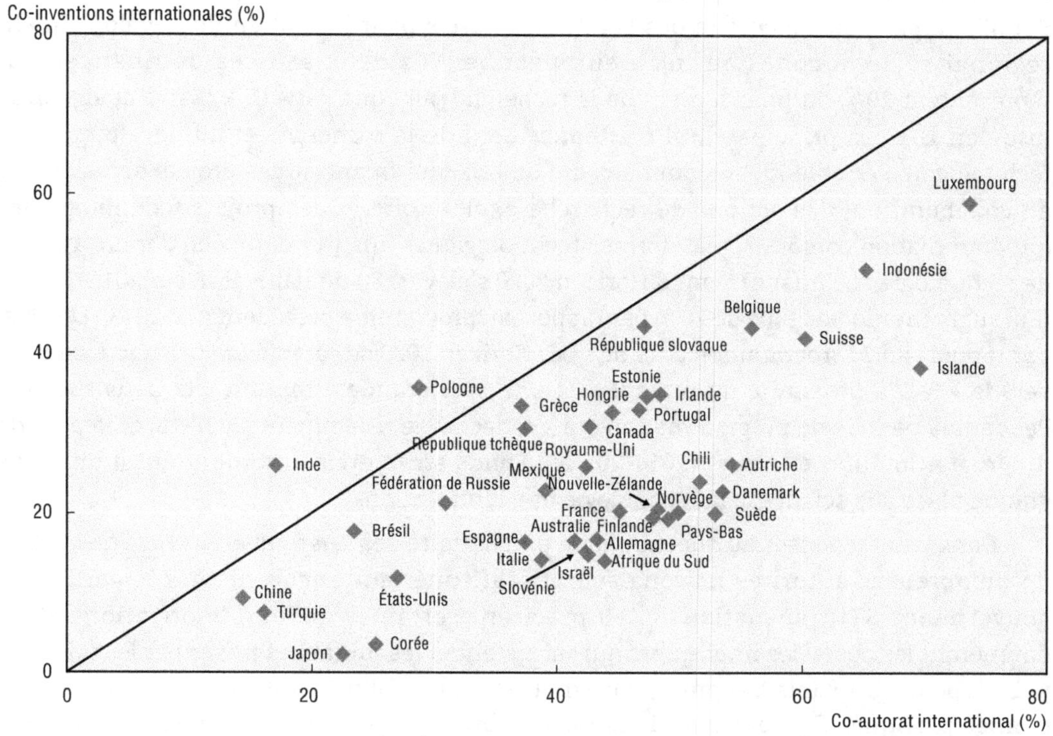

Note : Le co-autorat international est défini au niveau institutionnel. Un document scientifique est réputé comporter une collaboration internationale si la liste des affiliations comprend des établissements de différents pays signalés par un ou plusieurs auteurs. Les estimations reposent sur des comptages simples effectués à partir des informations de la base de données Scopus® (Elsevier B.V.). Les co-inventions internationales sont mesurées par la part des demandes de brevets déposées en vertu du Traité de coopération en matière de brevets (PCT) dont au moins un co-inventeur est situé dans un pays différent dans le total des brevets d'origine nationale. Le nombre de brevets est établi sur la base de la date de priorité, du pays de résidence et de comptages simples.

Source : OCDE (2013), *Science, technologie et industrie : Tableau de bord de l'OCDE 2013 – L'innovation au service de la croissance,* Éditions OCDE, Paris, *http://dx.doi.org/10.1787/888932890371.*

StatLink http://dx.doi.org/10.1787/888933306476

Tendances récentes de l'action publique

Des initiatives ambitieuses pour promouvoir la gouvernance STI transnationale ont été lancées dans plusieurs régions, notamment en Asie du Sud-Est et en Amérique latine, par exemple le Comité de la science et de la technologie de l'Association des Nations de l'Asie du Sud-Est (ASEAN). Cependant, contrairement à la situation en Europe, ces initiatives sont encore récentes et leur continuité n'est à ce jour pas démontrée. Le cas de l'Europe est unique en ce que les progrès obtenus dans la gouvernance transnationale s'inscrivent dans un projet d'intégration économique plus large.

Le projet d'Espace européen de la recherche (EER) de l'UE, lancé en 2000, vise à créer un espace unique de la recherche. En juillet 2012, la Commission européenne a redéfini ses priorités : améliorer l'efficacité des systèmes nationaux de recherche ; assurer un équilibre optimal entre la coopération et la concurrence transnationales ; ouvrir le marché du travail pour les chercheurs ; promouvoir l'égalité entre les sexes ; et optimiser la diffusion des connaissances (CE, 2012). Les pays européens, c'est-à-dire les pays membres de l'UE et les pays partenaires comme la Norvège, considèrent l'EER comme le cadre principal pour la coordination transnationale des politiques dans la région.

Les politiques STI de l'UE bénéficient d'un soutien financier substantiel grâce au programme Horizon 2020, qui a pris la suite du programme-cadre mis en place de longue date et vise à renforcer la compétitivité de l'industrie européenne, et grâce au financement STI alloué par l'intermédiaire des Fonds structurels pour le soutien du développement régional et de la cohésion intra-européenne. Ces deux sources de financement représentent 20 % du financement de la recherche publique dans l'UE (Barré et al., 2013). Jusqu'en 2013, le principal outil de financement de la recherche et du développement technologique était le 7e Programme-cadre de l'UE, qui finançait des projets de recherche en collaboration, des actions de recherche exploratoire et des projets technologiques (programmation conjointe, plateformes technologiques, Institut européen d'innovation et de technologie). Le financement d'Horizon 2020 s'élève à 80 milliards EUR sur 2014-20, soit une augmentation de plus de 20 % par rapport au programme précédent (CE, 2013). De plus, par rapport au 7e Programme-cadre de l'UE, Horizon 2020 se caractérise par une évolution vers la « R-D à proximité du marché » et une plus grande attention aux défis sociaux. Pendant la période de programmation qui s'est achevée récemment (2007-13) et la période de programmation en cours (2014-20), les Fonds structurels accordent aussi une plus grande place à la science, à la technologie et à l'innovation.

Dans leurs réponses au questionnaire préparatoire des *Perspectives STI 2014* de l'OCDE, de nombreuses autorités nationales ont réaffirmé leur engagement à l'égard de la gouvernance STI transnationale, en précisant certaines de leurs motivations et en énumérant les obstacles importants qui subsistent et les initiatives prises par les pouvoirs publics pour les aplanir. L'apprentissage mutuel sur les politiques à suivre et le transfert de bonnes pratiques figurent parmi les raisons principales de participer aux forums STI internationaux. Ces aspects sont jugés importants non seulement par les pays où des dispositifs de gouvernance STI sont en cours de développement mais aussi par d'autres pays comme le Royaume-Uni et la Nouvelle-Zélande. Les « grands défis » mondiaux comme le changement climatique et les menaces qui pèsent sur la santé et l'adéquation des ressources sont de puissants facteurs motivant la coopération internationale. Pour d'autres pays, les économies d'échelle non exploitées constituent l'enjeu majeur. En Slovénie, un sérieux obstacle à la gouvernance STI transnationale est l'absence de financement spécifique de la coopération à grande échelle et à long terme. En France, la dispersion des organismes de financement – avec le maquis de règles et procédures de financement de la recherche qui en résulte – est considérée comme un sérieux obstacle. C'est pourquoi la France se félicite des initiatives de l'UE qui vont dans le sens d'un renforcement de la cohérence comme, par exemple, la coordination des politiques nationales de recherche (mécanismes ERA-NET et ERA-NET+), la programmation conjointe et les initiatives de technologie conjointes (partenariats public-privé).

Plusieurs pays font état d'obstacles à la gouvernance STI transnationale. L'Afrique du Sud, la Belgique, la République tchèque et la Suisse mentionnent comme un frein important l'absence, au niveau national, de politiques détaillées ou de mécanismes internes de coordination des dispositifs de gouvernance transnationale. La Slovénie signale l'absence d'orientations thématiques fixées à l'échelon national, tandis que la Norvège note le manque d'information sur les possibilités de financement au niveau international.

Les mesures adoptées pour promouvoir la gouvernance transnationale varient selon les pays. La Norvège (pays non membre de l'UE) participe activement à l'élaboration des politiques de l'EER, notamment dans le cadre du Comité pour l'Espace européen de la recherche et de l'innovation (ERAC). La Slovénie travaille à l'élaboration d'une stratégie sur l'internationalisation et les accords bilatéraux, ainsi que sur le lancement et le financement de projets de R-D conjoints. L'Afrique du Sud participe aux stratégies et accords STI régionaux et bilatéraux. L'Australie, la Corée et la Finlande s'efforcent d'assurer une meilleure cohérence de la collaboration internationale sur la base d'un partenariat entre les responsables de l'élaboration des politiques STI, commerciale et étrangère. Le Royaume-Uni met l'accent sur les normes et la réglementation (par exemple en matière de propriété intellectuelle et de métrologie), compte tenu des possibilités de gains mutuels liées à l'accès à un marché mondial plus large.

En Europe, certaines autorités régionales engagent des initiatives d'innovation transfrontières afin de mettre à profit l'étendue des systèmes fonctionnels, en s'appuyant parfois sur les fonds de l'UE consacrés à la coopération territoriale. Parmi les initiatives les mieux établies et les mieux dotées en ressources, on peut citer la région transfrontière de l'Øresund (Danemark et Suède) et la Région d'excellence technologique/Triangle Eindhoven-Louvain-Aix la chapelle (TTR-ELAT) (Pays-Bas, Belgique et Allemagne). On peut aussi mentionner l'Arc de Botnie, qui s'étend à travers la Finlande et la Suède, et la région transfrontière Helsinki-Tallinn (Finlande et Estonie) (OCDE, 2013b). D'une manière générale, cependant, de telles initiatives sont peu fréquentes et de faible envergure et manquent souvent de perspectives à long terme.

Pour en savoir plus

Barré, R., L. Henriques, D. Pontikakis et M. Weber (2013), « Measuring the integration and coordination dynamics of the European Research Area », *Science and Public Policy*, vol. 40, pp. 187-205.

Commission européenne (2012), « Un partenariat renforcé pour l'excellence et la croissance dans l'Espace européen de la recherche », Communication de la Commission au Parlement européen, au Conseil, au Comité économique et social européen et au Comité des régions, COM(2012) 392 final, *http://ec.europa.eu/research/era/pdf/era-communication/era-communication_fr.pdf.*

Commission européenne (2013), « Cadre financier pluriannuel. Chiffres et documents », *http://ec.europa.eu/budget/mff/figures/index_fr.cfm, consulté le 4 février 2014.*

Edler, J. (2008), « Creative internationalization: widening the perspectives on analysis and policy regarding international R&D activities », *Journal of Technology Transfer*, vol. 33, pp. 337-352.

Mowery, D.C. (1998), « The changing structure of the US national innovation system: Implications for international conflict and cooperation in R&D policy », *Research Policy*, vol. 27, pp. 639-654.

OCDE (2012), *Meeting Global Challenges through Better Governance: International Co-operation in Science, Technology and Innovation*, Éditions OCDE, Paris, *http://dx.doi.org/ 10.1787/9789264178700-en.*

OCDE (2013a), « La science et l'innovation aujourd'hui », in *Science, technologie et industrie : Tableau de bord de l'OCDE 2013 – L'innovation au service de la croissance*, Éditions OCDE, Paris, *http://dx.doi.org/10.1787/sti_scoreboard-2013-73-fr.*

OCDE (2013b), *Regions and Innovation: Collaborating Across Borders*, Éditions OCDE, Paris, *http://dx.doi.org/10.1787/9789264205307-en.*

OCDE (2014), « Dispositifs de gouvernance transnationale », *Science, technologie et industrie : Perspectives de l'OCDE 2014* (base de données ; en anglais), voir *http://qdd.oecd.org/Table.aspx?Query=B63E43D3-7C6B-4C09-B6AB-5AB6FD3182F1.*

Plateforme des politiques d'innovation (IPP) de l'OCDE, module sur les politiques publiques et la gouvernance, voir : *www.innovationpolicyplatform.org/content/public-policy-and-governance?topic-filters=11378.*

Science, technologie et industrie : Perspectives de l'OCDE 2014

PARTIE II

Chapitre 4

Profils des politiques STI : Faire face aux nouveaux défis sociaux et environnementaux

INNOVATION VERTE

Bien-fondé et objectifs

Les inquiétudes engendrées par l'absence de viabilité écologique des trajectoires de croissance économique antérieures et la prise de conscience des effets du changement climatique ont propulsé les enjeux de la croissance verte au premier plan des politiques économiques et des politiques d'innovation (voir le profil « Stratégies STI nationales »).

Plusieurs raisons justifient l'action des pouvoirs publics en faveur de l'innovation environnementale, à commencer par le problème des externalités négatives liées au changement climatique et à d'autres enjeux environnementaux. Ces externalités ont des implications à la fois pour la création et pour la diffusion des technologies. Le prix des émissions de gaz à effet de serre (GES) n'étant pas fixé par le marché, les incitations à les réduire par le développement technologique sont limitées. De la même façon, les technologies vertes nouvellement disponibles sont moins largement diffusées et adoptées si les signaux envoyés par le marché quant aux avantages environnementaux qu'elles procurent sont faibles, d'où une demande d'innovation verte inférieure à l'optimum social. Les entreprises ne seront donc guère incitées à investir dans l'innovation du fait de la faible demande dont font l'objet les différents produits ou processus qu'elles proposent (OCDE, 2011).

Ces externalités environnementales négatives sont la cible de politiques portant sur l'environnement et les ressources, telles que les politiques de tarification, les taxes carbone, les permis négociables ou d'autres instruments économiques visant à internaliser le prix des externalités. Outre les externalités environnementales, on constate d'importantes défaillances des marchés qui touchent spécifiquement l'innovation, et en particulier l'innovation verte. Ces défaillances sont notamment les phénomènes de dépendance au sentier technologique, les modèles dominants qui favorisent les opérateurs historiques sur certains marchés (comme l'énergie et le transport), l'incertitude quant aux perspectives de réussite, les longs délais nécessaires au remplacement et au développement des infrastructures, l'absence d'options permettant de différencier les produits, les contraintes de liquidité des petites entreprises qui tentent de s'imposer sur le marché ou les obstacles d'ordre comportemental (résistance des consommateurs au changement, par exemple). D'autres obstacles à l'innovation sont plus génériques, comme le manque de capacités (OCDE, 2012).

Dans la perspective d'un changement à l'échelle du système – défini ici comme un changement radical de pratique en matière de gouvernance –, on peut mettre en évidence d'autres types de défaillances de l'action publique qui ont une incidence sur les technologies vertes dans le contexte d'une politique de transition, notamment : l'absence de vision commune quant à la direction du changement (absence d'orientation), l'incapacité des consommateurs et du secteur public à formuler clairement la demande de nouvelles solutions (formulation imprécise de la demande) ou la capacité insuffisante du système à anticiper les processus d'auto-gouvernance et à y associer les acteurs (manque de réflexivité) (voir le profil « Innovation systémique »).

Principaux aspects

L'ampleur des défaillances du marché et des défaillances systémiques donne à penser que les politiques en faveur de l'innovation environnementale et de l'innovation verte ne porteront leurs fruits que si elles améliorent la performance du système économique dans son ensemble. S'il est important de fixer les prix à leur juste niveau, il l'est tout autant de veiller à la cohérence des politiques. Celles qui sont axées uniquement sur un élément du système, ou qui créent une contradiction, ont peu de chances d'améliorer la performance globale. De récentes expériences laissent ainsi penser que la tarification du carbone, pour l'essentiel, contribue à une innovation progressive (laquelle tend à renforcer l'efficience), mais peut également entraîner une augmentation de la consommation, comme cela s'est produit pour le transport individuel. On aura donc besoin d'autres politiques pour renforcer l'innovation verte. Il faudra alors, ainsi que l'ont mis en avant les Stratégie de l'OCDE pour l'innovation et Stratégie de l'OCDE pour une croissance verte, agir sur plusieurs fronts, en faisant appel à des instruments de tarification et à des mesures incitant les entreprises à s'engager dans des activités vertes, et en intervenant au niveau des marchés publics et du financement de la recherche fondamentale. Il faudra impérativement supprimer les obstacles aux échanges dans le domaine des technologies propres et à l'entrée de nouvelles entreprises, et améliorer les conditions de l'entrepreneuriat, d'autant que les innovations les plus radicales sont souvent à mettre au compte des jeunes entreprises. Enfin, il sera nécessaire d'instaurer une coopération multilatérale plus efficace et inclusive en matière de science, de technologie et d'innovation.

L'une des interventions importantes est l'investissement public dans la recherche fondamentale et la recherche à long terme. La recherche publique devra couvrir de nombreux domaines (notamment l'atténuation du changement climatique et l'adaptation à ses effets) et s'appuyer sur des approches pluridisciplinaires et interdisciplinaires. Les récentes données sur les crédits budgétaires publics de R-D (CBPRD) mettent en évidence les ressources publiques investies par les pays dans la recherche sur l'énergie et l'environnement. En termes absolus, le Japon, les États-Unis et l'Allemagne sont les plus grands bailleurs de fonds, tandis qu'en termes relatifs, le Mexique, le Canada et le Japon sont les principaux investisseurs. À de rares exceptions près, la R-D liée à l'énergie reçoit la plus grande partie des CBPRD consacrés à l'environnement. Depuis 2002, la plupart des économies ont augmenté le pourcentage des CBPRD destinés aux programmes en rapport avec l'énergie ou l'environnement (graphique 4.1).

L'un des principaux défis du passage à une économie plus sobre en carbone est l'harmonisation des objectifs des ministères, des organismes de financement de la recherche, des établissements d'enseignement supérieur, des institutions sociales et des institutions axées sur le marché, de sorte que tous concourent à la croissance verte dans toutes ses dimensions. L'efficacité de l'élaboration de politiques dans certains domaines dépendra de la capacité d'innovation et de mobilisation du savoir du pays considéré, et de son aptitude à trouver le juste dosage de mesures en faveur de l'innovation verte, ce qui comprend notamment l'énergie, le commerce, les transports et l'agriculture ainsi que les liens entre ces différents secteurs. La veille stratégique au service de l'action publique, notamment par l'exploitation de données publiques en accès libre et le partage de ces informations entre les différents ministères, peut aider à élaborer des combinaisons de mesures plus efficaces en faveur d'une croissance plus écologique.

Tendances récentes de l'action publique

De nombreux pays membres et non membres de l'OCDE ont mis en place des stratégies de croissance verte ou privilégient certaines activités dans leurs stratégies nationales en faveur de la science et de la technologie, afin de créer une masse critique et d'accélérer la transition vers l'innovation et la technologie vertes. En effet, la plupart des pays continuent de placer les questions environnementales, le changement climatique et

Graphique 4.1. **Budgets gouvernementaux de R-D pour l'énergie et l'environnement, 2014 ou dernière année disponible**

En pourcentage du budget gouvernemental de R-D total

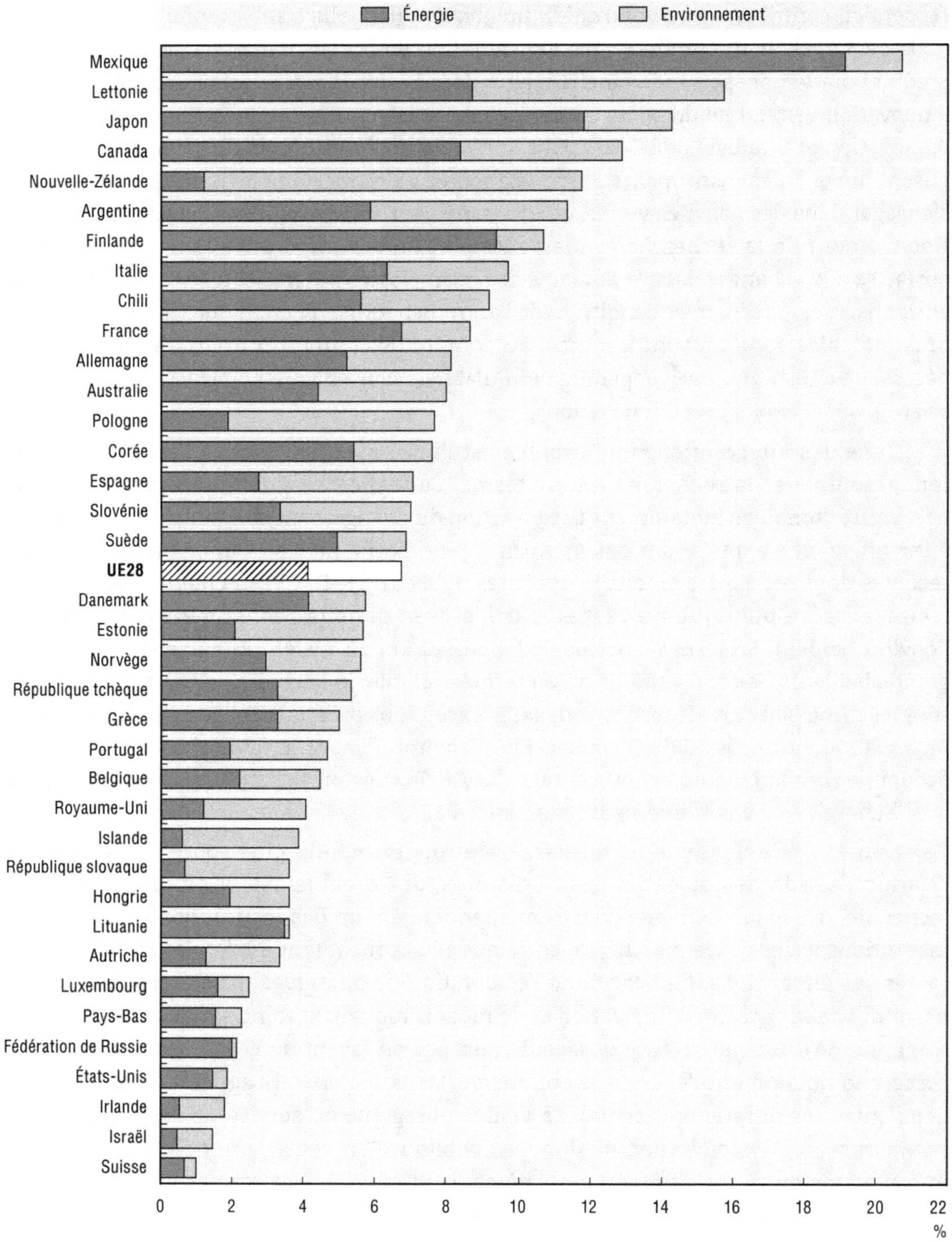

Note : Pour l'Islande, les données se rapportent à 2014 ; pour la Belgique, l'Espagne, l'Estonie, la Hongrie, l'Irlande, Israël, l'Italie, la Lettonie, la Lituanie, la Pologne, le Royaume-Uni, la Suède et l'Union Européenne les données se rapportent à 2012 ; pour l'Argentine, le Canada, le Chili, la Corée et le Mexique, les données se rapportent à 2011 ; pour la Suisse, les données se rapportent à 2010 ; pour la Fédération de Russie, les données se rapportent à 2009 ; pour les autres pays, les données se rapportent à 2013.

Source : OCDE, *Base de données sur les statistiques de la recherche-développement (SRD)*, mars 2014, *www.oecd.org/sti/rds* ; Eurostat, Base de données STI, juin 2014, *http://epp.eurostat.ec.europa.eu/portal/page/portal/science_technology_innovation/data/database*. Données extraites de IPP.Stat le 8 juillet 2014, *http://stats.oecd.org//Index.aspx?QueryId=57863*.

StatLink http://dx.doi.org/10.1787/888933306486

l'énergie en haut de la liste des priorités inscrites dans leur politique générale d'innovation. Néanmoins, les priorités d'action ciblant spécifiquement l'innovation et la technologie vertes varient sensiblement, en fonction de la spécialisation scientifique et économique des pays, de leurs objectifs de compétitivité et de leurs objectifs sociaux.

- En Italie, la loi de stabilité de 2013 introduit des mesures environnementales destinées à promouvoir l'économie verte et à restreindre l'utilisation excessive des ressources. Un ensemble de règles vise à enclencher des politiques environnementales vertueuses, simplifier et moderniser le cadre de réglementation, et créer les conditions propices à l'investissement et à la croissance dans le secteur de l'économie verte. Le Fonds national permanent pour l'emploi vert a été créé en 2012 pour faciliter les investissements privés et publics dans l'économie verte. Ce fonds octroie des prêts aux entreprises qui engagent des jeunes ; les PME représentent 75 % des bénéficiaires.
- En Corée, le Comité sur la croissance verte a été transféré du Bureau du président au Bureau du Premier ministre en mars 2013. La même année, la Corée a procédé au lancement du Fonds vert pour le climat, un événement qui, conjointement avec la création du Global Green Growth Institute (GGGI) et du Green Technology Centre (GTC), a contribué à positionner le pays comme une plateforme mondiale de la croissance verte. En outre, divers ministères et organismes nationaux mènent ou ont mené à bien des programmes tels que l'East Asia Climate Partnership (EACP) ou les initiatives R&D Association for Green Tech et Green Growth Education for Youth.
- La politique nationale en faveur des technologies vertes du gouvernement malaisien, lancée en 2009, vise à instaurer une gestion durable de l'environnement et à encourager le développement de la recherche et de la technologie vertes. Dans cette optique, le gouvernement suit une politique volontariste d'achats publics. Le système de financement des technologies environnementales qui a été lancé permettra d'émettre des garanties couvrant à hauteur de 60 % les crédits souscrits par des entreprises produisant ou utilisant une technologie de ce type.
- Le Mexique prévoit de développer sa stratégie nationale de lutte contre le changement climatique (ENCC) en relevant de 5 % l'objectif d'efficacité énergétique de la compagnie pétrolière nationale, PEMEX ; en améliorant l'efficience des torchères sur les plateformes offshore ; et en augmentant de 2 % l'efficience des lignes de transport et de distribution, et de 2 % également le rendement thermique des centrales fonctionnant au mazout, entre autres. L'ENCC a pour ambition d'aller plus loin que la réduction des émissions de GES et vise aussi à bâtir un pays plus résilient en développant une culture climatique, en encourageant un usage plus durable de l'écosystème et en orientant les modèles urbains vers une gestion plus intégrée des déchets.

Un certain nombre de pays et de régions ont institué des taxes carbone (Suède et Colombie britannique, par exemple), et l'Islande et l'Irlande ont récemment mis en place des taxes sur les émissions de CO_2. La Norvège indique que les taxes sur les émissions de CO_2 et les échanges de droits d'émission de carbone ont fortement incité l'industrie à élaborer des projets de captage et stockage du carbone (CSC). Cependant, les considérations budgétaires à court terme de certains pays, leurs craintes pour la compétitivité et la préférence qu'ils accordent à la réglementation directe ou aux dispositifs incitatifs ont freiné l'adoption de ce type d'instruments dans le monde. L'Australie envisage d'abolir sa taxe carbone et une série de textes législatifs connexes, et d'atteindre son objectif de réduction des émissions grâce à un dispositif incitatif, l'Emissions Reduction Fund.

L'énergie propre est un autre domaine d'action et d'investissement publics continus. L'énergie est le secteur qui émet le plus de CO_2, dont plus de 40 % des émissions totales sont imputables à la production d'électricité. L'augmentation de la part des technologies des énergies renouvelables et l'extension des sources au-delà des technologies actuelles (biomasse et hydraulique, par exemple) font partie des objectifs majeurs des politiques. Les mesures agissant sur la demande qui conduisent à augmenter l'efficacité énergétique et la demande d'énergies renouvelables (et donc à faire baisser la demande d'énergies provenant de sources traditionnelles), telles que les réseaux intelligents, occupent également une place importante dans les politiques de transition énergétique.

- Le Plan d'action économique 2013 du Canada a élargi les incitations fiscales qui encourageaient les entreprises à investir dans la production d'énergie propre et dans les équipements à haut rendement énergétique, en offrant une possibilité d'amortissement accéléré destinée à favoriser les investissements dans des actifs ou secteurs particuliers et dans des circonstances spécifiques. Le programme étend les critères d'admissibilité à l'amortissement accéléré des équipements de génération d'énergie propre en incluant une gamme plus vaste d'équipements de production de biogaz ou de traitement des gaz produits par les déchets. Cette extension s'applique aux actifs admissibles qui ont été acquis à compter du 21 mars 2013 et qui n'ont pas été utilisés, ou acquis pour utilisation avant cette date.
- La France a consacré, dans son Programme d'investissements d'avenir (PIA), 2.7 milliards USD (2.3 milliards EUR) à la transition énergétique, à la rénovation thermique et à la ville de demain. Pour favoriser une industrie durable, certaines mesures porteront sur les questions environnementales et énergétiques, telles que l'élaboration d'une nouvelle génération de biocombustibles et le développement des réseaux intelligents. De manière générale, le PIA instaure désormais comme critère de sélection des projets la contribution directe ou indirecte aux enjeux environnementaux et au développement durable. Les financements accordés au titre du PIA2 seront pour 30 % des subventions, mais la majeure partie sera attribuée sous forme d'avances remboursables, de prêts ou de prises de participation.
- Le gouvernement irlandais s'est engagé, il y a quelques années, à investir presque 17.9 milliards USD (17 milliards EUR) dans les activités de réduction des émissions de carbone sur la période 2008-20. Ce chiffre comprenait les investissements du secteur privé dans les énergies renouvelables via le dispositif REFIT – qui garantit le prix de rachat de l'énergie ainsi produite –, et les investissements dans le réseau de transport et de distribution d'électricité ainsi que dans les transports publics et l'Ocean Energy Programme.
- L'Agence ARPA-E (Advanced Research Projects Agency-Energy) du ministère de l'Énergie des États-Unis a octroyé près de 400 millions USD à plus de 100 projets de recherche qui s'efforcent d'obtenir des avancées fondamentales dans les technologies énergétiques.

Une autre tendance consiste à écologiser l'industrie par l'éco-innovation – innovations permettant d'utiliser moins de ressources naturelles et de rejeter moins de substances nocives tout au long du cycle de vie. Les initiatives d'éco-innovation font intervenir des changements à la fois technologiques et non technologiques. Les instruments auxquels il est fait appel à cet effet comprennent les règlements, les incitations économiques, les accords négociés, les marchés publics et les labels écologiques.

- En 2013, le Danemark a décidé de prolonger son fonds pour le développement d'une activité verte jusqu'en 2016. Ce fonds accorde des aides aux entreprises, organisations, partenariats et autres structures pour : l'innovation de produit et la reconception des produits des entreprises, « du berceau au berceau » ; l'élaboration de nouveaux modèles économiques ; la promotion de l'utilisation de matériaux durables dans la conception des produits ; les transitions durables dans le secteur de la mode et l'industrie textile ; la réduction des gaspillages alimentaires ; et la génération de bioproduits durables à partir d'une biomasse non alimentaire. Le fonds encourage également les symbioses industrielles vertes, qui consistent à utiliser comme ressource ou comme matière première dans une entreprise ce qu'une autre entreprise rejette comme un déchet (de l'eau ou certaines matières, par exemple).

- Le projet d'éco-innovation de la Sicile vise à soutenir des projets coordonnés de protection de l'environnement et de développement industriel en Italie méridionale. Il encourage la viabilité écologique dans les secteurs importants de la région, les stratégies d'entreprise respectueuses de l'environnement, fondées sur la collaboration en matière de R-D, d'outils technologiques et de méthodes, et met l'accent sur la sensibilisation, surtout des PME, à la nécessité de s'intégrer à un système de connaissances et de compétences.
- Aux Pays-Bas, des accords négociés au niveau sectoriel entre l'État et les industriels engagent les entreprises néerlandaises à se positionner parmi les « meilleures de leur catégorie » en termes de consommation énergétique. Dans certains secteurs, ces accords ont été complétés par des accords d'évaluation comparative des performances.
- En Suède, l'*Environment-Driven Business Development Programme,* financé par la *Swedish Agency for Economic and Regional Growth* (anciennement NUTEK), vise à renforcer la compétitivité des PME sur les marchés respectueux de l'environnement. La plupart des projets tendent à améliorer les possibilités de développement des entreprises et de financement des éco-innovations, et à diffuser des informations et des outils susceptibles d'encourager la croissance des entreprises dans le respect de l'environnement et les exportations de technologie environnementale.
- Les États-Unis stimulent l'innovation du secteur privé au moyen de nouvelles normes de réduction de la consommation de carburant et d'émissions de gaz à effet de serre, l'objectif étant d'étendre les normes aux années modèles 2017 à 2025 pour les véhicules légers et d'en élaborer de nouvelles pour les véhicules moyens et lourds. En tant que plus gros consommateur d'énergie, l'État dispose, avec les marchés publics, d'un autre moyen important de catalyser la demande de technologies énergétiques innovantes. Ainsi, en octobre 2009, le président Obama a signé un décret présidentiel appelant les agences à réduire de 30 % d'ici à 2020 la consommation de carburant d'origine pétrolière du parc de véhicules du gouvernement fédéral.

Côté offre, la R-D reste importante, en particulier dans certains domaines de recherche ou certaines technologies en rapport avec la croissance verte.

- En 2013, le Chili a approuvé l'installation et l'exploitation de deux centres de recherche consacrés aux activités liées à la croissance verte, dans le cadre d'une initiative visant à attirer les centres d'excellence en innovation. Les domaines d'activité en question étaient l'énergie marine et l'énergie solaire.
- L'Allemagne a lancé plusieurs programmes de R-D visant à renforcer l'efficience d'utilisation des ressources (matières, eau et terres), en application du Programme-cadre de recherche pour un développement durable (FONA). Avec la création du Helmholtz Institute Freiberg for Resource Technology (2011), le gouvernement fédéral et le ministère de l'Éducation et

de la Recherche (BMBF) entendent renforcer les compétences dans les domaines de recherche qui revêtent une importance stratégique pour l'Allemagne, afin d'assurer une offre de matières premières sûre et durable dans l'ensemble de la chaîne de valeur.

- Aux Pays-Bas, le Top Institute Water, coordonné par l'institut Wetsus de Leeuwarden, est le pôle national de connaissance sur les technologies de l'eau, auquel participent les compagnies néerlandaises des eaux et qui recouvre des activités de recherche et de marketing ainsi que des activités commerciales.
- La Norvège a créé 11 nouveaux centres de recherche sur les énergies respectueuses de l'environnement afin d'encourager l'innovation par la recherche à long terme dans une série de domaines (énergie, transports et gestion des émissions de CO_2), et par une coopération étroite entre des équipes de chercheurs de premier plan et les utilisateurs. Trois de ces centres de recherche étudieront les interactions entre technologie et société et se pencheront sur les problèmes de la politique énergétique norvégienne sous l'angle des sciences sociales.

Pour en savoir plus

OCDE (2011), *Fostering Innovation for Green Growth*, Études de l'OCDE sur la croissance verte, Éditions OCDE, Paris, *http://dx.doi.org/10.1787/9789264119925-en*.

OCDE (2012), « Assurer la transition vers une innovation et une technologie vertes », in *Science, technologie et industrie : Perspectives de l'OCDE 2012*, Éditions OCDE, Paris, *http://dx.doi.org/10.1787/sti_outlook-2012-fr*.

OCDE (2014), « Défis environnementaux », *Science, technologie et industrie : Perspectives de l'OCDE 2014* (base de données ; en anglais), voir *http://qdd.oecd.org/Table.aspx?Query=404491A2-2462-4C9B-9C21-9879F30264A7*.

L'INNOVATION AU SERVICE DES ENJEUX SOCIAUX

Bien-fondé et objectifs

L'innovation peut apporter une contribution importante face aux enjeux sociaux tels que la pauvreté, le vieillissement de la population, l'exclusion sociale et la santé. La rapidité du changement technologique et, en particulier, la généralisation des technologies de l'information et des communications (TIC) peuvent aussi influer sur le bien-être global, notamment du fait de la baisse prononcée du coût des TIC, qui sont aujourd'hui largement accessibles à toutes les catégories de la population, y compris dans les pays en développement.

Le rôle de l'action publique pour déterminer la contribution de la science, de la technologie et de l'innovation est à cet égard décisif, les mécanismes du marché étant souvent inaptes à répondre de façon adéquate à ces défis. Premièrement, dans le domaine de la santé par exemple, les réponses à ces défis passent par la recherche fondamentale et reposent par conséquent sur l'apport des universités publiques et des établissements publics de recherche (EPR). Deuxièmement, les gains sociaux résultant des solutions mises en œuvre face à ces défis, bien que souvent très élevés, ne s'accompagnent pas nécessairement de gains comparables pour le secteur privé. Les initiatives à but non lucratif sont parfois pertinentes à cet égard mais elles doivent être encadrées par des politiques adéquates pour donner de bons résultats.

Principaux aspects

Il n'existe pas de définition unique de l'innovation sociale, mais la plupart des définitions mettent en avant l'objectif de répondre à des besoins sociaux et, dans une certaine mesure, les catégories d'acteurs impliqués (par exemple, entités à but non lucratif, particuliers, universités, organismes publics, entreprises). L'innovation sociale est définie plus par la nature ou les objectifs de l'innovation que par ses caractéristiques propres. Elle cherche à apporter des réponses nouvelles aux problèmes sociaux moyennant de nouveaux services qui améliorent la qualité de vie des individus et des communautés, de nouveaux processus d'intégration au marché du travail, de nouvelles compétences, de nouveaux emplois et de nouvelles formes de participation susceptibles d'améliorer la situation des individus au sein de la population active.

Les défis sociaux sont aujourd'hui de plus en plus importants, et la science, la technologie et l'innovation ont un rôle crucial à jouer pour y répondre, et ceci pour plusieurs raisons. Premièrement, on sait maintenant que la croissance ne suffit pas à elle seule à garantir le bien-être. Ses effets bénéfiques ne se répercutent pas automatiquement du sommet vers la base. En effet, dans un large éventail de pays de l'OCDE, certaines données permettent de penser que les individus placés au bas de l'échelle des revenus ne bénéficient guère de la croissance, contrairement à ceux qui se situent au sommet. Il en résulte des inégalités croissantes à l'intérieur de chaque pays (OCDE, 2011a). De nombreux pays émergents et en développement ayant fait l'expérience d'une dynamique de croissance positive constatent également que la pauvreté et l'exclusion restent des défis non négligeables (OCDE, 2013a). En tant que moteur important de la croissance, l'innovation peut donc jouer un rôle décisif pour réduire les inégalités et soutenir le bien-être.

Deuxièmement, un grand nombre de pays membres et non membres de l'OCDE connaissent actuellement des changements démographiques importants. Une part croissante de la population est âgée de plus de 65 ans. Dans les pays de l'OCDE, cette part, qui représentait environ 15 % de la population en 2010, devrait atteindre 26 % en 2050

(OCDE, 2011a). Cette évolution entraînera une augmentation de la demande de soins de santé et pèsera plus fortement sur les dépenses publiques y afférentes. La faible activité économique des groupes plus âgés contribue à accroître les pressions qui pèsent sur les systèmes de sécurité sociale et de retraite. Il faut donc trouver les moyens de réduire la nécessité des soins de santé et de les améliorer, et de réduire les dépenses correspondantes, et d'encourager la participation continue des personnes âgées à l'activité économique. La maîtrise de ces enjeux passe par des innovations de nature à soutenir les conditions de vie des personnes âgées. L'innovation peut aussi aider à répondre aux défis liés à la santé, qui augmentent dans une société vieillissante, grâce à la fourniture de produits de soins mieux personnalisés et plus prédictifs et préventifs (OCDE, 2013b). Cependant, l'augmentation des coûts de nombreuses technologies médicales constitue un obstacle à la généralisation de ces technologies. C'est là un problème auquel il faudra remédier.

Troisièmement, il est aujourd'hui largement reconnu que l'innovation peut offrir de nouveaux moyens de répondre aux défis sociaux. L'innovation inclusive et les produits innovants pour les catégories de personnes à bas revenus se révèlent très efficaces pour améliorer le bien-être des pauvres. Par exemple, les services de santé et d'éducation mobiles, les voitures abordables et les machines à laver portables à pédale leur permettent de bénéficier, à un coût moindre, d'avantages et de produits que le reste de la population tient généralement pour acquis (OCDE, 2013). Leur échelle, cependant, est souvent réduite en raison des obstacles que les entreprises doivent surmonter pour servir ces marchés.

Un élément déterminant pour les politiques d'innovation qui visent à répondre aux défis sociaux est l'idée que se fait le public de la contribution que la science et la technologie peuvent apporter au bien-être. Des mesures orientant la science et la technologie vers l'amélioration du bien-être peuvent aider à nuancer les perceptions négatives à leur égard, stimuler l'intérêt pour la science, la technologie et l'innovation, et favoriser l'adoption de nouvelles technologies, deux facteurs essentiels pour stimuler l'activité STI (voir le profil « Bâtir une culture de la science et de l'innovation »).

Tendances récentes de l'action publique

Dans la plupart des pays, les activités STI axées sur certains enjeux sociaux occupent toujours une place importante dans les stratégies d'action concernant l'innovation. Le Mexique a adopté le Plan national de développement 2013-18 qui guidera les efforts en matière de développement et promouvra l'inclusion sociale au cours des prochaines années. Répondre aux enjeux sociétaux majeurs est aussi l'un des objectifs clés du programme Horizon 2020 de l'Union européenne. Bien entendu, les domaines que visent en priorité ces politiques d'innovation varient d'un pays à l'autre. Certaines politiques sont axées sur le vieillissement de la population, la santé, l'exclusion de certaines catégories de personnes (handicapés ou minorités, par exemple) ou les problèmes liés à la pauvreté dans un contexte de développement. Le changement technologique et les TIC sont aussi sources de défis nouveaux. La Belgique a lancé le programme Société et Avenir afin de recueillir des connaissances scientifiques pour relever les défis futurs. La Norvège a récemment mis en œuvre un programme de recherche sur la sûreté et la sécurité sociétales. L'évolution du lieu de travail et l'analyse des implications des changements dus aux TIC font partie des thèmes qui seront abordés dans le cadre du programme de recherche Germaine Tillion en innovation sociale. Certains programmes mettent l'accent sur l'utilisation des TIC pour relever les défis sociaux comme, par exemple, les Centres communautaires du Costa Rica. La Colombie a lancé une Stratégie d'appropriation sociale du savoir, afin d'encourager la participation des citoyens à l'élaboration des politiques STI en vue de promouvoir la science, la technologie et l'innovation, et leur contribution à la résolution des défis sociaux.

La lutte contre la pauvreté et l'exclusion occupe une place importante dans les politiques d'innovation de l'Afrique du Sud, du Chili, de la Colombie et de l'Inde. Cette dernière a lancé il y a peu de temps un Fonds pour l'innovation inclusive, afin de soutenir les entreprises visant les personnes démunies. Plusieurs pays de l'OCDE ont mis en place des programmes STI d'aide au développement. On peut citer, par exemple, le Partenariat de recherche scientifique et technologique pour le développement durable (SATREPS) du Japon, une activité lancée par l'Agence japonaise pour la science et la technologie (JSTA) en coopération avec l'Agence japonaise de coopération internationale (JICA). Ce programme soutient et promeut des projets de recherche conjoints au niveau international qui contribuent au progrès scientifique et technologique en s'attaquant aux enjeux planétaires (par exemple, le changement climatique et la sécurité alimentaire) sur la base des besoins de pays en développement. La question de l'exclusion n'est pas envisagée uniquement sous l'angle du développement. Certains projets abordent explicitement la question du coût de l'exclusion pour le système STI. Le Programme Thuthuka de l'Afrique du Sud, par exemple, vise à soutenir, grâce au financement préférentiel de projets de recherche, les capacités humaines de recherche des établissements d'enseignement supérieur et des institutions de recherche de l'Afrique du Sud, en particulier parmi les catégories socio-économiques auparavant défavorisées. Par ailleurs, l'Australie, la Colombie, l'Estonie, la Hongrie, la Nouvelle-Zélande et la Pologne font partie des pays qui mettent en œuvre des politiques d'éducation visant à assurer l'accès des jeunes de tous milieux aux compétences scientifiques, technologiques et d'ingénierie.

Un certain nombre de pays ont mis en place des programmes de financement visant à orienter les activités de recherche vers la résolution de défis sociaux particuliers. L'Académie de Finlande a ainsi lancé des programmes de recherche sur la santé et le bien-être des enfants et des jeunes, et sur l'avenir de l'apprentissage, des connaissances et des compétences. Aux États-Unis, l'initiative BRAIN (100 millions USD) a pour ambition de révolutionner la connaissance du cerveau humain en faisant avancer la recherche sur le cerveau à l'aide de neurotechnologies innovantes et de nouveaux traitements et mesures de prévention des affections cérébrales telles que la maladie d'Alzheimer, l'épilepsie ou les traumatismes crâniocérébraux. L'initiative publique se porte aussi vers la création de réseaux pour répondre aux défis sociaux, souvent en privilégiant les approches interdisciplinaires. On peut citer à cet égard le programme-cadre de recherche BRAIN-be (Belgian Research Action through Interdisciplinary Network) en Belgique et le Centre de recherche en sciences de l'apprentissage, créé en Australie en 2012 afin de permettre à des professionnels de l'éducation et à des chercheurs de haut niveau dans divers domaines, allant des neurosciences au développement cognitif et aux technologies éducatives, de travailler ensemble pour améliorer la qualité de l'éducation. De même, le projet Human Brain, financé par la Commission européenne, rassemble des partenaires de 24 pays européens, sous la supervision de chercheurs allemands, britanniques, espagnols, français, suédois et suisses.

Certains pays ont adopté une approche intéressante consistant à solliciter l'aide des entreprises et des créateurs d'entreprise pour répondre aux défis sociaux. Au Chili, le Programme pour l'innovation sociale et la création d'entreprises, qui repose sur un investissement public de 2 millions USD, soutient les organisations qui promeuvent l'innovation et les entreprises à caractère social. En Suisse, le programme Assistance à l'autonomie à domicile offre aux PME des possibilités de coopération transnationale autour de projets axés sur les défis liés au changement démographique, notamment des projets s'appuyant sur l'utilisation des TIC pour la prévention et la gestion des états chroniques chez les personnes âgées. Au Royaume-Uni, le Centre for Challenge Prizes du programme NESTA (National Endowment for Science, Technology and the Arts), qui a ouvert en avril 2012, est un exemple de système de prix créé pour récompenser les initiatives des entreprises.

Pour en savoir plus

OCDE (2011a), *Panorama de la santé 2011 : Les indicateurs de l'OCDE*, Éditions OCDE, Paris, http://dx.doi.org/*10.1787/health_glance-2011-fr*.

OCDE (2011b), *Towards Green Growth*, Éditions OCDE, Paris, *http://dx.doi.org/10.1787/9789264111318-en*.

OCDE (2013a), *Innovation for Inclusive Development*, Éditions OCDE, Paris, *http://dx.doi.org/10.1787/5k4dd1rvsnjj-en*.

OECD (2013b), *ICTs and the Health Sector: Towards Smarter Health and Wellness Models*, Éditions OCDE, Paris, *http://dx.doi.org/10.1787/9789264202863-en*.

OCDE (2014), « Enjeux sociaux », *Science, technologie et industrie : Perspectives de l'OCDE 2014* (base de données ; en anglais), voir : *http://qdd.oecd.org/Table.aspx?Query=08FE3BB2-464E-4464-9043-AE9D837E12A6*.

Plateforme des politiques d'innovation (IPP) de l'OCDE, voir : *www.innovationpolicyplatform.org/*.

Science, technologie et industrie : Perspectives de l'OCDE 2014

PARTIE II

Chapitre 5

Profils des politiques STI : L'innovation dans l'entreprise

DOSAGE DES MESURES EN FAVEUR DE LA R-D ET DE L'INNOVATION D'ENTREPRISE

Bien-fondé et objectifs

L'expression « dosage de mesures » désigne généralement un ensemble d'actions gouvernementales équilibrées et en interaction les unes avec les autres. Elle peut également faire référence aux différents objectifs poursuivis par les pouvoirs publics ou aux différentes motivations de l'action gouvernementale. Dans son utilisation courante, elle désigne toutefois la panoplie des instruments mis en œuvre pour atteindre un objectif particulier, en l'occurrence favoriser la R-D et l'innovation d'entreprise. C'est précisément le sens qui lui a été donné dans le présent profil.

Depuis quelques années, on s'intéresse de plus en plus au dosage des mesures mises en œuvre pour soutenir la R-D et l'innovation. Alors que l'accent était surtout mis par le passé sur la conception et l'évaluation des différents instruments de la politique de l'innovation, il s'agit aujourd'hui davantage de comprendre comment s'articulent l'ensemble des moyens d'action utilisés pour améliorer les capacités d'innovation d'un pays. Cette façon de concevoir les politiques publiques comme un tout témoigne d'une plus grande conscience de l'interdépendance des mesures prises par les pouvoirs publics et de la nécessité d'envisager les performances ou le comportement des systèmes d'innovation dans une perspective globale. Cela dit, bien qu'il soit avéré que les complémentarités et les arbitrages entre les différents moyens d'action des pouvoirs publics jouent un rôle important au regard de l'évaluation de la politique STI d'un pays et de ses impacts sur les performances nationales dans le domaine de l'économie et de l'innovation, ils sont encore mal connus.

Principaux aspects

Si l'on veut que le concept de dosage des mesures soit utile à l'élaboration et à l'analyse des politiques, il est nécessaire de définir les différents moyens d'intervention utilisés ainsi que leurs interactions. Ces moyens peuvent se définir de différentes manières : par le public visé, les résultats recherchés ou le mode d'intervention (par exemple : financement, réglementation). Ils sont souvent caractérisés de façon binaire : instrument axé sur l'offre ou sur la demande, par exemple. Les différents moyens d'action ne doivent pas nécessairement être perçus comme des alternatives, mais comme de possibles compléments. En fait, l'une des grandes difficultés est de trouver un bon équilibre, conciliant l'état actuel du système d'innovation concerné et une vision prospective.

Les interactions des différents instruments peuvent être complémentaires, neutres, alternatives (substituables) ou conflictuelles ; elles peuvent aussi laisser apparaître des propriétés nouvelles en termes d'effets ou d'impacts, d'où la difficulté à les étudier. Une grande partie des travaux empiriques qui ont été menés sur le dosage des mesures de soutien à l'innovation ont été consacrés, pour l'essentiel, à l'étude des équilibres (et, par extension, des lacunes). Les interactions ont, en revanche, été beaucoup moins étudiées, sans doute en raison des difficultés pratiques et théoriques que cela posait. Or, l'efficacité d'un moyen d'action dépend presque toujours de son interaction avec les autres instruments (qui peuvent être utilisés à des moments et pour des objectifs différents).

Le dosage des mesures diffère selon les pays, car les mesures sont mises en place au fil du temps et en fonction des spécificités politiques et socio-économiques de chaque pays. De surcroît, le choix d'un arsenal de mesures n'est jamais définitif. En effet, le champ d'action et le contenu des politiques gouvernementales évoluent, que ce soit sous l'effet de facteurs extérieurs ou en fonction du niveau de développement économique et institutionnel, ainsi que du degré de complexité des institutions publiques elles-mêmes. Ces éléments influent non seulement sur la nature des objectifs qui peuvent être poursuivis, mais aussi sur les chances de les atteindre. C'est ce que confirment les réponses des pays au questionnaire de l'édition 2014 des *Perspectives STI de l'OCDE*.

Tendances récentes de l'action publique

Le questionnaire préparatoire de l'édition 2014 des *Perspectives STI de l'OCDE* invitait les pays à évaluer le dosage des mesures de soutien à la R-D et l'innovation des entreprises adoptées à différentes périodes (il y a dix ans, actuellement et dans cinq ans). L'évaluation portait sur cinq ensembles de mesures : mesures ciblées sur certaines populations ou mesures génériques ; instruments ciblés sur certains secteurs/technologies ou instruments génériques ; instruments financiers ou non financiers ; instruments concurrentiels ou non concurrentiels ; enfin, instruments agissant sur l'offre ou sur la demande (graphique 5.1).

Mesures ciblées sur certaines populations ou mesures génériques (c'est-à-dire non ciblées sur une population particulière) : Les mesures ciblées sur une population particulière sont celles qui visent une certaine catégorie d'entreprises, en particulier les PME ou les nouvelles entreprises à caractère technologique (voir les profils « Startups et création d'entreprises innovantes » et « Financement de la création d'entreprises innovantes »). Le graphique 5.1[(a)] montre que depuis une dizaine d'années, de nombreux pays ont opté pour des mesures ciblées, et que cette tendance va se poursuivre dans les cinq années à venir. Il existe néanmoins des exceptions notables : en Pologne, les mesures sont et resteront majoritairement génériques, alors qu'en Allemagne, en France, en Suède et au Royaume-Uni, les mesures ciblées sur une population particulière perdent de plus en plus du terrain et devraient continuer dans ce sens pendant les années à venir.

Instruments ciblés sur certains secteurs/technologies ou instruments génériques (c'est-à-dire non ciblés sur un secteur/une technologie) : Les instruments ciblés sur certains secteurs/technologies favorisent des domaines précis de la R-D et l'innovation, ou des secteurs industriels particuliers (voir le profil « Nouvelles politiques industrielles »). Comme le montre le graphique 5.1[(b)], l'équilibre entre les instruments ciblés ou génériques est très variable selon les pays. Parmi les pays ayant répondu à cette question, près de la moitié indiquent que le dosage de leurs mesures penche progressivement plus du côté des instruments ciblés, peut-être en raison de l'intérêt suscité par les « nouvelles politiques industrielles ». Un petit nombre de pays de l'OCDE s'orientent en revanche dans la direction opposée. En Suède, où les mesures affichaient une nette orientation sectorielle et technologique il y a dix ans, les instruments génériques seront clairement majoritaires dans cinq ans ; sur la même période, l'Allemagne et la Finlande devraient passer d'un dispositif où les mesures à caractère sectoriel et technologique étaient légèrement plus nombreuses, à un autre où ce sont les mesures génériques qui domineront légèrement. S'agissant des pays non membres de l'OCDE, la Chine devrait passer d'un ciblage sectoriel et technologique très marqué il y a dix ans à un dosage de mesures plus équilibré dans les cinq prochaines années.

Instruments financiers ou non financiers : Les instruments financiers peuvent avoir un effet soit direct (par exemple : prêts et cautionnements, avances remboursables, bourses octroyées sur concours, chèques-innovation), soit indirect (par exemple, les incitations fiscales en faveur de la R-D). Par opposition, les instruments non financiers comprennent un large éventail d'outils tels que les services aux entreprises en matière d'innovation, l'organisation d'événements et les campagnes d'information visant à

Graphique 5.1. **Modification de l'équilibre dans le policy mix concernant la R-D et l'innovation des entreprises, 2014**

(Selon un classement défini par les pays eux-mêmes)

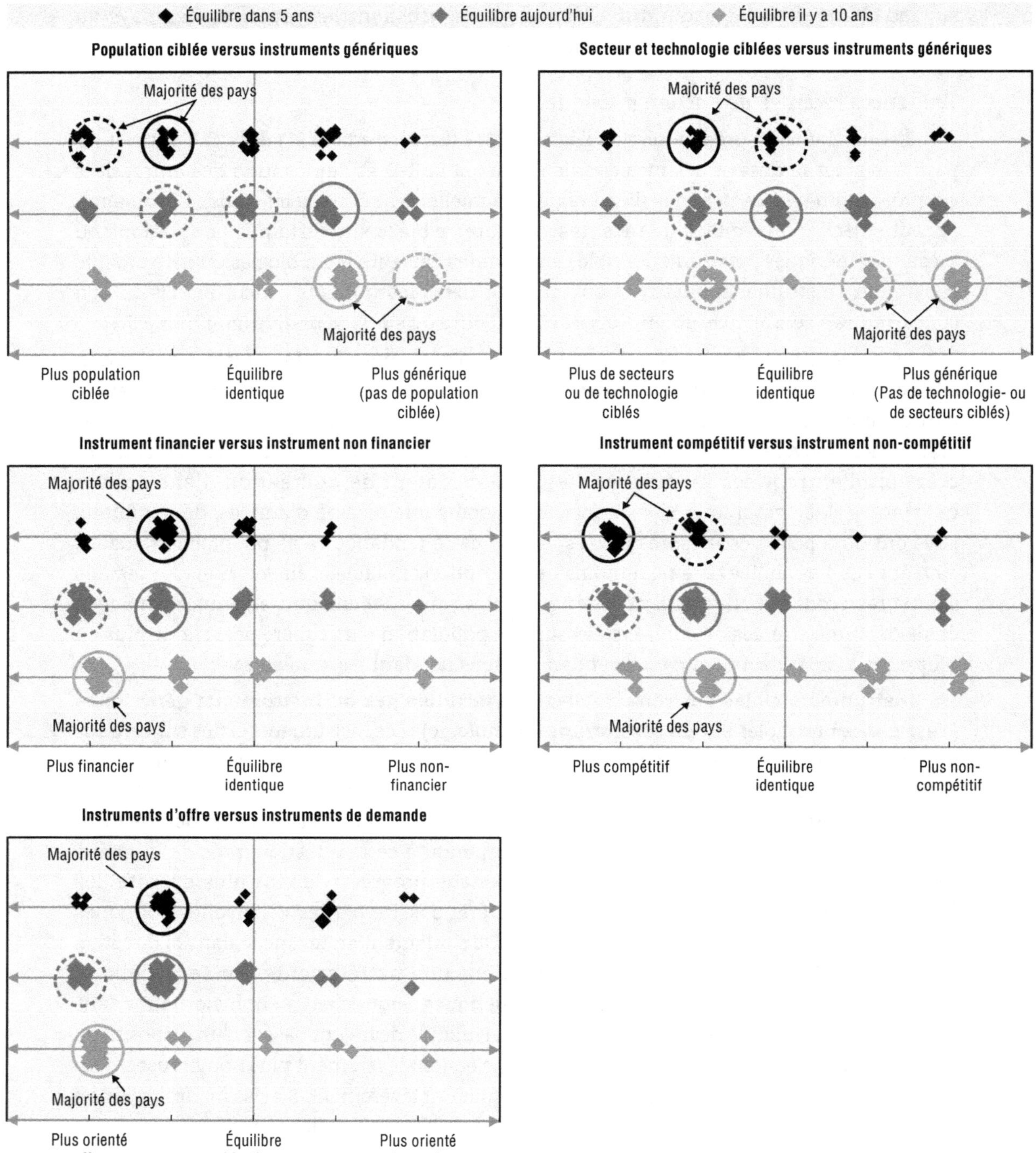

Note : L'équilibrage du policy mix pour la R-D et l'innovation des entreprises est défini par l'auto-évaluation des pays à la question : Quel est l'équilibre entre les différents types d'instruments de politique dans le policy mix pour la R-D et l'innovation des entreprises dans votre pays ? Comment cet équilibre a évolué, le cas échéant, durant les dix dernières années? Dans quelles directions cet équilibre a-t-il tendance à évoluer, le cas échéant, pour les cinq prochaines années ? Les réponses sont fournies par les Délégués du Comité pour les Politiques Scientifiques et Technologiques de l'OCDE.

Source : Réponses des pays au questionnaire préparatoire des *Perspectives de la science, de la technologie et de l'industrie 2014 de l'OCDE.*

StatLink http://dx.doi.org/10.1787/888933306499

promouvoir l'innovation dans les entreprises (voir les profils « Financement public de la R-D et de l'innovation d'entreprise », « Incitations fiscales en faveur de la R-D et de l'innovation » et « Financement de la création d'entreprises innovantes »). Comme le montre le graphique 5.1[(c)], la plupart des instruments de soutien à la R-D et à l'innovation d'entreprise sont à caractère financier. Même si les instruments non financiers ont quelque peu gagné du terrain dans la moitié environ des pays ayant répondu à la question, les trois quarts environ de ces pays continuent de privilégier les instruments financiers.

Instruments concurrentiels ou non concurrentiels : Les instruments concurrentiels attribuent les aides financières de façon sélective, en fonction de critères tels que les performances attendues et la pertinence. À l'opposé, les instruments non concurrentiels sont des aides à portée universelle ou octroyées après un processus de sélection fondé sur des critères d'admissibilité. Le graphique 5.1[(d)] met en évidence une préférence marquée pour les instruments fonctionnant selon une logique concurrentielle. Près de la moitié des pays ayant répondu à cette question ont fait part de leur orientation en faveur d'instruments plus concurrentiels. En revanche, parmi les pays de la zone OCDE, le Canada, les Pays-Bas et – dans une moindre mesure – le Royaume-Uni ont indiqué que leur préférence s'est portée et continuera de se porter sur des instruments non concurrentiels, un choix qui pourrait refléter en partie leur prédilection, dans leur politique de soutien à l'innovation des entreprises, pour les crédits d'impôt en faveur de la R-D.

Instruments agissant sur l'offre ou sur la demande : Les instruments agissant sur l'offre ont pour but de stimuler la production et l'offre de connaissances, dans le but d'accélérer les externalités de connaissances. À l'opposé, les instruments agissant sur la demande visent surtout à accroître les débouchés commerciaux et la demande d'innovation, ainsi qu'à encourager les fournisseurs à satisfaire les besoins exprimés par les utilisateurs (voir le profil « Stimuler la demande d'innovation »). Le graphique 5.1[(e)] montre bien la préférence qui est donnée depuis un certain temps aux instruments agissant sur l'offre, mais également l'émergence récente de mesures agissant sur la demande, dans le but d'encourager une demande de solutions et de produits innovants de la part des pouvoirs publics et de l'énoncer clairement. De nombreux pays font savoir que leur intention, pour les cinq prochaines années, est de développer les instruments agissant sur la demande, même si la plupart d'entre eux prévoient que les instruments agissant sur l'offre resteront prédominants. Des exceptions notables parmi les pays de l'OCDE sont l'Autriche, l'Allemagne, la Hongrie et le Portugal, qui prévoient que les instruments agissant sur la demande occuperont une place primordiale dans leur dispositif.

Si l'on résume les auto-évaluations des pays, le constat qui ressort clairement est que leur dosage de mesures varie à la fois d'un pays à l'autre et dans le temps. De manière générale, une majorité de pays se tournent vers une panoplie de mesures plus ciblées, au caractère concurrentiel plus marqué et faisant appel à une plus grande diversité d'instruments. Bien sûr, compte tenu de la nature des données, les résultats doivent être interprétés avec prudence. Plutôt qu'un panorama précis des différences et des évolutions, ils donnent un aperçu général de la situation. Cela dit, les informations qu'ils fournissent confirment largement les idées communément admises concernant le dosage des mesures et leur orientation.

Pour en savoir plus

Bressers, H. et L. O'Toole (2005), « Instrument Selection and Implementation in a Networked Context », in P. Eliadis, M. Hills et M. Howlett (dir. pub), *Designing Government: From Instruments to Governance*, McGill-Queens University Press, Montréal.

CREST (2006), « Policy mix peer review: Expert group report on the design and implementation of national policy mixes », rapport du groupe d'experts CREST à la Direction générale de la Recherche de la Commission européenne, mars. Voir : *http://ec.europa.eu/invest-in-research/pdf/download_en/pol_mix_synth_280206.pdf*.

Flanagan, K, E. Uyarra, et M. Laranja (2011), « Reconceptualising the 'policy mix' for innovation », *Research Policy*, 40(5).

Howlett, M. et J. Rayner (2007), « Design Principles for Policy Mixes: Cohesion and Coherence in New Governance Arrangements », *Policy and Society*, vol. 26, n° 4, pp. 1-18.

Nauwelaers, C., P. Boekholt, B. Mostert, P. Cunningham, K. Guy, R. Hofer et C. Rammer, (2009), « Policy Mix for R&D in Europe », rapport à la Direction générale de la Recherche de la Commission européenne.

OCDE (2010a), « Le dosage des politiques de l'innovation » in *Science, technologie et industrie : Perspectives de l'OCDE 2010*, Éditions OCDE, Paris, pp. 271-302, *http://dx.doi.org/10.1787/sti_outlook-2010-48-fr*.

OCDE (2010b), *La stratégie de l'OCDE pour l'innovation : Pour prendre une longueur d'avance*, Éditions OCDE, Paris, *http://dx.doi.org/10.1787/9789264084759-fr*.

Ringeling, A. (2005), « Instruments in Four: The Elements of Policy Design », in P. Eliadis, M. Hills et M. Howlett (dir. pub.), *Designing Government: From Instruments to Governance*, McGill-Queens University Press, Montréal.

Salamon, L. (dir. pub.) (2002), *The Tools of Government: A Guide to the New Governance*, Oxford University Press, New York.

Vedung, E. (1998), « Policy Instruments: Typologies and Theories », in M. Bemelmans-Videc, R. Rist et E. Vedung (dir. pub.), *Carrots, Sticks, and Sermons: Policy Instruments and their Evaluation*, Transaction Publishers, New Brunswick, NJ.

FINANCEMENT PUBLIC DE LA R-D ET DE L'INNOVATION D'ENTREPRISE

Bien-fondé et objectifs

Les entreprises, bien qu'étant des acteurs essentiels de l'innovation, ont tendance à sous-investir dans la R-D. Si elles s'engagent dans des activités de R-D, c'est avant tout pour se distinguer de leurs concurrents, obtenir de meilleurs résultats et accroître leurs profits. Cependant, les coûts et l'incertitude associés à la R-D, le délai de rentabilisation de l'investissement et le risque que des concurrents ne mettent à profit certaines retombées intellectuelles – en raison du caractère non rival et non exclusif de la R-D – contribuent souvent à affaiblir la motivation des entreprises à s'engager dans la R-D. Le financement de la création d'entreprises innovantes soulève aussi certains problèmes, qui sont abordés dans le profil « Financement de la création d'entreprises innovantes ».

On peut s'interroger sur l'efficacité des politiques de financement public au regard de trois types d'effets principaux (Guellec et van Pottelsberghe, 2000). Premièrement, les dépenses gouvernementales peuvent évincer le financement privé, par exemple en accroissant la demande de R-D et son coût via l'augmentation des salaires des chercheurs. Deuxièmement, les pouvoirs publics peuvent être amenés à soutenir des projets qui auraient été de toute façon mis en œuvre, conduisant ainsi simplement les entreprises à se servir de l'argent public au lieu de leurs propres fonds. Troisièmement, les pouvoirs publics sont souvent moins efficients que les forces du marché dans l'allocation des fonds, ce qui entraîne des distorsions dans la concurrence et l'affectation des ressources. En « sélectionnant les gagnants », ils peuvent finalement soutenir des domaines de recherche moins prometteurs ou favoriser certaines entreprises en place ou des groupes de pression, au détriment de nouvelles entreprises innovantes.

Principaux aspects

Le financement de la R-D et de l'innovation d'entreprise par les pouvoirs publics passe par toute une gamme d'instruments directs et indirects. Le soutien direct prend la forme de marchés publics de R-D et de divers types d'aides, subventions, prêts ou dotations en capital (tableau 5.1). Le soutien indirect repose en général sur des mesures d'incitation fiscale comme les crédits d'impôt de R-D. Le financement direct permet aux pouvoirs publics de cibler des activités spécifiques de R-D et d'orienter les initiatives des entreprises vers de nouveaux domaines de R-D ou vers des domaines offrant des retombées sociales importantes mais des perspectives de profit réduites, comme les technologies vertes et l'innovation sociale ; les instruments de financement direct dépendent de décisions discrétionnaires des pouvoirs publics. Les mesures d'incitation fiscale réduisent le coût marginal de la R-D et des dépenses d'innovation ; leur impact est généralement plus neutre que celui des aides directes en termes de secteur d'activité, de région ou de caractéristiques des entreprises, mais cela n'exclut pas un certain degré de différenciation, le plus souvent en fonction de la taille des entreprises (OCDE, 2010b). Alors que les aides directes sont plus fortement axées sur la recherche de longue durée, les mesures fiscales en faveur de la R-D cherchent généralement à encourager la recherche appliquée à court terme et à stimuler l'innovation progressive plutôt que les avancées décisives.

Le soutien financier direct prend la forme de subventions accordées sur appel d'offres et de financement par emprunt, comme l'attribution de prêts à des projets de R-D. Des mécanismes de partage des risques sont fréquemment utilisés pour fournir aux prêteurs une assurance contre le risque de défaillance et améliorer l'accès des entreprises au crédit.

Tableau 5.1. **Principaux outils d'intervention pour le financement de la R-D et de l'innovation d'entreprise, avec quelques exemples nationaux**

Instruments de financement			Principaux aspects	Exemples nationaux
Financement public direct	**Aides, subventions**		Instruments de financement les plus couramment usités. Financement de démarrage des startups et des PME innovantes. Accordé sur une base concurrentielle et, dans certains cas, sur la base d'un cofinancement privé. Aucun remboursement n'est généralement requis. Instruments discrétionnaires, du côté de l'offre.	Subventions ANR (Argentine), Fonds R-D (Israël), programme Small Business Innovation Research [SBIR] (États-Unis)
	Financement par emprunt	**Prêts subventionnés**	Nécessitent certaines formes de garantie ou de nantissement. Obligation de remboursement. L'investisseur/prêteur ne reçoit aucune participation.	Novallia (Belgique), Banque publique d'investissement (France), Microfinance Ireland, Fonds slovène pour les entreprises, British Business Bank (Royaume-Uni)
		Aides/avances remboursables	Remboursement partiel ou total requis, parfois sous forme de redevances. Peuvent être accordées sur la base d'un cofinancement privé.	Subventions remboursables pour startups (Nouvelle Zélande)
		Garanties de prêt et mécanismes de partage des risques	Largement utilisés comme des outils importants pour alléger les contraintes financières pesant sur les PME et les startups. En cas d'évaluation individuelle des prêts, peuvent servir à indiquer la solvabilité de l'entreprise à la banque. Souvent associés à la fourniture de services supplémentaires (information, assistance, formation).	Programme de financement des petites entreprises (Canada), systèmes de garantie mutuelle (Confidi) (Italie), Programme de prêt 7(a) (États-Unis), prêts pour la recherche et l'innovation (Commission européenne)
	Financement par emprunt/ sur fonds propres	**Financement par emprunt/sur fonds propres non bancaire**	Nouveaux canaux de financement. Plateformes de prêt innovantes et fonds de prêts/de capitaux non bancaires.	Business Finance Partnership (Royaume Uni)
		Financement mezzanine	Combinaison de plusieurs instruments de financement, de niveaux de risque et de rendement différents intégrant des éléments de financement par emprunt et sur fonds propres dans un support unique. Utilisé à une étape ultérieure du développement des entreprises. Mieux adapté aux PME disposant d'une solide trésorerie et dont le profil de croissance est modéré.	Garanties pour investissements mezzanine (Autriche), programme PROGRESS (Rép. tchèque), Industrifonden et Fouriertransform (Suède), Small Business Investment Company (États-Unis)
	Financement sur fonds propres*	**Fonds de capital risque et fonds de fonds**	Fonds fournis par des investisseurs institutionnels (banques, fonds de retraite, etc.) à investir dans les entreprises de la phase de démarrage à la phase d'expansion. Tendent à investir de plus en plus aux étapes plus tardives avec moins de risques. Appelé capital « patient » à cause de la durée de l'investissement (10 à 12 ans). L'investisseur reçoit une participation.	Fonds d'investissement pour l'innovation (Australie), Impulsa (Colombie), Fonds de démarrage Vera (Finlande), France Investissement 2020, Fonds Yozma (Israël), Fonds de co-investissement écossais (Royaume-Uni)
		Investisseurs providentiels	Fournissent financement, expertise, mentorat et réseaux. Investissent généralement sous la forme de groupes et de réseaux. Financement à un stade précoce ou de démarrage.	Fonds Seraphim (Royaume-Uni) Tech Coast Angels et Common ANGELS (États Unis)
	Marchés publics en faveur de la R-D et de l'innovation*		Créent une demande de technologie ou de service qui n'existe pas, ou ciblent l'achat de services de R-D (achat pré-commercial de R-D). Fournissent un soutien financier à un stade précoce à de petites entreprises innovantes à vocation technologique présentant un risque élevé mais prometteuses d'un point de vue commercial.	Programme SBIR (États-Unis) et programmes de type SBIR (Royaume-Uni)
	Services de conseil technologique, programmes de vulgarisation		Soutiennent la diffusion et l'adoption de technologies existantes et contribuent à accroître la capacité d'absorption des entreprises ciblées (en particulier les PME). Fournissent information, assistance technique, conseils et formation. Particulièrement utiles dans les pays à bas revenus.	Manufacturing Extension Partnerships (États-Unis)
	Chèques innovation		Petites lignes de crédit fournies aux PME pour acheter des services de fournisseurs de connaissances publics en vue d'introduire des innovations dans leur fonctionnement opérationnel.	Chèques innovation (Autriche, Chili, Chine, Danemark, etc.)
Financement public indirect	**Incitations fiscales***	**Impôt sur le revenu des sociétés**	Utilisées dans la plupart des pays. Large gamme de dispositifs fiscaux concernant l'impôt sur les sociétés, notamment concessions fiscales sur la base des dépenses de R-D et, moins fréquemment, des gains de propriété intellectuelle. Financement indirect, non discriminatoire.	Crédit d'impôt pour la recherche scientifique et le développement expérimental (Canada), crédits d'impôt de R-D (France), exemption des prélèvements salariaux (Pays-Bas), dispositions préférentielles (« *patent box* ») concernant les brevets (Royaume-Uni)

Tableau 5.1. **Principaux outils d'intervention pour le financement de la R-D et de l'innovation d'entreprise, avec quelques exemples nationaux** *(suite)*

Instruments de financement		Principaux aspects	Exemples nationaux
	Impôt sur le revenu des personnes physiques et autres impôts	Existent dans de nombreux pays. Large gamme d'incitations fiscales concernant les investissements et recettes de la R-D et des entreprises qui s'appliquent à l'impôt sur le revenu des personnes physiques, la TVA ou d'autres impôts (taxes à la consommation, impôts fonciers, etc.). Financement indirect, non discriminatoire.	Réduction des impôts sur les salaires des chercheurs étrangers et du personnel clé (Danemark), exemption de l'impôt sur le patrimoine pour les investisseurs providentiels (France), programmes de développement des entreprises et de capital de démarrage (Irlande)

* Voir les profils « Financement de la création d'entreprises innovantes », « Stimuler la demande d'innovation » et « Incitations fiscales en faveur de la R-D et de l'innovation ».

Source : OCDE, d'après la Plateforme des politiques d'innovation ; OCDE (2014), *Financing SMEs and Entrepreneurs 2014: An OECD Scoreboard*, Éditions OCDE, Paris, *http://dx.doi.org/10.1787/fin_sme_ent-2014-en* ; OCDE (2013), *Financing SMEs and Entrepreneurs 2013: An OECD Scoreboard*, Éditions OCDE, Paris, *http://dx.doi.org/10.1787/fin_sme_ent-2013-en* ; OCDE (2011), *Business Innovation Policies: Selected Country Comparisons*, Éditions OCDE, Paris, *http://dx.doi.org/10.1787/9789264115668-en* ; OCDE (2011), *Financing High-growth Firms*, Éditions OCDE, Paris, *http://dx.doi.org/10.1787/9789264118782-en* ; et réponses des pays au questionnaire préparatoire de l'édition 2014 des *Perspectives STI de l'OCDE*.

Une garantie de prêt signifie qu'en cas de défaut de remboursement, le système de garantie du crédit rembourse au prêteur une part définie à l'avance du solde de l'emprunt.

Certaines formes d'aide directe sont également liées aux achats publics (voir le profil « Stimuler la demande d'innovation »). En France et aux États-Unis, une large part du soutien public à la R-D est attribuée à des entreprises du secteur de la défense en vue du développement d'équipements militaires et d'applications civiles potentielles. Le gouvernement conserve la propriété intellectuelle des résultats de la recherche obtenus dans le cadre des programmes de marchés publics, alors que dans d'autres systèmes de financement, les résultats de la recherche appartiennent aux entreprises qui exécutent la R-D (Guellec et van Pottelsberghe, 2000).

De nombreux pays de l'OCDE ont mis en place des fonds et des mécanismes pour l'accès au financement de démarrage et, en particulier, aux capitaux propres. Ils apportent à cette fin un soutien au secteur du capital-risque, certains gouvernements contribuant activement à l'apport de fonds propres (OCDE, 2011b ; Wilson et al., 2013). Une méthode fréquemment utilisée consiste à faciliter la croissance du financement à risque par le biais de fonds publics de capital-risque, de fonds de co-investissement avec des investisseurs privés et de « fonds de fonds » (voir le profil « Financement de la création d'entreprises innovantes »).

Le soutien direct de l'innovation, en dehors des dispositifs d'aide à la R-D, comprend des mesures pour faciliter la commercialisation de l'innovation, soutenir le développement de réseaux, promouvoir les plateformes régionales d'innovation et faciliter l'accès à l'information, à l'expertise et aux conseils (OCDE, 2011a). Les chèques-innovation, les services-conseils en technologie et les programmes de vulgarisation sont d'importants outils à cet égard.

Le recours à des incitations fiscales dans le cadre de différents systèmes d'imposition, en particulier l'impôt sur les sociétés et l'impôt sur le revenu des personnes physiques, est aussi fréquemment utilisé pour encourager les investissements privés en faveur de la R-D et l'exploitation des actifs de propriété intellectuelle, attirer les investisseurs providentiels et mobiliser le financement en phase de démarrage, et attirer des spécialistes étrangers ou des multinationales étrangères (voir les profils « Incitations fiscales en faveur de la R-D et de l'innovation » et « Financement de la création d'entreprises innovantes »).

Tendances récentes de l'action publique

Ces dix dernières années, le financement public de la R-D et de l'innovation d'entreprise a gagné en importance dans la plupart des pays. Les diverses politiques menées pour financer l'innovation des entreprises se caractérisent par l'utilisation croissante des incitations fiscales en faveur de la R-D et une réorientation des mesures de soutien direct vers de nouvelles finalités (par exemple, le transfert de connaissances ou le financement en fonds propres). Elles mettent aussi davantage l'accent sur l'évaluation (OCDE, 2011a).

Dans la plupart des pays, 10 % à 20 % des dépenses de R-D des entreprises sont financées par des fonds publics (voir le chapitre 1, graphique 5.1). La Fédération de Russie, la Slovénie, la Corée et la France sont les pays les plus généreux, puisque l'aide apportée par l'État à la R-D d'entreprise y atteint plus de 0.35 % du PIB (graphique 5.2). Le financement public global de la R-D et de l'innovation d'entreprise a augmenté entre 2006 et 2011, à la fois en termes réels (voir le chapitre 1) et en pourcentage du PIB. Cette augmentation a été particulièrement nette en Belgique, en Estonie, en Irlande et en Slovénie, où le soutien direct et les allégements fiscaux au profit des entreprises ont plus que doublé depuis 2006.

Entre 2012 et 2014, plusieurs pays ont accru leurs dépenses publiques en faveur de la R-D et de l'innovation d'entreprise. Le Canada a annoncé qu'il adoptait une nouvelle stratégie d'aide qui comprend la simplification du programme de crédit d'impôt pour la R-D et la réaffectation des ressources à des initiatives d'aide directe ; le lancement du Plan d'action pour le capital-risque et le soutien des incubateurs et accélérateurs d'entreprises ; la pérennisation du programme de marchés publics axés sur l'innovation ; le doublement de la dotation du Programme d'aide à la recherche industrielle et le lancement d'un programme de « bons » pour les PME ; la transformation du Conseil national de recherches afin d'appuyer plus efficacement l'innovation dans l'entreprise ; et l'établissement d'un service de « guide-expert » pour faciliter l'accès aux programmes d'aide à l'innovation et aux ressources y afférentes. En République tchèque, la création d'une nouvelle Agence des technologies s'est accompagnée d'une augmentation de la dotation financière au profit des entreprises. Par ailleurs, les budgets publics des subventions à la R-D accordées sur appel d'offres ont augmenté en Islande, en Norvège et en Nouvelle-Zélande. En Islande, le manque à gagner fiscal attribué aux crédits d'impôt de R-D introduits récemment a également augmenté.

L'aide publique sous la forme d'instruments fiscaux indirects s'est également accrue ces dix dernières années. Les politiques françaises d'aide à la R-D d'entreprise ont connu un complet revirement depuis 2008. L'Afrique du Sud, la Belgique, l'Irlande et la Turquie ont aussi renforcé depuis 2006 le financement indirect au moyen d'allégements fiscaux en faveur de la R-D (OCDE, 2013b). Plus de la moitié des pays ayant répondu au questionnaire préparatoire de l'édition 2014 des *Perspectives STI* ont confirmé la place accrue qu'occupent depuis plusieurs années les incitations fiscales en faveur de la R-D parmi l'ensemble des mesures de soutien à la R-D et à l'innovation d'entreprise (graphique 5.4, Partie II). Cependant, les dispositifs fiscaux nationaux d'aide à la R-D sont restés assez stables depuis 2012 par rapport à d'autres instruments de financement publics (graphique 5.3). Les pays font état de changements plus importants dans la conception et la gouvernance des instruments de financement directs.

Les mécanismes de financement direct, en particulier les subventions accordées sur appel d'offres, demeurent des outils décisifs des politiques d'innovation (graphique 5.4, Partie I). L'attribution d'une aide directe s'effectue par des moyens de plus en plus divers à des fins qui, elles aussi, se diversifient de plus en plus (par exemple, encourager le transfert

Graphique 5.2. **Le financement gouvernemental de la R-D et de l'innovation, le financement direct, les incitations fiscales, 2012**

En pourcentage du PIB

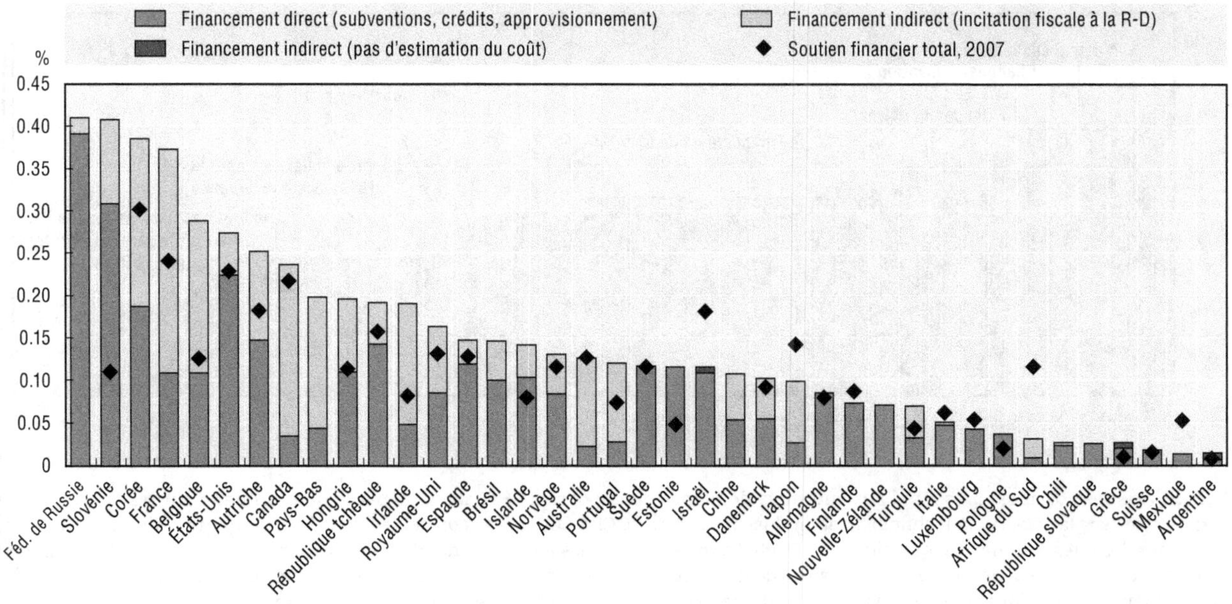

Note : Les estimations des incitations fiscales à la R-D ne couvrent pas les incitations fiscales à la R-D à un niveau sous-national. L'Allemagne, l'Estonie, le Luxembourg et la Suisse ne proposent pas d'incitations fiscales à la R-D. Le Mexique et la Nouvelle Zélande ont abrogé leurs incitations fiscales en 2009 et en 2009-2010 respectivement. La Finlande et la Suède ont récemment introduit des programmes d'incitations fiscales à la R-D pour les entreprises pour lesquelles le coût estimé des manques à gagner n'est pas encore disponible.

En Afrique du Sud, en Autriche et en Pologne, le soutien fiscal incitatif à la R-D est déjà inclus dans les estimations officielles du financement public direct de la R-D (OCDE, 2013b). Cela est retiré de l'estimation du financement direct afin d'éviter un double comptage.

La Grèce et Israël offrent des concessions fiscales pour la R-D mais le coût estimé de l'aide fiscale pour la R-D n'est pas disponible et n'est donc pas inclus dans le total. Les données de l'Allemagne, des États-Unis, de l'Estonie, de la Finlande, de la Grèce, de la Pologne, de la Slovénie, de la Suisse et du Royaume-Uni renvoient à 2012. Les données de l'Afrique du Sud, de l'Australie, de la Belgique, du Brésil, du Chili, de l'Espagne et de l'Irlande renvoient à 2009. Les autres données renvoient à 2011.

Pour plus d'informations techniques sur les données sur la fiscalité relative à la R-D, voir la page web de la Direction de l'OCDE pour la Science, la Technologie et l'Industrie sur la Mesure de la fiscalité relative à la R-D à *www.oecd.org/sti/rd-tax-stats.htm*. Pour l'Australie, les Etats-Unis, la Fédération de Russie, l'Islande, le Portugal, la Slovénie et le Royaume-Uni, les coûts estimés sont tirés des réponses des pays au questionnaire des Perspectives des politiques STI 2014 de l'OCDE. Pour le Brésil, les données concernant le financement direct des DIRDE renvoie à 2010 et sont issues de OCDE (2013), Science, technologie et industrie : Tableau de bord de l'OCDE 2013 – L'innovation au service de la croissance, OCDE, Paris, *http://dx.doi.org/10.1787/sti_scoreboard-2013-16-en*.

Source : OCDE, fondées sur la collecte de données sur les incitations fiscales pour la R-D, 2013, sur les réponses des pays au questionnaire des Perspectives de la politique STI de l'OCDE 2014 et sur la Base de données sur les principaux indicateurs de la science et de la technologie (PIST), juin 2014, *www.oecd.org/sti/msti*. Données récupérées à partir de l'IPP.Stat de l'OCDE du 8 juillet 2014, *http://stats.oecd.org//Index.aspx?QueryId=57863*.

StatLink http://dx.doi.org/10.1787/888933306507

de connaissances, la croissance des nouvelles entreprises de haute technologie, l'activité de capital-risque ou l'innovation verte) (OCDE, 2011a).

Les chèques-innovation et les instruments de financement en fonds propres ont gagné en importance parmi les différentes politiques mises en œuvre dans la plupart des pays (graphique 5.4, Partie II) et font partie des instruments STI qui ont le plus changé depuis 2012 (graphique 5.3).

L'utilisation des chèques-innovation se développe dans les pays de l'OCDE et les économies émergentes. En 2013, le Royaume-Uni a affecté à son programme de chèques-innovation au moins 2.8 millions USD en PPA (2 millions GBP) par an sur trois ans. Le Canada accorde 16 millions USD en PPA (20 millions CAD) sur trois ans à son programme

Graphique 5.3. **Initiatives pour financer la R-D et l'innovation parmi les autres domaines de la politique STI, 2012-14**

Pays signalant un changement substantiel dans le domaine de la politique, comparé aux autres domaines de politique STI

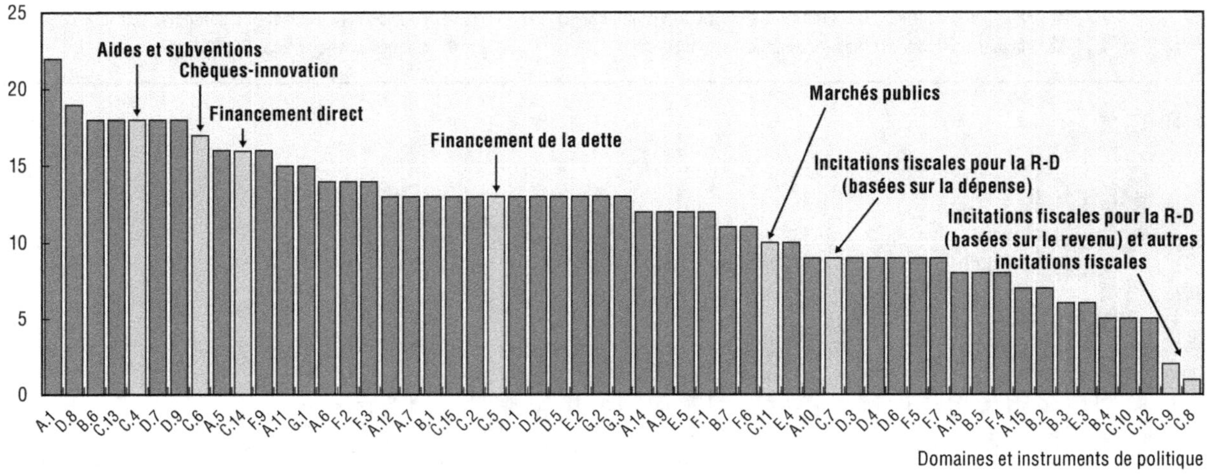

Note : L'axe des abscisses présente l'ensemble des domaines de la politique STI couverts par le questionnaire sur les politiques des Perspectives sur la science, la technologie et l'industrie 2014 de l'OCDE (les codes représentés dans le diagramme ci-dessus se réfèrent aux codes des questions dans le questionnaire 2014). L'axe des ordonnées indique le nombre de pays signalant que la situation a changé de façon substantielle dans chacun des domaines de la politique. Le comptage simple ne tient pas compte de l'ampleur et de l'impact des changements de politique. Dans le cas des incitations fiscales en fonction du revenu ou d'autres impôts qui ne sont pas largement appliqués, les pays peuvent ne pas avoir rapporté les changements.

Les réponses sont fournies par les délégués au Comité de l'OCDE pour les Politiques Scientifiques et Technologiques.

Source : Réponses des pays au questionnaire préparatoire des *Perspective de la science, de la technologie et de l'industrie 2014 de l'OCDE.*

StatLink http://dx.doi.org/10.1787/888933306512

de « bons », le Programme d'accès à l'innovation pour les entreprises. La Corée et la Suède ont elles aussi lancé des programmes pilotes de chèques-innovation. La Lettonie, la Pologne et la Turquie ont adopté des méthodes de financement similaires, tandis que l'Australie (État de Victoria), la Belgique (Région de Bruxelles-Capitale) et la République tchèque (Prague) ont introduit des chèques-innovation au niveau de l'État ou au niveau local. En Italie, un nouveau système de bons géré au niveau régional est utilisé pour soutenir la numérisation des processus commerciaux (sites Internet, commerce en ligne, connectivité à haut et très haut débit). L'Autriche a annoncé le lancement d'un nouveau système de chèques-innovation de 5 000 EUR à l'intention des secteurs créatifs.

Certains pays ont récemment recouru à des subventions pour renforcer le financement public de la R-D et de l'innovation. En 2012, la Nouvelle-Zélande a ainsi remplacé son système de bons de transfert de technologie par les aides à la R-D Callaghan Innovation. Au Canada, le Plan d'action économique 2012 a proposé de simplifier le programme de crédit d'impôt pour la recherche scientifique et le développement expérimental et d'investir les sommes ainsi économisées dans le soutien direct à l'innovation d'entreprise. Les États-Unis prévoient pendant les prochaines années une augmentation de la part des investissements de R-D au regard des subventions accordées sur appel d'offres en faveur des petites entreprises ou des consortiums de petites entreprises.

Les systèmes de financement par emprunt occupent une place de première importance parmi les diverses catégories de mesures mais ont subi récemment quelques changements (graphique 5.4, parties 1 et 2). Les pouvoirs publics ont réagi aux difficultés de crédit auxquelles se heurtent les petites et moyennes entreprises (PME) en injectant des

Graphique 5.4. **Pertinence des instruments principaux de financements dans le policy mix pour la R-D et l'innovation, 2014**

En pourcentage du total des réponses données par les pays

Diagramme 1. Pertinence relative des instruments de financement

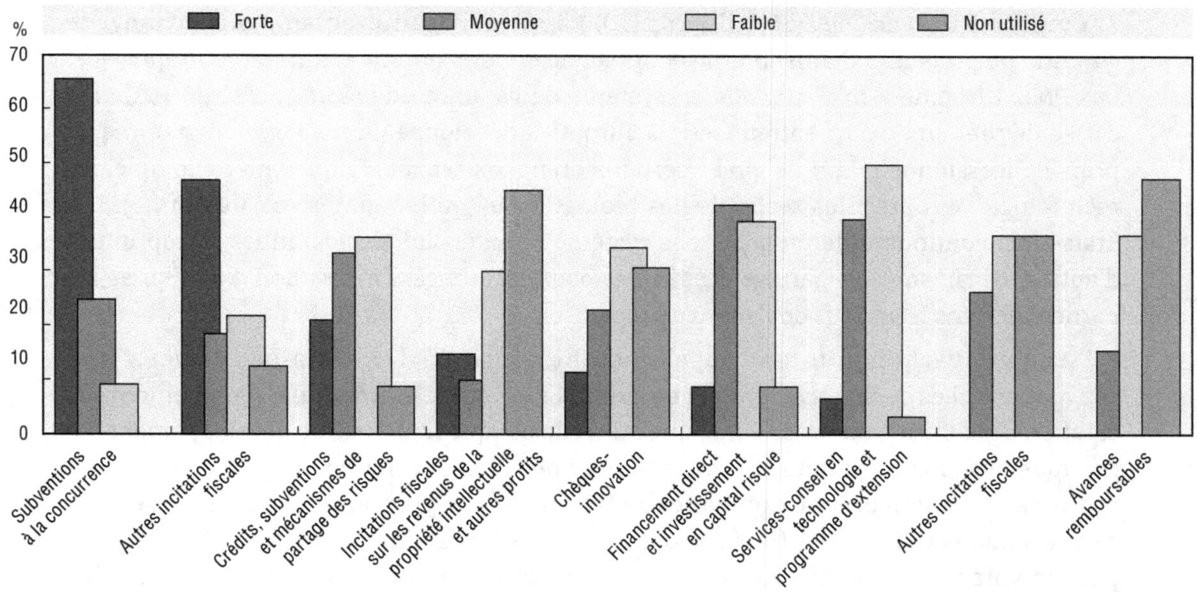

Diagramme 2. Pertinence relative des instruments de financement public

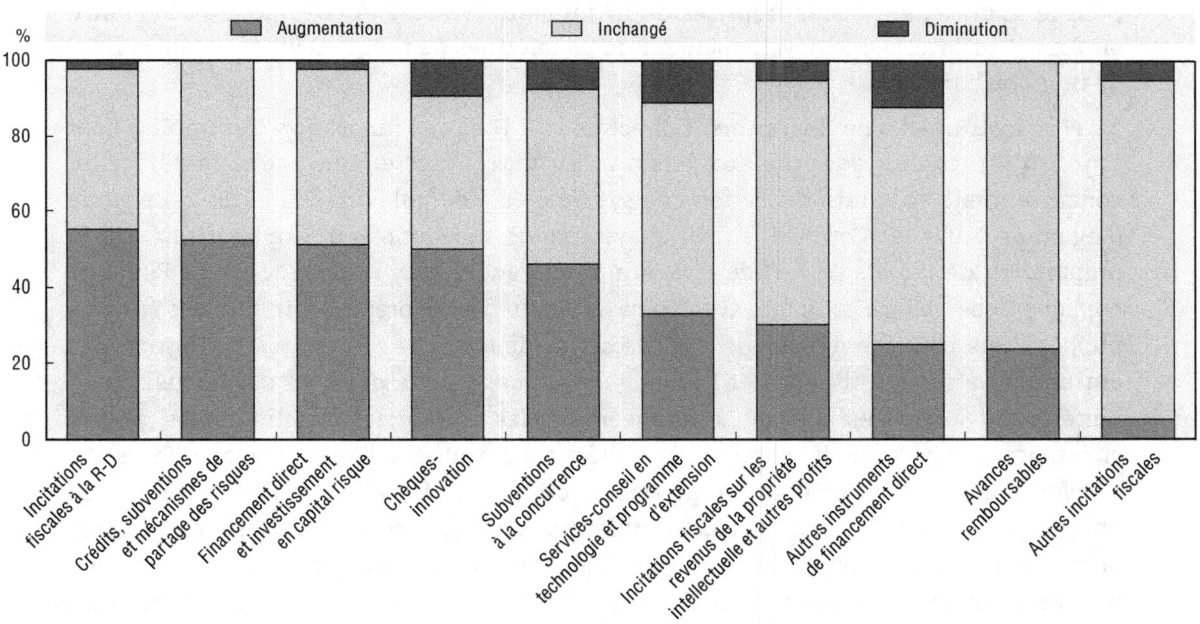

Note : Les pays ont répondu à la question : "Lequel parmi les instruments de financement publics de la R-D et de l'innovation suivant est l'instrument principal dans votre pays ? De quel manière l'équilibre relatif entre ces différents instrument à évoluer récemment, le cas échéant ? Notez s'il vous plait la pertinence relative des instruments financiers suivants pour le policy mix de votre pays et indiquez si leur part a augmenté, diminué ou est restée inchangée". Les réponses proviennent des délégués du Comité pour les Politiques Scientifiques et Technologiques de l'OCDE.

Source : Réponses des pays au questionnaire des *Perspectives de la politique STI 2014*.

StatLink http://dx.doi.org/10.1787/888933306523

capitaux dans leurs programmes directs de prêts et de garantie de prêts (OCDE, 2013a). L'Autriche a développé et élargi ses initiatives de prêt aux jeunes entreprises innovantes à l'aide de programmes comme le programme AWS de capitaux de pré-amorçage et d'amorçage pour les entreprises de haute technologie et la nouvelle initiative Frontrunner visant les entreprises de tête dans le domaine de l'innovation et des technologies. Au Danemark, le Fonds pour la croissance a créé un nouveau système de prêts subordonnés aux PME et l'a fusionné avec l'ancien système de garantie de prêts. La Hongrie a affecté 224 millions USD en PPA (28 milliards HUF) à un nouveau programme Széchenyi de garantie de prêts afin d'améliorer les options de crédit s'offrant aux micro-entreprises et aux PME. L'Irlande a mis en place un système de garantie du crédit et créé en 2012 une caisse de prêt aux micro-entreprises. La Turquie a développé un nouveau programme de prêts concessionnels afin de cibler certains créneaux technologiques (par exemple, les technologies propres, les technologies biomédicales ou les matériaux de pointe). Les États-Unis continuent de proposer des systèmes d'extension des garanties d'emprunt et d'autres mécanismes de partage des risques pour encourager l'innovation d'entreprise, en particulier dans le secteur de l'énergie propre.

Les gouvernements ont aussi cherché à privilégier certaines formes non conventionnelles de financement par emprunt. Le Royaume-Uni travaille actuellement à la création de la British Business Bank, une nouvelle banque nationale de développement qui gèrera le système de garantie du financement des PME et certains programmes visant à renforcer le financement non bancaire. Un nouveau programme d'investissement de 432 millions USD en PPA (300 millions GBP) a été lancé afin d'accroître l'offre de prêts par les voies non bancaires et d'orienter potentiellement l'investissement vers les structures financières des entreprises plus petites. Ce programme complète le Partenariat pour le financement des entreprises de 1.7 milliard USD en PPA (1.2 milliard GBP) lancé en 2011 pour favoriser le développement de plateformes de prêt innovantes et de caisses de prêt non bancaires.

Les instruments de financement direct de la R-D et de l'innovation d'entreprise sont aujourd'hui mieux adaptés aux besoins du marché et encouragent la sélection concurrentielle et la rationalisation des systèmes d'aide publique. En 2013, la Belgique (Région de Bruxelles-Capitale) a revu le système de subventions utilisé pour financer la préparation de projets de R-D de l'UE, afin de le rendre plus facile d'accès. La Finlande applique une stratégie conjointe avec les usagers afin d'améliorer la fourniture des services publics ; cela inclut le développement de séries de services conjoints à l'intention des entreprises à forte croissance et l'échange systématique de données sur les usagers à l'intérieur des services publics. Le financement des entreprises traditionnelles, à forte croissance, jeunes ou en démarrage a aussi été regroupé au sein d'un seul organe (Tekes). La Nouvelle-Zélande a créé Callaghan Innovation qui regroupe diverses initiatives, en sus du financement de la R-D, et sert de guichet unique aux entreprises. La Norvège a mis en place un nouveau système reposant sur les technologies de l'information qui simplifie la demande d'accès au programme Skattefunn d'allégements fiscaux pour la R-D, et a normalisé les critères requis pour l'obtention des aides nationales à la création d'entreprise.

Pour en savoir plus

Guellec, D. et B. van Pottelsberghe de la Potterie (2000), « The Impact of Public R&D Expenditure on Business R&D », *OECD Science, Technology and Industry Working Papers*, 2000/04, Éditions OCDE, Paris, *http://dx.doi.org/10.1787/670385851815*.

OCDE (2010a), « Le dosage des politiques de l'innovation », in *Science, technologie et industrie : Perspectives de l'OCDE 2010*, Éditions OCDE, Paris, *http://dx.doi.org/10.1787/sti_outlook-2010-48-fr*.

OCDE (2010b), « R&D tax incentives: rationale, design, evaluation », *OECD Policy Brief*, novembre, *www.oecd.org/sti/ind/46352862.pdf*.

OCDE (2011a), *Business Innovation Policies: Selected Country Comparisons*, Éditions OCDE, Paris, *http://dx.doi.org/10.1787/9789264115668-en*.

OCDE (2011b), *Financing High-Growth Firms: The Role of Angel Investors*, Éditions OCDE, Paris, *http://dx.doi.org/10.1787/9789264118782-en*.

OCDE (2013a), *Financing SMEs and Entrepreneurs 2013: An OECD Scoreboard*, Éditions OCDE, Paris, *http://dx.doi.org/10.1787/9789264190573-fr*.

OCDE (2013b), « Dispositifs fiscaux favorables à la R-D », in *Science, technologie et industrie : Tableau de bord de l'OCDE 2013 – L'innovation au service de la croissance*, Éditions OCDE, Paris, *http://dx.doi.org/10.1787/sti_scoreboard-2013-fr*.

OCDE (2014a), « Tendances du financement public de la R-D d'entreprise », *Science, technologie et industrie : Perspectives de l'OCDE 2014* (base de données ; en anglais), voir *http://qdd.oecd.org/Table.aspx?Query=DF75C2FE-BB5E-4803-AA19-69214D23D4C9*.

OCDE (2014b), « Financement public direct de la R-D et de l'innovation », *Science, technologie et industrie : Perspectives de l'OCDE 2014* (base de données ; en anglais), voir *http://qdd.oecd.org/Table.aspx?Query=B1B7D204-BCFA-47EF-888A-CFF35B123834*.

OCDE (2014), *Financing SMEs and Entrepreneurs 2014: An OECD Scoreboard*, Éditions OCDE, Paris, *http://dx.doi.org/10.1787/fin_sme_ent-2014-fr*.

Plateforme des politiques d'innovation (IPP) de l'OCDE (2014), module sur l'innovation financière, voir : *www.innovationpolicyplatform.org/content/financing-innovation?topic-filters=11384* ; module sur les services de vulgarisation des technologies, voir : *www.innovationpolicyplatform.org/content/technology-extension-services?topic-filters=11995*.

Wilson, K. et F. Silva (2013), « Policies for Seed and Early Stage Finance: Findings from the 2012 OECD Financing Questionnaire », *OECD Science, Technology and Industry Policy Papers*, n° 9, Éditions OCDE, Paris, *http://dx.doi.org/10.1787/5k3xqsf00j33-en*

INCITATIONS FISCALES EN FAVEUR DE LA R-D ET DE L'INNOVATION

Bien-fondé et objectifs

Les incitations fiscales en faveur de la R-D ont pour but d'encourager les entreprises à mener des activités de R-D en réduisant leurs coûts. Par rapport aux aides directes, les incitations fiscales laissent les entreprises libres de décider de la nature et de l'orientation de leurs activités de R-D, dans l'idée que le secteur des entreprises est le mieux placé pour identifier les domaines de recherche susceptibles de déboucher sur des résultats commerciaux. Les incitations fiscales en faveur de la R-D sont des instruments adaptés aux besoins du marché et sont par définition plus neutres que les aides directes. En outre, aux termes de la réglementation de l'Organisation mondiale du commerce (et de la Commission européenne), les aides directes sont soumises à des normes de plafonnement (50 % pour la R-D en amont et 25 % pour la R-D en aval), qui ne s'appliquent pas aux aides indirectes, à condition que l'allégement fiscal soit appliqué de façon systématique à toutes les entreprises, dans tous les secteurs.

Néanmoins, les incitations fiscales en faveur de la R-D peuvent présenter certains inconvénients, notamment :

- un effet d'aubaine lorsque les fonds publics servent à soutenir des activités de R-D d'entreprise qui auraient eu lieu de toute façon, et en particulier l'absence d'additionnalité des ressources ;
- l'application d'une règle unique dans tous les cas, alors que certaines entreprises ont plus besoin d'aide que d'autres (en particulier les petites entreprises, dont les ressources et la capacité sont plus limitées pour traiter des créances fiscales complexes, les entreprises locales, qui ne sont pas toujours en mesure d'élaborer des stratégies d'optimisation fiscale à travers les frontières, et les jeunes entreprises, qui peuvent avoir besoin d'aides financières aux modalités différentes en raison des difficultés d'accès au financement qui leur sont propres et de leurs risques accrus de réaliser des pertes) ;
- l'augmentation de la demande de compétences en recherche et, par voie de conséquence – étant donné l'inélasticité de l'offre de chercheurs à court terme –, de la rémunération des chercheurs au détriment du volume de la R-D ;
- le risque d'une concurrence fiscale autour de la R-D qui pourrait aboutir à un jeu à somme nulle au niveau international, en réduisant les recettes publiques dans tous les pays concernés.

Principaux aspects

Diverses formes d'incitation fiscale en faveur de la R-D et de l'innovation s'appliquent à l'impôt sur les bénéfices des sociétés, aux prélèvements sur les salaires et aux cotisations de sécurité sociale, à l'impôt sur le revenu des personnes physiques, à la taxe sur la valeur ajoutée ou à d'autres taxes à la consommation, aux impôts fonciers, etc. Les allégements fiscaux sont accordés en relation avec les dépenses engagées pour les activités de R-D (allégements sur la base des dépenses) ou les gains résultant des activités innovantes (allégements sur la base des recettes) (tableau 5.2).

Les incitations fiscales en faveur de la R-D sont d'usage pratiquement universel. Font exception l'Allemagne, l'Estonie, la Nouvelle-Zélande et la Suisse, qui n'offrent pas de dispositif fiscal pour la R-D et l'innovation au niveau central/fédéral (tableau 5.2[f]).

Dans beaucoup de pays, la déductibilité accrue des dépenses de R-D et l'amortissement accéléré des investissements de R-D sont pris en compte dans le calcul de l'impôt sur les

Tableau 5.2. **Aperçu des incitations fiscales en faveur de la R-D et de l'innovation dans une sélection de pays membres et non membres de l'OCDE, 2014**

	Incitations fiscales en faveur de la R D et de l'innovation	
	Incitations reposant sur les dépenses (dépenses de R-D telles que salaires et dépenses en capital)	Incitations reposant sur les revenus (salaires, DPI, redevances, plus-values)
Dispositifs fiscaux		
Impôt sur les bénéfices des sociétés	(a) Afrique du Sud, Argentine, Australie, Autriche, Belgique, Brésil, Canada, Chili, Chine, Corée, Costa Rica, Danemark, Espagne, États-Unis, Fédération de Russie, Finlande, France, Grèce, Hongrie, Islande, Israël, Italie, Japon, Lettonie, Norvège, Pologne, Portugal, République slovaque, République tchèque, Royaume-Uni, Slovénie, Turquie	(g) Belgique (niveau fédéral), Brésil, Chine, Colombie, Espagne, Grèce, Hongrie, Italie, Luxembourg, Pays-Bas, Royaume-Uni (« *patent box* ») (h) Colombie, Corée, Pologne (réserve R-D)
Prélèvements sur les salaires et cotisations de sécurité sociale	(b) Belgique (niveau fédéral), Espagne, Fédération de Russie, France, Hongrie, Pays-Bas, Suède, Turquie	–
Impôt sur le revenu des personnes physiques	(c) Danemark, Hongrie	(i) Colombie, Corée (chercheurs étrangers), Danemark (chercheurs étrangers et personnel clé),Turquie (personnel de R-D)
Taxe sur la valeur ajoutée (TVA) et autres taxes à la consommation	(d) Chine (logiciels, entreprises de haute technologie, petites entreprises), Colombie (équipements importés), Fédération de Russie (zones spéciales, équipements importés, transfert de DPI), Pologne (zones spéciales)	–
Autres impôts (par ex. impôts fonciers)	(e) Fédération de Russie (zones spéciales), France (jeunes entreprises), Italie (PME et jeunes entreprises), Portugal	–
Pas de dispositif fiscal	(f) Allemagne, Estonie, Mexique, Nouvelle-Zélande, Suisse	

Note : Ce tableau n'inclut pas les incitations fiscales en faveur de la création d'entreprises (par ex. les exemptions fiscales pour investisseurs providentiels). L'information pour le Brésil, le Chili, l'Espagne et le Luxembourg provient des réponses de ces pays au questionnaire préparatoire de l'édition 2012 des *Perspectives STI de l'OCDE* et de sources nationales. En Belgique, le gouvernement fédéral conserve la responsabilité des politiques fiscales de R-D, alors que la plupart des autres aspects des politiques STI ont été dévolus aux régions et aux collectivités locales.

Pour une vue d'ensemble plus détaillée des incitations fiscales en faveur de la R-D et de l'innovation, voir « Incitations fiscales en faveur de la R-D et de l'innovation », *Science, technologie et industrie : Perspectives de l'OCDE 2014* (base de données ; en anglais),disponible à : *http://qdd.oecd.org/Table.aspx?Query=DA5EA407-45F1-4832-ACFF-582DAECB6100.*

Source : Réponses des pays au questionnaire préparatoire de l'édition 2014 des *Perspectives STI de l'OCDE*.

bénéfices des sociétés (tableau 5.2[(a)]). Dans certains cas, les entreprises peuvent bénéficier d'exemptions spéciales sur les salaires et les cotisations de sécurité sociale liées à la R-D (tableau 5.2[(b)]). Des taux préférentiels de TVA et de taxes à l'importation (tableau 5.2[(d)]) sont aussi appliqués aux achats d'équipement scientifique et technologique (par exemple, les équipements importés en Colombie et en Fédération de Russie), ou à certaines firmes faisant partie d'un secteur scientifique ou technologique stratégique (par exemple, le secteur des logiciels en Chine). Les jeunes entreprises innovantes (France) ou les entreprises situées dans une zone économique spéciale (Fédération de Russie) peuvent aussi bénéficier d'exemptions des impôts fonciers (tableau 5.2[(e)]).

Plusieurs gouvernements accordent un traitement préférentiel aux redevances, droits de licence et plus-values liés à la R-D dans le calcul de l'impôt sur les bénéfices des sociétés, afin d'encourager la commercialisation des résultats de la R-D et l'obtention ou la conservation de droits de propriété intellectuelle (DPI) (tableau 5.2[(g)]). Les dispositifs de type *patent box* (expression anglaise qui renvoie à la case à cocher sur les formulaires de déclaration de revenu) permettent aux entreprises de bénéficier de taux d'imposition réduits sur les revenus tirés de leurs brevets ou d'autres titres de propriété intellectuelle comparables. En 2011, l'Italie a mis en place à l'intention des micro-entreprises, et des petites et moyennes entreprises (PME) le programme Brevetti+ qui a pour double but d'accroître le nombre de demandes de brevet nationales et la diffusion des brevets à

Tableau 5.3. **Caractéristiques des incitations fiscales reposant sur les dépenses de R-D des entreprises, dans une sélection de pays membres et non membres de l'OCDE**

Type de système d'incitation fiscale à la R-D	***Impôt sur les bénéfices des sociétés***	*Abattement pour R-D*		Afrique du Sud, Brésil, Chine, Colombie, Danemark, Finlande, Grèce, Hongrie, Israël, Pays-Bas, Pologne, République slovaque, République tchèque, Royaume-Uni, Slovénie, Turquie
		Crédit d'impôt de R-D	*Basé sur le volume*	Argentine Australie, Autriche, Canada, Chili, Corée, Espagne, États-Unis (secteur de l'énergie), Fédération de Russie, France, Islande, Italie, Norvège
			Basé sur l'accroissement	États-Unis, Irlande
			Mixte	Corée, Espagne, Japon, Portugal
		Abattement ou crédit d'impôt pour R-D (non cumulable)		Belgique
		Amortissement accéléré des actifs de R-D		Afrique du Sud, Brésil, Canada, Chine, Danemark, Fédération de Russie, Hongrie, Lettonie, Pologne, Royaume-Uni, Turquie
	Prélèvements sur les salaires et cotisations de sécurité sociale			Belgique, Espagne France, Hongrie, Pays-Bas, Suède
	Pas de report en arrière ni de possibilité de remboursement			Brésil, Corée, Hongrie
	Dépenses de brevet et droits de propriété intellectuelle			Argentine, Belgique, Brésil, Chili, Espagne, France, Hongrie, Pologne, Portugal, Slovénie
Entreprises visées	*PME*			Argentine Australie, Canada, Corée, France, Hongrie, Italie, Japon, Norvège, Royaume-Uni, Turquie
	Jeunes entreprises et startups			Belgique, États-Unis, France, Pays-Bas, Portugal
	Grandes entreprises et multinationales			Costa Rica (zone spéciale), Royaume-Uni, Turquie
	Grandes entreprises non incluses			Australie
	Entreprises recrutant des doctorants ou des chercheurs			Brésil, Espagne, France, Hongrie, Portugal
Domaines de R-D ou secteurs d'activité visés	*Énergie et environnement*			Belgique, États-Unis, Hongrie
	Design et secteurs créatifs			France, Hongrie
	Agriculture			Hongrie
	R-D en collaboration ou en sous-traitance			Chili, France, Hongrie, Irlande (sous-traitants), Italie, Norvège, Royaume-Uni (PME et sous traitants)
	R-D en collaboration ou en sous-traitance non incluse			République tchèque

Note : L'information pour le Brésil, le Chili et l'Espagne provient des réponses de ces pays au questionnaire préparatoire de l'édition 2012 des *Perspectives STI de l'OCDE*. L'information pour la Finlande provient des données recueillies par le GENIST/OCDE sur les estimations du coût fiscal concernant la R-D pour 2013 et l'information concernant l'Islande et la Suède provient de sources nationales.
Pour une vue d'ensemble plus détaillée des incitations fiscales en faveur de la R-D, voir « Incitations fiscales en faveur de la R-D et de l'innovation », *Science, technologie et industrie : Perspectives de l'OCDE 2014* (base de données ; en anglais), disponible à *http://qdd.oecd.org/Table.aspx?Query=DA5EA407-45F1-4832-ACFF-582DAECB6100*, ainsi que la page web de la Direction de la science, de la technologie et de l'industrie de l'OCDE consacrée à la mesure des incitations fiscales en faveur de la R-D, disponible à *www.oecd.org/sti/rd-tax-stats.htm*.
Source : Réponses des pays au questionnaire préparatoire de l'édition 2014 des *Perspectives STI de l'OCDE*.

l'étranger (« Prix des brevets »), et d'encourager la commercialisation des brevets (« Incitations à l'exploitation économique des brevets »).

Les dispositifs préférentiels applicables aux brevets (*patent box schemes*) constituent une forme d'incitation fiscale au regard des dépenses de R-D et peuvent contribuer à arrimer l'exploitation de connaissances brevetées dans le pays où la R-D est exécutée. En effet, dans la plupart de ces systèmes, des incitations fiscales visant les revenus liés aux DPI sont associées aux mesures d'allégement fiscal sur la base des dépenses de R-D. La localisation de l'exécution de la R-D (Hongrie) ou le développement de la propriété intellectuelle (Pays-Bas) peuvent aussi être soumis à certaines restrictions au plan international.

D'autres systèmes d'incitation axés sur les recettes visent à favoriser l'investissement privé dans la R-D ou à attirer les talents scientifiques et technologiques. La Colombie, la Corée et la Pologne offrent un taux d'imposition réduit sur les gains des entreprises qui constituent une réserve de R-D (tableau 5.2[h]). Le Danemark et la Hongrie permettent de déduire des impôts les dons versés à une institution de R-D reconnue (tableau 5.2[c]). La Colombie, la Corée, le Danemark et la Turquie ont mis en place des mesures ciblant les travailleurs hautement qualifiés en les exemptant de l'impôt sur le revenu des personnes physiques (tableau 5.2[i]).

Les systèmes d'incitation fiscale à la R-D se distinguent principalement par le mode de calcul des allégements fiscaux. Il existe quatre types d'incitations fiscales pour les entreprises sur la base des dépenses de R-D : les abattements fiscaux au titre de la R-D, les crédits d'impôt de R-D, l'amortissement accéléré des immobilisations au titre de la R-D et l'exemption des activités de R-D des prélèvements salariaux et cotisations sociales (tableau 5.3). Les trois premiers s'appliquent à l'impôt sur les bénéfices des sociétés, tandis que le dernier affecte les prélèvements sur les salaires et les cotisations de sécurité sociale.

Les abattements fiscaux et les crédits d'impôt au titre de la R-D sont les deux formes d'incitation les plus courantes. Les abattements fiscaux réduisent le revenu imposable en permettant la déduction d'un certain pourcentage de dépenses admissibles de R-D. Les crédits d'impôt abaissent le montant des impôts à payer en fonction des dépenses de R-D (sur la base du volume des dépenses) ou, moins fréquemment, du montant des dépenses de R-D au-dessus d'un seuil de référence (sur la base de l'accroissement des dépenses). Les systèmes reposant sur le volume des dépenses de R-D sont plus simples à mettre en œuvre et moins sujets à fluctuations mais les systèmes progressifs sont moins coûteux et plus efficients pour les gouvernements, car ils permettent de réduire au minimum la part de R-D subventionnée qui aurait été entreprise même en l'absence de soutien (OCDE, 2010). L'Espagne, la Corée, le Japon et le Portugal ont mis en place des dispositifs mixtes reposant à la fois sur des critères de volume et sur des critères d'accroissement. La Belgique permet aux entreprises d'opter soit pour un crédit d'impôt, soit pour un abattement.

La méthode d'amortissement accéléré des immobilisations au titre de la R-D est aussi largement utilisée et permet de déduire du revenu imposable les investissements de R-D (machines, équipements, bâtiments mais aussi actifs incorporels, etc.), selon des conditions plus favorables que pour les autres actifs de même catégorie.

Les exemptions de prélèvements sur salaires et de cotisations de sécurité sociale pour le personnel de R-D sont moins fréquentes (Belgique, Espagne, France, Hongrie, Pays-Bas). Comme elles contribuent à alléger les coûts de démarrage, contrairement aux crédits d'impôt qui favorisent généralement les profits ultérieurs, ces exemptions sont particulièrement importantes pour les entreprises qui sont soumises à des contraintes de trésorerie, notamment les petites et jeunes entreprises (OCDE, 2010).

Les systèmes nationaux d'incitation fiscale à la R-D diffèrent aussi par la définition des dépenses admissibles (par exemple, coûts salariaux, coûts d'investissement, coûts de la propriété intellectuelle), les entreprises admissibles (critères de taille, d'âge, de domiciliation, etc.), les taux de déductibilité, les plafonds et seuils applicables aux dépenses de R-D admissibles ou au montant maximum des déductions fiscales (en termes absolus ou en pourcentage du chiffre d'affaires, des bénéfices ou de la charge fiscale des entreprises). La plupart des pays autorisent les reports en arrière pour les entreprises dont l'impôt à payer est inférieur au crédit admissible au titre de la R-D. Certains prévoient des possibilités de remboursement pour les startups et les entreprises non rentables.

Nombre de pays ont affiné leurs dispositifs fiscaux en faveur de la R-D afin de cibler certaines catégories particulières d'entreprises (par exemple, les startups ou les PME), certains secteurs d'activité (par exemple, des secteurs créatifs comme celui des textiles en France ou du cinéma en Hongrie) ou certains domaines de recherche (par exemple, l'énergie ou les technologies vertes). Les incitations fiscales en faveur de la R-D constituent aussi un moyen de stimuler la R-D collaborative et de renforcer les liens science-industrie (France, Hongrie) ou les réseaux industriels (Irlande).

La diversité des dispositifs fiscaux nationaux concernant la R-D rend difficiles les comparaisons entre pays. En outre, la générosité et l'attrait relatifs des systèmes nationaux d'incitation fiscale à la R-D ne dépendent pas seulement des règles d'admissibilité et des modalités qui leur sont associées, mais aussi du régime fiscal, par exemple du niveau d'imposition des entreprises, ou de la capacité des entreprises à demander à bénéficier de ces mesures et à en faire bon usage, en particulier de leur aptitude à réaliser des profits, sur la base desquels pourra éventuellement être appliqué un allégement d'impôt, et de leurs capacités humaines et financières à gérer les demandes de crédit ou d'abattement fiscal au titre de la R-D et à supporter les coûts correspondants.

À l'égard des bénéfices des entreprises, le Portugal, l'Espagne et le Chili offraient en 2013 l'assortiment le plus généreux de mesures fiscales en faveur de la R-D et de l'innovation d'entreprise (graphique 5.5, Partie I). Toutefois, les dispositifs fiscaux sont plus favorables aux PME et aux jeunes entreprises innovantes au Canada, en Corée, en France, aux Pays-Bas, au Portugal et au Royaume-Uni, où les startups et les petites entreprises bénéficient de taux de déduction plus élevés. En France, depuis 2004, les nouvelles entreprises classées comme jeunes entreprises innovantes (JEI) peuvent obtenir d'importantes exemptions applicables à l'impôt sur les bénéfices des sociétés et aux cotisations de sécurité sociale.

Dans les situations de perte, le taux de subventionnement fiscal des dépenses de R-D est nettement moins élevé, tant pour les grandes que pour les petites entreprises (graphique 5.5, Partie II). L'écart est particulièrement marqué au Brésil et en Hongrie où les abattements fiscaux au titre de la R-D ne s'accompagnent pas de possibilité de report en arrière ou de remboursement (tableau 5.3). Ces options, en effet, compensent partiellement la perte de l'avantage dû à l'incitation fiscale en permettant de se prévaloir des dispositions au moment opportun ou en offrant aux entreprises un remboursement immédiat. Les dispositifs fiscaux de ce type sont particulièrement avantageux pour les entreprises jeunes et petites (OCDE, 2013b).

Les entreprises doivent aussi supporter le coût de la constitution de leur dossier de demande d'avantages fiscaux, régler les honoraires éventuels ou absorber les coûts de non-conformité. Les coûts indirects peuvent avoir pour effet de réduire l'intérêt de solliciter une aide fiscale de R-D et rendre difficile, pour les entreprises petites et jeunes dont les capacités internes sont limitées ou qui sont soumises à des contraintes de trésorerie plus fortes, d'accéder à l'expertise externe. La longueur des délais prévus pour les remboursements peut également contribuer à réduire l'effet d'incitation des allégements fiscaux de R-D.

Les conditions administratives à remplir pour obtenir l'aide fiscale au titre de la R-D varient énormément d'un pays à l'autre, de même que l'assistance fournie. Les pratiques diffèrent à la fois du point de vue de la documentation exigée des entreprises, des délais à respecter pour le dépôt d'une demande et des formalités administratives telles que l'enregistrement préalable (Australie, Japon), l'approbation ou l'accréditation préalable (Afrique du Sud, Chine, Pays-Bas, Turquie), l'audit préalable (Autriche, Hongrie, Pologne) ou la certification supplémentaire, par exemple l'obtention d'un certificat environnemental (Belgique) ou d'une attestation de paiement des impôts (Brésil). La complexité des formalités administratives peut dissuader les demandeurs potentiels et prolonger indûment le délai nécessaire au traitement des dossiers et au remboursement des entreprises.

Graphique 5.5. **Générosité des subventions fiscales pour les dépenses en R-D par scénario de profit et par taille de firme, 2013**

Taux de subvention fiscale mesurée par 1 moins indice B

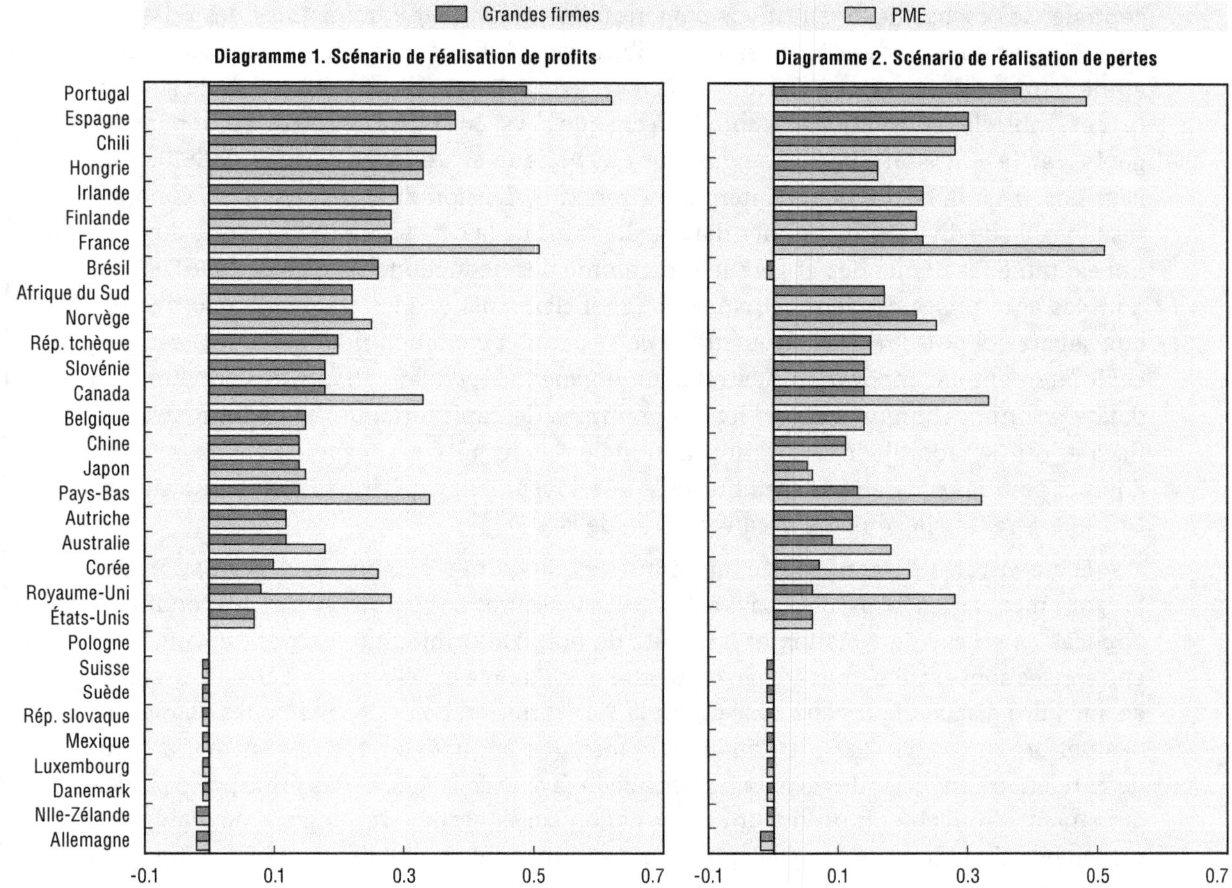

Note : L'indice B est une mesure du revenu avant impôt nécessaire pour être rentable suite à une mise de fond de 1 USD (Warda, 2001). Une baisse de l'indice B reflète une augmentation de la générosité de la subvention à la R-D. L'indice B suppose traditionnellement que la « firme représentative » est rentable et qu'elle génère un profit suffisamment large pour profiter pleinement des avantages potentiels de l'incitation. Un indice B ajusté est rapporté pour une firme qui réalise des pertes et qui est incapable de prétendre à des avantages fiscaux durant la période concernée. Cet indice B ajusté utilise un taux fiscal effectif ajusté qui prend en compte le refinancement et les dispositions de report. Les calculs du taux de subvention incluent seulement les incitations fiscales fondées sur les dépenses concernant l'impôt sur les sociétés et les impôts prélevés à la source, et ne prennent pas en compte les incitations fiscales fondées sur le revenu ou les incitations pour les contribuables autres que les sociétés.

Pour plus de détails sur les définitions et les mesures, voir la page web sur la Mesure des Incitations Fiscales pour le R-D de la Direction pour les Politiques Scientifiques et Technologiques de l'OCDE, *1www.oecd.org/sti/rd-tax-stats.htm.*

Source : OCDE, adapté de OCDE (2013), « ncitations fiscales pour la R-D », dans Science, Technologie et Industrie : Tableau de Bord de l'OCDE 2013 – L'innovation pour la croissance, OCDE, Paris, *http://dx.doi.org/10.1787/sti_scoreboard-2013-16-en.*

StatLink http://dx.doi.org/10.1787/888933306537

De nombreux pays ont pris des mesures pour aider les entreprises dans ces procédures fiscales (par exemple, la publication d'informations en ligne et la simplification des formulaires de demande) et pour améliorer la rapidité et la prévisibilité du traitement des dossiers. Le Canada a mis en place un programme d'aide aux primo-demandeurs et offre également une assistance sous la forme d'examens préalables, afin d'aider les entreprises à identifier les activités de R-D admissibles, planifier les investissements et réduire la durée et le coût de la préparation des demandes. L'Australie et le Canada mettent à la disposition des entreprises des outils d'auto-évaluation de l'admissibilité. L'Autriche, l'Espagne, la France et la Hongrie délivrent une attestation obligeant l'administration nationale des impôts à appliquer les allègements fiscaux obtenus.

Le rapport coût-efficacité de la gestion des incitations fiscales en faveur de la R-D par les pouvoirs publics varie. Les dispositifs fiscaux en faveur de la R-D sont gérés différemment dans chaque pays et pas nécessairement par l'administration fiscale centrale. Les tâches des institutions responsables (traitement administratif des dossiers, contrôles, évaluation des dépenses admissibles, etc.) diffèrent également. La coordination administrative des systèmes fiscaux en faveur de la R-D avec d'autres mesures de soutien (par exemple, les subventions) est propre à chaque pays. En France, les crédits d'impôt sont gérés par le ministère de l'Enseignement supérieur et de la Recherche (MESR). Aux Pays-Bas, c'est la Netherlands Enterprise Agency, la division du ministère de l'Économie responsable de divers programmes dans le domaine de la croissance économique durable, qui examine les demandes et gère le programme des déductions au titre de la R-D (RDA) dont les entreprises peuvent demander à bénéficier, ainsi que les crédits d'impôt relatifs aux salaires de R-D (WBSO). En Australie, le système d'incitation fiscale à la R-D est géré conjointement par Innovation Australia, un organe indépendant chargé des programmes d'aide à l'innovation, y compris les programmes de capital-risque, et l'administration fiscale. Au Canada, l'administration nationale des impôts est responsable des crédits d'impôt pour la recherche scientifique et le développement expérimental, et au Royaume-Uni, elle gère les allégements fiscaux au titre de la R-D.

Les contrôles de conformité, ainsi que les modalités de suivi et d'évaluation des programmes, varient aussi d'un pays à l'autre. Les mesures de contrôle *ex post*, les conditions applicables en cas de violation et les coûts de non-conformité que peuvent encourir les entreprises sont extrêmement divers. L'Australie, le Canada et la France ont créé un système de suivi des dispositifs fiscaux concernant la R-D et mis au point des méthodes de mesure des performances. En 2007, le Canada a réalisé une enquête auprès des entreprises qui demandent à bénéficier des avantages fiscaux en faveur de la R-D, et des principales parties prenantes, afin d'obtenir un retour d'information sur la gestion du programme d'aide à la recherche scientifique et au développement expérimental, et d'optimiser la fourniture des services publics.

L'absence de données comparables au niveau international sur la gouvernance et la gestion des dispositifs fiscaux en faveur de la R-D est surprenante, compte tenu en particulier du volume croissant des fonds publics alloués au moyen de ces dispositifs et de la nécessité impérieuse, pour de nombreux gouvernements, de maîtriser leurs dépenses. On ne dispose guère d'information non plus sur la taille et l'évolution des services administratifs nationaux responsables des allégements fiscaux au titre de la R-D en relation avec le nombre des demandes et le montant du manque à gagner et des dépenses consenties par les pouvoirs publics (budget, personnel, tâches diverses, formation, compétences scientifiques et technologiques, etc.).

Tendances récentes de l'action publique

La tendance générale observée ces dix dernières années dans la zone OCDE et au-delà va dans le sens d'une amélioration de la disponibilité, de la générosité et de la simplicité d'utilisation des incitations fiscales en faveur de la R-D (graphique 5.6, Partie I). Les pays ont remanié leurs dispositifs fiscaux afin de les rendre plus généreux et attractifs en relevant le seuil des dépenses de R-D et des allégements fiscaux, ou en augmentant les taux de déduction et en élargissant les critères d'admissibilité. De nombreux pays ont abandonné le modèle basé sur l'accroissement des dépenses au profit de systèmes basés sur le volume, qui sont plus faciles à appliquer pour les autorités fiscales et plus simples

Graphique 5.6. **Tendances dans la générosité fiscale pour la R-D et perte potentielle de prévisibilité dans les régimes fiscaux, 2001-11**

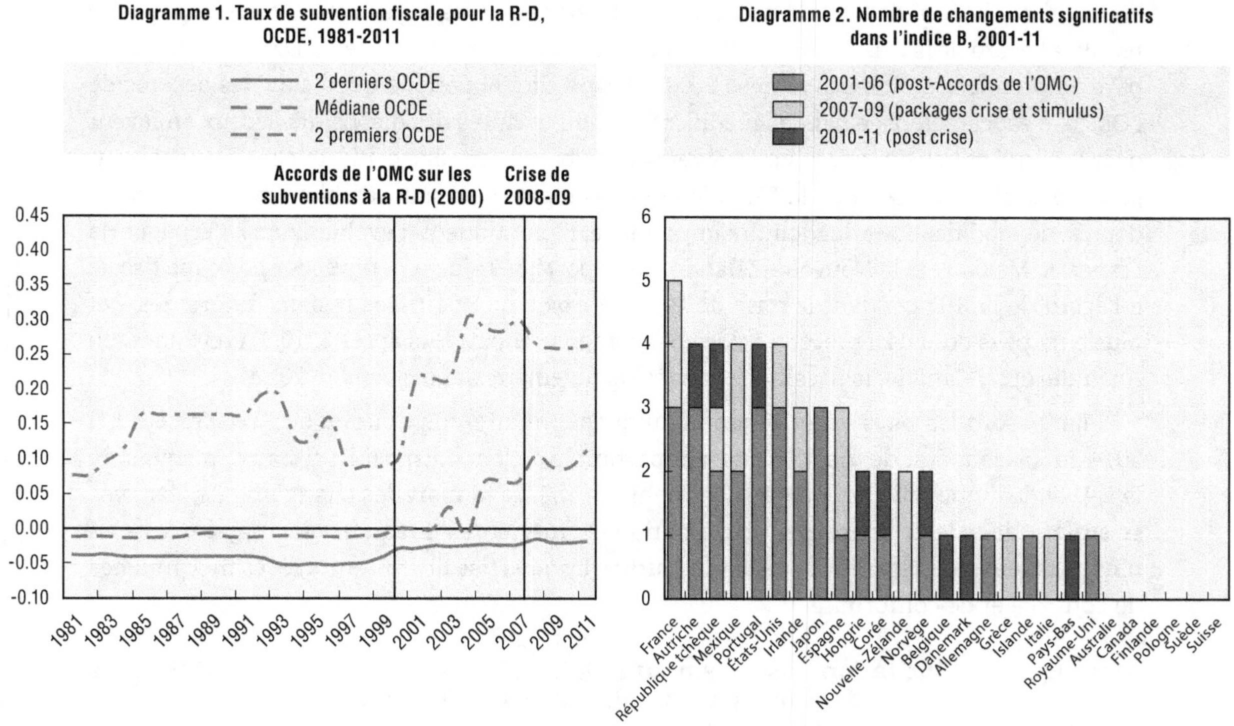

Note : Le taux de subvention fiscale est mesuré par 1 moins l'indice B. L'indice B est une mesure du revenu avant impôt nécessaire pour être rentable suite à une mise de fond de 1 USD (Warda, 2001). Une baisse de l'indice B reflète une augmentation de la générosité de la subvention à la R-D. Les indices B renvoient à toutes les firmes et se fondent sur l'hypothèse de « non épuisement de l'impôt » (pas de refinancement ou de report).

Dans le diagramme 1, les valeurs des deux premiers et des deux derniers de l'OCDE renvoient aux taux de subvention fiscale la deuxième la plus forte et la deuxième la plus basse parmi les pays de l'OCDE pour lesquels les données sont disponibles. Les agrégats de l'OCDE n'incluent pas le Chili, l'Estonie, Israël, le Luxembourg, la République slovaque, la Slovénie et la Turquie.

Dans le diagramme 2, le nombre de changements significatifs dans l'indice B durant la période 1981-2011 est utilité comme une approximation de la stabilité et de la prédictibilité des programmes fiscaux. Un seuil d'un minimum de 0.01 point de changement dans l'indice est appliqué pour identifier les changements significatifs de la politique fiscale. Cette approche de comptage ne prendre pas en compte les révisions qui peuvent être introduit dans les programmes dans les procédures et la gestion des impôts sur la R-D et qui peuvent améliorer ou dégrader leur prédictibilité (par exemple, un outil d'auto-évaluation en matière d'admissibilité, un arrêté).

Source : OCDE sur la base de J. Warda (2013), *Indice B sur séries temporelles 1981-2011*, décembre, miméo.

StatLink http://dx.doi.org/10.1787/888933306545

pour les entreprises. En conséquence, les fonds publics alloués à la R-D d'entreprise sous forme d'incitations fiscales ont nettement augmenté et celles-ci sont devenues un outil majeur des politiques STI dans beaucoup de pays (voir le chapitre 1 et le profil « Financement public de la R-D et de l'innovation d'entreprise »).

La stabilité des dispositifs fiscaux, et plus largement de l'aide publique à la R-D, est depuis longtemps reconnue comme un facteur clé de leur adoption et de leur impact. Les données montrent que les politiques en faveur de la R-D, si elles sont particulièrement « instables », peuvent perdre de leur efficacité (Guellec et al., 2003). Un cadre stable et des avantages fiscaux prévisibles donneront aux entreprises les assurances nécessaires concernant leurs coûts, qui leur permettront de planifier leurs investissements en R-D. La stabilité des dispositifs fiscaux en faveur de la R-D peut également contribuer à réduire les coûts indirects que doivent supporter les entreprises pour constituer leurs dossiers, et les encourager, surtout les petites, à solliciter l'aide publique. Le nombre cumulatif de revirements de la politique fiscale révélés dans l'indice B indique une prévisibilité de la fiscalité sensiblement différente d'un pays à l'autre au cours des deux dernières décennies (Westmore, 2013). Une approche analogue fondée sur les variations marquées des valeurs de l'indice B sur la période 2001-11 permet de comparer entre les pays la stabilité de la politique fiscale à l'égard de la R-D dans les différents pays (graphique 5.6, Partie II). Dans de nombreux pays, la première moitié des années 2000 – c'est-à-dire la période qui a suivi les accords de l'OMC – s'est caractérisée par des modifications importantes des dispositifs fiscaux en faveur de la R-D, qui ont eu des effets sur la générosité globale de ces dispositifs et peut-être aussi sur leur prévisibilité à l'égard de la R-D. Bien que les régimes fiscaux semblent avoir fait l'objet, depuis, de modifications de moindre importance, ils continuent d'évoluer. Ainsi, l'Espagne, la France, le Mexique et la Nouvelle-Zélande ont apporté des ajustements à leur politique fiscale à l'égard de la R-D pendant la crise de 2008-09 – bien que pour des raisons différentes – et plusieurs pays ont aussi procédé à des changements importants après 2010. En revanche, en Australie et au Canada, la fiscalité est restée relativement stable jusqu'en 2012.

Rares sont les pays ayant répondu au questionnaire préparatoire aux *Perspectives STI 2014* qui fassent état de modifications importantes de leurs dispositifs fiscaux en faveur de la R-D et de l'innovation depuis 2012 (graphique 5.7). La plupart des changements observés se situent dans le prolongement des politiques antérieures, mais certains pays, parmi les plus généreux, ont légèrement resserré leurs politiques fiscales et renforcé les mécanismes de contrôle et de conformité.

Graphique 5.7. **Incitations fiscales pour la R-D et l'innovation parmi les différents domaines de la politique STI, 2012-14**

Pays signalant un changement substantiel dans le domaine de la politique, comparé aux autres domaines de politique STI

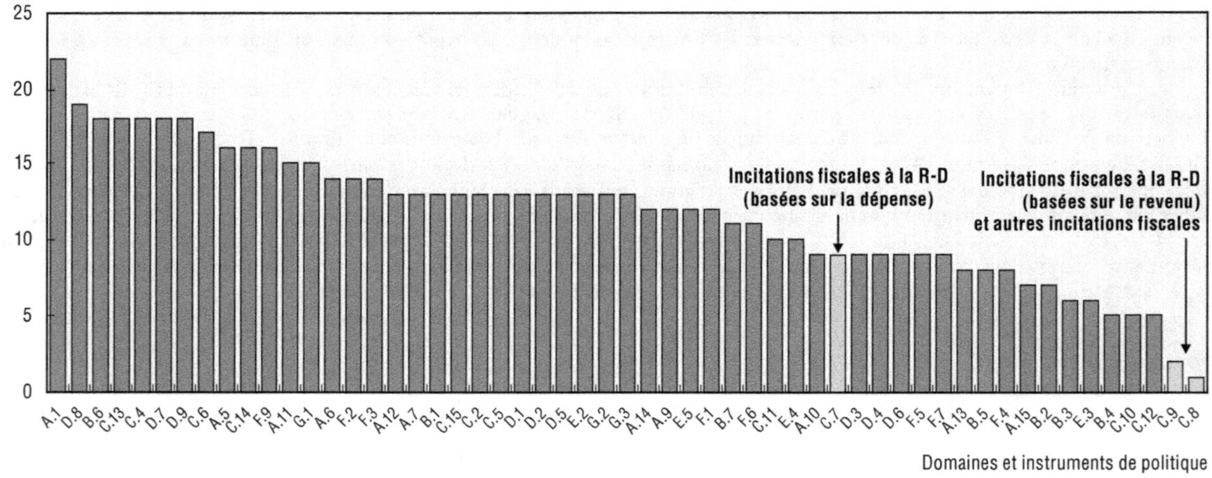

Note : L'axe des abscisses présente l'ensemble des domaines de la politique STI couverts par le questionnaire sur les politiques des *Perspectives sur la science, la technologie et l'industrie 2014 de l'OCDE* (les codes représentés dans le diagramme ci-dessus se réfèrent aux codes des questions dans le questionnaire 2014). L'axe des ordonnées indique le nombre de pays signalant que la situation a changé de façon substantielle dans chacun des domaines de la politique. Le comptage simple ne tient pas compte de l'ampleur et de l'impact des changements de politique. Dans le cas des incitations fiscales en fonction du revenu ou d'autres impôts qui ne sont pas largement appliqués, quelques pays peuvent avoir rapportés des changements. Les réponses sont fournies par les délégués au Comité de l'OCDE pour les Politiques Scientifiques et Technologiques.
Source : Réponses des pays au questionnaire préparatoire des *Perspective de la science, de la technologie et de l'industrie 2014 de l'OCDE*.

StatLink http://dx.doi.org/10.1787/888933306550

La Finlande, la Lettonie et la Suède ont récemment introduit respectivement un nouvel abattement fiscal au titre de la R-D, un système d'amortissement accéléré des capitaux de R-D et une mesure de réduction des charges sociales. Aux États-Unis, le gouvernement a proposé de pérenniser à partir de 2014 les crédits d'impôt pour la recherche et l'expérimentation.

En 2013, l'Irlande a relevé le plafond des dépenses de R-D admissibles (de 200 000 EUR à 300 000 EUR). La Slovénie a renforcé son abattement fiscal en portant le taux de déduction à 100 % des dépenses admissibles, contre 40 % auparavant (+ 20 % dans les régions moins développées).

On mise de plus en plus sur les incitations fiscales en faveur de la R-D, qui visent de plus en plus souvent des objectifs multiples. Le relèvement temporaire des plafonds de dépenses (Japon, Pays-Bas), l'allongement de la période où les reports en arrière sont autorisés (Japon) et le remboursement exceptionnel des demandes en attente (France) ont par exemple aidé les entreprises à surmonter la crise financière. Le champ couvert par les mesures d'incitation fiscale a aussi été élargi de façon à inclure l'innovation non technologique. En 2013, la France a créé un « crédit d'impôt innovation » qui couvre, pour les seules PME, certaines dépenses ne relevant pas de la R-D, par exemple les prototypes et les usines pilotes pour de nouveaux produits.

Les incitations fiscales en faveur de la R-D sont devenues un moyen d'accroître l'attrait de l'écosystème national de recherche et, pour certains pays, de s'engager dans une concurrence fiscale afin d'attirer les centres étrangers de R-D. L'intérêt manifesté récemment pour les systèmes de type *patent box* témoigne de la recherche d'un meilleur dosage de dispositions fiscales. En 2012, le Costa Rica a réformé son système de zones franches pour encourager les entreprises à domicilier leurs activités au Costa Rica et à consacrer 0.5 % du produit de leur chiffre d'affaires local à des activités locales de R-D. Au Portugal, le système d'incitations fiscales en faveur de l'investissement de R-D d'entreprise (SIFIDE) a été révisé afin d'assouplir les conditions d'accès des grandes entreprises : certains audits de R-D et coûts de propriété intellectuelle peuvent maintenant être pris en compte dans le calcul des allégements fiscaux, et le plafonnement des dépenses de personnel a été supprimé. En 2013, le Royaume-Uni a introduit un système de crédit d'impôt (RDEC) afin de rendre les allégements fiscaux au titre de la R-D plus attrayants pour les grandes entreprises et de stimuler ainsi les activités de R-D à l'intérieur du pays. Le crédit d'impôt du Royaume-Uni, qui remplacera l'abattement actuel à compter de 2016 – les deux mécanismes coexistant jusque-là –, sera versé aux entreprises, qu'elles aient ou non de l'impôt à payer.

Au vu des contraintes pesant actuellement sur les ressources budgétaires, la question se pose du rapport coût-efficacité des mesures d'incitation fiscale à la R-D, de leur impact effectif sur les performances en matière d'innovation et de la viabilité des dispositifs fiscaux actuels. La France a réduit à la marge la base de dépenses admissibles et supprimé le taux de déductibilité renforcé pour les nouveaux demandeurs. L'Australie a mis sur pied une commission consultative sur les incitations fiscales en faveur de la R-D pour surveiller l'application des mesures en ce domaine. Le Canada a organisé en 2012 des consultations sur les honoraires conditionnels des conseillers fiscaux qui préparent les demandes d'abattement au titre du Programme d'encouragements fiscaux pour la recherche scientifique et le développement expérimental (RS&DE), afin d'évaluer les possibles effets négatifs de ce programme. Malgré l'absence d'éléments indiquant qu'il en résulte des coûts de conformité plus élevés pour les entreprises, de nombreux acteurs ont recommandé d'améliorer la prévisibilité des incitations fiscales en faveur de la R-D. C'est pourquoi des fonds supplémentaires ont été alloués au programme d'aide aux primo-demandeurs, en vue de la création d'un nouveau service personnalisé et de l'organisation de séminaires sur le web. Des ressources et des lignes directrices ont également été mises à disposition afin d'améliorer l'examen des demandes et d'imposer des sanctions en cas de non-conformité. Ces évolutions s'inscrivent dans la continuité des réformes institutionnelles et organisationnelles des administrations et régimes fiscaux menées ces dernières années dans les pays de l'OCDE et les économies émergentes en vue d'améliorer le rapport coût-efficacité, le contrôle et la fourniture des services des administrations des impôts (OCDE, 2013c).

Des évaluations complémentaires des avantages fiscaux accordés au titre de la R-D et, en particulier, de leur impact seront nécessaires car les analyses de l'additionnalité des incitations fiscales en faveur de la R-D sont encore peu nombreuses (Köhler et al., 2012).

Pour en savoir plus

Deloitte (2012), *2012 Global Survey of R&D Tax Incentives*, septembre.

Guellec, D. et B. van Pottelsberghe de la Potterie (2003), « The Impact of Public R&D Expenditure on Business R&D », *Economics of Innovation and New Technology*, vol. 12(3), pp. 225-243.

Köhler C., P. Laredo et C. Rammer (2012), « The Impact and Effectiveness of Fiscal Incentives for R&D », *NESTA Working Paper* n° 12/01, janvier, *www.nesta.org.uk/sites/default/files/the_impact_and_effectiveness_of_fiscal_incentives.pdf*.

OCDE (2010), « R&D tax incentives: rationale, design, evaluation », *OECD Policy Brief*, novembre, *www.oecd.org/sti/ind/46352862.pdf*.

OCDE (2013a), « Dispositifs fiscaux favorables à la R-D », in *Science, technologie et industrie : Tableau de bord de l'OCDE 2013 – L'innovation au service de la croissance*, Éditions OCDE, *http://dx.doi.org/10.1787/sti_scoreboard-2013-16-fr*.

OCDE (2013b), « Maximising the benefits of R&D tax incentives for innovation », *OECD Policy Brief*, octobre, *www.oecd.org/sti/maximising-the-benefits-of-r-d-tax-incentives-for-innovation.pdf*.

OCDE (2013c), *Tax Administration 2013: Comparative Information on OECD and Other Advanced and Emerging Economies*, Éditions OCDE, Paris, *http://dx.doi.org/10.1787/9789264200814-en*.

OCDE (2013d), « Fiscalité et capital intellectuel », in *Encourager l'investissement dans le capital intellectuel, la croissance et l'innovation*, Éditions OCDE, Paris, *http://dx.doi.org/10.1787/9789264193307-6-en*.

OCDE (2014), « Incitations fiscales en faveur de la R-D et de l'innovation », *Science, technologie et industrie : Perspectives de l'OCDE 2014* (base de données ; en anglais), voir : *http://qdd.oecd.org/Table.aspx?Query=DA5EA407-45F1-4832-ACFF-582DAECB6100*.

Plateforme des politiques d'innovation (IPP), module sur l'innovation financière, voir : *www.innovationpolicyplatform.org/content/financing-innovation?topic-filters=11384*.

Warda J. (2001), « Measuring the Value of R&D Tax Treatments in OECD countries », *STI Review* n° 27, *Special Issue on New Science and Technology Indicators*, Éditions OCDE, *www.oecd.org/sti/37124998.pdf*.

Westmore, B. (2013), « R&D, Patenting and Growth: The Role of Public Policy », *OECD Economics Department Working Papers*, n° 1047, Éditions OCDE, Paris, *http://dx.doi.org/10.1787/5k46h2rfb4f3-en*.

FINANCEMENT DE LA CRÉATION D'ENTREPRISES INNOVANTES

Bien-fondé et objectifs

L'accès au financement est d'une importance capitale pour créer et développer une entreprise innovante, en particulier lors des phases d'amorçage et de démarrage. Les principales sources de financement des startups sont les suivantes : les capitaux propres du créateur (ainsi que les contributions de ses amis et de sa famille), les prêts bancaires, les prises de participation (y compris par les investisseurs providentiels et les investisseurs en capital-risque) et les aides publiques. Il est clairement établi que les jeunes entreprises innovantes ont du mal à trouver des sources de financement. Les enquêtes montrent par exemple que dans la zone euro, les petites et moyennes entreprises (PME) innovantes citent l'accès au financement comme l'un des principaux problèmes rencontrés au lendemain de la crise de la dette souveraine de 2011 (CE, 2011). Ces difficultés tiennent au caractère très risqué des activités entrepreneuriales, ainsi que d'une asymétrie de l'information entre les investisseurs et les entrepreneurs. Les nouvelles entreprises ont en outre l'inconvénient de manquer de capitaux et de ressources humaines, de n'avoir pas tous les nantissements nécessaires et d'être dépourvues d'expérience. La qualité du projet et la disposition générale du chef d'entreprise à investir jouent souvent un rôle déterminant dans la capacité de l'entrepreneur innovant à trouver un financement.

Les dysfonctionnements du marché et du système incitent les pouvoirs publics à intervenir dans le financement des entreprises. Outre la mise en place de conditions-cadres propices à l'investissement dans la R-D et l'innovation, les pouvoirs publics facilitent l'accès au financement à l'aide d'instruments tels que subventions, prêts, incitations fiscales et apport direct de capitaux (tableau 5.4). Les aides et les subventions peuvent atténuer les difficultés financières des jeunes et petites entreprises technologiques à forte intensité de R-D au tout début de leur existence. L'apport d'un financement lors des phases d'amorçage et de démarrage peut aider les entrepreneurs à accéder à des sources de capitaux et à survivre à la « vallée de la mort » dans laquelle ils peuvent se trouver s'ils ne parviennent pas à trouver des fonds pour financer leur projet ou rembourser une dette, ou encore un investissement en capital-risque dans le cas des projets plus risqués.

Principaux aspects

L'investissement en capital-risque demeure une source de financement importante pour les entreprises innovantes et les nouvelles startups, même si ce marché reste volatile. Dans le contexte d'incertitude économique qui règne dans le monde, les investissements en capital-risque ont enregistré en 2012 leur plus bas niveau depuis 2009 dans l'ensemble des pays (Ernest & Young, 2013). Tandis que le total des investissements a baissé de 20 % en glissement annuel (pour atteindre 41.5 milliards USD), le nombre de phases d'investissement en capital-risque a diminué de 8 % (jusqu'à 4 970). La taille moyenne de ces phases est passée de 9.6 millions USD en 2011 à 8.4 millions USD en 2012. Par ailleurs, l'apport financier généré par une introduction en bourse a accusé une baisse mondiale de 27 %, de 22.1 milliards USD en 2011 à 16.1 milliards en 2012 ; cette baisse s'explique principalement par la situation aux États-Unis et en Chine. De la même manière, les fusions et acquisitions financées par du capital-risque ont subi un recul – de 787 transactions en 2011 à 618 en 2012 –, poursuivant ainsi le dévissage opéré depuis le chiffre record de 856 transactions enregistré après la crise financière en 2010. Aux États-Unis et en Europe, où l'on compte plus de 90 % de fusions-acquisitions financées par des investissements en capital-risque,

Tableau 5.4. **Exemples de programmes ou d'instruments mis en place récemment par les pouvoirs publics pour faciliter le financement des entreprises**

Instruments de financement		Principales caractéristiques	Exemples
Financement direct	**Subventions, aides financières**	Utilisées dans la plupart des pays pour financer les startups et PME innovantes lors des phases d'amorçage et de démarrage, et ainsi combler l'absence de lien entre créateurs et investisseurs. Des sommes relativement faibles sont octroyées pour l'étude de faisabilité, la validation de principe et le développement du prototype. Des récompenses sont généralement attribuées sur une base concurrentielle à ceux qui se portent candidats.	ANR Bio, ANR PDT (Argentine) ; Single Business Service (Australie) ; EXIST (Allemagne) ; subventions remboursables pour les startups (Nouvelle-Zélande) ; START (Russie) ; partenariats pour l'innovation dans l'industrie (Afrique du Sud) ; initiative SBRI (Small Business Research Initiative) (Royaume-Uni) ; programme SBIR (Small Business Innovation Research) (États-Unis).
	Capital-risque	L'investissement en capital-risque des pouvoirs publics fournit des fonds stratégiques qui permettent d'accélérer les activités des entreprises lors des phases d'amorçage et de démarrage. À l'opposé, l'investissement en capital-risque du secteur privé prend la forme de participations au capital qui interviennent lors des phases ultérieures, moins risquées. Les fonds de capital-risque du secteur public sont souvent gérés par des entités privées. Le désengagement peut s'effectuer en procédant à des fusions-acquisitions ou une introduction en bourse. Une autre voie de sortie est le transfert de l'investissement en capital-risque à des entreprises privées.	Clean Energy Finance Corporation (Australie) ; Seed Fund Vera (Finlande) ; Investment Grant for Business Angels (Allemagne), France Investissement 2020 (France) ; Development & Growth Fund (Chili) ; Seed & Venture Capital Scheme (Irlande) ; Innovation Bridge & ALMI Invest (Suède).
	Prêts/garanties de prêt	L'un des outils les plus couramment utilisés par les entreprises pour accéder au financement tout au long du cycle de vie des technologies. Il s'agit de prêts remboursables (capital et intérêts). Les pouvoirs publics peuvent réduire les taux d'intérêt (c'est ce que l'on appelle les prêts à taux réduit) ou conditionner le remboursement du prêt à la réussite du projet. L'État fournit souvent des garanties de prêt aux startups et aux PME, car elles n'ont ni nantissement, ni antécédents.	Programme de modernisation technologique, CAE (Argentine) ; dispositif de garantie de prêts pour les PME (Hongrie) ; INNPULSA (Colombie) ; Vaekstfond en (Danemark) ; service de prêts pour la recherche et l'innovation (UE) ; fonds de financement des prêts pour les startups (Pologne) ; dispositif Enterprise Finance Guarantee (Royaume-Uni) ; programme TTGV de prêts à taux réduit (Turquie).
Financement indirect	**Incitations fiscales**	Instrument associé, dans la plupart des pays, à un financement direct par les pouvoirs publics. Ces incitations peuvent prendre la forme d'une exonération de l'impôt sur le revenu des ménages ou des sociétés, ou encore d'un impôt sur les plus-values, selon la manière dont on souhaite stimuler l'investissement privé dans la R-D et les activités innovantes des entreprises.	En 2013, 27 pays de l'OCDE ont mis en place des incitations fiscales en faveur de la R-D. Figurent également dans cette catégorie : exonérations de TVA sur les équipements et composants importés (Colombie) ; régime d'imposition pour les chercheurs et le personnel clé étrangers (Danemark) ; incitations fiscales pour les investisseurs providentiels (Finlande) ; crédit d'impôt relatif aux SCRT (Canada) ; programme ESVCLP (Australie).
Financement par un tiers	**Financement participatif**	Outil de levée de fonds collective apparu sur l'internet et rendu possible par les progrès des TIC et des réseaux sociaux. Connaissant un succès grandissant, il permet aux entrepreneurs – même novices – d'accéder au financement et favorise la mobilisation des citoyens en faveur de la science et de l'innovation. Les préoccupations qu'il suscite ont trait aux aspects réglementaires, à la nécessité d'une intégrité scientifique et au risque de cyber-escroquerie.	Plus de 700 plateformes dans le monde, comme par exemple Kickstarter, CrowdCube, RocketHub et IndiGoGo. Loi « JOBS Act » (États-Unis) ; partenariat entre le *Technology Commercialisation Office* (TCO) de l'Université d'Utah et RocketHub.

Source : Réponses des pays à l'édition 2014 du questionnaire des *Perspectives STI de l'OCDE* ; OCDE (2013), *Science, technologie et industrie : Tableau de bord de l'OCDE 2013 – L'innovation au service de la croissance*, Éditions OCDE, Paris ; autres sources.

cette activité a chuté de quelque 24 %, alors qu'elle était en hausse en Inde. Au niveau mondial, la tendance est à l'évolution du capital-risque vers des investissements moins risqués intervenant à un stade plus avancé, principalement dans le secteur des TIC. Cette situation peut traduire à la fois l'absence de potentiel de croissance et d'innovation dans certains secteurs, ou encore une plus grande aversion au risque dans le contexte d'incertitude économique.

Parallèlement, les sommes injectées par les investisseurs providentiels ont fortement diminué aux États-Unis en 2009 – suite à la crise de 2008 –, mais légèrement augmenté en Europe. Les investisseurs providentiels, individus fortunés et expérimentés qui investissent dans un cadre informel, ont tendance à miser sur les stades de démarrage d'une entreprise, où le risque est plus important, et jouent le rôle crucial de relais financier entre les phases de début et de poursuite de la croissance. Dans la plupart des pays, l'accès au crédit s'est détérioré pour les PME, principalement sous l'effet de la hausse des taux d'intérêt pour les petites entreprises et de la demande accrue de garanties (OCDE, 2013). Les volumes de crédit ont en outre peu – voire pas du tout – augmenté, hormis dans un petit nombre de pays.

Tendances récentes de l'action publique

Encourager l'entrepreneuriat innovant par un meilleur accès au financement demeure un enjeu pour les pays de l'OCDE. La difficulté est de trouver le moyen d'accroître et d'élargir les sources de financement publiques et privées pour stimuler l'innovation, dans un contexte où, suite à la crise financière et de la dette souveraine, les investisseurs ont de plus en plus une vision à court terme. Dans la mesure où les réformes du système financier et bancaire qui ont été engagées au lendemain de la crise financière (telles que le renforcement des exigences de fonds propres à l'intention des banques) ont peut-être émoussé le goût du risque qu'avaient habituellement les investisseurs, les pouvoirs publics préconisent de nouvelles méthodes pour aider les entreprises innovantes à accéder au financement.

Les nouveaux investisseurs institutionnels et fonds souverains d'investissement peuvent être utilisés pour financer l'innovation. L'Internet ouvre également de nouvelles pistes pour financer les petits projets, par exemple avec le financement participatif. Aux États-Unis, le nouveau texte de loi consacré à ce mode de financement (JOBS Act de 2012) lui a attiré une attention grandissante, à la fois dans le pays et ailleurs. Le financement participatif apparaît rapidement comme une source de financement complémentaire. Bien que ce mode de financement en soit encore à ses débuts, on dénombre déjà plus de 700 plateformes de ce type dans le monde. Outre le fait qu'il permet de financer la recherche et de trouver un capital d'amorçage, le financement participatif crée un lien entre les citoyens et la science, et les incite à se mobiliser en sa faveur.

Sur le plan institutionnel, les incitations fiscales peuvent être un autre moyen de stimuler l'innovation et l'entrepreneuriat. La plupart des pays de l'OCDE ont mis en place ce type d'incitations pour encourager la R-D, ainsi que des allégements fiscaux pour aider les entreprises innovantes. L'Australie, le Canada, la Corée, la France, le Japon, la Norvège et le Royaume-Uni réservent aux PME un régime fiscal plus avantageux qu'aux grandes entreprises. La Colombie, le Danemark, Israël et la Finlande ont, de leur côté, adopté des dispositifs d'incitation fiscale nouveaux ou complémentaires pour favoriser les activités entrepreneuriales.

Pour en savoir plus

CE (2011), *SME's Access to Finance Survey 2011*, décembre, *http://ec.europa.eu/enterprise/policies/finance/files/2011_safe_analytical_report_en.pdf*.

Ernst & Young, *Turning the Corner: Global Venture Capital Insights and Trends 2013*, *www.ey.com/Publication/vwLUAssets/Global_VC_insights_and_trends_report_2012/$FILE/Turning_the_corner_VC_insights_2013_LoRes.pdf*.

Plateforme des politiques d'innovation (IPP), Module sur le financement de l'innovation et de la création d'entreprises innovantes, voir : *www.innovationpolicyplatform.org/content/financing-innovation?topic-filters=11384* et *www.innovationpolicyplatform.org/content/innovative-entrepreneurship?topic-filters=11381*.

MIT (2012), *A Business Report on Innovation Funding*, MIT Technology Review, septembre, Cambridge, MA.

OCDE (2011), *Financing High-Growth Firms: The Role of Angel Investors*, Éditions OCDE, Paris, *http://dx.doi.org/10.1787/9789264118782-en*.

OCDE (2013), *Science, technologie et industrie : Tableau de bord de l'OCDE 2013*, Éditions OCDE, Paris, *http://dx.doi.org/10.1787/sti_scoreboard-2013-fr*.

OCDE (2014), « Financement par apport de fonds propres et capital-risque », *Science, technologie et industrie : Perspectives de l'OCDE 2014* (base de données ; en anglais), voir : *http://qdd.oecd.org/Table.aspx?Query=D214A30E-32C6-4A41-B9C6-9660C0004ACB*.

STARTUPS ET CRÉATION D'ENTREPRISES INNOVANTES

Bien-fondé et objectifs

La création et la fermeture d'entreprises, de même que la croissance des nouvelles entreprises, contribuent à renforcer la productivité et stimulent la croissance économique. Les nouvelles entreprises exercent une pression concurrentielle sur les entreprises en place et optimisent l'allocation des ressources en forçant les entreprises moins efficientes à cesser leur activité, processus que Schumpeter a qualifié de « destruction créatrice ». Cette dynamique est particulièrement importante au sortir d'une récession, car la création d'entreprises peut aider à relancer la croissance de la productivité et la création d'emplois (OCDE, 2010 ; Criscuolo et al., 2014). Les startups peuvent exploiter des connaissances non utilisées ou sous-utilisées par les entreprises existantes et s'appuyer sur les retombées intellectuelles pour entrer sur de nouveaux marchés ou des marchés existants (Acs et al., 2009). Cela est particulièrement vrai dans les secteurs à forte intensité de savoir.

Les retombées positives de la création d'entreprises ainsi que les obstacles auxquels sont confrontées les startups sont les principales raisons qui justifient l'intervention des pouvoirs publics en faveur de l'entrepreneuriat innovant. Selon de nouvelles données de l'OCDE, la plus grande partie des créations nettes d'emploi provient des jeunes entreprises à croissance rapide. Ces dix dernières années, les jeunes entreprises de moins de cinq ans, qui représentaient environ 20 % de l'emploi du secteur non financier, ont généré près de la moitié des emplois nouveaux (voir le graphique 5.8 et Criscuolo et al., 2014). Pendant la récente crise économique, elles ont continué à créer des emplois, tandis que la plupart des pertes d'emploi étaient imputables à la réduction de l'activité des entreprises anciennes. Aux États-Unis, entre 1980 et 2005, la quasi-totalité des créations nettes d'emploi a eu lieu dans les entreprises âgées de moins de cinq ans (Stangler et Litan, 2009). Cette contribution disproportionnée à la création d'emplois s'explique toutefois par la dynamique propre aux jeunes entreprises, qui sont condamnées à croître sous peine de disparaître. La plupart des startups ferment dans un délai de cinq ans, mais celles qui survivent connaissent en moyenne une croissance très rapide et contribuent de façon plus que proportionnelle à la croissance de l'emploi et de la productivité (Haltiwanger et al., 2013 et Criscuolo et al., 2014). La corrélation positive entre croissance de la productivité et renouvellement des entreprises, tel que mesuré par le taux net de création d'entreprises (Bartelsman et al., 2009), confirme le rôle joué par le processus de « destruction créatrice » dans la croissance de la productivité. Enfin, la plupart des créations nettes d'emploi sont dues aux entreprises à croissance rapide ; une analyse des données empiriques révèle que 4 % à 6 % des entreprises à forte croissance génèrent entre la moitié et les trois-quarts des emplois nouveaux (Henrekson et Johansson, 2010).

Néanmoins, le développement des startups se heurte à divers obstacles. Par exemple, les normes et réglementations qui s'appliquent aux entreprises (droits d'enregistrement, complexité du système fiscal, coûts des recrutements et des licenciements, législation pénalisante en matière de faillite) pèsent sur la capacité des entreprises à pénétrer un marché, à expérimenter de nouvelles technologies ou de nouveaux modèles économiques, et le cas échéant à sortir du marché. Les startups innovantes se heurtent à des obstacles supplémentaires à cause de l'incertitude du processus d'innovation ou de l'insuffisance de garantie et, dans de nombreux pays, ne parviennent pas à attirer les capitaux dont elles ont besoin pour monter en puissance (Andrews et al., 2013) (voir le profil « Financement de la création d'entreprises innovantes »).

Graphique 5.8. **Contribution des jeunes firmes à la croissance nette de l'emploi , 2001-11**

En pourcentage de l'emploi agrégé du secteur des affaires non financier

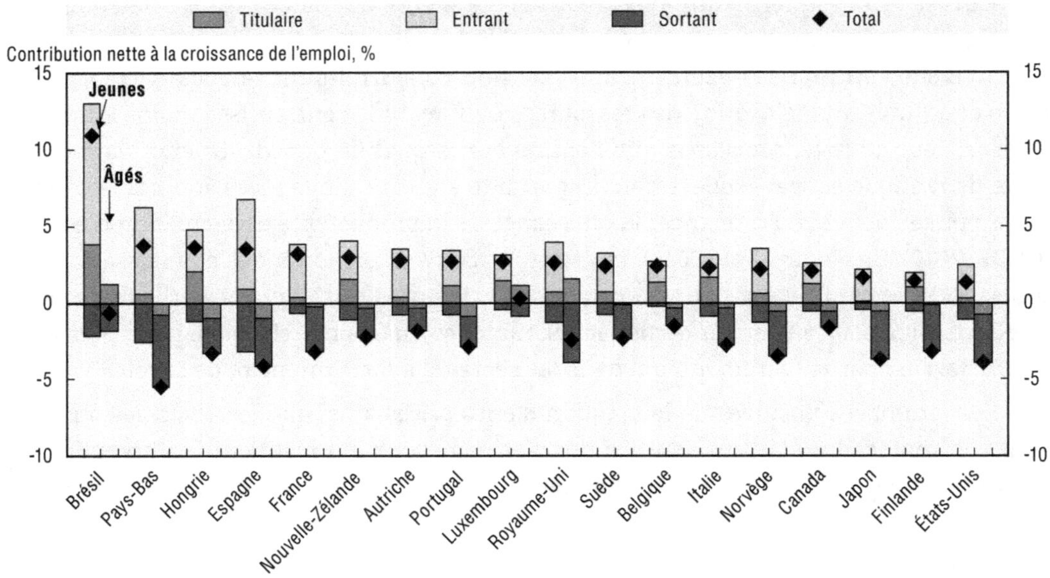

Note : Les contributions correspondent à la création nette d'emploi dans le groupe rapportée à léemploi dans le secteur manufacturier, dans les services non financiers et dans la construction. Les jeunes firmes ont 5 années ou moins. Les vieilles firmes ont 6 années ou plus.

Les moyennes sont réalisées pour toutes les années disponibles. La période couverte est de 2001 à 2011 pour la Belgique, le Canada , les États-Unis, la Finlande , la Hongrie, les Pays-Bas et le Royaume-Uni ; 2001-10 pour l'Autriche, le Brésil, l'Espagne, l'Italie, le Luxembourg, la Norvège et la Suède ; 2001-09 pour le Japon et la Nouvelle-Zélande ; 2001-07 pour la France ; et 2006-11 pour le Portugal.

Du fait de différences méthodologiques, les graphiques peuvent dévier de leur versions originales publiées dans les statistiques nationales. Pour le Japon, les données sont au niveau d'un établissement, pour les autres pays elles sont au niveau de la firme. Les données du Canada renvoient seulement aux changements d'emploi organiques et font abstraction des fusions et des activités d'acquisitions.

Source : Criscuolo, C., P. Gal et C. Menon (2014), « The Dynamics of Employment Growth: New Evidence from 18 Countries », Article de l'OCDE sur la Politique de la Science, la Technologie et de l'Industrie n° 14, Éditions OCDE, *http://dx.doi.org/10.1787/5jz417hj6hg6-en.*

StatLink http://dx.doi.org/10.1787/888933306560

Principaux aspects

Les politiques d'aide aux startups et à la création d'entreprises innovantes peuvent être définies comme des interventions visant à améliorer l'environnement économique pour les entreprises existantes et futures. Elles peuvent être regroupées en trois catégories :

- les politiques visant à favoriser la reconnaissance des opportunités, à savoir la promotion de l'entrepreneuriat (campagnes de sensibilisation, attribution de prix et organisation de manifestations autour de la création d'entreprises), la formation à l'entrepreneuriat (de l'enseignement primaire à l'enseignement supérieur, y compris la formation professionnelle), et l'information et le conseil sur la création d'entreprise (mentorat et accompagnement, y compris à l'aide d'incubateurs d'entreprises) ;
- les politiques visant à faciliter l'entrée sur le marché et à permettre aux entreprises d'expérimenter de nouvelles technologies et de nouveaux modèles économiques, c'est-à-dire principalement les politiques (et le droit) de la concurrence, la réglementation des entreprises (par exemple, les contraintes administratives s'appliquant aux startups, les réglementations ayant des incidences sur la croissance des entreprises, et la législation en matière de faillite), la fiscalité (taxes, licences et droits à verser par les nouvelles entreprises),

les politiques du marché du travail (législation sur la protection de l'emploi) et les règles de sécurité sociale (coûts non salariaux de l'emploi et assurances sociales) ;

- les politiques visant à influencer les débouchés commerciaux, notamment celles portant sur le développement des technologies, les marchés publics et le financement des entreprises (en particulier le financement par capitaux propres), mais aussi les programmes d'information et de conseil sur l'expansion et l'internationalisation des entreprises (accélérateurs d'entreprises).

Enfin, les politiques d'aide aux startups visent de plus en plus certains segments de la population, en partant de l'idée que certains groupes sociaux sont insuffisamment associés à la création des entreprises (notamment les femmes, les jeunes et les immigrants), ou que certains groupes sociaux sont plus susceptibles que d'autres de créer des entreprises qui génèrent de la valeur (par exemple, des entreprises créées par essaimage à partir de l'université ou d'autres entreprises). Les politiques d'entrepreneuriat ciblées présentent souvent un caractère transversal, combinant divers aspects des trois catégories susmentionnées de politiques.

Tendances récentes de l'action publique

Les incubateurs d'entreprises et la formation à l'entrepreneuriat sont utilisés pour aider de nouveaux entrepreneurs à mieux réagir aux nouveaux débouchés. Les incubateurs d'entreprises existent de longue date dans les pays de l'OCDE, dont certains ont décidé d'inclure des incubateurs dans leur système national d'innovation afin d'améliorer la qualité des conseils et des activités de formation fournis avec l'aide des pouvoirs publics (Mexique, Pologne et Suède). Cependant, la formation à l'entrepreneuriat est encore effectuée en grande partie par le biais d'initiatives ad hoc à l'échelon local (Allemagne et Espagne). La Finlande fait figure d'exception à cet égard puisqu'elle l'a intégrée dans les programmes nationaux d'enseignement primaire et secondaire.

La crise économique ayant entraîné une augmentation du nombre de fermetures d'entreprise, de nombreux pays de l'OCDE ont simplifié la réglementation pour faciliter la création d'entreprises. Certains visent spécifiquement les startups innovantes à cet égard. L'Italie, par exemple, a réduit les droits d'enregistrement, la fiscalité et les charges sociales des startups misant sur la R-D grâce à un nouveau texte de loi sur les startups innovantes (OCDE, 2014a). De même, la Belgique accorde un traitement fiscal privilégié aux jeunes entreprises innovantes afin de réduire le coût du personnel de R-D dans le secteur des entreprises.

Dans beaucoup de pays de l'OCDE, les accélérateurs d'entreprises aident les entreprises à forte croissance à mettre à profit les possibilités d'expansion du marché au moyen de services de développement des compétences et de mentorat (conseil commercial, accompagnement des entreprises, activités de formation et d'apprentissage mutuel). La plupart des accélérateurs d'entreprises s'appuient sur des partenariats public-privé, les activités étant assurées par des organisations du secteur privé comme les cabinets de conseils aux entreprises ou les groupes de consultants en affaires (Allemagne, Belgique, Finlande, Pays-Bas et Royaume-Uni).

Des fonds d'investissement publics sont aussi parfois utilisés pour soutenir les startups innovantes. La Corée a mis sur pied un fonds public-privé de création d'entreprises, doté de 471 millions USD, dont les deux cinquièmes sont réservés à l'investissement en faveur des startups et des entreprises de moins de trois ans (OCDE, 2014b).

Enfin, les programmes d'aide à la création d'entreprise visant des segments spécifiques de la population ont le vent en poupe depuis le début de la crise mondiale. La Grèce, les

Pays-Bas, la Pologne et le Portugal ont adopté des mesures pour encourager le travail indépendant dans certains groupes (jeunes, personnes âgées, femmes, handicapés, chômeurs de longue durée et immigrés) en associant aide financière et conseils commerciaux. Cependant, les modalités de l'aide financière diffèrent : la Grèce et la Pologne recourent principalement à des subventions, tandis que les Pays-Bas et le Portugal offrent pour l'essentiel des garanties de prêt et des taux d'intérêt bonifiés. L'Allemagne et la Slovénie gèrent des systèmes d'aide au revenu pour soutenir les startups créées par des personnes sans emploi pendant les débuts de leur activité (six mois en Allemagne, deux ans en Slovénie) (OCDE et Commission européenne, 2013).

Pour en savoir plus

Acs, Z., P. Braunerhjelm, D. Audretsch et B. Carlsson (2009), « The Knowledge Spillover Theory of Entrepreneurship », *Small Business Economics*, vol. 32, pp. 15-30.

Andrews, D. et C. Criscuolo (2013), « Knowledge-Based Capital, Innovation and Resource Allocation », *OECD Economics Department Working Papers*, n° 1046, Éditions OCDE, Paris, *http://dx.doi.org/10.1787/5k46bj546kzs-en*.

Bartelsman, E., J. Haltiwanger et S. Scarpetta (2009), « Measuring and Analysing Cross-Country Differences in Firm Dynamics », in T. Dunne, J. Bradford Jensen et M. Roberts (dir. pub.), *Producer Dynamics. New Evidence from Micro Data*, chap. 1, University of Chicago Press, Chicago, IL, pp. 15-82.

Criscuolo, C., P. Gal et C. Menon (2014), « The dynamics of employment growth: New evidence from 18 countries », *OECD Science, Technology and Industry Policy Papers* n° 14, Éditions OCDE, Paris, *http://dx.doi.org/10.1787/5jz417hj6hg6-en*.

Henrekson, M. et D. Johansson (2010), « Gazelles as Job Creators: A Survey and Interpretation of the Evidence », *Small Business Economics*, vol. 35, pp. 227-244.

OCDE (2010), *SMEs, Entrepreneurship and Innovation*, OECD Studies on SMEs and Entrepreneurship, Éditions OCDE, Paris, *http://dx.doi.org/10.1787/9789264080355-en*.

OCDE (2013a), *Science, technologie et industrie : Tableau de bord de l'OCDE 2013 : L'innovation au service de la croissance*, Éditions OCDE, Paris, *http://dx.doi.org/10.1787/sti_scoreboard-2013-fr*.

OCDE (2013b), *Panorama de l'entrepreneuriat 2013*, Éditions OCDE, Paris, *http://dx.doi.org/10.1787/entrepreneur_aag-2013-fr*.

OCDE (2014), Programmes ciblant les PME et les jeunes entreprises, *Science, technologie et industrie : Perspectives de l'OCDE 2014* (base de données ; en anglais), voir : *http://qdd.oecd.org/Table.aspx?Query=3ADF2B0D-BE50-43FB-B7B6-D6A4BB2F3DDD*.

OCDE (2014a), *Italy : Key Issues and Policies*, OECD Studies on SMEs and Entrepreneurship, Éditions OCDE, Paris.

OCDE (2014b), *OECD Economic Surveys : Korea*, juin 2014, Éditions OCDE, Paris.

OCDE/Commission européenne (2013), *Pallier la pénurie d'entrepreneurs : Politiques d'entrepreneuriat inclusif en Europe*, Éditions OCDE, Paris, *http://dx.doi.org/10.1787/9789264188211-fr*.

Plateforme des politiques d'innovation (IPP), module sur l'entrepreneuriat innovant, voir : *www.innovationpolicyplatform.org/content/innovative-entrepreneurship?topic-filters=11381*.

Stangler, D. et R. Litan (2009), « Where Will the Jobs Come From? », *Kauffman Foundation Research Series : Firm Formation and Economic Growth*, Paper n° 1, Ewing Marion Kauffman Foundation, Washington, DC.

NOUVELLES POLITIQUES INDUSTRIELLES

Bien-fondé et objectifs

Les politiques industrielles englobent de nombreuses formes d'intervention, qui ne se rapportent pas toutes spécifiquement au secteur manufacturier. On peut les définir en un sens large comme « tout type d'intervention ou de politique gouvernementale cherchant à améliorer l'environnement des entreprises ou à modifier la structure de l'activité économique au profit de secteurs, de technologies ou de tâches dont on escompte des perspectives de croissance économique ou de bien-être sociétal plus favorables qu'en l'absence de l'intervention envisagée » (Warwick, 2013).

On constate depuis une dizaine d'années un regain d'intérêt pour les politiques industrielles et manufacturières. Au sortir de la récente crise économique, les décideurs sont nombreux à chercher de nouvelles sources de croissance. Les inquiétudes qu'inspirent la perte de capacités manufacturières et la concurrence de plus en plus vive des économies émergentes expliquent aussi ce regain d'intérêt, tout comme la perspective d'une « nouvelle révolution industrielle ».

L'émergence rapide de la Chine et de l'Inde, pays où les coûts de fabrication sont peu élevés, a conduit certains analystes à conclure au déclin du secteur manufacturier dans des économies manufacturières traditionnelles comme l'Allemagne, le Japon ou les États-Unis. Dans presque tous les pays de l'OCDE, la production du secteur manufacturier, rapportée au PIB et à l'emploi, diminue systématiquement depuis plusieurs décennies sous l'effet de : i) la saturation de la demande locale de produits manufacturés ; ii) la forte croissance de la productivité, qui exige moins d'emploi pour produire une quantité donnée ; iii) la distinction de moins en moins marquée entre production et services, les entreprises manufacturières tirant une part de valeur croissante des services qu'elles fournissent ; et iv) la mondialisation croissante de la production industrielle au moyen de la sous-traitance des activités à forte intensité de main d'œuvre et, plus récemment, à forte intensité de savoir vers des économies où les salaires sont moins élevés (Pilat et al., 2006) (voir le chapitre 1).

Néanmoins, le secteur manufacturier occupe toujours une place de première importance dans les pays de l'OCDE. L'évolution structurelle en faveur des services dans les pays de l'OCDE fait naître des préoccupations sur la capacité de ces pays à maintenir la croissance de leur productivité, les gains de productivité obtenus pendant la dernière décennie étant moins importants dans les services que dans le secteur manufacturier. Les inquiétudes concernant la disparition des activités manufacturières sont liées aussi à l'érosion de la base industrielle, qui pourrait avoir des incidences sur certaines activités voisines dans la chaîne de valeur, notamment le design et l'innovation (OCDE, 2013) (voir le chapitre 1). D'autres observateurs considèrent que les économies parvenues à maturité peuvent s'adapter et améliorer leurs perspectives dans le domaine manufacturier (Marsh, 2012) avec, en particulier, les progrès de la technologie (par exemple, nouveaux matériaux de pointe, impression 3D), l'intérêt croissant pour les produits sur mesure à l'intention d'individus ou d'usagers industriels spécifiques, la « production au plus juste » et l'introduction de formes de production durables.

Les contraintes environnementales ont aussi amené les gouvernements à réfléchir de nouveau aux vertus de l'intervention sous la forme de politiques industrielles (Aghion, 2011). L'innovation dépend des choix antérieurs et tend par conséquent à s'appuyer de façon privilégiée sur les technologies existantes. Les gouvernements peuvent réorienter le changement technologique vers des technologies plus propres et stimuler l'investissement privé en faveur de nouvelles activités respectueuses de l'environnement.

Un certain nombre de pays cherchent donc de nouveaux moyens de renforcer leur production industrielle. La crise économique et financière de 2008-09 ayant accentué les déséquilibres structurels de nombreuses économies, les responsables politiques s'efforcent de recentrer l'attention, excessive, accordée au secteur financier et au secteur des biens non échangeables (par exemple, l'immobilier) sur le secteur manufacturier de pointe, des technologies à faible teneur en carbone et des nouvelles technologies.

Si les politiques industrielles avaient perdu de leur attrait, c'est parce que l'on considérait qu'elles nuisaient à la concurrence en permettant aux pouvoirs publics de « choisir les gagnants » et de favoriser les entreprises en place au détriment des jeunes entreprises innovantes. Cependant, on s'accorde aujourd'hui de plus en plus à reconnaître qu'il est possible de réduire au minimum les risques associés à une politique industrielle sélective grâce à une nouvelle conception du rôle de facilitation et de coordination des pouvoirs publics et de nouvelles méthodes de collaboration entre pouvoirs publics et industrie, afin d'éviter toute influence indue de la part d'intérêts particuliers (Warwick, 2013). Cette nouvelle approche cherche à concilier politique industrielle et politique de la concurrence (Aghion, 2011). Le tableau 5.5 montre l'évolution de la réflexion sur les politiques industrielles.

Tableau 5.5. **Évolution théorique et pratique des politiques industrielles**

Phase	Raison d'être et approches clés	Pratiques et instruments d'action
De 1940 à la fin des années 60	L'industrialisation est nécessaire au développement. Les défaillances du marché empêchent que celle-ci se produise de façon automatique. Les défaillances du marché sont systématiques dans les pays en développement.	Des politiques industrielles sont nécessaires, en particulier sous forme de protection des industries naissantes, de participations de l'État et de coordination par les pouvoirs publics.
Des années 70 aux années 90	Les défaillances des pouvoirs publics sont plus néfastes que les défaillances du marché. Les politiques industrielles favorisent le gaspillage de ressources et les comportements de recherche de rente. Les politiques industrielles se heurtent à de graves obstacles pratiques.	La libéralisation des échanges (exportations), la privatisation et les mesures pour attirer l'investissement direct étranger (IDE), dans un contexte de stabilité macroéconomique et d'interférence minimum de la part des pouvoirs publics, sont les conditions essentielles de la croissance et de l'industrialisation. Ubiquité des programmes d'ajustement structurel.
De 2000 à aujourd'hui	On observe à la fois des défaillances du marché et des défaillances des pouvoirs publics. L'important est le « comment » et non le « pourquoi » des politiques industrielles. Des différences existent sur le point de savoir dans quelle mesure l'avantage comparatif doit être défini, mais non sur le principe.	Le contexte institutionnel est important mais la formulation des politiques ne va pas sans difficultés. Il ne faut pas perdre de vue la flexibilité dans l'application des politiques industrielles. L'innovation et la modernisation technologique doivent constituer des objectifs essentiels des politiques industrielles. La promotion des systèmes nationaux d'innovation doit aussi être un objectif important.

Source : OCDE, d'après Naudé, 2010a (pour plus de précisions sur les auteurs/participants représentatifs au débat sur les politiques industrielles, consulter cette source).

Principaux aspects

Les nouvelles politiques industrielles se caractérisent souvent par les aspects suivants :

- L'accent mis sur l'amélioration des conditions cadres : les entreprises sont le moteur de l'innovation et, pour que celle-ci ait lieu, il est nécessaire que les entreprises exercent leurs activités dans des conditions favorables : application effective des règles de la concurrence, ouverture des échanges, disponibilité des compétences (éducation et formation professionnelle), etc.
- La promotion de l'établissement de liens : les activités d'innovation reposent sur divers types de liens entre acteurs (entreprises, universités, particuliers, intermédiaires). Nombre de ces liens ne fonctionnent pas de manière efficiente, ce qui conduit à des

défaillances du marché ou entraîne des défaillances systémiques, justifiant ainsi l'intervention des pouvoirs publics pour soutenir la coopération dans le domaine de la recherche et le partage des connaissances entre entreprises, ou entre celles-ci et les universités. Le développement de liens pouvant avoir une dimension géographique ou sectorielle, les pôles d'activité sont parfois efficaces à cet égard (voir le profil « Pôles d'activité et spécialisation intelligente »).

- Le soutien des technologies en amont : les aides gouvernementales sont surtout accordées en amont, au profit des technologies génériques, afin de ne pas entraver la concurrence en aval ou enfreindre les règles en matière d'aides publiques inscrites dans les traités internationaux (OMC, UE). Cette approche contraste avec la méthode qui consistait à « choisir les gagnants » auparavant.
- L'utilisation d'instruments divers en cherchant à optimiser la panoplie de mesures : certains pays accordent aux marchés publics un rôle spécifique comme moyen de promouvoir l'innovation (voir le profil « Stimuler la demande d'innovation »). En tant que primo-utilisateurs, les pouvoirs publics peuvent agir sur la diffusion de l'innovation. Les interventions du côté de la demande sont considérées comme particulièrement efficaces pour stimuler l'innovation axée sur la résolution de problèmes particuliers ou sur des missions spécifiques en créant un marché pour les technologies dans les domaines où un marché est nécessaire pour répondre à certains défis environnementaux ou sociétaux (par exemple, la santé et les soins de santé).
- L'aide à la création d'entreprises : dans de nombreux domaines technologiques, les nouvelles entreprises jouent un rôle crucial pour le développement d'innovations, sans compter qu'elles exercent une pression concurrentielle bénéfique sur les entreprises établies. Cependant, ces entreprises se heurtent à divers obstacles (par exemple, l'accès au financement, aux marchés et aux compétences) que les pouvoirs publics peuvent aider à aplanir.
- La volonté d'attirer des multinationales étrangères et de renforcer le rôle des entreprises nationales sur les chaînes de valeur mondiales : les gouvernements sont conscients de l'importance des liens internationaux dans l'industrie moderne et du fait que les flux de technologies sont des flux mondiaux (voir le profil « Attirer les investissements scientifiques et technologiques internationaux des entreprises »).
- La place essentielle accordée à l'évaluation : les procédures d'évaluation doivent être indépendantes et efficaces, afin de pouvoir clore ou réorienter les programmes qui échouent (l'impossibilité de le faire était un défaut majeur des politiques industrielles antérieures).

Tendances récentes de l'action publique

Plusieurs pays de l'OCDE ont lancé ces dernières années des initiatives de politique industrielle et manufacturière, souvent ciblées sur des domaines ou secteurs STI prioritaires. Seuls le Danemark et le Royaume-Uni ont lancé une nouvelle politique industrielle sous la forme d'une initiative majeure (voir le profil « Stratégies STI nationales »).

- Le Danemark a créé huit « équipes de croissance » consacrées aux domaines thématiques dans lesquels les entreprises danoises disposent d'un avantage ou d'un potentiel concurrentiel au niveau international. Il travaille actuellement à l'élaboration de nouvelles politiques industrielles visant à renforcer la compétitivité dans ces domaines.
- Le Royaume-Uni a lancé en 2012 une stratégie industrielle qui porte sur les technologies, les compétences, l'accès au financement, les partenariats sectoriels et les marchés

publics. Onze secteurs ont été identifiés et des stratégies ont été élaborées en partenariat avec l'industrie en vue de développer la confiance et l'investissement à long terme. Les plus importantes initiatives financées conjointement par l'industrie et l'État sont l'Institut de technologie aérospatiale, doté de 2.9 milliards USD en PPA (2 milliards GBP), le Centre de motorisation automobile avancée, doté de 1.5 milliard USD en PPA (1 milliard GBP), les Centres d'innovation agricole, ainsi qu'un Agri-Tech Catalyst, doté de 232 millions USD en PPA (160 millions GBP). Le gouvernement a engagé en outre 870 millions USD en PPA (600 millions GBP) dans huit technologies émergentes offrant des perspectives d'applications intersectorielles dans lesquelles le Royaume-Uni dispose d'une expertise de recherche et de capacités commerciales. Le gouvernement soutient aussi des technologies manufacturières et de production d'énergie à forte valeur ajoutée, notamment dans le cadre d'un programme de 217 millions USD en PPA (150 millions GBP) axé sur le développement de technologies pour les véhicules à très faibles émissions. Le réseau de centres d'innovation (centres Catapult) complète les mécanismes de soutien public en fournissant une infrastructure à forte intensité de capital, gérée par les entreprises, pour commercialiser les nouvelles technologies et les technologies émergentes. Le Technology Strategy Board a investi plus de 203 millions USD en PPA (140 millions GBP) sur six ans dans le premier centre pour le secteur manufacturier à forte valeur ajoutée (High Value Manufacturing Catapult) et s'est vu allouer dans son budget 2015-16 une enveloppe de 267 millions USD en PPA (185 millions GBP) supplémentaires pour étendre le réseau Catapult dans les domaines des systèmes énergétiques et de la médecine de précision.

De nombreux pays ont adopté une approche sectorielle dans leur stratégie ou plan STI national et, dans certains cas, ont engagé des initiatives sectorielles combinant des outils de financement direct (subventions, dotation en capital) et indirect (incitations fiscales).

- En Australie, le plan du nouveau gouvernement (« Our Plan – Real Solutions for all Australians ») définit notamment les priorités de la politique d'innovation en vue de stimuler la compétitivité du secteur manufacturier australien. Un fonds de croissance de 104 millions USD en PPA (155 millions AUD) a été créé pour soutenir des initiatives dans les régions dont le secteur manufacturier est actuellement menacé, en particulier l'industrie de l'automobile, afin d'accompagner le passage de l'industrie lourde à une production à plus forte valeur ajoutée. Cette initiative fait suite à la législation sur le Plan de transformation du secteur de l'acier, adoptée en 2011, qui a alloué un volume d'aide de 198 millions USD en PPA (300 millions AUD) aux entreprises de fabrication d'acier admissibles afin de soutenir les activités innovantes, l'investissement ou la production.
- La France a adopté en 2013 le programme de ré-industrialisation Nouvelle France Industrielle, qui comprend 34 initiatives dans des domaines stratégiques sectoriels (avion électrique, hôpital numérique, e-éducation, voiture propre, mégadonnées, robotique, cybersécurité, etc.) qui présentent un fort potentiel en termes de valeur ajoutée et d'emplois.
- La Corée a actualisé son Plan fondamental pour la science et la technologie (Initiative 577) avec le 3e Plan fondamental (2013-17), qui vise à favoriser la prospérité économique et le bien-être public grâce à la High Five Strategy, et à l'identification et au soutien des nouvelles industries.
- Les Pays-Bas ont présenté l'initiative Top Sectors à la suite des élections générales de 2010. La nouvelle politique de l'entreprise et de l'innovation repose sur l'introduction

d'une approche sectorielle dans les diverses interventions gouvernementales, en privilégiant neuf secteurs de tête : eau, alimentation, horticulture, haute technologie, sciences de la vie, produits chimiques, énergie, logistique et secteur créatif.

- Dans sa Stratégie nationale pour la science, la technologie et l'innovation (UBTYS) (2011-16), la Turquie a défini comme prioritaires pour la R-D les secteurs suivants : automobile, machines et technologies de fabrication, énergie, technologies de l'information et des communications (TIC), eau, alimentation, défense et aérospatiale. Le Conseil de la recherche scientifique et technologique de Turquie (TUBITAK) subventionne des investissements en faveur de la fabrication de produits et de pièces détachées de haute technologie conçus dans le cadre de projets de R-D.
- Le Canada souhaite renforcer la compétitivité du secteur manufacturier et, en particulier, des industries automobile, aérospatiale et de la construction navale. Le gouvernement a prolongé de deux ans les mesures d'abattement fiscal sous forme d'amortissement accéléré des nouveaux investissements de machines et équipement dans le secteur manufacturier, ce qui représente une aide fiscale d'une valeur totale de 1.1 milliard USD en PPA (1.4 milliard CAD) sur la période de 2014-15 à 2017-18. Le gouvernement s'est également engagé à assurer un financement stable de près de 813 millions USD en PPA (1 milliard CAD) sur une période de cinq ans pour l'Initiative stratégique pour l'aérospatiale et la défense, dont une partie sera allouée à un Programme de démonstration de technologies aérospatiales, s'ajoutant à un autre financement complémentaire. Un Fonds de fabrication de pointe doté de 163 millions USD en PPA (200 millions CAD) sur cinq ans a aussi été créé en Ontario. Dans le cadre du budget 2014, une enveloppe de 607 millions USD en PPA (750 millions CAD) sur cinq ans a été allouée au Fonds d'innovation pour le secteur de l'automobile.
- Les États-Unis cherchent à attirer les entreprises du secteur manufacturier et à créer des emplois de haute qualité dans ce secteur en lançant un effort national pour amener l'industrie, les universités et les pouvoirs publics à investir ensemble dans les technologies émergentes. Le budget fédéral pour 2014 affecte 2.9 milliards USD au développement de la R-D sur les procédés de fabrication innovants, les matériaux industriels de pointe et la robotique.

En Belgique, au Chili, en Estonie et en Slovénie, l'application de la stratégie des pôles d'activité a été renforcée par la mise en place de cadres de spécialisation intelligente. Le Chili a ainsi lancé en 2014 son programme Croissance, innovation et productivité en vue de diversifier son économie en misant sur les secteurs clés de développement socio-économique. Le Japon a aussi renouvelé il y a peu son Plan de pôles d'activité industriels pour 2014 afin de redynamiser l'industrie et les régions du pays.

La Chine et les économies émergentes, qui recourent de longue date à des politiques industrielles, ont déployé de grands plans sectoriels au sortir de la crise économique mondiale :

- Le Brésil a lancé en 2011 le Plano Brasil Maior, qui place l'innovation au cœur de la politique industrielle et modifie de façon importante le cadre d'aide à l'innovation, y compris les fonctions de la Banque nationale de développement économique et social (BNDES), qui est maintenant responsable du financement de l'innovation et de l'investissement. Le plan brésilien prévoit des allégements fiscaux pour les secteurs à forte intensité de main d'œuvre comme l'habillement, la chaussure, les meubles et les logiciels.
- L'Inde a approuvé pour la première fois en 2011 une politique manufacturière nationale afin de créer des emplois et de stimuler la croissance économique pendant la prochaine

décennie (Warwick, 2013). L'objectif est de porter la part de ce secteur de 16 % du PIB actuellement à 25 % en 2022. La nouvelle politique propose de développer des zones nationales d'investissement et d'activité manufacturière, ou des méga-parcs industriels, afin de réduire le poids de la réglementation pesant sur le secteur. Le gouvernement a choisi dans le pays sept sites pour accueillir ces parcs, qui sont développés avec la participation du secteur privé sur le modèle chinois.

- La Chine a adopté en 2012 un Plan pour les industries émergentes stratégiques nationales en vue d'accroître leur part du PIB de huit points de pourcentage d'ici à 2015 et de 15 points d'ici à 2020.

L'Italie privilégie l'IDE comme moyen de soutenir les micro- et petites entreprises, en combinant l'agriculture traditionnelle, l'artisanat et le secteur manufacturier avec des activités de pointe haut de gamme. Le fonds Invest in Made in Italy investira dans le capital de micro-entreprises à l'aide de « bons » d'une valeur de 50 à 500 000 EUR. En Nouvelle-Zélande, l'agence New Zealand Trade and Enterprise fournit des informations sur les possibilités d'investissement à l'intérieur du pays et encourage l'établissement de liens entre les entreprises néo-zélandaises à forte croissance et les investisseurs internationaux. Les secteurs plus particulièrement visés sont les suivants : biotechnologies, aliments et boissons, technologies propres, infrastructures, TIC, fabrication, pétrole et minéraux. Le Costa Rica cherche à attirer l'IDE des multinationales au moyen d'incitations fiscales visant les entreprises des industries manufacturières stratégiques de haute technologie.

Pour en savoir plus

Aghion P., J. Boulanger et E. Cohen (2011), « Rethinking Industrial Policy », in *Bruegel Policy Brief*, n° 04, juin.

Marsh, P. (2012), *The New Industrial Revolution: Consumers, globalization and the end of mass production*, Yale University Press, New Haven, CT.

Naudé, W. (2010b), « New Challenges for Industrial Policy », *Working Paper* n° 2010/107, United Nations University, World Institute for Development Economics Research, septembre.

OCDE (2013), *Interconnected economies: benefiting from global value chains*, Éditions OCDE, Paris, *http://dx.doi.org/10.1787/9789264189560-en.*

OCDE (2014a), « Evaluation of Industrial Policy: Final Report », document interne, OCDE, Paris.

OCDE (2014b), *Science, technologie et industrie : Perspectives de l'OCDE 2014* (base de données ; en anglais) :

- Politiques sectorielles, voir *http://qdd.oecd.org/Table.aspx?Query=A16345EE-1C53-4FB9-BCC9-375C4AB1CA6E* ;
- Pôles d'activité et politiques régionales, voir *http://qdd.oecd.org/Table.aspx?Query=0A4F6203-8B6E-4E03-BC92-323F36A512FE* ;
- Spécialisation intelligente, voir *http://qdd.oecd.org/Table.aspx?Query=696C719F-9922-46D1-8D63-82D63B5122BE* ;
- Création d'entreprises innovantes, voir *http://qdd.oecd.org/Table.aspx?Query=A36A8EB6-6BAC-4510-9AA0-21720B10079B* ;
- Stimuler la demande d'innovation, voir *http://qdd.oecd.org/Table.aspx?Query=E52F2B9A-822D-4722-A38F-E64DC141B514.*

Pilat, D, A. Cimper, K. Olsen et C. Webb (2006), « The Changing Nature of Manufacturing in OECD Economies », *STI Working Paper*, 2006/9, Éditions OCDE, Paris.

Plateforme des politiques d'innovation (IPP) de l'OCDE, voir : *www.innovationpolicyplatform.org.*

Warwick, K. (2013), « Beyond Industrial Policy: Emerging Issues and New Trends », *OECD Science, Technology and Industry Policy Papers*, n° 2, Éditions OCDE, Paris. *http://dx.doi.org/10.1787/5k4869clw0xp-en.*

STIMULER LA DEMANDE D'INNOVATION

Bien-fondé et objectifs

La politique de l'innovation axée sur la demande est souvent perçue comme un ensemble de mesures gouvernementales visant à accroître la demande d'innovation des secteurs public et privé, à créer les conditions propices à l'adoption des innovations, ou à améliorer la coordination de la demande de façon à stimuler l'innovation et à faciliter sa diffusion (Edler, 2007). Son objectif est généralement d'abaisser les obstacles à la commercialisation et à la diffusion des innovations.

Depuis quelque temps, les pouvoirs publics ont porté leur attention sur toute une série de politiques d'innovation agissant sur la demande (commandes publiques d'innovation, normes et réglementations, marchés pilotes, initiatives d'innovation dictées par les usagers ou les consommateurs), de manière à « tirer » l'innovation (voir le profil « Dosage des mesures en faveur de la R-D et de l'innovation d'entreprise »). Cet intérêt reflète un élargissement de l'approche adoptée pour les politiques d'innovation, qui tient désormais compte de l'ensemble du système et du cycle d'innovation. Dans un contexte d'assainissement des finances publiques, l'objectif est également d'utiliser ce type de politique pour stimuler la demande d'innovation sans générer de nouvelles dépenses publiques. L'autre but est d'accroître les capacités d'innovation dans des secteurs où il existe une forte demande d'innovation de la part de la société, comme par exemple la santé, l'environnement et l'énergie (voir les profils « L'innovation au service des enjeux sociaux » et « L'innovation verte »).

La raison d'être des politiques d'innovation agissant sur la demande est de stimuler l'innovation dans les domaines où la société en a un besoin urgent, et où l'action des pouvoirs publics peut compléter les mécanismes du marché – dans l'idéal avec le minimum de sorties de fonds. Cela dit, les différents instruments relevant de ces politiques répondent chacun à des motivations particulières. Pour citer un exemple, les commandes publiques peuvent contribuer à accélérer l'émergence de technologies dont la société a urgemment besoin. Les marchés publics orientés vers l'innovation peuvent aussi être conçus pour compenser le manque de financement en capital-risque à l'égard des projets de petite taille lors de leur phase de lancement. S'agissant en revanche des normes techniques, la motivation des pouvoirs publics en la matière tient aux caractéristiques de ces normes – apparentées à des biens publics – et aux effets bénéfiques du partage des connaissances techniques. Il arrive que le marché produise à lui seul trop peu de normes ou des normes qui ne conviennent pas (anticoncurrentielles, par exemple). L'État peut donc, grâce à son rôle de régulateur et de gros consommateur, favoriser la création – pilotée par l'industrie – de normes qui ne sont pas anticoncurrentielles. Le processus selon lequel les normes sont généralement créées (avec notamment l'obtention d'un consensus entre les producteurs) requiert le partage de connaissances et accélère la diffusion de la technologie.

Principaux aspects

Les politiques d'innovation agissant sur la demande prennent différentes formes, dont les principales sont les marchés publics orientés vers l'innovation, ainsi que les normes et réglementations liées à l'innovation. Les initiatives d'innovation dictées par l'utilisateur ou la conception du produit, ou encore les initiatives d'éco-étiquetage, rentrent également dans cette catégorie de politiques, car leur but est de répondre aux besoins des consommateurs. Les programmes de soutien financier à la R-D des petites entreprises (comme par exemple le dispositif SBIR aux États-Unis et ses variantes en Australie, aux Pays-Bas et au Royaume-Uni) financent la R-D dès les premières phases du développement d'un produit, et sont donc à ce titre des instruments agissant sur l'offre. Or, le fait que ces programmes présentent une dimension d'appel concurrentiel à solution les apparente à des « commandes publiques d'innovation pré-concurrentielles ». Les réglementations environnementales, qui ont été un moteur essentiel de l'innovation technologique axée sur la réduction des émissions de CO_2 et de toute une série de polluants industriels, sont un autre exemple des politiques d'innovation agissant sur la demande. Les politiques en matière de consommation ou de fiscalité ayant un effet sur la demande d'innovation (dans le domaine environnemental, par exemple) présentent elles aussi de l'importance. La tarification des externalités environnementales et l'établissement d'un marché du carbone (autrement dit la tarification du carbone) peuvent également accroître la demande d'innovation. Certains gouvernements ont même réintroduit la pratique des concours (et les récompenses qui vont avec) pour stimuler les activités de R-D et d'innovation.

Cela dit, les politiques d'innovation agissant sur la demande – notamment les marchés publics orientés vers l'innovation – ne sont pas sans risque, car elles peuvent favoriser les grandes entreprises au détriment des petites, ou imposer certaines technologies et entraîner un verrouillage technologique. Par ailleurs, il n'est pas rare que les organismes de passation des marchés soient en quête d'efficience (c'est-à-dire du bon « rapport qualité-prix »), un objectif qui n'est pas facilement conciliable avec la recherche de solutions innovantes, et pourtant un grand nombre de ces organismes ont récemment élargi leur mission en y incluant ce critère. Les marchés publics se répartissent en outre entre les organismes municipaux, régionaux et nationaux, et une grande partie du travail des pouvoirs publics consiste à améliorer la communication au sujet de ces marchés. Des initiatives de sensibilisation et de formation des fonctionnaires travaillant dans les organismes compétents sont mises en œuvre dans de nombreux pays pour encourager les marchés publics « propices à l'innovation ». Les limites de l'utilisation de ces marchés en tant qu'instruments d'incitation à l'innovation (c'est-à-dire favorisant les entreprises nationales) sont liées aux règles de l'OMC – qui interdisent toute préférence nationale –, ainsi qu'au coût et au risque potentiellement plus élevés des solutions innovantes par rapport aux solutions existantes.

Il existe comparativement peu d'évaluations des politiques d'innovation agissant sur la demande, à l'exception des dispositifs de commandes publiques avant commercialisation. Cela est dû à la fois aux difficultés techniques de l'évaluation, et au caractère relativement nouveau de ces politiques. Le travail d'évaluation est rendu encore plus complexe par le fait que, dans les politiques considérées comme agissant sur la demande, l'innovation n'est qu'un objectif (parfois secondaire) parmi de nombreux autres. Ainsi, s'agissant des études consacrées aux réglementations sur les normes minimales en matière d'économies de carburant applicables aux véhicules, la plupart s'intéressent non pas à l'innovation, mais (et c'est bien compréhensible) aux avantages et inconvénients que présentent globalement ces réglementations. Un autre problème au regard de l'évaluation est que les données sont souvent inappropriées pour évaluer à la fois l'impact sur l'innovation et l'impact sur l'objectif du programme. En ce qui concerne les marchés publics, bien qu'une majorité de pays aient pris des dispositions particulières pour encourager la participation des PME, 61 % des pays membres de l'OCDE ne contrôlent ni le nombre, ni la valeur des contrats attribués à cette catégorie d'entreprises. Or, en l'absence de telles données, il est très difficile de mesurer l'efficacité des dispositifs (OCDE, 2013). Par ailleurs, bien que les données existantes sur l'activité des entreprises en matière d'innovation (par exemple, les enquêtes communautaires sur l'innovation) fournissent un certain aperçu des liens potentiels entre la R-D, l'innovation et les marchés publics, elles ne permettent pas de faire la distinction entre les commandes publiques générales et celles orientées vers l'innovation. L'OCDE s'emploie actuellement à mettre en évidence les liens qui existent entre la R-D, l'innovation et les marchés publics, dans le but de mieux évaluer l'ampleur, la portée et l'impact de cet instrument sur la demande (OCDE, 2014). En liaison étroite avec ces efforts, certains pays commencent à rendre publics de nouveaux indicateurs issus d'enquêtes, qui montrent si des innovations ont eu lieu dans le cadre des marchés publics. Des initiatives sont également en cours pour utiliser les bases de données relatives aux marchés publics comme sources d'information sur l'état de l'innovation.

Tendances récentes de l'action publique

Les instances dirigeantes, tant au niveau national que supranational et notamment pour ce qui est de l'UE, ont de plus en plus, dans leurs déclarations d'orientation comme dans la pratique, opté pour des politiques d'innovation agissant sur la demande. Cela dit, la plupart des mesures mises en œuvre ont été des marchés publics orientés vers l'innovation, le plus souvent vers des objectifs de croissance verte (graphique 5.9). Quelques exemples :

- La Commission européenne a encouragé la mise en œuvre au niveau européen de plusieurs initiatives en faveur des marchés porteurs, et le Comité de l'Espace européen de la recherche a appelé l'UE à consacrer 2 % du budget des marchés publics à l'innovation.
- En Espagne, en Finlande, aux Pays-Bas et en Suède, des objectifs d'action ont été fixés concernant les marchés publics orientés vers l'innovation. L'Autriche et la France ont suggéré que des objectifs puissent être inclus dans les documents ou déclarations d'orientation. Ces objectifs sont compris entre 2 et 5 % du budget des marchés publics,

Graphique 5.9. **Incitations pour stimuler la demande d'innovation parmi les autres domaines de la politique STI, 2012-14**

Pays ayant notifié un changement substantiel dans le domaine politique, par rapport à d'autres domaines de la politique STI

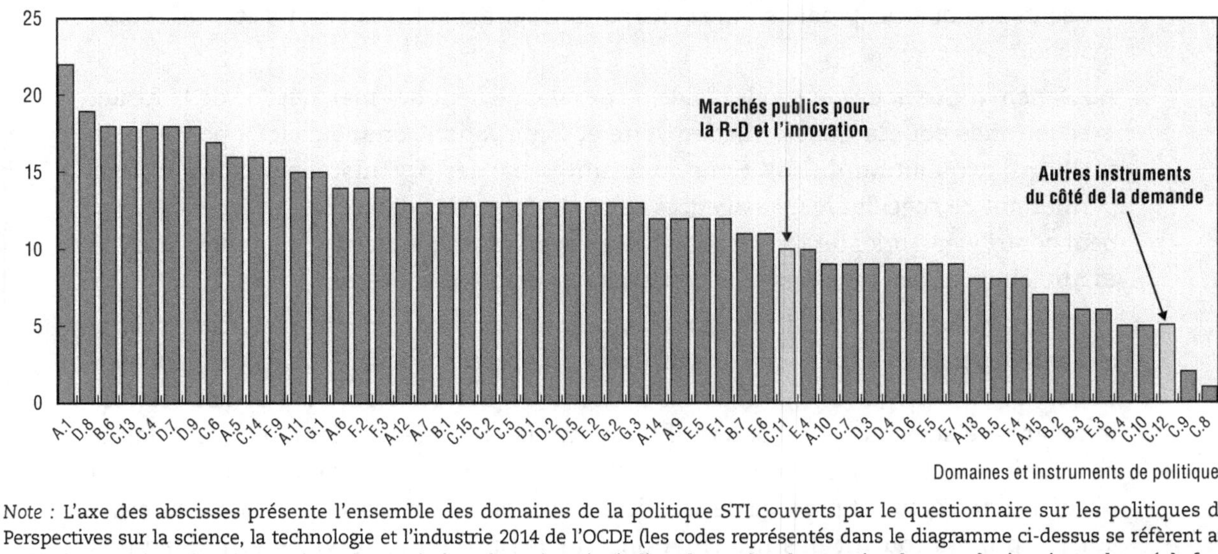

Note : L'axe des abscisses présente l'ensemble des domaines de la politique STI couverts par le questionnaire sur les politiques des Perspectives sur la science, la technologie et l'industrie 2014 de l'OCDE (les codes représentés dans le diagramme ci-dessus se réfèrent aux codes des questions dans le questionnaire 2014). L'axe des ordonnées indique le nombre de pays signalant que la situation a changé de façon substantielle dans chacun des domaines de la politique. Le comptage simple ne tient pas compte de l'ampleur et de l'impact des changements de politique. Les réponses sont fournies par les délégués au Comité de l'OCDE pour les Politiques Scientifiques et Technologiques.

Source : Réponses des pays au questionnaire préparatoire des *Perspective de la science, de la technologie et de l'industrie 2014 de l'OCDE.*

StatLink http://dx.doi.org/10.1787/888933306575

un pourcentage important lorsque l'on sait que les marchés publics représentent 13 % du PIB dans les pays de l'OCDE. En Allemagne uniquement, le montant de ces marchés en 2013 s'est élevé au total à quelque 497 milliards USD en PPA (soit 300 milliards EUR).

- En Autriche, le concept de marchés publics liés à l'innovation (*Leitkonzept für eine innovationsfördernde öffentliche Beschaffung*, IÖB) vise à encourager l'industrie à proposer des biens et des services innovants, ainsi qu'à fournir aux organismes publics comme aux particuliers des biens et des services élaborés et (éco-)efficients. La mise en œuvre de ce concept en 2013 a commencé par les dispositions suivantes : création d'un centre d'approvisionnement (le PPPI Service Point, où PPPI désigne les marchés publics au service de l'innovation) au sein de l'agence autrichienne de passation des marchés ; amendement à la loi autrichienne sur les marchés publics, qui fait de l'innovation un critère supplémentaire dans la procédure de passation des marchés ; enfin, lancement de projets pilotes dans le domaine des commandes publiques pré-concurrentielles et des marchés publics orientés vers l'innovation.
- En Norvège, le ministère du Commerce et de l'Industrie et le ministère de l'Administration publique, de la Réforme de l'État et des Affaires religieuses ont lancé en février 2013 une stratégie visant à accroître l'impact des marchés publics sur l'innovation. Les objectifs sont notamment de faire des marchés publics un outil stratégique pour le travail des autorités publiques, et d'impliquer le secteur des entreprises dans la définition des besoins de développement futurs.

Des initiatives de marchés publics intelligents ont vu le jour dans un certain nombre de pays, comme par exemple l'amélioration du dialogue entre les agences de passation des marchés et les fournisseurs, ou encore des subventions pour aider d'une part les agences précitées à concevoir des appels d'offres propices à l'innovation, et d'autre part les fournisseurs à soumettre des offres compatibles.

- Au Canada, le Programme d'innovation Construire au Canada (PICC) a été complété en 2013 par un volet militaire. Ce programme permet aux ministères du gouvernement fédéral de tester des prototypes développés par des entreprises canadiennes et d'indiquer ce qu'ils en pensent, afin que ces produits innovants puissent être améliorés avant d'être mis sur le marché.
- Au Danemark, le nouveau Fonds d'aide au développement des marchés (né de la fusion avec le Fonds pour la transformation verte et l'innovation commerciale) a pour but de faciliter l'acquisition de solutions innovantes par les organismes publics en leur permettant de spécifier leurs exigences selon des procédés différents. Le secteur public peut contribuer à orienter l'innovation des entreprises en permettant à ces dernières de mettre au point des solutions plus performantes et moins coûteuses.
- En Allemagne, le nouveau Centre d'excellence pour l'innovation dans les marchés publics (KO-INNO) a pour objectif de mieux sensibiliser, préparer et former les agences publiques de passation des marchés, afin de les inciter à acquérir des produits et des services innovants. Placé sous la responsabilité du ministère fédéral allemand des Affaires économiques et de l'Énergie (BMWi), le KO-INNO organise des ateliers, instaure un dialogue stratégique et propose des services consultatifs. Une base de données Internet sur les projets fournit des informations sur les produits, services et procédures innovants, et recense les domaines dans lesquels des solutions innovations sont requises. Des exemples de bonnes pratiques montrent comment les marchés publics orientés vers l'innovation peuvent s'avérer fructueux. De nouveaux partenariats public-

privé faisant appel à des entreprises privées pour financer des projets sur des marchés porteurs (les « alliances au service de l'innovation ») sont par ailleurs mis en place sous la responsabilité du ministère fédéral allemand de l'Éducation et de la Recherche.

- Aux Pays-Bas, le centre PIANOO d'expertise en matière de marchés publics propose des guides et des formations à l'intention des organismes publics.

Certains pays mettent également en place des mesures de soutien financier pour établir un lien entre les marchés publics et l'innovation :

- En Finlande, après avoir lancé un projet pilote, l'organisme Tekes accorde des subventions en faveur de la R-D aux agences publiques de passation des marchés et aux PME dans le cadre d'un programme visant à promouvoir l'innovation dans les marchés publics.
- En Corée, un régime d'assurance a été mis en place pour réduire les risques liés aux marchés publics axés sur l'innovation. Cela inclut un dispositif d'assurance pour l'achat de nouvelles technologies, et un programme d'aide à la R-D des PME lorsque cette recherche est menée en liaison avec une procédure d'achats.
- Au Royaume-Uni, le programme Forward Commitment Procurement consiste, pour les organismes publics, à s'engager à acheter – à une date ultérieure qui est spécifiée – des produits ou des services qui n'existent pas encore, en convenant de leur niveau de performance et de leur prix. La communication anticipée des besoins de l'utilisateur et l'engagement du fournisseur sont les caractéristiques fondamentales de ce dispositif.

Une autre tendance, dans un grand nombre de pays, consiste à simplifier et faciliter les procédures de passation de marchés axées sur l'innovation. Au Costa Rica, le portail Merlink regroupe sur une plateforme électronique unique l'ensemble des activités de l'État en matière de marchés publics. En Colombie, de nouvelles règles (l'article 155 sur la désagrégation technologique du décret 1510 de 2013) ont été instituées pour permettre aux organismes publics de dissocier les projets d'investissement ; le but est d'autoriser la participation de ressortissants nationaux et étrangers, et de faire en sorte que la technologie puisse être assimilée par les Colombiens. La désagrégation technologique permet d'encourager l'innovation dans les entreprises colombiennes. En Finlande, le gouvernement a adopté en juin 2013 une décision de principe concernant la promotion des solutions énergétiques et environnementales durables (les technologies propres) dans le cadre des marchés publics.

Afin de concilier les objectifs d'approvisionnement et de concurrence, l'autorité suédoise de la concurrence (KKV) sera, à compter de juillet 2014, la principale entité responsable de la passation des marchés, y compris des marchés orientés vers l'innovation. L'organisme suédois de l'innovation (VINNOVA) conservera quant à lui une partie des responsabilités. De son côté, la Commission européenne a mis en place une plateforme ouverte aux diverses parties prenantes, dont le but est de proposer des actions en faveur de l'innovation dans le cadre d'un paysage de la normalisation européen.

Outre les marchés publics orientés vers l'innovation, les normes et les initiatives en faveur des marchés porteurs, le système des récompenses a refait son apparition comme moyen d'inciter les organismes publics (et les entreprises privées) à se doter de solutions issues de la R-D et l'innovation. En 2012, l'organisation britannique NESTA a créé le Centre for Challenge Prizes, dont la mission est de concevoir, mettre en œuvre et développer un système d'attribution de récompenses.

Pour en savoir plus

Edler, J. (2007), « Demand-based Innovation Policy », *Manchester Business School Working Paper*, n° 529.

Georghiou, L. et al. (2013), « Policy instruments for public procurement of innovation: Choice, design and assessment », *Technological Foresight and Social Change*, vol. 26, Éditions Elsevier, Amsterdam, pp. 1-12, *http://dx.doi.org/10.1016/j.techfore.2013.09.018*.

Plateforme des politiques d'innovation (IPP), voir : *www.innovationpolicyplatform.org*.

OCDE (2010), *Demand-side Innovation Policies*, Éditions OCDE, Paris, *http://dx.doi.org/10.1787/9789264098886-en*.

OCDE (2013), *Panorama des administrations publiques 2013*, Éditions OCDE, Paris, *http://dx.doi.org/10.1787/gov_glance-2013-en*.

OCDE (2014, à paraître), « Measuring the Link between Public Procurement and Innovation », *STI Working Papers*, Éditions OCDE, Paris.

OCDE (2014), « Intelligent Demand: Policy Rationale, Design and Potential Benefits », *OECD Science, Technology and Industry Policy Papers*, n° 13, Éditions OCDE, Paris, *http://dx.doi.org/10.1787/5jz8p4rk3944-en*.

OCDE (2014), « Stimuler la demande d'innovation », *Science, technologie et industrie : Perspectives de l'OCDE 2014* (base de données ; en anglais), voir : *http://qdd.oecd.org/Table.aspx?Query=E52F2B9A-822D-4722-A38F-E64DC141B514*.

Science, technologie et industrie : Perspectives de l'OCDE 2014

PARTIE II

Chapitre 6

Profils des politiques STI : Universités et recherche publique

MISSIONS ET ORIENTATION DE LA RECHERCHE PUBLIQUE

Bien-fondé et objectifs

La recherche publique est effectuée par des universités de recherche et des établissements publics de recherche (EPR) appartenant au secteur public, gérés par lui ou financés principalement sur fonds publics (IPP, 2014). Les EPR regroupent des institutions de types très divers dont la mission, les activités, le mode de gouvernance et les performances varient énormément d'un pays à l'autre. Bien que certains d'entre eux offrent des services d'éducation et de formation, les EPR fournissent en général uniquement un soutien de R-D à des entreprises commerciales et à des organes publics ; ils peuvent aussi servir d'intermédiaires entre entreprises et universités en analysant les besoins techniques existant sur le marché (OCDE, 2011). S'agissant des universités, l'enseignement y est une fonction essentielle, parallèlement à la recherche.

La recherche publique joue un rôle clé dans les systèmes d'innovation en apportant de nouvelles connaissances et en repoussant les frontières du savoir. Les universités et les EPR entreprennent souvent des recherches de longue durée à haut risque, en complétant ainsi les activités de recherche du secteur privé (OCDE, 2010a). Bien que le volume de la R-D publique représente moins de 30 % du total de la R-D de la zone OCDE (OCDE, 2014a), les universités et les EPR assurent plus des trois quarts de la recherche fondamentale (graphique 6.1).

Graphique 6.1. **Recherche fondamentale réalisée par le secteur public, 2012 ou la dernière année disponible**

En pourcentage de la recherche fondamentale totale

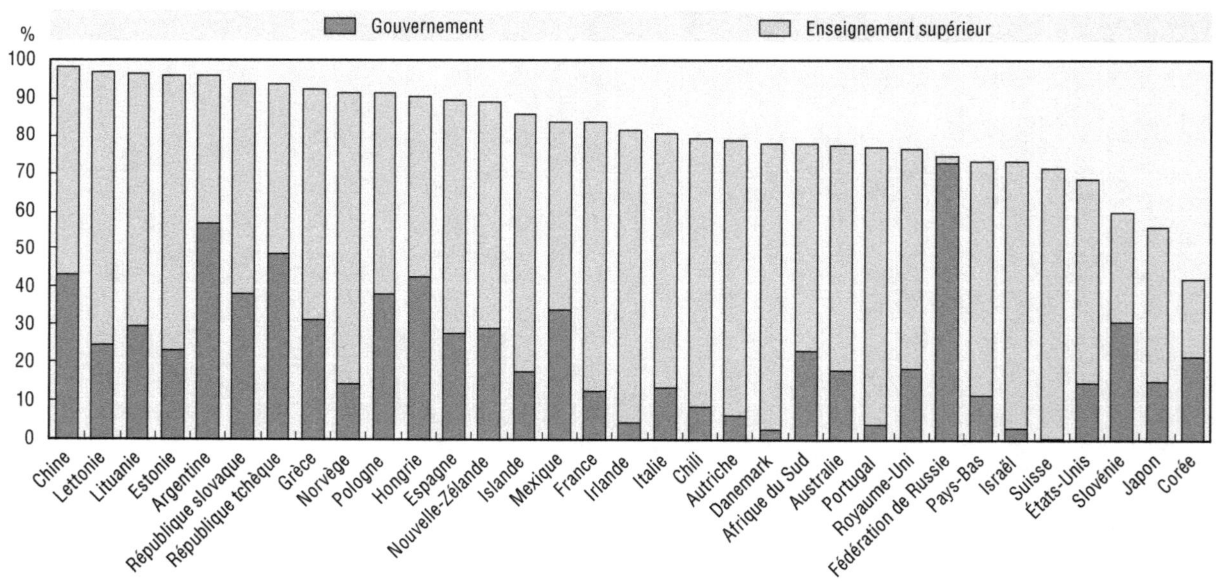

Note : Le secteur de l'enseignement supérieur peut inclure des organisations privées, par exemple les hôpitaux universitaires, dans certains pays. Pour le Chili, la Chine, l'Espagne, les Etats-Unis, la Fédération de Russie et la Norvège, les dépenses fondamentales de recherche couvrent seulement les coûts courants.

Les données pour la Chine, les Etats-Unis, la Fédération de Russie, Israël, la République slovaque et la République tchèque renvoient à 2012. Les données pour l'Afrique du Sud et le Chili renvoient à 2010. Les données pour le Mexique renvoient à 2009. Les données pour l'Australie et la Suisse renvoient à 2008. Les autres données renvoient à 2011.

Source : OCDE, *Base de données sur les Statistiques de la recherche et développement* (SRD), mars 2014, *www.oecd.org/sti/rds*; Eurostat, Bases de données sur la Science, la Technologie et l'Innovation, juin 2014, *http://epp.eurostat.ec.europa.eu/portal/page/portal/science_technology_innovation/data/database* ; Base de données sur la Science, la Technologie et l'Innovation de l'Institut de statistique de l'UNESCO (ISU), juin 2014, *http://data.uis.unesco.org/Index.aspx?queryid=115*. Données extraites de IPP.Stat le 8 juillet 2014, *http://stats.oecd.org//Index.aspx?QueryId=57863*.

StatLink http://dx.doi.org/10.1787/888933306585

Outre la recherche fondamentale, la recherche publique répond à des besoins spécifiques d'intérêt national, notamment dans les domaines de la défense, de la santé et de l'énergie. Elle est aussi présente dans des domaines qui n'offrent pas d'incitations suffisantes pour mobiliser l'investissement privé, par exemple ceux liés à certains défis sociaux et environnementaux. L'activité des universités et des EPR influe aussi sur la capacité d'une région à innover en attirant des entreprises à forte intensité de R-D ou les installations de R-D d'entreprises multinationales (EMN).

La recherche publique est confrontée à plusieurs défis majeurs :

- **Commercialisation de la science :** Bien qu'un certain écart subsiste entre la recherche scientifique et ses usages commerciaux, la recherche n'est plus considérée comme entièrement séparée de ses applications et de leurs utilisateurs (OCDE, 2010a). On attend de plus en plus des universités et des EPR qu'ils remplissent une « troisième mission », à savoir le transfert de connaissances vers l'industrie, en adaptant à ce contexte nouveau leurs dispositifs de gouvernance, leurs formes d'incitation et la culture universitaire.
- **Mondialisation et ouverture :** Les investissements requis pour soutenir le rythme du changement technologique se sont intensifiés, de même que la concurrence mondiale autour des atouts indispensables à la recherche, qui sont de plus en plus mobiles, en particulier les compétences de haut niveau (voir le chapitre 1). Les universités et les EPR doivent concourir pour les ressources et les compétences spécialisées sur les marchés internationaux, alors même que la science est de plus en plus ouverte, pour réaliser des économies d'échelle, mettre à profit les retombées intellectuelles et améliorer la visibilité de la recherche nationale.
- **Convergence des technologies :** La convergence entre certaines technologies clés et la recherche interdisciplinaire crée des opportunités qui peuvent être difficiles à saisir dans des systèmes de recherche publics compartimentés et organisés sur la base de disciplines bien distinctes.
- **Vieillissement de la main-d'œuvre :** Le vieillissement de la main-d'œuvre scientifique exige un renouvellement des capacités de recherche. Alors qu'on prévoit une augmentation de la demande de compétences de recherche, à cause de l'engagement durable des gouvernements à accroître les dépenses nationales de R-D, certaines données nationales indiquent un manque d'intérêt pour les sciences parmi les jeunes (voir le chapitre 1). Les matières scientifiques, dans lesquelles il faut inclure les sciences et l'ingénierie, avec les techniques de fabrication et de construction, sont moins prisées des jeunes, en partie à cause de la préférence des femmes pour d'autres domaines d'étude (OCDE, 2014c).

Principaux aspects

Les politiques concernant la recherche publique portent principalement sur la gouvernance du système de recherche, qui englobe les unités exécutant la recherche et les organes de mise en œuvre des politiques publiques, le renforcement des infrastructures de recherche et l'attractivité des carrières dans la recherche universitaire. D'autres aspects pertinents – le financement des activités de recherche publique, par exemple au moyen d'initiatives axées sur l'excellence dans la recherche (OCDE, 2014b), la commercialisation des résultats de la recherche publique, les liens avec l'industrie et l'internationalisation des universités et des EPR – sont abordés plus en détail dans d'autres profils (voir les profils « Financement de la recherche publique », « Commercialisation de la recherche publique »,

« Politiques des brevets », « Marchés de la propriété intellectuelle », « Pôles d'activité et spécialisation intelligente » et « Internationalisation de la recherche publique »).

La gouvernance de la recherche publique requiert une stratégie et des dispositifs de coordination nationaux, en particulier parce que, depuis plusieurs années, les universités et les EPR sont devenus plus autonomes en termes de ressources et de gestion du personnel. Les gouvernements dirigent la recherche publique en définissant des priorités de recherche à l'échelon national, en planifiant l'infrastructure de recherche et en mettant en place des plateformes technologiques, ou au moyen d'accords ou de contrats, de systèmes d'accréditation de la recherche et de l'allocation des ressources publiques. Les différents acteurs concernés, notamment les chercheurs, les étudiants, l'industrie et les acteurs locaux, participent à la prise de décision. La représentation du secteur des entreprises au sein des organes consultatifs de haut niveau ou des conseils exécutifs des institutions de recherche, ainsi que la promotion des partenariats stratégiques public-privé, permettent de prendre en compte l'optique du marché dans la conception et la mise en œuvre des politiques de recherche publique (voir le profil « Partenariats stratégiques public-privé »). L'évaluation et l'analyse de l'impact des activités scientifiques peuvent contribuer à nourrir le processus d'apprentissage sur les politiques à suivre, à renforcer la responsabilité et à réaffecter les ressources publiques de la manière la plus efficiente.

La recherche scientifique exige une solide infrastructure de recherche, notamment de grandes infrastructures de recherche coûteuses mais aussi des bibliothèques et des systèmes d'archivage de l'information, qui doivent être renouvelés lorsqu'ils deviennent désuets (IPP, 2014). Les réponses des pays au questionnaire préparatoire de l'édition 2014 des *Perspectives STI de l'OCDE* indiquent que le renforcement des capacités et infrastructures de la R-D publique est actuellement l'un des enjeux les plus importants pour les politiques STI au niveau national, au même titre que l'amélioration des conditions cadres pour l'innovation et le renforcement des compétences pour l'innovation (voir le profil « Stratégies STI nationales »).

Pour maintenir les capacités de recherche, il est nécessaire d'attirer de nouveaux talents, en particulier si la main-d'œuvre scientifique vieillit et si les pouvoirs publics sont fortement déterminés à soutenir la R-D. L'attrait des carrières de chercheur dépend des modalités pratiques de la recherche (liberté, mentorat en début de carrière, accès à des infrastructures de recherche de haute qualité, personnel de soutien de la R-D, visibilité internationale), des conditions de travail (rémunération, possibilités de titularisation, équilibre entre travail et vie familiale) et de la sensibilisation du public aux opportunités de carrière dans le domaine scientifique (par exemple grâce à des personnalités modèles à l'école) (voir les profils « Politiques d'emploi des travailleurs hautement qualifiés » et « Bâtir une culture de la science et de l'innovation »).

Tendances récentes de l'action publique

Dans beaucoup de pays de l'OCDE, la recherche publique a évolué. Les universités ont pris la place des EPR en tant que principaux exécutants de la recherche publique. Les dépenses de R-D de l'enseignement supérieur (RDES) ont régulièrement augmenté ces dernières décennies dans la zone OCDE, alors que baissaient les dépenses *intra-muros* de R-D du secteur de l'État (DIRDET) (graphique 6.2). La fonction d'enseignement des universités et la contribution majeure à la création de nouvelles connaissances et de compétences dont les universités de recherche favorisent le développement ont constitué des facteurs importants à cet égard (IPP, 2014). L'accès à ces connaissances est

Graphique 6.2. **Tendances des dépenses de R-D de l'enseignement supérieur et du secteur de l'Etat dans l'OCDE , 1981-2012**

En pourcentage du PIB

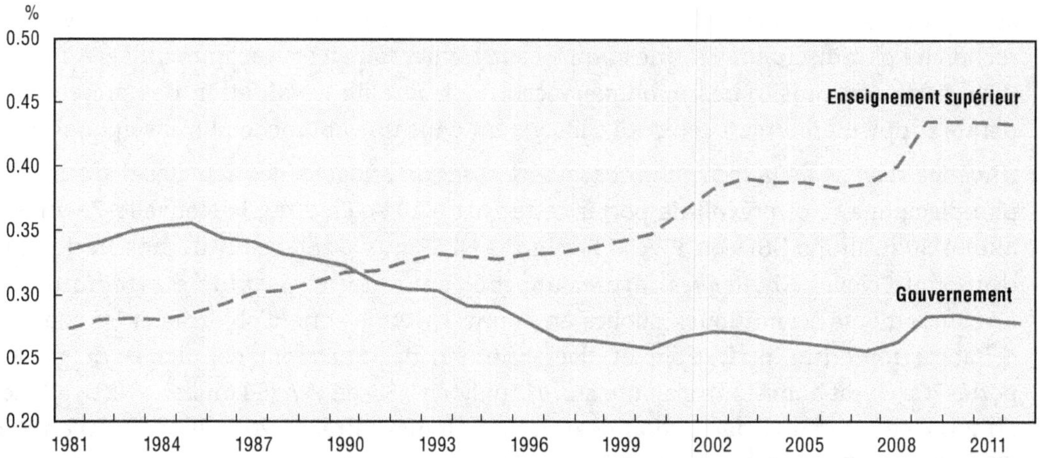

Source : OCDE, *Base de données sur les principaux indicateurs de la science et de la technologie (PIST)*, juin 2014, *www.oecd.org/sti/pist*. Données extraites de IPP.Stat le 8 juillet 2014, *http://stats.oecd.org//Index.aspx?QueryId=57863*.

StatLink http://dx.doi.org/10.1787/888933306590

particulièrement important pour les étudiants-chercheurs, dont beaucoup cherchent à accéder à une carrière à long terme dans une entreprise.

Les cibles et orientations de la recherche publique ont aussi évolué ces dernières années, leurs missions et mandats s'étant peu à peu modifiés en réponse à certaines évolutions économiques et politiques plus larges (par exemple, la croissance verte, les enjeux de société), et aussi pour renforcer la contribution de la recherche publique à l'innovation. La recherche pluridisciplinaire bénéficie, en particulier, d'une attention croissante. Certains pays ont renforcé l'approche interdisciplinaire de la gouvernance, de l'évaluation et des dispositifs de financement de la recherche publique pour faire face aux grands défis que sont le changement climatique, le vieillissement des sociétés et le développement (voir les profils « Innovation verte » et « L'innovation au service des enjeux sociaux ») :

- La recherche pluridisciplinaire a été intégrée aux orientations stratégiques nationales de l'Allemagne, de la France et du Portugal. Le nouveau programme-cadre de l'UE, Horizon 2020, marque une rupture claire avec les programmes précédents car il met l'accent sur les défis sociétaux majeurs et regroupe des technologies, des secteurs, des disciplines scientifiques et des acteurs de l'innovation différents. L'Afrique du Sud a élaboré récemment une stratégie bioéconomique nationale visant à assurer que la R-D et l'innovation soient effectivement axées, non pas sur les disciplines scientifiques, mais sur la résolution de problèmes.
- En 2014, la Norvège a mis en place l'Idelab (ou laboratoire d'idées) pour permettre à des chercheurs de disciplines scientifiques différentes d'échanger des idées à travers les frontières disciplinaires et de générer des projets novateurs dans un domaine donné. En Autriche, une plateforme nationale pour l'innovation sur l'assistance à l'autonomie à domicile a été créée en 2012 afin de susciter le développement d'une communauté de chercheurs pertinente et de promouvoir les résultats des projets parmi les acteurs concernés. La Slovénie a établi un conseil de recherche interdisciplinaire chargé de l'évaluation et de l'allocation des fonds publics et un portail web pour réfléchir aux aspects interdisciplinaires de la communauté scientifique nationale (*http://scienceatlas.si/*).

- Au Royaume-Uni, les conseils de recherche administrent un certain nombre de programmes transversaux dans lesquels des activités pluridisciplinaires sont axées sur les enjeux nationaux. Un examen récent des conseils de recherche visait notamment à déterminer si le processus d'examen par les pairs ou l'organisation des conseils entravent la recherche pluridisciplinaire. Une enquête supplémentaire a été recommandée. Au Costa Rica, certaines universités publiques accordent, lors de l'évaluation des projets, des points supplémentaires à ceux qui s'inscrivent dans une approche pluridisciplinaire.
- L'Agence slovène de la recherche consacre 2 % de son budget à des activités de recherche pluridisciplinaire et prévoit de porter cette part à 10 %. En 2013, la Nouvelle-Zélande a alloué 50 millions USD en PPA (73 millions NZD) aux défis scientifiques nationaux (*National Science Challenges*) afin d'aborder sous un angle plus stratégique les investissements scientifiques publics en définissant une série d'objectifs et en axant la collaboration entre institutions et disciplines sur des questions complexes de grande portée. Ce crédit budgétaire s'ajoute aux 41 millions USD en PPA (60 millions NZD) alloués en 2012 et sera suivi par une allocation supplémentaire de 20 millions USD en PPA (30 millions NZD) par an pendant les années qui viennent. En Autriche, le programme Earth System Sciences (ESS) pour 2013 soutient des projets de recherche interdisciplinaire de longue durée sur les processus physiques, chimiques, atmosphériques, hydrologiques, biologiques, sociaux, technologiques et économiques du système terrestre et leurs interactions. En Turquie, les appels d'offres du programme de soutien aux projets de recherche, de développement technologique et d'innovation dans les domaines prioritaires peuvent inclure des conditions spéciales visant à encourager la recherche pluridisciplinaire. Le Fonds spécial du Costa Rica pour le financement de l'enseignement supérieur public accorde des aides à des projets associant plusieurs universités et des domaines de spécialité différents.

Les budgets publics de R-D plafonnent en termes réels dans de nombreux pays et ont commencé à diminuer dans d'autres (voir le chapitre 1). Les dépenses publiques de R-D ont généralement un effet tampon pendant les périodes de ralentissement économique, car elles compensent en partie la baisse des dépenses de R-D des entreprises, qui sont plus sensibles à l'évolution du marché. La recherche publique a joué un rôle majeur dans le maintien des systèmes nationaux de recherche pendant la crise de 2008 mais les perspectives budgétaires actuelles, qui ne sont pas favorables aux dépenses publiques de R-D, incitent les gouvernements à adapter les modalités et la gouvernance des politiques de recherche publique. Les dépenses de R-D de l'enseignement supérieur et du secteur de l'État dans les pays de l'OCDE ont baissé en pourcentage du PIB depuis 2010 malgré les faibles performances du PIB (voir graphique 6.2).

Dans ce contexte, les gouvernements insistent plus fortement sur l'efficience, la définition de priorités et la concentration des ressources, et les universités et les EPR, confrontés à la concurrence mondiale, s'efforcent d'augmenter leur masse critique et d'améliorer leur efficience systémique (voir le chapitre 1). La recherche d'une plus grande efficience s'est traduite par une restructuration des activités de recherche, avec notamment l'augmentation du nombre de fusions et de la taille des institutions, l'amélioration de la coordination entre les unités de recherche et l'introduction de nouvelles méthodes de gestion publique afin de renforcer l'autonomie et la responsabilité des universités et des EPR et l'application en leur sein d'un mode de fonctionnement opérationnel proche de celui des entreprises.

- En France, la loi de 2013 sur la recherche et l'enseignement supérieur vise à organiser les universités et les EPR en centres régionaux pour encourager les partenariats scientifiques et les transferts de technologie et accroître la visibilité internationale de ces regroupements. La Grèce a adopté de nouvelles lois sur le secteur de l'enseignement supérieur afin de fusionner les organisations de recherche, créer une masse critique de chercheurs et réduire les coûts administratifs et opérationnels. L'Allemagne a adopté en 2012 un texte de loi sur la liberté des établissements d'enseignement supérieur, qui accroît la flexibilité budgétaire des institutions non universitaires. Cette loi prévoit l'attribution d'un budget forfaitaire à ces institutions, en leur accordant une plus grande latitude pour les décisions financières et de personnel et pour l'acquisition de participations dans des sociétés ou des projets de construction.
- La Fédération de Russie a commencé à réorganiser l'Académie russe des sciences et les académies qui en dépendent en 2013, afin d'optimiser la gouvernance de la recherche fondamentale. La Corée a modifié en 2012 la gouvernance des EPR sous l'égide du ministère des Sciences, des TIC et de la Planification dans le but de rationaliser les activités de recherche. Les portefeuilles des conseils de recherche responsables de la recherche fondamentale et des technologies industrielles appliquées ont aussi été intégrés de manière à couvrir l'ensemble du cycle de l'innovation.
- L'Autriche a introduit depuis 2012 un outil de planification détaillée, le Processus de cartographie du système d'enseignement supérieur autrichien, qui repose sur le dialogue et vise à améliorer l'utilisation des ressources, établir des priorités d'un accord commun et définir les profils institutionnels des universités publiques. En Norvège, le plan national à long terme pour la recherche et l'enseignement supérieur instaure, sur une période de dix ans, des priorités et des objectifs pour les investissements publics dans les bâtiments, l'infrastructure de recherche, les bourses et l'augmentation du nombre des inscriptions d'étudiants.

L'évaluation a également gagné en importance. L'Académie de Finlande a commencé en 2012 la préparation d'une étude internationale sur l'état de la recherche scientifique, et toutes les institutions de STI ont été évaluées, y compris l'Agence de financement de la technologie et de l'innovation (Tekes), le Centre de recherche technique VTT, l'Académie de Finlande, les Centres stratégiques pour la science, la technologie et l'innovation (SHOK) et le Conseil de la recherche et de l'innovation. En 2012 également, la Fédération de Russie a modifié l'approche et les procédures utilisées pour l'évaluation des organisations de recherche. En Italie, l'agence chargée de l'évaluation des établissements de recherche (ANVUR) a été réorganisée en 2013 et a réalisé sa première évaluation globale des résultats de la recherche italienne (2011-13) dans tous les EPR et universités. Au Royaume-Uni, depuis 2014, le cadre pour l'excellence dans la recherche comprend un volet d'évaluation de l'impact des recherches menées.

Le souci croissant de l'excellence dans la recherche publique a conduit les décideurs à chercher à renforcer les infrastructures de recherche ; il s'agit là de l'un des domaines des politiques STI qui a vu le plus de changements ces dernières années (graphique 6.3). Les systèmes de recherche publique, l'aide publique à la recherche pluridisciplinaire et les mécanismes de financement public n'ont pas fait l'objet de réformes aussi approfondies.

Pour développer et renforcer leurs infrastructures de recherche publique, les pays se sont engagés dans un travail de planification à long terme à l'aide de feuilles de route et de plans directeurs, en améliorant la coordination des unités de recherche et en augmentant les investissements dans les capacités et plateformes de recherche.

Graphique 6.3. **Initiatives de recherche publique parmi les autres domaines de changement de la politique STI, 2012-14**

Pays ayant notifié un changement substantiel dans ce domaine politique, par rapport à d'autres domaines de la politique STI

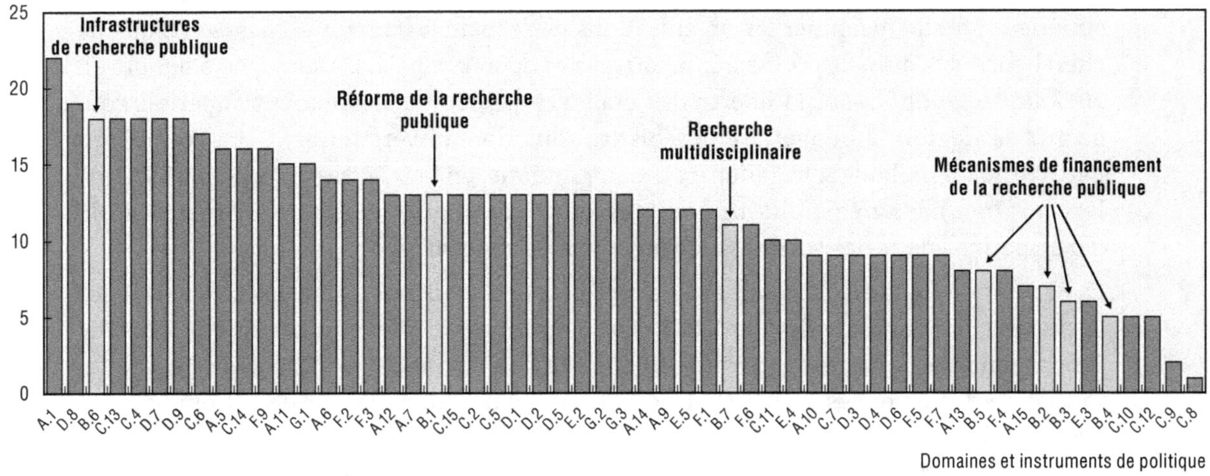

Note : L'axe des abscisses présente l'ensemble des domaines de la politique STI couverts par le questionnaire sur les politiques des *Perspectives sur la science, la technologie et l'industrie 2014 de l'OCDE* (les codes représentés dans le diagramme ci-dessus se réfèrent aux codes des questions dans le questionnaire 2014). L'axe des ordonnées indique le nombre de pays signalant que la situation a changé de façon substantielle dans chacun des domaines de la politique. Le comptage simple ne tient pas compte de l'ampleur et de l'impact des changements de politique. Les réponses sont fournies par les délégués au Comité de l'OCDE pour les Politiques Scientifiques et Technologiques.

Source : Réponses des pays au questionnaire préparatoire des *Perspective de la science, de la technologie et de l'industrie 2014 de l'OCDE.*

StatLink http://dx.doi.org/10.1787/888933306604

- L'Australie a renouvelé sa stratégie nationale pour l'infrastructure de recherche en collaboration (NCRIS) et alloué 126 millions USD en PPA (186 millions AUD) en 2014-15 pour assurer l'accès aux équipements de recherche majeurs en place et soutenir l'infrastructure collaborative nécessaire pour mener des activités de recherche de niveau mondial. Dans son budget 2014-15, la NCRIS sera dotée d'une enveloppe supplémentaire de 102 millions USD en PPA (150 millions AUD) pour couvrir l'année 2016 également, ce qui laissera du temps au gouvernement pour réévaluer l'infrastructure de recherche existante et les besoins en la matière. Dans le cadre de son Plan d'action pour la cohésion, l'Italie a affecté 102 millions USD en PPA (77 millions EUR) au renforcement des réseaux informatiques et infrastructures numériques, à la consolidation des infrastructures de surveillance de l'environnement et à la recherche collaborative pluridisciplinaire en ce domaine, et au développement d'un système d'archivage numérique à long terme des résultats de la recherche (reposant sur des normes ouvertes). Le Portugal a mis au point sa première stratégie pour les infrastructures de recherche et adopté une feuille de route jusqu'en 2020. La République slovaque prépare elle aussi une feuille de route pour les centres d'excellence. Dans le cadre de leurs nouveaux contrats de performances, les universités autrichiennes sont encouragées à collaborer pour la création et l'utilisation d'infrastructures de recherche. La France a aussi fait de la coordination une priorité essentielle et adopté une nouvelle feuille de route pour les infrastructures de recherche. Le Royaume-Uni a inclus les infrastructures de la science et de l'innovation dans ses plans relatifs aux infrastructures critiques nationales, et une feuille de route (Science Capital Roadmap) qui sera publiée fin 2014 définira la stratégie d'investissements futurs du Royaume-Uni. Le gouvernement a aussi affecté 1.6 milliard USD en PPA (1.1 milliard GBP) par année, indexés sur l'inflation, au capital scientifique à compter de 2015-16.

- À ce jour, le Canada a doté la Fondation canadienne pour l'innovation (FCI) de près de 4.4 milliards USD en PPA (5.5 milliards CAD), dont 400 millions USD en PPA (500 millions CAD) affectés en 2012 aux activités d'investissement de base dans les infrastructures de recherche de pointe. Le gouvernement a annoncé une autre enveloppe de 182 millions USD en PPA (225 millions CAD) en 2013, affectés en particulier au prochain concours du Fonds de l'avant-garde et des initiatives nouvelles, au soutien de la cyberinfrastructure et des priorités approuvées par le ministre de l'Industrie. L'infrastructure de recherche et d'enseignement des établissements post-secondaires peut également bénéficier d'un financement en vertu du volet Infrastructures provinciales-territoriales du nouveau Fonds Chantiers Canada.
- En 2013, le Costa Rica a lancé, avec un cofinancement de la Banque mondiale, un projet de 200 millions USD pour améliorer les capacités de R-D de l'enseignement supérieur, ainsi que la gestion institutionnelle et l'infrastructure. En 2013 également, la Belgique (Wallonie) a lancé un appel d'offres de 2 millions USD en PPA (2 millions EUR) pour financer la modernisation et l'acquisition d'équipements scientifiques et technologiques, tandis que l'Islande a créé un Fonds infrastructurel s'appuyant, en l'élargissant, sur l'ancien Fonds d'équipement. Ces dernières années, la Nouvelle-Zélande a financé directement des infrastructures de grande envergure d'un coût élevé excédant les capacités de financement d'institutions individuelles dans le domaine du rayonnement synchrotron, de la génomique, du calcul hautes performances et des services informatiques de soutien à la recherche. La Fédération de Russie a lancé deux programmes concurrentiels : les projets de méga-infrastructure scientifique pour la création et le développement d'un ensemble d'équipements de recherche de très grandes dimensions pendant la période 2014-17 et le programme 5/100/2020, qui vise à soutenir des centres scientifiques et d'enseignement de niveau mondial au moyen d'aides institutionnelles d'un total de 2 milliards USD en PPA (40 milliards RUR) pendant la période 2014-16.

La nécessité d'une plus grande ouverture dans le domaine scientifique a incité les universités et les EPR à forger des liens plus nombreux, notamment avec l'industrie et au-delà des frontières. En conséquence, les sources de financement de la recherche publique ont changé (OCDE, 2011) (voir le profil « Financement de la recherche publique »). La gouvernance des institutions de recherche a également évolué dans le sens d'une participation d'un plus grand nombre de parties prenantes, notamment les chercheurs, les étudiants, les entreprises et les acteurs locaux.

- Au Royaume-Uni, les conseils de recherche ont encouragé les chercheurs à réfléchir à l'impact de leurs travaux au moyen d'une boîte à outils intitulée *Academic Beneficiaries, Impact Summaries and Pathways to Impact* (antérieurement « plan d'impact »). Cette boîte à outils a été conçue à l'issue de discussions avec le monde de la recherche et mise en œuvre dans le cadre du processus de demande et d'évaluation des conseils de recherche. Le Danemark a amendé en 2011 sa loi sur les universités afin d'accroître l'autonomie des universités dans la définition de leurs structures organisationnelles et de gestion, et de renforcer ainsi la participation du personnel et des étudiants et l'ouverture de ces institutions, par exemple en intégrant des membres extérieurs dans les commissions de candidature et de nomination.
- Le Canada a réformé en 2013 son Conseil national de recherches (CNRC) selon le modèle des Instituts Frauenhofer allemands. Le CNRC est ainsi devenu l'organisation nationale chargée de la recherche et de la technologie au Canada. Il a été restructuré en trois

divisions – Génie, Sciences de la vie et Technologies émergentes – qui assurent la liaison avec l'industrie.

- En France, la loi sur l'enseignement supérieur et la recherche de 2013 vise à renforcer la coopération avec les collectivités locales pour optimiser le financement, simplifier la gestion des contrats d'objectifs, autonomiser les acteurs locaux et atteindre une masse critique au niveau européen.

Pour en savoir plus

OCDE (2010a), *Performance-based Funding for Public Research in Tertiary Education Institutions: Workshop Proceedings*, Éditions OCDE, Paris, *http://dx.doi.org/10.1787/9789264094611-en.*

OCDE (2010b), « Principales évolutions des politiques nationales de la science, de la technologie et de l'innovation », in OCDE, *Science, technologie et industrie : Perspectives de l'OCDE 2010*, Éditions OCDE, Paris, *http://dx.doi.org/10.1787/sti_outlook-2010-6-fr.*

OCDE (2011), *Public Research Institutions: Mapping Sector Trends*, Éditions OCDE, Paris, *http://dx.doi.org/10.1787/9789264119505-en.*

OCDE (2013), « Recherche fondamentale et universitaire », in *Science, technologie et industrie : Tableau de bord de l'OCDE 2013 - L'innovation au service de la croissance*, OCDE, Paris, *http://dx.doi.org/10.1787/sti_scoreboard-2013-14-fr.*

OCDE (2014a), *Principaux indicateurs de la science et de la technologie* (base de données), juin, *www.oecd.org/fr/sti/pist.htm.*

OECD (2014b), *Promoting Research Excellence: New Approaches to Funding*, Éditions OCDE, Paris, *http://dx.doi.org/10.1787/9789264207462-en.*

OCDE (2014c), *Regards sur l'éducation 2014 : Les indicateurs de l'OCDE*, Éditions OCDE, Paris.

OCDE (2014d), *Science, technologie et industrie : Perspectives de l'OCDE 2014* (base de données ; en anglais) :

- Réforme de la recherche publique, voir *http://qdd.oecd.org/Table.aspx?Query=094795FB-50C5-42FB-B4CD-E129A12D685* ;
- Priorités et concentration des ressources, voir *http://qdd.oecd.org/Table.aspx?Query=A07D266D-65BC-48E6-8F51-29A9C0D9461C* ;
- Infrastructures de la recherche publique, voir *http://qdd.oecd.org/Table.aspx?Query=40F58D76-374D-4B96-BE9D-982BCEBD4712*, et
- Orientation de la recherche publique, voir *http://qdd.oecd.org/Table.aspx?Query=EC2DEC4E-CF8D-43EB-BC0A-7586E3D3BF1C.*

Plateforme des politiques d'innovation de l'OCDE (IPP), module sur les universités et les établissements publics de recherche, voir : *www.innovationpolicyplatform.org/content/universities-and-public-research-institutes?topic-filters=11382.*

FINANCEMENT DE LA RECHERCHE PUBLIQUE

Bien-fondé et objectifs

La recherche publique joue un rôle déterminant dans les systèmes d'innovation. Elle est source de connaissances nouvelles, en particulier dans les domaines d'intérêt public comme la recherche fondamentale ou les domaines se rapportant aux défis sociaux et environnementaux, dans lesquels les entreprises ne sont pas toujours les plus motivées ou les mieux équipées pour investir.

Les accords de financement entre l'administration centrale, d'une part, et les universités et établissements publics de recherche (EPR), d'autre part, jouent un rôle important dans la mise en œuvre des politiques de recherche publique et dans l'évolution du paysage de la recherche publique.

Principaux aspects

La plupart des pays recourent conjointement, dans des proportions diverses, à un financement institutionnel de base, discrétionnaire (« dotations forfaitaires »), et à des aides concurrentielles de R-D attribuées par projet. La dotation institutionnelle assure un financement stable à long terme et un certain degré d'autonomie de la recherche, qui est indispensable à la recherche fondamentale (tableau 6.1). Les feuilles de route et les plans directeurs permettent aux pouvoirs publics d'anticiper et de planifier l'évolution à long terme des infrastructures de recherche, mais une approche à plus long terme du financement de la recherche est aussi nécessaire pour le maintien des infrastructures de recherche au niveau institutionnel. Les dotations forfaitaires sont accordées sur la base de divers critères (par exemple, formules spécifiques, indicateurs de performances, budget négocié). Les aides concurrentielles aux projets de R-D sont des mécanismes de financement plus fortement axés sur les résultats de la recherche à court terme. Le financement par projet est attribué à des individus ou à des groupes sur la base de projets spécifiques pour une période de temps limitée (OCDE, 2011). Alors que le financement institutionnel assure aux institutions une plus grande latitude dans la définition de leur programme de recherche, le financement par projet donne aux pouvoirs publics davantage de possibilités d'orienter la recherche vers des problématiques ou des domaines particuliers, leur permet de cibler les meilleures organisations de recherche ou de soutenir le changement structurel (Lepori et al., 2007).

Les systèmes de financement de la recherche axés sur les résultats, qui reposent sur l'analyse du rendement et des résultats des activités de recherche des institutions, peuvent être utilisés pour allouer une part de la dotation forfaitaire (OCDE, 2010a). Leurs modèles varient d'un pays à l'autre, de même que les méthodologies et les mesures utilisées (bibliométrie, financement externe, nombre de diplômés, brevets, indices synthétiques, listes de classement des universités, examens par les pairs). Même si les sommes en jeu sont peu élevées, les systèmes axés sur les résultats peuvent avoir de puissants effets d'incitation, notamment en termes de prestige institutionnel. Cependant, les universités et les organismes publics encourent des coûts élevés liés au traitement des demandes et à l'évaluation, et les systèmes reposant sur des indicateurs exigent aussi le maintien d'un système de documentation national et d'une infrastructure statistique à l'échelle du pays. Outre ces coûts, la diversité des institutions de recherche et l'hétérogénéité de la production universitaire – la propension à publier varie selon les disciplines (par exemple entre les sciences de la vie et les sciences sociales ou humaines) – font que les systèmes de financement axés sur les résultats sont parfois moins adaptés que d'autres outils de

Tableau 6.1. **Principaux outils de financement de la recherche publique, avec des exemples nationaux**

Instruments de financement				Caractéristiques essentielles	Exemples nationaux
Crédits budgétaires publics	**Financement institutionnel de base**	**Dotation forfaitaire non basée sur les résultats**		Mode traditionnel de financement de la recherche publique et principal outil de financement dans la plupart des pays. Financement de base garanti à moyen ou à long terme. Non sur demande. Méthodes diverses d'attribution des budgets, y compris négociations budgétaires et formules d'accord.	La plupart des pays (Fonds généraux des universités, FGU), p. ex. Australie (contrats de mission)
		Systèmes de financement de la recherche sur la base des résultats	Au moyen d'indicateurs (université)	Reposent sur des formules quantitatives – bibliométrie, citations – et une large gamme d'indicateurs (financement de la recherche, taux d'achèvement des projets, emploi de diplômés, nombre d'enseignants, nombre d'étudiants, nombre de prix, classement dans la liste des universités, indices synthétiques, etc.).	Allemagne, Autriche, Danemark, Fédération de Russie (Université nationale de recherche), Finlande, Grèce, Turquie (indice de l'entrepreneuriat et de l'innovation dans les universités)
			Examen par les pairs (département/domaine/université)	Mis en œuvre au niveau de l'université ou d'un département ou d'un domaine à l'intérieur de l'université. Peut s'appuyer sur certains types de mesures ou sur des indices synthétiques.	Australie (Excellence in Research for Australia-ERA, Australian Composite Index), Danemark, Italie (VTR), Norvège, Pologne, Rép. slovaque, Royaume-Uni (REF)
			Examen individuel par les pairs	Peut affecter la rémunération des chercheurs ou le classement des institutions et l'allocation du financement forfaitaire.	Nouvelle-Zélande (PBRF), Espagne (Sexenio)
	Initiatives d'excellence dans la recherche (IDEX)			Financement de base garanti de moyen à long terme. Organisées sous forme de programmes. Limitées dans le temps. Créées sur la base de demandes. Organisées de manière concurrentielle. Axées sur des résultats. Accent mis sur la qualité exceptionnelle de la recherche. Perspective systémique (par ex. le paysage scientifique national). Référence fréquente aux questions socio-démographiques.	Allemagne (Excellence Initiatives), France (initiatives d'excellence), Pologne (Centre national de recherche – KNOW)
	Financement sur projet			Limité dans le temps. Sur la base de demandes. Organisé de manière concurrentielle. Axé sur les résultats. Fonds publics et privés pouvant aussi inclure ce qu'il est convenu d'appeler des « fonds de contrepartie ».	Autriche (Fonds structurel pour le domaine de l'enseignement supérieur), France (ANR), Commission européenne (Communication sur l'EER)
	Vers le recouvrement intégral des coûts économiques			Requiert la valorisation et l'amortissement du capital, des infrastructures et des frais généraux mobilisés dans les activités de recherche afin de maintenir la viabilité financière et les capacités futures.	Allemagne (DFG-BMBF), Australie (Sustainable Research Excellence – SRE), Canada (Fondation pour l'innovation), Estonie, Slovénie, Suisse (programme SNSF)
Financement par des « tiers »	**Ressources propres des universités et des EPR***			Peut inclure une large gamme de réformes juridiques, administratives ou réglementaires pour permettre aux universités et aux EPR d'augmenter leurs revenus à partir des droits d'inscription, de la fourniture de services intellectuels ou de la commercialisation des résultats de la recherche.	Allemagne (loi sur la liberté universitaire), Fédération de Russie (octroi de licences de DPI sur les résultats de la recherche financée sur fonds publics), France (France Brevets)
	Investissements de l'industrie* (au moyen de contrats de recherche, de R-D en coopération ou de mécénat d'entreprise)			Englobe divers outils d'intervention visant les entreprises pour soutenir la R-D collaborative et les liens science industrie (par ex. au moyen d'incitations fiscales en faveur de la sous-traitance de la R-D, de chèques innovation, d'aides, de subventions et de prêts publics pour la R-D d'entreprise impliquant des partenaires de recherche publics, etc.).	Afrique du Sud (accords du ministère de la science et de la technologie avec des multinationales, Espagne (aides directes CDTI), France (déductibilité fiscale accrue des dépenses de R-D pour la R-D sous-traitée), Turquie (initiative de réforme des institutions de recherche)
	Philanthropie (fondations privées, organisations de bienfaisance, personnes fortunées, etc.)			Mesures d'incitation de type principalement fiscal pour attirer l'investissement privé.	Espagne (loi sur le mécénat et le parrainage), France (loi de 2011 sur le mécénat scientifique), Norvège (nouvelle incitation fiscale aux dons privés)

* Voir les profils « Incitations fiscales en faveur de la R-D et de l'innovation » (sous-traitance de la R-D), « Financement de la R-D et de l'innovation d'entreprise » (chèques-innovation) et « Commercialisation des résultats de la recherche publique » (R-D collaborative).

Source : OCDE, d'après OCDE (2010), *Performance-based Funding for Public Research in Tertiary Education Institutions : Workshop Proceedings*, Paris ; OCDE (2014), *Promoting Research Excellence: New Approaches to Funding*, Paris ; réponses des pays au questionnaire préparatoire de l'édition 2014 des *Perspectives STI de l'OCDE*.

financement pour encourager l'interaction avec l'industrie ou capter les avantages économiques des activités de recherche. Ces systèmes peuvent aussi accentuer la tension entre excellence et équité, notamment en renforçant les institutions de premier plan et en réduisant les possibilités pour d'autres de s'améliorer. La partialité de certains des critères et modes d'évaluation utilisés dans ces systèmes, qui désavantageraient les femmes, les chercheurs en début de carrière ou les membres de certains groupes ethniques, suscite aussi des préoccupations (OCDE, 2010a).

Les initiatives d'excellence (IDEX) offrent une alternative au financement forfaitaire axé sur les résultats. Les IDEX se situent à l'interface du financement institutionnel de base et du financement de programme et présentent certains attributs de l'un et de l'autre (OCDE, 2014). Par le biais des IDEX, les pouvoirs publics versent un nombre limité de dotations forfaitaires à long terme d'un montant très élevé à des universités et à des EPR, sur la base de propositions concurrentielles. Le but des IDEX est de regrouper les chercheurs exceptionnels dans un environnement de travail bien équipé, afin de soutenir les institutions de recherche qui poursuivent un programme de recherche ambitieux et complexe. Les données par pays montrent que les IDEX servent aussi à financer la formation doctorale et postdoctorale (OCDE, 2014). Contrairement aux systèmes de financement de la recherche axés sur les résultats, les IDEX favorisent la recherche interdisciplinaire en donnant aux chercheurs des possibilités plus nombreuses de travailler au croisement de plusieurs disciplines. Elles assurent une plus grande flexibilité, notamment du point de vue de la gestion des ressources et du recrutement des chercheurs. Elles peuvent aussi aider les institutions de recherche à nouer ou renforcer des liens avec le secteur privé, et les centres d'excellence de la recherche financés par des IDEX peuvent mener des activités de formation axées sur des compétences transférables.

La méthode des coûts économiques globaux est une autre approche du financement des activités de recherche, qui peut aider les institutions de recherche à amortir leurs immobilisations et frais généraux et à investir dans des infrastructures à un rythme suffisant pour assurer leurs capacités futures (OCDE, 2010b). Les coûts d'investissement, d'infrastructure, d'entretien et de fonctionnement liés à chaque activité de recherche sont inclus dans le prix final, ce qui va dans le sens d'une tarification de la recherche publique aux prix du marché intégrant les facteurs internes et externes.

Les gouvernements encouragent aussi les universités et les EPR à accroître leurs revenus propres. Ils recourent à des réformes juridiques, administratives ou réglementaires pour donner aux universités et aux EPR l'autonomie suffisante et les habiliter à recueillir des droits d'inscription, à fournir des services intellectuels rémunérés, ou à octroyer des licences et à commercialiser les résultats de la recherche financée sur fonds publics (voir le profil « Commercialisation des résultats de la recherche publique »).

Les politiques peuvent aussi contribuer à orienter ou mobiliser des sources de financement privées au profit de la recherche publique. Certains outils d'intervention incitent l'industrie à investir dans la recherche publique, tandis que d'autres visent à stimuler le parrainage de la recherche par des individus fortunés ou des organisations privées à but non lucratif (fondations, organisations caritatives). Divers mécanismes publics soutiennent la R-D collaborative, les contrats de recherche industriels et l'établissement de liens entre science et industrie permettant de financer indirectement des activités publiques de R-D. On peut citer comme exemples à cet égard les aides ou prêts subventionnés exigeant qu'un projet de R-D soit réalisé en coopération avec au moins une université ou un EPR, les chèques-innovation ou les abattements applicables à l'impôt sur les sociétés, sur la base des dépenses encourues pour des activités de R-D confiées en sous-traitance à des universités ou des EPR.

La philanthropie privée peut être une source de financement complémentaire des universités et exercer une forte influence sur l'orientation et les résultats de la recherche publique. Bien que les dons privés ne représentent qu'une faible part de l'ensemble du financement de la recherche publique, les données montrent que la philanthropie scientifique vise principalement la recherche fondamentale et translationnelle, ainsi que les institutions de pointe dans les secteurs pionniers de la recherche scientifique. On estime, en effet, que le mécénat scientifique représente aux États-Unis près de 30 % des fonds annuels de recherche versés aux universités de tête (Murray, 2012). Les gouvernements mettent généralement en place des incitations de type fiscal pour encourager le parrainage privé. Cela soulève d'ailleurs certaines questions du point de vue de l'avenir de la recherche d'intérêt public. Étant motivés par des intérêts personnels, les dons privés sont parfois dissociés du marché ou des objectifs publics et risquent d'orienter à tort la recherche vers des domaines périphériques qui sont sources de retombées positives pour les universités d'élite mais ne présentent guère d'intérêt pour l'ensemble de la communauté scientifique (Broad, 2014).

Tendances récentes de l'action publique

La tendance mondiale est clairement au développement du financement concurrentiel, avec l'introduction de critères de performance dans le financement de base des institutions et le recours accru aux dispositifs de type contractuel.

L'Irlande introduit actuellement un cadre de financement axé sur les résultats prévoyant que jusqu'à 10 % du financement de base d'une institution seront alloués sur la base de ses résultats. Ces derniers feront l'objet d'une auto-évaluation et d'examens par les pairs conformément aux contrats de mission établis d'un commun accord. L'Italie affecte actuellement 13 % du budget des universités sur la base d'indicateurs de résultats. Sur les 1 060 millions USD en PPA (800 millions EUR) inscrits au budget 2013, les deux tiers reflètent les résultats de la recherche. La Nouvelle-Zélande a affecté 69 millions USD en PPA (100 millions NZD) supplémentaires dans le budget 2012, afin de porter le volume du financement de la recherche sur la base des résultats à 200 millions USD en PPA (300 millions NZD) par an. En Pologne, la législation sur l'enseignement supérieur a été amendée en 2012 en vue de promouvoir le financement sur la base des résultats et d'introduire un nouveau modèle de gestion dans les départements des universités et dans les centres de recherche ayant obtenu le statut de grand centre de recherche national (KNOW). Des fonds supplémentaires ont été affectés à la rémunération du personnel, aux bourses et à la modernisation de l'infrastructure. La Russie a inclus dans sa réorganisation de l'Académie des sciences des mécanismes de financement transparents sur la base des résultats. La Turquie a adopté en 2012 un système axé sur les résultats pour le financement des centres de recherche et elle évalue maintenant les performances institutionnelles des universités. Un nouvel « Indice de l'entrepreneuriat et de l'innovation dans les universités » a été mis au point afin d'encourager l'entrepreneuriat et l'innovation dans les universités ; le premier classement a été rendu public en 2013.

L'Autriche a remplacé en 2013 le financement forfaitaire modulé des universités publiques dans les contrats de performances pour 2013-15 par un Fonds structurel pour le secteur de l'enseignement supérieur de 543 millions USD en PPA (450 millions EUR), qui prévoit l'attribution de subventions concurrentielles sur la base d'indicateurs de résultats et de projets coopératifs. Dans une communication de 2012, l'Espace européen de la recherche encourage le développement des formes concurrentielles de financement institutionnel des EPR et soutient l'extension de la méthode d'examen par les pairs pour le financement sur projet.

Les sources de financement de la recherche publique ont aussi évolué avec la participation accrue de l'industrie (OCDE, 2011). Toutefois, l'investissement de R-D des entreprises, y compris en faveur de la recherche publique, a souffert de la crise financière mondiale. La part des dépenses de R-D de l'enseignement supérieur et de l'État financée par l'industrie a fortement baissé pendant les années de crise et n'a depuis dépassé les niveaux d'avant la crise que dans quelques pays (graphique 6.4).

Graphique 6.4. **Recherche publique financée par l'industrie, 2007 et 2012**

En pourcentage du total des dépenses publiques et de l'enseignement supérieur pour la R-D

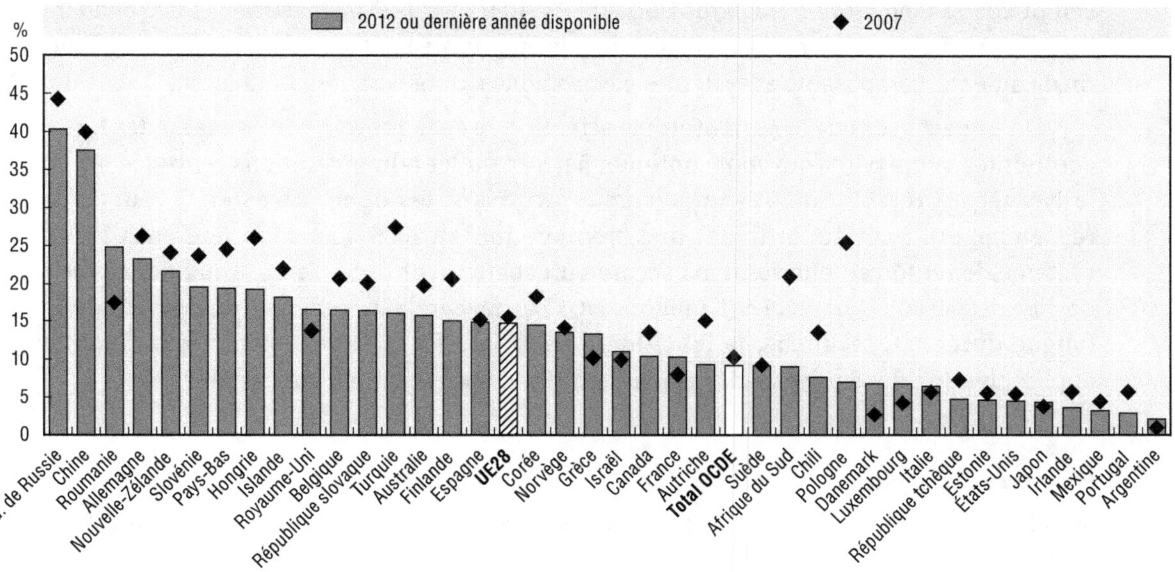

Note : Les données pour le Canada, la Chine, le Danemark, l'Estonie, les Etats-Unis, la Finlande, la Grèce, la Hongrie, l'Irlande, la Pologne, la République tchèque, le Royaume-Uni et la Slovénie renvoient à 2012. Les données pour l'Afrique du Sud, le Chili et Israël renvoient à 2010. Les autres données renvoient à 2011. Les données pour Australie renvoient à 2004 et 2008. Les données pour la Grèce renvoient à 2005 et 2012 .

Source : OCDE, *Base de données sur les Statistiques de la Recherche et du Développement (SRD)*, mars 2014, *www.oecd.org/sti/rds* ; Eurostat, Base de données sur la Science, la Technologie et l'Innovation, juin 2014, *http://epp.eurostat.ec.europa.eu/portal/page/portal/science_technology_innovation/data/database*. Données extraites de IPP.Stat le 26 juin 2014, *http://stats.oecd.org//Index.aspx?QueryId=57863*.

StatLink http://dx.doi.org/10.1787/888933306619

Les mécanismes incitant l'industrie à investir dans la recherche ont été renforcés dans plusieurs pays et au niveau de l'UE. Le recours à des incitations fiscales pour mobiliser le financement privé en faveur de la recherche publique est de plus en plus fréquent (voir le profil « Incitations fiscales en faveur de la R-D et de l'innovation »). En Italie, le programme Destinazione Italia inclut plusieurs mesures de crédit d'impôt pour les entreprises qui investissent dans la recherche. Il aura pour effet de garantir des investissements de quelque 800 millions USD en PPA (600 millions EUR) sur 2014-16. En Allemagne, la loi de 2012 sur la liberté universitaire autorise les établissements d'enseignement supérieur non universitaires à faire un plus grand usage des fonds privés de tiers. Le Luxembourg également a révisé les accords de performances avec les organisations de recherche publique pour 2011-13 afin de porter le financement par des tiers jusqu'à 30 % du budget des établissements.

La Suède encourage depuis 2013 les partenariats public-privé en affectant 35 millions USD en PPA (300 millions SEK) au soutien de deux grandes initiatives nationales pour répondre aux défis sociétaux et améliorer la compétitivité internationale grâce à l'innovation systémique, l'innovation stratégique et l'innovation axée sur la résolution de problèmes. Elle vise à mobiliser 25 millions USD en PPA (220 millions SEK) de financement privé et prévoit un engagement public supplémentaire de 80 millions USD en PPA (700 millions SEK) en 2016. Au Royaume-Uni, le Research Partnership Investment Fund a fourni 725 millions USD (500 millions GBP) en capitaux de recherche pour soutenir les partenariats entre universités, entreprises et organismes sans but lucratif. Ces partenariats peuvent réunir encore plus du double de ce financement (soit 1.5 milliard USD – 1 milliard GBP) auprès de sources privées. Au niveau de l'UE, les Initiatives technologiques conjointes (ITC) sont de nouveaux partenariats public-privé de longue durée axés sur le soutien de la recherche multinationale à grande échelle pour accélérer l'élaboration de solutions face aux défis sociaux et environnementaux, et enrayer le recul de l'industrie en Europe. Les ITC seront dotées d'environ 12 milliards USD en PPA (10 milliards EUR) du secteur privé pendant les sept prochaines années. Les domaines visés en priorité sont les suivants : aéronautique, médicaments, composants et systèmes électroniques, transport et bio-industries.

Un impact accru de la philanthropie scientifique est à prévoir, compte tenu des fortes contraintes budgétaires qui vont continuer à peser sur les administrations centrales. Ainsi, la Norvège a rétabli en 2014 un système favorisant les dons privés en faveur de la recherche, qui avait été introduit une première fois en 2006 puis supprimé en 2012. Ce système de renforcement des dons accorde un abattement fiscal de 25 % aux dons privés de plus de 340 000 USD en PPA (3 millions NOK) en faveur de la recherche fondamentale de longue durée. En revanche, la Finlande a supprimé fin 2012 les exemptions d'impôt applicables aux dons privés à des établissements d'enseignement supérieur.

Pour en savoir plus

Broad, W. (2014), « Billionaires with big ideas are privatizing american science », *The New York Times*, 15 mars.

Lepori, B. et al. (2007), « Comparing the evolution of national research policies. What patterns of change ? », *Science and Public Policy*, vol. 34(6), pp. 372-388.

Murray, F. (2012), « Evaluating the Role of Science Philanthropy in American Research Universities », *NBER Working Paper* n° 18146, juin, *www.nber.org/papers/w18146.ack*.

OCDE (2010a), *Performance-based Funding for Public Research in Tertiary Education Institutions: Workshop Proceedings*, Éditions OCDE, Paris, *http://dx.doi.org/10.1787/9789264094611-en*.

OCDE (2010b), « Principales évolutions des politiques nationales de la science, de la technologie et de l'innovation », in *Science, technologie et industrie : Perspectives de l'OCDE 2010*, Éditions OCDE, Paris, *http://dx.doi.org/10.1787/sti_outlook-2010-6-fr*.

OCDE (2011), *Public Research Institutions: Mapping sector trends*, Éditions OCDE, Paris. *http://dx.doi.org/10.1787/9789264119505-en*.

OCDE (2014), *Promoting Research Excellence : New Approaches to Funding*, Éditions OCDE, Paris, *http://dx.doi.org/10.1787/9789264207462-en*.

OCDE, « Mécanismes de financement de la recherche publique », », *Science, technologie et industrie : Perspectives de l'OCDE 2014* (base de données ; en anglais), voir : *http://qdd.oecd.org/Table.aspx?Query=13EBC3E7-250F-40A4-BB5F-9C05B68FFFFA*.

Plateforme des politiques d'innovation (IPP) de l'OCDE, module sur les universités et les établissements publics de recherche, voir : *www.innovationpolicyplatform.org/content/universities-and-public-research-institutes?topic-filters=11382*.

SCIENCE OUVERTE

Bien-fondé et objectifs

Les technologies de l'information et des communications (TIC), les nouvelles infrastructures de stockage de données et le traitement massif de données font évoluer les modalités d'exécution des projets scientifiques et de diffusion des résultats de la recherche. Elles offrent de nouvelles possibilités d'ordonner les ressources et moyens affectés à la recherche, et d'organiser et de publier les résultats obtenus (qu'il s'agisse de publications scientifiques ou de grands ensembles de données) en vue de les rendre accessibles gratuitement, ou à un coût marginal extrêmement faible, aux autres scientifiques et chercheurs et aux utilisateurs potentiels dans les milieux d'affaires et la société en général. En outre, même si des disciplines telles que la physique et la médecine sont depuis longtemps des domaines à forte intensité de données, les TIC permettent de réunir de grandes quantités de données pouvant servir de base à des expériences et des recherches scientifiques, et contribuent à ce que la science s'appuie de plus en plus sur les données. On emploie souvent le terme de science ouverte pour qualifier cette transformation de la science en une activité plus ouverte et plus axée sur les données. Cette évolution est rendue possible par les politiques publiques qui encouragent une plus grande accessibilité des résultats de la recherche financée sur fonds publics (publications et données comprises).

Cet élargissement de l'accès aux résultats de la recherche scientifique est susceptible de rendre le système de recherche plus efficace et plus productif, car il permet de réduire le double emploi et les coûts liés à la production, au transfert et à la réutilisation des données, de mener d'autres recherches avec les mêmes données et de multiplier les possibilités pour les acteurs nationaux et mondiaux de participer au processus. Une autre raison qui justifie que les politiques publiques encouragent le libre accès aux données est le potentiel d'innovation lié aux retombées du savoir. La divulgation et la publication des données publiques et scientifiques peuvent aussi favoriser la mise au point de produits et services innovants, et améliorer l'information et la capacité de choix des consommateurs. Enfin, l'accès libre et les initiatives de données ouvertes peuvent contribuer à sensibiliser les citoyens à la science et à renforcer leur confiance dans celle-ci, ce qui peut dans certains cas favoriser la participation active de ces derniers aux expériences scientifiques et à la collecte de données.

Principaux aspects

Les modèles existants de diffusion des résultats scientifiques (publications, mais aussi données et autres supports) sont en train d'évoluer vers des systèmes dans lesquels la production scientifique est mise à la disposition d'un public de plus en plus large. Les décideurs publics, en tant que principaux bailleurs de fonds de la recherche publique, peuvent jouer un rôle important en encourageant l'accès aux résultats de la recherche scientifique ainsi que leur utilisation et leur réutilisation. Ils peuvent en particulier lever les obstacles aux initiatives de science ouverte en élaborant des mécanismes incitatifs appropriés, en développant les infrastructures nécessaires à l'ouverture de la science et, dans certains cas, en définissant des règles imposant la divulgation systématique des résultats de la recherche financée sur fonds publics. Les scientifiques se livrent souvent concurrence pour obtenir les meilleurs résultats, ce qui ne les incite guère à partager, avant leur publication, les données et autres matériels d'expérimentation. Les mécanismes qui attestent la publication d'ensembles de données et d'autres éléments scientifiques sur les *curriculum vitae* (CV) des chercheurs peuvent faire avancer le partage des informations scientifiques en supprimant les effets dissuasifs actuels.

Deux principaux modèles de publication permettent de promouvoir le libre accès aux articles scientifiques. La *voie verte* désigne l'auto-archivage par le chercheur des articles publiés ou du manuscrit final revu par des pairs, après publication dans une revue savante ou parallèlement à celle-ci. L'accès à l'article est souvent soumis à une période d'embargo. La *voie dorée*, ou « publication en libre accès », ou « publication selon le modèle auteur-payeur », désigne la mise en ligne immédiate et en libre accès d'une publication par l'éditeur scientifique. Les coûts correspondants sont transférés des lecteurs à l'établissement d'enseignement supérieur ou de recherche auquel le chercheur est affilié, ou à l'organisme bailleur de fonds qui parraine les recherches ou l'établissement.

Outre l'accès aux articles, la science ouverte implique la mise en place d'infrastructures de partage des résultats et des données de recherche et l'octroi aux scientifiques et aux chercheurs d'un accès à ces infrastructures. Cela peut nécessiter la création de référentiels de publications et de données, l'utilisation de métadonnées propres et un renforcement des compétences des chercheurs et des scientifiques en matière de partage de données et de contenus scientifiques. Plusieurs pays mettent actuellement en place les infrastructures nécessaires pour collecter, stocker et diffuser les résultats des recherches (articles et données).

Tendances récentes de l'action publique

De plus en plus, les pays membres de l'OCDE et d'autres pays élaborent des cadres, des directives et des initiatives qui visent à encourager une plus grande ouverture de la science. La plupart de ceux qui ont répondu au questionnaire préparatoire à l'édition 2014 des *Perspectives STI* ont souligné les évolutions récentes de leur cadre d'action en faveur de la science ouverte (graphique 6.5). Du point de vue des réformes, la science ouverte se situe au même niveau que d'autres domaines d'action tels que la commercialisation des résultats de la recherche publique, les infrastructures de recherche publique, les programmes sectoriels et technologiques, les aides et subventions et la coopération entre l'industrie et la science.

Quelques exemples d'initiatives récentes prises par les pouvoirs publics.

- Création de référentiels, de bases de données et d'archives en ligne ainsi que de bibliothèques et de plateformes numériques regroupant des informations sur des projets de R-D et des CV de chercheurs. L'Estonie et la Pologne ont mis en place des réseaux nationaux de référentiels et de bibliothèques numériques. La Finlande a lancé une feuille de route infrastructurelle visant à promouvoir la science ouverte. La Chine a créé des plateformes en ligne pour l'archivage des données et des publications. L'Argentine a élaboré la base de données SICyTAR, qui regroupe des informations sur les CV, les publications et les affiliations des chercheurs, et la Colombie a établi des directives obligatoires. Quant à la Commission européenne, elle soutient activement la mise en place de référentiels et de plateformes dans l'UE et ses pays membres.
- Accès obligatoire. Les principaux organismes de financement de l'Allemagne, de l'Australie, du Costa Rica, du Danemark, de l'Estonie, des États-Unis, du Royaume-Uni et de la Suisse ont rendu obligatoire l'accès public aux résultats des recherches qu'ils financent. La Norvège envisage elle aussi d'établir des règles en ce sens.

Graphique 6.5. **Initiatives pour la science ouverte parmi les autres domaines de changement de la politique STI, 2012-14**

Pays signalant un changement substantiel dans le domaine de la politique, comparé aux autres domaines de politique STI

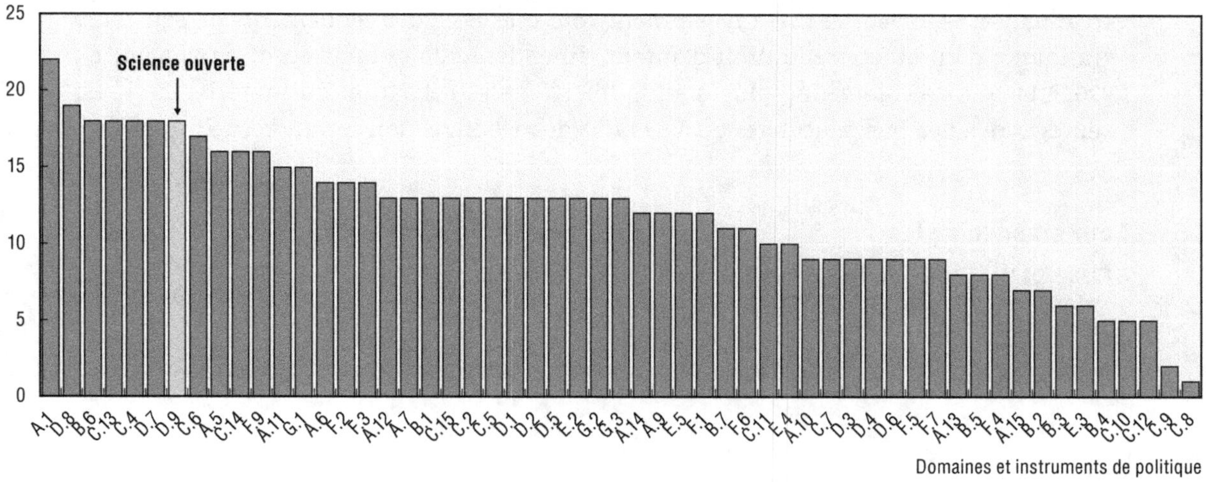

Note : L'axe des abscisses présente l'ensemble des domaines de la politique STI couverts par le questionnaire sur les politiques des Perspectives sur la science, la technologie et l'industrie 2014 de l'OCDE (les codes représentés dans le diagramme ci-dessus se réfèrent aux codes des questions dans le questionnaire 2014). L'axe des ordonnées indique le nombre de pays signalant que la situation a changé de façon substantielle dans chacun des domaines de la politique. Le comptage simple ne tient pas compte de l'ampleur et de l'impact des changements de politique. Les réponses sont fournies par les délégués au Comité de l'OCDE pour les Politiques Scientifiques et Technologiques.

Source : Réponses des pays au questionnaire préparatoire des *Perspective de la science, de la technologie et de l'industrie 2014 de l'OCDE.*

StatLink http://dx.doi.org/10.1787/888933306623

- Soutien financier. En Allemagne, en Norvège, aux Pays-Bas, au Royaume-Uni et en Suisse, les organismes de financement ont institué des mécanismes qui couvrent une partie des coûts liés à la publication en libre accès. Ailleurs, les pouvoirs publics encouragent les universités ou les organismes de recherche à allouer directement des fonds aux initiatives de libre accès. En Europe, la Commission soutient les activités qui vont dans le sens du libre accès et de l'ouverture des données, et exige que les résultats de la recherche financée par le programme Horizon 2020 soient rendus publics après leur publication (en laissant toutefois aux chercheurs le choix du mode de communication des résultats). Le règlement du programme Horizon 2020 prévoit que les frais liés à la publication en libre accès peuvent faire l'objet d'un remboursement aux conditions prévues dans la convention de subvention. En outre, un sous-ensemble de projets financés par le programme Horizon 2020 participeront à une initiative pilote d'ouverture des données de recherche, qui imposera la divulgation des ensembles de données et des métadonnées correspondantes.
- Données publiques ouvertes. Il est également possible de promouvoir la science ouverte par la divulgation des données des administrations publiques. Un certain nombre de pays membres et non membres de l'OCDE ont adopté des politiques en ce sens. L'Australie, le Canada, les États-Unis, la Finlande, la France et le Royaume-Uni ont communiqué les données détenues par l'État dans un certain nombre de domaines, qui vont de la météorologie aux systèmes d'information géographique (SIG), dans le cadre de leurs initiatives d'ouverture de l'administration. La Chine a également mis en œuvre un programme gouvernemental de partage de données couvrant 24 secteurs depuis le début des années 2000.
- Modification des règles de propriété intellectuelle applicables à la recherche ou dérogations. L'Australie et la Finlande se penchent actuellement sur les modifications à apporter au

cadre juridique actuellement applicable à la publication des résultats de la recherche financée sur fonds publics pour adapter la législation relative aux droits d'auteur aux besoins de la science ouverte. L'Allemagne a modifié sa législation en matière de droit d'auteur et le Royaume-Uni a récemment voté une série d'amendements de son cadre juridique de protection du droit d'auteur, amendements qui entreront en vigueur en 2014 et qui prévoient une plus grande liberté de réutilisation du matériel copié ou enregistré à des fins éducatives ou à des fins de recherche non commerciale.

Pour en savoir plus

OCDE (2014), « Science ouverte », », *Science, technologie et industrie : Perspectives de l'OCDE 2014* (base de données ; en anglais), voir : *http://qdd.oecd.org/Table.aspx?Query=EC48257A-9EB8-425F-8DA4-D19AAAB8DA81*.

Plateforme des politiques d'innovation (IPP), accessible à l'adresse *www.innovationpolicyplatform.org/*.

COMMERCIALISATION DES RÉSULTATS DE LA RECHERCHE PUBLIQUE

Bien-fondé et objectifs

La commercialisation des résultats de la recherche publique est l'un des objectifs majeurs des politiques scientifiques et technologiques nationales, et l'une des fonctions principales des universités et des établissements publics de recherche, avec l'enseignement et la diffusion du savoir. La recherche publique est à l'origine de nombre d'innovations qui peuvent être des sous-produits de la recherche fondamentale ou, parfois, qui découlent de recherches sans perspective d'application commerciale directe. Parmi les exemples bien connus figurent les techniques de recombinaison de l'ADN, le système mondial de radiorepérage (GPS), la technologie MP3, et Siri, la technologie de reconnaissance vocale d'Apple. Les données relatives aux sources scientifiques d'un grand nombre de brevets actuels dans les domaines de la nanotechnologie, des TIC et de la biotechnologie confirment également les liens entre innovation technologique et recherche publique (OCDE, 2013a).

Les modes de diffusion des connaissances et des résultats générés par le système de recherche publique sont variés – mobilité du personnel universitaire, publications scientifiques, conférences, recherche contractuelle avec des industriels et concession sous licence d'inventions réalisées par les universités –, mais une large partie de l'action des pouvoirs publics, dans les pays de l'OCDE, est centrée sur la promotion des transferts de connaissances par la publication, le brevetage et la concession sous licence des inventions universitaires, et le soutien des jeunes entreprises innovantes issues de ce milieu. Plus récemment sont venus s'adjoindre à ces canaux de diffusion les partenariats public-privé, les initiatives de science ouverte et les filières entrepreneuriales, comme les startups d'étudiants et les programmes de financement et de mobilité connexes. Des observations ponctuelles communiquées par les États-Unis, par exemple, montrent que les startups créées par des diplômés de l'enseignement supérieur sont plus nombreuses et plus dynamiques que celles fondées par des enseignants ou des chercheurs.

Les aides publiques à la commercialisation trouvent leur justification initiale dans les défaillances des marchés et du système. La faible commercialisation des résultats de la recherche publique peut avoir plusieurs sources : l'asymétrie d'information (les utilisateurs potentiels ne sont pas nécessairement au courant des inventions des universités) ; une appropriation risquée ou impossible des résultats de la R-D publique (la propriété des inventions réalisées dans l'enseignement supérieur n'est pas suffisamment claire pour permettre aux partenaires industriels de se lancer dans la commercialisation) ; une faible demande de recherche (les entreprises, et notamment les PME, ne mènent pas nécessairement leurs propres activités de R-D) ; des problèmes de coordination entre les acteurs de la R-D (les incitations des entreprises et des universités peuvent être discordantes du fait de missions différentes) ; et un manque de financement pour élaborer les prototypes et les projets de démonstration susceptibles d'attirer des fonds privés en vue de commercialiser les inventions universitaires.

Principaux aspects

Si les universités et les établissements publics de recherche de certains pays sont parvenus à commercialiser davantage de résultats de la recherche publique, comme en témoigne le nombre d'inventions divulguées, de brevets universitaires, d'accords de concession de licences ou encore d'entreprises créées par essaimage, des données récentes signalent un ralentissement des principaux indicateurs de la commercialisation dans de nombreux pays de l'OCDE. Cette évolution suscite des inquiétudes parmi les décideurs publics et le personnel de terrain quant à l'efficacité des stratégies actuelles en matière de transfert et de commercialisation de technologie.

La croissance annuelle moyenne des demandes de brevet déposées par les universités est tombée de 11.8 % entre 2001 et 2005 à 1.3 % entre 2006 et 2010. Les établissements publics de recherche ont enregistré une croissance négative de -1.3 % sur cette dernière période (contre une croissance positive de 5.3 % entre 2001 et 2005). Les données relatives au nombre de déclarations d'invention (premier enregistrement officiel d'une invention universitaire) pour 100 millions USD de dépenses de recherche affichent en moyenne une légère baisse entre 2004-07 et 2008-11. Le nombre d'entreprises issues de la recherche universitaire n'a pas augmenté de manière significative, en dépit d'un soutien continu des pouvoirs publics ; aux États-Unis, sur 157 universités, on n'en compte en moyenne que quatre par établissement. Dans les grands pays de l'OCDE, les données relatives aux entreprises créées par essaimage pour 100 millions USD de dépenses de recherche sont tombées au plus bas en 2008, avant de se stabiliser, en 2009-11, aux niveaux d'avant 2008. Les recettes tirées des concessions de licence sont restées relativement stables dans les pays de l'OCDE (graphique 6.6), mais sont générées par un petit nombre d'universités seulement. En Europe, 10 % des universités représentaient environ 85 % des recettes de concessions de licence (OCDE, 2013b).

Graphique 6.6. **Les revenus de licence de la recherche publique, 2004-11**

En pourcentage des dépenses de recherche

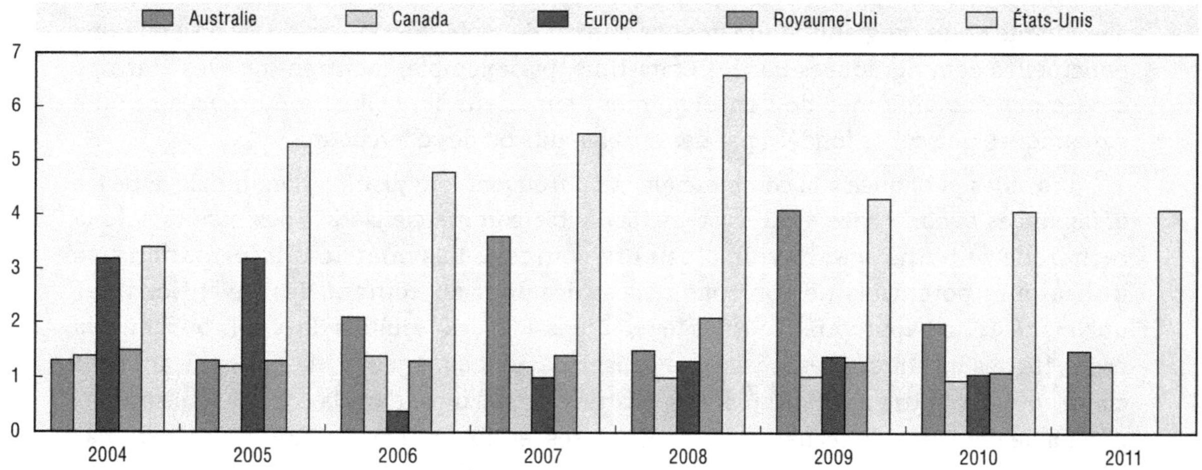

Source : OCDE (2013), *Commercialising Public Research : New Trends and Strategies*, Paris. Calculs basés en partie sur les calculs et les données du ministère autrichien de l'Innnovation, de l'Industrie, de la Science et de la Recherche (DIISR) (2011 et 2012), « Australian National Survey of Research Commercialisation : 2008 and 2009 » et « 2010 and 2011 » ; Commission Européenne (2012), « Interim Findings 2011 of the Knowledge Transfer Study 2010-12 », Bonn/Maastricht/Solothurn ; Association américaine de l'University Technology Managers (AUTM) (2009-12), « Highlights of the AUTM U.S. Licensing Activity Survey : FY2008 [through] FY2011 » ; AUTM canadienne (2009-12), « Highlights of the AUTM Canadian Licensing Activity Survey : FY2008 [through] FY2011 » ; Higher Education Funding Council for England (HEFCE) (2009-12), « Higher Education – Business and Community Interaction Survey 2007-08 [through] 2010-11 ».

StatLink http://dx.doi.org/10.1787/888933306632

Si l'on peut attribuer en partie cette situation à l'évolution de l'écologie de l'innovation, par exemple au fait que les innovations technologiques sont aujourd'hui complexes et fondées sur plusieurs brevets, la lenteur de l'ajustement des politiques institutionnelles et publiques n'y est pas non plus étrangère. Nombre d'administrations et d'institutions ont trop misé sur les brevets et la concession de licences comme canal de commercialisation. Cette approche a induit une augmentation du nombre de dépôts de brevet et une légère accentuation de la concession de licences exclusives. De nombreuses institutions ont également privilégié le rôle des professeurs d'université dans la commercialisation, au détriment de celui des étudiants entrepreneurs. Les pouvoirs publics, les universités et les établissements publics de recherche expérimentent aujourd'hui de nouvelles stratégies pour améliorer la commercialisation des résultats de la recherche publique.

Tendances récentes de l'action publique

Compte tenu de la place que la commercialisation tend à prendre dans l'action des pouvoirs publics depuis quelques années (OCDE, 2012, 2013b), de nombreux pays s'emploient à diversifier leurs politiques en la matière et à encourager les flux bidirectionnels entre l'industrie et la science au moyen de partenariats public-privé (voir le profil « Partenariats stratégiques public-privé »), d'initiatives/de centres de recherche conjoints, de cessions ou d'acquisitions sous licence de titres de propriété intellectuelle par les universités et les établissements publics de recherche, et d'incitations à la mobilité des universitaires entrepreneurs (voir le profil « Politiques d'emploi des travailleurs hautement qualifiés »).

Les pouvoirs publics se sont également tournés vers de nouveaux moyens d'encourager la coopération entre industriels et chercheurs, avec notamment de nouveaux modèles de bureaux de transfert de technologie ou de gestion des licences de technologie, l'utilisation d'outils de gestion collective de la propriété intellectuelle tels que les communautés et fonds de brevets, et des initiatives destinées à faciliter l'accès aux résultats produits par la recherche publique.

- En Australie, le National Industry Investment and Competitiveness Agenda, attendu courant 2014, sera axé sur des initiatives visant à promouvoir la compétitivité et la productivité de l'industrie (commercialisation de bonnes idées, notamment). L'Autriche, dans le cadre de sa stratégie pour la recherche, la technologie et l'innovation, encourage la création de « centres de transfert de connaissances ». Ce programme, d'un coût estimé à 24 millions USD en PPA (20 millions EUR), sera géré par la banque centrale autrichienne.
- En Belgique, le projet TETRA soutient l'élaboration, par des PME et des organisations sociales, de prototypes et de démonstrations d'innovation qui pourront déboucher sur une commercialisation si un groupe suffisamment important d'entreprises flamandes tire profit des résultats. Les résultats devront en outre être en accord avec les programmes d'étude des établissements d'enseignement supérieur ou des universités qui mettent en œuvre le projet, le but étant une transmission indirecte de connaissances aux entreprises flamandes par l'intermédiaire des diplômés.
- La République tchèque a récemment pris une série de mesures visant à soutenir les bureaux de transfert de technologie en créant des points et des bureaux de transfert dans les établissements de recherche ; en élaborant des instruments de financement de la phase de preuve de concept des projets technologiques ; et en aidant à populariser la science et la technologie par la création de centres d'apprentissage des sciences et l'amélioration de l'accès aux informations sur la recherche et à ses résultats.
- La France a récemment créé un certain nombre de sociétés d'accélération du transfert de technologies (SATT) en vue de remédier à la fragmentation des services de ce type au niveau régional. Israël encourage l'élaboration de modèles privés ou de modèles à but lucratif de bureaux de transfert de technologie, lesquels prennent souvent la forme de

sociétés à responsabilité limitée. Les plateformes Internet qui offrent un marché aux inventions universitaires ont également fait l'objet d'un soutien des pouvoirs publics.

- Le Mexique crée et renforce ses bureaux de transfert de technologie au moyen d'un fonds sectoriel d'innovation (FINNOVA) afin de multiplier les occasions de créer des liens entre des institutions qui génèrent du savoir et le secteur privé, par l'intermédiaire de services de conseil, de concessions de licence et de startups. Le soutien sera axé sur la certification des bureaux de transfert de technologie, et des aides supplémentaires seront accordées à ceux-ci, pour leur permettre, dans un deuxième temps, d'étendre leurs activités à la validation du potentiel commercial des résultats de la recherche, et aux PME, afin de couvrir les dépenses de conseil que celles-ci supportent lorsqu'elles font appel à un bureau de transfert de technologie certifié pour résoudre un problème.
- En Turquie, le TUBITAK a lancé le Programme 1513 de soutien des bureaux de transfert de technologie afin d'apporter à ceux-ci des financements pour la formation, le renforcement des capacités en matière de coopération université-industrie, l'aide à la gestion de projet, l'entrepreneuriat universitaire et la protection des DPI.

Les pouvoirs publics continuent d'améliorer le cadre juridique et institutionnel de commercialisation et de collaboration en matière de R-D entre les milieux universitaires et industriels. La mise en place d'accords de licence types facilitant le transfert des résultats de la recherche à l'industrie s'est également généralisée dans les universités et les administrations publiques (*Lambert Toolbox* au Royaume-Uni, modèles d'accord de coopération en Allemagne, accords types Schlüter au Danemark, modèles d'accord de consortium DESCA dans les projets du 7e Programme-cadre de l'UE). Les accords types présentent en outre l'avantage de réduire les risques de différend et de litige en matière de propriété intellectuelle.

Amélioration et élargissement de l'accès aux résultats de la recherche publique

L'amélioration de l'accès aux résultats de la recherche publique a ouvert une autre voie de commercialisation, fondée sur des dispositifs de partenariat (voir le profil « Partenariats stratégiques public-privé ») et sur des systèmes de bons qui encouragent les PME à collaborer à la recherche publique ou à acheter ce type de services. Les politiques de libre accès facilitent en outre l'accès aux résultats de la recherche publique (voir le profil « Science ouverte »).

Depuis 2013, les rapports financés par les Instituts de recherche en santé du Canada (IRSC) sont mis gratuitement à disposition sur le site web de l'éditeur ou dans un référentiel en ligne dans les 12 mois suivant leur publication. L'Espagne et la Nouvelle-Zélande exigent également que les résultats de la recherche financée sur fonds publics soient publiés au format numérique dans un référentiel en accès libre. Aux États-Unis, l'Office of Science and Technology Policy (OSTP) de la Maison Blanche a publié début 2013, à l'attention des agences fédérales dont les dépenses de recherche sont supérieures à 100 millions USD, une note d'orientation précisant que les résultats directement issus de la recherche publique (publications ayant fait l'objet d'un examen par les pairs et données scientifiques au format numérique) devaient être mis à disposition de façon à pouvoir être utilisés par le grand public, l'industrie et la communauté scientifique. Le libre accès nécessitant en outre des infrastructures adéquates, la Commission européenne a apporté son soutien à la création de référentiels et d'infrastructures, comme DRIVER et OpenAIRE, au travers des programmes-cadres pour des actions de recherche, de développement technologique et de démonstration.

Encourager la diffusion du savoir

La mobilité des chercheurs est un important vecteur de diffusion du savoir. Le programme Doctoris en Belgique et les conventions industrielles de formation par la recherche (CIFRE) en France sont deux exemples de mesures destinées à encourager la mobilité et le renforcement des compétences des doctorants (voir le profil « Renforcer la formation et les compétences au service de l'innovation »).

Financement et soutien de l'entrepreneuriat en vue de la commercialisation

Bien que le capital-risque retienne généralement l'attention des décideurs publics, la commercialisation est souvent pénalisée par un manque de financement au stade de la pré-commercialisation. De nombreux programmes de commercialisation lancés par les pouvoirs publics intègrent désormais le soutien du développement des prototypes et le financement des premières phases. En outre, de nouveaux modes de financement, tels que le financement garanti par des droits de propriété intellectuelle (titrisation) et le financement participatif, qui contribuent à accélérer le transfert et la commercialisation des résultats de la recherche publique, sont actuellement à l'étude dans de nombreux pays de l'OCDE.

- Australia's Growth Partnerships (AGP) est un programme pilote de financement au mérite avec mise en concurrence qui est géré par la Commonwealth Scientific and Industrial Research Organisation (CSIRO). Ce programme, conçu pour aider les PME à surmonter leurs problèmes techniques, permet aux entreprises sélectionnées d'accélérer leur croissance dans des secteurs à fort impact entrant dans le cadre du programme National Research Flagships de la CSIRO. La CSIRO, par l'intermédiaire du programme AGP, a alloué des fonds d'investissement à des PME à fort potentiel et ouvertes à la technologie pour leur permettre d'accéder aux capacités de R-D et à la propriété intellectuelle de la CSIRO.
- Le gouvernement chinois a adopté une stratégie de type « incitation/sanction » pour favoriser les essaimages à partir des universités et pour attirer le capital-risque et les investisseurs providentiels : d'un côté, la forte chute des financements depuis les années 90 a contraint de nombreuses universités publiques chinoises à se lancer dans des activités entrepreneuriales afin de soutenir leur développement ; de l'autre, des politiques préférentielles systématiques (régimes fiscaux et accès facilité aux prêts publics, par exemple) favorisent les liens entre les universités et l'industrie.
- Le Canada a décidé de consacrer 49 millions USD en PPA (60 millions CAD) sur cinq ans pour aider les organisations exerçant des activités d'incubateur et d'accélérateur d'entreprises à étendre leurs services aux entrepreneurs dans le cadre du Programme canadien des accélérateurs et des incubateurs (PCAI), qui lui-même s'inscrit dans le Plan d'action pour le capital de risque. Le Plan d'action économique 2014 propose d'affecter au PCAI 33 millions USD en PPA (40 millions CAD) supplémentaires sur quatre ans, à compter de 2015-16, ce qui portera son financement total à 81 millions USD en PPA (100 millions CAD). La Banque de développement du Canada mettra encore à disposition 81 millions USD en PPA (100 millions CAD), destinés à être investis dans les entreprises issues de ces accélérateurs.
- En Nouvelle-Zélande, cinq organisations se partagent les ressources du Pre-seed Accelerator Fund (PSAF), qu'elles utilisent pour financer des projets spécifiques. L'objectif est d'assurer les premiers stades des activités de commercialisation des technologies, de façon à

maximiser les avantages commerciaux que la Nouvelle-Zélande peut retirer de la recherche financée sur fonds publics ; d'améliorer les capacités et compétences commerciales des établissements publics de recherche ; et d'encourager les liens entre ces derniers et les partenaires potentiels du secteur privé, notamment les acteurs de l'industrie et les investisseurs, en Nouvelle-Zélande et à l'étranger.

- Le Graphene Global Research and Technology Hub du Royaume-Uni vise à accélérer le développement des applications commerciales dans le pays en mettant en relation les chercheurs et les entreprises britanniques et en fournissant des compétences et des équipements spécialisés. Il sera opérationnel en 2015 et son budget est estimé à 74 millions USD en PPA (50 millions GBP). Toujours au Royaume-Uni, dans le domaine des sciences de la vie, le mécanisme de financement Biomedical Catalyst aide les idées innovantes dans le domaine biomédical à traverser cette période risquée que l'on surnomme la « vallée de la mort ». Il doit fournir 261 millions USD en PPA (180 millions GBP) d'aide entre 2012-13 et 2014-15. Plus généralement, le réseau des centres Catapult a pour but de donner aux entreprises accès à des équipements spécialisés et aux technologies émergentes, et de les mettre en liaison avec les compétences universitaires.
- Plusieurs universités et établissements publics de recherche participent financièrement à la création de startups à l'aide de leurs propres mécanismes de financement (intégralement financés ou cofinancés avec des ressources institutionnelles). On recense environ 73 fonds de ce type en Europe. En général, ils assurent également des services de conseil, d'incubation, d'étude de marché et de formation. Citons à titre d'exemples le Fonds de financement d'amorçage Chalmers en Suède et le Fonds Gemma Frisius de l'Université de Louvain en Belgique.

Pour en savoir plus

Åstebro, T., N. Bazzazian et S. Braguinsky (2012), « Startups by recent university graduates and their faculty: Implications for university entrepreneurship policy », *Research Policy*, vol. 41, pp. 663-677.

Hoefer, R., B. Magill et F. Santos (2013), « Inside the mind of European academic entrepreneurs – Perceptions of ACES finalists about the process of science entrepreneurship », Science|Business Innovation Board.

OCDE (2012), *Science, technologie et industrie : Perspectives de l'OCDE 2012*, Éditions OCDE, Paris, *http://dx.doi.org/10.1787/sti_outlook-2012-fr*.

OCDE (2013a), *Science, technologie et industrie : Tableau de bord de l'OCDE 2013*, Éditions OCDE, Paris, *http://dx.doi.org/10.1787/sti_scoreboard-2013-fr*.

OCDE (2013b), *Commercialising public research: New Trends and Strategies*, Éditions OCDE, Paris, *http://dx.doi.org/10.1787/9789264193321-en*.

OCDE (2014), « Commercialisation des résultats de la recherche publique », *Science, technologie et industrie : Perspectives de l'OCDE 2014* (base de données ; en anglais), voir : *http://qdd.oecd.org/Table.aspx?Query=E2E54DA9-35BE-4342-8E0E-C811408D4373*.

Plateforme des politiques d'innovation (IPP), module sur le transfert et la commercialisation de technologies, voir : *www.innovationpolicyplatform.org/content/technology-transfer-and-commercialization?topic-filters=11388*.

Science, technologie et industrie : Perspectives de l'OCDE 2014

PARTIE II

Chapitre 7

Profils des politiques STI : Réseaux, pôles et transferts

INNOVATION ET ÉCONOMIE NUMÉRIQUE

Bien-fondé et objectifs

L'Internet est un important moteur de l'innovation et de la croissance. Il accélère la diffusion de l'information, renforce l'efficience de la communication, facilite l'établissement de réseaux entre entreprises et réduit les distances géographiques. L'écosystème de l'économie numérique est constitué principalement d'infrastructures de communication à haut débit, de contenus numériques et d'applications intelligentes.

Principaux aspects

Infrastructures de communication à haut débit

Les réseaux fixes et mobiles à haut débit forment l'infrastructure essentielle de l'économie numérique et servent de base aux applications et aux services. Ces dix dernières années, l'accès s'est considérablement amélioré (graphique 7.1), bien que des écarts importants subsistent entre pays (graphique 7.2).

Graphique 7.1. **Souscription au haut débit fixe pour 100 habitants, moyenne OCDE, 2002-12**

Total et fibre/LAN

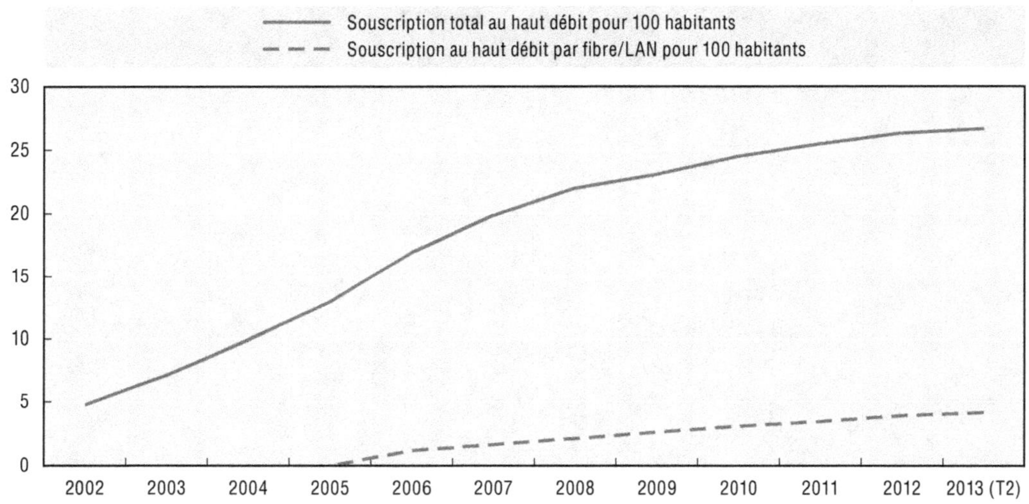

Source : Portail de l'OCDE sur le haut débit, juin 2014, www.oecd.org/sti/broadband/oecdbroadbandportal.htm.

StatLink http://dx.doi.org/10.1787/888933306641

La forte expansion récente de l'accès aux réseaux mobiles à haut débit ouvre de nouvelles possibilités de communication pour les personnes ne disposant pas d'une ligne fixe. Selon les données de juin 2013, le taux de pénétration des réseaux mobiles haut débit atteint près de 60 % dans la zone OCDE, et l'Australie, la Finlande, la Suède, le Japon, la Corée et le Danemark ont aujourd'hui dépassé le seuil de pénétration de 100 %. Cela veut dire que certains habitants de ces pays disposent de plus d'un abonnement à un réseau mobile haut débit pour leurs smartphones, tablettes ou autres appareils (graphique 7.3).

L'infrastructure réticulaire constituant la base matérielle de l'économie numérique, les pouvoirs publics ont un rôle important à jouer pour optimiser l'accès aux réseaux haut débit dans les régions insuffisamment desservies et promouvoir un environnement propice à l'investissement dans toute une gamme de technologies à large bande. Les

Graphique 7.2. **Souscription au haut débit fixe pour 100 habitants, juin 2013**

Total et fibre/LAN

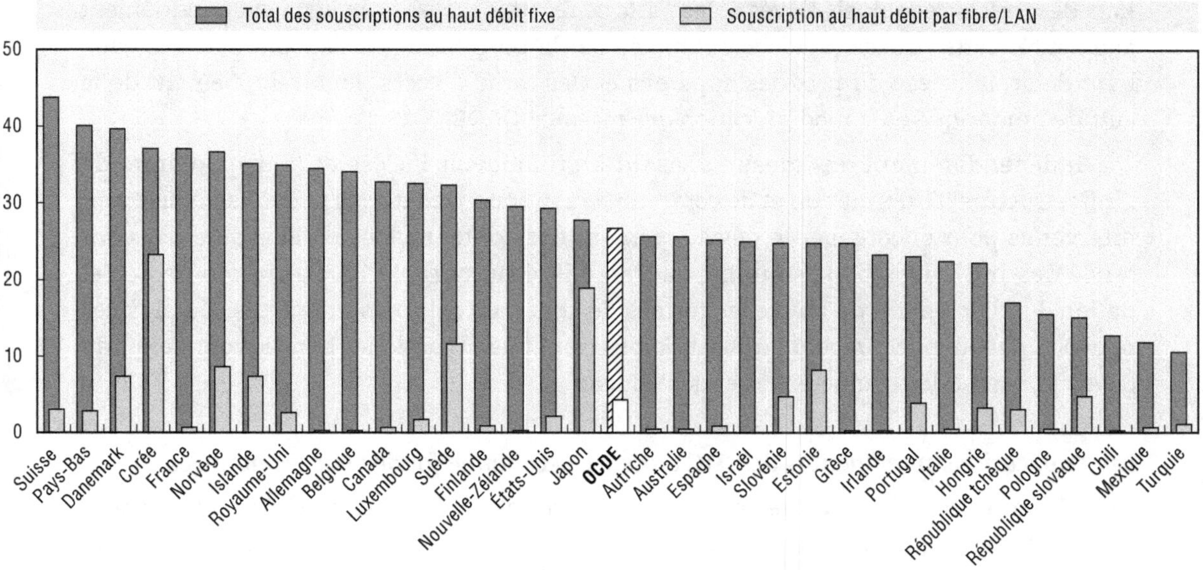

Source : Portail de l'OCDE sur le haut débit, juin 2014, www.oecd.org/sti/broadband/oecdbroadbandportal.htm.

StatLink http://dx.doi.org/10.1787/888933306658

Graphique 7.3. **Souscription au haut débit mobile pour 100 habitants, juin 2013**

Haut débit mobile standard et souscriptions aux données mobiles dédiées

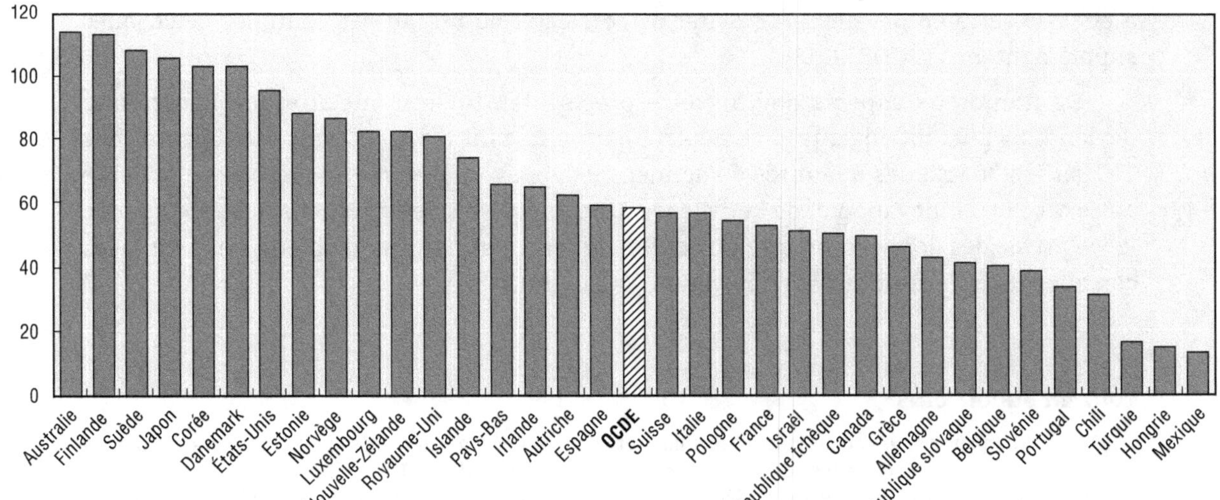

Source : Portail de l'OCDE sur le haut débit, juin 2014, www.oecd.org/sti/pist. Données extraites de IPP.Stat le 8 juillet 2014, http://stats.oecd.org//Index.aspx?QueryId=57863.

StatLink http://dx.doi.org/10.1787/888933306663

décideurs mettent aussi fortement l'accent sur le maintien d'un niveau de concurrence adéquat entre prestataires de services fixes et mobiles pour stimuler l'innovation et faire baisser les tarifs pour les consommateurs et les entreprises.

Contenus numériques

L'adoption généralisée des services haut débit a ouvert tout un monde de contenus numériques aux usagers. Le développement rapide des « applis » fait ressortir le potentiel innovant des réseaux ouverts pour la fourniture de nouveaux contenus et services (OCDE, 2013a, 2013b). Les marchés de contenus numériques ont affiché récemment des taux de croissance annuels élevés et les parts de recettes réalisées en ligne ont énormément augmenté. Cette hausse rapide est stimulée par la progression de l'adoption des réseaux haut débit, la baisse du prix des appareils et des tarifs d'accès, le développement de la culture numérique et la modernisation des réseaux (OCDE, 2013c).

Indépendamment des mesures visant à promouvoir l'accès et la disponibilité de l'infrastructure d'information et de communication sous-jacente, les pouvoirs publics sont intervenus pour encourager le développement des contenus locaux. Plusieurs pays ont lancé des initiatives pour soutenir l'accessibilité numérique du patrimoine culturel national et la création de nouvelles formes de contenus culturels interactifs. De plus, les pouvoirs publics encouragent l'utilisation des contenus numériques dans les domaines du développement des compétences et de l'éducation.

Les applications intelligentes des TIC dans une économie fondée sur les données

L'Internet crée de nouvelles possibilités d'innovation dans les secteurs traditionnels, comme en témoigne, par exemple, le développement des réseaux électriques intelligents qui fonctionnent de manière plus efficiente et fournissent de nouveaux services aux usagers grâce à l'exploitation de l'information. La collecte d'une information plus précise ou sous une forme mieux adaptée permet par exemple de réduire de plus de 10 % la consommation d'électricité d'un ménage. La réduction de la demande aux heures de grande consommation peut aussi contribuer directement à la baisse des émissions de gaz à effet de serre en permettant d'éviter de connecter au réseau des centrales électriques supplémentaires (OCDE, 2012).

De nombreux aspects devront être précisés au fur et à mesure que l'économie deviendra « plus intelligente ». Le déploiement croissant d'applications intelligentes des TIC génère de grandes quantités de données, qui peuvent devenir une ressource majeure au service de l'innovation et de l'efficience. Une fois réglées les questions de protection de la vie privée, les données, en tant qu'actif incorporel, permettront d'obtenir des avantages concurrentiels et de stimuler l'innovation (OCDE, 2013d).

Pour en savoir plus

OCDE (2012), *Innover pour la croissance économique et la durabilité : La situation dans les domaines du contenu numérique et des TIC vertes*, document de travail interne de la Direction de la science, de la technologie et de l'industrie (DSTI) de l'OCDE, OCDE, Paris, *www.oecd.org/officialdocuments/publicdisplaydocumentpdf/?cote=DSTI/ICCP(2011)8/FINAL&docLanguage=Fr*.

OCDE (2013a), « The App Economy », *OECD Digital Economy Papers*, n° 230, Éditions OCDE, Paris, *http://dx.doi.org/10.1787/5k3ttftlv95k-en*.

OCDE (2013b), *Perspectives des communications de l'OCDE 2013*, Éditions OCDE, Paris, *http://dx.doi.org/10.1787/comms_outlook-2013-fr*.

OCDE (2013c), *The Internet Economy on the Rise: Progress since the Seoul Declaration*, Éditions OCDE, Paris, *http://dx.doi.org/10.1787/9789264201545-en*.

OCDE (2013d), « Exploring Data-Driven Innovation as a New Source of Growth: Mapping the Policy Issues Raised by "Big Data" », *OECD Digital Economy Papers*, n° 222, Éditions OCDE, Paris, *http://dx.doi.org/10.1787/5k47zw3fcp43-en*.

OCDE (2014), », *Science, technologie et industrie : Perspectives de l'OCDE 2014* (base de données ; en anglais) :

- Politiques visant des secteurs/technologies spécifiques, TIC, voir *http://qdd.oecd.org/Table.aspx?Query=97DDD022-0077-4C4A-BB0F-76290E85FA67*, et
- La collaboration ouverte et les TIC au service de la science ouverte, voir *http://qdd.oecd.org/Table.aspx?Query=87085C11-1505-450B-8470-07F08154B89F*.

Plateforme des politiques d'innovation (PPI) de l'OCDE, module sur les TIC, voir : *www.innovationpolicyplatform.org/content/icts?topic-filters=11396*.

PÔLES D'ACTIVITÉ ET SPÉCIALISATION INTELLIGENTE

Bien-fondé et objectifs

Un pôle d'activité est une zone géographique où des entreprises, des établissements d'enseignement supérieur et de recherche, et d'autres entités publiques et privées se concentrent de façon à faciliter la collaboration sur des activités économiques complémentaires. Si certains des principaux pôles d'activité dans le monde sont spécialisés dans les hautes technologies (la Silicon Valley ou Bangalore, par exemple), il en existe aussi dans d'autres secteurs, de la viticulture à l'automobile, en passant par les biotechnologies.

Les pôles d'activité sont de plus en plus exposés à la concurrence mondiale (voir le chapitre 1), et de nombreux pays de l'OCDE cherchent à accentuer l'avantage concurrentiel de ces zones et à aider les entreprises et les entrepreneurs qui s'y trouvent à s'élever dans la chaîne de valeur grâce à l'innovation et à une plus grande spécialisation. La principale justification des politiques publiques destinées à encourager les pôles d'activité – que ce soit par des investissements dans les infrastructures ou des investissements intellectuels, par des activités de mise en réseau ou par la formation – est la volonté d'intensifier la propagation du savoir entre les acteurs concernés, et donc de constituer un réservoir collectif de connaissances qui stimule la productivité, l'innovation et la compétitivité.

En favorisant les stratégies de « spécialisation intelligente », les autorités nationales et régionales cherchent à améliorer la compétitivité des entreprises et des pôles. La spécialisation intelligente est un cadre d'action qui s'appuie sur des indicateurs, la prospective technologique et d'autres outils de définition des priorités pour aider les entrepreneurs et les entreprises à renforcer les spécialisations scientifiques, techniques et industrielles existantes et, dans le même temps, à identifier de nouveaux domaines d'activité économique et technologique et à en favoriser l'émergence.

Principaux aspects

La plupart des pays de l'OCDE misent sur les pôles d'activité pour favoriser l'innovation (tableau 7.1). L'Argentine, la Belgique, la France et le Portugal en ont fait une partie intégrante de leurs stratégies et plans nationaux d'innovation. D'autres pays ont instauré des programmes destinés à soutenir la création de pôles ou à renforcer ceux déjà en place. L'Allemagne, la Belgique et les Pays-Bas ciblent des secteurs et des industries spécifiques dans leurs stratégies et plans nationaux d'innovation. Plusieurs outils ont été adoptés pour appuyer les pôles d'activité et la spécialisation.

Plateformes de mise en réseau : la plupart des pays et des régions de l'OCDE ont institué des politiques destinées à promouvoir la création de plateformes de travail en réseau et la collaboration entre les membres des pôles d'activité. Ces réseaux facilitent les interactions science-science (entre les centres de recherche et les universités), science-industrie et industrie-industrie. Ils sont de plus en plus souvent utilisés pour appuyer la collaboration entre pôles, notamment entre plusieurs régions et pays.

Internationalisation des pôles d'activité : la mondialisation et la concurrence ont favorisé à la fois l'internationalisation et la spécialisation des pôles d'activité, ce qui n'est pas sans conséquences pour les politiques de soutien public. L'Allemagne et la France encouragent la concurrence entre les pôles et ciblent le soutien de l'État selon des critères d'excellence, notamment au niveau international. L'European Cluster Excellence Initiative (2009-12) de la Commission européenne visait à renforcer les capacités des pôles d'activité européens en élaborant des méthodes et des outils susceptibles d'appuyer les organisations de pôles et en fournissant aux responsables des conseils pratiques et une formation en matière de gestion de pôles et de réseaux. Une série d'indicateurs de qualité de la gestion des pôles a été élaboré, ainsi qu'un système de labels de qualité applicables à la gestion professionnelle des pôles.

Spécialisation technologique : on observe également un nombre croissant d'initiatives visant à favoriser la mise en place de pôles d'activité autour de technologies génériques clés (TIC, biotechnologies ou nanotechnologies, par exemple) et de secteurs émergents (OCDE, 2010). De fait, la dynamique des pôles d'activité est un atout pour la spécialisation économique, industrielle et technologique d'une région ou d'un pays. L'indice ATR pour 2008-10 montre une forte spécialisation dans les biotechnologies et les nanotechnologies au Danemark, en Espagne et en Nouvelle-Zélande, dans les technologies liées à l'environnement en Allemagne, en Autriche, au Danemark, au Japon et en Norvège, et dans les TIC en Corée, en Finlande, au Japon et en République populaire de Chine (graphique 7.4).

Graphique 7.4. **Avantage technologique révélé dans les domaines technologiques sélectionnés, 2009-11**

L'indice est basé sur les demandes de brevets déposées en vertu du PCT

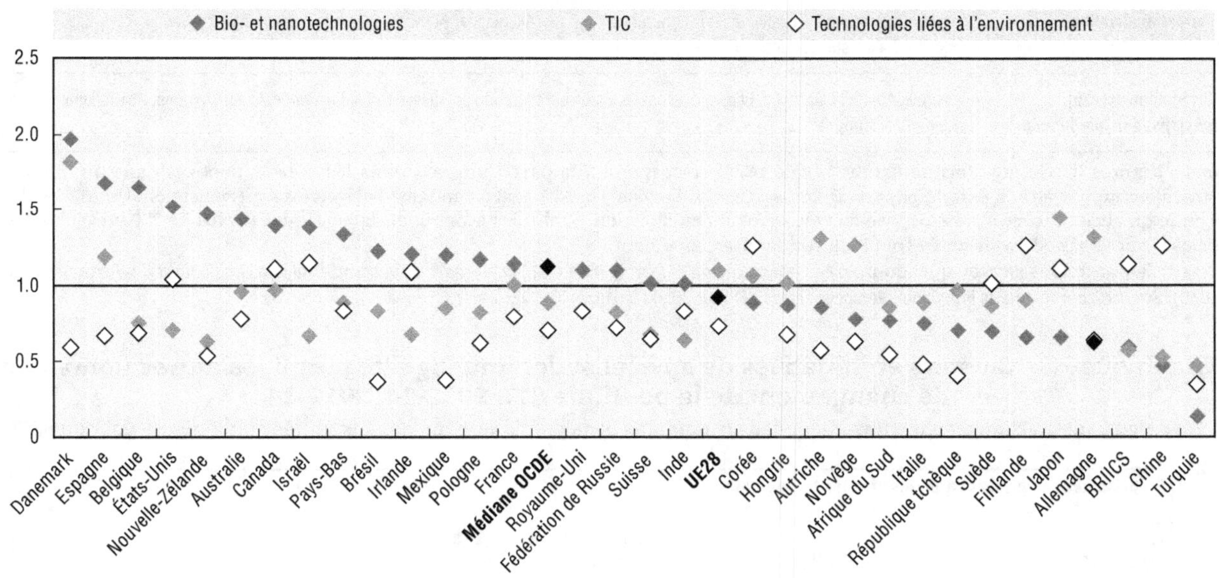

Note : L'indice d'avantage technologique révélé (ATR) correspond à la part d'un pays dans les brevets déposés dans un domaine particulier, rapportée à la part du pays dans l'ensemble des brevets. Quand l'ATR est égal à 1, aucune spécialisation n'est observée. Quand l'ATR est égal à 0, aucun brevet n'est déposé dans le domaine concerné. Seules les économies détenant plus de 250 brevets sur la période considérée sont prises en compte.

Source : OCDE, Base de données des brevets, mars 2014 , *www.oecd.org/sti/inno/oecdpatentdatabases.htm*. Données extraites de IPP.Stat le 8 juillet 2014, *http://stats.oecd.org//Index.aspx?QueryId=57863*.

StatLink http://dx.doi.org/10.1787/888933306670

Tendances récentes de l'action publique

Un grand nombre de pays et de régions de l'OCDE associent des politiques de regroupement en pôles d'activité et des stratégies de spécialisation, deux orientations qui revêtent une importance comparable dans les tendances récentes de l'action publique (graphique 7.5). Le concept de spécialisation intelligente a progressé au niveau de l'UE grâce à la création de la Plateforme S3. Celle-ci avait pour objet d'aider les régions et les États membres à élaborer des stratégies régionales de spécialisation intelligente et à déterminer les activités à forte valeur ajoutée qui offraient les meilleures chances de

Tableau 7.1. Politiques de soutien du développement des pôles d'activité et schémas de spécialisation d'un échantillon de pays de l'OCDE

Création et renforcement des pôles d'activité	Création de pôles d'activité par une action coordonnée en faveur des activités de R-D (à travers des programmes de financement public, par exemple)	Argentine, Chili, Norvège
	Promotion des structures de travail en réseau, financement de services aux entrepreneurs, coordination des pôles d'activité	Allemagne, Argentine, Australie, Autriche, Belgique, Canada, Chine, Colombie, Danemark, France, Grèce, Irlande, Japon, Norvège, Nouvelle-Zélande, Suède
Plateformes de mise en réseau	Science-science (promotion des centres de recherche collectifs et centres d'excellence, par exemple)	Afrique du Sud, Belgique, Canada, Danemark, Espagne, France, Norvège, Suisse
	Industrie-science (promotion des réseaux public-privé, parcs scientifiques, par exemple)	Allemagne, Argentine, Australie, Belgique, Canada, Colombie, Danemark, Finlande, France, Italie, Norvège, Pologne, Portugal, Royaume-Uni
	Industrie-industrie (promotion des réseaux sectoriels, par exemple)	Allemagne, Belgique, Colombie, Danemark, Espagne, Pologne, Portugal, Royaume-Uni
Spécialisation technologique (indice ATR)	Biotechnologies et nanotechnologies	Australie, Belgique, Canada, Danemark, Espagne, États-Unis, Inde, Irlande, Israël, Nouvelle-Zélande, Pays-Bas, Pologne
	Technologies liées à l'environnement	Allemagne, Australie, Autriche, Canada, Danemark, Espagne, France, Hongrie, Japon, Norvège, Pologne, République tchèque
	TIC	Canada, Chine, Corée, États-Unis, Finlande, Irlande, Israël, Japon, Suède
Internationalisation	Concurrence entre pôles d'activité, et programmes d'excellence axés sur les pôles	Allemagne, Autriche, Belgique, France, Irlande, Japon, Pays-Bas, CE
(Orientation vers la) spécialisation intelligente	Allemagne, Australie, Autriche, Belgique, Espagne, Estonie, Fédération de Russie, Finlande, Irlande, Israël, Pologne, République tchèque, Royaume-Uni, Turquie, CE	

Note : L'indice d'avantage technologique révélé (ATR) correspond à la part d'un pays dans les brevets déposés dans un domaine particulier, rapportée à la part du pays dans l'ensemble des brevets. Un ATR égal à 1 indique l'absence de spécialisation. Un ATR égal à 0 signifie qu'aucun brevet n'a été déposé dans le domaine en question. Seules les économies dans lesquelles plus de 250 brevets ont été déposés sur la période considérée sont incluses dans le classement.
Source : Réponses des pays au questionnaire préparatoire à l'édition 2014 des *Perspectives de la science, de la technologie et l'industrie* et OCDE (2010), *Science, technologie et industrie : Perspectives de l'OCDE 2010*, Éditions OCDE, Paris.

Graphique 7.5. Clusters et initiatives de spécialisation intelligente parmi les autres domaines de changement de la politique STI, 2012-14, 2012-14

Pays signalant un changement substantiel dans le domaine de la politique, comparé aux autres domaines de politique STI

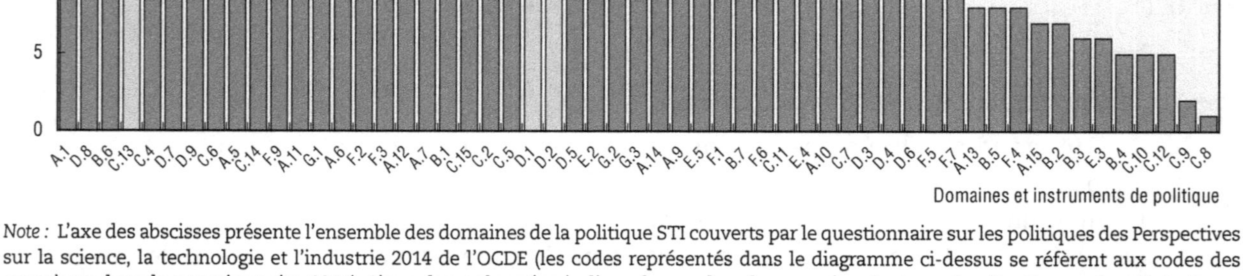

Note : L'axe des abscisses présente l'ensemble des domaines de la politique STI couverts par le questionnaire sur les politiques des Perspectives sur la science, la technologie et l'industrie 2014 de l'OCDE (les codes représentés dans le diagramme ci-dessus se réfèrent aux codes des questions dans le questionnaire 2014). L'axe des ordonnées indique le nombre de pays signalant que la situation a changé de façon substantielle dans chacun des domaines de la politique. Le comptage simple ne tient pas compte de l'ampleur et de l'impact des changements de politique. Les réponses sont fournies par les délégués au Comité de l'OCDE pour les Politiques Scientifiques et Technologiques.
Source : Réponses des pays au questionnaire préparatoire des *Perspective de la science, de la technologie et de l'industrie 2014 de l'OCDE.*

StatLink http://dx.doi.org/10.1787/888933306680

renforcement de leur compétitivité. L'Autriche, la Belgique, la Grèce, la Hongrie, l'Italie, la Lettonie, le Portugal, la République tchèque et la Slovaquie ont ainsi défini de nouvelles stratégies de spécialisation intelligente. Une enquête récente de l'UE a étudié la contribution potentielle des pôles d'activité et des politiques y afférentes à la conception et à la mise en œuvre de stratégies de spécialisation intelligente. Cette enquête a souligné en outre les possibilités d'apprentissage transrégional et la nécessité de disposer, sur ces pôles et politiques, d'une infrastructure de données comprenant des indicateurs cartographiques plus évolués ainsi que des outils, méthodes et observations fondés sur des éléments probants et issus des évaluations des politiques de regroupement en pôles d'activité.

Tout dernièrement, l'action publique s'est concentrée sur le renforcement de la composante recherche des pôles d'activité. Ces dernières années, l'Australie a adopté un modèle hybride qui consiste à aménager des zones de spécialisation, de façon à mettre à profit les atouts existants dans le domaine de la recherche, tout en finançant des réseaux nationaux d'infrastructures de recherche en collaboration. La première zone de spécialisation a été établie à Perth, avec la participation de l'université, des pouvoirs publics, de l'industrie et de la Commonwealth Scientific and Industrial Research Organisation (CSIRO). Quatre autres zones de spécialisation sont en cours d'aménagement. Les futures activités s'inscriront dans le cadre du programme de compétitivité et d'investissement industriels à venir, le National Industry Investment and Competitiveness Agenda. L'Irlande a lancé en 2012 un programme à grande échelle de centres de recherche en relation avec des établissements d'enseignement supérieur afin de créer un écosystème de recherche dynamique, à même d'évoluer en fonction des besoins de l'industrie et de la société. En outre, le Spokes Programme 2013, initiative fondée sur la mise en concurrence, apporte un financement conditionnel afin d'encourager de nouveaux acteurs de l'industrie ou du monde universitaire à s'associer à des projets de centre de recherche.

Adoptant une approche plus large, la Fédération de Russie a lancé 25 pôles d'activité pilotes innovants en 2012, à l'aide d'une subvention fédérale de 67 millions USD en PPA (1.3 milliard RUB) destinée à couvrir l'achat de nouveaux équipements, l'enseignement et la formation, la gestion des pôles d'activité, les activités de mise en réseau et les services de conseil externes, par exemple pour l'élaboration de projets d'investissement dans la sphère de l'innovation, mais aussi pour le développement des infrastructures de transport et de logistique, de production d'électricité et de logement ainsi que des infrastructures sociales. Une somme supplémentaire d'environ 125 millions EUR sera allouée chaque année jusqu'en 2016.

Plusieurs pays ont vu dans la mondialisation une occasion de développer les pôles d'activité. Des actions sont menées au niveau européen pour renforcer les pôles d'excellence :

- Le programme Régions de la connaissance de l'UE encourage la coopération transnationale entre des pôles d'activité axés sur la recherche. Son budget total s'élève à 150 millions USD en PPA (126 millions EUR) sur 2007-13. Quant au Programme de coopération territoriale, il est considéré comme un levier potentiel pour le développement de pôles d'activité transfrontières.
- L'ESCA (European Secretariat for Cluster Analysis) est un guichet unique de labellisation des organisations de pôles d'activité, fondé sur le système de labels Cluster Excellence

Management, qui compare et certifie les pôles sur des critères stricts. Il a évalué 570 pôles. L'ESCA propose également aux responsables des politiques et des programmes de pôles d'activité des conseils en matière d'élaboration de programmes dans ce domaine.

Autre exemple, le Costa Rica a mis en œuvre une stratégie afin d'encourager le développement des pôles d'activité autour de l'investissement direct étranger (IDE) dans des secteurs de haute technologie (électronique avancée, appareils médicaux, équipements automobiles, etc.). Le régime de zone franche offre des incitations et des avantages fiscaux aux entreprises internationales qui investissent. Le Costa Rica a également cherché à renforcer les liens entre les PME et les entreprises multinationales, notamment par des programmes de mise en relation destinés à aider les PME dotées des capacités suffisantes à devenir des fournisseurs d'entreprises multinationales.

Pour en savoir plus

OCDE (2009), *Pôles de compétitivité, innovation et entrepreneuriat*, Éditions OCDE, Paris, *http://dx.doi.org/10.1787/9789264064102-fr*.

OCDE (2010), *Science, technologie et industrie : Perspectives de l'OCDE 2010*, Éditions OCDE, Paris, *http://dx.doi.org/10.1787/sti_outlook-2010-fr*.

OCDE (2014), *Science, technologie et industrie : Perspectives de l'OCDE 2014* (base de données ; en anglais) :

- Pôles d'activité et politiques régionales, voir : *http://qdd.oecd.org/Table.aspx?Query=0A4F6203-8B6E-4E03-BC92-323F36A512FE*,
- Spécialisation intelligente, voir : *http://qdd.oecd.org/Table.aspx?Query=696C719F-9922-46D1-8D63-82D63B5122BE*,
- Politiques ciblées sur des secteurs/technologies :
  - biotechnologies, voir : *http://qdd.oecd.org/Table.aspx?Query=162C9AF5-43DE-456E-852D-0BE31E7BD54D* ;
  - nanotechnologies, voir : *http://qdd.oecd.org/Table.aspx?Query=162C9AF5-43DE-456E-852D-0BE31E7BD54D* ;
  - TIC, voir : *http://qdd.oecd.org/Table.aspx?Query=97DDD022-0077-4C4A-BB0F-76290E85FA67* ; et
  - politiques sectorielles, voir : *http://qdd.oecd.org/Table.aspx?Query=A16345EE-1C53-4FB9-BCC9-375C4AB1CA6E*.
- Plateforme des politiques d'innovation (IPP), module sur les réseaux et pôles d'innovation, voir : *www.innovationpolicyplatform.org/content/innovation-networks-and-clusters?topic-filters=11389*.

POLITIQUES DES BREVETS

Bien-fondé et objectifs

Un brevet est un document légal accordant à son détenteur le droit d'empêcher d'autres personnes d'utiliser une invention particulière. Si l'invention brevetée perce sur le marché, le détenteur du brevet tirera profit de sa position de monopole. Les brevets, par conséquent, permettent aux inventeurs d'internaliser les avantages qu'ils génèrent. En l'absence d'un tel système, les inventions pourraient être imitées, ce qui réduirait le rendement de l'investissement des inventeurs. Les brevets sont accordés en échange de la divulgation de l'invention et jouent donc un rôle dans la diffusion des connaissances. Les inventeurs et les entreprises déposent leurs demandes de brevets auprès des offices de brevets, qui octroient ou refusent un brevet pour la région qui relève de leur compétence, principalement le marché intérieur, conformément à la législation. Les offices de brevets sont pour la plupart des organisations nationales ; la principale exception est l'Office européen des brevets (OEB).

Principaux aspects

Le nombre de demandes de brevet a fortement augmenté dans le monde entier : de 997 000 en 1990 à 2 350 000 en 2012 d'après l'Organisation mondiale de la propriété intellectuelle (OMPI). Cette augmentation est due en partie à une progression marquée en Chine et, dans une moindre mesure, aux États-Unis (graphique 7.6 et chapitre 1), mais les inventeurs choisissant de déposer des demandes de brevet dans plusieurs pays y ont aussi contribué. Toutefois, certains observateurs s'inquiètent depuis quelque temps de la baisse de la qualité des brevets, qu'ils attribuent en partie à l'abaissement des critères légaux de nouveauté et à la surcharge de travail des examinateurs des offices de brevets. La mauvaise qualité des brevets est souvent tenue pour responsable de l'augmentation, ces dernières décennies, du nombre de poursuites discutables pour contrefaçon alléguée de brevet (intentées par les « chasseurs de brevets ») dans certains pays ou régions ; les offices de brevets et diverses instances, dans leurs décisions, s'efforcent d'améliorer la qualité des brevets depuis le milieu des années 2000.

Graphique 7.6. **Dépôts de brevets, 2000-12**

Nombre de dépôts dans les principaux offices des brevets

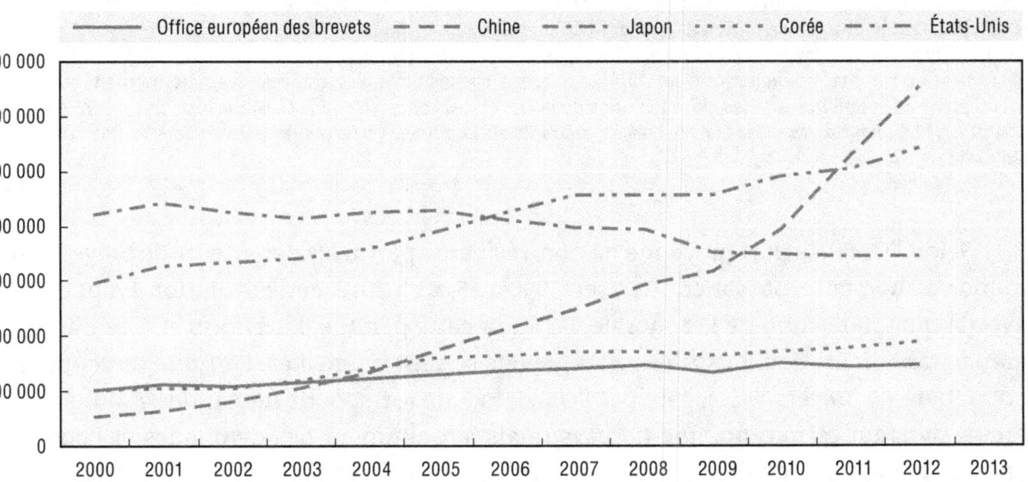

Source : Organisation mondiale de la propriété intellectuelle (OMPI) (2013), Page Internet sur les statistiques concernant les brevets, *www.wipo.int/ipstats/en/statistics/patents*, et offices nationaux des brevets. Données extraites de IPP.Stat le 8 juillet 2014.

StatLink http://dx.doi.org/10.1787/888933306691

Depuis quelques décennies, les brevets se sont étendus à de nouveaux domaines techniques, notamment les logiciels et le matériel génétique, et, dans certains pays, à des domaines non techniques comme les méthodes commerciales. Certains acteurs se félicitent de cette évolution, tandis que d'autres pensent que l'obtention de brevets dans ces domaines risque de nuire à la diffusion des technologies, avec l'impact négatif qui pourrait en résulter pour les activités d'invention dans des domaines étroitement liés aux processus scientifiques et intellectuels (qui sont des domaines non brevetables). La majorité des demandes de brevet dans le monde porte sur les technologies de l'information et des communications (TIC), ainsi que sur la santé et les biotechnologies, bien que la part relative correspondant à ces domaines ait diminué, passant de presque 72 % en 2000 à 55 % en 2011. Cette baisse est due principalement à la réduction progressive du nombre de demandes de brevet dans les technologies médicales et les biotechnologies. Les brevets dans le domaine des nanotechnologies et de l'environnement, qui ne représentaient qu'environ 7 % du total des brevets en 2000, ont vu leur part relative augmenter à près de 11 % en 2011 (graphique 7.7).

Graphique 7.7. **Brevets par domaine technologique, 1999-2011**

En pourcentage du total des dépôts de brevet en vertu du Traité de coopération en matière de brevets (PCT)

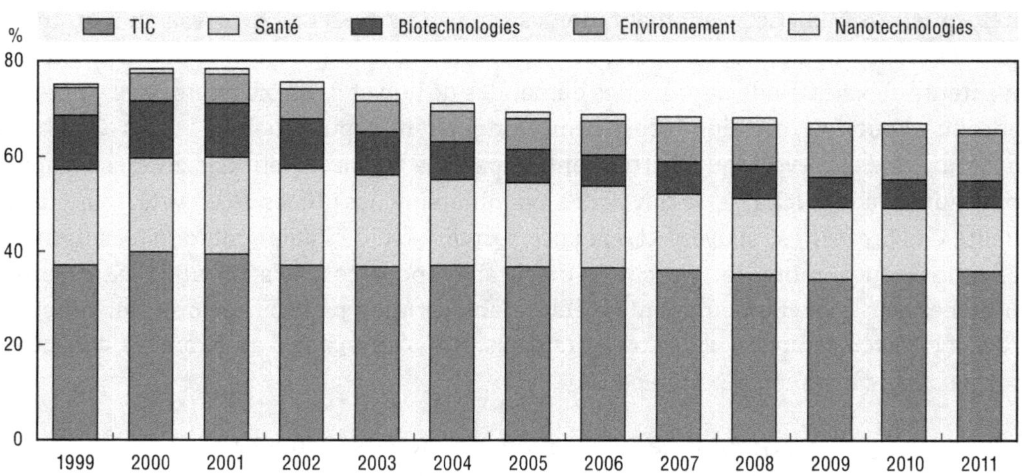

Note : Ces données renvoient aux demandes de brevets dans le cadre du Traité de coopération en matière de brevets (PCT), pendant la phase internationale, par date du premier dépôt.

Les brevets sur technologies liées à la biotechnologie, à la nanotechnologie, à la santé et aux TIC sont définis par la Classification internationale des brevets (CIB). Les brevets sur les technologies liées à l'environnement sont définis en utilisant une combinaison des classifications de la CIB et des codes Y02 de la Classification Européenne (ECLA).

Source : OCDE, *Base de données sur les brevets*, mars 2014. Données extraites de IPP.Stat le 8 juillet 2014, *http://stats.oecd.org//Index.aspx?QueryId=57863.*

StatLink http://dx.doi.org/10.1787/888933306707

Selon l'OMPI, la part moyenne de non-résidents parmi les détenteurs de brevet dans le monde a augmenté, passant de 31 % en 1990 à 35 % en 2012, cette évolution ayant coïncidé avec la mondialisation de l'économie. Pendant cette période, les efforts en vue d'une plus grande mondialisation du système des brevets se sont intensifiés. Le Traité de coopération en matière de brevets (PCT), géré par l'OMPI, facilite le dépôt de demandes simultanées de brevet dans un certain nombre de pays (mais le traitement des demandes et l'octroi des brevets demeurent des processus nationaux). Les offices de brevets ont collaboré afin d'améliorer la compatibilité entre les législations nationales sur les brevets. L'Accord sur les aspects des droits de propriété intellectuelle qui touchent au commerce (ADPIC) est à l'origine de cette évolution. Ce traité international, introduit en 1994 et mis en œuvre par l'Organisation mondiale du commerce (OMC), a établi un ensemble minimum de normes à respecter dans les textes de loi nationaux, en particulier une définition étendue des domaines de brevets (tous les domaines technologiques, y compris les médicaments), une validité légale de 20 ans minimum, la neutralité vis-à-vis de la nationalité du demandeur, etc. De nouvelles procédures visant à réduire la duplication du travail par les offices de brevets (notamment en matière de recherche) ont été mises en place, comme le traitement accéléré des demandes de brevet, et divers accords bilatéraux établis entre des offices nationaux pour l'échange de travail sur des applications particulières.

L'accord sur les ADPIC s'applique à tous les pays membres de l'OMC, à l'exception des économies les moins développées, jusqu'en 2021. De nombreux pays émergents et en développement appliquent aussi cet accord afin de soutenir l'innovation nationale. L'inclusion des composés pharmaceutiques parmi les objets brevetables obligatoires a soulevé le problème de l'accès des pauvres aux soins essentiels. C'est pourquoi un certain degré de flexibilité a été introduit, notamment depuis l'accord de Doha. D'abord, celui-ci autorise les pays ne possédant pas de capacités de fabrication pharmaceutiques suffisantes à importer des médicaments d'autres pays membres utilisant des licences obligatoires. Ensuite, il prévoit que les pays les moins avancés ne sont pas obligés d'appliquer les dispositions relatives à la protection de la propriété intellectuelle des produits pharmaceutiques avant janvier 2016. Dans certains pays en développement se pose aussi la question de la protection effective des droits de brevet. Celle-ci exige un système judiciaire solide et indépendant pour éviter que la contrefaçon ne se multiplie. Des pays comme la République populaire de Chine et l'Inde, et d'autres également, ont engagé des efforts importants à cet égard.

Tendances récentes de l'action publique

Les États-Unis ont adopté l'American Inventor Act en 2011. Cette loi, qui représente la réforme la plus approfondie du système des brevets depuis 1952, a introduit le principe du « premier inventeur déposant » (au lieu du « premier inventeur »). Elle prévoit aussi un système d'opposition après enregistrement permettant de retirer pour un coût assez faible les brevets jugés invalides à un stade précoce. La loi a également introduit une « option de traitement accéléré » des demandes de brevet dans un délai de 12 mois. Cette option a spécialement pour but d'aider les startups, qui ont besoin d'obtenir rapidement la protection des droits de propriété intellectuelle (DPI). La loi contient en outre une disposition prévoyant des alternatives aux procédures coûteuses devant les tribunaux, afin de réduire les coûts de la propriété intellectuelle pour les entrepreneurs. L'Australie et le Royaume-Uni ont eux aussi mis en place un système de traitement accéléré.

L'Office des brevets du Japon (JPO) a introduit en 2013 plusieurs changements dans ses procédures. Il a révisé ses lignes directrices pour examinateurs à propos du « critère d'unité de l'invention » et des « changements modifiant une caractéristique technique spécifique d'une invention ». En outre, le JPO a établi un système d'« examens collectifs des portefeuilles de propriété intellectuelle », qui permet l'examen transversal de différents types de propriété intellectuelle en vue de l'attribution de droits, permettant ainsi de s'aligner sur le rythme de l'expansion de l'activité des entreprises. En Europe, le nouveau brevet de l'Union européenne est entré en vigueur le 1er janvier 2014. Il complétera le brevet européen actuel, qui regroupe un ensemble de droits nationaux. Le brevet de l'Union s'accompagne d'une réduction du nombre de traductions requises (trois langues seulement) et d'un système judiciaire unifié. Le but est de réduire le coût pour les demandeurs et de simplifier les procédures.

En Australie, la loi d'amendement de la législation sur la propriété intellectuelle de 2012, qui est entrée en vigueur en avril 2013, vise à améliorer la qualité des brevets afin de les rapprocher des normes internationales. En Allemagne, une modification récente de la législation sur la propriété intellectuelle, en juillet 2013, spécifie que les rapports de recherche devront inclure un avis écrit indiquant plus précisément au demandeur si l'examinateur juge une application brevetable.

Des pays émergents comme le Chili, la Colombie, le Costa Rica et l'Indonésie ont récemment mis en œuvre une série de mesures visant à optimiser les aspects législatifs et les procédures de leurs systèmes de protection de la propriété intellectuelle (pour plus de détails sur les réformes récentes en Colombie et en Indonésie, voir OCDE, 2014).

Des réformes ont aussi été engagées pour améliorer la protection effective des DPI. Au Royaume-Uni, le tribunal des brevets d'Angleterre et du pays de Galles a été réformé afin de réduire les coûts de protection des DPI au moyen de procédures permettant de restreindre la durée des auditions. L'Office de la propriété intellectuelle du Royaume-Uni examine actuellement les moyens de renforcer les dispositifs existants, comme les procédures de médiation, pour améliorer l'efficience du règlement des différends. Le Danemark a engagé récemment plusieurs initiatives pour améliorer la protection pénale de la propriété intellectuelle et réduire les cas de contrefaçon.

Diverses mesures ont aussi été adoptées par les pouvoirs publics pour soutenir les demandes de protection de la propriété intellectuelle, depuis les subventions à la préparation et au dépôt des demandes de brevets jusqu'à la fourniture d'informations et de services de conseil. Ces mesures visent principalement les petites et moyennes entreprises (PME). Parmi les pays ayant mis en œuvre récemment des mesures de ce genre, on peut citer l'Argentine, la Belgique, le Canada, la République tchèque, le Royaume-Uni et la Suède. Un exemple en est le programme SIGNO de l'Allemagne, doté d'un budget annuel de 20 millions USD en PPA (16 millions EUR), qui a pour but de soutenir les PME et les startups, en particulier dans le secteur de l'artisanat. Autre exemple : le programme d'accompagnement des entreprises pour la croissance (Business Coaching for Growth) du Royaume-Uni, qui cherche à aider les PME à mieux exploiter leur potentiel d'innovation ; l'utilisation des DPI par les entreprises est un élément important du programme. Cette initiative s'inscrit dans le prolongement de la Stratégie d'innovation et de recherche pour la croissance, récemment publiée, dont les mesures essentielles incluent l'aide à la protection des DPI des PME, afin de soutenir la croissance de ces entreprises.

Pour en savoir plus

OCDE (2009), « Systèmes et procédures en matière de brevets », *Manuel de l'OCDE sur les statistiques des brevets*, Éditions OCDE, Paris, *http://dx.doi.org/9789264056466-fr*.

OCDE (2009), « Critères de base pour la compilation d'indicateurs fondés sur les brevets », *Manuel de l'OCDE sur les statistiques des brevets*, Éditions OCDE, Paris, *http://dx.doi.org/9789264056466-fr*.

OCDE (2014), *National Intellectual Property Systems, Innovation and Economic Development*, Éditions OCDE, Paris, *http://dx.doi.org/10.1787/9789264204485-en*.

OCDE (2014), Politiques des brevets et systèmes de DPI, *Science, technologie et industrie : Perspectives de l'OCDE 2014* (base de données ; en anglais), voir : *http://qdd.oecd.org/Table.aspx?Query=1C90B6AA-DA96-4C3F-9EA5-F56C2053DF6F*.

Plateforme des politiques d'innovation (IPP) de l'OCDE, Modules sur les données des brevets, voir : *www.innovationpolicyplatform.org/content/patent-data-patent-valuation-methods?topic-filters=12279*.

MARCHÉS DE LA PROPRIÉTÉ INTELLECTUELLE

Bien-fondé et objectifs

Les droits de propriété intellectuelle (DPI) – brevets, marques, dessins et modèles industriels et droits d'auteur – s'échangent de plus en plus sur le marché. Les politiques publiques agissent fortement sur les marchés de la propriété intellectuelle et influencent par conséquent leur impact sur l'innovation. Dans le monde réticulaire d'aujourd'hui, la circulation des idées est décisive pour l'innovation. Les flux de connaissances permettent une meilleure utilisation, plus large et plus diversifiée, des compétences et du savoir, au-delà des usages ou applications envisagés par le propriétaire unique. Les inventeurs, concepteurs et auteurs, en particulier les chercheurs des universités et des établissements publics de recherche, ne sont pas toujours les mieux placés pour exploiter leurs propres connaissances. C'est pourquoi ces organisations cherchent de plus en plus à commercialiser leur capital intellectuel. Cependant, les coûts de transaction élevés s'opposent fréquemment à la négociation de licences ou d'autres types d'accords.

Les DPI facilitent le transfert de connaissances et de technologies en garantissant aux parties concernées que les connaissances ne seront pas détournées. Les transactions de propriété intellectuelle sont parfois motivées par des considérations stratégiques, par exemple pour empêcher des concurrents d'entrer sur un marché spécifique ou aux fins d'action en justice. Donner la propriété intellectuelle en garantie est aussi parfois le moyen de s'assurer un financement. L'activité des marchés de la propriété intellectuelle peut favoriser l'investissement dans la création de nouvelles connaissances mais susciter aussi des comportements opportunistes de recherche de rente, avec les effets pervers qui en résultent.

Principaux aspects

Il est difficile d'estimer avec exactitude les dimensions des marchés de la propriété intellectuelle, car la plupart des transactions sont exclusives et confidentielles. Les informations existantes suggèrent une tendance à la hausse : la cession de licences entre pays, les versements de redevances et les recettes, toutes formes de propriété intellectuelle confondues, y compris entre filiales, ont augmenté en moyenne de 10.1 % par an entre 2000 et 2011 dans la zone OCDE (graphique 7.8), ce qui est bien supérieur au taux annuel moyen de croissance du produit intérieur brut (PIB) observé dans cette zone, qui a atteint 5 % pendant la même période. Selon Athreye et Yang (2011), le volume total au niveau mondial aurait atteint environ 180 milliards USD en 2009.

La part des entreprises détentrices de brevets qui cèdent des licences d'utilisation de leurs technologies à des entreprises non affiliées a été estimée à 13 % en Europe et 24 % au Japon (Zúñiga et Guellec, 2008). En se servant de données fiscales confidentielles des États-Unis pour 2002, Robbins (2006) a estimé que l'octroi de licences nationales et internationales sur des brevets et des procédés industriels représentait 66 milliards USD, ou 4.5 % du stock total de la R-D privée (BEA, 2011).

L'acquisition de DPI est devenue un outil stratégique essentiel pour les entreprises qui cherchent à maintenir ou accroître leur part de marché, et les transactions et contentieux en matière de propriété intellectuelle – en particulier à propos de brevets de technologies de l'information et des communications (TIC) – trouvent un large écho dans les médias. Le marché des brevets a également évolué avec l'apparition de nouveaux intermédiaires et modèles d'entreprise (Millien et Laurie, 2009 ; Yanagisawa et Guellec, 2009 ; Chien, 2010 ;

Graphique 7.8. **Flux internationaux de royalties et de revenus de licence, 2001-12**

Taux de croissance annuelle moyen, fondé sur le USD courant, en pourcentage

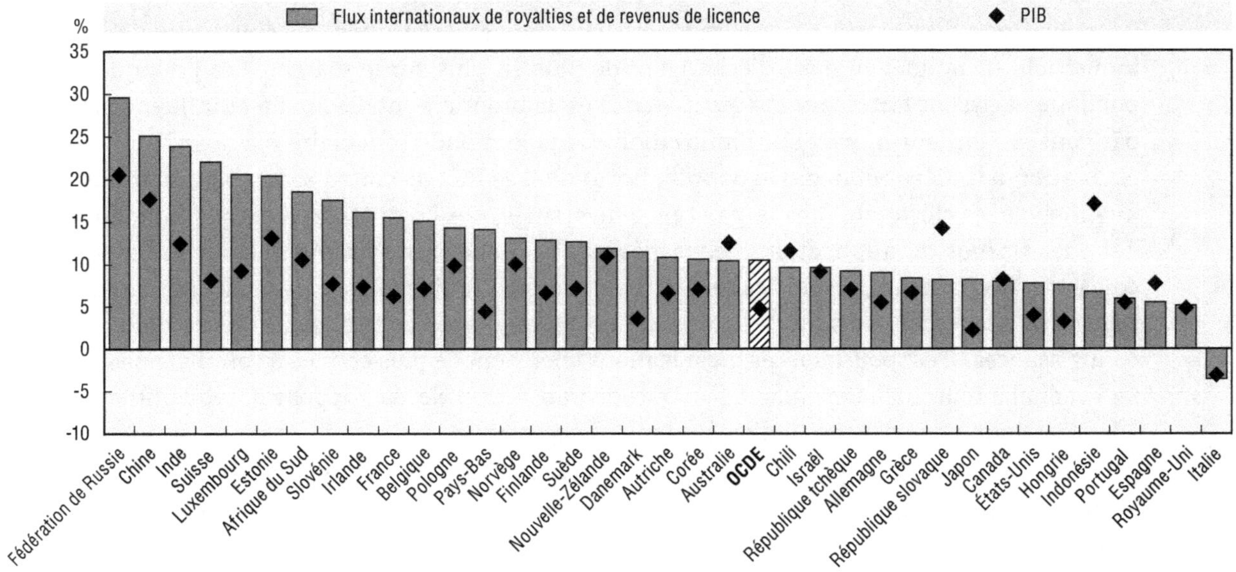

Note : Moyenne des recettes et des paiements. Les données pour la Belgique renvoient à 2003-12 ; les données pour la Fédération de Russie et pour les Pays-Bas renvoient à 2004-12 ; les données pour le Danemark, la Hongrie, l'Indonésie et Israël renvoient à 2005-12 ; les données pour l'Afrique du Sud renvoient à 2006-12 ; et les données pour l'Italie renvoient à 2009-12. Le total OCDE ne comprend pas l'Islande, le Mexique et la Turquie.

Source : *OCDE, Base de données sur la balance des paiements technologiques* ; OCDE (2013), « Trade in Services – EBOPS 2010 », *Statistiques de l'OCDE sur le Commerce International des Services* (base de données), *http://dx.doi.org/10.1787/data-00583-en* ; Banque Mondiale (2014), *Banque de données des Indicateurs du Développement dans le Monde (WDI), http://wdi.worldbank.org* ; OCDE, *Statistiques des Comptes Nationaux de l'OCDE, http://dx.doi.org/10.1787/na-data-en* et estimations de l'OCDE, juin 2014.

StatLink http://dx.doi.org/10.1787/888933306716

Hagui et Yoffie, 2011). Plusieurs pays ont adopté des mesures pour encourager l'utilisation économique des droits de propriété intellectuelle protégés par brevet (OCDE, 2013c) :

- Les **fonds de brevets visent** à réduire les coûts de transaction et les risques de litige en regroupant les brevets et en cédant à leurs membres des licences sur l'ensemble du portefeuille de brevets. Cependant, ils peuvent être cause d'asymétries entre initiés (entreprises membres) et non-initiés.
- Les **entités spécialisées dans la revendication de droits de brevet** acquièrent des titres de propriété intellectuelle afin de faire valoir les droits de brevet à l'encontre des entreprises. Bien qu'elles soient sources de liquidités pour le marché, leur modèle d'entreprise est controversé parce que ces entités sont immunisées contre toutes représailles judiciaires (puisqu'elles ne fabriquent pas de marchandises et ne fournissent pas de services). Elles peuvent donc imposer des frais maximaux aux entreprises qui ne détiennent pas une licence de brevet. Cela risque de décourager l'innovation dans les domaines de recherche complexes.
- Les **nouveaux marchés de la propriété intellectuelle en ligne** cherchent à reproduire le modèle des plateformes pour produits standards, qui connaissent un grand succès, mais certains reposent sur une approche plus complexe. Une plateforme d'échange de contrats de licence non exclusifs (*unit licence right contracts*), un nouveau type de produit dérivé de propriété intellectuelle, a par exemple été créée en 2011.

Les règles de taxation des revenus de propriété intellectuelle constituent aussi un important domaine de l'action publique face à la mondialisation croissante des marchés de la propriété intellectuelle. Ces règles ont des incidences sur le lieu et la manière dont les entreprises, en particulier les multinationales, exploitent les connaissances (OCDE, 2013b). Par exemple, les directives concernant la comptabilisation en charges ou l'amortissement des coûts d'achat de la propriété intellectuelle peuvent peser sur les stratégies d'achat de connaissances. Les politiques de la concurrence affectent aussi fortement l'évaluation des fusions d'entreprises à forte intensité de propriété intellectuelle ou la création de communautés de brevets. Des autorités enquêtent actuellement sur les pratiques d'injonction à l'égard de leurs concurrents de certains détenteurs de brevets essentiels pour une norme donnée, qui sont souvent soumis à l'obligation de céder des licences FRAND (équitables, raisonnables et non discriminatoires), afin d'éviter tout abus de position dominante sur le marché.

Tendances récentes de l'action publique

Les pouvoirs publics ont engagé des efforts importants pour promouvoir la commercialisation de la propriété intellectuelle, notamment par des services destinés à soutenir les activités de commercialisation des entreprises. D'autres initiatives reposent sur la fourniture de plateformes d'accès aux marchés de la propriété intellectuelle : le Danemark a ainsi lancé en 2011 le IP-Handelsportal, un portail Internet où les vendeurs peuvent offrir leurs droits ou mettre en vente des licences, et les acheteurs obtenir des informations. Ce programme propose aussi, parmi d'autres services, des outils d'aide à l'évaluation de la propriété intellectuelle, aspect important pour le bon fonctionnement des marchés. Au Royaume-Uni, le Digital Copyright Hub est aussi un portail centralisé permettant de connecter les bases de données des organes chargés de l'octroi des licences avec des outils automatisés d'obtention de licence et de recherche trans-sectorielle des coordonnées des détenteurs de droits. L'objectif est de soutenir l'industrie de la création. Le coût de ce portail, qui a bénéficié initialement de fonds de démarrage du gouvernement britannique, est aujourd'hui supporté par un consortium de l'industrie qui gère le projet.

Les pouvoirs publics sont aussi intervenus pour encourager les universités et les établissements publics de recherche (EPR) à commercialiser leur propriété intellectuelle. La Belgique et la Slovénie soutiennent des offices de transfert de technologie. La France a créé des sociétés d'accélération du transfert de technologie (SATT), dont 14 étaient effectivement en place en 2014. Ces sociétés ont pour but de protéger et de gérer les DPI des EPR. Divers pays ont aussi lancé récemment des programmes de sensibilisation, parmi d'autres outils d'intervention. En 2014, plusieurs universités danoises adhéreront au réseau PATLIB, voué à des activités de sensibilisation. Le Royaume-Uni a adopté une autre approche pour soutenir les efforts de commercialisation des universités et des EPR avec le projet Fast Forward Competition, qui dispose d'un fonds annuel d'environ 1 million USD en PPA (750 000 GBP) en 2014 pour l'attribution de prix et aide à financer des projets de collaboration entre l'université et l'industrie. Le Royaume-Uni travaille également à la mise à jour du Lambert Toolkit, qui contient des guides pour la décision, des modèles d'accord et d'autres informations utiles lors des négociations auxquelles participent des universités publiques et des instituts de recherche financée sur fonds publics. Les mises à jour s'appuient sur une évaluation de cette boîte à outils réalisée en 2013. L'Afrique du Sud a créé en 2013 l'Office national de gestion de la propriété intellectuelle, un service spécialisé du ministère de la Science et de la Technologie, afin de soutenir les efforts de commercialisation des institutions financées sur fonds publics.

Certaines dispositions législatives ont aussi été modifiées pour faciliter la commercialisation. Au Japon, la loi sur les brevets a été amendée pour renforcer la protection des accords de licence à partir d'avril 2012. En France, la loi 2013-660 requiert des EPR qu'ils octroient des licences sur leurs brevets de préférence à des petites et moyennes entreprises et à des entreprises qui les exploiteront à l'intérieur de l'UE. Elle réaffirme également le principe d'un mandat unique pour la gouvernance des EPR, afin de réduire les coûts de transaction associés aux octrois de licence. Outre les brevets, le Royaume-Uni prévoit d'introduire d'ici avril 2014 des cadres de réglementation relatifs à l'établissement de codes de pratique pour les sociétés recueillant des redevances de droits d'auteur. Suite aux recommandations du Rapport Hargreaves en 2011, il prévoit aussi la mise en œuvre de mesures pour soutenir les industries de la création, notamment des licences collectives étendues et des normes d'utilisation des « œuvres orphelines », c'est-à-dire des œuvres protégées par le droit d'auteur pour lesquelles les ayants droit ne sont pas connus ou ne peuvent être contactés pour obtenir une autorisation d'utilisation. En Suède, où les chercheurs disposent de l'entière propriété des résultats de leurs travaux, ceux-ci seront tenus de notifier leur employeur des résultats qui offrent des possibilités de commercialisation. Le but est de prévenir tout effet négatif possible de cette forme de propriété des DPI sur la commercialisation.

Pour en savoir plus

Athreye, S. et Y. Yang (2011), « Disembodied Knowledge Flows in the World Economy », *WIPO Economic Research Working Paper* n° 3, décembre.

Bureau of Economic Analysis (2011), *National Income and Product Accounts*, Washington, DC.

Chien, Colleen V. (2010), « From Arms Race to Marketplace: The New Complex Patent Ecosystem and Its Implications for the Patent System », *Hastings Law Journal*, vol. 62, p. 297, décembre.

Federal Trade Commission (2011), « The Evolving IP Marketplace: Aligning Patent Notice and Remedies With Competition: A Report of the Federal Trade Commission », mars, *www.ftc.gov/opa/2011/03/patentreport.shtm*.

Hagui, A. et D. Yoffie (2011), « Intermediaries for the IP Market », *Harvard Business School Working Paper* 12-023, octobre.

Hargreaves, I. (2011), « Digital Opportunity: A Review of Intellectual Property and Growth », un rapport indépendant du Professeur Ian Hargreaves, mai, *www.ipo.gov.uk/ipreview-finalreport.pdf*.

Millien, R. et R. Laurie (2009), « A Survey of Established and Evolving IP Monetization Models », 984 PLI/PAT 1033, 1038.

OCDE (2013a), *Science, technologie et industrie : Tableau de bord de l'OCDE 2013 : L'innovation au service de la croissance*, Éditions OCDE, Paris, *http://dx.doi.org/10.1787/sti_scoreboard-2013-fr*.

OCDE (2013b), « Taxation and knowledge-based capital », in *Supporting Investment in Knowledge Capital, Growth and Innovation*, chap. 2, Éditions OCDE, Paris, *http://dx.doi.org/10.1787/9789264193307-6-en*.

OCDE (2013c), « Knowledge networks and markets », in *Supporting Investment in Knowledge Capital, Growth and Innovation*, chap. 6, Éditions OCDE, Paris, *http://dx.doi.org/10.1787/9789264193307-6-en*.

OCDE (2013d), « Knowledge Networks and Markets », *OECD Science, Technology and Industry Policy Papers*, n° 7, Éditions OCDE, Paris, *http://dx.doi.org/10.1787/5k44wzw9q5zv-en*.

OCDE (2014), Marchés de la propriété intellectuelle, *Science, technologie et industrie : Perspectives de l'OCDE 2014* (base de données ; en anglais), voir : *http://qdd.oecd.org/Table.aspx?Query=84CC4416-62F0-4DE1-8A24-8546607AD12E*.

Plateforme des politiques d'innovation (PPI) de l'OCDE, Module sur les droits de propriété intellectuelle, voir : *www.innovationpolicyplatform.org/content/intellectual-property-rights?topic-filters=11386* ; voir aussi le sous-module sur la propriété intellectuelle, les marchés et la diffusion ainsi que les usagers de la propriété intellectuelle.

Robbins, C. (2006), « Measuring Payments for the Supply and Use of Intellectual Property », in *International Trade in Services and Intangibles in the Era of Globalization*, chap. 4, National Bureau of Economic Research (NBER) Book Series Studies in Income and Wealth, University of Chicago Press, 2009, *www.nber.org/chapters/c11608*.

United States Patent and Trademark Office (2011), « Request for Comments on Eliciting More Complete Patent Assignment Information », *Federal Register*, vol. 76, n° 226, 23 novembre.

Yanagisawa, T. et D. Guellec (2009), « The Emerging Patent Marketplace », *STI Working Paper* 2009/9, Statistical Analysis of Science, Technology and Industry, Éditions OCDE, Paris.

Zúñiga, M.P. et D. Guellec (2008), « Survey on Patent Licensing: Initial Results from Europe and Japan », document de travail interne, Éditions OCDE, Paris.

Science, technologie et industrie : Perspectives de l'OCDE 2014

PARTIE II

Chapitre 8

Profils des politiques STI : Les compétences pour l'innovation

RENFORCER LA FORMATION ET LES COMPÉTENCES AU SERVICE DE L'INNOVATION

Bien-fondé et objectifs

Les politiques de l'éducation jouent un rôle décisif au regard de l'innovation, en fournissant les bases et les compétences nécessaires à une économie innovante pour initier des processus et entreprendre des changements organisationnels, et aussi pour adopter de nouveaux produits et s'adapter au changement dans le temps. Un certain nombre de pays de l'OCDE et de pays partenaires soulignent que la formation et les compétences constituent des priorités essentielles de leurs politiques d'innovation. Étant donné l'impact profond que l'innovation et le développement technologique ont produit ces dernières décennies sur le marché du travail et sur les compétences requises pour de nombreux emplois, l'attention se porte de plus en plus sur la capacité effective du système éducatif à fournir aux jeunes les compétences dont ils ont besoin pour participer et s'adapter à l'innovation sur le lieu de travail.

Les compétences associées à l'innovation comprennent : des connaissances spécialisées, l'aptitude générale à la réflexion et à la résolution des problèmes, la créativité et certaines aptitudes sociales et comportementales comme le travail en équipe. Comme elles se développent dès un âge précoce, nombre de ces compétences doivent être acquises en partie dans le cadre de l'éducation formelle. La reconnaissance accrue de l'importance de ces compétences générales met aussi en évidence l'importance que revêtent pour l'innovation les activités de formation qui ne se limitent pas au cadre traditionnel constitué par les STIM (science, technologies, ingénierie et mathématiques), bien que ces disciplines occupent une place de premier plan dans les politiques d'innovation. Diverses politiques éducatives visant à étendre l'apprentissage peuvent avoir un impact sur différentes formes d'innovation, même si l'innovation ne figure pas explicitement parmi les objectifs de ces politiques. Les politiques de développement des compétences revêtent une importance croissante, quand on sait que selon une étude récente de l'OCDE, près des deux tiers de la population adulte ne possèdent pas les qualifications pour réussir dans un environnement à forte intensité de technologie (graphique 8.1) (OCDE, 2013).

Principaux aspects

Accroître la participation des élèves aux STIM demeure un élément essentiel des mesures adoptées par les pouvoirs publics pour renforcer la formation axée sur l'innovation. Ces mesures incluent notamment des incitations à augmenter le nombre des inscriptions, à améliorer l'enseignement, à introduire des objectifs de résultats dans les écoles et à réformer les programmes nationaux d'enseignement des STIM. Le graphique 8.2 montre la proportion de nouveaux entrants dans l'enseignement supérieur qui étudient dans le domaine de l'ingénierie, de la science et de la santé.

Le système d'enseignement au niveau des études doctorales doit aussi promouvoir les compétences pour l'innovation, notamment parce que nombre de doctorants poursuivent ensuite des activités d'innovation dans l'enseignement supérieur et les secteurs public et privé. Le graphique 8.3 montre les taux nets de participation aux programmes de recherche avancés (doctorat).

Tendances récentes de l'action publique

Outre l'attention qu'ils continuent d'accorder à l'éducation et aux carrières scientifiques et technologiques, les pays de l'OCDE et leurs partenaires ont adopté depuis peu diverses

Graphique 8.1. **Population adulte selon le niveau de compétence dans la résolution de problèmes dans des environnements riches en technologie, 2012**

En pourcentage des 16-65 ans

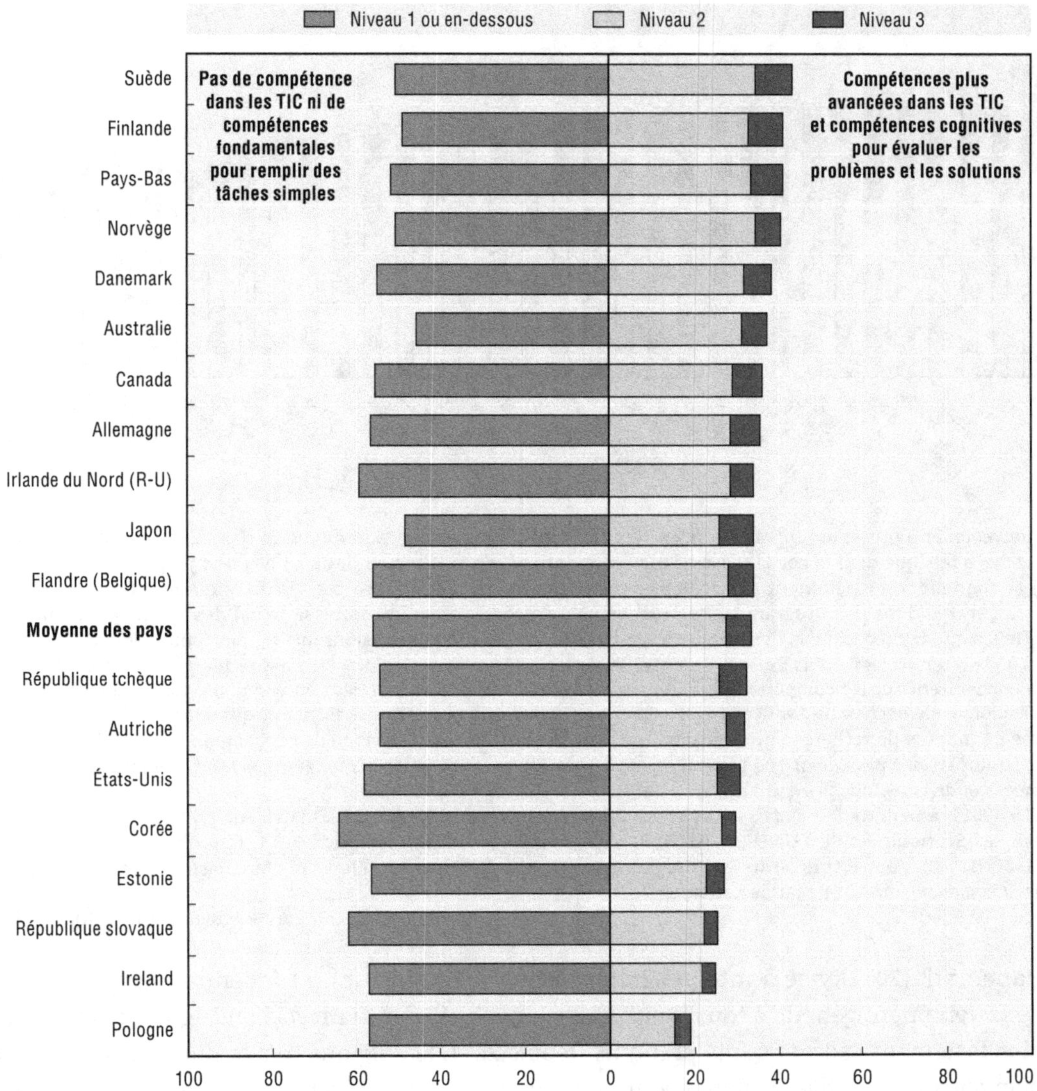

Note : La résolution de problèmes dans des environnements riches en technologie nécessite des compétences en « alphabétisation informatique » (c'est-à-dire la capacité à utiliser les outils et les applications des TIC) et les compétences cognitives nécessaires pour résoudre les problèmes. L'enquête de l'OCDE sur les compétences des adultes dans le cadre du Programme de l'OCDE pour l'évaluation internationale des compétences des adultes (PIAAC) évalue les compétences des adultes âgés de 16-65 ans en matière d'alphabétisation, de calcul, ainsi que dans la résolution de problèmes dans des environnements riches en technologie. En particulier, elle recueille un ensemble d'informations sur l'utilisation des TIC au travail et dans la vie de tous les jours, et sur une gamme de compétences génériques telles que la collaboration avec les autres et l'organisation de son temps.

Source : OCDE, fondé sur OCDE (2013), *Perspectives de l'OCDE sur les compétences 2013 : Premiers résultats de l'évaluation des compétences des adultes*, OECD Publishing, Paris.

StatLink http://dx.doi.org/10.1787/888933306726

mesures visant les compétences générales requises pour innover. On observe une tendance croissante à modifier les programmes et méthodes d'enseignement, tant à l'école qu'à l'université, afin d'encourager le développement de ces compétences en sus des connaissances liées à des matières spécifiques, et les activités hors-programme s'efforcent de promouvoir des aptitudes comme la créativité. La stratégie nationale de l'innovation du

Graphique 8.2. **Pourcentage d'étudiants entrants de l'enseignement supérieur dans les domaines de l'ingénierie, de la science et de la santé, 2012**

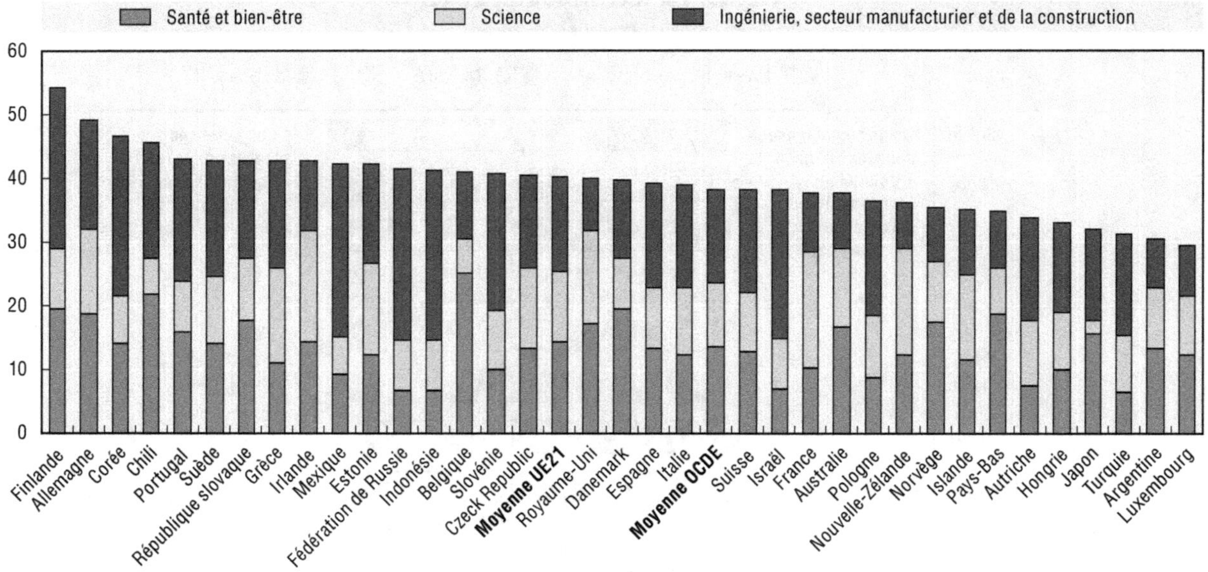

Note : Les nouveaux entrants sont rapportés aux entrants de tous les programmes tertiaires de type A, de type B et de programmes de recherche avancée tels que définis par la Classification Internationale de l'Éduction (ISCED 1997). Les programmes tertiaires de type A (ISCED 5A) se fondent principalement sur des enseignements théoriques et sont pensés de manière à fournir les qualifications nécessaires à l'entrée dans des programmes de recherche avancée et dans les professions où des capacités de haut niveau sont demandées telles que la médecine, la dentisterie ou l'architecture. Ces programmes ont une durée cumulative théorique minimum de trois années à plein temps bien qu'ils durent généralement quatre ans ou plus. Les programmes tertiaires de type B (ISCED 5B) sont plus courts et se concentrent sur les compétences pratiques, techniques ou professionnelles en vue d'une entrée directe sur le marché du travail. Les Diplômes de Recherche Avancée (ISCED 6) font référence aux programmes tertiaires qui donnent directement lieu à l'octroi d'un diplôme en matière de recherche avancée, comme le doctorat. La durée théorique de ces programmes est de trois années à plein temps dans la plupart des pays, bien que généralement ces programmes durent plus longtemps. Les programmes se consacrent à des études avancées et de la recherche originale.

Source : OCDE (2014, à paraître), *Regards sur l'éducation 2014 : Indicateurs de l'OCDE*, OECD Publishing, Paris, *www.oecd.org/edu/eag.htm* ; Institut pour les Statistiques de l'UNESCO (ISU), *Base de données sur l'éducation*, mai 2014, *http://data.uis.unesco.org/Index.aspx?DataSetCode=EDULIT_DS* pour l'Afrique du Sud l'Argentine, la Chine, la Colombie, l'Inde et l'Indonésie ; Eurostat, *Base de données sur l'éducation et la formation*, juin 2014, pour la Lettonie.

StatLink http://dx.doi.org/10.1787/888933306732

Danemark (2012) vise à intégrer la formation à l'innovation et à l'entrepreneuriat dans l'enseignement général à tous les niveaux par le biais d'initiatives d'enseignement mettant plus fortement l'accent sur la pratique. Depuis 2011, la Belgique (Wallonie) met en œuvre le plan d'action Creative Wallonia pour promouvoir la créativité à la fois à l'intérieur et au-delà de l'enseignement ordinaire. Ce plan s'appuie notamment sur la formation des enseignants et encourage les établissements d'enseignement supérieur à transmettre des compétences utiles pour la créativité et l'innovation. Dans le cadre d'un plan quinquennal lancé en 2013, la Corée cherche à encourager le développement d'un enseignement mieux orienté sur la pratique et la résolution des problèmes dans la scolarité primaire et secondaire. Au Costa Rica, le programme Innovating at Home apprend aux parents à développer la créativité de leurs enfants dès un âge précoce.

Promouvoir l'aptitude des élèves et des étudiants à l'entrepreneuriat est un moyen de soutenir la création d'entreprises innovantes. Les interventions publiques en ce sens peuvent prendre des formes diverses : la mise en place d'un enseignement spécifiquement consacré à l'entrepreneuriat ou des mesures pour inclure les compétences entrepreneuriales dans les programmes d'enseignement et les matières scolaires. En Norvège, le Plan d'action en faveur de l'entrepreneuriat dans l'éducation (2009-14) a pour but de renforcer

Graphique 8.3. **Taux d'entrée nette dans les programmes de recherche avancée, 2012**

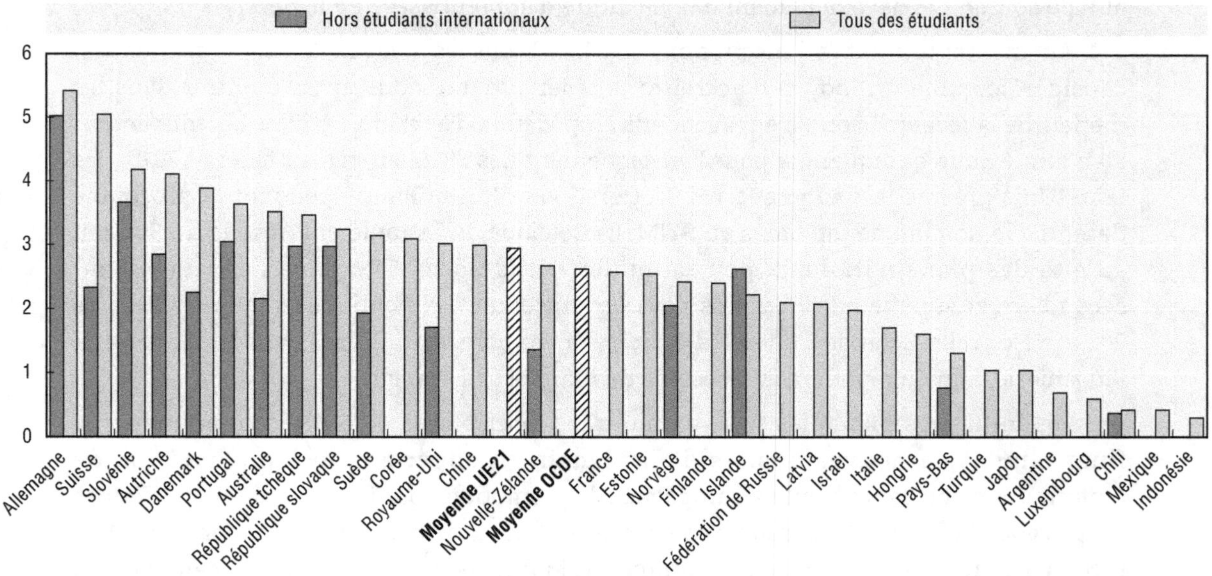

Note : Les taux d'entrée nette correspondent à la somme des taux d'entrée nette en fonction des âges. Les programmes de recherche de haut niveau font référence aux programmes tertiaires qui donnent directement lieu à l'octroi d'une qualification en matière de recherche avancée, comme le doctorat. La durée théorique de ces programmes est de trois années à plein temps dans la plupart des pays, bien que généralement ces programmes durent plus longtemps. Les programmes se consacrent à des études avancées et de la recherche originale. Les données pour l'Argentine renvoient à 2011.

Source : OCDE (2014, à paraître), *Regards sur l'Éducation 2014 : Indicateurs OCDE*, OCDE, Paris, *www.oecd.org/edu/eag.htm* ; Institut de statistique de l'UNESCO (ISU), *Base de données sur l'éducation*, mai 2014, *http://data.uis.unesco.org/Index.aspx?DataSetCode=EDULIT_DS* pour l'Afrique du Sud, l'Argentine, la Chine et l'Indonésie ; Eurostat, *Base de données sur l'éducation et la formation (ETR)*, juin 2014, *http://epp.eurostat.ec.europa.eu/portal/page/portal/education/data/database* pour la Lettonie.

StatLink http://dx.doi.org/10.1787/888933306746

des compétences comme la créativité et la réflexion innovante en les intégrant aux programmes d'enseignement à tous les niveaux. De même, le Portugal, par sa Stratégie nationale de développement industriel pour la croissance (2014), et l'Espagne, par sa loi de 2013 sur l'aide à l'entrepreneuriat et son internationalisation, visent à promouvoir les compétences entrepreneuriales grâce à certaines modifications des programmes d'enseignement scolaire. L'entrepreneuriat est maintenant un élément obligatoire du programme d'enseignement des écoles primaires et secondaires en Suède et en Finlande. En Pologne, les étudiants de l'enseignement supérieur doivent depuis 2012 suivre une unité consacrée à l'entrepreneuriat. L'Estonie a intégré l'entrepreneuriat à la formation de ses enseignants du supérieur. Le Mexique a réorienté les programmes de l'enseignement supérieur afin de promouvoir les compétences et la culture entrepreneuriales. Divers pays ont lancé des initiatives de formation, d'information publique et de communication ou de mentorat pour promouvoir l'innovation et la création d'entreprises.

L'introduction des technologies en classe est aussi une mesure prisée des pouvoirs publics, qui l'envisagent comme un moyen de faciliter l'acquisition de nouvelles compétences et de favoriser l'intérêt des élèves pour des sujets comme la programmation informatique. En Norvège, le programme d'enseignement virtuel des mathématiques offre aux élèves du secondaire ayant besoin d'être plus fortement stimulés un programme d'enseignement en ligne avec des classes virtuelles ; il permet aussi aux enseignants de prêter une plus grande attention aux élèves qui ont besoin d'un soutien supplémentaire. Le Royaume-Uni a introduit un nouveau programme d'enseignement de l'informatique qui accorde une plus grande place aux principes et à la pratique de l'informatique et inclut l'éducation au numérique et aux TIC. L'Irlande a lancé une stratégie des TIC pour les écoles afin de soutenir le développement d'une culture d'apprentissage en ligne.

Augmenter le nombre d'inscriptions en STIM à tous les niveaux de l'enseignement est considéré comme un moyen d'accroître la réserve d'individus aptes à entrer dans les métiers de la recherche ou à s'engager dans l'innovation. Par exemple, dans le cadre de leur Plan stratégique quinquennal pour l'enseignement des STIM au niveau fédéral (2013), les États-Unis prévoient d'augmenter d'un tiers – ou d'un million – pendant la prochaine décennie le nombre de diplômés en STIM. La Belgique, la Lettonie et l'Afrique du Sud ont adopté des plans nationaux pour stimuler l'étude des STIM dans l'enseignement secondaire et supérieur, et d'autres pays ont introduit des politiques similaires. Depuis 2013, la Nouvelle-Zélande s'efforce d'accroître le nombre de diplômés dans le domaine de l'ingénierie, afin de répondre aux besoins du marché de l'emploi.

Les initiatives publiques pour stimuler les inscriptions en STIM comprennent : le financement de nouveaux sites d'enseignement supérieur, et l'amélioration de l'information et le lancement de campagnes de promotion pour faire connaître aux jeunes les possibilités de carrière existant en science et en technologie ou dans le domaine de la recherche. Au Royaume-Uni, le programme STEM Ambassadors a créé un réseau national de volontaires parmi les professions scientifiques et technologiques qui travaillent avec les écoles dans tout le pays à promouvoir l'intérêt pour les STIM. La Finlande a créé en 2013 un groupe de travail national sur la science, dont l'un des buts est de stimuler l'intérêt pour la science parmi les jeunes. En outre, de nombreux pays ont pris des mesures pour renforcer les inscriptions en STIM parmi les groupes sous-représentés, en particulier les femmes.

Toutefois, les efforts engagés pour stimuler les inscriptions et l'intérêt pour les STIM peuvent ne donner que des résultats limités en l'absence d'un enseignement motivant et de grande qualité à l'école. C'est pourquoi les mesures visant à améliorer la qualité de l'enseignement des STIM, comme le perfectionnement des compétences des enseignants ou la réforme des programmes d'enseignement, constituent des initiatives complémentaires importantes. Le Japon s'est servi du programme Super Science High School pour réformer le programme national d'enseignement des sciences et des mathématiques et pour examiner l'utilisation de méthodes d'enseignement innovantes. L'Australie, l'Autriche, les États-Unis, la Grèce, l'Irlande, la Norvège, le Royaume-Uni et la Slovénie mettent en œuvre ou examinent actuellement des initiatives publiques visant à améliorer l'enseignement des STIM. Des mesures visant à attirer les meilleurs diplômés en STIM dans l'enseignement, en particulier dans les écoles peu performantes, sont aussi une possibilité.

Il existe plusieurs exemples d'initiatives nationales pour étendre et réformer les programmes doctoraux. Depuis dix ans, le système australien d'aide à la formation à la recherche (Australian Research Training Schemes) soutient la formation à la recherche des étudiants qui poursuivent un master et un doctorat de recherche. Il dispose d'un budget de 600 millions USD en PPA pour 2013-14. Le Plan national de développement de l'Afrique du Sud prévoit de porter le nombre de doctorats de 34 par million d'habitants en 2012 à 100 en 2030. L'Allemagne, l'Autriche, la Finlande, l'Irlande, le Mexique et la République tchèque ont réformé il y a peu l'enseignement postdoctoral. L'Australie, le Canada et la République tchèque ont mis en place des politiques visant explicitement à attirer de l'étranger les étudiants post-doctorants de haut niveau. Pour renforcer la mobilité des doctorants, la Belgique a introduit le programme « Doctoris » et la France le programme de Conventions industrielles de formation par la recherche (CIFRE). Le but premier de ces politiques est généralement d'améliorer le lien entre la recherche menée dans les universités et le secteur privé, mais elles contribuent aussi au développement d'un ensemble de compétences plus large parmi les étudiants en doctorat.

L'aptitude à travailler au croisement de plusieurs disciplines est aujourd'hui reconnue comme une compétence importante pour l'innovation, en particulier depuis la diffusion de concepts comme celui de *design thinking* dans l'enseignement supérieur. Au niveau doctoral, certains pays soutiennent spécifiquement les filières de doctorat pluridisciplinaires. Au Japon, le Programme pour les établissements supérieurs de pointe offre un soutien financier aux filières de doctorat pluridisciplinaires qui préparent les étudiants diplômés à devenir des dirigeants mondiaux créatifs au moyen de cours pluridisciplinaires, de rotations en laboratoire et de stages complétant la thèse de doctorat normale. En Afrique du Sud, le programme Young Summer Schools offre aux étudiants en doctorat une formation de trois mois à l'analyse des systèmes (approche pluridisciplinaire). En Autriche, plusieurs universités mettent au point de nouvelles filières structurelles afin de compléter et d'élargir la formation doctorale, tandis qu'en Finlande la formation aux compétences interdisciplinaires et aux compétences transférables figure explicitement dans les Lignes directrices nationales pour le développement de la formation doctorale (2012).

Certains pays de l'OCDE disposent de centres d'excellence dont le but est de renforcer les diplômes de recherche au niveau postdoctoral. Au Japon, l'évaluation réalisée en 2013 du programme de centres d'excellence, qui a été conçu pour renforcer l'enseignement et la recherche dans les institutions doctorales, a conclu que 44 % des centres sélectionnés en 2007 « avaient atteint presque tous leurs objectifs » et que 54 % « avaient pleinement atteint leurs objectifs ». En Norvège également, l'évaluation en milieu d'année 2012-13 des cinq premières écoles nationales de chercheurs a révélé que les écoles de chercheurs et le programme dans son ensemble atteignent leurs objectifs d'amélioration de la qualité de la formation post-diplôme. Au Royaume-Uni, les centres de formation doctorale ont été élargis à de nouvelles disciplines, avec la constitution d'une masse critique de tuteurs. Ces centres sont cofinancés par les universités, les Conseils de recherche et des partenaires des secteurs public et privé dans les domaines stratégiques de recherche interdisciplinaire, à travers les différents départements des universités.

Pour en savoir plus

OCDE (2013), *Perspectives de l'OCDE sur les compétences 2013 : Premiers résultats de l'évaluation des compétences des adultes*, Éditions OCDE, Paris, *http://dx.doi.org/10.1787/9789264204096-fr*.

OCDE (2014, à paraître), *Regards sur l'éducation 2014 : Les indicateurs de l'OCDE*, Éditions OCDE, Paris, *www.oecd.org/edu/eag.htm*.

OCDE (2014), Formation et compétences pour l'innovation, *Science, technologie et industrie : Perspectives de l'OCDE 2014* (base de données ; en anglais), voir : *http://qdd.oecd.org/Table.aspx?Query=B6847626-2583-4124-8134-CA02A6796D6D*.

Plateforme des politiques d'innovation (IPP), module sur les compétences pour l'innovation, voir : *www.innovationpolicyplatform.org/content/skills-innovation?topic-filters=11385*.

Toner, P. (2011), « Workforce skills and innovation: An overview of major themes in the literature », *OECD Education Working Papers*, n° 55, *http://dx.doi.org/10.1787/5kgk6hpnhxzq-en*.

POLITIQUES D'EMPLOI DES TRAVAILLEURS HAUTEMENT QUALIFIÉS

Bien-fondé et objectifs

La demande de travailleurs hautement qualifiés sur le marché du travail a progressé rapidement à mesure que les pays avancés évoluaient vers l'économie du savoir. Étant donné l'importance des ressources humaines dans l'innovation, les diplômés de l'enseignement supérieur jouissent de meilleures perspectives d'emploi, de salaires plus élevés et de possibilités de formation plus nombreuses que les autres travailleurs (OCDE, 2013a ; OCDE, 2014). Ils sont moins exposés au risque de chômage, surtout de longue durée. Ils ont aussi moins souffert de la crise mondiale (OCDE, 2012a) et, contrairement à ce qui s'est passé pour d'autres catégories de travailleurs, l'emploi dans les professions intellectuelles et techniques (travailleurs hautement qualifiés non cadres) a montré des signes de reprise entre 2011 et 2012 (OCDE, 2013a). Les études supérieures sont donc un facteur d'employabilité et d'apprentissage tout au long de la vie.

Cependant, la répartition des compétences sur le marché du travail n'est pas toujours optimale, comme en témoignent les taux d'emploi des diplômés de l'enseignement supérieur (graphique 8.4), qui sont influencés par l'inadéquation entre l'offre et la

Graphique 8.4. **Taux d'emploi des diplômés de l'université par sexe, 2012**

Nombre de diplômés de l'université en emploi en pourcentage de la population des diplômés universitaires de 25 à 64 ans

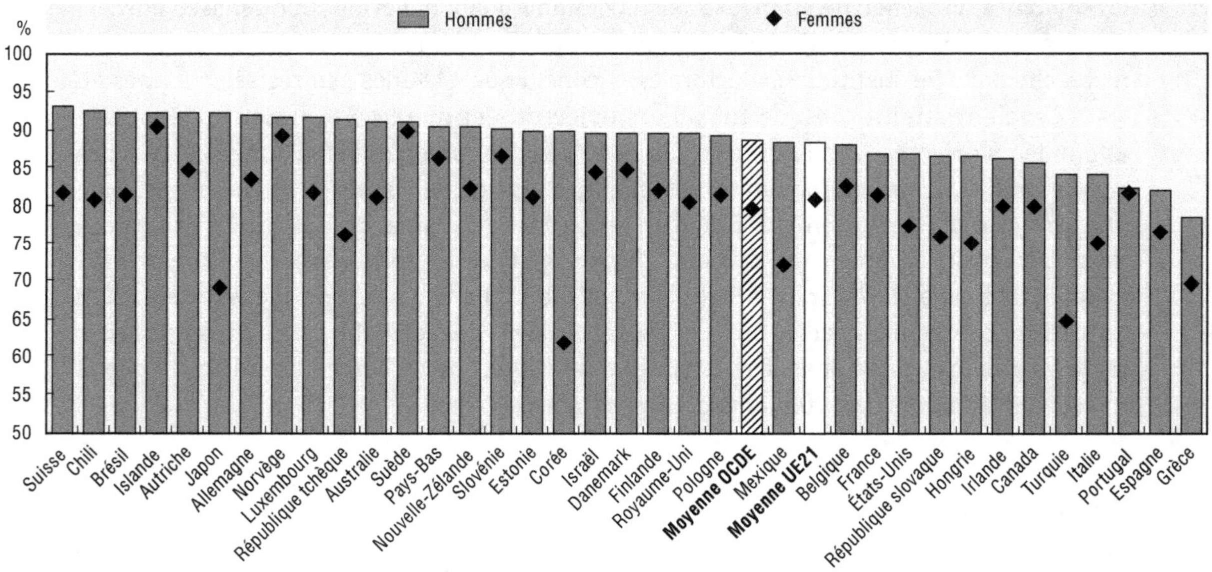

Note : Les diplômés de l'universités incluent les diplômés du niveau tertiaire A et ceux des programmes de recherche avancée, selon la Classification internationale de type de l'éducation (CITE 1997). Les programmes tertiaires de type A (ISCED 5A) se fondent principalement sur des enseignements théoriques et sont pensés de manière à fournir les qualifications nécessaires à l'entrée dans des programmes de recherche avancée et dans les professions où des capacités de haut niveau sont demandées telles que la médecine, la dentisterie ou l'architecture. Ces programmes ont une durée cumulative théorique minimum de trois années à plein temps bien qu'ils durent généralement quatre ans ou plus. Les Diplômes de Recherche Avancée (ISCED 6) font référence aux programmes tertiaires qui donnent directement lieu à l'octroi d'un diplôme en matière de recherche avancée, comme le doctorat. La durée théorique de ces programmes est de trois années à plein temps dans la plupart des pays, bien que généralement ces programmes durent plus longtemps. Les programmes se consacrent à des études avancées et de la recherche originale.

L'UE21 inclut l'Allemagne, l'Autriche, la Belgique, le Danemark, l'Espagne, l'Estonie, la Finlande, la France, la Grèce, la Hongrie, l'Irlande, l'Italie, le Luxembourg, les Pays-Bas, le Portugal, la République slovaque, la République tchèque, le Royaume-Uni, la Slovénie et la Suède.

Les données pour le Chili renvoient à 2011.

Source : OCDE (2014, à paraître), *Regards sur l'éducation 2014 : Les indicateurs de l'OCDE*, OCDE, Paris, *www.oecd.org/edu/eag.htm* ; Institut des statistiques de l'UNESCO (ISU), *Base de données sur l'éducation*, mai 2014, *http://data.uis.unesco.org/Index.aspx?DataSetCode=EDULIT_DS* pour l'Afrique du Sud, l'Argentine, la Chine, la Colombie, l'Inde et l'Indonésie ; Eurostat, *Base de données sur l'éducation et la formation (ETR)*, juin 2014, *http://epp.eurostat.ec.europa.eu/portal/page/portal/education/data/database* pour la Lettonie.

StatLink http://dx.doi.org/10.1787/888933306753

demande de main-d'œuvre, les niveaux de chômage (temporaire ou de longue durée) et la part des travailleurs qui abandonnent la vie active. Si les diplômés de l'enseignement supérieur connaissent presque le plein emploi en Islande, en Norvège et en Suède, leurs taux d'emploi sont bien inférieurs en Grèce et en Turquie. Les taux d'emploi témoignent également d'une sous-représentation des femmes dans l'emploi qualifié, alors que les étudiantes sont souvent majoritaires dans l'enseignement supérieur. Ce problème est commun à tous les pays, mais la disparité entre les sexes est particulièrement frappante en Corée, au Japon et en Turquie. En outre, la probabilité que les femmes travaillent à temps partiel est plus élevée (OCDE, 2014). La représentation déséquilibrée des minorités dans les emplois scientifiques et technologiques a également été largement documentée (NSB, 2014) (voir aussi le profil « L'innovation au service des enjeux sociaux »).

Alors que nombre de pays se disent préoccupés par la pénurie potentielle de qualifications en sciences et en ingénierie, les entreprises font état de données contradictoires sur l'ampleur des « pénuries » ou sur le nombre de diplômés « surqualifiés », qui occupent des emplois demandant un niveau de compétence moindre. Les données issues d'enquêtes internationales récentes montrent ainsi qu'entre 10 % et 40 % des titulaires de doctorat de la zone OCDE ne travaillent pas dans la recherche et qu'un grand nombre d'entre eux occupent des emplois sans lien avec leur diplôme, notamment après quelques années de vie active (Auriol et al., 2013).

La question du sous-emploi des travailleurs hautement qualifiés (qu'il s'agisse ou non de femmes ou de personnes issues de minorités) ou celle de leur emploi à des postes sans relation avec leurs qualifications posent plusieurs problèmes en rapport avec la perte de compétences pour le marché, le risque d'érosion des compétences au fil du temps et le faible rendement des capitaux publics et privés investis dans l'éducation.

Si les politiques de l'éducation influent sur les systèmes éducatifs et s'attachent surtout à renforcer l'offre de personnel qualifié au service de l'innovation (voir le profil « Renforcer la formation et les compétences au service de l'innovation »), les politiques de l'emploi visent à relever le niveau des connaissances et des compétences réellement utilisées par la main-d'œuvre. Elles traitent des questions intéressant aussi bien la demande que l'offre de main-d'œuvre. Les pouvoirs publics favorisent la demande en soutenant les entreprises qui recrutent des travailleurs hautement qualifiés, notamment celles de petite taille, qui ont souvent du mal à attirer cette catégorie de travailleurs. Ils peuvent contribuer à renforcer l'attrait des carrières dans le domaine de la science, de la technologie et de l'innovation et influer sur l'offre en attirant des talents de l'étranger et en favorisant les inscriptions aux cursus de science, technologie, ingénierie et mathématiques (STIM). Les politiques de l'emploi englobent la formation professionnelle et les programmes de mobilité, et s'attachent également au perfectionnement des compétences après la scolarité ou les études supérieures.

La demande de travailleurs qualifiés diffère selon les pays. Premièrement, l'éventail des qualifications nécessaires à l'innovation comprend des qualifications directes, en science et technologie, et des qualifications non techniques, en gestion, communication et entrepreneuriat, par exemple. Deuxièmement, le type de qualifications requis varie considérablement selon les secteurs et la taille des entreprises (Toner, 2009). Troisièmement, la combinaison optimale de qualifications n'est pas figée et varie au fil du temps. Certains pays ont vu leurs emplois moyennement qualifiés (définis comme tels par le niveau de salaire) reculer du fait de l'informatisation ou de la délocalisation des tâches routinières et répétitives, mais ont connu une forte croissance de l'emploi dans les professions qui nécessitent des compétences cognitives plus abstraites (OCDE, 2010a). Les pouvoirs publics ont un rôle à jouer lorsqu'il s'agit de surveiller les pénuries potentielles de qualifications et d'aider le marché du travail et le système de développement des compétences à faire coïncider objectifs et capacités.

Principaux aspects

Les politiques de l'emploi agissant sur la demande contribuent à réduire les coûts supportés par les entreprises pour embaucher des travailleurs hautement qualifiés (p. ex. : incitations fiscales applicables aux dépenses de R-D, y compris les rémunérations, ou aux retenues à la source sur les salaires des travailleurs hautement qualifiés) (voir le profil « Incitations fiscales en faveur de la R-D et de l'innovation »). Elles peuvent également couvrir le recrutement de jeunes chercheurs (p. ex. : bourses de doctorats industriels, bourses post-doctorales). D'autres initiatives encouragent l'innovation sur le lieu de travail (p. ex. : adoption de nouvelles technologies et méthodes de travail) afin d'aider les employeurs à exploiter au mieux les qualifications dont ils disposent.

Le monde universitaire et l'administration publique sont des débouchés majeurs pour les personnes hautement qualifiées. La création de chaires de recherche dans les établissements universitaires ou de postes de haut fonctionnaire dans l'administration publique contribue à orienter la demande de nouveaux talents et à soutenir la recherche et les processus d'innovation dans le secteur public, tout en ouvrant des perspectives de carrière intéressantes.

D'autres mesures en faveur de l'emploi visent à développer et à mettre à niveau l'offre de personnel qualifié. L'acquisition de compétences est un processus continu, qui ne s'arrête pas à la fin des études (OCDE, 2010a). Divers instruments financiers (p. ex. : gel des frais de scolarité, bourses) ou modes d'organisation du travail (congés sabbatiques, par exemple) favorisent la formation des adultes et la formation en cours d'emploi. Certaines incitations visent les entreprises, telles que la réglementation et la fiscalité de la formation professionnelle.

La mobilité au cours d'une carrière offre également des possibilités d'apprentissage. Les mesures qui encouragent la mobilité intersectorielle visent à lever les barrières réglementaires entre les institutions (p. ex. : transférabilité des pensions ou des aides à la recherche) et à créer des possibilités d'interaction entre l'industrie et la science (voir les profils « Missions et orientation de la recherche publique » et « Commercialisation des résultats de la recherche publique »). Parmi les initiatives prises par les pouvoirs publics pour encourager la mobilité internationale figurent la modification des lois sur l'immigration ou sur l'emploi dans la fonction publique (dans les universités, par exemple), la simplification des procédures d'obtention d'un permis de séjour et de travail, les incitations financières destinées à attirer des étrangers (ou des nationaux vivant à l'étranger) hautement qualifiés (p. ex. : rémunérations, incitations fiscales à l'intention des travailleurs étrangers hautement qualifiés, couverture sociale) et la mise à disposition de services de mobilité et de dispositifs de mise en réseau (p. ex. : guichet unique, site web, aide au logement).

Les politiques de l'emploi en faveur de l'innovation ciblent les chercheurs en particulier. Elles visent à renforcer l'attractivité des carrières dans la recherche par une revalorisation des rémunérations (p. ex. : financement de nouvelles recherches, primes sur

Tableau 8.1. **Typologie des politiques de l'emploi des travailleurs hautement qualifiés et exemples d'application dans différents pays**

Principales caractéristiques des politiques		Principaux instruments d'action	Exemples de politiques nationales
Action sur la demande	**Cibler les entreprises***	Incitations fiscales (allégement fiscal sur les cotisations sociales applicables aux salaires des chercheurs et des nouveaux embauchés titulaires d'un doctorat), programmes de doctorats industriels, projets de perfectionnement sur le lieu de travail, réseaux d'apprentissage.	Australie (programme Researchers in Business), Belgique (crédit d'impôt sur les salaires du personnel de R-D), Canada (Programme d'aide à la recherche industrielle)
	Cibler les milieux universitaires et l'administration publique	Création d'emplois (par la création de nouvelles chaires universitaires ou de postes spéciaux dans les universités), nouveaux centres d'excellence.	Colombie (programme de services de placement), Mexique (initiative Chaires du CONACYT), Afrique du Sud (South African Research Chairs Initiative)
Action sur l'offre	**Améliorer les possibilités de formation et d'apprentissage tout au long de la vie**	Aides financières (bourses, gel des frais de scolarité, par exemple), élaboration d'un cadre national de certification des compétences, etc.	Pays-Bas (réforme des programmes de formation des instituts d'enseignement secondaire professionnel), Turquie (cadre de certification), Royaume-Uni (programme Higher Apprenticeship)
	Inciter à la mobilité (sectorielle et/ou internationale)	Réformes de la réglementation pour permettre la transférabilité des pensions, des aides à la recherche, etc. ; création de postes en détachement/incitations fiscales au recrutement de personnes détachées, élaboration d'un cadre national de certification des compétences, etc. Réforme des lois sur l'immigration, réforme de la législation régissant l'emploi dans l'enseignement supérieur et la fonction publique, incitations fiscales, services d'aide à la mobilité (logement, par exemple).	Colombie (Highly Recognized Diaspora Program), Allemagne (Qualified Professional Initiative), Pologne (Mobility Plus), Afrique du Sud (Exceptional Skills Work Permit)
	Cibler les chercheurs*	Incitations financières (incitations fiscales applicables aux revenus des personnes physiques, nouvelles bourses, etc.), amélioration des conditions de travail et de recherche (soutien administratif et/ou appui à la recherche, installations de recherche/laboratoires, autonomie/liberté dans la recherche, etc.), équilibre entre vie professionnelle et familiale (congé parental, travail à temps partiel, etc.), réforme de la législation régissant l'emploi dans la fonction publique (notamment titularisation et systèmes de recrutement et de promotion).	Australie (Discovery Early Career Researcher Award, Future Fellowships), Autriche (accords collectifs entre les représentants des universités et le syndicat de la fonction publique), Danemark (exonération d'impôt sur les revenus pour les travailleurs hautement qualifiés), Nouvelle-Zélande (Rutherford Discovery Fellowships)
	Cibler la population inactive/ sous-représentée (femmes, minorités etc.)	Mesures ciblées pour remédier aux déséquilibres de représentation des minorités et des femmes, notamment en renforçant leur présence et leur visibilité dans les cursus doctoraux, les conseils des universités ou les conseils de recherche (postes à responsabilité, modèles incarnant la réussite, mentorat, groupes d'examen par les pairs), programmes de mise en réseau, incitations financières (primes spéciales, bourses), etc.	Autriche (programme Talente), Norvège (Gender Balance in Senior Positions and Research Management - BALANSE), Slovénie (Commission for women in science)
Appariement de la demande et de l'offre	**Surveiller et prévoir les pénuries**	Collecte de données et enquêtes sur les besoins actuels et prévus du marché du travail et sur l'évolution des inscriptions et du nombre de diplômés.	France (rapports publics réguliers sur l'emploi dans le domaine scientifique depuis 2006), Nouvelle-Zélande (projet de collecte d'informations sur les perspectives de carrière, 2013), Royaume-Uni (Commission for Employment and Skills)
	Développer le système d'information et les cadres de certification des compétences (connexions entre les marchés du travail et le système de développement des compétences)	Plateformes d'information sur les possibilités d'emploi, conseils aux demandeurs d'emploi/aux entreprises, élaboration d'un cadre national de certification des compétences, reconnaissance de l'apprentissage informel et en cours d'emploi dans les cadres nationaux de certification, etc.	Japon (JREC-IN), Italie (site web sur les professions, l'emploi et les besoins), UE (portail EURAXESS)
	Agir sur la gouvernance de la politique de développement des compétences	Participation conjointe à la conception du programme d'action publique en matière de développement des compétences et à la mise en œuvre de la politique STI (participation des entreprises aux conseils des universités, par exemple).	Royaume-Uni (Employer Ownership Initiative)

* Voir aussi les profils « Renforcer la formation et les compétences au service de l'innovation », « Missions et orientation de la recherche publique », « Commercialisation des résultats de la recherche publique » et « Incitations fiscales en faveur de la R-D et de l'innovation ».

Source : OCDE, d'après les réponses des pays au questionnaire préparatoire à l'édition 2014 des *Perspectives STI de l'OCDE*.

les résultats de la recherche, publications comprises, les entreprises issues de la recherche universitaire, l'enseignement), par l'amélioration des conditions d'emploi (réforme des systèmes de recrutement et de promotion, parcours professionnel stable après titularisation, dispositions en faveur de l'équilibre entre vie professionnelle et familiale telles que le congé parental ou le travail à temps partiel, par exemple) et par l'amélioration des conditions de recherche (p. ex. : autonomie accrue dans la conduite des travaux de recherche, personnel d'appui, installations de recherche de niveau international). Des mesures ciblées peuvent venir appuyer les chercheurs à différents stades de leur carrière.

Les femmes et les minorités constituent un réservoir de talents inexploité ou sous-exploité auquel les décideurs publics ont commencé à s'intéresser sérieusement. Certaines initiatives visent à renforcer la présence et la visibilité de ces populations à des postes à responsabilité (p. ex. : nomination dans des conseils d'administration ou des groupes d'examen par les pairs) ou à les utiliser comme modèles de réussite dans les établissements scolaires et les établissements d'enseignement supérieur. Des incitations financières (primes ou aides à la recherche ciblées, par exemple) les encouragent à faire carrière dans les domaines scientifiques et technologiques et à entreprendre des recherches. Des aides à la recherche ciblées peuvent également faire contrepoids aux obstacles que les femmes ou les personnes issues de minorités rencontrent parfois pour obtenir des fonds destinés à la recherche dans le cadre des processus généraux de mise en concurrence.

L'adéquation de la demande et de l'offre de personnel qualifié nécessite de gérer un système d'information permettant de surveiller l'évolution de la demande de main-d'œuvre et des capacités en matière d'éducation (par des enquêtes auprès des entreprises ou des analyses prévisionnelles, par exemple), de fournir des plateformes de mise en relation des demandeurs d'emploi et des entreprises, et d'établir un cadre de certification des compétences ou des qualifications pour aider au recrutement et permettre la mobilité et l'apprentissage tout au long de la vie (par la reconnaissance de l'apprentissage informel, par exemple). Les initiatives de coordination entre les pouvoirs publics, le secteur des entreprises et les producteurs d'activités d'enseignement sont essentielles, tout comme l'est la participation des représentants du secteur des entreprises à la conception du programme d'action publique en matière de compétences (processus consultatifs) et à sa mise en œuvre (conseils d'administration au niveau institutionnel).

Tendances récentes de l'action publique

La Stratégie de l'OCDE pour l'innovation a mis en avant la nécessité de doter les individus de la capacité d'innover, soulignant l'attention qu'il convenait d'accorder à cette question (OCDE, 2010b). Un certain nombre de pays membres de l'Organisation et d'économies émergentes ont indiqué, dans leurs réponses au questionnaire préparatoire à l'édition 2014 des *Perspectives de la science, de la technologie et de l'industrie de l'OCDE*, que le renforcement des qualifications au service de l'innovation était l'une des grandes priorités de leur politique nationale d'innovation (voir le profil « Stratégies STI nationales »).

Les politiques de l'emploi des personnes hautement qualifiées ont connu moins de changements ces dernières années que les autres politiques STI (graphique 8.5). L'attention des pouvoirs publics s'est concentrée sur l'amélioration des perspectives de carrière des chercheurs (et notamment des jeunes et des femmes), sur les moyens d'attirer de nouveaux talents de l'étranger et sur l'élaboration de cadres et de systèmes d'information nationaux pour une meilleure adéquation entre la demande et l'offre de main-d'œuvre qualifiée.

Graphique 8.5. **Initiatives en matière de politique du travail pour les travailleurs hautement qualifiés parmi les autres domaines de la politique STI, 2012-14**

Pays signalant un changement substantiel dans le domaine de la politique, comparé aux autres domaines de politique STI

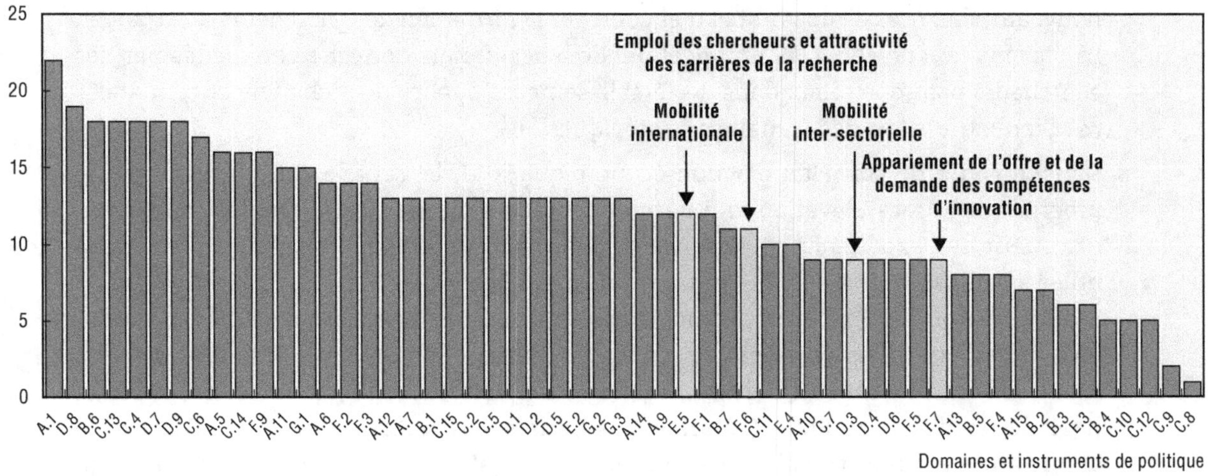

Note : L'axe des abscisses présente l'ensemble des domaines de la politique STI couverts par le questionnaire sur les politiques des Perspectives sur la science, la technologie et l'industrie 2014 de l'OCDE (les codes représentés dans le diagramme ci-dessus se réfèrent aux codes des questions dans le questionnaire 2014). L'axe des ordonnées indique le nombre de pays signalant que la situation a changé de façon substantielle dans chacun des domaines de la politique. Le comptage simple ne tient pas compte de l'ampleur et de l'impact des changements de politique. Les réponses sont fournies par les délégués au Comité de l'OCDE pour les Politiques Scientifiques et Technologiques.
Source : Réponses des pays au questionnaire préparatoire des *Perspective de la science, de la technologie et de l'industrie 2014 de l'OCDE.*

StatLink http://dx.doi.org/10.1787/888933306769

Renforcer l'attrait des carrières scientifiques et technologiques fait partie des priorités des politiques STI aussi bien des pays membres que des économies non membres de l'OCDE. Les pouvoirs publics s'efforcent d'élargir les possibilités d'emploi, notamment dans le domaine scientifique, et pour les jeunes et les femmes.

De nouveaux emplois vont être créés dans la R-D en Belgique, en France et au Japon. Le gouvernement fédéral belge a augmenté l'aide publique à la R-D des entreprises en portant à 80 % (contre 75 % auparavant), à compter de 2013, l'allégement fiscal applicable aux prélèvements à la source sur les salaires du personnel de R-D et en sanctuarisant le budget correspondant. La France a prévu de créer 1 000 emplois dans l'enseignement supérieur et la recherche publique entre 2012 et 2016, dans un contexte de réduction générale de l'emploi public. Le Japon, avec sa Nouvelle stratégie de croissance (2009-20), vise à créer plus de 4 millions d'emplois dans les domaines de l'innovation dans les sciences de la vie et de l'innovation verte, afin d'ouvrir des perspectives de carrière aux jeunes chercheurs et d'assurer le plein emploi des titulaires de doctorat en science et en technologie.

De nombreuses initiatives récentes ont ciblé les jeunes chercheurs en leur proposant une meilleure rémunération, d'autres financements destinés à la recherche et de nouvelles possibilités de recherche et d'emploi dans l'industrie.

- L'Estonie a introduit en 2012 un nouveau modèle de carrière dans la recherche pour les doctorants, qui étend leur couverture sociale et augmente leur rémunération, afin de réduire le taux d'abandon en cours d'études.
- L'Italie a créé en 2014 un programme en faveur de l'indépendance scientifique des jeunes chercheurs, qui finance leurs projets de recherche. Au Mexique, l'initiative Chaires du CONACYT (2013) vise à créer de nouveaux postes destinés à de jeunes chercheurs,

attribués selon une procédure d'appel à la concurrence. En Fédération de Russie, un programme fédéral ciblé alloue de nouvelles ressources sur la période 2014-16 en vue de favoriser la mobilité des chercheurs, de renforcer les perspectives de carrière pour les nouveaux titulaires de doctorat et d'encourager la formation des chercheurs à l'étranger. La Slovénie a lancé en 2013 un appel public à des projets de recherche menés par des chercheurs post-doctoraux dans des établissements publics de recherche et cofinancés par l'industrie, dans des domaines stratégiques.

- Dans le cadre de son Plan d'action économique 2014, le Canada prévoit d'étendre le programme Mitacs Élévation, qui permet actuellement aux stagiaires post-doctoraux d'acquérir de l'expérience et de suivre une formation dans les domaines de recherche utiles à l'industrie. Des aides seront accordées, sur la période 2014-16, pour offrir jusqu'à 3 000 nouveaux stages à temps complet en entreprise, réservés à des diplômés de niveau post-secondaire, dans des domaines de forte demande. En Corée, des initiatives visent à réduire le fossé entre l'offre et la demande d'emplois pour les jeunes scientifiques et ingénieurs dans les PME. Les mesures consistent notamment à améliorer les environnements de travail dans l'industrie, à établir un réseau à guichet unique d'information sur l'emploi, à encourager les stages préalables à l'emploi pendant les études et à attirer des ingénieurs étrangers.

La participation des femmes dans les domaines scientifiques continue de faire l'objet d'une attention particulière dans les politiques STI. En Norvège, l'Initiative on Gender Balance in Senior Positions and Research Management (BALANSE) (2013-17) encourage la parité des sexes dans les postes de direction de la recherche en finançant les projets de chercheuses et en aidant la recherche sur les questions de parité hommes-femmes. La France a mis en œuvre ces dernières années une série de mesures destinées à augmenter le nombre de scientifiques femmes, et à renforcer leur visibilité, et a signé en 2013 un accord avec quatre associations de femmes afin d'encourager la parité dans les professions scientifiques. La Corée a intégré les questions de parité hommes-femmes dans les orientations de son troisième Plan de base pour la science et la technologie (2013-17).

Il est devenu crucial de puiser dans le réservoir mondial de talents pour enrichir l'offre nationale de travailleurs qualifiés. L'Allemagne, le Canada, le Danemark et le Royaume-Uni ont récemment lancé des stratégies ou des plans d'action nationaux en vue d'internationaliser l'enseignement supérieur. Ces dispositifs consistent notamment à adopter une stratégie d'image de marque, à encourager la mobilité internationale (entrante et sortante) des étudiants et des universitaires et à améliorer l'environnement d'apprentissage (voir le chapitre 1 et le profil « Internationalisation de la recherche publique »). L'Allemagne a lancé en 2012 la Qualified Professional Initiative afin d'encourager les titulaires de diplômes étrangers en STIM à faire carrière en Allemagne. La République tchèque, par son programme NAVRAT (Retour) (2012-19), vise à renverser le mouvement d'exode des cerveaux en réintégrant des scientifiques nationaux de premier plan travaillant à l'étranger.

Des mesures ont été prises pour connaître les besoins futurs de main-d'œuvre et pour renforcer les capacités institutionnelles de suivi des pénuries de qualifications :

- La Nouvelle-Zélande a commandé une évaluation des perspectives de carrière à dix ans dans les professions clés afin de pouvoir informer les étudiants et les producteurs d'activités d'enseignement. La Norvège a élaboré deux modèles de prévision (un pour l'offre et un pour la demande) afin de définir les besoins futurs de travailleurs qualifiés. La Corée a réalisé une prévision nationale de la main-d'œuvre scientifique et technologique (2013-22) et l'Irlande a mis en œuvre, en collaboration avec l'industrie, le 2012 ICT Action Plan, qui vise à augmenter le nombre de diplômés de l'enseignement supérieur dans les technologies de l'information et des communications.

- Une commission intersectorielle pour la gestion des ressources humaines a été créée en Colombie afin de déterminer les déséquilibres potentiels dans la main-d'œuvre qualifiée.

La gouvernance de la politique relative aux compétences a également connu des modifications : nouveaux exercices d'évaluation, nouveau cadre d'action stratégique et meilleure coordination des différentes parties prenantes publiques et privées.

- La Nouvelle-Zélande a dressé un état des lieux des perspectives post-doctorales et des postes proposés à ce niveau pour évaluer l'efficience du cadre d'action actuel.
- La Turquie a adopté un nouveau cadre national de certification des compétences en 2014. Des cadres de ce type sont en cours d'élaboration en Colombie et en Finlande. En 2014-15, le cadre de certification néerlandais sera simplifié et rendu plus transparent afin de mieux répondre à la demande du secteur privé et d'être plus utile aux instituts de formation professionnelle.
- Plusieurs initiatives actuellement menées au Royaume-Uni mettent l'accent sur le renforcement de la formation et de l'enseignement professionnels. En 2013, une publication britannique, Rigour and Responsiveness in Skills, a présenté la vision des pouvoirs publics en matière de ressources humaines et de politiques de développement des compétences, et a proposé une feuille de route pour les réformes, notamment celle du système d'enseignement professionnel. Le Higher Apprenticeship Scheme est en cours d'extension afin de proposer une nouvelle voie d'accès, fondée sur l'expérience professionnelle, à des professions de haut niveau de l'industrie jusqu'ici réservées aux diplômés. L'initiative Employer Ownership fait participer les employeurs à l'élaboration du programme d'action relatif aux compétences, et leur permet d'apporter des solutions de formation de leur propre main-d'œuvre.

Pour en savoir plus

Auriol, L., M. Misu et R.A. Freeman (2013), « Careers of Doctorate Holders: Analysis of Labour Market and Mobility Indicators », *OECD Science, Technology and Industry Working Papers*, n° 2013/04, Éditions OCDE, Paris, *http://dx.doi.org/10.1787/5k43nxgs289w-en.*

National Science Board (NSB) (2014), *Science and Engineering Indicators 2014*, National Science Foundation, Arlington, Maryland (NSB 14-01), consultable à l'adresse : *www.nsf.gov/statistics/seind14/content/chapter-3/chapter-3.pdf.*

OCDE (2010a), *Innovative Workplaces: Making Better Use of Skills within Organisations*, Éditions OCDE, Paris, *http://dx.doi.org/9789264095687-en.*

OCDE (2010b), « Doter les individus de la capacité d'innover », in *La stratégie de l'OCDE pour l'innovation : Pour prendre une longueur d'avance*, Éditions OCDE, Paris, *http://dx.doi.org/10.1787/9789264084759-fr.*

OCDE (2011), *Skills for Innovation and Research*, Éditions OCDE, Paris, *http://dx.doi.org/10.1787/9789264097490-en.*

OCDE (2012a), *Science, technologie et industrie : Perspectives de l'OCDE 2012*, Éditions OCDE, Paris, *http://dx.doi.org/10.1787/sti_outlook-2012-fr.*

OCDE (2012b), *Des compétences meilleures pour des emplois meilleurs et une vie meilleure : Une approche stratégique des politiques sur les compétences*, Éditions OCDE, Paris, *http://dx.doi.org/10.1787/9789264178717-fr.*

OCDE (2013a), *Science, technologie et industrie : Tableau de bord de l'OCDE 2013, L'innovation au service de la croissance*, Éditions OCDE, Paris, *http://dx.doi.org/10.1787/sti_scoreboard-2013-fr.*

OCDE (2013b), *Perspectives de l'OCDE sur les compétences 2013*, Éditions OCDE, Paris, *http://dx.doi.org/10.1787/9789264204096-fr*.

OCDE (2014), Politiques de l'emploi des travailleurs hautement qualifiés, *Science, technologie et industrie : Perspectives de l'OCDE 2014* (base de données ; en anglais), voir : *http://qdd.oecd.org/Table.aspx?Query=85FF94C1-A906-4768-AF07-8C768248E541*.

OCDE (2014), *Regards sur l'éducation 2014 : Les indicateurs de l'OCDE*, Éditions OCDE, Paris, *www.oecd.org/fr/edu/rse.htm*.

Plateforme des politiques d'innovation (IPP), Module sur les compétences en matière d'innovation, voir : *www.innovationpolicyplatform.org/content/skills-innovation?topic-filters=11385*.

Toner, P. (2009), « Workforce Skills and Innovation: An Overview of Major Themes in the Literature », document élaboré pour le Groupe de travail de l'OCDE sur les institutions et les ressources humaines de la recherche (IRHR), 30 avril.

BÂTIR UNE CULTURE DE LA SCIENCE ET DE L'INNOVATION

Bien-fondé et objectifs

L'innovation exige le développement et la mobilisation d'une gamme étendue de compétences sur les lieux de travail et dans toute la société (Hanel, 2005 ; OCDE, 2010 ; Toner, 2011). Les compétences pertinentes aux fins de l'innovation englobent un large éventail d'attributs personnels, notamment des connaissances spécialisées adéquates (expertise théorique et pratique, et savoir-faire), l'aptitude à la pensée créative (capacités de réflexion et d'analyse) et certaines caractéristiques comportementales et sociales (confiance en soi, prise de risques, aptitude à diriger et à travailler en équipe, ouverture à l'égard du changement). L'innovation peut bénéficier de certaines valeurs sociales et culturelles, de normes et de comportements aptes à créer une « culture de l'innovation », dans laquelle la perception par le public de la science, de la technologie et de l'entrepreneuriat tient une place très importante.

Bien que l'on reconnaisse généralement le rôle qui incombe à l'innovation pour maintenir la croissance économique et favoriser l'amélioration du niveau de vie, de nombreuses données révèlent aussi l'existence de « lacunes » significatives en termes d'attitudes et de connaissances. Les enquêtes d'opinion publique menées dans de nombreux pays indiquent que, même si la plupart des individus jugent positif l'impact de la science et de la technologie sur leur bien-être personnel, une part importante d'entre eux ont une opinion mitigée ou négative des effets de la recherche scientifique (graphique 8.6) (OCDE, 2013a). Les résultats de ces enquêtes, bien que difficilement comparables au niveau international (Bauer, 2012), font néanmoins apparaître de nettes différences entre régions. S'agissant de l'adoption de nouveaux produits et services, par exemple, une enquête européenne a constaté que près de la moitié de la population de l'UE25 est fortement hostile aux innovations ou très réticente à essayer de nouveaux produits ou services ou à payer un prix majoré pour y avoir accès (Commission européenne, 2005).

Les responsables politiques sont très préoccupés par les attitudes de différents groupes d'âge vis-à-vis de l'innovation. Les cohortes récentes de jeunes se montrent en effet moins intéressées par la science et l'innovation que l'on aurait pu l'espérer et les gouvernements réfléchissent aux moyens d'inciter les individus à poursuivre des carrières dans ces domaines. Avec le vieillissement de la population et de la main-d'œuvre dans la plupart des pays de l'OCDE, les individus qui se trouvent en milieu de carrière ou à un stade plus tardif doivent aussi apprendre à réagir aux défis et aux opportunités créés par l'évolution de la technologie et l'innovation. Les gouvernements ont un rôle à jouer pour promouvoir le talent, favoriser les vocations professionnelles, fournir aux jeunes les compétences requises pour participer à une économie du savoir qui évolue rapidement et permettre aux personnes âgées de trouver les moyens de rester actives et indépendantes.

Les responsables de l'élaboration des politiques devront recenser et suivre systématiquement les attitudes et compétences pertinentes pour la science et l'innovation, afin de les améliorer. Les attitudes individuelles et collectives sont des phénomènes complexes qui évoluent constamment, mais certains changements ne se produisent en fait que sur plusieurs générations. Cependant, les défis sociaux et environnementaux nécessitent parfois une action immédiate, par exemple en termes d'habitudes de consommation et de pratiques sociales (voir le chapitre 1). Les efforts engagés pour promouvoir une culture de la science et de l'innovation peuvent être enrayés non seulement par des accidents graves (par exemple Fukushima) et par la crise de confiance qui en résulte, mais aussi par une érosion moins visible de la confiance dans le processus de décision et l'usage qui est fait dans ce

Graphique 8.6. **La perception publique des avantages de la recherche scientifique, 2010**

Réponses à la question « Est-ce que les avantages de la recherche scientifique atténuent ses résultats néfastes »

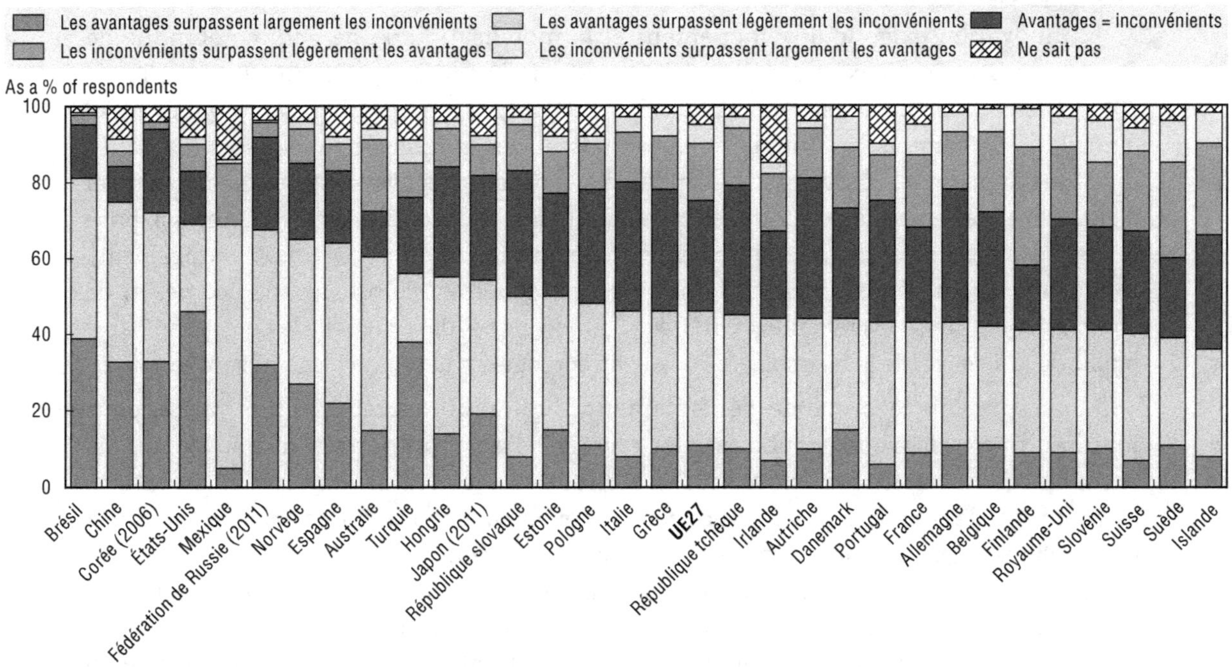

Note : Les comparaisons internationales peuvent avoir des limites. Les résultats proviennent d'enquêtes réalisées au moyen d'entrevues en face à face. Pour la Corée, les Etats-Unis, le Japon et la Fédération de Russie, les participants ont été invités à choisir parmi les options suivantes : « Les avantages sont plus grands que les inconvénients, Les avantages sont légèrement plus grands que les inconvénients, Les avantages et les inconvénients sont identiques, Les inconvénients sont légèrement plus grands que les avantages, Les inconvénients sont plus grands que les avantages, et Ne sait pas ». Pour le Brésil, les options étaient les suivantes : « Seulement des avantages, Plus d'avantages que d'inconvénients, Autant d'avantages que d'inconvénients, Plus qu'inconvénients que d'avantages, Seulement des inconvénients, et Ne sait pas ». Pour l'Australie, la Chine et les pays de l'UE, les participants ont pu exprimer leur (dés)accord avec la déclaration, « Les avantages de la science sont plus grand que n'importe quel effet néfaste qu'elle pourrait avoir », en choisissant pour les options suivantes : « Entièrement d'accord, Plutôt d'accord, Ni d'accord ni en désaccord, Plutôt en désaccord, Entièrement en désaccord, Ne sait pas ». Au Mexique, les participants ont dû choisir parmi « Fortement d'accord, D'accord, En désaccord, Fortement en désaccord et Ne sait pas ».

Pour la Fédération de Russie, le Japon et le Mexique, les données renvoient à 2011. Pour la Corée, les données renvoient à 2006.

Source : OCDE (2013), *Science, technologie et industrie : Tableau de bord de l'OCDE 2013 – L'innovation au service de la croissance*, OCDE, Paris, *http://dx.doi.org/ 10.1787/sti_scoreboard-2013-en*, sur la base de sources nationales et de l'UE.

StatLink http://dx.doi.org/10.1787/888933306773

processus de la science et des données. Cette situation contraint à repenser sérieusement l'impact de la science et de la technologie sur l'économie et la société, en réexaminant quelles sont les réponses appropriées de la part des pouvoirs publics.

Principaux aspects

Diverses mesures visant la société civile, l'école, l'université et le lieu de travail cherchent à développer une culture de l'innovation, en tenant compte du fait que le moteur de l'innovation, qui se diffuse dans de nombreux domaines de l'activité humaine, ce sont à la fois la science, les entreprises, les professionnels et les usagers (Vincent-Lancrin, 2012) (voir le tableau 8.2).

Ces mesures ont pour but d'améliorer l'accès du public à l'information sur l'avenir de la science, de la technologie et de l'innovation et à promouvoir la participation de la société à l'élaboration des politiques. La *Déclaration de l'OCDE sur les politiques futures en matière de science et de technologie* a souligné l'importance de la promotion de la science et de la technologie en recommandant de faciliter la participation du public à la définition des grandes orientations technologiques (OCDE, 1981).

Graphique 8.7. **L'école a permis de développer un sens de l'initiative et une sorte d'attitude entreprenariat, 2013**

Pourcentage des personnes interrogées par degré d'assentiment avec l'énoncé proposé

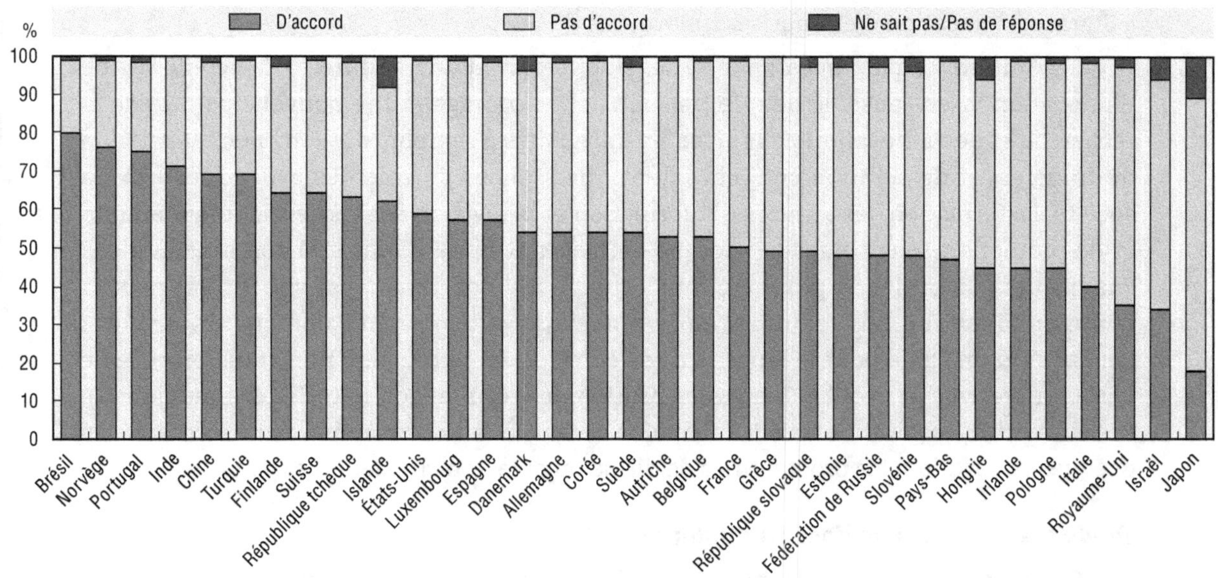

Les résultats sont issus d'un sondage par entretien téléphonique. L'enquête a été coordonnée par la Commission Européenne (CE), la Direction Générale de l'Entreprise et de l'Industrie, entre le 15 juin et le 8 août 2012, et ciblait une population âgée de 15 ans et plus. L'énoncé soumis aux participants était : « Mon éducation scolaire m'aide/m'a aidé à développer mon sens de l'initiative et une sorte d'attitude entrepreneuriale ». Les participants indiquent s'ils sont entièrement d'accord, plutôt d'accord, plutôt en désaccord ou entièrement en désaccord.

Source : OCDE (2013), *Regards sur l'entrepreneuriat*, OCDE, Paris, *http://dx.doi.org/10.1787/888932829438*, sur la base de Commission Européenne (2012), « L'esprit d'entreprise dans l'UE et au-delà », Flashbarometer 354, juin, Bruxelles, *http://ec.europa.eu/public_opinion/flash/fl_354_en.pdf*.

StatLink http://dx.doi.org/10.1787/888933306783

Les pouvoirs publics s'efforcent aussi par d'autres moyens de développer l'information et l'intérêt pour la science et la technologie, en particulier parmi les jeunes. Ils misent pour cela traditionnellement sur une large diffusion de l'information scientifique par les médias, la promotion de manifestations scientifiques et d'autres initiatives, et le soutien de l'activité des musées scientifiques. Le développement et l'utilisation des technologies de l'information et des communications (TIC), l'accès accru aux infrastructures numériques et à l'Internet, et l'intensification de la communication interactive en ligne – par exemple au moyen des réseaux sociaux – permettent d'atteindre plus facilement le public mais en réduisant aussi le recours aux sources d'information traditionnelles. Par exemple, la consultation de sites Internet d'information technique ou médicale est aujourd'hui fréquente mais la qualité de l'information ainsi obtenue est très variable. Certaines initiatives visent des domaines spécifiques : en Allemagne, le camion à deux étages du projet BIOTechnikum circule dans tout le pays pour diffuser des informations sur les biotechnologies et les perspectives de carrière en ce domaine ; la République slovaque a mis en place un concours annuel pour sélectionner l'auteur de la meilleure innovation de l'année ; et l'Allemagne a créé un concours de voitures miniatures fonctionnant à l'énergie solaire.

La promotion de la science et de l'innovation parmi les jeunes s'effectue principalement en classe. Cependant, les données d'enquête montrent que, dans de nombreux pays, les personnes interrogées pensent que l'école ne contribue guère à promouvoir les compétences et attitudes entrepreneuriales (graphique 8.7). Des réformes majeures des systèmes éducatifs ont été engagées pour introduire de nouvelles matières et de nouvelles pratiques d'apprentissage dans les programmes d'enseignement. Elles portent sur tous les niveaux éducatifs, du primaire aux établissements d'enseignement supérieur, et nécessitent de développer les capacités en matière d'infrastructure et d'enseignement (voir les profils « Renforcer la formation et les compétences au service de l'innovation » et « Startups et création d'entreprises innovantes »).

Les initiatives publiques pour le développement d'une culture de la science et de l'innovation visent aussi le lieu de travail. Elles encouragent une nouvelle culture de la recherche et de l'innovation pour aider les universités à remplir leur « troisième » mission de transfert et de création conjointe de connaissances pertinentes avec le reste de la société. La formation, les séances d'information et la révision des cadres de rémunération et de promotion sont autant de moyens employés pour sensibiliser la communauté des chercheurs aux droits de propriété intellectuelle (DPI) et développer son intérêt pour la commercialisation des résultats de la recherche publique. Les chercheurs peuvent bénéficier d'une aide pour le lancement de startups, en particulier à un stade précoce de leur carrière (voir le profil « Commercialisation des résultats de la recherche publique »). Les entreprises reçoivent une aide technique de type financier ou non financier comme les chèques-innovation, les programmes de diffusion et le détachement d'experts.

Tendances récentes de l'action publique

Ces dernières années, les initiatives publiques visant à promouvoir une culture de la science et de l'innovation se sont aussi efforcées d'aller au-delà de la science et de la technologie, telles que définies en un sens étroit, de manière à prendre en compte des aspects plus larges et la nature évolutive de l'innovation. Des initiatives similaires à celles lancées précédemment pour favoriser le développement d'une culture scientifique cherchent maintenant à soutenir l'esprit d'entreprise et des formes de créativité plus larges et à promouvoir l'exploitation des liens entre eux.

Plusieurs pays ont mis en œuvre récemment de nouvelles mesures en faveur du développement d'une culture de la science et de l'innovation (graphique 8.8). Dans les pays faisant état de nouvelles initiatives publiques, il s'agit de l'un des domaines les plus actifs des politiques d'innovation et du plus actif des politiques d'éducation et de ressources humaines. La plupart de ces initiatives prennent la forme de grandes manifestations publiques (Semaine nationale de la science en Australie, Nuit de la recherche en Grèce, Festival de la science en Corée, Start-up Expo et Start-up Fair), de campagnes de promotion (Année de l'innovation et fête de l'innovation Imagine Chile au Chili), de concours ou de prix (Innovation Challenge en Australie, nouveaux prix de la culture d'entreprise au Canada, course de l'innovation et de l'entrepreneuriat en Chine, publication sur les champions de l'innovation au Costa Rica, concours de l'entrepreneuriat en Turquie).

Plusieurs pays font figurer le développement d'une culture de la science et de l'innovation sur leur programme stratégique STI (voir le profil « Stratégies STI nationales »). Dans les économies à revenu moyen comme la Colombie, le Chili et le Costa Rica, l'édification d'une culture de l'innovation est un élément clé de la stratégie STI nationale. La Malaisie en a fait l'une des cinq priorités principales de sa politique STI pour 2014. Il en va de même dans les économies plus avancées qui affichent traditionnellement un niveau élevé de performance au regard des indicateurs STI. La Finlande élargit le champ de son plan d'action pour les politiques de la recherche et de l'innovation (2012) afin d'encourager l'expérimentation et la prise de risque au moyen d'un financement à plus long terme de la recherche fondamentale. Le 4e Plan fondamental pour la science et la technologie du Japon (2011-16) repose sur l'idée de « la science dans et pour la société » et

Tableau 8.2. **Mesures visant à promouvoir une culture de la science et de l'innovation**

Lieux d'intervention	Principaux groupes visés	Principaux outils d'intervention	Exemples nationaux
Société civile	**Jeunes et adultes**	Dialogue public (ateliers de sensibilisation, conférences, normes)	Pâtisserie scientifique (République slovaque), Observatoire de la biologie de synthèse (France)
		Participation à l'élaboration des politiques STI (consultation publique)	Conférence nationale des parties prenantes (Finlande), Great New Zealand Science Project
		Communication sur la science (centres/musées scientifiques, semaines/foires/années de la science et expositions scientifiques, médias scientifiques (TV, radio, sites Internet et réseaux sociaux), programmes d'information par des scientifiques)	Questacon (Australie), Science.gc.ca (Canada), Chile VA!, Festival de la science et Festival des idées (Corée), Startup Expo et Startup Fair, camion BIOTechnikum (Allemagne)
		Prix et concours de la science et de l'innovation	Course de l'innovation et de l'entrepreneuriat (Chine), Prix du futur scientifique (Nouvelle-Zélande) Innovation de l'année (design) (Rép. slovaque)
Classes et système éducatif	**Élèves et étudiants de tous les niveaux d'enseignement**	Initiatives d'éducation formelle (cours, nouveaux programmes)*	Fondation danoise pour l'entrepreneuriat Jeune entreprise, Plan d'action pour l'entrepreneuriat dans l'éducation (Norvège), enseignement obligatoire de l'entrepreneuriat (Suède)
		Nouvelles pratiques pédagogiques et activités en réseau (exercices directs, laboratoires d'expérimentation, apprentissage participatif, personnalités modèles et mentorat)*	Jeune science (Autriche), Maison des petits scientifiques (Allemagne), programme éducatif sur les DPI (Norvège), pâtisserie scientifique (Rép. slovaque)
	Enseignants	Développement des capacités d'enseignement, y compris la conception de méthodes et matériels d'enseignements innovants	Nouvelles méthodes d'enseignement (Autriche), Projet Maths (Irlande)
		Possibilités de formation, conférences et ateliers de sensibilisation, incitations financières	Formation d'enseignants en entrepreneuriat (Estonie), bourses pour enseignants de S T (Nouvelle-Zélande), Jeune entreprise (Norvège)
Lieux de travail	**Université (chercheurs, doctorants et post docs)**	Possibilités de formation (par ex. DPI, startups), conférences et ateliers de sensibilisation	Offices de transfert des technologies dans de nombreux pays
		Aide à la commercialisation des résultats de la recherche publique et soutien des liens science industrie (systèmes de rémunération, critères de performance et promotion, doctorats industriels)*	Innova Chile CORFO, alliances régionales (Colombie), bourses VIP et EXIST (Allemagne), bourses Callaghan Innovation pour les étudiants de R-D (Nouvelle-Zélande)
	Entreprises	Soutien des liens science industrie et assistance technique aux entreprises (chèques innovation, détachement d'experts, doctorats industriels, programmes de vulgarisation)*	Offices de transfert des technologues dans de nombreux pays, programme pilote de formation et de conseil pour la gestion de l'innovation (Colombie)
		Possibilités de formation, séminaires et ateliers d'information et aide à la visibilité	CATI (DPI) et Portail national de l'innovation (Costa Rica), Programme de développement de l'entrepreneuriat (Nouvelle-Zélande), prix d'information scientifique (Afrique du Sud), Business Link (Royaume-Uni)

* Voir aussi les profils « Renforcer la formation et les compétences au service de l'innovation », « Startups et création d'entreprises innovantes », « Commercialisation des résultats de la recherche publique » et « Financement de la R-D et de l'innovation dans l'entreprise ».
Source : Réponses des pays au questionnaire préparatoire de l'édition 2014 des *Perspectives STI de l'OCDE*.

promeut une large gamme d'activités de communication. De son côté, la Corée a lancé son initiative sur l'« économie créative » pour promouvoir la créativité, l'imagination, les défis nouveaux et les startups, et développé un nouveau programme en faveur de la culture scientifique et technologique.

Certains pays adaptent leurs structures de gouvernance et développent leurs capacités en ce domaine, mais ces dernières restent parfois insuffisantes (Commission européenne, 2013). Suite à l'allocation par le Programme d'investissements d'avenir de 117 millions USD en PPA (100 millions EUR) pour développer des projets de culture scientifique et technologique, la France a créé il y a peu les Centres de culture scientifique, technique et

Graphique 8.8. **Initiatives visant à construire une culture de l'innovation parmi d'autres domaines de la politique STI, 2012-14**

Pays signalant un changement substantiel dans le domaine de la politique, comparé aux autres domaines de politique STI

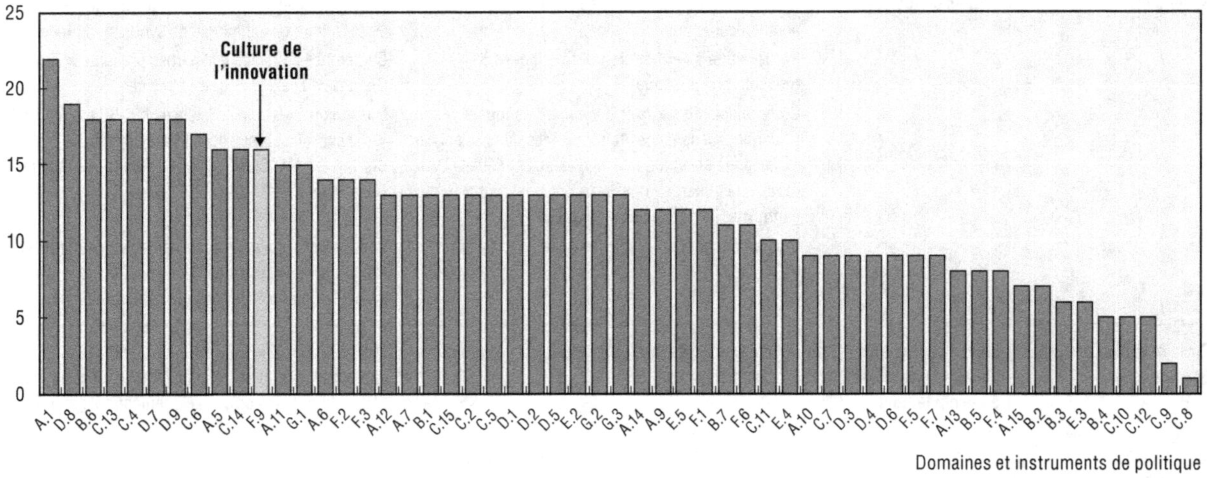

Note : L'axe des abscisses présente l'ensemble des domaines de la politique STI couverts par le questionnaire sur les politiques des Perspectives sur la science, la technologie et l'industrie 2014 de l'OCDE (les codes représentés dans le diagramme ci-dessus se réfèrent aux codes des questions dans le questionnaire 2014). L'axe des ordonnées indique le nombre de pays signalant que la situation a changé de façon substantielle dans chacun des domaines de la politique. Le comptage simple ne tient pas compte de l'ampleur et de l'impact des changements de politique. Les réponses sont fournies par les délégués au Comité de l'OCDE pour les Politiques Scientifiques et Technologiques.
Source : Réponses des pays au questionnaire préparatoire des *Perspective de la science, de la technologie et de l'industrie 2014 de l'OCDE*.

StatLink http://dx.doi.org/10.1787/888933306794

industrielle. Une stratégie détaillée, fondée sur les données, est aussi en cours d'élaboration. En Finlande, un groupe de travail examine l'état actuel de l'enseignement national des sciences en vue de formuler des recommandations pour la rénovation des programmes nationaux, des matériels d'apprentissage, des méthodes d'enseignement, des qualifications et de la formation pour l'enseignement de la petite enfance et du niveau pré-primaire. La Fédération de Russie consacre 164 millions USD en PPA (3.3 milliards RUR) pendant la période 2014-20 au financement d'activités visant à développer les canaux de communication pour chercheurs et promouvoir la science parmi le public, notamment grâce à l'organisation d'événements de communication sur la science et la technologie, la création de musées, ainsi que la constitution et le maintien de ressources Internet et de médias. Une enveloppe de 135 millions USD en PPA (2.7 milliards RUR) supplémentaires est accordée sous forme d'aides pour viser spécifiquement les jeunes à l'école au moyen de l'infrastructure d'information, d'incitations concurrentielles à l'intention du personnel scientifique et éducatif, et des canaux traditionnels de communication scientifique et technologique.

Le plan Union pour l'innovation de l'UE signale le besoin de renforcer les liens entre universités et entreprises et de créer des alliances intellectuelles pour promouvoir l'association des compétences scientifiques, entrepreneuriales et créatives. Le projet Science et société de la Nouvelle-Zélande est un projet conjoint science-éducation visant à renforcer la participation et les résultats en science, technologie, ingénierie et mathématiques et à améliorer la compréhension, les compétences et l'adoption de la science et de la technologie dans la société.

L'Autriche a introduit en 2013 un nouveau modèle de formation des enseignants des écoles primaires et secondaires et la loi cadre fédérale a jeté les bases juridiques nécessaires à sa mise en œuvre.

Pour en savoir plus

Bauer, M. (2012), « Science culture and its indicators », in B. Schiele, M. Claessncs et S. Shi (dir. pub.), *Science Communication in the World - Practices, Theories and Trends*, Springer, NY, pp. 295-312.

Commission européenne (2005), « Population Innovation Readiness », *Special Eurobarometer* n° 236, août 2005, *http://ec.europa.eu/public_opinion/archives/ebs/ebs_236_en.pdf*.

Commission européenne (2013), *State of the Innovation Union 2012 – Accelerating Change*, Communication from the Commission to the European Parliament, the Council, the European Economic and Social Committee and the Committee of the regions, Bruxelles, mars, *http://ec.europa.eu/research/innovation-union/pdf/state-of-the-union/2012/state_of_the_innovation_union_report_2012.pdf*.

Hanel, P. (2007), « Skills required for innovation : A review of the literature », Working paper (07-23), Centre interuniversitaire de recherche sur la science et la technologie (CIRST) et Groupe de recherche en économie et développement international (GREDI), Université de Sherbrooke (Québec), novembre, *http://ideas.repec.org/p/shr/wpaper/07-23.html*.

OCDE (1981), « Déclaration sur les politiques futures en matière de science et de technologie », 19 mars 1981, *http://acts.oecd.org/Instruments/ShowInstrumentView.aspx?InstrumentID=154&InstrumentPID=150&Lang=fr&Book*.

OCDE (2010), *La stratégie de l'OCDE pour l'innovation : Pour prendre une longueur d'avance*, Éditions OCDE, Paris, *http://dx.doi.org/10.1787/9789264084759-fr*.

OCDE (2013a), « La science et l'innovation aujourd'hui », *in* OCDE, *Science, technologie et industrie : Tableau de bord de l'OCDE 2013 – L'innovation au service de la croissance*, Éditions OCDE, Paris, *http://dx.doi.org/10.1787/sti_scoreboard-2013-73-fr*.

OCDE (2013b), « Culture : le rôle de la formation à l'entrepreneuriat », in *Panorama de l'entrepreneuriat 2013*, Éditions OCDE, Paris, *http://dx.doi.org/10.1787/entrepreneur_aag-2013-25-fr*.

OCDE (2013c), *Perspectives de l'OCDE sur les compétences 2013 : Premiers résultats de l'évaluation des compétences des adultes*, Éditions OCDE, Paris, *http://dx.doi.org/10.1787/9789264204096-fr*.

OCDE (2014a), *Skills and Education for Innovation*, page web du CERI, voir : *www.oecd.org/fr/sites/educeri/skillsandeducationforinnovation.htm*.

OCDE (2014b), OCDE, Culture de la science et de l'innovation, *Science, technologie et industrie : Perspectives de l'OCDE 2014* (base de données ; en anglais), voir : *http://qdd.oecd.org/Table.aspx?Query=63DAB054-A38F-4605-8893-616BEB0C11D9*.

Plateforme des politiques d'innovation (PPI) de l'OCDE, Module sur les compétences pour l'innovation, voir : *www.innovationpolicyplatform.org/*.

Tether, B., A. Mina, D. Consoli et D. Gagliardi (2005), « A literature review in skills and innovation. How does successful innovation impact on the demand for skills and how do skills drive innovation ? », CRIC report for the UK Department of Trade and Industry, ESRC Centre for Research on Innovation and Competition, University of Manchester, septembre.

Toner, P. (2011), « Workforce Skills and Innovation: An Overview of Major Themes in the Literature », *OECD Education Working Papers*, n° 55, Éditions OCDE, Paris, *http://dx.doi.org/10.1787/5kgk6hpnhxzq-en*.

Vincent-Lancrin, S. (2012), « Towards a culture of innovation : motors and brakes », communication présentée dans le cadre du India-OECD Initiative Collaborative Workshop on Education and Innovation, New Delhi (Inde), 9-10 mai, *www.oecd.org/edu/ceri/50477243.pdf*.

PARTIE III

Évaluer les performances STI nationales

Science, technologie et industrie : Perspectives de l'OCDE 2014

PARTIE III

Chapitre 9

Profils STI par pays

Profils STI par pays : Guide du lecteur

Les profils pays contenus dans l'édition 2014 des *Perspectives STI de l'OCDE* offrent une description concise des politiques de la science, de la technologie et de l'innovation (STI) qui sont menées dans les pays membres de l'OCDE et d'autres économies, ainsi que de la performance affichée dans ces domaines. Chaque profil a été établi sur la base des réponses communiquées dans les questionnaires préparatoires aux éditions 2012 et 2014 des *Perspectives*, ainsi qu'à partir d'autres sources de données, y compris de l'OCDE.

Les intitulés des sections sont rattachés aux profils thématiques des politiques, qui présentent les tendances lourdes observées à l'échelle nationale dans les STI. Les thèmes communs aux deux types de profils sont : i) gouvernance de la politique d'innovation ; ii) nouvelles sources de croissance ; iii) nouveaux défis ; iv) universités et recherche publique ; v) innovation d'entreprise ; vi) entrepreneuriat innovant ; vii) transfert et commercialisation de technologies ; viii) pôles d'activité et spécialisation intelligente ; ix) mondialisation ; et x) compétences et innovation.

Le tableau des chiffres clés regroupe les indicateurs du pays considéré en ce qui concerne ses résultats économiques (productivité du travail), sa performance environnementale (productivité et demande vertes), la taille de son système de R-D (dépenses intérieures brutes de R-D, DIRD) et le degré d'engagement de l'État dans la science et la technologie (part de la DIRD financée sur fonds publics) ainsi que l'évolution de ces indicateurs sur cinq ans. Tous les chiffres cités dans le texte sont exprimés en USD à parité de pouvoir d'achat (PPA) de l'année considérée (si disponible) et en monnaie nationale.

La partie 1 contient deux graphiques illustrant les forces et faiblesses du pays en matière de STI. Ils reposent sur les indicateurs du système national d'innovation et des performances de ce dernier en ce qui concerne : les universités et la recherche publique, la R-D et l'innovation d'entreprise, l'entrepreneuriat innovant, l'infrastructure des technologies de l'information et de la communication (TIC) et Internet, les réseaux, les pôles et les transferts, ainsi que les compétences et l'innovation. Pour chaque indicateur, un point indique la position du pays par rapport à la médiane OCDE ainsi qu'aux premiers et cinq derniers pays du classement OCDE. Les pays non membres de l'OCDE, soumis aux mêmes critères de comparaison, ne rentrent pas toujours dans la fourchette indiquée sur le graphique (par exemple, s'ils se placent derrière le dernier pays du classement OCDE). Tous ces indicateurs ont été uniformisés (c'est-à-dire exprimés sur la base du PIB et des cohortes de population), de façon à prendre en compte la taille de l'économie et les cohortes de population dignes d'intérêt, et sont présentés sous la forme d'indices (médiane OCDE = 100) pour faciliter les comparaisons.

La partie 2 illustre la composition structurelle des dépenses de R-D des entreprises (DIRDE) au regard de la performance des grandes branches d'activité, de la taille des entreprises et des pays auxquels les entreprises sont affiliées. Elle rend ainsi compte de la structure industrielle du pays et des efforts d'innovation déployés par les entreprises. La partie 3 montre l'avantage technologique révélé (ATR) du pays, tel que mesuré par le nombre de demandes de brevet international déposées en vertu du Traité de coopération en matière de brevets (PCT) dans trois domaines technologiques clés (bio- et nanotechnologies, TIC et technologies de l'environnement). Elle indique également le nombre de brevets déposés dans ces domaines par les universités et les établissements publics de recherche.

La partie 4 donne un aperçu de l'articulation de la politique poursuivie par les pouvoirs publics à l'égard de la R-D, c'est-à-dire l'orientation et les modes de financement de la recherche publique. Elle montre également l'évolution de cette politique sur cinq ans. Enfin, la partie 5, nouveauté de l'édition 2014 des *Perspectives STI*, rend compte du dosage et de l'importance relative de différents moyens d'action publique en faveur de la R-D et de l'innovation d'entreprise. Elle repose sur l'évaluation fournie par les pays eux-mêmes via le questionnaire préparatoire de l'édition 2014 des *Perspectives STI* de l'OCDE.

On trouvera de plus amples renseignements sur la méthodologie, les sources de données et les indicateurs employés pour l'élaboration des profils pays dans l'annexe 9.A. Les données et métadonnées, de même que les sources et bases de données originales ayant servi à établir les indicateurs employés dans l'édition 2014 des *Perspectives STI* peuvent être consultées sur le portail statistique IPP.Stat (données collectées jusqu'au 8 juillet 2014).

Acronymes dans les profils pays

3S	Voir SSS
ATR	Avantage technologique révélé
CBPRD	Crédits budgétaires publics de R-D
CO_2	Dioxyde de carbone
DIRD	Dépenses intérieures brutes de R-D
DIRDE	Dépenses intérieures brutes de R-D du secteur des entreprises
DPI	Droits de propriété intellectuelle
EMN	Entreprise multinationale
EPR	Établissement public de recherche
IDE	Investissement direct étranger
PCT	Traité de coopération en matière de brevets
PIB	Produit intérieur brut
PME	Petites et moyennes entreprises
PPA	Parité de pouvoir d'achat
PPP	Partenariat public-privé
R-D	Recherche-développement
RHST	Ressources humaines de la science et de la technologie
SSS	Stratégie de spécialisation intelligente (3S)
S-T	Science et technologie
STI	Science, technologie et innovation
STIM	Science, technologie, ingénierie et mathématiques
TIC	Technologies de l'information et des communications
UE	Union européenne
USD	Dollar des États-Unis (converti en utilisant la parité de pouvoir d'achat de l'année concernée)

Tableau synthétique

Table 9.1. Performance comparée des systèmes nationaux de science et d'innovation, 2014

Position relative des pays : dans les cinq valeurs maximales de l'OCDE (★), dans la plage moyenne supérieure à la médiane de l'OCDE (▲), dans la plage moyenne inférieure à la médiane de l'OCDE (Δ), dans les cinq valeurs minimales de l'OCDE (○).

		Compétences et capacité à innover									
		Universités et recherche publique			R-D et innovation dans les entreprises				Entreprenariat innovant		
		Dépenses publiques et de R-D (sur PIB)	Top 500 des universités (sur PIB)	Publications dans des revues du premier quartile (sur PIB)	Dépenses en R-D (sur PIB)	Top 500 des investisseurs privés en R-D (sur PIB)	Familles de brevets triadiques (sur PIB)	Marques déposées (sur PIB)	Capital-risque (sur PIB)	Jeunes entreprises qui déposent des brevets (sur PIB)	Indice de l'aisance à l'esprit d'entreprise
		PUB_XGDP	UNI500_GDP	PUB25_GDP	BE_XGDP	CORPRD500_GDP	PTRIAD_GDP	TRDMRK_GDP	VC_XGDP	PTYG_GDP	EASE_I
		(a)	(b)	(c)	(d)	(e)	(f)	(g)	(h)	(i)	(j)
Afrique du Sud	ZAF	○	Δ	○	Δ	Δ	Δ	Δ	Δ		○
Allemagne	DEU	★	▲	Δ	▲	▲	★	▲	▲	★	▲
Argentine	ARG	Δ	Δ	○	○	○	○	○			
Australie	AUS	▲	▲	▲	▲	Δ	Δ	▲	Δ		▲
Autriche	AUT	▲	★	▲	▲	▲	▲	Δ	Δ	★	▲
Belgique	BEL	Δ	▲	▲	▲	Δ	▲	Δ	▲	Δ	Δ
Brèsil	BRA		Δ	○		Δ	○	○			Δ
Canada	CAN	▲	▲	▲	Δ	Δ	▲	★	★	○	▲
Chili	CHL	○	Δ	○	○	○	○	Δ			Δ
Chine	CHN	Δ	Δ	○	▲	Δ	Δ	○			○
Colombie	COL	○	○	○	○						
Corée	KOR	▲	Δ	Δ	★	▲	▲	▲	▲		Δ
Costa Rica	CRI	○	○	○	○	○					
Danemark	DNK	★	▲	★	▲	★	▲	▲	▲		▲
Espagne	ESP	Δ	Δ	Δ	Δ	Δ	Δ	Δ	○	○	○
Estonie	EST	▲		▲	▲	○	Δ	Δ	▲		▲
Etats-Unis	USA	▲	Δ	Δ	▲	▲	▲	▲	★	○	★
Fédération de Russie	RUS	Δ	○	○	Δ	Δ	○	○	Δ		Δ
Finlande	FIN	★	★	▲	★	★	★	▲	★	★	▲
France	FRA	▲	Δ	Δ	▲	▲	▲	▲	▲	Δ	▲
Grèce	GRC	○	Δ	Δ	○	Δ	○	○	○		Δ
Hongrie	HUN	○	Δ	Δ	Δ	Δ	Δ	○	Δ		Δ
Inde	IND	Δ	○	○	○	○	Δ	○			○
Indonésie	IDN		○	○	○		○	○			Δ
Irlande	IRL	Δ	▲	▲	Δ	▲	▲	▲	★	○	Δ
Islande	ISL	★	○	★	▲	▲	Δ	★			Δ
Israël	ISR	Δ	★	▲	★	▲	▲	▲	★		○
Italie	ITA	Δ	Δ	Δ	Δ	Δ	Δ	Δ	○	▲	★
Japon	JPN	▲	Δ	○	★	▲	★	Δ	Δ	○	▲
Lettonie	LVA	Δ	○	○	○		Δ				
Lituanie	LTU	Δ	○	○	○		Δ				
Luxembourg	LUX	○	○	Δ	Δ	★	▲	★	Δ		Δ
Malaisie	MYS	Δ	Δ	○	Δ	Δ					
Mexique	MEX	○	○	○	○	○	○	Δ			○
Norvège	NOR	▲	▲	Δ	Δ	▲	Δ	Δ	Δ	▲	Δ
Nouvelle-Zélande	NZL	Δ	★	▲	Δ	Δ	Δ	★	Δ		★
Pays-Bas	NLD	▲	▲	★	▲	▲	▲	▲	▲	▲	★
Pologne	POL	Δ	Δ	Δ	○	○	Δ	○	○		○
Portugal	PRT	Δ	▲	▲	Δ	Δ	Δ	Δ	Δ		▲
République slovaque	SVK	Δ	○	○	○	○	○	○			★
République tchèque	CZE	▲	Δ	Δ	Δ	Δ	Δ	Δ	○		Δ
Royaume-Uni	GBR	Δ	▲	▲	Δ	▲	▲	▲	▲	Δ	▲
Slovénie	SVN	Δ	▲	▲	▲	Δ	Δ	Δ	Δ		Δ
Suède	SWE	★	★	★	★	★	★	▲	▲	★	Δ
Suisse	CHE	▲	▲	★	▲	★	★	★	▲	★	▲
Turquie	TUR	Δ	○	○	Δ	Δ	○	○			○
UE28	EU28	▲	▲	★	▲	Δ	▲	Δ	▲	▲	

Table 9.1. **Performance comparée des systèmes nationaux de science et d'innovation, 2014** *(suite)*

Position relative des pays : dans les cinq valeurs maximales de l'OCDE (★), dans la plage moyenne supérieure à la médiane de l'OCDE (▲), dans la plage moyenne inférieure à la médiane de l'OCDE (Δ), dans les cinq valeurs minimales de l'OCDE (○).

		Interactions et compétences pour l'innovation												
		TIC et les infrastructures de l'Internet				Réseaux, pôles et transferts				Compétences pour l'innovation				
		Investissement TIC (sur PIB)	Abonnés au haut débit fixe (sur population)	Abonnés au haut débit sans fil (sur population)	Indice d'adaptation aux changements de l'e-administration	Dépenses de R-D publique financées par l'industrie (sur PIB)	Brevets déposés par les universités et les laboratoires publics (sur PIB)	Partenariat international (%)	Co-invention internationale (%)	Dépenses pour l'enseignement supérieur (sur PIB)	Population adulte diplômée du supérieur (%)	Top des performances dans la résolution des problèmes technologiques (%)	Meilleurs élèves de 15 ans en science (%)	Taux de titulaires de doctorat en science et ingénierie (%)
		ICTINV_ XGDP	FBBAND_ HAB	WBBAND_ HAB	EGOV_I	PUB_BEF_ XGDP	PATPRI_ XGDP	INTCOA_ XSA	COPAT_ XPCT	TER_ XGDP	ADTERPOP_ XT	TOPAD_ PST_XAD	TOP15_ SCI_XT	PHDR_ SCIENG_ XCOH
		(k)	(l)	(m)	(n)	(o)	(p)	(q)	(r)	(s)	(t)	(u)	(v)	(w)
Afrique du Sud	ZAF		○	○	○	Δ	Δ	Δ	Δ	○	○			○
Allemagne	DEU	Δ	▲	Δ	▲	★	▲	Δ	Δ	Δ	Δ	▲	▲	★
Argentine	ARG		○	○	○	○		Δ	★	▲	○		○	○
Australie	AUS	▲	Δ	★	▲	▲	▲	Δ	Δ	▲	▲	▲	★	▲
Autriche	AUT	▲	Δ	▲	Δ	▲	Δ	★	▲	Δ	Δ	▲	Δ	▲
Belgique	BEL	▲	▲	Δ	Δ	▲	▲	★	★	Δ	▲	○	▲	▲
Brésil	BRA		○	Δ	○		Δ	○	Δ	○	○		○	○
Canada	CAN	Δ	▲	Δ	▲	▲	▲	Δ	▲	★	★	▲	▲	▲
Chili	CHL		○	○	Δ	○	Δ	▲	Δ	★	○		○	○
Chine	CHN		○	○	○	▲	Δ	○	○		○		★	○
Colombie	COL		○	○	Δ			▲	Δ	★	Δ		○	
Corée	KOR	▲	★	★	★	▲	★	○	○	★	★	Δ	▲	Δ
Costa Rica	CRI		○	○	○			★	★		Δ		○	
Danemark	DNK	★	★	★	★	Δ	★	▲	▲	▲	Δ	★	Δ	▲
Espagne	ESP	Δ	Δ	Δ	Δ	▲	▲	Δ	Δ	Δ	Δ	○	Δ	Δ
Estonie	EST		Δ	▲	Δ	Δ		▲	★	▲	▲	Δ	★	Δ
Etats-Unis	USA	▲	▲	▲	★	Δ	▲	○	○	★	★	▲	Δ	Δ
Fédération de Russie	RUS		○	Δ	Δ	★	○	○	Δ	Δ	★		○	○
Finlande	FIN	Δ	▲	★	▲	★	▲	▲	Δ	★	▲	★	★	★
France	FRA	Δ	★	Δ	▲	Δ	★	▲	Δ	▲	Δ	○	▲	▲
Grèce	GRC	○	Δ	Δ	Δ	Δ	○	Δ	▲	▲	Δ		○	Δ
Hongrie	HUN		Δ	○	Δ	▲	○	▲	▲	○	Δ		Δ	○
Inde	IND		○	○	○		Δ	○	▲	○				
Indonésie	IDN		○	○	○			▲	★	○	○		○	○
Irlande	IRL	○	Δ	▲	Δ	○	★	▲	▲	▲	▲	Δ	▲	▲
Islande	ISL		▲	▲	Δ	★		★	▲	○	▲		Δ	Δ
Israël	ISR		Δ	Δ	▲	▲	★	Δ	Δ	▲	★		Δ	▲
Italie	ITA	Δ	Δ	Δ	Δ	○	Δ	Δ	○	○	○	○	Δ	Δ
Japon	JPN	★	▲	▲	▲	Δ	▲	○	○	▲	★	▲	★	Δ
Lettonie	LVA		Δ	Δ	Δ	▲		Δ	★	▲	Δ		○	Δ
Lituanie	LTU		Δ	○	Δ	★		Δ	Δ		▲		Δ	
Luxembourg	LUX	○	▲	▲	▲	Δ	Δ	★	★	○	▲		▲	
Malaisie	MYS		○	○	Δ			Δ	Δ	★	○		○	
Mexique	MEX	○	○	○	○	○	○	Δ	▲	Δ	○		○	○
Norvège	NOR		▲	▲	▲	▲	Δ	▲	Δ	▲	▲	★	Δ	▲
Nouvelle-Zélande	NZL	★	▲	▲	▲	★	Δ	▲	Δ	▲	▲		★	▲
Pays-Bas	NLD	▲	★	▲	★	★	▲	▲	Δ	▲	Δ	★	▲	Δ
Pologne	POL		○	▲	○	Δ	Δ	○	★	Δ	Δ	Δ	▲	○
Portugal	PRT	▲	Δ	○	Δ	○	Δ	▲	▲	Δ	○		○	Δ
République slovaque	SVK	○	○	Δ	○	Δ		Δ	▲	○	Δ	Δ	Δ	▲
République tchèque	CZE	Δ	Δ	Δ	○	Δ	Δ	Δ	▲	Δ	Δ	▲	Δ	Δ
Royaume-Uni	GBR	▲	▲	▲	★	Δ	▲	Δ	▲	Δ	▲	○	▲	★
Slovénie	SVN	Δ	Δ	Δ	Δ	▲	Δ	Δ	Δ	Δ	Δ		▲	▲
Suède	SWE	★	▲	★	▲	▲	○	▲	Δ	▲	▲	★	Δ	★
Suisse	CHE	★	★	Δ	▲		▲	★	★	Δ	▲	Δ	▲	★
Turquie	TUR		○	○	○	▲	○	○	○	Δ	○		○	○
UE28	EU28	Δ	▲	▲		Δ	▲	▲	▲		Δ		Δ	▲

Note : Des pays non membres sont également comparés aux pays de l'OCDE et peuvent donc apparaître hors du cadre (par exemple en-deçà du niveau le plus faible observé dans les pays de l'OCDE). Ils figurent alors dans ce tableau parmi les cinq valeurs maximales ou minimales de l'OCDE.

Israël : « Les données statistiques concernant Israël sont fournies par et sous la responsabilité des autorités israéliennes compétentes. L'utilisation de ces données par l'OCDE est sans préjudice du statut du plateau du Golan, de Jérusalem Est et des colonies de peuplement israéliennes en Cisjordanie aux termes du droit international. »

Source : Voir le guide de l'utilisateur et l'annexe méthodologique des profils pays de *Science, technologie et industrie : Perspectives de l'OCDE 2014.*

Bibliographie

Références générales

Agence internationale de l'énergie (AIE) (2013), *CO_2 Emissions from Fuel Combustion 2013*, Éditions OCDE, Paris, *http://dx.doi.org/10.1787/co2_fuel-2013-en*.

Commission européenne (CE) (2013), « Monitoring Industrial Research: The 2013 EU Industrial R&D Investment Scoreboard », Commission européenne, Luxembourg, *http://iri.jrc.ec.europa.eu/scoreboard13.html*.

Flanagan, K., E. Uyarra et M. Laranja (2010), « The policy mix for innovation: rethinking innovation policy in a multi-level, multi-actor context », *Munich Personal RePEc Archive* (MPRA) n° 23567, juillet.

OCDE (2010a), *Science, technologie et industrie : Perspectives de l'OCDE 2010*, Éditions OCDE, Paris, *www.oecd.org/sti/perspectives* et *http://dx.doi.org/10.1787/sti_outlook-2010-fr*.

OCDE (2010b), « Monitoring innovation and policies: developing indicators for analysing the innovation policy mix », document de travail interne, Division des analyses économiques et des statistiques, Direction de la science, de la technologie et de l'industrie, OCDE, Paris.

OCDE (2010c), *Mesurer l'innovation : Un nouveau regard*, Éditions OCDE, Paris, *http://dx.doi.org/10.1787/9789264084421-fr*.

OCDE (2010d), *SMEs, Entrepreneurship and Innovation*, Éditions OCDE, Paris, *http://dx.doi.org/10.1787/9789264080355-en*.

OCDE (2011), *Vers une croissance verte : Suivre les progrès – Les indicateurs de l'OCDE*, Études de l'OCDE sur la croissance verte, Éditions OCDE, Paris, *http://dx.doi.org/10.1787/9789264111370-fr*.

OCDE (2012), *OECD Internet Economy Outlook 2012*, Éditions OCDE, Paris, *http://dx.doi.org/10.1787/9789264086463-en*.

OCDE (2013a), *OECD Science, Technology and Industry Scoreboard 2013: Innovation for Growth*, Éditions OCDE, Paris, *www.oecd.org/fr/sti/science-technologie-industrie-tableau-de-bord.htm*.

OCDE (2013b), *Perspectives de l'OCDE sur les compétences 2013 : Premiers résultats de l'évaluation des compétences des adultes*, Éditions OCDE, Paris, *http://dx.doi.org/10.1787/9789264204096-fr*.

OCDE (2014a), *Panorama des comptes nationaux 2014*, Éditions OCDE, Paris. *http://dx.doi.org/10.1787/na_glance-2014-fr*.

OCDE (2014b), *Panorama de l'entrepreneuriat 2014*, Éditions OCDE, Paris.

OCDE (2014c), *Mesurer l'économie numérique*, Éditions OCDE, Paris.

OCDE (2014d), *Regards sur l'éducation 2014 : Indicateurs de l'OCDE*, Éditions OCDE, Paris.

OCDE (2014e), *Études économiques de l'OCDE*, Éditions OCDE, Paris, *www.oecd-ilibrary.org/fr/economics/etudes-economiques-de-l-ocde_16843428*.

Van Steen, J. (2012), « Modes of public funding of R&D: Towards internationally comparable indicators », *STI Working Paper 2012/4*, *www.oecd.org/officialdocuments/publicdisplaydocumentpdf/?cote=DSTI/DOC(2012)4&docLanguage=En*.

Bases de données et autres sources de données :

Academic Ranking of World Universities (ARWU) (2013), « Shanghai ranking », 2003-13, *www.arwu.org*.

AIE (2013), *IEA CO_2 Emissions from Fuel Combustion Statistics*, *http://dx.doi.org/10.1787/co2-data-en*.

Banque mondiale (BM) (2014), *World Development Indicators (WDI) Databank*, *http://wdi.worldbank.org*.

Bureau Van Dijk (2011), Base de données *ORBIS*, Éditions Bureau Van Dijk Electronic.

Elsevier, B.V. (2014), Base de données d'Elsevier Research Intelligence, données extraites en ligne le 31 janvier 2014, *www.elsevier.com/online-tools/research-intelligence/products-and-services/scival*.

Eurostat (2014), *Base de données Éducation et formation*, octobre, *http://epp.eurostat.ec.europa.eu/portal/page/portal/education/data/database*.

Fonds monétaire international (FMI) (2014), Base de données des Perspectives de l'économie mondiale, avril, *www.imf.org/external/pubs/ft/weo/2014/01/weodata/index.aspx*.

Graham, S. et al. (2013), « The USPTO Trademark Case Files Dataset: Descriptions, Lessons et Insights », *SSRN Working Paper*, *http://ssrn.com/abstract=2188621*.

ISU (2014), *Base de données Science, technologie et innovation*, juin, *http://data.uis.unesco.org/Index.aspx?DataSetCode=EDULIT_DS*.

ISU (Institut de statistique de l'UNESCO) (2014), *Base de données de l'ISU*, données sur l'éducation, mai, *http://data.uis.unesco.org/Index.aspx?lang=fr&SubSessionId=412a85fb-be13-46f1-baf3-9a4a19715785&themetreeid=-200*.

National Science Foundation (NSF) (2014), « Academic research and development », *Science and Engineering Indicators 2014*, *www.nsf.gov/statistics/seind14/index.cfm*.

OCDE (2012), *Base de données STAN pour l'analyse structurelle*, novembre, *www.oecd.org/sti/stan*.

OCDE (2013), *Base de données PISA* (Programme international pour le suivi des acquis des élèves), statistiques de l'OCDE sur l'éducation, décembre, *http://dx.doi.org/10.1787/data-00365-fr* et *www.pisa.oecd.org*.

OCDE (2013), *Base de données sur les activités des multinationales*, octobre, *www.oecd.org/industry/ind/amne.htm*.

OCDE (2013), *Base de données d'indicateurs sur la croissance verte*, *http://stats.oecd.org/Index.aspx?DataSetCode=GREEN_GROWTH* et *www.oecd.org/fr/croissanceverte/indicateurssurlacroissanceverte.htm*.

OCDE (2013), « Modes of public funding of R&D : interim results from the second round of data collection on GBAORD », document de travail interne du Groupe de travail des experts nationaux sur les indicateurs de science et de technologie (GENIST), OCDE, Paris.

OCDE (2013), « Recueil de données OCDE/GENIST sur les incitations fiscales en faveur de la R-D », avril, *www.oecd.org/sti/rd-tax-stats.htm*.

OCDE (2014), *Base de données sur le financement de l'entrepreneuriat*.

OCDE (2014), *Base de données ANBERD*, mars, *www.oecd.org/sti/anberd*.

OCDE (2014), *Statistiques sur la productivité*, mai, *www.oecd.org/fr/std/stats-productivite/*.

OCDE (2014), *Base de données sur les brevets*, mars, *www.oecd.org/sti/brevets*.

OCDE (2014), *Bases de données sur l'éducation*, juin, *http://dx.doi.org/10.1787/edu-db-data-fr* et *www.oecd.org/education/database*.

OCDE (2014), *Base de données des indicateurs de réglementation des marchés de produits*, mars, *www.oecd.org/economie/rmp*.

OCDE (2014), *Science, technologie et industrie : Perspectives de l'OCDE 2014* (base de données ; en anglais), *http://qdd.oecd.org/subject.aspx?Subject=a2ebc2a0-b8dc-4d1a-82be-3fea780b86a6*.

OCDE (2014), Portail sur le haut débit, juin, *www.oecd.org/fr/sti/hautdebit/portaildelocdesurlehautdebit.htm*.

OCDE (2014), *Base de données des principaux indicateurs de la science et de la technologie*, juin, *www.oecd.org/sti/pist*.

OCDE (2014), *Statistiques de recherche et développement* (SRD), mars, *www.oecd.org/fr/innovation/inno/srd.htm*.

OCDE (2014), *Statistiques sur les comptes nationaux*, avril, *http://dx.doi.org/10.1787/naag-data-fr*.

OCDE (2014), Base de données sur le niveau d'instruction, juin.

Organisation des Nations Unies (ONU) (2013), *UN e-Government Survey*, Organisation des Nations Unies, New York, *http://egovernments.wordpress.com*.

Union internationale des télécommunications (UIT) (2013), *World Telecommunication/ICT Indicators 2013*, *www.itu.int/pub/D-IND-WTID.OL*.

AFRIQUE DU SUD

L'économie émergente sud-africaine se trouve à une étape cruciale de son Plan décennal pour l'innovation (TYIP) 2008-18, qu'elle coordonne aujourd'hui avec son Cadre national d'action en matière industrielle et d'autres impératifs d'ordre socio-économique.

Enjeu 1 : L'innovation à l'appui de l'ajustement structurel et d'une nouvelle approche de la croissance. Pour transformer sa base industrielle et accroître sa compétitivité, l'Afrique du Sud met en place une série de programmes de développement industriel tiré par la R-D dans les domaines suivants : impression 3D, métallurgie de pointe, aérospatial, produits chimiques, énergie, exploitation minière (notamment de platine) et TIC. Ces programmes s'ajoutent à ceux recensés pour le TYIP, plus axé sur les sciences. Le TYIP pose les bases de la transition du pays vers une économie du savoir et s'appuie sur cinq « grands défis » : biotechnologie et bioéconomie (qui remplacent les produits pharmaceutiques), domaine spatial, sécurité énergétique, changement climatique et compréhension de la dynamique sociale. Le Plan national de développement (NDP) – A Vision for 2030 – fournit une feuille de route pour l'instauration, d'ici à 2030, d'une économie nationale diversifiée, reposant quasiment en tous points sur l'innovation.

Enjeu 2 : Mettre l'innovation au service des enjeux sociaux et du développement inclusif. Outre un programme d'innovation au service du développement inclusif, plusieurs initiatives sont actuellement mises en œuvre pour relever les défis sociaux, l'accent étant mis sur la représentation des deux sexes et de la population noire dans les secteurs de la science, de la technologie et de l'ingénierie. On citera comme exemples le programme Thuthuka et les Consignes 2013 pour une distribution équitable des bourses, qui fixent à 80 % pour les populations noires et à 60 % pour les femmes les objectifs de représentation dans l'ensemble des projets de développement du capital humain.

Enjeu 3 : Améliorer la gouvernance du système et de la politique d'innovation. Le Plan national de développement préconise un fonctionnement homogène et coordonné du système national d'innovation, les grands objectifs coïncidant avec les priorités nationales. Le but de ce plan est d'améliorer la gouvernance du système d'innovation, notamment en harmonisant les activités STI entre les différentes branches de l'administration et en coordonnant le financement public. Les fonds publics sont donc de plus en plus affectés aux domaines clés du TYIP, au Plan d'action pour la politique industrielle (IPAP) et au programme d'action figurant dans le *New Growth Path* (NGP, ou « Nouveau sentier de croissance »). L'établissement de liens entre les politiques STI et le Cadre national d'action en matière industrielle fait également l'objet de toutes les attentions. L'Agence pour la technologie et l'innovation (TIA), créée en 2010, est une plateforme de la plus grande importance car elle œuvre pour une commercialisation accrue des résultats de la recherche. Un audit externe de la TIA a été réalisé en 2012, et la mise en application de ses recommandations est à l'étude.

Enjeu 4 : Renforcer les liens entre la science et l'industrie. La part des dépenses publiques de R-D financée par l'industrie est faible (partie 1[o]), ce qui signifie que les liens entre la science et l'industrie doivent être renforcés. Le gouvernement est conscient qu'il est important de créer des liens étroits entre la communauté scientifique/technologique et le monde des affaires pour définir le calendrier de travail et stimuler l'investissement dans la science, la technologie et l'innovation. En 2013, le ministre de la Science et de la Technologie a lancé le STI Summit, un rendez-vous annuel qui fournit un cadre formel de discussion avec les dirigeants des entreprises sud-africaines. Le ministère de la Science et de la Technologie et celui du Commerce et de l'Industrie ont entrepris de réviser l'ensemble des incitations et instruments de soutien mis en place pour intensifier la R-D, promouvoir la commercialisation des innovations et améliorer les liens avec l'industrie.

Enjeu 5 : Développement du capital humain. L'un des grands freins au développement socio-économique de l'Afrique du Sud en général – et au progrès scientifique et technologique en particulier – est l'absence de base de compétences suffisamment large. La part de diplômés du supérieur est très faible par rapport aux normes OCDE (partie 1[t]), et le vieillissement de la main-d'œuvre STI blanche et de sexe masculin amenuise davantage cette base. Le gouvernement a donc lancé une série d'initiatives visant à améliorer

Chiffres clés, 2013

Productivité économique et environnementale	ZAF	OCDE	Dépenses intérieures brutes de R-D	ZAF	OCDE
Productivité du travail			**DIRD**		
PIB par heure ouvrée en USD PPA, 2013	n.a.	47.7	En million USD en PPA, 2012	4 652	1 107 398
(taux de croissance annuel, 2008-13)	n.a.	(+0.8)	En % du total OCDE, 2012	0.4	100
Productivité environnementale			**Intensité et croissance de la DIRD**		
PIB par émission unitaire de CO_2 en USD, 2011	1.3	3.0	En % du PIB, 2012	0.76	2.40
(taux de croissance annuel, 2007-11)	(+0.5)	(+1.8)	(taux de croissance annuel, 2007-12)	(-2.8)	(+2.0)
Demande verte			**DIRD à financement public**		
RNN par émission unitaire de CO_2 en USD, 2011	1.4	3.0	En % du PIB, 2011	0.34	0.77
(taux de croissance annuel, 2007-11)	(+0.4)	(+1.6)	(taux de croissance annuel, 2007-11)	(-5.5)	(+2.8)

Graphique 9.1. **La science et l'innovation en Afrique du Sud**

Partie 1. Performance comparée des systèmes nationaux de science et d'innovation, 2014

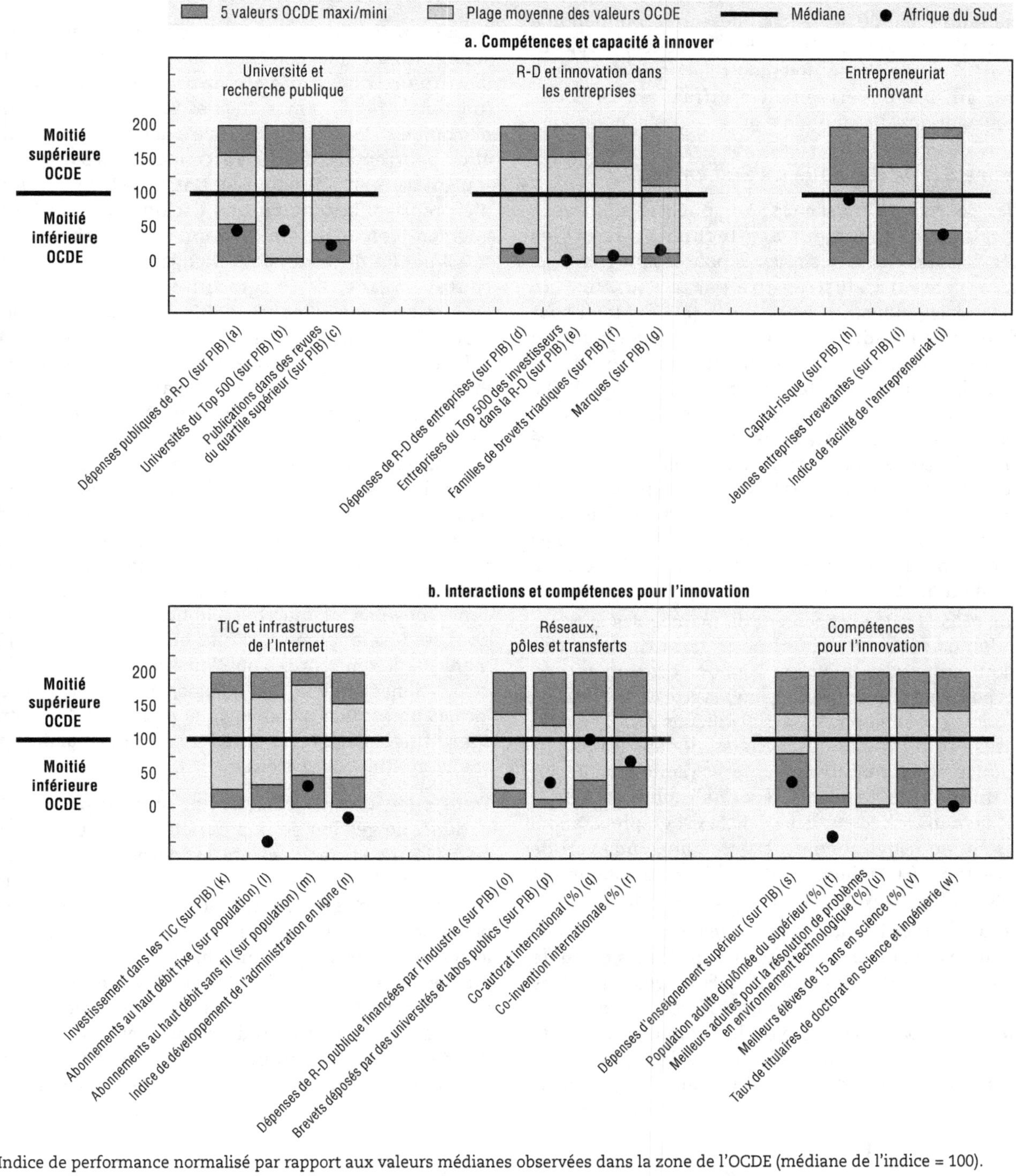

Note : Indice de performance normalisé par rapport aux valeurs médianes observées dans la zone de l'OCDE (médiane de l'indice = 100).

l'accès des jeunes aux formations en science et en mathématiques, et à aider financièrement les étudiants en post-licence et les chercheurs. Le nombre d'étudiants bénéficiant de l'aide de la National Research Foundation a doublé entre 2008/09 et 2013/14 (de 5 061 à 11 400) ; l'objectif du NDP est d'amener le nombre de titulaires de doctorat à 5 000 par an. Le gouvernement a diffusé en 2013 des consignes pour une distribution équitable des bourses.

Le système STI de l'Afrique du Sud en bref

Nouvelles sources de croissance : Le gouvernement veut soutenir le développement des technologies et des capacités dans les domaines retenus pour les programmes de développement industriel tiré par la R-D. Un Plan d'action pour les industries émergentes (EIAP), prévu pour 2014, fournira un cadre d'action et de financement en faveur de la maturation technologique et de la commercialisation des résultats de grands projets de R-D à même d'engendrer d'importantes industries nouvelles. L'EIAP vise aussi à accroître la mobilisation du secteur privé et les prises de participation financière dans ces projets, et à améliorer l'accès aux marchés locaux et d'exportation. Un instrument de financement de l'innovation sectorielle a en outre été créé pour résoudre les problèmes de technologie et d'innovation au sein des secteurs, sur la base d'un cofinancement État-secteurs.

Nouveaux défis : Le développement du marché des énergies renouvelables est jugé capital pour garantir une offre énergétique suffisante et évoluer vers une économie verte. Le Fonds pour une efficacité énergétique verte (GEEF), créé en 2011 et doté de 94 millions USD (500 millions ZAR), aide les entreprises sud-africaines qui investissent dans les projets énergétiques en leur octroyant un prêt remboursable sur 15 ans. Une feuille de route décennale pour la R-D et l'innovation dans le secteur des déchets est en préparation. Le ministère de l'Environnement a créé un Fonds vert de 136 millions USD (800 millions ZAR) qui finance notamment des projets de R-D pouvant fournir des données utiles.

Universités et recherche publique : Le système de recherche sud-africain est relativement peu développé mais présente des poches d'excellence (partie 1[a, b, c, q]). Des initiatives telles que les chaires de recherche et les centres d'excellence ont permis d'accroître le nombre et la qualité des travaux scientifiques ainsi que le nombre de chercheurs. La présence des chercheurs sud-africains dans les publications internationales a ainsi augmenté de 3.2 % par an sur la période 2001-11. Le gouvernement reste très attaché à ce domaine d'action.

Innovation d'entreprise : Les investissements des entreprises sud-africaines dans la R-D et leurs performances en termes d'innovation sont inférieurs aux normes OCDE (partie 1[d, e, f, g]). Entre 2008 et 2011 (dernières données disponibles), la DIRDE a diminué à la fois en termes absolus et en pourcentage du PIB. L'accent est mis sur les mesures (ou instruments) encourageant la R-D et l'innovation d'entreprise. Les incitations fiscales, qui ont beaucoup augmenté en 2006, sont aujourd'hui des abattements de 150 % sur les dépenses de R-D engagées des entreprises de toutes tailles. Le Programme de partenariat pour l'innovation dans l'industrie (IIP), doté de 88 millions USD (500 millions ZAR) pour 2013-15, vise à encourager le cofinancement public-privé de la R-D et de l'innovation. Le Programme de soutien à l'innovation industrielle (SPII) participe pour moitié au financement de la phase finale du développement ou de la première phase de la commercialisation. Le Programme de localisation technologique, doté de 84.7 millions USD (500 millions ZAR) pour 2014-17, propose une série d'aides technologiques personnalisées visant à développer les capacités locales en matière de technologie et d'innovation et à améliorer la compétitivité du secteur manufacturier dans les domaines concernés par les marchés publics. Enfin, le Programme pour le développement d'une offre compétitive (CSDP), mené par les entreprises publiques avec l'aide du ministère de la Science et de la Technologie, apporte aux entreprises locales un soutien technologique pour les aider à être plus compétitives dans leurs offres sur les gros marchés publics et aux multinationales étrangères.

Transfert et commercialisation de technologies : Le Bureau national de gestion de la propriété intellectuelle (NIPMO), créé en 2011 à titre provisoire, est devenu en 2013 une unité spécialisée du ministère de la Science et de la Technologie, chargé de mettre en œuvre la loi sur les DPI issus de la R-D publique (promulguée et entrée en vigueur en 2010). Cette loi permet une utilisation plus efficace de la propriété intellectuelle émanant des EPR grâce au soutien du NIPMO. Pour inciter les EPR à opérer des transferts de technologie, des réductions sont accordées par le NIPMO sur les coûts des démarches obligatoires d'obtention et de maintien en vigueur de la protection de la propriété intellectuelle.

Partie 2. Avantage technologique révélé dans certains domaines technologiques, 2009-11

Indice basé sur les demandes de brevets PCT

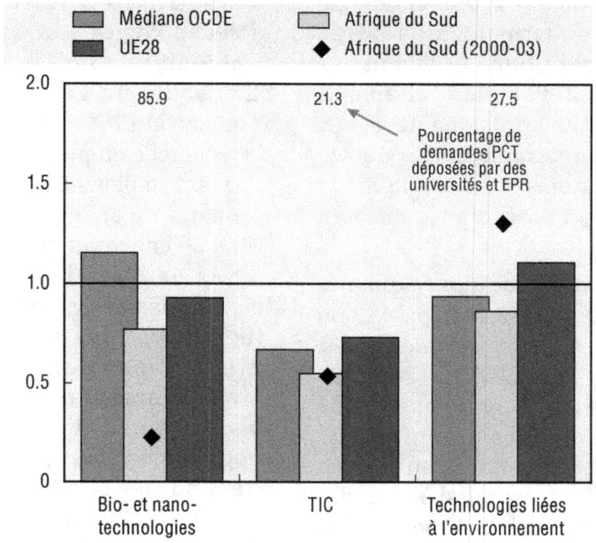

Partie 3. Allocation du soutien public à la R-D et l'innovation, par secteur, type et mode de financement, 2012

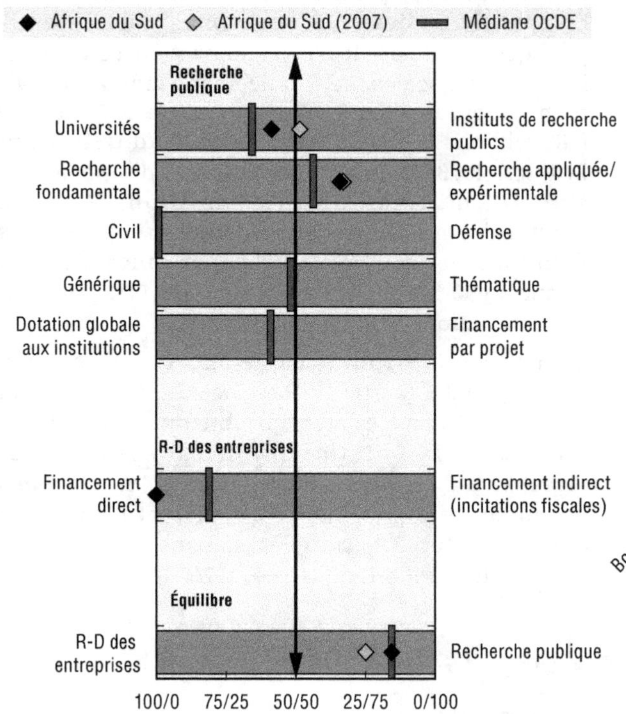

Partie 4. Principaux instrument de financement public de la R-D des entreprises, 2014

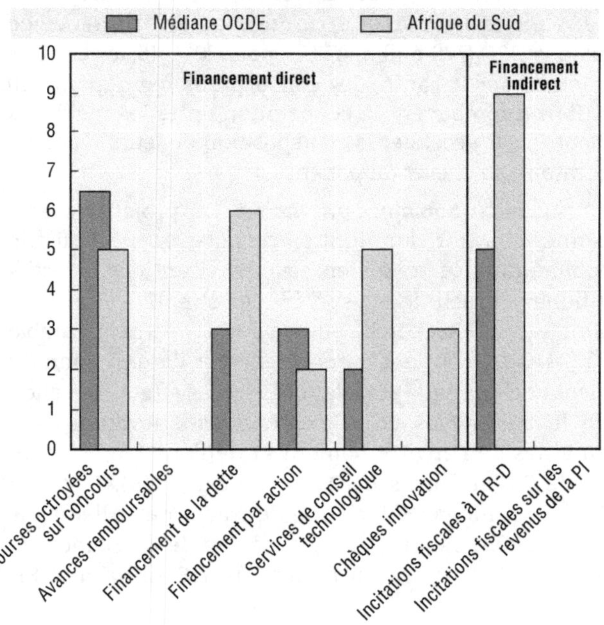

Note : Les informations sur les politiques sont tirées des réponses des pays au questionnaire préparatoire des éditions 2012 et 2014 des *Perspectives de la science, de la technologie et de l'industrie* de l'OCDE. Les réponses de l'Afrique du Sud sont disponibles dans la base de données des *Perspectives*, édition 2014, accessible à l'adresse suivante : *http://qdd.oecd.org/Table.aspx?Query=759D6E4F-7086-446E-97D2-4AF828E7A13F*.

Source : Voir le guide du lecteur et l'annexe méthodologique.

StatLink http://dx.doi.org/10.1787/888933307194

ALLEMAGNE

L'Allemagne est un acteur majeur de l'innovation et des sciences. La Stratégie fédérale pour la haute technologie (SHT) fixe des orientations à moyen terme pour la R-D et l'innovation : renforcer la base scientifique et technique, stimuler l'innovation et la création d'emplois, et aider à relever les défis mondiaux pour améliorer la qualité de vie. Elle s'intégrera dans une stratégie interministérielle globale d'innovation, couvrira les innovations technologiques et sociétales, et visera à accélérer et à améliorer la mise en pratique des résultats de la recherche.

Enjeu 1 : Innover pour relever les défis sociaux (y compris l'inclusion). Contrairement à la politique de R-D du passé, non seulement la SHT encouragera les technologies émergentes, mais elle répondra aux besoins de la société en termes de solutions durables pour une énergie propre, de soins de santé performants, de mobilité durable, de communications sécurisées, et doit assurer la compétitivité future du pays en tant que puissance industrielle. La SHT vise aussi à créer des marchés pilotes et de vastes projets d'avenir (*Zukunftsprojekte*) à fort impact social. Sa mise en œuvre s'appuie sur une série d'initiatives privilégiant le financement de la R-D privée et publique, la réforme de l'enseignement et le renforcement des liens entre industrie et monde scientifique. Avec 960 millions USD (770 millions EUR) pour 2011-15, les Centres de recherche sur la santé, des consortiums regroupant 120 institutions, promeuvent la coopération entre les meilleurs chercheurs pour accélérer la transposition de leurs résultats du laboratoire au chevet du patient.

Enjeu 2 : Cibler les domaines prioritaires. Les projets d'avenir mentionnés ci-avant, dont font partie notamment Industrie 4.0, Mobilité durable et Meilleure santé, visent des objectifs scientifiques et techniques spécifiques sur 10 à 15 ans. Le programme-cadre Recherche pour le développement durable (FONA) (2010-14) soutient la recherche sur l'atténuation du changement climatique et l'adaptation à ses effets, la gestion durable des ressources, et les technologies innovantes dans les domaines de l'environnement et de l'énergie, avec un budget de 2.5 milliards USD (2 milliards EUR). Il vise à maintenir et renforcer la position de leader de l'Allemagne dans ces domaines. La stratégie nationale de recherche Bioeconomy 2030, avec un budget de 2.6 milliards USD (2 milliards EUR) pour 2011-16, vise à renforcer la compétitivité future de l'industrie allemande des biotechnologies et à contribuer ainsi à la résolution des problèmes mondiaux de nutrition, de changement climatique, etc. Les autres programmes sectoriels sont le Plan d'action 2015 pour les nanotechnologies, le programme de recherche en photonique, avec un budget de 526 millions USD (410 millions EUR) sur 2012-15 et le Programme spatial allemand, au budget annuel de 1.5 milliard USD (1.2 milliard EUR). Le concours des pôles d'avant-garde (trois épreuves depuis 2007) soutient les pôles les plus performants dans leurs domaines. Le projet CLIENT, une ligne de financement du FONA, encourage la création de partenariats internationaux en R-D, l'application de technologies environnementales et de protection du climat, et le développement de marchés pilotes. Pour 2015, ce programme est en préparation. Certaines initiatives sont axées sur les services, comme Innovation with Services (jusqu'en 2013) et le Groupe de travail sur les services au sein de l'Union pour la science et la recherche dans l'industrie.

Enjeu 3 : Améliorer les conditions-cadres de l'innovation, notamment la compétitivité. La SHT vise aussi à améliorer la compétitivité, des PME innovantes notamment. L'aide publique directe à la R-D et à l'innovation a été préférée aux incitations fiscales. Le financement fédéral des activités technologiques des PME est passé de 943 millions USD (783 millions EUR) en 2007 à 1.8 milliard USD (1.4 milliard EUR) en 2013. Le Programme central d'innovation (ZIM), avec 705 millions USD (550 millions EUR) par an, subventionne les projets de recherche appliquée et d'innovation des PME. Les chèques-innovation (2011-16) financent 50 % du coût des conseils aux PME pour la gestion de l'innovation.

Le marché du capital-risque se situe au niveau de la médiane OCDE (partie 1[h]). Les sociétés de participation qui investissent dans les startups obtiennent des allégements fiscaux, et la Dotation à l'investissement pour les investisseurs providentiels, créée en 2013, rembourse 20 % des fonds de capital-risque qui restent plus de trois ans dans la startup. Elle complète des instruments comme le High-Tech Gründerfonds (créé en 2005).

Chiffres clés, 2013

Productivité économique et environnementale	DEU	OECD	Dépenses intérieures brutes de R-D	DEU	OECD
Productivité du travail			**DIRD**		
PIB par heure ouvrée en USD PPA, 2013	60.4	47.7	En million USD en PPA, 2012	102 238	1 107 398
(taux de croissance annuel, 2008-13)	(+0.4)	(+0.8)	En % du total OCDE, 2012	9.2	100
Productivité environnementale			**Intensité et croissance de la DIRD**		
PIB par émission unitaire de CO_2 en USD, 2011	3.8	3.0	En % du PIB, 2012	2.98	2.40
(taux de croissance annuel, 2007-11)	(+3.6)	(+1.8)	(taux de croissance annuel, 2007-12)	(+4.1)	(+2.0)
Demande verte			**DIRD à financement public**		
RNN par émission unitaire de CO_2 en USD, 2011	3.9	3.0	En % du PIB, 2011	0.86	0.77
(taux de croissance annuel, 2007-11)	(+2.9)	(+1.6)	(taux de croissance annuel, 2007-11)	(+6.3)	(+2.8)

Graphique 9.2. La science et l'innovation en Allemagne

Partie 1. Performance comparée des systèmes nationaux de science et d'innovation, 2014

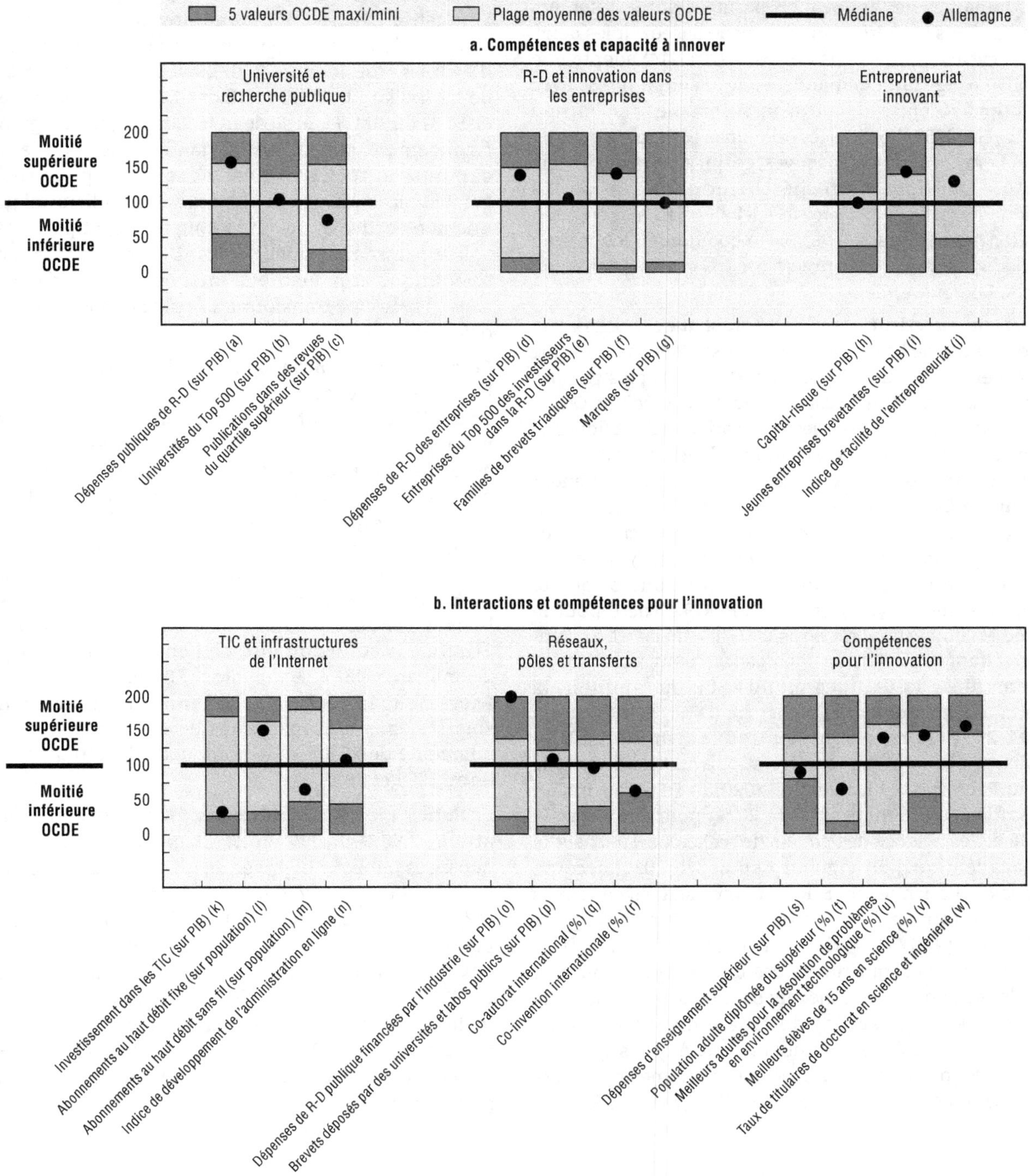

Note : Indice de performance normalisé par rapport aux valeurs médianes observées dans la zone de l'OCDE (médiane de l'indice = 100).

Le système STI de l'Allemagne en bref

Gouvernance des politiques STI : La SHT a servi à relier entre eux les domaines de l'innovation partagés entre différents ministères. Dans le cadre d'une approche basée sur les défis, le second cycle de prévisions du BMBF (2012-14) adopte une perspective axée sur la demande. Pour rester en phase avec les évolutions récentes, il mettra aussi à jour les résultats du premier cycle (2007-09) dans les domaines technologiques de pointe et liera les deux perspectives, ce qui servira de modèle à la future politique de recherche et d'innovation. La transition énergétique (l'*Energiewende*) a abouti à la création de plateformes et réseaux divers pour coordonner les acteurs au sein du système d'innovation (p. ex. le Forum de recherche Energiewende).

Enseignement supérieur et recherche publique : L'Allemagne possède une bonne base scientifique et sa dépense publique en R-D est élevée (partie 1[a]). Par rapport aux 500 plus grandes universités, sa performance est inférieure à la médiane OCDE. Elle se classe quatrième pour les publications scientifiques et le nombre de citations. Le PIB étant élevé, le nombre de publications dans les grandes revues scientifiques est inférieur à la médiane OCDE (partie 1[c]). Les chercheurs sont bien intégrés au réseau mondial et 46 % des articles scientifiques sont des co-publications internationales (partie 1[q]). Plusieurs initiatives d'envergure sont en cours pour doper la performance des universités et des EPR. Le Pacte pour la recherche et l'innovation (révisé en 2009) est un effort conjoint du gouvernement fédéral et des *Länder* pour accroître le financement de la R-D des grands EPR, notamment la Fondation allemande pour la recherche (DFG), de 5 % par an sur 2011-20. Cela représente en tout 6.3 milliards USD (4.9 milliards EUR) de financement supplémentaire. Dans le cadre du Pacte pour l'université 2020, la DFG fournit un financement supplémentaire (de 20 %) pour renforcer la flexibilité et l'excellence des projets de recherche. La loi sur la liberté académique, en vigueur depuis fin 2012, accorde davantage d'autonomie aux EPR non universitaires en termes de financement et de recrutement. L'Initiative pour l'excellence (2007-17) vise à renforcer la visibilité internationale et la compétitivité des universités en tant que centres de recherche. Des concours sont organisés dans trois domaines : enseignement de troisième cycle, pôles d'excellence, et stratégies institutionnelles. À cela s'ajoutent, depuis peu, des dispositifs de financement comme le concours Research Campus lancé par le BMBF en 2011 (voir plus loin).

Transfert et commercialisation de technologies : En Allemagne, l'industrie et le monde scientifique sont très liés, et une forte proportion de la recherche publique est financée par l'industrie (partie 1[o]). Les initiatives pour renforcer cette collaboration sont le concours des pôles d'activité du Fonds d'avant-garde (depuis 2007), avec un financement total de 1.2 milliard USD (936 millions EUR) (50 % de fonds privés et 50 % du BMBF), et Research Campus, un programme de financement concurrentiel dans le cadre de la SHT. Un campus de recherche est nécessaire pour réunir les compétences privées et publiques en un lieu unique, dans une perspective à moyen et long terme, et pour établir un solide partenariat public-privé. L'Union pour la recherche scientifique et industrielle intervient notamment comme conseil pour une transformation plus rapide et plus efficace des idées en produits.

Compétences et innovation : Dans la politique d'innovation, le manque de personnel qualifié est vu comme une nouvelle contrainte. Diverses mesures favorisent les matières scientifiques (mathématiques, informatique, sciences naturelles et technologie). Le concours des établissements d'enseignement supérieur de l'Initiative pour l'excellence (géré par la DFG) vise à créer les conditions optimales d'un programme doctoral structuré dans un cadre de recherche stimulant, pour préparer les étudiants à une carrière dans la recherche ou l'industrie. Le budget annuel avoisine les 70 millions USD (60 millions EUR). Le Pacte de qualité de l'enseignement dispose de 2.5 milliards USD (2.0 milliards EUR) pour 2011-20. Suite au Pacte pour la recherche et l'innovation, le nombre de salariés dans les organismes de recherche scientifique a augmenté de 26.5 % et le nombre de doctorants y a doublé entre 2005 et 2012.

Évolution récente des dépenses STI : La dépense en R-D a atteint 2.98 % du PIB en 2012 contre 2.53 % en 2007. Les dépenses publique et privée de R-D en 2012, respectivement de 0.96 % et de 2.02 % du PIB, sont bien supérieures à la moyenne OCDE (partie 1[a,d]), du fait de la priorité donnée par les pouvoirs publics à la R-D et de la spécialisation du pays dans les secteurs intensifs en R-D. Le nombre de CBPRD a augmenté d'environ un tiers entre 2007 et 2013, malgré la récession et l'assainissement budgétaire. La DIRD devrait atteindre 3 % du PIB en 2020, et l'investissement public dans la R-D et l'innovation reste une des premières priorités politiques.

Partie 2. Composition structurelle de la DIRDE, 2011

En pourcentage dans la DIRDE totale ou de sous-parties de la DIRDE (%)

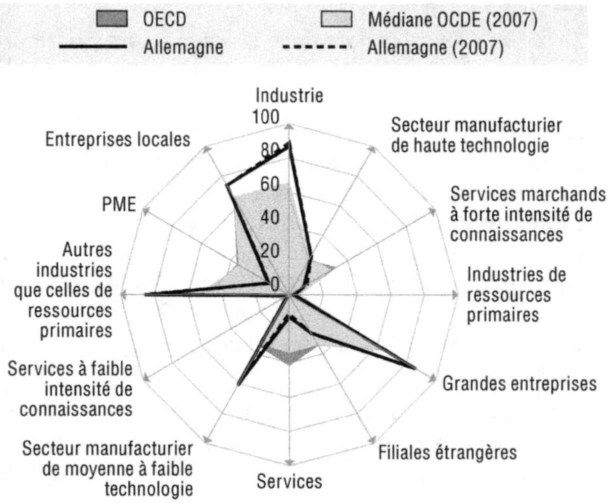

Partie 3. Avantage technologique révélé dans certains domaines, 2009-11

Indice basé sur les demandes de brevets PCT

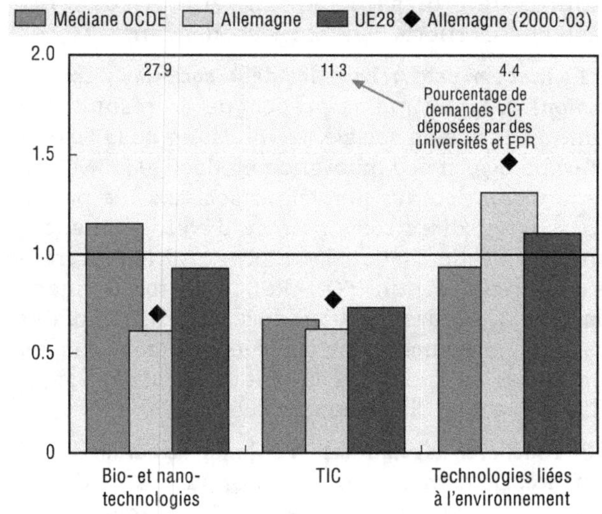

Partie 4. Allocation du soutien public à la R-D et l'innovation, par secteur, type et mode de financement, 2012

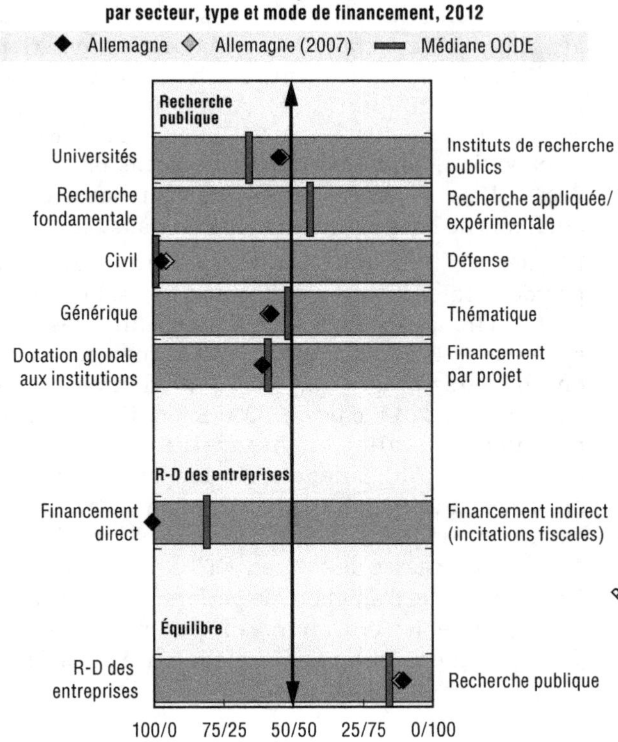

Partie 5. Principaux instrument de financement public de la R-D des entreprises, 2014

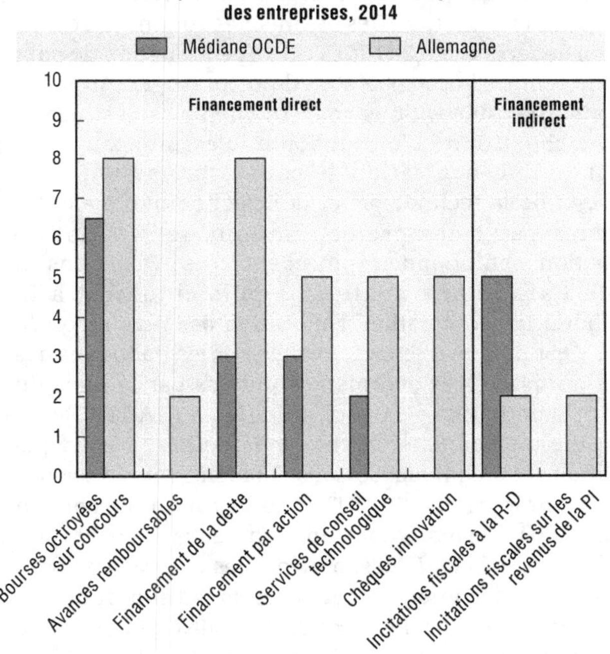

Note : Les informations sur les politiques sont tirées des réponses des pays au questionnaire préparatoire des éditions 2012 et 2014 des *Perspectives de la science, de la technologie et de l'industrie* de l'OCDE. Les réponses de l'Allemagne sont disponibles dans la base de données des *Perspectives*, édition 2014, accessible à l'adresse suivante : *http://qdd.oecd.org/Table.aspx?Query=7D74C077-CFE5-491F-BBB1-8C6910D83A71.*

Source : Voir le guide du lecteur et l'annexe méthodologique.

StatLink http://dx.doi.org/10.1787/888933306950

ARGENTINE

Le gouvernement argentin reconnaît l'innovation comme une source de croissance essentielle et concentre actuellement ses efforts dans plusieurs domaines.

Enjeu 1 : Innover pour relever les défis sociaux (y compris l'inclusion). L'Argentine se préoccupe de résoudre les problèmes d'exclusion sociale. Le ministère de la Science, de la Technologie et de l'Innovation productive (MINCYT) a fait de la résolution des problèmes sociaux une priorité dans ses lignes directrices pour le développement du système d'innovation national. En 2009, le MINCYT a créé le Fonds sectoriel argentin (FONARSEC), un fonds financé principalement par des dotations de la Banque mondiale et de la Banque interaméricaine de développement, laquelle soutient aussi les initiatives en matière d'innovation qui vont dans le sens de l'inclusion sociale.

Enjeu 2 : Améliorer la coordination et la participation dans la gouvernance. De nombreux organismes publics participent au système STI de l'Argentine. Le MINCYT, avec un budget de 1 443 millions USD (4 994 millions ARS) en 2013, joue un rôle central dans la gestion des organes d'investissement et de R-D dans l'innovation. Des organismes comme le Conseil national de recherche (CONICET) et l'Agence nationale pour la promotion de la science et de la technologie (ANPCYT) distribuent les subventions gouvernementales destinées à la recherche. L'Unité d'évaluation et d'assurance qualité (UEAC) de l'Agence nationale pour la promotion de la science et de la technologie et la Direction nationale des programmes et des projets du Sous-secrétariat de l'évaluation institutionnelle procèdent à des évaluations en vue de l'assurance qualité. Depuis cinq ans, afin d'améliorer la coordination, l'allocation des ressources du MINCYT est progressivement alignée sur les politiques des autres ministères et organismes publics par le biais du Cabinet scientifique et technologique (GACTEC), un organisme interministériel chargé de définir la politique scientifique et technique. Le Conseil fédéral pour la science et la technologie (COFECYT) joue le rôle d'un conseil consultatif pour le maintien d'une cohérence des politiques entre les autorités fédérales, provinciales et locales et pour la sauvegarde des intérêts régionaux dans l'allocation des ressources du MINCYT. En mars 2013, le MINCYT a présenté son plan stratégique STI national, Argentina Innovadora 2020, qui vise à optimiser et à articuler les efforts publics et privés du pays en matière de STI.

Enjeu 3 : Cibler les domaines et les secteurs prioritaires. Les fonds sectoriels constituent l'ossature de la politique scientifique et technique de l'Argentine. Le budget de l'ANPCYT se concentre sur les domaines de connaissances et les secteurs stratégiques identifiés dans le plan Argentina Innovadora 2020. Le FONSOFT est un fonds en fidéicommis destiné à soutenir les TIC, domaine dans lequel l'Argentine espère développer un avantage comparatif. Le fonds FONARSEC soutient le développement de technologies cibles (p. ex. biotechnologie et nanotechnologie) et de secteurs cibles (p. ex. l'énergie, la santé et l'agro-industrie).

Enjeu 4 : Accroître les ressources humaines, les compétences et le renforcement des capacités. En 2011, l'Argentine a consacré 1.47 % de son PIB à l'enseignement supérieur, un niveau proche de la médiane OCDE (partie 1[s]). Cependant, la performance des élèves de 15 ans dans les matières scientifiques y est bien inférieure à la médiane OCDE (partie 1[v]) et met en évidence des insuffisances dans la qualité de l'enseignement. La proportion de doctorats en sciences et en ingénierie, également, est bien au-dessous de la médiane OCDE (partie 1[w]). Afin d'améliorer l'offre de ressources humaines pour la science, la technologie et l'innovation, deux programmes – Becas Bicentenario et Becas TICs – accordent jusqu'à 30 000 bourses par an aux étudiants de l'enseignement supérieur à faible revenu.

Le CONICET finance les formations doctorales et postdoctorales internes et accorde des subventions pour aider les transferts de connaissances entre l'enseignement supérieur et le secteur privé. Le gouvernement a aussi mis en place des programmes à l'attention de la diaspora argentine. En 2013, plus de 1 000 scientifiques étaient déjà revenus s'installer en Argentine dans le cadre du programme RAICES depuis son lancement en 2004. Ces efforts ont abouti à une hausse de l'offre de jeunes chercheurs, la proportion de chercheurs âgés de moins de 40 ans étant passée de 41 % en 2003 à près de 48 % en 2011. En outre, en vue d'améliorer la performance des chercheurs en Argentine, les programmes PITEC et PAE de l'ANPCYT soutiennent des partenariats public-privé dans des projets

Chiffres clés, 2013

Productivité économique et environnementale	ARG	OCDE	Dépenses intérieures brutes de R-D	ARG	OCDE
Productivité du travail			**DIRD**		
PIB par heure ouvrée en USD PPA, 2013	n.a.	47.7	En million USD en PPA, 2012	5 447	1 107 398
(taux de croissance annuel, 2008-13)	n.a.	(+0.8)	En % du total OCDE, 2012	0.5	100
Productivité environnementale			**Intensité et croissance de la DIRD**		
PIB par émission unitaire de CO_2 en USD, 2011	3.4	3.0	En % du PIB, 2012	0.74	2.40
(taux de croissance annuel, 2007-11)	(+3.8)	(+1.8)	(taux de croissance annuel, 2007-12)	(+13.7)	(+2.0)
Demande verte			**DIRD à financement public**		
RNN par émission unitaire de CO_2 en USD, 2011	n.a.	3.0	En % du PIB, 2011	0.48	0.77
(taux de croissance annuel, 2007-11)	n.a.	(+1.6)	(taux de croissance annuel, 2007-11)	(+15.2)	(+2.8)

Graphique 9.3. **La science et l'innovation en Argentine**

Partie 1. Performance comparée des systèmes nationaux de science et d'innovation, 2014

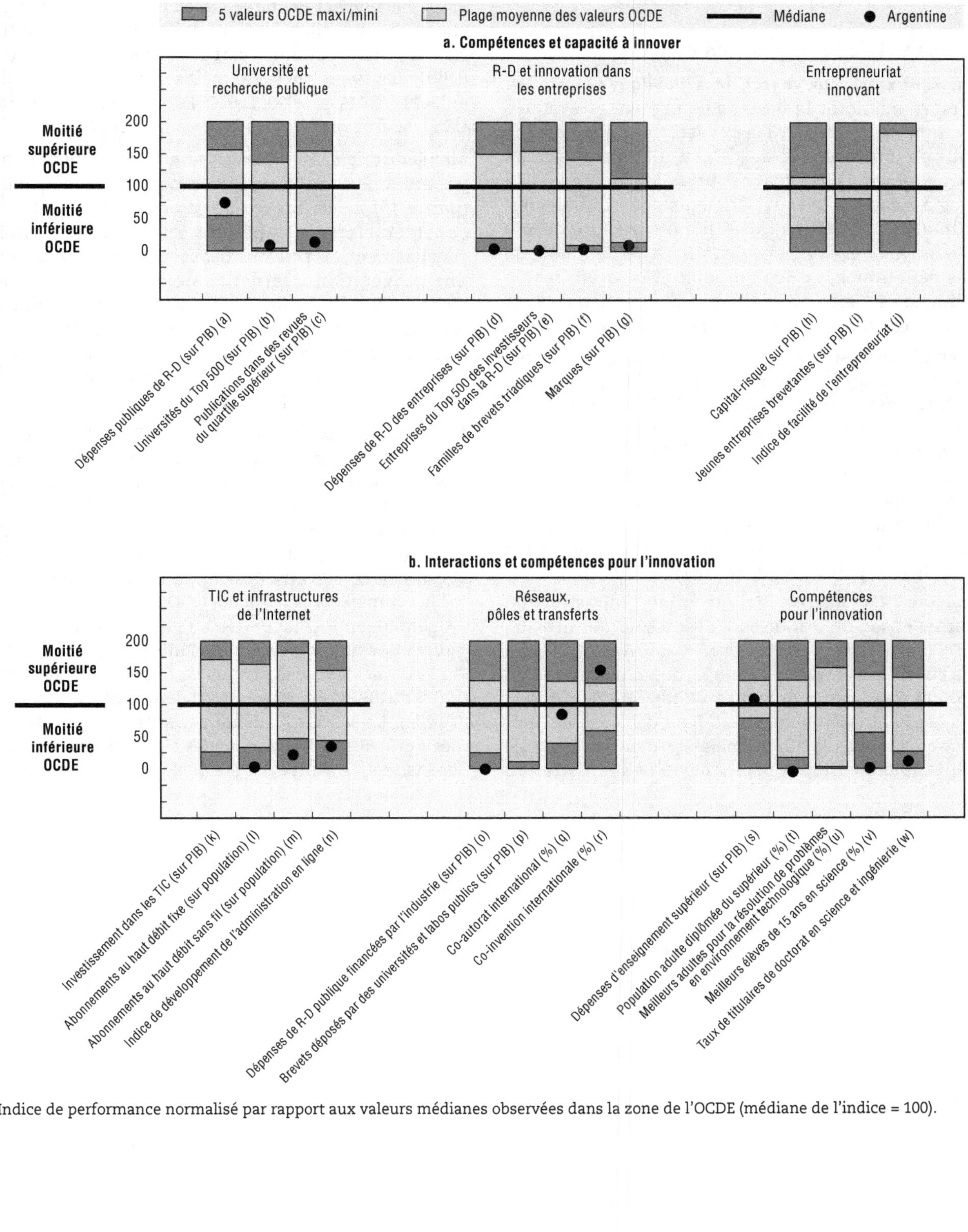

Note : Indice de performance normalisé par rapport aux valeurs médianes observées dans la zone de l'OCDE (médiane de l'indice = 100).

de recherche destinés à accroître la contribution de la recherche à l'économie argentine, et notamment à relever les défis socio-économiques les plus pressants.

Le système STI de l'Argentine en bref

Enseignement supérieur et recherche publique : Outre les efforts pour améliorer la base de compétences évoquée précédemment, le MINCYT a investi dans les besoins nationaux en infrastructure de R-D. En 2013, dans le cadre de son programme de travail pour la science et la technologie, quatre nouveaux bâtiments ont été inaugurés, soit au total 11 122 mètres carrés d'infrastructure de R-D comprenant le nouveau siège de la Banque nationale de données génétiques, et des bureaux et laboratoires de nanotechnologie. Cela représente une progression de 17 % de la surface consacrée à la R-D par rapport à 2007.

Innovation d'entreprise : Avec une DIRDE de 0.16 % du PIB en 2012, bien inférieure à la médiane OCDE (partie 1[d]), l'Argentine reste loin derrière l'OCDE en termes de performance d'innovation, de brevets triadiques (partie 1[f]) et d'enregistrement de marques (partie 1[g]). En vue d'améliorer la performance de l'innovation, les programmes gouvernementaux ciblent les domaines de connaissances et les secteurs qui sont essentiels à la qualité du capital humain pour la recherche et l'innovation et à la coordination entre la recherche publique et l'industrie.

Infrastructure TIC et Internet : En Argentine, l'infrastructure de l'Internet et son utilisation sont au-dessous des niveaux de l'OCDE (partie 1[l,m,n]). Environ 10.9 % des Argentins sont abonnés au haut débit fixe, une proportion plus forte qu'au Brésil (9.2 %) mais moins forte qu'au Chili (12.4 %). Environ 21 % des habitants sont abonnés au haut débit mobile, soit davantage qu'au Mexique (10.8 %) mais bien moins qu'au Brésil (37.3 %). L'indice de développement de l'administration électronique en Argentine reste peu élevé par rapport à la médiane OCDE.

Pôles d'activité et politique régionale : Les pouvoirs publics cherchent à réduire la disparité régionale en matière de capacité STI en portant la part de la dépense intérieure en R-D (DIRD) des 19 provinces les moins intensives en R-D de 28 % en 2011 à 37 % en 2020. Le COFECYT a déboursé 38 millions USD (113 millions ARS) en 2012 pour atteindre cet objectif.

Mondialisation : La collaboration internationale dans les publications scientifiques est proche de la médiane OCDE (partie 1[q]). Le co-brevetage international (partie 1[r]) est considérablement supérieur à la médiane OCDE. Plus généralement, les pouvoirs publics s'efforcent de promouvoir une coopération internationale dans les sciences et les technologies. À cette fin, ils ont créé des partenariats et ils ont accru récemment le nombre de projets et de programmes en collaboration avec le Brésil, le Chili, le Mexique, les États-Unis et le Canada ainsi qu'avec la France, la Belgique, le Royaume-Uni, l'Allemagne, les Pays-Bas et l'Italie.

Évolution récente des dépenses STI : En 2012, l'Argentine a consacré 0.74 % de son PIB à la R-D, soit bien moins que la médiane OCDE. Les pouvoirs publics financent la plus grande part des dépenses de R-D (0.48 % du PIB) et leur contribution a connu une augmentation de 15.2 % par an entre 2007 et 2012, légèrement plus rapide que la croissance annuelle globale de la DIRD (14.6 %) sur la même période. Bien que faible comparée à la médiane OCDE, la dépense publique de l'Argentine en R-D rapportée au PIB, à 0.57 % (partie 1[a]), est plus importante que celle du Chili (0.14 %) et du Mexique (0.25 %). Les dépenses privées de R-D se sont maintenues à 0.16 % du PIB et ont progressé modérément par rapport à 2004 (0.14 %). Le MINCYT évalue actuellement les moyens de mesurer la R-D privée : selon des résultats préliminaires, ces dépenses pourraient avoir été quelque peu sous-estimées.

Partie 2. Allocation du soutien public à la R-D et l'innovation, par secteur, type et mode de financement, 2012

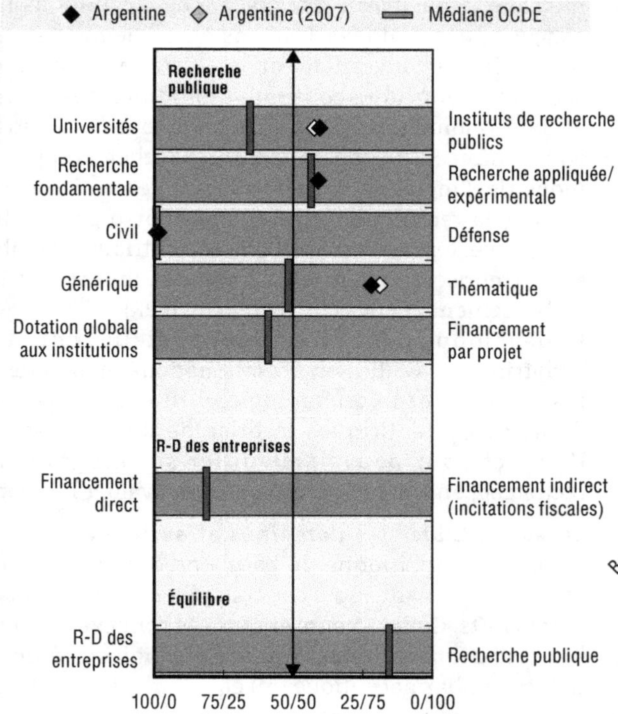

Partie 3. Principaux instrument de financement public de la R-D des entreprises, 2014

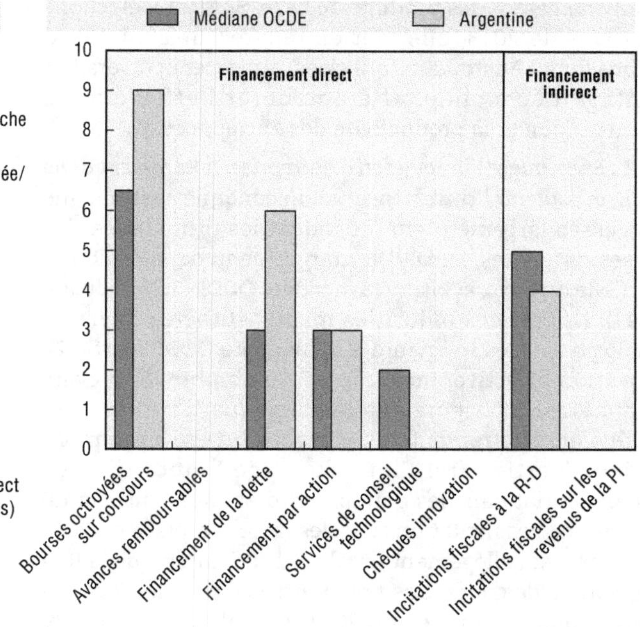

Note : Les informations sur les politiques sont tirées des réponses des pays au questionnaire préparatoire des éditions 2012 et 2014 des *Perspectives de la science, de la technologie et de l'industrie* de l'OCDE. Les réponses de l'Argentine sont disponibles dans la base de données des *Perspectives*, édition 2014, accessible à l'adresse suivante : *http://qdd.oecd.org/Table.aspx?Query=7534DEC8-6D3D-4D19-B320-69E375B75D82.*
Source : Voir le guide du lecteur et l'annexe méthodologique.

StatLink http://dx.doi.org/10.1787/888933306804

AUSTRALIE

L'Australie a particulièrement bien résisté à la crise mondiale et profité de l'essor des produits de base. Suite aux élections législatives de 2013, elle met en œuvre Our Plan – Real Solutions for all Australians, qui vise à renforcer et diversifier davantage l'économie, et à améliorer l'efficacité de l'administration et la productivité des entreprises.

Enjeu 1 : Encourager l'innovation d'entreprise, notamment dans les PME, et soutenir l'entrepreneuriat. L'économie australienne repose assez largement sur les industries primaires et les richesses naturelles. La DIRDE, compte tenu de la structure industrielle du pays, avoisine la médiane OCDE (1.23 % du PIB en 2011). La part des industries manufacturières de haute technologie est très inférieure à la médiane OCDE (partie 2). L'innovation effective, mesurée par le nombre de brevets triadiques, est inférieure à la médiane (partie 1[f]) mais le nombre d'enregistrements de marques lui est légèrement supérieur (partie 1[g]). L'État encourage l'innovation et l'entrepreneuriat dans les entreprises de toutes tailles et de tous secteurs. Les incitations fiscales mises en place en 2011 pour remplacer l'allégement fiscal consenti au titre de la R-D sont assorties de conditions préférentielles pour les PME. Le gouvernement a annoncé en 2014 qu'il allait investir 329 millions USD (484.2 millions AUD) dans un nouveau programme d'infrastructure pour entrepreneurs dont AusIndustry sera le seul prestataire, pour encourager l'entrepreneuriat et permettre aux entreprises d'évoluer et de commercialiser de nouvelles idées.

Enjeu 2 : Améliorer les conditions-cadres de l'innovation. Le contexte australien est plutôt favorable aux entreprises (partie 1[j]) mais la disponibilité du capital-risque est inférieure à la médiane OCDE (partie 1[h]). Le nouveau gouvernement compte améliorer la productivité et la croissance de l'emploi en réduisant de 680 millions USD (1 milliard AUD) par an les coûts administratifs pour les entreprises et les associations. Il va notamment supprimer la taxe carbone mise en place par le gouvernement précédent et abaisser le taux de l'impôt sur les sociétés.

Enjeu 3 : Améliorer la rentabilité et l'impact de la science. L'Australie dispose d'une base scientifique relativement solide avec d'importantes dépenses publiques de R-D, des universités de tout premier ordre et des publications scientifiques de qualité (partie 1[a, b, c]). Les dépenses publiques de R-D financées par l'industrie dépassent la médiane OCDE (partie 1[o]), grâce à des incitations fiscales conçues pour renforcer les liens enseignement supérieur-industrie. Le gouvernement vise à faire en sorte que le secteur scientifique continue à produire des retombées socio-économiques bénéfiques pour tous les Australiens. Pour renforcer la coopération entre recherche publique et industrie, l'Industrial Transformation Research Programme finance la recherche universitaire pilotée par l'industrie. L'initiative Researchers in Business contribue à l'embauche en entreprise de chercheurs issus des universités ou des établissements publics de recherche (EPR), afin de favoriser le développement et la commercialisation d'idées novatrices. Le CSIRO, organisme national compétent pour les sciences et la technologie, a intégré dans tous les domaines scientifiques la prise de décision axées sur l'impact pour pouvoir planifier ses programmes de recherche, en suivre l'exécution et en évaluer l'impact.

Enjeu 4 : Cibler les domaines et secteurs prioritaires. L'Australie ambitionne de bâtir une économie de calibre mondial « prenant appui sur cinq piliers » en exploitant ses points forts. Cinq secteurs et services connexes sont ciblés : i) fabrication de pointe, ii) technologies médicales et industrie pharmaceutique, iii) équipement et technologies du secteur minier, iv) technologies du pétrole et du gaz, et v) produits alimentaires et industrie agroalimentaire. Les pouvoirs publics étudient des projets ciblant les domaines et secteurs prioritaires et prévoient des mécanismes privilégiant davantage l'investissement dans la science et la recherche, notamment la définition de priorités à cet égard afin d'orienter l'investissement vers les domaines qui revêtent une importance primordiale pour le pays et sa place dans le monde.

Enjeu 5 : Innover pour contribuer à l'ajustement structurel. Le gouvernement australien soutient l'investissement dans les industries et préserve les capacités industrielles par le biais du Fonds pour la croissance (Growth Fund) et du Programme de subventions pour la transition industrielle (Manufacturing Transition Grants Programme). Par ailleurs, son programme pour l'investissement et la compétitivité (Industry Investment and Competitiveness Agenda) sera orienté vers les initiatives destinées à promouvoir la

Chiffres clés, 2013

Productivité économique et environnementale	AUS	OCDE	Dépenses intérieures brutes de R-D	AUS	OCDE
Productivité du travail			**DIRD**		
PIB par heure ouvrée en USD PPA, 2013	55.5	47.7	En million USD en PPA, 2012	20 469	1 107 398
(taux de croissance annuel, 2008-13)	(+1.7)	(+0.8)	En % du total OCDE, 2012	2.1	100
Productivité environnementale			**Intensité et croissance de la DIRD**		
PIB par émission unitaire de CO_2 en USD, 2011	2.1	3.0	En % du PIB, 2012	2.19	2.40
(taux de croissance annuel, 2007-11)	(+2.0)	(+1.8)	(taux de croissance annuel, 2007-12)	(+0.8)	(+2.0)
Demande verte			**DIRD à financement public**		
RNN par émission unitaire de CO_2 en USD, 2011	2.0	3.0	En % du PIB, 2011	0.78	0.77
(taux de croissance annuel, 2007-11)	(+2.5)	(+1.6)	(taux de croissance annuel, 2007-11)	(+4.4)	(+2.8)

Graphique 9.4. **La science et l'innovation en Australie**

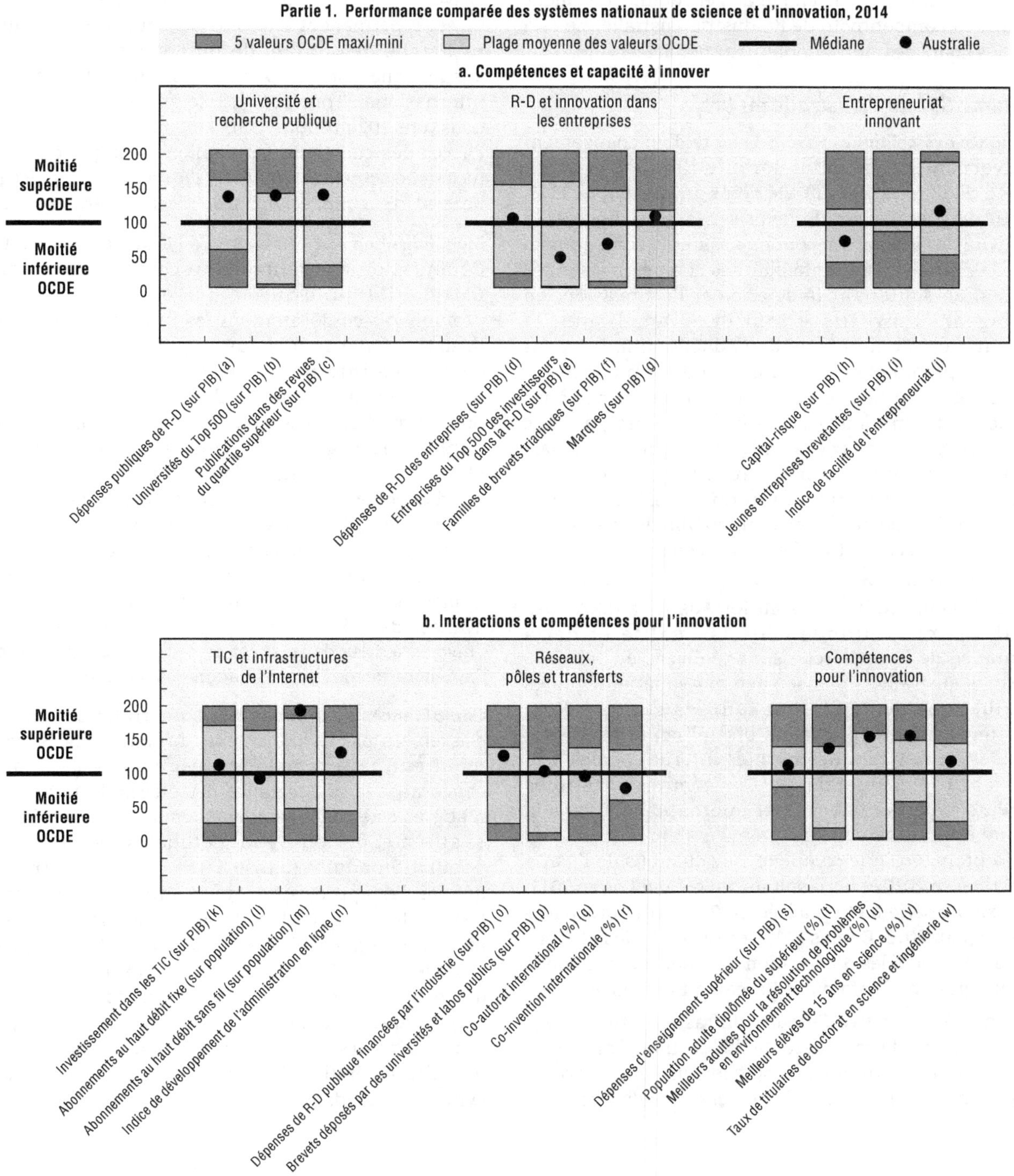

Note : Indice de performance normalisé par rapport aux valeurs médianes observées dans la zone de l'OCDE (médiane de l'indice = 100).

compétitivité et la productivité nationales, notamment des mesures applicables à l'ensemble de l'économie, destinées à accroître la compétitivité de l'industrie australienne et à réduire les coûts des transactions commerciales.

Le système STI de l'Australie en bref

Gouvernance des politiques STI : À la suite d'un changement de gouvernement, un ministère de l'Industrie et un ministère de l'Éducation ont été créés en novembre 2013. L'objectif du premier est de favoriser la croissance et la productivité des industries, pour en assurer la compétitivité à l'échelle mondiale, en renforçant les compétences et les capacités, en soutenant la science et l'innovation, en encourageant l'investissement et en améliorant la réglementation. Le ministère de l'Éducation a, lui, pour vocation de promouvoir l'amélioration de la productivité économique et du bien-être social grâce à l'accès à un enseignement supérieur de qualité, à des programmes d'échanges internationaux et à une recherche internationale de qualité. Le gouvernement australien étudie des mécanismes de coordination interministérielle pour la science, la recherche et l'innovation en vue de fournir des conseils stratégiques sur tous les aspects du système.

Enseignement supérieur et recherche publique : Dans le cadre du projet Excellence in Research for Australia (ERA), des évaluations en profondeur de la qualité et de la performance de la recherche sont réalisées au sein des organismes australiens d'enseignement supérieur. Toutes les évaluations de l'ERA sont fondées sur une série d'indicateurs adaptés à chaque discipline, et elles sont étalonnées en fonction des normes internationales afin d'en garantir la comparabilité. Des comités constitués d'éminents experts nationaux et internationaux dans la discipline concernée sont chargés d'établir les résultats finals. La première série complète d'évaluations de l'ERA a été effectuée en 2010 et les résultats ont été publiés en 2011. Une deuxième série a été réalisée en 2012, et la prochaine est prévue pour 2015. Depuis 2012, les résultats de l'ERA ont contribué aux modèles d'allocation du financement public pour le programme Sustainable Research Excellence.

La National Collaborative Research Infrastructure Strategy (NCRIS), gérée par le ministère de l'Éducation, finance les principales infrastructures de recherche afin d'encourager la collaboration entre le secteur de la recherche, l'industrie et les pouvoirs publics dans une recherche de niveau mondial. La NCRIS est conçue pour assurer au secteur de la recherche un accès permanent à des infrastructures opérationnelles de recherche de qualité, de telle sorte que la recherche australienne reste compétitive et soit bien classée à l'échelon international. Pour 2014-15, le gouvernement australien consacre 102 millions USD (150 millions AUD) à assurer l'accès des chercheurs australiens aux grands centres de recherche actuels et à financer l'infrastructure et les réseaux nécessaires à une recherche de niveau international.

Mondialisation : Le ministère de l'Industrie a conclu avec la Commission australienne du commerce un accord de partenariat qui exprime une ambition commune de promouvoir conjointement les intérêts économiques de l'Australie par le biais de la politique industrielle, du commerce international et de l'IDE productif. Cette collaboration a notamment débouché sur l'élaboration et la promotion d'un message commun cohérent destiné à des publics internationaux, concernant les opportunités d'investissement et de collaboration dans l'innovation. Les priorités actuellement convenues entre ces organisations sont les suivantes : l'investissement dans les ressources naturelles et l'énergie, les compétences, les chaînes de valeur mondiales (industrie minière, équipement et services techniques miniers, pétrole et gaz, industrie alimentaire, et fabrication avancée dans les technologies médicales et l'aérospatial), l'investissement dans les services et technologies de pointe, et l'amélioration de la coordination des prestations.

Compétences et innovation : L'Australie obtient un bon classement par les indicateurs de compétences, comme le montrent par exemple les résultats de l'enquête PISA concernant la performance des élèves de 15 ans dans les matières scientifiques dans la zone OCDE, qui la classent quatrième, ou le niveau d'études supérieures dans la population adulte (partie 1[v, t]). Afin de contribuer à la qualité des approvisionnements futurs en compétences, l'Australian Curriculum Programme vise à renforcer le niveau d'études global, surtout en mathématiques et en sciences. Pour 2020, l'Australie ambitionne de se doter d'effectifs nationaux de recherche renforcés et productifs, avec l'ampleur, l'étendue et la profondeur des compétences nécessaires au soutien de l'innovation, de la formation de la nouvelle génération d'Australiens et, enfin, des progrès de la productivité dans l'ensemble de l'économie.

Partie 2. Composition structurelle de la DIRDE, 2011

En pourcentage dans la DIRDE totale ou de sous-parties de la DIRDE (%)

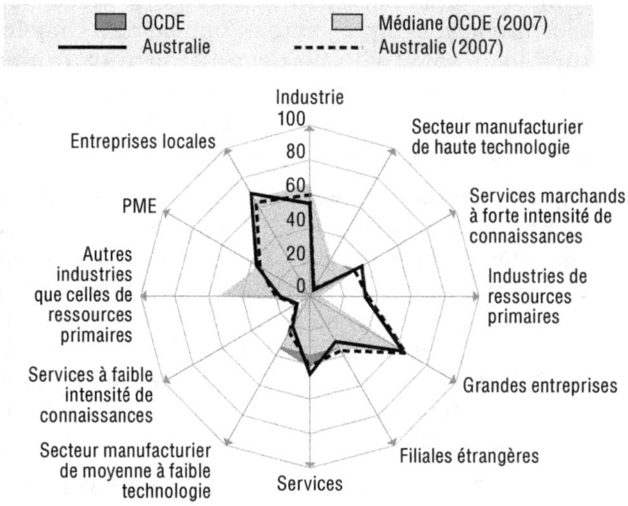

Partie 3. Avantage technologique révélé dans certains domaines, 2009-11

Indice basé sur les demandes de brevets PCT

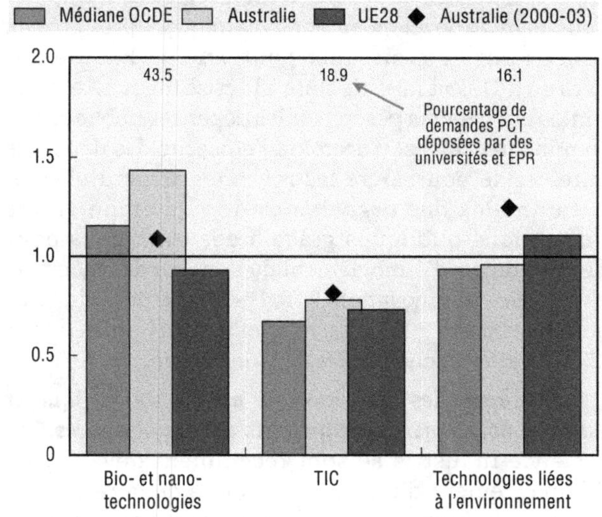

Partie 4. Allocation du soutien public à la R-D et l'innovation, par secteur, type et mode de financement, 2012

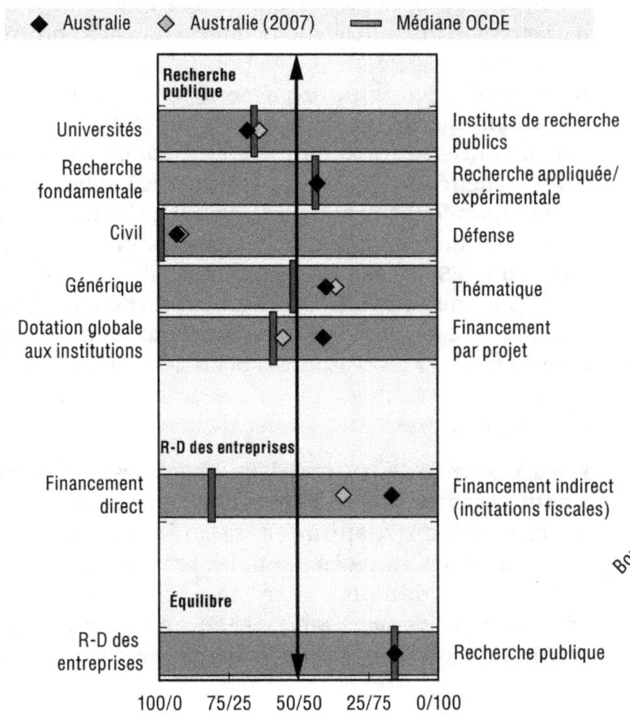

Partie 5. Principaux instrument de financement public de la R-D des entreprises, 2014

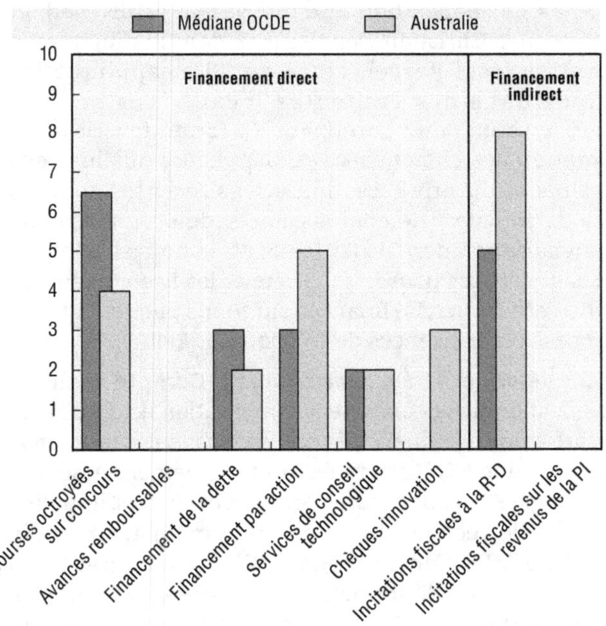

Note : Les informations sur les politiques sont tirées des réponses des pays au questionnaire préparatoire des éditions 2012 et 2014 des *Perspectives de la science, de la technologie et de l'industrie* de l'OCDE. Les réponses de l'Australie sont disponibles dans la base de données des *Perspectives*, édition 2014, accessible à l'adresse suivante : *http://qdd.oecd.org/Table.aspx?Query=BD5FF3D2-640B-473B-BE5F-136DF7A79D18.*

Source : Voir le guide du lecteur et l'annexe méthodologique.

StatLink http://dx.doi.org/10.1787/888933306816

AUTRICHE

Le système de recherche et d'innovation de l'Autriche, petit pays d'Europe avancé et ouvert, a vite progressé. Il importe d'en poursuivre le développement dynamique. Après près de deux décennies de croissance soutenue, la hausse des dépenses de R-D s'est ralentie suite à la crise financière, et les contraintes budgétaires pèsent sur les dépenses publiques de R-D. Le principal défi est d'accroître l'efficacité des dépenses courantes et de poursuivre les réformes structurelles et institutionnelles des organismes de recherche et des administrations publiques grâce à des initiatives pour résorber les goulots d'étranglement du système de recherche, de technologie et d'innovation (RTI). Le Conseil des ministres a annoncé en mars 2011 une nouvelle stratégie RTI pour 2011-20 : Devenir un chef de file de l'innovation.

Enjeu 1 : Renforcer les liens entre le monde scientifique et l'industrie, et notamment les transferts de connaissances. Les liens science-industrie se sont récemment développés, avec le financement d'une part moyenne de la recherche publique par l'industrie (partie 1[o]). Les initiatives de longue date pour une collaboration stratégique sont les centres de compétences pour l'excellence des technologies (COMET), les réseaux de coopération et d'innovation (COIN-Net), et les laboratoires Christian Doppler (CD) dont le programme des centres Josef Ressel, lancé en 2012, applique les principes dans des contextes locaux. Les centres d'expertise Laura Bassi parrainent un forum favorisant la collaboration des chercheuses et chercheurs qualifiés des universités et du privé. Les initiatives récentes sont les centres de transfert de connaissances, le programme de commercialisation des DPI (2014-18) et de nouvelles règles et lignes directrices pour la propriété et les licences sur les résultats de la recherche financée sur fonds publics et l'aide à la concession de licences de DPI pour les EPR.

Enjeu 2 : Réformer le système éducatif. Compte tenu de l'intensification de la concurrence internationale, l'Autriche se prépare à une éventuelle pénurie de ressources humaines dans le domaine STI. Les études sont un élément essentiel de la stratégie RTI pour assurer l'offre nécessaire. L'initiative Nouvelle école secondaire est une réforme majeure, et le programme MINT doit améliorer l'enseignement des mathématiques, de l'informatique, des sciences naturelles et de la technologie. Forschungskompetenzen für die Wirtschaft est une initiative axée sur l'acquisition de compétences en R-D. Les stratégies d'apprentissage et d'orientation continus visent à renforcer le capital humain à tous niveaux. Des programmes ministériels conjoints tels Jugend innovativ, Sparkling Science et Innovation Generation visent à stimuler chez les jeunes l'intérêt pour la science, la technologie et l'innovation, et le développement des compétences dans ce domaine.

Enjeu 3 : Utiliser l'innovation pour relever les défis sociaux. Comme les autres pays avancés, l'Autriche est confrontée à des défis sociaux liés à la vieillesse, à la santé publique et au changement climatique, qu'elle compte relever en misant sur la science, la technologie et l'innovation. L'Autriche a récemment créé des groupes de travail interministériels sur les défis sociétaux et a rejoint sept des dix initiatives de programmation conjointe de l'UE. Elle joue un rôle majeur dans la gouvernance de l'une d'elles.

Enjeu 4 : Renforcer la capacité et l'infrastructure de la R-D publique. L'Autriche renforce sa base scientifique par des dépenses publiques de R-D relativement importantes (partie 1[a]). Sa part dans les 500 meilleures universités se situe dans la tranche moyenne supérieure de l'OCDE. Sa participation aux publications internationales correspond à la médiane (partie 1[b, c]). Les performances futures de la recherche universitaire passent par le maintien d'un financement sain, basé notamment sur la dotation concurrentielle sur projet. L'État a conclu de nouveaux contrats de résultats avec les universités publiques en 2012 et avec l'Académie des sciences en 2013. L'Autriche participe au Forum stratégique européen sur les infrastructures de recherche (ESFRI) et à plusieurs initiatives du Consortium européen pour une infrastructure de recherche (ERIC). Elle coordonne l'ERIC sur l'infrastructure pour les bio-banques et la recherche sur les ressources biomoléculaires (BBMRI). Elle incite les universités à participer à l'investissement dans l'infrastructure de R-D et à son exploitation.

Enjeu 5 : Accroître le potentiel d'innovation des PME. Le nombre d'entreprises mondiales investissant dans la R-D en Autriche (partie 1e) correspond à la médiane OCDE. Les multinationales étrangères sont les principaux acteurs de la R-D réalisée dans les grandes entreprises (partie 2). Cependant, un grand nombre de PME innovantes menant des activités de R-D (partie 2) sont compétitives sur les marchés

Chiffres clés, 2013

Productivité économique et environnementale	AUT	OCDE	Dépenses intérieures brutes de R-D	AUT	OCDE
Productivité du travail			**DIRD**		
PIB par heure ouvrée en USD PPA, 2013	55.1	47.7	En million USD en PPA, 2012	10 817	1 107 398
(taux de croissance annuel, 2008-13)	(+0.8)	(+0.8)	En % du total OCDE, 2012	1.0	100
Productivité environnementale			**Intensité et croissance de la DIRD**		
PIB par émission unitaire de CO_2 en USD, 2011	4.3	3.0	En % du PIB, 2012	2.86	2.40
(taux de croissance annuel, 2007-11)	(+1.7)	(+1.8)	(taux de croissance annuel, 2007-12)	(+3.1)	(+2.0)
Demande verte			**DIRD à financement public**		
RNN par émission unitaire de CO_2 en USD, 2011	4.4	3.0	En % du PIB, 2011	1.01	0.77
(taux de croissance annuel, 2007-11)	(+2.2)	(+1.6)	(taux de croissance annuel, 2007-11)	(+7.4)	(+2.8)

Graphique 9.5. **La science et l'innovation en Autriche**

Partie 1. Performance comparée des systèmes nationaux de science et d'innovation, 2014

5 valeurs OCDE maxi/mini — Plage moyenne des valeurs OCDE — Médiane — Autriche

a. Compétences et capacité à innover

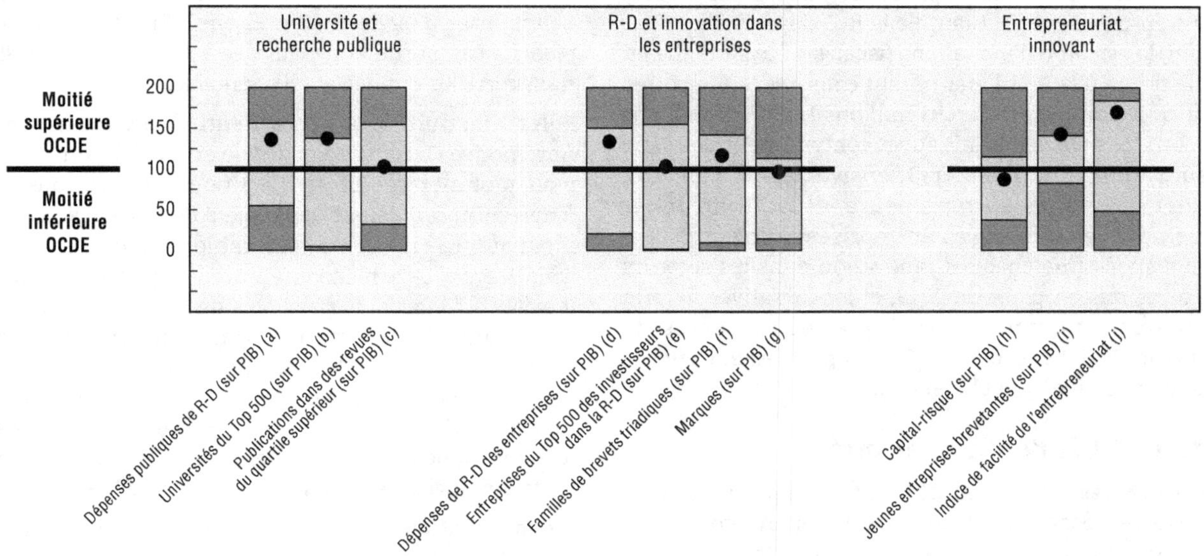

b. Interactions et compétences pour l'innovation

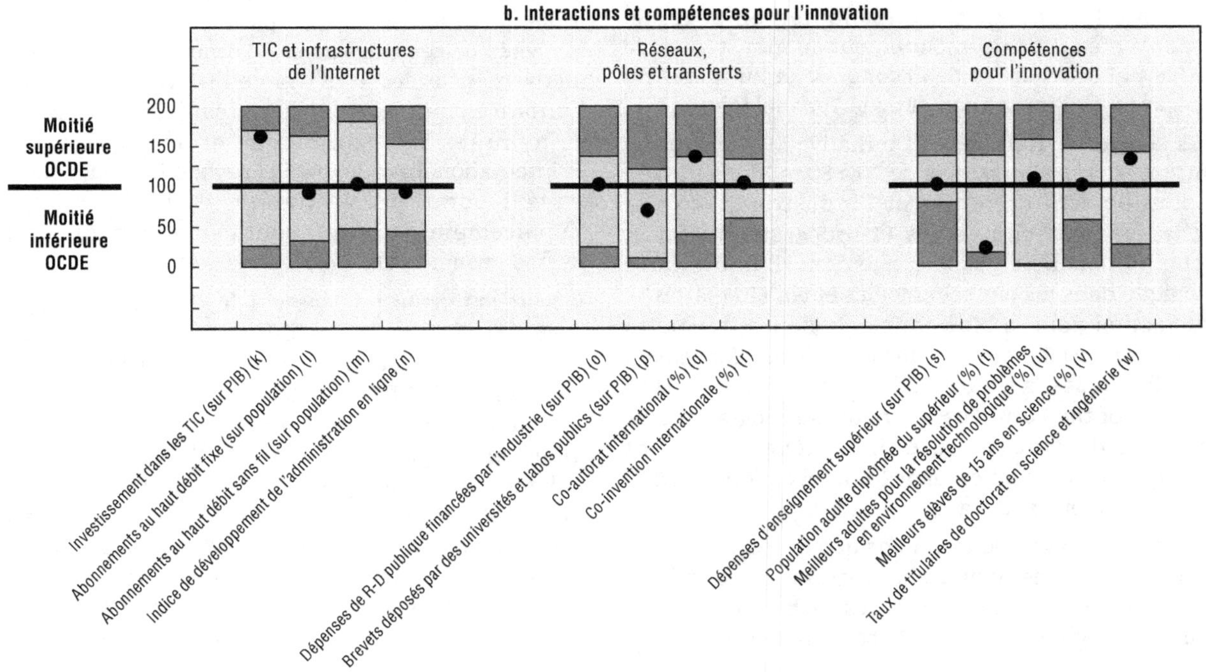

Note : Indice de performance normalisé par rapport aux valeurs médianes observées dans la zone de l'OCDE (médiane de l'indice = 100).

spécialisés de l'exportation et constituent un atout non négligeable. L'aide publique est devenue indirecte et s'est légèrement déplacée vers la R-D d'entreprise (partie 4). La stratégie RTI vise à augmenter le nombre d'entreprises à forte intensité de recherche (PME en particulier) de 3 % par an et le nombre d'entreprises effectuant de la R-D de 25 % d'ici 2020. À cette fin, le système d'incitations fiscales a été simplifié en 2011 et la prime à la R-D, l'instrument conservé, a été portée de 8 % à 10 % pour atteindre 691 millions USD (547 millions EUR) en 2012. Les nouvelles initiatives comprennent une série de mesures (Jungunternehmer-Offensive) lancées en 2012 pour aider les jeunes entrepreneurs, et la Frontrunner Initiative pour les meilleures entreprises innovantes. Un nouveau dispositif de chèques-innovation dans les secteurs créatifs a été mis en place en 2013, et les initiatives de prêt aux startups innovantes, ainsi que les systèmes de financement AWS PreSeed et AWS Seed pour les entreprises de haute technologie ont été étendus.

Le système STI de l'Autriche en bref

Gouvernance des politiques STI : Un groupe de travail composé de représentants de tous les ministères concernés a été créé pour superviser la mise en œuvre de la stratégie RTI adoptée en 2011 ; il a produit un plan exhaustif en novembre 2013. Une stratégie de passation de marchés publics liés à l'innovation a été adoptée en 2012. Sa supervision a été confiée conjointement au ministère de la Science, de la Recherche et de l'Économie et au ministère des Transports, de l'Innovation et de la Technologie.

Nouvelles sources de croissance : L'initiative Manufacturing of the future , dotée d'un budget de 70 à 80 millions USD en PPA, a pour objectif de renforcer l'industrie grâce à la recherche sur les technologies et processus du futur. L'Autriche ne bénéficie pas actuellement d'un avantage technologique dans les biotechnologies et les TIC (partie 3). Le Plan d'action pour la biotechnologie lie les initiatives existantes à de nouvelles mesures en faveur du développement des biotechnologies, avec un budget de 60 millions USD (2013-15). ICT of the Future est un nouveau programme de financement destiné à soutenir le développement technologique et l'innovation dans les applications des TIC au service des enjeux sociétaux.

Nouveaux défis : L'avantage technologique du pays dans les technologies environnementales a progressé ces dernières années (partie 3). La nouvelle Energy Research Initiative (ERI), basée sur la stratégie Énergie de 2010 soutiendra l'élaboration de technologies pour produire des sources d'énergie renouvelable et stocker le CO_2. L'initiative Cleantech fournit du capital-risque aux entreprises innovantes dans les secteurs de l'énergie et des technologies environnementales. L'injection de 8.3 millions USD de la banque publique AWS devrait permettre de disposer d'environ 42 millions USD de financement. E-Mobility est une initiative qui vise à développer un système de transport plus durable et plus rentable.

Pôles d'activité et « spécialisation intelligente » : Avec Automotive Cluster Styria, fondé en 1995, l'Autriche a été un pays pionnier des pôles d'activité. Presque tous les États fédérés (*Länder*) gèrent des projets de pôles d'activité ou des incubateurs en vue de rassembler des entreprises et des établissements de recherche autour de priorités thématiques. Il existe à l'échelle du pays plus de 100 sites d'infrastructure d'innovation (Impulszentren). Une plateforme nationale a été mise en place en 2008 en vue de créer un forum structuré et coopératif pour les pôles d'activité régionaux et nationaux. Environ 55 projets, 10 000 partenaires et 20 parcs technologiques en font partie. En 2014, l'accent sera mis sur les technologies génériques et les défis de la société.

Mondialisation : Le programme Go-International de la chambre de commerce autrichienne encourage l'internationalisation, des entreprises innovantes notamment. Le chèque-export pour les entreprises à orientation technologique, par exemple, cofinance diverses activités de ces entreprises à l'étranger. L'Autriche participe activement à des activités de l'UE comme l'ERA-NET, les initiatives de programmation conjointe et les initiatives communes de technologie, et applique sa stratégie d'internationalisation des STI Beyond Europe pour renforcer la collaboration à l'extérieur de l'UE. Les régimes de financement de la R-D sont généralement réceptifs au cofinancement et aux partenariats étrangers.

Évolution récente des dépenses de R-D : La DIRD représentait 2.86 % du PIB en 2013 (chiffres clés) et elle sera du même ordre en 2014 (Rapport autrichien sur la recherche et la technologie 2014). Cela place l'Autriche largement au-delà des moyennes UE28 et OCDE. La croissance de la DIRD – la plus rapide parmi les pays de l'UE sur 2007-12 – s'est ralentie récemment par suite de contraintes budgétaires. Le récent Programme de travail 2013-18 du gouvernement soutient l'objectif de consacrer 2 % du PIB à l'enseignement supérieur en 2020. Le gouvernement maintient aussi l'ambition de porter la DIRD à 3.76 % du PIB d'ici 2020, avec un financement assuré à 70 % par les entreprises.

Partie 2. Composition structurelle de la DIRDE, 2011

En pourcentage dans la DIRDE totale ou de sous-parties de la DIRDE (%)

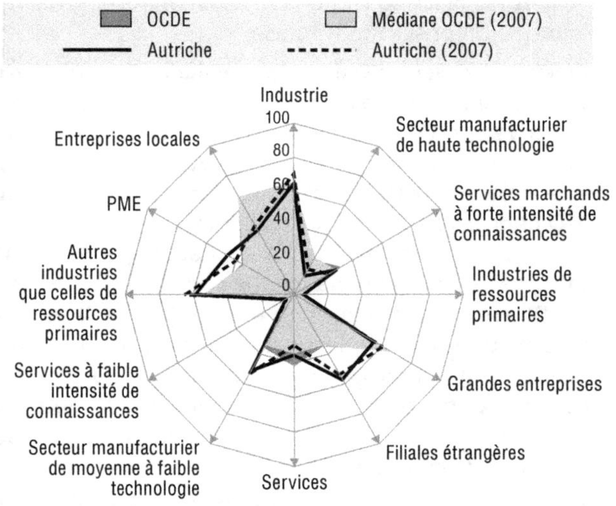

Partie 3. Avantage technologique révélé dans certains domaines, 2009-11

Indice basé sur les demandes de brevets PCT

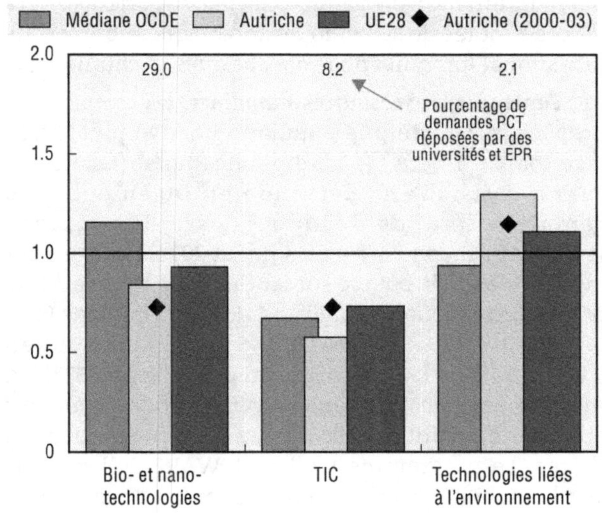

Partie 4. Allocation du soutien public à la R-D et l'innovation, par secteur, type et mode de financement, 2012

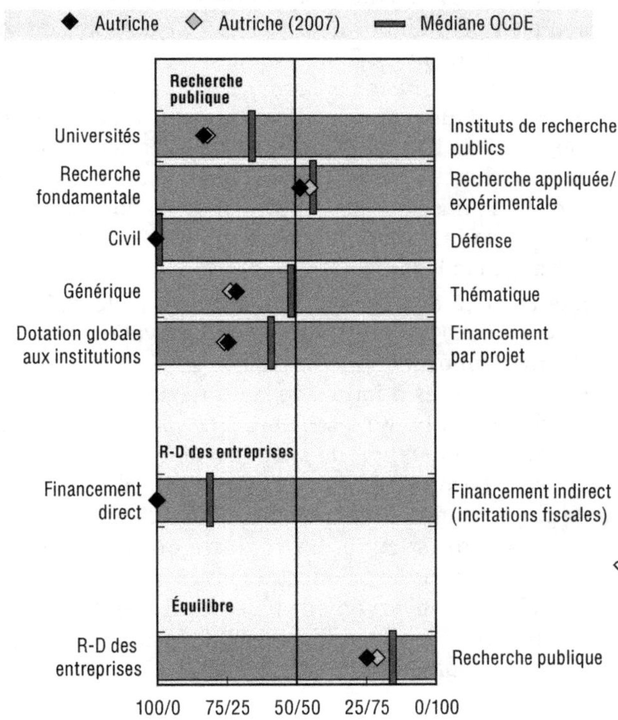

Partie 5. Principaux instrument de financement public de la R-D des entreprises, 2014

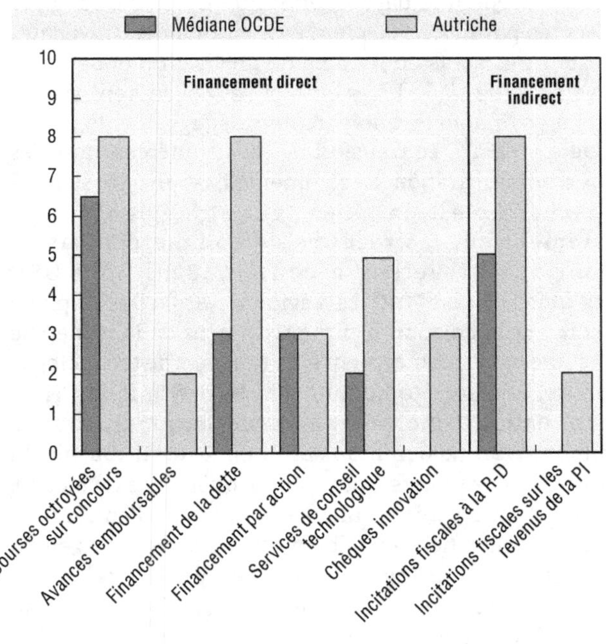

Note : Les informations sur les politiques sont tirées des réponses des pays au questionnaire préparatoire des éditions 2012 et 2014 des *Perspectives de la science, de la technologie et de l'industrie* de l'OCDE. Les réponses de l'Autriche sont disponibles dans la base de données des *Perspectives*, édition 2014, accessible à l'adresse suivante : *http://qdd.oecd.org/Table.aspx?Query=5367B9C7-2138-4A86-854D-B839D9ECB390.*

Source : Voir le guide du lecteur et l'annexe méthodologique.

StatLink http://dx.doi.org/10.1787/888933306827

BELGIQUE

La Belgique est une petite économie de l'UE ouverte au commerce international et à l'IDE, fortement orientée vers les services et dotée de secteurs technologiques compétitifs à l'international (produits pharmaceutiques et chimiques).

Enjeu 1 : Améliorer les ressources humaines, les compétences et les capacités. Malgré une population active plutôt très qualifiée (partie 1[s, t, v, w]), les diplômés ne suffisent pas toujours à satisfaire la demande en ingénieurs. Un programme fédéral de déduction fiscale encourage l'embauche des chercheurs et, en juillet 2013, l'allégement de l'impôt prélevé à la source sur leurs salaires est passé de 75 % à 80 %. Cela a coûté 759 millions USD (630 millions EUR) en 2012, contre 675 millions USD (560 millions EUR) en 2011. Depuis 2012, la Flandre mène un plan d'action STIM et un plan de communication sur les sciences pour augmenter le nombre des étudiants du secondaire et du supérieur dans ces filières. Le programme wallon BEWARE Fellowships promeut la mobilité des chercheurs et soutient des acteurs de terrain pour intéresser les jeunes à la S-T.

Enjeu 2 : Améliorer la rentabilité et l'impact de la science. La Belgique possède une base scientifique robuste et compte 7 universités parmi les 500 premières au monde. Universités et EPR sont très actifs en matière de publication et de dépôt de brevets (partie 1[b, c, p]). Les entreprises collaborent avec la recherche et financent une part non négligeable de la R-D publique (partie 1[o]). Le transfert de savoir intéresse tous les niveaux d'administration. La commercialisation des résultats de la recherche est un pilier de la stratégie fédérale. L'abattement sur les recettes de commercialisation d'inventions brevetées a coûté 258 millions USD (219 millions EUR) en 2010. La Région de Bruxelles-Capitale (RBC) soutient la création d'entreprises nées de la recherche universitaire via le financement et le transfert de technologie. En Flandre, une société holding administre le fonds TINA (Transformation, Innovation and Acceleration), doté de 235 millions USD (200 millions EUR) en 2010. Il fournit du capital-risque aux projets d'innovation, qu'il lance ou facilite. Depuis 2012, un organisme finance la création d'entreprises issues de la recherche. La Wallonie subventionne les agences de transfert technologique pilotées par l'Agence de stimulation technologique ; encourage la recherche collaborative à travers les partenariats d'innovation technologique, qui resserrent la collaboration entre PME et centres de recherche, (notamment, par des appels à projets) ; et met en place le Fonds d'impulsion verte en faveur des jeunes entreprises innovantes.

Enjeu 3 : Relever les défis de la mondialisation STI et resserrer la coopération internationale. La Belgique entend favoriser l'innovation des entreprises et attirer l'investissement étranger dans la R-D et l'innovation. Forte d'une base scientifique productive, c'est un grand acteur mondial de la R-D dans certaines filières technologiques et en matière de dépôt de brevets (partie 1[f]). Ses activités STI sont bien intégrées à l'international (partie 1[q, r]). Plus de la moitié de la DIRDE émane des filiales étrangères (partie 2). Attirer l'IDE restant une priorité, les autorités belges soutiennent les infrastructures nationales de recherche, la participation active aux projets scientifiques et industriels internationaux et l'intégration des scientifiques belges dans l'Espace européen de la recherche.

Enjeu 4 : Cibler les domaines/secteurs prioritaires. Chaque région définit ses priorités, dont certaines se recoupent. La RBC se concentre sur des niches d'activité, ainsi que sur la R-D et l'innovation au service des enjeux sociétaux et a axé son plan pour l'innovation sur les TIC, les soins de santé et l'environnement. Le financement a été arrêté sur la base de pôles pour pourvoir ces secteurs d'un écosystème et d'une masse critique propices à la croissance. La Flandre s'est fixé des priorités similaires dans sa Note d'orientation 2009-14 sur la recherche scientifique et l'innovation et, face aux défis sociétaux, mise sur des « pôles d'innovation » thématiques définis dans la note conceptuelle de 2011 sur le Centre d'innovation Flandre.

Elle a lancé des Living labs et des projets thématiques (Energyville, ICleantech – axé sur l'innovation sociale – et le Centre d'innovation médicale).

En Wallonie, les priorités de la Stratégie Recherche 2011-15 touchent aux besoins sociétaux. Le plan Marshall 2.vert a conduit à la création de six pôles de compétitivité censés stimuler la compétitivité et l'innovation grâce à l'exécution de projets dans les technologies vertes, la santé, l'énergie et l'innovation sociale. La région gère aussi des fonds spécialisés dans les sciences du vivant et le développement durable. Le gouvernement fédéral privilégie l'aérospatial, allouant plus de 240 millions USD (200 millions EUR) par an à l'Agence spatiale européenne.

Chiffres clés, 2013

Productivité économique et environnementale	BEL	OCDE
Productivité du travail		
PIB par heure ouvrée en USD PPA, 2013	64.3	47.7
(taux de croissance annuel, 2008-13)	(-0.0)	(+0.8)
Productivité environnementale		
PIB par émission unitaire de CO_2 en USD, 2011	3.3	3.0
(taux de croissance annuel, 2007-11)	(+1.3)	(+1.8)
Demande verte		
RNN par émission unitaire de CO_2 en USD, 2011	3.3	3.0
(taux de croissance annuel, 2007-11)	(+1.0)	(+1.6)

Dépenses intérieures brutes de R-D	BEL	OCDE
DIRD		
En million USD en PPA, 2012	10 095	1 107 398
En % du total OCDE, 2012	0.9	100
Intensité et croissance de la DIRD		
En % du PIB, 2012	2.24	2.40
(taux de croissance annuel, 2007-12)	(+3.8)	(+2.0)
DIRD à financement public		
En % du PIB, 2011	0.58	0.77
(taux de croissance annuel, 2007-11)	(+6.0)	(+2.8)

Graphique 9.6. **La science et l'innovation en Belgique**

Partie 1. Performance comparée des systèmes nationaux de science et d'innovation, 2014

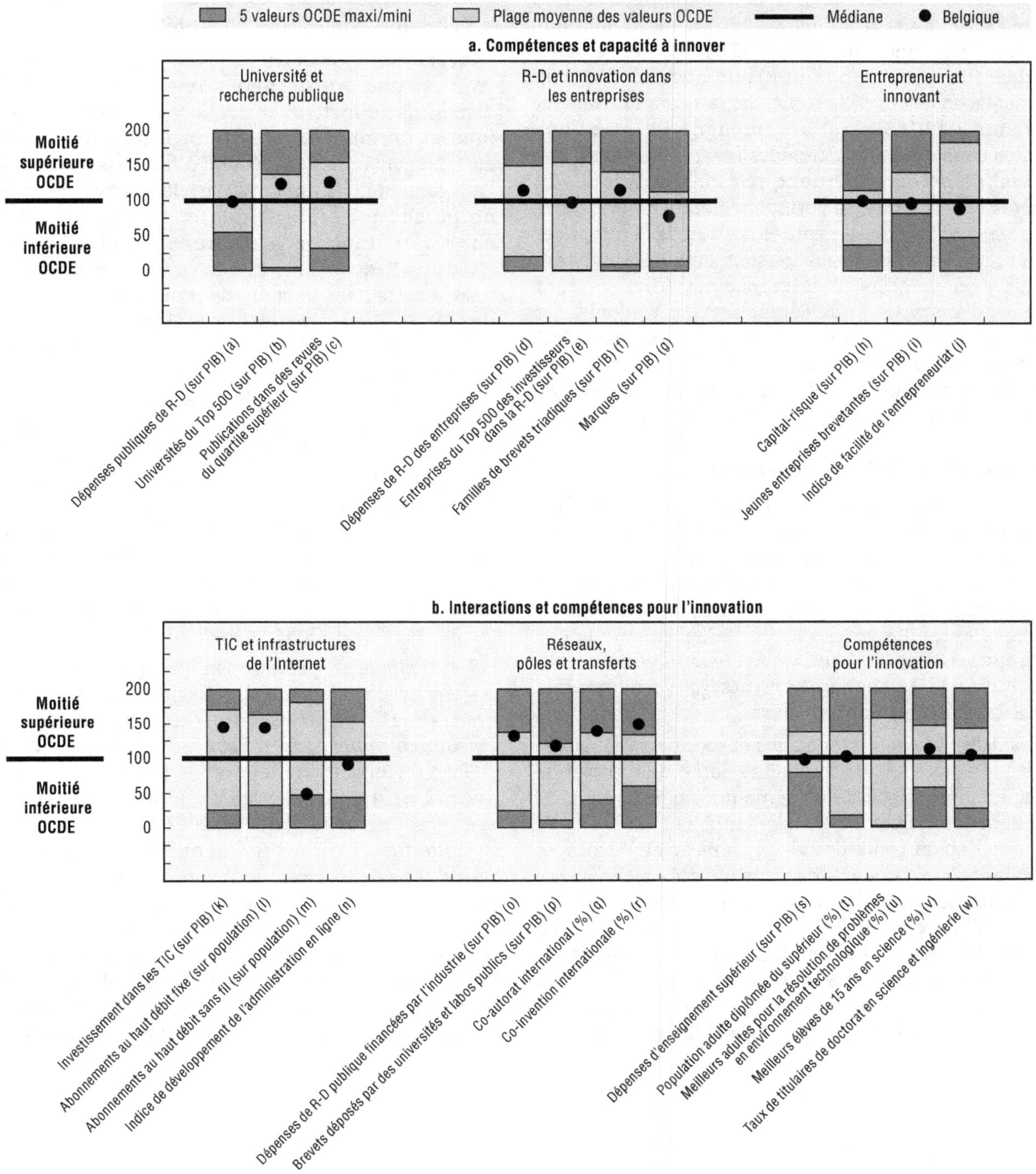

Note : Indice de performance normalisé par rapport aux valeurs médianes observées dans la zone de l'OCDE (médiane de l'indice = 100).

Enjeu 5 : Améliorer les conditions-cadres de l'innovation, y compris la compétitivité. Pour le climat des affaires et le financement de l'entrepreneuriat, la Belgique se situe à la médiane OCDE, ou la frôle (partie 1[h, j]). La RBC soutient l'entrepreneuriat innovant avec BRUSTART II (fonds dédié aux petites entreprises innovantes) ; un nouveau fonds de capital-risque en faveur de la recherche pré-commerciale ; et l'organisme IMPULSE, qui accompagne les start-ups innovantes dans différents domaines (stratégie d'entreprise, veille technico-économique, questions juridiques et financières et recherche de partenaires). En Flandre, outre TINA, le fonds d'investissement Vinnof aide les entreprises innovantes, et le fonds ARKimedes soutient l'innovation des start-ups et des PME à forte croissance (financement mezzanine, d'amorçage et de démarrage). En Wallonie, des sociétés publiques d'investissement (Invests, Novallia) aident les start-ups et les entreprises dérivées. En 2011, le plan d'action Creative Wallonia a été lancé pour faciliter l'essor de l'économie créative et d'une culture de l'innovation.

Le système STI de la Belgique en bref

Gouvernance des politiques STI : La Belgique est un État fédéral composé de trois communautés (néerlandophone, francophone et germanophone) et de trois régions (Bruxelles-Capitale, Flandre et Wallonie), qui se partagent les compétences STI. Les communautés soutiennent la recherche scientifique, et les régions l'innovation et la R-D des entreprises. Depuis 2010, une réflexion générale est menée autour de la coopération intergouvernementale dans la R-D et l'innovation.

Nouveaux défis : Les défis planétaires et sociétaux mobilisent toutes les régions. En 2014, la RBC se dotait d'un projet de mobilité intelligente et d'un système novateur de marchés publics dans les transports. En Wallonie, le Plan Marshall 2.vert met l'accent sur l'environnement et l'écologie industrielle et, en 2011, le pôle de compétitivité « technologies vertes » a vu le jour afin de soutenir la recherche en énergie, ainsi que l'Alliance emploi-environnement, dans le but de promouvoir la construction durable. La Flandre a adopté le Plan de politique climatique 2013-20 et le deuxième Plan d'action pour l'efficacité énergétique (2011-16), qui s'est traduit par deux nouvelles normes énergétiques (applicables aux constructions et logements) aux fins de l'apparition de constructions neutres en énergie à l'horizon 2021. Le gouvernement fédéral s'est attaqué aux défis sociétaux avec le vaste programme de recherche BRAIN.

Entrepreneuriat innovant : La recherche et l'innovation des PME est une priorité fédérale et régionale. Différents dispositifs permettent aux PME de renforcer leur capacité à innover (formation, conseils, investisseurs providentiels, etc.). Le gouvernement fédéral a fait passer de 50 % à 75 % l'allégement de l'impôt prélevé à la source sur les dépenses de personnel scientifique et technique des jeunes entreprises innovantes. Outre le portefeuille PME et les chèques innovation, la RBC a mis au point d'autres instruments dans le cadre de projets européens en faveur des PME. En Flandre, les PME ont reçu en 2013 le pourcentage record de 58 % de l'aide directe destinée à l'innovation des entreprises. Récemment, la région a lancé les projets Sprint, pour les grandes entreprises, et VIS-trajecten IV à l'intention des « innovateurs suiveurs ». En Wallonie, le budget dédié à la R-D et à l'innovation des entreprises a crû de plus de 70 % en cinq ans pour atteindre 144 millions USD (120 millions EUR) en 2013. La société Novallia, dotée de 53 millions USD (46 millions EUR), octroie des prêts à taux fixe pour financer les projets d'innovation des PME. La région promeut aussi la recherche et l'innovation dans les PME au titre du Small Business Act wallon et du plan Creative Wallonia.

Pôles d'activité et spécialisation intelligente : En 2011, toutes les régions ont engagé une réflexion sur une « stratégie de spécialisation intelligente » en vue de remanier les instruments et la gouvernance de la politique d'innovation. Le Plan régional pour l'innovation de la RBC (2013-20) cadre avec la Stratégie UE 2020 et la stratégie régionale de spécialisation intelligente. En 2012-13, pour agir du côté de la demande, le gouvernement flamand a sollicité des propositions relatives aux technologies génériques clés, à l'essai de trajectoires d'une politique des pôles, et à des projets d'entreprise axés sur l'élaboration d'un plan d'action en faveur d'un nouvel entrepreneuriat industriel. La Wallonie poursuit une stratégie de spécialisation intelligente fondée sur une politique des pôles (innovation et créativité, écologisation, internationalisation et PME).

Partie 2. Composition structurelle de la DIRDE, 2011

En pourcentage dans la DIRDE totale ou de sous-parties de la DIRDE (%)

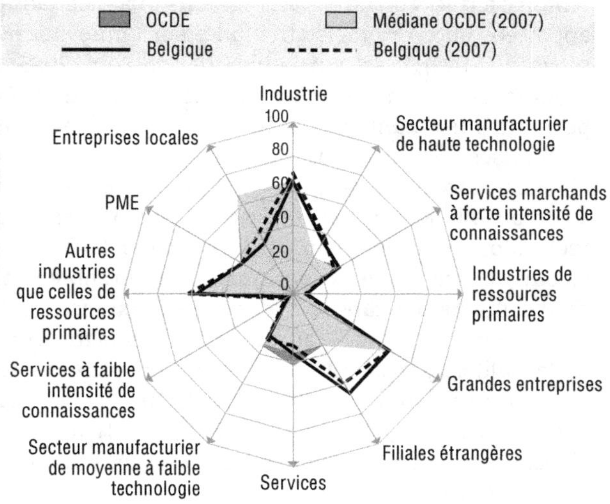

Partie 3. Avantage technologique révélé dans certains domaines, 2009-11

Indice basé sur les demandes de brevets PCT

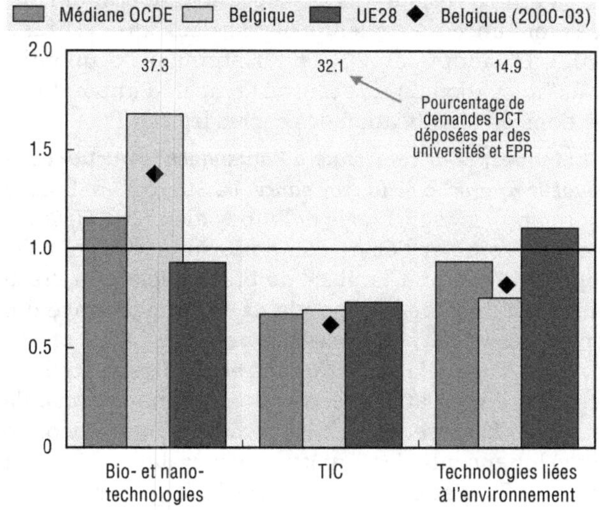

Partie 4. Allocation du soutien public à la R-D et l'innovation, par secteur, type et mode de financement, 2012

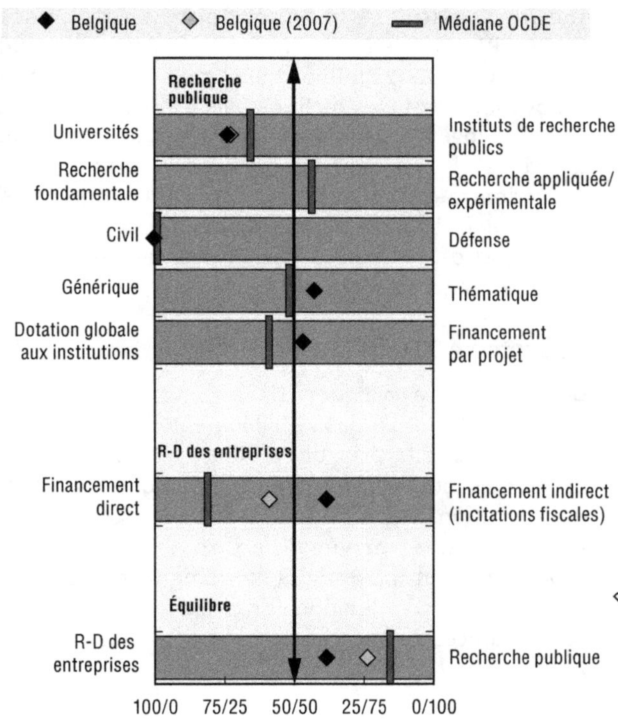

Partie 5. Principaux instrument de financement public de la R-D des entreprises, 2014

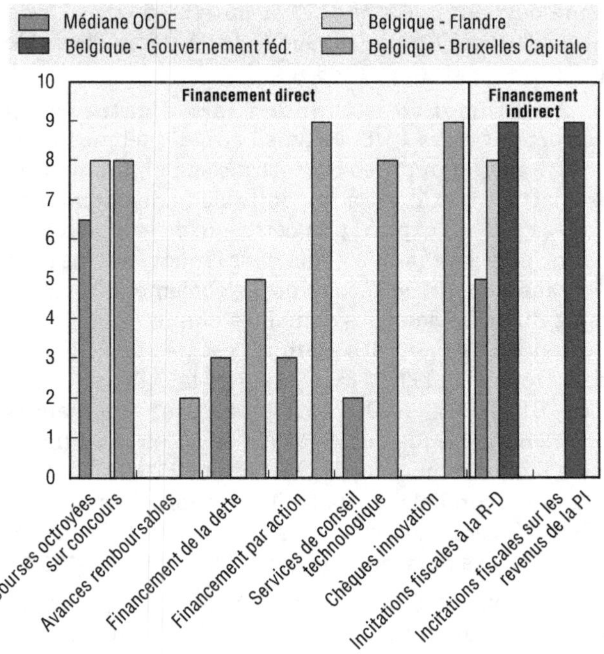

Note : Les informations sur les politiques sont tirées des réponses des pays au questionnaire préparatoire des éditions 2012 et 2014 des *Perspectives de la science, de la technologie et de l'industrie* de l'OCDE. Les réponses de la Belgique sont disponibles dans la base de données des *Perspectives*, édition 2014, accessible à l'adresse suivante : *http://qdd.oecd.org/Table.aspx?Query=7534DEC8-6D3D-4D19-B320-69E375B75D82.*

Source : Voir le guide du lecteur et l'annexe méthodologique.

StatLink http://dx.doi.org/10.1787/888933306837

BRÉSIL

Le Brésil, pays émergent, est la septième économie du monde. Il a bien résisté à la crise économique mondiale, mais sa croissance s'est ralentie depuis deux ans. Le Grand plan 2011-14, adopté en 2011 pour stimuler l'économie, donne à l'innovation un rôle central et inclut d'importantes propositions de modification des cadres législatifs.

Enjeu 1 : Innover pour contribuer à l'ajustement structurel et à une nouvelle approche de la croissance. La Stratégie nationale pour la science, la technologie et l'innovation (ENCTI) 2012-15 vise à : i) combler l'écart technologique avec les pays développés, ii) soutenir la place de premier plan du Brésil dans les domaines de l'économie de la connaissance qui tirent parti des riches ressources naturelles du pays, comme l'innovation verte, l'agro-industrie et d'autres activités, iii) accentuer l'internationalisation du système national de recherche, iv) favoriser le développement d'une économie verte et v) lutter contre les importantes inégalités sociales et régionales. Afin d'atteindre ces objectifs, le gouvernement vise une DIRD de 1.8 % du PIB en 2014 contre 1.16 % en 2010. Comparé aux autres grandes économies émergentes du point de vue de l'intensité en R-D en 2010, le Brésil se classe deuxième derrière la Chine (1.76 % du PIB), devant l'Inde (0.76 % en 2007) et l'Afrique du Sud (0.76 %) et loin devant le Chili (0.33 %) et le Mexique (0.45 %).

Enjeu 2 : Promouvoir l'innovation d'entreprise, l'entrepreneuriat et les PME. Le Brésil abrite quelques-unes des plus grandes entreprises qui investissent en R-D dans le monde (partie 1e) et il est à la pointe dans des domaines techniques comme l'exploitation pétrolière en eau profonde. Cependant, ce rôle de premier plan dans l'innovation ne s'est pas généralisé au sein de l'économie : globalement, l'activité innovante du Brésil dans des domaines non technologiques comme l'enregistrement des marques est très faible (partie 1[g]). Pour y remédier, l'ENCTI vise à porter la DIRD de 0.56 % du PIB en 2010 à 0.9 % en 2014. La faiblesse des performances STI du Brésil s'explique aussi par les difficiles conditions-cadres de l'innovation. Dans le classement 2014 du rapport de la Banque mondiale sur la facilité de faire des affaires (*ease of doing business index*), le Brésil arrive en 114e position sur un total de 189 pays, entre la Chine (96e) et l'Inde (136e).

Afin de promouvoir l'innovation dans les entreprises, la politique d'innovation du Brésil, qui privilégiait auparavant l'aide à la science, a évolué progressivement vers un soutien renforcé à la R-D d'entreprise. Plusieurs modifications ont été apportées au cadre législatif : la loi sur l'innovation (lei da Inovação 2004), la loi sur le bien (lei do Bem, 2005) et une modification des règles d'exonération fiscale en 2007 pour permettre le financement direct et inciter davantage les entreprises à se lancer dans l'innovation. Le gouvernement fédéral a lancé le 14 mars 2013 le plan Inova Empresa, destiné à accroître la R-D des entreprises, à encourager les projets technologiquement risqués, à combiner le financement (crédit) à des subventions non remboursables et à des financements par capitaux propres, à maximiser le recours au pouvoir d'achat de l'État, à décentraliser la mise en œuvre de la politique pour atteindre les micro-entreprises et les PME, et à réduire la bureaucratie. Entre 2013 et 2014, il a affecté 21.6 milliards USD (32.9 milliards BRL) à l'investissement des entreprises dans l'innovation de produit et de processus.

Enjeu 3 : Soutenir l'innovation pour relever les défis sociaux (y compris l'inclusion). Les organes de financement apportent leur appui au développement d'applications à faible coût et faciles à utiliser qui répondent aux défis sociaux. HABITARE, par exemple, une initiative dotée d'un budget de 14 millions USD (22 millions BRL) pour 2009-10, soutient les innovations dans les technologies du bâtiment, y compris pour les logements sociaux. Les programmes et mesures d'aide à l'entrepreneuriat et aux startups décrits précédemment peuvent aussi rendre l'innovation plus inclusive, et les mesures destinées à accroître les taux de scolarisation (voir plus loin) visent également à lutter contre l'exclusion sociale.

Le système STI du Brésil en bref

Gouvernance des politiques STI : La gouvernance des politiques de STI au Brésil n'a pas sensiblement changé ces dernières années. Des initiatives ont été engagées pour accentuer la décentralisation des instruments et renforcer la coordination de l'exécution des programmes entre les ressources fédérales, provinciales et privées. Le Conseil national pour le développement industriel a été remanié en août 2011 afin d'améliorer la coordination et d'associer plus étroitement les parties concernées. Participent à ce conseil les ministères, le

Chiffres clés, 2013

Productivité économique et environnementale	BRA	OCDE	Dépenses intérieures brutes de R-D	BRA	OCDE
Productivité du travail			**DIRD**		
PIB par heure ouvrée en USD PPA, 2013	n.a.	47.7	En million USD en PPA, 2012	25 292	1 107 398
(taux de croissance annuel, 2008-13)	n.a.	(+0.8)	En % du total OCDE, 2012	2.5	100
Productivité environnementale			**Intensité et croissance de la DIRD**		
PIB par émission unitaire de CO_2 en USD, 2011	5.0	3.0	En % du PIB, 2012	1.16	2.40
(taux de croissance annuel, 2007-11)	(+0.0)	(+1.8)	(taux de croissance annuel, 2007-12)	(+6.1)	(+2.0)
Demande verte			**DIRD à financement public**		
RNN par émission unitaire de CO_2 en USD, 2011	n.a.	3.0	En % du PIB, 2011	0.63	0.77
(taux de croissance annuel, 2007-11)	n.a.	(+1.6)	(taux de croissance annuel, 2007-11)	(+6.2)	(+2.8)

Graphique 9.7. **La science et l'innovation au Brésil**

Partie 1. Performance comparée des systèmes nationaux de science et d'innovation, 2014

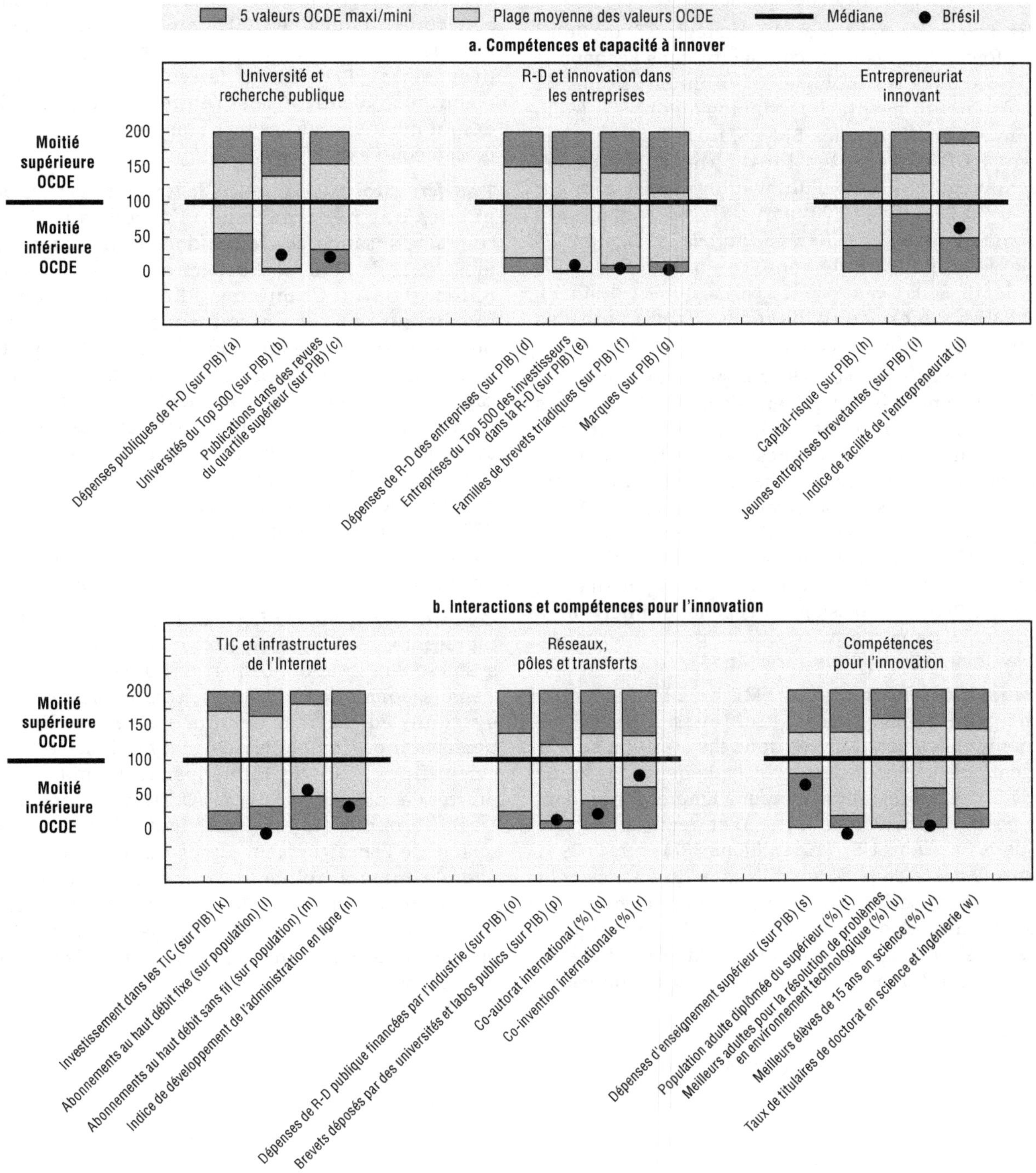

Note : Indice de performance normalisé par rapport aux valeurs médianes observées dans la zone de l'OCDE (médiane de l'indice = 100).

président de la Banque nationale pour le développement économique et social (BNDES), des entreprises privées et des représentants de l'industrie et des syndicats.

Nouvelles sources de croissance : La stratégie STI du Brésil vise à renforcer son avantage comparatif dans l'économie « verte ». Dans les technologies environnementales, le Brésil présente un avantage technologique révélé (ATR) supérieur à la moyenne des BRIICS, mais inférieur à la médiane OCDE ; dans les biotechnologies et les nanotechnologies, il jouit d'un avantage aussi bien par rapport à l'OCDE qu'à l'UE28 (partie 2). Les programmes d'aide sont notamment des fonds sectoriels (CT-Energy, CT-Petro). En février 2012 a été annoncé un nouveau Fonds pour le climat, sous l'égide de la BNDES, qui est destiné à financer des projets contribuant à la réduction des émissions de gaz à effet de serre.

Enseignement supérieur et recherche publique : Le Brésil compte relativement peu d'universités classées parmi les 500 meilleures du monde (partie 1[b]). La performance des universités dans la recherche, mesurée par le nombre de publications dans les revues scientifiques du quartile supérieur (partie 1[c]), est faible selon les normes de l'OCDE, bien que selon la US National Science Foundation, le nombre d'articles scientifiques et techniques d'origine brésilienne ait augmenté en moyenne de 6.4 % par an entre 2001 et 2011. Cette progression est cependant inférieure à celle observée dans d'autres grands pays émergents, comme la Chine (15.6 %) mais aussi l'Inde (7.6 %).

Entrepreneuriat innovant : Les PME brésiliennes sont souvent peu innovantes. Plusieurs initiatives gouvernementales soutiennent donc les startups et leur fournissent une aide financière, principalement sous forme de subventions. Le programme Primeira Empresa Inovadora (PRIME), par exemple, a accordé à 1 381 entreprises une aide globale de 104 millions USD (166 millions BRL) entre 2009 et 2011. Dans le cadre de la décentralisation du financement des micro-entreprises et PME, le programme Inovacred de l'Agence brésilienne pour l'innovation (FINEP), mis en place en septembre 2012, vise à améliorer l'aide financière en décentralisant le financement au niveau des banques de développement, des organismes publics de promotion de la recherche et des banques commerciales d'État. Entre 2012 et 2018, ce programme devrait certifier 20 agents financiers et accorder à quelque 2 000 entreprises un financement total de 788 millions USD (1.2 milliard BRL). Par ailleurs, le programme Pró-Inova, lancé en 2005, encourage l'innovation d'entreprise et l'entrepreneuriat en diffusant des informations sur les instruments, les structures et les mécanismes existants.

Transfert et commercialisation de technologies : Les pouvoirs publics ont nettement mis l'accent sur l'aide à la commercialisation des innovations technologiques. Le 10 juillet 2013, la FINEP a alloué un nouveau montant de 420 millions USD (640 millions BRL) au financement des incubateurs et des parcs technologiques. Cette aide publique sera versée aux sociétés qui en font partie sous forme de prêts et de prises de participation dans leur capital. Elle sera fournie également aux entreprises qui les auront rejointes dans moins de deux ans. Le Brésil compte aussi plusieurs programmes destinés à encourager la mobilité des chercheurs entre les secteurs (p. ex. PAPPE, programme d'aide à la recherche dans l'entreprise, et SEBRAE, service brésilien d'aide aux petites entreprises) dans le but de faciliter les flux de connaissances entre les universités et EPR, et le secteur des entreprises.

Compétences et innovation : Au Brésil, le capital humain représente un des principaux goulots d'étranglement du système d'innovation. La part des diplômés du supérieur dans la population adulte est très faible (partie 1[t]). Le système éducatif a besoin d'être amélioré, et la performance des élèves de 15 ans dans les matières scientifiques est très faible (partie 1[v]) malgré de nets progrès dans les scores PISA de l'OCDE sur la période 2003-12. Des efforts ont été accomplis pour faire progresser la qualité de l'enseignement à tous les niveaux, notamment avec la mise en place d'examens d'entrée pour les enseignants. Afin d'accroître les taux de scolarisation, le financement de l'enseignement général et professionnel a été augmenté et les conditions d'obtention de prêt étudiant ont été assouplies.

Partie 2. Avantage technologique révélé dans certains domaines, 2009-11

Indice basé sur les demandes de brevets PCT

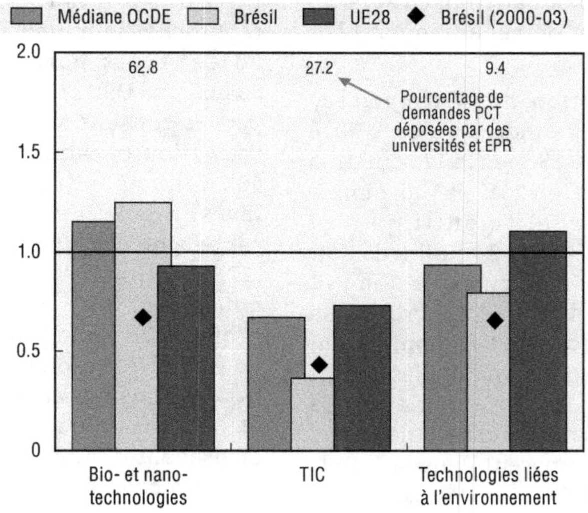

Note : Les informations sur les politiques sont tirées des réponses des pays au questionnaire préparatoire des éditions 2012 et 2014 des *Perspectives de la science, de la technologie et de l'industrie* de l'OCDE. Les réponses du Brésil sont disponibles dans la base de données des *Perspectives*, édition 2014, accessible à l'adresse suivante : *http://qdd.oecd.org/Table.aspx?Query=4C6D0A7D-252B-47C9-9BB8-2B3B1DFC7275.*

Source : Voir le guide du lecteur et l'annexe méthodologique.

StatLink http://dx.doi.org/10.1787/888933306844

CANADA

La croissance du Canada, neuvième économie mondiale, est tirée par les exportations et devrait s'affermir en 2014-15. Quoique perfectible, le système STI canadien est bien développé.

Enjeu 1 : Promouvoir l'innovation des entreprises, l'entrepreneuriat et les PME. Le Canada a vu sa DIRDE tomber de 1.26 % du PIB en 2001 à 0.88 % en 2012, loin de la médiane OCDE (partie 1[d]). Pourtant, en 2012, le programme d'incitation fiscale Recherche scientifique et développement expérimental avait reçu 2.7 milliards USD (3.3 milliards CAD), soit 80 % de l'aide publique à la R-D privée. De nouvelles mesures devraient accroître sa prévisibilité et en simplifier l'application. L'économie étant dominée par l'exploitation des ressources naturelles, la part des grandes entreprises dans la DIRDE est inférieure à la moyenne OCDE (partie 2) et, dans le classement des 500 premières entreprises qui investissent dans la R-D, le Canada est sous la médiane OCDE (partie 1e). Le budget fédéral 2013 prévoit que l'innovation des entreprises reçoive : 325 millions USD (400 millions CAD) sur 7 à 10 ans dans le cadre du Plan d'action pour le capital-risque ; 98.4 millions USD (121 millions CAD) sur deux ans de la part du Conseil national de recherches (CNRC) ; 48.8 millions USD (60 millions CAD) sur cinq ans, en faveur des accélérateurs et incubateurs d'excellence et à fort potentiel, puis, en 2014, 32.5 millions USD (40 millions CAD) du Programme canadien des accélérateurs et des incubateurs ; 81.3 millions USD (100 million CAD), distribués par la Banque de développement du Canada aux entreprises issues d'accélérateur ; 16 millions USD (20 millions CAD) sur trois ans au Programme d'accès à l'innovation pour les entreprises (bons d'innovation) ; et 15 millions USD (18 millions CAD) sur deux ans à la Fondation canadienne des jeunes entrepreneurs.

Enjeu 2 : Renforcer les capacités et l'infrastructure de R-D. Robuste et axé sur l'enseignement supérieur, le système canadien de la recherche (partie 4) est plus performant que la moyenne OCDE (partie 1[a, b, c]) et entretient des relations vertueuses avec le secteur privé (partie 1[o]). Le budget 2014 prévoit la création du Fonds d'excellence en recherche Apogée Canada, doté de 1.2 milliard USD (1.5 milliard CAD) supplémentaires pour aider la recherche canadienne à s'imposer sur la scène mondiale ces dix prochaines années. Différentes mesures ont été conçues ou prises pour rapprocher le milieu scientifique et les entreprises : en 2013-14, les partenariats de recherche ont reçu 30 millions USD (37 millions CAD) en sus des fonds alloués par les conseils subventionnaires fédéraux ; en 2012, la Fondation canadienne pour l'innovation (FCI) a perçu 403 millions USD (500 millions CAD) pour continuer à investir dans la modernisation des infrastructures de recherche. En 2013, le FCI a reçu 183 millions USD (225 millions CAD) supplémentaires afin d'élargir – notamment à la cyberinfrastructure – le prochain appel à projets des Fonds de l'avant-garde et des initiatives nouvelles. Vu l'évolution mondiale en matière d'accès libre, le Conseil de recherches en sciences naturelles et en génie et le Conseil de recherches en sciences humaines envisagent d'imposer la mise à disposition gratuite des revues à comité de lecture bénéficiant de crédits fédéraux dans l'année suivant leur publication, comme c'est le cas des travaux financés par les instituts de recherche en santé.

Enjeu 3 : Cibler les domaines/secteurs prioritaires. Si l'ATR du Canada est élevé dans trois des domaines technologiques de la partie 3, il a récemment baissé dans celui de l'environnement. À l'appui du développement et de la démonstration des technologies propres, le budget 2013 prévoit d'allouer 264 millions USD (325 millions CAD) sur huit ans à Technologies du développement durable Canada et 1.1 milliard USD (1.4 milliard CAD) au secteur de la fabrication et transformation, sous forme d'allégements fiscaux pour 2014-18. De plus, l'initiative stratégique pour l'aérospatiale et la défense recevra sur cinq ans près de 813 millions USD (1 milliard CAD) pour, notamment, contribuer au financement d'un programme de démonstration de technologies aérospatiales.

Le 7 février 2014 le Canada a présenté son plan d'avenir dans l'espace, qui porte notamment sur la R-D. Par ailleurs, son budget 2014 prévoit d'allouer 406 millions USD (500 millions CAD) sur deux ans au Fonds d'innovation pour le secteur de l'automobile et 73.5 millions USD (90.4 millions CAD) sur quatre ans au renouvellement du programme Investissements dans la transformation de l'industrie forestière.

Chiffres clés, 2013

Productivité économique et environnementale	CAN	OCDE
Productivité du travail		
PIB par heure ouvrée en USD PPA, 2013	49.2	47.7
(taux de croissance annuel, 2008-13)	(+0.8)	(+0.8)
Productivité environnementale		
PIB par émission unitaire de CO_2 en USD, 2011	2.3	3.0
(taux de croissance annuel, 2007-11)	(+1.4)	(+1.8)
Demande verte		
RNN par émission unitaire de CO_2 en USD, 2011	2.1	3.0
(taux de croissance annuel, 2007-11)	(+0.7)	(+1.6)

Dépenses intérieures brutes de R-D	CAN	OCDE
DIRD		
En million USD en PPA, 2012	24 801	1 107 398
En % du total OCDE, 2012	2.2	100
Intensité et croissance de la DIRD		
En % du PIB, 2012	1.69	2.40
(taux de croissance annuel, 2007-12)	(-1.4)	(+2.0)
DIRD à financement public		
En % du PIB, 2011	0.71	0.77
(taux de croissance annuel, 2007-11)	(+0.4)	(+2.8)

Graphique 9.8. La science et l'innovation au Canada

Partie 1. Performance comparée des systèmes nationaux de science et d'innovation, 2014

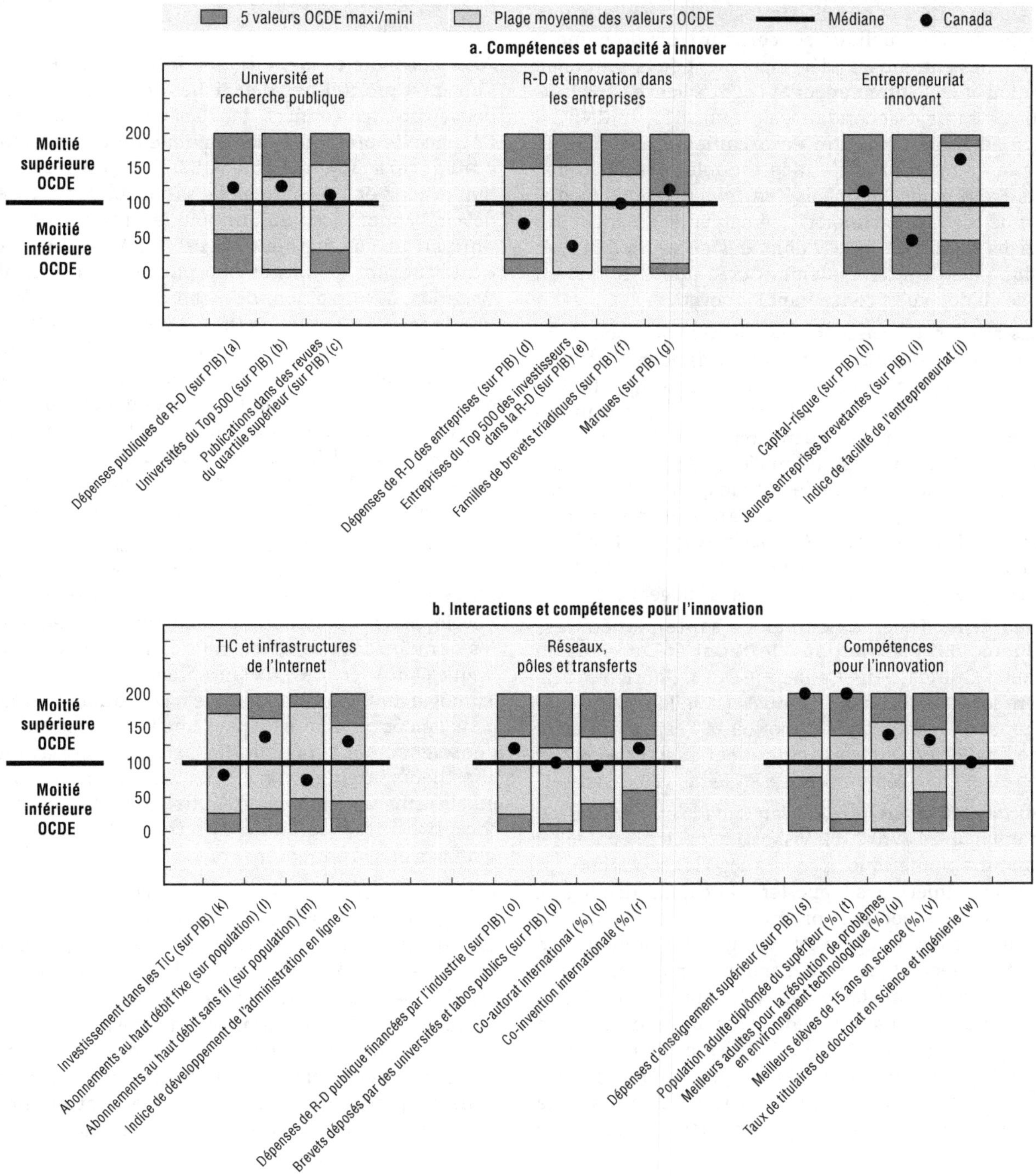

Note : Indice de performance normalisé par rapport aux valeurs médianes observées dans la zone de l'OCDE (médiane de l'indice = 100).

Le système STI du Canada en bref

Gouvernance des politiques STI : Le gouvernement canadien présentera en 2014 sa nouvelle stratégie STI, résultat d'une vaste consultation publique concernant trois domaines : innovation des entreprises ; développement de la culture de l'innovation et de l'entrepreneuriat ; et excellence dans la R-D publique et post-secondaire. En mai 2013, le CNRC a annoncé sa transformation en organisme national de recherche et technologie sur le modèle allemand des instituts Fraunhofer. Réorganisé en trois divisions (génie, sciences de la vie et technologies émergentes), il incite les entreprises à faire de la R-D dans des secteurs d'intérêt stratégique. Le CNRC a également créé pour les PME un service de guide-expert concernant l'innovation.

Nouvelles sources de croissance : Le CNRC s'est associé aux provinces et au secteur privé pour financer plusieurs initiatives de recherche en 2013 et encourager la R-D industrielle dans des technologies clés : électronique imprimable, 33 millions USD (40 millions CAD) ; biomatériaux industriels, 44.7 millions USD (55 millions CAD) ; projet pilote Conversion du carbone par les algues, 15 millions USD (19 millions CAD) ; et Alliance canadienne du blé, 79 millions USD (97 millions CAD). La création du Fonds de fabrication de pointe, doté de 163 millions USD (200 millions CAD), a été annoncée dans le budget 2013.

Nouveaux défis : Face aux enjeux de santé planétaires, 183 millions USD (225 millions CAD) ont été affectés au programme Grands Défis Canada (GDC) à l'horizon 2016. S'ajoutent les 12 millions USD annuels (15 millions CAD) qui seront consacrés, entre autres priorités, à l'expansion de la Stratégie de recherche axée sur le patient et au Consortium canadien en neurodégénérescence associée au vieillissement.

Infrastructure TIC et Internet : Le plan Canada numérique 150 a été promulgué en avril 2014. Visant à exploiter le potentiel de l'économie numérique, il aidera les PME à adopter les technologies numériques, apportera du capital-risque aux entreprises de ce secteur, promouvra les technologies numériques et encouragera l'ouverture des données. Le gouvernement fédéral est le premier donneur des principaux acteurs de l'écosystème de la recherche numérique : Calcul Canada, plateforme nationale des ressources de calcul à haute performance ; CANARIE, qui offre aux chercheurs un réseau de base national ultra-rapide pour manipuler des données complexes à profusion ; les conseils subventionnaires qui, en plus de financer la recherche universitaire et l'infrastructure de recherche, travaillent sur la collecte de données, le développement, l'analyse (calcul), le stockage et l'édification de réseaux ; et les universités canadiennes.

Pôles d'activité et spécialisation intelligente : Pour aider le Canada à profiter des débouchés commerciaux créés par l'ouverture des données dans les cinq prochaines années, l'Agence de promotion économique du Canada atlantique consacrera 366 millions USD (450 millions CAD) à l'innovation et à la commercialisation. L'Agence fédérale de développement économique pour le Sud de l'Ontario créera un Institut des données ouvertes à Waterloo (Ontario). L'Institute for Quantum Computing, de l'Université de Waterloo, établissement de recherche canadien de premier plan, recevra 12 millions USD (15 millions CAD) sur trois ans, à partir de 2014-15, pour mener des activités de recherche de pointe dans les technologies quantiques et en commercialiser les résultats. Le budget 2014 prévoit de verser un total de 180 millions USD (222 millions CAD) sur cinq ans à TRIUMF, premier laboratoire de physique canadien qui abrite en Colombie britannique le plus grand accélérateur de particules de type cyclotron au monde.

Mondialisation : En novembre 2013, le Canada a présenté le Plan d'action sur les marchés mondiaux, qui vise surtout à aider les entreprises canadiennes à fort potentiel à développer des partenariats fructueux avec l'étranger dans les domaines du commerce, de la recherche, du capital-risque et des services aux entrepreneurs. En janvier 2014, la Stratégie du Canada en matière d'éducation internationale a été lancée pour faire du pays un grand acteur mondial de l'enseignement supérieur. Il s'agit d'attirer davantage de chercheurs internationaux et de resserrer les liens avec les établissements étrangers. D'autres initiatives favorisent la mobilité internationale des travailleurs hautement qualifiés et des entrepreneurs.

Compétences et innovation : Pays de l'OCDE qui consacre la plus grande part de son PIB à l'enseignement supérieur, le Canada détient un riche vivier de personnel qualifié dans la science et l'innovation (partie 1[s, t, u, v]). Le gouvernement a pris des mesures stratégiques pour consolider l'enseignement en science et génie, notamment en réalisant des campagnes d'information sur les champs d'étude, en finançant des stages dans des domaines où la demande est forte par le biais du programme Objectif carrière, et en aidant les étudiants issus des premières nations et inuits.

Partie 2. Composition structurelle de la DIRDE, 2011

En pourcentage dans la DIRDE totale ou de sous-parties de la DIRDE (%)

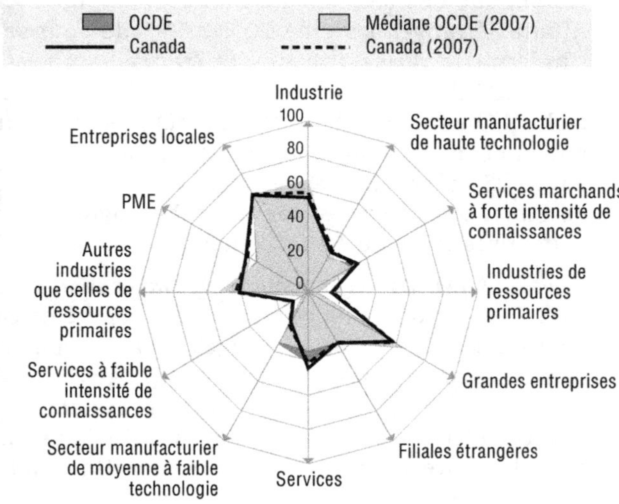

Partie 3. Avantage technologique révélé dans certains domaines, 2009-11

Indice basé sur les demandes de brevets PCT

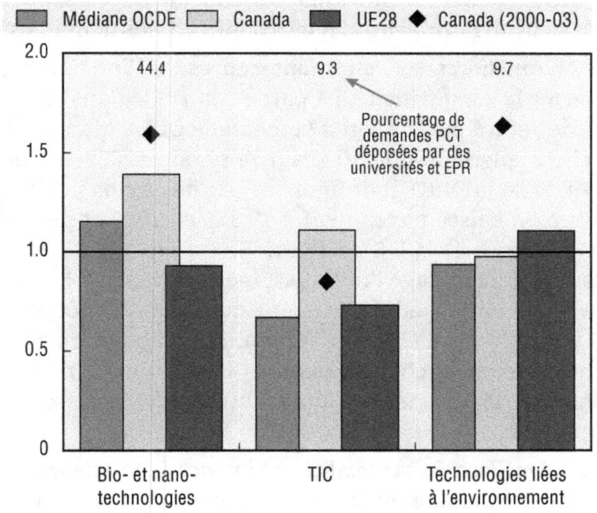

Partie 4. Allocation du soutien public à la R-D et l'innovation, par secteur, type et mode de financement, 2012

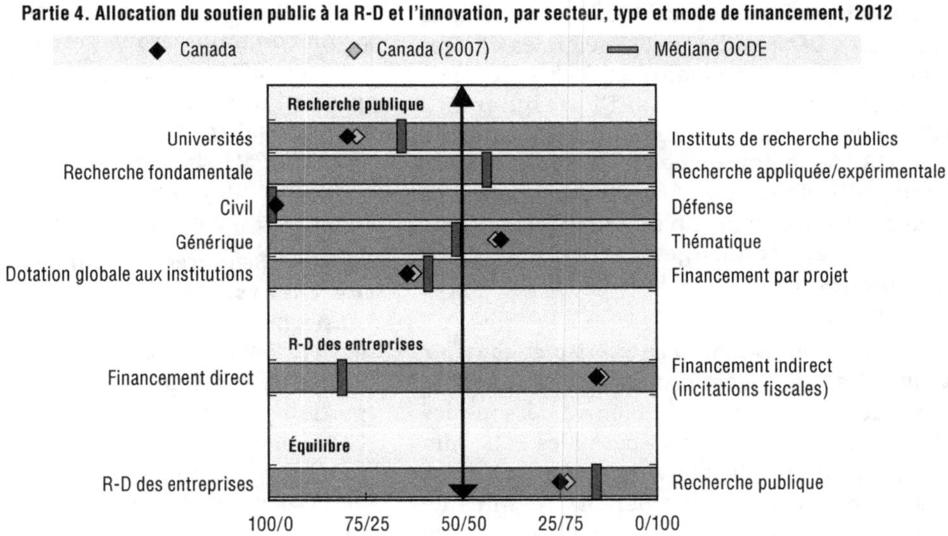

Note : Les informations sur les politiques sont tirées des réponses des pays au questionnaire préparatoire des éditions 2012 et 2014 des *Perspectives de la science, de la technologie et de l'industrie* de l'OCDE. Les réponses du Canada sont disponibles dans la base de données des *Perspectives*, édition 2014, accessible à l'adresse suivante : *http://qdd.oecd.org/Table.aspx?Query=72CBF532-BA6B-4BFC-90E9-02EBF397362D.*

Source : Voir le guide du lecteur et l'annexe méthodologique.

StatLink http://dx.doi.org/10.1787/888933306854

CHILI

Sur la période 2008-13, la croissance de la productivité du Chili a dépassé celle de la plupart des pays de l'OCDE. Le système STI chilien est à la traîne par bien des aspects, mais il est en train de rattraper son retard dans certains domaines.

Enjeu 1 : Améliorer les conditions-cadres de l'innovation, notamment la compétitivité. La part de la DIRD dans le PIB accuse du retard par rapport à la médiane OCDE (partie 1[d]), mais elle a augmenté de 10 % sur la période 2009-12 ; en 2012, 7.8 % de la DIRD était financée par des fonds publics, un chiffre en baisse par rapport à 18.3 % en 2009 et proche de la moyenne OCDE (7.6 %). En mars 2012, afin d'encourager davantage l'investissement privé dans la R-D, le gouvernement a modifié le régime du crédit d'impôt pour la R-D : les critères d'éligibilité pour une collaboration avec les centres de recherche extérieurs et l'obligation d'investir au minimum 15 % du revenu annuel brut de l'entreprise ont été supprimés.

Enjeu 2 : Améliorer la rentabilité et l'impact de la science. Le système de recherche publique du Chili est doté d'un petit budget ; parmi ses universités, rares sont celles qui ont une réputation mondiale et les publications internationales sont peu nombreuses par rapport au PIB selon les critères de l'OCDE (partie 1[a, b, c]). Cependant, les 35.3 % de DIRD effectuées par les établissements d'enseignement supérieur (EES) en 2012 étaient nettement supérieurs à la moyenne OCDE (18.1 %), en raison de l'importance des EES dans le système d'innovation. Afin de tirer parti du rendement d'une base scientifique plutôt limitée, plusieurs initiatives visant à encourager et intensifier la commercialisation des résultats de la recherche publique ont été engagées sur la période 2012-14 (voir plus loin).

Enjeu 3 : Encourager l'innovation d'entreprise et soutenir l'entrepreneuriat et les PME. La performance des entreprises chiliennes en matière d'innovation est bien au-dessous des médianes OCDE (partie 1[d, f, g]), surtout parmi les PME. Afin de résoudre ce problème, le gouvernement soutient l'entrepreneuriat par le biais de plusieurs régimes de financement – programmes d'investissement en capital d'amorçage, d'investissement providentiel et de capital-risque comportant aussi du conseil financier, juridique et de gestion. Le ratio du nombre de demandes de brevet triadique rapporté au PIB (partie 1[f]) indique que le Chili est actuellement peu présent sur la scène internationale dans le domaine des technologies. En 2012, le ministère des Affaires étrangères a créé CONTACTChile pour soutenir l'internationalisation des entreprises chiliennes. CONTACTChile cible les entreprises à forte intensité de technologie (principalement les PME) présentant un fort potentiel exportateur. Chaque bénéficiaire reçoit jusqu'à 20 000 USD d'aide. L'accent est mis sur les secteurs des TIC, de l'environnement et des biotechnologies, et sur les entreprises qui remédient aux problèmes sociaux.

Enjeu 4 : Améliorer la gouvernance de l'innovation. En janvier 2013, les pouvoirs publics ont créé un comité consultatif pour les sciences et techniques (STAC) afin d'améliorer la gouvernance du système d'innovation. Dans son rapport, « Modernisation institutionnelle pour le système STI », ce comité a identifié plusieurs obstacles difficiles à surmonter dans le cadre de gouvernance actuel. Un objectif clé consiste à optimiser l'utilisation du budget public destiné à l'innovation. La dépense publique en R-D est gérée par différents organismes, qui rendent compte à des ministères différents et qui ne partagent pas nécessairement une vision commune et intégrée à long terme de la politique STI. Le STAC a proposé de créer une structure institutionnelle pour la coordination des organismes concernés. Par ailleurs, afin de renforcer la collaboration des EES avec le secteur des entreprises, le STAC a proposé la création d'un ministère chargé de définir des politiques coordonnées pour les STI et l'enseignement supérieur.

Enjeu 5 : Renforcer l'effectif de RHST de pointe et l'offre de chercheurs. Avec 2.61 % de son PIB consacré à l'enseignement supérieur (partie 1[s]), le Chili se situe juste derrière le Canada et les États-Unis, et 29 % de la population chilienne est diplômée de l'enseignement supérieur (partie 1[t]), un pourcentage comparable à celui de l'UE28 (27 %). Pourtant, en 2012, le Chili comptait seulement un chercheur pour mille salariés, contre une moyenne de sept pour l'UE28. Par ailleurs, selon les indicateurs de qualité, le Chili figure au bas du classement des pays de l'OCDE (partie 1[u, v]). Afin d'améliorer l'offre de RHST de pointe, le gouvernement est en train d'étendre son programme de bourses Becas Chile. Son budget de 151 millions USD (52 588 millions CLP) pour 2013 permet de financer

Chiffres clés, 2013

Productivité économique et environnementale	CHL	OCDE	Dépenses intérieures brutes de R-D	CHL	OCDE
Productivité du travail			**DIRD**		
PIB par heure ouvrée en USD PPA, 2013	26.7	47.7	En million USD en PPA, 2012	1 312	1 107 398
(taux de croissance annuel, 2008-13)	(+2.4)	(+0.8)	En % du total OCDE, 2012	0.1	100
Productivité environnementale			**Intensité et croissance de la DIRD**		
PIB par émission unitaire de CO_2 en USD, 2011	3.4	3.0	En % du PIB, 2012	0.35	2.40
(taux de croissance annuel, 2007-11)	(-1.4)	(+1.8)	(taux de croissance annuel, 2007-12)	(+6.4)	(+2.0)
Demande verte			**DIRD à financement public**		
RNN par émission unitaire de CO_2 en USD, 2011	4.4	3.0	En % du PIB, 2011	0.16	0.77
(taux de croissance annuel, 2007-11)	(+0.2)	(+1.6)	(taux de croissance annuel, 2007-11)	(+8.4)	(+2.8)

Graphique 9.9. **La science et l'innovation au Chili**

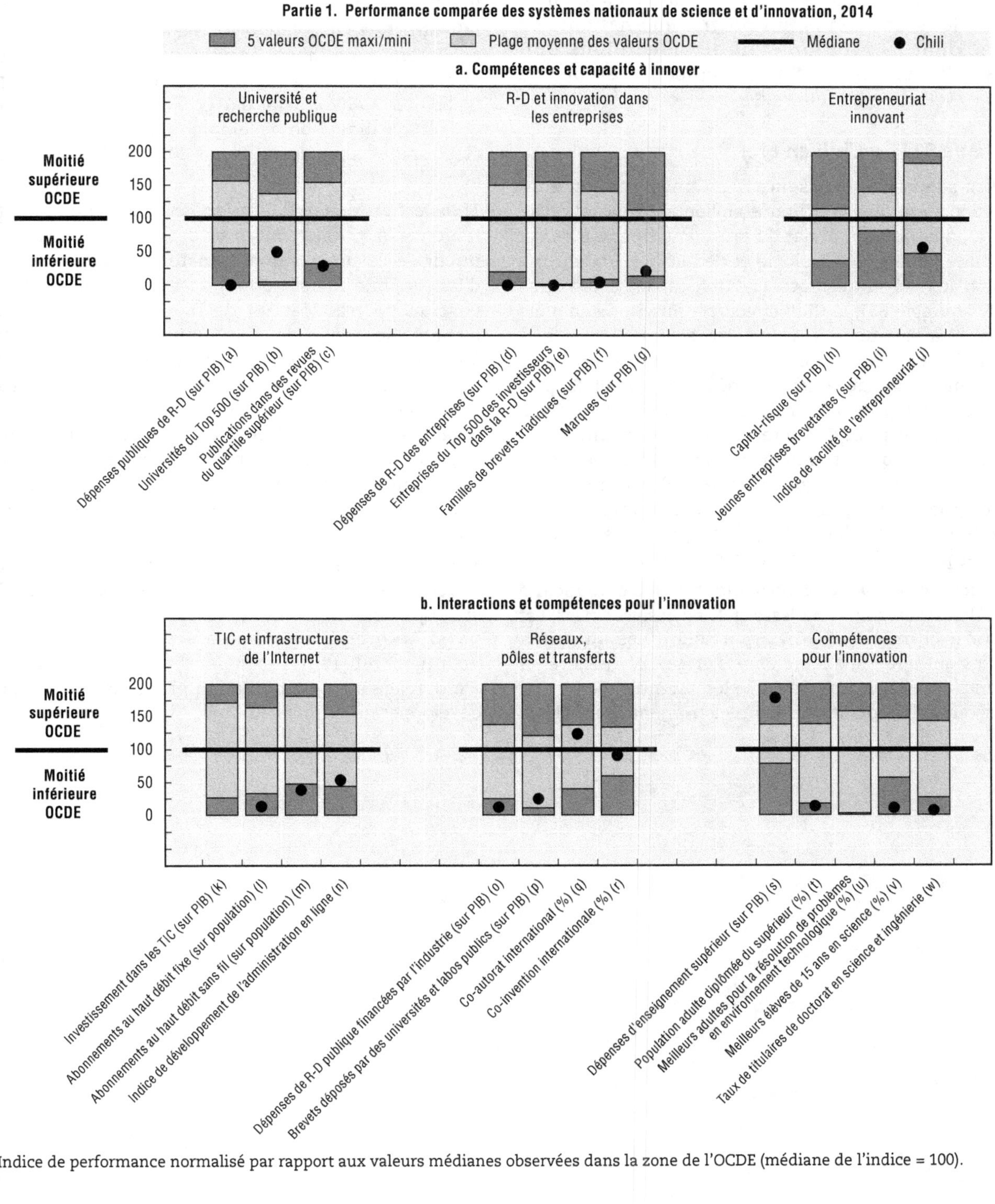

Note : Indice de performance normalisé par rapport aux valeurs médianes observées dans la zone de l'OCDE (médiane de l'indice = 100).

entièrement les études de troisième cycle à l'étranger sous condition que les étudiants retournent au Chili à la fin de leurs études. Par ailleurs, un programme national de bourses, dont la dotation était de 113 millions USD (39 238 millions CLP) en 2013, finance les études de troisième cycle dans les universités chiliennes.

Le système STI du Chili en bref

Nouvelles sources de croissance : Le Conseil national de l'innovation a examiné la politique chilienne d'innovation en août 2013, à la fin du mandat du président Piñera. Il en est ressorti que l'énergie, la biologie et l'éducation étaient des secteurs d'activité stratégiques. En 2014, dans le cadre de sa nouvelle stratégie STI, le Chili effectuera aussi une enquête décennale sur l'astronomie. Le gouvernement s'attend à ce que le Chili soit le lieu de plus des deux tiers des observations terrestres mondiales au cours de la décennie à venir. En plus d'offrir des orientations pour l'action, cette enquête vise à créer un réseau public d'acteurs pour coordonner les initiatives scientifiques, technologiques et entrepreneuriales. Récemment, le nouveau gouvernement de la présidente Bachelet a lancé un programme pour la compétitivité, l'innovation et la productivité qui comporte des secteurs prioritaires pour le développement social et économique.

Entrepreneuriat innovant : Globalement, l'indice de facilité de faire des affaires au Chili (*ease of doing business index*) est inférieur à la médiane OCDE (partie 1[j]). Les autorités chiliennes ont poursuivi leurs efforts en vue d'améliorer la situation à cet égard : une nouvelle loi, promulguée en mai 2013, assouplit les conditions d'enregistrement des sociétés et réduit à un seul jour le délai nécessaire pour enregistrer une entreprise.

Infrastructure TIC et Internet : La connectivité et l'utilisation de l'Internet continuent de représenter un défi pour le Chili. Le pays est en retard par rapport à l'OCDE en nombre d'abonnés au haut débit fixe et mobile par habitant (partie 1[l, m]). Son indice de développement de l'administration électronique a progressé depuis 2012, mais reste inférieur à la médiane OCDE (partie 1[n]).

Transfert et commercialisation de technologies : En vue de renforcer la commercialisation des résultats de la recherche publique, le programme Transfer and Licensing Offices d'InnovaChile cherche à renforcer les compétences pour la gestion du transfert et de la commercialisation des technologies issues de la R-D. Il finance aussi la formation (au Chili et à l'étranger) de professionnels et de personnels techniques dans les universités et les instituts de recherche. Il vise également à renforcer le cadre des DPI en améliorant les procédures, la protection et le respect des DPI. La Commission nationale de recherche scientifique et technique (CONICYT) poursuit ses efforts pour faciliter l'accès aux résultats de la recherche financée sur fonds publics.

Mondialisation : Depuis trois ans, Start-Up Chile, un programme de capital d'amorçage, a aidé plus de 750 startups dont les fondateurs proviennent de plus de 70 pays. Ce programme vise à attirer les entrepreneurs étrangers en leur proposant 40 000 USD de capital d'amorçage sans participation et un visa de travail pour développer des projets au Chili.

Partie 2. Avantage technologique révélé dans certains domaines, 2009-11

Indice basé sur les demandes de brevets PCT

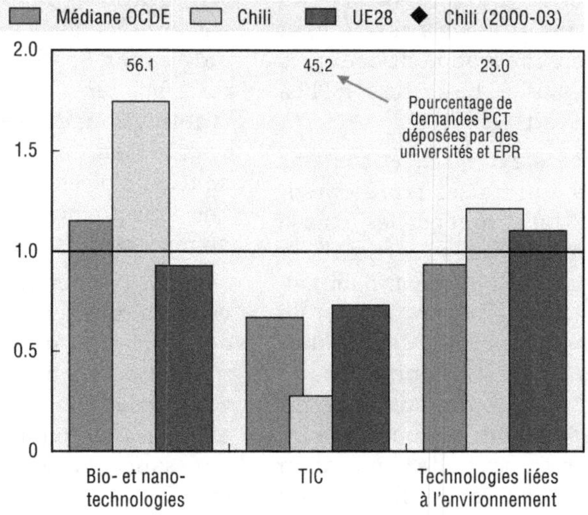

Partie 3. Allocation du soutien public à la R-D et l'innovation, par secteur, type et mode de financement, 2012

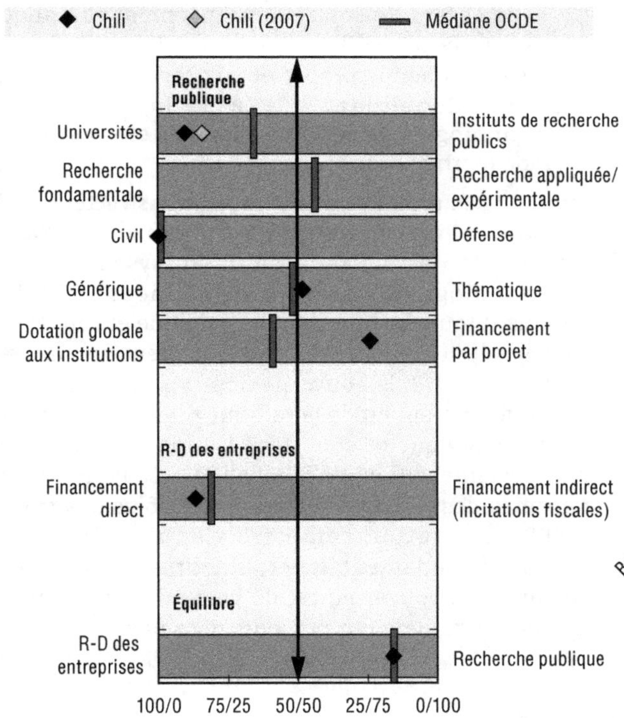

Partie 4. Principaux instrument de financement public de la R-D des entreprises, 2014

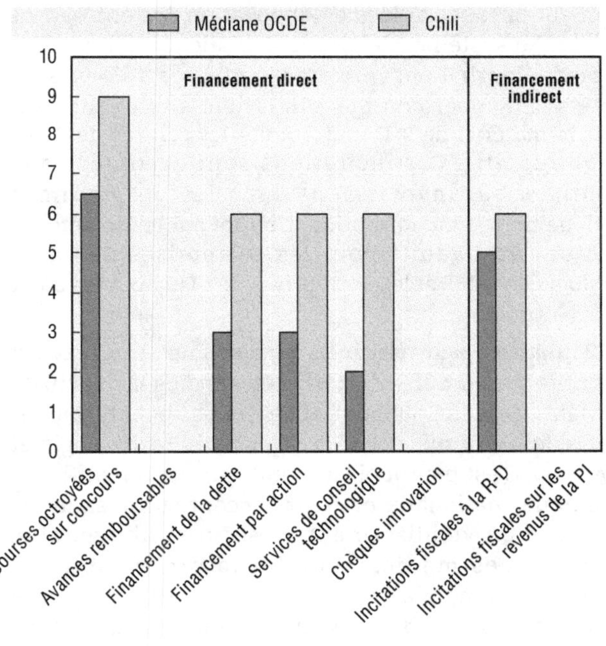

Note : Les informations sur les politiques sont tirées des réponses des pays au questionnaire préparatoire des éditions 2012 et 2014 des *Perspectives de la science, de la technologie et de l'industrie* de l'OCDE. Les réponses du Chili sont disponibles dans la base de données des *Perspectives*, édition 2014, accessible à l'adresse suivante : *http://qdd.oecd.org/Table.aspx?Query=F0FDDDAB-9EE4-46BB-B88D-03B3CF196AED.*

Source : Voir le guide du lecteur et l'annexe méthodologique.

StatLink http://dx.doi.org/10.1787/888933306863

CHINE

La croissance de la Chine diminue. Pour rééquilibrer son économie, elle modifie son schéma de croissance, en misant moins sur les exportations et l'investissement, et plus sur la consommation privée. L'innovation devient plus importante : la Chine a consacré plus de 1.99 % de son PIB à la R-D en 2012, comblant ainsi l'écart avec l'UE28.

Enjeu 1 : Encourager l'innovation d'entreprise et soutenir l'entrepreneuriat et les PME. Les entreprises représentent 74 % de la DIRD (1.51 % du PIB, 2012) et sont actives dans la R-D comme exécutantes et contractantes (partie 1[d, o]). Malgré l'essor récent des demandes de brevet par habitant, l'innovation chinoise reste à la traîne en termes de brevetage international et d'enregistrement de marques (partie 1[f, g]) selon les normes OCDE. Le capital-risque manque et l'environnement est peu propice aux startups. La prédominance des entreprises d'État, surtout dans les services publics, réduit la pression en faveur de l'innovation qu'entraîne normalement la concurrence. Il est donc essentiel d'améliorer la capacité d'innovation des entreprises. Divers instruments d'action favorisent un système d'innovation centré sur l'entreprise et mettent l'accent sur la capacité locale d'innovation des entreprises chinoises. Le système d'incitation fiscale a été révisé en 2013 pour élargir l'ensemble des coûts de R-D pris en compte et englober comme admissible aux déductions fiscales le matériel de R-D importé par les centres de R-D à but non lucratif. Ces incitations sont accordées aux entreprises qui investissent dans les programmes d'enseignement et de formation. L'impôt sur les sociétés et la TVA ont été réduits pour les entreprises de haute technologie, les PME et les entreprises des TIC pour les aider à se développer.

Enjeu 2 : Innover pour relever les défis sociaux. La Chine est confrontée à des défis de taille en termes de sécurité alimentaire, de santé publique et de vieillissement. Pour les relever, elle devra miser sur la science, la technologie et l'innovation. C'est pourquoi les grands projets scientifiques et techniques nationaux mettent l'accent sur la santé, le phénomène du vieillissement, la sécurité alimentaire, l'innocuité des médicaments et la prévention des catastrophes. L'énergie et la santé sont parmi les quatre priorités sectorielles du programme Innovation 2020 de l'Académie des sciences. La Chine encourage aussi l'innovation « inclusive », c'est-à-dire par et pour les personnes à faible revenu. Les initiatives existantes sont le programme Spark, une aide au développement agricole et rural facilitant l'accès des agriculteurs aux technologies et à la formation, et le Programme scientifique et technique pour le bien-être public, qui soutient la commercialisation de technologies pouvant profiter au développement social. Ces deux programmes sont mis en œuvre sous les auspices du ministère de la Science et de la Technologie.

Enjeu 3 : Innover pour contribuer à une croissance durable et verte. La principale priorité est de renforcer la contribution de la science, de la technologie et de l'innovation à la transition vers un développement durable. La productivité verte de la Chine, de 1.3 USD (PIB/unité de CO_2 émis, 2011), est bien plus faible que celle de l'UE27 (4 USD), mais sa croissance sur 2007-11, de 3.3 % par an, a été bien plus rapide que la médiane OCDE (1.5 %). Le 12e Plan quinquennal (2011-15) pour le développement scientifique et technologique fixe un objectif de croissance de la productivité verte de 17 %, privilégiant donc nettement l'énergie et la lutte contre le changement climatique. Il a engendré de nouvelles mesures d'aide aux industries basées sur l'énergie propre et aux technologies sobres en carbone. Cependant, l'ATR de la Chine dans les biotechnologies et technologies vertes s'est beaucoup dégradé (partie 3).

Enjeu 4 : Renforcer la capacité et les infrastructures de la R-D publique. Bien que beaucoup d'entre eux soient devenus des sociétés dans le cadre de la réforme du système scientifique et technologique au début des années 2000, les EPR dominent toujours la recherche publique et sont fortement axés sur la R-D appliquée et expérimentale (partie 4). En septembre 2012, le gouvernement a publié des « avis sur l'approfondissement de la réforme du système scientifique et technologique et sur l'accélération de la construction d'un système national d'innovation ». Le nouveau cycle de réformes des EPR vise à clarifier les rôles des trois types d'EPR (innovation commerciale, bien-être social et recherche fondamentale) et à instituer des mécanismes adéquats de gouvernance, de gestion et de financement leur permettant de remplir leurs missions.

Chiffres clés, 2013

Productivité économique et environnementale	CHN	OCDE	Dépenses intérieures brutes de R-D	CHN	OCDE
Productivité du travail			**DIRD**		
PIB par heure ouvrée en USD PPA, 2013	n.a.	47.7	En million USD en PPA, 2012	293 550	1 107 398
(taux de croissance annuel, 2008-13)	n.a.	(+0.8)	En % du total OCDE, 2012	26.5	100
Productivité environnementale			**Intensité et croissance de la DIRD**		
PIB par émission unitaire de CO_2 en USD, 2011	1.3	3.0	En % du PIB, 2012	1.98	2.40
(taux de croissance annuel, 2007-11)	(+4.1)	(+1.8)	(taux de croissance annuel, 2007-12)	(+17.2)	(+2.0)
Demande verte			**DIRD à financement public**		
RNN par émission unitaire de CO_2 en USD, 2011	n.a.	3.0	En % du PIB, 2011	n.a.	0.77
(taux de croissance annuel, 2007-11)	n.a.	(+1.6)	(taux de croissance annuel, 2007-11)	(+14.2)	(+2.8)

Graphique 9.10. **La science et l'innovation en Chine**

Partie 1. Performance comparée des systèmes nationaux de science et d'innovation, 2014

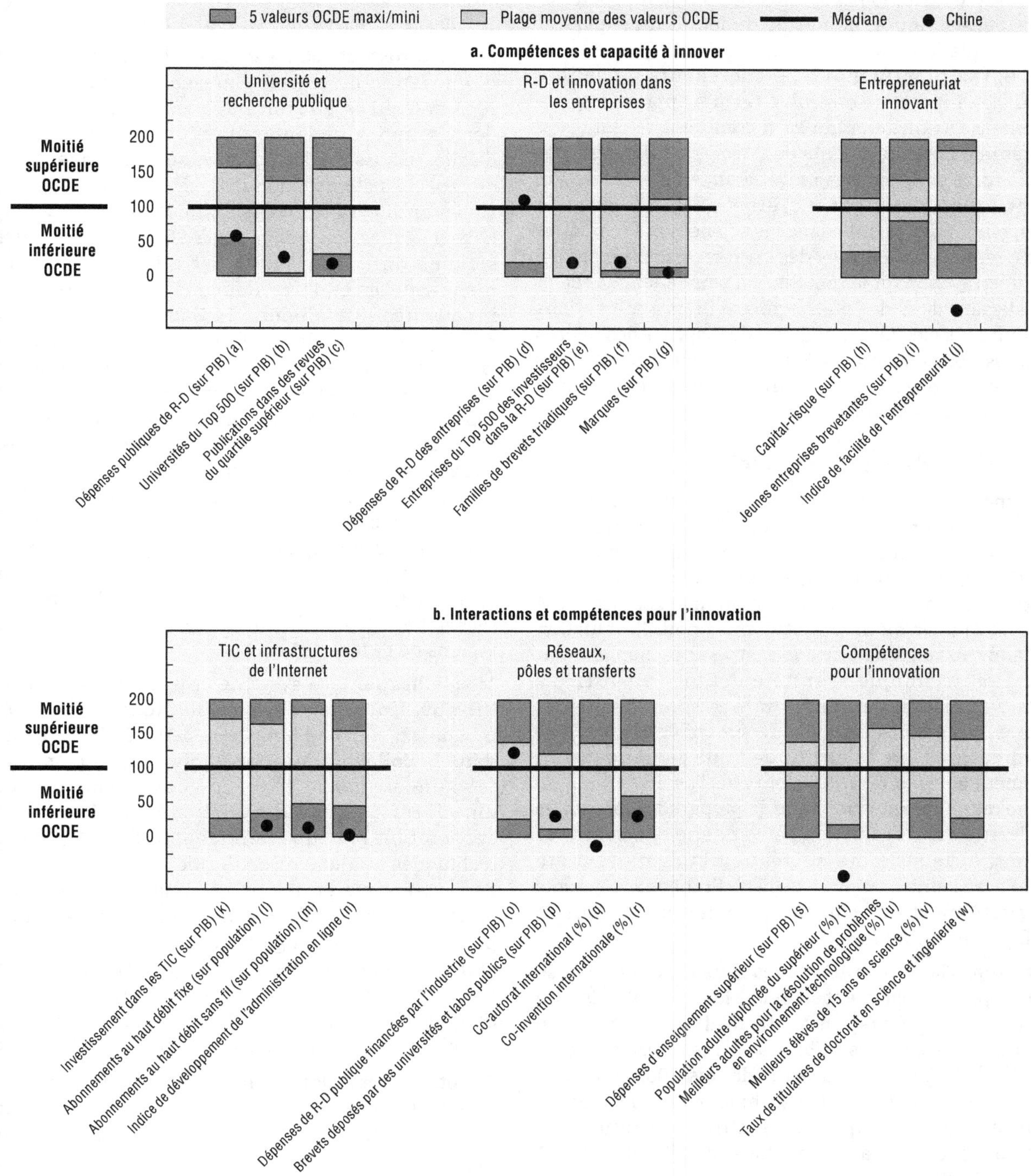

Note : Indice de performance normalisé par rapport aux valeurs médianes observées dans la zone de l'OCDE (médiane de l'indice = 100).

Enjeu 5 : Cultiver les ressources humaines pour les sciences et techniques et la recherche. Si la Chine dispose de la plus grande réserve de ressources humaines du monde pour les sciences et techniques, la part de diplômés du supérieur dans sa population reste extrêmement faible (partie 1[t, w]). En outre, la Chine manque de chercheurs de calibre mondial. Le Programme des mille talents approuvé par le département Organisation du Parti communiste chinois et le Programme des cent talents de l'Académie des sciences visent à attirer et retenir les universitaires de haut niveau, y compris de l'étranger. Le Plan national pour le développement des talents dans les sciences et techniques (2010-20) répond aux besoins des entreprises en personnel innovant, en soutenant la mobilité du personnel qualifié et en investissant dans des plateformes d'innovation et dans des laboratoires clés nationaux afin de disposer des talents nécessaires pour encadrer la R-D. Des indemnités de frais de subsistance et le financement des recherches postdoctorales en entreprise sont également prévus.

Le système STI de la Chine en bref

Gouvernance et politiques STI : Un groupe de direction de la réforme du système STI, constitué d'une vingtaine de ministères et agences nationales, a été mis en place en 2012. Une évaluation à mi-parcours du Plan de développement des sciences et techniques 2006-20 a été lancée en 2014, les méthodes et normes pour l'évaluation de l'alliance stratégique entre industrie et recherche pour l'innovation technique ayant été définies en 2012. La gestion des principaux programmes scientifiques et techniques a été révisée en vue de simplifier le processus de candidature : les scientifiques qui demandent un financement géré par le MOST n'ont plus besoin de venir en personne remplir le questionnaire, la plupart des formalités de candidature et d'évaluation pouvant être effectuées par l'internet, et le système de gestion budgétaire a été amélioré avec la mise en place de la bibliothèque de projets et du système d'information sur les programmes scientifiques et techniques.

Infrastructure TIC et Internet : Si les infrastructures TIC se sont développées rapidement en Chine, leur taux d'utilisation par habitant et la disponibilité de l'administration électronique restent très faibles selon les normes OCDE (partie 1[l, m, n]). La Chine investit depuis 2005 dans des infrastructures scientifiques et techniques par le biais du programme de développement d'infrastructures et d'équipements de R-D, avec un budget de 1.5 milliard USD (5 milliards CNY).

Transfert et commercialisation de technologies : En 2013, le Bureau des affaires législatives du Conseil d'État a entrepris de réviser la loi sur la promotion du transfert des réalisations scientifiques et techniques. Le nombre d'alliances stratégiques entre industrie et recherche pour l'innovation technique est passé de 4 en 2007 à 146 en 2013.

Pôles d'activité et politiques régionales : Le système national d'innovation de la Chine présente de nettes disparités régionales. Les pouvoirs publics ont fait des zones de démonstration de l'innovation un important instrument d'action pour stimuler l'innovation dans les régions dotées de capacités d'innovation relativement avantageuses. Trois zones ont déjà été créées : Zhongguncun à Beijing, East Lake à Wuhan et Zhangjiang à Shanghai. Les entreprises situées dans ces zones bénéficient de politiques préférentielles et d'une aide publique dans leurs activités innovantes. Par ailleurs, le Cadre de planification du développement et de la réforme pour la région du delta de la rivière des Perles (2008-20) vise à faire de cette région un centre d'innovation pour la zone Asie-Pacifique. En 2012, la Chine disposait de 105 zones de haute technologie abritant la moitié des pépinières technologiques nationales, et de 132 zones de développement économique et technologique qui, ces dernières années, se sont étendues des villes côtières en croissance rapide à d'autres régions. Afin de stimuler le développement de la région ouest, la Stratégie d'exploration du Grand Ouest soutient les investissements en infrastructure de recherche, la collaboration dans la recherche et la mobilité des ressources humaines entre les régions de l'est et de l'ouest.

Mondialisation : Le système chinois de la science et de l'innovation n'est que faiblement lié aux réseaux mondiaux, comme l'indique la part très faible de la Chine dans la collaboration aux publications scientifiques et techniques (partie 1[q, r]). Le gouvernement cherche à améliorer l'ouverture du système STI grâce à une coopération publique permanente dans les sciences et techniques et à une diversification des moyens d'échange des entreprises et des EPR chinois avec les partenaires étrangers. Ces dernières années, la Chine a aussi accru sa participation à des projets collaboratifs internationaux à grande échelle comme le 7e Programme cadre de l'UE, et participé à des dialogues bilatéraux annuels, sur la coopération dans les STI, avec ses principaux pays partenaires, notamment les États-Unis et l'Allemagne.

Évolution récente des dépenses STI : L'intensité en R-D de la Chine a triplé depuis 1998 et atteint 1.99 % du PIB en 2012, un chiffre proche du niveau global de l'UE28. En 2012, le ratio entre DIRDE et dépenses intérieures brutes de R-D classait la Chine en tête des pays de l'OCDE ; la R-D autofinancée par les entreprises atteignait 95 % de la DIRDE.

Partie 2. Composition structurelle de la DIRDE, 2011

En pourcentage dans la DIRDE totale ou de sous-parties de la DIRDE (%)

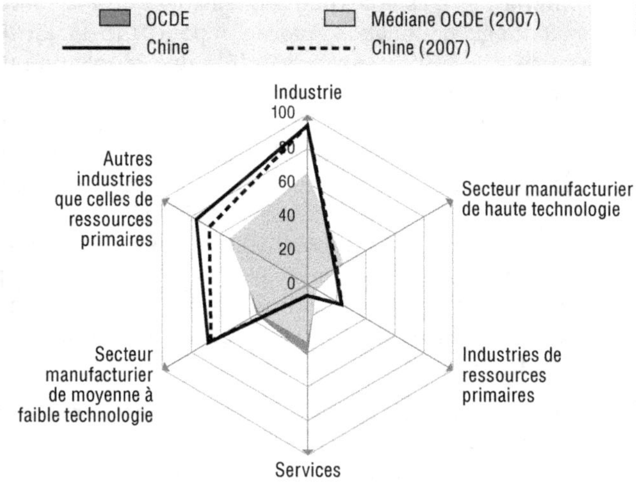

Partie 3. Avantage technologique révélé dans certains domaines, 2009-11

Indice basé sur les demandes de brevets PCT

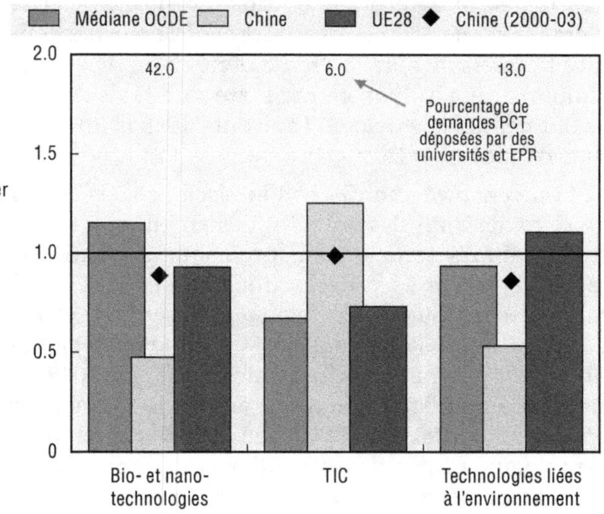

Partie 4. Allocation du soutien public à la R-D et l'innovation, par secteur, type et mode de financement, 2012

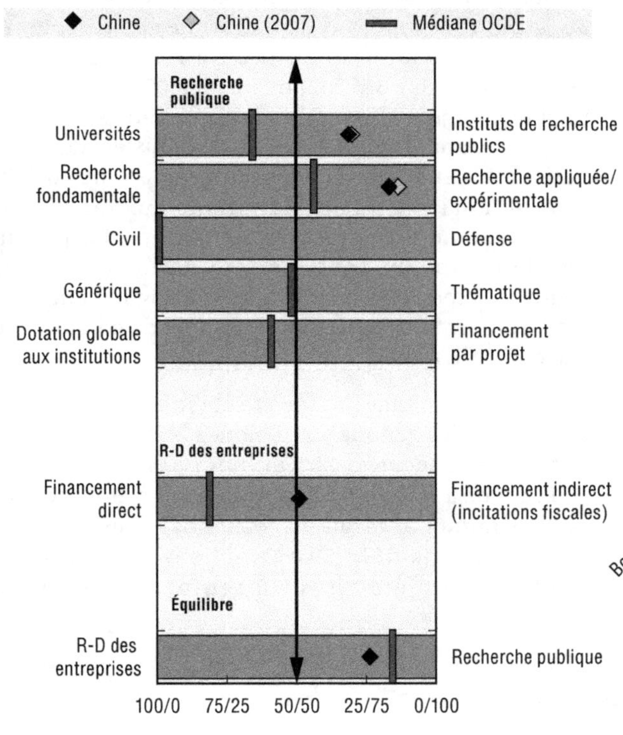

Partie 5. Principaux instrument de financement public de la R-D des entreprises, 2014

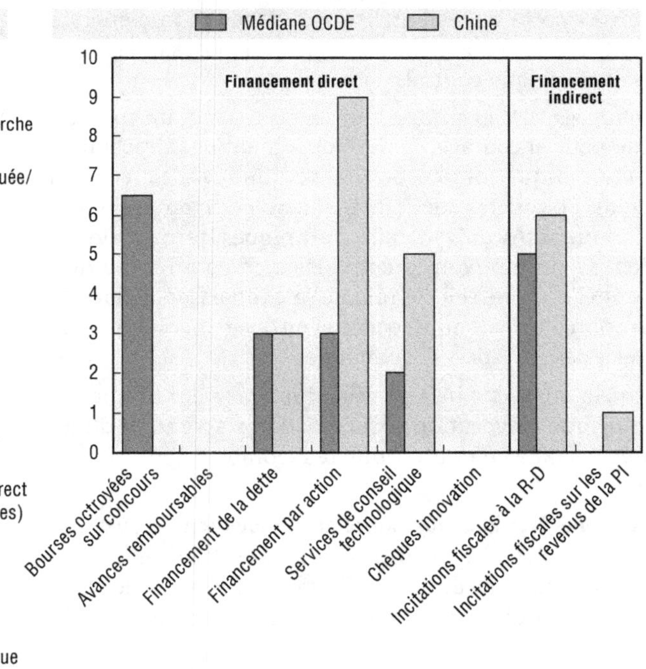

Note : Les informations sur les politiques sont tirées des réponses des pays au questionnaire préparatoire des éditions 2012 et 2014 des *Perspectives de la science, de la technologie et de l'industrie* de l'OCDE. Les réponses de la Chine sont disponibles dans la base de données des *Perspectives*, édition 2014, accessible à l'adresse suivante : *http://qdd.oecd.org/Table.aspx?Query=AF0BD43B-D359-4A89-BBF3-449C90AC037F*.

Source : Voir le guide du lecteur et l'annexe méthodologique.

StatLink http://dx.doi.org/10.1787/888933306876

COLOMBIE

La Colombie a connu une forte croissance économique au cours de la dernière décennie et a bien résisté à la crise financière mondiale, bien qu'elle reste confrontée aux défis de doper la croissance de la productivité et de diversifier son économie. C'est dans ce contexte que les pouvoirs publics ont défini les enjeux STI suivants dans la Stratégie nationale d'innovation (2010-14).

Enjeu 1 : Innover pour contribuer à la résolution des enjeux sociaux (y compris l'inclusion). Conformément aux lignes directrices définies dans le plan stratégique STI national, plusieurs organismes publics donnent la priorité à l'allocation des ressources aux régions, aux secteurs et aux domaines de connaissance considérés comme stratégiques pour le développement socio-économique. En 2012, le Département administratif de la science, de la technologie et de l'innovation (Colciencias) a créé le programme Ideas for Change pour encourager les solutions innovantes et peu coûteuses aux enjeux sociétaux et environnementaux. En 2012, ce programme a été consacré à l'accès à l'eau dans les régions isolées du pays et a financé 11 projets pour un montant de 754 000 USD (948.6 millions COP). Le programme porte actuellement sur la production d'énergie propre et renouvelable dans les régions non desservies par le réseau électrique central.

Par ailleurs, en 2012 et en 2013, Colciencias a lancé un appel au dialogue pour encourager le développement de la recherche dans une optique interculturelle, ce qui devrait créer des possibilités de générer des connaissances pertinentes au sein des communautés universitaires, ethniques, territoriales et sociales, de promouvoir la connaissance communautaire traditionnelle, de rétablir le rôle de la connaissance dans la construction d'une identité sociale et de diversifier les options de développement socio-économique.

En outre, la Colombie intègre ses initiatives scientifiques et technologiques à vocation sociale dans l'élaboration d'une politique visant à créer un contexte favorable à l'innovation sociale.

Enjeu 2 : Améliorer la gouvernance de l'innovation. Le système d'innovation de la Colombie est coordonné par le Département national de la planification (DNP) et Colciencias, un organisme qui joue le rôle à la fois de ministère de la science, de conseil de la recherche et d'agence pour l'innovation. C'est à ces deux organismes que la Colombie doit sa Stratégie nationale d'innovation pour 2010-14. En 2012, en réponse à l'importance croissante de l'innovation dans la stratégie nationale de développement, le gouvernement a créé iNNpulsa Colombia sous l'égide de la Banque nationale de développement (Bancóldex), afin de promouvoir les entreprises innovantes à forte croissance et de soutenir leur compétitivité grâce à un système d'aide plus intégré et à des échanges avec les autres acteurs des « écosystèmes » d'innovation et d'entrepreneuriat. Colciencias a adopté un nouveau modèle économique, faisant appel aux outils Internet, pour renforcer la transparence et l'efficacité de la gestion des appels à subventions.

Enjeu 3 : Renforcer les capacités et infrastructures de la R-D publique. En Colombie, la DIRD financée sur fonds publics ne représente que 0.08 % du PIB (2011), soit bien moins que la médiane OCDE (partie 1[a]) et que le ratio d'autres pays d'Amérique comme l'Argentine (0.57 %) ou le Chili (0.14 %). Le plan stratégique STI pour 2010-14 retient l'objectif de porter la DIRD à 0.5 % du PIB. Le gouvernement a affecté 10 % des redevances d'exploitation des ressources non renouvelables à un fonds STI. De 2012 à 2020, ce fonds devrait consacrer 636 millions USD (800 milliards COP) par an à des projets scientifiques et techniques (y compris de R-D). Concernant l'enseignement, le ministère de l'Éducation nationale vise à promouvoir des programmes d'échanges internationaux et d'accréditations aux établissements colombiens d'enseignement supérieur. En plaçant ces derniers dans un contexte international, le ministère cherche à améliorer la qualité de l'enseignement supérieur, à développer le transfert international de connaissances et à accroître la mobilité des chercheurs.

Colciencias renforce la capacité et l'infrastructure publique de R-D par des actions stratégiques. Ainsi, cet organisme a notamment accordé 14.5 millions USD (16 500 millions COP) d'aide à 90 projets de normalisation et d'accréditation des laboratoires d'essais et d'étalonnage entre 2010 et 2012, et 51.8 millions USD (59 030 millions COP) entre 2010 et 2013 à 74 projets visant à renforcer les centres de recherche.

Chiffres clés, 2013

Productivité économique et environnementale	COL	OCDE	Dépenses intérieures brutes de R-D	COL	OCDE
Productivité du travail			**DIRD**		
PIB par heure ouvrée en USD PPA, 2013	n.a.	47.7	En million USD en PPA, 2012	857	1 107 398
(taux de croissance annuel, 2008-13)	n.a.	(+0.8)	En % du total OCDE, 2012	0.1	100
Productivité environnementale			**Intensité et croissance de la DIRD**		
PIB par émission unitaire de CO_2 en USD, 2011	6.3	3.0	En % du PIB, 2012	0.18	2.40
(taux de croissance annuel, 2007-11)	(+1.2)	(+1.8)	(taux de croissance annuel, 2007-12)	(+5.5)	(+2.0)
Demande verte			**DIRD à financement public**		
RNN par émission unitaire de CO_2 en USD, 2011	7.8	3.0	En % du PIB, 2011	0.10	0.77
(taux de croissance annuel, 2007-11)	(+1.0)	(+1.6)	(taux de croissance annuel, 2007-11)	(+3.4)	(+2.8)

Graphique 9.11. **La science et l'innovation en Colombie**

Partie 1. Performance comparée des systèmes nationaux de science et d'innovation, 2014

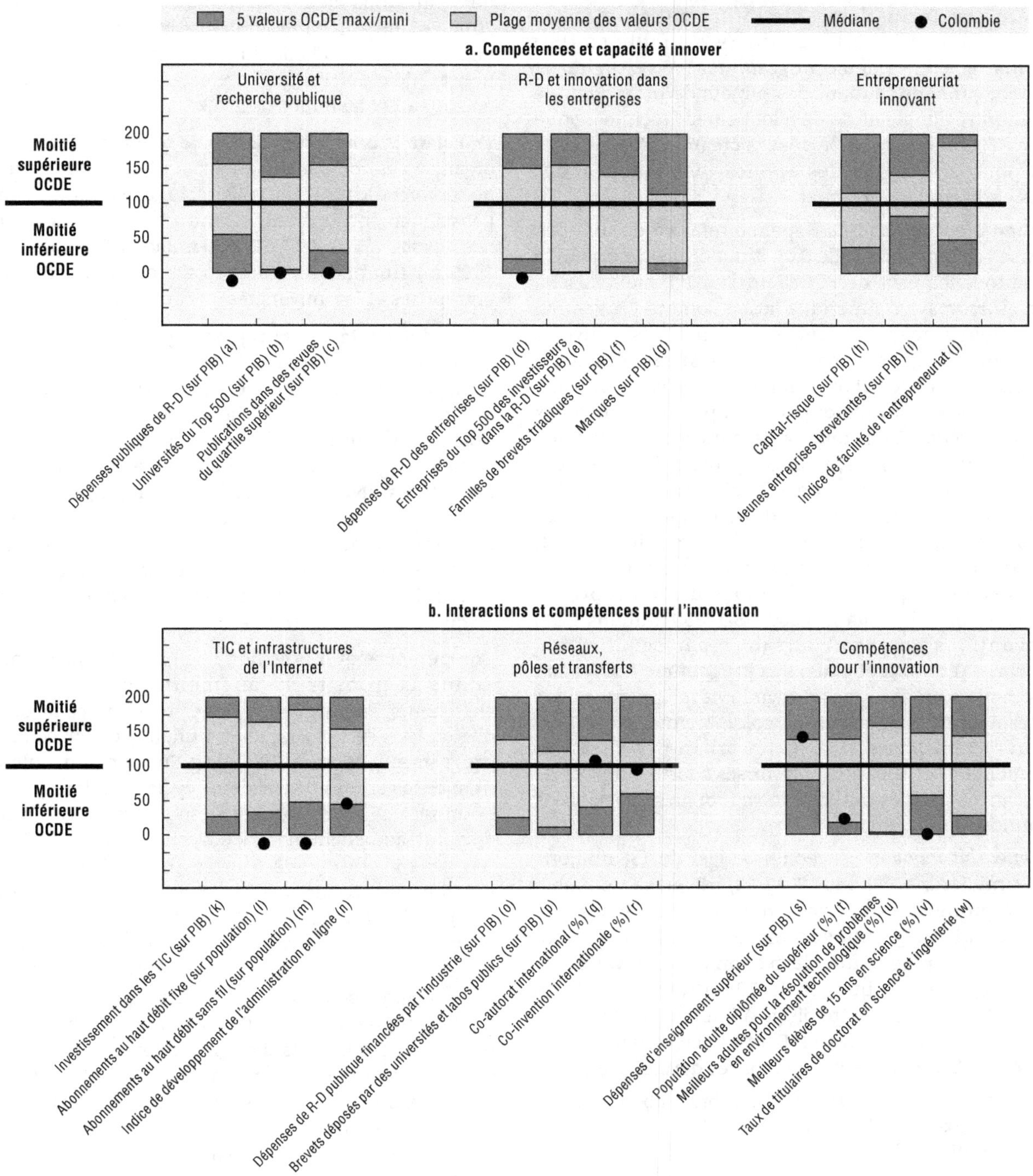

Note : Indice de performance normalisé par rapport aux valeurs médianes observées dans la zone de l'OCDE (médiane de l'indice = 100).

StatLink http://dx.doi.org/10.1787/888933306884

Le système STI de la Colombie en bref

Nouvelles sources de croissance : Entre 2010 et 2013, le ministère des Technologies de l'information et de la communication (MinTIC) a consacré 281 millions USD (320 milliards COP) à deux programmes : Vive Digital et APPS.co. Le premier soutient des projets de promotion de l'innovation régionale et de développement technologique grâce aux TIC, et le second favorise la création d'entreprises de TIC pour développer des applications mobiles, des logiciels et du contenu internet.

Innovation d'entreprise : La dépense relative de R-D des entreprises colombiennes, de 0.05 % du PIB, est inférieure à celles de tous les pays de l'OCDE (partie 1[d]), mais aussi à celles d'autres pays d'Amérique latine comme l'Argentine (0.16 %). Pour remédier à cette situation, les pouvoirs publics privilégient trois mécanismes d'aide à l'investissement en R-D. Premièrement, sous la supervision de Colciencias et d'autres organismes publics, Bancóldex accorde des crédits à des taux préférentiels, inférieurs aux taux d'intérêt du marché, pour les projets d'innovation. Deuxièmement, un régime d'incitations offre des exonérations d'impôt représentant jusqu'à 175 % des investissements en R-D de l'exercice. Troisièmement, divers organes gouvernementaux subventionnent les activités scientifiques et techniques des entreprises. iNNpulsa accorde jusqu'à 278 000 USD (350 millions COP) de subventions non remboursables par bénéficiaire. Colciencias a récemment élargi son programme Innovation Management pour aider davantage le développement des capacités d'innovation des firmes colombiennes. En 2013, il a alloué 19 millions USD (21.4 milliards COP) au financement de services aux entreprises à forte intensité de connaissances par des entités internationales spécialisées dans l'innovation.

Entrepreneuriat innovant : Avec un budget de 138 millions USD (174 milliards COP) pour 2012-13, iNNpulsa Colombia cherche à promouvoir la croissance des entreprises et à créer une culture d'innovation au sein de la société colombienne. Le programme de gestion de l'innovation de Colciencias, avec un budget de 20 millions USD (22.4 milliards COP) en 2013, a été dirigé à hauteur de 70 % vers les micro-entreprises et les PME, et l'environnement des affaires de la Colombie s'est amélioré ces dernières années.

Infrastructure TIC et Internet : Si le nombre d'abonnements au haut débit fixe et mobile reste bien inférieur aux niveaux de l'OCDE (partie 1[l, m]), d'importants progrès ont été réalisés dans ce domaine depuis quelques années. Le MinTIC est en passe d'atteindre son objectif de quadruplement du nombre de connexions dans l'ensemble des régions entre 2010 et 2014. En outre, une infrastructure haut débit est en cours de déploiement à l'échelle du pays. Grâce à cette initiative, le nombre de municipalités connectées est passé d'environ 200 en 2010 à 777 au milieu de 2013.

Transfert et commercialisation de technologies : Colciencias organise des congrès régionaux sur l'innovation dans le but de renforcer les transferts de technologies et les liens entre l'enseignement supérieur et l'industrie. Colciencias consacre aussi jusqu'à 510 000 USD (550 millions COP) par an depuis 2009 au financement de projets collaboratifs entre les entreprises et les universités ou centres de recherche.

Pôles d'activité et politiques régionales : Depuis 2005, Colciencias a organisé 25 congrès régionaux sur l'innovation dans neuf régions. Par ailleurs, l'initiative Regional Innovation Alliances (aussi coordonnée par Colciencias) vise à faciliter les partenariats public-privé dans les régions. En collaboration avec le DNP et plusieurs ministères, iNNpulsa a élaboré Competitive Routes, un programme régional de conception de guides pour l'aide à la croissance de la productivité et à la formation de pôles d'activité dans des secteurs clés (p. ex. céramique, tourisme, café, cuir et agroalimentaire). Ce programme couvre 18 des 32 divisions administratives du pays.

Compétences et innovation : Le gouvernement colombien donne la priorité à l'augmentation de l'effectif de chercheurs. En particulier, deux programmes favorisent les doctorats et l'emploi de leurs titulaires dans l'économie. Le programme Doctoral Training Support, de Colciencias, finance les études de troisième cycle tant dans le pays qu'à l'étranger. Il vise à doubler le nombre de titulaires d'un doctorat, actuellement de 7 000, en accordant 1 000 bourses par an au cours des quatre prochaines années. Ce programme attribuera ainsi 678 millions USD (752 milliards COP) sur la période 2011-14 en ciblant les chercheurs dans le secteur des entreprises, les universitaires et les personnes qui travaillent dans des domaines technologiques stratégiques. Colciencias lancera aussi en 2014 le programme Brain Repatriation, destiné à inciter 500 titulaires de doctorats d'origine colombienne à revenir au cours des quatre prochaines années. Dans le cadre de cette initiative, des subventions sont accordées aux entreprises et aux universités pour leur permettre de proposer des salaires compétitifs sur le plan international.

CORÉE DU SUD

Grâce à un développement rapide des secteurs des TIC et de l'électronique, la Corée est depuis dix ans un des pays de l'OCDE ayant la croissance la plus rapide. Elle a résisté à la crise mondiale mieux que la plupart des pays membres et non membres de l'OCDE et elle est le pays du monde le plus intensif en R-D, avec une DIRD de 4.36 % du PIB en 2012. La Corée est cependant confrontée à des défis : ralentissement de la croissance, aggravation des inégalités et du chômage, vieillissement rapide de la population et problèmes écologiques émergents. Le 3e Plan fondamental pour la science et la technologie (2013-17) définit la nouvelle voie gouvernementale vers la prospérité économique et le bien-être public avec la stratégie High Five, destinée à relever les défis à long terme.

Enjeu 1 : Innover pour contribuer à l'ajustement structurel ; nouvelle approche de la croissance. Suite à la convergence économique progressive avec les pays avancés de l'OCDE, la croissance de la productivité se ralentit et le potentiel de croissance diminue. La stratégie *High Five* vise à identifier et soutenir les nouveaux secteurs, et l'initiative Économie créative (2013) fixe le calendrier d'action pour renforcer les capacités créatives du pays à moyen et long terme.

Enjeu 2 : Innover pour contribuer à une croissance durable et verte. La Corée joue un rôle de premier plan dans les initiatives en faveur de la croissance verte et ambitionne de devenir un pôle mondial dans ce domaine. Le Fonds vert pour le climat (FVC), créé en 2013, encourage la R-D, le développement des technologies vertes et l' « éducation écologique ». L'initiative Économie créative met en évidence le rôle de l'innovation dans la résolution de problèmes sociaux comme la protection de la vie privée sur l'Internet. Divers programmes de R-D ont aussi été lancés pour relever les défis sociaux, comme rendre les villes durables.

Enjeu 3 : Renforcer la capacité et l'infrastructure de la R-D publique. Bien que sa dépense publique de R-D soit élevée, la Corée compte encore peu d'universités de stature internationale et de publications à fort impact par rapport aux autres pays de l'OCDE (partie 1[a, b, c]). Une raison à cela est que le système de recherche publique est traditionnellement axé sur la recherche appliquée orientée vers le développement (partie 4), laquelle se fait en grande partie dans les EPR qui fournissent de la technologie pour la R-D industrielle. Le 3e Plan fondamental pour la science et la technologie a alloué 109 milliards USD (92 400 milliards KRW) sur les cinq ans à venir à l'expansion des capacités de R-D publique, y compris les installations nationales dans les domaines stratégiques. En même temps, le gouvernement cherche à rendre plus rentable son investissement en R-D et gère un plan d'action global pour réformer le système d'évaluation de la performance des programmes nationaux de R-D.

Enjeu 4 : Innovation d'entreprise, entrepreneuriat et PME. Les grands conglomérats industriels sont les principaux acteurs de la R-D industrielle, les PME et les entreprises jeunes jouant un rôle beaucoup moins important (partie 2). L'initiative Économie créative est axée sur le renforcement des capacités d'innovation des PME, et le gouvernement prévoit de porter la part de ses investissements en R-D destinés à ces dernières, de 12.4 % en 2011, à 18.0 % en 2017. Le 3e Plan fondamental pour la science et la technologie vise à créer un environnement propice aux startups de haute technologie en renforçant l'aide technologique aux PME par le biais de programmes de vulgarisation et de chèques-innovation, et l'aide à l'entrepreneuriat par l'apport de capital-risque.

Enjeu 5 : Cibler les domaines et secteurs prioritaires. La Corée présente un ATR net dans les TIC (partie 3), près de la moitié de la R-D des entreprises étant réalisée par les secteurs de l'informatique, de l'électronique et de l'optique. Comme les plans précédents, le 3e Plan fondamental pour la science et la technologie doit permettre de diversifier l'économie en orientant l'action publique vers un plus large éventail de secteurs et de technologies, notamment l'alimentation, l'agriculture et les services médicaux.

Le système STI de la Corée du Sud en bref

Gouvernance des politiques STI : En 2013, le nouveau gouvernement a procédé à un remaniement ministériel et modifié en profondeur la coordination des politiques STI. Le ministère de la Science, des TIC et de la Planification (MSIP) a été créé pour soutenir la mise en œuvre de l'initiative Économie créative, et le ministère du Commerce, de l'Industrie et de l'Énergie (MOTIE) regroupe ses fonctions

Chiffres clés, 2013

Productivité économique et environnementale	KOR	OCDE	Dépenses intérieures brutes de R-D	KOR	OCDE
Productivité du travail			**DIRD**		
PIB par heure ouvrée en USD PPA, 2013	28.8	47.7	En million USD en PPA, 2012	65 395	1 107 398
(taux de croissance annuel, 2008-13)	(+2.6)	(+0.8)	En % du total OCDE, 2012	5.9	100
Productivité environnementale			**Intensité et croissance de la DIRD**		
PIB par émission unitaire de CO_2 en USD, 2011	2.3	3.0	En % du PIB, 2012	4.36	2.40
(taux de croissance annuel, 2007-11)	(-0.9)	(+1.8)	(taux de croissance annuel, 2007-12)	(+9.4)	(+2.0)
Demande verte			**DIRD à financement public**		
RNN par émission unitaire de CO_2 en USD, 2011	2.1	3.0	En % du PIB, 2011	1.03	0.77
(taux de croissance annuel, 2007-11)	(-0.7)	(+1.6)	(taux de croissance annuel, 2007-11)	(+9.1)	(+2.8)

Graphique 9.12. **La science et l'innovation en Corée**

Partie 1. Performance comparée des systèmes nationaux de science et d'innovation, 2014

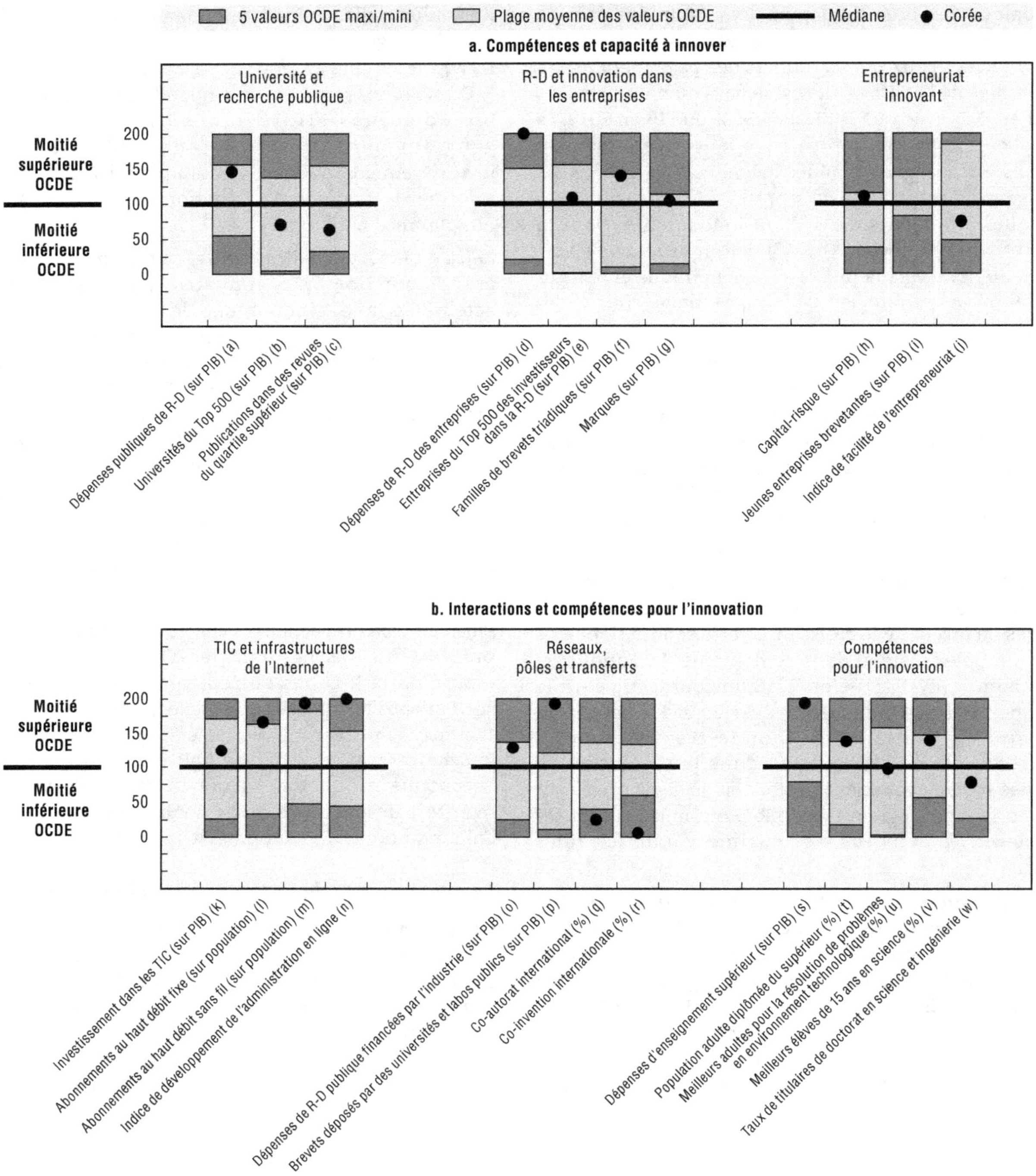

Note : Indice de performance normalisé par rapport aux valeurs médianes observées dans la zone de l'OCDE (médiane de l'indice = 100).

commerciales avec celles relatives à la R-D, à l'industrie et à l'énergie. En outre, le nouveau Conseil national scientifique et technologique, rattaché au bureau du Premier ministre, est le plus haut organe de décision concernant les questions interinstitutionnelles de politique STI.

Transfert et commercialisation de technologies : La recherche publique se fait principalement dans les EPR, lesquels entretiennent des liens solides avec l'industrie (partie 1[o]). Les universités et les EPR sont aussi très actifs en matière de dépôt de brevets pour les résultats de leurs recherches (partie 1[p]). La Corée vise à créer un nouvel écosystème pour la coopération entre EPR, universités et industrie, afin de promouvoir une utilisation accrue des résultats de la R-D publique à des fins industrielles et sociales. Un guichet unique est notamment prévu pour faciliter l'accès des PME aux installations et à l'expertise des EPR. Le MSIP conduit également des programmes qui encouragent les échanges d'enseignants et d'étudiants entre les universités et les EPR, et prévoit de créer 18 nouveaux centres de R-D conjointe industrie-université-EPR pour 2017. Par ailleurs, le 3e plan fondamental encourage l'utilisation partagée des infrastructures pour élargir l'accès aux connaissances scientifiques et techniques. Les EPR devront consacrer en 2017 15 % de leur budget total à l'aide aux PME (contre 7 % en 2012) et 3 % au transfert de technologies aux PME et au soutien des ressources humaines (contre 1.76 % en 2012).

Pôles d'activité et spécialisation intelligente : La zone métropolitaine de Séoul concentre une grande partie des activités scientifiques, technologiques et d'innovation, d'où une croissance régionale déséquilibrée. C'est pourquoi les pouvoirs publics ont créé des zones spéciales de R-D comme Daedeuk, Gwangju, Daegu et Busan, avec chacune sa propre spécialité, afin de promouvoir des bases industrielles et la création d'emplois à l'échelle régionale. Le fonds d'investissement en capital-risque pour ces zones spéciales a été créé en 2012 avec 148 millions USD (125 milliards KRW) pour encourager l'investissement privé régional.

Mondialisation : Les niveaux de collaboration internationale aux publications et de cobrevetage sont bien inférieurs à la médiane OCDE (partie 1[q, r]). L'accent mis traditionnellement sur la recherche appliquée et le fait que le développement technologique soit concentré dans les EPR expliquent en partie la faiblesse de la collaboration internationale pour les publications. Le faible nombre de demandes de brevet impliquant des collaborateurs étrangers tient en partie à la structure industrielle du pays, composée de conglomérats, qui a tendance à freiner le développement des technologies au sein du groupe. On a pu relever dans le passé quelques exemples de coopération transfrontalière, mais sans stratégie globale de coopération STI internationale. Aussi le MSIP a-t-il élaboré un Plan global pour une coopération STI mondiale, comprenant la formation d'un réseau mondial d'avant-postes STI, l'expansion de l'aide officielle au développement des sciences et technologies, le renforcement de la diplomatie scientifique, la promotion d'une R-D internationale conjointe et le partage de vastes installations de R-D. Le MSIP met aussi en place des mesures pour encourager la mobilité internationale de la main d'œuvre hautement qualifiée.

Compétences et innovation : La Corée du Sud a beaucoup investi dans l'enseignement supérieur et se classe troisième dans le monde en termes de part du PIB consacrée à ce domaine (partie 1[s]). Cependant, les résultats du système éducatif coréen sont mitigés. Par exemple, même si la proportion d'adultes diplômés est forte, le niveau d'aptitude des adultes à résoudre des problèmes techniques n'est que moyen (partie 1[t, u]), et si le niveau scientifique des élèves de 15 ans est bon, la proportion de doctorats en sciences et ingénierie reste modeste (partie 1[v, w]). Le MSIP a élaboré un plan global (2013-17) pour identifier les étudiants présentant un fort potentiel dans les disciplines scientifiques et pour les rendre plus créatifs. Le Plan quinquennal pour les startups universitaires (2013-17) vise à mieux préparer à l'entrepreneuriat dans les lycées et les universités. La structure démographique du pays indique que la population étudiante diminuera à partir de 2018. Le programme national de bourses, le prêt réservé aux étudiants à faible revenu, à taux zéro, et le 3e Plan fondamental pour la promotion des femmes dans les sciences et l'ingénierie (2014-18) visent tous à accroître l'accès à l'enseignement supérieur. Le MSIP, avec d'autres ministères, met en œuvre plusieurs initiatives pour attirer les jeunes scientifiques et ingénieurs vers les PME, par exemple en créant un réseau d'information à guichet unique pour les marchés de l'emploi et en encourageant le pré-emploi des étudiants.

Partie 2. Composition structurelle de la DIRDE, 2011

En pourcentage dans la DIRDE totale ou de sous-parties de la DIRDE (%)

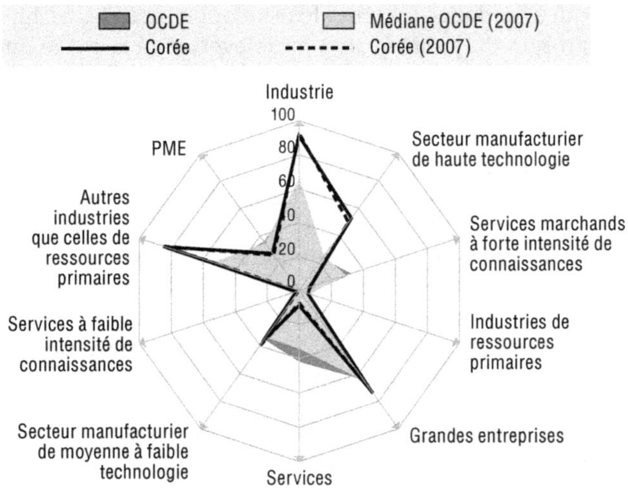

Partie 3. Avantage technologique révélé dans certains domaines, 2009-11

Indice basé sur les demandes de brevets PCT

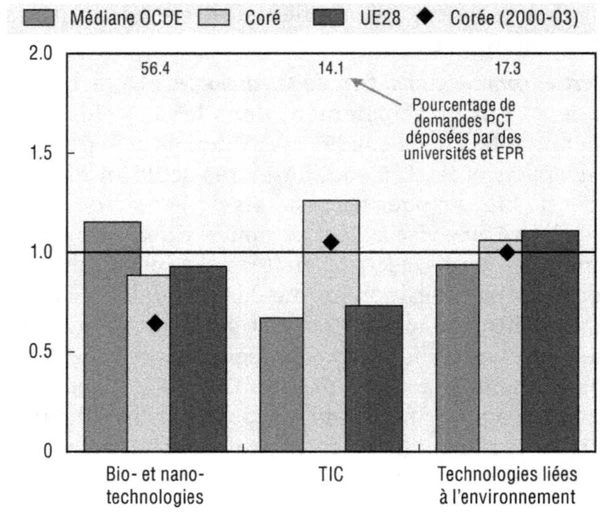

Partie 4. Allocation du soutien public à la R-D et l'innovation, par secteur, type et mode de financement, 2012

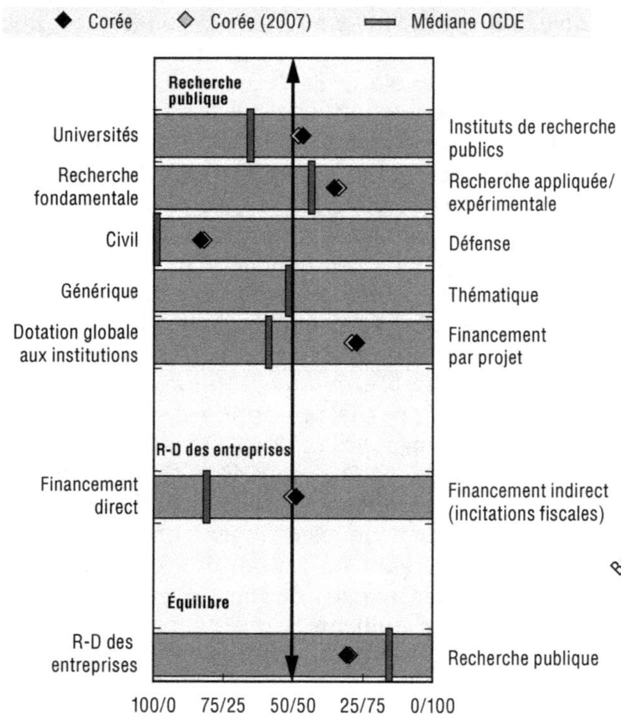

Partie 5. Principaux instrument de financement public de la R-D des entreprises, 2014

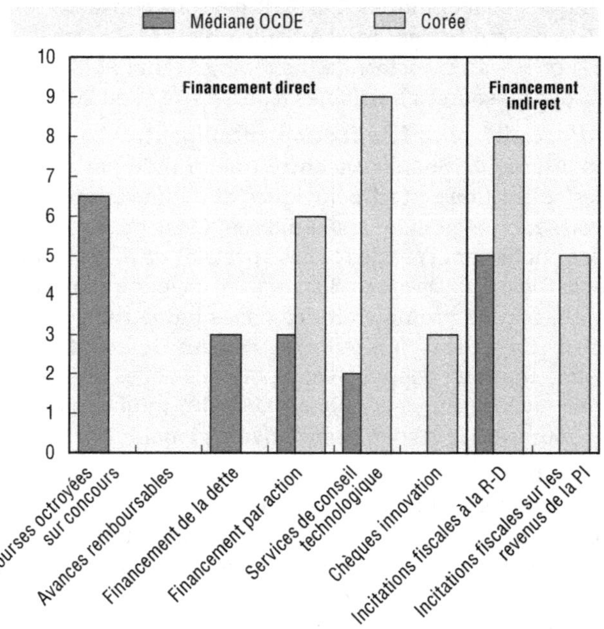

1. *Note :* Les informations sur les politiques sont tirées des réponses des pays au questionnaire préparatoire des éditions 2012 et 2014 des *Perspectives de la science, de la technologie et de l'industrie* de l'OCDE. Les réponses de la Corée du Sud sont disponibles dans la base de données des *Perspectives*, édition 2014, accessible à l'adresse suivante : *http://qdd.oecd.org/Table.aspx?Query=48A2673C-A4DF-4CB8-BDD2-469148C09DFB.*

Source : Voir le guide du lecteur et l'annexe méthodologique.

StatLink http://dx.doi.org/10.1787/888933307059

COSTA RICA

Le Costa Rica est connu pour avoir une croissance vigoureuse tirée par les exportations. En 2011, il était la deuxième plus grande économie d'Amérique centrale, avec un PIB par habitant de 12 157 USD. L'objectif du Plan stratégique STI (PNCTI) 2011-14 est de poursuivre cette croissance.

Enjeu 1 : Accroître les ressources humaines et les compétences globales. Le Costa Rica possède peu de grandes universités (partie 1[b]). La part des diplômés du supérieur dans la population adulte, de 20.9 %, se situe au bas de la tranche intermédiaire des pays de l'OCDE (partie 1[t]), et la performance des élèves de 15 ans dans les matières scientifiques est faible. Les pouvoirs publics cherchent donc à améliorer les ressources humaines du pays en investissant dans l'éducation, en stimulant la scolarisation au niveau secondaire, en promouvant l'entrepreneuriat, en développant les compétences dont les entreprises ont besoin, en intégrant les TIC au système éducatif et en adaptant les programmes d'enseignement aux besoins du secteur privé. Cette politique repose en partie sur un prêt de la Banque mondiale pour l'amélioration de l'enseignement supérieur (voir plus loin). Suivant les recommandations d'une étude des priorités stratégiques du pays en matière de STI réalisée en 2010 par la Banque interaméricaine de développement (BID), le gouvernement a décidé de consacrer 50 % de ses crédits STI au développement du capital humain.

Enjeu 2 : Améliorer les conditions-cadres de l'innovation, notamment la compétitivité. Afin d'améliorer les conditions de l'innovation, le Costa Rica cherche à attirer l'IDE dans certains secteurs de haute technologie. Le régime de zone franche offre des exonérations fiscales et d'autres incitatifs aux entreprises étrangères qui satisfont aux critères d'admissibilité, notamment des objectifs d'investissement ciblés dans des secteurs prioritaires définis. La Commission pour les liens des exportations favorise les liens de la chaîne d'approvisionnement entre les PME du pays et les entreprises multinationales à travers un programme de mise en relation. Elle intervient aussi pour identifier et renforcer les capacités d'une sélection d'entreprises locales afin de les aider à devenir des fournisseurs des entreprises multinationales.

Enjeu 3 : Renforcer les capacités et infrastructures de la R-D publique. En juillet 2013, le gouvernement a approuvé un projet de 286 millions USD (14.4 milliards CRC), financé par un prêt de la Banque mondiale, pour l'amélioration de l'enseignement supérieur. Ce projet doit servir à développer la recherche dans les universités publiques, en particulier dans les secteurs et les domaines technologiques prioritaires. Le gouvernement a consacré 30 % de ses crédits STI à des projets de recherche basés sur les priorités identifiées dans l'étude de la BID mentionnée précédemment.

Enjeu 4 : Améliorer la gouvernance du système et de la politique d'innovation. En 2010, le gouvernement a créé le Conseil présidentiel pour la compétitivité et l'innovation (CPCI), dont l'objectif est de coordonner les politiques publiques entre les institutions associées au système d'innovation du pays. Ce conseil a rapproché les différents acteurs des secteurs prioritaires afin de contribuer à définir les principales stratégies du PNCTI (2011-14). Par la suite, il a mis en place un groupe de travail interinstitutionnel sur le capital humain pour la compétitivité. Dans la définition du PNCTI pour 2011-14, le ministère de la Science, de la Technologie et des Télécommunications a centré son action sur les axes prioritaires suivants : capital humain, innovation, productivité, et stratégie pour le numérique. En 2011, une série d'indicateurs mis à jour annuellement a été créée afin d'évaluer la réalisation des objectifs du Plan national de développement (PND) et du PNCTI.

Chiffres clés, 2013

Productivité économique et environnementale	CRI	OCDE	Dépenses intérieures brutes de R-D	CRI	OECD
Productivité du travail			**DIRD**		
PIB par heure ouvrée en USD PPA, 2013	n.a.	47.7	En million USD en PPA, 2012	275	1 107 398
(taux de croissance annuel, 2008-13)	n.a.	(+0.8)	En % du total OCDE, 2012	0.0	100
Productivité environnementale			**Intensité et croissance de la DIRD**		
PIB par émission unitaire de CO_2 en USD, 2011	7.7	3.0	En % du PIB, 2012	0.48	2.40
(taux de croissance annuel, 2007-11)	(+1.5)	(+1.8)	(taux de croissance annuel, 2007-12)	(+9.9)	(+2.0)
Demande verte			**DIRD à financement public**		
RNN par émission unitaire de CO_2 en USD, 2011	n.a.	3.0	En % du PIB, 2011	n.a.	0.77
(taux de croissance annuel, 2007-11)	n.a.	(+1.6)	(taux de croissance annuel, 2007-11)	(+19.4)	(+2.8)

Graphique 9.13. **La science et l'innovation au Costa Rica**

Partie 1. Performance comparée des systèmes nationaux de science et d'innovation, 2014

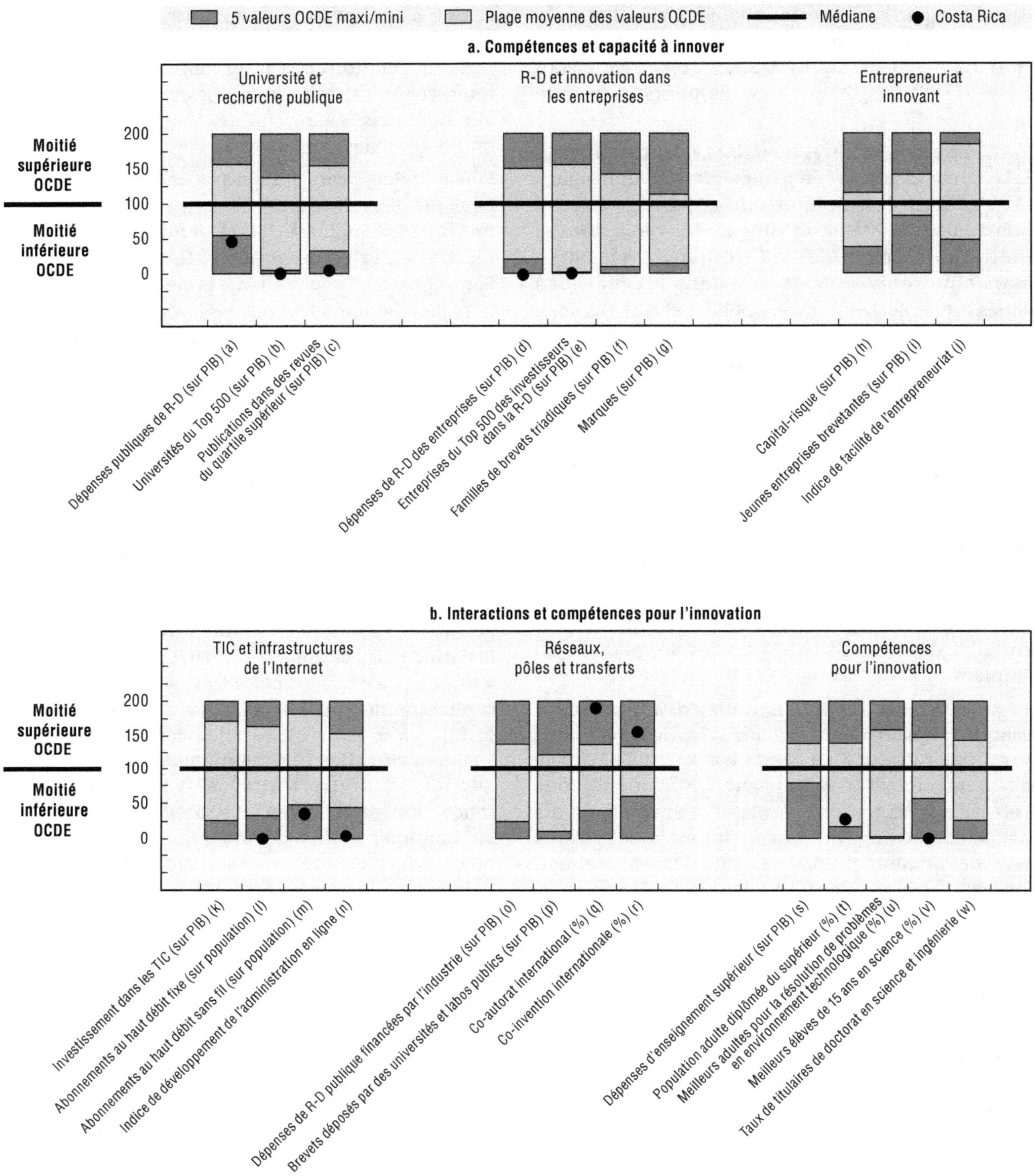

Note : Indice de performance normalisé par rapport aux valeurs médianes observées dans la zone de l'OCDE (médiane de l'indice = 100).

Le système STI du Costa Rica en bref

Nouvelles sources de croissance : Le PND privilégie sept domaines technologiques : énergies renouvelables, nanotechnologie, biotechnologie, santé, biodiversité, TIC, et sciences de la Terre et de l'espace. Des allégements fiscaux sont aussi prévus pour les projets d'IDE à haute valeur ajoutée dans l'électronique, la fabrication, les équipements et les composants électriques, le matériel et les fournitures médicaux, les équipements automobiles, les pièces et composants de machines de haute précision, l'industrie pharmaceutique et les biotechnologies, et les énergies renouvelables.

Entrepreneuriat innovant : Depuis les années 2000, le Costa Rica a réalisé un certain nombre de réformes de son système de propriété intellectuelle. La Commission interinstitutionnelle pour la protection et la promotion de la propriété intellectuelle (CIPPI) coordonne la mise en place et l'application de la législation relative à la propriété intellectuelle. Elle a élaboré en 2011, avec l'aide de l'Organisation mondiale de la propriété intellectuelle, une stratégie nationale. Sur cette base, le Costa Rica est en train de modifier sa loi sur les brevets et a renforcé la répression des violations de la propriété intellectuelle. En 2012, le Programme gouvernemental de financement des PME (PROPYME) a commencé à aider les PME à acquérir des DPI et à les protéger. Outre les programmes de financement (voir plus loin), les autres programmes d'aide sont EXPOPYME, un forum de PME, CREAPYME, un service de conseil en affaires, et la diffusion, sur PYME TV et sur PYME Radio, de conférences et d'exemples de réussite concernant les PME.

Innovation d'entreprise : La DIRDE du Costa Rica en pourcentage du PIB était de 0.08 % en 2011 (0.18 % en 2012 selon une source nationale), c'est-à-dire bien au-dessous de la médiane OCDE (partie 1[d]), mais elle est comparable à celle de certains pays d'Amérique latine comme la Colombie (0.05 %) ou l'Argentine (0.16 %). Le PND 2010-14 prend en compte la mauvaise performance du secteur privé en matière d'innovation et la nécessité de l'aider davantage. Au cours de la décennie écoulée, les pouvoirs publics ont réorienté les priorités, axant dorénavant leur action sur la demande plutôt que sur l'offre. Le MINCITT a créé et renforcé une série de fonds promotionnels et de programmes non financiers. Le PROPYME soutient l'innovation des PME dans des industries de haute technologie comme l'aéronautique, l'automobile et l'électronique. Un fonds de capital d'amorçage, géré par le ministère de l'Économie, de l'Industrie et du Commerce (MEIC), aide les startups à vocation technologique à mener des activités de R-D et à démarrer des activités. Les autres fonds sont notamment le Fondo de Incentivos, FINADE et FORINVES, qui soutiennent aussi l'innovation d'entreprise par un financement en capital-risque.

Infrastructure TIC et internet : En juillet 2013, le ministère de l'Éducation a annoncé un plan pour accroître l'utilisation des TIC dans les établissements scolaires publics, avec un investissement d'environ 28.4 millions USD (10 milliards CRC). L'intérêt de ce plan est évident compte tenu des faibles taux d'abonnement au haut débit fixe et mobile au Costa Rica par rapport à la médiane OCDE (partie 1[l, m]).

Mondialisation : Le système de recherche et d'innovation du Costa Rica fait partie d'un réseau international bien établi. La collaboration internationale concerne 74 % des publications scientifiques et techniques, et les inventions réalisées dans le cadre d'une collaboration internationale représentent 46 % des demandes de brevets déposées en vertu du PCT, ces deux chiffres étant bien supérieurs à la médiane OCDE (partie 1[q, r]). Cependant, cela reflète également la dimension réduite du système d'innovation du pays. Il est aussi important de relier les entreprises du pays aux entreprises multinationales étrangères pour renforcer l'industrie locale.

Évolution récente des dépenses STI : Si la DIRD du Costa Rica ne représentait que 0.48 % du PIB en 2011 (0.57 % en 2012 selon une source nationale), soit bien moins que la médiane OCDE, elle a connu une croissance rapide de 9.9 % par an sur la période 2007-11. La DIRD financée sur fonds publics est passée de 118.9 millions USD (30.7 milliards CRC) en 2008 à 225.5 millions USD (79.4 milliards CRC) en 2012. La dépense publique de R-D, qui est de 0.40 % du PIB, est faible comparée à la médiane OCDE (partie 1[a]), mais elle est comparable à celle de certains pays d'Amérique latine comme l'Argentine (0.57 %) ou le Mexique (0.25 %). Les pouvoirs publics comptent accroître ce ratio au milieu des années 2010.

Partie 2. Principaux instrument de financement public de la R-D des entreprises, 2014

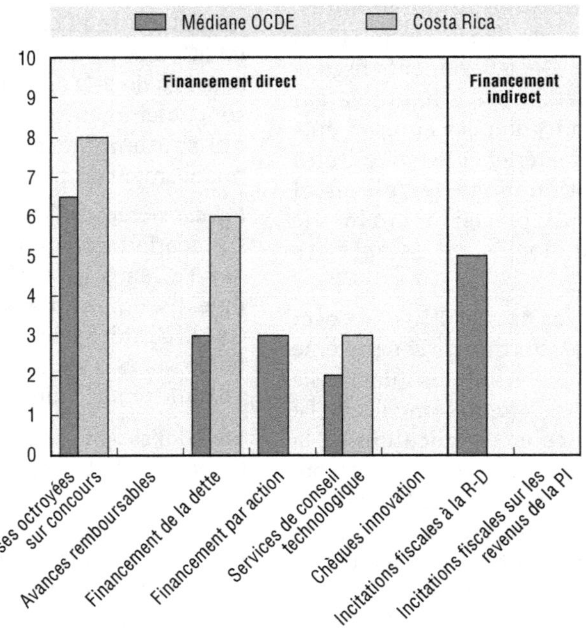

Note : Les informations sur les politiques sont tirées des réponses des pays au questionnaire préparatoire des éditions 2012 et 2014 des *Perspectives de la science, de la technologie et de l'industrie* de l'OCDE. Les réponses du Costa Rica sont disponibles dans la base de données des *Perspectives*, édition 2014, accessible à l'adresse suivante : *http://qdd.oecd.org/Table.aspx?Query=B021AE35-2564-410E-B9D2-24F0ED1BED72.*
Source : Voir le guide du lecteur et l'annexe méthodologique.

StatLink http://dx.doi.org/10.1787/888933306894

DANEMARK

Le Danemark est un pays hautement développé d'Europe dans lequel les entreprises innovent beaucoup, et c'est un chef de file mondial des technologies des énergies renouvelables. La stratégie d'innovation Denmark A Nation of Solutions (2012-20), lancée en décembre 2012, représente un tournant vers une approche axée sur la demande, qui s'articule sur des flux de connaissances renforcés et des capacités d'innovation accrues dans le secteur de l'éducation.

Enjeu 1 : Améliorer les conditions-cadres de l'innovation, notamment la compétitivité. Exception faite de la disponibilité du capital-risque, qui correspond à la médiane OCDE, le Danemark se classe parmi les premiers pays de l'OCDE selon l'indice de facilité de création d'entreprise (partie 1[j]), et l'environnement des affaires s'y est amélioré de façon régulière depuis une dizaine d'années. Depuis novembre 2013, le Fonds danois pour la croissance (Vaekstfonden) peut accorder aux entrepreneurs danois des prêts subordonnés. Les autres initiatives pour faciliter l'entrepreneuriat sont notamment la Green Entrepreneurship House et l'Entrepreneurial Company Registration (IVS). La réforme fiscale de 2012 a supprimé l'impôt sur les plus-values des valeurs mobilières non cotées. Dans le cadre du plan de croissance adopté en avril 2013, le gouvernement a intensifié ses efforts pour diffuser de l'information relative aux DPI auprès des entreprises, en particulier dans les industries créatives, ainsi que des étudiants. Depuis juillet 2013, des initiatives ont été lancées pour que la police et les procureurs puissent mieux faire appliquer la réglementation sur les DPI. Des contrats de commercialisation normalisés facilitent la collaboration des petites et grandes entreprises des industries créatives dans la commercialisation des modèles et des idées.

Enjeu 2 : Innover pour contribuer à l'ajustement structurel et aux nouvelles approches de la croissance. Le Danemark se classe dans le peloton de tête des pays de l'OCDE en termes d'ATR dans les biotechnologies, les nanotechnologies et les technologies environnementales (partie 3). Le gouvernement danois a mandaté huit équipes formées de représentants de secteurs d'activité dans lesquels les entreprises danoises sont ou peuvent être compétitives mondialement. Suivant leurs recommandations, le gouvernement a publié des plans de croissance spécifiques à sept domaines : plan Blue Danemark (domaine maritime) ; industries créatives et conception ; eau, biologie et environnement ; santé et soins ; énergie et climat ; secteur alimentaire ; tourisme et économie de l'expérience. Un plan de croissance pour les TIC et le numérique reste à publier. Ces plans éliminent certains obstacles à l'investissement et portent sur des domaines dans lesquels de nouveaux marchés peuvent être développés. Ainsi, une réglementation gouvernementale imposant des progrès efficaces dans le secteur du traitement des eaux usées pourrait permettre la mise au point de technologies plus rentables, et les grandes entreprises qui paient actuellement un prix élevé pourraient réaliser des économies de coût. Concernant les activités de développement d'entreprises, la création d'un moyen simple, transparent et efficient d'accéder aux données médicales pourrait attirer la recherche médicale au Danemark.

Enjeu 3 : Améliorer les ressources humaines et les compétences, et renforcer les capacités. Globalement, les compétences STI se situent au milieu de l'échelle de l'OCDE (partie 1[t, u, v, w]), bien que les dépenses pour l'enseignement supérieur et la proportion de titulaires d'un doctorat en sciences et en ingénierie se situent à l'extrémité supérieure de la tranche intermédiaire des pays de l'OCDE (partie 1[s, w]). La stratégie nationale d'innovation comporte un ensemble d'initiatives pour renforcer la capacité d'innovation grâce à l'enseignement. Les pouvoirs publics prévoient qu'au moins 25 % de la cohorte de jeunes obtiendront un diplôme de master en 2020 et que le nombre de doctorants restera au niveau de 2010, soit 2 400 par an. Le gouvernement a créé (fin 2013) un comité qualité (*kvalitetsudvalget*) pour étudier le moyen d'améliorer la qualité et la pertinence des études supérieures.

Le système STI du Danemark en bref

Gouvernance des politiques STI : Une des initiatives de la stratégie d'innovation du Danemark consiste à créer un conseil de la recherche et de l'innovation cohérent et transversal. La Fondation nationale pour les technologies de pointe, le Conseil danois pour la technologie et l'innovation et le Conseil danois pour la recherche stratégique ont fusionné pour former une nouvelle fondation (InnovationsFonden – Denmark). En 2013, le ministère de l'Enseignement supérieur et de la Science

Chiffres clés, 2013

Productivité économique et environnementale	DNK	OECD	Dépenses intérieures brutes de R-D	DNK	OECD
Productivité du travail			**DIRD**		
PIB par heure ouvrée en USD PPA, 2013	61.6	47.7	En million USD en PPA, 2012	7 138	1 107 398
(taux de croissance annuel, 2008-13)	(+0.7)	(+0.8)	En % du total OCDE, 2012	0.6	100
Productivité environnementale			**Intensité et croissance de la DIRD**		
PIB par émission unitaire de CO_2 en USD, 2011	4.3	3.0	En % du PIB, 2012	2.98	2.40
(taux de croissance annuel, 2007-11)	(+5.5)	(+1.8)	(taux de croissance annuel, 2007-12)	(+2.0)	(+2.0)
Demande verte			**DIRD à financement public**		
RNN par émission unitaire de CO2 en USD, 2011	4.7	3.0	En % du PIB, 2011	n.a.	0.77
(taux de croissance annuel, 2007-11)	(+5.6)	(+1.6)	(taux de croissance annuel, 2007-11)	(+4.4)	(+2.8)

Graphique 9.14. **La science et l'innovation au Danemark**

Partie 1. Performance comparée des systèmes nationaux de science et d'innovation, 2014

a. Compétences et capacité à innover

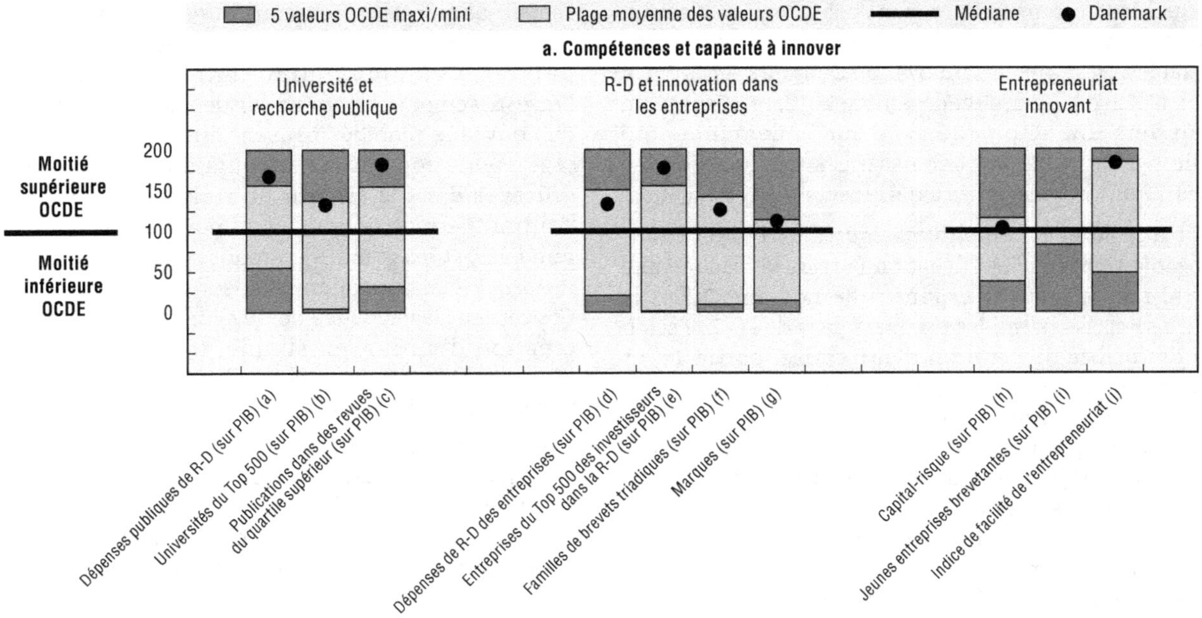

b. Interactions et compétences pour l'innovation

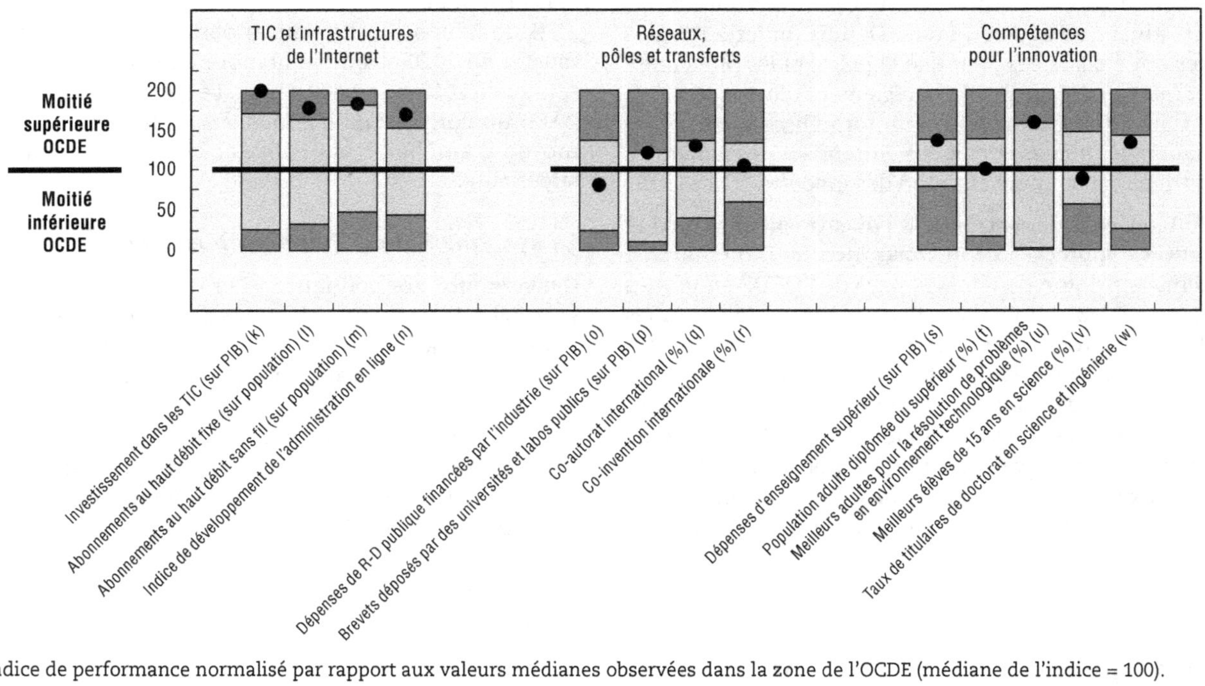

Note : Indice de performance normalisé par rapport aux valeurs médianes observées dans la zone de l'OCDE (médiane de l'indice = 100).

(MESS) a demandé à divers acteurs de préparer le « catalogue INNO+ » présentant les domaines prometteurs pour les investissements stratégiques dans l'innovation. En novembre 2013, cinq thèmes prioritaires ont été choisis, qui doivent faire l'objet de partenariats pour relever les défis sociaux. Pour 2014, les cinq thèmes sont : emplois bleus via solutions vertes ; production végétale intelligente, durable et rentable ; le Danemark comme pays de prédilection pour les essais cliniques précoces de nouveaux médicaments ; production industrielle économe en eau ; et rénovation de bâtiments de premier ordre. Le mandat du Conseil danois de la politique de recherche a été élargi au printemps 2014 pour inclure le développement et l'innovation techniques. Les évaluations d'impact quantitatif se poursuivent, et le *Central Innovation Manual on Excellent Econometric Impact Analyses of Innovation Policy* (CIM) a été révisé et s'appelle maintenant CIM 2.0.

Nouvelles sources de croissance : En vue d'encourager la contribution du secteur des entreprises à la croissance et à la création d'emplois, de nouveaux partenariats d'innovation dans la société, à compter de l'an prochain, viseront à accélérer les efforts d'innovation là où le Danemark possède une solide base de connaissances et un net avantage commercial. Un financement d'Innovations Fonden – Denmark sera consacré aux cinq priorités choisies dans le catalogue INNO+.

Nouveaux défis : Le Fonds pour le développement des activités vertes, créé en 2013 et étendu jusqu'à 2016, subventionne les entreprises danoises pour leur permettre de faire face à la rareté croissante des ressources, de renforcer leur compétitivité et leur croissance, et de réaliser des progrès environnementaux. Il exécute un programme destiné à promouvoir l'écosystème industriel entre les entreprises afin que les déchets d'une entreprise ou ses réserves d'une ressource donnée, comme l'eau ou un matériau, deviennent une ressource pour une autre entreprise.

Enseignement supérieur et recherche publique : Le Danemark dispose d'une bonne base scientifique, qui est de plus en plus dominée par les universités depuis cinq ans (partie 4). La dépense publique en R-D est une des cinq plus importantes parmi les pays de l'OCDE (partie 1[a]). Le Danemark est bien placé en termes de nombre de publications dans les principales revues scientifiques et techniques internationales et en termes de nombre de demandes de brevet (partie 1[c, p]). La loi sur l'enseignement supérieur a été modifiée pour accorder plus d'autonomie aux universités dans l'organisation de leurs structures de direction. Dans le cadre de ses efforts pour accroître l'internationalisation de l'enseignement supérieur, le gouvernement a lancé un plan d'action en deux parties. La première, Enhanced insight through global outlook, vise à envoyer plus d'étudiants à l'étranger, à créer des environnements d'enseignement internationaux et à doter les étudiants danois d'un bon bagage linguistique. La seconde, Denmark – an attractive study destination, consiste à attirer les étudiants étrangers les plus capables et à retenir les diplômés. Les universités danoises adoptent aussi une politique de libre accès aux données des recherches.

Innovation d'entreprise : Si les ratios de la DIRD et du nombre de brevets triadiques par rapport au PIB sont au sommet de la tranche intermédiaire des pays de l'OCDE (partie 1[d, f]), la proportion de grands investisseurs privés mondiaux en R-D est importante compte tenu de la taille du pays. Le Market Development Fund (2013-15), un nouveau type d'initiative, soutient le processus de développement juste avant la commercialisation, quand un prototype viable doit être adapté aux exigences du marché. Ce fonds cofinance la facilitation des tests et de l'adaptation du produit ou du service. Il réduit ainsi le délai de mise sur le marché et renforce le potentiel de croissance et d'emploi. En 2013, le Fonds danois pour la croissance a lancé des prêts subordonnés pour faciliter l'accès des PME à l'emprunt. En 2012, un système de crédit d'impôt a été mis en place pour permettre aux entreprises déficitaires d'obtenir un crédit pour la valeur fiscale de leurs dépenses de R-D. Ce dispositif bénéficie davantage aux nouvelles petites entreprises innovantes, d'autant plus que le montant maximum des dépenses de R-D admissibles sera multiplié par cinq à compter de 2015.

Transfert et commercialisation de technologies : Les universités et EPR danois sont très actifs dans le brevetage (partie 1[p]), bien que la part des dépenses publiques de R-D financées par l'industrie soit légèrement inférieure à la médiane OCDE (partie 1[o]). La nouvelle stratégie d'innovation – Denmark: A Nation of Solutions (2012-20) vise à favoriser un meilleur échange de connaissances entre les entreprises et les institutions du savoir, entre le secteur public et le secteur privé, et à travers les frontières.

Partie 2. Composition structurelle de la DIRDE, 2011

En pourcentage dans la DIRDE totale ou de sous-parties de la DIRDE (%)

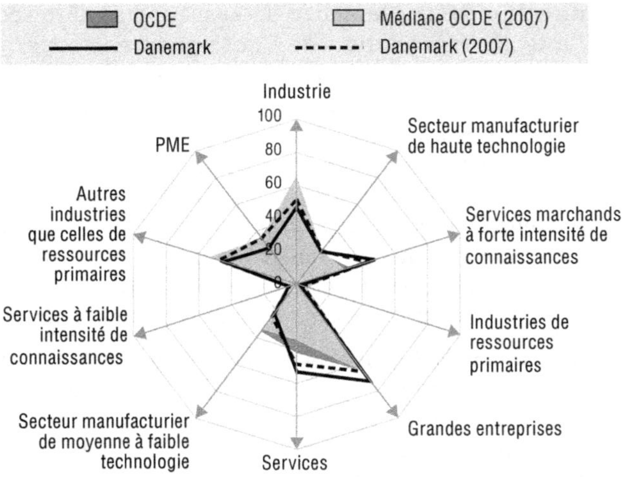

Partie 3. Avantage technologique révélé dans certains domaines, 2009-11

Indice basé sur les demandes de brevets PCT

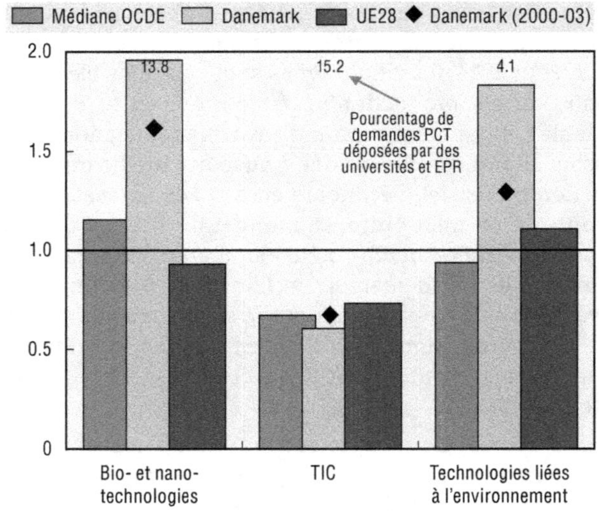

Partie 4. Allocation du soutien public à la R-D et l'innovation, par secteur, type et mode de financement, 2012

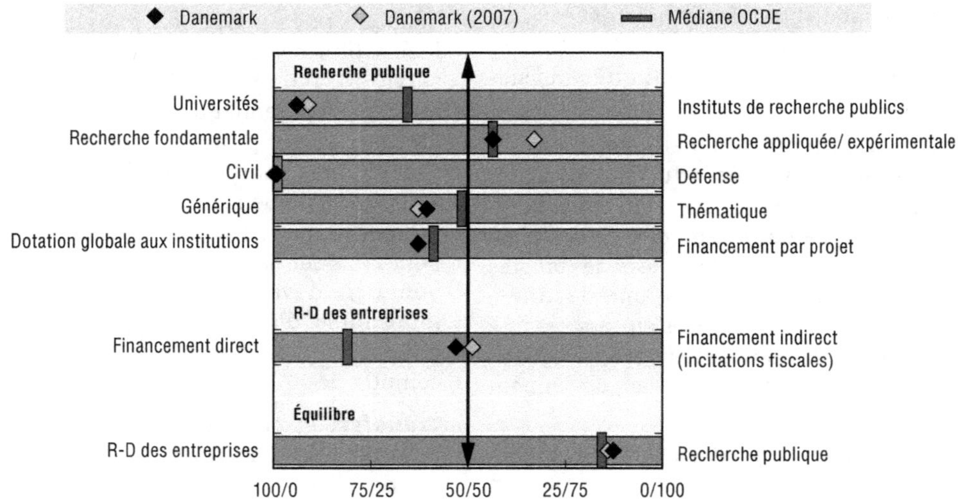

Note : Les informations sur les politiques sont tirées des réponses des pays au questionnaire préparatoire des éditions 2012 et 2014 des *Perspectives de la science, de la technologie et de l'industrie* de l'OCDE. Les réponses du Danemark sont disponibles dans la base de données des *Perspectives*, édition 2014, accessible à l'adresse suivante : *http://qdd.oecd.org/Table.aspx?Query=1033BA05-5BA0-4FC9-9990-F4A19F2AF649*.

Source : Voir le guide du lecteur et l'annexe méthodologique.

StatLink http://dx.doi.org/10.1787/888933306912

ESPAGNE

Après une récession prolongée, l'Espagne devrait renouer avec la croissance en 2014 et 2015. Le gouvernement applique les mesures énoncées dans deux documents stratégiques approuvés par le Conseil des ministres en février 2013 : la Stratégie pour la science, la technologie et l'innovation (SSSTI) (2013-20) et le Plan national/public pour la recherche et l'innovation scientifique et technique (2013-16).

Enjeu 1 : Améliorer les ressources humaines et les compétences, et renforcer les capacités. Les dépenses d'enseignement supérieur et la part de diplômés du supérieur sont proches de la médiane OCDE (partie 1[s, t]). Le gouvernement veut hisser les compétences et les capacités de formation STI au niveau des normes internationales. Il souhaite aussi voir se développer les offres d'emploi et embauches de chercheur dans les secteurs public et privé. Les deux documents stratégiques prévoient plusieurs instruments pour renforcer l'offre de ressources humaines STI, notamment l'augmentation des bourses pour les doctorants et post-doctorants, ainsi que des dispositifs favorisant la mobilité. Le Programme Ramon y Cajal facilite le recrutement d'enseignants-chercheurs espagnols et étrangers dans les facultés de science, notamment en octroyant des bourses pour démarrer les projets de recherche en Espagne, ainsi qu'une subvention de 147 058 USD (100 000 EUR) aux établissements qui leur proposent un contrat définitif au bout de cinq ans. Le Programme Torres Quevedo favorise l'embauche à durée indéterminée de titulaires du doctorat dans le secteur privé, les centres technologiques et autres entités commerciales. EMPLEA propose des prêts en cas d'embauche – pour trois ans – de spécialistes de la gestion de l'innovation dans des entreprises et des centres/plateformes technologiques. En 2013, le montant de ces aides publiques s'est élevé à 515.7 millions USD (350.7 millions EUR).

Enjeu 2 : Renforcer la capacité et les infrastructures publiques de R-D. L'Espagne se situe sur la médiane OCDE pour ses publications scientifiques, mais légèrement en dessous pour ses dépenses publiques de R-D en pourcentage du PIB et le classement de ses universités dans le Top 500 (partie 1[a, b, c]). Le gouvernement veut développer les capacités publiques de recherche ainsi que les infrastructures et l'excellence de la recherche, afin d'accroître l'impact international des universités et centres de recherche. Il parraine donc certains projets de recherche fondamentale et d'application interdisciplinaire des découvertes de haute technologie. Il finance aussi des projets dans des centres de recherche, ainsi que l'achat d'équipements et le développement d'infrastructures scientifiques. Le budget 2013 affectait 482 millions USD (328 millions EUR) à cet usage. Le Programme Severo Ochoa repère et soutient les centres de recherche de qualité ; ces trois dernières années, sur la base d'examens internationaux par les pairs, il a affecté 107.5 millions USD (72 millions USD) à 18 centres.

Enjeu 3 : Encourager l'innovation d'entreprise, et soutenir l'entrepreneuriat et les PME. L'investissement des entreprises dans la R-D et les indicateurs de l'innovation se situent au-dessous de la médiane OCDE (partie 1[d, e, f, g]) ; les conditions d'entrepreneuriat et l'offre de capital-risque sont par ailleurs très médiocres (partie 1[h, j]). Compte tenu de la prédominance des PME et de la faible intensité de R-D dans le secteur des entreprises, l'action gouvernementale sera centrée sur la croissance et l'internationalisation des entreprises innovantes, l'augmentation des dépenses de R-D dans les grandes entreprises, la demande accrue de personnel scientifique et technologique dans les entreprises, ainsi que sur le développement et la diffusion des technologies émergentes. La loi de soutien aux entrepreneurs et à l'internationalisation de leurs activités, approuvée en 2013, prévoit des incitations fiscales et une facilité d'accès au financement, ainsi que des mesures pour stimuler les initiatives des entreprises (notamment à l'exportation). En 2013, les sommes versées dans le cadre des appels publics au soutien des activités STI des entreprises ont atteint 929 millions USD (632 millions EUR).

Enjeu 4 : L'innovation au service des enjeux sociaux (y compris l'inclusion). Retos Innovación est une ligne budgétaire affectée aux projets concernant les défis sociaux et les grandes technologies génériques (photonique, microélectronique, nanoélectronique, matériaux de pointe, biotechnologie et TIC).

Le gouvernement encourage en outre la coopération entre les universités, EPR, entreprises et centres de R-D privés sur les projets de R-D relatifs aux défis sociaux (Retos Colaboración). Il a également mené des actions stratégiques dans les domaines de la santé et de la société/

Chiffres clés, 2013

Productivité économique et environnementale	ESP	OCDE	Dépenses intérieures brutes de R-D	ESP	OCDE
Productivité du travail			**DIRD**		
PIB par heure ouvrée en USD PPA, 2013	52.4	47.7	En million USD en PPA, 2012	19 556	1 107 398
(taux de croissance annuel, 2008-13)	(+2.2)	(+0.8)	En % du total OCDE, 2012	1.8	100
Productivité environnementale			**Intensité et croissance de la DIRD**		
PIB par émission unitaire de CO_2 en USD, 2011	4.5	3.0	En % du PIB, 2012	1.30	2.40
(taux de croissance annuel, 2007-11)	(+4.2)	(+1.8)	(taux de croissance annuel, 2007-12)	(-0.4)	(+2.0)
Demande verte			**DIRD à financement public**		
RNN par émission unitaire de CO_2 en USD, 2011	4.4	3.0	En % du PIB, 2011	0.66	0.77
(taux de croissance annuel, 2007-11)	(+3.7)	(+1.6)	(taux de croissance annuel, 2007-11)	(+1.7)	(+2.8)

Graphique 9.15. **La science et l'innovation en Espagne**

Partie 1. Performance comparée des systèmes nationaux de science et d'innovation, 2014

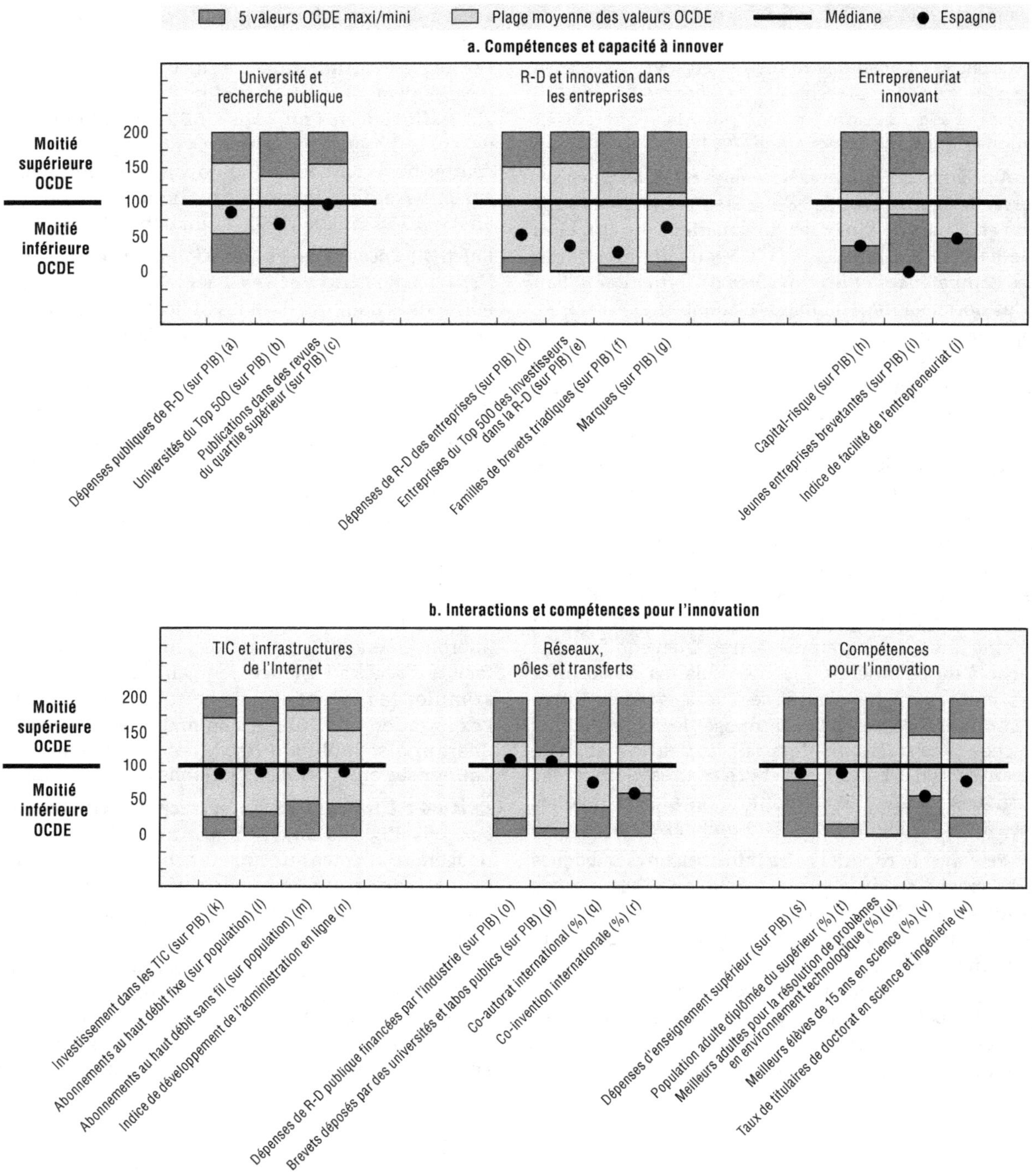

Note : Indice de performance normalisé par rapport aux valeurs médianes observées dans la zone de l'OCDE (médiane de l'indice = 100).

l'économie numérique, avec un budget de 3.21 milliards USD (2.1 milliards EUR) pour 2013.

Enjeu 5 : Relever les défis de la mondialisation dans le domaine STI et accroître la coopération internationale. Comparés aux normes OCDE, les systèmes espagnols de la science et de l'innovation sont peu intégrés dans les réseaux internationaux (partie 1[q, r]). Le gouvernement cherche donc à accroître la participation du pays aux initiatives de programmation conjointe de la Commission européenne. Il veut aussi encourager les réseaux de collaboration internationaux. L'Espagne participe à deux projets d'envergure européenne sur les technologies futures et émergentes – Graphène et Cerveau humain –, qui mobilisent la recherche scientifique pluridisciplinaire au service de la compétitivité et de la société européennes.

Le système STI de l'Espagne en bref

Gouvernance des politiques STI : La loi STI fournit le cadre légal de la nouvelle structure de gouvernance et de financement de la recherche, avec la création de l'Agence publique de la recherche (chargée des finances) et une réforme complète des EPR. Cette loi établit de nouveaux mécanismes de gouvernance afin de mieux coordonner les administrations centrale et régionales. Le nouveau ministère de l'Économie et de la Compétitivité, créé en 2012, a repris les fonctions du ministère de la Science et de l'Innovation.

Nouvelles sources de croissance : L'Espagne investit dans les technologies génériques (notamment les TIC et la biotechnologie) qui sont importantes pour la santé et l'énergie, mais aussi dans celles concernant l'espace. Ces dernières années, le pays a amélioré son avantage technologique révélé dans la biotechnologie et la nanotechnologie, les technologies liées à l'environnement et les TIC (partie 3). Des programmes et des partenariats public-privé sont mis en place pour soutenir les TIC, les projets d'excellence de la recherche et la création de réseaux dans la biomédecine et la santé.

Nouveaux défis : L'innovation verte – en particulier dans les énergies renouvelables – est un domaine prioritaire. Pour soutenir la croissance verte, l'Espagne a mis en place une plateforme sur les technologies environnementales (PLANETA), dont le rôle est de promouvoir la coopération entre les établissements de recherche publics et privés sur ce type de technologies.

L'innovation d'entreprise : La DIRDE se situe au-dessous de la médiane OCDE (partie 1[d]), et les performances des entreprises espagnoles dans le contexte international sont médiocres (partie 1[e, f, g]) ; la R-D est en outre plus développée dans les PME que dans les grandes entreprises (partie 2). La crise économique a eu un impact sur le nombre d'entreprises menant des travaux de R-D : après une baisse ininterrompue depuis 2008, ce nombre a augmenté de 0.3 % entre 2011 et 2012. L'un des objectifs de la SSSTI est d'amener la DIRDE de 0.69 % du PIB en 2012 à 1.20 % en 2020. Les réformes structurelles engagées visent à promouvoir la R-D et l'innovation d'entreprise en supprimant le plafond de l'impôt sur les revenus bruts sur lequel peut s'appliquer le crédit d'impôt pour la R-D, et en modifiant sensiblement l'allégement fiscal sur les brevets. Enfin, le Centre pour le développement de la technologie industrielle (CDTI) fournit des informations aux entreprises désireuses de monter des projets de R-D.

Entrepreneuriat innovant : Le pourcentage de jeunes entreprises brevetantes se situe au niveau le plus bas des valeurs intermédiaires de l'OCDE (partie 1[i]). Pour remédier au manque de capital-risque (partie 1[h]), le CDTI a créé en 2012 deux sociétés spécialisées (programme INNVIERTE) chargées de promouvoir le capital-risque auprès des entreprises technologiques ainsi que de soutenir la création et la croissance de startups. Le CDTI est responsable du financement des activités industrielles et innovantes débouchant sur une commercialisation. Il aide également à la constitution de consortiums régionaux pour développer des projets stratégiques. Le budget 2013 pour ces initiatives était de 194 millions USD (132 millions EUR).

Infrastructures TIC et Internet : L'importance accordée à l'infrastructure des TIC n'est pas démentie : l'Agenda numérique 2013-20 remplace la stratégie d'Avanza2. Les aides versées aux entreprises des TIC pour les inciter à innover et à effectuer de la R-D ont atteint 808 millions USD (550 millions EUR). L'Agenda numérique est doté d'un budget de 1.5 milliard USD (1 milliard EUR) pour le commerce et l'administration électroniques, la santé et les réseaux de télécommunication.

Transfert et commercialisation de technologies : Les EPR et universités espagnols sont assez actifs dans le dépôt de brevets (partie 1[p]). Le défi est d'accroître la contribution de la recherche publique à l'économie et à la société. Des évaluations basées sur des critères internationaux mesurent l'impact et les progrès des Campus de Excelencia Internacional. La SSSTI (2013-20) vise à promouvoir le transfert de technologie au moyen de la diffusion du savoir et de la co-création dans le cadre de partenariats et de missions public-privé, ainsi que d'une mobilité accrue des chercheurs entre les établissements publics et privés.

Partie 2. Composition structurelle de la DIRDE, 2011

En pourcentage dans la DIRDE totale ou de sous-parties de la DIRDE (%)

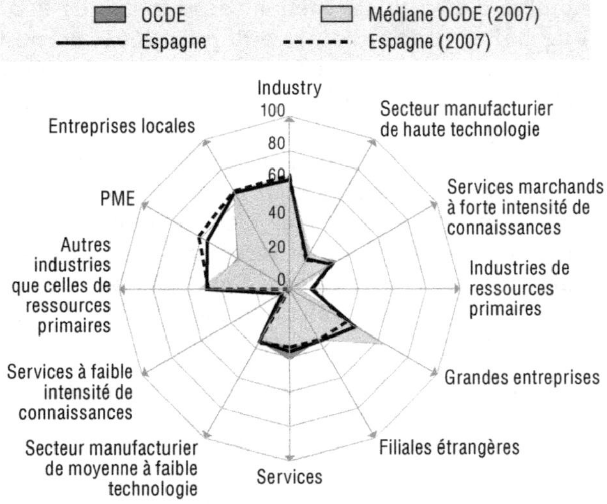

Partie 3. Avantage technologique révélé dans certains domaines, 2009-11

Indice basé sur les demandes de brevets PCT

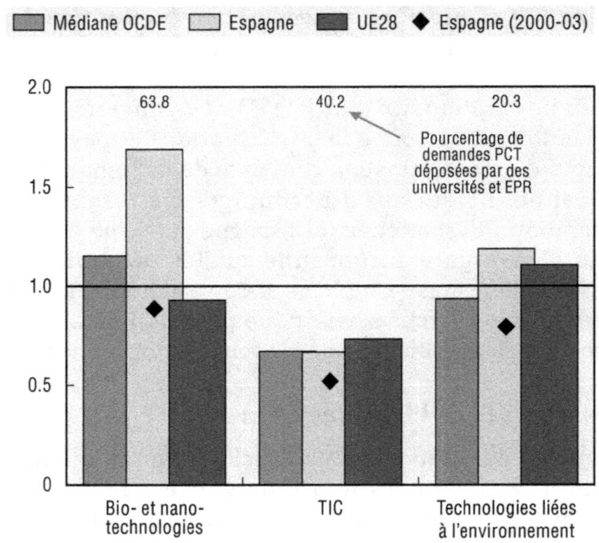

Partie 4. Allocation du soutien public à la R-D et l'innovation, par secteur, type et mode de financement, 2012

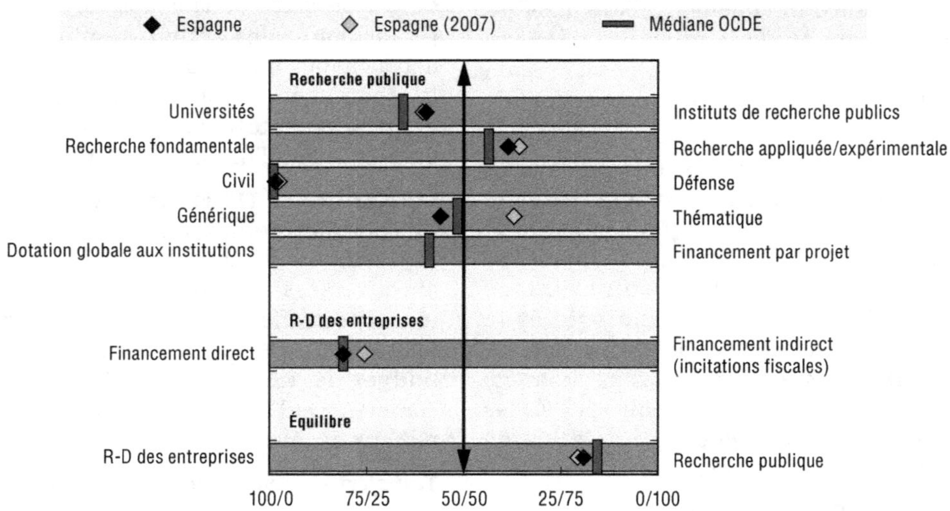

Note : Les informations sur les politiques sont tirées des réponses des pays au questionnaire préparatoire des éditions 2012 et 2014 des *Perspectives de la science, de la technologie et de l'industrie* de l'OCDE. Les réponses de l'Espagne sont disponibles dans la base de données des *Perspectives*, édition 2014, accessible à l'adresse suivante : *http://qdd.oecd.org/Table.aspx?Query=AAB982AA-A642-472A-B5A0-8BE4A87288D0.*

Source : Voir le guide du lecteur et l'annexe méthodologique.

StatLink http://dx.doi.org/10.1787/888933307204

ESTONIE

L'Estonie est un petit pays d'Europe qui connaît des turbulences depuis 2008 : contraction de l'activité de 14.1 % en 2009, croissance de 9.6 % en 2011, puis croissance de 0.8 % seulement en 2013. Dans le cadre de sa Stratégie de recherche-développement et d'innovation fondée sur le savoir Estonia II (2007-13), le gouvernement a élaboré deux stratégies à moyen terme : la Stratégie pour la R-D et l'innovation (2014-20) et la Stratégie de développement de l'entrepreneuriat (2014-20).

Enjeu 1 : Améliorer les conditions-cadres de l'innovation, notamment la compétitivité. En Estonie, l'environnement est propice aux entreprises et l'offre de capital-risque s'est améliorée (partie 1[j, h]). Dans sa Stratégie de développement de l'entrepreneuriat, le gouvernement adopte une gestion de l'aide publique fondée sur le marché, avec moins de subventions directes et plus d'instruments financiers, notamment le capital-risque. Outre le financement de projets, les services (p. ex. analyse commerciale stratégique, planification de projets et renforcement des capacités pour les entreprises) seront au cœur de l'aide à l'innovation. Sur 2014-20, le gouvernement a alloué 155 millions USD (85 millions EUR) au dispositif Entrepreneurs' Development Programme and Innovation Voucher, 87 millions USD (48 millions EUR) à divers programmes pour l'entrepreneuriat et 12.7 millions USD (7 millions EUR) aux startups innovantes (Start-up Estonia).

Enjeu 2 : Cibler les domaines et secteurs prioritaires. Investir dans les domaines à forte croissance de la spécialisation intelligente pour accroître le rendement de l'investissement public en R-D est le principe qui sous-tend le ciblage des domaines prioritaires. La nouvelle Stratégie pour la R-D et l'innovation (RDI) (2014-20) donne la priorité aux investissements en RDI décidés et gérés selon le principe de la spécialisation intelligente pour favoriser une accélération de la croissance dans les domaines choisis : les TIC et leur utilisation dans l'industrie et les autres secteurs ; la sécurité des réseaux informatiques et le développement de logiciels ; les technologies et services de la santé, y compris les biotechnologies ; la cybersanté (l'utilisation de l'informatique pour élaborer des services et produits médicaux) ; et une meilleure rentabilisation des ressources, y compris par la science et l'industrie des matériaux, les constructions innovantes, ou « maisons intelligentes », l'alimentation saine, l'industrie chimique (exploitation plus rentable des schistes bitumineux). La Stratégie de développement de l'entrepreneuriat cible ces mêmes priorités, et les deux stratégies ont le même objet.

Enjeu 3 : Encourager l'innovation d'entreprise, et soutenir l'entrepreneuriat et les PME. Au cours de la décennie se terminant en 2012, la DIRDE a progressé plus vite que dans la plupart des pays de l'OCDE et a atteint la médiane OCDE (partie 1[d]). Cependant, la performance de l'innovation n'atteint pas encore les niveaux de l'OCDE (partie 1[e, f, g]). La DIRDE se concentre sur les tranches basse à moyenne-haute des industries et services (partie 2) et sur un petit nombre d'entreprises. Favoriser la croissance de la productivité et de l'emploi par un renforcement de l'intensité capitalistique, et enclencher un changement structurel en faveur d'activités à plus forte valeur ajoutée sont des objectifs centraux de la politique économique du gouvernement. L'innovation est considérée comme essentielle pour les atteindre, et les pouvoirs publics sont déterminés à stimuler la R-D et l'innovation dans l'entreprise par le financement direct et des mesures non financières, avec un budget global de 255 millions USD (140 millions EUR) sur 2014-20. Le programme Entrepreneurs' Development a été lancé en 2013 pour accroître la compétitivité internationale des entreprises estoniennes en misant sur une meilleure planification stratégique, la R-D et le développement des compétences. Lancé en 2012, le Baltic Innovation Fund (BIF), doté de 182 millions USD (100 millions EUR) pour 2013-16, investira dans des fonds de capital-investissement et de capital-risque en Estonie, en Lettonie et en Lituanie.

Enjeu 4 : Améliorer la rentabilité et l'impact de la science. La recherche publique a progressé significativement depuis plus d'une décennie. L'Estonie dispose aujourd'hui d'un système de recherche publique relativement solide, avec un haut niveau de dépenses publiques de R-D et une bonne performance en termes de publications scientifiques internationales (partie 1[a, c]). Ce système est très bien relié aux réseaux mondiaux de la connaissance et de l'innovation (partie 1[q, r]), mais les liens entre l'industrie et le monde scientifique sont peu développés (partie 1[o]). Des

Chiffres clés, 2013

Productivité économique et environnementale	EST	OECD	Dépenses intérieures brutes de R-D	EST	OECD
Productivité du travail			**DIRD**		
PIB par heure ouvrée en USD PPA, 2013	29.3	47.7	En million USD en PPA, 2012	710	1 107 398
(taux de croissance annuel, 2008-13)	(+2.2)	(+0.8)	En % du total OCDE, 2012	0.1	100
Productivité environnementale			**Intensité et croissance de la DIRD**		
PIB par émission unitaire de CO_2 en USD, 2011	1.3	3.0	En % du PIB, 2012	2.19	2.40
(taux de croissance annuel, 2007-11)	(-4.4)	(+1.8)	(taux de croissance annuel, 2007-12)	(+14.2)	(+2.0)
Demande verte			**DIRD à financement public**		
RNN par émission unitaire de CO_2 en USD, 2011	1.3	3.0	En % du PIB, 2011	0.84	0.77
(taux de croissance annuel, 2007-11)	(-4.4)	(+1.6)	(taux de croissance annuel, 2007-11)	(+10.1)	(+2.8)

Graphique 9.16. La science et l'innovation en Estonie

Partie 1. Performance comparée des systèmes nationaux de science et d'innovation, 2014

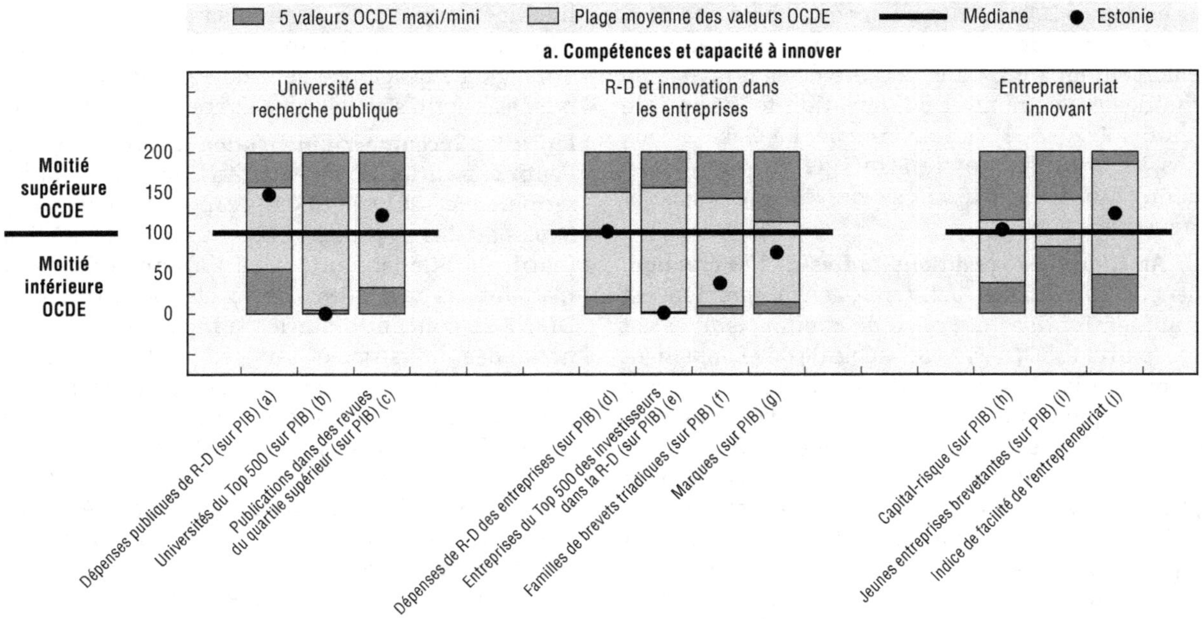

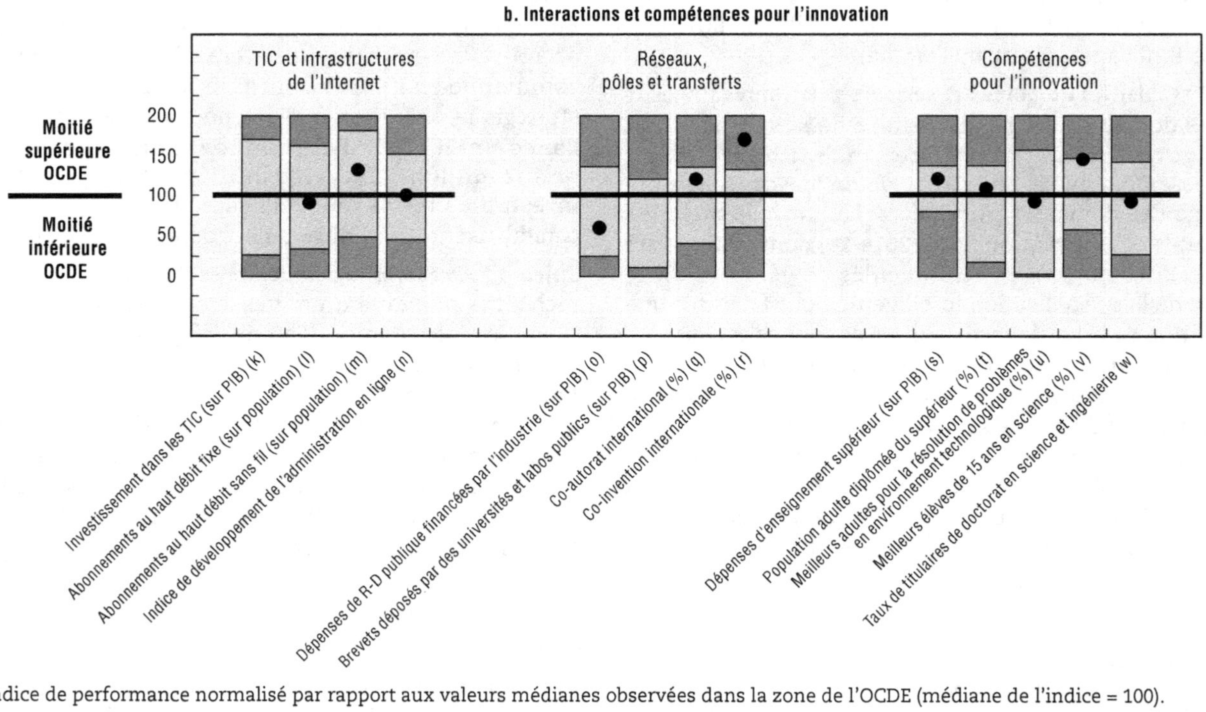

Note : Indice de performance normalisé par rapport aux valeurs médianes observées dans la zone de l'OCDE (médiane de l'indice = 100).

efforts sont donc déployés pour renforcer les interactions entre science et entreprises. Ainsi, par exemple, l'université de Tartu a adopté une nouvelle structure de gouvernance faisant intervenir des partenaires externes. Les pouvoirs publics gèrent aussi un programme de formation doctorale en coopération avec des entreprises.

Le système STI de l'Estonie en bref

Gouvernance des politiques STI : Les deux nouvelles stratégies à moyen terme susmentionnées ont été élaborées ensemble de façon coordonnée. À partir des modifications de 2011 de la loi sur l'organisation de la R-D, plusieurs changements ont été apportés à la gouvernance depuis 2012. Le Conseil de la recherche, créé en mars 2012, réunit les fonctions de plusieurs organes précédents (la Fondation estonienne pour les sciences, le Conseil des compétences pour la recherche et le Département de coopération internationale de la Fondation Archimède). Un objectif de la stratégie RDI (2014-20) est de renforcer le rôle des ministères dans l'aide à la R-D dans les domaines importants au plan socio-économique. Des représentants des ministères sont invités par les organes consultatifs du ministère de la Recherche et du ministère des Affaires économiques et de la Communication, et interviennent dans les préparatifs pour s'intégrer aux réseaux de recherche internationaux (initiatives de programmation conjointe).

Nouveaux défis : L'énergie, le développement durable et les questions environnementales gagnent en importance parmi les priorités gouvernementales. Pour 2008-15, le gouvernement administre six programmes d'aide à la R-D dans les technologies de l'énergie, les TIC, les biotechnologies, la santé, les technologies environnementales et les technologies des matériaux. Le programme coopératif Estonian Energy Technology associe le monde de la recherche, les entreprises et les pouvoirs publics pour développer des technologies d'extraction des schistes bitumineux et de nouvelles énergies, principalement renouvelables. Les centres d'excellence et les centres de compétences ciblent aussi les TIC, l'environnement, les nouveaux matériaux, la santé et la médecine.

Enseignement supérieur et recherche publique : En 2010, le gouvernement a adopté une feuille de route pour moderniser les infrastructures de recherche existantes et en créer de nouvelles. Afin de guider les investissements publics en infrastructures de R-D sur les 10 à 20 prochaines années, 20 infrastructures de recherche d'importance nationale sont retenues. Sur 2007-13, les investissements en infrastructures de R-D – 322 millions USD (177 millions EUR) – ont été financés en grande partie par les Fonds structurels de l'UE. Dans la poursuite de cette modernisation, les priorités sont de parvenir à un financement et une maintenance durables des infrastructures de R-D et d'en favoriser une utilisation et un partage efficaces, notamment avec le secteur des entreprises. La feuille de route sur les infrastructures de R-D sera revue en 2014.

Pôles d'activité et spécialisation intelligente : La stratégie de spécialisation intelligente, thème général de plusieurs mesures gouvernementales, vise à harmoniser les priorités de la R-D, de l'enseignement supérieur et des politiques d'entreprise. Les instruments d'aide à la spécialisation intelligente incluent des programmes de coopération (centres de compétences et pôles d'activité, notamment), des mesures axées sur la demande, et le programme Start-up Estonia.

Compétences et innovation : L'Estonie dispose déjà d'une bonne base de compétences, et le niveau scientifique des élèves de 15 ans est très bon (partie 1[s, t, v]). Pour le développement des compétences, les priorités sont de continuer à développer les ressources humaines en mettant l'accent sur les ingénieurs, de transformer la fuite des cerveaux en circulation équilibrée des cerveaux et de rendre les carrières de chercheur plus attractives. La stratégie RDI vise 300 titulaires d'un doctorat par an en 2020. Le réseau estonien Euraxess Services Network fournit des services d'information et d'aide personnalisée pour accroître la mobilité entrante et sortante des nationaux et des étrangers qualifiés. Pour remédier à la faiblesse relative de la proportion de titulaires d'un doctorat de sciences ou d'ingénierie (partie 1[w]), des initiatives publiques visent à attirer les jeunes vers les carrières scientifiques et techniques. Sur 2014-20, des mesures spécifiques sont prévues pour aider au développement des ressources humaines et améliorer la qualité de l'enseignement.

Évolution récente des dépenses STI : L'Estonie a connu une des hausses de la DIRD les plus rapides de la zone OCDE, de 14.2 % par an en moyenne sur 2007-12. Malgré la crise économique récente, la DIRD est passée de 1.28 % du PIB en 2008 à 2.19 % du PIB en 2012. La stratégie RDI vise une DIRD de 3 % du PIB et une dépense de R-D des entreprises de 2 % du PIB en 2020.

Partie 2. Composition structurelle de la DIRDE, 2011

En pourcentage dans la DIRDE totale ou de sous-parties de la DIRDE (%)

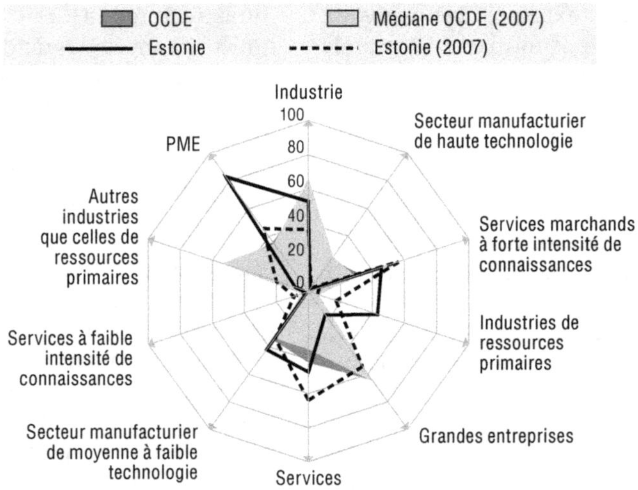

Partie 3. Allocation du soutien public à la R-D et l'innovation, par secteur, type et mode de financement, 2012

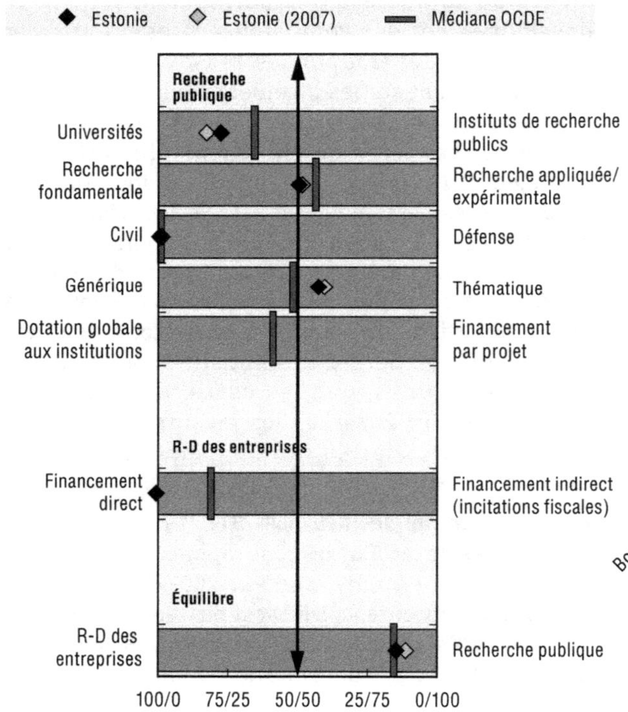

Partie 4. Principaux instrument de financement public de la R-D des entreprises, 2014

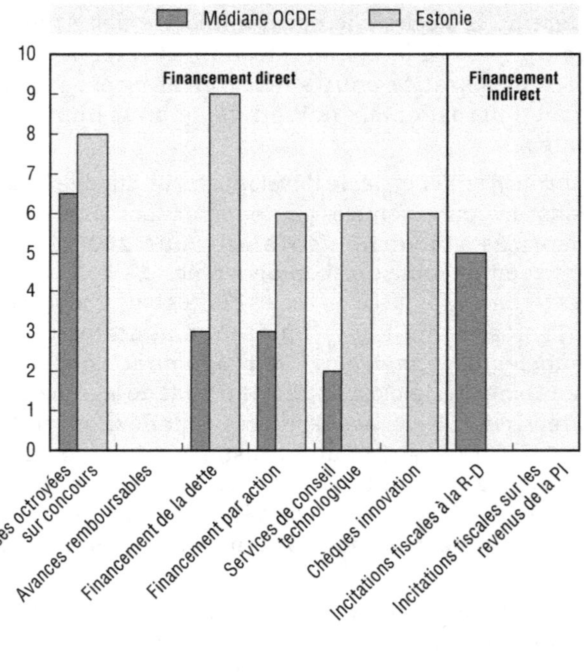

Note : Les informations sur les politiques sont tirées des réponses des pays au questionnaire préparatoire des éditions 2012 et 2014 des *Perspectives de la science, de la technologie et de l'industrie* de l'OCDE. Les réponses de l'Estonie sont disponibles dans la base de données des *Perspectives*, édition 2014, accessible à l'adresse suivante : *http://qdd.oecd.org/Table.aspx?Query=FCDF672A-33EF-4A60-A1B8-36DA2DA48EAD.*

Source : Voir le guide du lecteur et l'annexe méthodologique.

StatLink http://dx.doi.org/10.1787/888933306921

ÉTATS-UNIS

Les États-Unis sont depuis longtemps – et demeurent – à la pointe de la science, de la technologie et de l'innovation. Les études sur l'innovation d'entreprise ou la courbe d'évolution de la productivité multifactorielle indiqueraient toutefois que l'avance des États-Unis diminue, malgré leurs universités de renommée internationale et leurs entreprises technologiques présentes dans le monde entier. L'activité des entreprises en matière de R-D et de brevets augmente aussi moins vite que par le passé. La stratégie de 2009, actualisée en février 2011, fournit des pistes pour orienter l'action gouvernementale vers une économie basée sur l'innovation.

Enjeu 1 : *Améliorer les conditions-cadres de l'innovation (y compris la compétitivité).* Globalement, la politique STI des États-Unis est axée sur la création d'emplois, la mise en place des bases nécessaires aux industries de demain, et l'amélioration de la compétitivité économique. Les diverses réformes du système des brevets ont pour but de stimuler l'innovation. La loi America Invents de 2011 a remplacé le principe du « premier inventeur » par celui du « premier déposant » pour les brevets déposés à partir du 16 mars 2013 inclus. Cette loi vise aussi à améliorer la qualité des brevets et à accroître la capacité des inventeurs à protéger leur propriété intellectuelle à l'étranger. Le United States Patent and Trademark Office (USPTO) propose désormais une procédure accélérée de traitement des brevets (12 mois), réduisant ainsi les arriérés et limitant les litiges.

Enjeu 2 : *Renforcer la capacité et les infrastructures publiques de R-D.* Les États-Unis possèdent globalement la base scientifique la plus vaste et la plus solide au monde, même si cela n'est peut-être pas très apparent au vu des indicateurs globaux des performances, qui se situent aux environs ou au-dessous de la médiane OCDE (partie 1[a, b, c]). Les États-Unis hébergent par exemple 35 des 50 plus grandes universités mondiales, et représentent 26 % des articles publiés dans le monde sur la science et l'ingénierie. Outre leurs nombreuses publications, les universités et les EPR sont actifs dans le dépôt de brevets (partie 1[p]), en particulier dans les bio- et nanotechnologies (partie 3). Le gouvernement fédéral privilégie l'investissement dans les capacités de recherche fondamentale et la mise en place d'une infrastructure de recherche solide, y compris dans le cyberespace. Les aides publiques à la recherche (fondamentale et appliquée) sont passées de 59 milliards USD en 2008 à 68.1 milliards USD prévus en 2014. Dans le budget 2014, la recherche représente 48 % du total des dépenses publiques de R-D (contre 39 % en 2008), alors que le pourcentage affecté au développement est en baisse.

Enjeu 3 : *Améliorer les ressources humaines et les compétences, et renforcer les capacités.* Avec des dépenses publiques d'enseignement supérieur, rapportées au PIB, qui les placent au deuxième rang de la zone OCDE, les États-Unis possèdent une bonne base de compétences et un taux élevé de diplômés du supérieur (partie 1[s, t]). On constate toutefois une baisse relative du nombre de titulaires de doctorat en science et ingénierie, et les résultats des élèves de 15 ans en science sont au-dessous de la médiane OCDE (partie 1[w, v]). Le gouvernement fédéral est déterminé à améliorer l'enseignement des STIM à tous les niveaux, afin de disposer à l'avenir d'une main-d'œuvre performante et très qualifiée. Le président Obama a réitéré en 2013 son appel à la formation de 100 000 enseignants dans les STIM, et un Plan stratégique quinquennal pour l'enseignement des STIM (2013-17) a été rendu public en juin 2013. Le budget 2014 prévoit l'augmentation d'un tiers (soit de 1 million) du nombre de diplômés du supérieur en STIM d'ici dix ans. Le gouvernement fédéral investit globalement 3.1 milliards USD dans les programmes d'études en STIM.

Enjeu 4 : *L'innovation au service d'une croissance durable/verte.* Les États-Unis veulent devenir le leader mondial de la recherche, du développement, de la démonstration et du déploiement des technologies vertes. Le budget 2014 prévoit 7.9 milliards USD pour les technologies vertes, 379 millions USD pour la R-D sur les nouvelles énergies, et 2.8 milliards USD pour le Bureau des énergies renouvelables et de l'efficacité énergétique du ministère de l'Énergie, en mettant l'accent sur l'amélioration des véhicules propres et le développement de matériaux de pointe.

Un Plan d'action sur le climat – s'attaquant aux impacts du changement climatique mondial – a été annoncé en juin 2013. Le budget 2014 prévoit 2.7 milliards USD pour le Programme américain de recherche sur le changement climatique mondial (USGCRP), conçu pour mieux comprendre, prédire, atténuer le changement climatique et s'y adapter.

Chiffres clés, 2013

Productivité économique et environnementale	USA	OCDE	Dépenses intérieures brutes de R-D	USA	OCDE
Productivité du travail			**DIRD**		
PIB par heure ouvrée en USD PPA, 2013	66.6	47.7	En million USD en PPA, 2012	453 544	1 107 398
(taux de croissance annuel, 2008-13)	(+1.5)	(+0.8)	En % du total OCDE, 2012	41.0	100
Productivité environnementale			**Intensité et croissance de la DIRD**		
PIB par émission unitaire de CO_2 en USD, 2011	2.5	3.0	En % du PIB, 2012	2.79	2.40
(taux de croissance annuel, 2007-11)	(+1.9)	(+1.8)	(taux de croissance annuel, 2007-12)	(+2.0)	(+2.0)
Demande verte			**DIRD à financement public**		
RNN par émission unitaire de CO_2 en USD, 2011	2.5	3.0	En % du PIB, 2011	0.94	0.77
(taux de croissance annuel, 2007-11)	(+1.9)	(+1.6)	(taux de croissance annuel, 2007-11)	(+3.1)	(+2.8)

Graphique 9.17. **La science et l'innovation aux États-Unis**

Partie 1. Performance comparée des systèmes nationaux de science et d'innovation, 2014

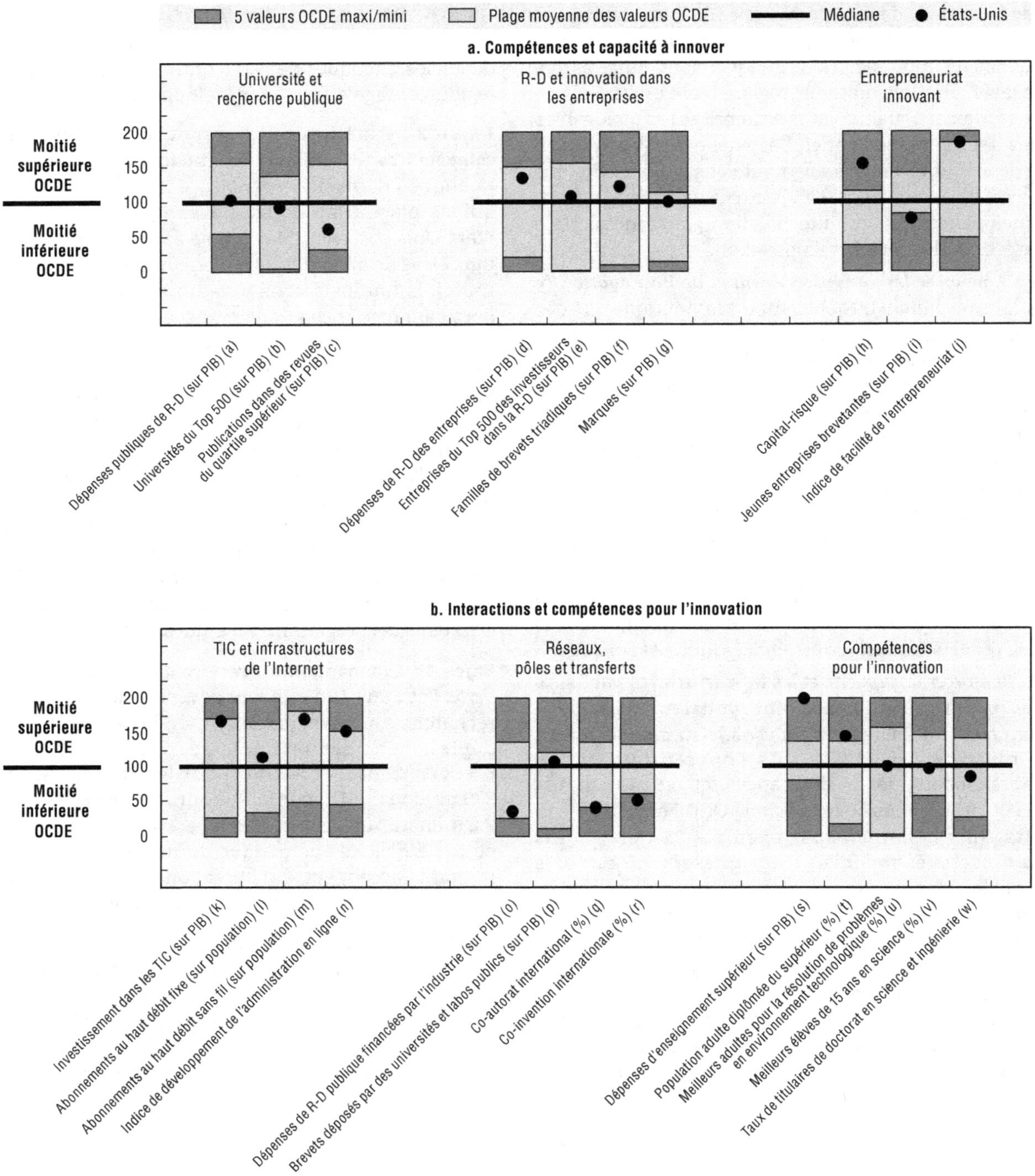

Note : Indice de performance normalisé par rapport aux valeurs médianes observées dans la zone de l'OCDE (médiane de l'indice = 100).

***Enjeu 5* : Améliorer la rentabilité et l'impact de la science.** Une mesure imposant une plus grande ouverture de l'accès public aux publications scientifiques et aux données numériques résultant de la recherche financée par l'État fédéral a été décidée à l'échelle fédérale en 2013 et sera reconduite en 2014. Une seconde version de l'Open Government National Plan de 2012 a été rendue publique. En 2013, le portail data.gov, qui fournit des informations et des outils permettant l'utilisation des données fédérales, a été enrichi pour améliorer l'accès du public.

Le système STI des États-Unis en bref

***Gouvernance de la politique d'innovation* :** En raison de l'austérité budgétaire, les investissements fédéraux dans la R-D devraient être ramenés de 147 milliards USD en 2010 à 142.7 milliards USD en 2014, avant de repartir à la hausse. Des dispositions ont été prises pour renforcer la politique STI et son évaluation. En 2013, de nouvelles consignes ont été diffusées pour renforcer le processus fédéral d'octroi des subventions en simplifiant huit réglementations fédérales devant entrer en vigueur en 2014. Une feuille de route sur la « science de la politique scientifique » a été établie en 2008 par les agences fédérales, qui travaillent depuis à améliorer l'évaluation des impacts de la science. La National Science Foundation met en œuvre un programme de recherche sur la science de la politique scientifique et d'innovation (SPSI), afin de constituer une base de connaissances et d'analyse sur la SPSI ainsi qu'une communauté d'universitaires travaillant sur le sujet.

***Nouvelles sources de croissance* :** Le budget fédéral 2014 prévoit 2.9 milliards USD pour créer des emplois de qualité dans le secteur manufacturier et faire de l'Amérique un pôle d'attraction pour ce secteur. L'objectif est d'accroître la R-D sur les processus de fabrication innovants, les matériaux industriels de pointe et la robotique, d'encourager l'entrepreneuriat et d'améliorer la commercialisation des résultats de la recherche.

***Nouveaux défis* :** Améliorer la santé des Américains tout en préservant le leadership du pays dans la recherche biomédicale et en construisant la bioéconomie du futur est un nouvel axe d'action des pouvoirs publics. L'administration américaine est résolue à financer la recherche médicale en mettant l'accent sur la neuroscience, et à améliorer les impacts de ces investissements sur la santé. L'initiative BRAIN, lancée en 2014 avec un budget de 100 millions USD, explore de nouvelles pistes pour traiter, guérir et prévenir les troubles cérébraux tels que la maladie d'Alzheimer, l'épilepsie et le traumatisme cérébral.

***R-D et innovation d'entreprise* :** Alors que le financement public de la R-D des entreprises est en baisse depuis 2008 (principalement du fait de la réduction des budgets de la défense), l'accent a été mis récemment sur le soutien direct à la R-D et l'innovation du secteur privé. Le crédit d'impôt pour la recherche et l'expérimentation a pris fin en 2013, mais les négociations se poursuivent pour qu'il soit reconduit rétroactivement. Dans les années à venir, un pourcentage plus élevé des investissements américains dans le financement concurrentiel de la R-D bénéficiera aux petites entreprises et aux groupes dirigés par de petites structures. Des services de consultation technologique/programmes de vulgarisation ont été mis en place en 2013 et portent surtout sur le secteur manufacturier et les nouvelles entreprises résultant des avancées de la recherche fondamentale. Le gouvernement continue de proposer des extensions de ses garanties de prêt et mécanismes de partage de risque, en particulier dans le secteur des énergies propres.

***Transfert et commercialisation de technologies* :** Les agences fédérales continuent à modifier leurs priorités et leurs programmes pour se mettre en conformité avec les objectifs du Memorandum on Accelerating Technology Transfer and Commercialization of Federal Research in Support of High Growth Businesses rendu public par le Président en octobre 2011. Les conditions en place sont très propices à un entrepreneuriat innovant (partie 1[h, j]). Fin 2011, les programmes SBIR (Small Business Innovation Research) et STTR (Small Business Technology Transfer) ont été reconduits jusqu'en 2017 et élargis. Le SBIR finance la R-D et l'innovation des PME et des jeunes entreprises, tandis que le STTR soutient les activités de R-D menées conjointement par les PME et les universités.

***Pôles d'activité et politiques régionales* :** Le gouvernement fédéral travaille avec des agences comme la Small Business Administration et l'Economic Development Administration pour créer des pôles d'activité régionaux sur les technologies de pointe (robotique, énergie et cybersécurité, par exemple), les systèmes alimentaires, le haut débit et les divertissements. Le Bureau de l'innovation et de l'entrepreneuriat promeut l'entrepreneuriat régional à l'aide du programme i6 Challenge qui, géré par plusieurs agences, décerne des bourses sur la base d'un concours.

Partie 2. Composition structurelle de la DIRDE, 2011

En pourcentage dans la DIRDE totale ou de sous-parties de la DIRDE (%)

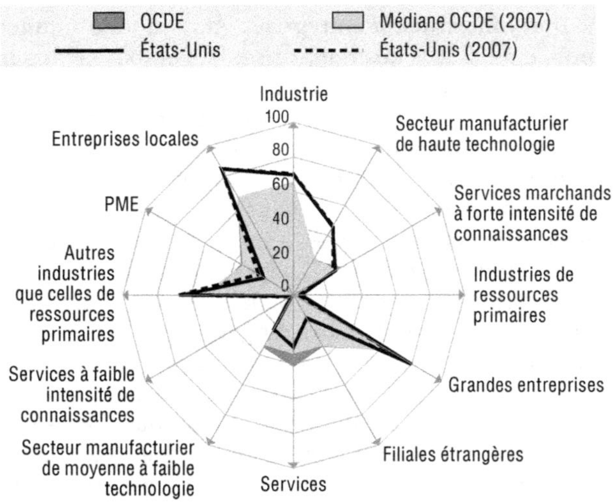

Partie 3. Avantage technologique révélé dans certains domaines, 2009-11

Indice basé sur les demandes de brevets PCT

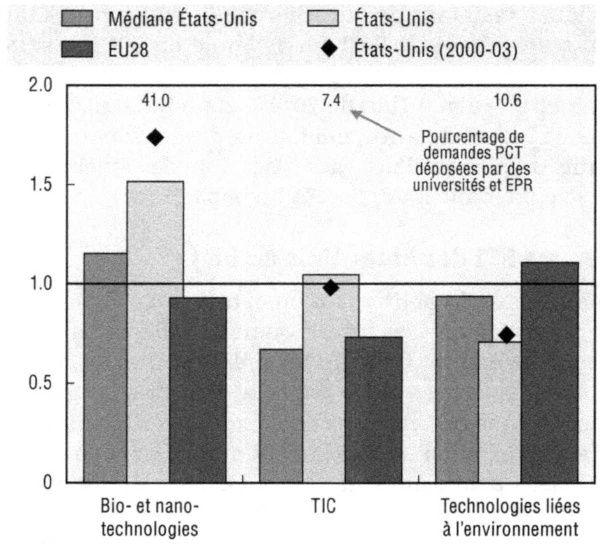

Partie 4. Allocation du soutien public à la R-D et l'innovation, par secteur, type et mode de financement, 2012

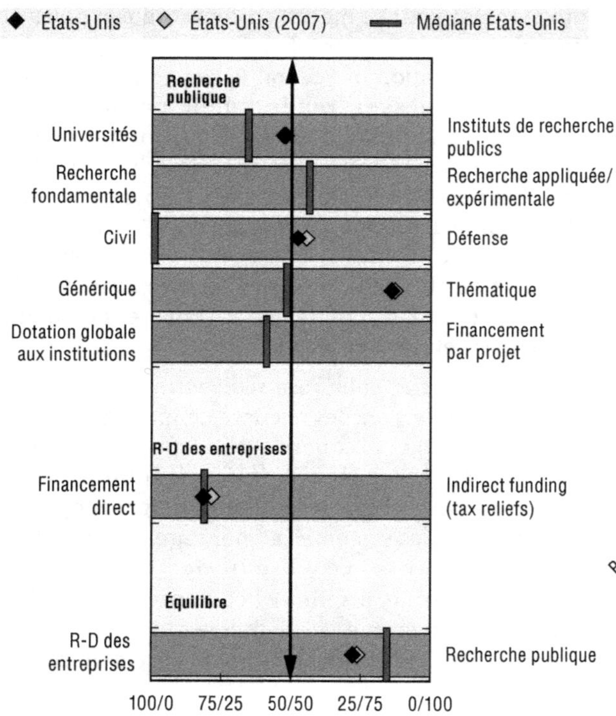

Partie 5. Principaux instrument de financement public de la R-D des entreprises, 2014

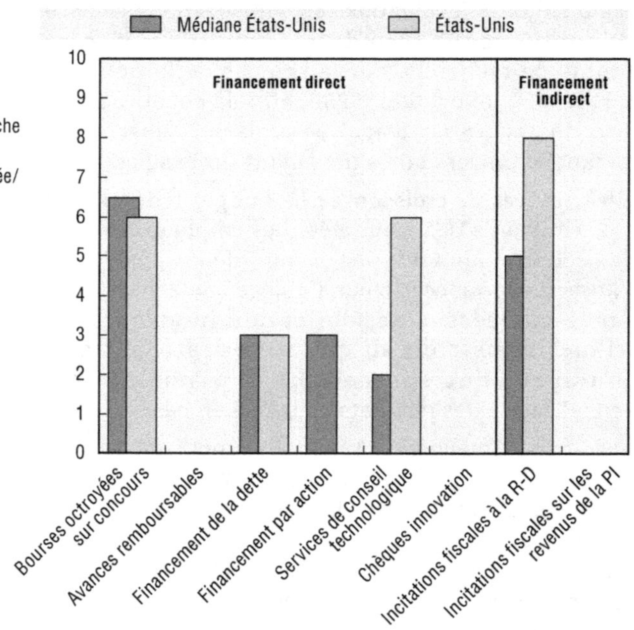

Note : Les informations sur les politiques sont tirées des réponses des pays au questionnaire préparatoire des éditions 2012 et 2014 des *Perspectives de la science, de la technologie et de l'industrie* de l'OCDE. Les réponses des États-Unis sont disponibles dans la base de données des *Perspectives*, édition 2014, accessible à l'adresse suivante : *http://qdd.oecd.org/Table.aspx?Query=BFE08001-3733-4D05-A8F3-537B47DCF18E.*

Source : Voir le guide du lecteur et l'annexe méthodologique.

StatLink http://dx.doi.org/10.1787/888933307251

FÉDÉRATION DE RUSSIE

La Fédération de Russie possède depuis longtemps des atouts dans le domaine de la science et la technologie, mais elle devra en améliorer l'exploitation si elle veut diversifier son économie et réduire sa dépendance à l'égard des ressources naturelles. Des décrets présidentiels de 2012 fixent les grands objectifs de la politique STI du pays, notamment l'augmentation de la DIRD à 1.77 % du PIB à l'horizon 2015.

Enjeu 1 : Réformer et améliorer le système de la recherche publique (y compris dans les universités). La Russie possède une vaste base scientifique publique, dominée par ses centres de recherche industrielle et ses instituts de l'Académie des sciences (RAS). Cette dernière a fait l'objet en 2013 d'une profonde réorganisation. Une nouvelle Agence fédérale des organisations scientifiques a été créée pour administrer les biens de la RAS, évaluer et superviser les activités des instituts qui en dépendent, et leur allouer des fonds publics. De nouvelles dispositions concernant l'évaluation des performances des organismes scientifiques publics ont été prises en 2013 dans le secteur civil pour accroître la responsabilisation. La même année, une Fondation pour la recherche russe a vu le jour et s'est vu octroyer sur concours une enveloppe de 2.06 milliards USD (48 milliards RUB) pour 2013-16 sous la forme de subventions à la recherche.

La Russie détient peu d'universités de renommée internationale, et ses chercheurs publient peu d'articles dans les revues scientifiques et technologiques mondiales de référence (partie 1[b, c]). Depuis 2010, plusieurs mesures importantes ont été prises pour accroître les capacités de recherche dans les universités. Plus récemment, un nouveau concours (baptisé Programme 5/100/2020) a été ouvert pour l'attribution de subventions publiques aux instituts de recherche ; 2 milliards USD (40 milliards RUB) seront ainsi alloués entre 2014 et 2016 aux universités sélectionnées, qui devraient faire partie des 200 plus grandes universités mondiales à l'horizon 2020. Cinq universités russes devraient rejoindre le Top 100 vers la même date.

Enjeu 2 : Améliorer la rentabilité et l'impact de la science. Entre 2011 et 2013, 34 plateformes technologiques ont été mises en place pour permettre aux universités, aux instituts de recherche et aux entreprises de partager leurs points de vue et de coopérer dans le domaine de la science et de l'innovation. Des modifications ont été apportées à la législation sur l'exploitation de la propriété intellectuelle. Conformément au décret n° 233 de 2012, les DPI résultant de la recherche publique sont attribués à la Fédération de Russie, et le principe du libre transfert de la propriété intellectuelle permet de transférer les résultats de cette recherche vers l'industrie et la société. Des amendements apportés en 2013 à la loi fédérale facilitent la création de partenariats commerciaux entre les EPR et les universités en vue de transférer les DPI par le biais d'une licence d'utilisation ou de la commercialisation.

Enjeu 3 : Améliorer le système éducatif. La part de diplômés du supérieur dans la population adulte (53 %) est nettement supérieure à la médiane OCDE (partie 1[t]). En revanche, les résultats des jeunes de 15 ans en science se situent en dessous (partie 1[v]). De nombreuses mesures ont été prises pour améliorer l'efficience du système éducatif et sa capacité à répondre aux besoins de compétences du pays. Ainsi, la loi fédérale de 2012 sur l'éducation a élevé le niveau de qualification du doctorat et amélioré la transparence du processus. Le Programme présidentiel pour une formation de haut niveau dans les secteurs d'ingénierie, mis en place en 2012, est doté d'un budget de 38.8 millions USD (750 millions RUB) pour trois ans. Son objectif est d'améliorer la qualification des ingénieurs dans les secteurs stratégiques, ainsi que de réformer l'enseignement technique en organisant des programmes de formation dans les secteurs industriels prioritaires (utilisation efficiente de l'énergie et des ressources, technologies nucléaires, domaine spatial, médecine et TIC) et des stages dans les principaux établissements de recherche et d'ingénierie russes et étrangers.

Enjeu 4 : Encourager l'innovation dans les sociétés et soutenir l'entrepreneuriat et les PME. La DIRDE représentait 0.66 % du PIB en 2012. Le budget fédéral des entreprises d'État ou des organisations privées de R-D représente l'essentiel des dépenses de R-D du secteur russe des entreprises. À de nombreux égards, les performances des entreprises russes en matière d'innovation sont en net retard par rapport à la médiane OCDE (partie 1[e,f,g]). Plusieurs initiatives

Chiffres clés, 2013

Productivité économique et environnementale	RUS	OCDE	Dépenses intérieures brutes de R-D	RUS	OCDE
Productivité du travail			**DIRD**		
PIB par heure ouvrée en USD PPA, 2013	23.9	47.7	En million USD en PPA, 2012	37 854	1 107 398
(taux de croissance annuel, 2008-13)	(+1.2)	(+0.8)	En % du total OCDE, 2012	3.4	100
Productivité environnementale			**Intensité et croissance de la DIRD**		
PIB par émission unitaire de CO_2 en USD, 2011	1.3	3.0	En % du PIB, 2012	1.12	2.40
(taux de croissance annuel, 2007-11)	(+1.5)	(+1.8)	(taux de croissance annuel, 2007-12)	(+2.0)	(+2.0)
Demande verte			**DIRD à financement public**		
RNN par émission unitaire de CO_2 en USD, 2011	1.8	3.0	En % du PIB, 2011	0.77	0.77
(taux de croissance annuel, 2007-11)	(+1.7)	(+1.6)	(taux de croissance annuel, 2007-11)	(+3.5)	(+2.8)

Graphique 9.18. **La science et l'innovation en Fédération de Russie**

Partie 1. Performance comparée des systèmes nationaux de science et d'innovation, 2014

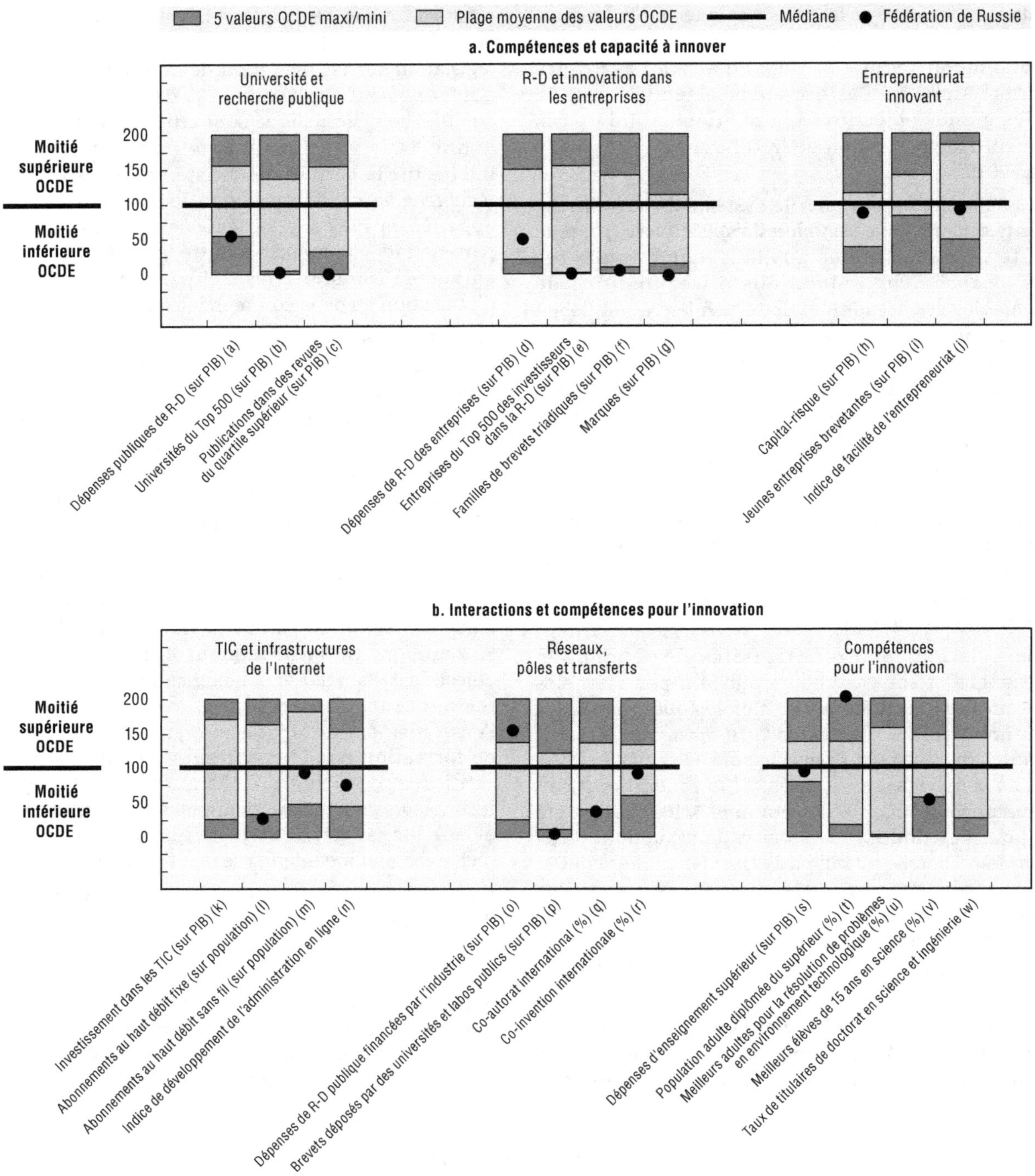

Note : Indice de performance normalisé par rapport aux valeurs médianes observées dans la zone de l'OCDE (médiane de l'indice = 100).

gouvernementales visent à stimuler les activités innovantes dans le secteur des entreprises. Le Programme pour le développement de l'innovation s'adresse aux grandes entreprises d'État, qu'il charge d'élaborer des stratégies en matière d'innovation ainsi que de coopérer avec les universités et les établissements de recherche. Les dépenses de R-D et d'innovation de ces grandes entreprises ont donc augmenté au cours des deux dernières années. La nouvelle loi fédérale sur les marchés publics (2013) concerne spécifiquement l'achat de produits innovants et de haute technologie. En 2012-13, un certain nombre de programmes sectoriels ont été adoptés pour aider les secteurs prioritaires tels que la fabrication de pointe, l'aviation et la construction navale. Le Programme pour le développement des PME est doté d'un budget de 8 milliards USD (155 milliards RUB) pour la période 2013-20 et prévoit divers types de soutien.

Le système STI de la Fédération de Russie en bref

Gouvernance des politiques STI : Le Conseil présidentiel pour la science et l'éducation et le Conseil présidentiel pour la modernisation économique et le développement innovant ont été créés pour améliorer la coordination des politiques axées sur la science et l'innovation. Deux programmes – l'un consacré au développement de la science et la technologie (DST) (2013-20), et l'autre à la croissance économique et à l'économie innovante (2013-20) –, approuvés en 2013, ont été conçus pour organiser et coordonner toutes les grandes initiatives ayant trait à la science et l'innovation qui sont financées par le budget fédéral. S'agissant de l'élaboration de la politique stratégique, des études prospectives (réalisées notamment par la Commission interministérielle de prospective technologique) sont de plus en plus utilisées pour définir les priorités STI nationales et sectorielles. Le document « Prospective scientifique et technologique à l'horizon 2030 », qui recense les axes scientifiques et technologiques prometteurs, fournit des informations très importantes pour la planification stratégique et l'élaboration de la politique dans le domaine. L'évaluation des programmes gouvernementaux a par ailleurs été renforcée.

Infrastructure des TIC et de la recherche : L'infrastructure des TIC est relativement peu développée, avec 14.5 abonnés au haut débit fixe pour 100 habitants (partie 1[l]). L'infrastructure de la recherche publique devrait s'améliorer sous l'effet de plusieurs initiatives, dont le programme mis au point par le ministère de la Science et la Technologie pour créer et développer de très grandes installations de recherche (2013-20). Ce programme finance de façon concurrentielle les infrastructures des centres de recherche et des universités (publics et privés).

Pôles d'activité et politiques régionales : Le gouvernement a lancé en 2012 un nouveau programme national visant à encourager la création de pôles d'innovation pilotes. Vingt-cinq pôles ont été créés dans six secteurs stratégiques : technologie nucléaire ; fabrication d'aéronefs et d'astronefs ; construction navale ; biotechnologie et industries médicale et pharmaceutique ; nouveaux matériaux ; produits chimiques et pétrochimiques ; enfin, technologies de l'information et électronique. En 2013, une subvention fédérale de 67 millions USD (1.3 milliard RUB) a été affectée au soutien des pôles d'activité pilotes, et jusqu'à 154 millions USD (3.1 milliards RUB) devraient être mis à disposition annuellement entre 2014 et 2016.

Mondialisation : Si la Russie s'approche de la médiane OCDE en ce qui concerne la co-invention internationale, elle s'en éloigne en revanche pour ce qui est du co-autorat international (partie 1[r, q]). Un certain nombre d'obstacles administratifs empêchent l'instauration d'une coopération plus approfondie et plus efficiente avec l'étranger (notamment les questions de visa et les différences de procédures avec les organismes de financement étrangers et internationaux). En 2013, le gouvernement a annoncé la création de deux grands programmes de financement de la STI qui favorisent la coopération internationale : R&D in Priority Fields of the S&T Complex of Russia (2014-20) et R&D Personnel for Innovative Russia (2014-20).

Évolution récente des dépenses STI : Les CBPRD ont considérablement augmenté en l'espace de cinq ans. Le projet de budget fédéral pour 2014-15 prévoit une légère baisse des crédits alloués à la R-D civile en 2014. Cela dit, l'État devrait rester la principale source de financement de la DIRD jusqu'en 2030, malgré les importantes initiatives prises récemment pour stimuler la R-D et l'innovation des entreprises. La DIRDES devrait passer de 9 à 13.5 % de la DIRD d'ici à 2018, signe de la volonté du gouvernement d'accroître les capacités de recherche des universités.

Partie 2. Avantage technologique révélé dans certains domaines, 2009-11

Indice basé sur les demandes de brevets PCT

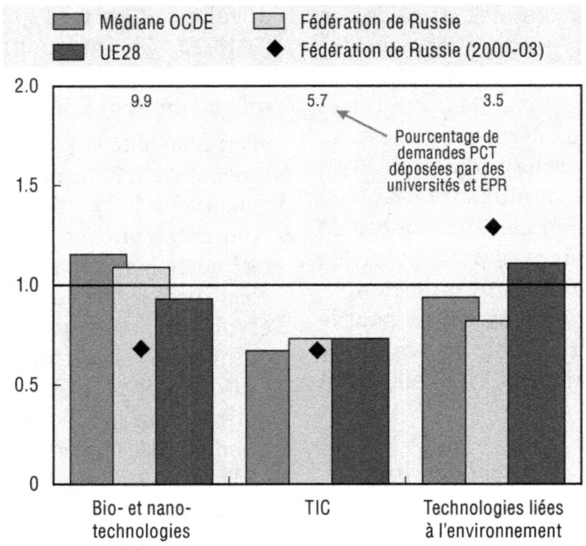

Partie 3. Allocation du soutien public à la R-D et l'innovation, par secteur, type et mode de financement, 2012

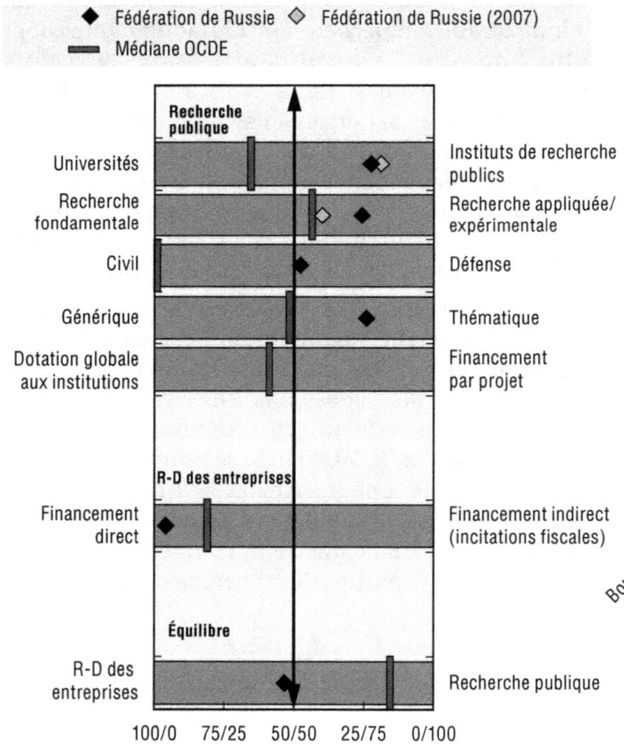

Partie 4. Principaux instrument de financement public de la R-D des entreprises, 2014

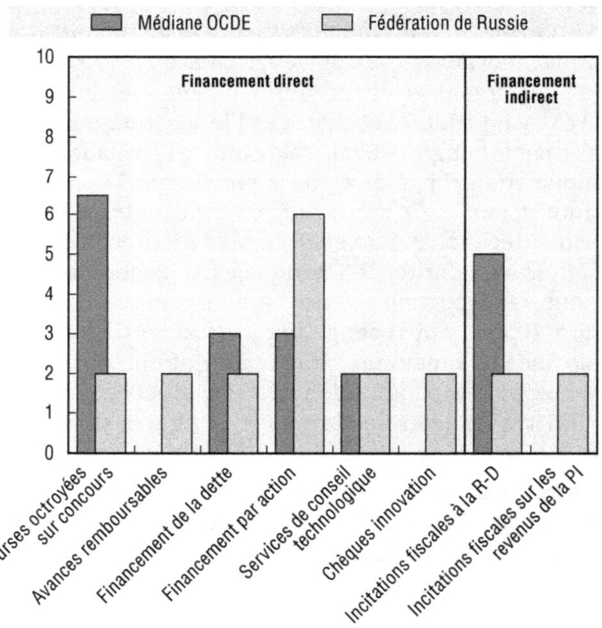

Note : Les informations sur les politiques sont tirées des réponses des pays au questionnaire préparatoire des éditions 2012 et 2014 des *Perspectives de la science, de la technologie et de l'industrie* de l'OCDE. Les réponses de la Fédération de Russie sont disponibles dans la base de données des *Perspectives*, édition 2014, accessible à l'adresse suivante : *http ://qdd.oecd.org/Table.aspx ?Query=E7DE044B-7994-456D-B3D9-BBB3FF44EA0E*.

Source : Voir le guide du lecteur et l'annexe méthodologique.

StatLink http://dx.doi.org/10.1787/888933307163

FINLANDE

La Finlande est un pays d'Europe du Nord dont la structure industrielle est dominée par les hautes et moyennes-hautes technologies, et spécialisée dans les TIC (partie 3). Le système STI finlandais est performant selon les normes OCDE. Un Plan d'action pour la politique de recherche et d'innovation (TINTO), mis en œuvre en décembre 2012, met de nouveau l'accent sur l'éducation, ainsi que sur la recherche et l'innovation à tous les niveaux.

Enjeu 1 : Améliorer la gouvernance du système et de la politique d'innovation. Le gouvernement a adopté en septembre 2013 une résolution de réforme globale des organismes publics de recherche et du financement de la recherche, privilégiant le développement d'une recherche multidisciplinaire de haut niveau qui présente un intérêt pour la société, ainsi que les travaux permettant d'étayer le processus décisionnel dans l'administration. Cette résolution couvre la réorganisation des EPR, la réallocation partielle du financement public de la recherche dans le sens de la concurrence, et la création d'un nouvel instrument stratégique de financement au sein de l'Académie de Finlande en appui à la recherche à long terme sur les défis auxquels est confrontée la société finlandaise. La stratégie Team Finland publiée en juin 2013 (voir plus loin), qui devient un élément essentiel de la politique STI, sera révisée chaque année, afin de maintenir sa perspective à long terme. Une première évaluation du Conseil de la recherche et de l'innovation (CRI) a été effectuée pour favoriser le développement et le renforcement de son activité. Ses recommandations sont actuellement examinées par le gouvernement, qui met aussi en œuvre un projet de réforme de l'administration (KEHU) visant à améliorer la coordination et la cohérence interministérielles.

Enjeu 2 : Améliorer la rentabilité et l'impact de la science. La recherche publique est bien développée, mais la performance des universités et des EPR est moins bonne que dans d'autres pays de premier plan en termes de demandes de brevet (partie 1[p]). Jusqu'à récemment, Tekes, l'agence de financement pour l'innovation, privilégiait les projets de recherche liés aux besoins des entreprises. Considérant l'importance de la création d'entreprises entièrement nouvelles, elle a lancé le projet New Knowledge and Business from Research Ideas, un nouveau type de financement de la recherche publique qui permet aux scientifiques d'étudier une idée non seulement en phase de recherche, mais aussi du point de vue de sa transformation en nouvelle activité commercialisée.

Enjeu 3 : L'innovation au service d'une croissance durable ou verte. Le gouvernement a adopté au printemps 2014 des stratégies en matière de technologies propres et de bio-économie afin d'accélérer la croissance, de créer de nouvelles activités et de renouveler les industries traditionnelles grâce à l'innovation. En juin 2013, il a pris la décision de principe de promouvoir les solutions énergétiques et environnementales durables (solutions de technologies propres) par le biais des marchés publics, encourageant ainsi le secteur public à faire de l'élaboration et de la mise en œuvre de solutions de technologie propre une référence pour les marchés publics.

Enjeu 4 : Innovation d'entreprise, entrepreneuriat et PME. Les dépenses de R-D des entreprises, dont l'intensité est très supérieure à la médiane OCDE (partie 1[d]), sont principalement le fait des industries manufacturières de haute technologie et de grandes entreprises comme Nokia (partie 2). Globalement, les demandes de brevet et le brevetage par les jeunes entreprises sont en tête de la tranche moyenne de l'OCDE (partie 1[f, i]). Pour accroître la R-D des entreprises et créer de nouveaux emplois à forte valeur ajoutée, la Finlande a mis en place une incitation fiscale à la R-D de durée limitée pour 2013-14. En outre, le programme d'achats publics responsables (2013-16) vise à créer de nouvelles opportunités de marché pour les PME et à produire des solutions d'avant-garde pour les besoins du secteur public. En 2013, le gouvernement a adopté un important programme de financement de la croissance (2014-17) pour les startups et les nouvelles entreprises innovantes.

Enjeu 5 : Relever les défis de la mondialisation de la science, de la technologie et de l'innovation, et renforcer la coopération internationale. Avec un nombre de publications internationales en collaboration se situant au-dessus de la médiane OCDE et, au contraire, un cobrevetage international inférieur à la médiane, la performance de la Finlande dans la coopération internationale pour la science et l'innovation est inégale (partie 1[q, r]). Pour qu'en 2020 l'encours d'IDE par rapport au PIB (36 % en 2012) dépasse la

Chiffres clés, 2013

Productivité économique et environnementale	FIN	OECD	Dépenses intérieures brutes de R-D	FIN	OECD
Productivité du travail			**DIRD**		
PIB par heure ouvrée en USD PPA, 2013	51.3	47.7	En million USD en PPA, 2012	7 530	1 107 398
(taux de croissance annuel, 2008-13)	(-0.3)	(+0.8)	En % du total OCDE, 2012	0.7	100
Productivité environnementale			**Intensité et croissance de la DIRD**		
PIB par émission unitaire de CO_2 en USD, 2011	3.1	3.0	En % du PIB, 2012	3.55	2.40
(taux de croissance annuel, 2007-11)	(+4.6)	(+1.8)	(taux de croissance annuel, 2007-12)	(-0.3)	(+2.0)
Demande verte			**DIRD à financement public**		
RNN par émission unitaire de CO_2 en USD, 2011	3.1	3.0	En % du PIB, 2011	0.95	0.77
(taux de croissance annuel, 2007-11)	(+4.0)	(+1.6)	(taux de croissance annuel, 2007-11)	(+1.7)	(+2.8)

Graphique 9.19. **La science et l'innovation en Finlande**

Partie 1. Performance comparée des systèmes nationaux de science et d'innovation, 2014

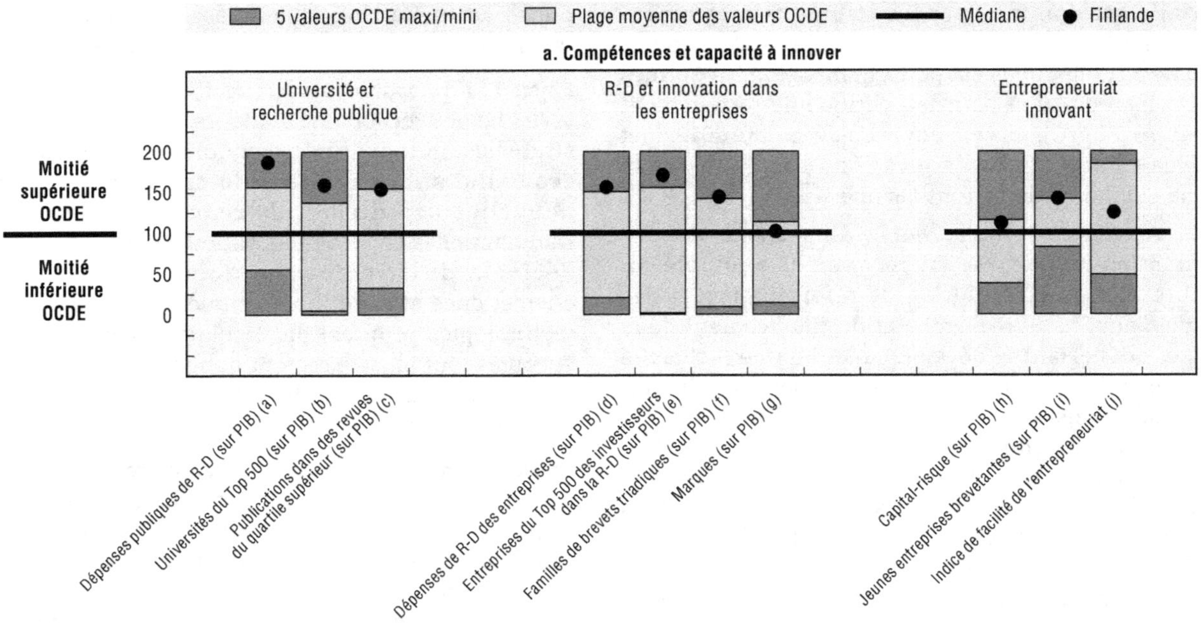

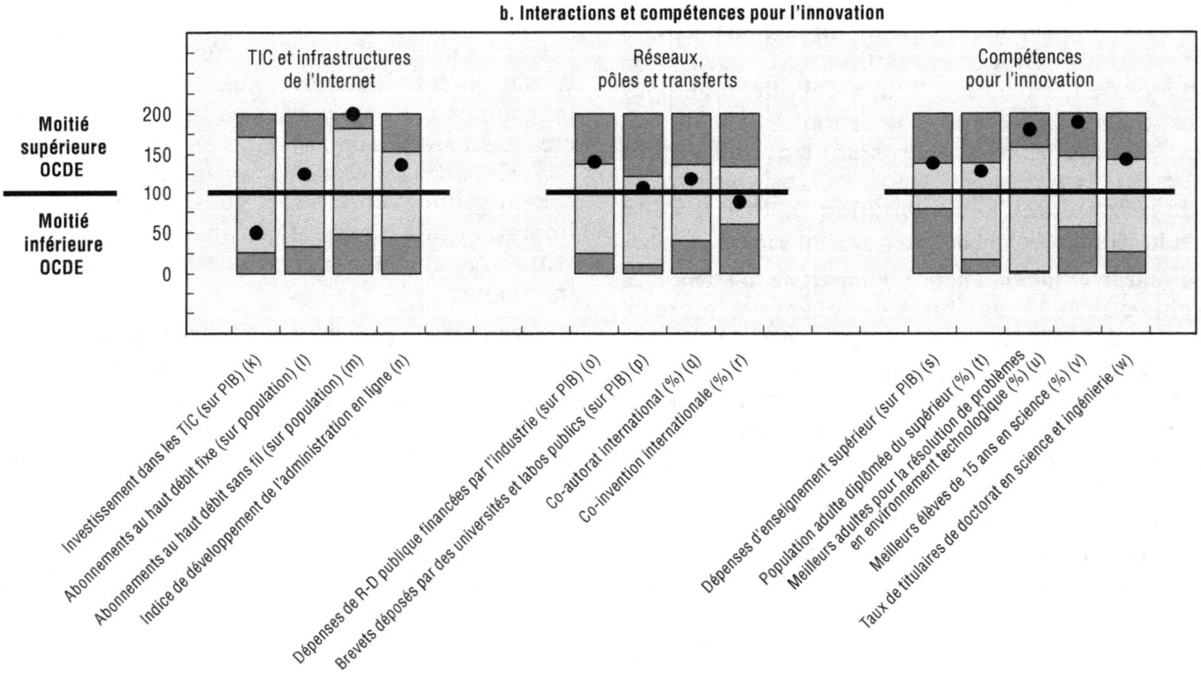

Note : Indice de performance normalisé par rapport aux valeurs médianes observées dans la zone de l'OCDE (médiane de l'indice = 100).

moyenne de l'UE (46.6 % en 2012), le gouvernement a pris en décembre 2012 une décision de principe concernant Team Finland – Strategy for Promoting Foreign Investment. Plutôt que de créer une nouvelle initiative ou d'alourdir la bureaucratie, cette stratégie vise à optimiser les efforts actuels de promotion de l'IDE en les unifiant. Le but est de créer un modèle transparent, flexible et centré sur les besoins du client pour que les acteurs clés, dans le pays et à l'étranger, poursuivent un objectif stratégique cohérent. Par ailleurs, les entreprises internationales menant des activités de R-D en Finlande peuvent solliciter un financement auprès de Tekes même sans être enregistrées en Finlande et sans avoir de partenaire finlandais.

Le système STI de la Finlande en bref

Nouveaux défis : Les Centres stratégiques pour la science, la technologie et l'innovation (SHOK) sont des partenariats public-privé destinés à répondre aux besoins de l'industrie et de la société au cours des cinq à dix ans à venir. Ils sont axés sur l'énergie, l'environnement, la bioéconomie, la santé et le bien-être, les TIC, et les produits métalliques et le génie mécanique. Leurs activités sont développées sur la base de l'évaluation internationale des SHOK réalisée en 2013.

Universités et recherche publique : La Finlande a pour atouts une base scientifique solide, une dépense publique de R-D élevée, des universités cotées et un nombre élevé de publications scientifiques rapporté au PIB (partie 1[a, b, c]). Les EPR seront réformés sur la base de la Résolution de réforme générale. Un nouveau modèle de financement des universités a vu le jour en 2013, qui met davantage l'accent sur la qualité, la rentabilité et l'internationalisation, avec une augmentation du financement stratégique d'appui aux profils et à la diversité des universités. Ce modèle sera révisé en 2015. Une nouvelle loi sur l'enseignement polytechnique, qui doit entrer en vigueur début 2014, vise à aider cette filière à affronter les mutations et les défis du monde du travail et de la société, en transférant à l'État la responsabilité de leur financement de base et en octroyant aux établissements le statut de personnes morales indépendantes.

Entrepreneuriat innovant : Les activités de capital-risque du gouvernement en faveur des startups seront transférées de Finnvera à Tekes en juillet 2014, avec un budget annuel de 22 millions USD (20 millions EUR), dans l'espoir de mobiliser auprès des sources privées de capital-risque une somme au moins équivalente. Le Programme de financement des jeunes entreprises innovantes devrait fonctionner sous sa forme actuelle jusqu'à fin 2014, puis continuer sous une autre forme.

Pôles d'activité et spécialisation intelligente : En 2014, le programme Centre d'expertise (OSKE 1994-13) sera remplacé par le programme Cités innovantes (INKA) (2014-20). Douze zones urbaines ont été sélectionnées pour y créer et y renforcer des pôles d'innovation d'attractivité internationale. Le programme (2013-17) finance des projets collaboratifs entre entreprises, municipalités et organismes de recherche pour offrir aux entreprises des possibilités de mettre sur le marché de nouveaux produits ou services. Le nouveau programme INKA a intégré le concept européen de spécialisation intelligente. Une stratégie d'innovation nationale et régionale synchronisée a été révisée en 2013 quand les régions urbaines ont organisé une planification à grande échelle pour participer à INKA.

Compétences et innovation : Tous les indicateurs du capital humain pour la Finlande sont supérieurs aux médianes OCDE (partie 1[t, u, v, w]). La capacité de la population adulte à résoudre des problèmes techniques et le niveau scientifique des élèves de 15 ans sont remarquables, et la forte proportion de titulaires d'un doctorat en sciences et en ingénierie est le signe d'une offre stable de hautes compétences pour le système STI. Le Plan d'action gouvernemental 2012-15 pour l'égalité des sexes promeut l'égalité entre hommes et femmes, et lutte contre la discrimination sexuelle dans l'éducation. Le ministère de l'Éducation et de la Culture utilise plusieurs mesures pour rendre les carrières de chercheur attractives et vise à produire 1 600 titulaires d'un doctorat par an sur la période 2013-16. Un groupe de travail national pour le Programme d'enseignement des sciences 2013-14 procédera à une révision globale de l'enseignement scientifique, afin d'accroître l'intérêt des enfants et des adolescents pour la science et la recherche.

Partie 2. Composition structurelle de la DIRDE, 2011

En pourcentage dans la DIRDE totale ou de sous-parties de la DIRDE (%)

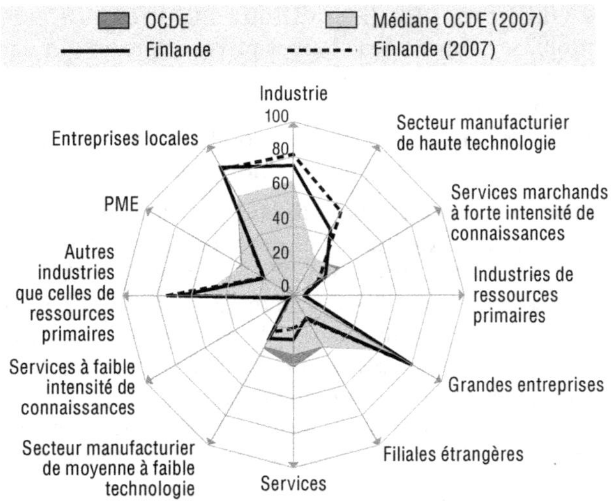

Partie 3. Avantage technologique révélé dans certains domaines, 2009-11

Indice basé sur les demandes de brevets PCT

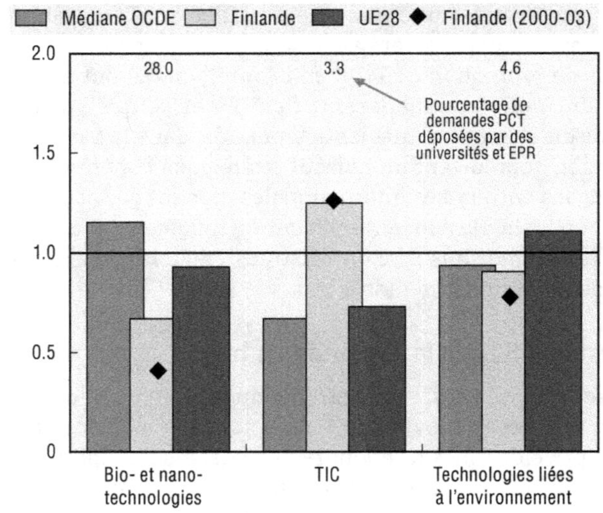

Partie 4. Allocation du soutien public à la R-D et l'innovation, par secteur, type et mode de financement, 2012

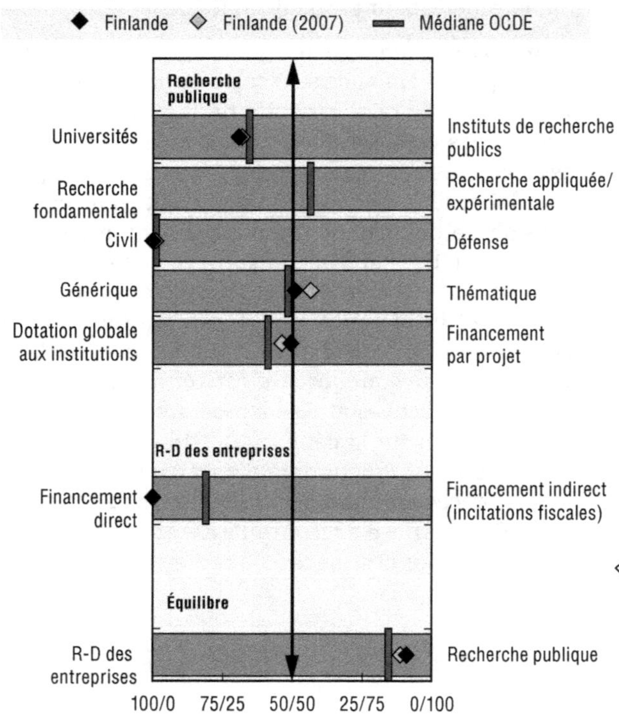

Partie 5. Principaux instrument de financement public de la R-D des entreprises, 2014

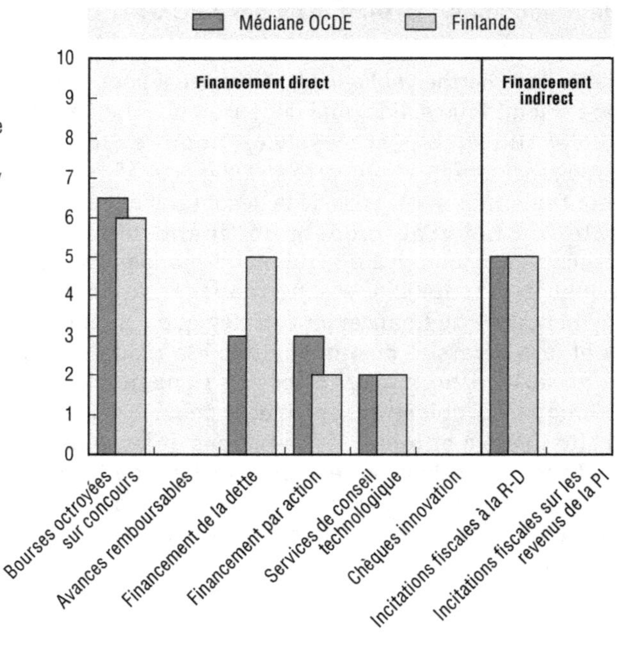

Note : Les informations sur les politiques sont tirées des réponses des pays au questionnaire préparatoire des éditions 2012 et 2014 des *Perspectives de la science, de la technologie et de l'industrie* de l'OCDE. Les réponses de la Finlande sont disponibles dans la base de données des *Perspectives*, édition 2014, accessible à l'adresse suivante : *http://qdd.oecd.org/Table.aspx?Query=F0716DF1-E8C1-47D4-B5F2-D38D7ADC02F6.*

Source : Voir le guide du lecteur et l'annexe méthodologique.

StatLink http://dx.doi.org/10.1787/888933306930

FRANCE

L'économie française se situe au deuxième rang de la zone euro et affiche une croissance modeste depuis quelques années. La désindustrialisation prononcée influe sur la compétitivité des exportations. C'est pourquoi la priorité de l'État est de mobiliser la science et la technologie au service d'une croissance fondée sur l'innovation.

Enjeu 1 : Accompagner l'ajustement structurel et la nouvelle approche de la croissance. La France place l'innovation au cœur de son action pour la croissance, articulée autour d'une nouvelle politique industrielle, dont les piliers sont la « gestion » de la transition énergétique et les technologies de l'information. Le gouvernement a étoffé ses politiques en faveur de la R-D du secteur privé et des jeunes entreprises, et annoncé un certain nombre de plans ciblés. Le programme La nouvelle France industrielle (septembre 2013) coordonnera jusqu'en 2020 l'aide publique et les efforts privés de commercialisation des nouvelles technologies dans 34 domaines (par exemple, voiture sobre en carburant, hôpital numérique, l'école à l'ère du numérique). En complément, le projet Nouvelle donne pour l'innovation (novembre 2013) prévoit 40 mesures axées sur l'évaluation des politiques publiques, le développement de la culture de l'entrepreneuriat, l'accompagnement du transfert technologique et la promotion de la croissance des entreprises par l'innovation (accès facilité aux marchés, financement, propriété intellectuelle, etc.).

Enjeu 2: Relever les défis sociaux (y compris l'inclusion). La France s'efforce d'asseoir le rôle de la recherche publique face aux grands défis sociétaux (environnement, vieillissement). Ce sera l'un des piliers de sa stratégie nationale de recherche (SNR), qui était en cours d'élaboration au premier semestre 2014 par le biais d'une vaste consultation publique impliquant au premier chef les établissements publics de recherche. Son plan d'exécution dressera l'inventaire des ressources nécessaires. La stratégie sera liée au Programme d'investissements d'avenir (PIA), qui prévoit de consacrer 23.8 milliards USD (20 milliards EUR) à la recherche et à l'innovation en 2010-20.

Enjeu 3: Réformer le système de la recherche publique. La recherche publique française continue d'évoluer. Des mesures sont prises pour resserrer les liens entre les établissements publics de recherche, l'enseignement supérieur et les acteurs socio-économiques, mais aussi pour renforcer l'intégration des universités, des écoles d'ingénieurs et de commerce (*grandes écoles*) et des établissements publics de recherche. Ainsi, le PIA finance des équipes d'excellence simultanément rattachées à des établissements publics de recherche et à des universités. Une nouvelle autorité chargée d'évaluer la recherche et l'enseignement supérieur (le HCERES), qui a vu le jour en 2014, jouit d'un statut qui la rend indépendante des parties évaluées.

Enjeu 4: Accroître le rendement et l'impact de la science. Le principal objectif de la politique française est de renforcer la compétitivité des entreprises et de relever les défis sociétaux grâce à la commercialisation des applications de la recherche publique et à une mise sur le marché plus rapide des fruits de la R-D d'entreprise, conformément au programme européen Horizon 2020. Un plan a été lancé à cette fin en 2012-13 et la Nouvelle donne pour l'innovation prévoit des mesures ciblées. Des cours d'entrepreneuriat sont désormais dispensés dans toutes les universités. Des sociétés d'accélération du transfert de technologies (SATT), dotées d'un plan de développement bien précis et d'équipes de spécialistes, sont créées dans le cadre du PIA. Une aide est fournie aux laboratoires communs d'établissements publics de recherche et de PME. Le PIA finance aussi des installations de recherche communes à des entreprises et à des établissements publics de recherche ou à des universités, dont certaines mettent au point des technologies liées à la transition énergétique.

Le système STI de la France en bref

Universités et recherche publique : La part des dépenses publiques de R-D dans le PIB est supérieure à la médiane OCDE (partie 1[a]). Les réformes se poursuivent depuis le milieu des années 2000. En juillet 2013, une loi sur les missions et l'organisation de l'enseignement supérieur et du système de recherche a été adoptée : elle encourage les deux secteurs à s'associer ou à fusionner pour atteindre une masse critique dans la recherche et l'enseignement.

Innovation dans l'entreprise : Avec des dépenses de R-D des entreprises qui représentaient 1.48 % de son PIB en 2012, la France se situe juste au-dessus de la médiane OCDE

Chiffres clés, 2013

Productivité économique et environnementale	FRA	OCDE	Dépenses intérieures brutes de R-D	FRA	OCDE
Productivité du travail			**DIRD**		
PIB par heure ouvrée en USD PPA, 2013	61.6	47.7	En million USD en PPA, 2012	55 352	1 107 398
(taux de croissance annuel, 2008-13)	(+0.5)	(+0.8)	En % du total OCDE, 2012	5.0	100
Productivité environnementale			**Intensité et croissance de la DIRD**		
PIB par émission unitaire de CO_2 en USD, 2011	5.9	3.0	En % du PIB, 2012	2.29	2.40
(taux de croissance annuel, 2007-11)	(+3.3)	(+1.8)	(taux de croissance annuel, 2007-12)	(+2.0)	(+2.0)
Demande verte			**DIRD à financement public**		
RNN par émission unitaire de CO_2 en USD, 2011	6.2	3.0	En % du PIB, 2011	0.82	0.77
(taux de croissance annuel, 2007-11)	(+3.2)	(+1.6)	(taux de croissance annuel, 2007-11)	(+0.1)	(+2.8)

Graphique 9.20. **La science et l'innovation en France**

Partie 1. Performance comparée des systèmes nationaux de science et d'innovation, 2014

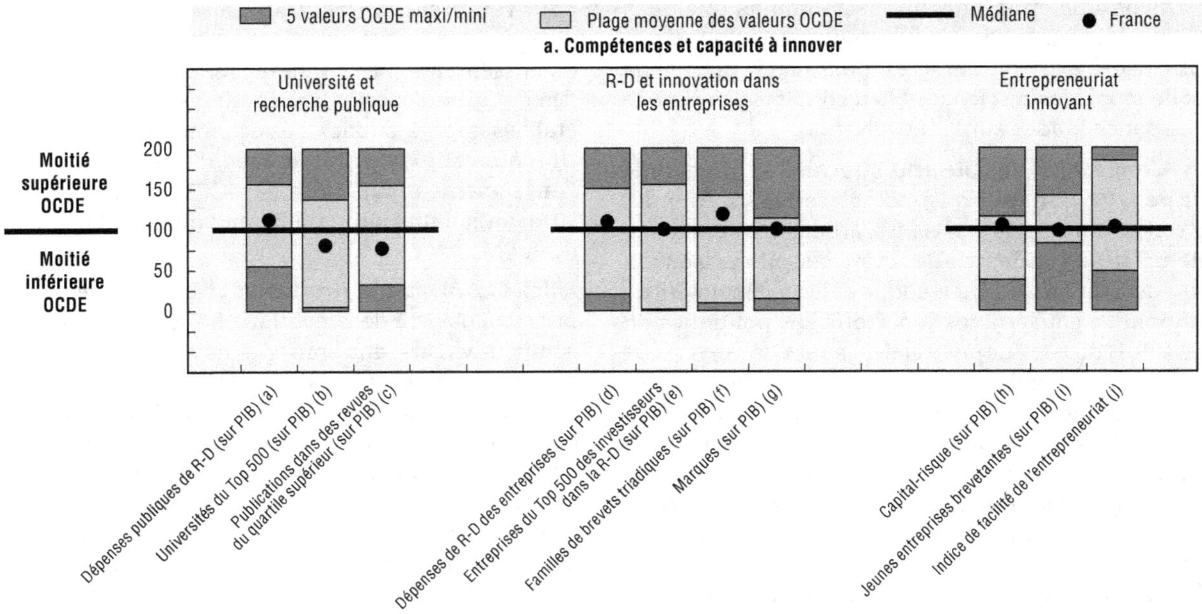

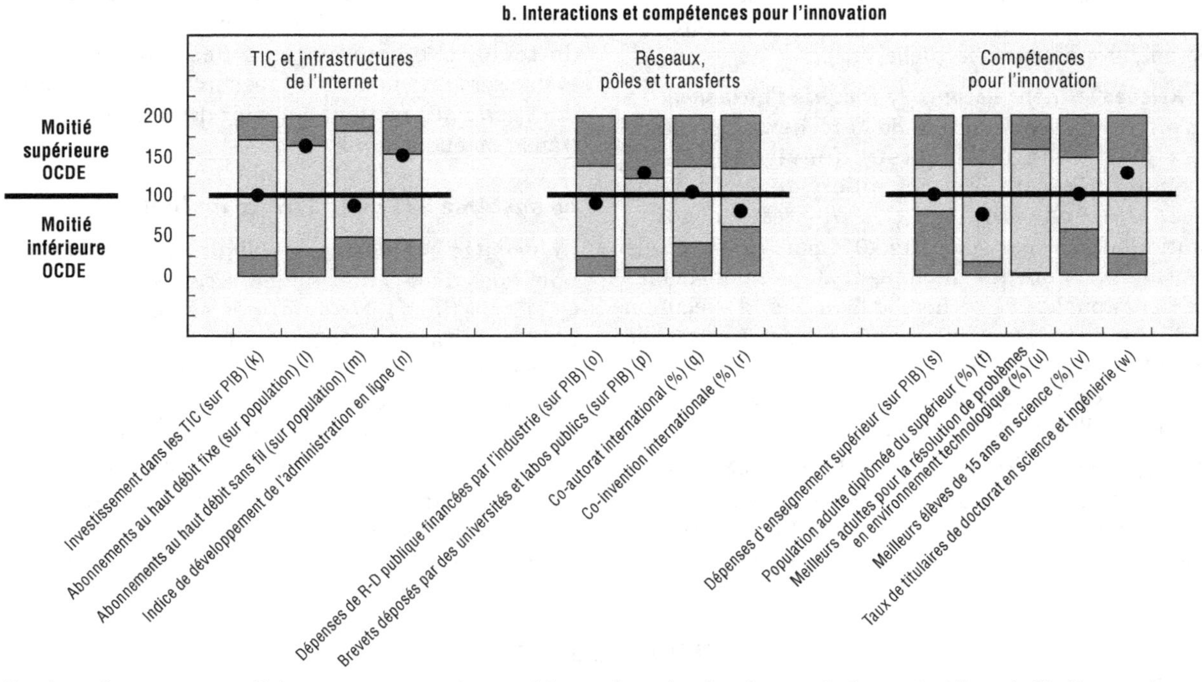

Note : Indice de performance normalisé par rapport aux valeurs médianes observées dans la zone de l'OCDE (médiane de l'indice = 100).

(partie 1[d]), mais derrière l'Allemagne et les pays d'Europe du Nord. Pour stimuler la R-D et l'innovation, le gouvernement a maintenu le crédit d'impôt recherche dont le total annuel des créances de 6 milliards USD (5 milliards EUR) en fait l'un des plus généreux au monde. Un certain nombre de mesures ont également été prises pour consolider le soutien direct, notamment en direction des 34 secteurs clés susmentionnés.

Entrepreneuriat innovant : Doper la création et la croissance des jeunes entreprises innovantes est l'un des principaux objectifs poursuivis par la France. Les mesures récemment prises à cette fin sont : la création de la Banque publique d'investissement (Bpifrance), qui finance l'innovation des startups et des PME, l'élargissement du statut de Jeune entreprise innovante, qui favorise la création d'entreprises effectuant des travaux de recherche, et la mise en place du crédit d'impôt innovation, dont le but est d'inciter les PME indépendantes à investir davantage dans l'innovation. En 2011 a été mis sur pied le Fonds national d'amorçage (FNA). Doté de 714 millions USD (600 millions EUR), ce fonds de fonds avait réalisé 15 investissements au 30 novembre 2013, dans les technologies numériques (45 %), les sciences du vivant (40 %) et les technologies propres (10 %).

Transfert et commercialisation de technologies : Les établissements publics de recherche sont d'importants déposants de brevets (partie 1[p]). Pour accroître la rentabilité de la recherche publique, la loi de juillet 2013 susmentionnée a inscrit le transfert de technologies au nombre des tâches qui incombent aux établissements publics de recherche. Dans le cadre du PIA, les SATT ont pour mission d'atteindre la masse critique et le niveau de professionnalisation requis pour permettre le transfert de technologies.

Pôles d'activité et spécialisation intelligente : Depuis 2004, la France finance les projets de R-D conduits par des entités publiques dans des domaines précis (par exemple, nanotechnologie, aérospatial) dans le cadre de sa politique des pôles de compétitivité. Suite à l'évaluation de 2012, la troisième phase de cette politique met davantage l'accent sur les étapes situées en aval (par exemple, prototypage et commercialisation d'innovations).

Mondialisation : Renforcer les contacts des chercheurs français avec le reste du monde est l'un des grands objectifs des pouvoirs publics. Plusieurs programmes sont en place pour les aider à décrocher des contrats temporaires à l'extérieur du pays et pour attirer en France des chercheurs étrangers de haut niveau. Ces derniers ont ainsi reçu 2.4 millions USD (2 millions EUR) dans le cadre du programme « chaires d'excellence » pour passer entre 18 et 48 mois en France. Vu la modeste participation de la France au septième programme-cadre, le gouvernement s'emploie activement à préparer la participation des acteurs au programme Horizon 2020.

Compétences et innovation : La loi de juillet 2013 étend l'autonomie des établissements d'enseignement supérieur en leur conférant une plus grande marge de manœuvre dans l'élaboration des programmes. En France, les doctorants représentent une part relativement élevée des étudiants en science et ingénierie (partie 1[w]). Ils jouissent d'un nouveau statut (le contrat doctoral), de sorte qu'ils sont mieux rémunérés et ont la possibilité d'enseigner, d'offrir des services de consultant, etc. Les étudiants sont également incités à se lancer dans l'entrepreneuriat (cours spéciaux, rencontres avec des entrepreneurs chevronnés, accès facilité au financement, etc.).

Partie 2. Composition structurelle de la DIRDE, 2011

En pourcentage dans la DIRDE totale ou de sous-parties de la DIRDE (%)

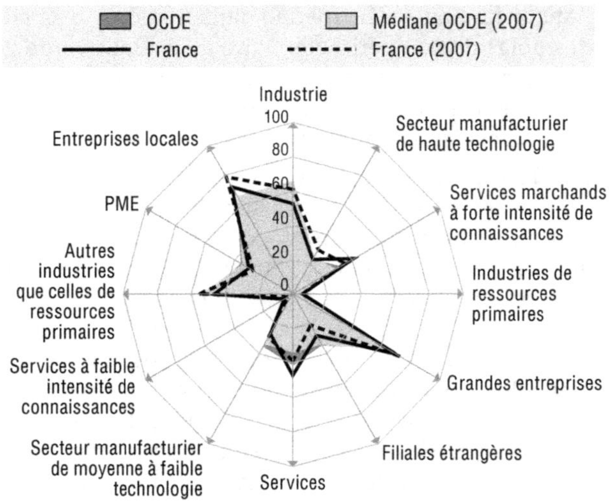

Partie 3. Avantage technologique révélé dans certains domaines, 2009-11

Indice basé sur les demandes de brevets PCT

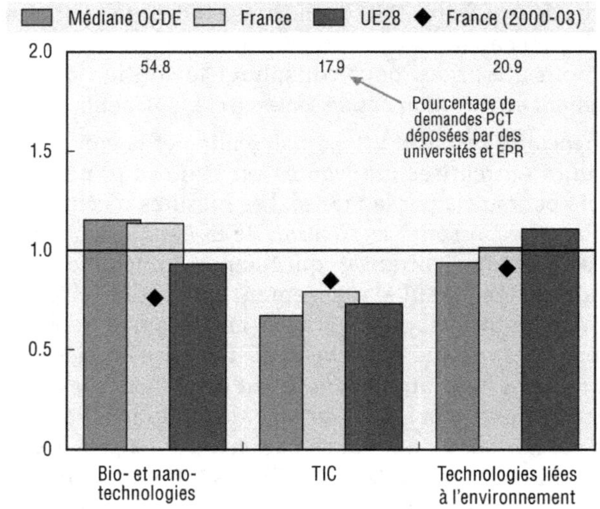

Partie 4. Allocation du soutien public à la R-D et l'innovation, par secteur, type et mode de financement, 2012

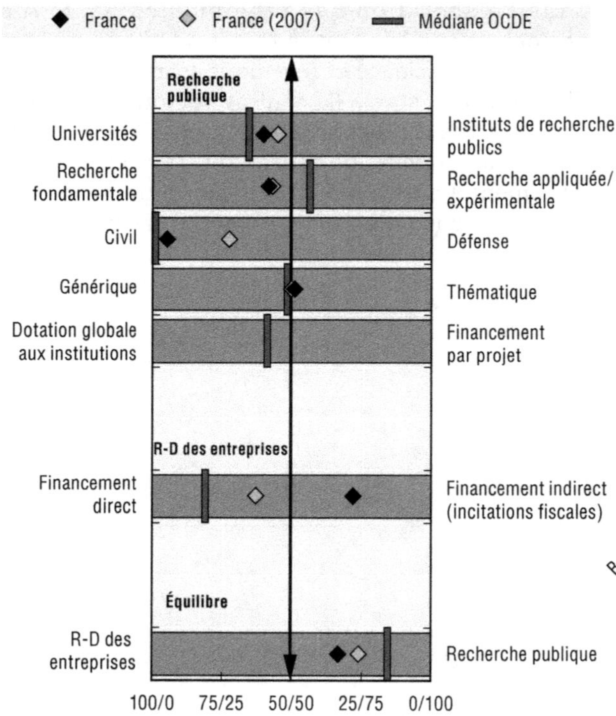

Partie 5. Principaux instrument de financement public de la R-D des entreprises, 2014

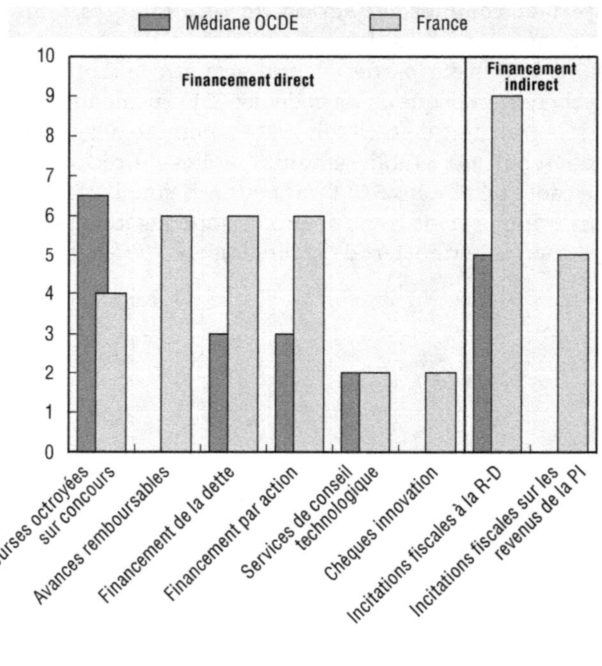

Note : Les informations sur les politiques sont tirées des réponses des pays au questionnaire préparatoire des éditions 2012 et 2014 des *Perspectives de la science, de la technologie et de l'industrie* de l'OCDE. Les réponses de la France sont disponibles dans la base de données des *Perspectives*, édition 2014, accessible à l'adresse suivante : *http://qdd.oecd.org/Table.aspx?Query=E1A91286-E3E7-4E83-9DA9-2FE5689B1090.*

Source : Voir le guide du lecteur et l'annexe méthodologique.

StatLink http://dx.doi.org/10.1787/888933306941

GRÈCE

La Grèce subit depuis 2008 une récession prononcée et prolongée. Pour y remédier, elle a entrepris de profonds ajustements budgétaires et de vastes réformes structurelles. Améliorer les conditions-cadres de l'innovation et vaincre les grandes faiblesses du système d'innovation sont d'importantes étapes pour retrouver la compétitivité et une croissance durable.

Enjeu 1 : Améliorer les conditions-cadres de l'innovation, notamment la compétitivité. Les conditions-cadres de l'innovation sont loin d'être favorables, comme l'indiquent la pénurie de capital-risque et le faible indice de facilité d'entreprise comparés à la médiane OCDE (partie 1[h, j]). La reprise passe par l'amélioration des conditions de l'entrepreneuriat. Les pouvoirs publics déploient des efforts soutenus pour améliorer les conditions de l'innovation afin de rétablir la compétitivité, la croissance et la création d'emplois. Des réformes, notamment législatives, ont été lancées pour améliorer le système STI de façon directe et indirecte, les autres mesures concernant le développement des infrastructures électroniques, la promotion de nouveaux modèles d'innovation (innovation sociale et ouverte) et l'adoption d'autres indicateurs STI. Plus précisément, le cadre de la concurrence, le marché du travail et le régime fiscal ont fait l'objet de réformes structurelles. La loi sur l'investissement (3908/2011), modifiée en 2012-13, insiste davantage sur le jeune entrepreneuriat innovant, l'amélioration des conditions d'investissement des entreprises dans la R-D, et le développement vert. Le Fonds hellénique pour l'entrepreneuriat et le développement (ETEAN S.A), créé en 2011, apporte des garanties aux emprunts des PME auprès des banques et autres organismes financiers (p. ex. sociétés de crédit-bail et de capital-risque). Le plan stratégique national pour l'innovation et l'entrepreneuriat vise à renforcer le fonds de fonds de capital-risque gouvernemental (TANEO SA) par de nouveaux fonds avec la participation d'investisseurs de premier rang à titre de commandités. Une nouvelle loi-cadre sur la recherche, le développement technologique et l'innovation est en préparation, qui améliorera les conditions de l'investissement privé dans la R-D.

Enjeu 2 : Renforcer la capacité et les infrastructures de la R-D publique. Par rapport à sa dépense publique en R-D, très inférieure à la médiane OCDE (partie 1[a]), la Grèce enregistre une meilleure performance en termes de publications internationales et de présence parmi les 500 plus grandes universités du monde (partie 1[b, c]). Cependant, depuis deux ans, l'obligation d'assainissement budgétaire entraîne de nouvelles réductions du financement public de la recherche. Face à ce problème, le gouvernement privilégie l'utilisation efficace des ressources limitées. La loi 4051/2012 réorganise et fusionne les EPR, pour améliorer l'orientation disciplinaire et géographique, renforcer la coopération scientifique dans la recherche et réduire les coûts. Le plan Athena 2013 vise à rationaliser l'enseignement supérieur. La Grèce a fait de gros efforts pour améliorer l'infrastructure électronique de R-D à l'aide de projets, cofinancés par l'UE, d'infrastructure-service (IaaS) infonuagique pour les chercheurs et les universitaires. Des politiques d'accès libre aux publications et aux données ont été élaborées, et le programme le plus vaste jamais conçu pour la documentation, le regroupement et la réutilisation de plus de deux millions de biens culturels est en cours de réalisation. Une stratégie nationale et une feuille de route pour réviser l'infrastructure de recherche existante sont en préparation et seront achevées en 2014.

Enjeu 3 : Améliorer la rentabilité et l'impact de la science. Le système de recherche publique de la Grèce est largement isolé du secteur productif. Les EPR et les universités ne commercialisent généralement pas les résultats de leurs recherches, comme l'indique un nombre de brevets extrêmement réduit (partie 1[p]). En outre, la part de la R-D publique financée par l'industrie est très faible (partie 1[o]), preuve supplémentaire de l'insuffisance de liens entre les universités et l'industrie.

Outre l'aide à la commercialisation par l'amélioration des conditions-cadres de l'entrepreneuriat, le plan stratégique national pour l'innovation et pour un nouvel entrepreneuriat a créé des bureaux de transfert de technologie dans toutes les universités et tous les EPR. Des efforts continus sont faits pour accroître la protection et l'exploitation des DPI issus de la recherche publique et favoriser d'autres modèles d'exploitation des connaissances. Par ailleurs, des politiques de libre accès aux données vont être appliquées pour stimuler la recherche et la croissance en augmentant la rentabilité et l'impact de la recherche publique.

Chiffres clés, 2013

Productivité économique et environnementale	GRC	OECD	Dépenses intérieures brutes de R-D	GRC	OECD
Productivité du travail			**DIRD**		
PIB par heure ouvrée en USD PPA, 2013	35.4	47.7	En million USD en PPA, 2012	1 994	1 107 398
(taux de croissance annuel, 2008-13)	(-1.8)	(+0.8)	En % du total OCDE, 2012	0.2	100
Productivité environnementale			**Intensité et croissance de la DIRD**		
PIB par émission unitaire de CO_2 en USD, 2011	3.0	3.0	En % du PIB, 2012	0.69	2.40
(taux de croissance annuel, 2007-11)	(+0.0)	(+1.8)	(taux de croissance annuel, 2007-12)	(-1.8)	(+2.0)
Demande verte			**DIRD à financement public**		
RNN par émission unitaire de CO_2 en USD, 2011	2.8	3.0	En % du PIB, 2011	0.36	0.77
(taux de croissance annuel, 2007-11)	(-2.0)	(+1.6)	(taux de croissance annuel, 2007-11)	(-1.6)	(+2.8)

Graphique 9.21. La science et l'innovation en Grèce

Partie 1. Performance comparée des systèmes nationaux de science et d'innovation, 2014

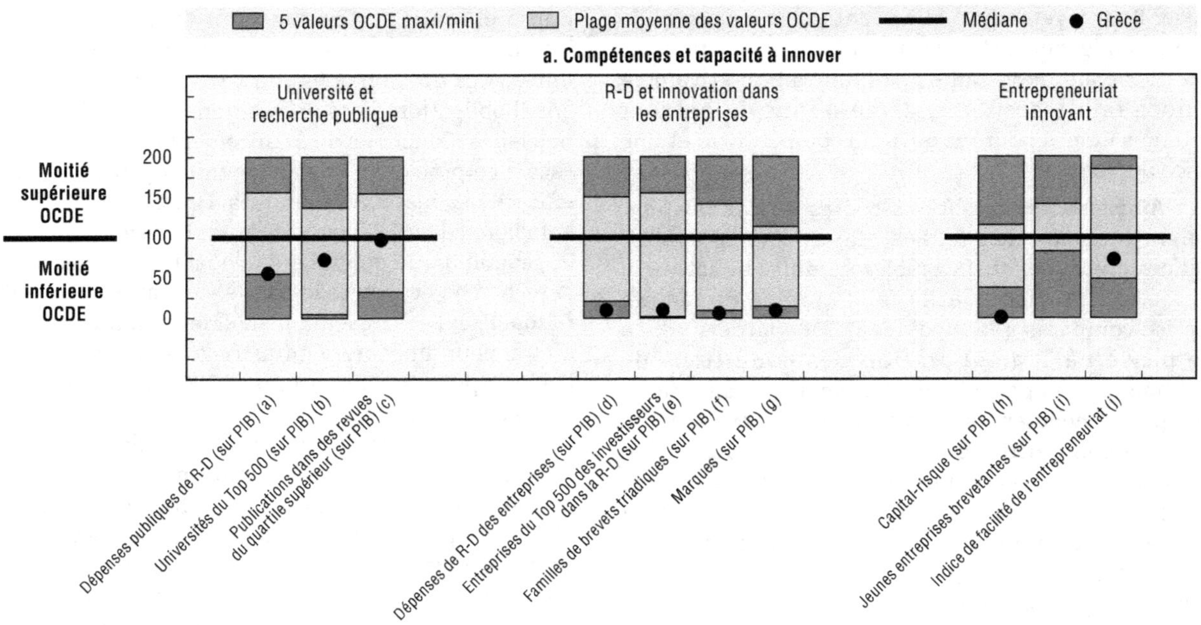

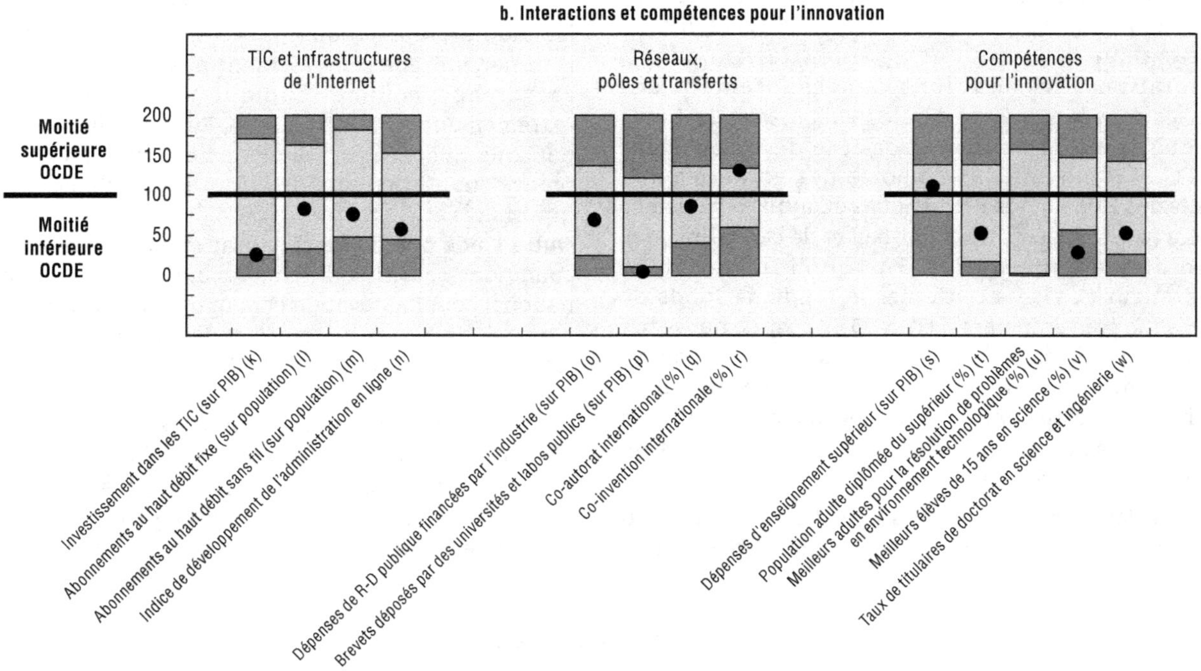

Note : Indice de performance normalisé par rapport aux valeurs médianes observées dans la zone de l'OCDE (médiane de l'indice = 100).

Enjeu 4 : Faire face à la mondialisation et développer la coopération internationale dans le domaine STI. Les pressions sur les budgets nationaux ont accentué l'importance de la coopération internationale dans le domaine STI, aussi considérée comme une possibilité d'exploiter le financement et les infrastructures extérieurs et de tirer profit du transfert international de connaissances. Le financement étranger a représenté 15.8 % de la DIRD en 2012, l'UE étant le plus important financeur extérieur de la R-D. Depuis deux ans, le gouvernement grec privilégie l'aide à la coopération scientifique bilatérale et encourage davantage la participation des EPR et des entreprises à des programmes internationaux (surtout européens) comme le dispositif ERA-NET.

Enjeu 5 : Améliorer les ressources humaines, les compétences et le renforcement des capacités. Si la dépense du pays pour l'enseignement supérieur se situe au niveau de la médiane OCDE, la part des diplômés du supérieur dans la population adulte y est inférieure (partie 1[t, v]). La récession a aussi causé une perte de ressources humaines pour les sciences et techniques et pour l'innovation, les mesures d'austérité appliquées aux retraites ayant poussé de nombreux chercheurs vers une retraite anticipée, tandis que les réductions salariales et le gel des embauches ont chassé du pays un nombre croissant de jeunes scientifiques. La récente réforme de l'enseignement supérieur (lois 4009/2011, 4076/2012 et 4115/2013) a profondément modifié les mécanismes de gouvernance et de financement, pour rendre les universités plus autonomes, et améliorer la qualité de l'enseignement et des services aux étudiants. Les dernières réformes (lois 4093/2012 et 4111/2013) ont rationalisé le cadre juridique de l'enseignement postsecondaire et inauguré de nouvelles mesures pour la reconnaissance des diplômes obtenus ailleurs dans l'UE.

Le système STI de la Grèce en bref

Nouvelles sources de croissance : La micro-électronique, la nanoélectronique et les systèmes intégrés ont récemment fait leur apparition dans la R-D en Grèce. Leur développement bénéficie de mesures locales (le pôle Corallia pour la microélectronique, 2008-15) et de la participation à des programmes internationaux : le Conseil consultatif européen d'initiative nanoélectronique et le programme Recherche et technologie avancées pour l'intelligence et les systèmes enfouis. Quatre nouveaux pôles d'activité pour l'espace, les jeux, les sciences de la vie et l'énergie verte sont financés sur 2011-15 par un budget total de 38 millions USD (27.6 millions EUR).

Nouveaux défis : Les pouvoirs publics visent à améliorer la coordination entre la politique environnementale et énergétique, et le développement technologique national, principalement par des projets communs dans le cadre du programme de coopération. Le projet connexe Île verte – Ai Stratis (2010) est axé sur le développement d'énergies renouvelables et de technologies d'économie d'énergie dans le but de couvrir les besoins de l'île

Innovation d'entreprise : La DIRDE grecque est bien inférieure à la médiane OCDE (partie 1[d]). La Grèce manque d'investisseurs mondiaux (partie 1[e]) et les faibles valeurs des indicateurs des produits de l'innovation (partie 1[f, g]) reflètent l'insuffisance d'intrants d'innovation dans les entreprises. La loi fiscale 4110/2013 (modifiant une loi de 2004) porte à 30 % le taux de déduction annuelle des dépenses de R-D des profits nets. Cette incitation s'appliquera dès 2014 pour stimuler les dépenses de R-D des entreprises. Le droit des marques a connu d'importants changements en 2012-13 (p. ex. réforme des procédures d'enregistrement des marques). Une modernisation du système de brevets est à l'étude.

Entrepreneuriat innovant : Enterprise Europe Network-Hellas (EEN-Hellas) octroie une aide initiale aux entreprises grecques innovantes désireuses de s'intégrer aux chaînes de valeur mondiales et de s'orienter davantage vers l'exportation en exploitant des connaissances acquises auprès de tiers, en transférant leur savoir à des tiers et en développant leurs activités de licences et de brevets. Le nouveau programme EEN devrait démarrer au dernier trimestre de 2014.

Pôles d'activité et spécialisation intelligente : Depuis début 2012, des stratégies de spécialisation intelligente sont élaborées aux plans national et régional. Des plateformes d'innovation sont mises en place depuis 2013 dans le cadre de la Stratégie de recherche et d'innovation 2014-20 de l'UE pour une spécialisation intelligente (RIS3). Formées autour de secteurs prioritaires, elles associent toutes les parties concernées à la définition de priorités pour les TIC, l'énergie, l'environnement et l'agroalimentaire. Elles répondent aux besoins des entreprises (PME surtout) et autres investisseurs privés afin d'encourager la R-D du secteur privé.

Partie 2. Avantage technologique révélé dans certains domaines, 2009-11

Indice basé sur les demandes de brevets PCT

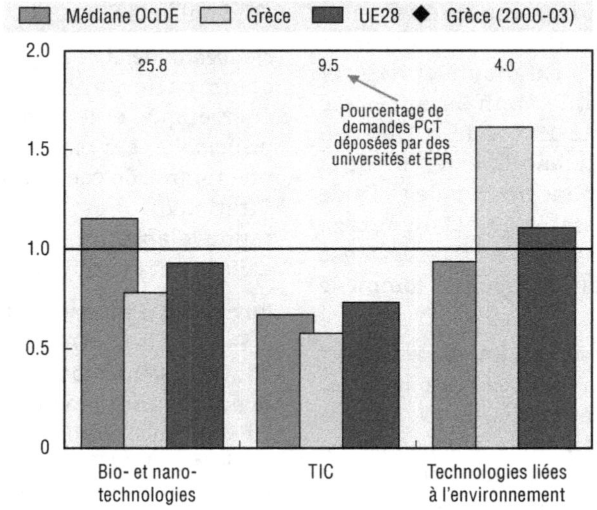

Partie 3. Allocation du soutien public à la R-D et l'innovation, par secteur, type et mode de financement, 2012

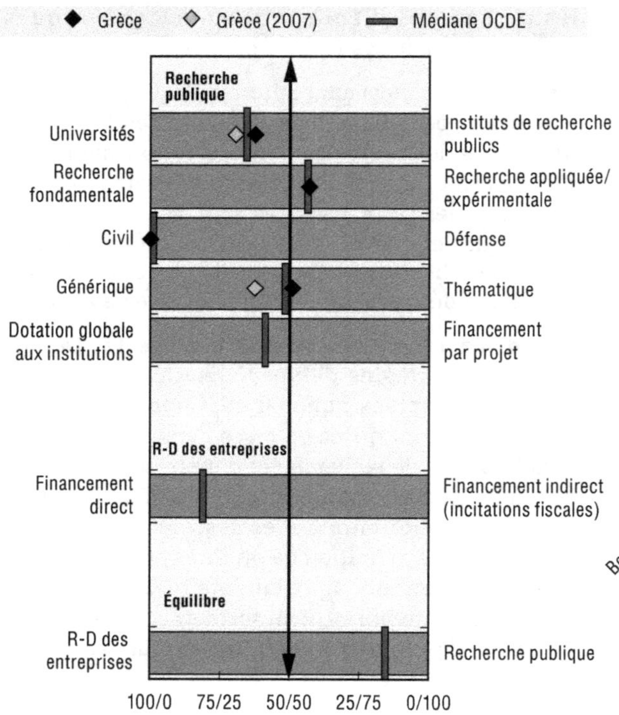

Partie 4. Principaux instrument de financement public de la R-D des entreprises, 2014

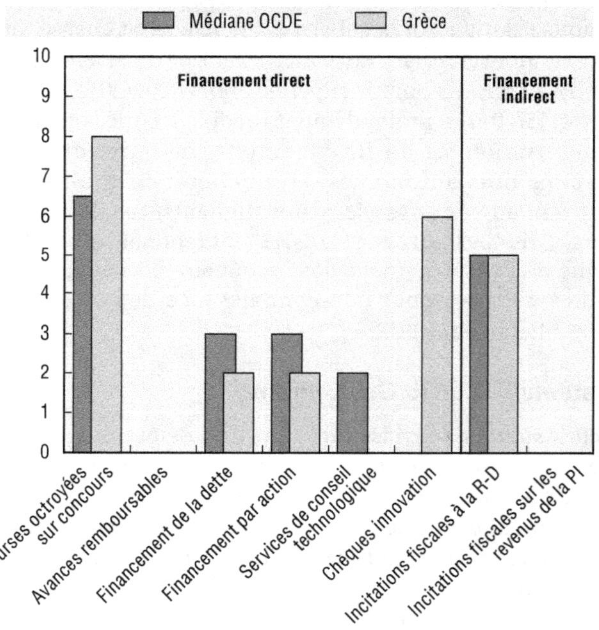

Note : Les informations sur les politiques sont tirées des réponses des pays au questionnaire préparatoire des éditions 2012 et 2014 des *Perspectives de la science, de la technologie et de l'industrie* de l'OCDE. Les réponses de la Grèce sont disponibles dans la base de données des *Perspectives*, édition 2014, accessible à l'adresse suivante : *http://qdd.oecd.org/Table.aspx?Query=2D786F62-2F8F-4160-A934-636EAF1E4D50.*

Source : Voir le guide du lecteur et l'annexe méthodologique.

StatLink http://dx.doi.org/10.1787/888933306961

HONGRIE

La Hongrie est un pays d'Europe centrale dont le secteur industriel est solide, et où l'investissement étranger et la technologie jouent un rôle important. La recherche scientifique s'y inscrit dans une longue tradition. En juin 2013, le gouvernement a adopté la Investment in the Future : National Research and Development and Innovation Strategy (stratégie nationale de recherche-développement et d'innovation) (2013-20), axée sur les principaux domaines stratégiques.

Enjeu 1 : Renforcer la capacité et les infrastructures de la R-D publique. Compte tenu d'une dépense publique de R-D très faible selon les normes OCDE, la performance du secteur de la recherche en matière de publications est remarquable (partie 1[a, c]). Cependant, les infrastructures de recherche sont de plus en plus obsolètes, en raison de l'absence d'investissement dans la maintenance et la modernisation depuis quelque temps. L'enquête et la feuille de route relatives à l'infrastructure nationale de recherche (NEKIFUT), dans le cadre de la stratégie STI gouvernementale à moyen terme pour 2007-13, identifient les mesures à prendre et soulignent l'importance de l'accès aux réseaux internationaux d'infrastructure de recherche. Le programme Extreme Light Infrastructure (ELI), destiné à développer un super-laser, est financé par l'UE et par le gouvernement hongrois. Aujourd'hui en phase préliminaire, il devrait être opérationnel fin 2015. La nécessité d'un investissement public dans l'infrastructure de recherche est prise en compte dans le nouveau Programme opérationnel de développement économique et d'innovation (GINOP), qui définit les priorités de développement pour 2014-20.

Enjeu 2 : Encourager l'innovation d'entreprise, et soutenir l'entrepreneuriat et les PME. Soutenir l'innovation d'entreprise et les PME a toujours été une priorité dans la politique de développement. Pour stimuler l'investissement des entreprises dans la R-D et l'innovation (partie 1[d]), l'accent est mis sur les startups, sur les jeunes entrepreneurs et sur les incubateurs. Les principales mesures d'aide sont les initiatives cofinancées par l'UE dans le cadre du GINOP avec un budget de 21.1 milliards USD (2 700 milliards HUF) pour les sept ans à venir et les programmes nationaux de R-D financés par le Fonds pour la recherche et l'innovation technologique (KTIA), avec 195 milliards USD (25 milliards HUF) par an. Les autres mesures sont une incitation fiscale permettant aux entreprises de déduire du bénéfice avant impôt 200 % du montant des dépenses de R-D, le programme Mentor, et InnoPoint qui fournit des services d'information intégrés. Ces deux programmes sont gérés par le Bureau national d'innovation et le programme Open Laboratory. À cela s'ajoutent les parcs d'innovation, les parcs technologiques, les pôles d'innovation, et des mesures pour améliorer les infrastructures économiques et le climat d'investissement. Dans le contexte d'Horizon 2020, la Hongrie prévoit le lancement en 2014 du programme Precompetitive Procurement, un nouvel instrument de financement pour soutenir l'innovation des entreprises dans tous les secteurs.

Enjeu 3 : Améliorer le système éducatif. La dépense publique pour l'enseignement supérieur rapportée au PIB est parmi les plus faibles de l'OCDE, bien que la Hongrie abrite deux des 500 meilleures universités du monde (ou quatre, selon le type de classement) (partie 1[s, b]). La réforme du système éducatif est depuis longtemps une préoccupation des autorités hongroises. Selon une résolution gouvernementale, l'appellation « université d'excellence nationale » peut être décernée aux établissements d'enseignement supérieur dotés de bonnes capacités éducatives et de recherche qui produisent des résultats scientifiques remarquables dans plus d'une discipline et peuvent ainsi contribuer significativement à la réalisation des objectifs stratégiques nationaux. La transition vers un enseignement supérieur axé sur le marché du travail et l'instauration de droits d'inscription ont été les principales étapes de la réforme. Les entreprises participent à la conception des programmes d'études et créent des facultés dans les universités pour transmettre aux étudiants des connaissances à jour et faciliter le recrutement.

Les autres initiatives importantes pour le système éducatif et les ressources humaines sont notamment le programme Momentum, destiné à encourager l'excellence et à limiter la fuite des cerveaux en aidant les jeunes chercheurs talentueux, et le programme National, qui vise à attirer en Hongrie les chercheurs et universitaires hongrois travaillant à l'étranger.

Chiffres clés, 2013

Productivité économique et environnementale	HUN	OECD	Dépenses intérieures brutes de R-D	HUN	OECD
Productivité du travail			**DIRD**		
PIB par heure ouvrée en USD PPA, 2013	29.6	47.7	En million USD en PPA, 2012	2 912	1 107 398
(taux de croissance annuel, 2008-13)	(+0.2)	(+0.8)	En % du total OCDE, 2012	0.3	100
Productivité environnementale			**Intensité et croissance de la DIRD**		
PIB par émission unitaire de CO_2 en USD, 2011	3.7	3.0	En % du PIB, 2012	1.30	2.40
(taux de croissance annuel, 2007-11)	(+2.8)	(+1.8)	(taux de croissance annuel, 2007-12)	(+4.6)	(+2.0)
Demande verte			**DIRD à financement public**		
RNN par émission unitaire de CO_2 en USD, 2011	3.7	3.0	En % du PIB, 2011	0.46	0.77
(taux de croissance annuel, 2007-11)	(+2.4)	(+1.6)	(taux de croissance annuel, 2007-11)	(+0.2)	(+2.8)

Graphique 9.22. **La science et l'innovation en Hongrie**

Partie 1. Performance comparée des systèmes nationaux de science et d'innovation, 2014

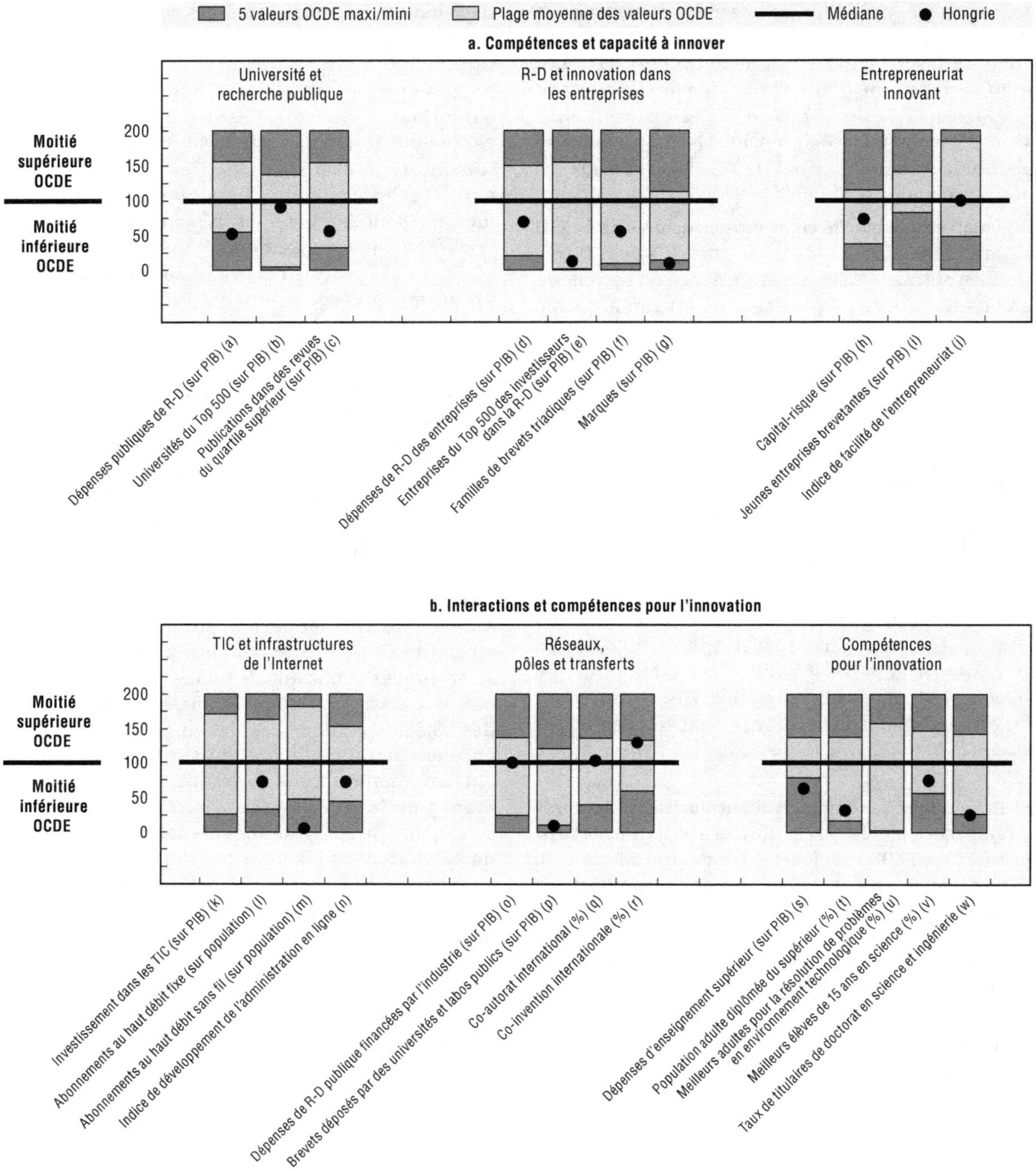

Note : Indice de performance normalisé par rapport aux valeurs médianes observées dans la zone de l'OCDE (médiane de l'indice = 100).

Enjeu 4 : Améliorer la rentabilité et l'impact de la recherche publique. Le secteur de la recherche publique est performant du point de vue du nombre de publications universitaires, mais pas en ce qui concerne le nombre de brevets (partie 1[p]), bien que la R-D publique financée par les entreprises se situe au niveau de la médiane OCDE (partie 1[o]). Pour renforcer les liens entre les principaux acteurs du système national d'innovation, les pouvoirs publics ont fait du renforcement des flux de connaissances un objectif primordial. Par ailleurs, la stratégie de R-D et d'innovation soutient l'exploitation des connaissances au moyen d'incubateurs technologiques accrédités et en développant un écosystème de startups technologiques avec un budget de 1.1 milliard USD (140 milliards HUF) sur 2014-20. Cette stratégie privilégie les petites entreprises innovantes, les entreprises de taille moyenne à fort potentiel exportateur et les grandes entreprises pour tirer parti du potentiel d'innovation de la recherche publique.

Le système STI de la Hongrie en bref

Gouvernance des politiques STI : La fragmentation de la société et du système politique, et une culture de la collaboration peu développée sont considérées comme les principaux obstacles à une meilleure coordination de la politique nationale d'innovation. Cependant, le gouvernement remodèle ces structures pour mieux orienter le rôle des ministères, institutions et acteurs économiques dans le système STI. Le ministère de l'Économie nationale, tenant compte de la responsabilité qui incombe conjointement aux pouvoirs publics et aux différentes parties prenantes de créer un environnement favorable aux startups, a constitué un groupe de travail (Budapest HUB) composé de différents acteurs.

Enseignement supérieur et recherche publique : Le secteur de la recherche publique est solide. Par suite de changements apportés à la structure de gouvernance de l'Académie hongroise des sciences (MTA), le financement public des organismes de recherche a stagné. La loi sur l'enseignement supérieur de 2011 vise à accroître le rôle des universités dans la recherche publique en accordant à cinq d'entre elles un statut d'établissement axé sur la recherche. La nouvelle loi sur l'enseignement supérieur adoptée en 2012 confère aux sciences naturelles et aux technologies un statut prioritaire pour la recherche publique et l'enseignement, et concentre le financement public de la recherche universitaire sur les établissements axés sur la recherche.

Entrepreneuriat innovant : Le Programme JEREMIE de l'UE a eu une forte influence positive sur le développement de l'entrepreneuriat et sur l'émergence de fonds hongrois de capital-risque, et la position de la Hongrie dans l'UE s'est améliorée assez rapidement. En 2012, l'Association européenne des sociétés de capital-risque classait la Hongrie en tête des pays de l'UE pour les investissements en capital-risque en pourcentage du PIB. En 2013, l'Agence nationale de développement (NFÜ) a choisi huit intermédiaires de marché et attribué à chacun 23.5 millions USD (3 milliards HUF) pour œuvrer avec Venture Finance Hungary Plc. à renforcer le fonds JEREMIE (aussi appelé Fonds commun pour la croissance).

Pôles d'activité et spécialisation intelligente : Le Cadre de référence stratégique (le nouveau Plan Széchenyi) met l'accent sur le développement des réseaux d'entreprises et des pôles d'activité. La Hongrie élabore sa Stratégie nationale de spécialisation intelligente de manière à promouvoir le développement et la mise en place de systèmes régionaux d'innovation conformément à une décision du gouvernement et à un accord avec la Commission européenne.

Compétences et innovation : En réponse à des signes de pénurie et de besoin de compétences, la partie enseignement de la stratégie nationale de R-D et d'innovation a été orientée vers la formation professionnelle, l'enseignement interdisciplinaire, la gestion des entreprises, les programmes de bourses pour encourager les jeunes entrepreneurs à créer des entreprises et à prendre des risques, et la recherche des talents. Afin de promouvoir l'emploi de chercheurs et de diplômés en sciences et en ingénierie, les employeurs qui embauchent des titulaires de doctorat peuvent obtenir des allégements fiscaux, et le programme Be Entrepreneur in Hungary soutient les startups technologiques.

Évolution récente des dépenses STI : En 2013, la stratégie d'innovation a fixé l'objectif d'une DIRD de 1.8 % du PIB en 2020, assumée aux deux tiers par le secteur des entreprises. Les budgets publics pour la R-D et l'innovation devraient croître dans les années à venir.

Partie 2. Composition structurelle de la DIRDE, 2011

En pourcentage dans la DIRDE totale ou de sous-parties de la DIRDE (%)

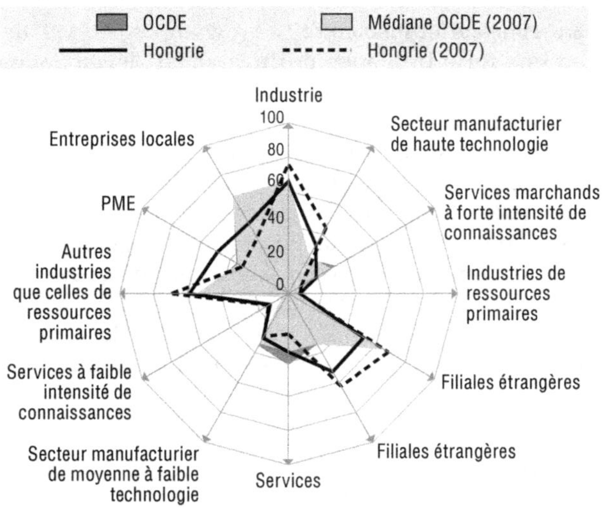

Partie 3. Avantage technologique révélé dans certains domaines, 2009-11

Indice basé sur les demandes de brevets PCT

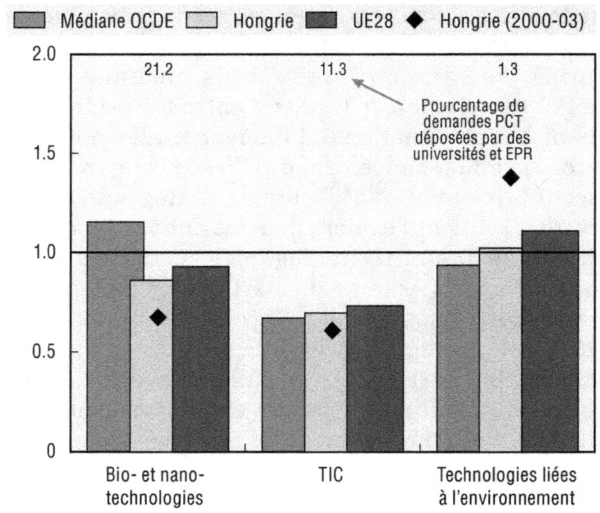

Partie 4. Allocation du soutien public à la R-D et l'innovation, par secteur, type et mode de financement, 2012

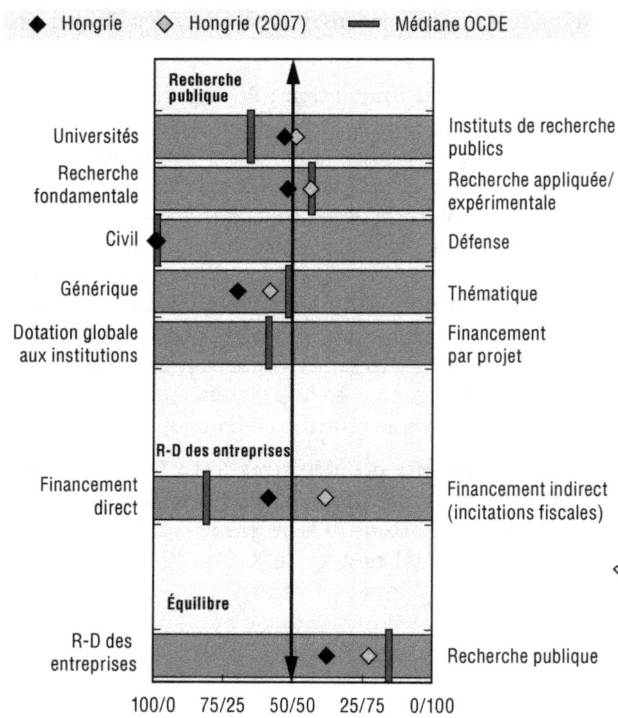

Partie 5. Principaux instrument de financement public de la R-D des entreprises, 2014

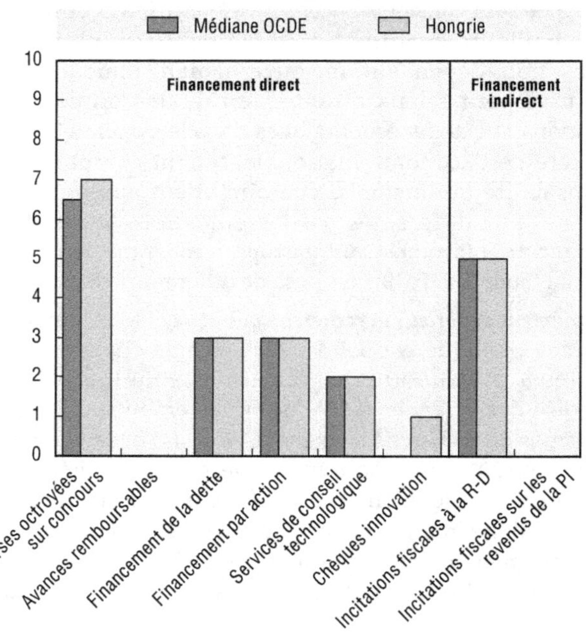

Note : Les informations sur les politiques sont tirées des réponses des pays au questionnaire préparatoire des éditions 2012 et 2014 des *Perspectives de la science, de la technologie et de l'industrie* de l'OCDE. Les réponses de la Hongrie sont disponibles dans la base de données des *Perspectives*, édition 2014, accessible à l'adresse suivante : *http://qdd.oecd.org/Table.aspx?Query=4EB98911-4070-4821-A4E7-5D36060F9CF0.*

Source : Voir le guide du lecteur et l'annexe méthodologique.

StatLink http://dx.doi.org/10.1787/888933306975

INDE

L'Inde est un très grand pays et une économie émergente en croissance rapide. C'est un centre mondial de services informatiques à forte intensité de savoir, et de technologies de l'information. Cependant, son taux de croissance s'est quelque peu ralenti ces dernières années, et la pauvreté y reste un problème majeur. L'innovation est considérée comme primordiale pour le développement socio-économique du pays. Avec sa stratégie nationale Decade of Innovations 2010-20, l'Inde est déterminée à renforcer ses capacités scientifiques et techniques. L'objectif est de porter la DIRDE à 2 % du PIB en doublant la contribution des entreprises d'ici à 2020.

Enjeu 1 : Innover pour contribuer à la résolution des enjeux sociaux (y compris l'inclusion). Le 12e Plan quinquennal (2012-17) s'attaque aux grands défis de la société, en premier lieu la pauvreté et l'exclusion, en catalysant un processus de croissance qui favorisera un développement plus inclusif. Les initiatives d'« innovation inclusive » axées sur une innovation qui profite aux pauvres et aux exclus font donc l'objet d'une attention particulière. Les activités d'innovation des pauvres eux-mêmes sont importantes aussi. Des initiatives ont été lancées ou vont être lancées pour promouvoir des innovations inclusives, comme le Fonds indien pour l'innovation inclusive (India's Innovation Fund, ou IIF). L'IIF, qui devrait mobiliser 3.2 milliards USD (50 milliards INR), aidera les entreprises qui développeront des solutions innovantes pour les « 500 millions d'Indiens du bas de l'échelle». Environ 320 millions USD (5 milliards INR), soit 10 % du total, ont été levés en juillet 2012. La Fondation nationale pour l'innovation, créée en 2000, soutient les innovateurs de la base, c'est-à-dire ceux qui font partie des pauvres et des exclus, aux divers stades du processus d'innovation.

Enjeu 2 : L'innovation pour une croissance durable/verte. L'Inde est confrontée à des problèmes de sécurité énergétique, sachant que sa croissance économique ne fait qu'augmenter sa demande d'énergie et sa dépendance vis-à-vis des importations de charbon. Plusieurs mesures définies dans le Plan d'action national sur le changement climatique visent à soutenir les énergies renouvelables et les économies d'énergie. La Mission solaire nationale vise à promouvoir le développement et l'utilisation de l'énergie solaire pour la production électrique et pour d'autres usages, l'objectif étant, à terme, de rendre l'énergie solaire compétitive vis-à-vis des énergies fossiles. La Mission nationale pour l'amélioration de l'efficacité énergétique impose des diminutions spécifiques de la consommation d'énergie dans les grandes industries énergivores, avec un système d'échanges de certificat d'économies d'énergie entre les entreprises et des incitations à installer des équipements économes en énergie. Enfin, la Mission nationale pour une agriculture durable vise à faciliter l'adaptation de l'agriculture au changement climatique, grâce à une aide au développement de cultures résilientes au changement climatique. Par ailleurs, toutes les formes d'énergies renouvelables (qu'elles soient ou non intégrées au réseau électrique) sont subventionnées. Une autre grande orientation concerne les technologies environnementales additives, avec des subventions pour rendre les usines existantes plus propres (ou plus vertes).

Enjeu 3 : Améliorer la conception et la mise en œuvre des politiques STI. Afin d'améliorer la gouvernance des politiques STI, le Premier ministre a créé en 2010 le Conseil national pour l'innovation (NInC). Chargé de formuler une feuille de route pour les innovations pour 2010-20, le NInC a lancé en 2013 la nouvelle politique pour la science, la technologie et l'innovation, axée sur une croissance inclusive.

Le système STI de l'Inde en bref

Enseignement supérieur et recherche publique : Comme souvent dans les pays émergents, le système STI de l'Inde est dominé par les EPR et les universités. Les dépenses publiques de R-D ont représenté près de 62 % de la DIRDE en 2007 (dernière année pour laquelle des données sont disponibles). À 0.50 % du PIB en 2007, l'Inde se trouve au bas de la tranche intermédiaire de l'OCDE (partie 1[a]). Par rapport à son PIB, l'Inde possède moins d'universités de classe mondiale et publie moins d'articles scientifiques et techniques dans les plus grandes revues internationales (partie 1[b, c]) que des pays émergents comme le Brésil, la Chine et l'Afrique du Sud. Sachant que les EPR sont gérés par les ministères chargés des domaines de recherche sectoriels, il n'existe pas de budget consolidé pour la

Chiffres clés, 2013

Productivité économique et environnementale	IND	OECD	Dépenses intérieures brutes de R-D	IND	OECD
Productivité du travail			**DIRD**		
PIB par heure ouvrée en USD PPA, 2013	n.a.	47.7	En million USD en PPA, 2012	24 306	1 107 398
(taux de croissance annuel, 2008-13)	n.a.	(+0.8)	En % du total OCDE, 2012	2.7	100
Productivité environnementale			**Intensité et croissance de la DIRD**		
PIB par émission unitaire de CO_2 en USD, 2011	2.3	3.0	En % du PIB, 2012	0.76	2.40
(taux de croissance annuel, 2007-11)	(+0.9)	(+1.8)	(taux de croissance annuel, 2007-12)	n.a.	(+2.0)
Demande verte			**DIRD à financement public**		
RNN par émission unitaire de CO_2 en USD, 2011	n.a.	3.0	En % du PIB, 2011	n.a.	0.77
(taux de croissance annuel, 2007-11)	n.a.	(+1.6)	(taux de croissance annuel, 2007-11)	n.a.	(+2.8)

Graphique 9.23. **La science et l'innovation en Inde**

Partie 1. Performance comparée des systèmes nationaux de science et d'innovation, 2014

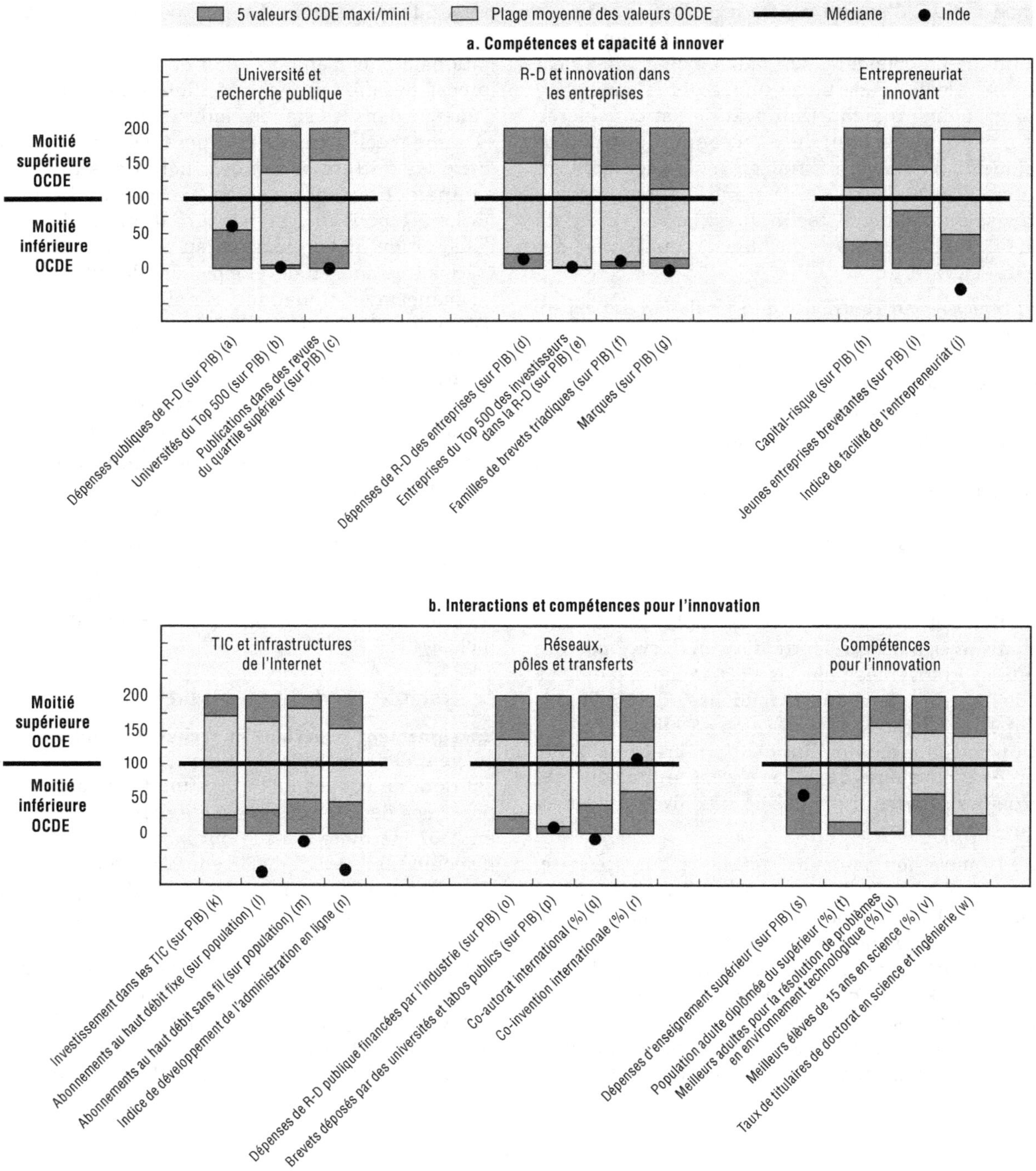

Note : Indice de performance normalisé par rapport aux valeurs médianes observées dans la zone de l'OCDE (médiane de l'indice = 100).

recherche publique. À ce jour, l'Inde ne dispose pas d'un organe central de financement de la recherche. Le budget des EPR a récemment diminué en valeur réelle. Des évaluations sont réalisées de façon plus systématique pour déterminer la performance de recherche des universités.

Entrepreneuriat innovant : La Small Business Innovation Research Initiative (SBIRI) est un nouveau dispositif lancé par le ministère de la Science et de la Technologie pour promouvoir et suivre les technologies émergentes et les entrepreneurs innovants. Une particularité de la SBIRI est qu'elle soutient la recherche à haut risque dans les biotechnologies avant la preuve du concept, ainsi que les derniers stades de développement dans les PME dirigées par des innovateurs ayant une compétence scientifique. Un soutien spécifique est réservé à la commercialisation des technologies qui répondent aux besoins de la société dans divers secteurs parmi lesquels la santé, l'alimentation et l'agriculture. D'autres organismes publics ont mis en place des dispositifs similaires.

Transfert et commercialisation de technologies : L'Inde n'a pas de législation sur le transfert et la commercialisation des technologies. Divers programmes permettent l'accès aux connaissances acquises dans les EPR et dans les établissements d'enseignement supérieur. La création et la préservation des systèmes de connaissance, la diffusion du savoir et l'amélioration des services liés au savoir figurent au premier rang des préoccupations de la National Knowledge Commission. Créée en 2005, celle-ci guide la politique dans ces domaines et oriente les réformes qui concernent l'éducation, la science et la technologie, l'agriculture, l'industrie, et l'administration électronique. La SBIRI vise aussi à renforcer la commercialisation des résultats de la recherche publique.

Mondialisation : La présence de centres de R-D d'entreprises multinationales a accéléré l'intégration de l'Inde dans les systèmes mondiaux de R-D et d'innovation. Bien qu'elle abrite plusieurs grandes compagnies investisseuses en R-D dans les secteurs de l'automobile, des machines industrielles et de l'informatique, l'Inde est en retard de ce point de vue par rapport à la Chine, au Brésil et à la Russie (partie 1e). Néanmoins, elle se situe au niveau de la médiane OCDE et dépasse de loin le Brésil, la Chine et l'Afrique du Sud en ce qui concerne le co-brevetage international (partie 1[r]), même si sa part des publications scientifiques et techniques en collaboration internationale est très faible, non seulement selon les normes OCDE mais aussi par rapport à l'Afrique du Sud, au Brésil et à la Russie. Ces dernières années, les universités indiennes se sont progressivement ouvertes à l'international, bien davantage que les EPR. Divers ministères et organismes gouvernementaux disposent de programmes qui facilitent la mobilité internationale des ressources humaines.

Compétences et innovation : L'Inde dispose d'une population active nombreuse, jeune et en croissance. Cependant, les faibles taux de fréquentation scolaire et la mauvaise qualité du système d'enseignement entravent le développement de ressources humaines pour les sciences et techniques et pour l'innovation. La National Skills Development Agency (NSDA) a été chargée de coordonner et d'harmoniser les efforts de développement des compétences des administrations et du secteur privé en vue d'atteindre les objectifs du 12e Plan quinquennal. Les initiatives connexes sont le Centre de compétences de la Confédération des industries indiennes (CII) à Chhindwara (dans le Madhya Pradesh), qui enseigne les techniques industrielles, et le projet conjoint CII-HPCL (Hindustan Petroleum Cooperation Limited) Swavalamban, qui forme les jeunes au niveau local. Le ministère des Ressources humaines et le ministère des Affaires des minorités ont aussi mis sur pied des projets pour réduire l'écart entre les sexes et améliorer la représentation des minorités dans l'enseignement des sciences et techniques, comme le Scheme for Providing Quality Education in Madrasas (SPQEM) et le Sarva Shiksha Abhiyan (SSA).

Partie 2. Avantage technologique révélé dans certains domaines, 2009-11

Indice basé sur les demandes de brevets PCT

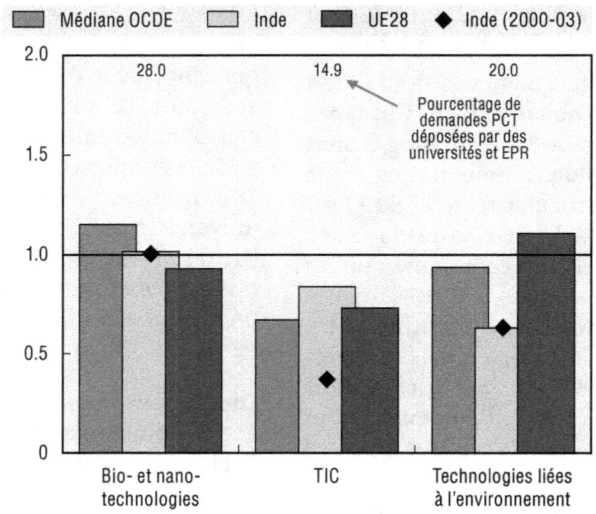

Partie 3. Principaux instrument de financement public de la R-D des entreprises, 2014

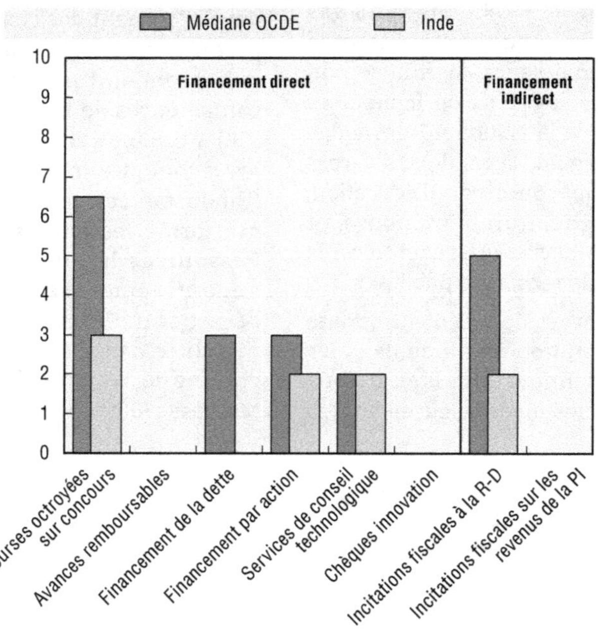

Note : Les informations sur les politiques sont tirées des réponses des pays au questionnaire préparatoire des éditions 2012 et 2014 des *Perspectives de la science, de la technologie et de l'industrie* de l'OCDE. Les réponses de l'Inde sont disponibles dans la base de données des *Perspectives*, édition 2014, accessible à l'adresse suivante : *http://qdd.oecd.org/Table.aspx?Query=76708487-C497-4C59-AF7A-E2BCAF2458FA.*

Source : Voir le guide du lecteur et l'annexe méthodologique.

StatLink http://dx.doi.org/10.1787/888933306991

INDONÉSIE

Durant la crise financière mondiale et le ralentissement de l'économie mondiale, l'Indonésie a maintenu une croissance du PIB relativement élevée, de 5.9 % en moyenne entre 2009 et 2013. Le gouvernement indonésien est conscient de l'importance que revêt l'innovation pour maintenir une croissance forte.

Enjeu 1 : Améliorer la rentabilité et l'impact de la science. Le rôle des universités et des EPR dans le soutien à l'innovation fait l'objet d'une attention accrue, et le ministère de l'Éducation et de la Culture oblige les universités à élaborer des plans de recherche en fonction des priorités nationales, de leurs ressources existantes et des stratégies de développement futur. L'excellence dans la recherche fondamentale et appliquée est considérée comme essentielle, et la recherche collaborative est subventionnée. On a également renforcé l'autonomie des universités afin d'accroître leurs capacités de recherche.

Enjeu 2 : Renforcer la capacité et les infrastructures de la R-D publique. Dans le cadre de la mise en œuvre du Plan directeur pour l'accélération et l'expansion du développement économique de l'Indonésie (MP3EI), le ministère de la Recherche et de la Technologie (RISTEK) a élaboré le programme Pusat Unggulan Iptek (Centres d'excellence). Son objectif est d'accroître les capacités des principaux organismes de recherche d'Indonésie en les aidant à améliorer leurs infrastructures de recherche, et en soutenant les partenariats et réseaux stratégiques et leurs contributions au système d'innovation du pays. Un certain nombre d'organismes concernés ont des liens à l'étranger, ce que reflète l'indicateur de collaboration dans les publications pour l'Indonésie (partie 1[q]). En 2013, les plus grands chercheurs du pays ont rejoint l'Institut international pour l'analyse des systèmes appliqués.

Enjeu 3 : Améliorer la gouvernance de l'innovation. La gouvernance STI de l'Indonésie est complexe et fait intervenir divers organismes. La mise en place d'une coordination efficace constitue un enjeu majeur, que s'emploie à résoudre le Comité national pour l'innovation (KIN), organisme indépendant créé en 2010. En 2012, un nouvel organisme, le Lembaga Pengelola Dana Pendidikan (IPDP), a été créé pour gérer le budget national de l'enseignement ainsi que le budget de la recherche et du développement des infrastructures qui lui sont liées.

Enjeu 4 : Cibler les domaines et secteurs prioritaires. Le MP3EI a identifié six secteurs économiques pour le développement. Selon la région concernée, il s'agit soit de développer les industries de transformation des ressources naturelles pour en extraire la plus grande valeur ajoutée, soit de développer l'industrie aussi bien que le tourisme, soit de développer l'agriculture de pointe. Le plan comporte les principales orientations à prendre pour des activités économiques spécifiques, notamment les besoins en infrastructures, des recommandations pour modifier ou réviser la réglementation, et des initiatives pour accélérer ou accroître les investissements. L'innovation fait partie du programme général, mais elle ne joue pas encore un rôle essentiel.

Le système STI de l'Indonésie en bref

Enseignement supérieur et recherche publique : En Indonésie, la R-D est surtout menée par les EPR. En termes de comparaison internationale, l'intensité d'investissement public en R-D est très faible. Un des grands objectifs de l'Indonésie est de faire en sorte que les résultats de la recherche publique servent le programme national de développement et d'innovation. Il faut, pour cela, pallier l'insuffisance de collaboration entre la recherche et l'industrie. Pour ce faire, une plus grande part du financement public est maintenant consacrée à la recherche collaborative, ce qui a permis de développer ce type de recherche, notamment dans des domaines comme la défense et la santé.

Transfert et commercialisation de technologies : L'attention des pouvoirs publics se porte depuis quelque temps davantage sur la contribution de la recherche publique au système national d'innovation. Les entreprises, et plus particulièrement les entreprises publiques, sont encouragées à rechercher des possibilités de collaboration avec les meilleurs EPR et universités du pays. L'Indonésie investit aussi dans l'amélioration de la qualité de son système de propriété intellectuelle, et elle met en œuvre des dispositifs d'aide qui incitent les chercheurs à déposer des brevets. Une loi de 2002 a imposé la création de bureaux de transfert de technologie dans le secteur de la recherche publique. Cependant, selon une évaluation de 2010-11, les bureaux qui ont été créés ont rarement été en mesure de soutenir activement les efforts de commercialisation. Un des

Chiffres clés, 2013

Productivité économique et environnementale	IDN	OECD	Dépenses intérieures brutes de R-D	IDN	OECD
Productivité du travail			**DIRD**		
PIB par heure ouvrée en USD PPA, 2013	n.a.	47.7	En million USD en PPA, 2012	804	1 107 398
(taux de croissance annuel, 2008-13)	n.a.	(+0.8)	En % du total OCDE, 2012	0.1	100
Productivité environnementale			**Intensité et croissance de la DIRD**		
PIB par émission unitaire de CO_2 en USD, 2011	2.3	3.0	En % du PIB, 2012	0.08	2.40
(taux de croissance annuel, 2007-11)	(+2.2)	(+1.8)	(taux de croissance annuel, 2007-12)	n.a.	(+2.0)
Demande verte			**DIRD à financement public**		
RNN par émission unitaire de CO_2 en USD, 2011	n.a.	3.0	En % du PIB, 2011	n.a.	0.77
(taux de croissance annuel, 2007-11)	n.a.	(+1.6)	(taux de croissance annuel, 2007-11)	n.a.	(+2.8)

Graphique 9.24. **La science et l'innovation en Indonésie**

Partie 1. Performance comparée des systèmes nationaux de science et d'innovation, 2014

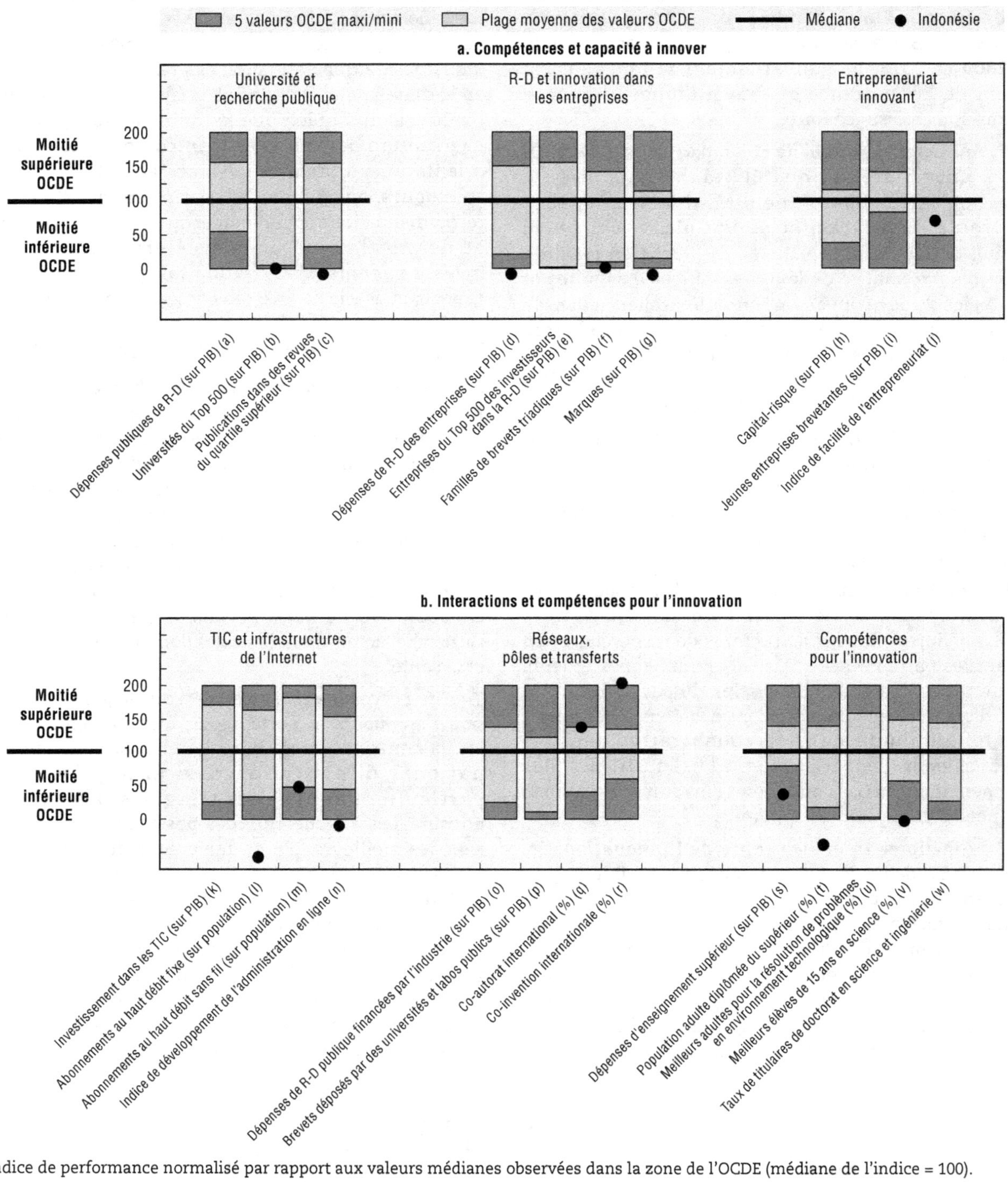

Note : Indice de performance normalisé par rapport aux valeurs médianes observées dans la zone de l'OCDE (médiane de l'indice = 100).

grands obstacles à la collaboration entre l'enseignement supérieur et l'industrie est le fait que toutes les recettes tirées des projets à financement public doivent être reversées au ministère des Finances. Les chercheurs ne sont donc pas incités financièrement à commercialiser des produits issus des résultats de leurs recherches. Les règles qui régissent les budgets de recherche constituent aussi un obstacle : le financement des projets se limite à des périodes courtes, à l'issue lesquelles les prêts doivent être remboursés à l'organisme financeur. Le financement ne couvre donc pas l'ensemble du cycle de développement du produit.

Innovation d'entreprise : Peu d'entreprises font partie du système de R-D, et l'intensité de la DIRDE apparaît insignifiante, de l'ordre de 0.01 % du PIB en 2008 (partie 1[d]). Dans le passé, l'aide publique à la R-D et à l'innovation était pour une grande part financière (financement de la recherche, déductions fiscales et instruments connexes). Afin d'encourager les activités d'innovation, l'accent est maintenant mis davantage sur la fourniture de services de soutien et sur la sensibilisation des entrepreneurs et des entreprises à l'importance de l'innovation. L'économie informelle employant plus de 68 % de la population active, il est primordial de trouver des possibilités d'intégrer ce vaste segment de l'économie au système d'innovation. Il est également essentiel de chercher à développer les capacités d'innovation liées aux riches ressources naturelles du pays, pour que l'Indonésie puisse atteindre une intensité de R-D de 1 % du PIB en 2014, objectif qu'elle s'est fixé dans le Second plan national de développement à moyen terme (2010-14) de la déclaration Vision et Mission des sciences et techniques pour 2005-25.

Compétences et innovation : Le Second plan national de développement à moyen terme (2010-14) fait du renforcement de la base de compétences une grande priorité. Si les dépenses que l'Indonésie consacre à l'enseignement ont sensiblement augmenté depuis une vingtaine d'années, le budget de l'enseignement supérieur, rapporté au PIB, reste très faible en comparaison des pays de l'OCDE (partie 1[s]), et la mauvaise performance des élèves de 15 ans dans les matières scientifiques (partie 1[v]) est le signe d'insuffisances qualitatives et structurelles du système éducatif (partie 1[w]). Le développement des formations techniques et professionnelles apparaît comme une priorité, et une Stratégie nationale de l'enseignement a été adoptée pour réduire les disparités d'accès à l'éducation, améliorer la qualité de l'enseignement, ainsi que la gestion et la responsabilisation des établissements scolaires.

Partie 2. Principaux instrument de financement public de la R-D des entreprises, 2014

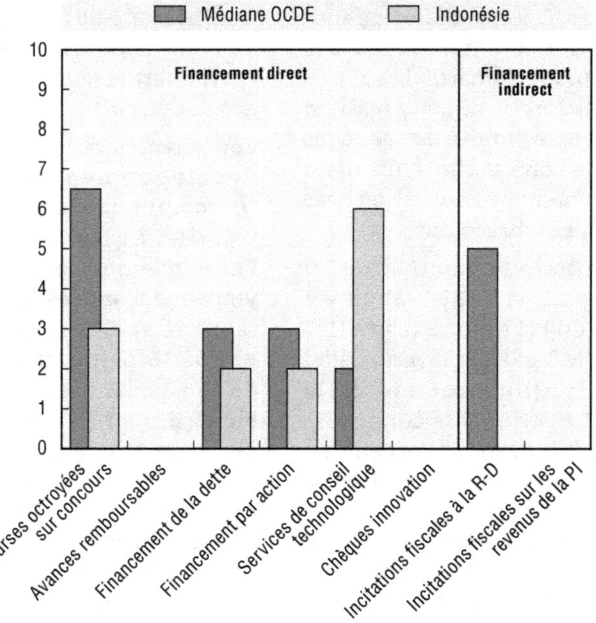

Note : Les informations sur les politiques sont tirées des réponses des pays au questionnaire préparatoire des éditions 2012 et 2014 des *Perspectives de la science, de la technologie et de l'industrie* de l'OCDE. Les réponses de l'Indonésie sont disponibles dans la base de données des *Perspectives*, édition 2014, accessible à l'adresse suivante : *http://qdd.oecd.org/Table.aspx?Query=39B9D201-2CFA-4479-AED2-190C07ED4484.*
Source : Voir le guide du lecteur et l'annexe méthodologique.

StatLink http://dx.doi.org/10.1787/888933307001

IRLANDE

Après une longue récession précédée d'une grave crise financière, l'Irlande a commencé à se rétablir grâce à des réformes structurelles et à un assainissement budgétaire. La Stratégie pour la science, la technologie et l'innovation (SSTI) 2006-13 fixe les objectifs de la politique de R-D et d'innovation et le cadre de mise en œuvre. Le Plan national de relance (NRP) 2011-14 fait aussi de la R-D une priorité pour l'investissement, à l'instar de la Stratégie nationale pour l'enseignement supérieur pour 2030.

Enjeu 1 : Relever les défis de la mondialisation de la science, de la technologie et de l'innovation, et renforcer la coopération internationale. Le système d'innovation est bien intégré aux réseaux internationaux. En 2012, 52 % des publications scientifiques et techniques et 36 % des demandes de brevets PCT étaient le fruit d'une collaboration internationale (partie 1[q, r]) et le financement étranger représentait 20.4 % de la DIRD. L'Irlande coopère dans le domaine STI avec de nombreux pays en Europe et au-delà, y compris les États-Unis et la Chine. Afin de promouvoir davantage la coopération internationale dans la recherche et l'innovation, Science Foundation Ireland (SFI) a récemment lancé le programme Research Centres, pour créer des centres de recherche thématiques à grande échelle, de stature mondiale, en développant les liens entre PME irlandaises et entreprises multinationales étrangères, et l'International Strategic Cooperation Award (ISCA), qui soutient les collaborations existantes et nouvelles dans la recherche entre les EES irlandais et des organisations partenaires dans quatre pays à ce jour : Brésil, Chine, Inde et Japon. L'ISCA fournira le financement pour coordonner et mener à bien des activités visant à créer ou renforcer des liens entre un ou plusieurs organismes de recherche éligibles de SFI et un ou plusieurs organismes dans l'un des quatre pays partenaires.

Enjeu 2 : Renforcer la capacité et les infrastructures de la R-D publique. Bien que sa dépense publique de R-D soit inférieure à la médiane OCDE (partie 1[a]), l'Irlande abrite trois des 500 meilleures universités du monde (partie 1[b]) et est bien placée en termes de publications scientifiques et techniques internationales (partie 1[c]). Comparée aux grands pays de l'UE, elle possède relativement peu d'EPR, dont la R-D est surtout liée aux ressources naturelles (alimentation, agriculture, sylviculture, marine) et aux questions sociétales (santé, énergie, environnement). L'un des grands objectifs de la Stratégie nationale pour l'enseignement supérieur est de maximiser l'excellence et l'impact du système de recherche publique. À cette fin, l'autorité de l'enseignement supérieur a établi un dialogue stratégique étroit avec chaque EES pour en suivre et piloter la performance. Cette stratégie promeut aussi les pôles d'activité régionaux, et dans certains cas les fusions entre organismes pour former une masse critique et assurer l'efficacité du système.

Enjeu 3 : Innovation d'entreprise, entrepreneuriat et PME. La R-D bénéficie de la présence de nombreux investisseurs privés de premier plan (partie 1e), notamment d'entreprises multinationales de haute technologie. La DIRDE est en majorité (71 %) le fait de filiales de sociétés étrangères, grâce à un environnement propice à l'IDE, mais l'indice de facilité de création d'entreprise (partie 1[j]) indique la nécessité d'un progrès, en raison d'un système de licences et de permis compliqué et d'une réglementation complexe. L'entrepreneuriat est une préoccupation importante du gouvernement, qui doit produire sa première déclaration de politique nationale pour l'entrepreneuriat dans le cadre du Plan d'action pour l'emploi 2014. Cette déclaration, qui inclura diverses actions interministérielles pour améliorer le contexte global, sera publiée au deuxième trimestre de 2014. Elle s'appuiera sur les travaux lancés en 2013, notamment la création en mai 2013 d'un Forum de l'entrepreneuriat, pour étudier le contexte et le cadre d'action actuels, et formuler de nouvelles recommandations pour aider l'entrepreneuriat et les startups. Une consultation publique a aussi eu lieu en mai 2013 pour solliciter les vues des intéressés.

La performance des jeunes entreprises qui déposent des brevets doit aussi progresser (partie 1[i]). Un nouveau bureau central de transfert de technologies a ouvert en 2014 en vue d'aider les entreprises à accéder aux résultats de la recherche financée sur fonds publics et à les exploiter pour développer des produits et des services innovants, et de stimuler la création d'emplois et les exportations. De nouveaux programmes – le Credit Guarantee Scheme, le Microenterprise Loan Fund, le National Intellectual Property Protocol, la seconde phase du Technology Transfer Strengthening Programme (TTSI2), le SFI Industry Fellowships Programme et le SFI Investigators Programme – ont été lancés pour soutenir l'innovation dans toutes les catégories d'entreprises.

Chiffres clés, 2013

Productivité économique et environnementale	IRL	OECD	Dépenses intérieures brutes de R-D	IRL	OECD
Productivité du travail			**DIRD**		
PIB par heure ouvrée en USD PPA, 2013	59.6	47.7	En million USD en PPA, 2012	3 340	1 107 398
(taux de croissance annuel, 2008-13)	(+1.7)	(+0.8)	En % du total OCDE, 2012	0.3	100
Productivité environnementale			**Intensité et croissance de la DIRD**		
PIB par émission unitaire de CO_2 en USD, 2011	4.8	3.0	En % du PIB, 2012	1.66	2.40
(taux de croissance annuel, 2007-11)	(+5.2)	(+1.8)	(taux de croissance annuel, 2007-12)	(+3.7)	(+2.0)
Demande verte			**DIRD à financement public**		
RNN par émission unitaire de CO_2 en USD, 2011	3.9	3.0	En % du PIB, 2011	0.46	0.77
(taux de croissance annuel, 2007-11)	(+2.9)	(+1.6)	(taux de croissance annuel, 2007-11)	(+2.2)	(+2.8)

Graphique 9.25. **La science et l'innovation en Irlande**

Partie 1. Performance comparée des systèmes nationaux de science et d'innovation, 2014

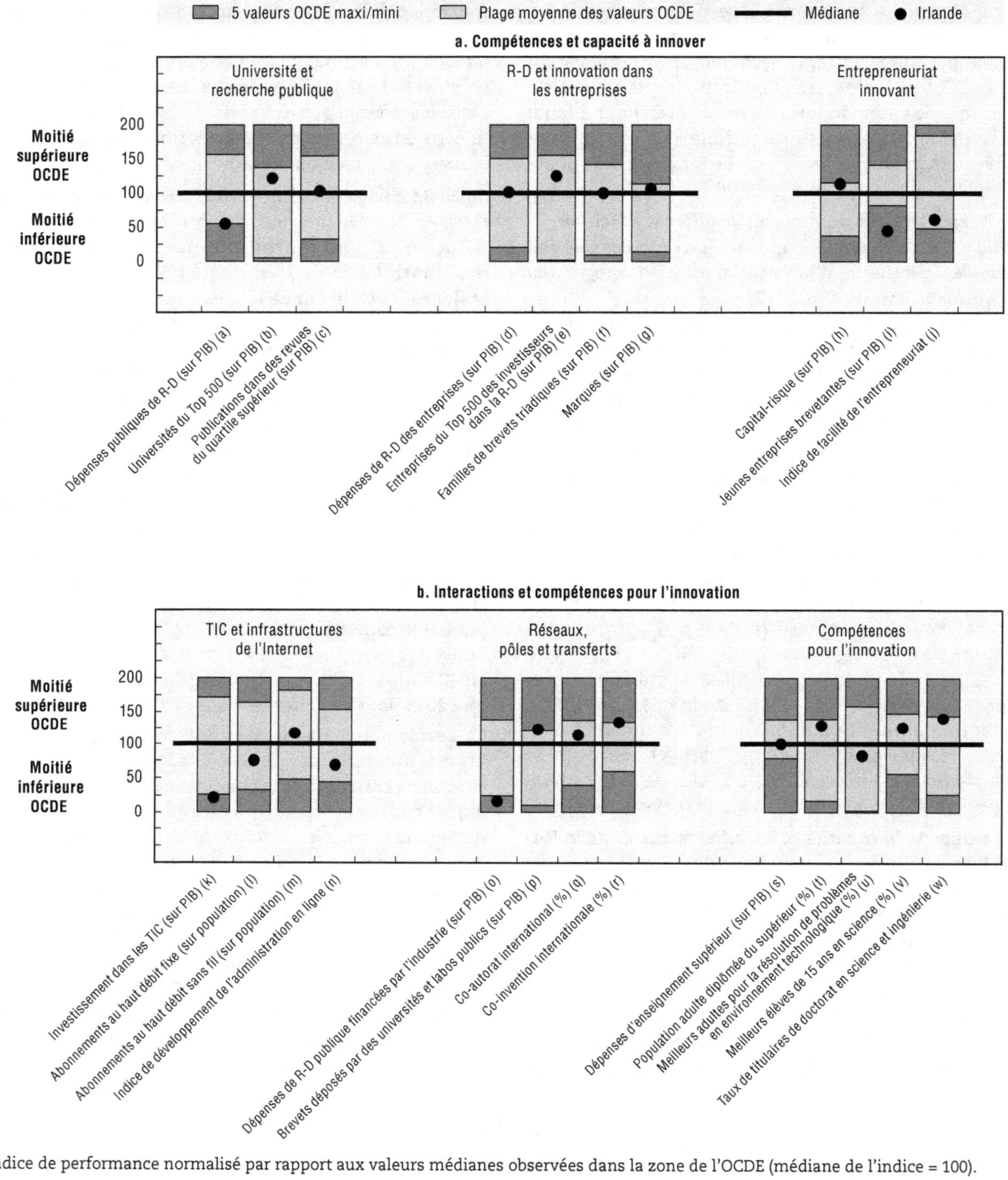

Note : Indice de performance normalisé par rapport aux valeurs médianes observées dans la zone de l'OCDE (médiane de l'indice = 100).

Enjeu 4 : Cibler les domaines et secteurs prioritaires. Le rapport du Groupe de pilotage sur les priorités de la recherche (RPSG) recommande 14 domaines d'opportunités et technologies sous-jacentes, qui devraient recevoir la majorité de l'investissement concurrentiel public en STI sur cinq ans. Le choix des domaines tient compte des points forts actuels du système de recherche publique et de la base d'entreprises, des débouchés mondiaux et des marchés les plus à même d'apporter des avantages sociaux et économiques, et avant tout des emplois. Ces domaines sont les suivants : gestion et analyse des données, sécurité et vie privée, compétitivité de l'industrie, réseaux intelligents et villes intelligentes. Le Centre for Applied Data Analytics Research (CeADAR), créé en novembre 2012, vise à accélérer le développement, le déploiement et l'adoption des techniques d'analyse des données et innovations connexes. En juillet 2013, SFI a créé le Centre INSIGHT, avec un financement de 94 millions USD (75 millions EUR) provenant de sources publiques et privées, pour réunir les plus grands scientifiques irlandais et étrangers de cinq centres de recherche du pays sur une plateforme nationale de recherche et créer une masse critique d'analyse des mégadonnées.

Le système STI de l'Irlande en bref

Gouvernance des politiques STI : En 2014, les fonctions de recherche sur les politiques de Forfás, une commission consultative irlandaise pour l'entreprise, le commerce, la science, la technologie et l'innovation, seront intégrées au ministère de l'Emploi, de l'Entreprise et de l'Innovation (DJEI) pour renforcer la capacité de ce dernier en matière de création d'emplois et d'évaluation. Les membres actuels du Conseil consultatif pour la science, la technologie et l'innovation (ACSTI) se sont retirés en septembre 2013, dans l'attente des résultats du processus d'intégration de Forfás et de la politique globale de réforme du service public. Cela n'exclut pas la possibilité de créer par ailleurs, le cas échéant, un conseil consultatif de nature similaire. Suite à la publication en mars 2012 du rapport du RPSG, le Prioritisation Action Group (PAG), auquel participent tous les ministères et organes de financement concernés, a été créé pour piloter la mise en œuvre des priorités de recherche. Un plan d'action dans chaque domaine, ainsi qu'un référentiel de mesures et d'objectifs (Framework of Metrics and Targets), ont été établis et approuvés par le gouvernement en été 2013. Les plans d'action sont des programmes détaillés de mesures pour recentrer le financement concurrentiel de la recherche publique sur les priorités des cinq ans à venir. Ils définissent une vision, des objectifs clés et des actions spécifiques, ainsi que des délais et des responsabilités pour diriger et soutenir ces actions.

Nouveaux défis : Parmi les 14 priorités recensées, plusieurs concernent les enjeux sociétaux : production alimentaire durable, cybersanté et autonomie du patient, équipements médicaux et médicaments. Ces domaines sont des priorités pour le financement concurrentiel de la R-D.

Compétences et innovation : Le socle de compétences pour l'innovation est relativement solide : la part des diplômés du supérieur dans la population adulte (partie 1[t]), la performance scientifique des élèves de 15 ans (partie 1[v]) et la proportion de titulaires d'un doctorat en sciences et en ingénierie (partie 1[w]) dépassent la médiane OCDE. Pour l'avenir, l'Irlande a engagé des initiatives – nouveau cycle junior ; nouveaux programmes scientifiques pour le post-primaire ; révision du programme de mathématiques dans l'enseignement primaire ; et mise en œuvre de spécifications révisées en mathématiques au post-primaire ainsi que d'un système de points supplémentaires en mathématiques – pour améliorer l'enseignement scientifique à l'école primaire et post-primaire en vue d'obtenir de meilleurs résultats et davantage d'entrées dans les études supérieures.

Évolution récente des dépenses STI : La DIRD est passée de 1.28 % du PIB en 2007 à 1.72 % en 2012, principalement grâce à la progression de la DIRDE de 0.85 % à 1.2 % du PIB durant les années de la crise financière et de la récession économique. Cependant, étant donné l'impact de la crise récente, l'aide publique à la R-D et à l'innovation devrait rester sous pression dans les années à venir.

Partie 2. Avantage technologique révélé dans certains domaines, 2009-11

Indice basé sur les demandes de brevets PCT

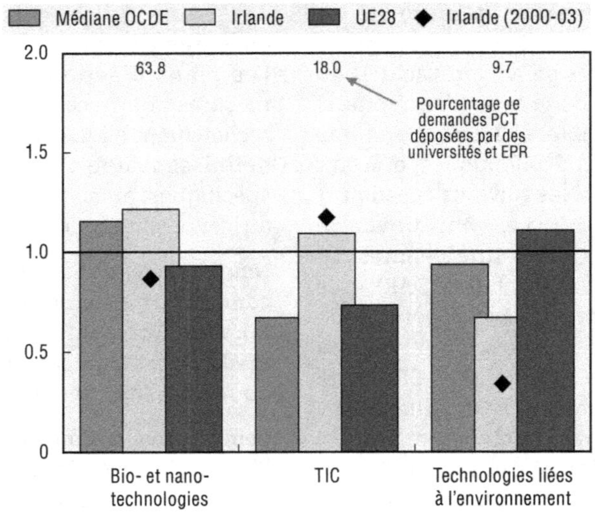

Partie 3. Allocation du soutien public à la R-D et l'innovation, par secteur, type et mode de financement, 2012

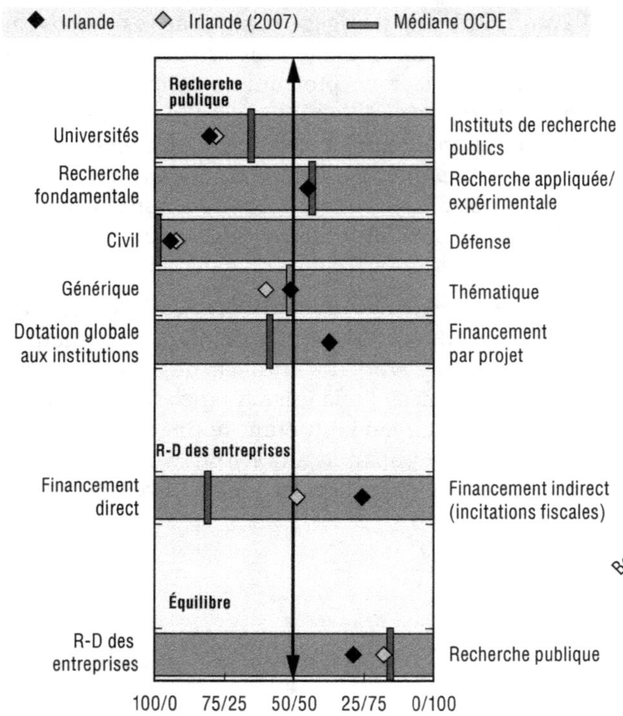

Partie 4. Principaux instrument de financement public de la R-D des entreprises, 2014

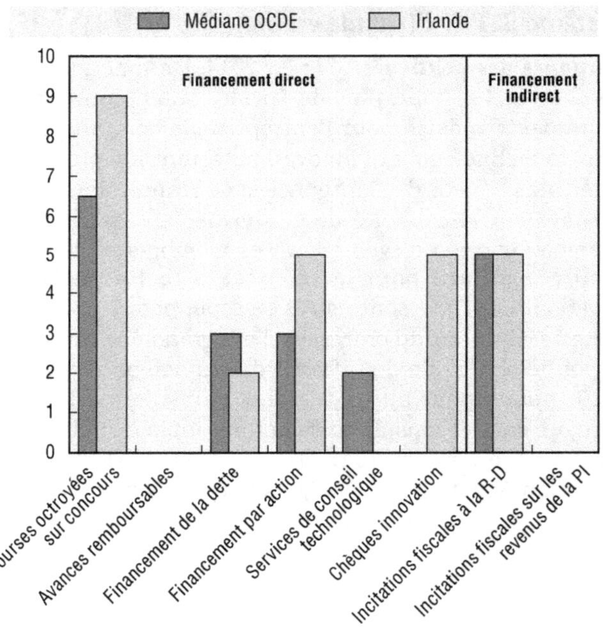

Note : Les informations sur les politiques sont tirées des réponses des pays au questionnaire préparatoire des éditions 2012 et 2014 des *Perspectives de la science, de la technologie et de l'industrie* de l'OCDE. Les réponses de l'Irlande sont disponibles dans la base de données des *Perspectives*, édition 2014, accessible à l'adresse suivante : *http://qdd.oecd.org/Table.aspx?Query=3A5C5564-995F-482A-BC8A-BD6D0C427B8C.*

Source : Voir le guide du lecteur et l'annexe méthodologique.

StatLink http://dx.doi.org/10.1787/888933307011

ISLANDE

L'Islande s'est diversifiée depuis dix ans dans les services de diffusion du savoir en complément des secteurs basés sur les ressources, pêche et aluminium en particulier. Le tourisme a aussi connu une croissance rapide. La crise financière de 2008 a durement affecté l'économie et le secteur STI n'a pas fini de se rétablir. La nouvelle politique scientifique et technologique (2014-16), qui coïncide avec l'arrivée aux affaires du nouveau gouvernement, est axée sur les ressources humaines et le recrutement, la coopération et l'efficacité, la croissance et la création de valeur, l'impact et le suivi. Un plan d'action a été lancé.

Enjeu 1 : Améliorer les ressources humaines, les compétences et le renforcement des capacités. Selon les normes OCDE, les résultats en sciences des élèves de 15 ans et les taux de réussite au niveau doctoral en sciences et techniques sont relativement faibles (partie 1[v, w]). La nouvelle politique scientifique et technologique privilégie l'enseignement doctoral, le financement des jeunes chercheurs et l'accroissement du nombre de diplômés dans ces filières. Le Fonds de recherche islandais pour étudiants des cycles supérieurs a fusionné avec le Fonds de recherche islandais en 2013, et leur capacité de financement de l'enseignement doctoral et de la formation postdoctorale a été augmentée. L'initiative GERT (Renforcement de l'enseignement des sciences naturelles et de la technologie), un partenariat public-privé lancé en 2012 – État, autorités locales et fédérations syndicales –, vise à intéresser les jeunes à ce domaine. Un livre blanc sur les réformes de l'enseignement, qui paraîtra à l'été 2014, recommandera une restructuration pour un accès plus précoce à l'enseignement supérieur.

Enjeu 2 : Améliorer la rentabilité et l'impact de la science. Le transfert de technologie est soutenu en amont par de solides liens science-industrie sous forme de subventions et contrats de recherche (partie 1[o]), mais les universités et les EPR ne brevètent pas leurs résultats de recherche. L'Islande accorde une haute priorité au progrès de la coopération entre EES, EPR et entreprises pour améliorer la rentabilité du système et la qualité de sa production.

Enjeu 3 : Encourager l'innovation d'entreprise, et soutenir l'entrepreneuriat et les PME. Si la DIRDE est passée de 1.42 % du PIB en 2009 à 1.38 % en 2011, l'Islande reste au niveau de la médiane OCDE pour l'intensité en R-D des entreprises et la production technologique et autre (partie 1[d, f, g]). La R-D d'entreprise se concentre sur les services à forte intensité de savoir et l'industrie de haute technologie. Les aides concurrentielles et les incitations fiscales sont les instruments les plus importants pour stimuler la R-D et l'innovation des entreprises (partie 2). Un récent dispositif d'incitation rembourse aux entreprises 20 % de leurs coûts de R-D sous forme de réduction d'impôt. Il représentait au total 4 millions USD (540 millions ISK) en 2011 et 8 millions USD (1.1 milliard ISK) en 2014.

Enjeu 4 : Renforcer la capacité et les infrastructures de la R-D publique. L'Islande a une base scientifique solide. Le ratio dépenses publiques de R-D sur PIB, et les publications dans les revues influentes la placent en tête de l'OCDE (partie 1[a, c]). Cependant, les universités et les EPR subissent de sévères coupes budgétaires depuis le début de la crise. Leurs dépenses en recherche sont passées de 1.39 % du PIB en 2009 à 1.06 % en 2011. La nouvelle politique STI doit porter la part du financement concurrentiel dans le financement total des STI, de 20 % actuellement, à 27 % en 2016 et utiliser davantage les indicateurs de performance pour l'allocation du financement global. Outre l'incitation fiscale existante, l'Islande prépare de nouveaux programmes pour l'investissement dans les PME. Le ratio financement des universités-PIB devrait atteindre la moyenne nordique en 2020. Un Fonds Infrastructure, créé en 2013 pour les infrastructures de recherche, reprend et élargit le rôle de l'ancien Fonds Équipement. Un groupe de travail sur les infrastructures de recherche sera créé en 2014 sous l'égide du Conseil de la politique scientifique et technologique pour réviser la feuille de route.

Le système STI de l'Islande en bref

Gouvernance des politiques STI : L'évaluation et le suivi de performance sont des aspects clés du nouveau cadre de la politique scientifique et technologique. L'Islande veut améliorer l'évaluation de la science et de l'innovation en développant un système global de suivi des résultats et en affinant les statistiques de l'industrie liées à la recherche, aux exportations, à la création de valeur et à l'innovation. Une évaluation internationale du système STI est en cours ; les résultats sont attendus pour l'automne 2014.

Chiffres clés, 2013

Productivité économique et environnementale	ISL	OECD	Dépenses intérieures brutes de R-D	ISL	OECD
Productivité du travail			**DIRD**		
PIB par heure ouvrée en USD PPA, 2013	43.4	47.7	En million USD en PPA, 2012	318	1 107 398
(taux de croissance annuel, 2008-13)	(+0.6)	(+0.8)	En % du total OCDE, 2012	0.0	100
Productivité environnementale			**Intensité et croissance de la DIRD**		
PIB par émission unitaire de CO_2 en USD, 2011	5.9	3.0	En % du PIB, 2012	2.61	2.40
(taux de croissance annuel, 2007-11)	(+4.3)	(+1.8)	(taux de croissance annuel, 2007-12)	(-2.5)	(+2.0)
Demande verte			**DIRD à financement public**		
RNN par émission unitaire de CO_2 en USD, 2011	0.0	3.0	En % du PIB, 2011	1.08	0.77
(taux de croissance annuel, 2007-11)	n.a.	(+1.6)	(taux de croissance annuel, 2007-11)	(-0.9)	(+2.8)

Graphique 9.26. La science et l'innovation en Islande

Partie 1. Performance comparée des systèmes nationaux de science et d'innovation, 2014

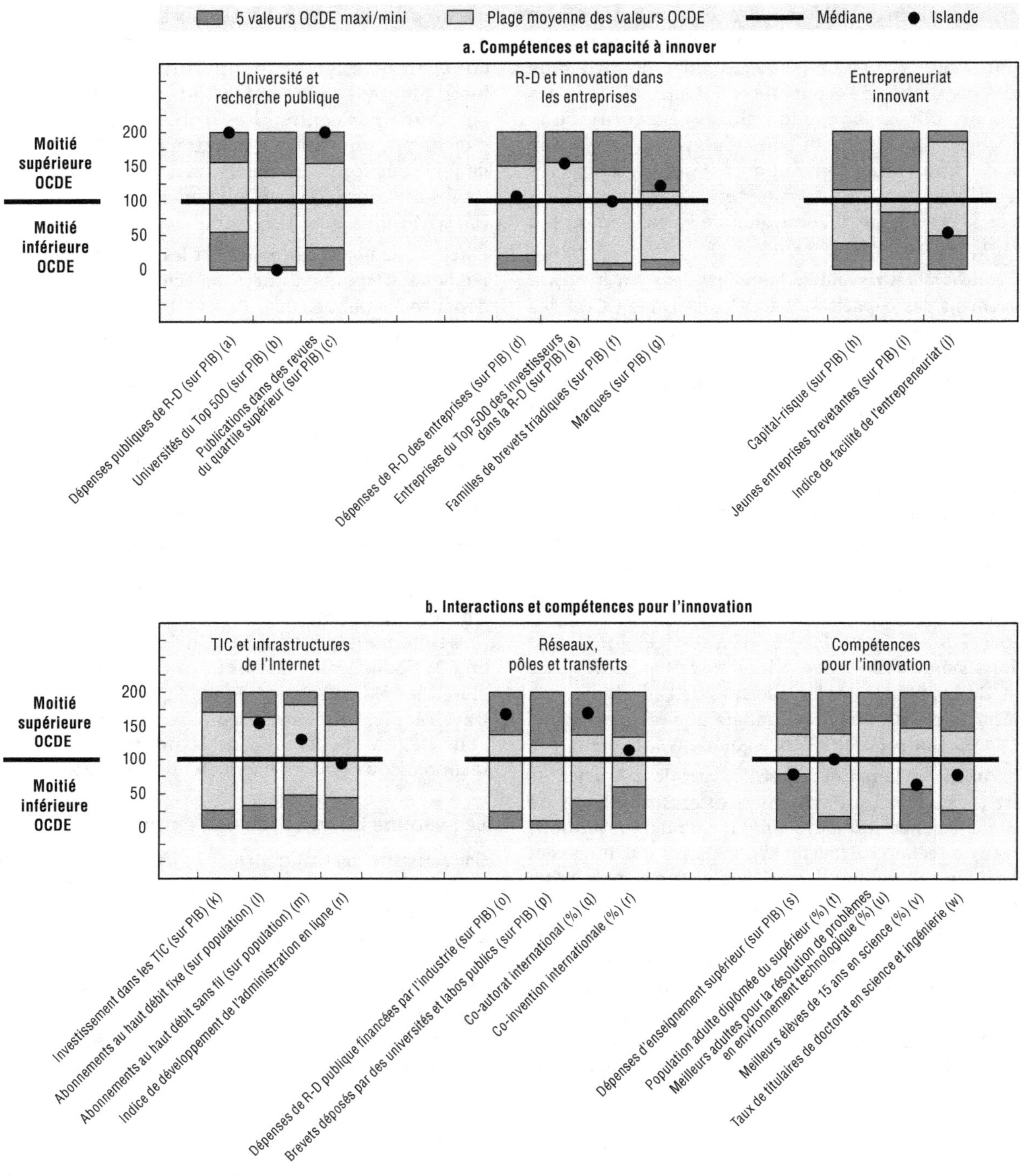

Note : Indice de performance normalisé par rapport aux valeurs médianes observées dans la zone de l'OCDE (médiane de l'indice = 100).

Nouveaux défis : Malgré un net ralentissement économique, la productivité verte de l'Islande a progressé presque deux fois plus vite que dans l'ensemble de l'OCDE sur 2007-11. L'Islande aspire à devenir un chef de file de l'économie verte, et plus particulièrement dans la salubrité de l'environnement naturel, l'utilisation durable de l'énergie et la sensibilisation à la durabilité. L'initiative Économie verte a été lancée en 2012. Elle fait du secteur public un modèle pour l'économie verte. Le concept de développement durable a été intégré dans les missions statutaires des organismes publics et les pratiques écologiques de passation de marché sont encouragées, l'objectif étant d'atteindre 50 % d'appels d'offres nationaux « verts » en 2015 et 80 % en 2020. Des incitations économiques sont assurées par le biais du Fonds concurrentiel vert, du Fonds Capital-risque vert et du Act on incentives for initial investments in Iceland (programme d'incitations à l'investissement initial en Islande) à l'attention des investisseurs étrangers.

Entrepreneuriat innovant : L'Islande offre un environnement réglementaire et administratif moins propice à l'entrepreneuriat que la médiane OCDE (partie 1[j]). La bureaucratie et des barrières à l'entrée dans les industries de réseau et les transports entravent la concurrence sur le marché des produits. Par ailleurs, l'accès des entreprises au capital et à l'emprunt est rendu difficile par d'importantes réformes du secteur financier destinées à réduire le risque de non-paiement, par un assainissement budgétaire en profondeur visant à réduire la dette publique, et par les contrôles des capitaux mis en place à la suite de la grave fuite de capitaux survenue durant la crise. Depuis quelque temps, les responsables politiques se soucient de renforcer le financement en fonds propres et d'améliorer l'environnement boursier pour que le marché réponde aux besoins des entreprises en croissance. En 2013, un groupe de travail a été chargé de réfléchir à des incitations fiscales pour les individus qui achètent des actions de petites sociétés en croissance. De façon générale, l'aide publique à l'innovation est de nature générique, et les instruments ciblés, comme les centres pour startups, sont peu nombreux.

Pôles d'activité et spécialisation intelligente : La procédure de passation de marchés publics, Better service for less, a été mise en place en 2011 en coopération avec l'industrie pour une période de trois ans, avec un budget annuel de 4.5 millions USD (600 millions ISK). Ce projet est axé sur la santé, l'éducation, et les questions d'énergie et d'environnement. Les pôles d'activité sont devenus un élément important de la politique islandaise, comme en témoigne notamment le pôle d'activités maritime. Des discussions sont engagées pour la création d'un pôle aluminium.

Mondialisation : En raison de sa petite taille et de son isolement, l'Islande ne possède pas de grandes universités qui attireraient les talents et les actifs intellectuels (partie 1[b]). Néanmoins, l'Université d'Islande est classée parmi les 300 premières universités du monde dans le palmarès du Times, et le nombre de grandes sociétés investisseuses en R-D est élevé par rapport au PIB (partie 1[e]). Les infrastructures des TIC sont bien développées et l'Islande est bien intégrée aux réseaux universitaires mondiaux : 69 % de ses articles scientifiques sont produits en collaboration avec des auteurs étrangers (partie 1[l, m, q]). L'intégration du secteur des entreprises est moins satisfaisante, comme l'indiquent les statistiques de co-brevetage (partie 1[r]), mais elle reste au-dessus de la médiane OCDE. Par ailleurs, alors que l'Islande faisait auparavant l'objet d'importants investissements internationaux dans les sciences et technologies, le financement étranger de la R-D a chuté au début de la crise, de 12.1 % à 5.4 % de la DIRDE entre 2009 et 2011, mais s'est maintenu à 8-9 % de la dépense publique de R-D. L'Islande a annoncé un meilleur soutien aux demandes de financement extérieur, aux plans national et international, et à la participation renforcée aux programmes étrangers. Une aide sera aussi accordée aux entreprises qui cherchent des marchés à l'étranger. À plus long terme, la compétitivité de l'Islande pour la main d'œuvre qualifiée et pour la progression de la collaboration internationale aux infrastructures de recherche devrait être un sujet de préoccupation des responsables politiques.

Partie 2. Allocation du soutien public à la R-D et l'innovation, par secteur, type et mode de financement, 2012

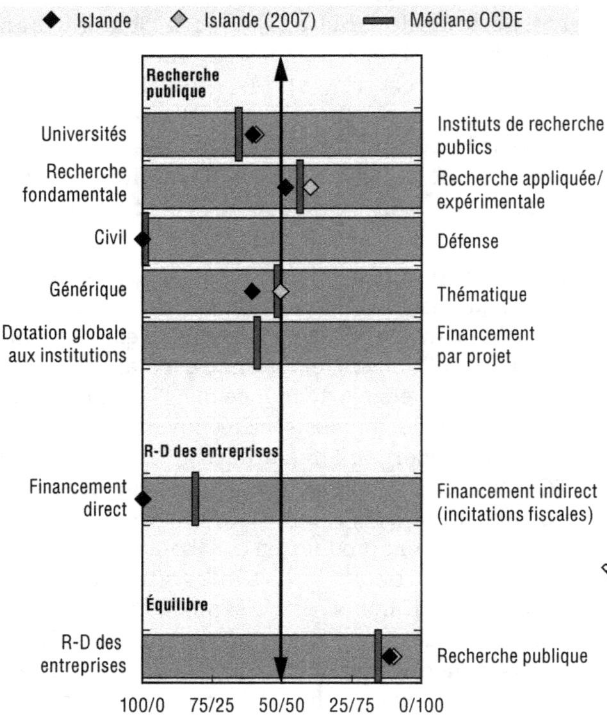

Partie 3. Principaux instrument de financement public de la R-D des entreprises, 2014

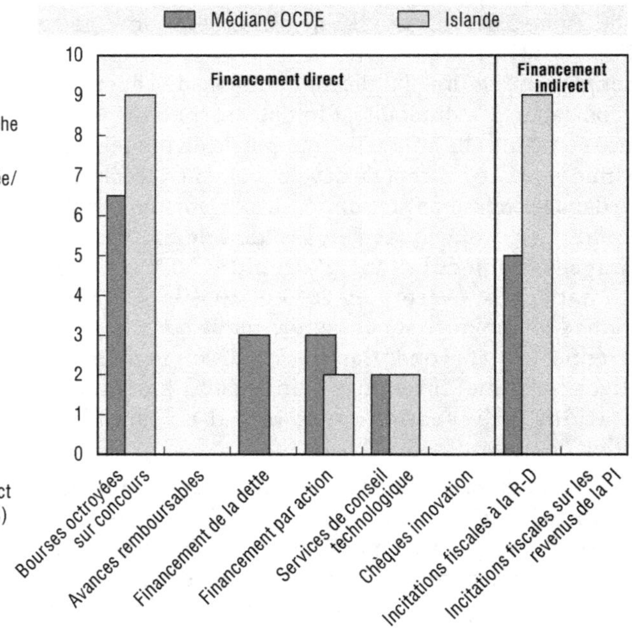

Note : Les informations sur les politiques sont tirées des réponses des pays au questionnaire préparatoire des éditions 2012 et 2014 des *Perspectives de la science, de la technologie et de l'industrie* de l'OCDE. Les réponses de l'Islande sont disponibles dans la base de données des *Perspectives*, édition 2014, accessible à l'adresse suivante : *http://qdd.oecd.org/Table.aspx?Query=2A685F33-225F-4379-8825-42BE3649F63D.*

Source : Voir le guide du lecteur et l'annexe méthodologique.

StatLink http://dx.doi.org/10.1787/888933306988

ISRAËL

En Israël, les technologies, surtout les TIC, sont un moteur essentiel de l'économie. La crise financière mondiale n'a guère freiné la croissance, et la découverte récente de gisements de gaz naturel a dopé le PIB. Cependant, cette croissance induite par la technologie n'a pas été assez inclusive : la pauvreté et les inégalités se sont aggravées, et le pays traverse une période d'assainissement budgétaire. Compte tenu des pressions sur les budgets publics et des ajustements consécutifs des dépenses publiques de STI, une concurrence accrue entre les entreprises pourrait rendre l'innovation plus inclusive. La politique STI s'articule sur des mesures spécifiques par domaine plutôt que sur une stratégie globale.

Enjeu 1 : Encourager l'innovation d'entreprise, et soutenir l'entrepreneuriat et les PME. L'écosystème STI israélien, ce sont les multinationales étrangères (partie 2), les grandes sociétés qui investissent dans la R-D (partie 1[e]) et les startups (partie 1[h]). La DIRDE rapportée au PIB est la deuxième de l'OCDE (partie 1[d]) et le capital-risque rapporté au PIB domine le classement (partie 1[h]). Le financement d'amorçage a décliné durant la crise économique mondiale, mais le nouveau programme Jeunes entreprises appuie les entreprises de moins de trois ans (financement initial, promotion de leur potentiel) pour les aider à attirer l'investissement privé. Néanmoins, l'indice de facilité de création d'entreprise (partie 1[j]), en queue du classement OCDE, révèle la nécessité d'améliorer plusieurs aspects du cadre de réglementation des entreprises.

Enjeu 2 : Réformer et améliorer le système de recherche publique, y compris la recherche universitaire. Malgré une dépense publique de R-D modeste, Israël compte plusieurs universités de rang mondial et produit des publications à fort impact (partie 1[a, b, c]). Le plan sexennal pour l'enseignement supérieur, avec un budget de 1.9 milliard USD (7.5 milliards NIS), a été créé en 2011 pour promouvoir l'excellence universitaire et moderniser les infrastructures de recherche et d'enseignement. Les budgets des universités ont été augmentés, avec une hausse de 30 % du budget du Conseil de l'enseignement supérieur. Ils sont aussi devenus plus concurrentiels, avec le doublement des subventions de l'Israel Science Foundation (ISF) et une part accrue du financement global allouée sur des critères de résultat. Le financement à long terme a aussi été renforcé avec 186 millions USD (750 millions NIS) de subventions globales. La plus importante initiative a été la création de 16 centres d'excellence (I-core) financés par 114 millions USD (450 millions NIS) pour faire avancer les recherches universitaires de pointe et offrir un environnement de recherche attractif.

Enjeu 3 : Relever les défis de la mondialisation de la science, de la technologie et de l'innovation, et renforcer la coopération internationale. Petit pays, Israël dépend de ses exportations et de son ouverture internationale, mais la recherche et l'innovation doivent être mieux intégrées aux réseaux mondiaux, ce qu'illustrent les données sur le cobrevetage international (partie 1[q, r]). La coopération internationale est une priorité. Des subventions concurrentielles soutiennent la collaboration stratégique dans la R-D et encouragent les exportations de haute technologie vers les marchés émergents. La DIRD financée par l'étranger est passée de 28 % à 47 % sur 2007-11. Israël a reçu 798 millions USD (3.2 milliards NIS) du 7e Programme-cadre de l'UE (FP7) dont près de deux tiers pour les universités. Fin 2010, le financement FP7 de 302 millions USD (1.2 milliard NIS) était presque à parité avec le financement ISF de 252 millions USD (1.0 milliard NIS). Israël vient juste de finaliser sa participation au programme Horizon 2020 de l'UE.

Enjeu 4 : Innover pour contribuer à une croissance durable et verte. L'innovation inclusive est un des grands défis de la politique STI. Le gouvernement veut mieux lier le reste de l'économie aux hautes technologies pour pérenniser la croissance. Confronté à des problèmes de rareté de l'eau et de sécurité, Israël a engagé plusieurs initiatives en faveur de l'indépendance pétrolière et des technologies de l'eau.

L'initiative Fuel Choices vise à faire d'Israël un centre de connaissances et de bonnes pratiques industrielles dans le domaine des carburants alternatifs. Pour la décennie à venir, 25 millions USD (100 millions NIS) seront consacrés chaque année à la R-D, aux programmes de démonstration, aux prix internationaux et aux séminaires de sensibilisation. Le Plan directeur de gestion de l'eau émet des recommandations sur les systèmes de gestion de l'eau et les tarifs. En quête de nouveaux marchés, Israël a lancé en 2014 le programme Grand Challenges Israël pour résoudre les problèmes de santé publique et de sécurité alimentaire dans les pays en développement. Une enveloppe de subventions de 3 millions

Chiffres clés, 2013

Productivité économique et environnementale	ISR	OECD	Dépenses intérieures brutes de R-D	ISR	OECD
Productivité du travail			**DIRD**		
PIB par heure ouvrée en USD PPA, 2013	36.2	47.7	En million USD en PPA, 2012	9 735	1 107 398
(taux de croissance annuel, 2008-13)	(+1.1)	(+0.8)	En % du total OCDE, 2012	0.9	100
Productivité environnementale			**Intensité et croissance de la DIRD**		
PIB par émission unitaire de CO_2 en USD, 2011	3.1	3.0	En % du PIB, 2012	3.93	2.40
(taux de croissance annuel, 2007-11)	(+2.4)	(+1.8)	(taux de croissance annuel, 2007-12)	(+0.9)	(+2.0)
Demande verte			**DIRD à financement public**		
RNN par émission unitaire de CO_2 en USD, 2011	3.1	3.0	En % du PIB, 2011	0.57	0.77
(taux de croissance annuel, 2007-11)	(+2.7)	(+1.6)	(taux de croissance annuel, 2007-11)	(+0.2)	(+2.8)

Graphique 9.27. **La science et l'innovation en Israël**

Partie 1. Performance comparée des systèmes nationaux de science et d'innovation, 2014

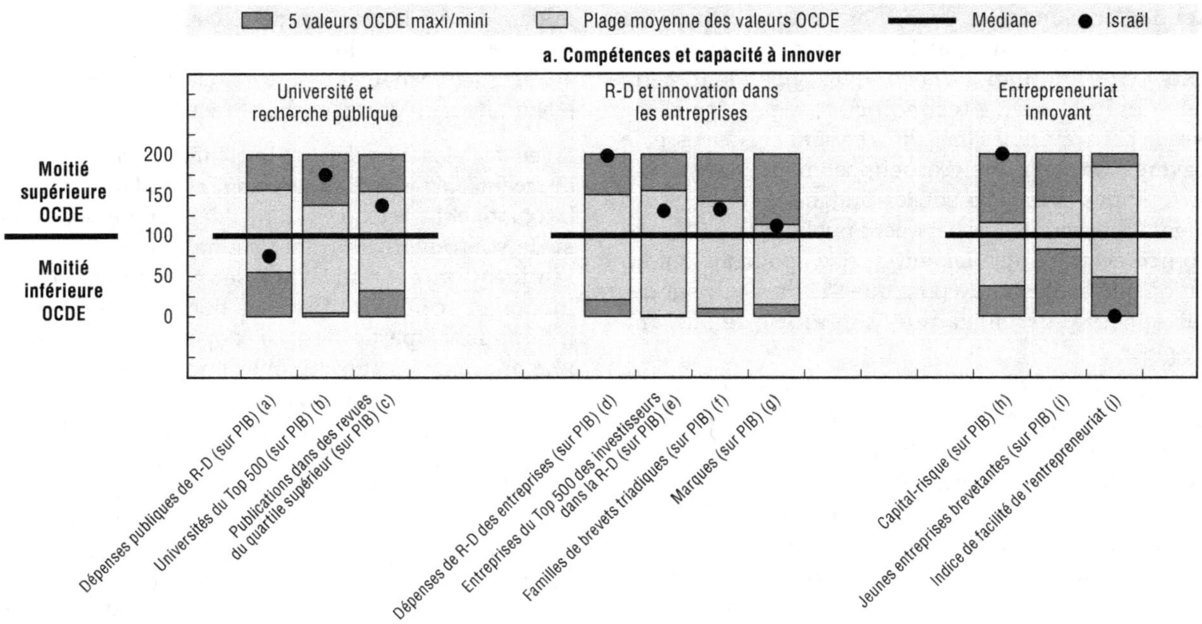

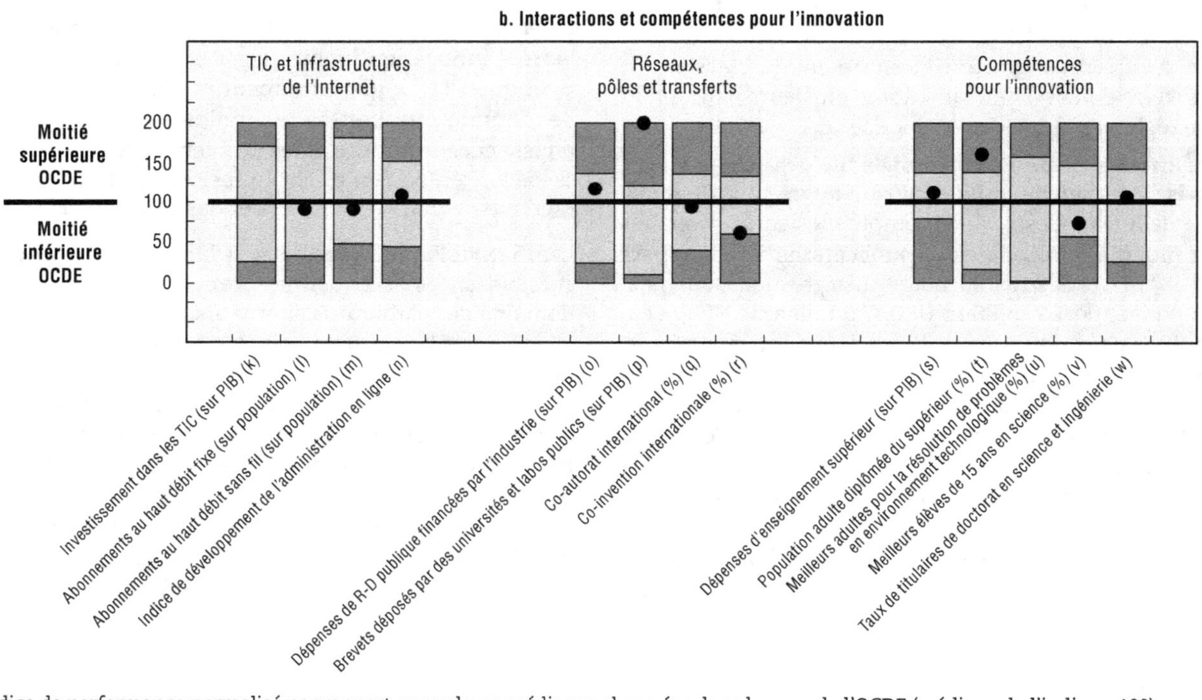

Note : Indice de performance normalisé par rapport aux valeurs médianes observées dans la zone de l'OCDE (médiane de l'indice = 100).

USD (12 millions NIS) servira à stimuler les exportations liées à l'innovation vers ces marchés.

Le système STI d'Israël en bref

Gouvernance des politiques STI : Le maintien d'un système STI en pointe dans le contexte budgétaire actuel suppose une meilleure coordination entre les organismes publics et une évaluation des politiques. L'absence de plateforme formelle permettant aux principaux acteurs d'échanger leurs idées sur les stratégies d'innovation pourrait entraver la coordination. Une telle plateforme est en cours d'élaboration pour réunir ceux qui formulent et ceux qui mettent en œuvre les politiques STI. La nécessité d'une stratégie plus « descendante » fait débat. L'évaluation des politiques STI fait l'objet d'une attention particulière. La nouvelle Strategy and Economic Research Unit (SERU) et une méthodologie d'évaluation globale favorisent l'institutionnalisation de l'évaluation, avec une démarche plus axée sur l'impact. Les grands programmes entrepreneuriaux (p. ex. Tnufa, l'incubateur et les programmes pour les semenciers) ont fait récemment l'objet d'une évaluation de leur impact sur l'écosystème d'innovation. Les documents d'orientation sur le système STI soulignent aussi la nécessité d'un système d'information fondé sur des enquêtes sur l'innovation et une base de données pour étayer la formulation des politiques.

Innovation d'entreprise : Israël est deuxième dans le monde pour l'intensité de R-D des entreprises, qui consacrent 3.3 % du PIB à cette activité (partie 1[d]). Les subventions accordées sur appel d'offres et les incitations fiscales sont les deux principaux instruments d'aide à la R-D d'entreprise. Le budget du principal organisme public d'aide à la R-D industrielle (OCS), a été significativement réduit depuis le début des années 2000 et devrait rester inchangé dans les années à venir. L'OCS consacre 85 % de ses 374 millions USD (1.5 milliard NIS) aux PME. L'aide publique reste neutre vis-à-vis des secteurs et des technologies utilisées.

Infrastructures TIC et Internet : Bien que ces infrastructures ne soient que moyennement développées (partie 1[k, l, m]), ce qui s'explique par la fracture numérique de la société israélienne, l'ATR d'Israël dans les TIC, mesuré par le nombre de demandes de brevet, se maintient depuis une décennie (partie 3). La récente initiative de cybersécurité vise à faciliter le développement et l'adoption de technologies sécurisées. Un incubateur national de cybersécurité a été mis en place par un partenariat public-privé, et un centre national d'excellence en cybersécurité a été créé avec les États-Unis dans le cadre d'un accord bilatéral de coopération.

Transfert et commercialisation de technologies : Les liens entre industrie et science sont relativement forts, et les universités et les EPR brevètent activement les résultats de leurs recherches (partie 1[o, p]). Depuis 1994, le programme Magnet de l'OCS facilite le transfert de connaissances par des subventions aux nouveaux consortiums de recherche pré-concurrentielle. Le programme Magneton appuie les activités de coopération industrie-science datant de 24 mois ou plus, tandis que le programme Nofar vise à faire progresser la recherche appliquée en biotechnologie et en nanotechnologie et son transfert vers l'industrie.

Pôles d'activité et spécialisation intelligente : Fuel Choices (anciennement Oil Substitutes) et le programme de cybersécurité sont les principaux piliers de la spécialisation intelligente. Le premier, doté d'un budget de 380 millions USD (1.5 milliard NIS) pour 2011-20, offre aux entreprises un guichet unique, un financement par capital-risque et une aide à la création d'usines pilotes pour produire des substituts du pétrole. Le second prévoit des fonds spéciaux pour stimuler la R-D sur le terrain – 50 millions USD (180 millions NIS) pour 2012-14 –, encourage la formation en cybersécurité, et crée des liens entre le savoir-faire militaire et l'industrie.

Compétences et innovation : Le manque de personnel STI qualifié sera un obstacle majeur dans les années à venir, la demande d'ingénieurs et de techniciens commençant à dépasser l'offre. Le niveau d'études de la population adulte est élevé, mais le niveau scientifique des jeunes n'est pas très bon par rapport aux autres pays, et le nombre de titulaires de doctorat en sciences et techniques est relativement faible (partie 1[t, v, w]). Le Plan pour l'enseignement supérieur (2011-15) vise à en améliorer la qualité et la compétitivité. Quelque 1 600 chercheurs seront recrutés dans les universités pour remplacer ceux qui partent en retraite, soit un gain net d'environ 850 universitaires sur les six ans à venir. Cette mesure devrait accroître la participation à l'enseignement supérieur, notamment en incitant les minorités à faire des études.

Partie 2. Composition structurelle de la DIRDE, 2011

En pourcentage dans la DIRDE totale ou de sous-parties de la DIRDE (%)

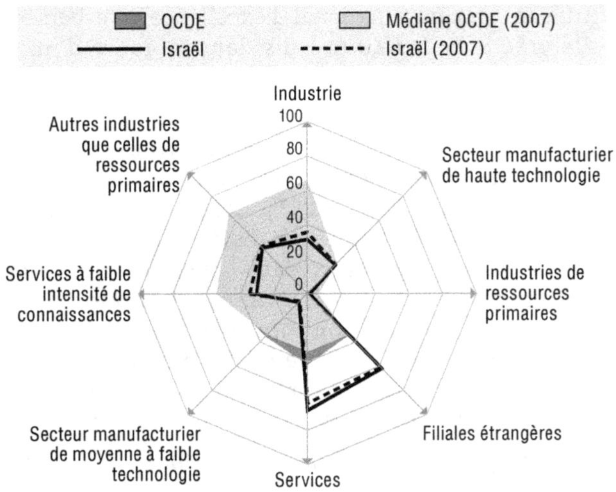

Partie 3. Avantage technologique révélé dans certains domaines, 2009-11

Indice basé sur les demandes de brevets PCT

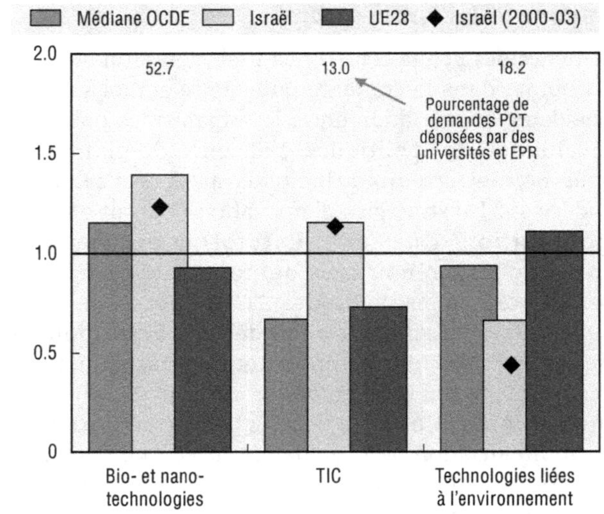

Partie 4. Allocation du soutien public à la R-D et l'innovation, par secteur, type et mode de financement, 2012

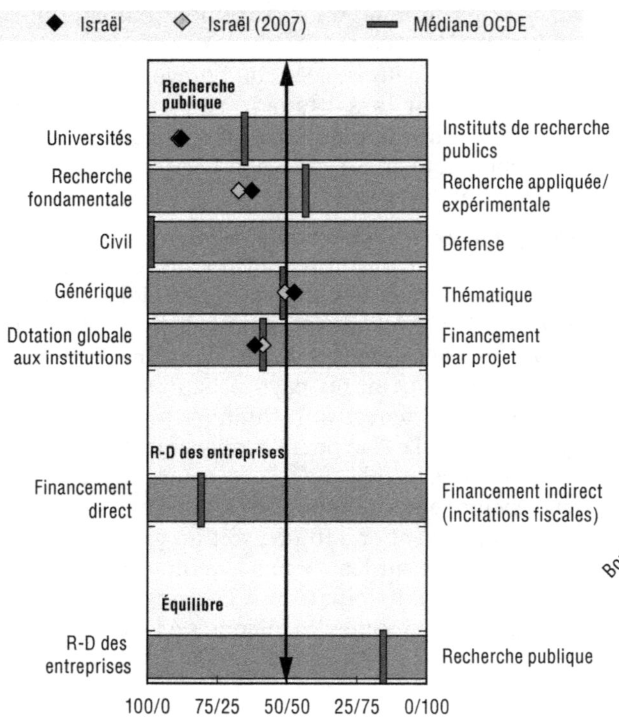

Partie 5. Principaux instrument de financement public de la R-D des entreprises, 2014

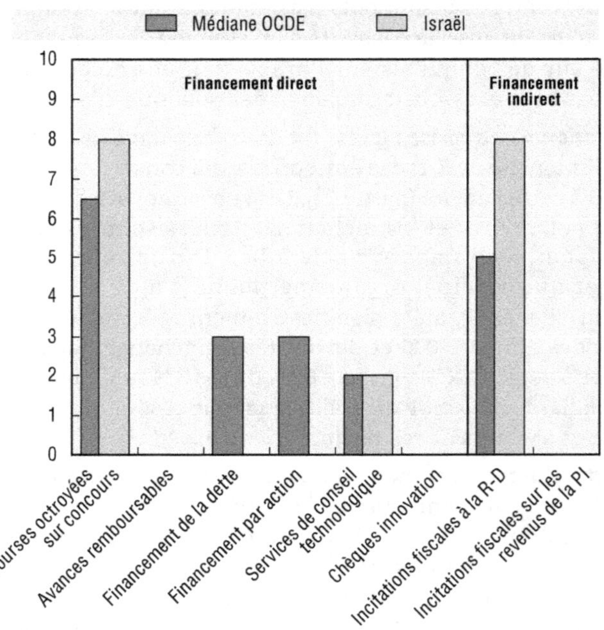

Note : Les informations sur les politiques sont tirées des réponses des pays au questionnaire préparatoire des éditions 2012 et 2014 des *Perspectives de la science, de la technologie et de l'industrie* de l'OCDE. Les réponses de l'Israël sont disponibles dans la base de données des *Perspectives*, édition 2014, accessible à l'adresse suivante : *http://qdd.oecd.org/Table.aspx?Query=13245801-8246-44D3-B9B6-364D3A28929A*.

Source : Voir le guide du lecteur et l'annexe méthodologique.

StatLink http://dx.doi.org/10.1787/888933307023

ITALIE

L'Italie poursuit les réformes structurelles et l'assainissement budgétaire entrepris depuis 2011 pour trouver la voie d'une croissance durable sur de bonnes bases macroéconomiques. Le gouvernement a lancé en 2013 Destination Italy, un plan national pour attirer l'IDE et renforcer la compétitivité des entreprises.

Enjeu 1 : Améliorer la coordination et la participation dans la gouvernance STI. La gouvernance de la politique de recherche et d'innovation relève du ministère de l'Éducation, des Universités et de la Recherche (MIUR), du ministère du Développement économique (MISE), et de la Présidence du Conseil des ministres via l'Agence pour la promotion des technologies au service de l'innovation, créée en 2006. Cependant, les régions, en vertu du principe de concurrence, peuvent développer des initiatives STI locales. L'adoption de stratégies de spécialisation intelligente par des régions comme l'Émilie-Romagne et les Pouilles renforce la coordination et la communication, dans divers domaines, entre les différents ministères et organismes régionaux. Le gouvernement italien œuvre aussi à intégrer les objectifs et les priorités d'Horizon 2020. Un document stratégique, *Horizon 2020 Italy*, validé en 2013, fournit un cadre pour aligner les objectifs nationaux sur les objectifs et initiatives de l'UE en matière de recherche et d'innovation sur les sept ans à venir.

Enjeu 2 : Renforcer les ressources humaines, les compétences et les capacités. La part des diplômés du supérieur et des individus sachant résoudre des problèmes techniques dans la population italienne adulte est parmi les plus faibles de l'OCDE (partie 1[t, u]). La dépense pour l'enseignement supérieur est aussi très faible (partie 1[s]). L'Italie est confrontée à une pénurie de personnel qualifié, en partie parce que sa population active la plus qualifiée trouve de meilleurs débouchés ailleurs. Pour remédier à ces insuffisances, le plan pluriannuel 2013-15 incite les universités à améliorer les services de soutien et d'orientation des étudiants. L'inadéquation entre l'enseignement supérieur et les besoins du marché du travail accentue le décalage structurel. Face à ce problème, le plan d'action pour l'emploi futur des jeunes Italia 2020 vise à mieux adapter le contenu des études à l'évolution des besoins de l'industrie et promeut l'enseignement technique professionnel. Les salaires et l'avancement du personnel universitaire sont gelés depuis 2011 afin de limiter les dépenses publiques. Cependant, pour freiner l'érosion de la base de ressources humaines du système STI, laquelle s'explique par le peu d'intérêt des perspectives de carrière et la baisse des salaires, les plus récentes réductions du budget de la recherche publique ont épargné les emplois d'enseignant, de chercheur et de technicien. Depuis la réforme des universités de 2010, d'importants efforts ont aussi été déployés pour renforcer les carrières des chercheurs. Une réforme des études doctorales orientée vers la création d'un cadre stimulant, des cursus collaboratifs et l'internationalisation des recherches, a vu le jour en 2013. Par ailleurs, la loi de finances de 2014 comporte un engagement à encourager la mobilité interinstitutionnelle des chercheurs. Le MIUR a récemment pris des mesures pour encourager la mobilité des chercheurs entre les universités et les EPR, et pour attirer les chercheurs étrangers.

Enjeu 3 : Encourager l'innovation d'entreprise, et soutenir l'entrepreneuriat et les PME. La DIRDE rapportée au PIB est très faible, mais l'innovation mesurée par le nombre de brevets internationaux et de marques enregistrées est proche de la médiane OCDE (partie 1[f, g]). Les entreprises financent à peine plus de 50 % de la DIRD, ce qui est peu pour un pays industrialisé. Quelques firmes innovantes côtoient une vaste majorité de petites ou micro-entreprises à faible productivité. Le nouveau Fonds pour une croissance durable, qui a remplacé en 2013 le Fonds pour l'innovation technologique, soutient la R-D privée susceptible d'avoir un impact sensible sur la compétitivité nationale. La Loi sur la stabilité de 2013 (L228/2012) a institué un crédit d'impôt applicable aux dépenses de R-D engagées par des entreprises ou consortiums dans le cadre de contrats de R-D avec des organismes de recherche publique ou d'investissements directs en R-D.

Enjeu 4 : Améliorer les conditions-cadres de l'innovation, notamment la compétitivité. L'indice de facilité de création d'entreprise classe l'Italie dans le peloton de tête des pays de l'OCDE, signe d'un environnement favorable à l'entrepreneuriat et aux projets à risque innovants (partie 1[j]). Les jeunes entreprises sont raisonnablement actives dans la prise de brevets, mais le capital-risque fait cruellement

Chiffres clés, 2013

Productivité économique et environnementale	ITA	OCDE	Dépenses intérieures brutes de R-D	ITA	OCDE
Productivité du travail			**DIRD**		
PIB par heure ouvrée en USD PPA, 2013	48.9	47.7	En million USD en PPA, 2012	26 321	1 107 398
(taux de croissance annuel, 2008-13)	(-0.1)	(+0.8)	En % du total OCDE, 2012	2.4	100
Productivité environnementale			**Intensité et croissance de la DIRD**		
PIB par émission unitaire de CO_2 en USD, 2011	4.2	3.0	En % du PIB, 2012	1.27	2.40
(taux de croissance annuel, 2007-11)	(+2.4)	(+1.8)	(taux de croissance annuel, 2007-12)	(+0.1)	(+2.0)
Demande verte			**DIRD à financement public**		
RNN par émission unitaire de CO_2 en USD, 2011	4.2	3.0	En % du PIB, 2011	0.54	0.77
(taux de croissance annuel, 2007-11)	(+1.7)	(+1.6)	(taux de croissance annuel, 2007-11)	(-1.0)	(+2.8)

Graphique 9.28. **La science et l'innovation en Italie**

Partie 1. Performance comparée des systèmes nationaux de science et d'innovation, 2014

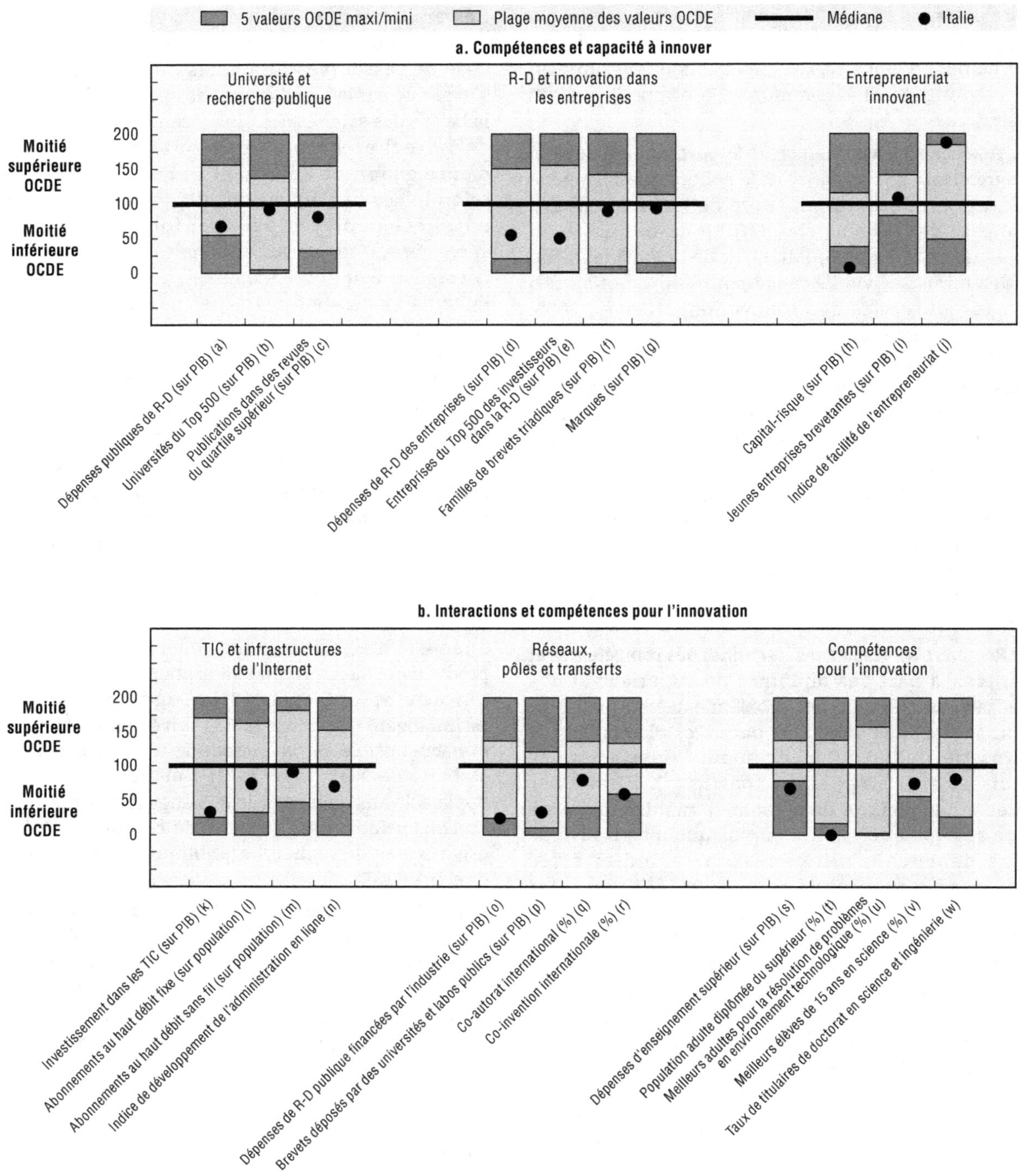

Note : Indice de performance normalisé par rapport aux valeurs médianes observées dans la zone de l'OCDE (médiane de l'indice = 100).

défaut, ce qui compromet la commercialisation des idées innovantes (partie 1[i, h]). Une loi du Parlement de 2012 introduit un nouveau cadre législatif pour la promotion des startups. Entre 2012 et 2014, l'Italie s'est efforcée d'alléger la charge fiscale et de renforcer les incitations fiscales pour les PME. Destination Italy comporte aussi plusieurs mesures pour faciliter l'accès des petites entreprises et des micro-entreprises au crédit bancaire et au financement en fonds propres, afin de soutenir leur internationalisation et d'encourager l'investissement en capital-risque.

Le système STI de l'Italie en bref

Nouveaux défis : Plusieurs initiatives axées sur l'évolution de la société ont été lancées en 2013, notamment la nouvelle Stratégie nationale de l'Énergie pour 2020 et un fonds spécial pour l'emploi des jeunes dans le secteur de l'économie verte. Le cadre de réglementation nationale pour les énergies renouvelables et les économies d'énergie a été révisé récemment. Le MUIR a aussi publié un document sur la position nationale concernant le vieillissement, fondé sur les analyses et suggestions de divers intervenants et sur les études du CPST de l'OCDE sur ce sujet, afin de relever les défis que pose le vieillissement de la population italienne.

Enseignement supérieur et recherche publique : La dépense publique de R-D de l'Italie est inférieure à la médiane OCDE, et il en est de même de ses publications internationales dans les plus grandes revues scientifiques et de son niveau de collaboration internationale (partie 1[a, c, q]). Cependant, la proportion de grandes universités y est relativement forte. Par ailleurs, les liens entre l'industrie et le monde scientifique sont peu développés, et les EPR et les universités ne sont pas très actives dans le brevetage des résultats de leurs recherches (partie 1[o, p]). En vue d'améliorer les performances de la recherche publique, une réforme des mécanismes de financement et de la gestion des universités, approuvée par le Parlement en 2010, est actuellement en cours, comme la réforme des EPR sous les auspices du MIUR lancée en 2009. En 2013, le MIUR a alloué de nouvelles ressources dans le cadre du Cohesion Action Plan (CAP) pour renforcer les infrastructures de recherche publique, en particulier dans les régions du sud de l'Italie.

Infrastructures TIC et Internet : Le taux d'abonnements au haut débit sans fil est proche de la médiane OCDE (partie 1[m]), mais l'investissement global dans les TIC est sensiblement inférieur à la médiane (partie 1[k]). Le Plan national pour le haut débit 2008-14 reste le principal instrument pour améliorer les services et infrastructures TIC au niveau national. Une nouvelle Agence pour une Italie numérique a été créée en 2012 pour promouvoir les TIC, l'accent étant mis sur la numérisation dans le secteur public. Un plan stratégique de diffusion des technologies à ultra-haut débit dans les régions du sud de l'Italie a été lancé en 2013, et le MISE a été autorisé en 2013 à allouer de nouveaux fonds au développement et à la diffusion des technologies numériques.

Pôles d'activité et spécialisation intelligente : La performance des entreprises italiennes en matière d'innovation varie selon les régions, et la capacité de R-D et d'innovation se concentre surtout sur les régions du centre et du nord de l'Italie. Le MIUR a lancé en 2012 un appel national à la création et au renforcement des pôles d'activité technologiques. Un projet d'aide aux régions dans la conception et la mise en œuvre de leurs stratégies de spécialisation intelligente a été lancé en 2013.

Mondialisation : Sur 2012-14, l'Italie a renforcé son réseau d'accords bilatéraux de coopération scientifique et technologique avec ses pays partenaires, en particulier ceux conclus avec la Suède, renouvelés pour 2014-16. Depuis 2013, l'agence de promotion du commerce italien ICE, qui a remplacé l'Institut pour le commerce extérieur, soutient l'internationalisation des entreprises italiennes. L'aide à l'internationalisation des universités, des EPR et des entreprises italiennes fait aussi partie des objectifs de Destination Italy.

Partie 2. Composition structurelle de la DIRDE, 2011

En pourcentage dans la DIRDE totale ou de sous-parties de la DIRDE (%)

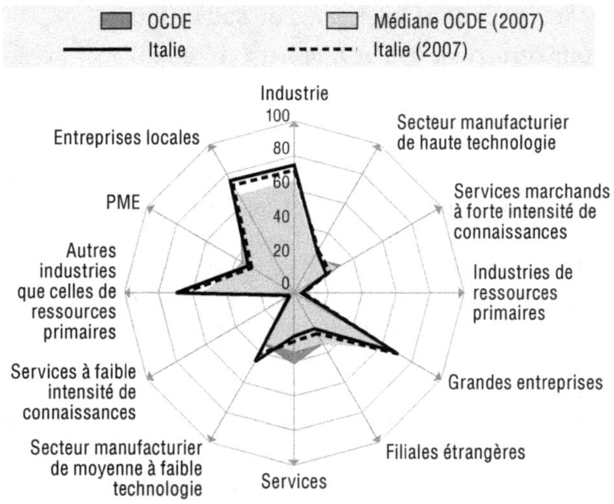

Partie 3. Avantage technologique révélé dans certains domaines, 2009-11

Indice basé sur les demandes de brevets PCT

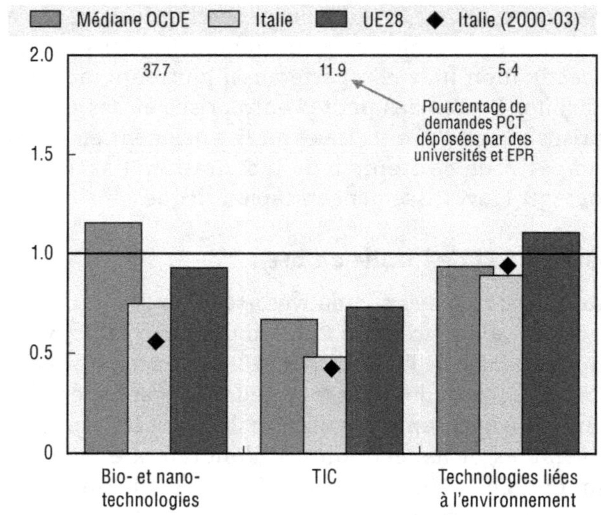

Partie 4. Allocation du soutien public à la R-D et l'innovation, par secteur, type et mode de financement, 2012

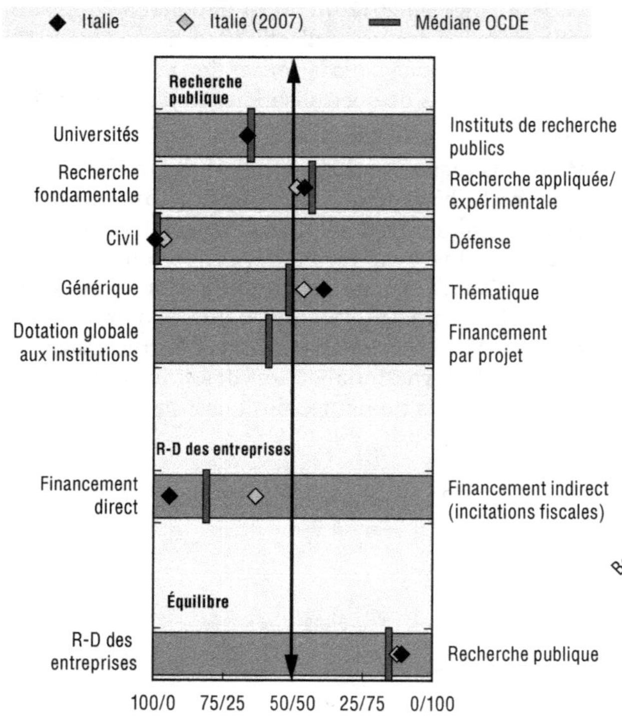

Partie 5. Principaux instrument de financement public de la R-D des entreprises, 2014

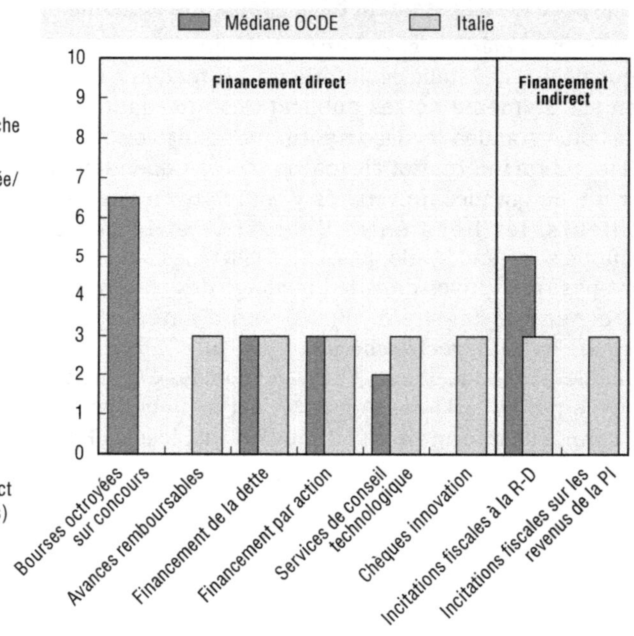

Note : Les informations sur les politiques sont tirées des réponses des pays au questionnaire préparatoire des éditions 2012 et 2014 des *Perspectives de la science, de la technologie et de l'industrie* de l'OCDE. Les réponses de l'Italie sont disponibles dans la base de données des *Perspectives*, édition 2014, accessible à l'adresse suivante : *http://qdd.oecd.org/Table.aspx?Query=D8EF7A30-EC1B-4EF6-8407-B6DBB0C7A15D*.

Source : Voir le guide du lecteur et l'annexe méthodologique.

StatLink http://dx.doi.org/10.1787/888933307039

JAPON

Après vingt ans de croissance lente, le Japon présente les signes d'un dynamisme retrouvé. Troisième pays du monde en termes de PIB après les États-Unis et la Chine, il est, avec un budget de 3.35 % du PIB, un des pays les plus intensifs en R-D. Ses perspectives de croissance sont assombries par le vieillissement de sa population, une dette nationale élevée (plus de 230 % du PIB) et les effets du grand séisme survenu dans l'est du pays. Le 4e Plan fondamental pour la science et la technologie (2011-16) promeut une approche intégrée de la politique d'innovation, axée sur les enjeux, devant être mise en œuvre et promue conjointement avec la société. La priorité est donnée à l'environnement, à l'énergie, à la santé et aux défis sociaux. En 2013, le Japon a adopté une Stratégie globale pour la science, la technologie et l'innovation, qui s'inscrit dans une perspective à long terme et trace une feuille de route vers une société idéale.

Enjeu 1 : Innover pour relever les défis sociaux, notamment (y compris l'inclusion). La Stratégie globale comporte des mesures pragmatiques visant à favoriser la santé et le dynamisme d'une société vieillissante et à mettre en place les infrastructures de la prochaine génération. Le Japon veut faire de son industrie du matériel médical un modèle au plan mondial et devenir un « pays de la santé », en pointe pour les technologies et fournitures médicales. Le Research Centre Network for Realisation of Regenerative Medicine a été lancé en 2013 pour faire avancer la recherche sur les cellules souches pluripotentes induites, et les applications cliniques ne vont pas tarder. Outre les traitements médicaux, le Japon promeut aussi la médecine préventive et les soins infirmiers, ainsi que l'information sur l'alimentation et la nutrition (2e Programme fondamental de promotion du *Shokuiku*). De nouvelles infrastructures utilisant les technologies de pointe (p. ex. TIC) et des approches intégrées (p. ex. le projet Smart Life) sont en cours d'élaboration pour répondre aux besoins d'une population qui vieillit.

Enjeu 2 : Améliorer les conditions-cadres de l'innovation, notamment la compétitivité. Le Japon a récemment renforcé son cadre législatif de la PI et facilité la R-D. La loi sur les brevets a été modifiée en 2012 pour renforcer la protection des accords de licence et mieux protéger les résultats des activités conjointes de recherche. L'Office japonais des brevets (JPO) a créé en 2013 un système d' « examen collectif de portefeuilles de PI » pour accorder des droits selon une logique transversale adaptée au rythme de l'expansion des entreprises. Le JPO a aussi révisé les directives relatives aux examens pour élargir le champ acceptable de l'unité d'invention. La Direction de la promotion des sciences et techniques, créée en 2011, formule des recommandations pour la réforme du système des sciences et techniques, et la loi relative au renforcement des capacités de R-D et à la promotion de la réforme du système de R-D (2008) a été modifiée en 2013 pour permettre à des organes administratifs indépendants de contribuer aux startups, notamment par les DPI, afin d'aider la commercialisation des résultats de la R-D.

Enjeu 3 : Améliorer la gouvernance du système et de la politique d'innovation. Deux difficultés sont à résoudre : le fossé qui existe entre le volet sciences et techniques, et le volet innovation du système national d'innovation ; et le manque de coordination entre les divers ministères concernés par la politique STI. Le rôle central du Conseil pour la politique scientifique et technologique (CPST) a donc été renforcé. Le CPST est le principal forum pour l'étude, l'élaboration et l'évaluation de la politique scientifique et technologique. Il est chargé de renforcer la coopération entre les ministères, de décloisonner les structures de gouvernance et de soutenir les activités de R-D aux différents stades, y compris la recherche fondamentale. À cette fin, le Programme interministériel de promotion de l'innovation stratégique a reçu 494 millions USD (51.7 milliards JPY) pour renforcer le rôle du secrétariat du CPST dans la préparation du budget des sciences et techniques, la coopération ministérielle et l'évaluation.

Le système STI du Japon en bref

Enseignement supérieur et recherche publique ; La dépense publique de R-D est modeste (partie 1[a]), surtout au regard d'une forte DIRD. La R-D appliquée et le développement expérimental absorbent 50 % des dépenses publiques de R-D, la recherche fondamentale environ 30 %. Pour le rayonnement mondial de ses universités et de ses publications, le Japon est au-dessous de la médiane OCDE (partie 1[b, c]). Le 4e Plan fondamental pour la science et la technologie vise à encourager une recherche fondamentale de premier ordre et met l'accent sur le développement et

Chiffres clés, 2013

Productivité économique et environnementale	JPN	OCDE	Dépenses intérieures brutes de R-D	JPN	OCDE
Productivité du travail			**DIRD**		
PIB par heure ouvrée en USD PPA, 2013	41.4	47.7	En million USD en PPA, 2012	151 728	1 107 398
(taux de croissance annuel, 2008-13)	(+0.9)	(+0.8)	En % du total OCDE, 2012	13.7	100
Productivité environnementale			**Intensité et croissance de la DIRD**		
PIB par émission unitaire de CO_2 en USD, 2011	3.3	3.0	En % du PIB, 2012	3.35	2.40
(taux de croissance annuel, 2007-11)	(+0.0)	(+1.8)	(taux de croissance annuel, 2007-12)	(-0.9)	(+2.0)
Demande verte			**DIRD à financement public**		
RNN par émission unitaire de CO_2 en USD, 2011	3.0	3.0	En % du PIB, 2011	0.75	0.77
(taux de croissance annuel, 2007-11)	(-0.0)	(+1.6)	(taux de croissance annuel, 2007-11)	(-0.2)	(+2.8)

Graphique 9.29. **La science et l'innovation au Japon**

Partie 1. Performance comparée des systèmes nationaux de science et d'innovation, 2014

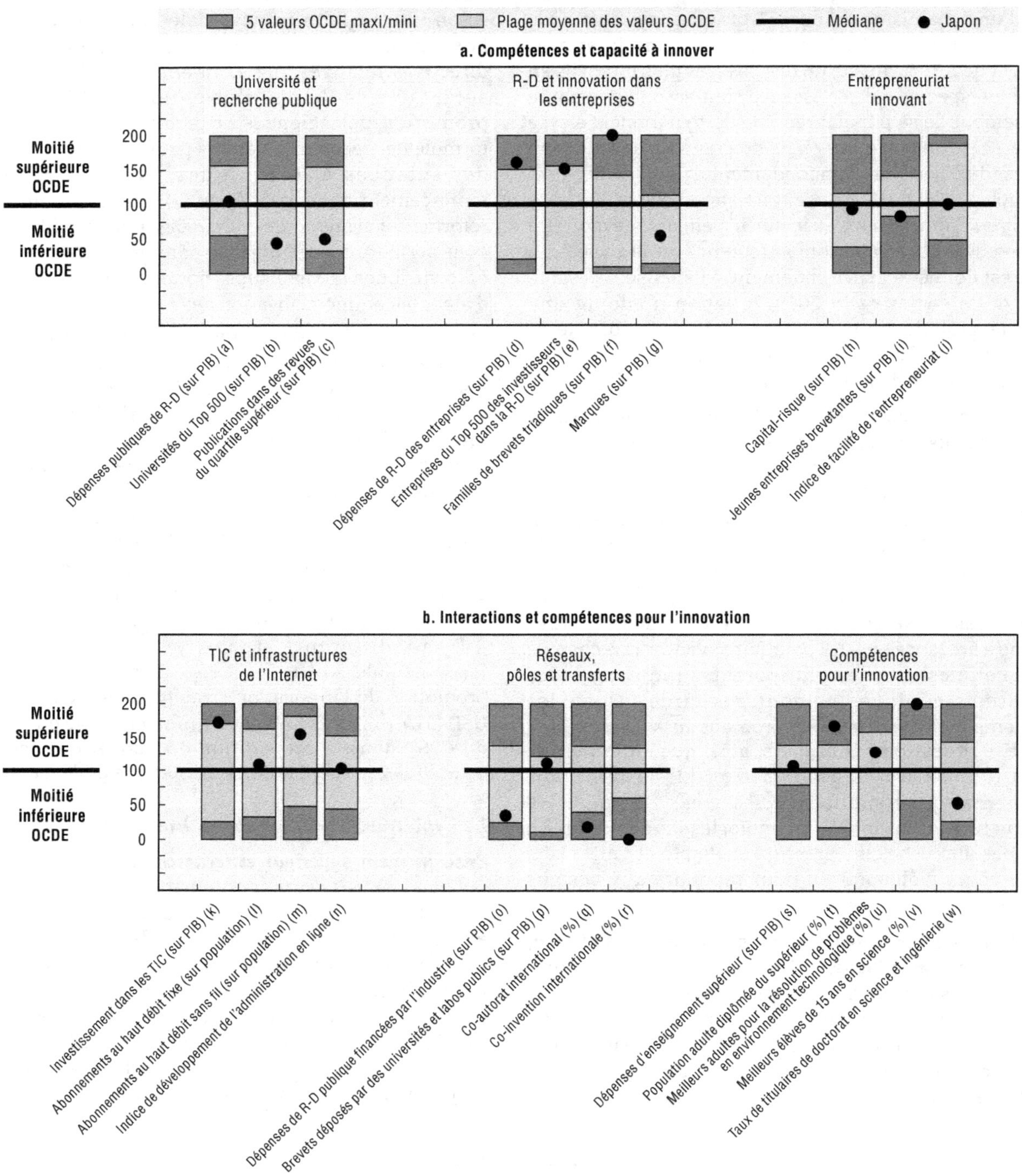

Note : Indice de performance normalisé par rapport aux valeurs médianes observées dans la zone de l'OCDE (médiane de l'indice = 100).

l'utilisation partagée d'installations de recherche de pointe et sur l'ouverture des données et des infrastructures scientifiques. Les Lignes directrices sur l'évaluation de la R-D financée par l'État ont été révisées en 2012 pour renforcer l'utilisation des résultats d'évaluation dans la prise de décisions relative aux programmes de R-D. Les organismes de mise en œuvre sont aussi censés rendre publics les résultats des évaluations.

Innovation d'entreprise : Le secteur des entreprises au Japon est un des plus intensifs en R-D (2.57 % du PIB en 2012). Le système STI est dominé par de grands groupes qui sont parmi les plus grands investisseurs privés en R-D au monde (partie 1[d, e]). Les investissements des entreprises dans la R-D de haute et moyenne-haute technologie (pharmacie, équipements de communication et véhicules automobiles) (partie 2) ont fait du Japon un chef de file mondial des technologies. La performance de l'innovation non technologique, mesurée par les marques déposées, est modeste (partie 1[g]). L'aide publique aux entreprises est limitée, celles-ci finançant 98 % de leurs activités de R-D. Le crédit d'impôt à la R-D est le principal instrument de financement.

Transfert et commercialisation de technologies : Au Japon, l'innovation des grandes entreprises est moins dépendante de la recherche publique sous contrat (partie 1[o]) et de la coopération avec la base scientifique que de l'innovation dans le groupe même. Par conséquent, les chercheurs sont très mobiles dans le secteur privé, mais ils le sont moins entre l'entreprise et l'université. Un consortium public-privé formé en 2014 encourage la mobilité intersectorielle des chercheurs. La commercialisation des résultats de la recherche scientifique est une priorité de la politique STI du Japon depuis quelques décennies, et un certain nombre de mesures ont été appliquées depuis le milieu des années 90. À travers les nouveaux Centres d'innovation, l'État subventionne les projets de R-D collaboratifs à haut risque sur les visions sociales pour la décennie à venir. Si le transfert de technologie par le biais de la coopération entre l'industrie et le monde scientifique reste faible, les universités et les EPR sont actifs en matière de dépôts de brevet (partie 1[p]). En 2012, le Japon a lancé le Programme de création de startups issues de la recherche et des technologies avancées (START), doté d'une enveloppe de 191 millions USD (20 milliards JPY), qui associe le financement public et le savoir-faire du secteur privé en matière de commercialisation pour soutenir le lancement de startups universitaires et collecter des fonds supplémentaires pour la recherche publique.

Pôles d'activité et spécialisation intelligente : La Stratégie STI globale et la Stratégie de revitalisation du Japon promeuvent une revitalisation régionale en tirant parti des ressources des régions, en développant les infrastructures régionales de l'innovation, en particulier pour le transfert université-industrie, et en permettant une plus grande autonomie dans la gestion des projets régionaux. En s'appuyant sur les initiatives antérieures en matière de pôles d'activité, le Japon a adopté en 2014 un nouveau plan de regroupement industriel comprenant des initiatives globales pour revitaliser l'industrie japonaise.

Mondialisation : Le Japon reste faiblement lié aux réseaux internationaux de coopération scientifique et technologique (partie 1[q, r]) et attire peu d'investissements en R-D de la part d'entreprises étrangères (partie 2). La loi sur la promotion du Japon comme pôle économique asiatique prévoit des allégements fiscaux, une accélération de l'examen des brevets, une réduction des taxes sur les brevets, et des temps d'examen plus courts pour les permis de séjour, afin d'encourager l'implantation de centres étrangers de R-D et de sièges de société au Japon.

Compétences et innovation : Le Japon dispose d'une solide base de compétences et d'un vaste réservoir de diplômés du supérieur (partie 1[t]), avec de bons résultats aux évaluations internationales des adultes pour la résolution de problèmes techniques et des étudiants en sciences (partie 1[u, v]). Il y a relativement peu de titulaires de doctorat en sciences et ingénierie (partie 1[w]), en raison de la faible participation des jeunes (des jeunes femmes surtout) aux cursus doctoraux et de leur manque d'intérêt pour les études scientifiques et techniques. Le Japon cherche donc à rendre les carrières de chercheur plus attractives et à promouvoir la culture scientifique. Le 4e Plan fondamental pour la science et la technologie vise à renforcer l'aide aux doctorants, à améliorer les carrières des chercheurs et à promouvoir la participation des femmes à la recherche. Il vise aussi à populariser les sciences en encourageant les activités de communication des chercheurs, ainsi que diverses activités scientifiques ou technologiques grand public, notamment dans les musées des sciences.

Partie 2. Composition structurelle de la DIRDE, 2011

En pourcentage dans la DIRDE totale ou de sous-parties de la DIRDE (%)

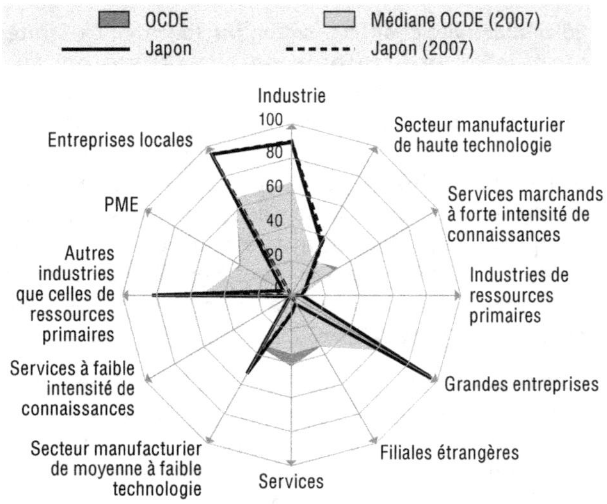

Partie 3. Avantage technologique révélé dans certains domaines, 2009-11

Indice basé sur les demandes de brevets PCT

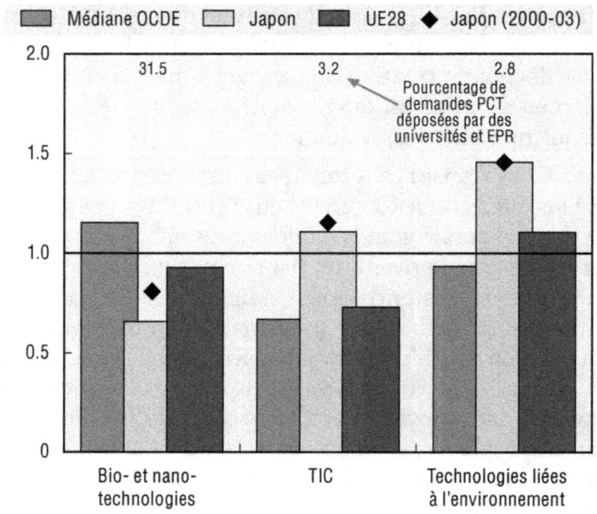

Partie 4. Allocation du soutien public à la R-D et l'innovation, par secteur, type et mode de financement, 2012

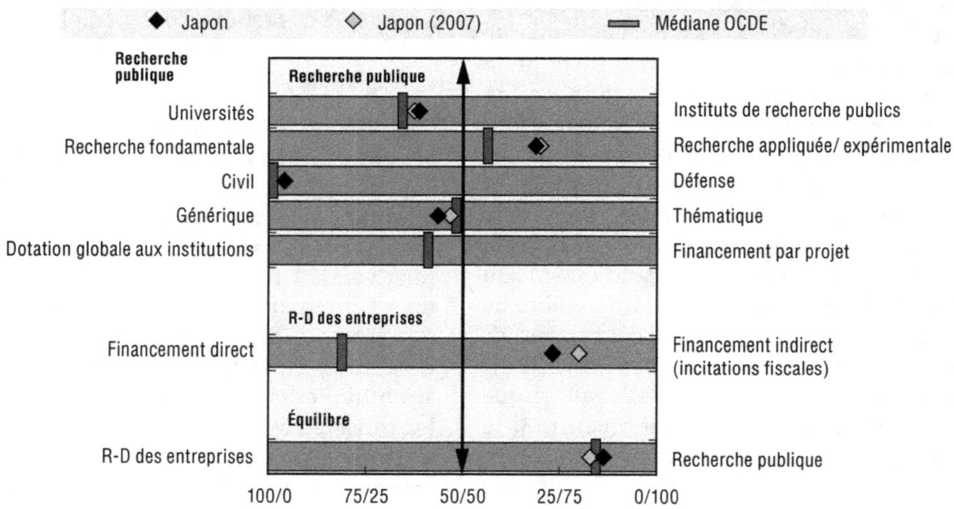

Note : Les informations sur les politiques sont tirées des réponses des pays au questionnaire préparatoire des éditions 2012 et 2014 des *Perspectives de la science, de la technologie et de l'industrie* de l'OCDE. Les réponses du Japon sont disponibles dans la base de données des *Perspectives*, édition 2014, accessible à l'adresse suivante : *http://qdd.oecd.org/Table.aspx?Query=E699EE6C-62BB-45F2-942B-48BF9EE892F3*.

Source : Voir le guide du lecteur et l'annexe méthodologique.

StatLink http://dx.doi.org/10.1787/888933307048

LETTONIE

La Lettonie est un petit pays de l'UE qui a retrouvé une croissance positive depuis 2011 après avoir connu une contraction de l'activité entre 2008 et 2010. Les pouvoirs publics ont récemment modifié leur action dans divers domaines et défini plusieurs priorités STI.

Enjeu 1 : *Renforcer* les ressources humaines, les compétences et les capacités. La Lettonie dispose d'une base de ressources humaines plutôt bonne en termes de part des diplômés du supérieur dans la population adulte, et sa dépense pour l'enseignement supérieur se situe au niveau de la médiane OCDE (partie 1[v, t]). Cependant, la fuite des cerveaux et le vieillissement de la population active dans le système STI posent d'importants problèmes. L'amélioration des ressources humaines et le renforcement des capacités font partie des grandes priorités des Lignes directrices nationales pour la science, le développement technologique et l'innovation (2014-20). Ce sont aussi des priorités dans la stratégie de spécialisation intelligente du pays. Les Fonds structurels de l'UE financent des programmes d'amélioration des ressources humaines et de renforcement des capacités dans les domaines scientifiques. Le projet Attirer les ressources humaines dans les sciences (2007-13), financé par l'UE, était une réponse à la fuite des chercheurs et visait à attirer les jeunes scientifiques vers les EPR. Afin de pallier le vieillissement de la population active dans le système STI, des quotas ont été institués dans les programmes et les projets gouvernementaux pour l'emploi des jeunes scientifiques. De grandes réformes des EES ont été engagées pour promouvoir un nouveau modèle d'accréditation, de nouveaux modèles de financement et l'internationalisation des EES, et les programmes d'enseignement ont été révisés pour correspondre aux besoins et aux tendances du marché du travail.

Enjeu 2 : Encourager l'innovation d'entreprise, et soutenir l'entrepreneuriat et les PME. Selon les lignes directrices sur la politique industrielle nationale pour 2014-20, approuvées en juin 2013, l'innovation est un élément clé pour stimuler la compétitivité, la productivité et les exportations. Les initiatives concernent le soutien à la coopération entre les entreprises et les universités et à la commercialisation des résultats des recherches, le développement de nouveaux produits et technologies, et l'expansion des entreprises innovantes et axées sur les technologies ainsi que les nouveaux instruments de financement (p. ex. capital d'amorçage et capital-risque) des entreprises innovantes, en particulier les PME aux différents stades de leur croissance.

En vue de renforcer la capacité d'innovation de l'industrie lettone, les Fonds structurels de l'UE ont financé des programmes, notamment le programme de chèques-innovation lancé en 2012, visant à attirer l'investissement privé en R-D pour les nouveaux produits, les nouvelles technologies et leur commercialisation. Les centres de compétences cherchent à accroître la compétitivité des entreprises et à faciliter la coopération entre la recherche et l'industrie dans la R-D industrielle axée sur les nouveaux produits et les nouvelles technologies.

Enjeu 3 : Réformer le système de recherche publique et renforcer la capacité et les infrastructures de R-D. La dépense publique de R-D, à 0.51 % du PIB, est au bas de la tranche intermédiaire de l'OCDE (partie 1[a]). La Lettonie ne compte aucune université de stature internationale (partie 1[b]). Des réformes à grande échelle des EES et des EPR sont en cours pour améliorer la qualité et la pertinence de la R-D publique. Dans le cadre de ce processus, les organismes de recherche et le système de science et d'innovation ont été évalués par des experts internationaux en coopération avec le Conseil nordique des ministres et NordForsk. Des fonds structurels européens ont été alloués pour renforcer l'infrastructure de recherche et les ressources humaines de la recherche publique. Le Groupe de travail interministériel balte sur les infrastructures de recherche et la coopération balte-nordique sur les infrastructures de recherche sont des plateformes régionales de coopération et d'assistance.

Enjeu 4 : Améliorer la rentabilité et l'impact de la science. La commercialisation des résultats de la recherche et le transfert de technologie sont envisagés comme moyens d'améliorer la rentabilité et l'impact de la science. À cette fin, six centres de compétences et neuf centres de recherche publics encouragent la coopération entre l'industrie et la recherche, et des points de contact ont été établis pour le transfert de technologie et la commercialisation des résultats de la recherche publique. La loi sur l'activité scientifique a été modifiée en vue d'améliorer la protection juridique des résultats de la recherche publique, leur commercialisation et le transfert des connaissances.

Chiffres clés, 2013

Productivité économique et environnementale	LVA	OCDE	Dépenses intérieures brutes de R-D	LVA	OCDE
Productivité du travail			**DIRD**		
PIB par heure ouvrée en USD PPA, 2013	n.a.	47.7	En million USD en PPA, 2012	274	1 107 398
(taux de croissance annuel, 2008-13)	n.a.	(+0.8)	En % du total OCDE, 2012	0.0	100
Productivité environnementale			**Intensité et croissance de la DIRD**		
PIB par émission unitaire de CO_2 en USD, 2011	4.0	3.0	En % du PIB, 2012	0.66	2.40
(taux de croissance annuel, 2007-11)	(-0.8)	(+1.8)	(taux de croissance annuel, 2007-12)	(-0.6)	(+2.0)
Demande verte			**DIRD à financement public**		
RNN par émission unitaire de CO_2 en USD, 2011	4.7	3.0	En % du PIB, 2011	0.17	0.77
(taux de croissance annuel, 2007-11)	(+9.2)	(+1.6)	(taux de croissance annuel, 2007-11)	(-17.5)	(+2.8)

Graphique 9.30. **La science et l'innovation en Lettonie**

Partie 1. Performance comparée des systèmes nationaux de science et d'innovation, 2014

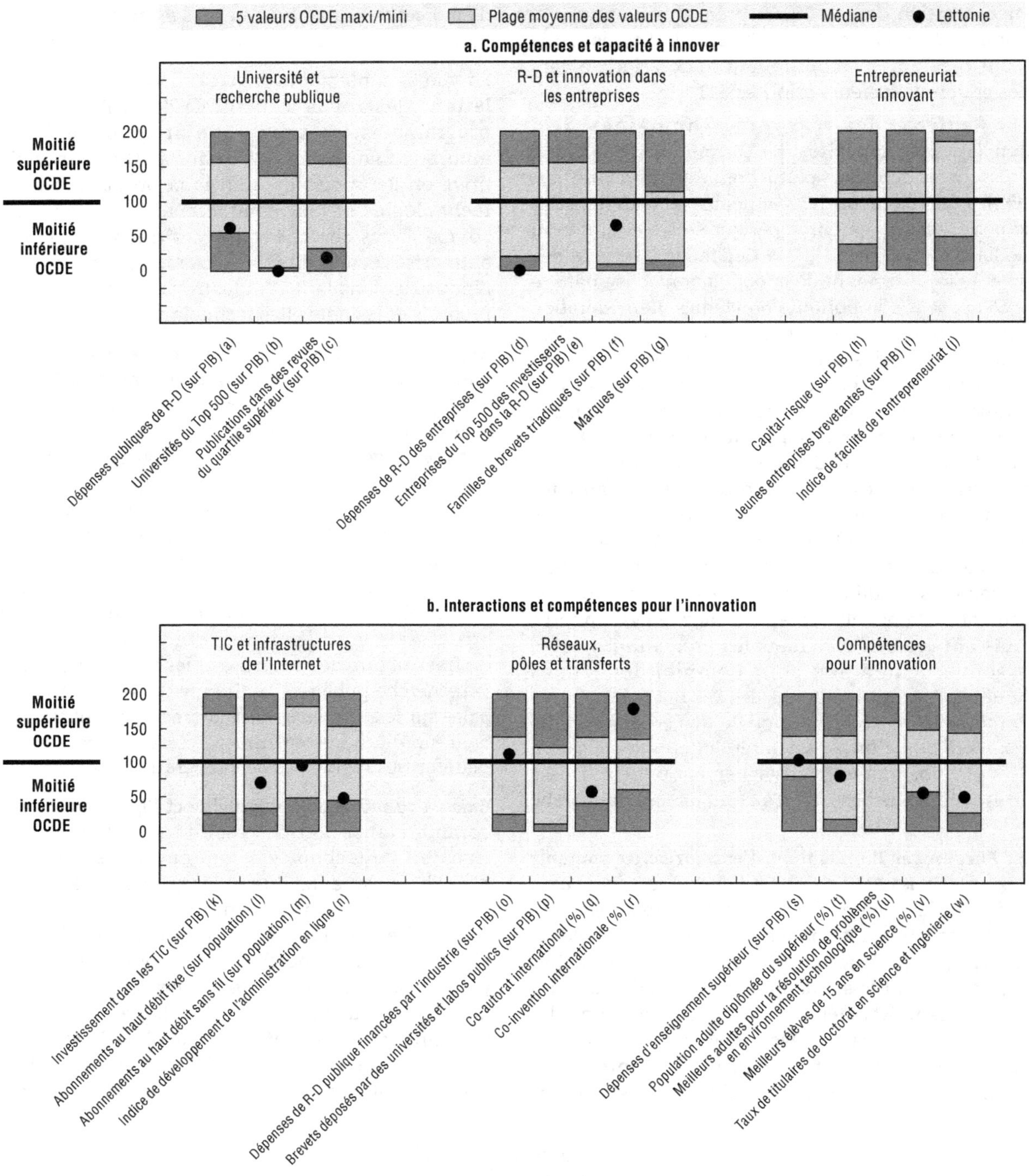

Note : Indice de performance normalisé par rapport aux valeurs médianes observées dans la zone de l'OCDE (médiane de l'indice = 100).

Le système STI de la Lettonie en bref

Gouvernance des politiques STI : La Lettonie ne dispose d'aucun conseil national de haut niveau pour les politiques STI. Le ministère de l'Éducation et de la Science et le ministère de l'Économie se partagent la responsabilité de la politique d'innovation. La pénurie de ressources humaines dans les administrations publiques, ainsi que la bureaucratie sont considérées comme des obstacles à la coordination des politiques. La Lettonie participe au groupe conjoint balte d'experts pour la coordination politique créé en 2013.

Les programmes de recherche font l'objet d'une évaluation à l'issue de chaque période de programmation. Les subventions à la recherche fondamentale et appliquée sont évaluées régulièrement. Une fois menés à terme, les projets de produits commerciaux novateurs destinés au marché sont analysés. La loi sur l'activité scientifique prescrit l'évaluation des EPR tous les six ans. La dernière évaluation de la recherche a été réalisée par des experts internationaux en coopération avec le Conseil nordique des ministres et NordForsk en 2013. En vue de faciliter la commercialisation des résultats de la recherche publique, une récente modification de la loi sur l'activité scientifique attribue aux organismes scientifiques concernés des DPI sur les inventions issues de la recherche financée sur fonds publics.

Entrepreneuriat innovant : D'après l'indice de facilité de faire des affaires de la Banque mondiale, la Lettonie jouit d'un environnement propice aux activités commerciales. Le capital d'amorçage, les subventions, les prêts et le capital-risque sont disponibles pour financer les startups technologiques et les entreprises en croissance rapide. En 2012, le Baltic Innovation Fund (BIF), ou fonds d'innovation balte, a été créé par le Fonds européen d'investissement en coopération étroite avec les gouvernements de Lettonie, de Lituanie et d'Estonie pour stimuler les investissements en fonds propres dans les PME baltes à fort potentiel de croissance.

Pôles d'activité et spécialisation intelligente : La Lettonie a participé à l'effort européen de développement d'une stratégie de spécialisation intelligente, auquel elle a associé plusieurs ministères en partenariat avec l'industrie, les organismes de recherche et les syndicats. Depuis 2009, les initiatives de pôles d'activité inspirées par l'industrie reçoivent une aide pour promouvoir une collaboration entre les sociétés indépendantes, les organismes de recherche, d'enseignement et autres, pour améliorer la compétitivité des entreprises, accroître les volumes d'exportation, et promouvoir l'innovation et le développement de nouveaux produits.

Infrastructures TIC et Internet : Par rapport à son niveau de revenu, La Lettonie dispose d'infrastructures TIC avancées. Le nombre d'abonnements au haut débit sans fil se situe juste en-dessous de la médiane OCDE, et les indices relatifs au nombre d'abonnements au haut débit fixe et au développement de l'administration électronique sont dans la tranche intermédiaire des pays de l'OCDE (partie 1[m, l, n]).

Évolution récente des dépenses STI : La DIRD ne représentait que 0.7 % du PIB en 2011 et 0.66 % en 2012, et elle a diminué ces dernières années. La DIRD financée par l'État a diminué plus nettement encore, le budget public de la R-D passant d'environ 120 millions USD (36 millions LVL) en 2008 à 58.3 millions USD (17.5 millions LVL) pour 2011-13. Le Programme national de réforme pour la mise en œuvre de la stratégie Europe 2020 vise une DIRD de 1.5 % du PIB en 2020.

Partie 2. Composition structurelle de la DIRDE, 2011

En pourcentage dans la DIRDE totale ou de sous-parties de la DIRDE (%)

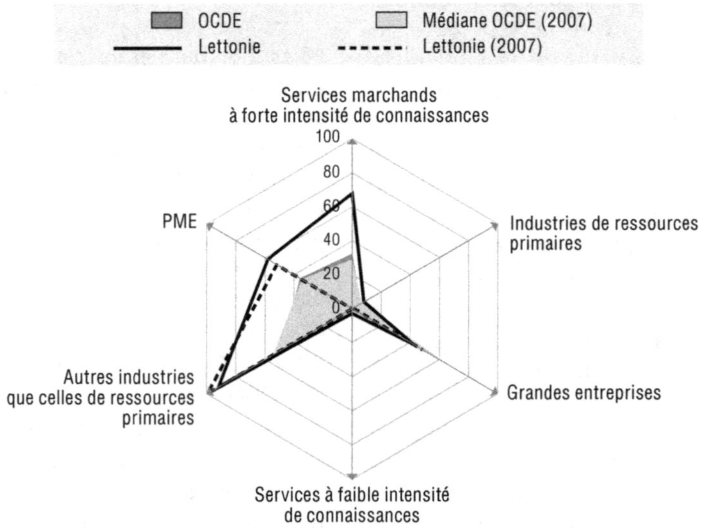

Partie 3. Principaux instrument de financement public de la R-D des entreprises, 2014

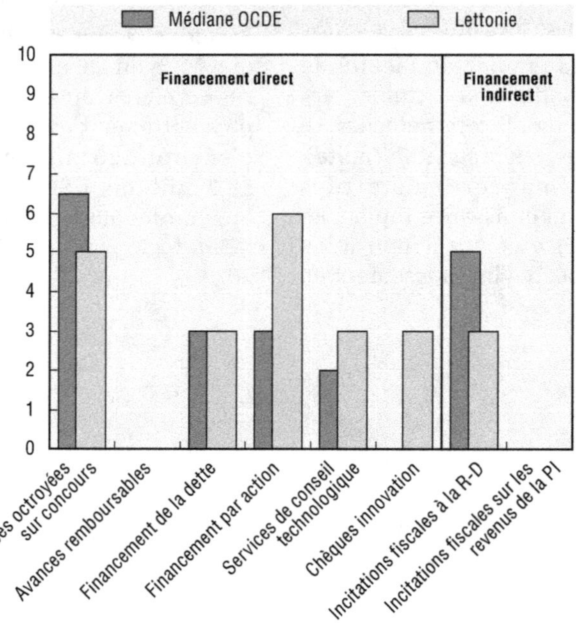

Note : Les informations sur les politiques sont tirées des réponses des pays au questionnaire préparatoire des éditions 2012 et 2014 des *Perspectives de la science, de la technologie et de l'industrie* de l'OCDE. Les réponses de la Lettonie sont disponibles dans la base de données des *Perspectives*, édition 2014, accessible à l'adresse suivante : *http://qdd.oecd.org/Table.aspx?Query=CB8F5A08-514F-4474-BF57-5480EA02463C.*

Source : Voir le guide du lecteur et l'annexe méthodologique.

StatLink http://dx.doi.org/10.1787/888933307065

LITUANIE

Après une chute du PIB de 15 % en 2009, la Lituanie, grâce à de grandes réformes économiques, une baisse des dépenses et des hausses d'impôts, a rapidement redémarré en 2010. Depuis, elle connaît une des plus fortes croissances de l'UE, avec une hausse moyenne du PIB de 3.6 % par an sur 2010-13. Elle s'apprête à lancer son programme national pour l'innovation 2014-20, qui doit soutenir la compétitivité et la croissance.

Enjeu 1 : Améliorer la gouvernance du système et de la politique d'innovation. La création d'un système de R-D et d'innovation cohérent est un défi à long terme et un objectif stratégique pour le PNDI 2014-20. Récemment encore, le manque de coordination entre les ministères donnait des politiques fragmentées et incompatibles, et de piètres résultats. Le Conseil stratégique pour la recherche, le développement et l'innovation, créé en 2013 et rattaché au Premier ministre, coordonne les politiques STI et gère les priorités. Le Conseil de la science, devenu le Conseil de la recherche, participe activement au financement concurrentiel de la recherche, et une Agence pour la science, l'innovation et la technologie (MITA) a vu le jour pour renforcer la coopération industrie-recherche et créer un contexte propice à l'innovation. L'élaboration récente des stratégies de spécialisation intelligente (RIS3), qui prônent la prise de décision étayée par des données concrètes et la participation de tous les acteurs concernés, témoignent de l'amélioration de la gouvernance.

Enjeu 2 : Encourager l'innovation d'entreprise, et soutenir l'entrepreneuriat et les PME. La DIRDE est très faible par rapport à la DIRD (26.6 %) et au PIB (0.24 %). Le pays compte peu d'investisseurs privés dans la R-D (partie 1e). Elle arrive 17e devant de nombreux pays de l'OCDE selon l'indice de facilité des affaires de la Banque mondiale (2014). Elle promeut depuis 2007 la R-D privée avec Intellect et Intellect+ et une enveloppe de 299 millions USD (479 millions LTL) pour 2007-13. Elle encourage la coopération entre l'industrie et la recherche, et la commercialisation des résultats de la recherche publique depuis 2010 grâce à un programme de chèques-innovation d'un montant de 4.4 millions USD (7 millions LTL), et le transfert de technologies depuis 2012 grâce à la MITA avec un budget de 12.8 millions USD (20.5 millions LTL). L'aide publique à la R-D des entreprises est de 315.4 millions USD (504.6 millions LTL) pour 2007-13. Ces instruments seront maintenus avec le PNDI 2014-20. Le Programme pour l'entrepreneuriat 2014-20, en préparation, inclura des objectifs de développement des entreprises innovantes par un meilleur accès au financement et diverses initiatives.

Enjeu 3 : Relever les défis de la mondialisation des activités STI et renforcer la coopération internationale. La connexion aux réseaux mondiaux de R-D et d'innovation est inférieure à la médiane OCDE selon les indicateurs de collaboration internationale aux publications et inventions (partie 1[q, r]). Depuis 2007, la coopération STI a été renforcée par la promotion de pôles d'activité. En particulier, l'action de la MITA en faveur de l'internationalisation des partenariats entreprises-recherche, avec 2.3 millions USD (3.7 millions LTL) pour 2007-13, a permis d'en créer dix. L'initiative pour le développement de réseaux et la coopération dans la région Baltique (BSR) favorise l'internationalisation des PME. En 2013, l'Innovation Express Call de la BSR a permis de lancer 28 projets de collaboration internationale concernant plus de 900 PME et a attiré 47 applications des organisations participantes et des réseaux d'activités dans les 6 pays partenaires du financement, dont 4 concernent des projets lituaniens, qui ont tous été validés.

Enjeu 4 : Réformer et améliorer le système de recherche publique, notamment la recherche universitaire. La Lituanie compte peu de grandes universités (partie 1[b]), mais les EES représentent 53.7 % de la DIRD, le secteur public 19.7 %. Le Parlement a adopté en 2009 une loi de réforme et de restructuration de l'enseignement supérieur et de la recherche. Les réformes visent à améliorer la qualité, l'accessibilité, la compétitivité et l'efficacité.

Depuis l'adoption du financement concurrentiel par programme, celui-ci représente le tiers du financement global de la R-D. La réorganisation et le regroupement des EES et des EPR ont donné lieu à la mise en place de nouveaux mécanismes de gouvernance et à un renforcement de la responsabilisation. Des évaluations externes indépendantes ont été mises en place, ainsi que des cadres des DPI sur les inventions réalisées dans les EES et les EPR. Adopté en décembre 2012, le Programme national pour le

Chiffres clés, 2013

Productivité économique et environnementale	LTU	OCDE	Dépenses intérieures brutes de R-D	LTU	OCDE
Productivité du travail			**DIRD**		
PIB par heure ouvrée en USD PPA, 2013	n.a.	47.7	En million USD en PPA, 2012	598	1 107 398
(taux de croissance annuel, 2008-13)	n.a.	(+0.8)	En % du total OCDE, 2012	n.a.	100
Productivité environnementale			**Intensité et croissance de la DIRD**		
PIB par émission unitaire de CO_2 en USD, 2011	4.2	3.0	En % du PIB, 2012	0.90	2.40
(taux de croissance annuel, 2007-11)	(+1.6)	(+1.8)	(taux de croissance annuel, 2007-12)	(+1.5)	(+2.0)
Demande verte			**DIRD à financement public**		
RNN par émission unitaire de CO_2 en USD, 2011	4.4	3.0	En % du PIB, 2011	0.86	0.77
(taux de croissance annuel, 2007-11)	(+4.6)	(+1.6)	(taux de croissance annuel, 2007-11)	(-0.6)	(+2.8)

Graphique 9.31. **La science et l'innovation en Lituanie**

Partie 1. Performance comparée des systèmes nationaux de science et d'innovation, 2014

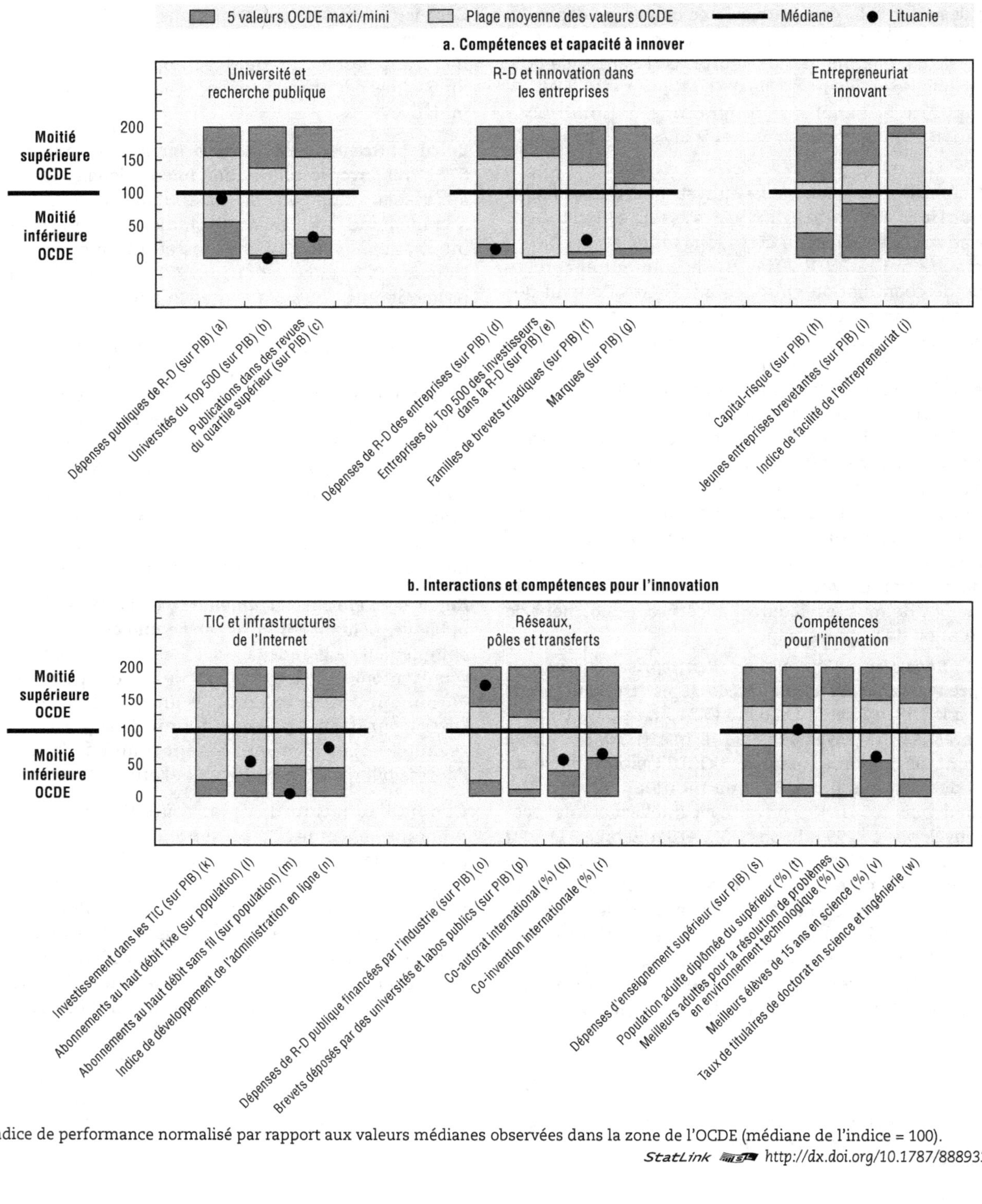

Note : Indice de performance normalisé par rapport aux valeurs médianes observées dans la zone de l'OCDE (médiane de l'indice = 100).

StatLink http://dx.doi.org/10.1787/888933307079

développement des études, la recherche et le développement expérimental pour 2013-20 expose des objectifs additionnels pour développer l'enseignement supérieur et les systèmes de recherche et d'innovation.

Enjeu 5 : Renforcer la capacité et les infrastructures de la R-D publique. Un programme de centres intégrés de recherche, d'enseignement supérieur et d'affaires a été mis en œuvre entre 2007 et 2013 pour promouvoir la coopération entreprises-R-D publique et améliorer l'infrastructure de R-D et les capacités de recherche. On a ainsi investi 670 millions USD (1 099.7 millions LTL) pour créer cinq centres intégrés spécialisés – science des matériaux et électronique ; biotechnologie, environnement et TIC ; bioénergie, sylviculture et technologies alimentaires ; et technologies et environnement marins. Les capacités de R-D publique et les compétences de recherche ont été renforcées grâce au programme Carrières des chercheurs avec un total de 391.9 millions USD (627.2 millions LTL) sur 2007-13.

Le système STI de la Lituanie en bref

Nouvelles sources de croissance : En 2013, le Conseil stratégique pour la recherche, le développement et l'innovation a identifié six priorités : énergie et environnement durable ; société inclusive et créative ; agro-innovation et technologies alimentaires ; nouveaux matériaux et technologies ; santé et biotechnologies ; et transports, logistique et TIC. Le Programme de mise en œuvre des priorités de la R-D et de l'innovation Spécialisation intelligente a été adopté en 2014 avec 20 priorités.

Nouveaux défis : Plusieurs programmes concernent l'innovation verte, notamment la Stratégie nationale pour le développement durable et le Programme d'innovation dans l'industrie verte (financé par les mécanismes financiers norvégiens 2009-14). En 2013, le ministère de l'Éducation et de la Science a lancé de nouveaux programmes de recherche sur les défis sociaux : Modernité en Lituanie, Société du bien-être, Vers les technologies futures, Bien vieillir, et Durabilité des écosystèmes agricoles, forestiers et aquatiques.

Pôles d'activité et spécialisation intelligente : Deux grands programmes lancés entre 2007 et 2013, InnoCluster LT et InnoCluster LT+, promeuvent les pôles d'activité. Sur 2007-13, 48.7 millions USD (78 millions LTL) ont permis d'en créer trente et d'investir dans l'infrastructure de R-D. L'identification des priorités pour la spécialisation intelligente a commencé en 2012 avec la participation des principaux acteurs. Les six priorités déjà mentionnées en font partie. Un projet lancé en 2013 vise aussi à favoriser l'internationalisation des PME, les pôles d'activité, les partenariats scientifiques et les activités en réseau (Klaster.LT).

Mondialisation : Le ministère de l'Éducation et de la Science a élaboré un plan d'action pour promouvoir la dimension internationale dans l'enseignement supérieur, pour 2013-16. Le Conseil de recherche appuie les inscriptions et la participation aux programmes-cadres de l'UE et a élaboré des programmes d'échanges scientifiques avec les pays de l'UE et la Suisse. Le ministère de l'Économie gère des programmes en faveur de l'internationalisation des PME et des pôles d'activité, notamment en coopération avec la Norvège, Israël et les pays baltes.

Compétences et innovation : La population lituanienne est instruite : 31 % des adultes ont fait des études supérieures et le niveau en sciences des élèves de 15 ans est assez bon. Les résultats à l'enquête PISA situent la Lituanie entre les États-Unis et la Hongrie. Les priorités 2012-16 font la part belle au développement des compétences et des programmes en mathématiques et informatique. Divers programmes soutiennent l'évolution de carrière des chercheurs, aident les meilleurs chercheurs internationaux, encouragent la mobilité des chercheurs et des étudiants, facilitent la formation et l'embauche en entreprise de personnel qualifié et diffusent les connaissances scientifiques et techniques auprès des étudiants. Plusieurs projets de promotion des startups innovantes et des entreprises dérivées ont récemment été lancés par l'Agence pour la science, l'innovation et la technologie : les projets d'entrepreneuriat technologique Innovative Business Promotion et *Technostart*, qui encourage la commercialisation des résultats de la recherche et offrent aux jeunes chercheurs la possibilité de développer leurs idées et de créer des entreprises de technologie en Lituanie. Ces projets rassemblent les plus grandes universités du pays, les parcs scientifiques et technologiques et d'autres organismes de recherche.

Évolution récente des dépenses STI : En cinq ans, la DIRD a atteint 640.6 millions USD (1 025.5 millions LTL), soit 0.9 % du PIB en 2012, principalement grâce au financement étranger, de l'UE surtout. La dépense publique de R-D a été en 2012 de 255.6 millions USD (408.9 millions LTL), soit 6 % de plus qu'en 2009. Le gouvernement projette une DIRD de 1.9 % du PIB en 2020.

LUXEMBOURG

Le Luxembourg, petite économie ouverte, affiche l'un des PIB par habitant les plus élevés au monde. Après avoir beaucoup investi, ces dernières années, pour ériger, presque *ex nihilo*, une base scientifique d'avant-garde, le gouvernement s'emploie à présent à ce que cette base gagne en efficience et en efficacité, améliore les performances nationales en matière d'innovation et accompagne la mutation structurelle de l'économie nationale.

Enjeu 1 : Renforcer la capacité et l'infrastructure de la R-D publique. L'État a à cœur d'étoffer le système de la recherche pour développer et diversifier l'économie. Il a augmenté le budget alloué à la R-D – le total des crédits budgétaires publics de R-D (CBPRD) est passé de 72 millions USD (60 millions EUR) en 2004 à 318 millions USD (264 millions EUR) en 2013 (partie 2) – et l'effectif des chercheurs du secteur public (partie 3). Cependant, la croissance budgétaire marque le pas depuis deux ans et cela pourrait durer, car le système de recherche entre dans une phase de consolidation. Deux projets de loi inscrits à l'examen de la législature actuelle visent à étayer et à harmoniser le système. L'un a pour objet de réformer le Fonds national de la recherche (FNR) pour qu'il finance un large éventail d'entités. Le deuxième, qui porte sur la réforme des Centres de recherche publics (CRP), prévoit la fusion des CRP Gabriel Lippmann et Henri Tudor et l'incorporation de l'Integrated BioBank dans le CRP-Santé. L'ambitieux projet de Cité des sciences, de la recherche et de l'innovation réunira sur un même campus universitaire, à Belval, en 2015 au plus tard, les acteurs nationaux de la recherche publique (l'Université du Luxembourg et les CRP), des moyens destinés aux partenariats public-privé et un incubateur de jeunes entreprises innovantes. À terme, le campus accueillera 7 000 étudiants ainsi que 3 000 enseignants et chercheurs.

Enjeu 2 : Cibler les domaines/secteurs prioritaires. La recherche publique et privée n'employant qu'un millier de scientifiques (partie 3), le Luxembourg doit se concentrer sur les domaines susceptibles de lui donner un rayonnement international. Ainsi, le FNR consacre la majorité de ses moyens à un petit nombre de domaines jugés prioritaires à l'issue d'un exercice prospectif. Les principaux champs d'étude de l'Université, qui occupe une place grandissante dans le système (partie 4), influent également dans la définition des priorités nationales. En font partie la biomédecine des systèmes ainsi que la sécurité et la fiabilité des systèmes TIC, sur lesquelles travaillent des centres interdisciplinaires relativement importants. Les autres priorités de l'Université sont la finance internationale, le droit européen et le droit des affaires, car le Luxembourg abrite des établissements financiers, des sièges d'entreprise et des institutions européennes. Les pouvoirs publics ont également conçu des plans d'action spéciaux concernant la logistique, les soins de santé et le développement durable.

Enjeu 3: Améliorer les ressources humaines, les compétences et le renforcement des capacités. La part des diplômés du supérieur dans la population adulte est supérieure à la médiane OCDE (partie 1[t]). Pourtant, l'impression générale est que les carrières scientifiques n'intéressent guère les jeunes. Des dispositifs comme Go for Science et ProScience visent à leur faire découvrir la science et à les inciter à se lancer dans la recherche. Destiné à rendre les carrières de chercheurs plus attrayantes, le Programme AFR aide les doctorants et post-doctorants en leur assurant de meilleures conditions d'embauche et de travail ainsi que des possibilités de formation. Les autorités envisagent de professionnaliser le doctorat en créant des écoles doctorales axées sur le renforcement des compétences professionnelles dans les années à venir. Le FNR subventionne aussi les établissements de recherche pour les aider à attirer des chercheurs confirmés et de jeunes chercheurs de l'étranger.

Enjeu 4 : Améliorer la rentabilité et l'impact de la science. Le financement public de la recherche repose sur les contrats de performance conclus entre l'État, les exécutants de la recherche (CRP et l'Université), le FNR, en sa qualité de bailleur de fonds, et l'organisme national chargé de promouvoir l'innovation, Luxinnovation.

Les principaux indicateurs de performance de la recherche sont le nombre de publications, de titulaires de doctorat, de brevets déposés et d'entreprises créées par essaimage, auxquels s'ajoutent les objectifs chiffrés de financement externe. De plus, les administrations sont désormais tenues de dresser des bilans réguliers. Pour favoriser l'exploitation des résultats de la recherche, un dispositif d'évaluation conjointe des projets thématiques a été mis en place entre le

Chiffres clés, 2013

Productivité économique et environnementale	LUX	OCDE	Dépenses intérieures brutes de R-D	LUX	OCDE
Productivité du travail			**DIRD**		
PIB par heure ouvrée en USD PPA, 2013	85.1	47.7	En million USD en PPA, 2012	692	1 107 398
(taux de croissance annuel, 2008-13)	(-0.8)	(+0.8)	En % du total OCDE, 2012	0.1	100
Productivité environnementale			**Intensité et croissance de la DIRD**		
PIB par émission unitaire de CO_2 en USD, 2011	3.4	3.0	En % du PIB, 2012	1.46	2.40
(taux de croissance annuel, 2007-11)	(+3.2)	(+1.8)	(taux de croissance annuel, 2007-12)	(-1.9)	(+2.0)
Demande verte			**DIRD à financement public**		
RNN par émission unitaire de CO_2 en USD, 2011	2.3	3.0	En % du PIB, 2011	0.44	0.77
(taux de croissance annuel, 2007-11)	(-0.5)	(+1.6)	(taux de croissance annuel, 2007-11)	(+8.5)	(+2.8)

Graphique 9.32. **La science et l'innovation au Luxembourg**

Partie 1. Performance comparée des systèmes nationaux de science et d'innovation, 2014

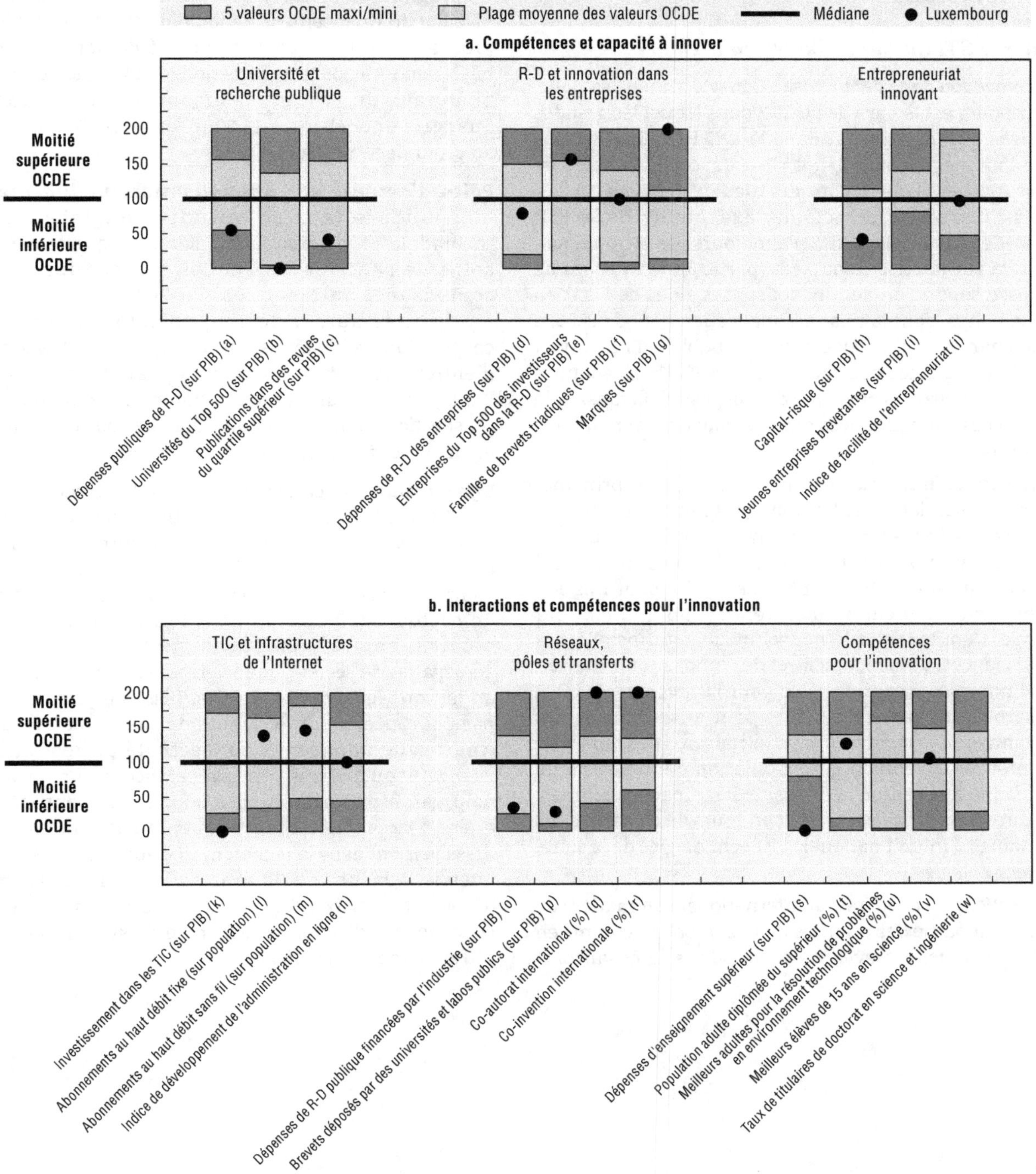

Note : Indice de performance normalisé par rapport aux valeurs médianes observées dans la zone de l'OCDE (médiane de l'indice = 100).

FNR et Luxinnovation, et le FNR s'est doté d'un programme pilote Proof-of-Concept, qui aide les projets d'excellence à attirer des investisseurs.

Le système STI du Luxembourg en bref

R-D et innovation dans l'entreprise : Compte tenu de sa taille, le Luxembourg est le pays de l'OCDE dans lequel les grandes entreprises qui investissent dans la R-D installent le plus souvent leur siège (partie 1[e]). Il y est déposé davantage de marques (partie 1[g]) que de brevets triadiques (partie 1[f]). Les entreprises sont les principaux exécutants de la R-D (partie 4). Cependant, la DIRDE n'a toujours pas retrouvé son niveau d'avant la crise financière (partie 5). Les causes de cette baisse sont à l'étude. Une loi sur les aides de l'État en faveur de la R-D, dont la mise en application date de 2009, a élargi le champ d'action des pouvoirs publics. Elle prévoit notamment des aides spéciales pour les PME et les jeunes entreprises innovantes ainsi que des dispositifs favorisant la circulation des connaissances entre le milieu universitaire et les entreprises.

Entrepreneuriat innovant : Luxinnovation est le principal organisme de soutien à l'entrepreneuriat innovant, à travers ses activités de conseil, de réseautage et d'information. Les structures d'incubation nationales ont récemment été regroupées au sein de Technoport S.A., qui a pour mission d'accompagner la création d'entreprise, notamment par essaimage. L'entité inclut le nouvel incubateur installé à la Cité des sciences, de la recherche et de l'innovation et devrait être une interface incontournable pour l'Université, les CPR et l'ensemble de l'économie. Elle peut aussi fournir des locaux temporaires aux entreprises étrangères désireuses de s'implanter au Luxembourg. L'installation d'un laboratoire de fabrication a accentué la diversité des capacités offertes. Par ailleurs, deux incubateurs sont en cours de création dans des domaines d'intérêt national : les technologies de la santé et l'écotechnologie.

Mondialisation : La coopération internationale en matière de recherche fait partie des priorités du Luxembourg, comme en témoigne le niveau élevé de sa part dans le co-autorat international (partie 1[q]) et les co-inventions internationales (partie 1[r]). Les autorités sont très attachées à la participation au programme européen Horizon 2020, d'autant que les niveaux du financement national devraient se stabiliser ces prochaines années. Le pays a signé de nombreux accords bilatéraux. Au cours de la période 2011-13, les programmes bilatéraux du FNR et les organismes de financement étrangers ont déboursé 13.3 millions USD (11 millions EUR) au profit de 33 projets.

Pôles d'activité et « spécialisation intelligente » : La Luxembourg Cluster Initiative englobe six pôles thématiques : matériaux, TIC, aéronautique et aérospatial, soins de santé et biotechnologie, éco-innovation et composants automobiles. En 2013, l'initiative a été réorganisée autour de cinq domaines prioritaires en coopération avec le ministère de l'Économie : développement d'entreprise, appui aux projets phares, amélioration de l'image du secteur, intensification de la promotion et de la prospection, et internationalisation. Des objectifs chiffrés ont été fixés pour chaque pôle.

Infrastructure TIC et de l'Internet : L'infrastructure nationale des TIC est bien développée (partie 1[l, m]), ce qui constitue très souvent un facteur déterminant dans le choix d'implantation des grandes entreprises étrangères. Les compétences en TIC soutiennent le développement pérenne de secteurs importants pour le Luxembourg : finance, médias, environnement, logistique, automobile et aérospatial. Le secteur financier, par exemple, doit beaucoup au fait que le Luxembourg s'est hissé au premier rang des pays européens par la qualité de ses infrastructures TIC (centres de données et connectivité du réseau à faible latence) et qu'il dispose des compétences techniques voulues pour garantir la sécurité des données des entreprises. En quête d'excellence scientifique, le Luxembourg investit massivement dans la recherche liée aux TIC : ainsi, le Centre interdisciplinaire pour la sécurité, la fiabilité et la confiance (Université du Luxembourg) a pour mission de s'imposer sur la scène mondiale de la recherche de systèmes et services TIC sûrs, robustes et fiables.

Partie 2. Crédits ou dépenses budgétaires R-D totaux du gouvernement (CDBRDG), 2004-13

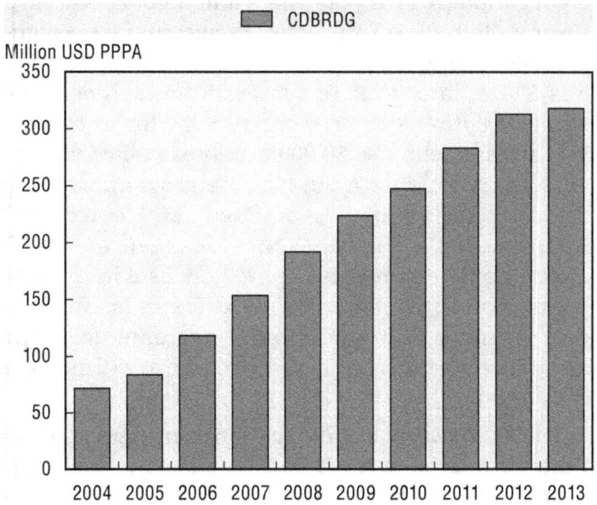

Partie 3. Nombre de chercheurs par secteur d'emploi, 2003-12

Équivalents plein-temps

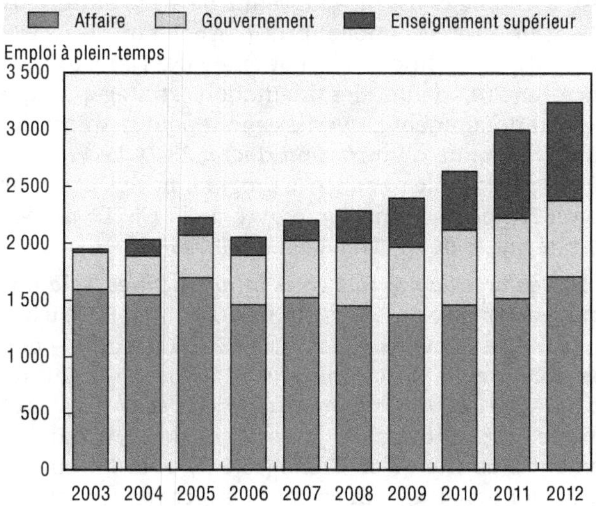

Partie 4. Allocation du soutien public à la R-D et l'innovation, par secteur, type et mode de financement, 2012

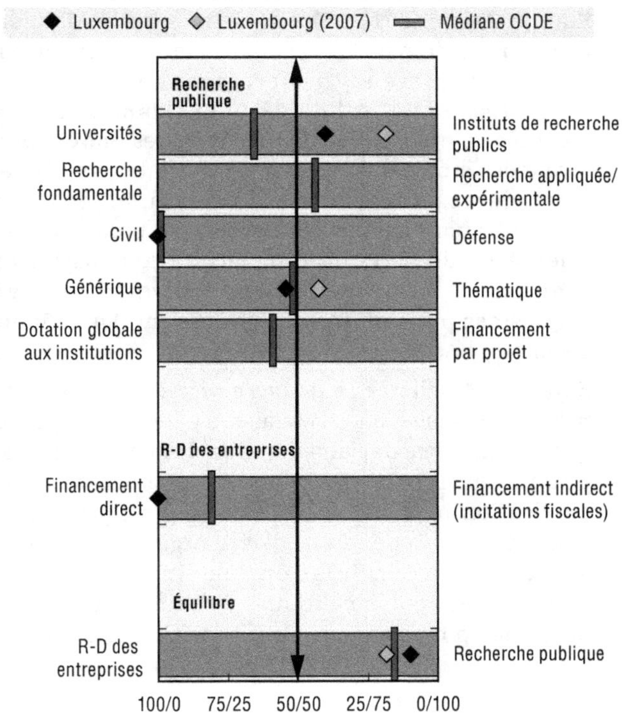

Partie 5. Intensité de la DIRDE, 2003-12

En pourcentage du PIB

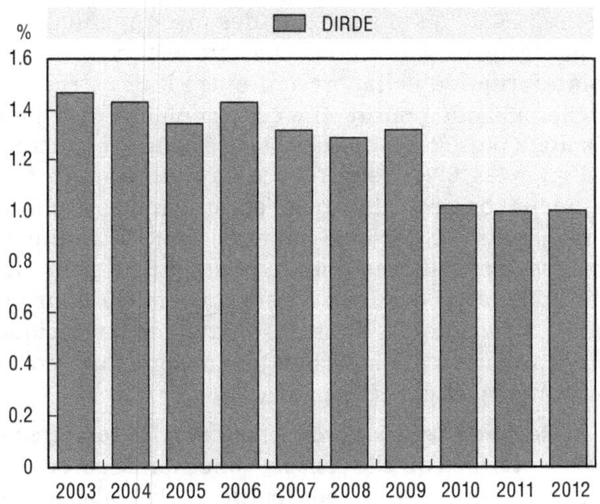

Note : Les informations sur les politiques sont tirées des réponses des pays au questionnaire préparatoire de l'édition 2012 des *Perspectives de la science, de la technologie et de l'industrie* de l'OCDE, ainsi que des *Examens de l'OCDE des politiques d'innovation : Luxembourg* (2015, à venir).

Source : Voir le guide du lecteur et l'annexe méthodologique.

StatLink http://dx.doi.org/10.1787/888933307081

MALAISIE

La Malaisie est un pays émergent dynamique d'Asie du Sud-est, avec une croissance moyenne de 4.1 % entre 2009 et 2012 et un revenu national brut par habitant de 22 280 USD en 2012. La politique STI nationale (NSTIP) (2013-20) annoncée en 2013 définit des orientations stratégiques qui concernent notamment l'investissement pour la transition vers une économie d'innovation d'ici à 2020. Le Premier ministre a par la suite annoncé le programme Science pour l'action (S2A) pour la mise en œuvre de la NSTIP, un des axes stratégiques du 11e Plan Malaisie (2016-20).

Enjeu 1 : Renforcer la capacité et les infrastructures de la R-D publique. La dépense de R-D publique – 0.46 % du PIB, au bas de la tranche moyenne de l'OCDE (partie 1[a]) – est comparable à celle de la Chine (0.47 %) ou de la Russie (0.46 %). De 2001 à 2011, le nombre d'articles scientifiques et techniques produits par le pays a cru de 16 % par an, légèrement plus vite qu'en Chine (15.6 %). Pour l'avenir, le gouvernement envisage un secteur de recherche publique qui soit une base de connaissances solide et un canal de diffusion efficace au sein du système national d'innovation. À cette fin, le Conseil national de la science et de la recherche (CNSR) a émis en 2013 des recommandations : créer un organe de gestion de la recherche publique ; créer une plateforme de collaboration entre l'industrie et la recherche publique pour rendre celle-ci plus pertinente et ses résultats plus commercialisables ; évaluer, restructurer et réaligner les EPR ; renforcer le capital humain et le financement connexe, ainsi que l'écosystème et la culture de la recherche. La dépense publique de R-D continue à croître, avec en 2013 une dotation de 428.6 millions USD (600 millions MYR) destinée à cinq universités pour une recherche à fort impact dans des domaines stratégiques comme les nanotechnologies, la technologie automobile, les biotechnologies et l'aérospatiale.

Enjeu 2 : Renforcer les ressources humaines, les compétences et les capacités. Bien qu'elle consacre une grande part de son PIB à l'enseignement supérieur (partie 1[s]), la Malaisie peut encore améliorer l'investissement global en capital humain et le développement des compétences dans l'industrie. Par ailleurs, il reste nécessaire de développer, d'attirer et de retenir une main d'œuvre qualifiée pour renforcer la base de ressources humaines. En 2013, le ministère de l'Éducation a lancé un plan directeur en matière d'éducation (2013-25) qui vise à améliorer l'accès, la qualité, l'équité, l'unité et l'efficacité du système d'enseignement. Une des grandes orientations consiste à renforcer la place des STIM dans tout le système d'enseignement. Pour stimuler l'offre de main d'œuvre STI à fortes compétences, le plan directeur vise 60 000 titulaires malais d'un doctorat en 2025. À cette fin a été lancé le programme MyBrain15, qui offre trois types de bourses : MyMaster, MyPhD et Industrial PhD. De vastes mesures sont aussi mises en œuvre pour renforcer les compétences d'innovation de la population active, intensifier l'afflux et la circulation des compétences STI, améliorer le système de gestion des aptitudes et offrir aux chercheurs des carrières dynamiques.

Enjeu 3 : Encourager l'innovation d'entreprise, et soutenir l'entrepreneuriat et les PME. La Malaisie connaît depuis un demi-siècle une forte croissance économique, passant d'une économie agricole à une économie multisectorielle avec une industrie et des services de haute technologie, mais ses capacités STI doivent être développées davantage. Le 10e Plan Malaisie (2011-15) vise à faire de la Malaisie une économie tirée par l'innovation et fait du secteur privé le principal moteur de croissance en stimulant l'investissement et l'engagement dans la science, la technologie et l'innovation. Des mesures ont été prises en faveur de l'innovation industrielle : incitations budgétaires et financières ; soutien aux consortiums et aux pôles d'activité ; partenariats public-privé ; et promotion de liens science-industrie et du transfert de connaissances. Des fonds de R-D ont été alloués à divers ministères et organismes publics : TechnoFund, ScienceFund, InnoFund, Technology Acquisition Fund (TAF), etc.

Enjeu 4 : Améliorer la gouvernance du système et de la politique d'innovation. La Malaisie a adopté une approche en quadruple hélice de l'amélioration des liens entre pouvoirs publics, universités, industrie et société pour une application plus efficace des politiques, programmes et priorités STI. Cependant, divers organismes demeurant associés à la formulation, au financement et à la programmation des politiques STI, un organe central est nécessaire pour en assurer la supervision et la coordination

Chiffres clés, 2013

Productivité économique et environnementale	MYS	OCDE	Dépenses intérieures brutes de R-D	MYS	OCDE
Productivité du travail			**DIRD**		
PIB par heure ouvrée en USD PPA, 2013	n.a.	47.7	En million USD en PPA, 2012	4 953	1 107 398
(taux de croissance annuel, 2008-13)	n.a.	(+0.8)	En % du total OCDE, 2012	n.a.	100
Productivité environnementale			**Intensité et croissance de la DIRD**		
PIB par émission unitaire de CO_2 en USD, 2011	2.1	3.0	En % du PIB, 2012	1.07	2.40
(taux de croissance annuel, 2007-11)	(+0.4)	(+1.8)	(taux de croissance annuel, 2007-12)	(+14.6)	(+2.0)
Demande verte			**DIRD à financement public**		
RNN par émission unitaire de CO_2 en USD, 2011	n.a.	3.0	En % du PIB, 2011	0.47	0.77
(taux de croissance annuel, 2007-11)	n.a.	(+1.6)	(taux de croissance annuel, 2007-11)	(+28.7)	(+2.8)

Graphique 9.33. **La science et l'innovation en Malaisie**

Partie 1: Performance comparée des systèmes nationaux de science et d'innovation, 2014

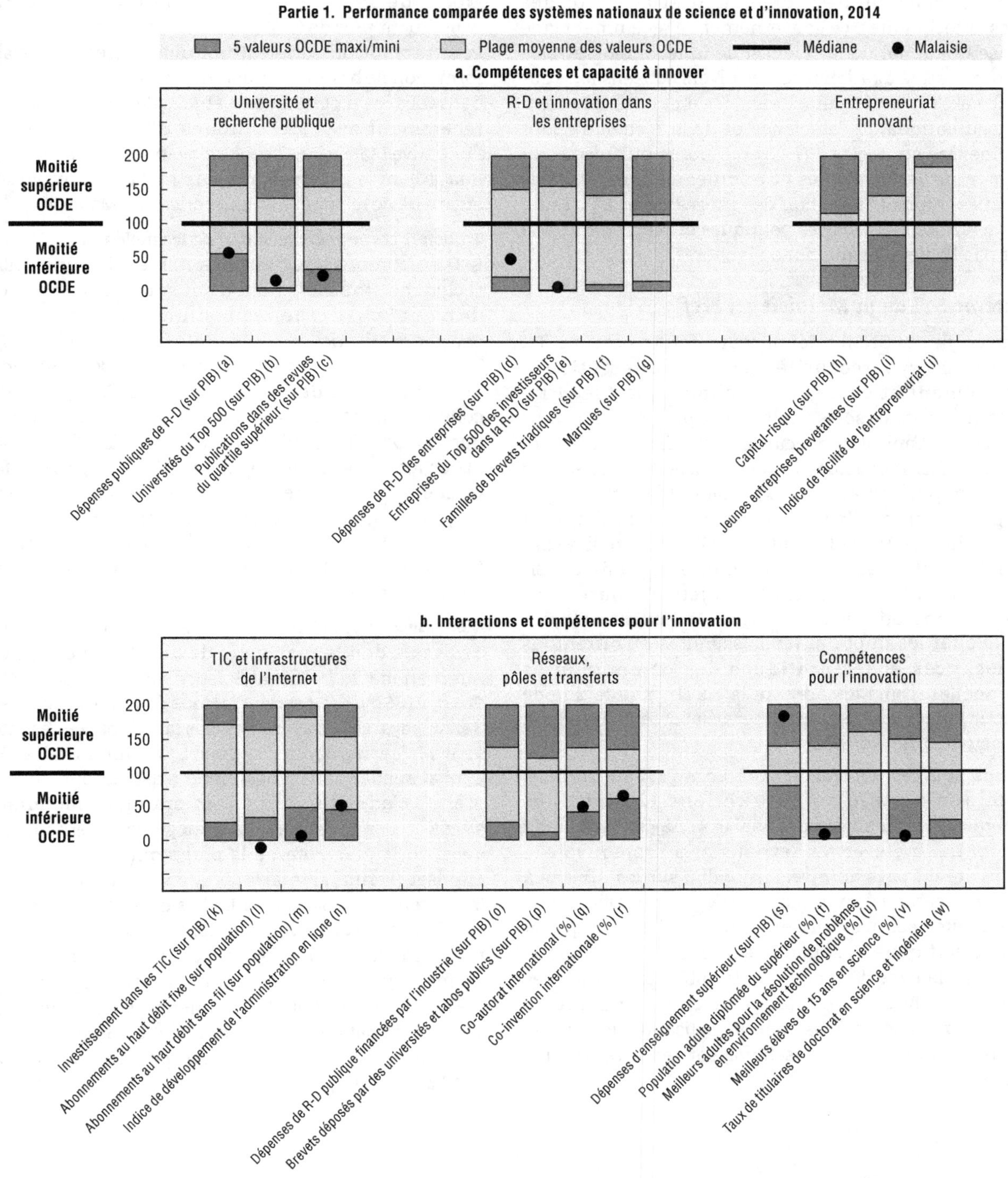

Note : Indice de performance normalisé par rapport aux valeurs médianes observées dans la zone de l'OCDE (médiane de l'indice = 100).

au niveau national. Un des objectifs de S2A est de renforcer les services et la gouvernance publics afin de créer un contexte propice au développement et à l'essor des sciences et techniques. Le gouvernement a récemment créé un Conseil national de la science, de la technologie et de l'industrie destiné à rationaliser les divers conseils axés sur la science et l'industrie. Par ailleurs, il est envisagé de créer un Conseil national de la science et de la recherche pour coordonner les stratégies STI des différents organismes et les aligner sur les stratégies et priorités nationales, mais aussi pour renforcer la gestion des programmes STI. Faute des capacités nécessaires, les politiques et programmes STI ne font pas l'objet d'évaluations régulières.

Le système STI de la Malaisie en bref

Nouveaux défis : Le CNSR a défini neuf priorités pour la R-D : biodiversité ; cybersécurité ; sécurité énergétique ; environnement et changement climatique ; sécurité alimentaire ; santé et soins ; cultures et produits agricoles ; transports et urbanisation ; sécurité de l'approvisionnement en eau. Le Green Technology Financing Scheme (GTFS) a été créé en 2010 pour accélérer l'expansion des technologies vertes grâce à un meilleur accès au crédit bancaire. Pour 2015, 2.5 milliards USD (3.5 milliards MYR) de crédits sont disponibles. Actuellement, un total de 1.26 milliard USD (1.77 milliard MYR) finance 127 projets. En outre, des dispositifs d'innovation par la base ont récemment vu le jour pour exploiter les importantes possibilités qu'offrent les connaissances et les pratiques des communautés traditionnelles. Dans le cadre de la NSTIP, une feuille de route pour l'innovation inclusive sera élaborée à l'intention des collectivités défavorisées.

Nouvelles sources de croissance : Le nouveau modèle économique dévoilé en 2010 retient 12 domaines économiques clés au niveau national (NKEAS), sur la base de leur potentiel à élever les revenus et à promouvoir la compétitivité du pays au niveau mondial sur les dix ans à venir, notamment : pétrole ; gaz et énergie ; huile de palme et caoutchouc ; services aux entreprises ; électronique et matériel électrique ; et soins de santé. L'action publique s'inscrit dans la ligne des partenariats public-privé, avec des organismes publics mandatés pour créer un contexte propice à l'innovation et à sa commercialisation, les entités commerciales étant censées favoriser les intérêts des entreprises.

Entrepreneuriat innovant : L'innovation industrielle est restée limitée aux entreprises exportatrices les plus dynamiques. Moins de 10 % des PME font de la R-D bien qu'elles constituent près de 95 % des établissements manufacturiers. Pour promouvoir une culture plus entrepreneuriale, une formation de base à l'entrepreneuriat est devenue obligatoire dans tous les programmes d'études de premier cycle. Lancée récemment avec 35.7 millions USD (50 millions MYR), l'initiative Malaysian Global Innovation and Creativity Centre (MaGIC), aide les entrepreneurs malaisiens et étrangers à créer et à développer des entreprises en Malaisie.

Transfert et commercialisation de technologies : Le système de R-D se compose surtout des EPR et des universités de recherche. Toutes les universités de recherche publique doivent participer au bien commun ou à la commercialisation des résultats. *ScienceFund*, *InnoFund* et *TechnoFund*, qui dépendent du ministère de la Science, de la Technologie et de l'Innovation (MOSTI), facilitent la commercialisation des résultats de la R-D financée sur fonds publics. Dans le cadre du 10e Plan Malaisie, le ministère de l'Éducation a lancé le programme Knowledge Transfer pour faciliter le transfert de l'expertise et des résultats grâce à des projets associant l'université, l'industrie et la collectivité. À ce jour, 254 projets ont été financés pour un coût de 25.7 millions USD (36 millions MYR), dont le quart provient de l'industrie.

Mondialisation : Présidé par le Premier ministre et formé par des chefs de file mondiaux de l'industrie et des experts internationaux, le Global Science and Innovation Advisory Council (GSIAC) doit servir d'organe de réflexion sur les efforts STI du pays. Les programmes clés lancés par cette plateforme sont Malaysian Biomass, Smart Communities, et Human Capital Building. Des programmes existants ont été améliorés grâce à l'adoption de bonnes pratiques mondialement admises. Des collaborations stratégiques internationales ont aussi vu le jour, comme le programme STEM, le Nobelist Mindset (PermataPintar™) et My Body is Fit and Fabulous (ministère de la Santé). La Malaisie partage son expérience avec des pays en développement et contribue, notamment financièrement, à des organisations internationales comme le Commonwealth Partnership for Technology Management (CPTM), l'Organisation de la conférence islamique (OCI) et le Centre international pour la coopération Sud-Sud en matière de science, de technologie et d'innovation sous les auspices de l'UNESCO (ISTIC), entre autres.

Partie 2. Principaux instrument de financement public de la R-D des entreprises, 2014

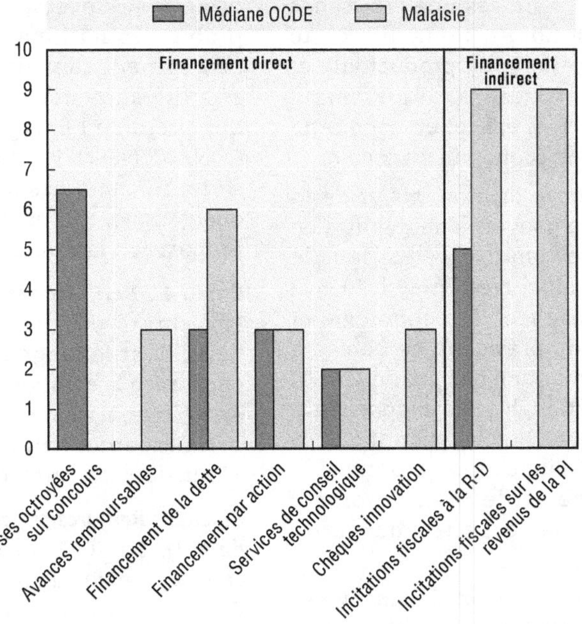

Note : Les informations sur les politiques sont tirées des réponses des pays au questionnaire préparatoire des éditions 2012 et 2014 des *Perspectives de la science, de la technologie et de l'industrie* de l'OCDE. Les réponses de la Malaisie sont disponibles dans la base de données des *Perspectives*, édition 2014, accessible à l'adresse suivante : *http://qdd.oecd.org/Table.aspx?Query=F740E8F7-02C4-4A72-B953-9C5A65E8F709.*

Source : Voir le guide du lecteur et l'annexe méthodologique.

StatLink http://dx.doi.org/10.1787/888933307094

MEXIQUE

Le Mexique, deuxième économie d'Amérique latine, a enregistré sur les quatre dernières années une croissance de 3.5 % en termes réels. Cependant, pour que cette croissance dure, le pays doit améliorer sa productivité et diversifier ses marchés d'exportation. Le Programme national de développement 2013-18 a été conçu dans cette optique, pour poser les bases d'une économie du savoir.

Enjeu 1 : Améliorer la gouvernance du système et de la politique d'innovation. Le nouveau gouvernement, entré en fonction en 2012, a instauré des changements dans le domaine de la gouvernance. Il a ainsi créé en avril 2013 le Bureau de coordination de la science, la technologie et l'innovation. Intégré au cabinet du président, ce Bureau a pour mission d'améliorer la coordination des politiques STI et de mettre en œuvre le Plan national de développement. En 2013, le Conseil général pour la recherche scientifique, le développement technologique et l'innovation a désigné le Conseil national de la science et de la technologie (CONACYT) comme le principal organe chargé de coordonner le système STI du pays.

Enjeu 2 : Améliorer l'offre de chercheurs et de ressources humaines scientifiques et technologiques de qualité. La part des dépenses publiques consacrées à l'enseignement supérieur dans le PIB se situe juste au-dessous de la médiane OCDE (partie 1[s]). Plusieurs indicateurs mettent toutefois en évidence la nécessité d'améliorer la portée et la qualité du système éducatif (partie 1[t, v, w]). Le CONACYT a donc fait de l'amélioration de la qualité des ressources humaines scientifiques et technologiques une priorité, et des ressources supplémentaires ont été affectées pour les bourses publiques. Conscient de l'importance de la qualité des programmes post-licence, le CONACYT s'est associé en 1991 au ministère de l'Éducation pour mettre sur pied le Programme national pour un enseignement post-licence de qualité (PNPC). L'objectif est d'améliorer les cursus post-licence proposés par les établissements d'enseignement supérieur (EES) et les établissements publics de recherche (EPR) en mettant en place un processus d'agrément rigoureux, conforme aux normes internationales. Le nombre de programmes de doctorat inclus dans le PNPC est passé de 427 en 2011 à 527 en 2013.

Enjeu 3 : Encourager l'innovation pour relever les défis sociaux (y compris l'inclusion). En 2013, le CONACYT a instauré un dispositif de subvention de la recherche (Les projets de développement scientifique au service des problèmes nationaux) pour relever les défis sociaux – changement climatique, développement durable, santé et sécurité alimentaire. Il s'est, la même année, associé au ministère de l'Énergie pour créer un fonds sectoriel – le CONACYT-SENER – consacré à l'énergie durable. Ce fonds sert à financer des solutions STI ayant trait à l'efficience énergétique, aux énergies renouvelables, aux technologies propres et à la diversification des sources d'énergie.

Enjeu 4 : Renforcer les liens entre la science et l'industrie. Plusieurs dispositifs ont été mis en place pour améliorer ces liens, dont le Programme d'incitation à l'innovation, qui encourage la création de liens entre la science et l'industrie en offrant aux projets collaboratifs des taux de cofinancement plus élevés (voir plus loin la section « Transfert et commercialisation de technologies »).

Enjeu 5 : Renforcer la capacité et les infrastructures publiques de R-D. En 2013, deux initiatives stratégiques ont été conçues, en vue d'une mise en œuvre en 2014. La première – Cátedras CONACYT (les chaires CONACYT) – créera 574 nouveaux postes de recherche dans les universités publiques et les EPR. L'objectif est d'accroître le pourcentage de jeunes chercheurs dans la recherche publique. La seconde initiative est le Système national de chercheurs (SNI), qui récompense l'excellence dans le secteur de la recherche et qui sera étendu aux chercheurs des universités privées. L'État cherche par ailleurs à renforcer l'infrastructure scientifique et technologique mexicaine, et en a donc sensiblement augmenté le budget, qui est passé de 37.2 millions USD (285 millions MXP) en 2011 à 140 millions USD (1 097 millions MXP) en 2013 en termes réels.

Le système STI du Mexique en bref

R-D et innovation d'entreprise : Comme pour les autres pays d'Amérique latine, le rapport DIRD/PIB du Mexique se situe bien au-dessous de la médiane OCDE (partie 1[d]). Le CONACYT, qui gère quelque 40 % du budget public de la science, de la technologie et de l'innovation, cherche à encourager la R-D et l'innovation dans les entreprises. Le Programme d'incitation à l'innovation a porté ses fruits, en particulier dans les PME. Son budget global est passé de

Chiffres clés, 2013

Productivité économique et environnementale	MEX	OCDE
Productivité du travail		
PIB par heure ouvrée en USD PPA, 2013	19.5	47.7
(taux de croissance annuel, 2008-13)	(-0.3)	(+0.8)
Productivité environnementale		
PIB par émission unitaire de CO_2 en USD, 2011	3.3	3.0
(taux de croissance annuel, 2007-11)	(-0.7)	(+1.8)
Demande verte		
RNN par émission unitaire de CO_2 en USD, 2011	3.9	3.0
(taux de croissance annuel, 2007-11)	(-0.4)	(+1.6)

Dépenses intérieures brutes de R-D	MEX	OCDE
DIRD		
En million USD en PPA, 2012	8 058	1 107 398
En % du total OCDE, 2012	0.8	100
Intensité et croissance de la DIRD		
En % du PIB, 2012	0.43	2.40
(taux de croissance annuel, 2007-12)	(+5.1)	(+2.0)
DIRD à financement public		
En % du PIB, 2011	0.26	0.77
(taux de croissance annuel, 2007-11)	(+8.4)	(+2.8)

Graphique 9.34. **La science et l'innovation au Mexique**

Partie 1. Performance comparée des systèmes nationaux de science et d'innovation, 2014

5 valeurs OCDE maxi/mini | Plage moyenne des valeurs OCDE | Médiane | ● Mexico

a. Compétences et capacité à innover

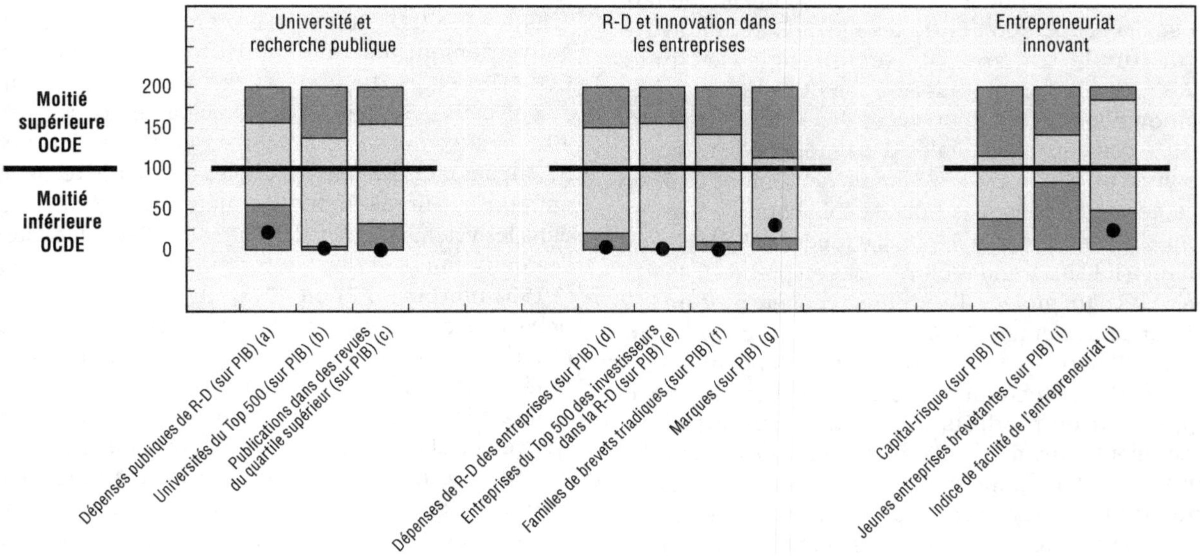

b. Interactions et compétences pour l'innovation

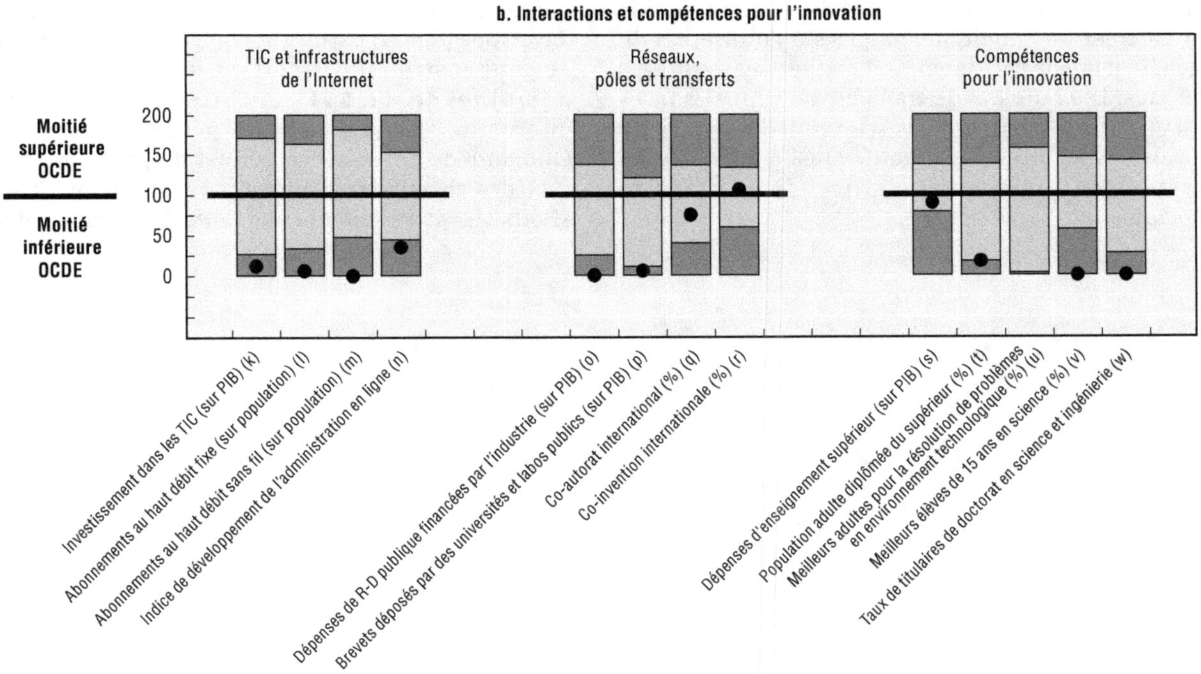

Note : Indice de performance normalisé par rapport aux valeurs médianes observées dans la zone de l'OCDE (médiane de l'indice = 100).

223 millions USD (1 663 millions MXP) en 2009 à quelque 500 millions USD (4 000 millions MXP) en 2014.

Transfert et commercialisation de technologies : Le Programme d'incitation à l'innovation mis en place par le CONACYT fournit des incitations financières à l'innovation, en mettant l'accent sur la coopération entre les EES/EPR et l'industrie, ainsi que sur le transfert de technologie. Le fonds INNOVAPYME qui lui est associé finance les activités d'innovation des microentreprises et des PME ; il prend en charge 50 % des dépenses totales d'un projet si l'entreprise coopère avec un EPR ou un EES, mais seulement 35 % en l'absence de coopération. Les frais de collaboration avec un EPR ou un EES sont financés à 90 %. Le fonds INNOVATEC est dédié quant à lui aux grandes entreprises ; il prend en charge 30 % des coûts d'un projet si l'entreprise coopère avec un EPR ou un EES, mais seulement 22 % en l'absence de coopération. Les EES ou EPR participant à un projet de collaboration sont financés à 70 %. Le programme PROINNOVA subventionne le développement de produits innovants résultant d'une recherche scientifique de pointe à hauteur de 70 % pour les entreprises, et de 90 % pour les EES ou EPR participants. Afin d'encourager le transfert de technologie et la commercialisation des résultats de la recherche publique, le ministère de l'Économie et le CONACYT ont soutenu la création et le développement de bureaux de transfert de connaissances. Des aménagements législatifs ont permis aux EPR de créer les conditions propices à l'utilisation du savoir généré par leur personnel, et d'en tirer des avantages économiques. Les bureaux de transfert de connaissances facilitent en outre les liens entre la science et l'industrie par la fourniture de services consultatifs ainsi que le soutien aux startups et aux accords de licence à caractère technologique.

Pôles d'activité et politiques régionales : Le CONACYT dispose de deux moyens de financement pour soutenir le développement régional par le biais de l'innovation : le Fonds mixte (FOMIX) et le Fonds institutionnel pour le développement régional de la science, la technologie et l'innovation (FORDECYT). Le premier, mis en place par le gouvernement fédéral et constitué à la fois d'apports du CONACYT et des États fédérés, finance la recherche appliquée aux niveaux des États et des municipalités. Le second, créé en 2013 pour compléter le FOMIX, apporte une aide aux projets STI menés dans les universités, les centres de recherche et les entreprises afin de favoriser l'intégration des régions isolées dans le système d'innovation national. Selon les estimations, ces deux fonds étaient dotés au total de 14 millions USD (1 150 millions MXP) en 2013, un chiffre qui, d'après les prévisions officielles, devrait augmenter de 30 % en 2014. Le fonctionnement du FOMIX a été modifié dans le but de différencier les aides publiques. Auparavant, le CONACYT assurait la moitié du financement et l'État partenaire se chargeait de l'autre moitié. Avec le nouveau dispositif, le ratio est de 3 pour 1 dans certains cas (les États les moins favorisés), de 2 pour 1 dans d'autres (les États au revenu intermédiaire) et de 1 pour 1 dans les États les plus riches.

Mondialisation : Au Mexique, la part du co-autorat et de la co-invention est proche des niveaux OCDE (partie 1[q, r]), ce qui témoigne de l'existence d'un réseau international bien développé (due en partie à la diaspora mexicaine composée de gens instruits) permettant la collaboration dans le domaine de la STI. Le programme de bourses internationales mis en place par le CONACYT pour les étudiants de post-licence permet de promouvoir les liens avec des chercheurs d'autres pays, au même titre que les efforts visant à améliorer la qualité du système éducatif.

Partie 2. Composition structurelle de la DIRDE, 2011

En pourcentage dans la DIRDE totale ou de sous-parties de la DIRDE (%)

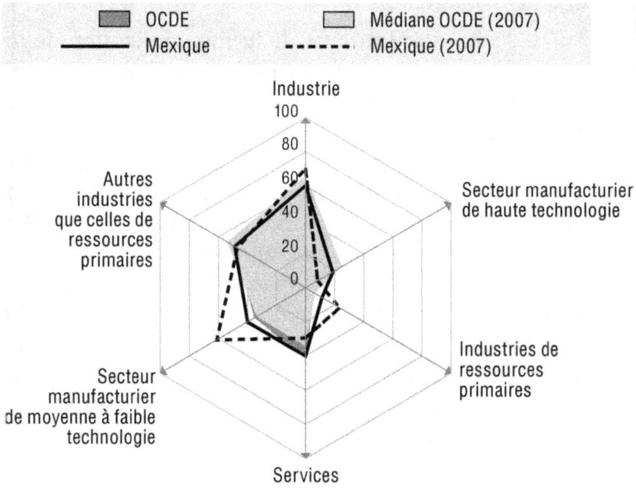

Partie 3. Avantage technologique révélé dans certains domaines, 2009-11

Indice basé sur les demandes de brevets PCT

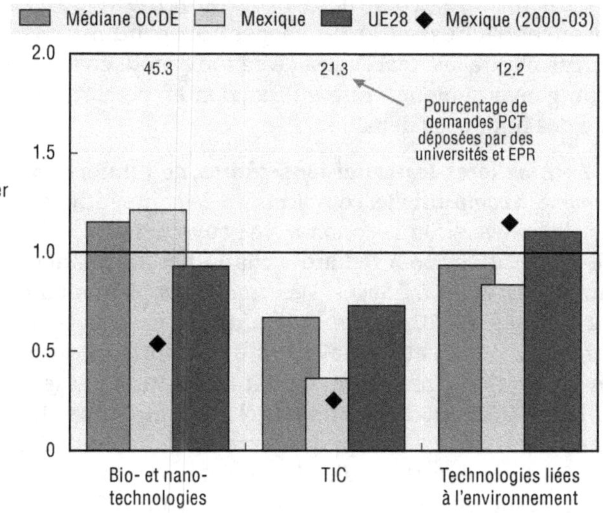

Partie 4. Allocation du soutien public à la R-D et l'innovation, par secteur, type et mode de financement, 2012

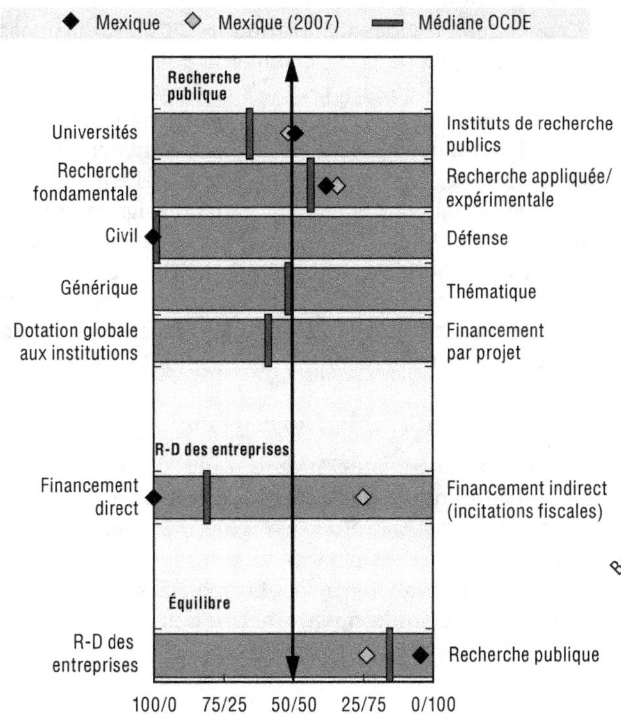

Partie 5. Principaux instrument de financement public de la R-D des entreprises, 2014

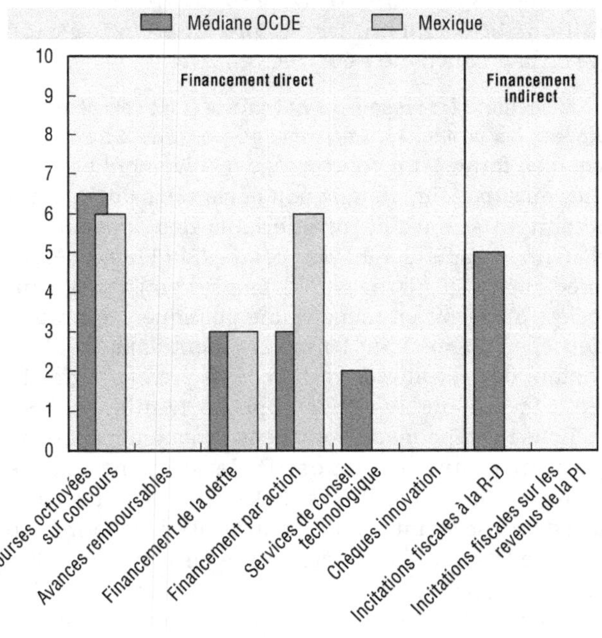

Note : Les informations sur les politiques sont tirées des réponses des pays au questionnaire préparatoire des éditions 2012 et 2014 des *Perspectives de la science, de la technologie et de l'industrie* de l'OCDE. Les réponses du Mexique sont disponibles dans la base de données des *Perspectives*, édition 2014, accessible à l'adresse suivante : *http://qdd.oecd.org/Table.aspx?Query=BF209DC2-F4F4-41CE-8CB9-A4AA7ADE0ACA.*

Source : Voir le guide du lecteur et l'annexe méthodologique.

StatLink http://dx.doi.org/10.1787/888933307101

NORVÈGE

La Norvège enregistre l'un des revenus par habitant les plus élevés du monde, en raison non seulement de ses nombreuses richesses et de sa gestion prudente des ressources naturelles, mais aussi de sa forte productivité. Le nouveau gouvernement, entré en fonction en octobre 2013, prépare des initiatives de taille.

Enjeu 1 : *Améliorer les conditions-cadres de l'innovation, notamment la compétitivité.* Pour accroître la compétitivité de l'industrie et diversifier l'économie, le gouvernement a ainsi pris des dispositions pour réduire la charge fiscale pesant sur les entreprises et les ménages. Des crédits supplémentaires seront alloués en 2014 aux instruments existants qui encouragent la R-D et l'innovation d'entreprise, comme l'Open Innovation Arena (BIA) – dont la dotation passe de 10 millions USD (90 millions NOK) à 53 millions USD (474 millions NOK) – et les programmes relatifs aux pôles d'activité. Le nombre et la taille des projets rentrant dans le cadre du dispositif Skattefunn de crédit d'impôt sur la R-D devraient aussi être augmentés après la hausse des plafonds de coûts autorisés. Cela devrait porter les dépenses fiscales de 28 millions USD (250 millions NOK) à 204 millions USD (1.8 milliard NOK). Une commission chargée de la productivité a été créée en 2014.

Enjeu 2 : *Améliorer les ressources humaines et les compétences, et renforcer les capacités.* La Norvège possède une main-d'œuvre bien formée, un pourcentage relativement élevé de diplômés du supérieur, un taux non négligeable de titulaires de doctorat en science et ingénierie, et des dépenses de l'enseignement supérieur en pourcentage du PIB au-dessus de la médiane OCDE (partie 1[t, w, s]). Le pays projette de bâtir une société du savoir en menant une politique d'éducation ambitieuse, en augmentant l'investissement dans la R-D et en se dotant de capacités de recherche de premier ordre. Le budget 2014 prévoit une enveloppe de 17 millions USD (150 millions NOK) pour améliorer l'enseignement supérieur, ainsi qu'un nouveau dispositif de subventions de 3.7 millions USD (33 millions NOK) pour la formation continue des enseignants. La dotation totale de la formation professionnelle a par ailleurs été accrue de 13 millions USD (114 millions NOK) en 2014. Un examen du cadre institutionnel de l'enseignement supérieur est en cours. Le but est d'améliorer la qualité de l'enseignement à ce niveau et de la recherche.

Enjeu 3 : *Relever les défis de la mondialisation de la STI et renforcer la coopération internationale.* L'internationalisation demeure une priorité générale du gouvernement au regard de la recherche et de l'innovation. La Norvège est mieux intégrée dans le réseau mondial de la recherche scientifique que dans celui de l'innovation (partie 1[q, r]). En mai 2014, le pays a adhéré au programme Horizon 2020 de l'UE en tant que pays associé. Une stratégie recensant clairement les objectifs et les priorités de la coopération en matière de recherche dans le cadre d'Horizon 2020 et de l'Espace européen de la recherche (EER) a été adoptée en 2014. Depuis 2012, le programme spécialisé STIM-EU – doté de 6 millions USD (55 millions NOK) en 2014 et dont le rôle est d'aider les EPR norvégiens à participer au 7e Programme-cadre de l'UE – fait partie de l'ensemble des mesures mises en place pour renforcer la coopération avec l'Europe dans le domaine de la recherche.

Enjeu 4 : *Améliorer la gouvernance du système et de la politique d'innovation.* Le livre blanc « Long-Term Perspectives – Knowledge Provides Opportunity » (2012-13) proposait une nouvelle approche pour formuler la politique nationale de la recherche, afin que les priorités des investissements publics coordonnés réalisés sur le long terme dans la recherche et l'enseignement supérieur soient clairement définies. En écho à ce document, le gouvernement met actuellement au point un plan décennal pour la recherche et l'enseignement supérieur, qui sera adopté en 2014 et actualisé tous les quatre ans ; des priorités stratégiques et des lignes directrices relatives à l'investissement public dans le système STI et l'infrastructure de la recherche, ainsi qu'au développement des capacités de l'enseignement sur le long terme, y seront énoncées.

Le système STI de la Norvège en bref

Nouveaux défis : La Norvège jouit, dans le domaine de l'environnement, d'un véritable avantage technologique révélé, qui s'est toutefois légèrement émoussé au cours des dix dernières années (partie 3). Le programme norvégien de soutien à l'innovation dans les technologies environnementales (Miljøteknologiordningen) finance des projets pilotes et de

Chiffres clés, 2013

Productivité économique et environnementale	NOR	OCDE	Dépenses intérieures brutes de R-D	NOR	OCDE
Productivité du travail			**DIRD**		
PIB par heure ouvrée en USD PPA, 2013	89.0	47.7	En million USD en PPA, 2012	5 482	1 107 398
(taux de croissance annuel, 2008-13)	(+0.2)	(+0.8)	En % du total OCDE, 2012	0.5	100
Productivité environnementale			**Intensité et croissance de la DIRD**		
PIB par émission unitaire de CO_2 en USD, 2011	6.3	3.0	En % du PIB, 2012	1.65	2.40
(taux de croissance annuel, 2007-11)	(+1.2)	(+1.8)	(taux de croissance annuel, 2007-12)	(+2.0)	(+2.0)
Demande verte			**DIRD à financement public**		
RNN par émission unitaire de CO_2 en USD, 2011	6.9	3.0	En % du PIB, 2011	0.78	0.77
(taux de croissance annuel, 2007-11)	(-0.0)	(+1.6)	(taux de croissance annuel, 2007-11)	(+2.5)	(+2.8)

Graphique 9.35. **La science et l'innovation en Norvège**

Partie 1. Performance comparée des systèmes nationaux de science et d'innovation, 2014

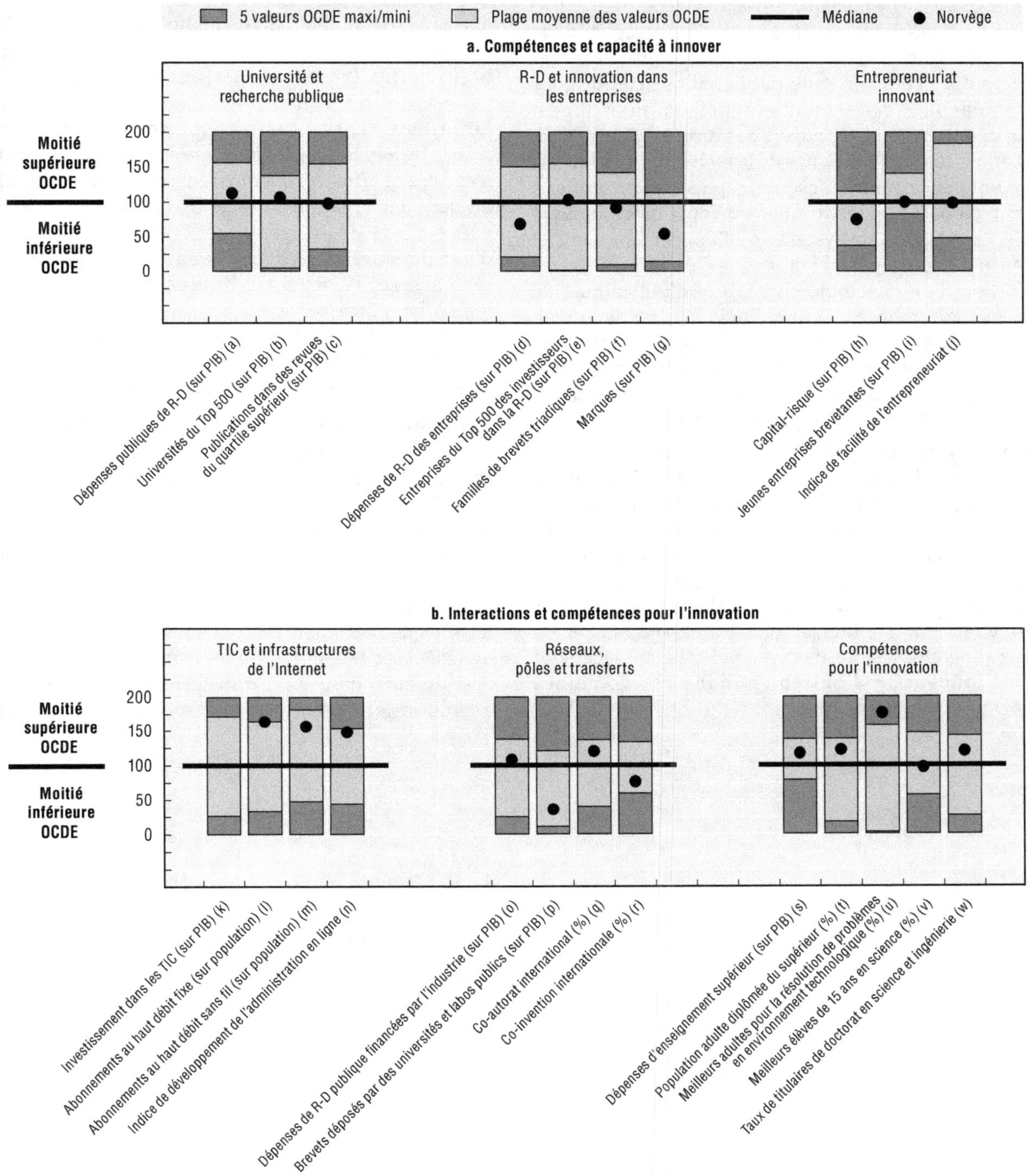

Note : Indice de performance normalisé par rapport aux valeurs médianes observées dans la zone de l'OCDE (médiane de l'indice = 100).

démonstration. Enova a lancé d'importantes initiatives technologiques concernant le climat et l'énergie.

Universités et recherche publique : Avec des dépenses de R-D au-dessus de la médiane OCDE, le secteur norvégien de la recherche publique est relativement performant au regard du nombre d'universités et de publications scientifiques présentes dans les classements mondiaux, mais il l'est moins en ce qui concerne les dépôts de brevet (partie 1[a, b, c, p]). L'accent étant mis sur l'efficience de la recherche publique, le financement concurrentiel s'est accru plus rapidement que la dotation globale aux institutions au cours de la dernière décennie. Depuis 2013, le système de financement des EPR sur la base de leurs performances a été simplifié, avec l'instauration d'un ensemble plus réduit d'indicateurs de mesure des performances. Comme indiqué précédemment, le plan national à long terme pour la recherche et l'enseignement supérieur fixera des priorités et des objectifs pour orienter les investissements publics qui seront réalisés dans ces deux domaines dans les dix prochaines années.

Innovation d'entreprise : En Norvège, la DIRD se situe au-dessous de la médiane OCDE (partie 1[d]), en partie du fait des caractéristiques structurelles de l'économie norvégienne. Le Conseil de la recherche de Norvège (CNR) ainsi que certains organismes spécialisés fournissent des aides publiques en faveur de la R-D et l'innovation d'entreprise. En 2011-13, ces aides financées par les ministères sectoriels ont augmenté à la même vitesse que le budget global de R-D de l'État. De nouveaux programmes ont en outre été mis en place pour soutenir l'innovation d'entreprise dans des domaines technologiques bien précis (voir plus haut).

Entrepreneuriat innovant : Les conditions dont jouissent les entreprises norvégiennes en matière d'innovation – telles que mesurées par l'Indice de facilité de l'entrepreneuriat (partie 1[j]) – se situent plus ou moins sur la médiane OCDE, de même que les performances des jeunes entreprises brevetantes (partie 1[i]). Datant de 2012, la troisième génération du programme Seed Fund Investment sur l'investissement en capital-risque dans les entreprises en phase de démarrage, dont la mise en œuvre est en cours, vise à accroître l'offre de capital-risque, qui se situe actuellement au-dessous de la médiane OCDE (partie 1[h]). Une stratégie axée sur les PME – présentée en 2012 – s'inscrit dans le cadre d'une initiative de plus grande envergure dont le but est de réduire les coûts des entreprises par une simplification de la législation et des services fournis par l'État. Le Plan d'action en faveur de l'entrepreneuriat dans l'enseignement (2009-14) a pour objectif de développer les compétences, les points de vue, la créativité et la réflexion novatrice des étudiants.

Transfert et commercialisation de technologies : Le gouvernement projette de rendre publics les résultats de la recherche financée sur fonds publics (intégralement ou partiellement), pour le bénéfice à la fois de la communauté des chercheurs et de la société. Depuis 2013, des mesures sont prises pour encourager et promouvoir l'accès libre aux résultats de la recherche financée par l'État, dont les publications. Les coûts de cette liberté d'accès (par exemple les frais de traitement) seront couverts par les subventions du CNR. Une évaluation du programme TTO – qui concerne les bureaux chargés du transfert de technologie et existe depuis un certain temps – a été mise en place en 2014.

Partie 2. Composition structurelle de la DIRDE, 2011

En pourcentage dans la DIRDE totale ou de sous-parties de la DIRDE (%)

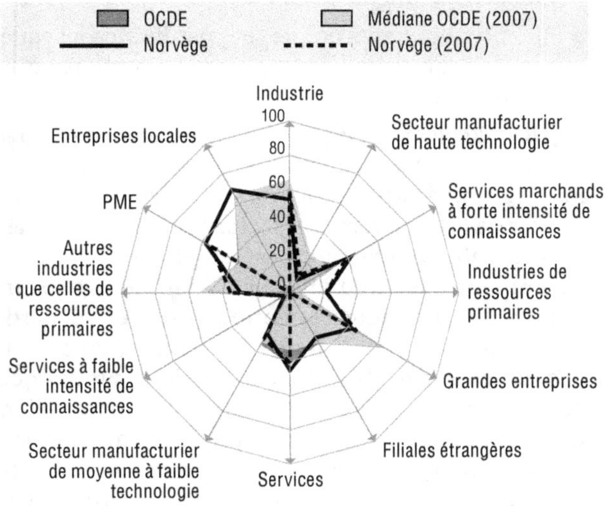

Partie 3. Avantage technologique révélé dans certains domaines, 2009-11

Indice basé sur les demandes de brevets PCT

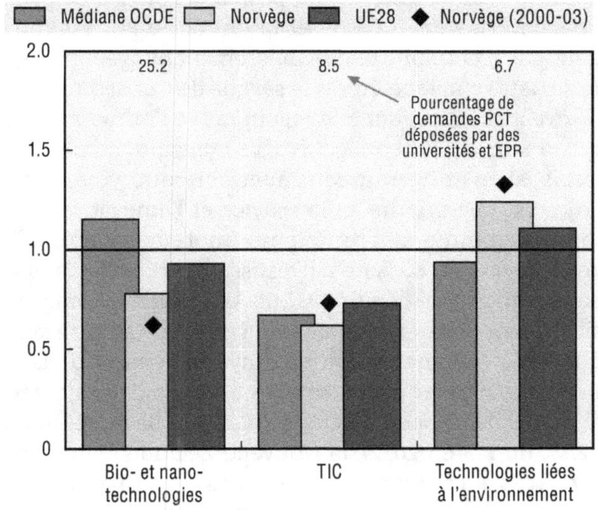

Partie 4. Allocation du soutien public à la R-D et l'innovation, par secteur, type et mode de financement, 2012

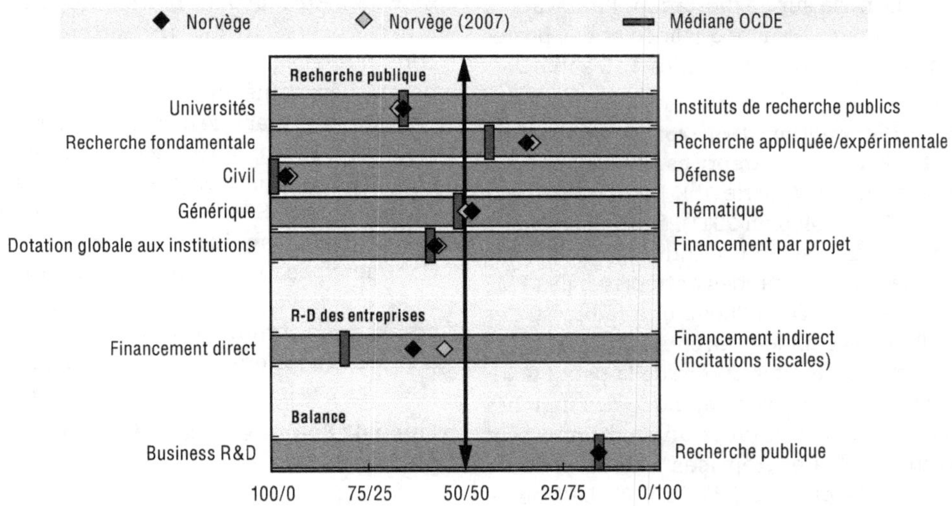

Note : Les informations sur les politiques sont tirées des réponses des pays au questionnaire préparatoire des éditions 2012 et 2014 des *Perspectives de la science, de la technologie et de l'industrie* de l'OCDE. Les réponses de la Norvège sont disponibles dans la base de données des *Perspectives*, édition 2014, accessible à l'adresse suivante : *http://qdd.oecd.org/Table.aspx?Query=C0DD3A8C-0B9B-4EB2-A56A-A252BA2D3B19.*

Source : Voir le guide du lecteur et l'annexe méthodologique.

StatLink http://dx.doi.org/10.1787/888933307137

NOUVELLE-ZÉLANDE

La Nouvelle-Zélande est une économie à vocation exportatrice, tributaire du secteur primaire. Frappée de plein fouet par la crise de 2008-09 et la chute de la demande mondiale, elle a entrepris un assainissement budgétaire pour réduire sa dette publique. Après le séisme de Christchurch en 2010, l'investissement dans le logement et l'infrastructure publique a stimulé la reprise. Le pays a ensuite connu une forte croissance et devrait continuer sur cette voie. Cette croissance est une priorité, et la science et l'innovation sont considérées comme ses principaux moteurs, comme le montre la hausse de 60 % de l'investissement public dans la science et l'innovation depuis 2007-08. Le gouvernement veut diversifier l'économie en combinant la croissance du secteur primaire avec l'augmentation de l'investissement dans le secteur manufacturier et les services à forte valeur ajoutée. Malgré une recherche peu développée (la DIRD ne représentait que 1.27 % du PIB en 2012), la Nouvelle-Zélande a amélioré son avantage technologique dans les bio- et les nanotechnologies, qui dépasse désormais celui de la zone OCDE et de l'UE28 (partie 3). Le programme de développement des entreprises de 2012 mise sur l'exportation, l'innovation, les infrastructures, une main-d'œuvre qualifiée et des postes de travail sécurisés, les ressources naturelles et les marchés de capitaux.

Enjeu 1 : Encourager l'innovation d'entreprise, et soutenir l'entrepreneuriat et les PME. Les entreprises néo-zélandaises sont très peu actives en R-D (partie 1[d]). Le pays peine à augmenter la DIRD (0.57 % du PIB en 2011), étant confronté à certains défis, tels que : une structure industrielle à faible intensité de R-D, le manque de grandes entreprises (les PME représentaient 80 % de la DIRD en 2009), une faiblesse des investissements de R-D des grandes entreprises (partie 1e), et des débouchés commerciaux limités du fait de la petite taille, de la dispersion et de l'isolement géographique des marchés intérieurs. Le gouvernement veut créer un environnement approprié et encourager les entreprises à doubler leurs dépenses de R-D (jusqu'à plus de 1 % du PIB). Le nouvel organisme multiservices Callaghan Innovation, doté d'un budget de 100 millions USD (145 millions NZD), encourage la R-D d'entreprise à l'aide de trois types de subventions, visant à :

- Accroître les dépenses de R-D des entreprises expérimentées.
- Favoriser la hausse des dépenses de R-D des entreprises moins expérimentées en R-D.
- Aider les étudiants en pré- et post-licence à acquérir des compétences dans un cadre de recherche à visée commerciale.

Enjeu 2 : Renforcer la capacité et les infrastructures publiques de R-D. Le système scientifique public néo-zélandais repose sur les universités et les instituts de recherche de la Couronne (CRI), à vocation sectorielle. Malgré ses dépenses de R-D relativement modestes (partie 1[a]), il est plutôt performant, avec cinq universités dans le Top 500 mondial et un ratio publications scientifiques/PIB élevé (partie 1[b, c]). L'initiative National Science Challenges, lancée en 2013, coordonne et cible la recherche publique sur des questions complexes en réunissant des scientifiques travaillant dans des organismes et des domaines différents. De nouveaux investissements ont été réalisés dans des infrastructures de recherche de grande envergure (réseaux de pointe, génomique, calcul informatique haute performance).

Enjeu 3 : Améliorer la rentabilité et l'impact de la science. Malgré des liens industrie-science étroits, la commercialisation des résultats de la recherche publique pourrait être améliorée (partie 1[o, p]). Le gouvernement veut accroître la rentabilité des investissements dans la recherche publique, en misant sur la commercialisation. Ainsi, le ministère de l'Entreprise, de l'Innovation et de l'Emploi finance : le Pre-Seed Accelerator Fund (PSAF), qui soutient la commercialisation en phase de démarrage ; le Commercialisation Partner Network (CPN), qui complète le PSAF en convertissant les découvertes en produits viables commercialement. Callaghan Innovation projette par ailleurs d'accélérer la commercialisation des innovations réalisées par les entreprises néo-zélandaises.

Enjeu 4 : Réformer et améliorer le système de la recherche publique.

Le gouvernement a prévu un certain nombre d'investissements dans la science et la recherche publique, dont 91.4 millions USD (133.5 millions NZD) répartis sur quatre ans à partir de 2013, et 38.6 millions USD (56.8 millions NZD) répartis sur trois ans à partir de 2015. Un projet de déclaration nationale sur les investissements scientifiques

Chiffres clés, 2013

Productivité économique et environnementale	NZL	OCDE	Dépenses intérieures brutes de R-D	NZL	OCDE
Productivité du travail			**DIRD**		
PIB par heure ouvrée en USD PPA, 2013	38.5	47.7	En million USD en PPA, 2012	1 767	1 107 398
(taux de croissance annuel, 2008-13)	(+1.2)	(+0.8)	En % du total OCDE, 2012	0.2	100
Productivité environnementale			**Intensité et croissance de la DIRD**		
PIB par émission unitaire de CO_2 en USD, 2011	3.7	3.0	En % du PIB, 2012	1.26	2.40
(taux de croissance annuel, 2007-11)	(+3.5)	(+1.8)	(taux de croissance annuel, 2007-12)	(+2.4)	(+2.0)
Demande verte			**DIRD à financement public**		
RNN par émission unitaire de CO_2 en USD, 2011	3.8	3.0	En % du PIB, 2011	0.64	0.77
(taux de croissance annuel, 2007-11)	(+3.8)	(+1.6)	(taux de croissance annuel, 2007-11)	(+2.5)	(+2.8)

Graphique 9.36. **La science et l'innovation en Nouvelle-Zélande**

Partie 1. Performance comparée des systèmes nationaux de science et d'innovation, 2014

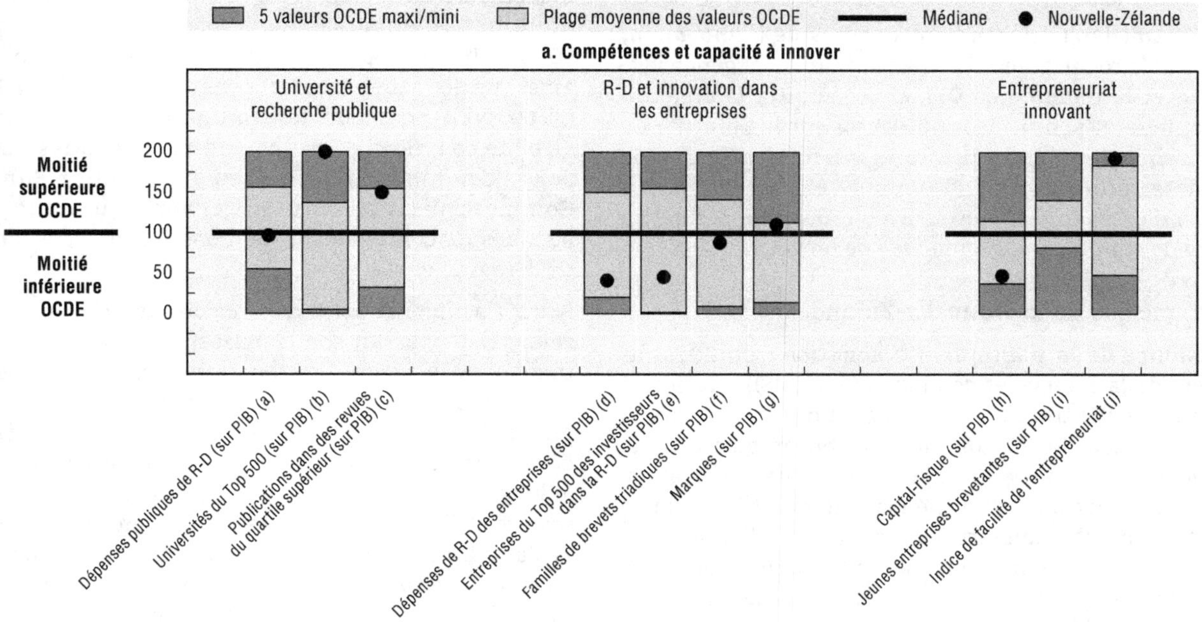

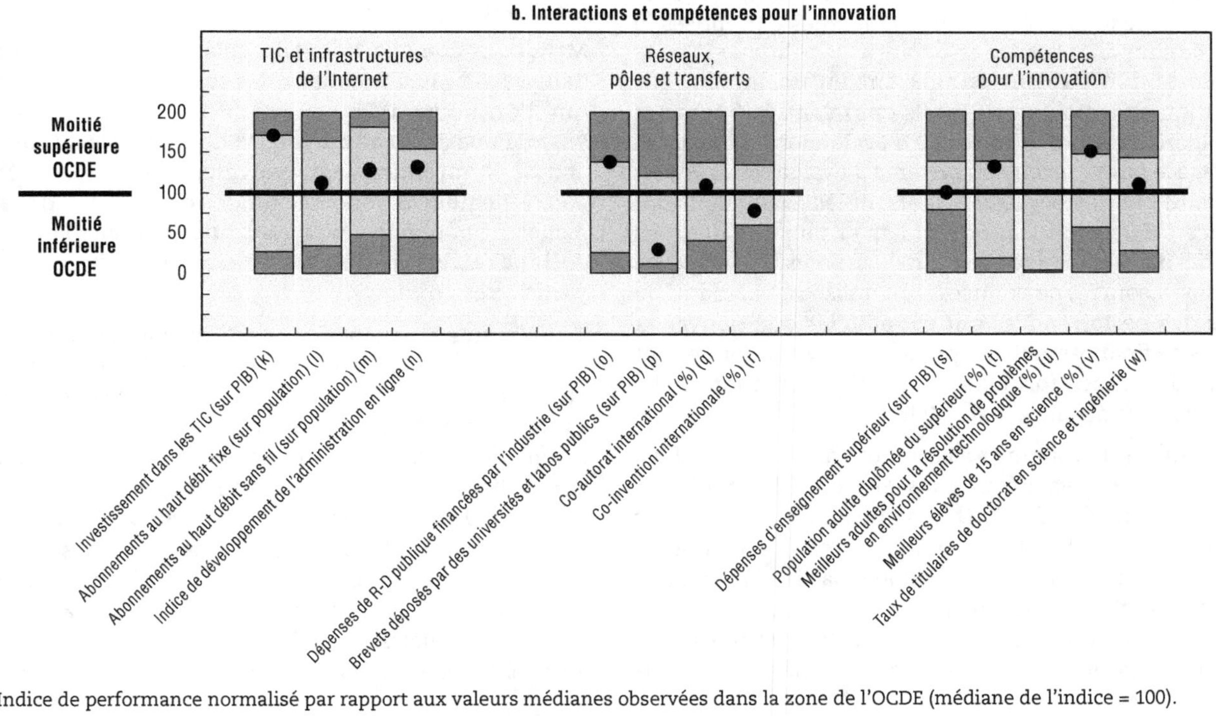

Note : Indice de performance normalisé par rapport aux valeurs médianes observées dans la zone de l'OCDE (médiane de l'indice = 100).

(NSSI) permettra de recenser les priorités futures pour améliorer l'utilité et l'efficacité de l'investissement scientifique public.

Enjeu 5 : Améliorer les conditions-cadres de l'innovation, notamment la compétitivité. Le Business Growth Agenda vise à améliorer le régime des DPI, et à accroître la création intellectuelle et son utilisation. La loi sur les brevets de 2013, inspirée des bonnes pratiques internationales, est la plus vaste réforme des DPI depuis 1953. Le dispositif commun d'examen des brevets avec l'Australie permettra en outre de simplifier les demandes de brevet.

Le système STI de la Nouvelle-Zélande en bref

Gouvernance de la politique d'innovation : En 2013, le ministère de la Science et de l'Innovation (MSI) a fusionné avec celui de l'Entreprise, de l'Innovation et de l'Emploi (MEIE). Avant cela, le MSI conseillait le gouvernement sur la politique à mener au regard de la science et de l'innovation, supervisait ses investissements en la matière, et était chargé de promouvoir le transfert et la commercialisation des technologies. Ces fonctions de base sont désormais dévolues au groupe chargé des sciences, des compétences et de l'innovation au MEIE. Callaghan Innovation a été créé en 2013 pour accélérer la commercialisation des innovations des entreprises néo-zélandaises. En plus de regrouper plusieurs dispositifs d'aide à l'innovation des entreprises, il permet de simplifier la mise en œuvre de la politique STI. Les changements organisationnels ont eu un impact sur l'évaluation de la politique STI : ils ont ralenti la fréquence des évaluations, accru la demande d'évaluations d'impact et encouragé le pays à revoir son système d'évaluation. L'accent est aujourd'hui mis sur les résultats, et les évaluations ont tendance à être moins approfondies et plus rapides. Les dispositifs d'évaluation ont eux aussi été revus. De nouvelles méthodes et sources de données sont utilisées. Les cadres de mesure des performances ont été adaptés aux nouveaux systèmes de financement. Les pratiques d'évaluation se sont en outre davantage formalisées depuis la création d'une unité indépendante au sein du MEIE.

Entrepreneuriat innovant : Le cadre administratif et réglementaire néo-zélandais est très favorable à l'entrepreneuriat (partie 1[j]). Le marché de l'investissement providentiel est dynamique, mais le secteur du capital-risque est relativement peu développé (partie 1[h]). Le fonds d'investissement en capital-risque (NZVIF), constitué en 2002 pour aider à la création d'un marché du capital-risque, a eu des effets prometteurs sur les marchés de capital-risque, mais n'a pas été épargné par la crise financière mondiale du milieu des années 2000. Le programme sur les incubateurs technologiques (de 2013) propose de nouvelles dotations remboursables d'un montant maximum de 307 000 USD (450 000 NZD) pour les startups technologiques, ainsi que des subventions pouvant aller jusqu'à 24 000 USD (35 000 NZD) pour aider les startups potentielles à établir la viabilité commerciale de leurs idées. Les autres initiatives sont notamment le Pre-Seed Accelerator Fund et le Commercialisation Partner Network, qui financent les activités de commercialisation des technologies en phase de démarrage.

Pôles d'activité et politiques régionales : L'économie néo-zélandaise poursuit son élargissement au-delà de sa base traditionnelle qu'est le secteur primaire. Le partenariat pour le développement du secteur primaire, instauré en 2012 entre l'industrie et les pouvoirs publics, oriente le développement du secteur primaire grâce à la mise en place, le long de la chaîne de valeur, de programmes axés sur la science et l'innovation et dictés par le marché. Le réseau New Zealand Food Innovation Network aide au développement du secteur des boissons et de l'alimentation. Parmi les autres initiatives récentes figurent : la création de centres technologiques et d'innovation à Auckland et à Christchurch, ainsi que d'un pôle d'innovation spécialisé, le Lincoln Hub, près de Christchurch.

Mondialisation : La Nouvelle-Zélande est moins intégrée dans les réseaux mondiaux des sciences et de l'innovation que l'on pourrait le penser de la part d'un petit pays anglophone ; c'est ce qui ressort des données du co-autorat et de la co-invention au niveau international (partie 1[q, r]). Le gouvernement a donc décidé de recenser les travaux de recherche et d'innovation qui pourraient faire l'objet d'une collaboration mutuellement avantageuse avec des partenaires étrangers.

Compétences et innovation : La Nouvelle-Zélande possède une solide base de compétences et de diplômés du supérieur, de bons élèves en sciences, et un taux raisonnable de titulaires du doctorat en science et ingénierie (partie 1[t, v, w]). Le gouvernement veut intensifier la R-D d'entreprise. L'enseignement dans les domaines des sciences, de l'ingénierie et de la recherche a été doté de 18 millions USD (27 millions NZD), et les bourses d'études ont été augmentées. Le programme Science and Society vise à mieux faire connaître les sciences, à améliorer le niveau de connaissance scientifique au sein de la société, et à accroître les effectifs dans les domaines des STIM.

Partie 2. Composition structurelle de la DIRDE, 2011

En pourcentage dans la DIRDE totale ou de sous-parties de la DIRDE (%)

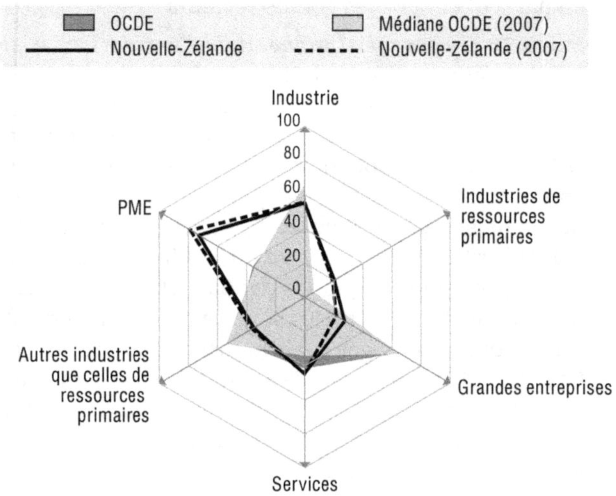

Partie 3. Avantage technologique révélé dans certains domaines, 2009-11

Indice basé sur les demandes de brevets PCT

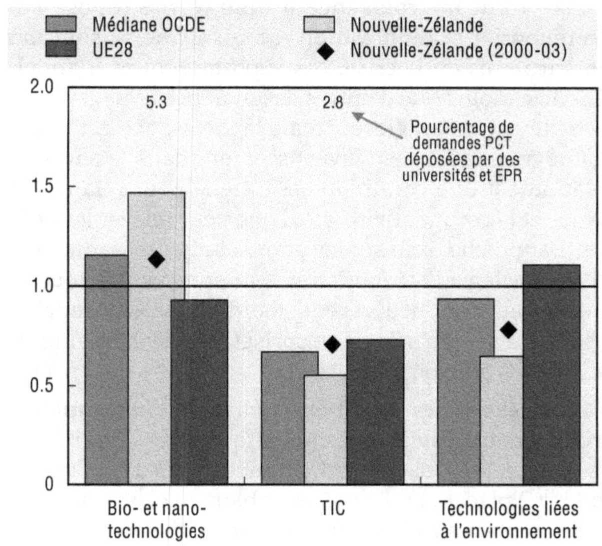

Partie 4. Allocation du soutien public à la R-D et l'innovation, par secteur, type et mode de financement, 2012

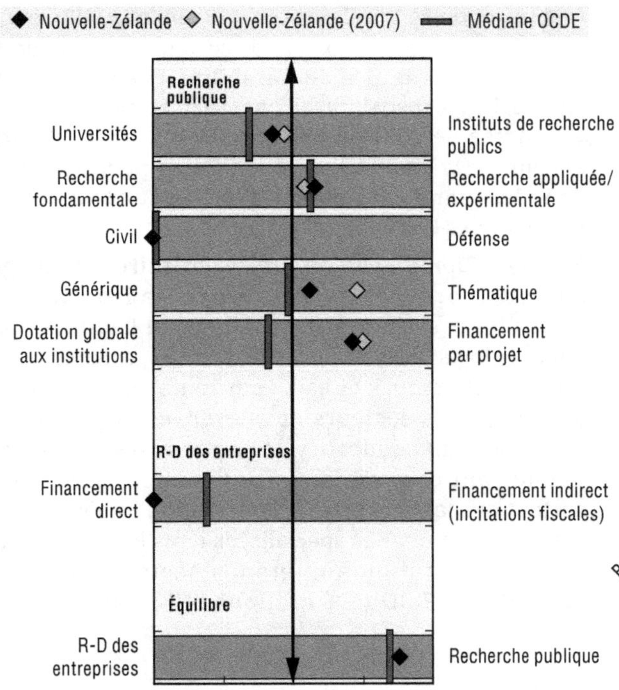

Partie 5. Principaux instrument de financement public de la R-D des entreprises, 2014

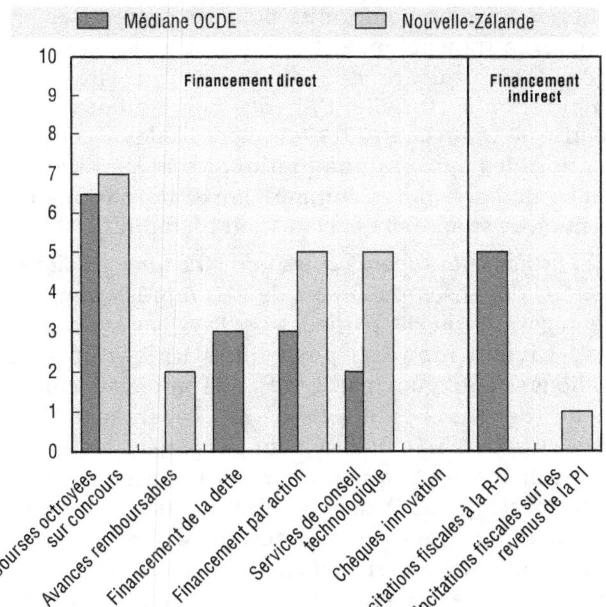

Note : Les informations sur les politiques sont tirées des réponses des pays au questionnaire préparatoire des éditions 2012 et 2014 des *Perspectives de la science, de la technologie et de l'industrie* de l'OCDE. Les réponses de la Nouvelle-Zélande sont disponibles dans la base de données des *Perspectives*, édition 2014, accessible à l'adresse suivante : *http://qdd.oecd.org/Table.aspx?Query=C8D98511-C139-49BD-82AC-D6E6ADD45842.*

Source : Voir le guide du lecteur et l'annexe méthodologique.

StatLink http://dx.doi.org/10.1787/888933307121

PAYS-BAS

Les Pays-Bas sont l'une des économies mondiales les plus avancées – dont la croissance à long terme repose sur l'entrepreneuriat et l'innovation –, mais ils ne se sont pas totalement remis de la crise. Les exportateurs néerlandais ont bénéficié moins que d'autres des marchés émergents. La productivité est certes élevée, mais la croissance est plutôt faible. L'augmentation de l'investissement dans le savoir et l'innovation est une condition essentielle pour relancer la croissance et la compétitivité, ainsi que pour relever les défis sociaux. L'approche axée sur les grands secteurs – annoncée en 2011 – privilégie l'attribution des ressources publiques à certains secteurs et encourage la coordination des activités qui y sont menées par les entreprises, les établissements éducatifs et les pouvoirs publics.

Enjeu 1 : Améliorer les conditions-cadres de l'innovation, y compris la compétitivité. Les indicateurs des conditions-cadres (partie 1[j, n]) et des compétences pour l'innovation (partie 1[s, u, v]) placent les Pays-Bas en haut du classement. En revanche, certains indicateurs de l'investissement privé dans la R-D et l'innovation sont plus proches de la médiane OCDE que des pays les plus innovants (partie 1[d, h, k]). Le gouvernement a pour objectifs de réduire la bureaucratie et les coûts de mise en conformité pour les entreprises, et d'améliorer la transparence et la fourniture des services publics. Il s'inquiète des obstacles que pose la réglementation sectorielle. L'Agence néerlandaise pour l'entreprise (RVO), créée en 2014, fournit de l'aide concernant l'allocation des subventions (nationales et de l'UE), la recherche de partenaires commerciaux internationaux, l'acquisition de savoir-faire et la mise en conformité.

Enjeu 2 : Renforcer la capacité et les infrastructures publiques de R-D. Les dépenses publiques de R-D représentent un pourcentage élevé du PIB (partie 1[a]). Les Pays-Bas se classent bien au niveau mondial pour leurs universités et publications scientifiques (partie 1[b, c]). Une part relativement élevée des dépenses publiques de R-D est financée par l'industrie (partie 1[o]). Le financement par projet s'est accru, mais la recherche publique est surtout financée par une dotation globale (partie 4), dont les trois quarts environ sont affectés aux fonds généraux des universités. Les pouvoirs publics visent à améliorer l'efficience et l'efficacité de la recherche appliquée en renforçant la cohérence nationale ainsi que le lien entre le financement, la qualité et l'impact, en particulier dans les grands secteurs.

Enjeu 3 : Encourager l'innovation d'entreprise, et soutenir l'entrepreneuriat et les PME. Les dépenses de R-D des entreprises se situent sur la médiane OCDE (partie 1[d]). Les Pays-Bas se placent en revanche au-dessus de la médiane OCDE pour les dépôts de brevet, et sur la médiane pour les enregistrements de marque (partie 1[f, g]), principalement en raison de son grand nombre d'entreprises investissant dans la R-D (partie 1[e]). Des instruments en faveur des partenariats public-privé dans les grands secteurs et des aides génériques pour toutes les entreprises sont prévus. La R-D d'entreprise est surtout encouragée par des incitations fiscales (partie 4). L'outil le plus important de la politique de l'innovation est l'abattement au titre des salaires pour les entreprises effectuant des travaux de R-D, qui est très avantageux pour les PME. Il a été complété en 2012 par un abattement pour les investissements dans la R-D. Ces deux instruments se sont chiffrés en 2013 à plus de 1.2 milliard USD (1 milliard EUR). Pour mieux réagir aux défis sociaux, une simplification et une harmonisation des instruments relatifs aux grands secteurs ont été opérées. Le dispositif MIT, mis en place en 2013 avec un budget de 24.1 millions USD (20 millions EUR), encourage les PME à participer aux grands secteurs : projets de R-D en collaboration, études de faisabilité, chèques innovation, embauche d'experts, travail en réseau et tutorat. L'indemnité TKI, dotée de 100 millions USD (83 millions EUR) en 2013, encourage la création de consortiums public-privé de R-D dans les grands secteurs, où l'on veut aussi accroître la présence des PME.

Enjeu 4 : Domaines/secteurs prioritaires. Neuf grands secteurs ont été sélectionnés : agroalimentaire, horticulture, systèmes et matériaux de haute technologie, énergie, logistique, industries créatives, sciences de la vie, produits chimiques et eau. Pour renforcer la compétitivité de ces grands secteurs et relever les défis sociaux, les établissements éducatifs, les entreprises et les pouvoirs publics ont engagé des initiatives conjointes centrées surtout sur la recherche et l'innovation, mais aussi sur les ressources humaines spécialisées dans les STIM. Le budget affecté au soutien aux grands secteurs n'est que de 128 millions USD (106 millions EUR) par an, mais des

Chiffres clés, 2013

Productivité économique et environnementale	NLD	OCDE	Dépenses intérieures brutes de R-D	NLD	OCDE
Productivité du travail			**DIRD**		
PIB par heure ouvrée en USD PPA, 2013	61.5	47.7	En million USD en PPA, 2012	15 661	1 107 398
(taux de croissance annuel, 2008-13)	(-0.2)	(+0.8)	En % du total OCDE, 2012	1.4	100
Productivité environnementale			**Intensité et croissance de la DIRD**		
PIB par émission unitaire de CO_2 en USD, 2011	3.6	3.0	En % du PIB, 2012	2.16	2.40
(taux de croissance annuel, 2007-11)	(+1.4)	(+1.8)	(taux de croissance annuel, 2007-12)	(+3.4)	(+2.0)
Demande verte			**DIRD à financement public**		
RNN par émission unitaire de CO_2 en USD, 2011	3.5	3.0	En % du PIB, 2011	0.73	0.77
(taux de croissance annuel, 2007-11)	(+0.7)	(+1.6)	(taux de croissance annuel, 2007-11)	(+1.4)	(+2.8)

Graphique 9.37. **La science et l'innovation aux Pays-Bas**

Partie 1. Performance comparée des systèmes nationaux de science et d'innovation, 2014

5 valeurs OCDE maxi/mini — Plage moyenne des valeurs OCDE — Médiane — ● Pays-Bas

a. Compétences et capacité à innover

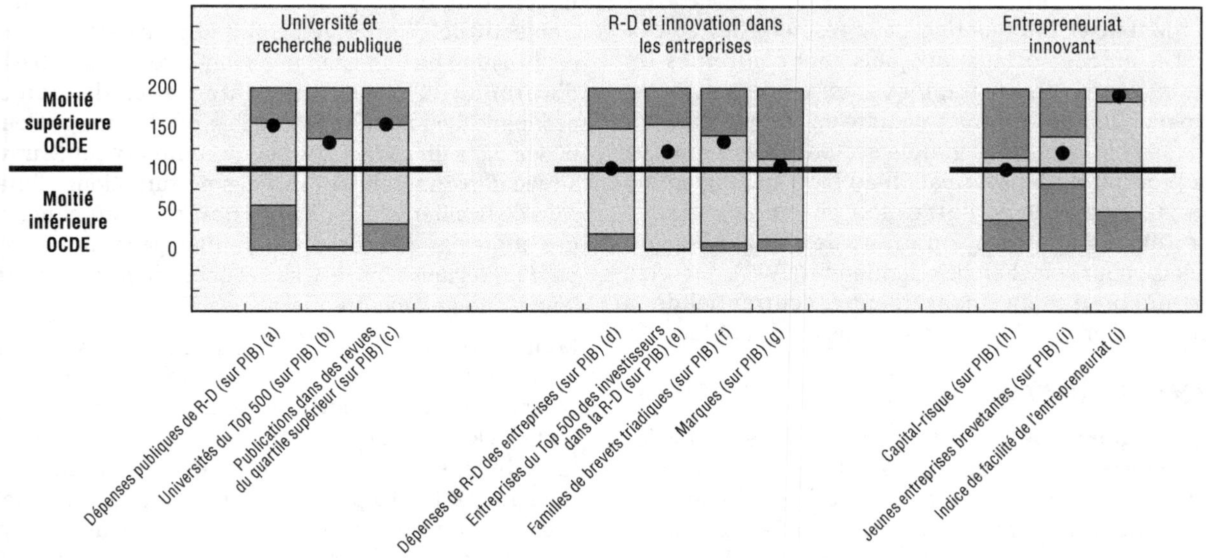

b. Interactions et compétences pour l'innovation

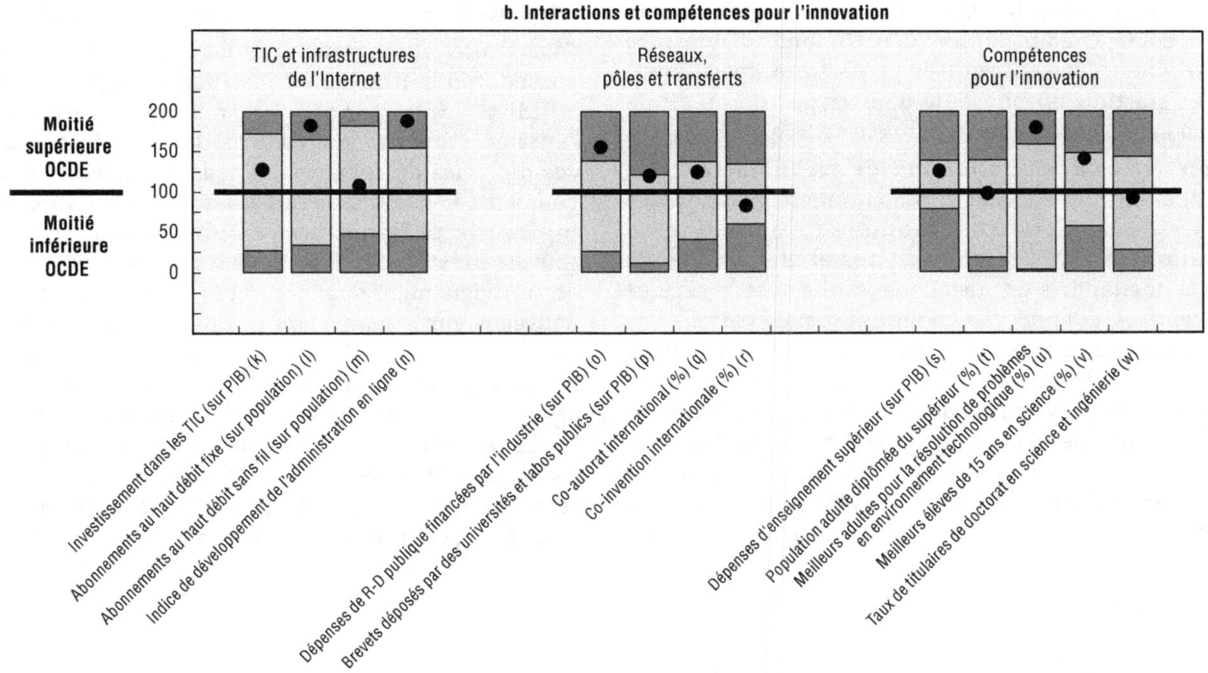

Note : Indice de performance normalisé par rapport aux valeurs médianes observées dans la zone de l'OCDE (médiane de l'indice = 100).

sommes considérables affectées à la recherche publique (dont 30 % environ sont financés par des fonds privés) dans les universités et les EPR sont consacrées à cette approche, soit quelque 1.2 milliard USD (1 milliard EUR), sans parler des sources de financement régionales et de l'UE.

Enjeu 5 : Mobiliser l'innovation pour résoudre les enjeux sociaux. Les enjeux sociaux auxquels sont confrontés les Pays-Bas (évolution démographique, offre énergétique et changement climatique) sont à prendre en compte dans les programmes en faveur des grands secteurs. Les réponses peuvent provenir de la participation du pays au programme Horizon 2020 de l'UE, de l'attention portée aux grands secteurs et des sommes émanant de l'Organisation néerlandaise pour la recherche scientifique (NWO), qui verse une part importante du financement concurrentiel de la recherche aux universités et autres établissements éducatifs.

Le système STI des Pays-Bas en bref

Entrepreneuriat innovant : Les Pays-Bas se classent dans les premiers rangs de l'Indice de facilité de l'entrepreneuriat de l'OCDE (partie 1[j]). L'activité entrepreneuriale initiale y est soutenue, mais des obstacles entravent la croissance ultérieure des entreprises, notamment, ces dernières années, la rareté des prêts bancaires et le rôle limité du capital-risque (partie 1[h]). Des dispositions particulières ont donc été prévues pour les PME, y compris des garanties de prêt (dispositifs Qredits, MKB et GO). Un fonds d'amorçage aide par ailleurs les entreprises privées qui investissent dans des startups en phase de démarrage ; un crédit de soutien à la R-D est affecté aux projets de R-D.

Transfert et commercialisation de technologies : Le gouvernement met l'accent sur la commercialisation des résultats de la recherche publique (programme de valorisation de 2009). Les universités et établissements éducatifs néerlandais ont des liens étroits avec le secteur des entreprises, qui intervient pour une grande part dans le financement de la recherche publique (partie 1[o]). Pour favoriser le transfert et la commercialisation de technologies, le programme de valorisation de 2011 a été doté d'un budget de 76 millions USD (63 millions EUR) pour soutenir 12 consortiums sur une période de six ans. Le principe de valorisation est désormais intégré aux accords de performance conclus avec les universités. La collaboration est l'un des objectifs clés des grands secteurs pour exploiter la recherche scientifique.

Pôles d'activité et spécialisation intelligente : Les disparités régionales de revenus sont relativement faibles en raison, notamment, du polycentrisme de l'économie néerlandaise. L'objectif de l'initiative Strong Regions est de faire de la conurbation de Randstad une grande région durable, capable d'affronter la concurrence internationale, dotée d'une économie dynamique et accessible, offrant une grande qualité de vie dans un cadre agréable – y compris pour le travail –, et située dans un delta à l'abri des perturbations climatiques. Afin de faciliter la planification des Fonds structurels de l'UE, des stratégies de spécialisation intelligente ont été conçues pour les régions nord, est, sud et ouest du pays, en fonction de leur avantage concurrentiel respectif.

Mondialisation : Les Pays-Bas sont très ouverts au commerce et à l'investissement international. Le système scientifique est lui aussi fortement mondialisé, comme l'atteste le co-autorat international (partie 1[q]) ; en revanche, la co-invention internationale se situe au-dessous de la médiane OCDE. La participation du pays aux programmes-cadres européens est supérieure à la moyenne européenne. Le ministère de l'Éducation, de la Culture et de la Science ainsi que celui des Affaires économiques ont mis au point des stratégies nationales pour promouvoir la dimension internationale des politiques et programmes STI.

Compétences et innovation : La main-d'œuvre néerlandaise possède un bon niveau d'instruction et globalement de solides compétences en matière d'innovation ; l'enseignement est de qualité (partie 1[u, v]), bien que la part des diplômés du supérieur dans la population adulte et le pourcentage des titulaires d'un doctorat en science ou en ingénierie puissent être améliorés (partie 1[t, w]). Le gouvernement centre ses efforts sur le maintien de la qualité de l'enseignement supérieur et la satisfaction des besoins nouveaux sur le marché du travail. Le programme d'action sur le capital humain dans les grands secteurs prône la coordination, afin de mettre en évidence les nouveaux besoins de compétences et de s'y préparer. En 2013, l'État a lancé le Pacte technologique national pour 2020. La coopération entre les EES, les établissements d'enseignement secondaire professionnel et les entreprises est caractéristique de ce pacte, qui vise à développer la formation technique.

Partie 2. Composition structurelle de la DIRDE, 2011

En pourcentage dans la DIRDE totale ou de sous-parties de la DIRDE (%)

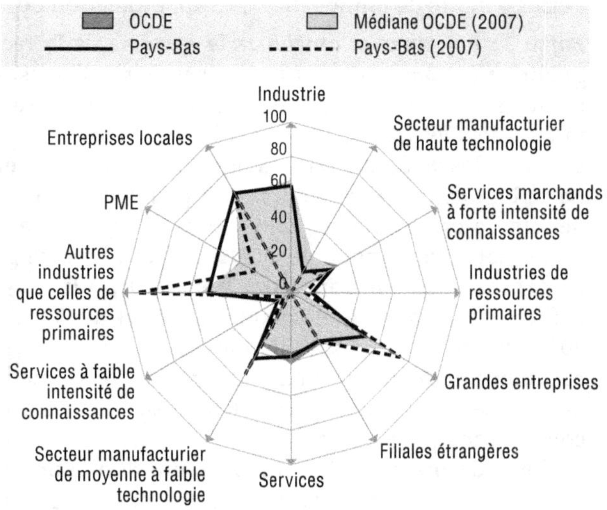

Partie 3. Avantage technologique révélé dans certains domaines, 2009-11

Indice basé sur les demandes de brevets PCT

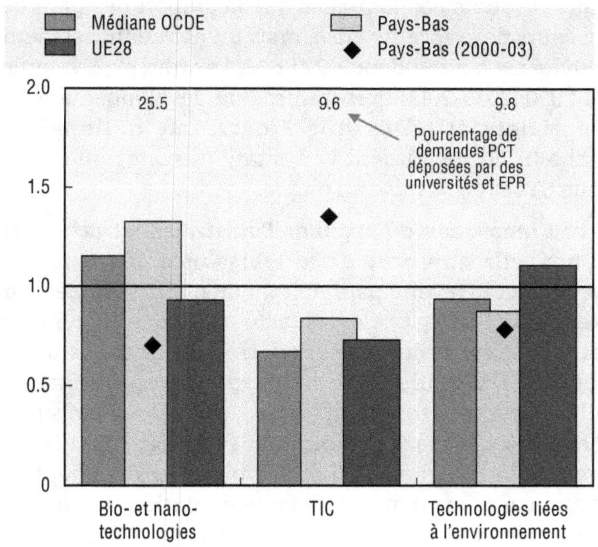

Partie 4. Allocation du soutien public à la R-D et l'innovation, par secteur, type et mode de financement, 2012

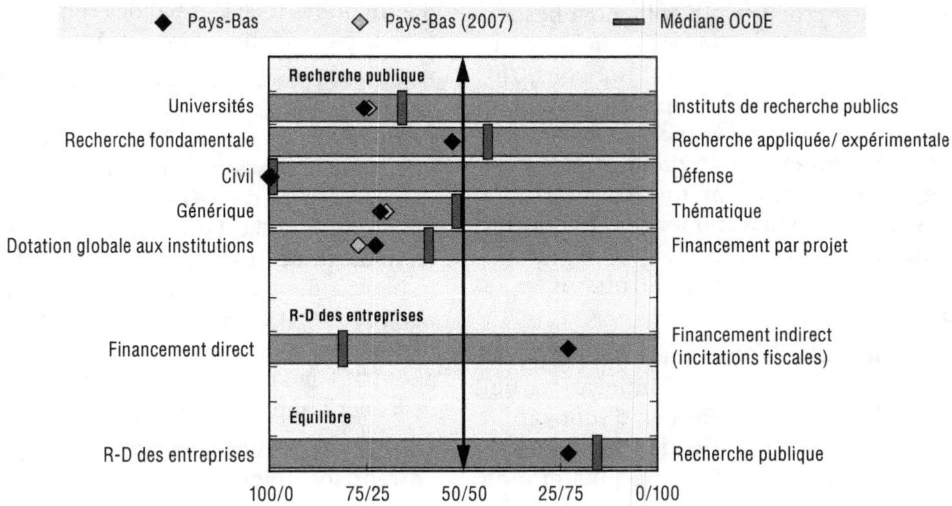

Note : Les informations sur les politiques sont tirées des réponses des pays au questionnaire préparatoire des éditions 2012 et 2014 des *Perspectives de la science, de la technologie et de l'industrie* de l'OCDE. Les réponses des Pays-Bas sont disponibles dans la base de données des *Perspectives*, édition 2014, accessible à l'adresse suivante : *http://qdd.oecd.org/Table.aspx?Query=C8D98511-C139-49BD-82AC-D6E6ADD45842.*

Source : Voir le guide du lecteur et l'annexe méthodologique.

StatLink http://dx.doi.org/10.1787/888933307116

POLOGNE

Grâce à une offre compétitive, la Pologne a pu afficher de meilleurs résultats économiques que la plupart des pays de l'UE au cours de la récente crise, mais un net ralentissement de l'activité est à noter depuis 2012-13. La stratégie Dynamic Poland 2020 (2013-20), le programme de développement de l'entrepreneuriat (PDE) et le Programme national de recherche (PNR) définissent l'orientation stratégique de la politique STI et de sa mise en œuvre.

Enjeu 1 : L'innovation à l'appui de l'ajustement structurel et d'une nouvelle approche de la croissance. Bien que la productivité et le revenu par habitant aient été stimulés par la forte productivité globale des facteurs, la productivité de la main-d'œuvre polonaise reste très au-dessous de la médiane OCDE. Seuls 60 % de la population en âge de travailler ont actuellement un emploi, contre une moyenne OCDE de 65 %. L'étude économique 2014 réalisée par l'OCDE montre que la Pologne pourrait accroître sensiblement sa productivité en harmonisant sa réglementation du marché des industries de réseau, du commerce de détail et des services professionnels avec la moyenne des trois pays OCDE les plus performants. Outre la réforme de ses marchés (du travail et des produits), la Pologne a besoin, pour soutenir sa croissance, de plus d'investissements dans l'innovation. Conformément aux priorités d'Horizon 2020, le PRN met l'accent sur la croissance intelligente pour opérer la transition du pays vers une économie du savoir et de l'innovation. Des mesures seront donc prises pour mettre le cadre légal et institutionnel au service de la croissance, améliorer l'accès au financement et promouvoir l'investissement dans le capital intellectuel et l'innovation, ainsi que l'établissement de liens plus étroits entre la science et l'économie.

Enjeu 2 : Améliorer la conception et l'exécution des politiques STI. La Pologne a réorienté sa politique d'innovation, qui mise maintenant sur les nouvelles formes d'innovation (notamment les technologies de fabrication innovantes), l'utilisation de nouvelles méthodes et une plus grande interaction entre les acteurs de l'innovation. L'approche globale adoptée pour la conception et la mise en œuvre des orientations sur les sujets connexes inclut les aspects suivants : prospective technologique ; évolution vers une économie sobre en carbone ; coopération entre les régions ainsi qu'entre les entreprises, les pouvoirs publics et les autres acteurs de l'innovation ; enfin, protection des DPI.

Enjeu 3 : Réformer et améliorer le système de la recherche publique (y compris dans les universités). S'agissant des dépenses publiques de R-D et des publications internationales (partie 1[a, c]), la Pologne se situe au niveau le plus bas des valeurs intermédiaires de l'OCDE. Les relations entre l'industrie et la science sont peu développées, et les dépôts de brevet par les universités et les EPR se situent au-dessous de la médiane OCDE (partie 1[o, p]). De grandes réformes sont en cours depuis 2010 pour améliorer l'efficience et la qualité des universités et des EPR. Depuis 2012, des ressources supplémentaires sont octroyées sur concours pour promouvoir la recherche et l'enseignement de qualité. Les universités et les EPR sont encouragés à se livrer concurrence pour obtenir le statut de centre de recherche national de premier plan (KNOW), qui donne accès à des crédits supplémentaires utilisables pour augmenter la rémunération des chercheurs et verser des bourses aux étudiants de doctorat et de pré-licence. Les KNOW sont sélectionnés dans des domaines particuliers à l'issue d'évaluations réalisées par des commissions indépendantes, avec la participation d'experts internationaux.

Enjeu 4 : Renforcer la capacité et les infrastructures publiques de R-D. La Pologne a accru ses dépenses publiques de R-D en pourcentage du PIB de 0.41 % en 2008 à 0.56 % en 2012. Le PNR met l'accent sur l'amélioration et la modernisation des infrastructures de R-D et y a affecté plusieurs sources de financement. Le Fonds polonais pour les sciences et technologies et les Fonds structurels de l'UE ont contribué à la hausse des investissements dans les infrastructures de recherche. Les KNOW sont prioritaires lorsqu'ils demandent des fonds pour rénover leur infrastructure. En août 2013, le PDE a évoqué la nécessité d'élaborer un projet de loi sur l'impôt des entreprises, en vue de stimuler la R-D.

Enjeu 5 : Innovation d'entreprise, entrepreneuriat et PME. Les entreprises polonaises, en particulier les PME, montrent relativement peu d'intérêt pour la R-D et l'innovation en raison des risques technologiques et commerciaux supposés, ainsi que de l'absence de prise de conscience du rôle essentiel de l'innovation pour la compétitivité. La DIRDE représentait donc seulement 0.33 % du PIB en 2012

Chiffres clés, 2013

Productivité économique et environnementale	POL	OCDE	Dépenses intérieures brutes de R-D	POL	OCDE
Productivité du travail			**DIRD**		
PIB par heure ouvrée en USD PPA, 2013	28.7	47.7	En million USD en PPA, 2012	7 899	1 107 398
(taux de croissance annuel, 2008-13)	(+3.4)	(+0.8)	En % du total OCDE, 2012	0.7	100
Productivité environnementale			**Intensité et croissance de la DIRD**		
PIB par émission unitaire de CO_2 en USD, 2011	2.3	3.0	En % du PIB, 2012	0.90	2.40
(taux de croissance annuel, 2007-11)	(+4.7)	(+1.8)	(taux de croissance annuel, 2007-12)	(+13.4)	(+2.0)
Demande verte			**DIRD à financement public**		
RNN par émission unitaire de CO_2 en USD, 2011	2.4	3.0	En % du PIB, 2011	0.49	0.77
(taux de croissance annuel, 2007-11)	(+5.0)	(+1.6)	(taux de croissance annuel, 2007-11)	(+11.5)	(+2.8)

Graphique 9.38. **La science et l'innovation en Pologne**

Partie 1. Performance comparée des systèmes nationaux de science et d'innovation, 2014

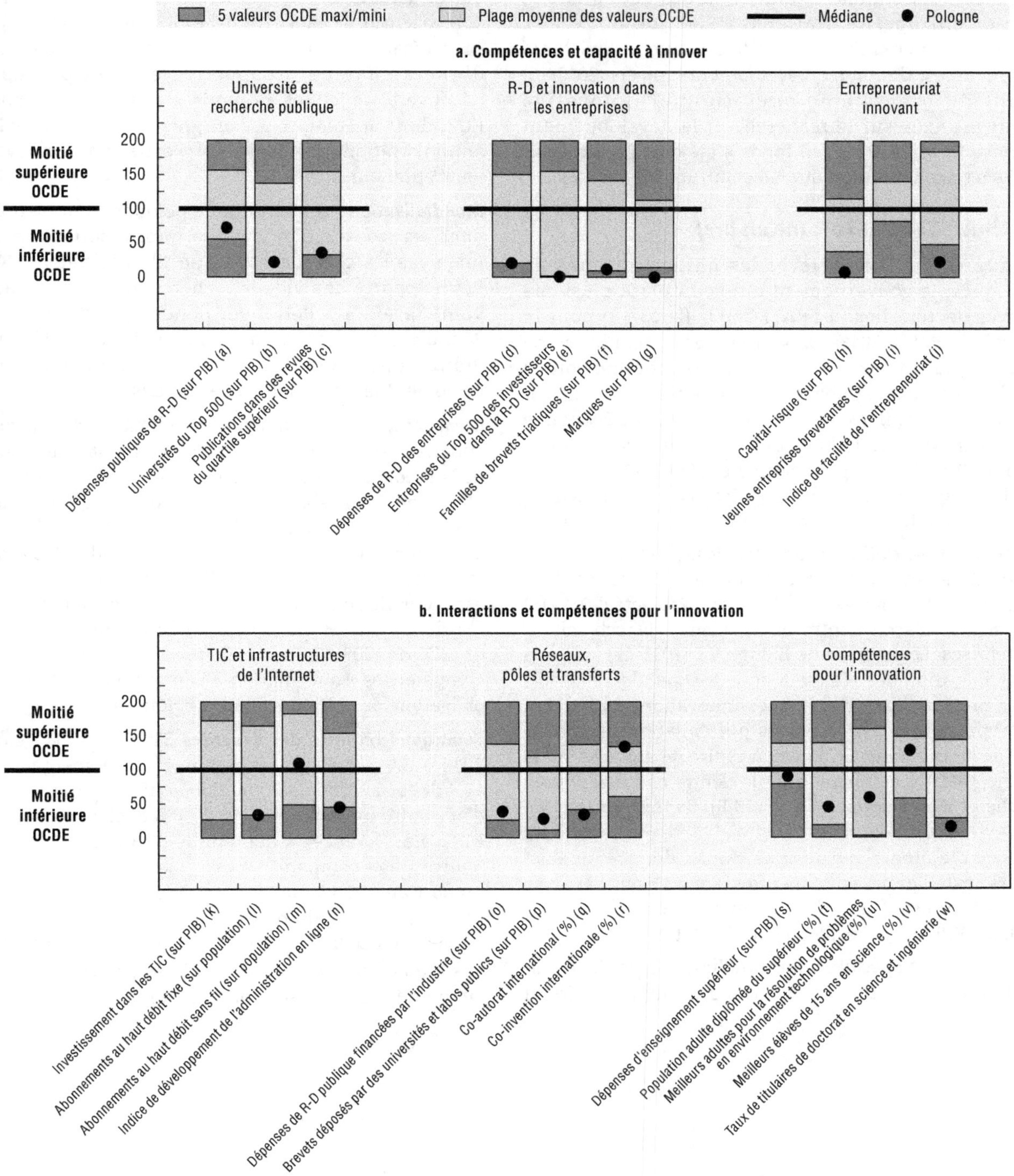

Note : Indice de performance normalisé par rapport aux valeurs médianes observées dans la zone de l'OCDE (médiane de l'indice = 100).

(partie 1[d]), et les indicateurs de l'innovation – le nombre de brevets déposés et de marques enregistrées (partie 1[f, g]) – sont faibles. Pour stimuler l'innovation des entreprises et soutenir l'entrepreneuriat et les PME, de nouveaux instruments ont été mis en place tandis que les existants étaient modifiés. L'initiative Development Projects (2012-15) relevant du programme opérationnel Innovative Economy est axée sur la recherche et le développement industriels. En juillet 2013, un fonds a été créé pour fournir des prêts à taux d'intérêt réduit aux startups innovantes.

Le système STI de la Pologne en bref

Nouveaux défis : Pour relever les défis sanitaires et énergétiques, le gouvernement a mis en place plusieurs initiatives sectorielles : STRATEGMED (2013-18) pour la santé, et INNOMED (2013-18) pour la médecine. L'industrie polonaise utilisant beaucoup le charbon comme source d'énergie, les pouvoirs publics soutiennent la recherche sur les énergies renouvelables et l'instauration d'une économie sobre en carbone par le biais des programmes suivants : Blue Gas (2012-17) sur le gaz de schiste, GEKON (2013-16) sur les technologies de production d'énergie, et INNOLOT (2013-18) sur l'industrie aéronautique.

Transfert et commercialisation de technologies : Pour améliorer la commercialisation des résultats de la recherche, les participants à l'initiative Development Projects (2012-15) doivent signer un accord entre les organismes de recherche et les entreprises. Le programme BRIdge VC (2013-17) aide à la commercialisation des résultats de la R-D publique. Depuis 2013, les projets pilotes de chèques-innovation soutiennent les entrepreneurs expérimentés qui collaborent avec le secteur de la recherche. Le nouveau centre de données sur la recherche, OCEAN, est financé par le Centre national pour la recherche et le développement (NCBiR). Sa mise en service étant prévue pour le dernier trimestre 2015, ce centre fournira l'infrastructure numérique de stockage des données en libre accès, les installations et l'expertise requise pour l'analyse des mégadonnées. Un budget d'environ 36 millions USD (20 millions EUR) lui a été alloué pour 2014-15.

Pôles d'activité et spécialisation intelligente : L'objectif de l'initiative Co-operative Connections of Supra-Regional Importance est d'accroître la compétitivité des entreprises en encourageant la coopération entre elles et avec les autres acteurs de l'innovation, y compris les organisations scientifiques. La Pologne élabore des stratégies de spécialisation intelligente au niveau régional dans le cadre d'une démarche prospective et d'un processus de découverte de jeunes entreprises. Les Fonds structurels de l'UE, dont la Pologne est un gros bénéficiaire, aident les administrations régionales à investir dans l'innovation et l'entrepreneuriat.

Mondialisation : Les inventeurs polonais sont bien intégrés dans les réseaux d'innovation internationaux (partie 1[r]), mais pas les chercheurs (partie 1[q]). L'initiative MOBILNO PLUS apporte une aide aux chercheurs universitaires qui vont travailler à l'étranger pendant une période de 6 à 36 mois. Ils ont été 57 à en bénéficier en 2013. Une plus grande ouverture des entreprises à l'IDE favoriserait également les externalités de connaissances.

Compétences et innovation : Les dépenses d'enseignement supérieur en pourcentage du PIB se situent juste au-dessous de la médiane OCDE (partie 1[s]), et les résultats des élèves de 15 ans en science arrivent au-dessus de la médiane OCDE (partie 1[v]). En revanche, le pourcentage de diplômés du supérieur, la capacité des adultes à résoudre des problèmes technologiques et le taux de titulaires de doctorat en science et ingénierie sont tous très au-dessous de la médiane OCDE (partie 1[t, u, w]). Les programmes TOP 500 Innovators (2013-15) et LIDER (2009-17) œuvrent pour le développement des compétences. La formation à l'entrepreneuriat est devenue obligatoire dans les universités polonaises.

Évolutions récentes des dépenses STI : La DIRD s'élevait en 2012 à 0.9 % du PIB, après une hausse spectaculaire de 13.4 % par an depuis 2007. L'objectif du gouvernement est d'atteindre un taux de 1.7 % du PIB d'ici à 2020. En 2012, la DIRD était financée à hauteur de 32.3 % par l'industrie (un pourcentage comparativement faible, mais en hausse par rapport aux 24.4 % de 2010), et à hauteur de 51.3 % par les pouvoirs publics (un pourcentage élevé, mais en baisse par rapport aux 60.9 % de 2010). Le financement de la DIRD par des fonds étrangers a atteint 13.3 % (contre 5.4 % en 2008, au moment de la crise économique).

Partie 2. Composition structurelle de la DIRDE, 2011

En pourcentage dans la DIRDE totale ou de sous-parties de la DIRDE (%)

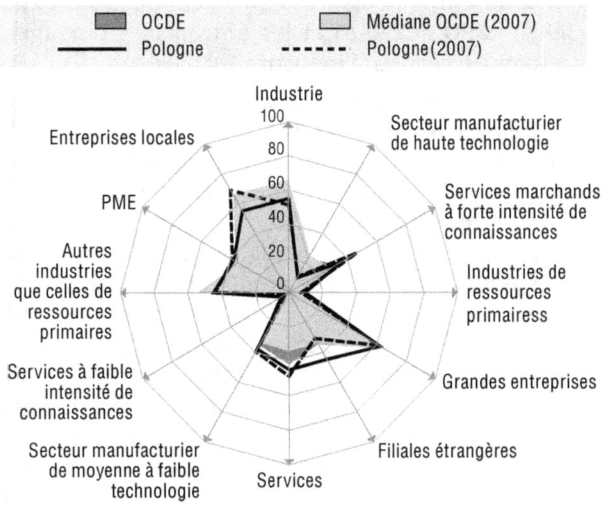

Partie 3. Avantage technologique révélé dans certains domaines, 2009-11

Indice basé sur les demandes de brevets PCT

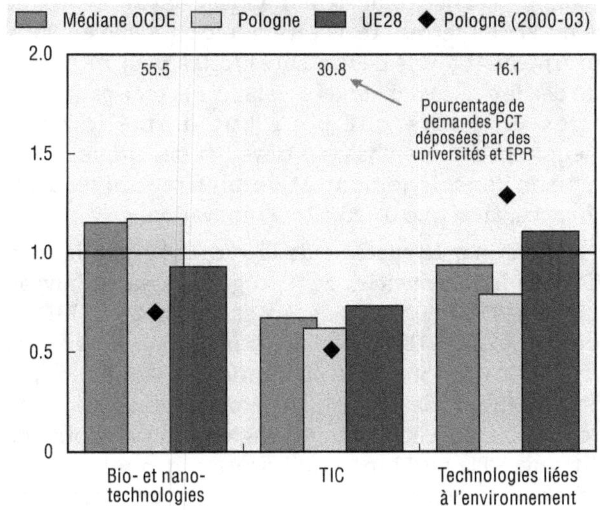

Partie 4. Allocation du soutien public à la R-D et l'innovation, par secteur, type et mode de financement, 2012

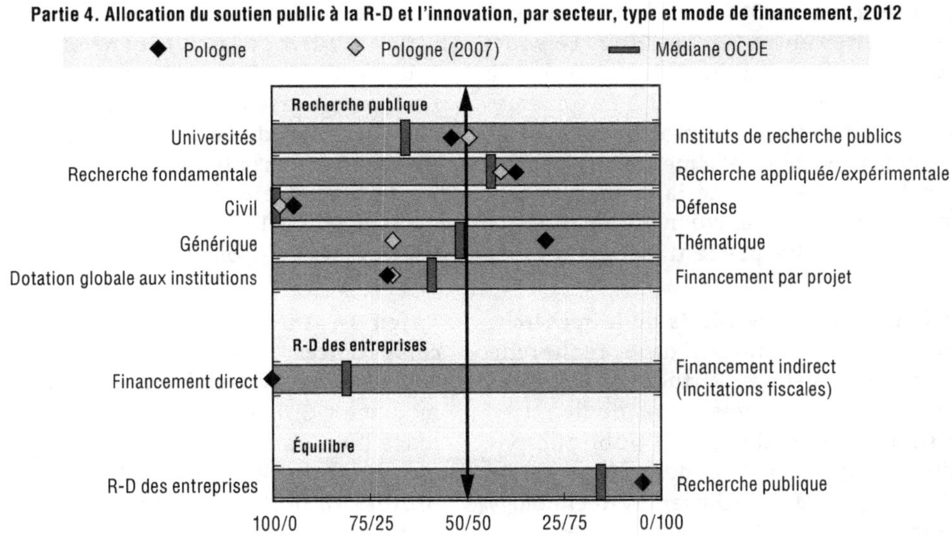

Note : Les informations sur les politiques sont tirées des réponses des pays au questionnaire préparatoire des éditions 2012 et 2014 des *Perspectives de la science, de la technologie et de l'industrie* de l'OCDE. Les réponses de la Pologne sont disponibles dans la base de données des *Perspectives*, édition 2014, accessible à l'adresse suivante : *http://qdd.oecd.org/Table.aspx?Query=498B27DF-83F5-40D3-9E4E-B6CA4EEC64D6.*

Source : Voir le guide du lecteur et l'annexe méthodologique.

StatLink http://dx.doi.org/10.1787/888933307148

PORTUGAL

L'économie portugaise a connu un fléchissement au lendemain de la crise financière mondiale, en 2011-13. Une hausse du PIB en termes réels est toutefois prévue en 2014. Le gouvernement a pris des mesures fortes pour rétablir la viabilité des finances publiques et relancer la croissance. Les réformes en cours ont pour but d'améliorer la réglementation des marchés (du travail et des produits), de moderniser l'enseignement et de mettre à niveau les compétences, ainsi que d'accroître l'innovation.

Enjeu 1 : Réformer le système de la recherche publique (y compris dans les universités). Le Portugal se situe au niveau de la médiane OCDE pour les dépenses publiques de R-D en pourcentage du PIB, mais au-dessus pour la part d'universités du Top 500 et de publications scientifiques par rapport au PIB (partie 1[a, b, c]). La réforme du système de recherche publique a été pendant longtemps une priorité de la politique STI. Le Plan stratégique national pour la recherche et l'innovation (NSPRI) 2007-13 mettait l'accent sur les projets d'innovation collaboratifs, les bourses et les contrats de recherche. Hormis en 2011, le budget public de la R-D n'a cessé d'augmenter entre 2003 et 2013. Le souci d'excellence et d'efficacité a aujourd'hui pris le pas sur la quête de croissance, et des initiatives visant à favoriser les évolutions de carrière (par exemple, le programme sur les chercheurs et ceux sur les doctorats) et à mettre en place des infrastructures de recherche ont été lancées. Les EPR universitaires feront l'objet d'une évaluation afin de recenser leurs capacités de recherche présentant un intérêt stratégique.

Enjeu 2 : Commercialisation des résultats de la recherche publique. L'exploitation des résultats de la recherche publique est un problème majeur au Portugal, la recherche scientifique n'ayant traditionnellement pas de lien avec l'innovation. Le financement de la R-D publique par l'industrie est l'un des plus faibles de la zone OCDE (partie 1[o]). En 2012, le réseau UTEN (University Technology Enterprise Network), créé en 2007, a contribué à la commercialisation des résultats de la recherche publique avec un budget de 2.7 millions USD (1.6 million EUR). L'agence nationale de financement des sciences et technologies (Fundação para a Ciência e a Tecnologia, FCT) favorise – par le biais de l'initiative Portuguese Technology Transfer de 2012 – le transfert de connaissances entre de grandes agences européennes (par exemple le CERN, l'ESO et l'ESA) et les entreprises portugaises, en mettant l'accent sur l'industrie spatiale.

Enjeu 3 : Encourager l'innovation d'entreprise, et soutenir l'entrepreneuriat et les PME. Les dépenses de R-D des entreprises et les indicateurs de l'innovation du Portugal se situent au-dessous de la médiane OCDE (partie 1[d, e, f, g]). Cela tient à la spécialisation du pays dans les industries à faible et moyenne-faible technologie, ainsi qu'à la part des investissements des grandes entreprises dans la R-D, qui est limitée par rapport à celle des autres pays européens. Le gouvernement a lancé trois grandes initiatives pour stimuler la R-D et l'innovation dans les entreprises. SI I&DT, qui est un mécanisme d'incitation à la R-D, a pour objet d'intensifier la DIRDE, d'améliorer la compétitivité des entreprises et d'encourager la coopération entre les acteurs de la science, de la technologie et de l'innovation. SI Inovação promeut le développement de nouveaux produits, services et processus dans les entreprises qui travaillent dans des secteurs stratégiques et sont tournées vers l'exportation. SI Qualificação PME a pour but de doper la compétitivité des PME par le truchement d'aides financières axées sur l'amélioration de la productivité, de la flexibilité et de la réactivité de ces entreprises sur le marché mondial. En 2013, les deux premières initiatives ont soutenu 847 projets avec un budget de 1 258 millions USD (755 millions EUR). La DIRDE n'est toutefois passée que de 0.6 à 0.7 % du PIB entre 2007 et 2012.

Enjeu 4 : Améliorer les ressources humaines et les compétences, et renforcer les capacités. Les dépenses consacrées à l'enseignement supérieur se situent sur la médiane OCDE, mais la part de diplômés du supérieur se place bien en dessous (partie 1[s, t]). Le gouvernement a entrepris de réorganiser l'éducation et la formation professionnelles ; il envisage également la création d'établissements de formation spécialisée afin de mieux faire coïncider l'offre de compétences et les besoins de l'industrie. Soucieuse d'améliorer l'offre de main-d'œuvre dotée de compétences pointues dans le domaine STI, la FCT a alloué une enveloppe moyenne de 251.7 millions USD (151 millions EUR) par an entre 2011 et 2013 pour financer

Chiffres clés, 2013

Productivité économique et environnementale	PRT	OCDE	Dépenses intérieures brutes de R-D	PRT	OCDE
Productivité du travail			**DIRD**		
PIB par heure ouvrée en USD PPA, 2013	31.4	47.7	En million USD en PPA, 2012	4 081	1 107 398
(taux de croissance annuel, 2008-13)	(+1.2)	(+0.8)	En % du total OCDE, 2012	0.4	100
Productivité environnementale			**Intensité et croissance de la DIRD**		
PIB par émission unitaire de CO_2 en USD, 2011	4.8	3.0	En % du PIB, 2012	1.50	2.40
(taux de croissance annuel, 2007-11)	(+3.5)	(+1.8)	(taux de croissance annuel, 2007-12)	(+3.9)	(+2.0)
Demande verte			**DIRD à financement public**		
RNN par émission unitaire de CO_2 en USD, 2011	4.5	3.0	En % du PIB, 2011	0.73	0.77
(taux de croissance annuel, 2007-11)	(+2.7)	(+1.6)	(taux de croissance annuel, 2007-11)	(+7.9)	(+2.8)

Graphique 9.39. **La science et l'innovation au Portugal**

Partie 1. Performance comparée des systèmes nationaux de science et d'innovation, 2014

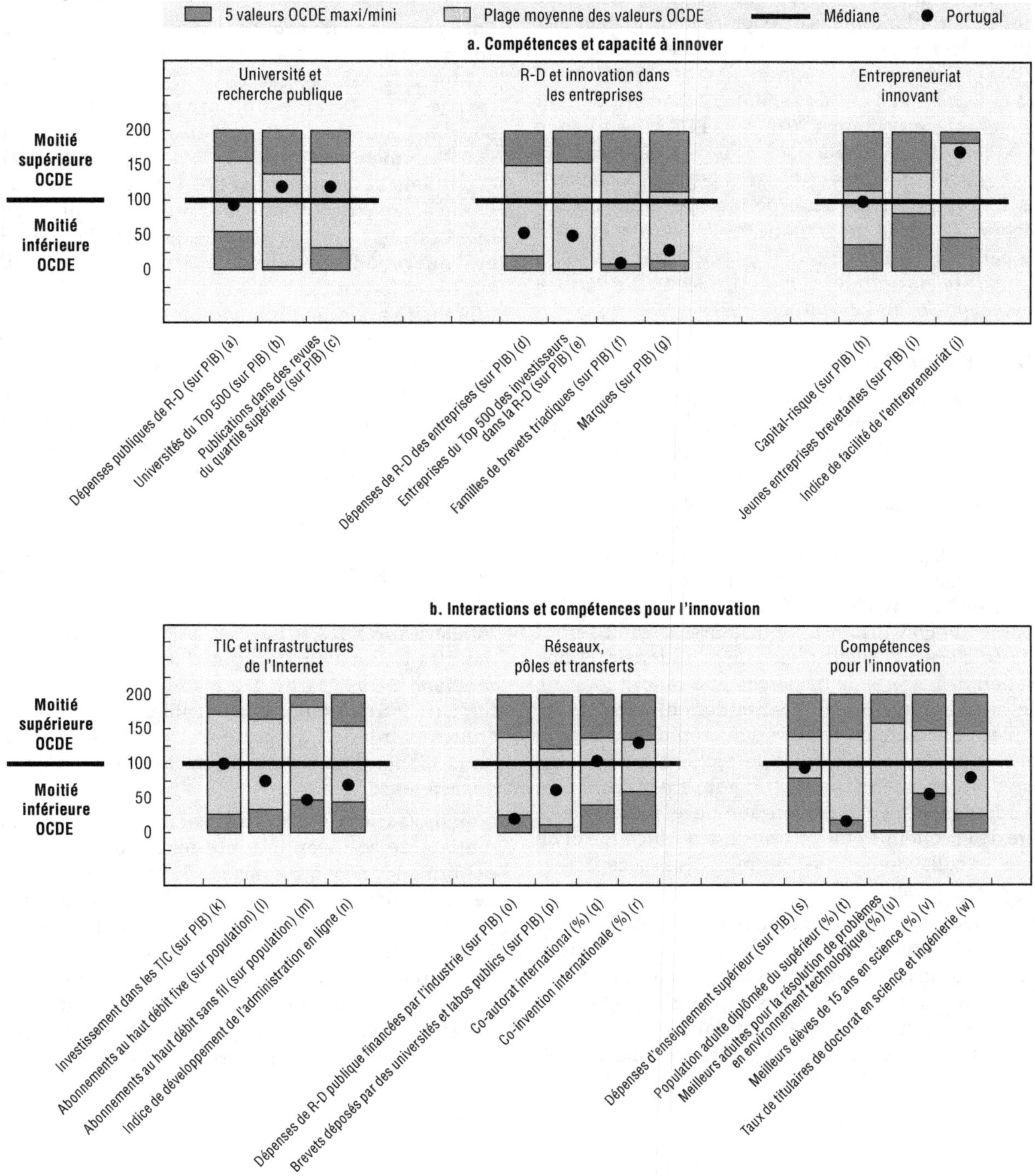

Note : Indice de performance normalisé par rapport aux valeurs médianes observées dans la zone de l'OCDE (médiane de l'indice = 100).

les études de doctorat et post-doctorat d'environ 11 000 boursiers par an en moyenne. La FCT remet actuellement à plat son système de soutien aux ressources humaines en accordant moins de bourses individuelles aux étudiants en doctorat pour privilégier un financement plus général des programmes de doctorat ainsi que l'intégration d'aides à la formation dans les dotations aux institutions et à la recherche. Le programme 2012 de la FCT subventionne le recrutement de chercheurs scientifiques de talent qui viendront travailler dans des centres portugais pendant cinq ans. En 2012, 159 chercheurs portugais et étrangers ont été sélectionnés par le programme, et 209 autres en 2013 dans le cadre d'un processus d'examen par les pairs d'ampleur internationale. L'objectif est de parvenir à 1 000 chercheurs à l'horizon 2016.

Le système STI du Portugal en bref

Gouvernance de la politique d'innovation : La coordination de la politique gouvernementale ne date officiellement que de 2011, avec la création de deux conseils consultatifs de haut niveau pour la recherche et l'innovation – le Conseil national pour la science et la technologie (CNCT) et le Conseil national pour l'entrepreneuriat et l'innovation (CNEI) –, présidés par le Premier ministre. Le gouvernement élabore actuellement un Plan stratégique national pour la recherche et l'innovation (NSPRI) pour 2014-20. Des mécanismes de gouvernance à plusieurs niveaux seront ainsi mis en place à l'échelle régionale et nationale, et une coordination des efforts de recherche et d'innovation sera mise en œuvre entre les différents domaines/secteurs stratégiques et acteurs de l'innovation, afin d'améliorer la transformation des résultats de la recherche en biens, services et processus innovants. Un groupe de travail créé en 2013 coordonnera l'élaboration du nouveau plan par le ministère de l'Économie et le ministère de l'Éducation et de la Science, en collaboration avec les ministères sectoriels et les agences régionales.

Nouveaux défis : La stratégie nationale pour la recherche et l'innovation (2014-20) porte sur les défis sociaux tels que le vieillissement de la population et le changement climatique. Le programme consacré aux projets exploratoires (2013-15) finance la recherche fondamentale dans les domaines émergents à l'aide d'un budget de 12.4 millions USD (8.5 millions EUR). La priorité est donnée à la pluridisciplinarité, à la coparticipation de l'industrie, au cofinancement et à la contribution de jeunes chercheurs.

Entrepreneuriat innovant : L'environnement industriel et commercial du Portugal est très propice à l'entrepreneuriat, même si le capital-risque se situe à la médiane OCDE (partie 1[j, h]). Diverses initiatives ont été lancées pour soutenir l'innovation d'entreprise, l'entrepreneuriat et les PME. Le programme FINCRESCE a pour but d'améliorer les conditions de financement des entreprises présentant de bonnes capacités d'innovation et des profils de risque intéressants. L'Initiative stratégique pour l'entrepreneuriat et l'innovation, approuvée en 2011, porte principalement sur le renforcement des connaissances et des capacités, l'intensification de l'innovation et de l'entrepreneuriat, ainsi que la promotion du financement de l'innovation. Le SIFIDE accorde des crédits d'impôt fixes et évolutifs sur les travaux de R-D et subventionne le recrutement de titulaires de doctorat dans les entreprises. En 2013, le gouvernement a lancé le programme INOVA, dont le but est de mettre en place un environnement propice à l'innovation et à la créativité dans les établissements d'enseignement primaire et secondaire. L'objectif est de développer chez les jeunes des capacités d'analyse ainsi que l'état d'esprit nécessaire pour trouver des débouchés commerciaux, prendre des risques et faire face à la concurrence.

Infrastructures TIC et Internet : Alors que l'investissement dans les TIC en pourcentage du PIB se situe au Portugal à la médiane OCDE (partie 1[k]), les niveaux d'utilisation des infrastructures TIC par les particuliers et le secteur public y sont très inférieurs (partie 1[l, m]). L'initiative Early Bird (2013-15) donne la priorité à la recherche dans les TIC et les applications.

Mondialisation : Le Portugal arrive en bonne place en matière de co-invention internationale, mais est moins performant en ce qui concerne le co-autorat international de publications scientifiques et technologiques (partie 1[r, q]). Des mesures sont en préparation pour réduire les obstacles à la coopération internationale tels que la faible participation des PME et des grandes entreprises aux initiatives européennes et l'absence de coordination entre les acteurs nationaux lorsqu'il s'agit d'agir conjointement aux niveaux européen et international.

Partie 2. Composition structurelle de la DIRDE, 2011

En pourcentage dans la DIRDE totale ou de sous-parties de la DIRDE (%)

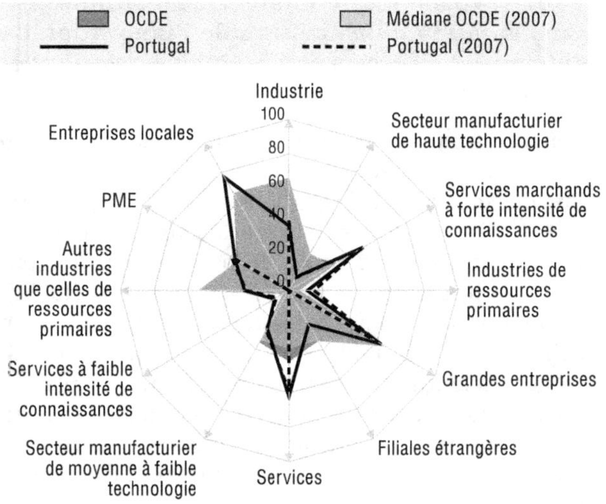

Partie 3. Avantage technologique révélé dans certains domaines, 2009-11

Indice basé sur les demandes de brevets PCT

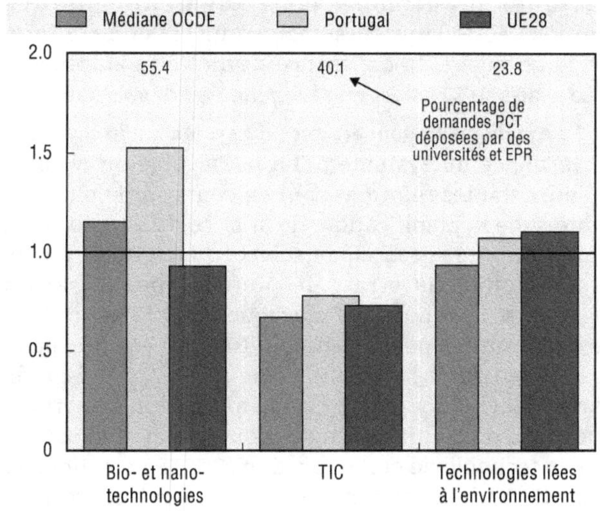

Partie 4. Allocation du soutien public à la R-D et l'innovation, par secteur, type et mode de financement, 2012

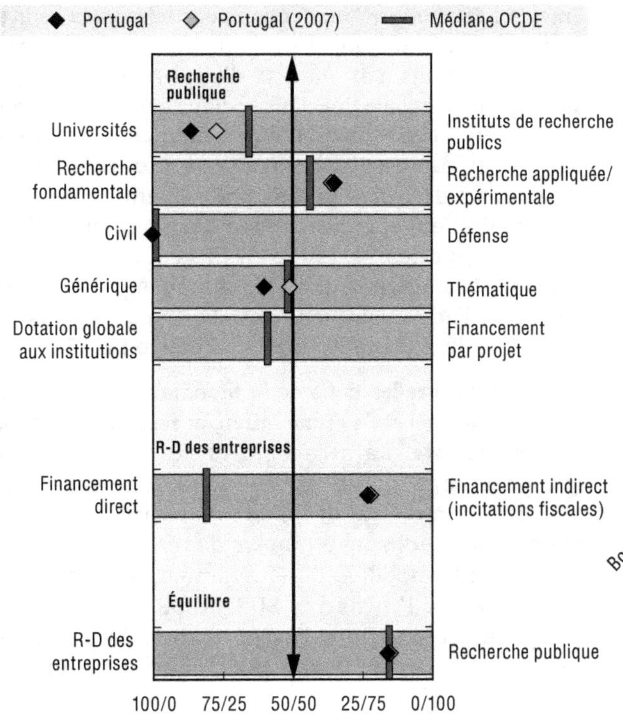

Partie 5. Principaux instrument de financement public de la R-D des entreprises, 2014

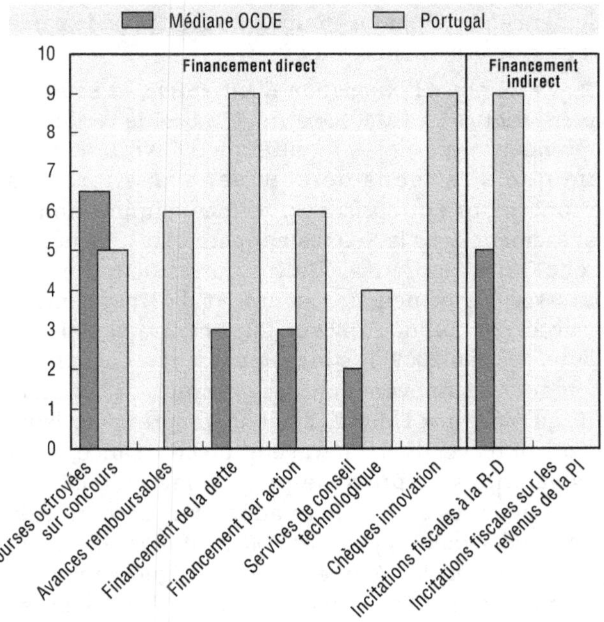

Note : Les informations sur les politiques sont tirées des réponses des pays au questionnaire préparatoire des éditions 2012 et 2014 des *Perspectives de la science, de la technologie et de l'industrie* de l'OCDE. Les réponses du Portugal sont disponibles dans la base de données des *Perspectives*, édition 2014, accessible à l'adresse suivante : *http://qdd.oecd.org/Table.aspx?Query=35B595A5-DB39-4CF0-AF50-479023EF49F9*.

Source : Voir le guide du lecteur et l'annexe méthodologique.

StatLink http://dx.doi.org/10.1787/888933307150

RÉPUBLIQUE SLOVAQUE

La République slovaque est l'une des économies les plus dynamiques d'Europe. Avec l'augmentation des exportations et de l'investissement sous l'effet de la forte demande étrangère, la croissance devrait être au rendez-vous. Le système STI s'est en revanche peu développé.

Enjeu 1 : Améliorer la gouvernance du système d'innovation. La gouvernance du système STI a peu évolué en dix ans, mais d'importantes réformes sont en cours sur le plan des procédures, de la planification, de la prise de décisions, de l'organisation, de la gestion, du suivi et du contrôle, afin de mettre en œuvre la stratégie pour la spécialisation intelligente de la République slovaque (RIS3 SK), qui a été adoptée récemment pour la période 2014-20. Les principaux changements sont les suivants : amendements législatifs, en particulier concernant l'administration centrale ; modifications du statut du Conseil gouvernemental pour la science, la technologie et l'innovation (GCSTI) ; création, au sein du GCSTI, d'une commission permanente chargée de la RIS3 SK ; enfin, création d'organismes supplémentaires affectés à la recherche et à la technologie. Un premier plan d'action pour la mise en œuvre de la RIS3 SK est actuellement élaboré par un groupe de travail présidé par le cabinet du gouvernement slovaque.

Enjeu 2 : Encourager l'innovation d'entreprise, et soutenir l'entrepreneuriat et les PME. Bien que l'Indice de facilité de l'entrepreneuriat (partie 1[j]) montre que l'environnement économique s'est considérablement amélioré, les performances des entreprises en termes d'innovation et d'investissement dans la R-D restent parmi les plus faibles de la zone OCDE (partie 1[d, f, g]). Les bourses octroyées sur concours sont le principal instrument de financement public, avec 179 millions USD en 2012 contre seulement 13 millions USD en 2009. Les mesures visant à encourager l'entrepreneuriat innovant sont les suivantes : l'initiative JEREMIE, qui offre aux PME des capitaux propres pour leurs phases d'amorçage, de démarrage et de croissance, ainsi que des garanties de prêts ; le programme BISMES, qui fournit des analyses et des informations sur les sources de financement disponibles pour les PME ; enfin, les concours Innovative Deed of the Year et Young Designer organisés par le ministère de l'Économie, qui visent à motiver les jeunes créateurs. Le Programme opérationnel pour la recherche et le développement a par ailleurs alloué quelque 1 351 millions USD (689 millions EUR) sur la période 2007-13 pour favoriser le transfert de connaissances et l'instauration d'une culture de l'innovation dans les entreprises. Un programme de capital-risque est en place depuis 2006.

Enjeu 3 : Renforcer les liens entre la science et l'industrie. Les liens entre la science et l'industrie sont peu développés : l'un des indicateurs de ces liens – à savoir le pourcentage de la R-D des universités et des EPR financé par le secteur privé – est situé au-dessous de la médiane OCDE (partie 1[o]). Un volet important de la RIS3 SK concerne l'établissement de liens entre les universités et le secteur des entreprises au sein de parcs de recherche universitaires. Un réseau de centres scientifiques nationaux sera mis en place dans le plus grand de ces parcs. L'accent sera mis sur la recherche de pointe dans les domaines suivants : biotechnologie, biomédecine, informatique, matériaux et énergie. Un Centre national de transfert de technologie servira par ailleurs de point de contact central pour les transferts de technologie.

Enjeu 4 : Encourager l'innovation pour relever les défis sociaux (y compris l'inclusion). L'éco-innovation fait partie de la stratégie nationale en matière d'innovation, ainsi que de la stratégie pour relever les défis sociaux et environnementaux. Le soutien à l'éco-innovation se manifeste principalement par des aides non remboursables – provenant des Fonds structurels de l'UE – gérées par l'Agence slovaque pour l'innovation et l'énergie. Le Plan d'action national pour les marchés publics verts (2011-15) a fixé le pourcentage d'achats écologiques dans les marchés publics à 65 % au niveau de l'administration centrale, et à 50 % au niveau des régions et des villes autonomes à l'horizon 2015.

Enjeu 5 : Relever les défis de la mondialisation de la science, de la technologie et de l'innovation, et renforcer la coopération internationale. La stratégie Phoenix adoptée par le gouvernement inclut un ensemble de mesures visant à accroître la mobilité des chercheurs ainsi qu'à attirer et retenir les chercheurs étrangers de renom. Les portails des centres de la mobilité, du Programme national d'octroi de bourses et de l'initiative EURAXESS de la Commission européenne permettent d'accéder à des réseaux mondiaux. Par ailleurs, l'Agence slovaque pour la recherche et le

Chiffres clés, 2013

Productivité économique et environnementale	SVK	OCDE	Dépenses intérieures brutes de R-D	SVK	OCDE
Productivité du travail			**DIRD**		
PIB par heure ouvrée en USD PPA, 2013	36.6	47.7	En million USD en PPA, 2012	1 150	1 107 398
(taux de croissance annuel, 2008-13)	(+1.8)	(+0.8)	En % du total OCDE, 2012	0.1	100
Productivité environnementale			**Intensité et croissance de la DIRD**		
PIB par émission unitaire de CO_2 en USD, 2011	3.3	3.0	En % du PIB, 2012	0.82	2.40
(taux de croissance annuel, 2007-11)	(+5.9)	(+1.8)	(taux de croissance annuel, 2007-12)	(+14.5)	(+2.0)
Demande verte			**DIRD à financement public**		
RNN par émission unitaire de CO_2 en USD, 2011	3.1	3.0	En % du PIB, 2011	0.36	0.77
(taux de croissance annuel, 2007-11)	(+5.8)	(+1.6)	(taux de croissance annuel, 2007-11)	(+9.5)	(+2.8)

Graphique 9.40. **La science et l'innovation en République slovaque**

Partie 1. Performance comparée des systèmes nationaux de science et d'innovation, 2014

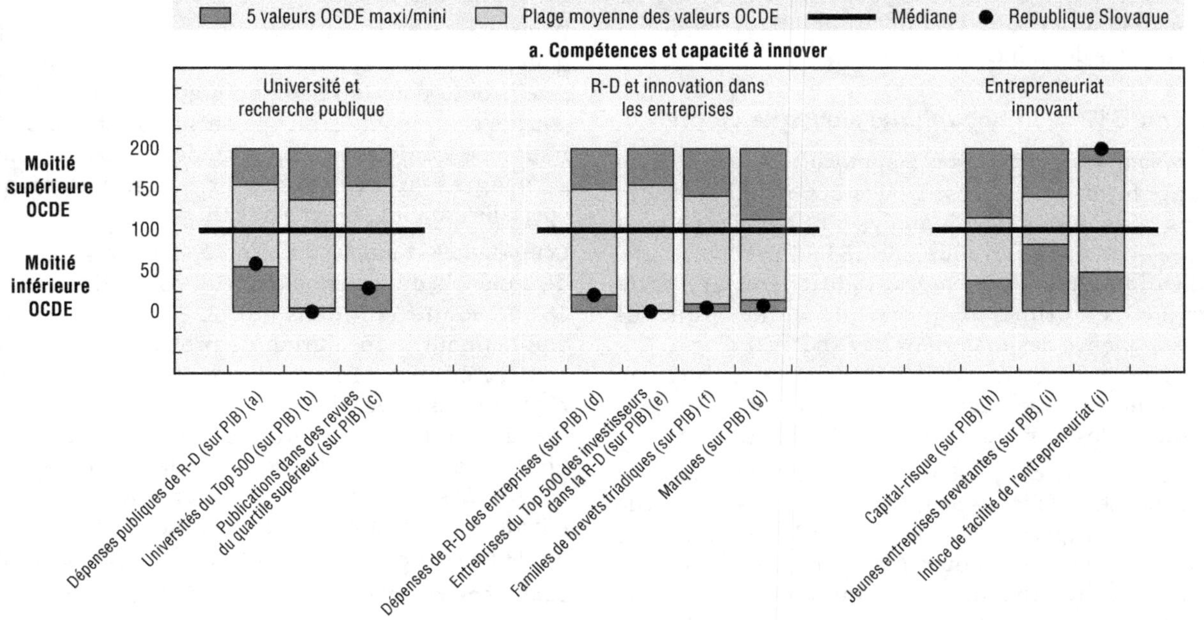

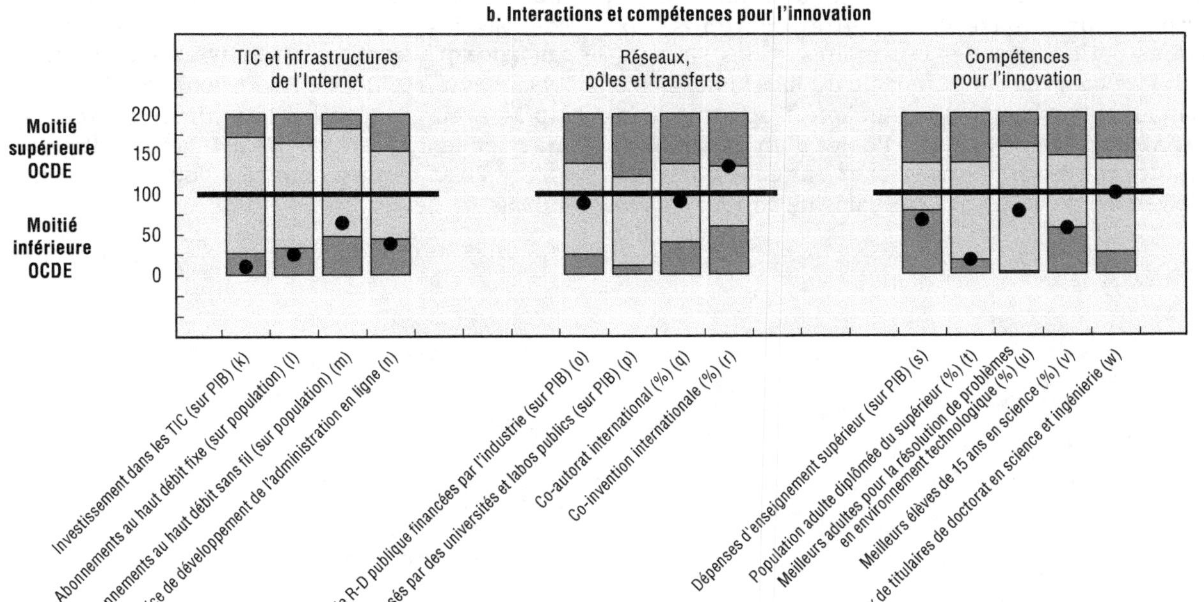

Note : Indice de performance normalisé par rapport aux valeurs médianes observées dans la zone de l'OCDE (médiane de l'indice = 100).

développement (SDRA) soutient divers projets de coopération internationale. Conformément aux réglementations européennes, le gouvernement utilise les incitations à l'investissement pour attirer l'IDE et les EMN, y compris dans le domaine de la R-D.

Le système STI de la République slovaque en bref

Nouvelles sources de croissance : S'appuyant sur une analyse des points forts, des faiblesses, des opportunités et des menaces, ainsi que sur une analyse du développement futur de l'économie slovaque, la RIS3 SK préconise une spécialisation dans les secteurs traditionnels et à forte croissance. Les priorités en matière de R-D sont les suivantes : science des matériaux et nanotechnologie, TIC, biomédecine et biotechnologie. Les priorités en matière technologique sont les technologies manufacturières, les énergies durables, l'environnement et l'agriculture.

Universités et recherche publique : Représentant 0.48 % du PIB, les dépenses publiques de R-D se situent au-dessous de la médiane OCDE (partie 1[a]), de même que les contributions à des publications scientifiques (partie 1[c]). Les chercheurs slovaques sont relativement bien intégrés aux réseaux internationaux (partie 1[q]). Les réformes de la recherche publique et de l'enseignement supérieur vont se poursuivre. La dotation à long terme aux institutions s'effectuera sur la base des résultats obtenus aux évaluations périodiques des universités et des EPR, qui devraient être conçues sur le modèle du RAE (ou exercice d'évaluation de la recherche) britannique. S'agissant de la dotation à court terme (qui fait l'objet d'un ajustement annuel), de nouvelles règles seront énoncées dans la nouvelle version de la loi sur le mécanisme de soutien à la R-D publique, qui sera établie en 2014. Une feuille de route est en préparation pour promouvoir la recherche de haut niveau dans des centres d'excellence.

Pôles d'activité et spécialisation intelligente : En 2012, le gouvernement a approuvé une stratégie de spécialisation intelligente pour la région de Bratislava. La RIS3 SK a été conçue comme une stratégie de spécialisation intelligente nationale, conformément au guide de mise en œuvre des stratégies de recherche et d'innovation pour la spécialisation intelligente de l'UE.

Compétences et innovation : En République slovaque, la part de diplômés du supérieur dans la population adulte est de 18.6 %, contre 27 % dans l'UE28, et les performances des adultes pour la résolution de problèmes technologiques sont inférieures à la médiane OCDE (partie 1[t, u]). Les résultats des élèves de 15 ans en science le sont également (partie 1[v]). L'une des grandes priorités de la stratégie Phoenix est de populariser les sciences et technologies auprès des jeunes ; la RIS3 SK prévoit de son côté des mesures visant à encourager la mobilité des ressources humaines dans le domaine de la science et de l'innovation.

Évolutions récentes des dépenses STI : En dépit de la crise économique, la DIRD est passée de 0.46 % du PIB en 2007 à 0.82 % en 2012, soit une hausse annuelle de 14.5 % en moyenne entre 2007 et 2012. Les dépenses publiques de R-D sont passées de 0.16 à 0.20 % du PIB entre 2008 et 2012, une tendance qui devrait se poursuivre dans les années à venir. Ayant chuté à 0.18 % du PIB en 2007, la DIRDE est remontée à 0.34 % en 2012. Si les taux de croissance actuels se maintiennent, il est possible que la DIRD atteigne 1.2 % du PIB en 2020, conformément à l'objectif spécifié dans la RIS3 SK.

Partie 2. Composition structurelle de la DIRDE, 2011

En pourcentage dans la DIRDE totale ou de sous-parties de la DIRDE (%)

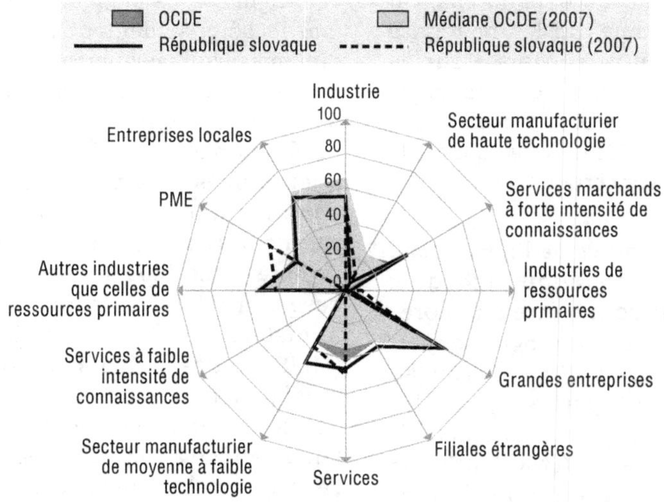

Partie 3. Allocation du soutien public à la R-D et l'innovation, par secteur, type et mode de financement, 2012

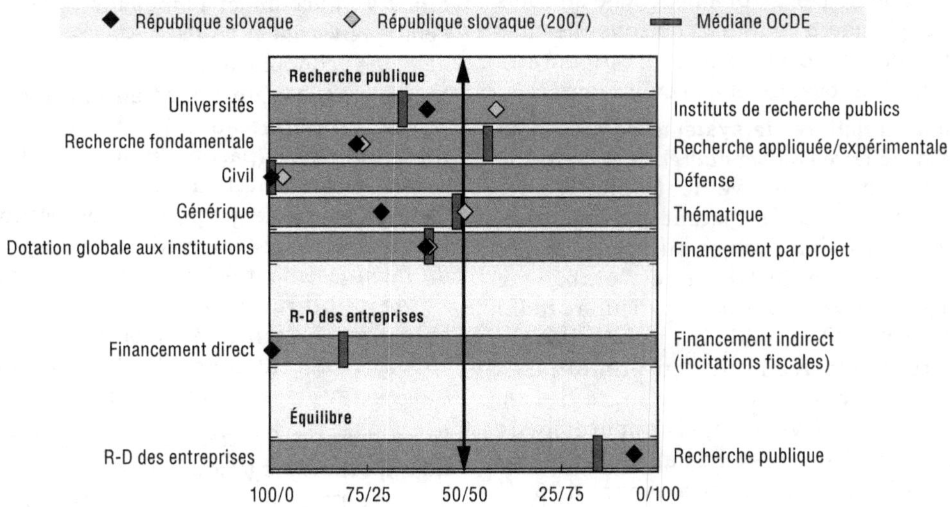

Note : Les informations sur les politiques sont tirées des réponses des pays au questionnaire préparatoire des éditions 2012 et 2014 des *Perspectives de la science, de la technologie et de l'industrie* de l'OCDE. Les réponses de la République slovaque sont disponibles dans la base de données des *Perspectives*, édition 2014, accessible à l'adresse suivante : *http://qdd.oecd.org/Table.aspx?Query=6E4E6EC1-49FD-4034-A4FB-4137368297A8*.

Source : Voir le guide du lecteur et l'annexe méthodologique.

StatLink http://dx.doi.org/10.1787/888933307177

RÉPUBLIQUE TCHÈQUE

La République tchèque est une économie européenne ouverte. L'industrie y représente plus du tiers du PIB, soit considérablement plus que la moyenne OCDE. Une reprise tirée par les exportations et stimulée par le secteur de l'automobile s'est enclenchée au début de 2013, après six trimestres de contraction de l'activité. La croissance économique devrait s'accélérer en 2014. Le système STI s'aligne avec les normes de l'OCDE sur certains points, mais il reste à la traîne dans l'ensemble.

Enjeu 1 : Améliorer les conditions-cadres de l'innovation, notamment la compétitivité. En République tchèque, l'environnement des affaires a besoin d'être amélioré : l'indice de facilité de l'entrepreneuriat a progressé mais reste inférieur à la médiane OCDE (partie 1[j]), et le capital-risque pour l'innovation fait défaut (partie 1[h]). Un des objectifs de la révision 2013 de la politique nationale de recherche-développement et d'innovation (PNRDI) (2009-15 avec une prévision à 2020) est de créer de meilleures conditions-cadres pour l'innovation. La stratégie de compétitivité internationale (2012-20) a débouché sur plus de 40 mesures et sur plusieurs centaines de sous-mesures visant à créer des conditions-cadres propices aux entreprises créatives, à l'innovation et à la croissance.

Enjeu 2 : Réformer et améliorer le système de recherche publique (y compris la recherche universitaire). Le système de recherche publique s'est progressivement amélioré ces dernières années, mais des défis restent à relever. Les dépenses publiques de R-D rapportées au PIB sont bien supérieures à la médiane OCDE et le nombre de publications dans les revues du quartile supérieur a atteint la médiane OCDE (partie 1[a, c]), mais les universités de premier ordre restent relativement peu nombreuses (partie 1[b]). Suite à l'évaluation et à la révision susmentionnées, la PNRDI vise aussi à accroître la rentabilité et la réactivité de la recherche publique, et elle a réduit le financement institutionnel, le ramenant de 56 % des CBPRD en 2009 à 50 % en 2013. Par ailleurs, un nouveau système d'évaluation annuelle de la performance doit être utilisé pour l'allocation des fonds aux établissements publics de recherche et aux universités.

Enjeu 3 : Améliorer les ressources humaines, les compétences et la création de capacités. Les indicateurs des compétences pour l'innovation sont mitigés : la dépense consacrée à l'enseignement supérieur est inférieure à la médiane OCDE (partie 1[s]) et seulement 17 % de la population adulte est diplômée de l'enseignement supérieur, contre 27 % pour l'UE28 (partie 1[t]). Cependant, l'aptitude à résoudre des problèmes techniques chez la population adulte, la performance des élèves de 15 ans dans les matières scientifiques et la proportion de diplômés d'un doctorat dans les domaines scientifiques et techniques sont supérieures ou équivalentes à la médiane OCDE (partie 1[u, v, w]). Le livre blanc 2009 sur l'enseignement supérieur sert de base à la réforme. Coordonnée et mise en œuvre par le ministère de l'Éducation, de la Jeunesse et des Sports (MEJS), celle-ci vise à renforcer l'aide financière aux étudiants, à normaliser les programmes de doctorat et à développer la recherche universitaire. Deux programmes lancés en 2012, ERC CZ et NAVRAT (2012-19), soutiennent l'excellence de la recherche et la mobilité des chercheurs avec un budget de 80.6 millions USD (1 065 millions CZK).

Enjeu 4 : Encourager l'innovation d'entreprise, et soutenir l'entrepreneuriat et les PME. Malgré ses efforts pour évoluer vers une économie à forte intensité de savoir, la République tchèque accuse un retard en matière d'innovation. Si la DIRDE, rapportée au PIB, est légèrement inférieure à la médiane OCDE (partie 1[d]), les résultats de l'innovation restent nettement inférieurs à la médiane (partie 1[e, f, g]). La PNRDI et la Stratégie pour la compétitivité internationale visent à stimuler l'innovation d'entreprise. Malgré l'impact du ralentissement économique sur le financement public, l'aide publique à la R-D et à l'innovation dans les entreprises a augmenté en termes relatifs et absolus depuis 2009 et représentait en 2012 58 % des dépenses publiques totales consacrées à la R-D et à l'innovation.

Le programme Centres de compétences, lancé en 2011, est un important programme visant à renforcer la collaboration à long terme entre les organismes publics de R-D et les entreprises. Le programme GAMA (2014-19), avec un budget de 209 millions USD (2 770 millions CZK), promeut le transfert des résultats de la R-D publique grâce au financement de la phase de validation de concept. De même, le programme ALFA (2011-16) vise à stimuler l'innovation des entreprises grâce à une collaboration avec la recherche

Chiffres clés, 2013

Productivité économique et environnementale	CZE	OECD	Dépenses intérieures brutes de R-D	CZE	OECD
Productivité du travail			**DIRD**		
PIB par heure ouvrée en USD PPA, 2013	32.2	47.7	En million USD en PPA, 2012	5 443	1 107 398
(taux de croissance annuel, 2008-13)	(+0.2)	(+0.8)	En % du total OCDE, 2012	0.5	100
Productivité environnementale			**Intensité et croissance de la DIRD**		
PIB par émission unitaire de CO_2 en USD, 2011	2.2	3.0	En % du PIB, 2012	1.88	2.40
(taux de croissance annuel, 2007-11)	(+2.9)	(+1.8)	(taux de croissance annuel, 2007-12)	(+7.0)	(+2.0)
Demande verte			**DIRD à financement public**		
RNN par émission unitaire de CO_2 en USD, 2011	1.8	3.0	En % du PIB, 2011	0.71	0.77
(taux de croissance annuel, 2007-11)	(+2.2)	(+1.6)	(taux de croissance annuel, 2007-11)	(+3.0)	(+2.8)

Graphique 9.41. **La science et l'innovation en République tchèque**

Partie 1. Performance comparée des systèmes nationaux de science et d'innovation, 2014

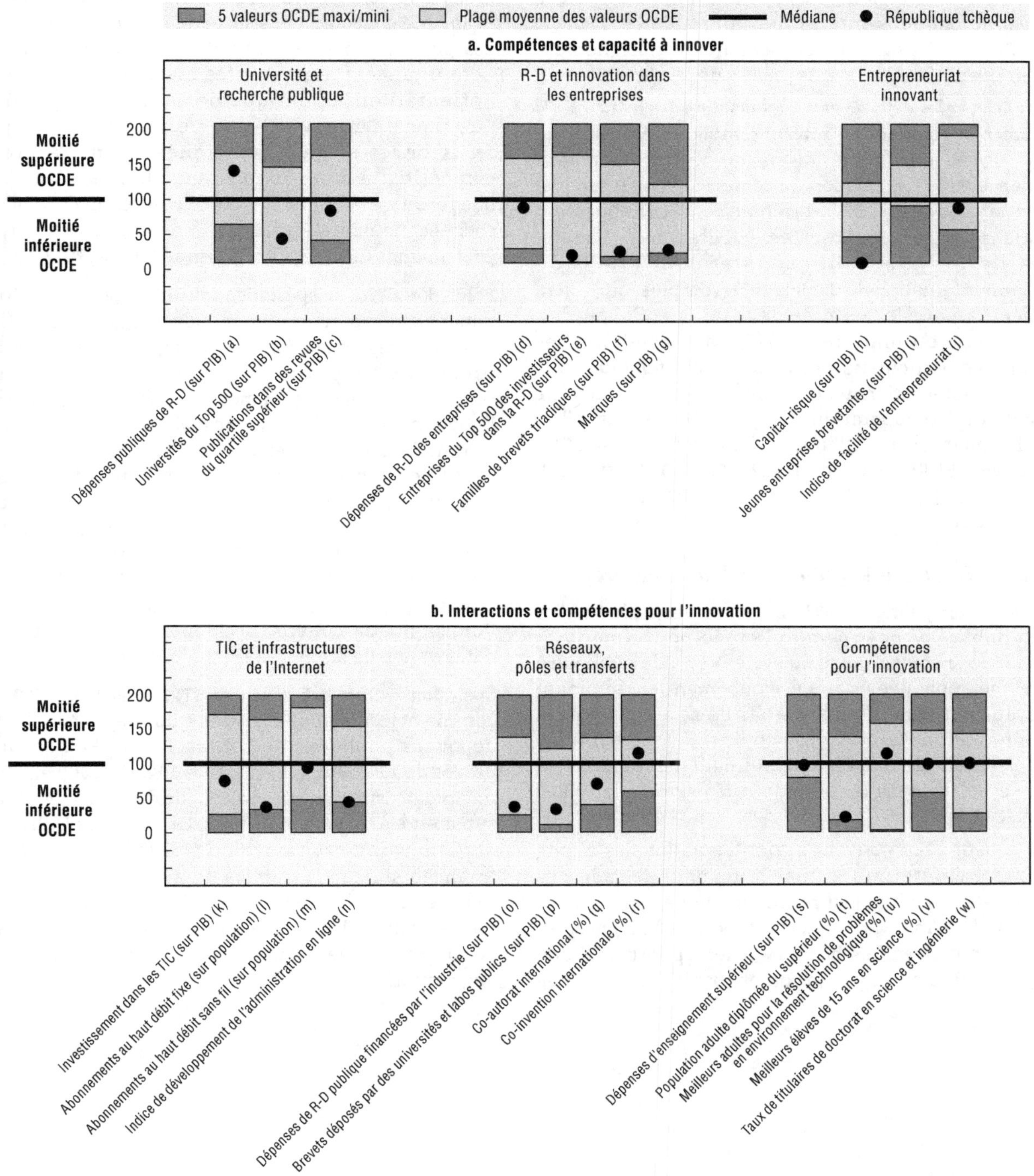

Note : Indice de performance normalisé par rapport aux valeurs médianes observées dans la zone de l'OCDE (médiane de l'indice = 100).

scientifique sur les technologies avancées et vertes, avec un budget total de 556.8 millions USD (7.5 milliards CZK). Par ailleurs, 10 des 14 régions du pays ont mis en place des systèmes de chèques-innovation pour aider les PME à acheter des services aux établissements d'enseignement supérieur et aux établissements publics de recherche.

Enjeu 5 : Relever les défis de la mondialisation des activités STI et renforcer la coopération internationale. La République tchèque est liée à des degrés divers aux réseaux mondiaux de la science et de l'innovation. Le cobrevetage international dépasse la médiane OCDE, tandis que la collaboration internationale dans la rédaction des publications ne l'atteint pas (partie 1[q, r]). La politique interministérielle de coopération internationale dans la R-D (voir plus loin) fixera des objectifs pour le renforcement de la collaboration internationale en matière de STI, pour améliorer les conditions de participation des chercheurs tchèques aux programmes internationaux de recherche et pour accroître l'efficacité de la coopération dans la R-D. Les initiatives nationales pour favoriser l'internationalisation sont COST CZ (2011-17), EUREKA CZ (2011-17), EUPRO II (2011-17), KONTAKT II (2011-17), MOBILITY (2011-18), GESHER (2010-16) et INGO II (2011-17).

Le système STI de la République tchèque en bref

Gouvernance des politiques STI : L'Agence des technologies de la République tchèque a été créée pour améliorer l'efficacité de la gouvernance du système d'aide publique à la recherche appliquée et au développement en éliminant les chevauchements. Il n'existe pas de stratégie globale pour l'internationalisation des activités STI. La politique interministérielle de coopération internationale dans la R-D est mise en place dans le cadre de la révision de la PNRDI pour fin 2014.

Nouveaux défis : Les nouvelles priorités nationales à long terme ont été déterminées par le biais de l'Étude des priorités nationales pour la recherche, le développement expérimental et l'innovation. Cette étude vise à recenser les enjeux, les menaces, les besoins et les opportunités de l'avenir. Ces priorités, prises en compte par la PNRDI révisée (2009-15), sont les suivantes : aspects biologiques et environnementaux du développement durable, biologie moléculaire et biotechnologies, recherche sur les matériaux, ingénierie concourante, société de l'information, et sécurité. Les plans de mise en œuvre ont été approuvés en 2013. Conformément aux priorités établies par la PNRDI et à l'orientation thématique des autres programmes, le programme Omega vise à renforcer les activités de recherche en sciences sociales appliquées afin d'accroître la compétitivité de la République tchèque, d'améliorer la qualité de vie de ses citoyens et d'assurer un développement socio-économique équilibré. Un total de 23.2 millions USD (309 millions CZK) sera investi entre 2012 et 2017.

Pôles d'activité et spécialisation intelligente : La Stratégie nationale de spécialisation intelligente, qui s'articule sur 14 stratégies régionales (annexes), est élaborée et coordonnée par le MEJS. Les parcs scientifiques et technologiques, et les centres et les agences d'innovation régionaux jouent un rôle important dans l'infrastructure régionale d'innovation et dans la formulation, la mise en œuvre et l'évaluation des stratégies régionales. L'Union européenne et le gouvernement tchèque ont investi 7.7 millions USD (102 millions CZK) dans la création de ces parcs, par exemple le Centre de technologie et d'innovation de l'Université technique tchèque à Prague, le Centre d'innovation de Moravie du Sud à Brno, le parc scientifique et technologique de l'université Palacky et de l'université de Bohême occidentale à Plzeň, et le Centre d'innovation de l'Université technique d'Ostrava.

Évolution récente des dépenses STI : La PNRDI (2009-15) fixe comme objectifs pour 2020 une DIRD de 2.7 % du PIB et des dépenses publiques de R-D de 1 % du PIB. La DIRD est passée de 1.37 % du PIB en 2007 à 1.88 % du PIB en 2012, soit une progression moyenne annuelle de 7 % sur 2007-12, bien supérieure à la moyenne OCDE. La part de la DIRD financée par l'industrie est passée de 47.2 % à 36.4 %, et la DIRD financée sur fonds publics de 44.7 % à 36.8 %. La DIRD financée par l'étranger est passée de 7.3 % à 25.9 % sur la même période, les financements de l'UE et des entreprises étrangères (partie 2) étant les principales sources de cette augmentation.

Partie 2. Composition structurelle de la DIRDE, 2011

En pourcentage dans la DIRDE totale ou de sous-parties de la DIRDE (%)

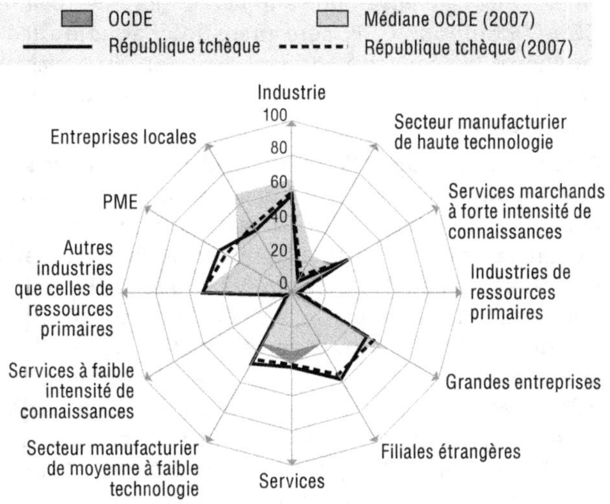

Partie 3. Avantage technologique révélé dans certains domaines, 2009-11

Indice basé sur les demandes de brevets PCT

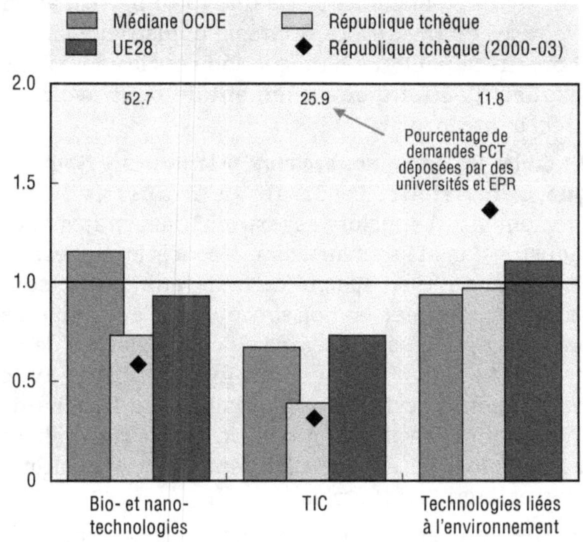

Partie 4. Allocation du soutien public à la R-D et l'innovation, par secteur, type et mode de financement, 2012

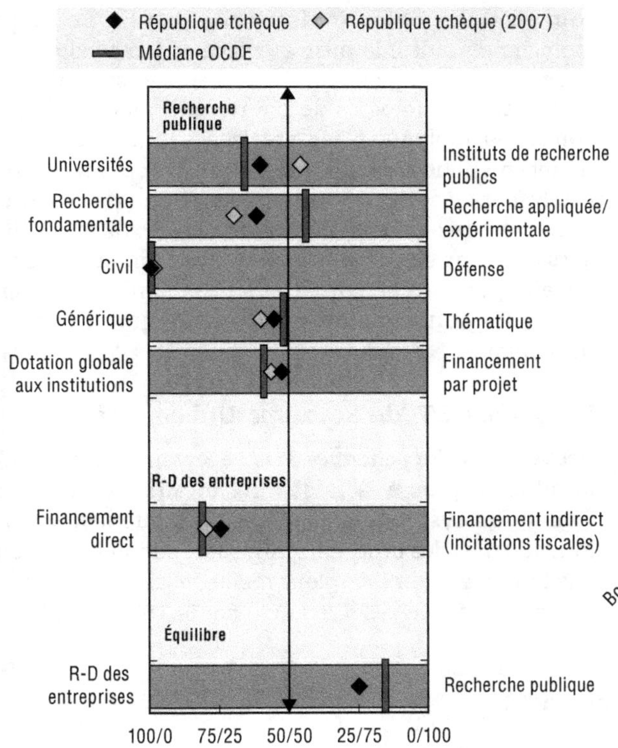

Partie 5. Principaux instrument de financement public de la R-D des entreprises, 2014

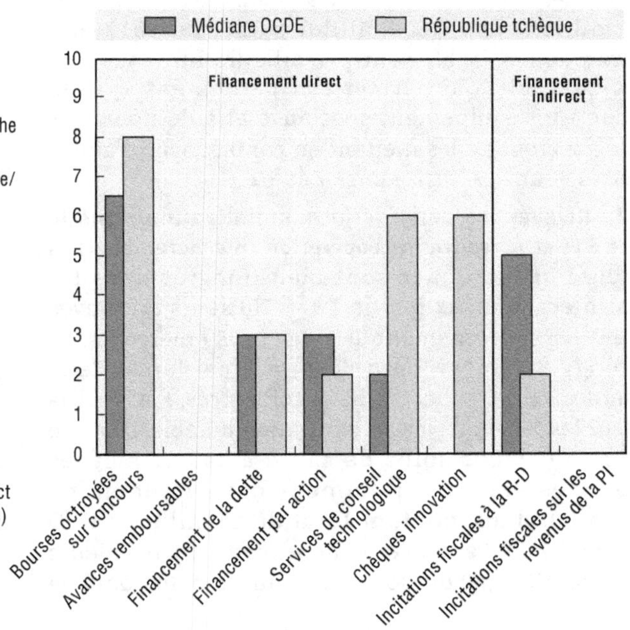

Note : Les informations sur les politiques sont tirées des réponses des pays au questionnaire préparatoire des éditions 2012 et 2014 des *Perspectives de la science, de la technologie et de l'industrie* de l'OCDE. Les réponses de la République tchèque sont disponibles dans la base de données des *Perspectives*, édition 2014, accessible à l'adresse suivante : *http://qdd.oecd.org/Table.aspx?Query=6B36463F-C683-4F05-ADB6-8628A93E050A*.

Source : Voir le guide du lecteur et l'annexe méthodologique.

StatLink http://dx.doi.org/10.1787/888933306906

ROYAUME-UNI

L'économie britannique est très ouverte, et son système STI jouit d'un solide financement et d'une forte participation des entreprises étrangères. La Stratégie industrielle lancée en 2012 oriente la politique d'innovation vers les domaines dans lesquels l'action gouvernementale peut avoir un impact réel et précoce.

Enjeu 1 : Cibler les domaines/secteurs prioritaires – Nouvelle politique industrielle. La Stratégie industrielle du gouvernement vise à conclure des partenariats stratégiques avec l'industrie dans 11 secteurs, dans lesquels le pays est un leader mondial ou a la capacité de le devenir, et qui sont susceptibles de stimuler la croissance dans l'ensemble de l'économie. Les principaux exemples de partenariats de ce type sont l'Aerospace Technology Institute (avec financement conjoint de 2.8 milliards USD ou 2 milliards GBP), l'Automotive Advanced Propulsion Centre (1.5 milliard USD ou 1 milliard GBP), ainsi que les Centres for Agricultural Innovation et l'Agri-Tech Catalyst.

Le gouvernement devrait également investir dans huit plateformes transversales consacrées aux nouvelles technologies, pour lesquelles le Royaume-Uni possède de vastes compétences en matière de recherche ainsi que la capacité de les exploiter commercialement, avec un budget de 879 millions USD (600 millions GBP) en 2012. Les pouvoirs publics établissent par ailleurs un réseau de centres Catapult, qui permet aux petites entreprises d'accéder à un équipement spécialisé et à de nouvelles technologies, tout en les mettant en contact avec d'autres entreprises et une expertise universitaire.

Enjeu 2 : Relever les défis de la mondialisation dans le domaine STI et accroître la coopération internationale. Les chercheurs britanniques sont bien intégrés dans les réseaux internationaux (partie 1[q, r]). Plusieurs initiatives favorisent le rapprochement avec les pays émergents. Le Technology Strategy Board (TSB) a ainsi lancé deux programmes de R-D collaboratifs et cofinancés, l'un avec la Chine (sur les technologies de fabrication durables), l'autre avec l'Inde (sur les soins de santé à bas prix et les technologies vertes, notamment dans le domaine énergétique), d'un montant total de 15 millions USD (10 millions GBP). Le gouvernement investit par ailleurs 115 millions USD (80 millions GBP) sur cinq ans dans le Global Collaborative Space Programme avec les pays émergents. Une enveloppe supplémentaire de 108 millions USD (75 millions GBP) sera investie chaque année pour améliorer les capacités de recherche et d'innovation des pays émergents et établir des partenariats de recherche avec le Royaume-Uni.

Enjeu 3 : Encourager l'innovation d'entreprise, et soutenir l'entrepreneuriat et les PME. Plusieurs mesures ont été prises pour accroître l'innovation dans les entreprises et aider les PME, notamment via les programmes du TSB. L'initiative sur la recherche dans les petites entreprises (SBRI), qui vise à orienter l'innovation par le biais des marchés publics, a été étendue en 2013. Cette extension inclura l'ajout d'objectifs spécifiques pour les ministères clés, le but étant que la valeur des marchés publics passés dans le cadre de la SBRI passe de 57 millions USD (40 millions GBP) en 2012-13 à plus de 290 millions USD (200 millions GBP) en 2014-15. Le programme Innovation Vouchers, lancé en 2012, doit permettre aux startups, micro-entreprises et PME britanniques de bénéficier de conseils et d'expertise – pour une valeur maximale de 7 000 USD (5 000 GBP) – de la part des universités, organismes de recherche ou autres fournisseurs de connaissances privés. Le dispositif Launchpads aide à la mise en place et à la consolidation de pôles d'activité regroupant des entreprises spécialisées dans certaines technologies de pointe et implantées dans des zones géographiques bien précises. Launchpads fournit un financement de base aux projets de R-D approuvés, et sert de catalyseur en aidant les entreprises porteuses de ces projets à attirer des investissements. Le Royaume-Uni met actuellement en place une nouvelle banque nationale de développement, la British Business Bank, qui proposera plusieurs solutions de crédit et de garantie aux PME britanniques.

Le système STI du Royaume-Uni en bref

Gouvernance des politiques STI : Le Royaume-Uni s'intéresse de plus en plus à la faisabilité et aux avantages d'une évaluation systémique, car il estime que les évaluations individuelles des différents moyens d'action ne renseignent pas forcément sur l'ampleur réelle de leur impact dans des contextes complexes. L'examen par le TSB de la plateforme

Chiffres clés, 2013

Productivité économique et environnementale	GBR	OCDE	Dépenses intérieures brutes de R-D	GBR	OCDE
Productivité du travail			**DIRD**		
PIB par heure ouvrée en USD PPA, 2013	46.6	47.7	En million USD en PPA, 2012	39 110	1 107 398
(taux de croissance annuel, 2008-13)	(-0.7)	(+0.8)	En % du total OCDE, 2012	3.5	100
Productivité environnementale			**Intensité et croissance de la DIRD**		
PIB par émission unitaire de CO_2 en USD, 2011	4.8	3.0	En % du PIB, 2012	1.73	2.40
(taux de croissance annuel, 2007-11)	(+4.4)	(+1.8)	(taux de croissance annuel, 2007-12)	(-0.8)	(+2.0)
Demande verte			**DIRD à financement public**		
RNN par émission unitaire de CO_2 en USD, 2011	4.4	3.0	En % du PIB, 2011	0.52	0.77
(taux de croissance annuel, 2007-11)	(+3.9)	(+1.6)	(taux de croissance annuel, 2007-11)	(-2.3)	(+2.8)

Graphique 9.42. **La science et l'innovation au Royaume-Uni**

Partie 1. Performance comparée des systèmes nationaux de science et d'innovation, 2014

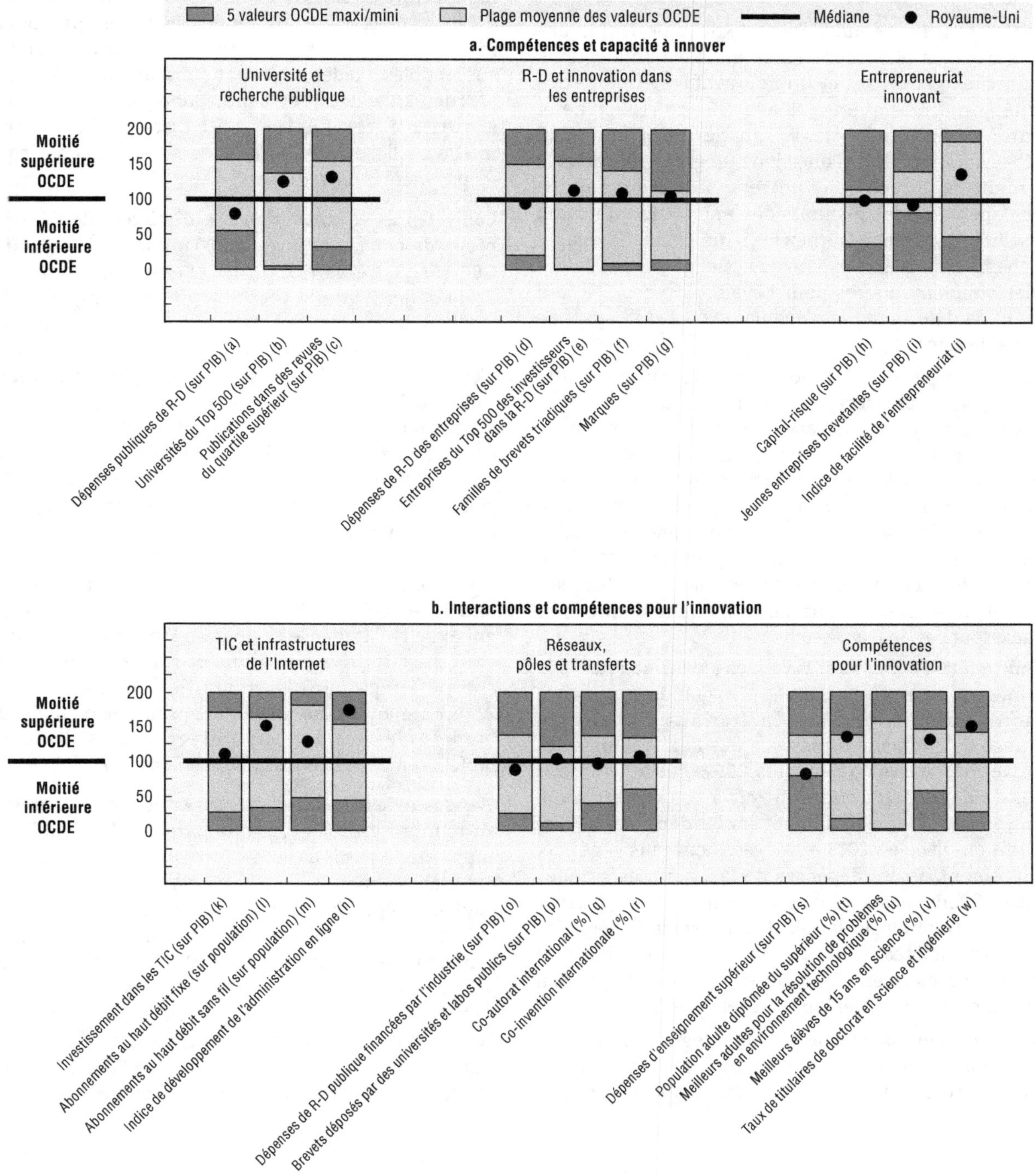

Note : Indice de performance normalisé par rapport aux valeurs médianes observées dans la zone de l'OCDE (médiane de l'indice = 100).

d'innovation sur les véhicules sobres en carbone est un premier exemple de cette approche systémique de l'évaluation.

Universités et recherche publique : Le Royaume-Uni figure parmi les pays les plus représentés dans les publications internationales (partie 1[c]), et un pourcentage élevé de ses universités – qui pratiquent des activités de recherche et déposent des brevets – se classe dans le Top 500 mondial (partie 1[b]). La notion d'excellence joue un grand rôle dans le financement de la recherche universitaire, les dotations globales dépendant des résultats de l'application du cadre REF (Research Excellence Framework), qui évalue la qualité de la recherche. En 2013, les pouvoirs publics ont publié des consignes supplémentaires pour l'évaluation des EPR, qui permettent de déterminer et d'évaluer le rôle et l'impact de chaque établissement.

Research Councils UK a élaboré en 2013 une nouvelle politique sur la liberté d'accès, et fourni à plus d'une centaine d'universités des aides financières pour la mettre en œuvre. Les nouvelles mesures prises à cet égard sont notamment la création d'une passerelle sur la recherche (*http://gtr.rcuk.ac.uk/*) – qui permet l'exploration de textes et de données et instaure une dérogation à la liberté de l'information dans le domaine de la recherche –, ainsi que la mise en place en 2012 d'une Commission pour la transparence du secteur de la recherche – qui conseille le gouvernement sur la manière d'améliorer l'accès aux données de la recherche.

R-D et innovation d'entreprise : Parmi les aides publiques à la R-D et l'innovation d'entreprise, une plus grande importance est accordée depuis peu aux incitations fiscales. Le pourcentage de crédits d'impôt accordés aux PME pour les travaux de R-D atteint désormais 225 %, et le montant minimal de dépenses donnant droit à ces crédits a été supprimé en 2012. Le crédit d'impôt sur les dépenses de R-D (RDEC), mis en place en 2013, est légèrement plus généreux que l'allégement sur les dépenses de R-D pour les grandes entreprises. Il remplacera les crédits d'impôt actuels à partir de 2016. La subvention sur la R-D (RDA) permet d'alléger les dépenses en capital réalisées pour la R-D. Le dispositif Patent Box a été mis en place en 2013 pour inciter les entreprises à conserver et commercialiser leurs brevets existants.

Entrepreneuriat innovant : Une nouvelle législation sur les droits d'auteur entrera en vigueur en 2014 pour tenir compte des changements radicaux qu'a entraînés la révolution numérique au regard de la création et la distribution de supports (créatifs, scientifiques et théoriques). Cette législation étend les exceptions existantes aux droits d'auteur, mais en instaurant des garanties appropriées pour les détenteurs de ces droits. Les autres dispositifs susceptibles d'aider les inventeurs à améliorer l'efficacité de leur demande de DPI et la protection y afférente sont la boîte à outils IP for Business du Bureau de la propriété intellectuelle, et le Tribunal de commerce chargé des affaires de propriété intellectuelle.

Compétences et innovation : Le ministère de l'Éducation a prévu de consacrer jusqu'à 200 millions USD (135 millions GBP) sur quatre ans (2011-15) pour encourager l'enseignement de la science, de la technologie, de l'ingénierie et des mathématiques (STIM). Le réseau STEMNET, qui relie des milliers d'établissements scolaires, d'universités et d'employeurs du domaine des STIM, permet aux jeunes de toutes origines – quelles que soient leurs capacités – de rencontrer des modèles qui les inspirent, de comprendre les applications des STIM dans la vraie vie, et d'expérimenter concrètement des activités relevant des STIM. Le gouvernement offre en outre des bourses plus généreuses pour accroître le nombre et la qualité des enseignants en science et en mathématiques. Le pays manque toujours de compétences dans le domaine de l'ingénierie, comme en témoigne l'étude *Perkins' Review of Engineering Skills* de 2013, qui appelle l'État et le secteur de l'ingénierie à se mobiliser pour susciter des vocations et remédier au manque de compétences dans le domaine. Cette étude formule 22 recommandations concernant principalement la notion de modèle, les fondations universitaires, la formation professionnelle et l'enseignement supérieur.

S'agissant de l'enseignement supérieur, les quotas appliqués au nombre total d'étudiants dans les EES publics seront supprimés à partir de 2015-16, ce qui permettra à l'ensemble des établissements de se livrer concurrence pour attirer les étudiants répondant aux exigences de qualification. Selon le gouvernement, cette mesure devrait ouvrir les portes de l'enseignement supérieur à 60 000 étudiants supplémentaires possédant les compétences nécessaires. De plus, en subventionnant les universités, les pouvoirs publics pourront encourager ces dernières à orienter les places supplémentaires vers les disciplines STIM, qui sont jugées essentielles pour la croissance économique à long terme.

Partie 2. Composition structurelle de la DIRDE, 2011

En pourcentage dans la DIRDE totale ou de sous-parties de la DIRDE (%)

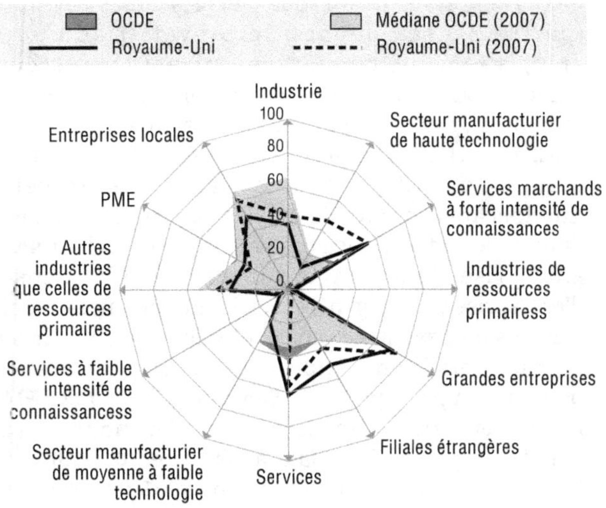

Partie 3. Avantage technologique révélé dans certains domaines, 2009-11

Indice basé sur les demandes de brevets PCT

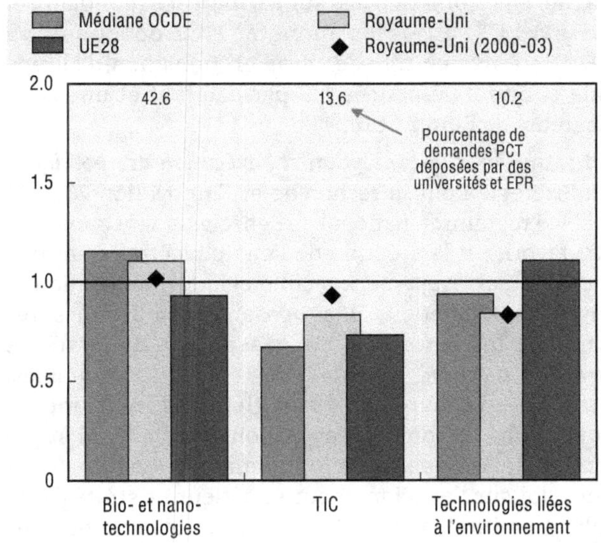

Partie 4. Allocation du soutien public à la R-D et l'innovation, par secteur, type et mode de financement, 2012

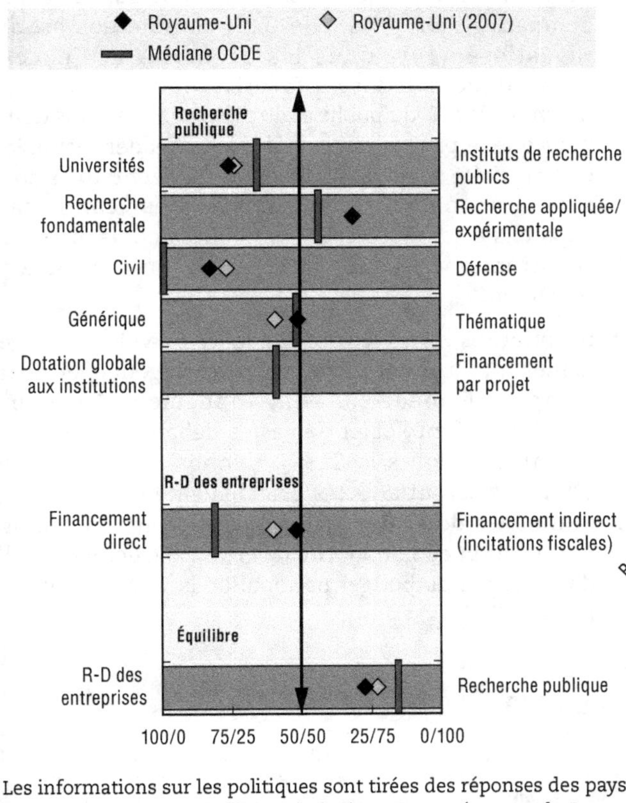

Partie 5. Principaux instrument de financement public de la R-D des entreprises, 2014

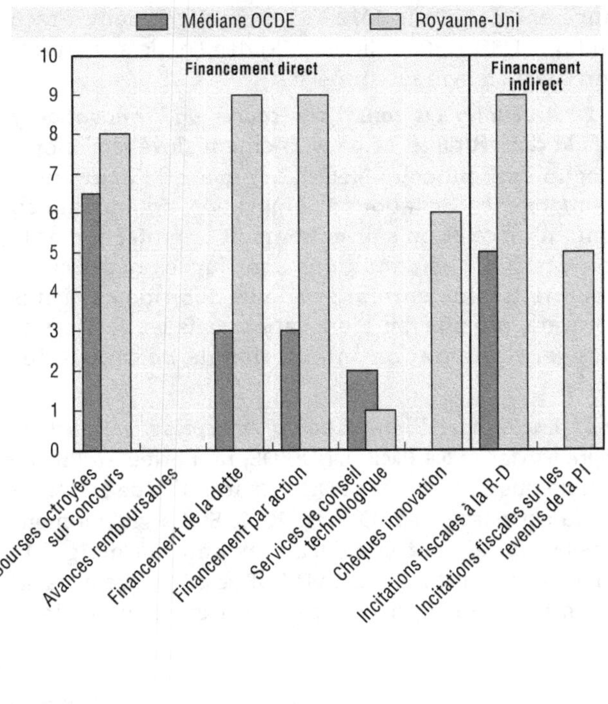

Note : Les informations sur les politiques sont tirées des réponses des pays au questionnaire préparatoire des éditions 2012 et 2014 des *Perspectives de la science, de la technologie et de l'industrie* de l'OCDE. Les réponses du Royaume-Uni sont disponibles dans la base de données des *Perspectives*, édition 2014, accessible à l'adresse suivante : *http://qdd.oecd.org/Table.aspx?Query=267C6F83-9320-4084-8AC4-732422AF9AA0.*

Source : Voir le guide du lecteur et l'annexe méthodologique.

StatLink http://dx.doi.org/10.1787/888933307245

SLOVÉNIE

La Slovénie est devenue en moins de 20 ans une économie de marché. Elle a pris sa place sur les marchés mondiaux et a adhéré à l'UE, à l'Union monétaire européenne et à l'OCDE. Elle arrive en tête des pays en transition d'Europe centrale et orientale pour le PIB par habitant et une série d'indicateurs de l'innovation.

Enjeu 1 : Améliorer la conception et l'exécution des politiques STI. La Stratégie pour la recherche et l'innovation 2011-20 (RISS) et le Programme national de l'enseignement supérieur 2011-20 favorisent la création de liens plus étroits entre la recherche, le développement technologique, l'innovation et l'enseignement supérieur. Ils proposent aussi des mesures pour mener les réformes – nécessaires – du système d'innovation national, ainsi que des objectifs mesurables. Pour mettre en œuvre ces stratégies, des instruments juridiques sont en cours d'élaboration : nouvelle loi sur la recherche-développement (ou remaniement du texte existant), loi sur l'enseignement supérieur et stratégie de spécialisation intelligente (SSS). Les priorités stratégiques sont financées par le budget national et les Fonds structurels de l'UE. En 2012, le budget public de la R-D (les CBPRD) se montait à 190 millions EUR, soit 0.54 % du PIB ; il était inchangé en 2013. Pour 2012-13, le gouvernement a reçu 216 millions USD (130 millions EUR) des Fonds structurels pour mettre en œuvre ses stratégies.

Enjeu 2 : Améliorer les conditions-cadres de l'innovation y compris la compétitivité. Le gouvernement slovène s'efforce de créer un environnement législatif propice à l'innovation, et de renforcer les incitations à l'innovation, notamment en mettant en place et en subventionnant la protection et la gestion des DPI. Ces conditions sont jugées nécessaires pour permettre aux entreprises de se doter de capacités d'innovation, promouvoir l'innovation dans les services et encourager l'orientation internationale de la R-D des entreprises.

Enjeu 3 : Encourager l'innovation d'entreprise, et soutenir l'entrepreneuriat et les PME. La DIRDE, rapportée au PIB, se situe au-dessus de la médiane OCDE (partie 1[d]) ; de 1.83 % en 2011, elle est passée à 1.99 % en 2012. Elle a globalement progressé rapidement ces dernières années, malgré la récession et une lente reprise. La DIRDE se concentre dans un petit nombre d'entreprises, et en particulier dans deux laboratoires pharmaceutiques. Le secteur tertiaire effectue moins de travaux de R-D que dans les autres pays de l'OCDE (partie 2). Les dépôts de brevet triadique et les enregistrements de marque arrivent au-dessous de la médiane OCDE (partie 1[f, g]). Le capital-risque, rapporté au PIB, se situe au niveau le plus bas des valeurs intermédiaires de l'OCDE (partie 1[h]). Afin d'encourager la R-D et l'innovation d'entreprise, des mesures visent à renforcer l'effet multiplicateur des fonds publics sur l'investissement privé dans la R-D, favoriser l'embauche de chercheurs dans les entreprises, encourager l'investissement dans la R-D d'entreprise par de généreuses incitations fiscales, aider les startups en croissance rapide, et utiliser les marchés publics tournés vers l'innovation pour développer des marchés porteurs. La politique de la Slovénie à l'égard des PME et de l'entrepreneuriat est énoncée dans le Programme de mesures pour l'entrepreneuriat et la compétitivité (2007-13). La R-D des PME s'est sensiblement accrue entre 2006 et 2009 (partie 2).

Enjeu 4 : Cibler les domaines/secteurs prioritaires. La Stratégie de spécialisation intelligente de la Slovénie (SSS), encore au stade de la consultation, sera un outil important pour l'attribution de fonds publics. Fondée sur les avantages comparatifs du pays, elle tient compte des précédents investissements dans les capacités et l'excellence scientifique. Elle vise à favoriser le développement du potentiel de R-D du public et du privé dans certains domaines, pour que le pays puisse y devenir un leader technologique. Ont ainsi été retenus les secteurs (horizontaux) prioritaires suivants : matériaux et technologies ; composants et appareils électriques et électroniques ; outils, matériaux de construction ; technologies de gestion des systèmes de traitement.

Six priorités verticales ont été définies : villes intelligentes ; usines intelligentes ; logements intelligents ; électricité et énergie ; biomédecine ; environnement. Les domaines prioritaires font l'objet de vastes débats publics en vue de leur intégration à la SSS. Les fonds publics slovènes et étrangers seront affectés principalement à ces domaines, afin de les doter des compétences et atouts nécessaires. L'affectation de la majorité des Fonds structurels de l'UE et d'une partie du budget national de la R-D est – et restera – liée à la SSS.

Chiffres clés, 2013

Productivité économique et environnementale	SVN	OCDE	Dépenses intérieures brutes de R-D	SVN	OCDE
Productivité du travail			**DIRD**		
PIB par heure ouvrée en USD PPA, 2013	41.5	47.7	En million USD en PPA, 2012	1 540	1 107 398
(taux de croissance annuel, 2008-13)	(+1.2)	(+0.8)	En % du total OCDE, 2012	0.1	100
Productivité environnementale			**Intensité et croissance de la DIRD**		
PIB par émission unitaire de CO_2 en USD, 2011	3.3	3.0	En % du PIB, 2012	2.63	2.40
(taux de croissance annuel, 2007-11)	(+1.3)	(+1.8)	(taux de croissance annuel, 2007-12)	(+11.4)	(+2.0)
Demande verte			**DIRD à financement public**		
RNN par émission unitaire de CO_2 en USD, 2011	3.1	3.0	En % du PIB, 2011	0.77	0.77
(taux de croissance annuel, 2007-11)	(+1.4)	(+1.6)	(taux de croissance annuel, 2007-11)	(+7.7)	(+2.8)

Graphique 9.43. **La science et l'innovation en Slovénie**

Partie 1. Performance comparée des systèmes nationaux de science et d'innovation, 2014

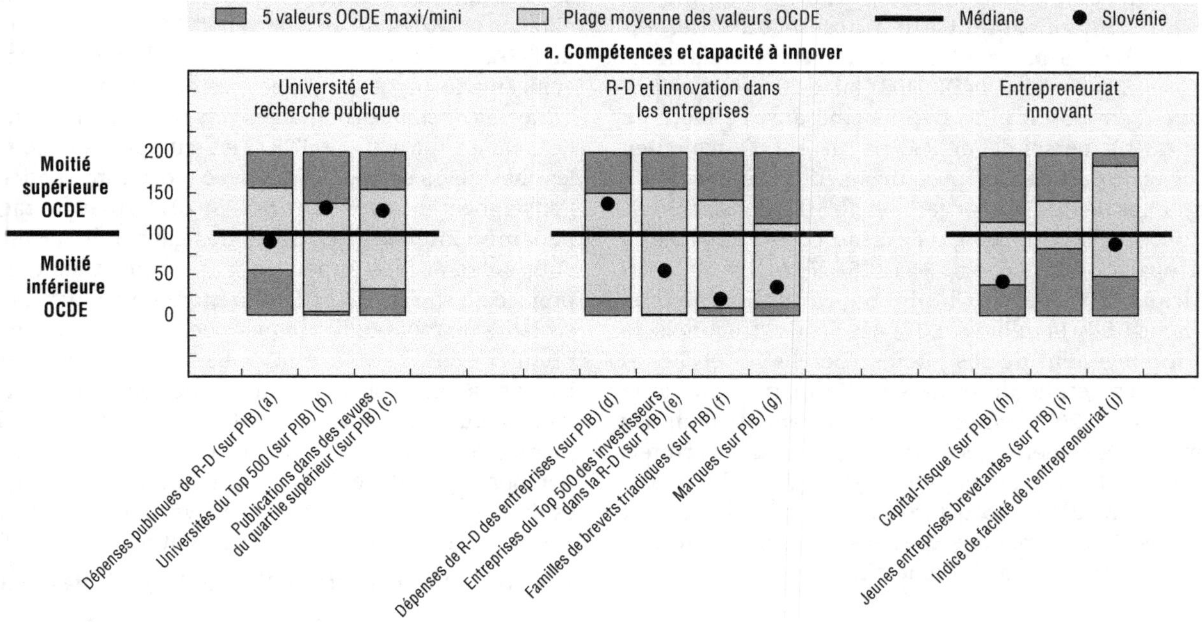

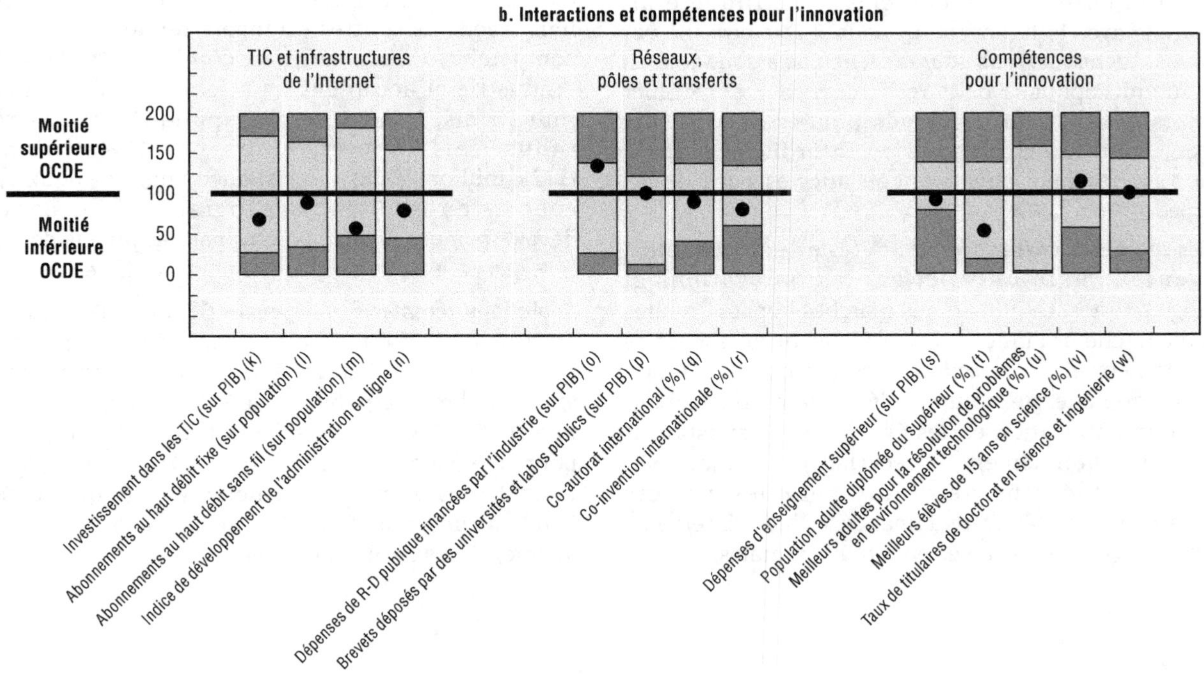

Note : Indice de performance normalisé par rapport aux valeurs médianes observées dans la zone de l'OCDE (médiane de l'indice = 100).

Enjeu 5 : Renforcer la capacité et l'infrastructure publiques de R-D. La Slovénie possède de bonnes universités (partie 1[b]) et est bien représentée dans les publications scientifiques (partie 1[c]). Contrairement à d'autres économies en transition, elle n'a pas seulement conservé, mais aussi renforcé, ses EPR. En 2012, la DIRDES était de 0.29 % du PIB et la DIRDET d'environ 0.34 %. Depuis cinq ans, l'effectif de chercheurs et le personnel de R-D ne cessent d'augmenter. En revanche, la part de diplômés du supérieur est inférieure aux moyennes de l'OCDE (partie 1[t]) et de l'UE. Consciente de l'importance du développement des ressources humaines, la Slovénie a consacré en 2012 56.7 millions USD (34 millions EUR) de son budget national de R-D et 23.3 millions USD (14 millions EUR) des Fonds structurels de l'UE au financement de ses jeunes chercheurs et de ses doctorants. La Feuille de route sur l'infrastructure de la recherche (2012-20) privilégie l'investissement dans les équipements de recherche, les programmes infrastructurels et le bâtiment. En 2012, le pays a consacré 75 millions USD (45 millions EUR) de son budget national de R-D et 23.3 millions USD (14 millions EUR) des Fonds structurels de l'UE aux infrastructures de la recherche.

Le système STI de la Slovénie en bref

Gouvernance des politiques STI : Autrefois, l'approche pluridisciplinaire de la recherche scientifique était incompatible avec le financement de la R-D, cloisonné par discipline. L'Agence slovène pour la recherche a donc créé un Conseil interdisciplinaire de la recherche, chargé d'évaluer les projets et d'allouer des fonds publics aux travaux atypiques, multidisciplinaires ou interdisciplinaires. Quelque 10 % des fonds publics ont été affectés à des projets de ce type.

Nouvelles sources de croissance : La Stratégie de spécialisation intelligente inclura un volet sur les innovations et technologies vertes. La plupart des marchés publics orientés vers la recherche et l'innovation privilégient le respect de l'environnement et une économie bas carbone (utilisation rationnelle de l'énergie, sources d'énergie renouvelables, réduction de l'utilisation et des émissions de substances nuisibles à l'environnement, et recyclage). La banque SID propose des facilités de crédit pour les projets environnementaux, et l'Ecofund finance les investissements de départ dans les technologies environnementales.

Compétences et innovation : L'offre future de compétences dans les domaines de la science et de l'innovation s'annonce satisfaisante, à en croire les résultats supérieurs à la médiane obtenus en 2012 par les jeunes de 15 ans au test scientifique du PISA, ainsi que le taux de titulaires de doctorat en science et ingénierie (partie 1[v, w]). Une mesure a été prise en 2013 pour attirer les ressources humaines vers ces domaines, dans le but de créer un lien entre les EPR et les entreprises en cofinançant les chercheurs de post-doctorat. Le Programme national pour l'enseignement supérieur (PNES) 2011-20 encourage toute personne intéressée et dotée des capacités nécessaires à suivre des études supérieures, et fournit les conditions propices à sa réussite. L'État prendra en charge les frais de scolarité de tout étudiant (quel que soit son âge) pendant le premier cycle d'étude, mais seulement pendant quatre ou cinq ans à temps plein ou pour 240 ou 300 crédits ECTS inclus dans la durée du programme. Il devrait également financer jusqu'à 60 ou 120 crédits ECTS du second cycle d'étude à n'importe quel stade de la vie d'un individu, à condition que ce dernier n'ait jamais atteint ce niveau d'étude et qu'il n'ait pas encore bénéficié d'un financement public.

Transfert et commercialisation de technologies : Plusieurs dispositifs facilitent les flux de connaissances. Les centres d'excellence, qui résultent d'un partenariat industrie-université, ont pour but d'accroître la qualité et la coopération, d'atteindre une masse critique et d'établir des liens avec des centres étrangers réputés. Les centres de compétences créent un trait d'union entre la science et l'industrie et accordent un rôle majeur aux partenaires industriels, à la recherche appliquée et aux réseaux industriels. Une enveloppe de 188 millions USD (112.8 millions EUR) a été allouée pour ces deux types de centres en 2010-14. Le Programme des centres de développement finance pour sa part les projets de R-D et les investissements dans l'infrastructure y afférente.

Évolutions récentes des dépenses STI : La DIRD, qui s'élevait en 2012 à 2.63 % du PIB, est financée à 62.2 % par le secteur privé, à 28.7 % par l'État et à 8.6 % par l'étranger. La Slovénie vise une dépense publique de R-D égale à 1.5 % du PIB, et une DIRD à 3.6 % du PIB d'ici à 2020. Or, le budget de l'État pour la R-D a baissé entre 2009 et 2013. En 2013, les CBPRD étaient plus ou moins au même niveau qu'en 2008. Les Fonds structurels de l'UE pour la R-D ont, quant à eux, augmenté ces dernières années.

Partie 2. Composition structurelle de la DIRDE, 2011

En pourcentage dans la DIRDE totale ou de sous-parties de la DIRDE (%)

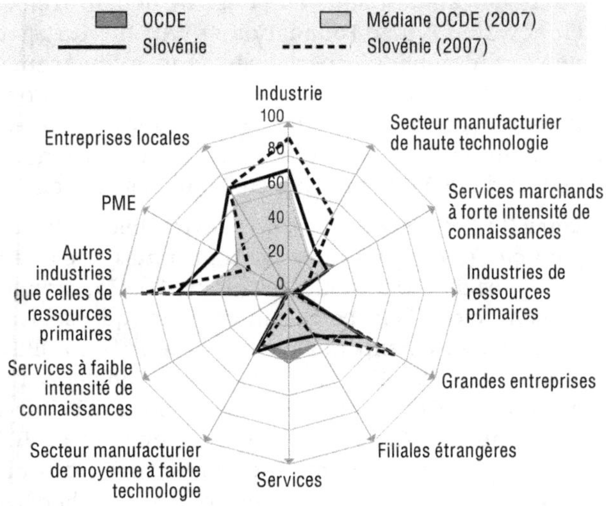

Partie 3. Avantage technologique révélé dans certains domaines, 2009-11

Indice basé sur les demandes de brevets PCT

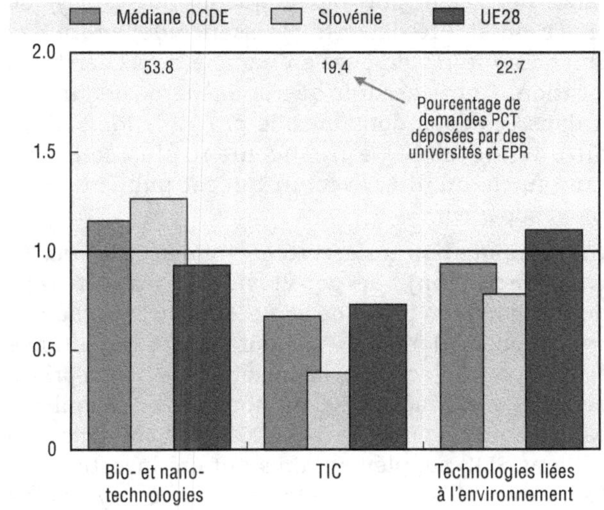

Partie 4. Allocation du soutien public à la R-D et l'innovation, par secteur, type et mode de financement, 2012

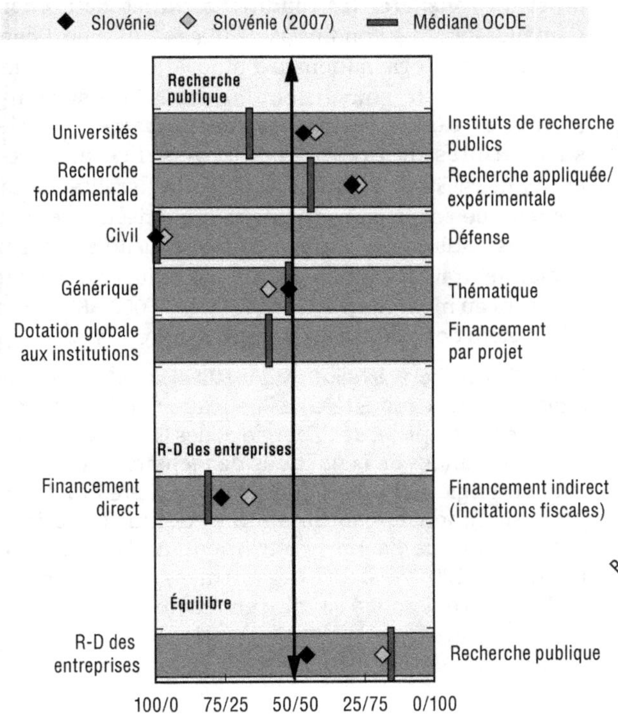

Partie 5. Principaux instrument de financement public de la R-D des entreprises, 2014

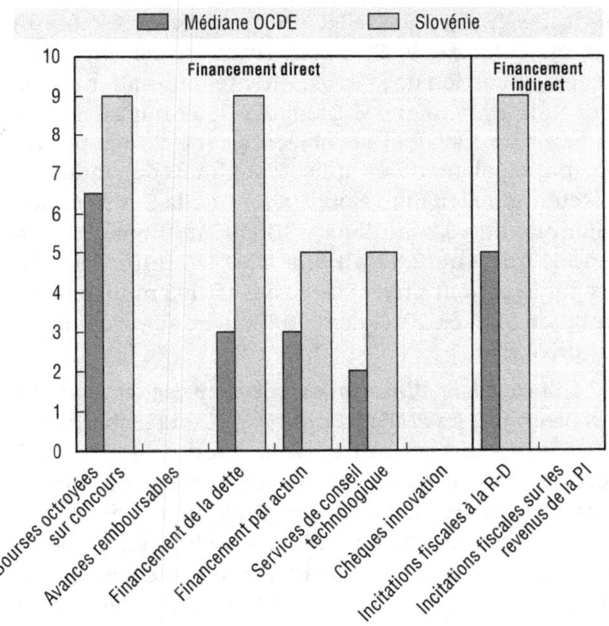

Note : Les informations sur les politiques sont tirées des réponses des pays au questionnaire préparatoire des éditions 2012 et 2014 des *Perspectives de la science, de la technologie et de l'industrie* de l'OCDE. Les réponses de la Slovénie sont disponibles dans la base de données des *Perspectives*, édition 2014, accessible à l'adresse suivante : *http://qdd.oecd.org/Table.aspx?Query=084816DF-8302-4E09-9BB8-3C6531F710FA*.

Source : Voir le guide du lecteur et l'annexe méthodologique.

StatLink http://dx.doi.org/10.1787/888933307187

SUÈDE

Suite à la crise de 2008-09, l'économie suédoise a connu une croissance nettement plus rapide que les autres pays de l'OCDE. La durabilité de cette croissance dépendra des performances futures du pays en matière de recherche et d'innovation. Pour s'assurer que la Suède deviendra un leader dans ces deux domaines, le projet de loi 2013-16 prévoit une méthode de financement plus sélective reposant sur la qualité, avec un budget public de R-D nettement supérieur.

Enjeu 1 : L'innovation au service des enjeux sociaux (y compris l'inclusion). Le gouvernement avait déjà sélectionné, dans son projet de loi de 2008 sur la recherche et l'innovation, 24 domaines présentant une importance stratégique pour la science, la société et les entreprises suédoises, et y consacrait 205 millions USD (1.8 milliard SEK) par an. Suite au projet de loi de 2012, 34.5 millions USD (300 millions SEK) supplémentaires ont été investis dans ces domaines. L'Agence suédoise pour les systèmes d'innovation (VINNOVA), associée à l'Agence suédoise de l'énergie et au Conseil pour la recherche Formas, a lancé une nouvelle initiative sur les domaines d'innovation stratégiques (SIA). La VINNOVA a également créé un programme connexe, le CDI, pour résoudre certains défis sociaux et la question de la compétitivité internationale via « l'innovation systémique ». Dans ces deux initiatives, les programmes de travail et les objectifs sont définis par les acteurs (principalement les utilisateurs finals de l'industrie et du secteur public). L'enveloppe allouée à la SIA se situait aux environs de 16.8 millions USD (145 millions SEK) en 2013, dont quelque 2.3 millions USD (20 millions SEK) fournis par le secteur privé. Elle passera à 145 millions USD (1.25 milliard SEK) en 2016, dont 50 % environ provenant du secteur privé.

Enjeu 2 : Encourager l'innovation d'entreprise, et soutenir l'entrepreneuriat et les PME. Avec ses 2.31 % du PIB (partie 1[d]), la DIRDE est relativement élevée, quoique nettement inférieure à son niveau d'il y a dix ans. La R-D du secteur privé se concentre dans les grandes entreprises, qui dominent l'économie suédoise. Bien que le capital-risque, rapporté au PIB, se situe au niveau le plus élevé des valeurs intermédiaires de l'OCDE (partie 1[h]), des lacunes sont à noter en ce qui concerne l'investissement providentiel et l'offre de capital-risque en phase de démarrage. En 2013, l'Innovation Bridge Foundation et l'ALMI ont fusionné en une entité publique spécialisée dans le financement des entreprises lors de la phase de démarrage. Le programme Research&Grow de la VINNOVA – qui s'adresse aux PME innovantes – reste une mesure clé de soutien, avec un budget de 16.2 millions USD (140 millions SEK) en 2013.

Enjeu 3 : Réformer et améliorer le système de la recherche publique (y compris dans les universités). Les dépenses publiques de R-D sont élevées (partie 1[a]). Une grande partie est consacrée à la recherche universitaire, qui est bien placée dans les classements mondiaux (partie 1[b, c]). La DIRDES, qui représentait 0.92 % du PIB en 2012, arrive en deuxième place dans la zone OCDE. Afin d'accroître le potentiel innovant des universités, le Conseil pour la recherche et la VINNOVA envisagent de réformer les structures d'incitation s'adressant aux directeurs d'université et aux chercheurs qui ont été créées par les modalités d'affectation du financement de base (dotation globale) aux universités.

Enjeu 4 : Améliorer les conditions-cadres de l'innovation. L'amélioration des conditions-cadres est un thème central de la récente stratégie nationale d'innovation. Une commission, nommée par le gouvernement en 2011, est chargée de proposer des réformes réglementaires ou fiscales susceptibles de favoriser la croissance et la R-D des entreprises. Sa proposition d'alléger la fiscalité sur la R-D a été retenue par le gouvernement, qui a décidé de réduire de 10 % les cotisations patronales de sécurité sociale pour le personnel travaillant dans la R-D. La réduction par catégorie s'élèvera au maximum à 26 700 USD (230 000 SEK) par mois et bénéficiera donc surtout aux petites entreprises.

Enjeu 5 : Améliorer la gouvernance du système et de la politique d'innovation. Le ministère de l'Éducation et de la Recherche et celui de l'Entreprise, de l'Énergie et des Communications sont aux commandes de la politique de recherche et d'innovation. Une stratégie nationale d'innovation a été établie en 2012 pour améliorer la coordination et définir les principes et l'orientation de l'action gouvernementale en la matière à l'horizon 2020. Plusieurs organismes, à commencer par la VINNOVA, veilleront à sa mise en œuvre.

Chiffres clés, 2013

Productivité économique et environnementale	SWE	OCDE
Productivité du travail		
PIB par heure ouvrée en USD PPA, 2013	56.0	47.7
(taux de croissance annuel, 2008-13)	(+1.0)	(+0.8)
Productivité environnementale		
PIB par émission unitaire de CO_2 en USD, 2011	7.1	3.0
(taux de croissance annuel, 2007-11)	(+2.7)	(+1.8)
Demande verte		
RNN par émission unitaire de CO_2 en USD, 2011	7.7	3.0
(taux de croissance annuel, 2007-11)	(+2.7)	(+1.6)

Dépenses intérieures brutes de R-D	SWE	OCDE
DIRD		
En million USD en PPA, 2012	13 899	1 107 398
En % du total OCDE, 2012	1.3	100
Intensité et croissance de la DIRD		
En % du PIB, 2012	3.41	2.40
(taux de croissance annuel, 2007-12)	(+0.7)	(+2.0)
DIRD à financement public		
En % du PIB, 2011	0.97	0.77
(taux de croissance annuel, 2007-11)	(+3.5)	(+2.8)

Graphique 9.44. **La science et l'innovation en Suède**

Partie 1. Performance comparée des systèmes nationaux de science et d'innovation, 2014

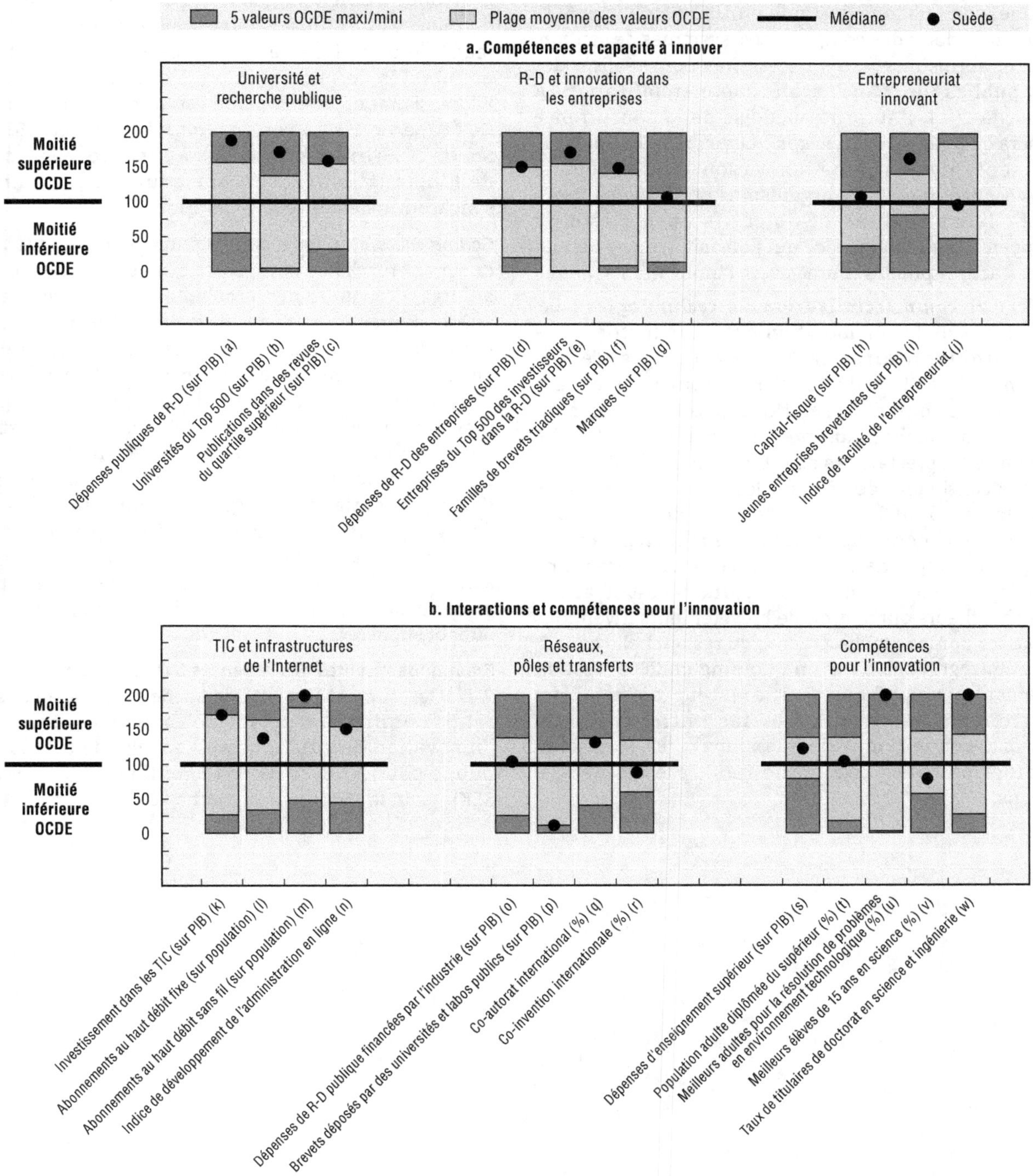

Note : Indice de performance normalisé par rapport aux valeurs médianes observées dans la zone de l'OCDE (médiane de l'indice = 100).

Le système STI de la Suède en bref

Nouvelles sources de croissance : Depuis 2012, la VINNOVA reçoit une aide publique de 1 million USD (9 millions SEK) par an pour se doter des compétences, systèmes de soutien, réseaux et autres ressources nécessaires pour réaliser des achats publics innovants avant commercialisation. À compter de 2014, l'Autorité suédoise de la concurrence (KKV) sera chargée du soutien concret aux marchés publics, notamment orientés vers l'innovation. De son côté, la VINNOVA encouragera les organismes et municipalités à préciser leurs besoins et objectifs en matière de développement stratégique, ce qui pourrait à terme donner lieu à des achats publics tournés vers l'innovation.

Transfert et commercialisation de technologies : Le renforcement de la collaboration entre l'industrie et les milieux universitaires fait partie intégrante des programmes de la SIA et du CDI. Certains programmes de la VINNOVA, notamment thématiques, sont conçus pour encourager la collaboration préconcurrentielle à finalité précise entre les prestataires de R-D et l'industrie. Plusieurs dispositifs continuent de soutenir les centres d'excellence universitaires, dont le but est de créer des conditions optimales pour mener des travaux de recherche avec la participation active de l'industrie. Le faible nombre de brevets déposés par les universités (partie 1[p]) est dû au fait que les chercheurs ont le droit de breveter leurs inventions (sans passer par les établissements de recherche). Les EPR, qui ont été regroupés dans une holding en 2009, restent relativement peu nombreux (partie 4). Leur rôle est d'être un partenaire du savoir pour les entreprises, un intermédiaire entre l'industrie et les universités, et un point de contact pour la participation aux projets de R-D européens.

Infrastructures scientifiques et TIC : L'infrastructure TIC est bien développée (partie 1[k, l]). Le programme ICT for Everyone – A Digital Agenda for Sweden , adopté en 2011, définit les objectifs à atteindre pour faire de la Suède le leader mondial en ce qui concerne l'exploitation des possibilités de numérisation. L'indice de préparation à l'administration électronique est au-dessus de la médiane OCDE (partie 1[n]). La construction de l'European Spallation Source (ESS) est en préparation à Lund, de même que celle de l'installation Max IV, une source de rayonnement synchrotron de nouvelle génération.

Compétences et innovation : Le pourcentage de titulaires de doctorat en science et ingénierie, ainsi que la capacité des adultes à résoudre des problèmes techniques placent la Suède au premier rang des pays de l'OCDE (partie 1[w, u]). En revanche, les résultats des élèves de 15 ans en science restent en dessous de la médiane OCDE (partie 1[v]). Le développement des compétences fait partie intégrante de la plupart des programmes de la VINNOVA. Ce développement est facilité par une autre initiative spécifique – Mobility for Growth . Dans le nouveau programme d'études, l'enseignement de l'entrepreneuriat est obligatoire. Pour attirer des talents étrangers, les règles d'exonération fiscale pour les experts et le personnel hautement qualifié venant de l'étranger ont été simplifiées ; les personnes dont la rémunération dépasse la valeur plafond sont donc exonérées de certaines parties de l'impôt sur le revenu.

Évolutions récentes des dépenses STI : Avec des dépenses de R-D à 3.41 % du PIB en 2012, la Suède se classe au quatrième rang mondial. Le projet de loi sur la recherche et l'innovation de 2012 a accru l'enveloppe STI du budget public pour 2013-16 de 464.6 millions USD (4 milliards SEK) – soit de 15 % – par rapport à 2012.

Partie 2. Composition structurelle de la DIRDE, 2011

En pourcentage dans la DIRDE totale ou de sous-parties de la DIRDE (%)

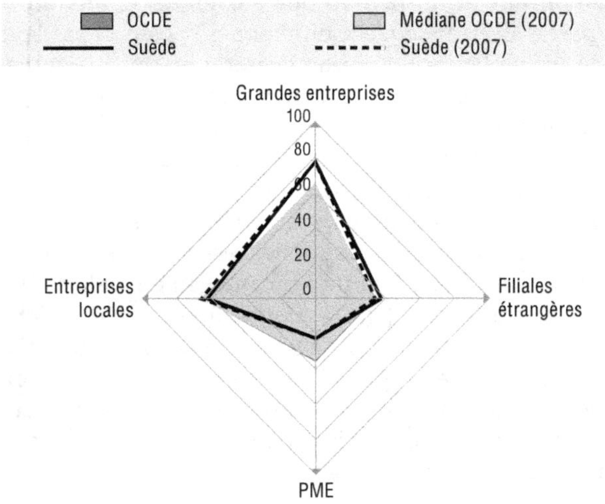

Partie 3. Avantage technologique révélé dans certains domaines, 2009-11

Indice basé sur les demandes de brevets PCT

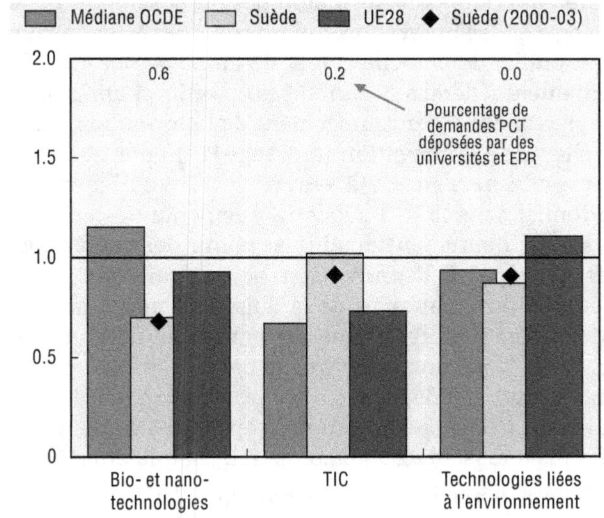

Partie 4. Allocation du soutien public à la R-D et l'innovation, par secteur, type et mode de financement, 2012

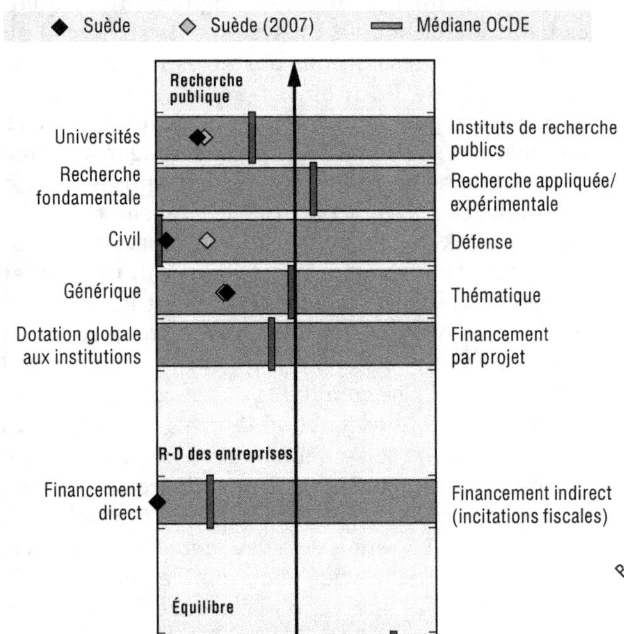

Partie 5. Principaux instrument de financement public de la R-D des entreprises, 2014

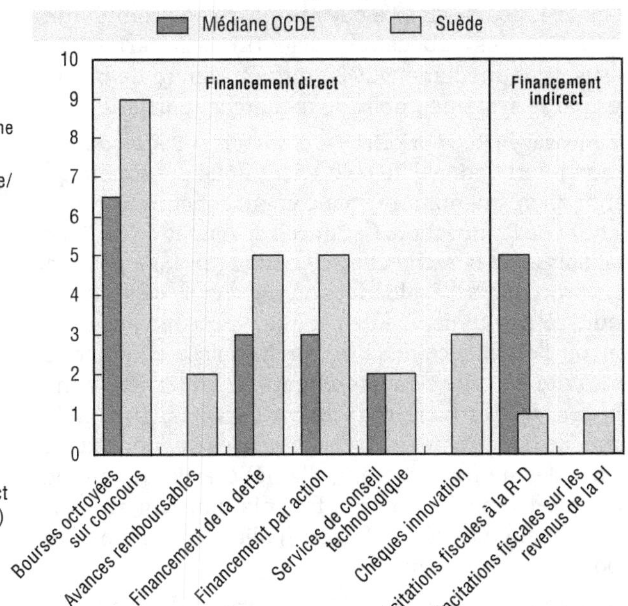

Note : Les informations sur les politiques sont tirées des réponses des pays au questionnaire préparatoire des éditions 2012 et 2014 des *Perspectives de la science, de la technologie et de l'industrie* de l'OCDE. Les réponses de la Suède sont disponibles dans la base de données des *Perspectives*, édition 2014, accessible à l'adresse suivante : *http://qdd.oecd.org/Table.aspx?Query=4A329A44-560E-4875-AA34-14291D8061C6*.

Source : Voir le guide du lecteur et l'annexe méthodologique.

StatLink http://dx.doi.org/10.1787/888933307216

SUISSE

La Suisse est une petite économie ouverte et prospère, dotée d'excellents atouts dans les domaines de la science, de la technologie et de l'innovation, qui a à cœur de rester un chef de file mondial de la recherche et de l'innovation. Aussi le gouvernement fédéral a-t-il arrêté les objectifs ci-après dans le message relatif à l'encouragement de la formation, de la recherche et de l'innovation (message FRI) pour 2013-16 : rehausser le niveau, déjà élevé, de l'investissement concurrentiel dans la R-D publique, augmenter les effectifs de personnel hautement qualifié et réunir des conditions-cadres propices à l'innovation et au maintien de la compétitivité internationale de la Suisse. Le plan financier de la Confédération prévoit une augmentation moyenne des crédits de 3.7 % par an au cours de la période 2013-16, ce qui portera le total des dépenses à environ 35.6 milliards USD (26 milliards CHF). Le Parlement a approuvé 11 comptes budgétaires totalisant 32.9 milliards USD (24 milliards USD).

Enjeu 1 : Améliorer la recherche publique. La Suisse a un système scientifique très productif : les dépenses de R-D engagées dans l'enseignement supérieur et par les établissements publics de recherche représentaient 0.9 % du PIB en 2012 (partie 1[a]). Le pays se classe au premier rang de l'OCDE pour les publications scientifiques (partie 1[c]) et au-dessus de la médiane OCDE pour le nombre de brevets déposés par le système public de recherche (partie 1[p]).

Dans le message FRI, la priorité est d'asseoir la Suisse dans sa réputation internationale de pôle scientifique et économique compétitif en augmentant le financement concurrentiel de la recherche et de l'innovation. Le Conseil de fondation du Fonds national suisse de la recherche scientifique (FNS) a passé en revue les procédures d'évaluation interne en vue de les rendre plus équitables et transparentes et d'œuvrer davantage pour promouvoir l'excellence de la recherche suisse, renforcer sa compétitivité et celle des chercheurs, et aider les jeunes chercheurs. Sur la base d'un bilan très positif, il a été recommandé de réformer le mécanisme d'évaluation externe des demandes de financement, d'améliorer la qualité des documents et renseignements fournis dans un souci de transparence et de revoir de façon régulière et systématique les dispositifs de financement.

Enjeu 2 : Garantir l'offre de RHST, notamment de chercheurs. La Suisse est légèrement au-dessus de la médiane OCDE s'agissant de la part de la population adulte diplômée du supérieur et du niveau des élèves de 15 ans en science (partie 1[t, v]), et se place en première position par le nombre de ses diplômés du niveau doctorat en science et ingénierie (partie 1[w]). L'évolution démographique semble aggraver le problème posé par le manque de spécialistes, que les restrictions à l'immigration risquent d'exacerber. En septembre 2011, le Département fédéral de l'économie (DFE) a donc engagé une initiative en vue de satisfaire davantage la demande de spécialistes par des ressources humaines suisses à l'horizon 2020. La loi sur l'encouragement et la coordination des hautes écoles (LEHE) confère à la Confédération et aux cantons la responsabilité commune de la coordination et de l'assurance de la qualité des hautes écoles et réforme en profondeur le système de l'enseignement supérieur suisse. La LEHE a été adoptée par le Parlement suisse en automne 2011, mais n'entrera pas en vigueur avant 2015.

Enjeu 3 : Améliorer les conditions-cadres de l'innovation, y compris la compétitivité. Le gouvernement suisse est résolu à créer des conditions-cadres favorables à l'innovation moyennant un système d'enseignement de qualité, un cadre juridique souple, un système de recherche publique fiable, la suppression des obstacles réglementaires et la fourniture de bonnes infrastructures. En 2013, la Commission pour la technologie et l'innovation (CTI) a mis en œuvre le soutien TST pour encourager le transfert de savoir et de technologie entre les entreprises et les centres de recherche. Elle a institué les réseaux thématiques nationaux (RTN) pour renforcer la capacité d'innovation, notamment en facilitant l'accès des PME aux résultats de la recherche scientifique. Les RTN relient les entreprises au milieu universitaire en leur donnant accès aux installations de recherche. Depuis le 1er janvier 2013, huit RTN ont reçu l'agrément de la CTI et sont à l'œuvre. La CTI a également créé la fonction de conseiller en innovation, dont la mission est d'aider à nouer des contacts, de trouver des moyens d'encourager l'innovation et de les mettre en œuvre. En 2013, la CTI en a recruté neuf. Enfin, les plateformes TST réunissent des représentants des milieux des affaires et de la science du monde entier et offrent un lieu physique à l'interaction des conseillers en innovation et des RTN.

Chiffres clés, 2013

Productivité économique et environnementale	CHE	OCDE	Dépenses intérieures brutes de R-D	CHE	OCDE
Productivité du travail			**DIRD**		
PIB par heure ouvrée en USD PPA, 2013	57.4	47.7	En million USD en PPA, 2012	10 525	1 107 398
(taux de croissance annuel, 2008-13)	(+0.4)	(+0.8)	En % du total OCDE, 2012	1.1	100
Productivité environnementale			**Intensité et croissance de la DIRD**		
PIB par émission unitaire de CO_2 en USD, 2011	7.7	3.0	En % du PIB, 2012	2.87	2.40
(taux de croissance annuel, 2007-11)	(+4.2)	(+1.8)	(taux de croissance annuel, 2007-12)	n.a.	(+2.0)
Demande verte			**DIRD à financement public**		
RNN par émission unitaire de CO_2 en USD, 2011	8.2	3.0	En % du PIB, 2011	0.72	0.77
(taux de croissance annuel, 2007-11)	(+2.2)	(+1.6)	(taux de croissance annuel, 2007-11)	n.a.	(+2.8)

Graphique 9.45. **La science et l'innovation en Suisse**

Partie 1. Performance comparée des systèmes nationaux de science et d'innovation, 2014

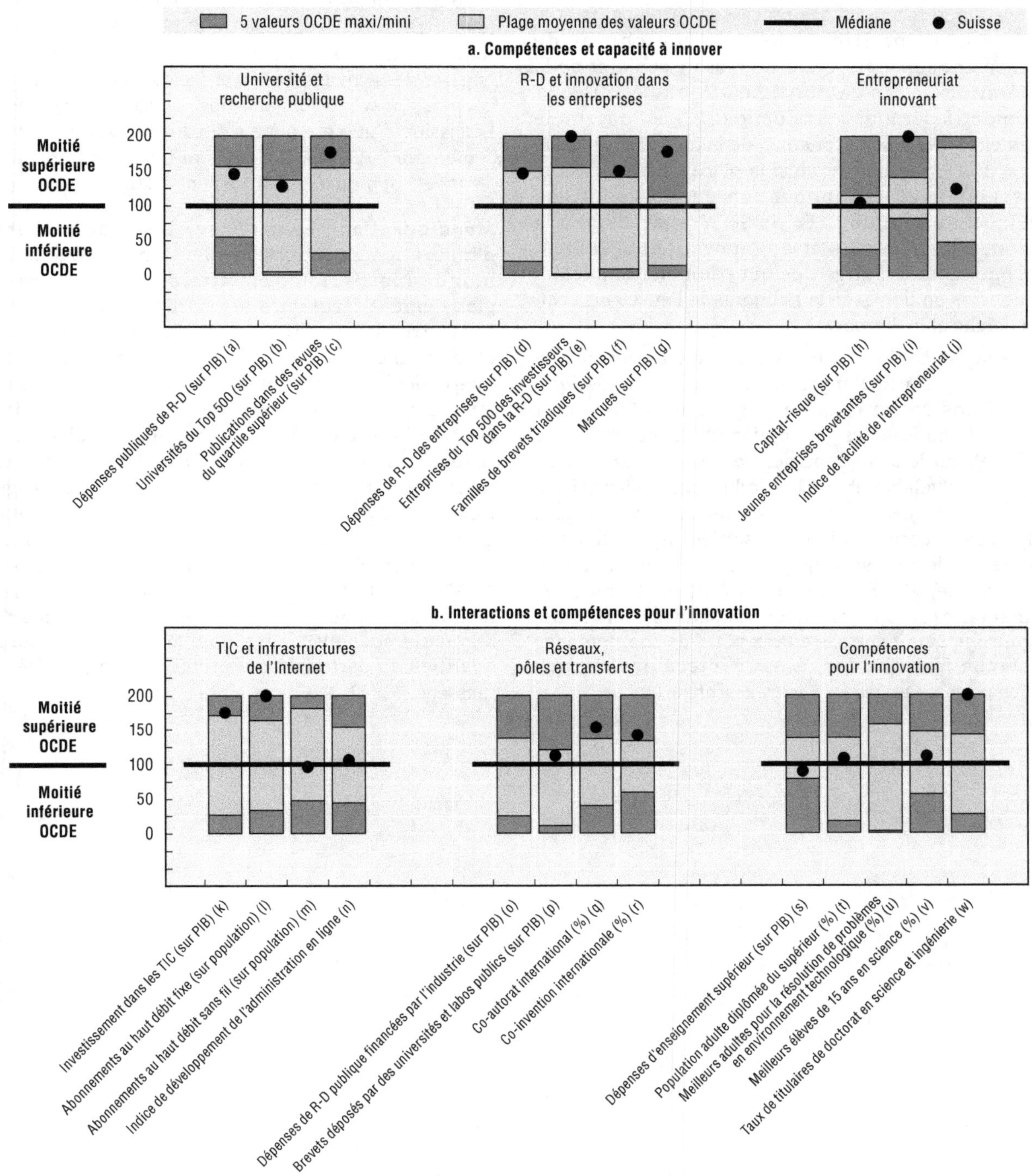

Note : Indice de performance normalisé par rapport aux valeurs médianes observées dans la zone de l'OCDE (médiane de l'indice = 100)

Le système STI de la Suisse en bref

***Gouvernance des politiques STI* :** La gouvernance suisse se caractérise par le recours à des processus participatifs et le fédéralisme, la politique de la recherche et de l'enseignement supérieur étant du ressort conjoint de la Confédération et des cantons. Le 1er janvier 2013, le Département fédéral de l'économie (DFE) est devenu le Département fédéral de l'économie, de la formation et de la recherche (DEFR), soulignant ainsi la place de la formation, de la recherche et de l'innovation dans la politique économique. Au sein du DEFR, le Secrétariat d'État à la formation, à la recherche et à l'innovation (SEFRI) est l'organisme fédéral chargé des questions nationales et internationales en lien avec la politique de l'enseignement, de la recherche et de l'innovation.

***Nouveaux défis* :** Le Conseil fédéral a arrêté les mesures à prendre pour garantir l'approvisionnement énergétique du pays. Dans sa Stratégie énergétique 2050, il met l'accent sur la hausse des économies d'énergie (efficacité énergétique), sur le développement des nouvelles sources d'énergie renouvelable et sur la production d'électricité à partir d'énergies fossiles (installations de cogénération, centrales à gaz à cycle combiné), et sur les importations, si nécessaire. Vu le rôle stratégique de la recherche liée à l'énergie verte, 277 millions USD (202 millions CHF) supplémentaires seront consacrés aux jeunes chercheurs, au programme SuisseEnergie et aux pôles de compétences de recherche formant des réseaux interuniversitaires (*Swiss Competence Centres for Energy Research*).

***Transfert et commercialisation de technologies* :** Le CTI entend favoriser la mise au point de produits et services innovants en encourageant les établissements d'enseignement supérieur et les entreprises à collaborer dans la R-D. Une nouvelle initiative, les chèques d'innovation, incite les entreprises à engager des activités de R-D et facilite la mise en place d'une coopération avec les organismes publics de recherche. Depuis l'émission d'une première série de chèques d'innovation en septembre 2012, la CTI a reçu au total 272 demandes, dont 38 ont été approuvées dans le budget 2013.

***Mondialisation* :** Le système suisse de recherche et d'innovation entretient des liens étroits avec le reste du monde (partie 1[q, r]) et offre des conditions-cadres globalement favorables, de nature à attirer l'IDE et les ressources humaines dans les entreprises et les établissements d'enseignement supérieur. La stratégie internationale de la Confédération dans les domaines de la formation, de la recherche et de l'innovation a été adoptée en 2010. Le 13 septembre 2013, le Parlement a adopté un arrêté fédéral fixant à 6 milliards USD (4.4 milliards CHF) le financement de la participation suisse au programme Horizon 2020 (2014-20) pour une période de sept ans. Le gouvernement fédéral a également affecté 31.9 millions USD (23.3 millions CHF) à la participation suisse au programme COST de l'UE (coopération européenne en science et technologie) pour 2013-16. S'agissant de la coopération bilatérale, les BRICS, ainsi que le Japon et la Corée sont qualifiés de partenaires à privilégier en priorité dans le message FRI (2013-16).

Partie 2. Composition structurelle de la DIRDE, 2011

En pourcentage dans la DIRDE totale ou de sous-parties de la DIRDE (%)

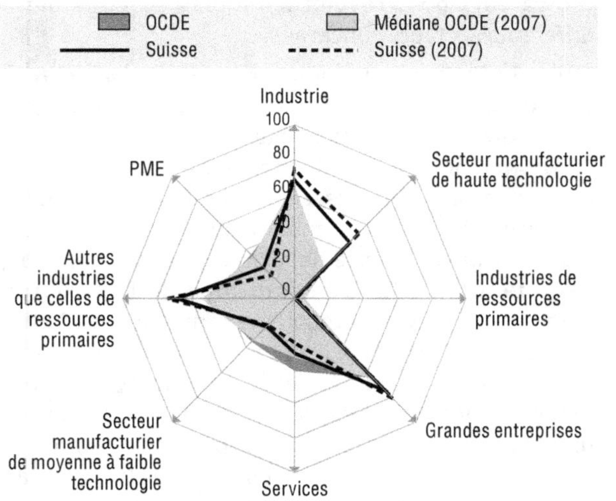

Partie 3. Avantage technologique révélé dans certains domaines, 2009-11

Indice basé sur les demandes de brevets PCT

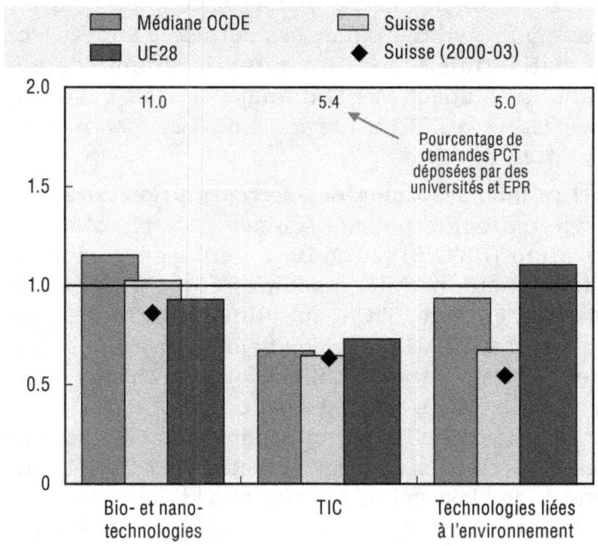

Partie 4. Allocation du soutien public à la R-D et l'innovation, par secteur, type et mode de financement, 2012

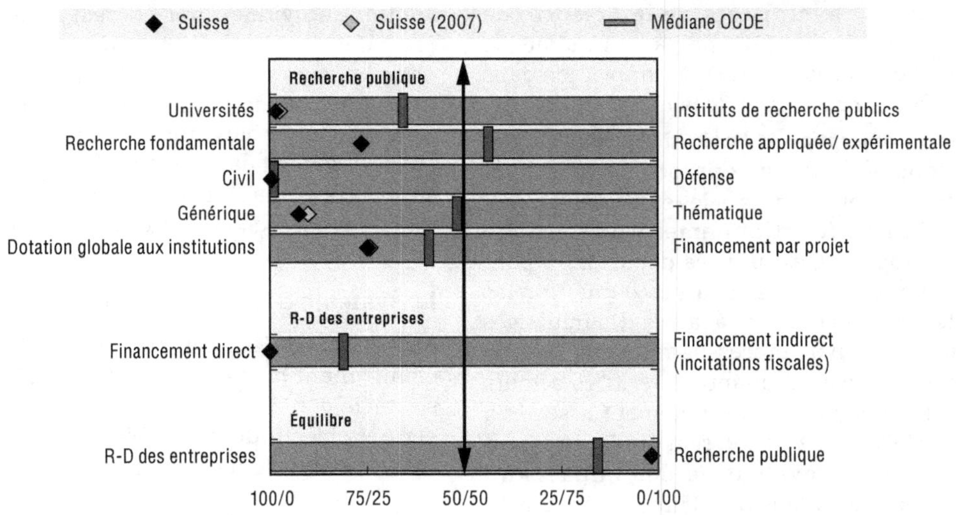

Note : Les informations sur les politiques sont tirées des réponses des pays au questionnaire préparatoire des éditions 2012 et 2014 des *Perspectives de la science, de la technologie et de l'industrie* de l'OCDE. Les réponses de la Suisse sont disponibles dans la base de données des *Perspectives*, édition 2014, accessible à l'adresse suivante: *http://qdd.oecd.org/Table.aspx?Query=C9BF6FC2-39A7-41DF-9EE9-D02491588642.*

Source : Voir le guide du lecteur et l'annexe méthodologique.

StatLink http://dx.doi.org/10.1787/888933307220

TURQUIE

La Turquie, grande économie à revenu intermédiaire de la zone OCDE, connaît une forte croissance. Bien qu'ayant progressé à un rythme rapide ces dernières années, son industrialisation accuse un ralentissement depuis deux ans. Les capacités STI du pays se sont beaucoup développées, et la DIRD a augmenté de 8.2 % par an entre 2007 et 2012.

Enjeu 1 : Cibler les domaines/secteurs prioritaires. La Stratégie nationale pour la science, la technologie et l'innovation (UBTYS) (2011-16) a défini neuf secteurs prioritaires : automobile, machines et technologies de fabrication, énergie, TIC, eau, alimentation, défense, aérospatial et santé. Une réunion de haut niveau a permis de déterminer les besoins technologiques de chacun de ces secteurs via un processus de consultation et de concertation. Des feuilles de route ont été établies pour les différentes disciplines de ces neuf secteurs. En 2012-13, des demandes de classement prioritaire ont été présentées pour 60 domaines, dont 25 ayant trait à l'eau et à l'énergie. Dans ce système de soutien axé sur des objectifs précis, des projets phares sont à noter, comme par exemple celui des véhicules électriques. Le ministère de la Science, de l'Industrie et de la Technologie (MSIT) prépare une stratégie et des plans d'action concernant la R-D et l'innovation dans les domaines de la biotechnologie et de la nanotechnologie.

Enjeu 2 : Améliorer la conception et l'exécution des politiques STI. La Turquie considère qu'une approche systémique centrée sur le secteur des entreprises et les entrepreneurs est essentielle pour le bon fonctionnement du système d'innovation. Cette approche est utilisée depuis 2013 pour élaborer la politique. Les groupes chargés de définir les priorités sectorielles futures utilisent à la fois des initiatives stratégiques – conçues selon un processus ascendant –, ainsi que des mesures qualitatives et quantitatives. Des acteurs non étatiques de tous horizons sont étroitement associés à cette démarche. Le MSIT a créé en son sein un département chargé spécialement de l'évaluation des impacts du programme turc de soutien à la R-D et l'innovation. Il a en outre publié en 2014 l'indice des performances des centres de R-D et technoparcs, qui représentent plus de 60 % des dépenses et des effectifs de R-D des entreprises. Le Conseil turc pour la recherche scientifique et technologique (TUBITAK) a réalisé une évaluation générale des programmes prioritaires du point de vue de l'offre, en utilisant des indicateurs pour révéler les forces et les faiblesses des différents secteurs concernés.

Enjeu 3 : Encourager l'innovation d'entreprise, et soutenir l'entrepreneuriat et les PME. En 2012, la DIRDE représentait 0.42 % du PIB et se situait bien au-dessous de la médiane OCDE (partie 1[d]). Ces dépenses ont de plus en plus été consacrées aux services à forte intensité de connaissances, au détriment du secteur manufacturier de haute technologie (partie 2). Selon l'indice de facilité de l'entrepreneuriat de la Banque mondiale, les conditions de l'entrepreneuriat pourraient être considérablement améliorées. Le soutien à l'entrepreneuriat et aux PME est l'une des priorités du Conseil supérieur de la science et la technologie, et plusieurs initiatives ont été prises : la création en 2012 d'un indice des universités innovantes et entreprenantes, dans le but de stimuler l'innovation et l'esprit d'entreprise dans les universités, ainsi que de promouvoir le transfert de connaissances et de technologies ; le lancement de plusieurs programmes de soutien par le TUBITAK, tels que le programme de capital-risque (fonds privés), le programme de soutien individuel (par étapes) à l'entrepreneuriat et le programme de renforcement des capacités visant à aider les entrepreneurs et les PME. Le MSIT a également lancé en 2013 le programme de promotion et de commercialisation des produits technologiques, et en 2014 celui de soutien à l'investissement dans les produits technologiques. Tous deux ciblent les entreprises ayant déjà reçu des aides publiques/internationales en faveur de la R-D et de l'innovation.

Le système STI de la Turquie en bref

Nouveaux défis : Le Plan d'action national sur le changement climatique (NCCAP) 2011-23 est la première stratégie dont se dote la Turquie en matière de croissance verte. L'objectif du ministère de l'Énergie est de réduire la consommation énergétique de 20 % par unité de PIB d'ici à 2023 (par rapport à 2011). La Fondation pour le développement technologique a récemment mis en place un nouveau fonds doté de 10 millions USD pour accélérer le transfert des résultats de la R-D sur la technologie verte.

Universités et recherche publique : Le système turc de la recherche publique est peu développé (0.41 % du PIB en

Chiffres clés, 2013

Productivité économique et environnementale	TUR	OCDE	Dépenses intérieures brutes de R-D	TUR	OCDE
Productivité du travail			**DIRD**		
PIB par heure ouvrée en USD PPA, 2013	30.0	47.7	En million USD en PPA, 2012	12 656	1 107 398
(taux de croissance annuel, 2008-13)	(+0.5)	(+0.8)	En % du total OCDE, 2012	1.1	100
Productivité environnementale			**Intensité et croissance de la DIRD**		
PIB par émission unitaire de CO_2 en USD, 2011	3.4	3.0	En % du PIB, 2012	0.92	2.40
(taux de croissance annuel, 2007-11)	(+0.0)	(+1.8)	(taux de croissance annuel, 2007-12)	(+8.2)	(+2.0)
Demande verte			**DIRD à financement public**		
RNN par émission unitaire de CO_2 en USD, 2011	0.0	3.0	En % du PIB, 2011	0.43	0.77
(taux de croissance annuel, 2007-11)	n.a.	(+1.6)	(taux de croissance annuel, 2007-11)	(+9.5)	(+2.8)

Graphique 9.46. **La science et l'innovation en Turquie**

Partie 1. Performance comparée des systèmes nationaux de science et d'innovation, 2014

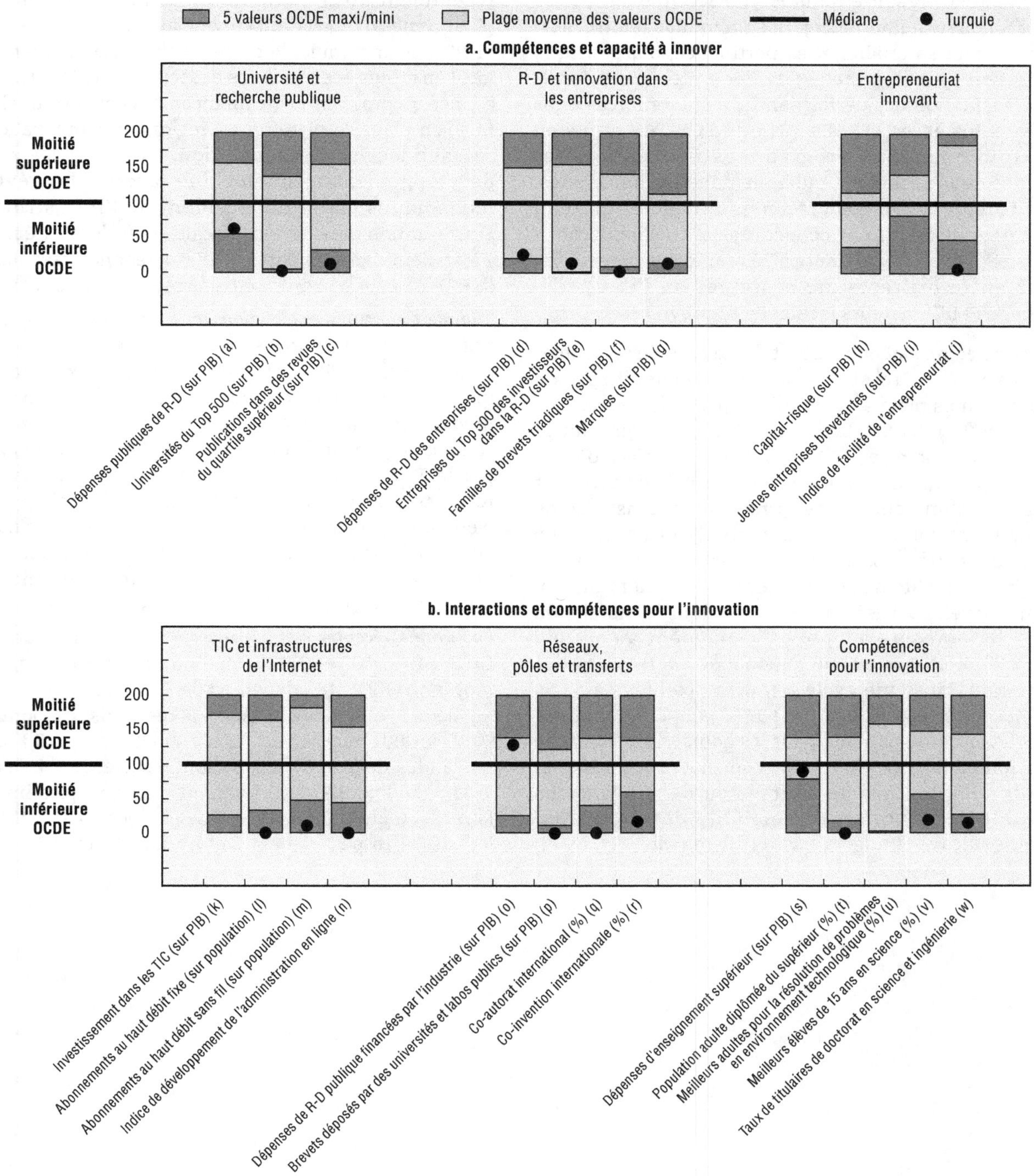

Note : Indice de perfor mance normalisé par rapport aux valeurs médianes observées dans la zone de l'OCDE (médiane de l'indice = 100).

2012). Il produit peu d'articles dans les publications scientifiques internationales (partie 1[c]), et une seule de ses universités est présente dans le Top 500 (partie 1[b]). Ce système fait actuellement l'objet de profondes réformes en vue d'améliorer sa qualité et sa pertinence, d'accroître la collaboration avec le secteur privé et d'attirer des fonds privés. L'évaluation des performances a été renforcée dans les universités et les EPR. En 2013, le TUBITAK a mis en place trois nouveaux programmes pour améliorer l'efficience de la recherche publique dans les universités. De son côté, le MSIT élabore une stratégie et un plan d'action pour instaurer une coopération entre l'industrie et l'université ; l'exercice fait suite à 26 réunions ayant eu lieu en 2013 entre les recteurs, chambres de l'industrie, chercheurs, PME et acteurs locaux de 81 provinces.

Compétences et innovation : Partant d'une base de ressources humaines très restreinte, le nombre de chercheurs en équivalent temps plein a été multiplié par trois depuis 2002 (partie 1[s, t, v, w]). La Stratégie et le Plan d'action pour la science et la technologie (2011-16) ont pour but d'accroître la réserve de personnel travaillant dans la R-D, de favoriser l'émergence d'une culture de la recherche, ainsi que de développer les compétences, la mobilité et l'aptitude à l'emploi des chercheurs. Le Cadre de qualifications, qui vise à améliorer la qualité de l'enseignement et de la formation ainsi qu'à développer les compétences dont le marché du travail a besoin, sera adopté officiellement au second semestre 2014. Le Programme national de bourses pour les étudiants du troisième cycle a fourni des aides à 5 054 doctorants entre 2000 et 2013, dont 3 366 pour la seule année 2013. Le Programme national pour les bourses de recherche post-doctorat a financé plus de 300 chercheurs entre 2000 et 2013. Dix programmes de bourses ou de subventions internationales favorisent la mobilité des étudiants/chercheurs turcs et étrangers à travers le monde.

Pôles d'activité et politiques régionales : Les notions de spécialisation intelligente et de pôle d'activité ont récemment attiré l'attention des pouvoirs publics. Des plateformes d'innovation provinciales ont été mises en place en 2010 pour stimuler la coopération et transformer le savoir local en atouts économiques et sociaux. En 2011, le TUBITAK a lancé un programme de financement concurrentiel pour la mise en place de plateformes régionales d'innovation et de réseaux locaux de coopération. La loi sur les zones de développement technologique favorise la création de technoparcs via le financement de l'infrastructure et l'instauration d'incitations fiscales pour les entreprises qui s'installent dans ces parcs et leur personnel travaillant dans la R-D. En 2014, 55 zones ont été créées, et 40 sont en service.

Transfert et commercialisation de technologies : Le nombre de brevets déposés par les universités et les EPR turcs en pourcentage du PIB est faible par rapport aux normes OCDE (partie 1[p]). En 2012, certains programmes existants ont été modifiés, et d'autres ont été lancés (dont le Programme de soutien au Bureau de transfert de technologies, mis en place par le TUBITAK) pour faciliter la commercialisation des résultats de la R-D universitaire et accroître leur impact et leur bienfait pour la société. Le Programme d'aide et d'incitation aux dépôts de brevet a été actualisé en 2013, conformément aux besoins des différentes parties prenantes, afin d'améliorer la qualité et le nombre des demandes de brevet.

Évolutions récentes des dépenses STI : L'augmentation de la DIRD entre 2007 et 2012 a été nettement plus rapide que la moyenne OCDE. Les dépenses de R-D du secteur privé sont rapidement reparties à la hausse après la crise économique. En 2012, la DIRD représentait 0.92 % du PIB, dont 46.8 % financés par l'industrie (0.43 % du PIB), contre seulement 41 % en 2009 (0.35 % du PIB). Le gouvernement s'est engagé à investir de façon soutenue dans la STI et fixe les objectifs de la DIRD et de la DIRDE à, respectivement, 3 et 2 % du PIB pour 2023.

Partie 2. Composition structurelle de la DIRDE, 2011

En pourcentage dans la DIRDE totale ou de sous-parties de la DIRDE (%)

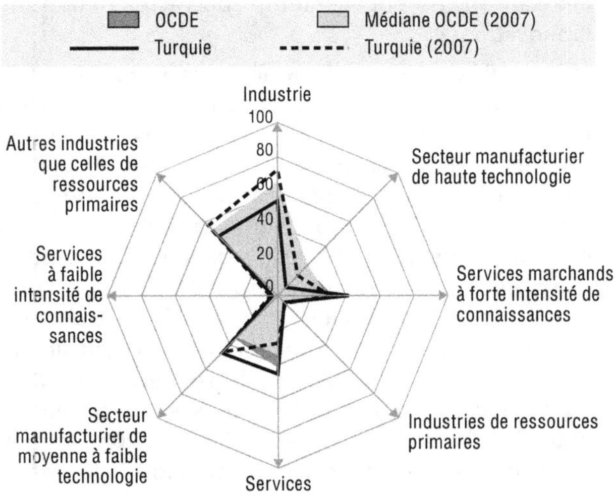

Partie 3. Avantage technologique révélé dans certains domaines, 2009-11

Indice basé sur les demandes de brevets PCT

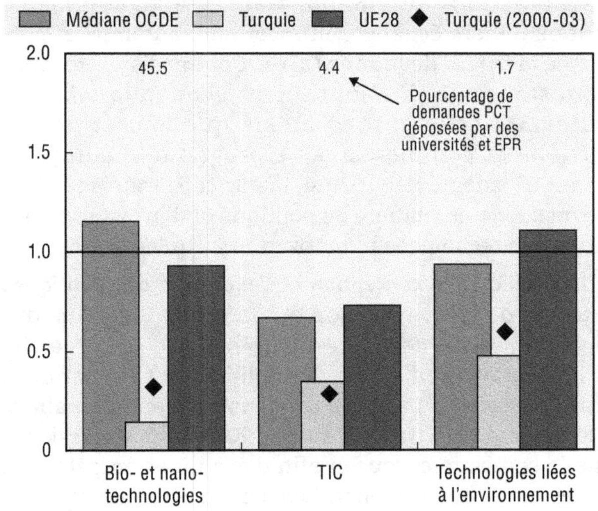

Partie 4. Allocation du soutien public à la R-D et l'innovation, par secteur, type et mode de financement, 2012

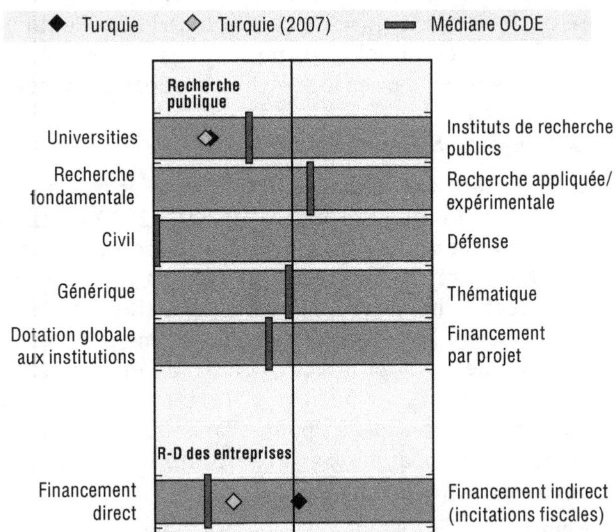

Partie 5. Principaux instrument de financement public de la R-D des entreprises, 2014

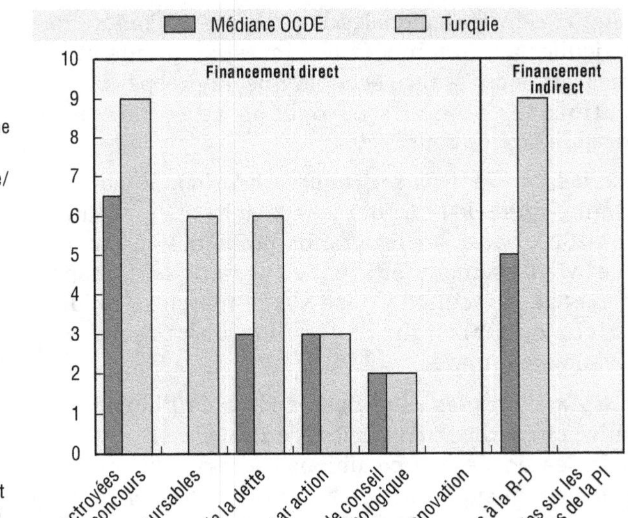

Note : Les informations sur les politiques sont tirées des réponses des pays au questionnaire préparatoire des éditions 2012 et 2014 des *Perspectives de la science, de la technologie et de l'industrie* de l'OCDE. Les réponses de la Turquie sont disponibles dans la base de données des *Perspectives*, édition 2014, accessible à l'adresse suivante : *http://qdd.oecd.org/Table.aspx?Query=1040551D-1182-4AB9-B2F2-BB4554354911.*

Source : Voir le guide du lecteur et l'annexe méthodologique.

StatLink http://dx.doi.org/10.1787/888933307237

UNION EUROPÉENNE

Les 28 États membres de l'Union européenne (UE) représentent 25 % du PIB mondial, 15 % du commerce international (hors échanges intracommunautaires) et près de 31 % de la DIRDE de la zone OCDE. Comme ils se trouvent à divers stades de développement économique, leurs capacités STI diffèrent, de même que leur structure industrielle et commerciale. Le programme européen Horizon 2020, adopté début 2014, fixe le cap stratégique que l'UE devra suivre en matière de politique et d'investissement concernant la recherche et l'innovation jusqu'en 2020.

Enjeu 1: Améliorer la conception et l'exécution des politiques STI. Au sein de la Commission européenne (CE), l'une des principales missions de la Direction générale de la recherche et de l'innovation est d'évaluer les politiques et programmes de réforme exécutés par les pays dans ces deux domaines. Dans le cadre de la Stratégie Europe 2020, la Commission a institué le semestre européen afin d'examiner en détail les politiques et réformes économiques et structurelles que les membres comptent engager, notamment dans la recherche et l'innovation, et de formuler des recommandations dans les 12 à 18 mois suivants. Elle s'intéresse également aux résultats des activités nationales de recherche et d'innovation, en particulier aux retombées des investissements et des réformes sur la croissance économique, la prospérité et la réalisation des objectifs européens de recherche et d'innovation arrêtés pour 2020.

Enjeu 2: Relever les défis sociétaux (solidarité). Le nouveau programme-cadre de l'UE pour la recherche et l'innovation, Horizon 2020, porte sur les grands problèmes de société (santé et vieillissement, efficience énergétique, transport durable, etc.). Il facilite la mise sur le marché des idées novatrices en finançant les projets de recherche et d'innovation appropriés.

Enjeu 3: Améliorer les conditions-cadres de l'innovation. L'initiative phare Union de l'innovation, lancée en 2010, vise à combler les lacunes des conditions-cadres de l'innovation, en particulier en supprimant les obstacles et favorisant les efforts visant à consolider la base de connaissances et à réduire la fragmentation ; à introduire les bonnes idées sur le marché ; à maximiser la cohésion sociale et territoriale ; à rassembler les forces (par exemple, grâce aux partenariats européens d'innovation) pour réaliser des percées ; à exploiter les externalités des politiques ; et à suivre l'exécution des engagements contractés dans l'Union de l'innovation.

Enjeu 4: Réformer le système de recherche publique (recherche universitaire). L'Espace européen de la recherche (EER) a pour objet d'aider les pays membres à développer la recherche scientifique et technologique, à gagner en compétitivité et à relever ensemble les grands défis en facilitant la collaboration transfrontières des chercheurs, des établissements publics de recherche et des entreprises. D'après une communication de 2012 intitulée Un partenariat renforcé pour l'excellence et la croissance dans l'Espace européen de la recherche, l'objectif de la CE est d'améliorer les résultats de la recherche en Europe. Y étaient recommandées des mesures actuellement engagées pour finir la mise en place de l'EER en 2014 au plus tard, conformément aux instructions du Conseil européen. L'EER traitera également de la recherche publique nationale (financement concurrentiel, financement transnational et utilisation transfrontière des infrastructures de recherche). L'an dernier, un rapport d'étape abordait la question des réformes et de la mise à exécution de l'EER. Ce rapport est un élément essentiel du dispositif de suivi des politiques de l'EER et s'intègre dans le semestre européen susmentionné.

Le système STI de l'UE en bref

Gouvernance des politiques STI : Simple et transparente, la structure de gouvernance d'Horizon 2020 permet à ses participants de se concentrer sur l'essentiel et, donc, de concrétiser rapidement leurs projets. La Direction générale de la recherche et de l'innovation (DGRI) s'est récemment recentrée sur la prospective en créant une unité chargée de la politique, de la prospective et des données scientifiques. Le système d'évaluation d'Horizon 2020 utilise des indicateurs transversaux pour estimer les effets, notamment socio-économiques, des crédits de la recherche et de l'innovation sur le long terme.

Nouveaux défis : Pour l'UE, la recherche a un rôle clé à jouer face aux grands défis sociétaux auxquels l'Europe est aujourd'hui confrontée. Les programmes de recherche nationaux ne suffisent pas, même s'ils comptent parmi les plus aboutis au monde. En menant des programmes

Chiffres clés, 2013

Productivité économique et environnementale	EU28	OCDE	Dépenses intérieures brutes de R-D	EU28	OCDE
Productivité du travail			**DIRD**		
PIB par heure ouvrée en USD PPA, 2013	47.6	47.7	En million USD en PPA, 2012	341 485	1 107 398
(taux de croissance annuel, 2008-13)	n.a.	(+0.8)	En % du total OCDE, 2012	30.8	100
Productivité environnementale			**Intensité et croissance de la DIRD**		
PIB par émission unitaire de CO_2 en USD, 2011	n.a.	3.0	En % du PIB, 2012	2.07	2.40
(taux de croissance annuel, 2007-11)	n.a.	(+1.8)	(taux de croissance annuel, 2007-12)	(+2.3)	(+2.0)
Demande verte			**DIRD à financement public**		
RNN par émission unitaire de CO_2 en USD, 2011	4.0	3.0	En % du PIB, 2011	0.70	0.77
(taux de croissance annuel, 2007-11)	(+3.1)	(+1.6)	(taux de croissance annuel, 2007-11)	(+2.8)	(+2.8)

Graphique 9.47. **La science et l'innovation dans l'Union européenne**

Partie 1. Performance comparée des systèmes nationaux de science et d'innovation, 2014

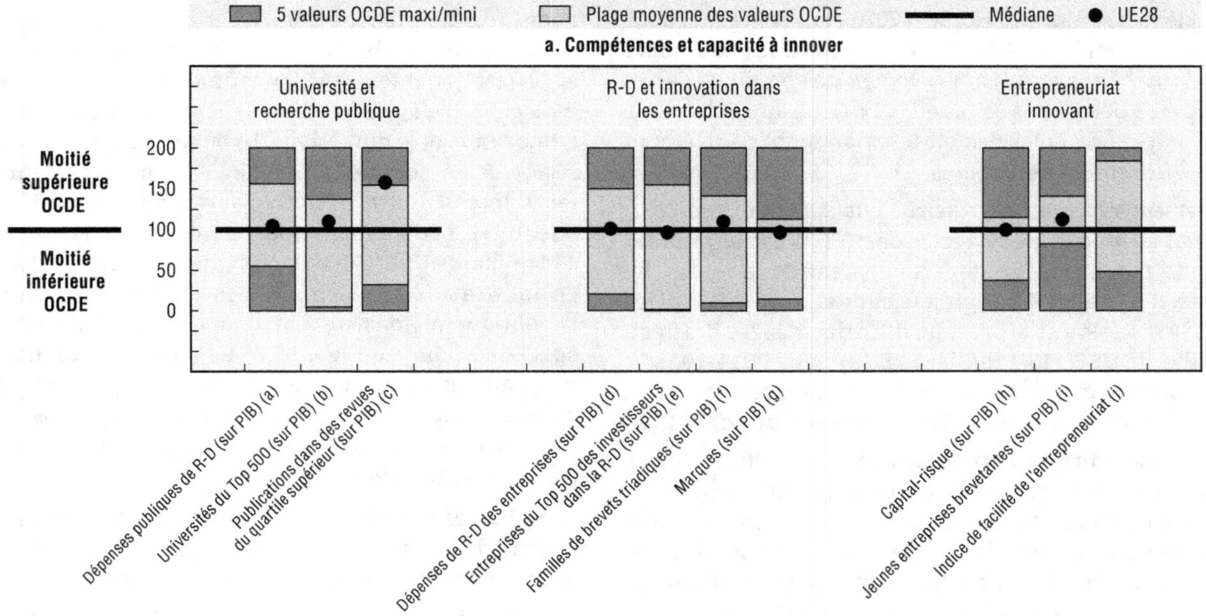

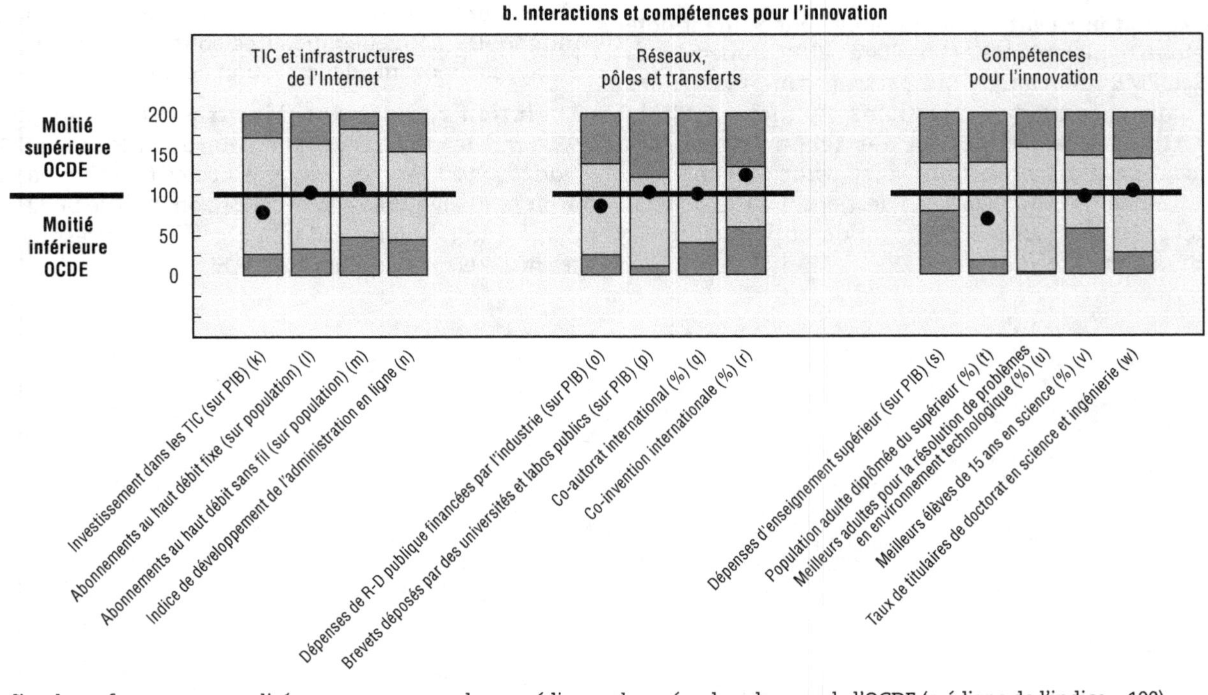

Note : Indice de performance normalisé par rapport aux valeurs médianes observées dans la zone de l'OCDE (médiane de l'indice = 100).

conjoints, l'UE veut conjuguer les efforts nationaux afin d'utiliser de façon plus rationnelle les ressources publiques de la R-D européenne et de trouver des solutions plus efficaces aux problèmes communs. Horizon 2020 consacrera aux défis sociétaux 35.4 milliards USD (29.7 milliards EUR) pour aider les entreprises innovantes à développer des produits viables et porteurs de débouchés commerciaux. Cette approche par le marché exigera de créer des partenariats public-privé pour réunir les ressources nécessaires.

Enseignement supérieur et recherche publique : Créé en 2007, le Conseil européen de la recherche (CER) est le premier organisme pan-européen de financement de la recherche de pointe. Il a financé 4 500 projets et produit 20 000 articles en 2007-13. Relevant à présent d'Horizon 2020, il a reçu 15.8 milliards USD (13.1 milliards EUR) pour 2014-20, soit 17 % du budget global d'Horizon 2020 et, en termes réels, 60 % de plus qu'au titre du 7e Programme-cadre (2007-13).

R-D et innovation des entreprises : Horizon 2020 a pour particularité de faire toute la place à l'innovation, en consacrant bien plus de ressources que par le passé à la R-D et à l'innovation des entreprises. À cette fin, le volet consacré à la primauté industrielle et à la compétitivité a été doté de 20.2 milliards USD (17 milliards EUR) et prévoit un large éventail de mesures, dont l'exécution dépendra pour beaucoup des entreprises.

Entrepreneuriat innovant : Avec un nouvel instrument doté d'au moins 3.6 milliards USD (3 milliards EUR), Horizon 2020 aidera les PME innovantes, qui participeront aussi à des projets dans le cadre de consortiums. Au moins 20 % du budget alloué à la promotion des technologies clés génériques et aux défis sociétaux, soit environ 10.3 milliards USD (8.65 milliards EUR), leur sont destinés. L'autre objectif est de lever les obstacles à l'innovation et de faciliter la coopération public-privé.

Pôles d'activité et spécialisation intelligente : Le projet Régions de la connaissance du 7e Programme-cadre portait sur la coopération transnationale par pôle de recherche avec un budget de 150 millions USD (126 millions EUR) pour 2007-13. Dans la nouvelle politique de cohésion de l'UE, la spécialisation intelligente constitue une condition préalable indispensable aux investissements futurs dans la recherche, l'innovation et le numérique. Le but est de doper l'innovation régionale en donnant aux régions les moyens de mobiliser leurs forces. Cette initiative sera financée par les fonds structurels et d'investissement européens à hauteur de 96.4-130 milliards USD (80-100 milliards EUR). La DGRI veille, en collaboration étroite avec la Direction générale de la politique régionale et urbaine, à ce que les stratégies de spécialisation intelligente transparaissent bien dans les programmes d'exécution et les accords de partenariat et à ce qu'elles soutiennent les investissements proposés par les États membres et les régions au titre des fonds structurels et d'investissement européens.

Compétences et innovation : Pour l'UE, sa compétitivité future dépend des ressources humaines. L'initiative EURAXESS sur la mobilité des chercheurs a pour objet de susciter les vocations, tandis que le Partenariat européen pour les chercheurs vise à améliorer les perspectives professionnelles en Europe, à inciter les jeunes à embrasser une carrière de chercheur, à retenir les talents et à en attirer du reste du monde. De nouvelles mesures sont à l'étude au titre des Principes innovants de formation doctorale.

Évolution récente des dépenses STI : Avec près de 98.6 milliards USD (78.6 milliards EUR) pour 2014-20, Horizon 2020 est l'un des rares postes budgétaires de l'UE à avoir tant augmenté. Grâce à Horizon 2020, le budget de l'UE dédié à la R-D pour 2014-20 a gonflé de presque 30 % en termes réels par rapport à 2007-13.

Partie 2. Avantage technologique révélé dans certains domaines, 2009-11

Indice basé sur les demandes de brevets PCT

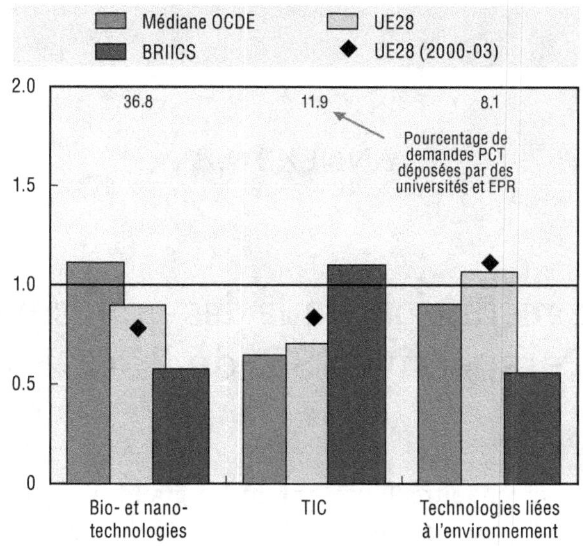

Partie 3. Allocation du soutien public à la R-D et l'innovation, par secteur, type et mode de financement, 2012

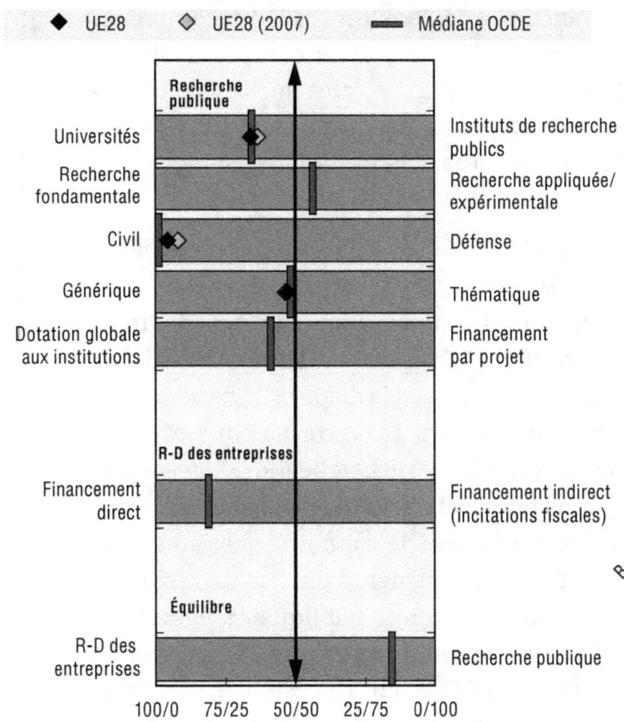

Partie 4. Principaux instrument de financement public de la R-D des entreprises, 2014

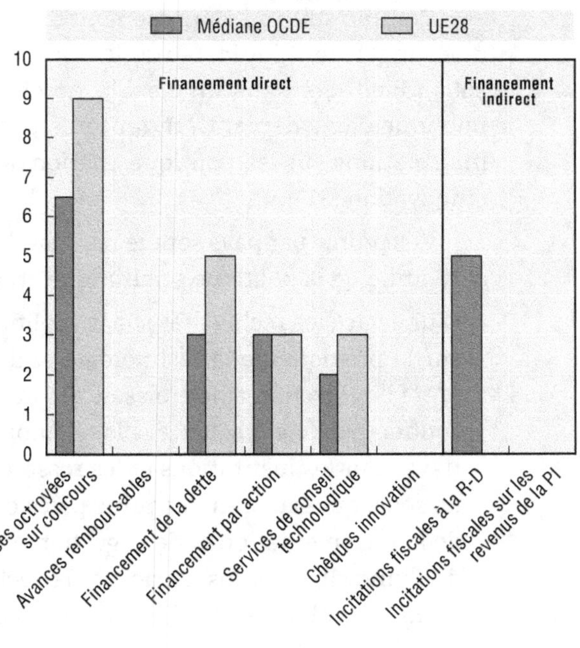

Note : Les informations sur les politiques sont tirées des réponses des pays au questionnaire préparatoire des éditions 2012 et 2014 des *Perspectives de la science, de la technologie et de l'industrie* de l'OCDE. Les réponses de l'Union européenne sont disponibles dans la base de données des *Perspectives*, édition 2014, accessible à l'adresse suivante: *http://qdd.oecd.org/Table.aspx?Query=4684D449-1AE3-4C16-B10E-97D433EF213B.*

Source : Voir le guide du lecteur et l'annexe méthodologique.

StatLink http://dx.doi.org/10.1787/888933307265

ANNEXE 9.A

Annexe méthodologique des profils par pays des Perspectives STI de l'OCDE 2014

Introduction

Les profils par pays (chapitre 9) présentent les grandes caractéristiques, forces et lacunes des systèmes STI nationaux et les principales évolutions récemment intervenues dans les politiques STI nationales. La présente annexe expose les principes conceptuels, les sources et la méthodologie employés pour élaborer ces profils.

Comme suite à l'élargissement du cadre statistique de l'édition 2012, qui comprenait une vingtaine d'indicateurs, les profils par pays de l'édition 2014 comptent plus de 300 indicateurs dans un certain nombre de domaines STI. Le volet sur les politiques publiques a également été renforcé par un recours plus systématique et détaillé aux informations sur les politiques nationales consacrées à la science, à la technologie et à l'innovation (STI).

Ces profils par pays sont le résultat de deux types d'activités menées sous les auspices du Comité de la politique scientifique et technologique (CPST) :

- D'une part, les recherches sur les politiques publiques conduites par le Groupe de travail sur la politique de la technologie et de l'innovation (TIP), qui étudie les liens existant entre l'innovation et la croissance durable, mais aussi évalue les dispositifs nationaux de soutien public à la science, à la technologie et à l'innovation, et les travaux du Groupe de travail sur les institutions et les ressources humaines de la recherche (IRHR), désormais dissous, qui explorent les principales conditions nécessaires au niveau des institutions, de la réglementation et de la gestion pour renforcer la base de connaissances au service de l'innovation et les capacités de recherche des établissements publics de recherche (EPR). Le volet des profils par pays consacré aux politiques publiques a également bénéficié de l'expérience acquise au cours des examens par pays de l'OCDE sur les politiques d'innovation et des travaux antérieurs de l'OCDE sur les systèmes nationaux d'innovation. Les réponses fournies par les pays dans le questionnaire préparatoire de l'édition 2014 des *Perspectives STI de l'OCDE*, qui avait été distribué aux délégués au CPST entre novembre 2013 et janvier 2014, constituent la principale source, et la plus récente, d'informations sur les différentes politiques STI mises en œuvre dans les pays. Des documents officiels et des sources externes, comme les rapports *Erawatch/TrendChart* de l'UE, ont également été utilisés selon les besoins.
- D'autre part, les travaux statistiques et les analyses empiriques du Groupe de travail des experts nationaux sur les indicateurs de la science et de la technologie (GENIST), dont le

but est de mesurer l'innovation et de développer, à des fins d'analyse des politiques, des indicateurs de la science et de la technologie comparables au plan international. Le volet statistique des profils par pays puise également dans les données collectées et les travaux empiriques menés, dans leurs domaines d'activité respectifs, par le Comité de l'industrie, de l'innovation et de l'entrepreneuriat (CIIE) et le Comité de la politique de l'information, de l'informatique et des communications (PIIC). Enfin, les analyses d'indicateurs et de tendances STI réalisées dans le cadre de l'élaboration de la publication *Science, technologie et industrie : Tableau de bord de l'OCDE* constituent une référence incontournable (OCDE, 2009, 2011a, 2013a).

Cette annexe méthodologique a pour objet de présenter le cadre conceptuel employé dans la présente édition pour évaluer les systèmes nationaux d'innovation. Les indicateurs clés retenus pour mesurer leur efficacité sont tout d'abord passés en revue. Puis sont examinés les raisons de ces choix, les sources utilisées, certaines limitations dans l'interprétation des données et différents aspects techniques (calculs, critères de normalisation, etc.).

Que faut-il mesurer ? Cadre conceptuel

Un effort particulier a été fait pour mieux comprendre le fonctionnement des systèmes d'innovation et leurs performances, moyennant à la mise en correspondance et la mesure des intrants, des produits et des résultats (OCDE, 2010a).

On trouvera ci-après une définition du cadre employé pour décrire le système national d'innovation et le dosage des politiques d'innovation (OCDE, 2010b). Utilisé tout au long de la présente édition 2014 des *Perspectives STI de l'OCDE*, ce cadre permet notamment de rapprocher les profils de l'action publique (approche thématique) des profils par pays (approche par pays). Il a également servi de base au remaniement du questionnaire destiné à la collecte des informations et des données officielles sur les grands programmes et les évolutions récentes de la politique STI.

L'intervention publique peut avoir pour finalité d'améliorer : i) la gouvernance des politiques STI ii) les compétences et la capacité des acteurs STI à innover, d'une part dans les établissements d'enseignement supérieur et les établissements publics de recherche (EPR) et, d'autre part au niveau des entreprises ; iii) les interactions entre ces acteurs en vue d'accélérer le transfert technologique et leur capacité à s'intégrer dans les réseaux internationaux ; et iv) les compétences propices à l'innovation.

Gouvernance des politiques STI

Alors que l'éventail des instruments au service de la politique de l'innovation s'élargissait, la politique STI gagnait en complexité. L'empilement des initiatives au fil du temps a accru les risques de défaillance de l'État et le délitement de son pouvoir au profit d'acteurs supra- et infranationaux, para-étatiques et non étatiques a encouragé l'émergence de nouvelles formes de gouvernance multiniveaux et multipartites (Flanagan et al., 2010) qui rendent les éventuels effets secondaires de l'intervention publique de plus en plus difficiles à déceler et à anticiper. De plus, depuis la crise financière de 2008, les gouvernements sont soumis à de fortes contraintes pour trouver de nouvelles sources de croissance, relever les défis sociaux et planétaires et assainir leurs comptes budgétaires (OCDE, 2010c). Une bonne gouvernance nécessite d'identifier les priorités stratégiques, de combiner les bons instruments et de tirer le meilleur parti de ressources en stagnation, voire en recul.

On trouvera des informations plus détaillées sur la logique de l'intervention des pouvoirs publics dans les domaines STI et ses principaux aspects, de même que sur les tendances récentes des politiques menées à cet égard dans la partie II du présent volume intitulée « Profils des politiques STI ».

Compétences et capacité à innover des acteurs STI

Enseignement supérieur et recherche publique

Dans la plupart des pays de l'OCDE, la recherche publique est beaucoup plus modeste que la recherche-développement (R-D) des entreprises ; les dépenses consacrées à la R-D par les secteurs de l'enseignement supérieur et de l'État représentent 30 % des dépenses totales de R-D de la zone OCDE (OCDE, 2014). Toutefois, les EPR et les universités de recherche jouent un rôle extrêmement important dans les systèmes d'innovation en créant de nouveaux savoirs, notamment dans des domaines où les retombées économiques sont incertaines ou moins immédiates. La recherche publique répond également à des besoins spécifiques, soit d'intérêt national, comme la défense, soit d'intérêt général, comme les soins de santé (voir le profil « Missions et orientation de la recherche publique »). De plus, la recherche publique a tendance à être contracyclique et à servir d'élément régulateur en compensant les déficits de financement provoqués par les baisses de l'investissement privé dans la R-D en période de ralentissement économique (voir le chapitre 1). En 2009, la dépense intérieure brute de R-D (DIRD) avait reculé de 1.3 % dans la zone OCDE, sous l'effet d'une forte contraction des dépenses de R-D des entreprises (-4.2 %), alors que les dépenses du secteur de l'enseignement supérieur (+4.9 %) et de l'État (+4.0 %) continuaient de progresser (OCDE, 2014a). La même situation s'était produite en 2002 après l'explosion de la bulle de l'Internet, quoique de façon moins prononcée.

Innovation des entreprises

Les entreprises sont des acteurs majeurs des systèmes nationaux d'innovation (voir le chapitre 5 « Innovation des entreprises »). Elles créent de la valeur économique à partir d'idées, assument la plus grande part des dépenses intérieures de R-D dans de nombreux pays et produisent de surcroît des innovations non technologiques. Par ailleurs, les startups peuvent tirer parti des connaissances inutilisées ou sous-exploitées par les entreprises et mettre à profit le savoir en place pour entrer sur des marchés émergents ou déjà existants (Acs et al., 2009). Cela est tout particulièrement vrai dans les secteurs à forte intensité de savoir.

Innovation du secteur public

Une demande publique de plus en plus sophistiquée et les nouveaux défis induits par les contraintes budgétaires obligent le secteur public à innover. L'innovation du secteur public s'accompagne d'améliorations significatives dans les prestations de services publics, à la fois en termes de contenu de ces services et d'instruments utilisés pour leur mise à disposition. De nombreux pays de l'OCDE se proposent de créer des services davantage centrés sur l'utilisateur, mieux définis et plus axés sur la demande. Toutefois, on connaît encore mal tout l'éventail des outils dont les décideurs politiques disposent pour accélérer l'innovation dans ce domaine et les *Perspectives STI* s'intéressent à tous les autres types d'acteurs STI.

Interactions entre les acteurs STI

La science est à la base de la plupart des innovations, notamment dans les disciplines de pointe (comme la biotechnologie). L'innovation passe de plus en plus par la convergence des disciplines scientifiques et des technologies (OCDE, 2010c). Le volume toujours plus important des connaissances nécessaires à l'innovation a encouragé les acteurs du secteur STI à coopérer et à se rattacher aux flux mondiaux de connaissance.

Les TIC et l'infrastructure scientifique

Les études empiriques mettent en évidence une corrélation positive entre l'adoption et l'utilisation des technologies de l'information et des communications (TIC) et la performance microéconomique et macroéconomique (OCDE, 2012b). Les pouvoirs publics voient dans les TIC et l'Internet des plateformes privilégiées pour la recherche et l'innovation (voir le profil « Innovation et économie numérique »).

Pour mener des travaux de recherche scientifique, ou pour attirer et retenir des chercheurs de rang mondial, il faut disposer d'une masse critique de vastes infrastructures scientifiques, d'équipements coûteux et d'installations modernes, ce qui suppose des investissements publics et privés non négligeables.

Pôles

Les pôles sont des regroupements géographiques d'entreprises, d'universités, d'EPR et d'autres entités publiques et privées qui facilitent la collaboration autour d'activités économiques complémentaires. Les pôles facilitent les transferts indirects de connaissances et la mise en commun du savoir, permettant ainsi de dégager des gains de productivité, d'intensifier l'innovation et de rendre les entreprises plus compétitives. Les gouvernements soutiennent les pôles en investissant dans les TIC, dans les infrastructures et les connaissances scientifiques, dans les activités de réseau et dans la formation (voir le profil « Pôles d'activité et spécialisation intelligente »).

Flux de connaissances et commercialisation des résultats de la recherche publique

Divers mécanismes facilitent la valorisation, la circulation et la commercialisation des connaissances. Les droits de propriété intellectuelle (DPI), tels que les brevets ou les marques de fabrique ou de commerce, facilitent le transfert de connaissances et de technologie en garantissant que le savoir créé ne sera pas détourné et que la majeure partie des bénéfices pourra être internalisée (voir le profil « Politiques des brevets »). Le transfert de technologie par le secteur universitaire est encouragé, afin d'accroître l'impact économique des investissements dans la recherche publique. La commercialisation des résultats de la recherche publique par la cession de propriété intellectuelle, la création de nouvelles entreprises (par exemple, entreprises issues de la recherche universitaire), la passation de contrats par des acteurs industriels avec des universités et des EPR ou la mise en place de projets collaboratifs de R-D peuvent également créer des ressources financières additionnelles pour les universités et les EPR (voir le profil « Commercialisation de la recherche publique »). Les DPI font donc de plus en plus l'objet de transactions sur les marchés et le nombre d'intermédiaires en la matière, notamment pour les services de propriété intellectuelle, a augmenté (voir le profil « Marchés de la propriété intellectuelle »). Par ailleurs, la recherche scientifique ouverte multiplie les canaux de transfert et de diffusion des résultats de la recherche (par exemple, outils et plateformes des TIC, instruments alternatifs relatifs au droit d'auteur), tandis que l'innovation ouverte dans les entreprises crée une division du travail dans la collecte et l'exploitation des idées (voir le profil « Science ouverte »).

Mondialisation des systèmes STI

Les échanges, les investissements et les systèmes de recherche sont de plus en plus mondialisés (OCDE, 2009). Les pays et les entreprises coopèrent au plan international dans les domaines STI pour exploiter les réservoirs mondiaux de connaissances et de ressources humaines et les grands équipements de recherche, afin de mutualiser les coûts, d'obtenir plus rapidement des résultats et d'organiser l'action à engager à grande échelle pour relever efficacement des défis à caractère régional ou mondial (voir le chapitre 3 « Mondialisation des politiques d'innovation »).

Ressources humaines pour l'innovation

Éducation

Parce qu'elle contribue à élever les niveaux de formation et le niveau général d'instruction, qu'elle peut inspirer les jeunes talents à s'engager dans des professions en rapport avec l'innovation et doter la population des qualifications les plus élevées, la formation initiale reste le principal domaine dans lequel intervenir pour améliorer l'offre de compétences, diverses et complexes, que nécessite l'innovation. Outre les compétences en science, technologie, ingénierie et mathématiques, l'innovation nécessite des qualités personnelles (esprit d'entreprise, créativité, qualités d'animateur, etc.) (voir le profil « Renforcer la formation et les compétences au service de l'innovation »).

Emploi et apprentissage tout au long de la vie

Il est possible d'élargir davantage l'offre de main-d'œuvre hautement qualifiée en renforçant l'attractivité des carrières de chercheur et d'entrepreneur, en facilitant la mobilité sectorielle et internationale, qui favorise la fertilisation des idées et l'apprentissage, et en encourageant le passage de l'enseignement supérieur et de la formation vers l'emploi et inversement. L'accélération du progrès technique a fait de l'apprentissage tout au long de la vie un moyen fondamental de préserver et d'améliorer le réservoir de ressources humaines au service de la science et de la technologie (RHST). La demande de main-d'œuvre hautement qualifiée peut également être stimulée par des mesures propices à la création d'emplois dans le monde universitaire ou dans le secteur des entreprises, notamment dans les petites et moyennes entreprises (PME). Il est possible de réduire l'inadéquation entre l'offre et la demande en encourageant la mobilité et la formation et en développant la connaissance des besoins actuels et futurs en compétences (voir le profil « Politiques d'emploi des travailleurs hautement qualifiés »).

Culture d'innovation

Il est de plus en plus admis que l'innovation est influencée par les valeurs sociales et culturelles, les normes, les attitudes et les comportements qui nourrissent une culture de l'innovation. La mise en place de cette culture de l'innovation nécessite de sensibiliser et d'intéresser le public, notamment les jeunes, à la science et à la technologie, de faire reconnaître la contribution de la science et de la technologie au bien-être et à la prospérité, de promouvoir l'esprit d'entreprise en valorisant la prise de risque, d'encourager une culture de la recherche tout en sensibilisant davantage la communauté des chercheurs à la question des DPI, etc. (voir le profil « Bâtir une culture de la science et de l'innovation »).

Chiffres clés

Le tableau des chiffres clés donne un aperçu des résultats économiques et environnementaux du pays considéré, de la taille de son système national de recherche et de l'importance relative des engagements de l'État en faveur de la R-D au travers des financements publics. Il montre également comment ces indicateurs ont évolué entre 2007 et 2012. Quand les données manquent pour ces années, ce sont celles des années les plus proches qui ont été utilisées. Les taux de croissance sont des taux de croissance annuels composés[1], exprimés en pourcentage.

Performance économique et performance environnementale

Il est largement admis que l'innovation est un facteur majeur de productivité et de performance économique ; elle s'avère essentielle pour créer de nouvelles valeurs économiques, au profit également des populations et de la planète, ainsi que pour faire face aux défis mondiaux.

Niveaux et croissance annuelle de la productivité du travail. Le bien-être se mesure traditionnellement à l'aide du PIB par habitant, dont l'évolution est liée à celle de la productivité du travail (PIB par heure travaillée) et de l'utilisation de la main-d'œuvre (heures travaillées par personne employée). On entend par productivité du travail le volume de production rapporté à la quantité de facteur travail, à savoir le PIB par heure travaillée, en USD à prix courants et en parités de pouvoir d'achat (PPA). La productivité du travail n'est toutefois qu'un indicateur partiel de la productivité et traduit l'influence conjointe d'une multitude de facteurs. Il est aisé de l'interpréter à tort comme une illustration du changement technique ou de la productivité de la population active. Les chiffres proviennent de la base de données sur la productivité de l'OCDE, qui fournit des estimations de la croissance et des niveaux de productivité et permet de comparer les niveaux de vie et les facteurs sous-jacents entre plusieurs pays (*www.oecd.org/std/productivity-stats/*).

Un élément central de la croissance verte est l'efficience avec laquelle l'environnement et les ressources naturelles sont utilisés dans la production et la consommation. Le déclin de cette base d'actifs et le changement climatique mettent en péril la croissance et le développement durable. Les effets sur l'environnement sont d'importants déterminants de la santé et du bien-être. On redoute principalement les effets des concentrations atmosphériques de plus en plus fortes de gaz à effet de serre (GES) sur les températures mondiales et le climat de la planète, ainsi que les répercussions sur les écosystèmes, les établissements humains, l'agriculture et autres activités socioéconomiques susceptibles d'affecter la production économique mondiale (OCDE, 2011b). Le dioxyde de carbone (CO_2) est le principal responsable des émissions de GES. La combustion d'énergie imputable aux activités économiques et aux ménages est la première cause du changement climatique et des émissions de GES.

Niveaux et croissance annuelle de la productivité environnementale. La productivité environnementale, ou productivité de l'environnement et des ressources, correspond à la

1 Le taux de croissance annuel composé est calculé à prix constants, à l'aide de la formule suivante dans laquelle le TCAC désigne le taux de croissance annuelle composé et I la valeur considérée sur la période de temps entre t_0 et t_1 :

$$\text{TCAC}\ {}^{I}_{t_1,t_0} = \left[\left(I_{t_1} | I_{t_0}\right)^{(1|(t_1 - t_0))} \right] - 1$$

productivité CO_2 basée sur la production, c'est-à-dire le PIB obtenu par unité de CO_2 émis du fait de la consommation énergétique. Les estimations ont été calculées par l'Agence internationale de l'énergie (AIE) sur la base des bilans énergétiques de l'agence et de la version révisée de 1996 des Lignes directrices du GIEC pour les inventaires nationaux de gaz à effet de serre (AIE, 2013).

Niveaux et croissance annuelle de la demande verte La demande verte renvoie à la productivité CO_2 induite par la demande, c'est-à-dire le revenu national net réel obtenu par unité de CO_2 émise ou le revenu national brut par unité de CO_2 émise dans le cas de l'Afrique du Sud, du Brésil, de la Chine, de la Fédération de Russie, de l'Inde et de l'Indonésie. Les émissions induites par la demande correspondent aux émissions de CO_2 rattachées à la demande intérieure finale et imputables à la consommation d'énergie aux différents stades de la production des biens et des services consommés, où que les stades de la production soient localisés. L'évolution des émissions induites par la demande apporte un complément au diagnostic établi à partir des mesures qui reposent habituellement sur la production. Les estimations des émissions de CO_2 sont calculées à partir des tableaux d'entrées-sorties, de données sur les échanges bilatéraux et des émissions de CO_2 induites par la production. Les données utilisées proviennent de la base de données relative aux indicateurs de l'OCDE sur la croissance verte.

Dépense intérieure brute de R-D

La dépense intérieure brute de R-D (DIRD) est la dépense totale *intra-muros* affectée aux travaux de R-D exécutés sur le territoire national pendant une période donnée. Elle comprend donc la R-D exécutée sur le territoire national et financée par l'étranger mais ne tient pas compte des paiements effectués au titre des travaux de R-D réalisés à l'étranger (OCDE, 2002). La DIRD est l'un des indicateurs les plus largement utilisés pour mesurer les apports à l'innovation. Elle rend compte des efforts et des investissements d'un pays dans la R-D et de sa capacité à générer de nouveaux savoirs. On l'exprime en USD courants en PPA. Les dépenses de R-D sont calculées à partir des enquêtes de R-D nationales normalisées qui relèvent de l'action conjointement menée par l'OCDE et Eurostat pour recueillir des données sur les ressources consacrées à la R-D afin de permettre l'établissement de comparaisons internationales. Les chiffres de la DIRD, y compris les indicateurs ci-après sauf indication contraire, proviennent de la base de données de l'OCDE sur les Principaux indicateurs de la science et de la technologie (PIST), qui vise à rendre compte du niveau et de la structure des efforts engagés dans le domaine de la science et de la technologie (*www.oecd.org/fr/sti/pist.htm*). Les autres chiffres proviennent des bases d'Eurostat sur la science, la technologie et l'innovation pour ce qui concerne la Lettonie et la Lituanie ainsi que de l'Institut statistique de l'UNESCO (ISU) dans le cas de la Colombie, du Costa Rica, de l'Inde, de l'Indonésie et de la Malaise.

Intensité et croissance annuelle de la DIRD. De nombreux pays membres et non membres de l'OCDE « visent » un certain niveau d'intensité de la DIRD pour mieux cibler les décisions de politique publique et le financement public (voir le profil « Stratégies STI nationales »). Le volume de la DIRD à atteindre est souvent exprimé en pourcentage du produit intérieur brut (PIB). Les taux de croissance annuels composés sont calculés sur la base des dépenses de R-D à prix constants.

Dans de nombreux pays, la majeure partie des dépenses de R-D couvrent les dépenses de personnel, notamment les salaires et rémunérations des chercheurs. L'intensité de la DIRD en pourcentage du PIB et le nombre de chercheurs par millier d'emplois sont donc étroitement liés (OCDE, 2011a). Par souci de simplification, les données sur la densité de chercheurs ne sont pas présentées dans les profils par pays. La population de chercheurs indiquée sur le graphique 9.A.1 est estimée en équivalent plein-temps (EPT).

Graphique 9.A.1. **DIRD en pourcentage du PIB et nombre de chercheurs par milliers d'emplois, 2013 ou dernière année disponible**

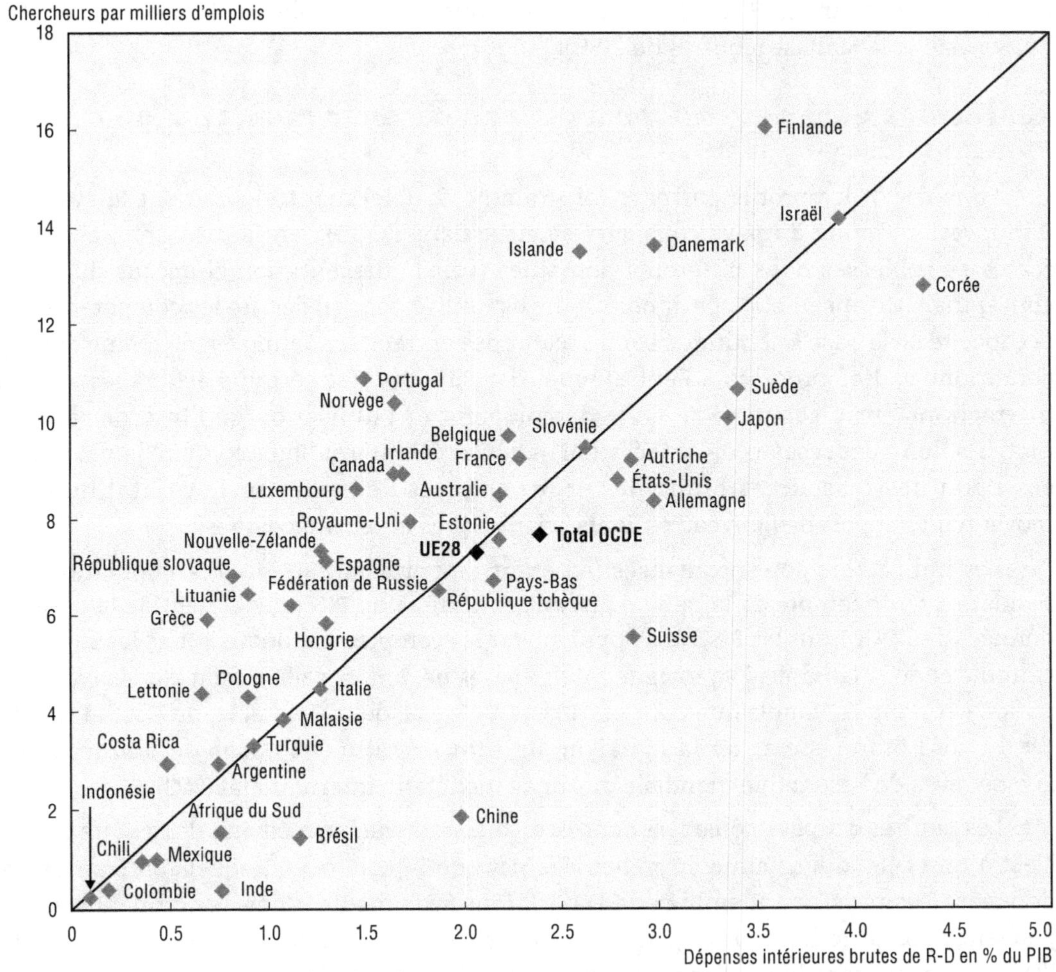

Note : Pour les dépenses intérieures brutes de R-D : les données pour l'Autriche renvoient à 2013 ; les données pour l'Afrique du Sud, la Colombie, le Costa Rica, l'Islande, la Malaisie, le Mexique et la Nouvelle-Zélande renvoient à 2011 ; les données pour l'Australie et le Brésil renvoient à 2010 ; et les données pour la Suisse renvoient à 2008. Pour les autres pays, les données renvoient à 2012.
Pour les chercheurs : les données pour l'Afrique du Sud, le Canada, le Costa Rica, les Etats-Unis, la France, l'Islande, Israël, la Lettonie, la Lituanie, la Malaisie, le Mexique et la Nouvelle-Zélande renvoient à 2011 ; les données pour le Brésil et la Colombie renvoient à 2010 ; les données pour l'Indonésie renvoient à 2009 ; les données pour l'Australie et la Suisse renvoient à 2008 ; et les données pour l'Inde renvoient à 2005. Les autres données renvoient à 2012.
Source : OCDE, *Base de données sur les principaux indicateurs de la science et de la technologie (PIST)*, juin 2014, *www.oecd.org/sti/msti* ; *Institut pour les statistiques de l'Eurostat et de l'UNESCO (UIS)*, juin 2014. Données extraites de IPP.Stat le 8 juillet 2014, *http://stats.oecd.org//Index.aspx?QueryId=57863*.

StatLink http://dx.doi.org/10.1787/888933307274

Intensité et croissance annuelle de la DIRD financée sur fonds publics. La DIRD est financée par diverses sources : entreprises (industrie), État, enseignement supérieur, établissements privés sans but lucratif et fonds étrangers (étranger). Dans les profils par pays, le financement public de la R-D englobe le financement par les secteurs de l'État et de l'enseignement supérieur. Il rend compte des engagements publics en faveur de la R-D par rapport à la taille du pays. Il est exprimé en pourcentage du PIB. Les données proviennent d'enquêtes nationales de R-D harmonisées et de la base de données de l'OCDE sur les statistiques de la recherche et développement (SRD), qui fournit des informations détaillées sur un éventail de statistiques de la R-D (*www.oecd.org/fr/innovation/inno/srd.htm*), sauf en ce qui concerne la Lettonie et la Lituanie (pour lesquelles les chiffres proviennent des bases de données STI d'Eurostat), ainsi que la Colombie, le Costa Rica, l'Inde, l'Indonésie et la Malaise (chiffres de l'ISU).

Évaluation comparative des performances nationales en matière d'innovation (partie 1 des profils par pays)

La partie 1 des profils par pays (diagramme double) montre comment le système d'innovation donné du pays considéré se situe dans l'OCDE, en faisant apparaître ses forces et faiblesses dans différents domaines (voir la présentation ci-dessus du cadre conceptuel). Un ensemble type d'indicateurs est utilisé pour : i) décrire les compétences et la capacité de la base scientifique et du secteur des entreprises à innover, de même que les conditions-cadres propices à l'entrepreneuriat ; ii) apporter certains éclairages sur les interactions entre acteurs STI via le déploiement et l'utilisation de l'Internet et leur participation à des réseaux de coopération nationaux et internationaux ; et iii) faire le point sur l'état des ressources humaines et les chances de renforcer le capital humain moyennant l'apport de nouveaux talents scientifiques et technologiques.

Les indicateurs sont normalisés (en étant rapportés au PIB ou à la population) de manière à tenir compte de la taille du pays. Les chiffres du PIB proviennent de la base de données de l'OCDE sur les PIST et s'appuient sur les comptes nationaux. Dans les cas de la Lettonie et de la Lituanie, ils proviennent des bases de données d'Eurostat sur les comptes nationaux annuels, tandis que pour ce qui est du Brésil, de la Colombie, du Costa Rica, de l'Inde, de l'Indonésie et de la Malaisie, ils sont extraits des bases de données des Perspectives de l'économie mondiale du Fonds monétaire international (FMI).

Les chiffres du pays considéré sont comparés à la valeur médiane de la zone OCDE, c'est-à-dire celle qui se situe au milieu des pays de l'OCDE pour lesquels on dispose de données. Des pays non membres de l'OCDE font également l'objet de comparaisons et peuvent apparaître hors plage (par exemple, en-deçà du plus faible niveau des pays de l'OCDE). En utilisant la médiane, on évite d'introduire un biais statistique en faveur des grands acteurs qui fausserait la moyenne, tout en prenant en compte les classements internationaux. La médiane présente également l'avantage, par rapport à un simple classement, de préserver les écarts de valeurs entre pays. Sur le graphique, l'écart entre la valeur d'un pays et la médiane sera marqué à une distance proportionnelle de la médiane. Cela vaut pour tous les pays. Dans un classement simple, la différence entre deux pays dont les valeurs se suivent est égale à l'unité, et l'écart à la médiane correspond au classement. Tous les indicateurs sont présentés sous forme d'indices sur une échelle commune de 0 à 200 (0 correspondant à la valeur la plus faible de l'OCDE, 100 à la médiane et 200 à la valeur la plus élevée), afin de les rendre comparables. Les graphiques comparatifs font également ressortir la position et la dispersion des cinq valeurs les plus fortes et les plus basses de l'OCDE. Quand les données manquent, la position relative du pays n'apparaît pas sur le graphique (pas de point).

Soit X_t^c l'indicateur du pays c au moment t, et X_t^{Max}, X_t^{Med} et X_t^{Min} les valeurs maximale, médiane et minimale respectives de l'OCDE pour cet indicateur, l'indice du pays I_t^c indiqué dans la partie 1 est calculé comme suit :

Si $X_t^c > X_t^{Med}$ alors $I_t^c = 100 + \left(X_t^c - X_t^{Med}\right) / \left(X_t^{Max} - X_t^{Med}\right) * 100$

Si $X_t^c < X_t^{Med}$ alors $I_t^c = 100 - \left(X_t^c - X_t^{Med}\right) / \left(X_t^{Min} - X_t^{Med}\right) * 100$

L'ensemble type d'indicateurs est constitué comme suit :

Universités et recherche publique

(a) Dépenses publiques de R-D (rapporté au PIB). Les établissements d'enseignement supérieur et les établissements publics de recherche jouent un rôle clé dans les systèmes STI nationaux. Les dépenses publiques consacrées à la R-D (rapportées au PIB) mesurent la performance relative du secteur public en matière de R-D. Elles englobent les dépenses de R-D des secteurs de l'enseignement supérieur (DIRDES) et de l'État (DIRDET) et sont exprimées en pourcentage du PIB. Les données proviennent de la base de données PIST de l'OCDE et reposent sur des enquêtes nationales de R-D harmonisées et sur les comptes nationaux. Les chiffres de la Lettonie et de la Lituanie sont extraits des bases de données STI d'Eurostat, tandis que ceux de la Colombie, du Costa Rica, de l'Inde, de l'Indonésie et de la Malaisie émanent de l'ISU.

(b) Universités du Top 500 (rapporté au PIB). Il est fréquent que la recherche de haut niveau se concentre dans un nombre limité d'établissements d'enseignement supérieur à fort impact international. Le classement mondial des universités (ARWU), aussi connu sous le nom de classement de Shanghaï, distingue les meilleures universités du monde et les établissements de rang intermédiaire à l'aide d'un indicateur composite qui repose sur le nombre d'étudiants, le nombre de prix Nobel et de médailles Fields, le nombre de chercheurs les plus fréquemment cités suivant Thomson Scientific, le nombre d'articles publiés dans *Nature* et *Science*, le nombre d'articles indexés dans le *Science Citation Index Expanded* et le *Social Sciences Citation Index*, et la performance académique au regard de la taille de l'institution (encadré 1). Depuis 2003, un millier d'universités sont classées chaque année dans le classement de Shanghaï, la liste des 500 premières étant même publiée en ligne (*www.arwu.org*). Cet indicateur présente toutefois des limites. Les indicateurs bibliométriques faussent le classement en faveur des institutions anglophones et privilégient les sciences naturelles par rapport aux sciences sociales ou humaines, ainsi que l'excellence de la recherche par rapport à la qualité de l'enseignement. Ce dernier point est moins problématique, l'objet de la présente publication étant précisément de comparer les résultats de la base scientifique. Par ailleurs, l'accent est mis sur les grands établissements et il n'est pas tenu compte du bilan des EPR en matière de recherche, ce qui pénalise probablement les pays dont la base scientifique dépend très largement des laboratoires publics. Les universités du Top 500 sont exprimées par million USD de PIB en PPA, afin de tenir compte de la taille et de la richesse relative des pays.

D'après les données du classement de Shanghaï, dans la plupart des cas, la part d'un pays dans le total des meilleures universités ne varie guère quel que soit le seuil considéré (parties 2 et 4). Cela est peut-être le signe d'une base scientifique homogène, composée d'institutions de différentes catégories et de visibilité variable. Les États-Unis, l'Allemagne et la Chine méritent néanmoins une attention particulière (parties 1 et 3). Les États-Unis possèdent les meilleures universités au monde – 17 du Top 20 et 35 du Top 50 – leur part chute lorsque le seuil de performance est abaissé de manière à inclure les établissements suivants, c'est-à-dire ceux du milieu du tableau. À l'inverse, l'Allemagne et la Chine ne comptent aucune université dans les Top 20 et 50, mais leur part dans le classement mondial monte ensuite en flèche : entre le Top 50 et le Top 200, pour l'Allemagne et entre le Top 300 et le Top 500 dans le cas de la Chine. Par conséquent, le seuil de comparaison retenu pèsera sur les résultats obtenus par ces trois pays par rapport aux autres. Plus ce seuil est élevé, plus les États-Unis montent dans le classement, tandis que l'Allemagne et la Chine sont moins bien placées. L'inverse est observé plus le seuil retenu est abaissé.

Graphique 9.A.2. **Impact des seuils de classement sur la performance des pays dans le classement ARWU 2013**

Rang du pays dans le classement des universités ARWU

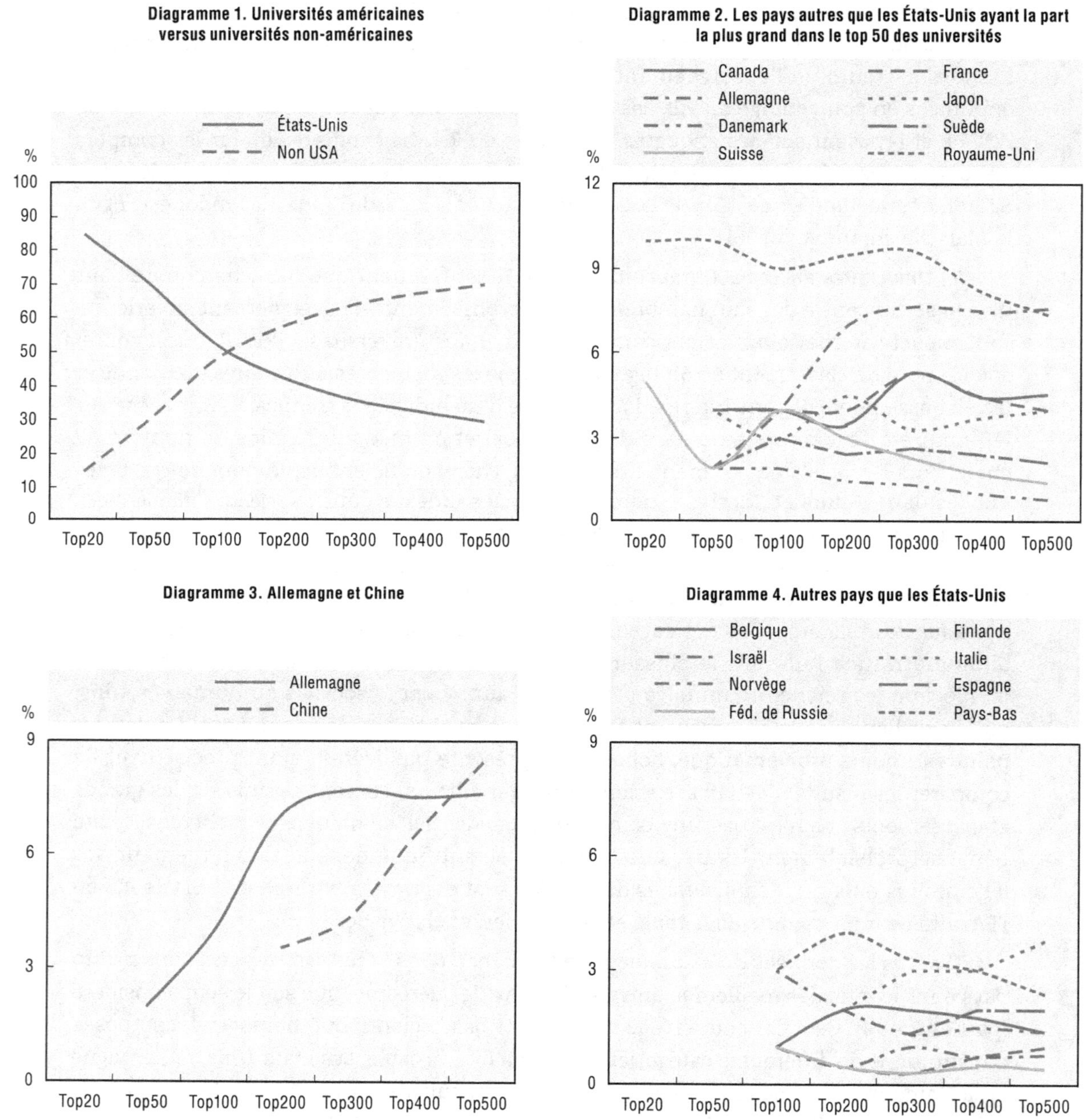

Source : À partir du classement Académique des Universités Mondiales (ARWU) (2013), « Classement de Shanghai » 2013, *www.arwu.org*.

StatLink http://dx.doi.org/10.1787/888933307284

Dans le Top 50 de 2013, les États-Unis devançaient huit autres pays : le Royaume-Uni (5), le Canada (2), la France (2), le Japon (2) ainsi que le Danemark, l'Allemagne, la Suède et la Suisse (1). Pour la publication *Science, technologie et industrie : Tableau de bord de l'OCDE*, un exercice du même ordre a été mené sur la base de données bibliométriques (OCDE, 2013a). Il a été établi que les pôles d'excellence universitaires regroupaient les établissements d'enseignement supérieur qui avaient le plus fort rayonnement, au regard du nombre moyen de citations d'article par rapport à la moyenne mondiale calculée pour ce type de document, la même discipline et la période considérée. L'impact normalisé d'un établissement (celui auquel est affilié un auteur principal) a été calculé pour 2007-11. Ces résultats sont présentés dans le tableau 1 aux côtés des 50 premières universités du classement de Shanghaï. La prise en compte de ce classement n'a guère d'incidence sur le résultat des États-Unis, si ce n'est qu'il tire légèrement à la hausse le nombre des établissements des États-Unis figurant dans le Top 50. Le constat est le même à l'égard des pays dotés d'établissements de grande taille (voir les remarques formulées ci-dessus sur les limites de cet indicateur).

Tableau 9.A.1. **Le top 50 mondial des universités, selon le Tableau de bord STI de l'OCDE 2013 et le classement ARWU 2013, 2007-11**

	STI Tableau de bord 2013	Classement ARWU 2013				
	2007-11	2007	2008	2009	2010	2011
Etats-Unis	34	37	36	37	35	34
Royaume-Uni	8	5	5	5	5	5
Pays-Bas	2	1	1	..	1	1
Canada	..	2	2	2	2	2
Suisse	2	1	1	1	1	1
Danemark	1	1	1	1	1	1
Suède	..	..	..	1	1	1
Japon	..	2	2	2	2	2
Taipei chinois	2	..	..	..	..	..
Israël	1	..	..	..	..	..
France	..	1	2	2	2	2
Nombre total des pays	**7**	**8**	**8**	**8**	**9**	**9**

Source : OCDE (2013), *Science, technologie et industrie : Tableau de bord de l'OCDE 2013 – L'innovation au service de la croissance*, OCDE, Paris, *http://dx.doi.org/10.1787/sti_scoreboard-2013-en* et Classement Académique des Universités Mondiales (ARWU) (2013), « Classement de Shanghai », *www.arwu.org*.

StatLink http://dx.doi.org/10.1787/888933307290

La présente édition des *Perspectives STI* décrit un indicateur qui permet de comparer la performance des universités entre pays. Un examen plus détaillé nécessiterait un éventail plus large d'indicateurs, couvrant d'autres aspects de la performance (par exemple, qualité de l'enseignement, transfert technologique, activités d'innovation et d'entrepreneuriat).

(c) Publications dans des revues du quartile supérieur (rapporté au PIB). La publication est le principal support de diffusion et de validation des résultats de la recherche. Le nombre de publications parues dans les principales revues constitue un indicateur de la production de la recherche « ajustée en fonction de la qualité » et donne une idée de l'impact escompté de la production scientifique des institutions. Les publications parues dans des revues du quartile supérieur sont définies comme les documents publiés dans le premier quart des revues universitaires les plus influentes au monde (dans leur catégorie, au cours de la période de référence, par institution d'affiliation des auteurs et dans un pays donné). Ce

Tableau 9.A.2. **Indicateurs et coefficients de pondération employés dans le classement de Shanghaï des universities**

Critère	Indicateur	Définition	Pondération
Qualité de l'enseignement	Nombre de lauréats de prix Nobel ou de médailles Fields parmi les anciens élèves.	Titulaires d'une licence, d'un master ou d'un doctorat décerné par l'établissement considéré. Un coefficient de pondération est appliqué en fonction de la date d'obtention du diplôme : 100 % dans le cas des diplômes obtenus après 1991, 90 % pour 1981-90, 80 % pour 1971-80, etc. jusqu'à 10 % pour 1901-10. Si un lauréat a obtenu plusieurs diplômes au sein d'un même établissement, celui-ci n'est pris en compte qu'une seule fois.	10 %
Qualité du corps enseignant-chercheur	Nombre d'enseignants/chercheurs lauréats de prix Nobel de physique, de médecine et d'économie et de médailles Fields en mathématiques.	Personnes travaillant pour l'établissement considéré au moment où un prix leur a été décerné. Un coefficient de pondération est appliqué en fonction de la date d'obtention du prix : 100 % dans le cas des prix décernés après 2001, 90 % pour 1991-2000, 80 % pour 1981-90, 70 % pour 1971-80, etc. jusqu'à 10 % pour 1911-20. Si un lauréat est affilié à plusieurs établissements, le score de chacun est multiplié par l'inverse du nombre des établissements. Si plusieurs personnes se partagent un prix Nobel, des coefficients correspondant à leur part dans le prix sont établis pour chacun des lauréats.	20 %
	Nombre de chercheurs souvent cités dans 21 disciplines.	Chercheurs le plus fréquemment cités dans chaque discipline. La définition des disciplines et le détail de la procédure sont exposés sur le site web de Thomson ISI (voir source).	20 %
Production de la recherche	Nombre d'articles publiés dans *Nature* et *Science* au cours des quatre années précédant l'établissement du classement de Shanghaï.	Pour tenir compte de l'ordre des auteurs, un coefficient de 100 % est attribué à l'établissement d'affiliation de l'auteur de correspondance ; 50 % à celui du premier auteur (du deuxième auteur si l'établissement d'affiliation du premier auteur est le même que celui de l'auteur de correspondance), 25 % à celui de l'auteur suivant et 10 % aux restants. Ne sont prises en compte que les publications d'» articles » et de « contributions à des actes de colloque ». Les établissements spécialisés en sciences humaines et sociales étant exclus, leur pondération dans l'indice composite du classement de Shanghaï est réaffectée proportionnellement aux autres critères.	20 %
	Nombre d'articles indexés dans le *Science Citation Index Expanded* et le *Social Science Citation Index* dans l'année précédant l'établissement du classement de Shanghaï	Ne sont prises en compte que les publications d'» articles » et de « contributions à des actes de colloque ». Dans le calcul du nombre total de pages imputable à un établissement, un coefficient spécial de deux est appliqué aux articles indexés dans le *Social Science Citation Index*.	20 %
Performance par rapport à la taille	Total des scores obtenus pour les cinq indicateurs susmentionnés, divisé par le nombre des membres du corps enseignant-chercheur en équivalent plein-temps (EPT).	Si le nombre des enseignants/chercheurs des établissements d'un pays est inconnu, le score pondéré obtenu pour les cinq indicateurs susmentionnés est utilisé. Les données sont obtenues auprès d'organismes nationaux (ministère de l'Éducation, office statistique national, association des universités et établissements de l'enseignement supérieur, conférence des recteurs).	10 %
Total			**100 %**

Source : Classement de Shanghaï des universités consulté le 5 juin 2014 (*www.arwu.org*), établi à partir des sites officiels suivants : prix Nobel, *http://nobelprize.org/* ; Union mathématique internationale, *www.mathunion.org/index.php?id=prizewinners* (liste des médaillés Fields ; Thomson Reuters Research Analytics, *www.highlycited.com* (chercheurs les plus cités), Thomson Reuters Web of Science, *www.webofknowledge.com* (publications parues dans *Nature* et *Science* et articles indexés dans le *Science Citation Index-Expanded* et le *Social Science Citation Index*) et sources nationales (nombre de membres du corps universitaire en EPT).

classement repose sur le *Scientific Journal Ranking* (SJR), indicateur du facteur d'impact normalisé utilisant le prestige des revues pour en mesurer la qualité. La production scientifique repose sur le nombre total de documents dénombrés par établissement d'affiliation des auteurs dans un pays donné. Les données bibliométriques proviennent de la base de données *Elsevier Research Intelligence*. Toutefois, bien que les publications servent souvent d'indicateurs indirects de la production de la recherche universitaire, il convient de mentionner que les éditeurs ne sont pas nécessairement des établissements de recherche du secteur public. Les comptages de publications sont exprimés par million USD de PIB en PPA, afin de tenir compte de la taille et de la richesse relative du pays.

R-D et innovation dans les entreprises

(d) Dépenses de R-D des entreprises (rapporté au PIB). Les dépenses de R-D des entreprises (DIRDE) représentent l'essentiel de l'activité de R-D dans la plupart des pays de l'OCDE. Cet indicateur est fréquemment utilisé pour comparer les efforts d'innovation déployés par le secteur privé de différents pays, dans la mesure où la R-D industrielle est plus étroitement liée à la création de nouveaux produits et techniques de production et reflète les efforts d'innovation tournés vers le marché. Les données proviennent de la base de données PIST de l'OCDE et reposent sur des enquêtes nationales de R-D harmonisées ainsi que sur les comptes nationaux, sauf en ce qui concerne la Lettonie et la Lituanie, pour lesquelles les données proviennent des bases de données STI d'Eurostat, ainsi que la Colombie, le Costa Rica, l'Inde, l'Indonésie et la Malaisie, pour lesquels les données sont issues de l'ISU.

(e) Entreprises du Top 500 des investisseurs dans la R-D (rapporté au PIB). Les grandes entreprises contribuent de façon notable à la R-D et à l'innovation. En général, elles appliquent des innovations de plus grande envergure et aux retombées plus importantes que les PME, lesquelles font plus souvent figure d'« adopteurs » et de « pionniers » (OCDE, 2009). Il n'est pas rare non plus que les grandes entreprises pilotent la collaboration du fait de leur rôle structurant dans les pôles d'innovation intégrant des PME. Elles sont aussi des « assembleurs d'innovations », car en intégrant les innovations de PME dans leurs propres produits, elles apportent les innovations des PME sur le marché. Le *Tableau de bord 2013 de l'UE sur l'investissement industriel dans la R-D* (*http://iri.jrc.ec.europa.eu/scoreboard13.html*) fournit des informations économiques et financières sur les 2 000 plus grandes entreprises mondiales, classées en fonction du niveau de leurs investissements de R-D réalisés sur fonds propres. En 2012, les 500 premières représentaient 82 % du montant total investi dans la R-D par les 2 000 entreprises du classement. Les données proviennent des comptes vérifiés des entreprises librement accessibles. L'objet de ce Tableau de bord de l'UE est de sensibiliser les entreprises à l'importance de la R-D et de les encourager à divulguer des informations sur leurs investissements de R-D et autres actifs incorporels. Il regroupe des informations concernant un échantillon de 527 entreprises européennes et 1 473 entreprises non européennes qui ont investi plus de 22.6 millions EUR dans la R-D en 2012. Pour différentes raisons (variations des taux de change, fusions-acquisitions, etc.), la composition de l'échantillon peut varier d'une année à l'autre ; les données ne sont donc pas totalement comparables d'une édition à l'autre. On notera que les comptes des entreprises ne permettent pas de savoir où les activités de R-D sont exécutées et que la totalité de l'investissement de R-D de l'entreprise est attribuée au pays dans lequel celle-ci est immatriculée. L'approche du Tableau de bord de l'UE sur la DIRDE diffère donc de celle des bureaux de statistiques ou de l'OCDE, qui attribuent les données à un territoire spécifique. Le Tableau de bord de l'UE s'adresse avant tout à ceux qui veulent comparer les engagements et les performances des entreprises (par exemple, entreprises, investisseurs et responsables politiques), alors que la DIRDE est principalement utilisée par les économistes, les gouvernements et les organisations internationales intéressés par la R-D exécutée au niveau des unités territoriales définies par les frontières politiques (CE, 2013). Les deux approches sont complémentaires. Le nombre des entreprises figurant dans le Top 500 des investisseurs dans la R-D est donné par million USD de PIB en PPA, afin de tenir compte de la taille du pays.

(f) Familles de brevets triadiques (rapporté au PIB). Les brevets sont une source d'informations particulièrement détaillées sur l'activité d'invention des pays. Les brevets

triadiques ont en général une valeur plus élevée, et protègent des biais résultant de l'avantage lié aux pays d'origine et de l'influence de la situation géographique. On entend par famille de brevets triadiques un ensemble de brevets déposés auprès de l'Office européen des brevets (OEB), de l'Office de brevets du Japon (JPO) et de l'Office de brevets et des marques des États-Unis (USPTO) afin de protéger une même invention. Les comptages sont présentés selon la date de priorité et le pays de résidence des inventeurs. Le nombre de familles de brevets triadiques demandées sur la période 2009-11 est donné par milliard USD de PIB en PPA. Les données sur les brevets proviennent de la base de données sur les brevets de l'OCDE (*www.oecd.org/sti/brevets*).

(g) Marques (rapporté au PIB). On entend par marque de fabrique ou de commerce tout signe propre à distinguer les biens et services d'une entreprise de ceux d'autres entreprises. Les entreprises utilisent des marques pour lancer de nouveaux produits sur le marché en attirant l'attention sur leur caractère novateur, pour promouvoir leur image ou pour s'approprier les bénéfices de leurs innovations. Les marques de fabrique ou de commerce éclairent non seulement sur les innovations de produit mais aussi sur les innovations de commercialisation et les innovations obtenues dans le secteur des services. Le nombre de demandes de marque est fortement corrélé avec d'autres indicateurs de l'innovation (OCDE, 2011a). Comme les données sur les demandes de marque sont librement accessibles dès leur dépôt, les indicateurs basés sur les marques peuvent fournir des informations à jour sur le niveau de l'activité d'innovation (OCDE, 2011a). Les indicateurs basés sur les marques constituent donc de bonnes variables explicatives des ralentissements économiques (OCDE, 2010c). Les comptages de marques sont toutefois exposés au biais de nationalité, dans la mesure où, en général, les entreprises déposent tout d'abord leurs demandes de marque dans leur pays d'origine. Les marques transnationales correspondent au nombre de demandes déposées auprès de l'USPTO (Graham, 2013), de l'Office européen de l'harmonisation dans le marché intérieur (OHMI) et du JPO, par date de demande et pays de résidence du demandeur. En ce qui concerne les États-Unis, les membres de l'UE et le Japon, les comptages excluent les demandes déposées sur le marché intérieur (auprès de l'USPTO, de l'OHMI et du JPO, respectivement). Les comptages sont normalisés compte tenu de la propension moyenne relative des autres pays à déposer auprès de ces trois bureaux (OCDE, 2013a). Le nombre de marques demandées sur la période 2010-12 est donné par milliard USD de PIB en PPA. Les données concernant les marques proviennent de calculs de l'OCDE fondés sur *USPTO Bulk Downloads: Trademark Application* hébergé par Reed Technology Information Services ; la base de données *OHIM Community Trademark, CTM Download* ; et les rapports annuels 2001-13 du JPO.

Entrepreneuriat

(h) Capital-risque (rapporté au PIB). Un environnement financier et réglementaire qui favorise le démarrage et la croissance des entreprises nouvelles est indispensable pour permettre à l'innovation de prospérer. Les petites entreprises nouvelles et innovantes ont un besoin vital d'accès à des financements, mais les banques peuvent hésiter à accorder des prêts lorsque les projets présentent des risques. Pour les entités entrepreneuriales, surtout si elles sont de création récente, s'appuient sur les technologies et affichent un fort potentiel de croissance, le capital-risque est une importante source de financement durant les phases d'amorçage, de démarrage et de croissance. Le capital-risque se compose de capitaux privés apportés par des sociétés spécialisées dans l'intermédiation entre des sources primaires de financement (compagnies d'assurance, fonds de pension, banques,

etc.) et des entreprises privées non cotées en bourse. Les données concernant les investissements en capital-risque proviennent de la base de données de l'OCDE sur le financement de l'entrepreneuriat.

(i) Entreprises brevetantes de moins de cinq ans (rapporté au PIB). La présence de jeunes entreprises parmi les déposants de brevet montre la dynamique inventive des entreprises très tôt dans leur développement. On entend par jeune entreprise une entreprise de moins de cinq ans, immatriculée dans les registres du commerce (ORBIS©) entre 2004 et 2011. Les entreprises brevetantes sont celles qui ont déposé des demandes de brevet auprès de l'Office européen des brevets (OEB), de l'Office de brevets et des marques des États-Unis (USPTO) ou en vertu du Traité de coopération en matière de brevets (PCT) entre 2008 et 2011. On notera que cet indicateur expérimental s'obtient en rapprochant les données sur les brevets (demandes de brevet auprès de l'OEB/USPTO/PCT) des données sur les entreprises (répertoriées dans la Base de données ORBIS) : les noms des demandeurs tels qu'ils apparaissent dans la demande de brevet sont mis en correspondance avec ceux des entreprises contenues dans les registres de commerce. Les comptages sont limités à un ensemble de demandeurs de brevet pour lesquels une correspondance a été trouvée avec les données des registres d'entreprises. De plus, ne sont inclus que les pays pour lesquels les taux de correspondance moyens ont été supérieurs à 70 % sur la période. Les comptages de jeunes entreprises brevetantes sont donnés par milliard USD de PIB en PPA. Les données sur les jeunes entreprises brevetantes proviennent de la base de données sur les brevets de l'OCDE et de la base de données ORBIS (Bureau Van Dijk Electronic Publishing).

(j) Indice de facilité de l'entrepreneuriat. Pour accéder au marché et y prospérer, les entreprises ont besoin d'un cadre réglementaire adéquat. La plupart des pays de l'OCDE ont abaissé les barrières à l'entrepreneuriat au cours de la décennie écoulée (OCDE, 2010c). L'indicateur des « barrières à l'entrepreneuriat » est l'un des indicateurs OCDE sur la réglementation des marchés de produits qui mesure les réglementations affectant l'entrepreneuriat. L'indice utilise un barème de 0 à 6 pour évaluer : i) la complexité des procédures réglementaires (par exemple, systèmes d'autorisation et de permis, communication et simplification des règles et procédures) ; ii) la charge administrative pesant sur les startups (par exemple, charges administratives imposées aux sociétés et aux entreprises individuelles ou obstacles rencontrés dans le secteur des services) et iii) le cadre réglementaire protégeant les intervenants historiques (par exemple, obstacles juridiques à l'entrée, exemptions des règles antitrust, barrières dans les industries de réseau). Comme des valeurs basses correspondent à des barrières peu importantes, l'indice des barrières à l'entrepreneuriat est inversé pour pouvoir être lu de la même manière que les autres indicateurs utilisés dans ces comparaisons internationales. L'indice de facilité de l'entrepreneuriat est obtenu en déduisant du chiffre 6 la valeur de l'indice des barrières à l'entrepreneuriat. Les calculs reposent sur des données de 2013 tirées de la base de données sur la réglementation des marchés de produits de l'OCDE (*www.oecd.org/economie/rmp*).

L'Internet au service de l'innovation

L'Internet est devenu une infrastructure vitale pour les entreprises, les consommateurs/utilisateurs et le secteur public (OCDE, 2011a). S'agissant de la transmission de données, les niveaux de trafic ont augmenté de façon exponentielle et devraient poursuivre sur cette lancée. Les nouvelles applications de réseau et la migration attendue des utilisateurs de téléphonie mobile vers des réseaux 3G plus évolués sollicitent davantage les infrastructures existantes en générant plus de trafic.

(k) Investissement dans les TIC (rapporté au PIB). L'investissement dans les TIC est défini selon le Système de comptabilité nationale (SCN) 1993 et comporte trois éléments : i) matériel de technologies de l'information (ordinateurs et matériel connexe) ; ii) équipements de communication ; et iii) logiciels. Ces derniers comprennent l'acquisition de logiciels prêts à l'emploi, sur mesure et développés pour compte propre. Mesurer l'investissement dans les logiciels est souvent problématique, car son intégration dans les comptes nationaux est récente, les méthodes employées pour le comptabiliser varient d'un système à l'autre et les modalités d'acquisition soulèvent des difficultés (par exemple, selon que le logiciel est loué ou utilisé sous licence, intégré dans le matériel ou développé pour compte propre). L'investissement dans les TIC est exprimé en pourcentage du PIB. Les chiffres s'y rapportant proviennent de la publication *Mesurer l'économique numérique* de l'OCDE (OCDE, 2014c, à paraître), sauf en ce qui concerne la Lettonie et la Lituanie, pour lesquelles les données utilisées sont extraites des bases de données d'Eurostat sur les comptes nationaux annuels.

(l) Abonnements au haut débit fixe (rapporté à la population). Le haut débit donne un accès rapide à l'Internet et permet une plus large participation des clients, fournisseurs, concurrents, laboratoires gouvernementaux et universités au processus d'innovation. Il rend l'externalisation des approvisionnements et de la production plus efficiente et a modifié de façon spectaculaire les pratiques des individus et des entreprises (OCDE, 2010c). Des travaux de l'OCDE font également apparaître une forte corrélation entre la pénétration du haut débit et l'utilisation des services d'administration électronique par les citoyens (OCDE, 2009). Mais si le haut débit mobile se développe rapidement et est devenu le mode d'accès principal au haut débit dans les pays de l'OCDE, les liaisons fixes filaires restent l'épine dorsale du système de transport de données à haut débit (OCDE, 2012). Le haut débit fixe englobe l'ensemble des abonnements offrant une connectivité Internet par ligne DSL (la ligne DSL n'est pas comptabilisée si elle n'est pas utilisée pour un accès à l'Internet, cas par exemple des lignes louées), par modem-câble, par fibre jusque chez l'abonné (par exemple, maison, appartement) ou par fibre jusqu'au bâtiment (par exemple, réseaux locaux d'appartements) et autres connexions haut débit par courant porteur en ligne offrant des débits descendants d'au moins 256 kbit/s. Sont exclues les technologies mobiles 3G et Wifi. Le nombre d'abonnements au haut débit fixe comprend les abonnements professionnels et résidentiels et il est donné pour 100 habitants. Les données sur les abonnements haut débit fixe proviennent du portail de l'OCDE sur le haut débit (*www.oecd.org/sti/ict/broadband*) qui sont compilées à partir d'informations recueillies directement auprès des entreprises de télécommunication et des autorités nationales de régulation deux fois par an. S'agissant des non membres de l'OCDE, ces chiffres proviennent de la base de données *World Telecommunications/ICT Indicators 2013* de l'UIT, et les données démographiques d'Eurostat et de l'ISU.

(m) Abonnements au haut débit sans fil (rapporté à la population). Le haut débit sans fil correspond aux abonnements offrant un débit descendant affiché d'au moins 256 kbit/s par liaison satellite, sans fil fixe terrestre, sans fil mobile terrestre (y compris les abonnements mobiles standard et les abonnements pour données dédiés). Il ne comprend pas le Wifi. Le nombre d'abonnements au haut débit sans fil englobe les abonnements professionnels et résidentiels, à l'exclusion des abonnements satellite, dont le nombre est généralement égal à zéro, et est donné pour 100 habitants. Les données relatives au haut débit fixe proviennent des statistiques du haut débit de l'OCDE, qui sont compilées à partir d'informations recueillies directement auprès des entreprises de télécommunication et

des autorités nationales de régulation deux fois par an. Pour les pays non membres de l'OCDE, les données proviennent de la base de données *World Telecommunications/ICT Indicators* 2013 de l'UIT et les chiffres sur la population d'Eurostat et de l'ISU.

(n) Indice de préparation à l'administration électronique. Les gouvernements s'appuient de plus en plus sur l'Internet pour améliorer leurs échanges avec leurs citoyens et leur permettre ainsi d'accéder plus aisément à l'information, de compléter les formulaires requis ou de faire leur déclaration de revenu (OCDE, 2012). Les technologies de l'information et des communications favorisent les évolutions dans la prestation de services publics en rendant possibles des services plus personnalisés et de meilleure qualité, ainsi que des mutations dans l'organisation et la gestion du travail en améliorant la cohérence et l'efficience des services d'arrière-guichet ; la transparence des activités des pouvoirs publics s'en trouve améliorée, tout comme la participation des citoyens. Les pays de l'OCDE refondent la fonction publique en recourant aux TIC et à des structures de gouvernance fondées sur ces technologies, en appliquant de nouveaux modèles de collaboration (mise en commun des données, des processus et des portails) et en faisant fonctionner les administrations en réseau ou de manière décloisonnée. Les TIC sont un vecteur d'innovation de plus en plus puissant dans le secteur public. L'indice de préparation à l'administration électronique est un indice composite qui montre dans quelle mesure un pays est préparé à utiliser, dans un souci d'efficience, des structures d'administration publique faisant appel aux TIC, et qui évalue sa capacité à développer et à déployer des services d'administration électronique. Sa valeur peut être comprise entre 0 (faible niveau de préparation) et 1 (niveau élevé). Les données sont tirées de l'enquête sur l'administration électronique des Nations Unies (*e-Government Survey*) de 2013.

Flux et commercialisation des connaissances

La recherche publique est à l'origine d'importantes percées scientifiques et technologiques. Pour en maximiser les retombées économiques et sociales, ainsi que le retour sur les investissements publics dans la R-D, des articulations efficaces sont nécessaires entre le secteur universitaire et l'industrie. La circulation des connaissances entre les établissements publics de recherche et l'industrie prend diverses formes : créations d'entreprise, projets de recherche conjoints, formation, conseil et travail sous contrat, commercialisation des résultats de la recherche publique, mobilité géographique des personnels et coopération informelle entre chercheurs.

(o) Dépenses de R-D publique financées par l'industrie (rapporté au PIB). Le financement direct de la recherche publique par l'industrie prend la forme de subventions, de dons et de contrats ; il influe sur le champ et l'orientation de la recherche publique, généralement en faveur d'activités davantage tournées vers les applications et la commercialisation. La part des dépenses de R-D publique financée par l'industrie correspond à la contribution du secteur intérieur des entreprises aux dépenses *intra-muros* de R-D des secteurs de l'enseignement supérieur (DIRDES) et de l'État (DIRDET). Les données proviennent de la base de données PIST de l'OCDE et reposent sur des enquêtes nationales de R-D harmonisées et les comptes nationaux, sauf en ce qui concerne la Lettonie et la Lituanie (pour lesquelles les données proviennent des bases de données STI d'Eurostat), ainsi que la Colombie, le Costa Rica, l'Inde, l'Indonésie et la Malaisie (données provenant de l'ISU).

(p) Brevets déposés par des universités et laboratoires publics (rapporté au PIB). La cession de brevets et de licences permet la diffusion et la commercialisation de la somme des

connaissances produites par la recherche publique. Les demandes de brevet par les universités et les établissements publics de recherche englobent les secteurs de l'État, de l'enseignement supérieur et des hôpitaux. Elles couvrent les demandes de brevet déposées en vertu du PCT entre 2007 et 2011, par date de priorité et pays de résidence du demandeur. Les noms des demandeurs de brevet sont répartis entre secteurs institutionnels selon un jeu de données mis au point par Eurostat et la Katholieke Universiteit Leuven (KUL). Du fait d'importantes variations dans les noms enregistrés dans les dossiers de brevet, des erreurs d'affectation par secteur peuvent se produire et donc introduire des biais dans l'indicateur obtenu. Les données sur les brevets proviennent de la base statistique mondiale des brevets (PATSTAT) de l'OEB (printemps 2014) et du tableau ECOOM-EUROSTAT-EPO PATSTAT enrichi de données sur les individus (EEE-PPAT) (octobre 2013). Seuls sont pris en compte les pays dans lesquels au moins 250 brevets ont été déposés sur la période. Les comptages de brevet déposés par les universités et les EPR sont exprimés par milliard USD de PIB en PPA.

(q) Co-autorat international rapporté au total des articles scientifiques (%). La spécialisation croissante des disciplines scientifiques et la complexité de plus en plus grande de la recherche encouragent les scientifiques à mener leurs projets de recherche en collaboration. La production du savoir scientifique passe de l'individu au groupe, d'organismes isolés à une pluralité d'institutions, du champ national à la sphère internationale. Les chercheurs travaillent de plus en plus en réseau, indépendamment des frontières nationales et organisationnelles (OCDE, 2009). Les publications de recherche avec coauteurs étrangers donnent une mesure directe de la collaboration internationale scientifique. Il s'agit de la proportion d'articles scientifiques produits en collaboration par au moins deux auteurs de pays différents entre 2011 et 2013. Les données sont extraites de la base de données *Elsevier Research Intelligence*.

(r) Co-invention internationale rapportée aux brevets PCT (%). Les brevets avec coinventeurs étrangers donnent une idée de l'internationalisation de la recherche et illustrent la coopération en matière de R-D et les échanges de savoir formels entre inventeurs de pays différents. La collaboration internationale entre chercheurs peut avoir lieu soit au sein d'une entreprise multinationale (possédant des établissements de recherche dans plusieurs pays), soit par le biais d'une coentreprise de recherche associant plusieurs entreprises ou institutions (par exemple, universités ou établissements publics de recherche). La coopération internationale est moins généralisée pour les inventions brevetées que pour les publications scientifiques (OCDE, 2011a). La co-invention internationale correspond à la part que représentent, dans le total des inventions brevetées dans un pays donné, les demandes de brevet déposées en vertu du PCT entre 2009 et 2011 et dont au moins un des inventeurs se trouve à l'étranger. Les données proviennent de la base de données sur les brevets de l'OCDE.

Ressources humaines pour l'innovation

Les systèmes d'enseignement jouent un rôle important dans le soutien de l'innovation, dans la mesure où les sociétés fondées sur le savoir ont besoin d'une main-d'œuvre hautement qualifiée et flexible. Si les compétences de base sont généralement considérées comme importantes pour l'assimilation des nouvelles technologies, des compétences de haut niveau sont indispensables pour la création de connaissances et technologies nouvelles.

(s) Dépenses d'enseignement supérieur (rapporté au PIB). Les dépenses d'enseignement correspondent au coût total des services fournis par tous les types d'établissements

d'enseignement (par exemple, publics, privés subventionnés et privés non subventionnés), indépendamment de l'origine des fonds (publique ou privée). Les programmes d'enseignement supérieur sont ceux qui donnent lieu à la délivrance d'un diplôme universitaire, d'un titre de qualification professionnelle ou d'un diplôme de recherche avancée assimilable à un doctorat, au minimum au niveau 5 de la Classification internationale type de l'éducation (CITE) 1997. Les données sur les dépenses d'enseignement sont extraites de la base de données de l'OCDE sur l'éducation, qui repose sur les statistiques compilées par les administrations nationales d'origine, communiquées par les ministères de l'éducation ou les offices statistiques nationaux et recueillies par l'UNESCO, l'OCDE et Eurostat.

*(t) Population adulte diplômée du supérieur (%).*La population adulte ayant atteint un niveau de formation supérieur est un indicateur du réservoir de travailleurs dotés de connaissances et de qualifications avancées et spécialisées dont un pays dispose. Elle donne une idée de sa capacité à assimiler, à développer et à diffuser des savoirs et montre sa faculté d'améliorer en permanence son offre de compétences de haut niveau. Le niveau d'éducation a des répercussions sur tous les aspects de l'apprentissage des adultes. Les adultes qui affichent des niveaux d'instruction élevés sont davantage susceptibles de suivre un enseignement structuré et informel au cours de leur vie active que ceux qui auront fait moins d'études. Les diplômés de l'enseignement supérieur sont les titulaires d'un diplôme universitaire, de qualifications professionnelles ou de diplômes de recherche avancée assimilables à un doctorat, au minimum au niveau 5 de la CITE. On entend par population adulte les personnes âgées de 25 à 64 ans. Les données sur la population et le niveau d'éducation sont compilées à partir d'enquêtes nationales sur la population active. Les données proviennent de *Regards sur l'éducation 2014* de l'OCDE (www.oecd.org/edu/eag2014) (OCDE, 2014d, à paraître). Dans le cas de la Lettonie et de la Lituanie, elles sont extraites des bases de données d'Eurostat sur l'éducation et la formation. Pour ce qui est de l'Afrique du Sud, de l'Argentine, de la Chine, de la Colombie, du Costa Rica et de l'Indonésie, les données proviennent de la base de données de l'ISU sur l'éducation.

(u) Meilleurs adultes pour la résolution de problèmes en environnement technologique (%). Dans l'enquête intitulée « Évaluation des compétences des adultes », la résolution de problèmes dans des environnements à forte composante technologique est définie comme « la capacité à utiliser les technologies numériques, les outils de communication et les réseaux pour acquérir et évaluer de l'information, communiquer avec autrui et accomplir des tâches pratiques ». L'évaluation met l'accent sur « les capacités à résoudre des problèmes à des fins personnelles, professionnelles ou civiques en mettant en place des objectifs et des plans appropriés, et en localisant et en utilisant l'information via les ordinateurs et les réseaux d'ordinateurs » (OCDE, 2013b). La résolution de problèmes dans des environnements à forte composante technologique représente le point de jonction entre ce que l'on appelle parfois les « compétences en informatique » (c'est-à-dire la capacité à utiliser les outils et les applications de technologies de l'information et de la communication) et les aptitudes cognitives nécessaires pour résoudre des problèmes. Les données sont extraites de la publication *Perspectives de l'OCDE sur les compétences 2013* et reposent sur les résultats obtenus par les pays dans le Programme pour l'évaluation internationale des compétences des adultes (PIAAC) (OCDE, 2013b).

(v) Meilleurs élèves de 15 ans en science (%). La demande de compétences met de plus en plus l'accent sur les capacités à adapter et à combiner des connaissances pluridisciplinaires et à résoudre des problèmes complexes. L'acquisition de ces compétences débute à un très jeune âge. Les élèves les mieux notés en science sont ceux qui ont obtenu l'un des deux

niveaux les plus élevés de compétences (niveaux 5 et 6) à l'épreuve scientifique du Programme international pour le suivi des acquis des élèves (PISA) de l'OCDE en 2013 (c'est-à-dire des notes supérieures à 633.33 points). Le taux de jeunes les mieux notés est exprimé en pourcentage de jeunes âgés de 15 ans. Les données proviennent de la base de données PISA 2013 de l'OCDE (*www.pisa.oecd.org*).

(*w*) *Taux de titulaires de doctorat en science et ingénierie*. Les titulaires d'un doctorat sont ceux qui affichent le plus haut niveau d'instruction. Acteurs clés de la recherche et de l'innovation, ils ont été spécialement formés pour conduire des travaux de recherche et sont considérés comme les mieux à même de créer et de diffuser le savoir (OCDE, 2010c). Ils ont achevé un deuxième cycle d'enseignement universitaire et obtenu un diplôme de niveau 6 de la CITE. Après avoir mené à bien un programme de recherche avancée, ils ont acquis une qualification de chercheur de haut niveau (par exemple, un doctorat). Les taux de diplômés désignent le pourcentage estimé des individus d'une cohorte d'âge qui obtiendront le niveau d'enseignement correspondant au cours de leur vie (le nombre de diplômés, quel que soit leur âge, est divisé par le nombre d'individus ayant l'âge théorique d'obtention du diplôme). Toutefois, dans certains pays (par exemple, Allemagne, Suède et Suisse), les taux d'obtention du doctorat gonflent sous l'effet de la forte proportion d'étudiants étrangers. Les diplômes en science couvrent les sciences de la vie, les sciences physiques, les mathématiques et statistiques et l'informatique. Les diplômes en ingénierie couvrent l'ingénierie et les techniques apparentées, les industries de transformation et de traitement, l'architecture et le bâtiment. Les taux présentés combinent les taux d'obtention de diplômes de niveau doctorat et la proportion de titulaires d'un doctorat par domaine d'étude. Ils donnent une bonne idée approximative du taux d'obtention d'un diplôme en sciences et ingénierie du niveau doctorat. Les données proviennent de *Regards sur l'éducation 2014* de l'OCDE (OCDE, 2014d, à paraître) et de la base de données de l'OCDE sur l'éducation (*www.oecd.org/education/database*). Dans le cas de la Lettonie et de la Lituanie, les données proviennent des bases de données d'Eurostat sur l'éducation et la formation. Pour l'Afrique du Sud, l'Argentine, la Chine, la Colombie, le Costa Rica et l'Indonésie, elles proviennent de l'ISU.

Composition structurelle de la DIRDE (partie 2 des profils par pays)

La structure industrielle d'un pays conditionne la composition de sa DIRDE et influe sur les perspectives de croissance de son système de recherche en entreprise.

Structure industrielle

Les industries et services sont définis par rapport à la révision 4 de la Classification internationale type, par industrie, de toutes les branches d'activité économique (CITI). Les secteurs sont classés en fonction de leur niveau d'intensité de R-D (dépenses de R-D rapportées à la production). Les données proviennent de la base de données ANBERD de l'OCDE (*oe.cd/anberd*). À l'instar des autres bases de données sectorielles STAN de l'OCDE, la base ANBERD a récemment été convertie au regard de la nouvelle classification sectorielle CITI Rév.4. Par conséquent, les groupements sectoriels se rapportent dans certains cas à des années antérieures, même si des données récentes conformes à la nouvelle classification sont disponibles. Dans le cas de la Lettonie et de la Lituanie, les données proviennent des bases de données STI d'Eurostat.

Les groupements sectoriels sont définis comme suit :

L'*industrie* comprend les activités extractives (section B), les activités de fabrication (section C), la production et la distribution d'électricité, de gaz, de vapeur et de climatisation (section D), la distribution d'eau, le réseau d'assainissement, la gestion des déchets, et les activités de remise en état (section E) et la construction (section F). Les *services* comprennent les services marchands (sections G-N, divisions 45-82) et non marchands (sections O-T). Les services publics englobent l'administration publique (84), l'éducation (85), la santé et les activités d'action sociale (86-88), les services aux personnes (90-96) et les services des ménages privés (97-98). Cependant, la distinction entre les services marchands et publics est approximative, car certains services sont fournis par des entités publiques ou privées, ou par une combinaison des deux (OCDE, 2013a).

Le *secteur manufacturier de haute technologie* inclut la fabrication de préparations pharmaceutiques, de produits chimiques à usage médicinal et de produits d'herboristerie (section C, division 21), la fabrication d'ordinateurs, d'articles électroniques et optiques (26), la construction aéronautique et spatiale et de matériel connexe (30.3). Le *secteur manufacturier de moyenne-haute à basse technologie* inclut toutes les autres branches manufacturières. Les activités de fabrication de haute et moyenne-haute technologie sont habituellement définies en fonction de l'intensité en R-D, c'est-à-dire des dépenses de R-D rapportées à la production. Dans la mesure où les pays adoptent la nouvelle version de la CITI (Rév.4) et que de plus en plus de données fondées sur cette classification sont disponibles, il a été entrepris de redéfinir les agrégats d'activités liées aux technologies. Dans l'intervalle, une correspondance approximative entre les définitions de la CITI Rév.3 et de la CIT Rév.4 a été adoptée.

Les *services marchands à forte intensité de connaissances* renvoient aux sections suivantes de la CITI Rév.4 : J, Information et communication (divisions 58-63) ; K, Activités financières et d'assurance (64-66) ; M, Activités professionnelles, scientifiques et techniques (69-75), qui comprennent la recherche scientifique et le développement (72). Les *services à faible intensité de connaissances* incluent tous les autres services marchands.

Les *industries de ressources primaires* sont celles qui impliquent la récolte, l'extraction et la transformation de ressources naturelles. Cet agrégat englobe l'agriculture, la sylviculture et la pêche (section A), les activités extractives (section B), les produits alimentaires, boissons et tabac (section C, divisions 10-12), le bois et les articles en bois et en liège (16), la fabrication de papier, de carton et d'articles en papier et en carton (17), la cokéfaction, la fabrication de produits pétroliers raffinés et de combustibles nucléaires (19), la fabrication d'autres produits minéraux non métalliques (23), la fabrication de produits métallurgiques de base (24) et la production et distribution d'électricité, de gaz et d'eau (sections D-E). En raison de leur faible contribution à la DIRDE totale et de problèmes de disponibilité de données, la fabrication d'articles d'habillement et la préparation des teintures des fourrures (14) ainsi que les cuirs, produits de cuir et chaussures (15) sont exclus. Ce groupement sectoriel n'est pas représenté dans les graphiques des pays pour lesquels ces industries contribuent de manière marginale aux dépenses de R-D des entreprises.

Population d'entreprises

Les PME jouent un rôle clé dans la R-D et le système d'innovation. Elles sont définies comme étant les entreprises de moins de 250 salariés, alors que les grandes entreprises comptent 250 salariés ou plus. Les données sur la DIRDE par taille d'entreprise proviennent de la base de données SRD de l'OCDE.

Rôle des multinationales

Les filiales étrangères contribuent de multiples manières à la compétitivité internationale de leur pays d'accueil : en permettant aux entreprises locales d'accéder à de nouveaux marchés, en introduisant de nouvelles technologies et en générant des externalités de connaissances. Surtout, elles investissent dans la R-D une plus forte part de leur chiffre d'affaires que les entreprises locales (OCDE, 2009). De plus, les entreprises désireuses d'acquérir de nouvelles compétences technologiques, d'occuper une plus grande part des marchés locaux et d'abaisser leurs coûts de R-D déplacent leurs activités de recherche à l'étranger. L'origine géographique d'une filiale étrangère est le pays de résidence du contrôleur ultime. Un investisseur (société ou particulier) est considéré comme exerçant le contrôle ultime s'il est à la tête d'un groupe de sociétés et contrôle directement ou indirectement toutes les sociétés du groupe, sans être lui-même sous le contrôle d'une entreprise ou d'un particulier quels qu'ils soient. Ce contrôle implique le pouvoir de nommer une majorité d'administrateurs habilités à diriger l'entreprise, à guider ses activités et à définir sa stratégie. Le plus souvent, il est exercé par un investisseur unique, détenant plus de 50 % des actions avec droit de vote. Les données proviennent de la base de données AEMN de l'OCDE.

Avantage technologique révélé dans certains domaines (partie 3 des profils par pays)

L'indice d'avantage technologique révélé (ATR) donne une idée de la spécialisation relative d'un pays dans certains domaines technologiques. Il est établi à partir des demandes de brevets déposées en vertu du PCT et est défini comme la part des brevets détenus par un pays dans un domaine technologique donné, divisée par la part de ce pays dans tous les domaines faisant l'objet de brevets. L'indice est égal à zéro quand le pays ne détient aucun brevet dans le secteur considéré ; il est égal à 1 quand la part du pays dans le secteur est égale à sa part dans l'ensemble des domaines (pas de spécialisation) ; et il est supérieur à 1 quand une spécialisation positive est observée. Seules les économies détenant plus de 250 brevets sur la période considérée sont prises en compte. Les données proviennent de la base de données sur les brevets de l'OCDE.

Allocation du soutien public à la R-D et l'innovation, par secteur, type et mode de financement (partie 4 des profils par pays)

Ce graphique met en lumière plusieurs caractéristiques des systèmes nationaux de recherche constituant des domaines d'intervention publique directe ou indirecte.

Recherche publique

Universités opposées aux établissements publics de recherche (par secteur d'exécution). La recherche publique se fait traditionnellement dans les universités et les EPR (voir le profil « Missions et orientation de la recherche publique »). Bien qu'une tendance générale au renforcement du rôle des universités soit observée dans la zone OCDE, les EPR continuent d'apporter une contribution majeure dans plusieurs pays (par exemple, Chine, Fédération de Russie, Luxembourg). Le graphique indique la répartition entre la R-D exécutée par les universités et la R-D exécutée par les EPR, en pourcentage des dépenses publiques totales de R-D. Les dépenses publiques consacrées à la R-D correspondent à la somme de la DIRDES et de la DIRDET. Les données proviennent de la base de données PIST de l'OCDE et reposent sur des enquêtes nationales de R-D harmonisées. Les chiffres de la Lettonie et de la Lituanie sont extraits des bases de données STI d'Eurostat, tandis que celles de la Colombie, du Costa Rica, de l'Inde, de l'Indonésie et de la Malaisie proviennent de l'ISU.

Recherche fondamentale opposée à recherche appliquée et au développement expérimental (par mission/orientation). L'essentiel de la recherche fondamentale est le fait des universités et des EPR (voir le profil « Missions et orientation de la recherche publique »). La recherche fondamentale est indispensable à la création de nouvelles connaissances scientifiques et technologiques et elle contribue à l'édification des fondements pérennes de la société du savoir. Elle désigne les travaux expérimentaux ou théoriques entrepris principalement pour l'acquisition de nouveaux savoirs, sans perspective particulière d'application ou d'utilisation. Le graphique montre la répartition entre la dépense publique de R-D pour la recherche fondamentale et la dépense publique de R-D pour la recherche appliquée et le développement expérimental. La dépense publique totale de R-D correspond à la somme de la DIRDES et de la DIRDET. Les données proviennent de la base de données SRD de l'OCDE et reposent sur des enquêtes nationales de R-D harmonisées. Les chiffres de la Lettonie et de la Lituanie sont extraits des bases de données STI d'Eurostat, tandis que ceux de la Colombie, du Costa Rica, de l'Inde, de l'Indonésie et de la Malaisie proviennent de l'ISU.

Objectifs civils opposés à défense (par objectif socioéconomique). Les crédits budgétaires publics de R-D (CBPRD) par objectif socioéconomique indiquent l'importance relative des divers objectifs socioéconomiques, comme la défense, la santé ou l'environnement, dans les dépenses publiques de R-D. Ce sont les fonds engagés par l'administration fédérale/centrale en faveur de la R-D (les CBPRD ne concernent en général que l'administration fédérale/centrale). Les programmes sont répartis par objectif socioéconomique en fonction des intentions exprimées au moment de l'engagement des fonds, alors qu'elles peuvent différer de la teneur réelle des projets réalisés. Ils sont le reflet des politiques menées à un instant donné. La classification utilisée à cet égard est la Nomenclature pour l'analyse et la comparaison des budgets et programmes scientifiques (NABS) de la Commission européenne (voir le *Manuel de Frascati de l'OCDE*, OCDE, 2002). Les données sur les CBPRD sont extraites des rapports des financeurs ; elles sont moins précises que les données communiquées par les exécutants mais elles sont plus récentes et peuvent être reliées aux problématiques de l'action publique au moyen d'une classification par « objectif » ou par « but ».

Les CBPRD civils englobent l'ensemble des CBPRD moins la défense. La R-D pour la défense financée par l'État inclut la R-D militaire nucléaire et spatiale mais exclut la R-D civile financée par les ministères de la Défense (météorologie, par exemple). Les données proviennent de la base de données SRD de l'OCDE et reposent sur des données budgétaires rassemblées par les autorités nationales à partir des statistiques recueillies pour les budgets. Les données relatives à la Lettonie et à la Lituanie proviennent d'Eurostat.

Recherche générique opposée à recherche thématique (par objectif socioéconomique). La recherche publique générique comprend les fonds généraux des universités (FGU), dotation globale comprenant une part estimée pour la R-D que l'État accorde au secteur de l'enseignement supérieur, et les CBPRD pour la recherche non orientée, qui couvrent le financement des programmes de recherche destinés à faire progresser la connaissance. La recherche publique thématique englobe tous les autres CBPRD. Les données proviennent de la base de données SRD de l'OCDE et reposent sur des données budgétaires rassemblées par les autorités nationales au moyen de statistiques recueillies pour les budgets. Les données relatives à la Lettonie et à la Lituanie proviennent d'Eurostat.

Financement institutionnel opposé à financement de projet (par mécanisme de financement). L'État finance la recherche publique au moyen de financements institutionnels ou par projet (voir le profil « Financement de la recherche publique »). Les dotations globales aux institutions assurent un financement à long terme stable de la recherche, tandis que le financement par projet peut encourager la concurrence à l'intérieur du système de recherche et cibler des domaines stratégiques. Par définition, les financements par projet sont accordés à des projets de R-D collectifs ou individuels dont la portée, le budget et la durée sont limités alors que les financements institutionnels sont distribués aux organismes sans sélection particulière de projets ou programmes de R-D (OCDE, 2010c). Le graphique fait apparaître la répartition entre financements institutionnels et financements par projet pour certains pays de l'OCDE. En revanche, il ne rend pas compte des dotations globales allouées sur la base de critères de performance ni de l'ampleur des nouveaux mécanismes de financement fondés sur la performance, comme les initiatives en faveur de l'excellence dans la recherche. Comme les données émanent d'un projet exploratoire du GENIST sur le financement public de la R-D, les possibilités d'établir des comparaisons sont certainement limitées (Van Steen, 2012; OCDE, 2013j). Les données complémentaires proviennent des bases de données STI d'Eurostat.

R-D des entreprises

L'investissement privé dans la R-D et l'innovation peut être inférieur à un optimum social, pour la principale raison que le rendement en est incertain ou que l'innovateur n'est pas en mesure de s'approprier la totalité des retombées. Les pouvoirs publics ont donc un rôle important à jouer en encourageant l'investissement dans la R-D et l'innovation (voir le profil « Financement public de la R D et de l'innovation d'entreprise »). Ils disposent d'une batterie d'instruments pour soutenir de façon directe la R-D du secteur privé. En effet, ils peuvent proposer aux entreprises des aides directes sous la forme de subventions, de prêts ou de marchés publics ou bien mettre en place des incitations fiscales, comme les crédits d'impôt pour la R-D, les abattements fiscaux en faveur de la R-D, la réduction des charges sociales du personnel de R-D et l'amortissement accéléré du capital pour la R-D (voir le profil « Incitations fiscales en faveur de la R D et de l'innovation »).

Financement direct opposé à financement indirect (par mécanisme de financement). Les subventions ou aides directes à la R-D ciblent des projets spécifiques susceptibles de générer d'importantes retombées sociales. Les crédits d'impôt réduisent le coût marginal des activités de R-D et permettent aux entreprises privées de choisir quels projets financer. La répartition optimale entre soutien direct et indirect à la R-D varie d'un pays à l'autre, dans la mesure où chaque instrument vise à corriger différentes défaillances du marché et à stimuler divers types d'activité de R-D. Ainsi, les crédits d'impôt encouragent principalement la recherche appliquée à court terme, tandis que les aides directes favorisent davantage la recherche à long terme. Le financement direct de la R-D par l'État correspond au montant de la R-D des entreprises financé par l'État, tel qu'indiqué par les entreprises. Il est la somme de différentes composantes (contrats, prêts, aides/subventions) qui ont différents impacts sur le coût d'exécution de la R-D. Les subventions et prêts à la R-D diminuent le coût d'exécution de la R-D, alors que les contrats (généralement accordés au travers d'une procédure d'appel à la concurrence) n'ont aucune incidence directe sur ce coût. Les pertes fiscales concédées pour soutenir la R-D et l'innovation sont une estimation du coût des allégements fiscaux accordés. Comme le coût des incitations fiscales en faveur de la R-D est estimé et notifié de différentes façons selon les pays, ces indicateurs ont un caractère expérimental. L'assiette des dépenses de R-D peut différer, et les entreprises peuvent dans certaines circonstances utiliser des incitations fiscales en faveur de la R-D pour financer de la R-D *intra-muros* ou *extra-muros*, dont une partie sera peut-être exécutée dans d'autres secteurs. Les incitations fiscales sont exclues de la définition de la DIRDE financée par l'État afin de limiter les risques de double comptage. Les données proviennent de la base de données SRD de l'OCDE ainsi que des données sur les incitations fiscales en faveur de la R-D recueillies par le GENIST (OCDE, 2013k) (http://www.oecd.org/fr/sti/rd-tax-stats.htm).

Équilibre

R-D d'entreprise opposée à recherche publique. Les gouvernements soutiennent aussi bien la recherche du secteur public que la R-D et l'innovation des entreprises, mais dans des proportions différentes. La plupart des deniers publics consacrés à la R-D vont aux universités et aux EPR. Toutefois, le soutien public à la R-D des entreprises semble avoir gagné du terrain dans de nombreux pays au cours des cinq dernières années. Le graphique montre la distribution du financement public selon qu'il est destiné aux universités et EPR ou aux entreprises. Dans le premier cas, il s'agit de la somme de la DIRDES et de la DIRDET, financées tant par l'État que par l'enseignement supérieur. Dans le second, il s'agit de la somme de la DIRDE financée par l'État et du coût estimé des incitations fiscales en faveur de la R-D, s'il y a lieu. Le résultat est présenté sous la forme d'un pourcentage de la somme des deux. Les données proviennent de la base de données SRD de l'OCDE ainsi que des données sur les incitations fiscales en faveur de la R-D recueillies par le GENIST.

Principaux instruments de financement public de la R-D des entreprises (partie 5 des profils par pays)

Les gouvernements financent la R-D et l'innovation des entreprises à l'aide d'instruments directs et indirects qui se complètent (voir le chapitre 1 et le profil « Financement public de la R-D et de l'innovation d'entreprise »). Le financement direct permet aux pouvoirs publics de cibler des activités spécifiques de R-D et dépend de décisions discrétionnaires des pouvoirs publics et d'organismes indépendants (comme les organismes nationaux de financement). Les mesures d'incitation fiscale réduisent le coût marginal de la R-D et les dépenses d'innovation ; elles sont généralement plus neutres que les aides directes en ce qui concerne les secteurs d'activité, les régions ou les entreprises visées. Alors que les aides directes sont plus fortement axées sur la recherche de longue durée, les mesures fiscales en faveur de la R-D ont généralement pour objet d'encourager la recherche appliquée à court terme et de stimuler l'innovation progressive plutôt que les avancées radicales.

Financement direct. Le soutien financier que les pouvoirs publics peuvent proposer aux entreprises revêt différentes formes : bourses octroyées sur concours, avances remboursables (par exemple, sous condition de profit) et mécanismes de financement de la dette (par exemple, prêts préférentiels, dispositifs de garantie de crédit remboursant au prêteur une part prédéterminée de l'encours du crédit en cas de défaillance de paiement, mécanismes de partage des risques, comme les fonds de garantie et les associations de garantie mutuelle qui protègent les prêteurs contre le risque de défaillance des entreprises, etc.). De nombreux pays sont dotés de programmes et de fonds de financement qui interviennent à la phase de lancement, en particulier par l'apport de capitaux, et soutiennent les entreprises de capital-risque : par exemple, fonds publics de capital-risque, fonds de co-investissement avec le secteur privé et « fonds de fonds » (voir le profil « Financement de l'entrepreneuriat innovant »). Bien qu'il ne s'agisse pas à proprement parler d'instruments de financement, les programmes de diffusion des technologies et de conseil permettent aux entreprises d'accéder à l'avis de spécialistes, aux connaissances et aux technologies à un coût modeste, voire nul. Quant aux chèques innovation, dont la valeur nominale varie selon les pays, ils sont accordés aux entreprises qui se procurent des services intellectuels auprès d'universités, d'EPR et autres établissements d'enseignement. N'est pas pris en compte dans le graphique le financement direct assuré via les marchés publics.

Financement indirect. De même, il est largement recouru aux incitations fiscales dans différents régimes comme celui des impôts sur le revenu des sociétés et des ménages, pour encourager l'investissement privé dans la R-D et l'exploitation des actifs de propriété intellectuelle, pour attirer les investisseurs providentiels et amplifier les effets du financement de la phase de lancement, ou encore pour attirer les talents ou multinationales de l'étranger (voir les profils « Incitations fiscales en faveur de la R-D et de l'innovation » et « Financement de l'entrepreneuriat innovant »). Sur le graphique, une distinction est établie entre les allégements fiscaux selon qu'ils sont accordés sur la base des dépenses induites par les activités de R-D et d'innovation (allégements fondés sur les dépenses) ou en fonction du gain tiré des activités d'innovation (allégements fondés sur les résultats).

Les données proviennent des réponses communiquées par les pays dans le questionnaire préparatoire de l'édition 2014 des *Perspectives STI*. Il s'agit des déclarations que les délégués ont formulées au Comité de la politique scientifique et technologique de l'OCDE à la question suivante : « C.3) Parmi les instruments de financement public de la R-D et de l'innovation dans l'entreprise énumérés ci-dessous, quels sont les principaux mis en œuvre dans votre pays ? Comment l'équilibre entre ces instruments a-t-il été récemment modifié le cas échéant ? Veuillez qualifier l'utilité relative des instruments financiers ci-après dans la composition de la politique de votre pays à cet égard (forte, moyenne, faible, sans objet) et indiquer si leur part dans le total a augmenté ou diminué, ou n'a pas varié. ». Les réponses ont été agrégées comme suit : 0 = sans objet ; 1 = utilité faible et importance décroissante ; 2 = utilité faible et importance inchangée ; 3 = utilité faible et importance croissante ; 4 = utilité moyenne et importance décroissante ; 5 = utilité moyenne et importance inchangée ; 6 = utilité moyenne et importance croissante ; 7 = utilité forte et importance décroissante ; 8 = utilité forte et importance inchangée ; 9 = utilité forte et importance croissante.

Références

Acs, Z. et al. (2009), « The Knowledge Spillover Theory of Entrepreneurship », *Small Business Economics*, vol. 32, pp. 15-30.

Agence internationale de l'énergie (AIE) (2013), *CO_2 Emissions from Fuel Combustion 2013*, Éditions OCDE, Paris, *http://dx.doi.org/10.1787/co2_fuel-2013-en*.

Commission européenne (CE) (2013), « Monitoring Industrial Research: the 2013 EU Industrial R&D Investment Scoreboard », Commission européenne, Luxembourg, *http://iri.jrc.ec.europa.eu/scoreboard13.html*.

Flanagan, K., E. Uyarra et M. Laranja (2010), « The policy mix for innovation: rethinking innovation policy in a multi-level, multi-actor context », *Munich Personal RePEc Archive* (MPRA) n° 23567, juillet.

Graham, S. et al. (2013), « The USPTO Trademark Case Files Dataset: Descriptions, Lessons et Insights », *SSRN Working Paper*, *http://ssrn.com/abstract=2188621*.

OCDE (2002), *Manuel de Frascati 2002 : Méthode type proposée pour les enquêtes sur la recherche et le développement expérimental, La mesure des activités scientifiques et technologiques*, Éditions OCDE, Paris, *http://dx.doi.org/ 10.1787/9789264299047-fr*.

OCDE (2009), *Science, technologie et industrie : Tableau de bord de l'OCDE 2009*, Éditions OCDE, Paris, *http://dx.doi.org/10.1787/sti_scoreboard-2009-fr*.

OCDE (2010a), *Science, technologie et industrie : Perspectives de l'OCDE 2010*, Éditions OCDE, Paris, *www.oecd.org/sti/perspectives* et *http://dx.doi.org/10.1787/sti_outlook-2010-fr*.

OCDE (2010b), « Monitoring innovation and policies: developing indicators for analysing the innovation policy mix », document de travail interne, Division des analyses économiques et des statistiques, Direction de la science, de la technologie et de l'industrie, OCDE, Paris.

OCDE (2010c), *Mesurer l'innovation : Un nouveau regard*, Éditions OCDE, Paris, *http://dx.doi.org/10.1787/9789264084421-fr*.

OCDE (2010d), *SMEs, Entrepreneurship and Innovation*, Éditions OCDE, Paris. *http://dx.doi.org/10.1787/9789264080355-en*.

OCDE (2011a), *OECD Science, Technology and Industry Scoreboard 2011*, Éditions OCDE, Paris, *http://dx.doi.org/10.1787/sti_scoreboard-2011-fr*.

OCDE (2011b), *Vers une croissance verte : Suivre les progrès - Les indicateurs de l'OCDE*, Études de l'OCDE sur la croissance verte, Éditions OCDE, Paris, *http://dx.doi.org/10.1787/9789264111370-fr*.

OCDE (2011c), *Toujours plus d'inégalité : Pourquoi les écarts de revenus se creusent*, Éditions OCDE, Paris, *http://dx.doi.org/10.1787/9789264119550-fr*.

OCDE (2012), *OECD Internet Economy Outlook 2012*, Éditions OCDE, Paris, *http://dx.doi.org/10.1787/9789264086463-en*.

OCDE (2013a), *OECD Science, Technology and Industry Scoreboard 2013: Innovation for Growth*, Éditions OCDE, Paris, *www.oecd.org/fr/sti/science-technologie-industrie-tableau-de-bord.htm*.

OCDE (2013b), *Perspectives de l'OCDE sur les compétences 2013 : Premiers résultats de l'évaluation des compétences des adultes*, Éditions OCDE, Paris, *http://dx.doi.org/10.1787/9789264204096-fr*.

OCDE (2013c), « Modes of Public Funding of R&D: Interim Results from the Second Round of Data Collection on GBAORD », document interne, avril.

OCDE (2014a), *Principaux indicateurs de la science et de la technologie (PIST)* (base de données), juin, *www.oecd.org/sti/pist*.

OCDE (2014b), *Panorama de l'entrepreneuriat, 2014*, Éditions OCDE, Paris.

OCDE (2014c), *Mesurer l'économie numérique*, Éditions OCDE, Paris.

OCDE (2014d), *Regards sur l'éducation 2014 : Indicateurs de l'OCDE*, Éditions OCDE, Paris.

OCDE (2014e), *Études économiques de l'OCDE*, Éditions OCDE, Paris, *www.oecd-ilibrary.org/fr/economics/etudes-economiques-de-l-ocde_16843428*.

OCDE (2014f), *Panorama des comptes nationaux 2014*, Éditions OCDE, Paris. *http://dx.doi.org/10.1787/na_glance-2014-fr*.

Van Steen, J. (2012), « Modes of public funding of R&D: Towards internationally comparable indicators », STI Working Paper 2012/4, *www.oecd.org/officialdocuments/publicdisplaydocumentpdf/?cote=DSTI/DOC(2012)4&docLanguage=En*.

Bases de données et autres sources de données :

Academic Ranking of World Universities (ARWU) (2013), « Shanghai ranking » 2003-13, *www.arwu.org*.

AIE (2013), *IEA CO_2 Emissions from Fuel Combustion Statistics*, *http://dx.doi.org/10.1787/co2-data-en*

Bureau Van Dijk (2011), Base de données ORBIS, Éditions Bureau Van Dijk Electronic.

Elsevier B.V. (2014), Base de données d'Elsevier Research Intelligence, données extraites en ligne le 31 janvier 2014, *www.elsevier.com/online-tools/research-intelligence/products-and-services/scival*.

Eurostat (2014), *Base de données Éducation et formation*, octobre, *http://epp.eurostat.ec.europa.eu/portal/page/portal/education/data/database*.

Eurostat (2014), *Base de données Science et technologie*, juin, *http://epp.eurostat.ec.europa.eu/portal/page/portal/science_technology_innovation/data/database*.

Eurostat (2014), *Base de données Comptes nationaux annuels*, juin, *http://epp.eurostat.ec.europa.eu/portal/page/portal/national_accounts/data/database*.

Fonds monétaire international (FMI) (2014), Base de données des Perspectives de l'économie mondiale, avril, *www.imf.org/external/pubs/ft/weo/2014/01/weodata/index.aspx*.

ISU (2014), *Base de données Science, technologie et innovation*, juin, *http://data.uis.unesco.org/Index.aspx?DataSetCode=EDULIT_DS*.

ISU (Institut de statistique de l'UNESCO) (2014), *Base de données de l'ISU*, données sur l'éducation, mai, *http://data.uis.unesco.org/Index.aspx?lang=fr&SubSessionId=412a85fb-be13-46f1-baf3-9a4a19715785&themetreeid=-200*.

OCDE (2012), *Base de données STAN pour l'analyse structurelle*, novembre, *www.oecd.org/sti/stan*.

OCDE (2013), *Base de données sur le financement de l'entrepreneuriat*.

OCDE (2013), *Base de données PISA* (Programme international pour le suivi des acquis des élèves), statistiques de l'OCDE sur l'éducation, décembre, *http://dx.doi.org/10.1787/data-00365-fr* et *www.pisa.oecd.org*.

OCDE (2013), *Base de données sur les activités des multinationales*, octobre, *www.oecd.org/industry/ind/amne.htm*.

OCDE (2013), *Base de données d'indicateurs sur la croissance verte* *http://stats.oecd.org/Index.aspx?DataSetCode=GREEN_GROWTH* et *www.oecd.org/fr/croissanceverte/indicateurssurlacroissanceverte.htm*.

OCDE (2013), « Modes of public funding of R&D : interim results from the second round of data collection on GBAORD », document de travail interne du Groupe de travail des experts nationaux sur les indicateurs de science et de technologie (GENIST), OCDE, Paris.

OCDE (2013), « Recueil de données OCDE/GENIST sur les incitations fiscales en faveur de la R-D », avril, *www.oecd.org/sti/rd-tax-stats.htm*.

OCDE (2014), *Base de données ANBERD*, mars, *www.oecd.org/sti/anberd*.

OCDE (2014), *Statistiques sur la productivité*, mai, *www.oecd.org/fr/std/stats-productivite/*.

OCDE (2014), *Base de données sur les brevets*, mars, *www.oecd.org/sti/brevets*.

OCDE (2014), *Bases de données sur l'éducation*, juin, *http://dx.doi.org/10.1787/edu-db-data-fr* et *www.oecd.org/education/database*.

OCDE (2014), *Base de données des indicateurs de réglementation des marchés de produits*, mars, *www.oecd.org/economie/rmp*.

OCDE (2014), *Science, technologie et industrie : Perspectives de l'OCDE 2014* (base de données ; en anglais), *http://qdd.oecd.org/subject.aspx?Subject=a2ebc2a0-b8dc-4d1a-82be-3fea780b86a6*.

OCDE (2014), Portail sur le haut débit, juin, *www.oecd.org/fr/sti/hautdebit/portaildelocdesurlehautdebit.htm*.

OCDE (2014), *Base de données des principaux indicateurs de la science et de la technologie*, juin, *www.oecd.org/sti/pist*.

OCDE (2014), *Statistiques de recherche et développement* (SRD), mars, *www.oecd.org/fr/innovation/inno/srd.htm*.

OCDE (2014), *Statistiques sur les comptes nationaux*, avril, *http://dx.doi.org/10.1787/naag-data-fr*.

OCDE (2014), *Base de données sur le niveau d'instruction*, juin.

Organisation des Nations Unies (ONU) (2013), *UN e-Government Survey*, Organisation des Nations Unies, New York, *http://egovernments.wordpress.com*.

Union internationale des télécommunications (UIT) (2013), *World Telecommunication/ICT Indicators 2013*, *www.itu.int/pub/D-IND-WTID.OL*.

ORGANISATION DE COOPÉRATION ET DE DÉVELOPPEMENT ÉCONOMIQUES

L'OCDE est un forum unique en son genre où les gouvernements œuvrent ensemble pour relever les défis économiques, sociaux et environnementaux liés à la mondialisation. À l'avant-garde des efforts engagés pour comprendre les évolutions du monde actuel et les préoccupations qu'elles suscitent, l'OCDE aide les gouvernements à y faire face en menant une réflexion sur des thèmes tels que le gouvernement d'entreprise, l'économie de l'information et la problématique du vieillissement démographique. L'Organisation offre aux gouvernements un cadre leur permettant de confronter leurs expériences en matière d'action publique, de chercher des réponses à des problèmes communs, de recenser les bonnes pratiques et de travailler à la coordination des politiques nationales et internationales.

Les pays membres de l'OCDE sont : l'Allemagne, l'Australie, l'Autriche, la Belgique, le Canada, le Chili, la Corée, le Danemark, l'Espagne, l'Estonie, les États-Unis, la Finlande, la France, la Grèce, la Hongrie, l'Irlande, l'Islande, Israël, l'Italie, le Japon, le Luxembourg, le Mexique, la Norvège, la Nouvelle-Zélande, les Pays-Bas, la Pologne, le Portugal, la République slovaque, la République tchèque, le Royaume-Uni, la Slovénie, la Suède, la Suisse et la Turquie. L'Union européenne participe aux travaux de l'OCDE.

Les Éditions OCDE assurent une large diffusion aux travaux de l'Organisation. Ces derniers comprennent les résultats de l'activité de collecte de statistiques, les travaux de recherche menés sur des questions économiques, sociales et environnementales, ainsi que les conventions, les principes directeurs et les modèles développés par les pays membres.

ÉDITIONS OCDE, 2, rue André-Pascal, 75775 PARIS CEDEX 16
(92 2014 01 2 P) ISBN 978-92-64-22831-3 – 2015

www.ingramcontent.com/pod-product-compliance
Lightning Source LLC
LaVergne TN
LVHW080117011026
849160LV00013B/1119